세상이 변해도
배움의 즐거움은
변함없도록

시대는 빠르게 변해도
배움의 즐거움은
변함없어야 하기에

어제의 비상은
남다른 교재부터
결이 다른 콘텐츠
전에 없던 교육 플랫폼까지

변함없는 혁신으로
교육 문화 환경의 새로운 전형을
실현해왔습니다.

비상은 오늘, 다시 한번
새로운 교육 문화 환경을 실현하기 위한
또 하나의 혁신을 시작합니다.

오늘의 내가 어제의 나를 초월하고
오늘의 교육이 어제의 교육을 초월하여
배움의 즐거움을 지속하는 혁신,

바로, 메타인지 기반 완전 학습을.

상상을 실현하는 교육 문화 기업 비상

메타인지 기반 완전 학습
초월을 뜻하는 meta와 생각을 뜻하는 인지가 결합한 메타인지는
자신이 알고 모르는 것을 스스로 구분하고 학습계획을 세우도록 하는
궁극의 학습 능력입니다. 비상의 메타인지 기반 완전 학습 시스템은
잠들어 있는 메타인지를 깨워 공부를 100% 내 것으로 만들도록 합니다.

완벽한 자율학습서
완자

자율학습시
비상구
완자로 53

물리학 II

Structure

01 | 단원 시작하기

기본기가 튼튼해야 배우게 될 내용을 쉽게 이해할 수 있다. 통합과학이나 물리학 I에서 학습한 내용이 물리학 II로 연계된 경우가 많으니 본 학습에 들어가기에 앞서 복습하도록 한다.

이미 배운 내용을 한눈에 파악하고, ▢ 넣기 문제로 확인해 보자.

단원 시작하기 전에 학습 계획을 미리 세워 보자.

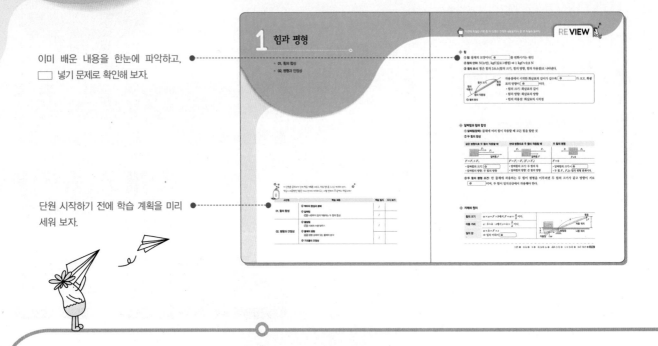

03 | 내신 문제 풀기

시험에 자주 출제되는 핵심 자료를 철저하게 분석해 보고, 내신 기출을 반영한 다양한 문제를 풀어 보면서 실력을 검증한다.

학교 시험에 자주 출제되는 핵심 자료와 그 자료와 관련된 문제를 통해 자료를 완벽하게 분석할 수 있어.

시험에 자주 나오는 문제에는 중요 표시가 되어 있어.

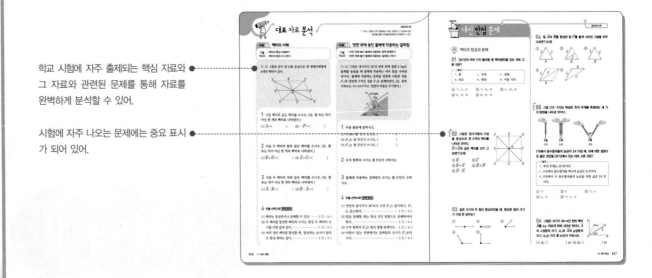

단원에서 꼭 알아야 하는 핵심 포인트를 확인하고, 친절하게 설명된 내용 정리로 개념을
이해한다. 그리고 나서 개념 확인 문제를 통해 핵심 개념을 제대로 이해했는지 확인
한다.

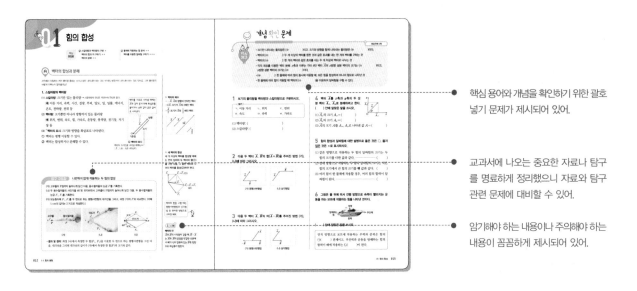

핵심 용어와 개념을 확인하기 위한 괄호
넣기 문제가 제시되어 있어.

교과서에 나오는 중요한 자료나 탐구
를 명료하게 정리했으니 자료와 탐구
관련 문제에 대비할 수 있어.

암기해야 하는 내용이나 주의해야 하는
내용이 꼼꼼하게 제시되어 있어.

중단원 핵심 내용으로 다시 한번 복습한 후, 중단원 마무리 문제를 통해 자신의 실력을
확인한다. 수능 실전 문제를 통해 수능 문제에 도전한다.

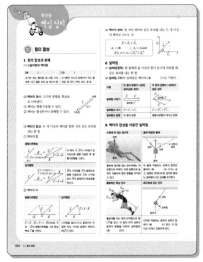

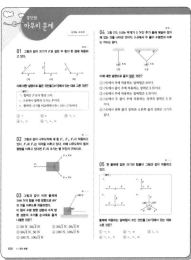

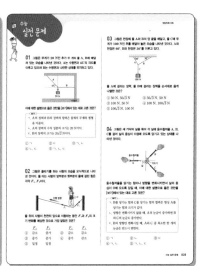

Contents

Ⅱ 전자기장

Ⅲ 파동과 물질의 성질

완자와 내 교고서 비교하기

역학적 상호 작용

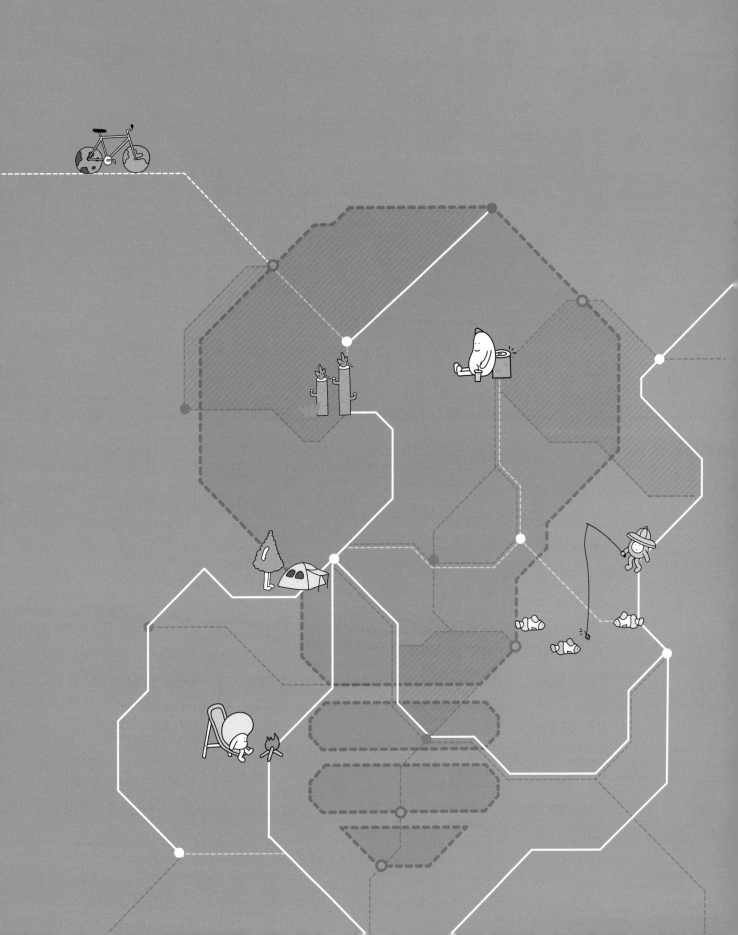

1 힘과 평형

이 단원을 공부하기 전에 학습 계획을 세우고, 학습 진도를 스스로 체크해 보자.
학습이 미흡했던 부분은 다시 보기에 체크해 두고, 시험 전까지 꼭 완벽히 학습하자!

소단원	학습 내용	학습 일자	다시 보기
01. 힘의 합성	Ⓐ 벡터의 합성과 분해	/	
	Ⓑ 알짜힘 탐구 나란하지 않게 작용하는 두 힘의 합성	/	
02. 평형과 안정성	Ⓐ 돌림힘 탐구 지레의 수평 맞추기	/	
	Ⓑ 물체의 평형 특강 평형 상태에 있는 물체의 분석		
	Ⓒ 구조물의 안정성	/	

이전에 학습한 내용 중 이 단원과 연계된 내용을 다시 한 번 떠올려 봅시다.

◈ 힘

① **힘**: 물체의 모양이나 ⟨ **①** ⟩를 변화시키는 원인

② **힘의 단위**: N(뉴턴), kgf(킬로그램힘) ➡ 1 kgf≒9.8 N

③ **힘의 표시**: 힘은 힘의 3요소(힘의 크기, 힘의 방향, 힘의 작용점)로 나타낸다.

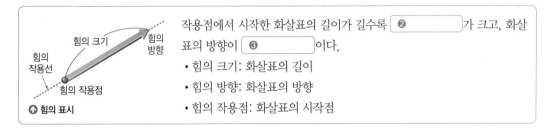

작용점에서 시작한 화살표의 길이가 길수록 ⟨ **②** ⟩가 크고, 화살표의 방향이 ⟨ **③** ⟩이다.
- 힘의 크기: 화살표의 길이
- 힘의 방향: 화살표의 방향
- 힘의 작용점: 화살표의 시작점

⬆ 힘의 표시

◈ 알짜힘과 힘의 합성

① **알짜힘(합력)**: 물체에 여러 힘이 작용할 때 모든 힘을 합한 것

② **두 힘의 합성**

같은 방향으로 두 힘이 작용할 때	반대 방향으로 두 힘이 작용할 때	두 힘의 평형
$F=F_1+F_2$	$F=F_1-F_2\,(F_1>F_2)$	$F=0$
• 알짜힘의 크기: ⟨ **④** ⟩ • 알짜힘의 방향: 두 힘의 방향	• 알짜힘의 크기: 두 힘의 차 • 알짜힘의 방향: 큰 힘의 방향	• 알짜힘의 크기: ⟨ **⑤** ⟩ • 두 힘 F_1, F_2는 힘의 평형 관계이다.

③ **두 힘의 평형 조건**: 한 물체에 작용하는 두 힘이 평형을 이루려면 두 힘의 크기가 같고 방향이 서로 ⟨ **⑥** ⟩이며, 두 힘이 일직선상에서 작용해야 한다.

◈ 지레의 원리

힘의 크기	$w\times a=F\times b$에서 $F=w\times\dfrac{a}{b}$이다.
이동 거리	$a:b=h:s$에서 $s=h\times\dfrac{b}{a}$이다.
일의 양	$w\times h=F\times s$ ➡ 일의 이득이 ⟨ **⑦** ⟩.

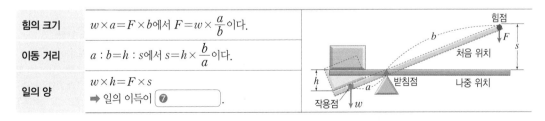

01 힘의 합성

핵심
포인트

🅐 스칼라량과 벡터량의 구분 ★
벡터의 합과 차 구하기 ★★
벡터의 분해 ★★

🅑 물체에 작용하는 힘 분석 ★★
벡터를 이용한 알짜힘 구하기 ★★★

🅐 벡터의 합성과 분해

과학에서 사용하는 여러 물리량 중에는 크기나 양만 나타내면 되는 것도 있지만, 방향까지 나타내야 하는 것도 있어요. 그런 물리량은 어떻게 다루는지 알아볼까요?

1. 스칼라량과 벡터량

(1) **스칼라량**: 크기만 있는 물리량 ─● 스칼라량의 연산은 자연수의 연산과 같다.

  예 이동 거리, 속력, 시간, 질량, 부피, 밀도, 일, 일률, 에너지, 온도, 전하량, 전위 등

(2) **벡터량**: 크기뿐만 아니라 방향까지 있는 물리량

  예 위치, 변위, 속도, 힘, 가속도, 운동량, 충격량, 전기장, 자기장 등

(3) **＊벡터의 표시**: 크기와 방향을 화살표로 나타낸다.

① 벡터는 평행 이동할 수 있다.

② 벡터는 합성하거나 분해할 수 있다.

벡터를 기호로 나타낼 때에는 $\vec{A}$와 같이 문자 위에 화살표를 붙이거나 $\boldsymbol{A}$와 같이 굵은 글씨로 나타낸다.

⬆ **벡터의 표시**

벡터의 크기만을 나타낼 때에는 ─● $|\vec{A}|$, $|A|$, A로 나타낸다.

2. ＊벡터의 합성 두 개 이상의 벡터를 합한 것과 같은 효과를 내는 한 개의 벡터를 구하는 것

(1) **벡터의 합**: 두 벡터 $\vec{A}$와 $\vec{B}$의 합인 $\vec{C}$ 구하기 ➡ $\vec{C}=\vec{A}+\vec{B}$

평행사변형법

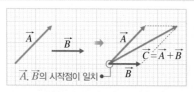

❶ 두 벡터 $\vec{A}$, $\vec{B}$의 시작점이 일치하도록 평행 이동한 후 평행사변형을 그린다.

❷ 대각선의 화살표가 합성 벡터 $\vec{C}$가 된다.

삼각형법

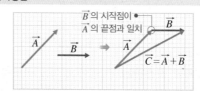

❶ $\vec{B}$의 시작점을 $\vec{A}$의 끝점으로 평행 이동한다.

❷ $\vec{A}$의 시작점에서 $\vec{B}$의 끝점까지 이은 화살표가 합성 벡터 $\vec{C}$가 된다.

(2) **벡터의 차**: 벡터 $\vec{A}$에서 벡터 $\vec{B}$를 뺀 $\vec{C}$ 구하기 ➡ $\vec{C}=\vec{A}-\vec{B}$
  └─● 벡터 $\vec{B}$와 크기가 같고, 방향이 반대이다.

평행사변형법

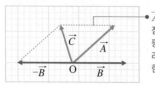

● $\vec{A}$와 $-\vec{B}$의 시작점을 일치시킨 후 평행사변형을 그려서 합 벡터로 구한다.

$\vec{C}=\vec{A}-\vec{B}=\vec{A}+(-\vec{B})$이므로 $\vec{A}$와 $-\vec{B}$의 평행사변형을 그려 합성 벡터 $\vec{C}$를 구한다.

삼각형법

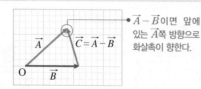

● $\vec{A}-\vec{B}$이면 앞에 있는 $\vec{A}$쪽 방향으로 화살촉이 향한다.

시작점을 일치시키고 끝점끼리 연결한 직선 거리와 방향이 벡터의 차($\vec{C}$)가 된다.

★ **벡터의 배수**

• $-\vec{A}$: $\vec{A}$와 방향이 반대인 벡터
• $2\vec{A}$: 크기가 $\vec{A}$의 2배인 벡터
• $\dfrac{\vec{A}}{2}$: 크기가 $\vec{A}$의 $\dfrac{1}{2}$배인 벡터

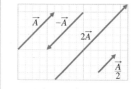

★ **세 벡터의 합성**

세 개 이상의 벡터를 합성할 때에는 먼저 임의의 두 벡터의 합(①)을 구한 다음, 그 합한 벡터와 나머지 벡터를 합성(②)하면 된다.

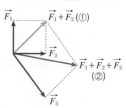

벡터의 합을 구할 때는 평행사변형법과 삼각형법 중 편리한 방법으로 구하면 돼요.

주의해

벡터의 차

$\vec{A}$와 $\vec{B}$의 시작점이 같을 때, $\vec{B}-\vec{A}$는 $\vec{A}$와 $\vec{B}$의 끝점을 연결한 선분에서 빼기 식의 앞쪽에 있는 $\vec{B}$쪽 방향으로 화살촉이 향한다.

3. 벡터의 분해 한 개의 벡터와 같은 효과를 내는 두 개 이상의 벡터로 나누는 것

> **직각 좌표를 이용한 벡터의 분해**
>
> 직각 좌표를 이용하여 벡터의 수평 성분(x방향 성분 벡터 $\vec{A}_x$)과 수직 성분(y방향 성분 벡터 $\vec{A}_y$)으로 나누어 분해한다.
>
> $$\vec{A}=\vec{A}_x+\vec{A}_y$$
> $$A_x=A\cos\theta,\ A_y=A\sin\theta$$
> $$\vec{A}\text{의 크기 } A=\sqrt{{A_x}^2+{A_y}^2}$$

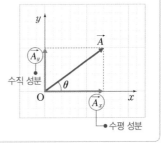

벡터를 수직으로만 분해해야 할까?
벡터는 그림과 같이 평행사변형법을 만족하는 임의의 방향으로 분해할 수 있다.

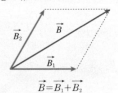

$$\vec{B}=\vec{B}_1+\vec{B}_2$$

B 알짜힘

1. 알짜힘

(1) **알짜힘(합력):** 한 물체에 여러 힘이 작용할 때, 모든 힘을 합성하여 하나의 힘으로 나타낸 것

(2) **알짜힘 구하기:** 알짜힘은 벡터의 합성으로 구한다.

구분	두 힘의 방향이 같은 경우	두 힘의 방향이 반대인 경우	두 힘의 방향이 비스듬한 경우
물체에 작용하는 힘	$\vec{F}_1$ $\vec{F}_2$	$\vec{F}_2$ $\vec{F}_1$	$\vec{F}_1$ $\vec{F}_2$
알짜힘 구하기	$\vec{F}_1$ $\vec{F}_2$ 알짜힘 F └ 두 힘을 더한 값	$\vec{F}_1$ $\vec{F}$ $\vec{F}_2$ 알짜힘 큰 힘에서 작은 힘을 뺀 값	$\vec{F}_1$ 알짜힘 $\vec{F}$ $\vec{F}_2$ 두 힘 벡터를 두 변으로 하는 평행사변형의 대각선
알짜힘의 크기	$F=F_1+F_2$	$F=F_1-F_2\ (F_1>F_2)$	$F=\lvert\vec{F}_1+\vec{F}_2\rvert$
알짜힘의 방향	두 힘의 방향	큰 힘의 방향	평행사변형의 대각선 방향

주의해

합 벡터의 크기 구하기
두 벡터 $\vec{A}_x$, $\vec{A}_y$가 직각을 이룰 때 합 벡터의 크기 A는 피타고라스 정리에 의해 $\sqrt{{A_x}^2+{A_y}^2}$ 으로 구한다. 이때 A_x+A_y의 단순한 연산으로 구하지 않도록 주의한다.

> **탐구 자료창** **나란하지 않게 작용하는 두 힘의 합성**
>
> (가) 고무줄이 P점까지 늘어나게 당긴 다음, 용수철저울의 눈금 F를 기록한다.
> (나) 두 용수철저울의 사잇각을 60°로 유지하면서 고무줄이 P점까지 늘어나게 당긴 다음, 두 용수철저울의 눈금 F_1, F_2를 기록한다.
> (다) 모눈종이에 F_1, F_2를 두 변으로 하는 평행사변형의 대각선을 그리고, 과정 (가)의 F와 비교한다. (이때 1 cm의 길이는 2 N으로 작성한다.)
>
>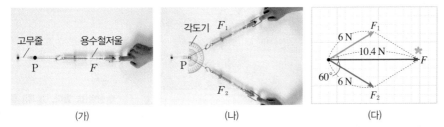
>
> (가)   (나)   (다)
>
> • **결과 및 정리:** 과정 (나)에서 측정한 두 힘(F_1, F_2)을 이웃한 두 변으로 하는 평행사변형을 그린 다음, 대각선을 그리면 대각선의 길이가 (가)에서 측정한 한 힘(F)의 크기와 같다.

★ **두 힘이 이루는 각과 알짜힘의 크기**
한 물체에 두 힘이 나란하지 않게 작용할 때 두 힘이 이루는 각이 작을수록 알짜힘이 크다. 두 사람이 물건을 들 때 두 사람이 작용하는 힘 사이의 각이 작을수록 알짜힘이 커서 작은 크기의 힘으로 물건을 들 수 있다.

두 힘 사이의 각이 작을수록 알짜힘이 크다.

01 힘의 합성

2. 벡터의 합성을 이용한 알짜힘
*한 물체에 여러 힘이 작용할 때 벡터의 합성을 이용하여 알짜힘을 구할 수 있다.

★ 한 물체에 여러 힘이 작용할 때의 알짜힘
한 물체에 셋 이상의 힘이 작용할 때에는 모든 힘을 차례로 합성한 힘이 알짜힘이 된다.

(1) 알짜힘이 0인 경우

수중에 떠 있는 잠수부	줄에 매달린 물체	암벽에서 줄에 매달려 서 있는 사람
	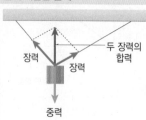	
물속에 정지해 있는 잠수부에는 위 방향으로 부력이, 아래 방향으로 중력이 작용하여 알짜힘이 0인 상태를 유지하고 있다.→ 물의 흐름이나 잠수부의 팔, 다리의 운동으로 앞으로 나아간다.	두 줄에 작용하는 장력의 합력은 물체의 무게와 크기는 같고, 방향은 반대이다. 따라서 정지해 있는 물체는 알짜힘이 0인 상태를 유지하고 있다.	암벽에서 줄에 매달린 채 발로 버티고 있는 사람에게는 중력, 줄이 당기는 힘, 암벽이 발을 밀어내는 힘이 작용하여 알짜힘이 0인 상태를 유지하고 있다.

(2) 알짜힘이 0이 아닌 경우

출발하는 육상 선수	물 위에서 속력이 빨라지는 보트	최고점에 있는 진자
		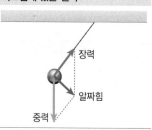
출발대를 차는 힘의 반작용으로 수직 ❶항력($\vec{N}$)을 받고, 이 힘의 연직 성분과 중력이 평형을 이루고 $\vec{N}_{수평}$이 알짜힘이 된다. 이 힘으로 선수는 앞으로 나가게 된다.	부력과 중력이 평형을 이루고, 추진력과 방해하는 힘(물과 공기의 저항)의 합력이 알짜힘이 된다. 이 힘의 방향이 배의 진행 방향과 같을 때 배의 속력이 점점 빨라진다.	*진자에 작용하는 중력과 장력의 합력이 알짜힘이 된다. 이 힘으로 진자는 왕복 운동을 하게 된다.

★ 진자에 작용하는 힘
진자에 작용하는 중력은 일정하지만, 장력은 진자가 아래로 내려오면서 점점 커져 최하점을 지날 때 최대가 된다. 이때 알짜힘은 위 방향을 향한다.

마찰이 없는 빗면 위에 있는 물체에 작용하는 알짜힘

마찰이 없는 빗면 위에 질량이 m인 물체를 놓으면 물체는 빗면 아래쪽으로 등가속도 운동을 한다.

❶ 물체에 작용하는 힘: 중력, 수직 항력

❷ 중력의 분해 ┌ 빗면에 나란한 x성분: $mg\sin\theta$
              └ 빗면에 수직인 y성분: $mg\cos\theta$

❸ 평형 관계인 두 힘: 수직 항력과 $mg\cos\theta$ (중력의 y성분)

❹ 물체에 작용하는 알짜힘과 가속도: 평형 관계인 두 힘의 합력은 0이므로 알짜힘은 중력의 빗면에 나란한 성분만 남는다.

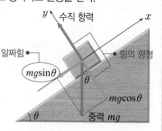

- 알짜힘: $mg\sin\theta$ (중력의 x성분)

- 물체의 가속도: 가속도$=\dfrac{알짜힘}{질량}=\dfrac{mg\sin\theta}{m}=g\sin\theta$

예제 한 물체에 20 N인 크기의 두 힘이 120°의 각을 이루며 작용할 때 두 힘의 알짜힘의 크기는?

해설 같은 크기의 두 힘이 120°로 작용하면 두 힘의 합력은 한 힘의 크기와 같다.　　　**답** 20 N

용어
❶ 항력(抗 들다, 力 힘)_물체가 면(面) 위에 있을 때에 면이 그 물체에 작용하는 힘. 수직으로 작용하는 것을 수직 항력이라 하고, 평행하게 작용하는 것을 마찰력이라고 한다.

개념 확인 문제

핵심
체크

- 크기만 나타내는 물리량은 (❶)이고, 크기와 방향을 함께 나타내는 물리량은 (❷)이다.
- 벡터의 (❸): 두 개 이상의 벡터를 합한 것과 같은 효과를 내는 한 개의 벡터를 구하는 것
- 벡터의 (❹): 한 개의 벡터와 같은 효과를 내는 두 개 이상의 벡터로 나누는 것
- 직각 좌표를 이용한 벡터 분해: x축과 이루는 각이 θ인 벡터 $\vec{A}$의 x방향 성분 벡터의 크기는 (❺)이고,
  y방향 성분 벡터의 크기는 (❻)이다.
- (❼): 한 물체에 여러 힘이 동시에 작용할 때, 모든 힘을 합성하여 하나의 힘으로 나타낸 것
- 한 물체에 여러 힘이 작용할 때 벡터의 (❽)을 이용하여 알짜힘을 구할 수 있다.

1 보기의 물리량을 벡터량과 스칼라량으로 구분하시오.

┌─[보기]
| ㄱ. 이동 거리 　ㄴ. 위치 　　ㄷ. 변위
| ㄹ. 속도 　　　ㅁ. 속력 　　ㅂ. 가속도

(1) 벡터량: ( )
(2) 스칼라량: ( )

2 다음 두 벡터 $\vec{A}$, $\vec{B}$의 합($\vec{A}+\vec{B}$)을 주어진 방법 (가), (나)에 따라 그리시오.

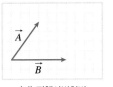
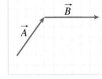

(가) 평행사변형법　　　　(나) 삼각형법

3 다음 두 벡터 $\vec{A}$, $\vec{B}$의 차($\vec{A}-\vec{B}$)를 주어진 방법 (가), (나)에 따라 그리시오.

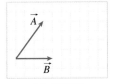

(가) 평행사변형법　　　　(나) 삼각형법

4 벡터 $\vec{A}$를 x축과 y축의 두 성분 벡터 $\vec{A}_x$, $\vec{A}_y$로 분해하려고 한다. ( ) 안에 알맞은 말을 쓰시오.

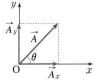

(1) $\vec{A}_x$의 크기 $A_x=($)
(2) $\vec{A}_y$의 크기 $A_y=($)
(3) $\vec{A}$의 크기 A를 A_x, A_y로 나타낸 값 $A=($)

5 힘의 합성과 알짜힘에 대한 설명으로 옳은 것은 ○, 옳지 않은 것은 ×로 표시하시오.

(1) 같은 방향으로 작용하는 두 힘의 알짜힘의 크기는 두 힘의 크기를 더한 값과 같다. ────── ( )
(2) 반대 방향으로 작용하는 두 힘의 알짜힘의 크기는 작은 힘의 크기에서 큰 힘의 크기를 뺀 값과 같다. ( )
(3) 여러 힘이 한 물체에 작용할 경우, 여러 힘의 합력이 알짜힘이 된다. ──────────── ( )

6 그림은 물 위에 떠서 진행 방향으로 속력이 빨라지는 운동을 하는 보트에 작용하는 힘을 나타낸 것이다.

( ) 안에 알맞은 말을 쓰시오.

┌──────────────────────────────┐
│ 연직 방향으로 보트에 작용하는 부력과 중력은 힘의
│ ㉠( ) 관계이고, 추진력과 운동을 방해하는 힘의
│ 합력이 배에 작용하는 ㉡( )이 된다.
└──────────────────────────────┘

대표 자료 분석

정답친해 2쪽

🏠 학교 시험에 자주 출제되는 대표 자료와 그 자료에 대한
문제를 통해 자료를 완벽하게 이해할 수 있다.

자료 1 벡터의 이해

기출 Point
• 벡터의 특징 이해하기
• 벡터의 합과 차 구하기

[1~4] 그림과 같이 점 O를 중심으로 한 평행사변형에
8개의 벡터가 있다.

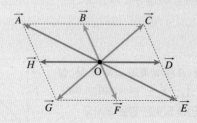

1 다음 벡터와 같은 벡터를 쓰시오. (단, 합 또는 차가
아닌 한 개의 벡터로 나타낸다.)

(1) $\vec{A}$ =(   )   (2) $-\vec{F}$ =(   )

2 다음 두 벡터의 합과 같은 벡터를 쓰시오. (단, 합
또는 차가 아닌 한 개의 벡터로 나타낸다.)

(1) $\vec{B}+\vec{D}$ =(   ) (2) $\vec{A}+\vec{G}$ =(   )

3 다음 두 벡터의 차와 같은 벡터를 쓰시오. (단, 합
또는 차가 아닌 한 개의 벡터로 나타낸다.)

(1) $\vec{A}-\vec{B}$ =(   ) (2) $\vec{B}-\vec{A}$ =(   )

4 빈출 선택지로 완벽 정리!

(1) 벡터는 합성하거나 분해할 수 있다. ········· (○ / ×)
(2) 두 벡터를 합성한 벡터의 크기는 항상 두 벡터의 크
기를 더한 값과 같다. ················ (○ / ×)
(3) 여러 개의 벡터를 합성할 때, 합성하는 순서가 달라
도 합성 벡터는 같다. ················ (○ / ×)

자료 2 빗면 위에 놓인 물체에 작용하는 알짜힘

기출 Point
• 빗면 위에 놓인 물체에 작용하는 중력 분해하기
• 빗면 위에 놓인 물체에 작용하는 알짜힘 구하기

[1~4] 그림은 경사각이 30°인 빗면 위에 질량 2 kg인
물체를 놓았을 때 물체에 작용하는 여러 힘을 나타낸
것이다. 물체에 작용하는 중력을 빗면에 나란한 성분
F_x와 빗면에 수직인 성분 F_y로 분해하였다. (단, 중력
가속도는 10 m/s²이고, 빗면의 마찰은 무시한다.)

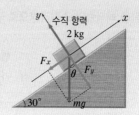

1 다음 물음에 답하시오.

(1) 각 θ는 몇 °인지 쓰시오. (   )
(2) F_x는 몇 N인지 쓰시오. (   )
(3) F_y는 몇 N인지 쓰시오. (   )

2 수직 항력의 크기는 몇 N인지 구하시오.

3 물체에 작용하는 알짜힘의 크기는 몇 N인지 구하
시오.

4 빈출 선택지로 완벽 정리!

(1) 빗면의 경사각이 30°보다 크면 F_x는 증가하고, F_y
는 감소한다. ······················· (○ / ×)
(2) 힘을 분해할 때는 항상 직각 방향으로 분해하여야
한다. ···························· (○ / ×)
(3) 수직 항력과 F_y는 힘의 평형 관계이다. ··· (○ / ×)
(4) 마찰이 있는 빗면에서는 알짜힘의 크기가 F_x보다
크다. ···························· (○ / ×)

내신 만점 문제

A 백터의 합성과 분해

01 [보기]의 여러 가지 물리량 중 벡터량만을 있는 대로 고른 것은?

─ 보기 ─
ㄱ. 힘   ㄴ. 부피   ㄷ. 질량
ㄹ. 속도   ㅁ. 변위   ㅂ. 이동 거리

① ㄱ, ㄴ, ㄷ   ② ㄱ, ㄹ, ㅁ   ③ ㄴ, ㅁ, ㅂ
④ ㄷ, ㄹ, ㅂ   ⑤ ㄹ, ㅁ, ㅂ

02 그림은 정사각형의 O점을 중심으로 한 8개의 벡터를 나타낸 것이다.
$\vec{D}+\vec{G}$와 같은 벡터를 모두 고르면? (3개)

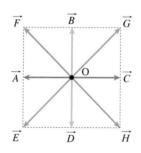

① $\vec{B}$ ② $\vec{C}$
③ $\vec{B}+\vec{E}$ ④ $\vec{B}+\vec{H}$
⑤ $\vec{D}-\vec{E}$

03 같은 크기의 두 힘이 합성되었을 때, 합성된 힘의 크기가 가장 큰 경우는?

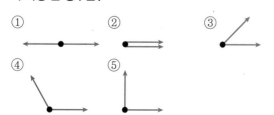

04 힘 $\vec{A}$와 $\vec{B}$를 합성한 힘 $\vec{C}$를 옳게 나타낸 그림을 모두 고르면? (2개)

05 그림 (가)~(다)는 똑같은 추의 무게를 측정하는 세 가지 방법을 나타낸 것이다.

(가)   (나)   (다)

(가)에서 용수철저울의 눈금이 10 N일 때, 이에 대한 설명으로 옳은 것만을 [보기]에서 있는 대로 고른 것은?

─ 보기 ─
ㄱ. 추의 무게는 10 N이다.
ㄴ. (나)에서 용수철저울 하나의 눈금은 5 N이다.
ㄷ. (다)에서 두 용수철저울의 눈금을 더한 값은 10 N이다.

① ㄱ   ② ㄷ   ③ ㄱ, ㄴ
④ ㄴ, ㄷ   ⑤ ㄱ, ㄴ, ㄷ

06 그림은 크기가 20 m인 변위 벡터 $\vec{A}$를 xy 좌표계 위에 나타낸 것이다. $\vec{A}$의 x성분의 크기 A_x와 $\vec{A}$의 y성분의 크기 A_y는 각각 몇 m인지 구하시오.

(1) A_x: (   ) m   (2) A_y: (   ) m

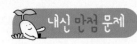

07 그림과 같이 똑같은 용수철저울 A~E를 사용하여 각각 다른 방법으로 무게가 50 N인 추를 매달았다.

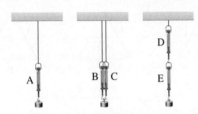

A~E가 나타내는 눈금을 옳게 나타낸 것은? (단, 용수철저울의 무게는 무시한다.)

	A	B	C	D	E
①	25 N	25 N	25 N	25 N	25 N
②	25 N	25 N	25 N	50 N	50 N
③	50 N	25 N	25 N	25 N	25 N
④	50 N	25 N	25 N	50 N	50 N
⑤	50 N	50 N	50 N	25 N	25 N

08 그림과 같이 크기가 4 N인 두 힘이 같은 작용점에서 각 θ를 이루고 있다. 알짜힘에 대한 설명으로 옳은 것만을 [보기]에서 있는 대로 고른 것은?

┌─[보기]─────────────────────────────┐
ㄱ. θ가 0°일 때 알짜힘의 크기는 8 N이다.
ㄴ. θ가 120°일 때 알짜힘의 크기는 6 N이다.
ㄷ. θ가 180°일 때 두 힘은 평형을 이룬다.
└─────────────────────────────────┘

① ㄱ   ② ㄴ   ③ ㄱ, ㄴ
④ ㄱ, ㄷ   ⑤ ㄴ, ㄷ

서술형

09 그림과 같이 한 물체에 세 힘이 동시에 작용하고 있다. 이 물체에 작용하는 알짜힘이 0이 되려면 몇 N의 힘이 필요한지 쓰고, 그 힘을 나타내시오.

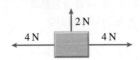

B 알짜힘

★중요
10 그림은 무게가 w인 물체가 실 A, B에 매달려 정지해 있는 모습을 나타낸 것이다. $\vec{F}_A$, $\vec{F}_B$는 각 실이 물체를 당기는 힘이고, 실 B의 길이는 실 A의 길이보다 길다.

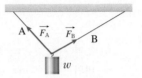

이에 대한 설명으로 옳은 것만을 [보기]에서 있는 대로 고른 것은?

┌─[보기]─────────────────────────────┐
ㄱ. $(\vec{F}_A + \vec{F}_B)$의 크기는 w와 같다.
ㄴ. $\vec{F}_A$의 수평 성분과 $\vec{F}_B$의 수평 성분의 크기는 같다.
ㄷ. $\vec{F}_A$의 수직 성분은 $\vec{F}_B$의 수직 성분보다 크기가 크다.
└─────────────────────────────────┘

① ㄱ   ② ㄷ   ③ ㄱ, ㄴ
④ ㄴ, ㄷ   ⑤ ㄱ, ㄴ, ㄷ

11 그림과 같이 세 힘 $\vec{F}$, $\vec{F}_1$, $\vec{F}_2$가 한 점에 작용하여 평형을 이루고 있다.

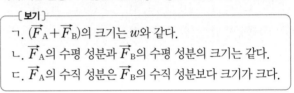

$\vec{F}$의 크기가 20 N일 때, $\vec{F}_1$, $\vec{F}_2$의 크기를 옳게 짝 지은 것은?

	F_1	F_2
①	10 N	$10\sqrt{3}$ N
②	10 N	10 N
③	$10\sqrt{3}$ N	10 N
④	$10\sqrt{3}$ N	$20\sqrt{3}$ N
⑤	$20\sqrt{3}$ N	20 N

12 그림은 세 가지 운동 상태를 나타낸 것이다.

(가) 드론이 공중의 한 곳에 떠 있다.

(나) 잠수부가 아래 방향으로 속도가 증가하며 잠수하고 있다.

(다) 케이블카가 일정한 속력으로 직선 운동하고 있다.

세 물체에 작용하는 알짜힘에 대한 설명으로 옳은 것만을 [보기]에서 있는 대로 고른 것은?

┌─[보기]─────────────────────────────┐
│ ㄱ. (가)에서 드론에 작용하는 알짜힘은 0이다. │
│ ㄴ. (나)에서 잠수부에게 아래 방향으로 알짜힘이 작용하 │
│   고 있다. │
│ ㄷ. (다)에서 케이블카에 운동 방향으로 알짜힘이 작용하 │
│   고 있다. │
└───────────────────────────────────┘

① ㄱ   ② ㄴ   ③ ㄱ, ㄴ

④ ㄱ, ㄷ   ⑤ ㄴ, ㄷ

13 그림은 수평면 위에서 운동하는 물체에 동시에 작용하는 모든 힘을 한 점에 나타낸 것이다. 그림에서 화살표의 방향과 길이는 각각 힘의 방향과 크기를 나타낸다. 눈금 1칸은 2 N에 해당한다.

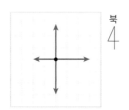

이를 통해 알 수 있는 것만을 [보기]에서 있는 대로 고른 것은?

┌─[보기]─────────────────────────────┐
│ ㄱ. 알짜힘의 크기   ㄴ. 알짜힘의 방향 │
│ ㄷ. 가속도의 크기   ㄹ. 가속도의 방향 │
│ ㅁ. 속도의 크기   ㅂ. 속도의 방향 │
└───────────────────────────────────┘

① ㄱ, ㄴ, ㄷ   ② ㄱ, ㄴ, ㄹ   ③ ㄱ, ㅁ, ㅂ

④ ㄴ, ㄷ, ㅂ   ⑤ ㄷ, ㄹ, ㅁ

14 그림과 같이 경사각이 30°인 마찰이 없는 빗면 위에 질량 20 kg인 물체를 가만히 놓았다.

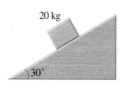

물체에 작용하는 알짜힘의 크기는? (단, 중력 가속도는 $10 \, \text{m/s}^2$이다.)

① 10 N   ② 50 N   ③ 100 N

④ 200 N   ⑤ 500 N

15 그림과 같이 무게 10 N인 물체를 실로 한 점에 매달고 물체를 수평 방향으로 F의 힘으로 잡아당겼더니 실은 수직 방향과 45°의 각도를 이루었다.

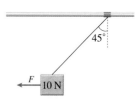

이때 이 물체에 가한 힘 F의 크기는?

① 3 N   ② 5 N   ③ $5\sqrt{2}$ N

④ $5\sqrt{3}$ N   ⑤ 10 N

서술형
16 그림은 마찰이 없는 빗면 위의 물체에 작용하는 힘을 화살표로 나타낸 것이다.

이 물체에 작용하는 알짜힘을, 그 까닭과 함께 구하시오.

02 평형과 안정성

핵심 포인트
- Ⓐ 돌림힘의 크기 ★★ / 지레와 축바퀴의 원리 ★★
- Ⓑ 물체의 평형 조건 ★★★ / 무게중심 찾기 ★★
- Ⓒ 무게중심의 위치와 안정성 ★★ / 구조물의 안정성 계산 ★★★

 Ⓐ 돌림힘

1. 돌림힘(토크) 물체의 회전 운동을 발생시키거나 변화시키는 물리량을 *돌림힘 또는 토크라고 한다.

(1) **돌림힘의 발생:** 지레의 팔의 방향에 수직인 힘이 작용할 때 돌림힘이 발생하여 물체가 회전하게 된다.

(2) **돌림힘의 크기:** 돌림힘 τ는 지레의 팔에 작용하는 힘 F의 수직 성분 ($F\sin\theta$)의 크기와 지레의 팔 길이 r에 비례한다.[*단위: N·m]

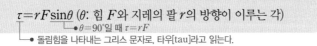

$$\tau = rF\sin\theta \ (\theta: \text{힘 } F\text{와 지레의 팔 } r\text{의 방향이 이루는 각})$$
- $\theta=90°$일 때 $\tau=rF$
- 돌림힘을 나타내는 그리스 문자로, 타우[tau]라고 읽는다.

(3) **돌림힘의 방향:** 동일한 회전축에 대해 시계 방향과 시계 반대 방향으로 나타낼 수 있다.

(4) **돌림힘의 평형:** 물체에 시계 방향으로 작용하는 돌림힘과 시계 반대 방향으로 작용하는 돌림힘의 크기가 같으면 두 돌림힘이 평형을 이루어 물체의 회전 상태가 변하지 않는다.

정지해 있던 물체는 계속 정지해 있고, 회전하는 물체의 회전수가 변하지 않는다.

시계 방향의 돌림힘 발생 — 회전축 — 시계 반대 방향의 돌림힘 발생

회전축에 대해 시계 방향의 돌림힘을 (+)로 정하면 시계 반대 방향의 돌림힘은 (−)로 표시할 수 있어요.

$$\tau_1 = \tau_2 \Rightarrow r_1 F_1 \sin\theta_1 = r_2 F_2 \sin\theta_2$$
- $\theta_1=\theta_2=90°$이면 $r_1 F_1 = r_2 F_2$

오른쪽 여백:

회전축 / 지레의 팔 / 힘

⬆ 문을 당길 때 돌림힘

- 문에 대한 수직 방향으로 손잡이를 당기면 돌림힘이 발생하여 문이 회전하면서 열리거나 닫힌다.

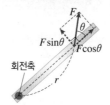

F / θ / $F\sin\theta$ / $F\cos\theta$ / 회전축 / r

⬆ 팔의 방향과 힘의 방향이 직각이 아닐 때 돌림힘

✱ 돌림힘
돌림힘은 물체의 회전 운동을 변화시키는 원인으로 힘과는 다르다. 돌림힘에 의해 물체는 회전을 시작하거나 회전 속도가 변하게 된다.

✱ 돌림힘의 단위
돌림힘의 단위는 일의 단위와 같은 N·m이다. 그러나 일과 관련된 힘의 방향은 운동 방향이고, 돌림힘과 관련된 힘의 방향은 지레의 팔에 수직으로 작용하는 방향이다. 따라서 일과 돌림힘은 다른 물리량이다.

 돌림힘의 크기

[돌림힘의 크기와 힘 F의 방향과의 관계] 힘 F와 지레의 팔 r의 방향이 이루는 각 θ가 수직에 가까울수록 돌림힘이 크다.

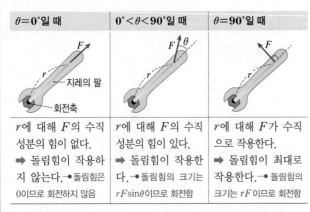

$\theta=0°$일 때	$0°<\theta<90°$일 때	$\theta=90°$일 때
r에 대해 F의 수직 성분의 힘이 없다. ➡ 돌림힘이 작용하지 않는다. ● 돌림힘은 0이므로 회전하지 않음	r에 대해 F의 수직 성분의 힘이 있다. ➡ 돌림힘이 작용한다. ● 돌림힘의 크기는 $rF\sin\theta$이므로 회전함	r에 대해 F가 수직으로 작용한다. ➡ 돌림힘이 최대로 작용한다. ● 돌림힘의 크기는 rF이므로 회전함

[돌림힘의 크기와 지레의 팔 r와의 관계] 지레의 팔 r가 길수록 돌림힘이 크다.

$r=r_1$일 때	$r=r_2$일 때
r_1에 대해 F가 수직으로 작용한다. ➡ 돌림힘은 $r_1 F$이다.	r_2에 대해 F가 수직으로 작용한다. ➡ 돌림힘은 $r_2 F$이다.

$r_1 < r_2$이므로 $r_1 F < r_2 F$이다. ➡ 돌림힘은 r_2일 때가 r_1일 때보다 크다.

2. 돌림힘의 이용

(1) **① 지레**: 돌림힘을 이용하여 물체를 들어 올리는 도구이다.

> **지레의 원리**
>
> *힘 F가 지레에 작용하는 돌림힘(τ_F)과 물체의 무게가 지레에 작용하는 돌림힘(τ_w)의 크기는 서로 같다. ┐
> └ 돌림힘의 평형
>
>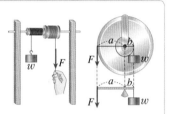
>
> **❶** $\tau_F = aF$, $\tau_w = bw$이다. $aF = bw$이다.
>
> **❷** $aF = bw$이므로 $F = \dfrac{b}{a}w$이다. ➡ $a > b$이면 물체의 무게보다 *작은 힘으로 무거운 물체를 들 수 있다.

- 지레의 원리를 이용한 예 병따개, *장도리, 가위 등

(2) **② 축바퀴**: 지레와 같은 원리를 이용하여 돌림힘을 얻는 장치이다.

> **축바퀴의 원리**
>
> 큰 바퀴의 돌림힘(τ_F)과 작은 바퀴의 돌림힘(τ_w)의 크기가 서로 같다. ┐
> └ 돌림힘의 평형 ●
>
> $aF = bw$이므로 $F = \dfrac{b}{a}w$이다. ➡ a가 b보다 클수록 작은 힘으로 큰
>
> 힘을 얻을 수 있다. ── 반지름이 큰 바퀴를 작은 힘으로 돌려 반지름이
> 작은 바퀴에 걸린 무거운 물체를 움직인다.
>
>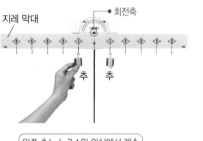

- 축바퀴를 이용한 예 드라이버, 자동차 운전대, 자전거의 기어, 문 손잡이 등

드라이버	자동차 운전대	자전거의 기어
드라이버의 손잡이는 반지름이 커서 나사를 작은 힘으로 쉽게 돌릴 수 있다.	무거운 차일수록 반지름이 큰 운전대를 이용하여 바퀴를 작은 힘으로 돌릴 수 있다.	뒷바퀴에 연결된 톱니바퀴의 반지름이 클수록 작은 힘으로 페달을 돌릴 수 있다.

탐구 자료창 **지레의 수평 맞추기**

(가) 그림과 같이 지레 막대를 스탠드에 고정하고, 수평을 맞춘다.

(나) 왼쪽 추의 개수를 아래 표와 같이 변화시키면서 평형을 이루는 오른쪽 추의 위치를 알아본다.

횟수	왼쪽 위치 – 추의 개수	오른쪽 위치 – 추의 개수
1	눈금 1 – 1개	눈금 1 – 1개
2	눈금 1 – 2개	눈금 2 – 1개
3	눈금 1 – 3개	눈금 3 – 1개

지레 막대 ──── 회전축

왼쪽 추는 눈금 1의 위치에서 개수만 변화시키고, 오른쪽 추는 1개만 사용하여 평형 위치를 찾아요.

1. **결과**: 왼쪽 추의 개수가 늘어날 때 지레가 수평을 이루는 오른쪽 추의 위치가 증가한다.

2. **지레가 수평을 이룰 조건**: '왼쪽 추의 무게 × 회전축으로부터의 거리'='오른쪽 추의 무게 × 회전축으로부터의 거리'
   └ 왼쪽 추 무게에 의한 돌림힘   └ 오른쪽 추 무게에 의한 돌림힘

개념 확인 문제

핵심 체크

- (❶   ): 물체의 회전 운동을 발생시키거나 변화시키는 물리량이다.
- 돌림힘의 크기: 돌림힘 τ는 지레의 팔에 작용하는 힘 F의 수직 성분($F\sin\theta$)의 크기와 지레의 (❷   )(r)에 비례한다. ➡ $\tau = rF\sin\theta$
- 돌림힘의 평형: 물체에 시계 방향으로 작용하는 돌림힘과 시계 반대 방향으로 작용하는 돌림힘의 크기가 같으면 두 돌림힘이 평형을 이루어 물체의 (❸   ) 상태가 변하지 않는다.
- (❹   )의 평형을 이용하여 지레를 사용하면 물체의 무게보다 작은 힘으로 물체를 들어 올릴 수 있다.
- (❺   ): 지레와 같은 원리로 돌림힘을 얻는 장치로, 큰 바퀴의 반지름이 작은 바퀴의 반지름보다 (❻   ) 작은 힘으로 물체를 움직일 수 있다.

1 돌림힘에 대한 설명으로 옳은 것은 ○, 옳지 <u>않은</u> 것은 ×로 표시하시오.

(1) 돌림힘은 지레의 팔의 방향에 평행하게 힘이 작용할 때 생긴다. ·······················(   )

(2) 돌림힘은 지레의 팔 길이가 길수록, 지레의 팔에 수직인 성분의 힘의 크기가 클수록 크다. ··········(   )

(3) 돌림힘의 크기는 물체에 작용하는 힘과 지레의 팔의 방향이 이루는 각 θ가 수직에 가까울수록 크다. (   )

2 그림과 같이 막대의 한쪽 끝에 구멍을 내고 누름핀으로 고정한 후, 구멍으로부터 **10 cm** 지점에 크기가 **5 N**인 힘을 **30°** 방향으로 작용하였다. 이때 돌림힘의 크기는 몇 **N·m**인지 구하시오.

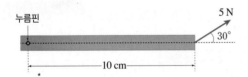

3 그림과 같이 스패너로 볼트를 돌리기 위해 필요한 돌림힘의 크기는 **10 N·m**이다. 이때 볼트의 끝에 수직으로 가해야 하는 힘 F의 최소 크기는 몇 **N**인지 구하시오.

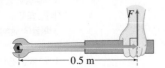

[4~5] 그림은 지레를 이용하여 무게가 w인 물체를 힘 F로 들어 올리는 모습을 나타낸 것이다.

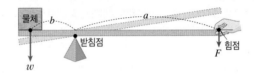

4 이에 대한 설명으로 옳은 것은 ○, 옳지 <u>않은</u> 것은 ×로 표시하시오.

(1) $F = \dfrac{b}{a}w$이다. ·······················(   )

(2) a가 작아질수록 힘은 적게 든다. ···········(   )

(3) 물체의 무게보다 작은 힘으로 물체를 들어올릴 수 있다. ·······················(   )

5 물체의 무게 w가 **30 N**이고, 지레의 $a = $ **30 cm**, $b = $ **20 cm**일 때, 물체가 지레에 작용하는 돌림힘의 크기는 몇 **N·m**인지 구하시오.

6 축바퀴의 원리를 이용한 장치가 <u>아닌</u> 것은?

① 드라이버   ② 문 손잡이
③ 자전거의 기어   ④ 자동차의 운전대
⑤ 거중기

B 물체의 평형

강가에 쌓아 놓은 돌탑 중에는 곧 무너질 것처럼 보이지만 아슬아슬하게 버티고 있는 것도 있어요. 돌탑이 무너지지 않는 까닭은 평형 상태에 있기 때문인데, 공사 현장 같은 곳에서는 평형 상태가 아주 중요하답니다. 어떻게 평형 상태를 유지하는지 알아볼까요?

1. 평형 상태(역학적 평형) 물체가 운동 상태의 변화없이 정지해 있는 상태를 평형 상태라고 한다. 평형 상태를 유지하기 위해서는 힘의 평형과 돌림힘의 평형을 동시에 만족해야 한다.

> **물체의 평형 조건**   26쪽~27쪽
> (1) 힘의 평형: 물체에 작용하는 <u>모든 힘의 합력</u>이 0이다. ➡ $F_1+F_2+F_3\cdots=\Sigma F=0$
> (2) 돌림힘의 평형: 물체에 작용하는 모든 돌림힘의 합이 0이다. ➡ $\tau_1+\tau_2+\tau_3\cdots=\Sigma\tau=0$

> **힘의 평형과 돌림힘의 평형**
> 크기가 같은 두 개의 힘이 반대 방향으로 작용하면 알짜힘이 0이므로 힘의 평형을 이룬다. 이때 두 힘이 같은 작용선상에 있으면 물체가 평형 상태를 유지하지만, 같은 작용선상에 있지 않으면 돌림힘도 평형을 이루어야 평형 상태를 유지할 수 있다.
>
> | 작용선이 같은 경우 | 작용선이 다른 경우 |
> | --- | --- |
> | F_1 ← ■ → F_2
 $F_1=-F_2$ | F_1, F_2 ➡ ← ■ →
 $F_1=-F_2$ $F_1=-F_2$ |
> | 같은 작용선상에서 크기가 같은 두 힘이 반대 방향으로 작용하면 알짜힘이 0이 된다. ➡ 물체는 계속 정지해 있다. | 크기가 같은 두 힘이 같은 작용선상에 있지 않으면 두 힘의 알짜힘은 0이지만 작용선이 같아지는 방향으로 물체는 회전 운동을 한다. ➡ 무게중심의 위치는 그대로이지만 돌림힘이 생겨 물체가 회전한다. |

2. 무게중심

(1) ❶**무게중심**: 물체를 이루는 입자들의 전체 무게가 한 곳에 작용한다고 볼 수 있는 점
① 대칭인 물체의 무게중심: 직육면체나 구와 같이 대칭인 물체는 물체의 중앙에 무게중심이 있다.
② 모양이 불규칙한 물체의 무게중심: 질량 분포가 많은 쪽으로 무게중심이 치우쳐 있다.

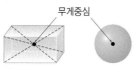
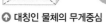

ⓐ 대칭인 물체의 무게중심   ⓐ 모양이 불규칙한 물체의 무게중심

(2) **평형 상태와 무게중심**: *물체의 무게중심을 떠받치면 물체는 힘의 평형과 돌림힘의 평형을 이루어 평형 상태를 유지한다.

> **물체의 무게중심 찾기**
> ❶ 물체의 A점과 B점을 실로 묶고 각각 들고 있으면 물체는 회전하다가 정지한다.
> ❷ 실의 방향을 연장한 연장선이 만나는 점이 무게중심이다.
> ➡ 실을 연장한 연직선의 왼쪽과 오른쪽에 작용하는 돌림힘이 평형을 이루므로 물체는 더이상 회전하지 않고 멈춘다.

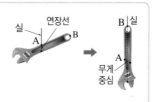

주의해

힘의 평형과 돌림힘의 평형
물체에 작용하는 알짜힘이 0이더라도 물체에 작용하는 돌림힘은 평형이 아닐 수 있다.

★ **평형 상태와 무게중심**
무게중심을 떠받치면 무게중심에 대해 물체의 모든 구성 입자들의 중력에 의한 돌림힘의 합이 0이 된다. 따라서 물체는 역학적 평형 상태를 유지한다.

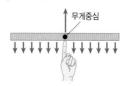

용어

❶ **무게중심**(center of gravity)
물체의 각 부분에 작용하는 중력을 더한 합력의 작용점이다.

02 물체의 평형

C 구조물의 안정성

1. 구조물의 안정성

(1) **무게중심과 받침면:** 물체를 기울여도 무게중심의 작용선이 받침면 안쪽에 있으면 물체는 원래의 안정된 상태로 되돌아온다.

(2) **무게중심의 위치와 안정성:** 무게중심의 위치가 낮고 바닥과 접촉하고 있는 면(받침면)이 넓을수록 안정하다.

❶ 무게중심이 낮고 바닥이 넓은 경우	❷ 무게중심이 높고 바닥이 좁은 경우
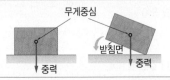	
물체를 기울여도 무게중심의 작용선이 받침면 안쪽에 있어 넘어지지 않고 원래 위치로 되돌아온다. ➡ 중력에 의한 돌림힘이 작용하여 원래의 안정한 상태로 돌아가기가 쉽다.	물체를 기울이면 무게중심의 작용선이 받침면 바깥쪽으로 벗어나 넘어진다. ➡ 무게중심이 낮아지려고 하는 방향으로 중력에 의한 돌림힘이 작용하여 넘어진다.

2. 무게중심과 받침면 사이의 관계를 활용한 예

(1) **복원력:** 평형 위치에서 벗어난 물체를 원래 위치로 되돌리려는 힘, 역학적 평형이 깨지더라도 구조물의 무게중심의 작용선이 받침면 위를 벗어나지 않으면 복원력이 작용하여 원래의 상태로 돌아갈 수 있다.

(2) **오뚝이:** 무게중심이 아래쪽에 있어 넘어져 있을 때보다 서 있을 때 안정적이다. ➡ 오뚝이가 넘어지면 무게중심이 높아져 다시 낮아지려는 방향으로 중력에 의한 돌림힘이 작용하므로 중력이 복원력이 된다.

오뚝이와 복원력

오뚝이가 넘어지면 무게중심이 낮아지려는 방향으로 돌림힘이 작용한다.
❶ 오뚝이가 넘어지면 무게중심이 높아진다.
❷ 무게중심이 낮아지려는 방향으로 복원력이 작용하여 처음 상태로 되돌아온다.

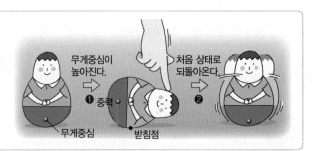

☆ 확대경 배의 안정성

미래엔 교과서에만 나와요

*배가 기울어졌을 때 다시 복원되는 현상도 복원력(돌림힘)으로 설명할 수 있다.
❶ 배가 기울어지면 부력의 작용점이 이동하여 부력과 중력이 같은 작용선상에 있지 않게 된다.
❷ 중력과 부력이 복원력으로 작용하여 처음 위치로 되돌아간다. 배는 무거운 짐을 아래에 실어 무게중심이 낮아지도록 한다.

ⓤ 배가 안정적일 때   ⓤ 배가 기울어졌을 때

★ 배가 뒤집어지는 경우
무게중심이 높을수록 배가 기울어졌을 때 중력과 부력이 복원력이 되지 못하고 배가 전복되는 방향으로 돌림힘을 작용하므로 배가 뒤집어진다.

3. 생활 속의 구조물의 안정성

(1) 안정성과 구조물: 물체의 안정성을 위해서는 평형 상태가 깨지지 않도록 안정성을 고려하여 구조물을 설계한다.

크레인의 평형추	선반의 받침대	나무의 받침대

크레인으로 무거운 물체를 들어 올릴 때에는 평형추를 이용하여 돌림힘의 평형을 맞춘다.	받침대를 붙여서 물체의 무게로 생기는 돌림힘 때문에 벽에 붙은 선반이 떨어지는 것을 막는다.	줄기의 무게에 의한 돌림힘 때문에 나무가 쓰러지는 것을 막기 위해 받침대를 세운다.

(2) ★구조물의 안정성 계산: 구조물들은 물체의 평형 조건을 만족할 때 평형 상태를 이룬다.

구조물의 안정성 계산

[타워 크레인의 안정성]

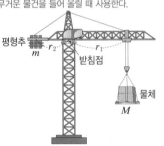

질량이 M인 물체가 받침점으로부터 r_1만큼 떨어져 있고, 질량이 m인 평형추가 받침점으로부터 r_2만큼 떨어져 평형을 이루고 있다.

❶ 힘의 평형 조건: $Mg+mg-$받침점의 수직 항력 $=0$

❷ 돌림힘의 평형 조건: 받침점을 회전축으로 할 때
   $r_1Mg-r_2mg=0$

평형 조건 ❶, ❷를 만족하면 타워 크레인은 역학적 평형을 이루어 넘어지지 않고 안정해진다.

[선반의 안정성]

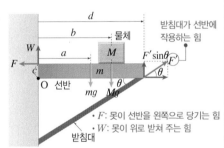

- F: 못이 선반을 왼쪽으로 당기는 힘
- W: 못이 위로 받쳐 주는 힘

벽에 못으로 고정한 선반에 물체를 올려놓았을 때 선반이 정지해 있다면 선반에 작용하는 힘과 돌림힘이 평형을 이루고 있다. 만약 받침대가 없다면

❶ 힘의 평형 조건: $W-(mg+Mg)=0$

❷ 돌림힘의 평형 조건: O점을 회전축으로 할 때
   $cF-(amg+bMg)=0$

을 만족한다. 선반 아래에 받침대를 설치하면 위로 $dF'\sin\theta$의 돌림힘을 더 받게 되어 m과 M이 커지더라도 선반이 안정해진다.

★ **구조물의 안정성 계산**
안정된 구조물들은 모두 힘의 평형과 돌림힘의 평형을 유지하고 있다. 힘의 평형이나 돌림힘의 평형이 깨지면 구조물은 무너지게 된다. 평형 조건을 이용하여 구조물을 이루는 물체들에 작용하는 힘을 정량적으로 계산할 수 있으므로, 구조물의 안정성을 높이는 설계 및 제작이 가능하다.

예제 그림과 같이 3 m 길이의 막대가 받침대와 천장 사이에 실로 매달려 있는 경우, 실이 견뎌야 하는 힘은 몇 N인지 구하시오. (단, 막대와 실의 질량은 무시한다.)

해설 3 m 길이의 막대가 받침대와 천장 사이에 실로 매달려 있는 경우, 실이 견뎌야 하는 힘은 다음과 같은 과정으로 구할 수 있다.

- 힘의 평형 조건: $F_P+F_Q-30\,N=0$
- 돌림힘의 평형 조건: $1\,m\times30\,N-3\,m\times F_Q=0$

  ∴ $F_P=20\,N$, $F_Q=10\,N$

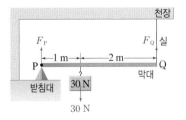

답 10 N

평형 상태에 있는 물체의 분석

정답친해 6쪽

평형 상태에 있는 물체에 대한 문제는 매우 복잡해 보이지만 힘의 평형과 돌림힘의 평형, 이 두 가지 평형 조건을 만족하는 식만 세우면 쉽게 해결할 수 있어요. 지금부터 차근차근 알아보아요.

그림과 같이 질량이 4 kg이고 길이가 8 m인 균일한 막대의 P점과 Q점에 받침대를 놓고 질량이 2 kg인 물체를 막대의 오른쪽에서 2 m만큼 떨어진 지점에 올려놓았다.

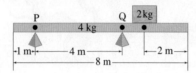

막대가 수평을 유지하고 있을 때 P점과 Q점에 작용하는 힘 F_P, F_Q에 대해 알아보자. (단, 중력 가속도는 10 m/s²이다.)

물체가 평형 상태를 유지하기 위해서는 힘의 평형과 돌림힘의 평형을 모두 만족해야 해요.

1 힘의 평형

① 막대에 작용하는 모든 힘을 표시한다.
② 힘의 평형 조건을 이용하여 모든 힘의 합력(알짜힘)이 0이 되도록 식을 세운다.

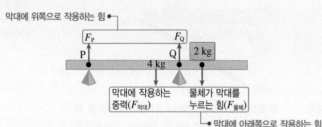

막대에 위쪽으로 작용하는 힘

막대에 작용하는 중력($F_{막대}$)

물체가 막대를 누르는 힘($F_{물체}$)

막대에 아래쪽으로 작용하는 힘

막대에 위쪽으로 작용하는 힘	막대에 아래쪽으로 작용하는 힘
• P점에서 받침대가 막대에 위쪽으로 작용하는 힘: F_P • Q점에서 받침대가 막대에 위쪽으로 작용하는 힘: F_Q	• 막대에 작용하는 중력: $F_{막대} = 4 \text{ kg} \times 10 \text{ m/s}^2 = 40 \text{ N}$ • 물체가 막대를 누르는 힘 (=물체에 작용하는 중력): $F_{물체} = 2 \text{ kg} \times 10 \text{ m/s}^2 = 20 \text{ N}$

③ 막대에 위쪽으로 작용하는 힘($F_P + F_Q$)=막대에 아래쪽으로 작용하는 힘($F_{막대} + F_{물체}$)

$$F_P + F_Q = F_{막대} + F_{물체} \Rightarrow F_P + F_Q = 40 \text{ N} + 20 \text{ N} = 60 \text{ N} \cdots\cdots\cdots\cdots ⓘ$$

힘의 평형 조건을 만족할 수 있도록 식을 세워 보아요.

2 돌림힘의 평형

① 회전축을 정하고, 회전축으로부터 각 힘까지의 거리를 표시하여 지레의 팔 길이를 구한다.

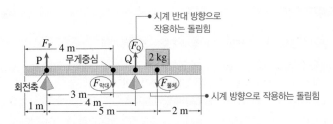

P점을 회전축으로 잡으면 F_P와 회전축 사이의 거리(=지레의 팔)가 0이 되어 F_P에 의한 돌림힘의 식은 세우지 않아도 되어 편리해요.

② 회전 방향을 고려하여 각 힘에 의한 돌림힘을 구한다.

시계 반대 방향으로 작용하는 돌림힘	시계 방향으로 작용하는 돌림힘
• F_Q에 의한 돌림힘: $F_Q \times 4$ m$=4F_Q$	• $F_{막대}$에 의한 돌림힘: 40 N$\times$3 m$=120$ N·m • $F_{물체}$에 의한 돌림힘: 20 N$\times$5 m$=100$ N·m

③ 회전축 P를 중심으로 '시계 방향으로 작용하는 돌림힘=시계 반대 방향으로 작용하는 돌림힘'

> 120 N·m$+100$ N·m$=4F_Q$에서 $F_Q=55$ N ················ ⓘⓘ

• 균일한 막대이므로 무게중심은 막대의 가운데인 4 m 지점에 있다. 따라서 무게가 40 N인 물체가 회전축 P에서 3 m만큼 떨어져 있는 것과 같은 상황으로 생각하고 식을 세우면 된다.

③ 역학적 평형

① 힘의 평형과 돌림힘의 평형을 동시에 만족해야 하므로 ❶, ❷에서 구한 식 ⓘ, ⓘⓘ 를 연립한다.

> $F_P+F_Q=F_P+55$ N$=60$ N에서 $F_P=5$ N, $F_Q=55$ N이다.

② P점에서 받침대가 막대에 작용하는 힘 $F_P=5$ N이고, Q점에서 받침대가 막대에 작용하는 힘 $F_Q=55$ N이라는 것을 알 수 있다.

Q1 그림과 같이 질량이 4 kg이고 길이가 8 m인 균일한 막대의 O점과 P점에 받침대를 놓고 질량이 2 kg인 물체를 올려놓았을 때 막대가 수평을 유지하고 있다.

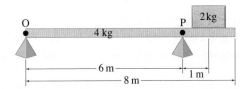

다음은 O점과 P점에서 받침대가 막대에 작용하는 힘 F_O와 F_P를 구하는 과정을 나타낸 것이다. 빈칸에 알맞은 값을 쓰시오. (단, 중력 가속도는 10 m/s²이다.)

❶ 막대에 작용하는 모든 힘의 합력이 0이므로 $F_O+F_P=40$ N$+$㉠( ) N이다. ····························· ⓘ
❷ 막대에 작용하는 모든 돌림힘의 합이 0이므로, O점을 회전축으로 정하면
  $(4$ m$\times40$ N$)+(7$ m$\times20$ N$)=$㉡( )m$\times F_P$이다. ·· ⓘⓘ
❸ ⓘ과 ⓘⓘ를 연립하여 풀면 $F_O=$㉢( ) N, $F_P=50$ N이다.

개념 확인 문제

핵심
체크

- (❶   ): 물체가 운동 상태의 변화 없이 정지해 있는 상태
- 평형 상태를 유지하기 위해서는 (❷   )의 평형과 (❸   )의 평형을 동시에 만족해야 한다.
  - (❷   )의 평형: 물체에 작용하는 모든 힘의 합력이 0이다.
  - (❸   )의 평형: 물체에 작용하는 돌림힘의 합이 0이다.
- (❹   ): 물체를 이루는 입자들의 전체 무게가 한 곳에 작용한다고 볼 수 있는 점이다.
- 구조물이 안정된 정지 상태를 유지하기 위해서는 물체를 기울여도 무게중심의 작용선이 (❺   ) 안쪽에 있어야 넘어지지 않고 원래 위치로 되돌아온다.
- 무게중심의 위치와 안정성: 무게중심이 (❻   ), 받침면이 (❼   ) 안정하다.
- 오뚝이와 같이 평형 위치에서 벗어난 물체를 원래 위치로 되돌리려는 힘을 (❽   )이라고 한다.

1 그림은 모양이 대칭인 균일한 물체를 나타낸 것이다.

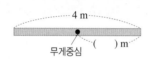
4 m
무게중심 (   ) m

(   ) 안에 알맞은 값을 쓰시오.

2 (   ) 안에 알맞은 말을 쓰시오.

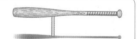
야구 방망이와 같이 모양이 불규칙한 물체를 떠받칠 때 (   )이 있는 부분을 떠받치면, 물체는 힘의 평형과 돌림힘의 평형을 만족하게 되어 평형 상태를 유지한다.

3 그림은 질량이 10 kg이고, 길이가 4 m인 균일한 막대

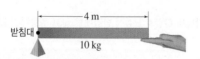
받침대
4 m
10 kg

의 한쪽 끝을 받침대로 받치고, 다른 쪽 끝을 손으로 받쳐 막대가 수평인 상태로 정지해 있는 모습을 나타낸 것이다. (   ) 안에 알맞은 값을 구하시오. (단, 중력 가속도는 10 m/s² 이고, 손의 크기는 무시한다.)

(1) 막대의 무게중심은 받침대로부터 (   ) m 떨어진 지점에 있다.
(2) 받침대를 회전축으로 하면, 막대의 무게중심에 의한 돌림힘의 크기는 (   ) N·m이다.
(3) 손이 막대를 받치는 힘의 크기는 (   ) N이다.
(4) 받침대가 막대를 받치는 힘의 크기는 (   ) N이다.

4 구조물의 안정성에 대한 설명이다. (   ) 안에 알맞은 말을 쓰시오.

구조물이 안정된 상태를 유지하기 위해서는 평형 상태를 유지해야 하고, 평형 상태가 깨지더라도 ㉠(   )이 작용하여 다시 원래의 상태로 돌아갈 수 있어야 한다. 이때 물체가 평형 상태를 유지하기 위해서는 ㉡(   )의 평형과 돌림힘의 평형을 동시에 만족해야 한다.

5 그림과 같이 놓여 있는 물체가 불안정해서 넘어지기 쉬운 까닭을 설명한 것이다.
(   ) 안에 알맞은 말을 쓰시오.

무게중심
받침면

물체의 ㉠(   )의 작용선이 받침면을 벗어나면 중력에 의한 ㉡(   )이 발생하여 물체가 넘어지게 된다.

6 구조물의 안정성에 대한 설명으로 옳은 것은 ○, 옳지 않은 것은 ×로 표시하시오.

(1) 구조물이 평형 상태를 유지하기 위해서는 힘의 평형이나 돌림힘의 평형 중 한 가지만 만족하면 된다. (   )
(2) 외부 힘에 의해 구조물의 평형이 깨졌을 때, 받침면이 넓을수록, 무게중심이 낮을수록 안정한 상태로 되돌아갈 수 있다. (   )
(3) 타워 크레인을 사용하여 작업을 할 때 힘의 평형과 돌림힘의 평형을 유지하면서 작업해야 한다. (   )

대표 자료 분석

자료 ① 역학적 평형

기출 Point
- 역학적 평형 상태를 이루는 조건 파악하기
- 역학적 평형 상태에서 두 받침대가 막대에 작용하는 힘 구하기

[1~4] 그림은 받침대 A, B 위에 놓인 길이 12 m, 질량 30 kg인 균일한 장대 위에 철수가 정지해 있는 상태에서 장대가 수평을 유지하고 있는 모습을 나타낸 것이다. 이때 A가 장대를 떠받치는 힘의 크기는 600 N이다. (단, 중력 가속도는 10 m/s²이고, 장대의 두께와 폭은 무시한다.)

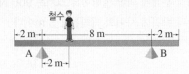

1 장대의 무게중심으로부터 B까지의 거리는 몇 m인지 구하시오.

2 철수의 질량은 몇 kg인지 구하시오.

3 B가 장대를 떠받치는 힘의 크기는 몇 N인지 구하시오.

4 빈출 선택지로 **완벽 정리!**

(1) 평형 상태에 있는 물체에 작용하는 모든 힘의 합력은 0이다. ·············· (○ / ×)

(2) 물체의 무게중심을 회전축으로 정하면 물체에 작용하는 모든 돌림힘의 합은 0이 아니다. ····· (○ / ×)

(3) 평형 상태에 있는 물체의 회전축을 어느 점으로 정하여도 물체에 작용하는 모든 돌림힘의 합은 0이다. ·············· (○ / ×)

자료 ② 구조물의 안정성

기출 Point
- 구조물의 역학적 평형이 이루어지는 조건 파악하기
- 구조물의 안정성 이해하기

[1~4] 그림은 타워 크레인의 구조를 나타낸 것이다. 물체의 질량은 M, 추의 질량은 m, 물체와 받침점 사이의 거리는 r_1이고, 추와 받침점 사이의 거리는 r_2이다. (단, 중력 가속도는 g이고, 받침점 위 다른 부분의 무게는 무시한다.)

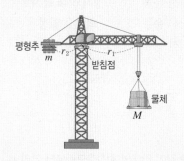

1 받침점이 견디어야 하는 힘의 크기는 얼마인지 구하시오.

2 받침점을 회전축으로 하였을 때 돌림힘의 평형을 유지하기 위한 조건을 구하시오.

3 구조물이 평형 상태를 유지하기 위한 조건을 쓰시오.

4 빈출 선택지로 **완벽 정리!**

(1) 힘의 평형이 이루어지지 않은 건물이라도 돌림힘의 평형을 만족하면 무너지지 않는다. ·········· (○ / ×)

(2) 기울어진 피사의 사탑이 더이상 기울어지지 않는 것은 현재 상태에서 힘의 평형과 돌림힘의 평형이 이루어지고 있기 때문이다. ·········· (○ / ×)

(3) 돌림힘의 평형이 약간 깨지더라도 복원력이 작용하여 원래의 상태로 되돌아올 수 있는 구조물은 안정한 상태이다. ·············· (○ / ×)

내신 만점 문제

A 돌림힘

01 어떤 물체에 작용하는 알짜힘은 0이고, 돌림힘의 합이 0이 아닐 경우 물체의 운동 상태로 가능한 것은?

	무게중심의 운동	회전 운동
①	정지 상태 유지	정지 상태 유지
②	정지 상태 유지	회전수 일정
③	등속 직선 운동	정지 상태 유지
④	등속 직선 운동	회전수 일정
⑤	등속 직선 운동	회전수 변화

02 그림과 같이 막대의 회전축으로부터 거리 r_1, r_2만큼 떨어진 곳에 각각 힘 F_1, F_2를 작용하였다.

막대에 시계 방향으로 작용하는 돌림힘의 크기는?

① $r_1 \times F_1$　　　　② $r_1 \times F_2$

③ $r_2 \times F_2$　　　　④ $(r_1 \times F_1) - (r_2 \times F_2)$

⑤ $(r_1 \times F_2) - (r_2 \times F_1)$

03 그림은 한쪽 끝에 질량이 3 kg인 물체를 매단 3 m 길이의 막대가 수평을 유지하고 있는 모습을 나타낸 것이다.

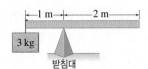

이 막대의 질량은? (단, 중력 가속도는 10 m/s²이다.)

① 1 kg　　② 1.5 kg　　③ 3 kg

④ 6 kg　　⑤ 9 kg

04 그림은 무게가 300 N인 영희와 600 N인 철수가 길이 6 m인 시소에 앉았을 때 시소가 수평을 이루고 있는 모습을 나타낸 것이다. 받침대는 시소의 정중앙을 받치고 있고, 영희는 시소의 왼쪽 끝 부분에 앉아 있다.

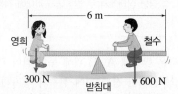

이에 대한 설명으로 옳은 것만을 [보기]에서 있는 대로 고른 것은?

[보기]
ㄱ. 시소는 돌림힘의 평형을 이루고 있다.
ㄴ. 영희의 무게에 의한 돌림힘의 크기는 900 N·m이다.
ㄷ. 철수와 받침대 사이의 거리는 1.5 m이다.

① ㄱ　　　　② ㄷ　　　　③ ㄱ, ㄴ
④ ㄴ, ㄷ　　　　⑤ ㄱ, ㄴ, ㄷ

05 그림은 반지름이 각각 20 cm, 80 cm인 두 원통으로 이루어진 축바퀴에 질량이 10 kg인 물체를 매달고 힘 F로 잡아당겨 물체를 들어 올리는 모습을 나타낸 것이다.

이에 대한 설명으로 옳은 것만을 [보기]에서 있는 대로 고른 것은? (단, 중력 가속도는 10 m/s²이다.)

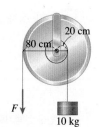

[보기]
ㄱ. 물체의 무게에 의한 돌림힘의 크기는 2 N·m이다.
ㄴ. 힘 F의 크기는 2.5 N이다.
ㄷ. 힘 F로 줄을 4 m 당기면 물체는 1 m 올라간다.

① ㄱ　　　　② ㄴ　　　　③ ㄷ
④ ㄱ, ㄴ　　　　⑤ ㄱ, ㄴ, ㄷ

06 그림은 철수가 야구 방망이의 가는 쪽을 잡고 영희가 굵은 쪽을 잡은 후, 두 사람이 동시에 서로 반대 방향으로 야구 방망이를 돌려 힘겨루기를 하는 모습을 나타낸 것이다.

철수   영희

철수와 영희 중 누가 더 유리한지 쓰고, 그 까닭을 서술하시오.

07 그림은 막대의 회전축에서 왼쪽으로 20 cm 떨어진 곳에 3 N의 힘이 막대의 길이 방향과 30°의 각을 이루며 작용하고, 오른쪽으로 30 cm 떨어진 곳에 힘 F가 막대의 길이 방향과 45°의 각을 이루며 작용하는 모습을 나타낸 것이다. 이때 막대는 회전하지 않고 정지 상태를 유지하고 있다.

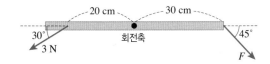

이에 대한 설명으로 옳은 것만을 [보기]에서 있는 대로 고른 것은? (단, 막대는 중력의 영향을 받지 않는다.)

[보기]
ㄱ. 3 N의 힘에 의한 돌림힘의 크기와 힘 F에 의한 돌림힘의 크기는 같다.
ㄴ. 3 N의 힘에 의한 돌림힘의 크기는 0.6 N·m이다.
ㄷ. 힘 F의 크기는 2 N이다.

① ㄱ   ② ㄷ   ③ ㄱ, ㄴ
④ ㄴ, ㄷ   ⑤ ㄱ, ㄴ, ㄷ

B 물체의 평형

08 그림과 같이 질량이 2 kg이고 길이가 5 m인 균일한 막대의 O점과 P점에 받침대를 놓고, 질량이 2 kg인 물체를 막대의 오른쪽 끝에 올려놓았더니 막대가 수평을 유지하였다.

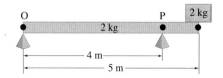

O점과 P점에서 받침대가 막대에 작용하는 힘 F_O와 F_P의 크기를 옳게 짝 지은 것은? (단, 중력 가속도는 10 m/s²이다.)

	F_O	F_P		F_O	F_P
①	2.5 N	37.5 N	②	4.5 N	35.5 N
③	10 N	30 N	④	15 N	25 N
⑤	35 N	5 N			

09 그림과 같이 철수는 무게 100 N인 물체를 막대에 걸쳐 어깨에 메고 있다.

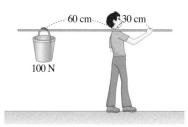

막대가 철수의 어깨를 누르는 힘의 크기는? (단, 막대의 무게는 무시한다.)

① 100 N   ② 150 N   ③ 200 N
④ 300 N   ⑤ 400 N

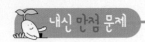

10 그림은 물체의 무게를 재는 손저울이 수평을 이루어 정지해 있는 모습을 나타낸 것이다. 저울의 막대는 길이가 60 cm이고, 질량이 0.5 kg인 균일한 원통형이며, 추의 질량은 1 kg이다.

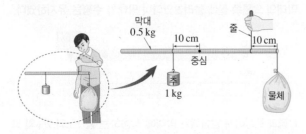

손이 줄을 당기는 힘의 크기는? (단, 중력 가속도는 10 m/s² 이다.)

① 40 N   ② 45 N   ③ 50 N

④ 55 N   ⑤ 60 N

11 그림과 같이 실에 매달려 수평인 상태로 정지해 있는 질량 4 kg인 막대 P의 왼쪽 끝에서 거리 L인 지점에 5 kg인 물체 A를 매단 후, A를 지면에서 받침대 위에 놓인 막대 Q의 한 끝에 올려놓고 다른 끝에 질량 2 kg인 물체 B를 올려놓으니 막대 Q가 수평을 이루었다. 막대 P와 Q의 길이는 각각 $3L$, $2L$이며, 받침대로부터 A와 B까지의 거리는 모두 L이다.

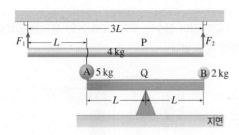

실이 막대 P를 당기는 힘 F_1과 F_2의 크기를 옳게 짝 지은 것은? (단, 중력 가속도는 10 m/s²이고, 막대 P와 Q의 재질은 균일하다.)

	F_1	F_2		F_1	F_2
①	30 N	40 N	②	30 N	60 N
③	40 N	30 N	④	40 N	50 N
⑤	50 N	40 N			

12 그림은 질량이 4 kg이고 길이가 6 m인 균일한 막대의 O점과 P점에 받침대를 놓고, 질량이 1 kg인 물체를 막대의 오른쪽 끝에서 1 m 떨어진 지점에 올려놓았을 때 막대가 수평을 유지하고 있는 모습을 나타낸 것이다.

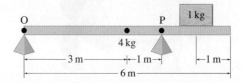

O점과 P점에서 막대에 작용하는 힘의 크기 F_O와 F_P를 옳게 짝 지은 것은? (단, 중력 가속도는 10 m/s²이다.)

	F_O	F_P		F_O	F_P
①	5 N	45 N	②	7.5 N	42.5 N
③	10 N	40 N	④	15 N	35 N
⑤	20 N	30 N			

ⓒ 구조물의 안정성

13 그림은 오뚝이를 눌렀다 놓았을 때 다시 처음 상태가 되는 것을 나타낸 것이다.

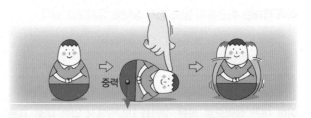

이에 대한 설명으로 옳은 것만을 [보기]에서 있는 대로 고른 것은?

┌─[보기]
ㄱ. 오뚝이가 기울어지면 무게중심이 높아진다.
ㄴ. 무게중심이 높을수록 안정적이다.
ㄷ. 오뚝이를 기울이면 중력에 의한 돌림힘이 복원력으로 작용한다.
└─

① ㄱ   ② ㄴ   ③ ㄱ, ㄴ

④ ㄱ, ㄷ   ⑤ ㄴ, ㄷ

14 그림은 고목나무의 줄기를 받침대로 받쳐 놓은 모습을 나타낸 것이다.
이에 대한 설명으로 옳은 것만을 [보기]에서 있는 대로 고른 것은?

받침대

〔보기〕
ㄱ. 줄기에 작용하는 힘은 평형을 이룬다.
ㄴ. 받침대가 없으면 줄기의 무게에 의한 돌림힘에 의해 줄기가 부러질 수 있다.
ㄷ. 줄기가 평형 상태를 유지하기 위해서는 힘의 평형만 이루어지면 된다.

① ㄱ   ② ㄷ   ③ ㄱ, ㄴ
④ ㄴ, ㄷ   ⑤ ㄱ, ㄴ, ㄷ

15 그림 (가)는 받침대가 없는 선반을, (나)는 받침대가 있는 선반을 나타낸 것이다. 벽에 고정된 두 선반에 같은 무게의 물체를 올려놓았을 때 두 선반은 평형 상태를 유지하였다.

받침대
(가)   (나)

이에 대한 설명으로 옳은 것만을 [보기]에서 있는 대로 고른 것은?

〔보기〕
ㄱ. 두 선반은 힘의 평형 상태에 있다.
ㄴ. 두 선반은 돌림힘의 평형 상태에 있다.
ㄷ. 두 선반은 안정성에 차이가 없다.

① ㄱ   ② ㄷ   ③ ㄱ, ㄴ
④ ㄴ, ㄷ   ⑤ ㄱ, ㄴ, ㄷ

16 (서술형) 그림은 작업자가 아래쪽으로 갈수록 넓어지는 사다리에 올라가서 일을 하고 있는 모습을 나타낸 것이다.

(1) 사다리의 아래쪽이 위쪽보다 넓은 까닭은 무엇인지 서술하시오.
(2) 사다리를 아래쪽과 위쪽이 같은 폭이 되도록 만들면 어떤 문제점이 생기는지 서술하시오.

17 그림은 배가 기울어졌을 때 작용하는 힘을 모형으로 나타낸 것이다. 배가 기울어지면 물에 잠긴 부분이 달라지기 때문에 부력의 작용점이 이동한다.

무게중심   →   무게중심
부력 작용점   부력 작용점

배의 안정성에 대한 설명으로 옳은 것만을 [보기]에서 있는 대로 고른 것은?

〔보기〕
ㄱ. 배가 기울어지기 전에는 배에 작용하는 중력과 부력이 힘의 평형을 이룬다.
ㄴ. 배의 무게중심이 낮을수록 안정하다.
ㄷ. 안정한 구조의 배는 약간 기울어져도 부력과 중력에 의한 돌림힘이 복원력이 된다.

① ㄱ   ② ㄷ   ③ ㄱ, ㄴ
④ ㄴ, ㄷ   ⑤ ㄱ, ㄴ, ㄷ

01 힘의 합성

1. 힘의 합성과 분해

(1) 스칼라량과 벡터량

(❶)	(❷)
크기만 있는 물리량 ⑩ 이동 거리, 속력, 시간, 질량, 부피, 일, 에너지 등	크기뿐만 아니라 방향까지 있는 물리량 ⑩ 위치, 변위, 속도, 힘 등

(2) **벡터의 표시**: 크기와 방향을 화살표로 나타낸다.
① 벡터는 평행 이동할 수 있다.
② 벡터는 합성하거나 분해할 수 있다.

(3) **벡터의 합성**: 두 개 이상의 벡터를 합한 것과 같은 효과를 내는 한 힘
① 벡터의 합

평행사변형법

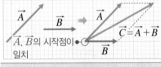

두 벡터 $\vec{A}$, $\vec{B}$의 시작점이 일치하도록 평행 이동한 후 평행사변형을 그린다.

삼각형법

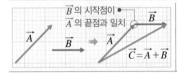

$\vec{B}$의 시작점을 $\vec{A}$의 끝점으로 평행 이동하여 $\vec{A}$의 시작점에서 $\vec{B}$의 끝점까지 화살표를 잇는다.

② 벡터의 차

평행사변형법	삼각형법
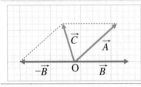	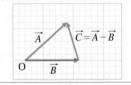
$\vec{C}=\vec{A}-\vec{B}=\vec{A}+(-\vec{B})$이므로 $\vec{A}$와 $-\vec{B}$의 평행사변형을 그려 합성 벡터 $\vec{C}$를 구한다.	시작점을 일치시키고 끝점끼리 연결한 직선 거리와 방향이 벡터의 차($\vec{C}$)가 된다.

(4) **벡터의 분해**: 한 개의 벡터와 같은 효과를 내는 두 개 이상의 벡터로 나누는 것

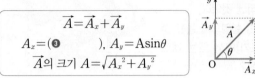

$$\vec{A}=\vec{A}_x+\vec{A}_y$$
$$A_x=(❸\qquad), \quad A_y=A\sin\theta$$
$$\vec{A}\text{의 크기 } A=\sqrt{A_x^2+A_y^2}$$

2. 알짜힘

(1) **알짜힘(합력)**: 한 물체에 둘 이상의 힘이 동시에 작용할 때, 같은 효과를 내는 한 힘
(2) **알짜힘 구하기**: 알짜힘은 벡터의 (❹   )으로 구한다.

구분	두 힘의 방향이 나란한 경우(같은 경우)	두 힘의 방향이 나란하지 않은 경우
알짜힘 구하기	$\vec{F}_1$ $\vec{F}_2$ 알짜힘 $\vec{F}$	$\vec{F}_1$ 알짜힘 $\vec{F}$ $\vec{F}_2$
알짜힘의 크기	$F=F_1+F_2$	$F=\lvert\vec{F}_1+\vec{F}_2\rvert$
알짜힘의 방향	두 힘의 방향	평행사변형의 대각선 방향

3. 벡터의 합성을 이용한 알짜힘

수중에 떠 있는 잠수부	줄에 매달린 물체
	두 장력의 합력 / 장력 / 장력 / 중력
물속에 정지해 있는 잠수부에는 위 방향으로 부력이, 아래 방향으로 중력이 작용하여 힘의 평형을 유지하고 있다.	두 줄에 작용하는 장력의 합력은 물체의 (❺)와 크기는 같고, 방향은 반대이므로 정지한 물체는 알짜힘이 0인 상태를 유지한다.
출발하는 육상 선수	최고점에 있는 진자
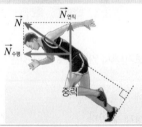	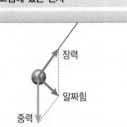
출발대를 차는 힘의 반작용으로 힘($\vec{N}$)을 받고, 이 힘의 연직 성분과 중력이 평형을 이루며, 알짜힘은 (❻)이다.	진자에 작용하는 중력과 장력의 합력이 (❼)이 된다. 이 힘으로 진자는 진동하게 된다.

평형과 안정성

1. 돌림힘

(1) **돌림힘(토크)**: 물체의 (**❽**   ) 운동을 발생시키거나 변화시키는 힘

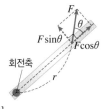

$$\tau = rF\sin\theta \text{ [단위: N·m]}$$

(2) **지레**: (**❾**   )을 이용하여 작은 힘으로 물체를 들어 올릴 수 있는 장치

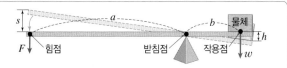

힘 F가 지레에 작용하는 돌림힘(τ_F)과 물체의 무게가 지레에 작용하는 돌림힘(τ_w)의 크기가 같다.

$$aF = bw \Rightarrow F = \frac{b}{a}w$$

(3) **축바퀴**: 지레와 같은 원리를 이용하여 돌림힘을 얻는 장치

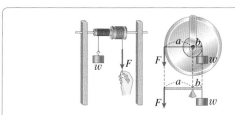

큰 바퀴의 돌림힘과 작은 바퀴의 돌림힘의 크기가 같다.

$aF = bw$에서 $F = \dfrac{b}{a}w$이다. ➡ $a > b$이므로 $F($ **❿** $)w$이다.

2. 평형 상태(역학적 평형)와 무게중심

(1) **평형 상태**: 물체가 운동 상태의 변화 없이 정지해 있는 상태, 평형 상태를 유지하기 위해서는 힘의 평형과 돌림힘의 평형을 동시에 만족해야 한다.

① (**⓫**   )의 평형: 물체에 작용하는 모든 힘의 합력이 0인 상태 ➡ $F_1 + F_2 + F_3 \cdots = 0$

② (**⓬**   )의 평형: 물체에 작용하는 모든 돌림힘의 합이 0인 상태 ➡ $\tau_1 + \tau_2 + \tau_3 \cdots = 0$

(2) (**⓭**   ): 물체를 이루는 입자들의 전체 무게가 한 곳에 작용한다고 볼 수 있는 점으로, 직육면체나 구와 같이 대칭인 물체는 물체의 중앙에 무게중심이 있다.

(3) **무게중심 찾기**: 물체의 서로 다른 두 점 A, B를 각각 실로 매달았을 때 실의 방향을 연장한 연장선이 만나는 점이 (**⓮**   )이다.

(4) **역학적 평형과 무게중심**: 물체의 (**⓯**   )을 떠받치면 물체는 힘의 평형과 돌림힘의 평형을 이루어 평형 상태를 유지한다.

3. 구조물의 안정성

(1) **무게중심의 위치와 안정성**: 구조물이 안정된 정지 상태를 유지하기 위해서는 물체를 기울여도 무게중심의 작용선이 (**⓰**   ) 안쪽에 있어야 한다. ➡ 받침면이 넓을수록, 무게중심이 (**⓱**   ) 안정하다.

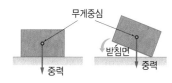

(2) **복원력의 작용**: 오뚝이와 같이 평형 위치에서 벗어난 물체를 원래 위치로 되돌리는 힘을 (**⓲**   )이라고 한다.

(3) **안정성과 구조물**: 물체의 안정성을 위해서는 평형 상태가 깨지지 않도록 하거나 안정성을 고려하여 설계한다.

(4) **구조물의 안정성 계산**: 구조물들은 물체의 평형 조건을 만족할 때 평형 상태를 이룬다.

[타워 크레인의 안정성]

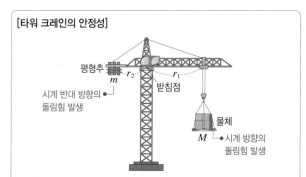

① 힘의 평형 조건: $Mg + mg - $ 받침점의 수직 항력$= 0 \cdots$ ㉠

② 돌림힘의 평형 조건: (**⓳**   )을 회전축으로 할 때

$$r_1 Mg - r_2 mg = 0 \cdots\cdots\cdots\cdots\cdots ㉡$$

㉠, ㉡을 만족하면 타워 크레인은 (**⓴**   )을 이루어 안정해진다.

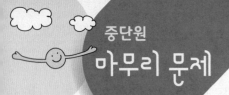

난이도 ●●●

01 그림과 같이 크기가 F로 같은 두 힘이 한 점에 작용하고 있다.

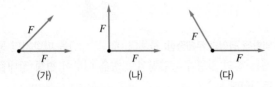

(가)　　　　(나)　　　　(다)

이에 대한 설명으로 옳은 것만을 [보기]에서 있는 대로 고른 것은?

[보기]

ㄱ. 합력은 F보다 항상 크다.

ㄴ. (나)에서 합력의 크기는 F이다.

ㄷ. 합력의 크기를 비교하면 (다)<(나)<(가)이다.

① ㄱ　　　　② ㄷ　　　　③ ㄱ, ㄴ

④ ㄴ, ㄷ　　　⑤ ㄱ, ㄴ, ㄷ

02 그림과 같이 나무도막에 세 힘 F_1, F_2, F_3이 작용하고 있다. F_1과 F_2는 직각을 이루고 있다. 이때 나무도막이 힘의 평형을 이루고 있다면 F_3의 크기는 몇 N인지 구하시오.

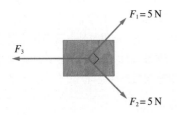

$F_1 = 5\,\text{N}$

F_3

$F_2 = 5\,\text{N}$

03 그림과 같이 어떤 물체에 **100 N**의 힘을 수평 방향으로 **60°**의 각을 이루도록 작용하였다.
이 힘의 수평 방향 성분과 수직 방향 성분의 크기를 순서대로 옳게 나열한 것은?

100 N

60°

① $50\,\text{N}, 50\sqrt{3}\,\text{N}$　　② $50\sqrt{2}\,\text{N}, 50\sqrt{3}\,\text{N}$

③ $50\sqrt{3}\,\text{N}, 50\,\text{N}$　　④ $100\,\text{N}, 100\sqrt{2}\,\text{N}$

⑤ $100\,\text{N}, 100\sqrt{3}\,\text{N}$

●●●○

04 그림 (가), (나)는 무게가 5 N인 추가 줄에 매달려 정지해 있는 것을 나타낸 것이다. (나)에서 두 줄이 수평면과 이루는 각도는 같다.

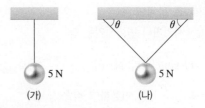

5 N　　　　5 N

(가)　　　　(나)

이에 대한 설명으로 옳지 <u>않은</u> 것은?

① (가)에서 추에 작용하는 알짜힘은 0이다.

② (가)에서 줄이 추에 작용하는 장력은 5 N이다.

③ (나)에서 추에 작용하는 알짜힘은 5 N이다.

④ (나)에서 두 줄이 추에 작용하는 장력의 합력은 5 N이다.

⑤ (나)에서 왼쪽 줄의 장력과 오른쪽 줄의 장력은 크기가 같다.

●●○○

05 한 물체에 같은 크기의 힘들이 그림과 같이 작용하고 있다.

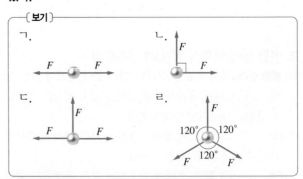

[보기]

ㄱ.　　　　　ㄴ.

ㄷ.　　　　　ㄹ.

물체에 작용하는 알짜힘이 **0**인 것만을 [보기]에서 있는 대로 고른 것은?

① ㄱ, ㄷ　　　② ㄱ, ㄹ　　　③ ㄴ, ㄷ

④ ㄱ, ㄴ, ㄷ　　⑤ ㄴ, ㄷ, ㄹ

06 그림과 같이 양끝이 고정된 두 줄 A, B에 무게가 **10 N**인 물체를 매달았더니 줄이 수평선과 각각 **60°**, **30°**의 각을 이루었다.

줄 A, B에 걸리는 장력을 각각 $\vec{F}_A$, $\vec{F}_B$라고 할 때, 이에 대한 설명으로 옳은 것만을 [보기]에서 있는 대로 고른 것은?

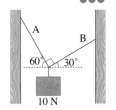

10 N

┌─[보기]─────────────────────┐
ㄱ. $F_A = \sqrt{3}F_B$이다.
ㄴ. $F_B = 5\sqrt{3}$ N이다.
ㄷ. $(\vec{F}_A + \vec{F}_B)$는 물체의 무게와 평형을 이룬다.
└────────────────────────────┘

① ㄱ   ② ㄴ   ③ ㄱ, ㄷ
④ ㄴ, ㄷ   ⑤ ㄱ, ㄴ, ㄷ

07 어떤 물체에 작용하는 모든 힘이 평형을 이루고 있고, 모든 돌림힘이 평형을 이루고 있다. 이 물체의 운동 상태로 적절하지 않은 것은?

① 회전하지 않고 정지해 있는 상태
② 회전하지 않고 등속도 운동하는 상태
③ 회전하지 않고 가속도 운동하는 상태
④ 제자리에서 일정한 속력으로 회전하는 상태
⑤ 무게중심이 등속도 운동하면서 일정한 속력으로 회전하는 상태

08 그림은 회전축에서 **30 cm** 떨어진 곳에 **100 N**의 힘이 **30°**의 각도로 작용하는 모습을 나타낸 것이다.

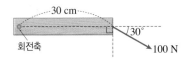

30 cm
회전축
30°
100 N

이때 돌림힘의 크기는?

① 15 N·m   ② $15\sqrt{2}$ N·m   ③ $15\sqrt{3}$ N·m
④ 1500 N·m   ⑤ $1500\sqrt{3}$ N·m

09 그림과 같이 질량이 **20 kg**인 어린이가 시소의 회전축으로부터 **1.5 m** 거리에 앉아 질량이 **60 kg**인 어른과 시소를 타고 있다.

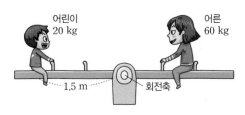

어린이 20 kg   어른 60 kg
1.5 m   회전축

시소가 수평을 이루고 있을 때, 시소의 회전축으로부터 어른까지의 거리는? (단, 중력 가속도는 **10 m/s²**이다.)

① 0.4 m   ② 0.5 m   ③ 1 m
④ 1.5 m   ⑤ 2 m

10 그림은 반지름이 각각 r, $3r$인 축바퀴의 양쪽에 질량이 $3m$인 물체 A와 질량이 m인 물체 B가 매달려 정지해 있는 것을 나타낸 것이다.

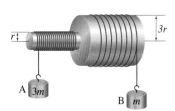

3r
r
A 3m   B m

B를 아래로 살짝 당겼다 놓았을 경우, 이에 대한 설명으로 옳은 것만을 [보기]에서 있는 대로 고른 것은? (단, 모든 마찰 및 축바퀴의 질량은 무시하고, 중력 가속도는 g이다.)

┌─[보기]─────────────────────┐
ㄱ. A가 축바퀴에 작용하는 돌림힘의 크기는 $3rmg$이다.
ㄴ. A와 B가 각각 축바퀴에 작용하는 돌림힘은 평형을 이룬다.
ㄷ. A와 B의 속력은 같다.
└────────────────────────────┘

① ㄱ   ② ㄴ   ③ ㄷ
④ ㄱ, ㄴ   ⑤ ㄱ, ㄴ, ㄷ

11 그림 (가), (나)는 한 물체에 두 힘이 작용하는 것을 나타낸 것이다. 각 물체에 작용하는 두 힘의 크기는 같고, 물체에는 두 힘 이외의 다른 힘은 작용하지 않는다.

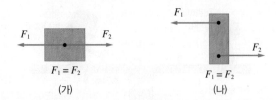

이에 대한 설명으로 옳은 것만을 [보기]에서 있는 대로 고른 것은?

[보기]
ㄱ. (가)에서 물체는 평형 상태에 있다.
ㄴ. (가)에서 물체의 회전 상태는 변하지 않는다.
ㄷ. (나)에서 물체에 작용하는 돌림힘은 평형을 이룬다.

① ㄱ   ② ㄷ   ③ ㄱ, ㄴ
④ ㄴ, ㄷ   ⑤ ㄱ, ㄴ, ㄷ

12 그림과 같이 무게가 각각 20 N, w인 추를 매달아 놓은 막대가 수평인 상태로 정지해 있다.

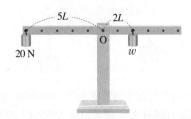

이에 대한 설명으로 옳은 것만을 [보기]에서 있는 대로 고른 것은? (단, 막대의 질량, 중심 O에서의 마찰은 무시한다.)

[보기]
ㄱ. w는 50 N이다.
ㄴ. 막대에 작용하는 돌림힘의 합은 0이다.
ㄷ. 중심 O가 막대를 밀어올리는 힘은 70 N이다.

① ㄱ   ② ㄴ   ③ ㄱ, ㄷ
④ ㄴ, ㄷ   ⑤ ㄱ, ㄴ, ㄷ

 **서술형 문제**

13 그림과 같이 어떤 물체에 두 힘 F_1과 F_2가 작용하고 있다. 이 두 힘 F_1과 F_2를 평행사변형법으로 합성하고, 합력을 화살표로 표시하시오.

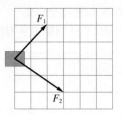

14 그림은 준우가 발뒤꿈치와 다리를 벽에 붙이고 몸을 앞으로 숙여 발끝을 잡으려고 하는 모습을 나타낸 것이다.
준우는 이 자세를 유지하지 못하고 곧 앞으로 넘어졌는데, 그 까닭을 서술하시오.

15 그림과 같이 무게가 600 N인 물체를 철수와 영희가 길이가 3 m인 막대에 걸쳐 들고 있다. 철수와 영희는 막대의 끝을 잡고 있으며 물체는 철수로부터 2 m 거리에 매달려 있다.

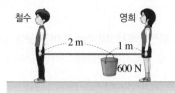

철수와 영희가 각각 막대에 작용하는 힘 $F_{철수}$, $F_{영희}$를 힘의 평형과 돌림힘의 평형을 이용하여 구하시오. (단, 막대의 질량은 무시한다.)

01 그림은 무게가 20 N인 추가 두 개의 줄 A, B에 매달려 있는 모습을 나타낸 것이다. A는 수평면과 45°의 각도를 이루고 있으며 B는 수평면과 나란한 상태를 유지하고 있다.

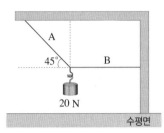

이에 대한 설명으로 옳은 것만을 [보기]에서 있는 대로 고른 것은?

─[보기]─
ㄱ. A의 장력과 B의 장력의 합력은 물체의 무게와 평형을 이룬다.
ㄴ. A의 장력의 수직 성분의 크기는 20 N이다.
ㄷ. B의 장력의 크기는 $20\sqrt{2}$ N이다.

① ㄱ   ② ㄷ   ③ ㄱ, ㄴ
④ ㄴ, ㄷ   ⑤ ㄱ, ㄴ, ㄷ

02 그림은 줄타기를 하는 사람의 모습을 모식적으로 나타낸 것이다. 줄 타는 사람의 앞부분과 뒷부분의 줄에 걸린 힘은 각각 F_1, F_2이다.

줄 위의 사람이 천천히 앞으로 이동하는 동안 F_1과 F_2의 크기 변화를 예상한 것으로 가장 알맞은 것은?

	F_1	F_2			F_1	F_2
①	감소	증가		②	감소	감소
③	증가	증가		④	증가	감소
⑤	일정	일정				

03 그림은 천장에 줄 A와 B의 양 끝을 매달고, 줄 C에 무게가 100 N인 추를 매달아 놓은 모습을 나타낸 것이다. A와 천장은 60°, B와 천장은 30°를 이루고 있다.

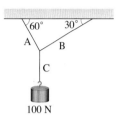

줄 A에 걸리는 장력, 줄 B에 걸리는 장력을 순서대로 옳게 나열한 것은?

① 50 N, $50\sqrt{3}$ N   ② $50\sqrt{3}$ N, 50 N
③ 100 N, 50 N   ④ 100 N, $100\sqrt{3}$ N
⑤ $100\sqrt{3}$ N, 100 N

04 그림은 세 가닥의 실을 묶어 각 실에 용수철저울 A, B, C를 걸어 실의 중심이 O점에 오도록 당기고 있는 상태를 나타낸 것이다.

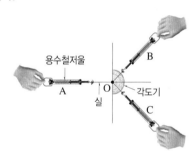

용수철저울을 당기는 힘이나 방향을 변화시키면서 실의 중심이 O에 오도록 당길 때, 이에 대한 설명으로 옳은 것만을 [보기]에서 있는 대로 고른 것은?

─[보기]─
ㄱ. B를 당기는 힘과 C를 당기는 힘의 합력은 항상 A를 당기는 힘과 크기가 같다.
ㄴ. 방향은 변화시키지 않을 때, A의 눈금이 증가하면 B와 C의 눈금도 증가한다.
ㄷ. B의 방향만 변화시킬 때, A와 C 중 최소한 한 개의 눈금은 반드시 변한다.

① ㄱ   ② ㄴ   ③ ㄷ
④ ㄱ, ㄴ   ⑤ ㄱ, ㄴ, ㄷ

05 그림과 같이 질량이 **15 kg**인 균일한 직육면체 막대를 철수는 막대의 왼쪽 끝에서, 민수는 막대의 중심에서 떠받치고 있다가 두 사람이 동시에 출발하여 각각 **0.5 m/s, 1 m/s**의 속력으로 막대의 오른쪽으로 운동하고 있다. 철수와 민수가 움직이는 동안 막대는 수평을 유지하며 정지해 있다.

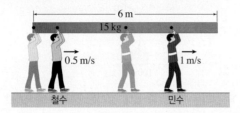

민수가 막대의 오른쪽 끝에 도달할 때까지에 대한 설명으로 옳은 것만을 [보기]에서 있는 대로 고른 것은? (단, 중력 가속도는 **10 m/s²**이다.)

┌─[보기]─────────────────────────────────────
│ ㄱ. 민수가 막대를 떠받치는 힘의 크기는 작아진다.
│ ㄴ. 출발 후 2초인 순간, 두 사람이 막대를 떠받치는 힘의
│   크기가 같다.
│ ㄷ. 민수가 오른쪽 끝에 도달했을 때, 철수가 막대를 떠받
│   치는 힘의 크기는 100 N이다.
└──

① ㄱ   ② ㄷ   ③ ㄱ, ㄴ
④ ㄴ, ㄷ   ⑤ ㄱ, ㄴ, ㄷ

06 그림과 같이 물체 A, B, C가 줄에 매달려 있는 두 개의 막대가 수평을 이루고 있다. 막대 1과 막대 2의 질량은 각각 $2m$, m이고, 길이는 각각 $6d$, $3d$이고, B의 질량은 m이다.

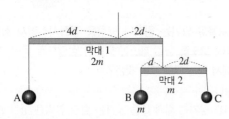

A의 질량 m_A와 C의 질량 m_C는 각각 얼마인가? (단, 두 막대는 굵기와 밀도가 균일하다.)

	m_A	m_C		m_A	m_C
①	$\frac{1}{4}m$	$\frac{1}{2}m$	②	m	$2m$
③	$\frac{1}{8}m$	$\frac{1}{4}m$	④	$\frac{1}{4}m$	$\frac{1}{5}m$
⑤	$\frac{5}{8}m$	$\frac{1}{4}m$			

07 그림은 전체 길이가 **6 m**인 다이빙대 끝에 무게가 W인 다이빙 선수가 서 있는 것을 나타낸 것이다. 다이빙대는 수평인 상태로 정지해 있다. 고정점에서 다이빙대에 수직 아래 방향으로 작용하는 힘의 크기는 F_1이고, 받침점에서 다이빙대에 수직 위 방향으로 작용하는 힘의 크기는 F_2이다.

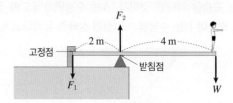

이에 대한 설명으로 옳은 것만을 [보기]에서 있는 대로 고른 것은? (단, 다이빙대의 질량은 무시한다.)

┌─[보기]─────────────────
│ ㄱ. $F_2 = F_1 + W$이다.
│ ㄴ. $F_1 = 3W$이다.
│ ㄷ. $F_2 = 2W$이다.
└────────────────────────

① ㄱ   ② ㄴ   ③ ㄷ
④ ㄱ, ㄴ   ⑤ ㄴ, ㄷ

08 그림은 무게가 **500 N**이고 길이가 **5 m**인 균일한 막대의 한쪽은 위아래로 자유롭게 회전할 수 있는 회전축에 연결되어 있고, 다른 쪽은 줄에 연결되어 있는 것을 나타낸 것이다. 막대에는 회전축에서 **2 m** 거리에 무게가 **200 N**인 물체가 매달려 있고, 줄과 막대가 이루는 각도는 **30°**이다.

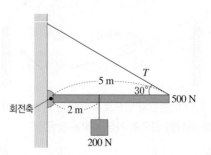

줄의 장력 T의 크기는?

① 400 N   ② 440 N   ③ 550 N
④ 660 N   ⑤ 700 N

09 그림과 같이 질량 m인 철수는 나무판 A에 서 있고, 질량 $2m$, 길이 $3L$인 동일한 나무판 A, B는 수평면과 나란하게 양끝이 받침대로 고정되어 평형을 이루고 있다. 철수가 점 p에서 x만큼 떨어진 곳에 정지해 있을 때, 받침대가 나무판을 받치는 힘은 점 p와 q에서 같다. p, q는 각 나무판의 왼쪽 끝점이다.

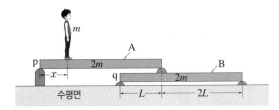

x는? (단, 나무판의 밀도와 굵기는 균일하며, 받침대의 질량, 철수의 크기는 무시한다.)

① $\dfrac{1}{3}L$ ② $\dfrac{3}{5}L$ ③ $\dfrac{2}{3}L$ ④ $\dfrac{3}{4}L$ ⑤ $\dfrac{4}{5}L$

10 그림은 막대 A의 왼쪽 끝에 질량 M인 물체가 매달려 있는 상태에서 막대 A, B, C가 평형을 유지하고 있는 것을 나타낸 것이다. 막대 A, B, C의 질량은 각각 $3m$, m, $2m$이다.

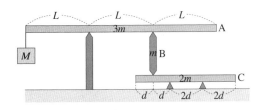

평형을 유지할 수 있는 M의 최솟값은? (단, 막대의 굵기와 밀도는 균일하며, 두께와 폭은 무시한다.)

① $2m$ ② $\dfrac{4}{3}m$ ③ m ④ $\dfrac{1}{2}m$ ⑤ $\dfrac{1}{3}m$

11 그림은 무게가 400 N이고 길이가 5 m인 균일한 판자의 왼쪽 끝부분이 핀으로 벽에 연결되어 회전할 수 있고, 오른쪽 끝부분이 수평 방향과 60°를 이루는 줄에 매달려 있는 모습을 나타낸 것이다. 이 판자에 무게가 600 N인 화분을 벽에서 2 m만큼 떨어진 곳에 놓았을 때, 줄에 작용하는 장력은 T이고 핀이 판자에 가하는 힘은 R이다.

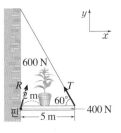

이에 대한 설명으로 옳은 것만을 [보기]에서 있는 대로 고른 것은? (단, 화분의 크기는 무시한다.)

[보기]
ㄱ. R의 x축 방향 성분의 크기는 $T\cos 60°$이다.
ㄴ. R의 y축 방향 성분의 크기는 $T\sin 60°$이다.
ㄷ. T의 크기는 880 N이다.

① ㄱ ② ㄴ ③ ㄷ
④ ㄱ, ㄴ ⑤ ㄴ, ㄷ

12 그림과 같이 길이가 $4L$, 질량이 $6m$인 막대가 수평을 이루며 정지해 있다. 막대의 왼쪽 끝에서 L만큼 떨어진 지점은 천장에, 막대의 오른쪽 끝은 축바퀴의 작은 바퀴에 실로 연결되어 있다. 막대의 왼쪽 끝에서 x만큼 떨어진 지점에 질량이 $4m$인 물체가, 축바퀴의 큰 바퀴에 질량이 m인 물체가 매달려 있다. 축바퀴의 작은 바퀴와 큰 바퀴의 반지름은 각각 r, $2r$이다.

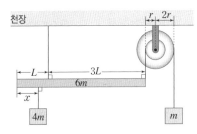

x는? (단, 막대의 굵기와 밀도는 균일하고, 모든 마찰은 무시한다.)

① $\dfrac{1}{3}L$ ② $\dfrac{1}{2}L$ ③ $\dfrac{2}{3}L$ ④ $\dfrac{3}{4}L$ ⑤ L

2 물체의 운동

이 단원을 공부하기 전에 학습 계획을 세우고, 학습 진도를 스스로 체크해 보자.
학습이 미흡했던 부분은 다시 보기에 체크해 두고, 시험 전까지 꼭 완벽히 학습하자!

소단원	학습 내용	학습 일자	다시 보기
01. 평면상에서 등가속도 운동	Ⓐ 속도와 가속도	/	
	Ⓑ 수평 방향으로 던진 물체의 운동	/	
	Ⓒ 비스듬히 던진 물체의 운동 탐구 동영상을 이용한 운동 분석	/	
02. 등속 원운동	Ⓐ 등속 원운동	/	
	Ⓑ 구심력 탐구 구심력의 크기	/	
03. 행성의 운동과 케플러 법칙	Ⓐ 케플러 법칙	/	
	Ⓑ 중력 법칙	/	
	Ⓒ 인공위성의 운동	/	

◆ 속력과 속도

① 속력과 속도

속력: 단위 시간 동안의 이동 거리	속도: 단위 시간 동안의 ②
$속력 = \dfrac{①}{걸린\ 시간}$	$속도 = \dfrac{변위}{걸린\ 시간}$

② 순간 속도와 평균 속도

순간 속도	t_1일 때의 순간 속도=A점에서 그은 ③ 의 기울기	
평균 속도	$t_1 \sim t_2$ 사이의 평균 속도=A, B를 잇는 직선의 기울기	

◆ 중력

① 중력: ④ 이 있는 모든 물체 사이에 작용하고, 중력의 크기는 질량이 클수록, 두 물체 사이의 거리가 가까울수록 크다.

② 중력의 특징

- 물체가 서로 접촉해 있거나 떨어져 있어도 작용한다.
- 지구 중력의 방향은 ⑤ 방향이다.
- 무게는 중력의 크기로, 장소에 따라 측정값이 달라진다.

◆ 중력을 받는 물체의 운동

① **자유 낙하 운동**: 공기 저항을 무시할 때 지표면 근처에서 물체가 ⑥ 만 받아 낙하하는 운동

- 물체의 가속도가 중력 가속도로 일정한 등가속도 운동을 한다.
- 물체의 운동 방향은 지구의 중력 방향과 같은 연직 방향이다.

② **수평 방향으로 던진 물체의 운동**

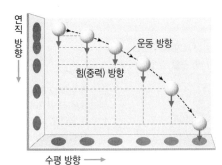

구분	수평 방향	연직 방향
힘	0	중력
속도	⑦	일정하게 증가
가속도	0	일정
운동	등속도 운동	⑧ 운동

01 평면상에서 등가속도 운동

핵심 포인트
- 위치 벡터와 변위 벡터 구분 ★★
  평균 속도 구하기 ★★
  가속도 구하기 ★★
- 자유 낙하 운동 ★
  수평 방향으로 던진 물체의 운동 분석 ★★★
- 연직 위로 던진 물체의 운동 ★★
  비스듬히 위로 던진 물체의 운동 분석 ★★★

A 속도와 가속도

1. 위치 벡터와 변위 벡터

(1) **위치 벡터**: 물체의 위치를 *기준점에서 물체까지의 직선 거리와 방향으로 나타낸 것

(2) **변위 벡터**: 처음 위치에서 나중 위치까지의 위치 변화를 나타낸 것 → 이동 경로와 무관하다.

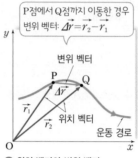

P점에서 Q점까지 이동한 경우
변위 벡터: $\Delta\vec{r}=\vec{r_2}-\vec{r_1}$

⬆ 위치 벡터와 변위 벡터

2. 속도
물체의 빠르기와 운동 방향을 함께 나타내는 물리량으로, 단위 시간(1초) 동안 변위이다. 속도의 크기는 변위의 크기를 걸린 시간으로 나눈 값이고, 속도의 방향은 변위의 방향과 같다.

$$속도=\frac{변위}{걸린\ 시간},\ \vec{v}=\frac{\Delta\vec{r}}{\Delta t}\ [단위:\ m/s]$$

└ 변위-시간 그래프의 기울기와 같다.

평균 속도	순간 속도 → 아주 짧은 시간 동안의 평균 속도
주어진 시간 동안의 평균적인 속도 $$평균\ 속도=\frac{변위}{걸린\ 시간},\ \vec{v}_{평균}=\frac{\Delta\vec{r}}{\Delta t}$$	특정 시각에서의 순간적인 속도 $$\vec{v}=\lim_{\Delta t \to 0}\frac{\Delta\vec{r}}{\Delta t}=\frac{d\vec{r}}{dt}$$ → 변위를 시간으로 미분한 값

3. 가속도
물체의 속도가 변하는 정도를 나타내는 물리량, 단위 시간 동안 속도 변화량

$$가속도=\frac{속도\ 변화량}{걸린\ 시간},\ \vec{a}=\frac{\Delta\vec{v}}{\Delta t}\ [단위:\ m/s^2]$$

└ 속도-시간 그래프의 기울기와 같다.

평균 가속도	순간 가속도 → 아주 짧은 시간 동안의 평균 가속도
주어진 시간 동안의 평균적인 가속도 $$평균\ 가속도=\frac{속도\ 변화량}{걸린\ 시간},\ \vec{a}_{평균}=\frac{\Delta\vec{v}}{\Delta t}$$	특정 시각에서의 순간적인 가속도 $$\vec{a}=\lim_{\Delta t \to 0}\frac{\Delta\vec{v}}{\Delta t}=\frac{d\vec{v}}{dt}$$

순간 속도 벡터와 속도 변화량

[순간 속도 벡터] P점에서 순간 속도 벡터 $\vec{v}$의 방향은 P점에서 그은 접선의 방향과 같다.

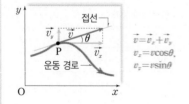

$$\vec{v}=\vec{v_x}+\vec{v_y}$$
$$v_x=v\cos\theta$$
$$v_y=v\sin\theta$$

[속도 변화량] P점에서의 순간 속도 벡터 $\vec{v_1}$, Q점에서의 순간 속도 벡터 $\vec{v_2}$의 차이로부터 속도 변화량 $\Delta\vec{v}$를 구할 수 있다.

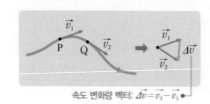

속도 변화량 벡터: $\Delta\vec{v}=\vec{v_2}-\vec{v_1}$

★ **기준점에 따른 위치 벡터와 변위 벡터**

기준점이 달라지면 두 지점의 위치 벡터는 달라지지만, 두 지점의 변위 벡터는 그대로이다. 그림은 A에서 B까지 이동하는 경우 기준점이 달라질 때 위치 벡터와 변위 벡터를 나타낸 것이다.

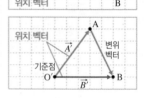

┤용어├

❶ **위치**(位 자리, 置 두다)_기준점에서 직선 거리와 방향을 나타내는 물리량

❷ **변위**(變 변하다, 位 자리)_위치의 변화를 나타내는 것으로, 출발 위치에서 도착 위치까지의 직선 거리와 방향을 나타내는 물리량

B 수평 방향으로 던진 물체의 운동

1. 자유 낙하 운동 정지 상태에서 지구의 중력만을 받아 낙하하는 물체의 운동이다.

높은 곳에서 가만히 놓은 물체의 운동

가만히 놓은 물체가 자유 낙하 할 때 $mg=ma$가 성립하므로 $a=g$, 즉 물체는 가속도가 g인 등가속도 운동을 한다. ●처음 속도 $v_0=0$

$$v=gt \qquad h=\frac{1}{2}gt^2 \qquad 2gh=v^2$$

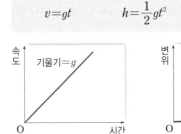

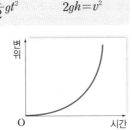

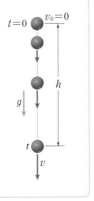

2. 수평 방향으로 던진 물체의 운동 공기 저항을 무시하면 ❸수평 방향으로는 힘을 받지 않으므로 등속도 운동을 하고, ❹연직 방향으로는 중력이 작용하므로 ★자유 낙하 운동을 한다.

👨‍🔬 그림은 물체를 수평 방향으로 $\vec{v_0}$의 속도로 던졌을 때 일정한 시간마다 물체의 위치를 나타낸 것이다.

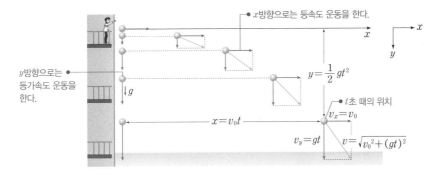

구분	수평(x축) 방향	연직(y축) 방향
알짜힘	$F_x=0$	$F_y=mg$
가속도	$a_x=0$ ●가속도=0, 속도 일정	$a_y=g$ ●가속도 일정
처음 속도	$v_{0x}=v_0$	$v_{0y}=0$
t초 때의 속도	$v_x=v_0$ ●속도 일정	$v_y=gt$ ●속도는 시간에 비례
t초 때의 변위	$x=v_0t$	$y=\frac{1}{2}gt^2$

❶ 시간 t초 후의 속도: $v_x=v_0,\ v_y=gt \rightarrow v=\sqrt{v_0^2+(gt)^2}$

❷ 시간 t초 후의 변위: $x=v_0t,\ y=\frac{1}{2}gt^2 \xrightarrow{t를\ 소거} y=\frac{g}{2v_0^2}x^2$ ●공의 이동 경로는 포물선

❸ 처음 높이가 H일 때 지면 도달 시간: $H=\frac{1}{2}gt^2 \rightarrow t=\sqrt{\frac{2H}{g}}$
└─ =연직 방향으로 이동한 거리가 H일 때

❹ 수평 도달 거리: 지면 도달 시간까지 수평 방향으로 이동한 거리와 같다. $x=v_0t=v_0\sqrt{\frac{2H}{g}}$
지면 도달 시간●

★ **자유 낙하 운동**
중력만을 받아 낙하하는 물체의 운동으로, 물체의 가속도는 중력 가속도 g로 일정하며 등가속도 운동을 한다.

용어

❸ **수평(水 물, 平 평평하다)**_기울지 않고 평평한 상태를 일컫는 용어로 지구 중력 방향, 즉 연직 방향과 직각을 이루는 방향이다.
❹ **연직(鉛 납, 直 곧다)**_납으로 된 추가 가리키는 방향이라는 뜻으로, 보통 중력 방향을 의미한다.

개념 확인 문제

정답친해 15쪽

핵심
체크

- (❶　　　　　　) 벡터: 물체의 위치를 기준점에서 물체까지의 직선 거리와 방향으로 나타낸 것이다.
- (❷　　　　　　) 벡터: 물체의 위치 변화를 처음 위치에서 나중 위치까지의 직선 거리와 방향으로 나타낸 것이다.
- (❸　　　　　): 물체의 빠르기와 운동 방향을 나타내는 물리량으로, 단위 시간 동안의 변위를 의미한다.
- (❹　　　　　): 단위 시간 동안의 속도 변화량이다.
- 가속도의 방향은 (❺　　　　　)의 방향과 같다.
- 공기 저항이 없을 때 수평 방향으로 던진 물체는 수평 방향으로는 (❻　　　　　　)가 일정하고, 연직 방향으로는 (❼　　　　　　)가 일정하다.
- 공기 저항이 없을 때 높이 H인 곳에서 수평 방향으로 던진 물체가 지면에 도달하는 데 걸리는 시간은 높이 H인 곳에서 (❽　　　　　) 하는 물체가 지면에 도달하는 데 걸리는 시간과 같다.
- 수평으로 던진 물체의 수평 도달 거리는 지면에 도달하는 시간까지 (❾　　　　　) 방향으로 이동한 거리와 같다.

---

1 어떤 물체가 그림과 같은 xy 평면 위의 P점에서 Q점까지 길이가 9 m인 곡선 길을 따라 2초 동안 이동하였다.

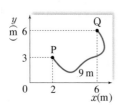

(1) 이 물체의 변위의 크기는 몇 m인지 구하시오.
(2) 이 물체의 평균 속력은 몇 m/s인지 구하시오.
(3) 이 물체의 평균 속도의 크기는 몇 m/s인지 구하시오.

2 가속도와 방향이 같은 물리량만을 [보기]에서 있는 대로 고르시오.

[보기]
ㄱ. 변위　　　　ㄴ. 속도　　　　ㄷ. 속도 변화량

3 그림은 동쪽으로 60 m/s로 달리던 경주용 자동차가 10초 후 남쪽으로 80 m/s로 달리는 모습을 나타낸 것이다. 10초 동안 평균 가속도의 크기는 몇 m/s²인지 구하시오.

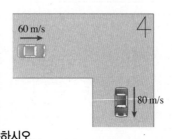

4 지표 근처에서 수평 방향으로 $\vec{v_0}$의 속도로 던진 물체의 운동에 대한 설명으로 옳은 것은 ○, 옳지 <u>않은</u> 것은 ×로 표시하시오. (단, 중력 가속도는 g이고, 공기 저항은 무시한다.)

(1) 수평 방향으로는 등속도 운동, 연직 방향으로는 등가속도 운동을 한다. ·················· (　　　)
(2) 일정한 크기의 중력이 작용하므로 물체는 등가속도 직선 운동을 한다. ·················· (　　　)
(3) t초 후 속도의 크기는 $\sqrt{v_0^2 + (gt)^2}$이다. ········· (　　　)

5 그림과 같이 지면으로부터 20 m 높이에서 질량이 2 kg인 물체를 수평 방향으로 10 m/s의 속력으로 던졌다. (단, 중력 가속도는 10 m/s²이고, 공기 저항은 무시한다.)

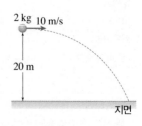

(1) 1초 후 수평 방향 속도의 크기는 몇 m/s인지 구하시오.
(2) 1초 후 연직 방향 속도의 크기는 몇 m/s인지 구하시오.
(3) 1초 후 속도의 크기는 몇 m/s인지 구하시오.
(4) 지면에 도달하는 데 걸린 시간은 몇 초인지 구하시오.
(5) 수평 도달 거리는 몇 m인지 구하시오.

C 비스듬히 던진 물체의 운동

1. 연직 위로 던진 물체의 운동
물체는 위로 올라갔다가 중력에 의해 다시 내려온다. → 등가속도 운동을 한다.

연직 위로 던진 물체의 운동

처음 속도 v_0인 물체를 연직 위로 던져 올렸을 때 위쪽 방향을 (+)로 정하면 $-mg=ma$에서 가속도는 $-g$가 된다.

$$v=v_0-gt \qquad h=v_0t-\frac{1}{2}gt^2 \qquad v^2-v_0^2=-2gh$$

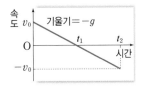

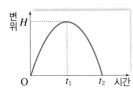

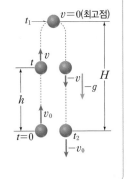

2. 비스듬히 위로 던진 물체의 운동
수평 방향으로는 알짜힘이 0이므로 등속도 운동을 하고, 연직 방향으로는 중력이 작용하므로 등가속도 운동을 한다.

그림은 물체를 비스듬히 $\vec{v_0}$의 속도로 던져 올렸을 때 위치를 나타낸 것이다.

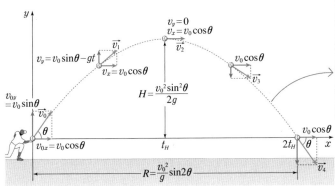

일정한 시간 간격으로 측정한 속도의 차($\Delta\vec{v}$)가 일정하다.

$$\Delta\vec{v}=\vec{v_1}-\vec{v_0}$$
$$=\vec{v_2}-\vec{v_1}$$
$$=\vec{v_3}-\vec{v_2}$$
$$=\vec{v_4}-\vec{v_3}$$
$$=일정$$

연직 방향으로 등가속도 운동

구분	수평(x축) 방향	연직(y축) 방향
알짜힘	$F_x=0$	$F_y=-mg$ → 처음 운동 방향과 반대 방향
가속도	$a_x=0$	$a_y=-g$ → 가속도 일정
처음 속도	$v_{0x}=v_0\cos\theta$ → 속도 일정	$v_{0y}=v_0\sin\theta$
t초 때의 속도	$v_x=v_0\cos\theta$	$v_y=v_0\sin\theta-gt$
t초 때의 변위	$x=v_0\cos\theta\cdot t$	$y=v_0\sin\theta\cdot t-\frac{1}{2}gt^2$

❶ 시간 t초 후의 속도: $v_x=v_0\cos\theta$, $v_y=v_0\sin\theta-gt$

❷ 시간 t초 후의 변위: $x=v_0\cos\theta\cdot t$, $y=v_0\sin\theta\cdot t-\frac{1}{2}gt^2$ $\xrightarrow{t를\ 소거}$ $y=\tan\theta\cdot x-\frac{g}{2v_0^2\cos^2\theta}x^2$ → 공의 이동 경로는 포물선

❸ 최고점 도달 시간(t_H): $v_y=v_0\sin\theta-gt_H=0 \rightarrow t_H=\frac{v_0\sin\theta}{g}$ → 최고점에서 연직 방향(y성분) 속도 v_y는 0이다.

❹ 최고점 높이 H: $0-v_0^2\sin^2\theta=-2gH \rightarrow H=\frac{v_0^2\sin^2\theta}{2g}$

❺ 수평 도달 거리 R: 처음 높이에 도달한 시간은 최고점 도달 시간(t_H)의 2배이다.

$$R=v_0\cos\theta\times2t_H=v_0\cos\theta\times2\frac{v_0\sin\theta}{g}=\frac{v_0^2}{g}\sin2\theta$$ → $\sin2\theta=1$일 때 R가 최대이므로 $2\theta=90°$, 즉 $\theta=45°$일 때 R가 최대이다.

포물선 운동

수평으로 던진 물체나 비스듬히 던진 물체는 포물선 운동을 한다. 이러한 포물선 운동은 물체의 운동 방향과 힘(중력)의 방향이 나란하지 않아서 직선 운동이 아닌 곡선(포물선) 운동을 하지만 가속도가 일정한 등가속도 운동이다.

★ **처음 높이 도달 시간**

지면에서 비스듬히 위로 던져 올린 물체가 다시 지면에 도달하는 데 걸린 시간은 최고점에 도달하는 데 걸린 시간의 2배이다. 이 시간은 변위가 0이 되는 시간과 같으므로 다음과 같이 구할 수 있다.

$$y=v_0\sin\theta\cdot t-\frac{1}{2}gt^2=0$$
$$\therefore t=0\ 또는\ \frac{2v_0\sin\theta}{g}$$

★ **처음 속도 v_0가 일정할 때 같은 수평 도달 거리를 가는 발사각**

수평 도달 거리 $R=\frac{v_0^2}{g}\sin2\theta$에서 $\sin2\theta=\sin2(90°-\theta)$이므로 θ 또는 $90°-\theta$로 던져 올릴 때 수평 도달 거리는 같다.

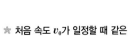

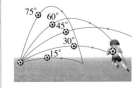

01 평면상에서 등가속도 운동

동영상을 이용한 운동 분석

과정 ❶ 모눈이 그려진 칠판 한쪽 아래쪽에서 포물선 발사 기기로 비스듬히 공을 던져 공의 운동을 동영상으로 촬영한다.
❷ 촬영한 파일을 동영상 분석 프로그램으로 재생하여 0.1초 간격으로 공의 위치를 수평 방향과 연직 방향으로 나누어 기록한 후 구간 거리, 구간 속도, 구간 가속도를 구한다.

목표 비스듬히 던진 물체의 동영상을 분석하여 수평 방향과 연직 방향의 운동을 알 수 있다.

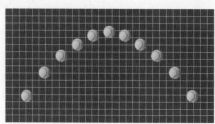

⬆ 포물선 발사 기기

결과 **1. 수평 방향의 운동:** 구간 속도가 일정하므로 등속도 운동을 한다.

시간(s)	0	0.1	0.2	0.3	0.4	0.5	0.6	0.7	0.8
위치(m)	0	0.5	1.0	1.5	2.0	2.5	3.0	3.5	4.0
구간 거리(m)		0.5	0.5	0.5	0.5	0.5	0.5	0.5	0.5
★구간 속도(m/s)		5	5	5	5	5	5	5	5
★구간 가속도(m/s²)		0	0	0	0	0	0	0	0

★ **구간 속도와 구간 가속도 구하기**
표에서 구간 속도와 구간 가속도는 다음과 같이 구한다.
• 구간 속도$=\dfrac{구간\ 거리}{0.1초}$
• 구간 가속도$=\dfrac{구간\ 속도\ 차}{0.1초}$

2. 연직 방향의 운동: 구간 가속도가 $-10\ \text{m/s}^2$으로 일정하므로 등가속도 운동을 한다.

시간(s)	0	0.1	0.2	0.3	0.4	0.5	0.6	0.7	0.8
위치(m)	0	0.45	0.80	1.05	1.20	1.25	1.20	1.05	0.80
구간 거리(m)		0.45	0.35	0.25	0.15	0.05	−0.05	−0.15	−0.25
구간 속도(m/s)		4.5	3.5	2.5	1.5	0.5	−0.5	−1.5	−2.5
구간 가속도(m/s²)		−10	−10	−10	−10	−10	−10	−10	

구간 속도 차가 $-1\ \text{m/s}$로 일정하므로
구간 가속도$=\dfrac{-1\ \text{m/s}}{0.1\ \text{s}}$
$=-10\ \text{m/s}^2$이다.

3. 수평 방향과 연직 방향의 속도-시간 그래프
① 수평 방향: 속도가 일정하다.
② 연직 방향: 가속도가 일정하다.

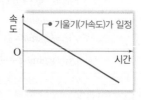
기울기(가속도)가 일정

해석 포물선 운동하는 물체는 수평 방향으로는 등속도 운동을 하고, 연직 방향으로는 등가속도 운동을 한다.

확인 문제 **1.** 포물선 운동하는 물체가 받는 힘을 쓰시오.
2. 포물선 운동하는 물체는 수평 방향과 연직 방향으로 각각 어떤 운동을 하는지 쓰시오.

확인 문제 답
1. 중력
2. 수평 방향: 등속도 운동,
연직 방향: 등가속도 운동

개념 확인 문제

정답친해 16쪽

핵심 체크

- 연직 위로 던진 물체는 위쪽 방향을 (+)로 했을 때 가속도가 (❶   )인 운동을 한다.
- 공기 저항이 없을 때 비스듬히 위로 던진 물체는 수평 방향으로는 (❷   `   )가 일정하고, 연직 방향으로는 (❸   )가 일정하다.
- 수평면에서 수평과 위쪽 방향으로 각 θ를 이루며 v_0의 속력으로 던져 올린 물체의 운동
  - ┌ 처음 속도의 수평 방향 성분 크기는 (❹   )이고, 연직 방향 성분 크기는 (❺   )이다.
  - ├ t초 후 연직 방향 속도는 (❻   )이다.
  - ├ 최고점 도달 시간은 (❼   )이다.
  - ├ 수평 도달 거리는 최고점 도달 시간의 2배 동안 이동한 거리이므로 $v_0\cos\theta\times$(❽   )=(❾   )이다.
  - └ 수평 도달 거리는 $\theta=$(❿   )일 때 최대이다.

1 지표면에서 처음 속도 $\vec{v_0}$로 수평면과 각 θ를 이루는 방향으로 던져 올린 물체의 운동에 대한 설명으로 옳은 것은 ○, 옳지 않은 것은 ×로 표시하시오. (단, 공기 저항은 무시한다.)

(1) 수평 방향으로는 등속도 운동, 연직 방향으로는 등가속도 운동을 한다. ─────── (   )

(2) 최고점에서 물체의 속도는 0이다. ─────── (   )

(3) 수평 도달 거리는 θ가 45°일 때 최대이다. ─── (   )

2 비스듬히 위로 던진 물체가 포물선 운동 경로를 그리며 10초 동안 수평 방향으로 15 m 이동하였다. 공을 던지는 순간 속도의 수평 속력은 몇 m/s인지 구하시오.

3 지면에서 질량이 2 kg인 물체를 수평면과 30°를 이루는 방향으로 40 m/s의 속도로 던져 올렸다. (단, 중력 가속도는 10 m/s²이고, 공기 저항은 무시한다.)

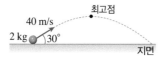

(1) 최고점의 높이는 몇 m인지 구하시오.

(2) 수평 도달 거리는 몇 m인지 구하시오.

4 그림 (가)는 공을 수평 방향과 θ의 각도로 $\vec{v_0}$의 속도로 던졌을 때 공의 위치 및 속도를 1초 간격으로 나타낸 것이다. 그림 (나)는 각 지점에서의 속도를 시작점이 같게 표시하고 구간별 속도 변화량($\vec{\Delta v}$)을 표시한 것이다.

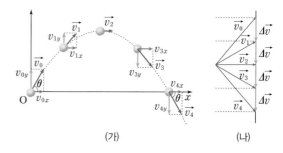

(가)   (나)

(   ) 안에 공통으로 들어갈 알맞은 말을 쓰시오.

> 구간별 속도 변화량은 (   )하고, 각 속도의 수평 성분 속도의 크기는 (   )하다. 공에 작용하는 알짜힘의 방향은 연직 방향으로 (   )하다.

5 일정한 중력이 작용하는 공간에서 포물선 운동하는 물체에 대한 설명으로 옳은 것은 ○, 옳지 <u>않은</u> 것은 ×로 표시하시오. (단, 공기 저항은 무시한다.)

(1) 알짜힘의 크기와 방향이 일정하다. ─────── (   )

(2) 속도의 연직 방향 성분이 클수록 더 높이 올라간다.
──────────────────── (   )

(3) 처음 속력이 같을 때 처음 운동 방향이 수평면과 이루는 각도가 작을수록 수평 도달 거리가 크다. (   )

대표 자료 분석

자료 ① 평면상에서 운동하는 물체

기출 Point
- 평면상에서 운동하는 물체의 평균 속력과 평균 속도 구하기
- 평면상에서 운동하는 물체의 평균 가속도 구하기

[1~4] 그림과 같이 자동차가 반지름이 100 m인 원형 도로를 따라서 20 m/s의 일정한 속력으로 이동하고 있다. (단, π는 3으로 계산한다.)

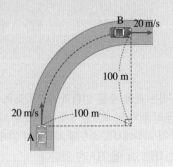

1 A에서 B까지 이동하는 동안 자동차의 평균 속력은 몇 m/s인지 구하시오.

2 A에서 B까지 이동하는 동안 자동차의 평균 속도의 크기는 몇 m/s인지 구하시오.

3 A에서 B까지 이동하는 동안 자동차의 평균 가속도의 크기는 몇 m/s²인지 구하시오.

4 빈출 선택지로 [완벽 정리!]

(1) 자동차는 속도가 일정한 운동을 한다. (○ / ×)
(2) 자동차는 등가속도 직선 운동을 한다. (○ / ×)
(3) 자동차의 이동 거리는 시간에 비례하여 증가한다.
　　　　　　　　　　　　　　　　　　(○ / ×)
(4) 자동차의 평균 속력은 평균 속도의 크기보다 크다.
　　　　　　　　　　　　　　　　　　(○ / ×)
(5) 평균 가속도를 구할 때, 속도 변화량은 나중 속도에서 처음 속도를 뺀 벡터 차이다. (○ / ×)
(6) 평균 가속도의 방향은 나중 속도의 방향과 같다.
　　　　　　　　　　　　　　　　　　(○ / ×)

자료 ② x, y성분 속도 – 시간 그래프 해석하기

기출 Point
- 속도–시간 그래프를 분석하여 변위와 가속도 구하기
- 속도의 x성분과 y성분을 이용하여 물체의 속도 구하기
- 속도–시간 그래프로 물체의 운동 상태 이해하기

[1~4] 그림은 xy 평면에서 운동하는 물체의 속도의 x성분 v_x와 y성분 v_y를 시간에 따라 나타낸 것이다.

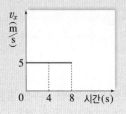 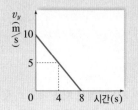

1 4초일 때, 이 물체의 속력은 몇 m/s인지 구하시오.

2 0초부터 8초까지 이 물체의 변위의 크기는 몇 m인지 구하시오.

3 0초부터 8초까지 물체의 가속도의 크기는 몇 m/s² 인지 구하시오.

4 빈출 선택지로 [완벽 정리!]

(1) x방향으로는 속도가 일정한 운동을 한다. (○ / ×)
(2) y방향으로의 변위가 감소한다. (○ / ×)
(3) 속도의 크기는 (v_x+v_y)이다. (○ / ×)
(4) v_x와 v_y가 일정하다면 이 물체는 곡선 경로를 따라 이동한다. (○ / ×)
(5) v_x가 일정하고 v_y가 등가속도 운동하는 물체는 포물선 경로를 따라 이동한다. (○ / ×)

자료 ③ 비스듬히 던진 물체의 운동(1)

기출 Point
• 비스듬히 던진 물체의 낙하 거리, 최고점 높이 구하기
• 비스듬히 던진 물체의 운동 특징 분석하기

[1~4] 그림과 같이 수평면에서 일정한 각도로 던진 공이 지면에 다시 도달하는 데 걸린 시간이 4초이고, 수평 도달 거리는 120 m이다. (단, 중력 가속도는 10 m/s² 이고, 공기 저항은 무시한다.)

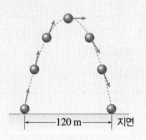

1 공이 최고점에 도달하는 데 걸린 시간은 몇 초인지 구하시오.

2 최고점의 높이는 몇 m인지 구하시오.

3 2초 후 공의 수평 방향의 속도는 몇 m/s인지 구하시오.

4 빈출 선택지로 완벽 정리!

(1) 공이 포물선 운동하는 동안 가속도의 방향은 계속 변한다. ──────── (○ / ×)

(2) 공은 수평 방향으로는 등가속도 운동, 연직 방향으로는 등속도 운동을 한다. ───── (○ / ×)

(3) 공은 연직 방향으로 일정한 힘을 받는다. (○ / ×)

자료 ④ 비스듬히 던진 물체의 운동(2)

기출 Point
• 비스듬히 던진 물체의 운동에서 연직 방향과 수평 방향 운동의 특징 이해하기

[1~4] 그림은 지면의 한 점 O로부터 높이 1.2 m인 곳에서 공을 속력 v로 던지는 모습을 나타낸 것이고, 표는 연직 방향과 수평 방향으로 평행 광선을 각각 비출 때 지면과 벽면에 나타나는 그림자의 위치를 O점을 기준으로 0.2초 간격으로 나타낸 것이다. (단, 중력 가속도는 10 m/s²이고, 공의 크기 및 공기 저항은 무시한다.)

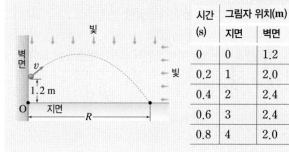

시간 (s)	그림자 위치(m)	
	지면	벽면
0	0	1.2
0.2	1	2.0
0.4	2	2.4
0.6	3	2.4
0.8	4	2.0

1 지면에 나타나는 그림자의 위치를 통해 공이 수평 방향으로 어떤 운동을 하는지 쓰시오.

2 공이 최고점에 도달하는 시각은 몇 초인지 구하시오.

3 1초일 때 지면과 벽면에 나타나는 그림자의 위치를 각각 쓰시오.

(1) 지면: (   ) (2) 벽면: (   )

4 빈출 선택지로 완벽 정리!

(1) 최고점에서 순간 속도 크기는 5 m/s이다. (○ / ×)

(2) v는 5 m/s이다. ──────── (○ / ×)

(3) 1초일 때 순간 속도의 크기는 v보다 크다.(○ / ×)

(4) 수평 도달 거리 R는 5 m보다 크다. ─── (○ / ×)

내신 만점 문제

A 속도와 가속도

01 그림은 영희와 철수가 서울을 출발하여 각각 광주와 부산을 거쳐 제주에 도착한 경로를 나타낸 것이다.
출발지에서 도착지까지 두 사람의 물리량에 대한 설명으로 옳은 것만을 [보기]에서 있는 대로 고른 것은?

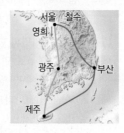

〔보기〕
ㄱ. 영희와 철수의 이동 거리는 같다.
ㄴ. 영희와 철수의 변위는 같다.
ㄷ. 기준점을 부산으로 하면 변위의 크기는 철수가 더 크다.

① ㄱ   ② ㄴ   ③ ㄷ
④ ㄱ, ㄴ   ⑤ ㄴ, ㄷ

02 그림은 미끄럼틀의 P에서 출발한 어린이가 Q까지 내려가는 모습을 나타낸 것이다.

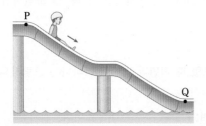

P에서 Q까지 내려가는 동안 어린이의 운동에 대한 설명으로 옳은 것만을 [보기]에서 있는 대로 고른 것은?

〔보기〕
ㄱ. 운동 방향이 일정하다.
ㄴ. 빠르기만 일정하게 변하는 등가속도 운동이다.
ㄷ. 평균 속도의 크기가 평균 속력보다 작다.

① ㄱ   ② ㄴ   ③ ㄷ
④ ㄴ, ㄷ   ⑤ ㄱ, ㄴ, ㄷ

03 그림은 xy 평면상에서 운동하는 물체의 속도를 x, y성분 속도 v_x, v_y로 분해하여 시간에 따라 나타낸 것이다.

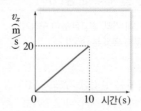 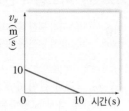

0초부터 10초까지 물체의 운동에 대한 설명으로 옳은 것만을 [보기]에서 있는 대로 고른 것은?

〔보기〕
ㄱ. 0초일 때, 속도의 크기는 10 m/s이다.
ㄴ. 등가속도 운동을 하였다.
ㄷ. 변위의 크기는 150 m이다.

① ㄱ   ② ㄷ   ③ ㄱ, ㄴ
④ ㄴ, ㄷ   ⑤ ㄱ, ㄴ, ㄷ

04 그림과 같이 A에서 수평 방향으로 10 m/s의 속력으로 운동하던 스노보드 선수가 곡면을 따라 미끄러지면서 2초 후 B에서 수평면과 60°를 이루는 방향으로 10 m/s의 속력으로 운동하였다.

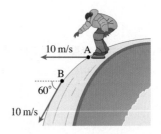

A에서 B까지 가는 동안 평균 가속도의 방향과 크기를 옳게 짝 지은 것은?

	평균 가속도의 방향	평균 가속도의 크기
①	없음	0
②	↓	5 m/s²
③	↓	10 m/s²
④	↘	5 m/s²
⑤	↘	10 m/s²

05 그림은 xy 평면상에서 운동하는 영희와 철수의 위치를 x, y성분별로 시간에 따라 나타낸 것이다.

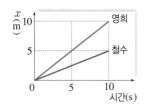 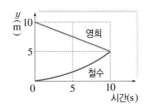

이에 대한 설명으로 옳은 것만을 [보기]에서 있는 대로 고른 것은?

─〔보기〕─

ㄱ. 0초일 때, 영희와 철수 사이의 거리는 10 m이다.

ㄴ. 0초부터 10초까지 영희의 속도는 일정하다.

ㄷ. 0초부터 10초까지 철수는 가속도 운동을 하였다.

① ㄱ   ② ㄴ   ③ ㄱ, ㄷ

④ ㄴ, ㄷ   ⑤ ㄱ, ㄴ, ㄷ

06 그림과 같이 자동차가 도로 위의 A에서 B를 거쳐 C까지 3 m/s의 일정한 속력으로 달렸다. 선분 AB와 선분 BC가 이루는 각은 120°이고, 두 선분의 길이는 같으며, A~C까지 가는 데 10초가 걸렸다.

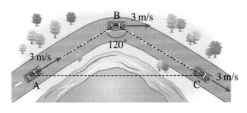

자동차가 A에서 C까지 이동하는 동안 평균 가속도의 크기는?

① 0.3 m/s²   ② 0.6 m/s²   ③ 1.2 m/s²

④ 3 m/s²   ⑤ 6 m/s²

07 ^{서술형} 물체가 직교 좌표상의 A 위치에서 그림과 같은 곡선 경로를 따라 B 위치로 이동하였다. A 위치에서 B 위치까지의 곡선 경로의 길이는 8 m이다.

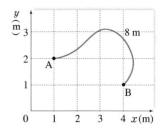

A에서 B까지 이동하는 데 걸린 시간이 5초일 때, 평균 속도의 크기와 평균 속력을 각각 풀이 과정과 함께 구하시오.

B 수평 방향으로 던진 물체의 운동

08 그림과 같이 지면으로부터 높이가 각각 H, $2H$인 지점에서 수평 방향으로 던진 물체 A, B가 포물선 운동을 하고 있다. A, B의 처음 속도의 크기는 각각 v_A, v_B이었고, 수평 도달 거리는 각각 R_A, R_B이었다.

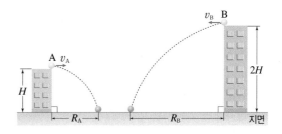

A, B의 수평 도달 거리의 비 $R_A : R_B$는?

① $v_A : v_B$ ② $v_A : \sqrt{2}v_B$ ③ $\sqrt{2}v_A : v_B$

④ $v_A : 2v_B$ ⑤ $2v_A : v_B$

09 그림은 물체를 수평 방향으로 던진 후 그 물체의 운동을 나타낸 것이다. A, B는 물체를 던진 후 시간이 각각 1초, 2초일 때 물체의 위치를 나타내고, h_1과 h_2는 그 때의 수직 낙하 거리이다.

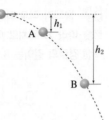

이에 대한 설명으로 옳은 것만을 [보기]에서 있는 대로 고른 것은? (단, 중력 가속도는 일정하고, 공기 저항은 무시한다.)

─[보기]─

ㄱ. $\dfrac{h_1}{h_2} = \dfrac{1}{4}$이다.

ㄴ. A와 B에서의 속도의 수평 방향 성분의 비는 1 : 1이다.

ㄷ. A와 B에서의 속도의 연직 방향 성분의 비는 1 : 2이다.

① ㄱ   ② ㄴ   ③ ㄱ, ㄷ

④ ㄴ, ㄷ   ⑤ ㄱ, ㄴ, ㄷ

10 그림은 xy 평면에서 운동하는 물체의 속도의 x성분 v_x와 y성분 v_y를 시간에 따라 나타낸 것이다.

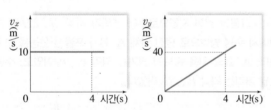

0초에서 4초까지, 이 물체의 운동에 대한 설명으로 옳은 것만을 [보기]에서 있는 대로 고른 것은?

─[보기]─

ㄱ. y축 방향으로 가속도의 크기는 일정하다.

ㄴ. 운동 경로는 포물선을 그린다.

ㄷ. 평균 속도의 크기는 15 m/s이다.

① ㄱ   ② ㄷ   ③ ㄱ, ㄴ

④ ㄱ, ㄷ   ⑤ ㄴ, ㄷ

11 ^{서술형} 그림과 같이 높이가 h인 절벽 위에서 돌멩이를 5 m/s의 속력으로 수평 방향으로 던졌더니 5초 후에 강물에 떨어졌다. (단, 중력 가속도는 10 m/s²이고, 공기 저항은 무시한다.)

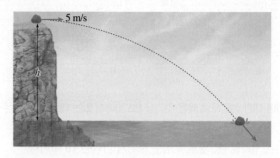

(1) 돌멩이가 출발하여 강물에 떨어질 때까지 수평 도달 거리는 몇 m인지 구하시오.

(2) 절벽의 높이는 몇 m인지 풀이 과정과 함께 구하시오.

ⓒ 비스듬히 던진 물체의 운동

12 그림은 질량이 같은 두 공 A, B를 속력 v로 수평면과 각각 30°, 60°의 각도로 던져 올리는 모습을 나타낸 것이다.

두 공의 운동에 대한 설명으로 옳은 것만을 [보기]에서 있는 대로 고른 것은? (단, 공기 저항은 무시한다.)

─[보기]─

ㄱ. 처음 속도의 연직 성분은 B가 A보다 크다.

ㄴ. 처음 속도의 수평 성분은 B가 A보다 작다.

ㄷ. 수평 도달 거리는 A와 B가 같다.

① ㄱ   ② ㄷ   ③ ㄱ, ㄴ

④ ㄴ, ㄷ   ⑤ ㄱ, ㄴ, ㄷ

13 그림은 비스듬히 던진 야구공의 운동 경로를 나타낸 것이다. 0초부터 1초까지 공이 연직 방향으로 이동한 거리는 25 m이다.

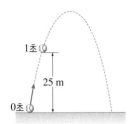

이 공이 최고점에 도달하는 데 걸리는 시간은? (단, 중력 가속도는 10 m/s²이고, 공기 저항은 무시한다.)

① $\sqrt{3}$초   ② 3초   ③ 5초

④ $3\sqrt{3}$초   ⑤ 9초

14 그림은 처음 속도 50 m/s로 비스듬히 던진 물체의 운동 경로를 나타낸 것이다.

처음 속도의 수평 방향의 성분 속도가 40 m/s일 때, 이에 대한 설명으로 옳지 않은 것은? (단, 중력 가속도는 10 m/s²이고, 공기 저항은 무시한다.)

① 처음 속도의 연직 방향의 성분 속도는 30 m/s이다.

② 최고점에 도달하는 시간은 3초 후이다.

③ 수평 도달 거리는 120 m이다.

④ 3초 후의 속도는 수평 방향으로 40 m/s이다.

⑤ 6초 후의 속도는 처음 속도와 크기가 같다.

15 그림은 질량이 같은 물체 A, B, C를 각각 지면의 한 점에서 비스듬히 던질 때 운동 경로를 나타낸 것이다. A와 B의 최고점의 높이는 같다.

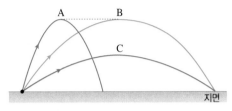

이에 대한 설명으로 옳은 것만을 [보기]에서 있는 대로 고른 것은? (단, 공기 저항은 무시한다.)

┌─[보기]─────────────────────────┐
ㄱ. 던질 때 속력은 A가 B보다 크다.

ㄴ. 최고점에 도달하는 데 걸린 시간은 A와 B가 같다.

ㄷ. 수평 방향 속력은 B와 C가 같다.
└────────────────────────────────┘

① ㄱ   ② ㄴ   ③ ㄷ

④ ㄱ, ㄴ   ⑤ ㄴ, ㄷ

16 그림은 xy 평면에서 운동하는 물체의 속도의 x성분 v_x와 y성분 v_y를 시간에 따라 나타낸 것이다.

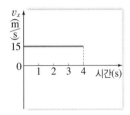 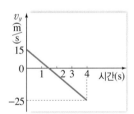

이에 대한 설명으로 옳은 것만을 [보기]에서 있는 대로 고른 것은? (단, 공기 저항은 무시한다.)

┌─[보기]─────────────────────────┐
ㄱ. 물체는 직선 운동을 한다.

ㄴ. 최고점에서 속도는 0이다.

ㄷ. 0초에서 4초까지 수평 방향으로 이동한 거리는 60 m이다.
└────────────────────────────────┘

① ㄱ   ② ㄷ   ③ ㄱ, ㄴ

④ ㄴ, ㄷ   ⑤ ㄱ, ㄴ, ㄷ

02 등속 원운동

핵심
포인트
Ⓐ 등속 원운동의 속력과 주기의 관계 ★★
등속 원운동의 구심 가속도 ★★★
Ⓑ 구심력의 표현 ★★★
여러 가지 구심력 ★★

Ⓐ 등속 원운동

직선 운동에서는 거리, 변위, 속도 등을 사용해서 운동을 나타냈지만 원운동에서는 반지름, 회전각, 각속도 등을 사용해서 운동을 나타냅니다. 놀이공원의 회전목마나 운동 경기의 해머던지기와 같이 원 궤도를 도는 물체의 운동에 대하여 알아보아요.

1. 등속 원운동 ┌─속력 일정 일정한 속력으로 원 궤도를 도는 운동 ➡ 속력이 일정하지만 *운동 방향이 계속 변하므로 속도가 변하는 가속도 운동이다.
> ┌─가속도의 크기는 일정하지만 가속도의 방향이
> 계속 변하므로 등가속도 운동은 아니다.

2. 등속 원운동의 속도와 주기

(1) 등속 원운동을 하는 물체의 각속도와 속력

① 각속도($\vec{\omega}$): 단위 시간 동안의 회전각, 물체가 시간 t 동안 각 θ만큼 회전했을 때 $\vec{\omega}$의 크기 ➡ $\omega=\dfrac{\theta}{t}$ (*rad/s)

② 속력(v): 단위 시간 동안의 이동 거리, 물체가 시간 t 동안 거리 s만큼 회전했을 때 접선 방향의 속력

➡ $v=\dfrac{s}{t}=\dfrac{r\theta}{t}=r\omega$ (m/s)

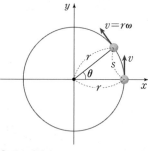
⊙ 등속 원운동

(2) 주기와 진동수

① 주기(T): 물체가 한 바퀴 회전하는 데 걸리는 시간, 물체가 속력 v로 반지름 r인 원 궤도를 회전할 때 주기 ➡ $T=\dfrac{2\pi r}{\underset{\underset{v=r\omega}{\bullet}}{v}}=\dfrac{2\pi}{\omega}$ (s)

② 진동수(f): 1초 동안 원을 회전하는 횟수, 진동수는 주기의 역수이다. ➡ $f=\dfrac{1}{T}=\dfrac{\omega}{2\pi}$ (Hz)
> ┕•s⁻¹

(3) 구심 가속도($\vec{a}$): 등속 원운동을 하는 물체의 가속도로, 반지름 r인 원 궤도를 일정한 속력 v로 운동하는 물체의 구심 가속도의 크기 a는 다음과 같다.

$$a=\dfrac{v^2}{r}=r\omega^2$$
┌•$v=r\omega$ 크기는 일정하고 방향은 원의 중심을 향하므로 계속 변한다.

구심 가속도의 크기

물체가 일정한 속력 v로 반지름 r인 원을 그리면서 등속 원운동을 하고 있다.

❶ (가)의 △POQ와 (나)의 △ACB는 닮음이다. (나)에서 $\overline{AB}$의 길이는 Δv이고, $|\vec{v_1}|=|\vec{v_2}|=v$이므로, $\dfrac{\Delta l}{r}=\dfrac{\Delta v}{v}$ … ㉠이다.

❷ Δt가 매우 작으면 PQ 사이의 곡선이 거의 직선과 같아져서 Δl은 Δt 동안 이동 거리와 같으므로 $\Delta l=v\Delta t$ … ㉡이다.

㉡을 ㉠에 대입하면 $\dfrac{v\Delta t}{r}=\dfrac{\Delta v}{v}$ 이므로 $a=\dfrac{\Delta v}{\Delta t}=\dfrac{v^2}{r}$이다.

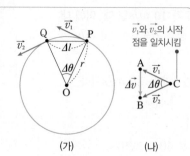
(가)   (나)

★ 등속 원운동에서 힘(구심력)의 방향과 운동 방향
등속 원운동하는 물체에 작용하는 힘의 방향은 원의 중심 방향이고, 운동 방향은 원의 접선 방향이다. 따라서 힘의 방향과 운동 방향은 서로 수직이다.
┕ 운동 방향과 수직인 방향으로 힘이 작용하면 속력은 변하지 않고 운동 방향만 변한다.

★ 호도각(radian)
호도각은 호의 길이를 반지름으로 나눈 값을 각으로 표현한 것으로 단위는 rad(라디안)이다. 원의 반지름을 r, 호의 길이를 l이라고 할 때 호도각 $\theta=\dfrac{l}{r}$ (rad)이다.

예 $360°=\dfrac{2\pi r}{r}=2\pi$ rad

B 구심력

1. *구심력 등속 원운동을 하는 물체가 받는 알짜힘, ●구심력은 크기가 일정하고 방향이 원의 중심 방향을 향하므로 계속 변한다.

└─● 구심력의 방향=구심 가속도의 방향=원의 중심 방향

$$구심력의 크기(F) = 질량(m) \times 구심 가속도(a)$$

$$F = m\frac{v^2}{r} = mr\omega^2 = \frac{4\pi^2 mr}{T^2}$$

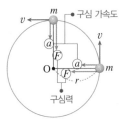

↑ **구심력과 구심 가속도**

> ★ **구심력**
> $m\dfrac{v^2}{r}$은 질량 m인 물체가 반지름 r인 원 궤도를 속력 v로 등속 원운동을 하기 위해 필요한 구심력의 크기를 나타낸다. 이 값과 같은 크기의 구심력이 작용하여야 물체가 등속 원운동을 계속 할 수 있다.

탐구 자료창   구심력의 크기

(가) 그림과 같이 실의 한쪽에 고무마개를 매달고 다른 쪽은 플라스틱 관을 통과시켜 추를 연결한다.

(나) 회전 반지름을 일정하게 유지시키면서 고무마개를 돌려 10회전 하는 데 걸린 시간을 측정한다.

(다) *추의 수를 늘려가면서 (나)와 같은 회전 반지름을 유지시키며 추가 10회전 하는 데 걸린 시간을 측정한다.

> 나일론 실
> 고무마개
> 플라스틱 관
> 클립
> 추

> 회전 반지름을 일정하게 유지시키려면 플라스틱 관과 바로 밑에 있는 클립 사이의 거리를 일정하게 유지시켜야 해요.

1. 결과

추의 수	10회전 시간(s)	주기(s)	$\dfrac{1}{주기^2}(/s^2)$
5개	12.93	1.293	0.598 1배
10개	9.17	0.917	1.189 약 2배
15개	7.41	0.741	1.821 약 3배

2. 구심력과 주기의 관계: 구심력은 $\dfrac{1}{주기^2}$에 비례한다. ─● 추의 무게는 구심력에 해당하므로

3. 구심력과 속력의 관계: 고무마개의 회전 주기는 $\dfrac{1}{속력}$에 비례하므로, 구심력은 속력의 제곱에 비례한다.

> ★ **추의 무게**
> 추의 무게는 고무마개를 원운동의 중심 방향으로 당기므로 고무마개가 원운동을 하는 데 필요한 구심력 역할을 한다.

---

2. 여러 가지 구심력 구심력은 원운동하는 데 필요한 힘이므로 중력, 전기력, 마찰력 등 다양한 힘들이 구심력으로 작용할 수 있다.

지구 주위를 도는 달	원자핵 주위를 도는 전자	*평지의 곡선 도로를 달리는 자동차
	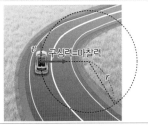	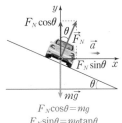
지구 주위를 원운동하는 달에는 달과 지구 사이의 중력이 구심력으로 작용한다.	원자핵 주위를 원운동하는 전자에는 전기력이 구심력으로 작용한다.	자동차의 운동 방향에 수직으로 작용하는 마찰력이 구심력으로 작용한다.

> ★ **곡선 도로에 경사를 두는 까닭**
> 자동차와 도로의 마찰력을 무시할 때 경사진 곡선 도로에서 질량이 m, 회전 반지름이 r인 자동차에 작용하는 구심력은 $\dfrac{mv^2}{r} = mg\tan\theta$로 자동차의 무게가 구심력에 관계된다. 따라서 경사각이 θ인 도로에서 자동차는 속력 $v = \sqrt{rg\tan\theta}$로 운행할 수 있다. 만약 $\theta = 0$이면 속력 $v = 0$이 되어 원운동이 불가능하다.
>
> $$F_N\cos\theta = mg$$
> $$F_N\sin\theta = mg\tan\theta$$

> ┤ 용어 ├
> ● **구심력**(求 구하다, 心 마음, 力 힘)_물체가 원운동을 하도록 중심 방향으로 작용하는 힘

개념 확인 문제

핵심
체크

정답친해 21쪽

- (❶　　　　): 일정한 속력으로 원 궤도를 도는 운동으로, 속력이 일정하지만 운동 방향이 계속 변하므로 속도가 계속 변하는 (❷　　　　) 운동이다.

- (❸　　　　): 원운동하는 물체가 단위 시간 동안 회전한 중심각 ➡ $\omega = \dfrac{\theta}{t}$(rad/s)

- (❹　　　　): 등속 원운동하는 물체가 한 바퀴 회전하는 데 걸리는 시간 ➡ $T = \dfrac{2\pi r}{v} = \dfrac{2\pi}{\omega}$(s)

- (❺　　　　): 1초 동안 원을 회전하는 횟수, 주기와는 역수 관계 ➡ $f = \dfrac{1}{T} = \dfrac{\omega}{2\pi}$(Hz)

- (❻　　　　): 등속 원운동하는 물체의 가속도로, 크기는 일정하고 방향은 원의 중심을 향한다.
$$a = \dfrac{v^2}{r} = r\omega^2$$

- (❼　　　　): 등속 원운동하는 물체가 받는 알짜힘으로, 크기는 일정하고 방향은 원의 중심을 향한다.
$$F = m\dfrac{v^2}{r} = mr\omega^2 = \dfrac{4\pi^2 mr}{T^2}$$

- 지구 주위를 원운동하는 달에는 달과 지구 사이의 (❽　　　　　　　)이 구심력으로 작용한다.

---

1 등속 원운동에 대한 설명으로 옳은 것은 ○, 옳지 않은 것은 ×로 표시하시오.

(1) 등속 원운동은 등가속도 운동이다. ·············· (　　　)

(2) 등속 원운동은 속력이 일정하고 방향이 계속 변하는 운동이다. ·· (　　　)

(3) 등속 원운동은 주기 운동이다. ·············· (　　　)

2 그림과 같이 질량이 m인 물체가 반지름 r인 원 궤도를 일정한 속력 v로 운동하고 있다.

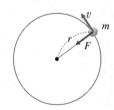

(1) 원운동의 주기 T는 얼마인지 구하시오.

(2) 각속도 ω는 얼마인지 구하시오.

(3) 구심력의 크기 F는 얼마인지 구하시오.

3 그림과 같이 반지름이 2 m 인 원 궤도를 따라 2π m/s의 일정한 속력으로 운동하는 질량이 2 kg인 물체가 있다. 이 물체의 운동에 대한 다음 값을 구하시오.

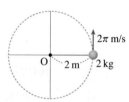

(1) 각속도: (　　　　) rad/s

(2) 주기: (　　　　)초

(3) 진동수: (　　　　) Hz

(4) 구심 가속도의 크기: (　　　　) m/s²

(5) 구심력의 크기: (　　　　) N

4 그림은 세 가지 원운동을 나타낸 것이다. (가)는 달이 지구 주위를 돌고, (나)는 전자가 원자핵 주위를 돌고, (다)는 줄에 매달린 쇠구슬이 도는 것이다.

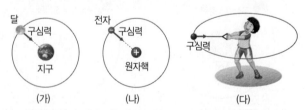

(가)　　(나)　　(다)

구심력 역할을 하는 힘이 무엇인지 쓰시오.

(가): _____　(나): _____　(다): _____

대표 자료 분석

자료 1 등속 원운동하는 물체의 비교

기출 Point
• 등속 원운동하는 물체의 각속도 비교하기
• 등속 원운동하는 물체의 구심 가속도 구하기

[1~4] 그림과 같이 두 개의 구슬 A, B가 수평면에서 O점을 중심으로 반지름이 각각 2 m, 3 m인 등속 원운동을 하고 있다. A, B가 각각 1회전 하는 데 걸린 시간은 0.1초, 0.2초이다.

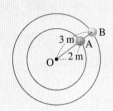

1 A의 각속도는 몇 rad/s인지 구하시오.

2 각속도는 A가 B의 몇 배인지 구하시오.

3 구심 가속도는 A가 B의 몇 배인지 구하시오.

4 빈출 선택지로 [완벽 정리!]

(1) 주기는 A가 B의 2배이다. ·············· (○ / ×)

(2) 속력은 A가 B보다 크다. ·············· (○ / ×)

(3) A, B는 등가속도 운동을 한다. ·········· (○ / ×)

자료 2 등속 원운동 그래프

기출 Point
• 등속 원운동하는 물체의 x, y성분 속도를 이용하여 주기, 각속도, 가속도의 방향과 크기 구하기

[1~5] 그림 (가), (나)는 xy 평면에서 원점을 중심으로 등속 원운동하는 물체의 속도의 x, y성분 v_x, v_y를 시간 t에 따라 각각 나타낸 것이다.

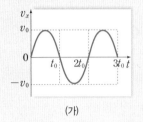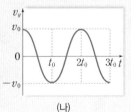

(가)   (나)

1 이 물체의 주기를 구하시오.

2 이 물체의 각속도는?

① $\dfrac{\pi}{2t_0}$ ② $\dfrac{\pi}{t_0}$ ③ $\dfrac{2\pi}{t_0}$

④ $\dfrac{t_0}{\pi}$ ⑤ $\dfrac{2t_0}{\pi}$

3 $t=t_0$일 때와 $t=2t_0$일 때, 가속도의 방향을 구하시오.

(1) $t=t_0$일 때: (   )

(2) $t=2t_0$일 때: (   )

4 $t=t_0$일 때, 가속도의 크기를 구하시오.

5 빈출 선택지로 [완벽 정리!]

(1) 원운동에서 주기 T는 $\dfrac{v}{2\pi r}$이다. ·············· (○ / ×)

(2) 원운동에서 각속도는 단위 시간 동안의 회전각으로 $\omega=\dfrac{2\pi}{T}$ 또는 $\omega=\dfrac{v}{r}$로 구할 수 있다. ··· (○ / ×)

(3) 등속 원운동에서 구심 가속도의 방향은 항상 원의 중심 방향이다. ·············· (○ / ×)

내신 만점 문제

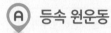 등속 원운동   구심력

01 그림은 물체가 화살표 방향으로 등속 원운동하고 있는 모습을 나타낸 것이다.

이때 물체에 작용하는 알짜힘을 가장 잘 나타낸 것은?

 ①   ②   ③

 ④    ⑤ 힘이 작용하지 않음

02 그림은 질량이 각각 m, $2m$인 물체 A, B가 점 O를 중심으로 반지름 R인 원둘레를 따라 같은 속력 v로 등속 원운동하는 모습을 나타낸 것이다.

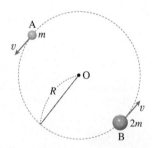

이에 대한 설명으로 옳은 것만을 [보기]에서 있는 대로 고른 것은?

┌─[보기]─
ㄱ. 주기는 A와 B가 같다.
ㄴ. 구심 가속도는 A와 B가 같다.
ㄷ. 구심력의 크기는 B가 A의 2배이다.
└─

① ㄱ   ② ㄷ   ③ ㄱ, ㄴ
④ ㄴ, ㄷ   ⑤ ㄱ, ㄴ, ㄷ

03 그림은 O점을 중심으로 두 물체 A, B가 등속 원운동을 하는 모습을 나타낸 것이다. A, B의 질량은 각각 $2m$, $3m$, 궤도 반지름은 각각 r, $2r$이며 속력은 v로 같다.

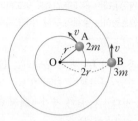

A, B의 운동에 대한 설명으로 옳은 것만을 [보기]에서 있는 대로 고른 것은?

┌─[보기]─
ㄱ. 각속도는 A가 B보다 크다.
ㄴ. 주기는 A가 B보다 크다.
ㄷ. 진동수는 A가 B보다 크다.
└─

① ㄴ   ② ㄷ   ③ ㄱ, ㄴ
④ ㄱ, ㄷ   ⑤ ㄱ, ㄴ, ㄷ

04 〔서술형〕 그림과 같이 질량이 1 kg인 추를 길이가 1 m인 줄에 매달아 수평면과 나란한 평면에서 0.5초에 한 바퀴씩 일정한 속력으로 돌렸다.

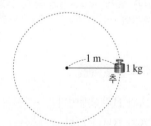

추에 작용하는 구심력의 크기는 몇 N인지 풀이 과정과 함께 구하시오. (단, 공기 저항 및 추의 크기는 무시한다.)

05 질량이 각각 m, $2m$인 두 물체 A, B를 마찰이 없고 수평인 실험대의 구멍을 통과하는 실로 연결하여 그림과 같이 장치하였다. 이때 A는 구멍을 중심으로 반지름이 r인 등속 원운동을 하고, B는 정지한 상태로 실에 매달려 있다.

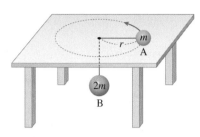

이에 대한 설명으로 옳은 것만을 [보기]에서 있는 대로 고른 것은? (단, 중력 가속도는 g이다.)

〔보기〕
ㄱ. A에 작용하는 구심력의 크기는 $2mg$이다.
ㄴ. 구심 가속도의 크기는 g이다.
ㄷ. A의 속력은 $\sqrt{2rg}$이다.

① ㄱ   ② ㄴ   ③ ㄷ
④ ㄱ, ㄴ   ⑤ ㄱ, ㄷ

06 그림은 철수와 영희가 놀이기구의 의자에 앉아 수평면과 나란하게 등속 원운동하는 모습을 나타낸 것이다. 철수와 영희의 질량은 각각 $2m$, m이고, 회전 반지름은 각각 r, $2r$이다.

이에 대한 설명으로 옳은 것만을 [보기]에서 있는 대로 고른 것은? (단, 놀이기구의 질량 및 모든 마찰은 무시한다.)

〔보기〕
ㄱ. 속력은 영희가 철수의 2배이다.
ㄴ. 가속도의 크기는 영희가 철수의 2배이다.
ㄷ. 구심력의 크기는 철수가 영희의 2배이다.

① ㄱ   ② ㄴ   ③ ㄷ
④ ㄱ, ㄴ   ⑤ ㄱ, ㄴ, ㄷ

07 그림은 xy 평면에서 원점을 중심으로 등속 원운동하는 물체의 속도의 x, y성분 v_x, v_y를 시간에 따라 각각 나타낸 것이다. 이때 색칠된 부분의 넓이는 S이다.

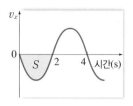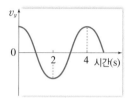

이 물체의 가속도의 크기는?

① $\dfrac{\pi S}{2}$ ② πS ③ $\dfrac{\pi^2 S}{8}$ ④ $\dfrac{\pi^2 S}{4}$ ⑤ $\pi^2 S$

08 그림 (가)는 수평면 위의 회전축에 실로 연결된 소형 로켓을 나타낸 것이다. 이 로켓이 그림 (나)와 같이 시간에 따라 속력이 변하면서 반지름이 100 m인 원 궤도를 따라 운동하였다.

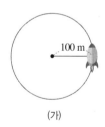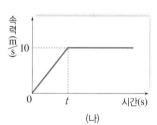

(가)   (나)

이 로켓의 운동에 대한 설명으로 옳은 것만을 [보기]에서 있는 대로 고른 것은? (단, 모든 마찰은 무시한다.)

〔보기〕
ㄱ. 0초에서 t까지 로켓의 추진력은 일정하고, t 이후 추진력은 0이다.
ㄴ. 0초에서 t까지 로켓에 작용하는 실의 장력은 시간에 비례하여 증가한다.
ㄷ. t 이후 로켓의 구심 가속도의 크기는 1 m/s^{2}이다.

① ㄱ   ② ㄴ   ③ ㄱ, ㄷ
④ ㄴ, ㄷ   ⑤ ㄱ, ㄴ, ㄷ

03 행성의 운동과 케플러 법칙

핵심 포인트
- Ⓐ 케플러 제1법칙의 적용 ★★
  케플러 제2법칙의 적용 ★★★
  케플러 제3법칙의 적용 ★★★
- Ⓑ 중력 법칙 ★★
  중력 가속도 ★
- Ⓒ 인공위성에 작용하는 힘과 속력, 주기 비교 ★★★
  인공위성의 운동 분석 ★★

Ⓐ 케플러 법칙

16세기 중엽까지 사람들은 천동설을 믿었지만 코페르니쿠스가 지동설을 주장한 이후로 지구나 행성들이 태양 주위를 원운동한다고 생각했어요. 하지만 케플러는 관측 사실을 분석하여 행성이 타원 궤도를 돌고 있다는 사실을 알아냈어요. 케플러가 알아낸 행성의 운동에 대하여 알아보아요.

1. 행성의 운동 과거에는 행성이 원 궤도를 따라 운동한다고 믿었으나 케플러의 연구에 의해 타원 궤도를 따라 운동하는 것을 알게 되었다.

2. 케플러 법칙 티코 브라헤의 관측 자료를 분석하여 얻은 행성의 운동에 관한 세 가지 법칙

(1) **케플러 제1법칙(타원 궤도 법칙):** 모든 행성은 태양을 한 초점으로 하는 ❶타원 궤도를 따라 운동한다.

① 행성이 태양에 가장 가까이 있을 때를 근일점, 가장 멀리 있을 때를 원일점이라고 한다.

② 행성들의 공전 궤도는 초점 사이의 거리가 짧아 원 궤도에 가깝다.

태양은 타원 궤도의 중심에 있는 것이 아니라 한 초점에 있다. 따라서 태양과 행성 사이의 거리는 계속 변한다.

🔼 행성의 타원 궤도

(2) **★케플러 제2법칙(면적 속도 일정 법칙):** 행성이 타원 궤도를 돌면서 일정한 시간 동안 태양과 행성을 잇는 선이 휩쓸고 간 면적은 항상 같다.

① 태양에 가까워지면 행성의 속력이 빨라지고, 태양에서 멀어지면 속력이 느려진다.

└ 어느 지점에서 태양과 행성 사이의 거리를 r, 행성의 속력을 v라고 하면 $r \times v$는 일정하다. ➡ r가 작은 곳이 v가 빠르고, r가 큰 곳이 v가 느리다.

② 행성의 속력은 근일점에서 가장 빠르고, 원일점에서 가장 느리다.

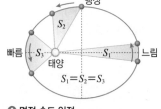

🔼 면적 속도 일정

(3) **케플러 제3법칙(조화 법칙):** ★행성의 공전 주기(T)의 제곱은 공전 궤도의 긴반지름(a)의 세제곱에 비례한다.

$$T^2 = ka^3 \ (k: \text{비례 상수})$$

① 태양으로부터 먼 행성일수록 공전 주기가 커진다.

② 행성들은 공전 주기(T)의 제곱과 긴반지름(a)의 세제곱의 비가 모두 같다. ➡ $\dfrac{T^2}{a^3} = k$

예제 지구는 태양에서 1 AU 떨어져 있고, 공전 주기는 1년이다. 태양에서 9 AU 떨어져 있는 행성의 공전 주기는 몇 년인가?
└ 1 AU=지구에서 태양까지의 거리 =1억 5천만 km

해설 $T^2 \propto a^3$이므로 $1^2 : T^2 = 1^3 : 9^3$에서 $T^2 = 9^3 = 3^6 = (3^3)^2 = 27^2$이 되므로 공전 주기 T는 27년이다.

📖 27년

★ 행성의 운동에서 물리량 비교
행성이 공전하면서 같은 시간 동안 만든 면적이 S_1, S_2일 때 A, B에서의 물리량을 비교하면 다음과 같다.

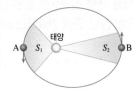

- 면적: 면적 속도 일정 법칙에 의해 ➡ $S_1 = S_2$
- 속력: 태양과의 거리가 $r_A < r_B$ 이므로 ➡ $v_A > v_B$
- 운동 에너지: 속력이 $v_A > v_B$이 므로 ➡ $E_A > E_B$
- 중력: 태양과의 거리가 $r_A < r_B$ 이므로 ➡ $F_A > F_B$
- 가속도: 중력이 $F_A > F_B$이므로 $a = \dfrac{F}{m}$에 의해 ➡ $a_A > a_B$

★ 행성의 공전 주기
조화 법칙에 의해 태양으로부터 먼 행성일수록 공전 궤도의 긴반지름(a)이 커서 공전 주기(T)가 크다. ➡ $T^2 \propto a^3$

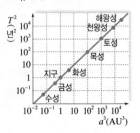

┃용어┃
❶ 타원(楕 길쭉하다, 圓 원)_평면 위의 두 점으로부터 거리의 합이 일정한 점들의 집합. 타원의 기준이 되는 두 점을 초점이라고 한다.

B 중력 법칙

케플러는 행성의 운동에 대한 법칙을 발견하였지만 행성의 운동을 일으키는 원인은 설명할 수가 없었답니다. 후에 뉴턴은 운동 법칙을 이용하여 그 원인을 밝혀내었는데, 이에 대하여 알아보아요.

1. 중력 법칙

(1) *중력: 질량이 있는 모든 물체 사이에 작용하는 서로 잡아당기는 힘

(2) 중력 법칙: 질량을 가진 두 물체 사이에 작용하는 중력(F)은 두 물체의 질량의 곱(Mm)에 비례하고, 두 물체 사이의 거리(r)의 제곱에 반비례한다.

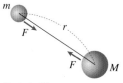

↑ 중력 법칙

$$F=G\frac{Mm}{r^2} \ (G=6.67\times10^{-11} \ \text{N·m}^2/\text{kg}^2: \text{*중력 상수})$$

2. 지구와 물체 사이의 중력

(1) 지구와 물체 사이에 작용하는 중력: 지구의 질량이 M, 물체의 질량이 m, 지구 반지름이 R일 때 지표면 근처에서 운동하는 물체에 작용하는 중력은 $F_{중력}=G\dfrac{Mm}{R^2}$이다.

(2) *중력 가속도(g): 중력만 받아 운동하는 물체의 가속도, 지구 반지름을 R라 하면 지표면 근처에서 중력을 받아 운동하는 물체의 가속도 g는 $G\dfrac{Mm}{R^2}=mg$에서 다음과 같다.

지구 M 물체 m R

$$g=\frac{GM}{R^2}$$

3. 중력 법칙과 케플러 법칙과의 관계

(1) 케플러 법칙과 중력 법칙: 케플러 제3법칙은 뉴턴의 중력 법칙을 만족한다. ➡ 뉴턴에 의해 케플러 법칙이 이론적으로 검증되었다.

(2) 케플러 법칙의 적용: 케플러 법칙은 행성뿐만 아니라 행성의 중력을 받아 운동하는 위성이나 인공위성에도 똑같이 적용된다.

> **중력 법칙으로 케플러 제3법칙 유도**
>
> 질량이 M인 태양의 주위를 질량이 m인 행성이 궤도 반지름 r, 속력 v로 등속 원운동한다고 하자.
>
> ❶ 행성은 태양으로부터 구심력을 받는데, 이때 중력이 구심력에 해당하므로
>
> $F=G\dfrac{Mm}{r^2}=m\dfrac{v^2}{r}$이 되어 $v^2=\dfrac{GM}{r}$ ····· ㉠으로 나타낼 수 있다.
>
> ❷ 등속 원운동하는 물체의 속력 $v=\dfrac{2\pi r}{T}$ ····· ㉡이다.
>
> ❸ ㉡식을 ㉠식에 대입하여 정리하면 $T^2=\dfrac{4\pi^2}{GM}r^3$이 된다. 즉, $T^2\propto r^3$임을 알 수 있다.
>   └● 케플러 제3법칙을 만족한다.

★ **중력의 특징**
• 지구와 물체 사이나 천체들 사이에서도 작용한다.
• 물체가 서로 떨어져 있어도 작용한다.
• 두 물체 사이에 서로 작용하는 중력은 작용 반작용 관계이다.

★ **중력 상수의 측정**
캐번디시는 중력 법칙이 발표되고 나서 비틀림 저울을 이용하여 실험실에서 중력을 측정하는 데 성공하여 중력 상수의 크기를 알게 되었다.

★ **중력 가속도**
$g=\dfrac{GM}{R^2}$이므로 G, M, R값을 대입하여 계산하면 g는 약 9.8 m/s^2이다. 지구 표면에서 측정한 g는 위도와 고도에 따라 약간 다르지만 계산의 편의를 위해 10 m/s^2으로 제시하는 경우가 많다. 또한, 지표면 근처에서 물체의 크기 및 높이는 지구 반지름(약 $6.4\times10^6 \text{ m}$)에 비해 매우 작으므로 무시할 수 있다. 따라서 중력 가속도를 구할 때 분모에 지구 반지름 R만 대입한다.

03 행성의 운동과 케플러 법칙

C 인공위성의 운동

1. 뉴턴의 사고 실험 뉴턴은 마찰을 무시할 때 대포알을 충분히 큰 속력으로 발사하면, 대포알이 지구 표면에 닿지 않고 지구 주위를 계속 돌 수 있다고 생각하였다.─● 오늘날 인공위성과 우주선으로 현실화 되었다.

> **뉴턴의 대포 사고 실험**
>
> 높은 산에서 대포를 쏠 때 중력이 없다면 포탄은 발사된 방향으로 직선 운동을 하지만 중력 때문에 포탄은 포물선 운동을 할 것이다. 이때 발사 속력에 따른 포탄의 운동 경로는 다음과 같다.
>
> **경로 ❶**: 매초 지구의 곡률만큼 연직 방향으로 떨어지는 속력으로 발사되면 원 궤도를 돌 것이다.
>
> **경로 ❷**: 경로 ❶보다 발사 속력이 크면 타원을 그리며 공전할 것이다.
>
> **경로 ❸**: 경로 ❶보다 속력이 작으면 지면에 떨어질 것이다.

원운동

2. ❷인공위성 인위적으로 행성 주위를 공전하도록 만든 물체

(1) **인공위성에 작용하는 힘**: 인공위성과 행성 사이에 작용하는 중력이 구심력 역할을 한다.

(2) **인공위성의 속력**: 인공위성의 질량과 관계없고, 궤도 반지름의 제곱근에 반비례한다.

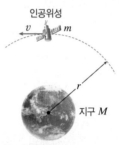
인공위성
v m
r
지구 M
⬆ **인공위성의 운동**

$$v=\sqrt{\frac{GM}{r}} \quad \text{●}\ F=G\frac{Mm}{r^2}=m\frac{v^2}{r}\text{이므로}$$

(3) **인공위성의 주기**: ＊인공위성의 주기의 제곱은 궤도 반지름의 세제곱에 비례한다.

$$T^2=\frac{4\pi^2}{GM}r^3 \quad \text{●}\ v=\frac{2\pi r}{T}=\sqrt{\frac{GM}{r}}\text{이므로}$$

> **인공위성의 운동 분석**
>
> 인공위성의 궤도 반지름과 질량의 변화에 따른 물리량의 변화는 다음과 같다.

구분	궤도 반지름이 2배일 때	궤도 반지름과 질량이 각각 2배일 때
	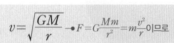 행성 M r m A, $2r$ m B	행성 M r m A, $2r$ $2m$ B
중력	$F_A=G\dfrac{Mm}{r^2}$, $F_B=G\dfrac{Mm}{(2r)^2}$ $\therefore F_A=4F_B \Rightarrow F_A>F_B$	$F_A=G\dfrac{Mm}{r^2}$, $F_B=G\dfrac{M\times2m}{(2r)^2}$ $\therefore F_A=2F_B \Rightarrow F_A>F_B$
속력	$v_A=\sqrt{\dfrac{GM}{r}}$, $v_B=\sqrt{\dfrac{GM}{2r}}$ $\therefore v_A=\sqrt{2}v_B \Rightarrow v_A>v_B$ ─● 속력, 주기, 구심 가속도는 인공위성의 질량과 관계가 없다.	
주기	$T_A=2\pi\sqrt{\dfrac{r^3}{GM}}$, $T_B=2\pi\sqrt{\dfrac{(2r)^3}{GM}}$ $\therefore T_A=\dfrac{1}{2\sqrt{2}}T_B \Rightarrow T_A<T_B$	
구심 가속도	$a_A=\dfrac{F_A}{m}=\dfrac{GM}{r^2}$, $a_B=\dfrac{GM}{4r^2}$ $\therefore a_A=4a_B \Rightarrow a_A>a_B$	

★ 인공위성의 주기와 케플러 법칙

인공위성의 주기는 $T^2=\dfrac{4\pi^2}{GM}r^3$ 이므로 인공위성의 운동에서도 케플러 제3법칙이 성립한다. 이처럼 행성뿐만 아니라 인공위성도 케플러 법칙을 만족한다. 행성이나 인공위성은 실제로 타원 궤도를 운동하지만 원운동에 가깝기 때문에 행성이나 인공위성이 등속 원운동을 한다고 가정하여 케플러 법칙을 유도한다.

┃용어┃

❷ 인공위성(人 사람, 工 인공, 衛 지키다, 星 별)_지구 등 행성 둘레를 돌도록 로켓을 이용해서 쏘아 올린 인공의 장치

개념 확인 문제

정답친해 24쪽

핵심 체크

- 케플러 제1법칙(타원 궤도 법칙): 모든 행성은 태양을 한 초점으로 하는 (❶) 궤도를 따라 운동한다.
- 케플러 제2법칙(❷): 행성이 태양에 가까워지면 속력이 (❸)지고, 태양에서 멀어지면 속력이 (❹)진다.
- 케플러 제3법칙(❺): 행성의 공전 주기의 제곱은 공전 궤도 긴반지름의 (❻)에 비례한다.
- 중력 법칙: 질량이 있는 두 물체 사이에 서로 잡아당기는 힘은 두 물체의 질량의 곱에 비례하고, 두 물체 사이의 (❼)의 제곱에 반비례한다. ➡ $F = G\dfrac{Mm}{r^2}$ (G: 중력 상수)
- (❽): 중력만 받아 운동하는 물체의 가속도로 지구 표면에서는 약 9.8 m/s²이다.
- 인공위성의 속력: 인공위성의 질량과는 관계없고, (❾)의 제곱근에 반비례한다. ➡ $v = \sqrt{\dfrac{GM}{r}}$
- 인공위성의 주기: 인공위성의 주기의 (❿)은 궤도 반지름의 세제곱에 비례한다. ➡ $T^2 = \dfrac{4\pi^2}{GM}r^3$

---

1 케플러 법칙에 대한 설명으로 옳은 것은 ○, 옳지 <u>않은</u> 것은 ×로 표시하시오.

(1) 모든 행성은 태양 주위를 등속 원운동한다. ····· ( )
(2) 행성이 태양 주위를 돌 때 행성과 태양을 잇는 선이 일정한 시간 동안 휩쓸고 간 면적은 항상 같다. ( )
(3) 행성의 공전 주기는 공전 궤도의 긴반지름의 세제곱에 비례한다. ································· ( )

2 그림은 태양 주위를 도는 행성의 공전 궤도를 간단하게 나타낸 것이다.

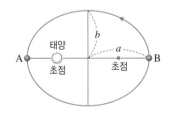

(1) A, B 지점에서 행성의 속력 v_A, v_B를 등호나 부등호로 비교하시오.
(2) 행성의 공전 주기의 제곱은 무엇에 비례하는지 그림에서 찾아 쓰시오.

3 공전 주기가 T이고, 타원 궤도의 긴반지름이 a인 행성 A가 있다. 공전 주기가 $8T$인 행성 B의 긴반지름은 얼마인지 구하시오.

4 두 물체 사이의 거리가 2배가 될 때, 두 물체 사이에 작용하는 중력의 크기는 몇 배가 되는지 구하시오.

5 중력과 중력 법칙에 대한 설명으로 옳은 것은 ○, 옳지 <u>않은</u> 것은 ×로 표시하시오.

(1) 중력은 질량을 가진 물체 사이에 작용하는 인력 또는 척력이다. ································· ( )
(2) 지구와 물체 사이의 중력의 크기는 물체의 질량과 지구의 질량의 곱에 비례하고 지구와 물체 사이의 거리 제곱에 반비례한다. ································· ( )

6 그림과 같이 동일한 두 인공위성 A, B가 각각 궤도 반지름 r, $4r$로 지구 주위를 공전하고 있다.

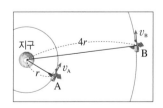

(1) A와 B의 속력의 비 $v_A : v_B$를 구하시오.
(2) A와 B의 공전 주기의 비 $T_A : T_B$를 구하시오.

대표 자료 분석

정답친해 24쪽

학교 시험에 자주 출제되는 대표 자료와 그 자료에 대한 문제를 통해 자료를 완벽하게 이해할 수 있다.

자료 ① 행성의 운동과 케플러 법칙

기출 Point
- 행성의 운동에 관한 케플러 법칙 이해하기
- 타원 운동하는 행성의 두 위치에서 물리량 비교하기

[1~3] 그림과 같이 행성이 태양을 한 초점으로 하는 타원 궤도를 공전한다. 행성이 점 a에서 점 b까지, 점 c에서 점 d까지 이동하는 동안 행성과 태양을 연결한 직선이 지나간 면적은 각각 S로 같다. a와 c는 각각 근일점과 원일점이다.

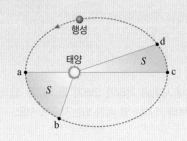

1 행성이 점 a에서 점 b까지 이동하는 데 걸린 시간이 T일 때, 점 c에서 점 d까지 이동하는 데 걸린 시간을 구하시오.

2 행성이 점 c에서 어떤 점까지 이동하는 동안 행성과 태양을 연결한 직선이 지나간 면적이 $2S$가 된다면, 이동하는 데 걸린 시간은 점 a에서 점 b까지 이동하는 데 걸린 시간의 몇 배가 되는지 구하시오.

3 빈출 선택지로 완벽 정리!

(1) 행성의 속력은 a~d 중 a에서 가장 크다. (○ / ×)
(2) 케플러 법칙은 행성 주위를 돌고 있는 위성에는 적용되지 않는다. (○ / ×)
(3) 케플러는 뉴턴의 중력 법칙으로 자신이 주장한 행성의 운동에 관한 법칙을 증명하였다. (○ / ×)

자료 ② 인공위성의 운동

기출 Point
- 인공위성이 지구의 중력을 구심력으로 하여 운동함을 이해하기
- 인공위성의 궤도에 따른 물리량 비교하기

[1~3] 그림과 같이 질량이 같은 인공위성 A, B가 반지름이 각각 r, $2r$인 원 궤도를 따라 행성 주위를 등속 원운동하고 있다.

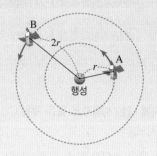

1 행성 주위를 도는 인공위성의 속력에 영향을 주는 요인을 [보기]에서 있는 대로 고르시오.

[보기]
ㄱ. 행성의 질량　　　　ㄴ. 인공위성의 질량
ㄷ. 행성의 부피　　　　ㄹ. 인공위성의 크기
ㅁ. 행성 중심에서 인공위성까지의 거리

2 A와 B의 운동을 등호나 부등호로 비교하시오.

(1) 속력: A ☐ B
(2) 공전 주기: A ☐ B
(3) 중력의 크기: A ☐ B
(4) 가속도의 크기: A ☐ B

3 빈출 선택지로 완벽 정리!

(1) 인공위성의 속력은 궤도 반지름에 따라 결정된다. (○ / ×)
(2) 인공위성 A의 속력이 v일 때, 궤도 반지름이 A의 4배인 인공위성의 속력은 $2v$이다. (○ / ×)
(3) 인공위성의 가속도는 인공위성의 질량에 반비례한다. (○ / ×)

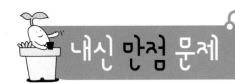

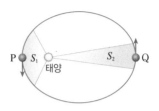

내신 만점 문제

A 케플러 법칙

01 케플러 법칙에 대한 설명으로 옳지 <u>않은</u> 것은?

① 뉴턴이 중력 법칙으로 케플러 법칙을 설명하였다.
② 행성은 태양을 한 초점으로 하는 타원 궤도를 돈다.
③ 태양에서 먼 곳에 있는 행성일수록 공전 주기가 길다.
④ 태양으로부터 먼 곳에서보다 가까운 곳에서 속력이 더 빠르다.
⑤ 행성은 공전 궤도의 어느 부분에서나 같은 시간 동안 같은 각도를 돈다.

02 그림은 태양계의 8개 행성의 공전 주기(T)와 긴반지름(a)의 관계를 나타낸 것이다.
이에 대한 설명으로 옳은 것은?

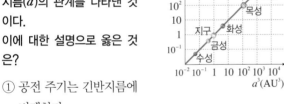

① 공전 주기는 긴반지름에 비례한다.
② 공전 주기는 긴반지름에 반비례한다.
③ 공전 주기의 제곱은 긴반지름과 같다.
④ 공전 주기의 제곱은 긴반지름의 세제곱에 비례한다.
⑤ 공전 주기의 제곱은 긴반지름의 세제곱에 반비례한다.

03 어떤 행성과 태양 사이의 거리가 현재의 4배가 되어서도 행성이 계속 태양 주위를 타원 운동한다면, 이 행성의 공전 주기는 몇 배가 되는가?

① 2배   ② 4배   ③ 8배
④ 16배   ⑤ 64배

04 그림은 태양 주위의 타원 궤도를 돌고 있는 행성이 P, Q 두 위치 부근에서 같은 시간 동안 휩쓸고 지나간 면적 S_1, S_2를 나타낸 것이다.

이에 대한 설명으로 옳은 것만을 [보기]에서 있는 대로 고른 것은?

[보기]
ㄱ. 행성의 속력은 Q에서가 P에서보다 빠르다.
ㄴ. 행성의 가속도는 P에서가 Q에서보다 크다.
ㄷ. S_1과 S_2는 같다.

① ㄱ   ② ㄷ   ③ ㄱ, ㄴ
④ ㄴ, ㄷ   ⑤ ㄱ, ㄴ, ㄷ

05 그림은 행성이 태양 주위를 도는 모습을 나타낸 것이다. A는 근일점, B는 원일점을 나타낸다.

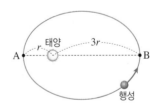

이에 대한 설명으로 옳은 것만을 [보기]에서 있는 대로 고른 것은?

[보기]
ㄱ. 행성의 속력은 A점에서가 B점에서보다 빠르다.
ㄴ. 중력의 크기는 A점에서가 B점에서의 3배이다.
ㄷ. 태양의 위치는 타원 궤도의 두 초점 중의 하나이다.

① ㄱ   ② ㄴ   ③ ㄱ, ㄷ
④ ㄴ, ㄷ   ⑤ ㄱ, ㄴ, ㄷ

06 그림은 공전 주기가 76년인 핼리 혜성의 궤도를 모식적으로 나타낸 것이다. 이 혜성은 1986년에 근일점 A를 통과하여 지구에서 맨눈으로 관찰할 수 있었다. 현재 B점을 통과하고 있다.

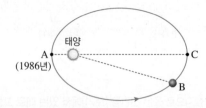

이에 대한 설명으로 옳은 것만을 [보기]에서 있는 대로 고른 것은?

[보기]
ㄱ. 핼리 혜성은 태양의 중력을 받아 타원 궤도를 돌고 있다.
ㄴ. 현재 핼리 혜성의 속력은 1986년보다 느리다.
ㄷ. 핼리 혜성이 C점을 통과하는 시기는 2024년이 될 것이다.

① ㄱ 　 ② ㄴ 　 ③ ㄱ, ㄷ
④ ㄴ, ㄷ 　 ⑤ ㄱ, ㄴ, ㄷ

07 그림은 태양 주위를 서로 다른 궤도 반지름으로 공전하는 두 행성 A, B를 나타낸 것이다. 각 행성 A, B와 태양을 잇는 직선이 같은 시간 t 동안 휩쓴 면적은 각각 행성의 전체 공전 궤도 면적의 $\frac{1}{5}$과 $\frac{1}{40}$이었다.

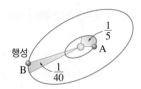

행성 A, B의 공전 주기의 비 $T_A : T_B$는?

① 1 : 4 　 ② 1 : 8 　 ③ 4 : 1
④ 8 : 1 　 ⑤ 16 : 1

08 (서술형) 그림은 어떤 행성이 태양을 한 초점으로 하는 타원 궤도를 따라 운동하는 것을 나타낸 것이다.

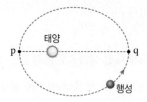

p는 근일점, q는 원일점일 때, 두 지점에서 행성에 작용하는 중력, 행성의 속력을 비교하시오.

09 다음은 케플러 제3법칙을 증명하는 과정이다.

질량이 M인 지구 주위를 질량인 m인 인공위성이 반지름 r인 원 궤도를 따라 운동할 때 인공위성에 작용하는 중력의 크기는 ㉠( )이다.
인공위성에 작용하는 중력이 구심력이 되고 구심 가속도는 $r\omega^2$이므로 이를 뉴턴의 운동 제2법칙($F=ma$)에 대입하면, $G\dfrac{Mm}{r^2}=$㉡( )…①이고, $\omega=\dfrac{2\pi}{T}$를 ①식에 대입하면 $G\dfrac{Mm}{r^2}=mr\dfrac{4\pi^2}{T^2}$…②가 된다.
②식을 정리하면 $T^2=\dfrac{4\pi^2}{GM}r^3$이므로 $T^2 \propto$㉢( )이 된다.

㉠~㉢에 들어갈 식을 옳게 짝 지은 것은?

	㉠	㉡	㉢
①	MG	$mr\omega^2$	r
②	$G\dfrac{Mm}{r}$	$\dfrac{m\omega^2}{r}$	r^2
③	$G\dfrac{r^2}{Mm}$	$mr\omega$	r^3
④	$G\dfrac{Mm}{r^2}$	$\dfrac{mr\omega}{r}$	$\dfrac{1}{r}$
⑤	$G\dfrac{Mm}{r^2}$	$mr\omega^2$	r^3

Ⓑ 중력 법칙

10 그림은 질량이 M인 태양과 질량이 m인 행성이 거리 r 만큼 떨어진 모습을 나타낸 것이다. 이때 태양과 행성 사이에 작용하는 힘은 F_1, F_2이다.

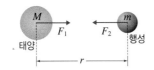

이에 대한 설명으로 옳지 <u>않은</u> 것은?

① F_1과 F_2는 작용 반작용 관계이다.

② F_1과 F_2는 힘의 크기가 같고 방향이 반대이다.

③ $F_1 = G\dfrac{Mm}{r^2}$이다.

④ 행성은 $\sqrt{\dfrac{Mm}{r^2}}$의 속력으로 태양 주위를 돌고 있다.

⑤ 행성이 태양에 작용하는 힘에 의해 태양의 운동도 영향을 받는다.

11 그림은 태양 주위를 도는 지구와 목성의 질량과 공전 궤도의 반지름을 간략하게 나타낸 것이다.

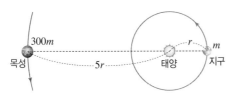

이에 대한 설명으로 옳은 것만을 [보기]에서 있는 대로 고른 것은?

[보기]
ㄱ. 태양으로부터 받는 힘은 목성이 지구보다 크다.
ㄴ. 구심 가속도의 크기는 지구가 목성보다 크다.
ㄷ. 목성의 공전 주기는 지구의 약 25배이다.

① ㄱ   ② ㄴ   ③ ㄱ, ㄴ
④ ㄱ, ㄷ   ⑤ ㄴ, ㄷ

Ⓒ 인공위성의 운동

12 그림 (가)는 질량이 m인 위성이 질량이 M인 행성을 중심으로 궤도 반지름이 R인 등속 원운동을 하는 모습을 나타낸 것이고, (나)는 질량이 $2m$인 위성이 질량이 $2M$인 행성을 중심으로 궤도 반지름이 $2R$인 등속 원운동을 하는 모습을 나타낸 것이다.

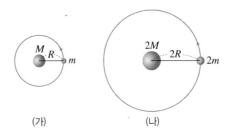

(가)   (나)

이에 대한 설명으로 옳은 것만을 [보기]에서 있는 대로 고른 것은?

[보기]
ㄱ. 두 위성이 행성으로부터 받는 중력의 크기는 같다.
ㄴ. 구심 가속도의 크기는 (가)가 (나)의 2배이다.
ㄷ. 공전 주기는 (나)가 (가)의 2배이다.

① ㄱ   ② ㄷ   ③ ㄱ, ㄴ
④ ㄴ, ㄷ   ⑤ ㄱ, ㄴ, ㄷ

13 그림과 같이 질량이 같은 인공위성 A, B가 반지름이 각각 r, $2r$인 원 궤도를 따라 지구 주위를 등속 원운동하고 있다.

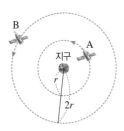

B의 주기는 A의 몇 배인가?

① $\dfrac{1}{8}$배   ② $\dfrac{1}{4}$배   ③ $\sqrt{2}$배   ④ 4배   ⑤ $\sqrt{8}$배

01 평면상에서 등가속도 운동

1. 속도와 가속도

(1) 위치 벡터와 변위 벡터

위치 벡터	변위 벡터
물체의 위치를 기준점에서 물체까지의 직선 거리와 방향으로 나타낸 것	처음 위치에서 나중 위치까지의 위치 변화를 나타낸 것 ➡ 이동 경로와 무관하다.

(2) 속도: 단위 시간(1초) 동안 변위

$$속도 = \frac{(❶\qquad)}{걸린\ 시간},\ \vec{v} = \frac{\Delta \vec{r}}{\Delta t}$$

(3) 평균 속도와 순간 속도

평균 속도	순간 속도
주어진 시간 동안의 평균적인 속도 평균 속도 $= \dfrac{변위}{걸린\ 시간}$	특정 시각에서의 순간적인 속도 $\vec{v} = \lim\limits_{\Delta t \to 0} \dfrac{\Delta \vec{r}}{\Delta t} = \dfrac{d\vec{r}}{dt}$

(4) 가속도: 단위 시간 동안 속도 변화량

$$가속도 = \frac{(❷\qquad)}{걸린\ 시간},\ \vec{a} = \frac{\Delta \vec{v}}{\Delta t}$$

평균 가속도	순간 가속도
주어진 시간 동안의 평균적인 가속도 평균 가속도 $= \dfrac{속도\ 변화량}{걸린\ 시간}$	특정 시각에서의 순간적인 가속도 $\vec{a} = \lim\limits_{\Delta t \to 0} \dfrac{\Delta \vec{v}}{\Delta t} = \dfrac{d\vec{v}}{dt}$

2. 수평 방향으로 던진 물체의 운동

(1) 자유 낙하 운동: 처음 속도가 0이고, (❸　　　)만 받아서 낙하하는 물체의 운동

$$v = gt, \qquad h = \frac{1}{2}gt^2, \qquad 2gh = v^2$$

(2) 수평 방향으로 던진 물체의 운동: 높이 H에서 수평 방향으로 $\vec{v_0}$의 속도로 던진 물체는 포물선 운동을 한다.

① 수평 방향 운동: 처음 속도 v_0으로 (❹　　　) 운동을 한다.
② 연직 방향 운동: 중력 가속도 g로 (❺　　　) 운동을 한다.
　　➡ 자유 낙하 운동

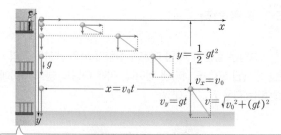

$$y = \frac{1}{2}gt^2$$
$$x = v_0 t$$
$$v_x = v_0$$
$$v_y = gt \qquad v = \sqrt{v_0^2 + (gt)^2}$$

- 지면 도달 시간: $H = \dfrac{1}{2}gt^2 \to t = \sqrt{\dfrac{2H}{g}}$
- 수평 도달 거리: $x = v_0 t = v_0 \sqrt{\dfrac{2H}{g}}$

3. 비스듬히 던진 물체의 운동

(1) 연직 위로 던진 물체의 운동: $\vec{v_0}$의 속도로 연직 위 방향으로 던져 올린 물체의 운동

$$v = v_0 - gt, \ h = v_0 t - \frac{1}{2}gt^2, \ -2gh = v^2 - v_0^2$$

(2) 비스듬히 위로 던진 물체의 운동: 지면에서 수평 방향과 θ를 이루는 방향으로 $\vec{v_0}$로 던진 물체는 포물선 운동을 한다.
　➡ 수평 방향으로는 알짜힘이 0이므로 등속도 운동을 하고, 연직 방향으로는 중력이 작용하므로 등가속도 운동을 한다.
① 수평 방향 운동: $\vec{v_0}$의 수평 성분 (❻　　　)로 등속도 운동을 한다.
② 연직 방향 운동: $\vec{v_0}$의 연직 성분 $v_0 \sin\theta$로 (❼　　　) 운동을 한다. ➡ 연직 위로 던져 올린 물체의 운동

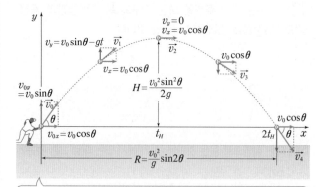

$$v_y = 0$$
$$v_x = v_0 \cos\theta$$
$$v_y = v_0 \sin\theta - gt$$
$$v_x = v_0 \cos\theta$$
$$v_0 \cos\theta$$
$$H = \frac{v_0^2 \sin^2\theta}{2g}$$
$$v_{0y} = v_0 \sin\theta$$
$$v_{0x} = v_0 \cos\theta$$
$$R = \frac{v_0^2}{g}\sin 2\theta$$

- 최고점 도달 시간(t_H): $v_0 \sin\theta - gt_H = 0 \to t_H = \dfrac{v_0 \sin\theta}{g}$
- 최고점 높이: $0 - (v_0 \sin\theta)^2 = -2gH \to H = \dfrac{v_0^2 \sin^2\theta}{2g}$
- 수평 도달 거리: $R = v_0 \cos\theta \times 2t_H \to R = (❽\qquad)$

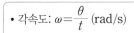 02 등속 원운동

1. 등속 원운동 일정한 속력으로 원 궤도를 도는 운동, 속력이 일정하지만 운동 방향이 계속 변하므로 가속도 운동이다.

- 각속도: $\omega = \dfrac{\theta}{t}$ (rad/s)
- 속력: $v = \dfrac{s}{t} = \dfrac{r\theta}{t} = r\omega$ (m/s)
- (❾　　　): $T = \dfrac{2\pi r}{v} = \dfrac{2\pi}{\omega}$ (s)
- 진동수: $f = \dfrac{1}{T} = \dfrac{\omega}{2\pi}$ (Hz)
- 구심 가속도의 크기: $a = $ (❿　　　) $= r\omega^2$

2. 구심력 등속 원운동을 하는 물체가 받는 알짜힘

(1) **구심력의 크기:** $F = ma = m\dfrac{v^2}{r} = mr\omega^2 = \dfrac{4\pi^2 mr}{T^2}$

(2) **여러 가지 구심력**

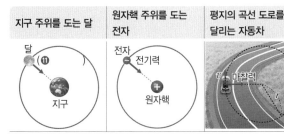

지구 주위를 도는 달	원자핵 주위를 도는 전자	평지의 곡선 도로를 달리는 자동차

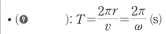 03 행성의 운동과 케플러 법칙

1. 케플러 법칙

(1) **케플러 제1법칙(타원 궤도 법칙):** 모든 행성은 태양을 한 초점으로 하는 (⓬　　　) 궤도를 따라 운동한다.

(2) **케플러 제2법칙(면적 속도 일정 법칙):** 행성이 타원 궤도를 돌면서 일정한 시간 동안 태양과 행성을 잇는 선이 휩쓸고 간 면적은 항상 (⓭　　　). ➡ 행성의 공전 속도는 태양과 가까운 곳에서 빠르고, 태양과 먼 곳에서 느리다.

(3) **케플러 제3법칙(조화 법칙):** 행성의 (⓮　　　)(T)의 제곱은 공전 궤도의 긴반지름(a)의 세제곱에 비례한다.

2. 중력 법칙

(1) **중력:** 질량이 있는 모든 물체 사이에 작용하는 서로 잡아당기는 힘

(2) **중력 법칙:** 질량이 있는 두 물체 사이에 작용하는 중력(F)은 두 물체의 질량의 곱(Mm)에 비례하고, 두 물체 사이의 거리(r)의 제곱에 (⓯　　　)한다.

$$F = G\dfrac{Mm}{r^2} \quad (G = 6.67 \times 10^{-11} \text{ N·m}^2/\text{kg}^2 : \text{중력 상수})$$

(3) **지구와 물체 사이에 작용하는 중력:** 지구의 질량이 M, 물체의 질량이 m, 지구와 물체 사이의 거리가 R일 때 물체에 작용하는 중력은 $F_{중력} = G\dfrac{Mm}{R^2}$이다.

(4) **중력 가속도(g):** 지표면 근처에서 중력을 받아 운동하는 물체의 가속도 g는 $G\dfrac{Mm}{R^2} = mg$에서 $g = \dfrac{GM}{R^2}$이다.

(5) **중력 법칙과 케플러 법칙과의 관계:** 케플러 제3법칙은 뉴턴의 중력 법칙을 만족한다.

❶ 질량이 M인 태양의 주위를 질량이 m인 행성이 궤도 반지름 r, 속력 v로 등속 원운동할 때, 태양과 행성 사이에 작용하는 중력이 구심력이다.

$F = G\dfrac{Mm}{r^2} = m\dfrac{v^2}{r}$에서 $v^2 = \dfrac{(⓰　　　)}{r}$이다. ……………… ㉠

⬇

❷ 등속 원운동하는 물체의 속력 $v = \dfrac{(⓱　　　)}{T}$이다. ………… ㉡

⬇

❸ ㉡식을 ㉠식에 대입하여 정리하면 $T^2 = \dfrac{4\pi^2}{GM}r^3$이 된다.

∴ $T^2 \propto$ (⓲　　　)

3. 인공위성의 운동

(1) **뉴턴의 사고 실험:** 뉴턴은 마찰을 무시할 때 대포알을 큰 속력으로 쏘면 대포알이 지구 주위를 계속 돌 수 있다고 생각하였다.

(2) **인공위성:** 인위적으로 행성 주위를 공전하도록 만든 물체

힘	구심력 = 인공위성과 행성 사이에 작용하는 중력
속력	인공위성의 (⓳　　　)과 관계없고, 궤도 반지름의 제곱근에 반비례한다. ➡ $v = \sqrt{\dfrac{GM}{r}}$
주기	인공위성의 주기의 제곱은 궤도 (⓴　　　)의 세제곱에 비례한다. ➡ $T^2 = \dfrac{4\pi^2}{GM}r^3$

난이도 ●○○

01 그림과 같이 **12 m/s**의 속력으로 동쪽으로 운동하던 기차가 곡선 레일을 따라 회전하여 4초 후 남쪽으로 **16 m/s**의 속력으로 운동하였다.

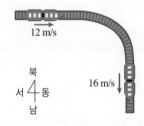

4초 동안 기차의 평균 가속도의 크기는?

① 5 m/s²   ② 10 m/s²   ③ 12 m/s²
④ 24 m/s²   ⑤ 28 m/s²

●●○

02 그림과 같이 수평 방향으로 물체 **A**를 v의 속력으로 던지는 순간 같은 높이에서 물체 **B**를 자유 낙하 시켰더니, P점에서 **A**와 **B**가 충돌하였다.

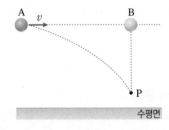

이에 대한 설명으로 옳은 것만을 [보기]에서 있는 대로 고른 것은? (단, 물체의 크기와 공기 저항은 무시한다.)

─[보기]─
ㄱ. 충돌 직전 물체의 속력은 A가 B보다 크다.
ㄴ. B가 P까지 운동하는 동안 가속도는 A와 B가 같다.
ㄷ. A의 처음 속력만을 $2v$로 하면 A와 B는 P에서 충돌한다.

① ㄱ   ② ㄷ   ③ ㄱ, ㄴ
④ ㄴ, ㄷ   ⑤ ㄱ, ㄴ, ㄷ

●●●

03 어떤 물체가 xy 좌표의 원점에 정지해 있다가 가속도 운동을 하였다. 그림은 이 물체의 가속도 x성분 a_x와 y성분 a_y를 시간에 따라 나타낸 것이다.

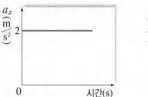

이 물체의 운동에 대한 설명으로 옳은 것만을 [보기]에서 있는 대로 고른 것은?

─[보기]─
ㄱ. 3초 후 속력은 $3\sqrt{5}$ m/s이다.
ㄴ. (4, −2)의 위치를 지난다.
ㄷ. 이 물체는 곡선 운동을 한다.

① ㄱ   ② ㄷ   ③ ㄱ, ㄴ
④ ㄴ, ㄷ   ⑤ ㄱ, ㄴ, ㄷ

●●○

04 그림과 같이 높이가 **20 m**인 건물 옥상에서 수평 방향으로 **10 m/s**의 속도로 질량이 **2 kg**인 물체를 던졌다.

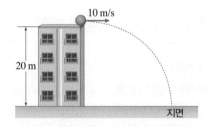

이 물체가 지면에 닿는 순간까지 물체의 운동에 대한 설명으로 옳은 것만을 [보기]에서 있는 대로 고른 것은? (단, 중력 가속도는 **10 m/s²**이고, 공기 저항과 물체의 크기는 무시한다.)

─[보기]─
ㄱ. 1초 후 물체의 속력은 10 m/s이다.
ㄴ. 땅에 닿을 때까지 걸린 시간은 2초이다.
ㄷ. 수평 도달 거리는 20 m이다.

① ㄱ   ② ㄴ   ③ ㄷ
④ ㄴ, ㄷ   ⑤ ㄱ, ㄴ, ㄷ

05 그림과 같이 수평면으로부터 같은 높이에서 두 공 A, B를 동시에 출발시켰다. A는 자유 낙하, B는 수평면과 각 θ 를 이루는 방향으로 처음 속도 v로 던져 올렸다.

━━━━━━━━━━━ 수평면

수평면에 도달하는 순간까지 두 공의 운동에 대한 설명으로 옳지 **않은** 것은? (단, 중력 가속도는 g이고, 연직 위 방향을 (+) 방향으로 하며, 공기 저항은 무시한다.)

① A의 가속도는 $-g$이다.
② B는 수평 방향으로는 등속도로 운동한다.
③ A, B의 가속도는 같다.
④ A가 보았을 때, B의 속도는 $2v$로 일정하다.
⑤ θ가 $0°$일 때, 두 공은 지표면에 동시에 도달한다.

06 그림과 같이 수평면에서 수평면과 $60°$의 각을 이루며 $20\sqrt{3}$ m/s의 속력으로 물체를 던졌더니 물체가 포물선 운동을 하여 다시 수평면에 도달하였다.

이에 대한 설명으로 옳은 것만을 [보기]에서 있는 대로 고른 것은? (단, 중력 가속도는 **10 m/s²**이고, 공기 저항은 무시한다.)

┌─ **보기** ─
ㄱ. 최고점의 높이는 45 m이다.
ㄴ. 최고점에서 속도의 크기는 $10\sqrt{2}$ m/s이다.
ㄷ. 수평 도달 거리는 $30\sqrt{3}$ m이다.
└─

① ㄱ   ② ㄴ   ③ ㄱ, ㄷ
④ ㄴ, ㄷ   ⑤ ㄱ, ㄴ, ㄷ

07 그림과 같이 두 물체 A, B가 동시에 일정한 속력 v로 등속 원운동을 하고 있다. A, B의 원 궤도의 반지름의 비는 1 : 2이다.

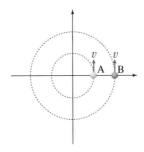

이에 대한 설명으로 옳은 것만을 [보기]에서 있는 대로 고른 것은?

┌─ **보기** ─
ㄱ. 각속도는 A가 B의 2배이다.
ㄴ. 진동수는 A가 B의 2배이다.
ㄷ. 가속도의 크기는 A와 B가 같다.
└─

① ㄱ   ② ㄴ   ③ ㄱ, ㄴ
④ ㄱ, ㄷ   ⑤ ㄴ, ㄷ

08 그림과 같이 직선 막대에 고정된 물체 A, B가 점 O를 중심으로 등속 원운동을 하고 있다. A, B의 원 궤도의 반지름의 비는 1 : 2이다.

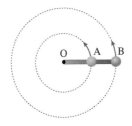

이에 대한 설명으로 옳은 것만을 [보기]에서 있는 대로 고른 것은?

┌─ **보기** ─
ㄱ. A와 B의 각속도는 같다.
ㄴ. 속력은 A가 B의 2배이다.
ㄷ. 구심 가속도의 크기는 B가 A의 2배이다.
└─

① ㄱ   ② ㄴ   ③ ㄱ, ㄷ
④ ㄴ, ㄷ   ⑤ ㄱ, ㄴ, ㄷ

09 행성의 운동에 관한 케플러 법칙에 대한 설명으로 옳지 않은 것은? (단, 현재 지구의 공전 주기는 1년이다.)

① 행성들은 태양을 한 초점으로 하는 타원 궤도를 따라 운동한다.

② 행성과 태양을 잇는 직선은 같은 시간 동안 같은 면적을 쓸고 지나간다.

③ 행성의 공전 속도는 근일점에서 가장 빠르고, 원일점에서 가장 느리다.

④ 태양으로부터 먼 행성일수록 공전 주기가 작아진다.

⑤ 지구와 태양 사이의 거리가 현재보다 4배 더 멀어지면 공전 주기는 8년이 된다.

10 그림 (가)와 (나)는 질량이 같은 인공위성 A, B가 각각 지구를 한 초점으로 하는 타원 궤도를 따라 운동하는 모습을 나타낸 것이다. (가)에서 점 P는 지구로부터 R만큼 떨어진 원일점이고, 점 Q는 근일점이다. (나)에서 점 S는 지구로부터 R만큼 떨어진 근일점이다.

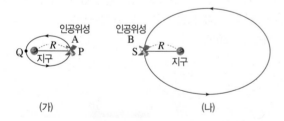

(가)   (나)

두 인공위성의 운동에 대한 설명으로 옳은 것만을 [보기]에서 있는 대로 고른 것은?

—[보기]—
ㄱ. 공전 주기는 B가 A보다 크다.
ㄴ. 점 P에서 A에 작용하는 중력과 점 S에서 B에 작용하는 중력의 크기는 같다.
ㄷ. (가)에서 점 P를 지나 Q까지 이동하는 동안 인공위성에 작용하는 중력의 크기는 점점 커진다.

① ㄱ   ② ㄴ   ③ ㄱ, ㄷ
④ ㄴ, ㄷ   ⑤ ㄱ, ㄴ, ㄷ

11 그림과 같이 물체 A, B는 중심의 행성으로부터 반지름이 $2r_0$인 궤도를 등속 원운동하고, 물체 C는 반지름이 r_0인 궤도를 등속 원운동한다. A, B, C의 질량은 각각 $2m$, m, m이다.

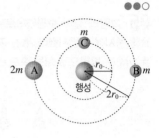

세 물체 A, B, C의 운동에 대한 설명으로 옳은 것만을 [보기]에서 있는 대로 고른 것은?

—[보기]—
ㄱ. 각 물체에 작용하는 구심력은 중력이다.
ㄴ. A와 B의 구심 가속도의 크기는 같다.
ㄷ. 가장 큰 구심력이 작용하는 물체는 A이다.

① ㄱ   ② ㄴ   ③ ㄱ, ㄴ
④ ㄱ, ㄷ   ⑤ ㄴ, ㄷ

12 그림은 행성이 태양을 한 초점으로 하는 타원 궤도를 따라 도는 모습을 나타낸 것이다. 이때 A는 근일점, C는 원일점이고, A에서 B까지와 B에서 C까지 행성이 이동한 거리는 같다.

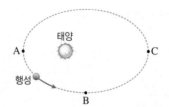

이 행성의 운동에 대한 설명으로 옳은 것만을 [보기]에서 있는 대로 고른 것은?

—[보기]—
ㄱ. 행성의 속력은 A에서가 B에서보다 크다.
ㄴ. 행성이 태양으로부터 받는 중력의 크기는 A에서가 C에서보다 작다.
ㄷ. A에서 B까지 가는 데 걸리는 시간은 B에서 C까지 가는 데 걸리는 시간보다 짧다.

① ㄱ   ② ㄴ   ③ ㄷ
④ ㄱ, ㄷ   ⑤ ㄱ, ㄴ, ㄷ

13 그림과 같이 지구 주위를 도는 두 인공위성 A, B가 있다. A와 B의 공전 궤도 반지름 비는 1 : 4이고 질량 비는 1 : 2이다.

A와 B의 운동에 대한 설명으로 옳은 것만을 [보기]에서 있는 대로 고른 것은? (단, A와 B 사이의 중력은 무시하고, A, B는 지구를 중심으로 한 원 궤도를 공전한다.)

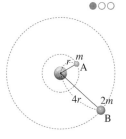

[보기]
ㄱ. A와 B의 구심 가속도의 비는 32 : 1이다.
ㄴ. A와 B의 공전 속도의 비는 2 : 1이다.
ㄷ. B의 공전 주기가 8일이라면 A의 공전 주기는 1일이다.

① ㄱ   ② ㄴ   ③ ㄷ
④ ㄴ, ㄷ   ⑤ ㄱ, ㄴ, ㄷ

서술형 문제

14 수평면에서 질량이 같은 세 물체 A, B, C를 발사하였더니 그림과 같이 최고점의 높이는 같고 수평 도달 거리는 1 : 2 : 3인 포물선 운동을 하였다.

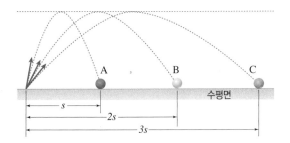

발사 순간 A, B, C의 수평 속력을 $v_{Ax} : v_{Bx} : v_{Cx}$라고 할 때, $v_{Ax} : v_{Bx} : v_{Cx}$를 풀이 과정과 함께 구하시오.

15 그림과 같이 질량이 m으로 같은 두 물체 A, B를 길이가 각각 l, $2l$인 줄에 매달아 수평면상에서 등속 원운동을 시켰다.

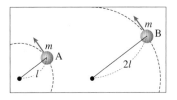

(1) 두 물체 A, B의 속력이 v로 같을 때, A와 B에 작용하는 구심력의 비 $F_A : F_B$를 쓰시오.

(2) 두 물체 A, B가 한 바퀴 회전하는 데 걸리는 시간 T가 같을 때, A와 B에 작용하는 구심력의 비 $F_A : F_B$를 풀이 과정과 함께 서술하시오.

16 그림과 같이 행성이 태양을 한 초점으로 하는 타원 궤도를 따라 점 p, q, r를 지나며 운동한다. 행성이 p에서 q까지와 q에서 r까지 이동하는 동안 태양과 행성을 연결한 직선이 지나간 면적은 각각 S_1과 S_2이고, 걸린 시간은 t로 같다. p, r는 각각 근일점, 원일점이다.

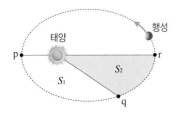

(1) S_1과 S_2의 크기를 비교하시오.

(2) 행성의 공전 주기를 풀이 과정과 함께 구하시오.

01 어떤 체조 선수가 그림과 같이 점 O에서 공을 던진 후 점 A에서 받았다. 이때 체조 선수와 공은 동시에 출발하였고, 각각 직선과 곡선 경로를 따라 운동하였다.

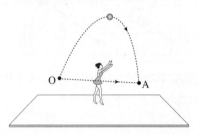

체조 선수와 공이 점 O에서 점 A까지 운동하는 동안에 대한 설명으로 옳은 것만을 [보기]에서 있는 대로 고른 것은?

〔보기〕
ㄱ. 이동 거리는 공이 체조 선수보다 길다.
ㄴ. 변위의 크기는 체조 선수가 공보다 크다.
ㄷ. 평균 속력은 공과 체조 선수가 같다.

① ㄱ   ② ㄴ   ③ ㄷ
④ ㄱ, ㄷ   ⑤ ㄴ, ㄷ

02 그림은 xy 평면상에서 운동하는 어떤 물체의 시간에 따른 속도를 x, y축 성분 v_x, v_y로 각각 나타낸 것이다.

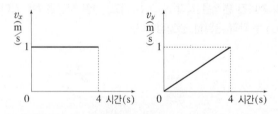

0초에서 4초까지 이 물체의 운동에 대한 설명으로 옳은 것만을 [보기]에서 있는 대로 고른 것은?

〔보기〕
ㄱ. 가속도의 크기는 일정하다.
ㄴ. 운동 경로는 직선이다.
ㄷ. 평균 속도의 크기는 $\sqrt{5}$ m/s이다.

① ㄱ   ② ㄷ   ③ ㄱ, ㄴ
④ ㄱ, ㄷ   ⑤ ㄴ, ㄷ

03 그림과 같이 수평면으로부터의 높이가 h로 같은 두 지점에서 공 A, B를 수평 방향으로 각각 10 m/s, v의 속력으로 던졌다. A, B의 수평 도달 거리는 각각 20 m, 40 m이다.

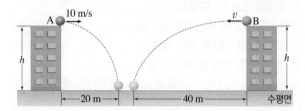

이에 대한 설명으로 옳은 것만을 [보기]에서 있는 대로 고른 것은? (단, 중력 가속도는 10 m/s²이고, 공의 크기와 공기 저항은 무시한다.)

〔보기〕
ㄱ. h는 20 m이다.
ㄴ. v는 20 m/s이다.
ㄷ. 수평면에 도달하는 순간의 속력은 B가 A의 $2\sqrt{10}$배이다.

① ㄴ   ② ㄷ   ③ ㄱ, ㄴ
④ ㄱ, ㄷ   ⑤ ㄱ, ㄴ, ㄷ

04 그림과 같이 건물 옥상에서 수평 방향으로 동시에 던진 물체 A, B가 포물선 운동을 하여 수평면과 각각 30°, 60°의 각을 이루며 떨어졌다.

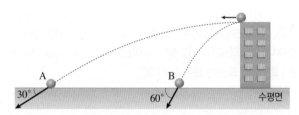

이에 대한 설명으로 옳은 것만을 [보기]에서 있는 대로 고른 것은? (단, A, B는 동일 연직면에서 운동하고, 물체의 크기와 공기 저항은 무시한다.)

〔보기〕
ㄱ. A와 B는 동시에 수평면에 떨어진다.
ㄴ. 수평 도달 거리는 A가 B의 3배이다.
ㄷ. 수평면에 도달하는 순간의 속력은 A가 B의 3배이다.

① ㄱ   ② ㄷ   ③ ㄱ, ㄴ
④ ㄴ, ㄷ   ⑤ ㄱ, ㄴ, ㄷ

05 그림은 높이가 h인 동일한 지점에서 같은 속력 v_0으로 각각 수평 방향에 대해 45°의 방향과 수평 방향으로 던진 물체 A, B가 포물선 운동을 하는 모습을 나타낸 것이다. A, B는 수평면상의 같은 지점에 도달한다.

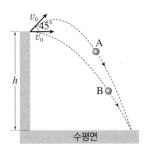

v_0은? (단, 중력 가속도는 g이고, 물체의 크기는 무시한다.)

① $\sqrt{\dfrac{gh}{4}}$ 　　② $\sqrt{\dfrac{gh}{2}}$ 　　③ $\sqrt{gh}$

④ $\sqrt{\dfrac{3gh}{2}}$ 　　⑤ $\sqrt{2gh}$

06 그림은 점 P로부터 각각 R와 $2R$만큼 떨어진 두 지점에서 물체 A, B가 동시에 발사되는 모습을 나타낸 것이다. A는 2 m/s의 속력으로 수평면에 대해 45°의 각으로, B는 v_0의 속력으로 비스듬하게 발사된다.

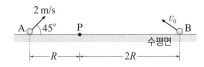

A와 B가 각각 포물선 운동을 하여 동시에 점 P에 도달할 때, v_0은?

① 2 m/s 　　② $\sqrt{5}$ m/s 　　③ $\sqrt{6}$ m/s

④ $2\sqrt{2}$ m/s 　　⑤ $\sqrt{10}$ m/s

07 그림과 같이 수평면에서 발사된 물체가 경사각이 60°이고 마찰이 없는 빗면을 따라 운동하다가 빗면을 떠난 후부터 수평면에 도달할 때까지 수평 거리 x만큼 포물선 운동을 하였다. 물체가 빗면을 떠나는 순간 속력은 $4\sqrt{5}$ m/s이고, 빗면의 높이는 1 m이다.

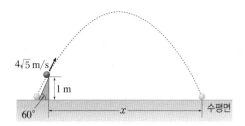

x는? (단, 중력 가속도는 10 m/s²이고, 물체의 크기와 공기 저항은 무시한다.)

① $2(\sqrt{3}+1)$ m 　　② $2(\sqrt{3}+\sqrt{2})$ m 　　③ $5\sqrt{2}$ m

④ $2(\sqrt{3}+2)$ m 　　⑤ $5\sqrt{3}$ m

08 그림과 같이 두 물체 A, B가 동일 평면에서 점 O를 중심으로 각각 등속 원운동을 하고 있다. A, B의 원운동 주기는 같다. A, B의 질량은 각각 $3m$, $2m$이고, 반지름은 각각 $2r$, $3r$이다.

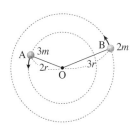

A, B의 운동에 대한 설명으로 옳은 것만을 [보기]에서 있는 대로 고른 것은?

[보기]
ㄱ. 각속도는 A와 B가 같다.
ㄴ. 속력은 A와 B가 같다.
ㄷ. 구심력의 크기는 B가 A의 1.5배이다.

① ㄱ 　　② ㄷ 　　③ ㄱ, ㄴ

④ ㄴ, ㄷ 　　⑤ ㄱ, ㄴ, ㄷ

09 그림은 xy 평면상에서 등속 원운동하는 물체의 어느 순간 위치를 나타낸 것이고, 그래프는 이 순간부터 물체의 x성분 속도 v_x, y성분 속도 v_y를 각각 시간에 따라 나타낸 것이다. 그래프에서 색칠된 부분의 넓이는 S이다.

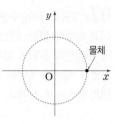

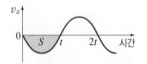
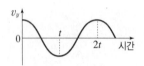

이 물체의 운동에 대한 설명으로 옳은 것만을 [보기]에서 있는 대로 고른 것은?

[보기]
ㄱ. 원운동의 방향은 시계 반대 방향이다.
ㄴ. 원운동의 반지름은 S이다.
ㄷ. 각속도는 $\dfrac{\pi}{t}$이다.

① ㄱ　　　　② ㄴ　　　　③ ㄱ, ㄷ
④ ㄴ, ㄷ　　　⑤ ㄱ, ㄴ, ㄷ

10 그림은 철수와 영희가 탄 회전 놀이기구가 등속 원운동을 하는 모습을 나타낸 것이다. 철수와 영희는 놀이기구에 고정된 의자에 앉아 있다. 원운동 반지름은 영희가 철수보다 크다.

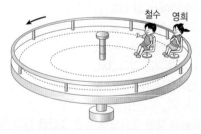

이에 대한 설명으로 옳은 것만을 [보기]에서 있는 대로 고른 것은?

[보기]
ㄱ. 철수와 영희의 각속도는 같다.
ㄴ. 영희의 속력이 철수보다 빠르다.
ㄷ. 구심 가속도는 철수가 영희보다 크다.

① ㄱ　　　　② ㄴ　　　　③ ㄷ
④ ㄱ, ㄴ　　　⑤ ㄱ, ㄷ

11 그림 (가)는 지면에서 던진 물체 A가 포물선 운동하는 것을 나타낸 것이다. 그림 (나)는 마찰이 없는 수평면에서 실에 연결된 물체 B가 등속 원운동하는 것을 나타낸 것이다. 그림 (다)는 인공위성 C가 등속 원운동하는 것을 나타낸 것이다.

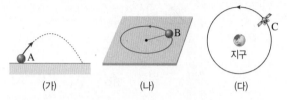

(가)　　　　(나)　　　　(다)

이에 대한 설명으로 옳은 것만을 [보기]에서 있는 대로 고른 것은? (단, 공기 저항은 무시한다.)

[보기]
ㄱ. A의 속력은 운동하는 동안 변하지 않는다.
ㄴ. B에 작용하는 구심력은 실의 장력이다.
ㄷ. C의 가속도 방향은 운동하는 동안 변하지 않는다.

① ㄱ　　　　② ㄴ　　　　③ ㄱ, ㄷ
④ ㄴ, ㄷ　　　⑤ ㄱ, ㄴ, ㄷ

12 그림과 같이 위성이 행성을 한 초점으로 하는 타원 궤도를 따라 운동하고 있다. 위성은 공전 주기가 T이고, a에서 b까지 운동하는 데 걸리는 시간은 $\dfrac{1}{6}T$이다. S_1, S_2는 각각 색칠된 부분의 넓이이다.

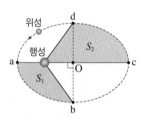

이에 대한 설명으로 옳은 것만을 [보기]에서 있는 대로 고른 것은? (단, O는 타원의 중심이다.)

[보기]
ㄱ. 위성에 작용하는 중력의 크기는 a에서가 c에서보다 크다.
ㄴ. 위성이 c에서 d까지 운동하는 데 걸리는 시간은 $\dfrac{1}{3}T$이다.
ㄷ. $S_1 : S_2 = 2 : 3$이다.

① ㄱ　　　　② ㄴ　　　　③ ㄷ
④ ㄱ, ㄴ　　　⑤ ㄱ, ㄴ, ㄷ

13 그림은 케플러 법칙과 중력 법칙에 대해 A, B, C가 대화하고 있는 모습을 나타낸 것이다.

케플러는 행성 관측 자료를 분석하여 행성이 타원 궤도 운동을 한다는 것을 알아냈어.

뉴턴은 케플러 법칙이 성립하기 위해서는 태양과 행성 사이에 중력이 작용해야 함을 알아냈어.

지구 주위를 도는 인공위성은 케플러 법칙을 만족하지 않고 등속 원운동을 하고 있어.

옳게 말한 사람만을 있는 대로 고른 것은?

① B ② C ③ A, B
④ B, C ⑤ A, B, C

14 그림은 행성을 한 초점으로 하는 타원 궤도를 따라 공전하는 위성 P와 Q의 모습을 나타낸 것이다. P와 Q는 각각 행성에서 가장 먼 지점 b, c를 지났다. a는 P와 Q가 행성과 가장 가까운 지점이다. a와 c 사이의 거리는 a와 b 사이의 거리의 4배이다.

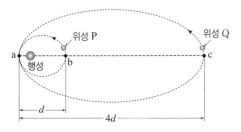

이에 대한 설명으로 옳은 것만을 [보기]에서 있는 대로 고른 것은? (단, P와 Q에는 행성에 의한 중력만 작용한다.)

[보기]
ㄱ. a를 지나는 순간, 가속도의 크기는 P<Q이다.
ㄴ. P의 속력은 b에서 a로 운동하는 동안 증가한다.
ㄷ. 공전 주기는 Q가 P의 8배이다.

① ㄱ ② ㄴ ③ ㄷ
④ ㄱ, ㄴ ⑤ ㄴ, ㄷ

15 다음은 뉴턴의 중력 법칙을 이용하여 케플러 법칙을 유도하는 과정이다.

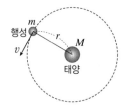

그림과 같이 반지름 r인 원 궤도를 따라 속력 v로 등속 원운동하는 질량 m인 행성의 공전 주기 $T=($ ㉠ $)$ … ①로 나타낼 수 있다.

이 행성에 작용하는 힘은 행성과 질량 M인 태양 사이에 작용하는 중력이며, 이 힘이 구심력으로 작용하여 원운동을 한다. 따라서 $G\dfrac{Mm}{r^2}=m\dfrac{v^2}{r}$ … ②이다.

①식에서 v를 구하여 ②식에 대입하면 행성의 공전 주기와 궤도 반지름의 관계 (㉡)를 유도할 수 있다. (이때 G는 중력 상수이다.)

㉠, ㉡에 들어갈 식을 순서대로 옳게 나열한 것은?

① $\dfrac{2\pi r}{v}$, $T^2 \propto r^3$
② $\dfrac{v}{2\pi r}$, $T^2 \propto r^3$
③ $\dfrac{2\pi r}{v}$, $T^3 \propto r^2$
④ $\dfrac{v}{\pi r}$, $T \propto r^3$
⑤ $\dfrac{2\pi r}{v}$, $T \propto r^2$

16 그림과 같이 질량이 각각 m, $4m$인 인공위성 A, B가 지구를 중심으로 반지름이 각각 r, $2r$인 원 궤도를 따라 등속 원운동을 하고 있다. 이때 A의 속력은 v이다.

이에 대한 설명으로 옳은 것만을 [보기]에서 있는 대로 고른 것은?

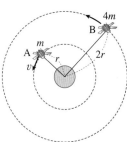

[보기]
ㄱ. A와 B에 작용하는 중력의 크기는 같다.
ㄴ. 가속도의 크기는 A와 B가 같다.
ㄷ. B의 속력은 $\dfrac{v}{\sqrt{2}}$이다.

① ㄱ ② ㄷ ③ ㄱ, ㄴ
④ ㄱ, ㄷ ⑤ ㄴ, ㄷ

3 일반 상대성 이론

- 01. 등가 원리
- 02. 중력 렌즈와 블랙홀

이 단원을 공부하기 전에 학습 계획을 세우고, 학습 진도를 스스로 체크해 보자.
학습이 미흡했던 부분은 다시 보기에 체크해 두고, 시험 전까지 꼭 완벽히 학습하자!

소단원	학습 내용	학습 일자	다시 보기
01. 등가 원리	Ⓐ 가속 좌표계와 관성력 탐구 엘리베이터에서 몸무게 측정하기	/	
	Ⓑ 등가 원리 탐구 떨어지는 물병 관찰하기	/	
02. 중력 렌즈와 블랙홀	Ⓐ 중력 렌즈 효과 탐구 중력에 의한 공간의 휘어짐 탐구 중력 렌즈 효과 가상 실험	/	
	Ⓑ 블랙홀	/	

◆ **관성 좌표계**

① 관성 좌표계: [❶   ] 또는 등속도로 움직이는 좌표계

② 서로 다른 관성 좌표계에서 관찰되는 물리량은 다를 수 있지만, 그 물리량 사이의 관계식은 동일하게 성립한다.

◆ **특수 상대성 이론**

① 특수 상대성 이론: 상대성 원리와 광속 불변 원리를 바탕으로, 관성 좌표계에서 관찰자의 상대 속도에 따라 시간, 길이, 질량 등의 물리량이 어떻게 달라지는지를 설명하는 이론

② 특수 상대성 이론의 두 가지 가정

> • [❷   ] 원리: 모든 관성 좌표계에서 물리 법칙은 동일하게 성립한다.
>
> • 광속 불변 원리(빛의 속력 일정 법칙): 모든 관성 좌표계에서 보았을 때 진공 중에서 [❸   ]의 속력은 관찰자나 광원의 속도에 관계없이 일정하다.

◆ **특수 상대성 이론의 현상**

[❹]의 상대성	한 관성 좌표계에서 동시에 일어난 두 사건은 다른 관성 좌표계에서 관찰할 때 동시에 일어난 것이 아닐 수 있다. ↑ 우주선 안에 있는 관찰자가 볼 때 ↑ 우주선 밖에 있는 관찰자가 볼 때
시간 지연 (시간 팽창)	정지한 관찰자가 빠르게 운동하는 관찰자를 보면 상대편의 시간이 [❺] 가는 것으로 관찰된다. ➡ 시간의 상대성 ↑ 우주선 안에 있는 관찰자가 볼 때 ↑ 우주선 밖에 있는 관찰자가 볼 때
길이 수축	한 관성 좌표계의 관찰자가 상대적으로 운동하는 물체를 보면 그 길이가 [❻]되는 것으로 관찰된다. ➡ 길이의 [❼]

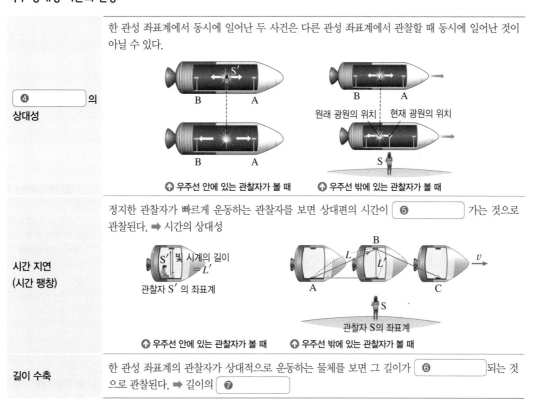

핵심 포인트

ⓐ 엘리베이터 안에서의 관성력 ★★★
가속도 운동하는 버스에서의 관성력 ★★
원운동에서의 관성력 ★★

ⓑ 우주선 안 물체의 운동과 등가 원리 ★★★
등가 원리의 예 구별하기 ★★
시간 지연과 등가 원리 ★

Ⓐ 가속 좌표계와 관성력

관찰자가 물체의 운동을 설명하려면 물체의 위치와 시간을 측정해야 해요. 이때 관찰자가 물체의 위치와 시간을 측정하기 위해 사용하는 것이 좌표계랍니다. 좌표계를 이용하여 물체의 운동을 설명해 볼까요?

1. 관성 좌표계와 가속 좌표계

(1) **관성 좌표계(관성계):** 정지 또는 등속 직선 운동을 하는 관찰자를 기준으로 정한 좌표계

(2) **가속 좌표계(가속계):** 가속도 운동을 하는 관찰자를 기준으로 정한 좌표계 → 비관성 좌표계라고도 한다.
      └ 시간에 따라 속도가 변하는 운동

2. ❶관성력($\overrightarrow{F_\text{관}}$)   가속 좌표계에 있는 관찰자가 관성에 의해 느끼는 가상적인 힘

(1) **관성력의 방향:** 좌표계의 가속도의 방향과 반대 방향

(2) **관성력의 크기:** 가속도 $\vec{a}$인 좌표계에서 질량이 m인 물체가 받는 관성력의 크기는 ma이다.

$$\overrightarrow{F_\text{관}}=-m\vec{a}$$
     └ 가속도의 방향과 반대 방향임을 의미한다.

> **버스가 갑자기 출발할 때 관성과 관성력**
> 버스가 갑자기 출발할 때 버스에 타고 있는 사람의 몸이 뒤로 쏠리는 경우 각 좌표계의 관찰자에 따라 운동 상태가 다르다.
> • 외부의 관성 좌표계에서 봤을 때: 몸이 정지 상태를 유지하려는 관성 때문이다.
> • 버스 안, 즉 가속 좌표계에서 봤을 때: 사람이 버스 뒤쪽으로 관성력을 받았기 때문이다.

3. 관성력의 예

(1) 엘리베이터 안에서 관성력과 몸무게의 변화

가속도	위쪽으로 일정할 때	가속도가 0일 때	아래쪽으로 일정할 때
엘리베이터의 운동 상태	$a\uparrow$ m $\downarrow$관성력 중력 • 올라가면서 속력이 증가할 때 • 내려가면서 속력이 감소할 때	$a=0$ m 중력 • 정지해 있을 때 • 등속 운동을 할 때	$a\downarrow$ m $\uparrow$관성력 중력 • 올라가면서 속력이 감소할 때 • 내려가면서 속력이 증가할 때
관성력	아래쪽으로 작용	작용하지 않음	위쪽으로 작용
★몸무게 (중력＋관성력)	중력(mg)＋관성력(ma) ➡ 몸무게 증가	중력(mg) ➡ 변화 없음	중력(mg)－관성력(ma) ➡ 몸무게 감소

★ **엘리베이터에서 측정되는 몸무게**
가속도 $\vec{a}$로 운동하는 엘리베이터 안에서 측정되는 사람의 몸무게($\vec{w}$)는 사람에게 작용하는 중력($m\vec{g}$)과 관성력($-m\vec{a}$)의 합력과 같다.

$$\vec{w}=m\vec{g}-m\vec{a}$$

┃용어┃

❶ 관성력(慣 버릇, 性 성품, 力 힘)_가속 좌표계에서 관성에 의해 나타나는 가상적인 힘

엘리베이터에서 몸무게 측정하기

표는 엘리베이터가 정지해 있을 때 몸무게가 650 N인 사람이 엘리베이터의 움직임에 따라 몸무게의 변화를 측정하여 기록한 것이다.

구분	출발한 직후의 몸무게(N)	등속 운동할 때의 몸무게(N)	멈추기 직전의 몸무게(N)
올라갈 때	780	650	520
내려갈 때	520	650	780

1. 엘리베이터가 위로 올라가기 시작한 직후나 아래로 내려가다 멈추기 직전에는 몸무게가 더 크게 측정된다. ➡ 가속도가 위 방향일 때 관성력이 아래 방향으로 나타나기 때문이다.
2. 엘리베이터가 아래로 내려가기 시작한 직후나 위로 올라가다 멈추기 직전에는 몸무게가 더 작게 측정된다. ➡ 가속도가 아래 방향일 때 관성력이 위 방향으로 나타나기 때문이다.
3. 엘리베이터가 등속 운동할 때는 엘리베이터가 정지해 있을 때와 같은 값으로 측정된다. ➡ 관성력이 나타나지 않기 때문이다.

(2) *가속도 운동하는 버스: 손잡이에 작용하는 힘과 운동 상태는 관찰자의 상태에 따라 다르다.

[관성 좌표계]
지면에 서 있는 관찰자가 본 손잡이

손잡이가 가속도 운동하는 것으로 보인다.

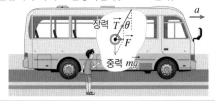

① 손잡이에 작용하는 힘: 중력, 줄의 장력
② 손잡이의 운동 상태: 가속도 운동
➡ 중력과 줄의 장력의 합력(F)에 의해 손잡이도 가속도 운동을 하는 것으로 보인다.

[가속 좌표계]
버스 안의 관찰자가 본 손잡이

손잡이가 정지해 있는 것으로 보인다.

① 손잡이에 작용하는 힘: 중력, 줄의 장력, 관성력
② 손잡이의 운동 상태: 정지
➡ 중력, 줄의 장력, 관성력이 평형을 이루어 손잡이가 정지해 있는 것으로 보인다.

(3) **원운동에서의 관성력:** 원운동하는 물체는 구심력에 의해 원의 중심 방향으로 힘을 받는다. 이때 원운동을 하는 관찰자나 물체가 경험하는 관성력을 원심력이라고 한다.

① 원운동하는 물체에 작용하는 원심력: 원운동하는 물체에 나타나는 관성력으로, 구심력과 크기가 같고 방향이 반대이다.
- 구심력은 실제로 작용하는 힘이지만 원심력은 가속 좌표계에서만 나타나는 가상의 힘이다.
- 질량이 m인 물체가 속력 v, 각속도 ω로 반지름이 r인 원운동을 할 때 원심력의 크기 $F_원$은 다음과 같다.

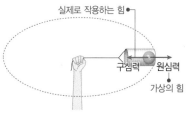

🔾 원운동하는 물체에 작용하는 힘

$$F_원 = \frac{mv^2}{r} = mr\omega^2$$
● 회전 각속도
└ 회전 반지름

★ **가속도 운동하는 버스에서의 운동 방정식**
뉴턴 운동 법칙 $\vec{F} = m\vec{a}$가 가속 좌표계에서는 성립하지 않으므로 운동 법칙이 성립하기 위한 가상의 힘인 관성력을 도입하였다. 가속도 운동하는 버스를 관찰할 때 운동 방정식은 다음과 같다.
- 지면에 서 있는 관찰자가 본 손잡이
$$\vec{F}_{알짜} = m\vec{g} + \vec{T} = m\vec{a}$$
- 버스 안의 관찰자가 본 손잡이
$$\vec{F}_{알짜} = m\vec{g} + \vec{T} + \vec{F}_관 = 0$$

(궁금해)
원심력과 구심력은 작용과 반작용 관계일까?
관성력은 실제 존재하는 힘이 아니라 가속 좌표계 안의 관찰자가 물체의 운동을 뉴턴 운동 제2법칙으로 설명하기 위해 도입한 가상적인 힘이다. 따라서 관성력에 대한 반작용력은 없다.

② 회전하는 원판 위의 용수철에 연결된 추

[관성 좌표계] 지면에 정지한 관찰자가 본 경우	[가속 좌표계] 회전 원판 위의 관찰자가 본 경우
추가 원운동하는 것으로 보인다.	추가 정지해 있는 것으로 보인다.
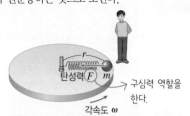	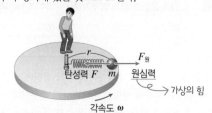
① 추에 작용하는 힘: 탄성력 ② 추의 운동 상태: 가속도 운동 ➡ 용수철이 늘어나 있으므로 용수철의 탄성력이 구심력 역할을 하여 추가 원운동하는 것으로 보인다.	① 추에 작용하는 힘: 탄성력, 원심력 ② 추의 운동 상태: 정지 ➡ 늘어나 있는 용수철의 탄성력과 원심력이 평형을 이루어 추가 정지해 있는 것으로 보인다.

③ *원심력의 이용: 가속도 내성 강화 훈련 장치, 우주 정거장, 인공 중력 발생 장치 등

B 등가 원리

1. ❶등가 원리

① 가속 좌표계에서 나타나는 관성력을 중력과 구별할 수 없다.

② 물체의 *중력 질량과 관성 질량은 동등하다.

우주선 안의 물체의 운동

(가) 지구에 정지해 있는 우주선: 지구 표면에 정지해 있는 우주선 안에서 물체를 가만히 놓으면 물체는 자유 낙하 하여 바닥으로 떨어지는 것으로 보인다.

(나) 우주 공간에서 위로 가속 운동하는 우주선: 중력이 없는 우주 공간에서 가속되고 있는 우주선 안에서 물체를 가만히 놓으면 물체는 관성에 의해 그 순간의 속도를 유지한다. (나)의 경우 우주선이 가속되고 있으므로 우주선 안의 관찰자에게는 물체가 우주선의 가속도 방향과 반대 방향으로 관성력을 받아 우주선 바닥으로 떨어지는 것으로 보일 것이다.

- 외부에서 볼 때: 물체는 관성에 의해 일정한 속도로 운동
- 내부에서 볼 때: 물체는 아래쪽으로 가속 운동

(가) 지구에 정지해 있을 때

(나) 우주 공간에서 가속 운동할 때

➡ (나)의 우주선 안의 사람이 밖을 볼 수 없다면 물체의 운동이 중력 때문인지 관성력 때문인지 구별할 수 없다. 즉, 중력에 의한 운동과 관성력에 의한 운동을 구별할 수 없다.

★ 원심력의 이용
- 가속도 내성 강화 훈련 장치: 전투기가 급격한 회전 운동을 할 때 조종사에게는 매우 큰 관성력이 나타난다. 이 힘을 견디기 위해 조종사는 지상에서 훈련을 받는데, 훈련 장치를 회전시키면 내부의 조종사는 원심력으로 인해 중력이 작용하는 것과 같은 경험을 하게 된다.
- 우주 정거장과 인공 중력: 우주 정거장에서는 중력을 느끼게 하기 위해 원심력을 이용한다. 즉, 우주 정거장을 회전시키면 원심력의 방향으로 인공적인 중력을 만들 수 있다.

원심력

★ 중력 질량과 관성 질량
- 중력 질량: 물체에 작용하는 중력과 중력 가속도의 비

$$중력 질량 = \frac{중력}{중력 가속도}$$

- 관성 질량: 물체에 작용하는 힘과 가속도의 비

$$관성 질량 = \frac{힘}{가속도}$$

★ 일반 상대성 이론
아인슈타인은 등가 원리를 바탕으로 뉴턴의 중력 이론과는 다른 새로운 중력 이론인 일반 상대성 이론을 발전시켰다.

┃용어┃
❶ 등가(等 같다, 價 값)_같은 값이나 가치

2. 등가 원리의 예 중력장에서 자유 낙하 하는 엘리베이터 안의 상황은 우주 공간에 정지해 있는 엘리베이터에 안의 상황과 구별할 수 없다.

> **중력장에서 자유 낙하 하는 엘리베이터와 우주 공간에 정지 있는 엘리베이터의 운동**
>
> (가) 중력장에서 자유 낙하 하는 엘리베이터에 탄 사람: 중력과 같은 크기의 관성력이 중력과 반대 방향으로 작용하므로 중력을 느끼지 못한다.
> (나) 중력이 작용하지 않는 우주 공간의 엘리베이터에 탄 사람: *무중력 공간에 놓여 있으므로 중력을 느끼지 못한다. ➡ 자신이 정지해 있는지 아니면 중력에 의해 가속도 운동을 하고 있는지 알 수 없다. ●관찰자는 (가)의 상황과 (나)의 상황을 구별할 수 없다.

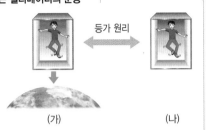

(가)   (나)

★ **무중력 상태**
자유 낙하 하는 엘리베이터 안의 물체에는 중력과 관성력이 작용한다. 이때 엘리베이터 안에서 보았을 때 물체에는 중력이 작용하지 않는 것처럼 보이는데, 이를 무중력 상태라고 한다.

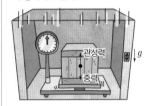

탐구 자료창 **떨어지는 물병 관찰하기** 📖 교학사, 천재 교과서에만 나와요.

(가) 아래쪽에 작은 구멍 2개~3개를 뚫은 페트병에 물을 채운다.
(나) 페트병을 들고 서 있을 때와 가만히 떨어뜨릴 때 물이 어떻게 되는지 관찰한다.

1. **결과:** 그림과 같이 페트병을 들고 서 있을 때는 물이 구멍 밖으로 새어 나오고, 가만히 떨어뜨린 페트병에서는 물이 구멍 밖으로 새어 나오지 않는다.
2. **가만히 떨어뜨린 페트병에서 물이 새어 나오지 않는 까닭:** 가만히 떨어뜨린 페트병 내부의 물은 중력과 관성력이 평형을 이루어 무게가 나타나지 않는 무중력 상태가 된다. ➡ 페트병 벽에 물의 압력이 작용하지 않아 물이 구멍 밖으로 새어 나오지 않는다.

↑ 페트병을 잡고 있을 때   ↑ 페트병이 낙하할 때

3. ★중력에 의한 시간 지연 중력이나 관성력의 영향으로 시간이 천천히 흐른다. ➡ 가속 좌표계에 있는 관찰자는 관성력과 중력을 구분할 수 없으므로 관성력에 의해 시간이 천천히 흐른다면 결국 중력이 시간을 천천히 흐르게 한다는 것을 알 수 있다.

★ **중력에 의한 시간 지연**
중력 퍼텐셜 에너지가 큰 곳이 중력 퍼텐셜 에너지가 작은 곳보다 시간이 빠르게 흐른다.

> **원판 위의 시계**
>
> 원판의 중심과 가장자리에 B와 C가 있고 원판이 회전하고 있다. A와 B는 상대적으로 정지해 있으므로 A와 B의 시간은 똑같이 흐른다.
>
>
>
> A: 원판 밖에 정지해 있는 관찰자
> B: 회전 원판의 중심에 있는 관찰자
> C: 회전 원판의 가장자리에 있는 관찰자
>
> 1. **원판 밖의 A가 볼 때:** B는 정지해 있고, C는 운동하고 있다. ➡ 특수 상대성 이론에 따라 C의 시간이 A의 시간보다 느리게 간다.
> 2. **원판 안의 B가 볼 때:** C는 정지해 있는 것으로 보이지만 시간이 느리게 가는 것으로 보아 C에는 관성력(원심력)이 작용하여 시간을 천천히 흐르게 한다고 생각한다. ➡ 관성력과 중력을 구분할 수 없는 등가 원리에 따라 중력이 시간을 천천히 흐르게 한다는 것을 알 수 있다.

★ **GPS 인공위성의 시간 보정**
특수 상대성 이론에 따르면 인공위성은 지표면에 대해 빠르게 운동하므로 인공위성 안에서의 시간은 지표면에서보다 느리게 흐르지만 일반 상대성 이론에 따르면 인공위성 안에서의 시간은 지표면에서보다 빠르게 흐른다. 실제 GPS 인공위성에서는 일반 상대성 이론에 의한 효과가 더 크며 GPS 인공위성과 지표면 사이의 거리는 상대성 이론에 따른 시간 차이를 보정하여 계산하고 있다.

개념 확인 문제

정답친해 35쪽

핵심 체크

- (❶　　　　　): 가속도 운동을 하는 관찰자를 기준으로 정한 좌표계
- (❷　　　　　): 가속 좌표계에 있는 관찰자가 (❸　　　　　)에 의해 느끼는 가상적인 힘
- (❹　　　　　): 원운동하는 좌표계에서 구심력과 반대 방향으로 나타나는 관성력
- (❺　　　　　) 원리: 일반 상대성 이론의 기본이 되는 것으로, 가속 좌표계에서 나타나는 관성력을 (❻　　　　　)과 구별할 수 없다는 원리
- 중력에 의한 시간 지연: 중력이나 관성력이 작용하는 공간에서 중력이나 관성력에 의해 시간이 (❼　　　　　) 흐른다.

---

1 좌표계에 대한 설명으로 옳은 것은 ○, 옳지 <u>않은</u> 것은 ×로 표시하시오.

(1) 관성력은 가속 좌표계의 가속도 방향과 같은 방향으로 나타난다. ······ (　　)

(2) 가속도가 $\vec{a}$인 가속 좌표계에 있는 질량이 m인 물체에 나타나는 관성력의 크기는 ma이다. ······ (　　)

(3) 구심력은 관성 좌표계의 관찰자가 느끼는 실제 힘이다. ······ (　　)

(4) 원심력은 가속 좌표계의 관찰자가 느끼는 관성력이다. ······ (　　)

2 직선상에서 앞쪽으로 진행하는 버스 안의 손잡이가 그림과 같이 일정한 기울기로 기울어진 상태를 유지하였다.

→ 진행 방향

버스 안의 관찰자가 본 것에는 **A**, 지면에 서 있는 관찰자가 본 것에는 **B**를 쓰시오.

(1) 손잡이는 가속 운동을 하고 있다. ······ (　　)

(2) 손잡이는 정지해 있다. ······ (　　)

(3) 손잡이에 작용하는 힘은 중력과 줄의 장력이다. (　　)

(4) 손잡이에 작용하는 힘은 중력, 줄의 장력, 관성력이다. ······ (　　)

3 엘리베이터를 탄 사람이 몸무게의 변화를 느끼지 <u>않는</u> 경우는?

① 엘리베이터가 위로 출발할 때

② 엘리베이터가 아래로 출발할 때

③ 엘리베이터가 위로 올라가다 멈출 때

④ 엘리베이터가 아래로 내려오다 멈출 때

⑤ 엘리베이터가 위 또는 아래로 등속 운동할 때

4 등가 원리에 대한 설명으로 옳은 것은 ○, 옳지 <u>않은</u> 것은 ×로 표시하시오.

(1) 중력과 관성력은 구별할 수 없다. ······ (　　)

(2) 중력 질량과 관성 질량은 서로 같다. ······ (　　)

(3) 중력이나 관성력이 큰 공간일수록 시간이 더 빨리 흐른다. ······ (　　)

5 [보기]는 아인슈타인의 상대성 이론과 관련된 용어들이다.

┌─ 보기 ─
ㄱ. 길이 수축　　　ㄴ. 질량·에너지 동등성
ㄷ. 관성력　　　　ㄹ. 등가 원리
ㅁ. 시간 지연　　　ㅂ. 광속 불변 원리

일반 상대성 이론과 관련이 깊은 것만을 골라 기호를 쓰시오.

대표 자료 분석

🏠 학교 시험에 자주 출제되는 대표 자료와 그 자료에 대한
문제를 통해 자료를 완벽하게 이해할 수 있다.

자료 ① 엘리베이터 안에서 관성력

기출 Point
• 엘리베이터 안에서 관성력의 방향 이해하기
• 엘리베이터 안에서 몸무게의 변화 이해하기

[1~4] 그림 (가)~(다)와 같이 철수가 높은 건물의 엘리베이터를 타고 올라간다. 이 엘리베이터의 속력은 (가)의 경우 빨라지고, (나)의 경우 느려지며, (다)의 경우 일정하다.

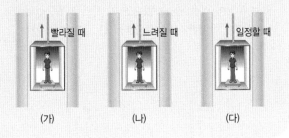

1 (가)의 엘리베이터 안에서 측정한 철수의 몸무게는 어떻게 변하는지 쓰시오.

2 (나)의 엘리베이터 안에서 측정한 철수의 몸무게는 어떻게 변하는지 쓰시오.

3 (다)의 엘리베이터 안에서 측정한 철수의 몸무게는 어떻게 변하는지 쓰시오.

4 빈출 선택지로 완벽 정리!

(1) 관성력은 항상 중력과 반대 방향으로 나타난다.
.... (○ / ×)

(2) 관성력은 가속도와 같은 방향으로 나타난다.
.... (○ / ×)

(3) (가)에서 철수에게 작용하는 힘은 중력과 관성력이다. .... (○ / ×)

(4) (나)의 엘리베이터는 관성 좌표계로 볼 수 있다.
.... (○ / ×)

자료 ② 가속도 운동하는 버스에서 관성력

기출 Point
• 가속도 운동하는 버스 안 물체를 지면에서 볼 때와 버스 안에서 볼 때 작용하는 힘과 합력 구하기

[1~3] 그림과 같이 수평면에서 화살표 방향으로 등가속도 운동하는 버스 안에 공이 줄에 매달려 있다. 이때 줄과 연직선이 이루는 각은 θ로 일정하고, 철수는 버스에 대해, 영희는 지면에 대해 각각 정지해 있다.

1 철수의 좌표계와 영희의 좌표계에서 볼 때, 공의 운동 상태를 각각 쓰시오.

2 공의 질량이 m이고, 중력 가속도가 g일 때 버스의 가속도 크기를 쓰시오.

3 빈출 선택지로 완벽 정리!

(1) 관성력은 실제로 존재하는 힘이다. .... (○ / ×)

(2) 철수는 공에 작용하는 알짜힘이 0이어서 공이 정지해 있는 것으로 생각한다. .... (○ / ×)

(3) 철수가 볼 때, 공에는 중력과 줄의 장력만 작용한다.
.... (○ / ×)

(4) 영희가 볼 때, 공은 중력과 줄의 장력의 합력에 의해 오른쪽으로 버스와 같은 가속도로 등가속도 운동을 한다. .... (○ / ×)

대표 자료 분석

자료 ③ 원운동에서의 관성력

기출 Point
- 원운동에서의 관성력 이해하기
- 관성력에 의한 인공 중력 발생 이해하기

[1~4] 그림 (가)는 지구 주위를 돌면서 자체 회전하지 않는 인공위성을 나타낸 것이고, (나)는 지구 주위를 돌면서 튜브 모양의 원통이 지구 표면에서의 중력 가속도와 같은 가속도로 자체 회전을 하고 있는 인공위성을 나타낸 것이다. 두 인공위성에 모두 사람이 타고 있다.

(가)　　　　원심력　(나)

1 (가)에 있는 사람은 중력을 느낄 수 있는지 쓰시오.

2 (나)에서 사람은 원통 표면에 발을 딛고 걸어 다닐 수 있다. 그 까닭은 무엇인지 쓰시오.

3 (나)에서 원통의 회전 속도가 더 빨라지면 사람이 느끼는 관성력의 크기는 어떻게 되는지 쓰시오.

4 빈출 선택지로 **완벽 정리!**

(1) (가)에 있는 사람에는 중력과 관성력이 평형을 이룬다. ··· (○ / ×)

(2) (가)에서 지구 중력에 의한 인공위성의 가속도가 사람의 가속도보다 크다. ················· (○ / ×)

(3) 중력이 작용하지 않는 공간에서 회전 운동에 의한 원심력에 의해 중력과 같은 효과를 낼 수 있다. ··· (○ / ×)

(4) 공기 저항을 무시할 때, 지구 표면에서 자유 낙하하는 비행기 안에서 무중력 상태를 경험할 수 있다. ··· (○ / ×)

자료 ④ 등가 원리

기출 Point
- 가속도 운동하는 좌표계와 중력이 작용하는 좌표계 안에서 일어나는 현상 이해하기

[1~4] 그림 (가)는 중력이 작용하지 않는 우주 공간에서 가속도 a로 운동을 하는 우주선을, (나)는 지구 표면에 정지해 있는 우주선을 나타낸 것이다. 각각의 우주선 안에서 공이 낙하하고 있다. (가)에서 우주선 안에 있는 사람이 밖을 볼 수 없다면 이 사람은 우주선의 운동 상태가 어떠한지 알 수 없다. (단, g는 중력 가속도이다.)

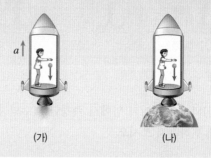

(가)　　　　　(나)

1 (가)에서 알 수 있는 원리를 쓰시오.

2 (가)에서 공이 낙하하는 원인이 되는 힘을 쓰시오.

3 (나)에서 공이 낙하하는 원인이 되는 힘을 쓰시오.

4 빈출 선택지로 **완벽 정리!**

(1) 밖을 내다볼 수 없는 우주선 안에 있을 때 사람은 관성력과 중력을 구별할 수 없다. ········· (○ / ×)

(2) $a=g$일 때, 공을 같은 높이에서 낙하시키면 낙하하는 데 걸리는 시간은 (가)와 (나)가 같다. (○ / ×)

(3) (가)에서 우주선 안의 사람이 볼 때 공은 등속 운동을 한다. ····································· (○ / ×)

(4) $a=g$일 때, 사람이 우주선 바닥을 누르는 힘은 (가)와 (나)가 같다. ······························· (○ / ×)

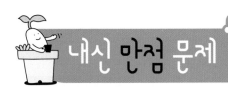

내신 만점 문제

A 가속 좌표계와 관성력

01 그림 (가)는 아래쪽으로 10 m/s^2의 일정한 가속도로 운동하는 엘리베이터 안에서 철수가 체중계에 올라간 모습을, (나)는 아래쪽으로 10 m/s의 일정한 속도로 운동하는 엘리베이터 안에서 민수가 체중계에 올라간 모습을 나타낸 것이다. 철수와 민수는 질량이 60 kg으로 같다.

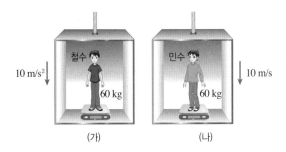

(가)   (나)

이에 대한 설명으로 옳은 것은? (단, 중력 가속도는 10 m/s^2 이다.)

① (가)에서 철수에 작용하는 힘은 중력뿐이다.
② (나)의 엘리베이터는 가속 좌표계로 볼 수 있다.
③ (가)에서 체중계의 눈금은 0을 나타낸다.
④ (나)에서 체중계의 눈금은 0을 나타낸다.
⑤ (가)에서 철수가 공을 갖고 있다가 가만히 놓으면 철수가 볼 때 공은 위로 등가속도 운동을 한다.

02 질량이 60 kg인 민수가 1 m/s^2의 가속도로 위 방향으로 출발하는 엘리베이터 안에 놓인 체중계 위에 서 있다. 엘리베이터가 출발하는 순간, 체중계에 나타난 눈금은 몇 N 인가? (단, 중력 가속도는 10 m/s^2이다.)

① 300 N   ② 540 N   ③ 600 N
④ 660 N   ⑤ 1200 N

03 서술형 그림과 같이 정지해 있는 엘리베이터 안의 용수철에 추를 매달아 놓았다.

엘리베이터가 위 방향으로 일정한 가속도로 올라가는 동안 용수철의 길이가 어떻게 되는지 그 까닭과 함께 서술하시오.

04 그림과 같이 오른쪽으로 진행하는 버스 안에서 연직 방향과 일정한 각 θ만큼 왼쪽으로 기울어진 손잡이를 버스 안에서는 영희가, 지면에서는 철수가 관찰하고 있다.

이에 대한 설명으로 옳은 것만을 [보기]에서 있는 대로 고른 것은?

[보기]
ㄱ. 버스는 가속도 운동을 한다.
ㄴ. 영희가 관찰하면 손잡이가 버스에 대해 정지해 있는 것으로 보인다.
ㄷ. 철수가 관찰하면 손잡이에 관성력이 작용하여 가속도 운동하는 것으로 보인다.

① ㄱ   ② ㄴ   ③ ㄱ, ㄴ
④ ㄱ, ㄷ   ⑤ ㄴ, ㄷ

05 그림과 같이 수평한 도로에서 버스가 오른쪽으로 일정한 가속도 a로 직선 운동하던 중 천장에 붙어 있던 공이 떨어지는 모습을 A는 버스 안, B는 버스 밖에 서서 관찰하였다.

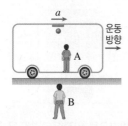

공이 바닥에 닿기 전까지 공의 운동에 대한 설명으로 옳은 것만을 [보기]에서 있는 대로 고른 것은? (단, 중력 가속도는 g이고, 공기 저항은 무시한다.)

[보기]
ㄱ. A가 볼 때, 공은 버스의 앞쪽으로 떨어진다.
ㄴ. A가 볼 때, 공의 가속도 크기는 $g+a$이다.
ㄷ. B가 볼 때, 공은 포물선 운동을 한다.

① ㄱ ② ㄷ ③ ㄱ, ㄴ
④ ㄱ, ㄷ ⑤ ㄴ, ㄷ

06 그림은 롤러코스터가 연직 방향으로 설치된 원 궤도상의 P, Q를 지나가는 모습을 나타낸 것이다.

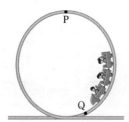

이에 대한 설명으로 옳은 것만을 [보기]에서 있는 대로 고른 것은?

[보기]
ㄱ. P점과 Q점에서 중력의 방향이 반대이다.
ㄴ. P점에서 사람들에게 중력의 반대 방향으로 관성력이 작용한다.
ㄷ. 사람들은 P점보다 Q점을 지날 때 몸이 더 가벼워지는 것을 느낀다.

① ㄱ ② ㄴ ③ ㄱ, ㄴ
④ ㄱ, ㄷ ⑤ ㄴ, ㄷ

07 그림은 우주 공간에 떠 있는 우주 정거장을 모식적으로 나타낸 것이다.
우주 정거장에 인공적인 중력을 만드는 과정을 설명한 것으로 옳은 것만을 [보기]에서 있는 대로 고른 것은?

[보기]
ㄱ. 우주 정거장이 빠르게 원운동한다.
ㄴ. 원운동에 의해 우주 정거장의 중심 방향으로 관성력이 생긴다.
ㄷ. 우주 정거장 안에 있는 사람은 관성력과 중력을 구분하지 못한다.

① ㄱ ② ㄴ ③ ㄱ, ㄷ
④ ㄴ, ㄷ ⑤ ㄱ, ㄴ, ㄷ

Ⓑ 등가 원리

08 그림 (가)는 지표면에 정지한 우주선 내부의 물통에서 물이 나오는 모습을 나타낸 것이다. 그림 (나)는 (가)의 우주선이 중력이 작용하지 않는 우주 공간에서 가속도 g로 운동할 때 물통에서 (가)와 같이 물이 나오는 모습을 나타낸 것이다.

(가) (나)

이에 대해 옳게 말한 사람만을 [보기]에서 있는 대로 고른 것은? (단, 지표면에서 중력 가속도는 g이다.)

[보기]
• 철수: (나)에서 물에 작용하는 관성력의 방향은 우주선의 가속도 방향과 반대야.
• 영희: (나)의 우주선 안에 있는 사람은 물이 나오는 까닭이 중력 때문인지 관성력 때문인지를 판단할 수 없어.
• 민수: 우주선 안에서의 시간은 (나)에서보다 (가)에서가 천천히 흘러.

① 철수 ② 영희 ③ 민수
④ 철수, 영희 ⑤ 영희, 민수

09 그림 (가)는 지표면의 엘리베이터 안에서, (나)는 우주선 안에서 몸무게를 측정하는 철수를 나타낸 것이다. 엘리베이터는 가속도 g로 연직 위로 올라가고 있고, 우주선은 중력이 작용하지 않는 우주 공간에서 가속도 $2g$로 운동하고 있다.

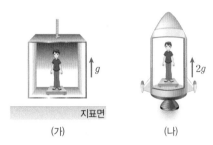

(가)　　　　　(나)

이에 대한 설명으로 옳은 것만을 [보기]에서 있는 대로 고른 것은? (단, 지구의 중력 가속도는 g이고, 엘리베이터와 우주선 안에서 외부를 볼 수 없다.)

[보기]
ㄱ. 철수는 (가)와 (나)의 상황을 구별할 수 없다.
ㄴ. 철수의 몸무게는 (가)와 (나)에서 $2mg$로 측정된다.
ㄷ. (가)와 (나)에서 일어나는 물리적 현상은 같다.

① ㄱ　　　　② ㄷ　　　　③ ㄱ, ㄴ
④ ㄴ, ㄷ　　　⑤ ㄱ, ㄴ, ㄷ

10 그림 (가)는 지표면에서 민규가 물체를 가만히 놓는 모습을 나타낸 것이고, (나)는 중력이 작용하지 않는 우주 공간에서 가속도 a로 운동하는 우주선 안의 민규가 물체를 가만히 놓는 모습을 나타낸 것이다.

(가)　　　(나)

이때 (가)와 (나)에서 물체를 놓은 순간, 물체와 바닥 사이의 거리는 h로 같다.

이에 대한 설명으로 옳지 <u>않은</u> 것은? (단, g는 지구의 중력 가속도이다.)

① (가)에서 물체는 등속 직선 운동을 한다.
② (나)에서 민규가 본 물체의 속력은 일정하게 증가한다.
③ $a=g$이면 물체가 낙하하는 데 걸린 시간은 (가)와 (나)에서 같다.
④ $a=g$이면 (나)에서 물체에 작용하는 힘이 중력인지 관성력인지 구별할 수 없다.
⑤ $a=g$이면 바닥이 민규에게 작용하는 힘의 크기는 (가)와 (나)에서 같다.

11 그림 (가)~(다)와 같이 철수가 엘리베이터를 타고 올라간다. 중력 가속도가 g인 지표면에서 철수의 몸무게는 w이다.

(가) 지표면에서 가속도 g로 올라갈 때　(나) 지표면에서 등속도로 올라갈 때　(다) 중력이 작용하지 않는 공간에서 가속도 g로 올라갈 때

각각의 엘리베이터 안에서 측정한 철수의 몸무게를 옳게 짝 지은 것은?

	(가)	(나)	(다)
①	w	w	w
②	$2w$	w	w
③	$2w$	$2w$	w
④	w	$2w$	$2w$
⑤	$2w$	$2w$	$2w$

12 그림 (가)는 지표면에서 영희가 물체를 가만히 놓는 것을, (나)는 중력이 작용하지 않는 우주 공간에서 가속도 g로 운동하는 우주선 안에 서 있는 영희가 물체를 가만히 놓는 것을 나타낸 것이다. (나)에서 영희는 우주선의 운동 상태를 알 수 없다.

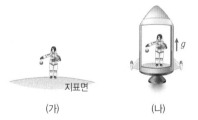

(가)　　　　　(나)

이에 대한 설명으로 옳은 것만을 [보기]에서 있는 대로 고른 것은? (단, g는 중력 가속도이다.)

[보기]
ㄱ. (가)에서 물체에는 중력이 작용한다.
ㄴ. (나)에서 영희가 물체를 관찰할 때, 물체는 등가속도 운동한다.
ㄷ. (나)에서 영희는 물체에 작용하는 힘이 중력인지 관성력인지 구별할 수 없다.

① ㄴ　　　　② ㄷ　　　　③ ㄱ, ㄴ
④ ㄱ, ㄷ　　　⑤ ㄱ, ㄴ, ㄷ

02 중력 렌즈와 블랙홀

핵심
포인트
- Ⓐ 중력에 의한 빛의 휘어짐 ★★
  중력에 의한 공간의 휘어짐 ★★
  중력 렌즈 현상 ★★★
- Ⓑ 탈출 속도의 계산 ★★
  블랙홀 ★

Ⓐ 중력 렌즈 효과

우리는 빛이 직진한다고 생각합니다. 그런데 아인슈타인은 중력이나 관성력이 작용하는 공간에서는 빛이 휘어진다고 합니다. 그 까닭은 중력이나 관성력이 작용하는 공간이 휘어져 있기 때문이라고 하는데, 아인슈타인의 생각을 따라가 볼까요?

┌──● 시간과 공간을 합하여 시공간이라고 한다.

1. 시공간의 휘어짐

(1) **중력에 의한 빛의 휘어짐**: 가속 좌표계에서 빛이 휘어져 보이는 것과 같이 중력이 작용하는 곳에서도 빛이 휘어진다.

┌─ **우주선 안에서 보았을 때 우주선 안의 빛의 경로**
우주선 안에서 수평으로 비춘 빛을 우주선 안에서 보았을 때, 우주선의 운동 상태에 따른 빛의 경로는 다음과 같다.

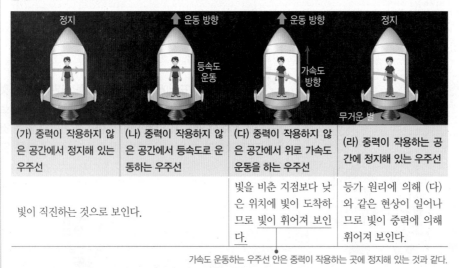

(가) 중력이 작용하지 않은 공간에서 정지해 있는 우주선	(나) 중력이 작용하지 않은 공간에서 등속도로 운동하는 우주선	(다) 중력이 작용하지 않은 공간에서 위로 가속도 운동을 하는 우주선	(라) 중력이 작용하는 공간에 정지해 있는 우주선
빛이 직진하는 것으로 보인다.		빛을 비춘 지점보다 낮은 위치에 빛이 도착하므로 빛이 휘어져 보인다.	등가 원리에 의해 (다)와 같은 현상이 일어나므로 빛이 중력에 의해 휘어져 보인다.

가속도 운동하는 우주선 안은 중력이 작용하는 곳에 정지해 있는 것과 같다.

(2) [*]**중력에 의한 공간의 휘어짐**: 가속 좌표계에서 수평으로 발사된 빛이 휘는 것과 같이 질량을 가진 물체가 있을 때 생기는 중력이 주위의 공간을 휘게 한다.

탐구 자료창 **중력에 의한 공간의 휘어짐**

(가) 그림과 같이 반구형 그릇에 스타킹을 씌워 고정한다.
(나) 스타킹의 중간에 질량이 매우 큰 쇠구슬을 올려놓는다.
(다) 질량이 작은 구슬을 큰 쇠구슬 근처에 굴리며 관찰한다.

1. 큰 쇠구슬 주변의 스타킹이 쇠구슬의 무게 때문에 휘어진다. ➡ 큰 쇠구슬은 큰 별에 해당하고, 스타킹은 중력에 의해 휘어진 시공간에 해당한다.
2. 질량이 작은 구슬은 휘어진 스타킹을 따라 움직이며 큰 구슬에 가까워진다. ➡ [*]휘어진 시공간에 놓인 물체는 휘어진 시공간을 따라 움직인다.

★ **휘어진 공간을 표현한 2차원 평면**

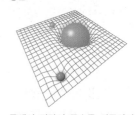

물체의 질량이 클수록 시공간이 휘어지는 정도가 크다.

★ **두 물체의 자유 낙하**

사과 2개를 자유 낙하 시키면 중력이 지구 중심 방향으로 작용하기 때문에 점점 가까워진다. 아인슈타인은 사과는 지구로 인해 휘어진 공간을 따라 진행하기 때문에 낙하하는 동안 조금씩 가까워지는 것으로 해석하였다.

(3) **시공간의 휘어짐**: 태양 주위의 공간이 굽어져 있으므로 *태양 근처를 지나는 빛이 휘어진다.

태양 주위에서 빛이 휘어지는 현상

┌─ •태양빛이 가려질 때에만 별빛을 관찰할 수 있기 때문

1919년 영국의 천문학자 에딩턴은 ❶ 개기일식 때 태양 뒤편에 있는 별에서 오는 별빛이 중력에 의해 휘어지는 것을 확인하였다. ➡ 아인슈타인의 일반 상대성 이론을 지지하는 증거가 되었다.

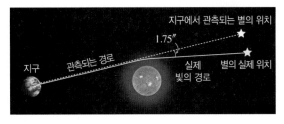

2. *중력 렌즈 효과 볼록 렌즈를 지날 때 빛이 굴절하듯이 중력이 볼록 렌즈 역할을 하여 빛을 휘게 하는 현상

중력 렌즈 효과에 따른 겉보기 상이 생기는 원리

은하단 뒤쪽에 있는 하나의 ❷ 퀘이사에서 나오는 빛이 은하단의 중력 렌즈 효과에 의해 휘어져 지구에서 볼 때 퀘이사가 여러 개로 보인다.

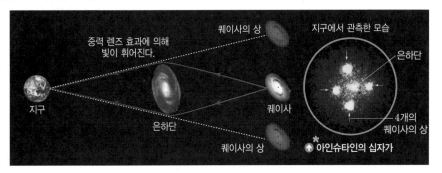

탐구 자료창 중력 렌즈 효과 가상 실험

(가) 손전등 앞에 둥글게 자른 검은 종이를 가까이 하고 손전등 불빛과 검은 종이에 나란하게 눈 높이를 맞추어 불빛을 관찰한다.

(나) 검은 종이와 손전등 사이에 볼록 렌즈를 놓고 손전등의 불빛을 관찰한다.

(가)

(나)

1. **결과**
   - **(가)**: 불빛이 보이지 않는다. ➡ 빛이 직진하기 때문에 검은 종이에 가려서 눈에 빛이 도달하지 못하기 때문이다.
   - **(나)**: 검은 종이 바깥으로 불빛이 보인다. ➡ 검은 종이 바깥 방향으로 진행한 빛이 볼록 렌즈에 의해 굴절하여 눈에 빛이 도달했기 때문이다.
2. **결론**: 과정 (나)와 같은 원리로 은하 뒤쪽에 있는 퀘이사에서 나온 빛이 은하 주변을 지나면서 휘어져 지구에서 여러 개로 관찰되는 현상을 설명할 수 있다.

★ **태양 근처를 지나는 빛**

별빛은 태양 근처에서 휘어진 공간을 따라 진행하기 때문에 A에 있는 별을 지구에서 관찰하면 B에 있는 것처럼 보인다.

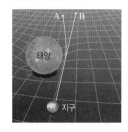

★ **중력 렌즈 현상이 나타나는 천체**

⬆ 여러 개의 별로 보인다.

⬆ 굽은 띠로 보인다.

★ **아인슈타인의 원**

만약 별, 은하, 지구가 일직선상에 있다면 중력 렌즈에 의해 완전히 원으로 이루어진 상이 생길 것이다. 이것을 아인슈타인의 원이라고 한다.

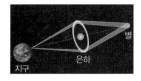

┃ 용어

❶ **개기일식**(皆 모두, 旣 이미, 日 해, 蝕 좀먹다)_지구와 태양의 사이에 달이 들어가서 태양의 전부를 가리는 현상

❷ **퀘이사(Quasar)**_보통 은하의 수백 배나 되는 에너지를 방출하는 은하. 우주의 가장자리에 위치하는 것으로 생각되고 있다.

B 블랙홀

1. 탈출 속도 어떤 물체가 중력을 벗어나 무한히 멀어지기 위해 필요한 최소한의 속도

(1) **중력 퍼텐셜 에너지(E_p):** 행성 표면에서 매우 먼 곳에서는 중력이 감소하므로 *무한히 먼 곳을 기준점으로 하였을 때, 중력 퍼텐셜 에너지는 다음과 같다.

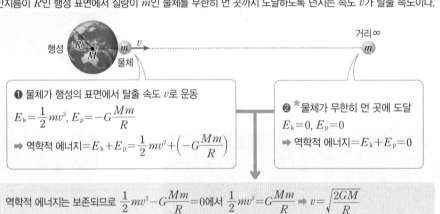

물체가 행성의 중력에 구속되어 있음을 의미

$$E_p = -G\frac{Mm}{r} \begin{pmatrix} G\text{: 중력 상수, } M\text{: 행성의 질량} \\ r\text{: 행성과 물체 사이의 거리} \end{pmatrix}$$

(2) **행성의 *탈출 속도(v):** 행성 표면에서 던진 물체가 행성의 중력에서 벗어나 역학적 에너지(E)가 0이 되는 무한히 먼 곳까지 도달할 수 있는 속도이다.

역학적 에너지 보존 법칙으로 탈출 속도 구하기

반지름이 R인 행성 표면에서 질량이 m인 물체를 무한히 먼 곳까지 도달하도록 던지는 속도 v가 탈출 속도이다.

❶ 물체가 행성의 표면에서 탈출 속도 v로 운동
$E_k = \frac{1}{2}mv^2$, $E_p = -G\frac{Mm}{R}$
➡ 역학적 에너지$=E_k + E_p = \frac{1}{2}mv^2 + \left(-G\frac{Mm}{R}\right)$

❷ *물체가 무한히 먼 곳에 도달
$E_k = 0$, $E_p = 0$
➡ 역학적 에너지$=E_k + E_p = 0$

역학적 에너지는 보존되므로 $\frac{1}{2}mv^2 - G\frac{Mm}{R} = 0$에서 $\frac{1}{2}mv^2 = G\frac{Mm}{R}$ ➡ $v = \sqrt{\frac{2GM}{R}}$

2. 블랙홀(black hole) 질량이 매우 큰 천체에서는 시공간이 극단적으로 휘어져 있다. 이때 주변을 가까이 지나는 빛마저도 탈출할 수 없는 천체를 블랙홀이라고 한다.

(1) ***블랙홀의 탄생:** 태양 질량의 3배~4배를 넘는 별이 핵융합을 멈추면 중력에 의해 수축하면서 영원히 붕괴하여 블랙홀이 된다.

(2) **블랙홀의 존재 확인:** 블랙홀에 가까이 있는 별의 구성 물질들이 블랙홀로 흡수될 때, 수백만 °C로 가열되어 방출하는 X선으로 존재를 확인할 수 있다.
└ 블랙홀을 탈출하는 물질이 없으므로 블랙홀은 직접 관찰할 수 없고, 간접적으로 어느 위치에 블랙홀이 존재하는지 추정할 수 있다.

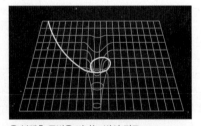

⬆ 블랙홀 주변을 지나는 빛의 경로

확대경 — 중력파

중력이 큰 물체들이 서로 상호 작용 하여 움직이면 그 주위에 시공간의 굽어짐에 변화가 생겨 시공간의 변화가 사방으로 퍼져 나가는 것을 중력파라고 한다. ➡ 2015년 라이고 과학 협력단은 블랙홀이 융합될 때 발생한 중력파를 최초로 확인하는 데 성공하였다.

2개의 블랙홀이 합쳐지면서 방출되는 중력파 ➡

★ **무한히 먼 곳의 역학적 에너지**

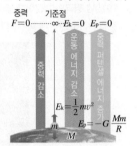

물체가 중력을 벗어나는 곳(무한히 먼 곳)에서는 물체의 속도가 0이므로 운동 에너지가 0이고, 기준점에서 중력 퍼텐셜 에너지는 0이므로 역학적 에너지는 0이 된다.

★ **천체의 탈출 속도**
· 지구: 약 11.2 km/s
· 목성: 약 60 km/s
· 태양: 약 618 km/s

★ **항성의 밀도 변화에 따른 시공간의 휘어짐**

항성 A의 반지름이 줄면서 밀도가 증가하면 A 중심 부분의 중력이 매우 커져서 시공간이 심하게 휘어진다.

· A 주변의 시공간

· A의 크기가 수축되어 밀도가 커진 시공간

· A가 더욱 수축하여 블랙홀이 된 시공간

개념 확인 문제

핵심
체크

- (❶   )에 의해 공간이 휘어지고, 휘어진 공간을 따라 이동하는 빛도 휘어진다.
- (❷   ) 효과: 중력이 주변 공간을 휘게 하여 렌즈처럼 빛이 휘어지는 현상
- 중력 렌즈는 (❸   ) 렌즈와 같은 효과를 낸다.
- (❹   ): 물체가 천체의 중력으로부터 벗어나 무한히 멀어지기 위해 필요한 최소한의 속도
- 천체의 질량이 (❺   )수록, 반지름이 (❻   )수록 천체의 표면에서 탈출 속도가 크다.
- (❼   ): 질량이 매우 커서 공간을 극단적으로 휘게 만들어 빛마저도 빠져나올 수 없게 만드는 천체
- 블랙홀의 존재는 블랙홀에 가까이 있는 물질이 블랙홀로 빨려 들어갈 때 방출하는 (❽   )을 통해 간접적으로 확인할 수 있다.

1 그림 (가)는 중력이 작용하지 않는 공간에서 등속 운동하고 있는 경우 빛의 진행 모습을 나타낸 것이다.

(가)   (나)

그림 (나)와 같이 빛의 경로가 관측될 수 있는 경우를 두 가지 쓰시오.

2 중력 렌즈 효과에 대한 설명으로 옳은 것은 ○, 옳지 않은 것은 ×로 표시하시오.

(1) 무거운 천체 주변을 지나가는 빛은 시공간의 휘어짐에 따라 휘어서 진행한다. ────────────── (   )

(2) 중력이 렌즈처럼 빛을 휘게 하여 여러 개의 상을 만드는 것을 중력 렌즈 효과라고 한다. ──────── (   )

(3) 은하의 질량이 클수록 별빛이 휘어지는 정도가 커져서 관측된 별의 위치와 실제 위치의 차이가 적게 난다.
────────────────────────── (   )

3 그림은 허블 망원경으로 관측한 천체의 사진으로, 아인슈타인의 십자가라고 불린다.

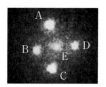

(1) A~E 중 지구에서 가장 가까운 천체는 어느 것인지 쓰시오.

(2) A~E 중 같은 천체인 것은 어느 것인지 쓰시오.

4 천체 표면에서 탈출 속도에 대한 설명으로 옳은 것은 ○, 옳지 않은 것은 ×로 표시하시오.

(1) 천체의 크기가 같을 때, 질량이 클수록 탈출 속도가 크다. ─────────────────── (   )

(2) 천체의 질량이 같을 때, 반지름이 작을수록 탈출 속도가 작다. ───────────────── (   )

(3) 물체의 속도가 탈출 속도 이상이 되면 천체로부터 벗어날 수 있다. ──────────────── (   )

5 블랙홀에 대한 설명으로 옳은 것은 ○, 옳지 않은 것은 ×로 표시하시오.

(1) 시공간이 극단적으로 휘어져 탈출 속도가 빛의 속도보다 큰 천체를 블랙홀이라고 한다. ────── (   )

(2) 블랙홀에 가까이 갈수록 시간이 빨리 흐른다. ─── (   )

(3) 블랙홀에서는 빛조차 빠져나오지 못한다. ───── (   )

대표 자료 분석

🏫 학교 시험에 자주 출제되는 대표 자료와 그 자료에 대한 문제를 통해 자료를 완벽하게 이해할 수 있다.

자료 ① 중력 렌즈 효과

기출 Point
• 중력에 의해 시공간이 휘어지고, 빛이 휘어짐을 이해하기
• 중력 렌즈 효과 이해하기

[1~4] 그림은 아인슈타인이 일반 상대성 이론을 발표한 이후 에딩턴이 개기일식 때 태양 쪽의 별을 관측하여 태양 근처에서 별빛이 휘어지는 현상을 확인한 결과를 나타낸 것이다.

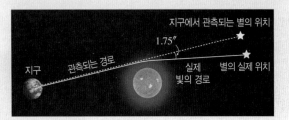

1 태양 주위를 지나는 별빛이 휘어지는 까닭은 무엇인지 쓰시오.

2 태양의 질량이 더 커진다면 관측되는 별의 위치는 별의 실제 위치와 어떻게 될지 쓰시오.

3 중력이 렌즈처럼 빛을 휘게 하여 여러 개의 상을 만드는 것을 무엇이라고 하는지 쓰시오.

4 빈출 선택지로 완벽 정리!

(1) 중력이 작용하는 공간에서는 빛이 휘고, 빛이 휨에 따라 공간도 휘게 된다. ·········· (○ / ×)
(2) 중력 렌즈 효과에 의해 나타나는 별의 상의 수와 모양은 항상 같다. ·········· (○ / ×)
(3) 질량이 클수록 시공간의 휘어진 정도가 크다. ·········· (○ / ×)
(4) 중력이 큰 은하 근처를 지나는 별빛은 휘어서 지나간다. ·········· (○ / ×)

자료 ② 탈출 속도

기출 Point
• 탈출 속도 이해하기
• 블랙홀을 탈출 속도와 관련하여 이해하기

[1~5] 그림은 천체로부터 높이가 다른 세 물체 a, b, c와 천체 표면에서 수직으로 던져 올린 물체 d, e, f가 던져 올린 속력에 따라 다르게 운동하는 것을 나타낸 것이다. (단, 공기 저항은 무시한다.)

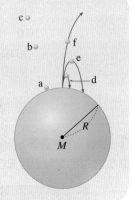

1 천체를 탈출할 수 있는 최소한의 속도를 무엇이라고 하는지 쓰시오.

2 a, b, c에서의 중력 퍼텐셜 에너지를 각각 E_a, E_b, E_c라고 할 때, E_a, E_b, E_c의 크기를 비교하시오.

3 a, b, c에서의 탈출 속도를 v_a, v_b, v_c라고 할 때, v_a, v_b, v_c의 크기를 비교하시오.

4 d, e, f의 속력을 v_d, v_e, v_f라고 할 때, v_d, v_e, v_f의 크기를 비교하시오.

5 빈출 선택지로 완벽 정리!

(1) 탈출 속도 이상이 되면 천체의 중력 공간을 벗어날 수 있다. ·········· (○ / ×)
(2) 질량이 극도로 큰 천체에서는 시공간이 극단적으로 휘어져 탈출 속도가 빛의 속도보다 커질 수 있다. ·········· (○ / ×)
(3) 질량이 큰 천체가 작은 구로 줄어들어 밀도가 커지게 되면 그 천체의 표면으로부터 빛이 빠져나올 수 없는 경우가 생긴다. ·········· (○ / ×)

내신 만점 문제

정답친해 40쪽

A 중력 렌즈 효과

01 그림은 질량이 큰 천체 근처에서 휘어진 공간을 따라 빛이 진행하는 모습을 모식적으로 나타낸 것이다.

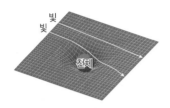

이에 대한 설명으로 옳은 것만을 [보기]에서 있는 대로 고른 것은?

[보기]
ㄱ. 천체에 가까울수록 공간이 휘어진 정도가 크다.
ㄴ. 중력 렌즈 현상도 공간의 휘어짐 때문에 나타난다.
ㄷ. 공간이 휘어지는 현상은 특수 상대성 이론으로 설명할 수 있다.

① ㄴ ② ㄷ ③ ㄱ, ㄴ
④ ㄱ, ㄷ ⑤ ㄱ, ㄴ, ㄷ

02 그림은 1985년 허블 망원경으로 관찰한 퀘이사의 모습으로, 아인슈타인의 십자가라고 부른다. 이에 대한 설명으로 옳은 것만을 [보기]에서 있는 대로 고른 것은?

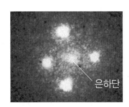
은하단

[보기]
ㄱ. 중력 렌즈 효과에 의해 나타나는 현상이다.
ㄴ. 은하단 주변을 지나는 빛이 휘어져서 나타나는 현상이다.
ㄷ. 은하단이 퀘이사보다 지구로부터 더 먼 곳에 있다.
ㄹ. 이 현상은 특수 상대성 이론으로 설명할 수 있다.

① ㄱ, ㄴ ② ㄱ, ㄷ ③ ㄱ, ㄹ
④ ㄴ, ㄷ ⑤ ㄷ, ㄹ

03 그림 (가)는 화살표 방향으로 등가속도 운동을 하는 우주선 안의 관찰자 A가 별빛을 관찰하는 모습을, (나)는 정지한 우주선 안의 관찰자 B가 태양 근처를 지나온 별빛을 관측하는 모습을 나타낸 것이다. A는 P에 있는 별을 P′에 있는 것으로, B는 Q에 있는 별을 Q′에 있는 것으로 관측한다.

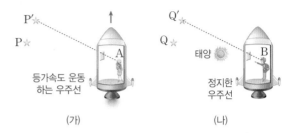

(가) (나)

이에 대한 설명으로 옳은 것만을 [보기]에서 있는 대로 고른 것은?

[보기]
ㄱ. (가)에서 우주선의 가속도가 클수록 P와 P′의 차이가 크다.
ㄴ. (나)에서 태양의 중력은 Q에서 오는 별빛을 휘어지게 한다.
ㄷ. 관성력이 작용하는 공간에서 빛은 직진한다.

① ㄴ ② ㄷ ③ ㄱ, ㄴ
④ ㄱ, ㄷ ⑤ ㄱ, ㄴ, ㄷ

04 그림은 태양 주위를 지나는 별빛의 경로를 나타낸 것이다.

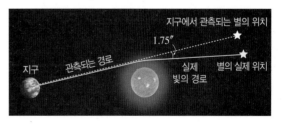

이에 대한 설명으로 옳은 것만을 [보기]에서 있는 대로 고른 것은?

[보기]
ㄱ. 태양 주위의 공간은 휘어져 있다.
ㄴ. 태양보다 질량이 큰 천체를 지날 때 별빛이 휘는 각도는 더 커질 것이다.
ㄷ. 태양보다 질량이 작은 달 주위를 지나는 별빛은 직진한다.

① ㄴ ② ㄷ ③ ㄱ, ㄴ
④ ㄱ, ㄷ ⑤ ㄱ, ㄴ, ㄷ

05 그림은 지구 주위를 지나가는 물체가 곡선 경로를 그리며 운동하는 모습을 나타낸 것이다. 일반 상대성 이론을 적용하여 물체가 곡선 경로를 그리며 운동하는 까닭을 서술하시오. (단, 공기의 영향은 무시한다.)

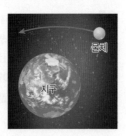

06 그림 (가)는 손전등 앞에 둥글게 자른 검은 종이를 가까이 하고 손전등 불빛과 검은 종이에 나란하게 눈 높이를 맞추어 불빛을 관찰하는 모습을, (나)는 검은 종이와 손전등 사이에 볼록 렌즈를 놓고 손전등의 불빛을 관찰하는 모습을 나타낸 것이다. (가)에서는 불빛이 보이지 않고, (나)에서는 검은 종이 바깥으로 불빛이 보인다.

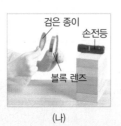

이에 대한 설명으로 옳은 것만을 [보기]에서 있는 대로 고른 것은?

[보기]
ㄱ. 과정 (가)에서 불빛이 보이지 않은 까닭은 빛이 직진하기 때문이다.
ㄴ. 과정 (나)에서 검은 종이 바깥으로 불빛이 보이는 까닭은 검은 종이 바깥 방향으로 진행한 빛이 볼록 렌즈에 의해 굴절하기 때문이다.
ㄷ. 과정 (나)와 같은 원리로 은하 뒤쪽에 있는 퀘이사에서 나온 빛이 은하 주변을 지나면서 우리에게 여러 개로 관찰되는 현상을 설명할 수 있다.

① ㄴ   ② ㄷ   ③ ㄱ, ㄴ
④ ㄱ, ㄷ   ⑤ ㄱ, ㄴ, ㄷ

B 블랙홀

07 그림은 지구 표면 A에 있던 물체가 탈출 속도로 발사되어 무한히 먼 곳 B에 도달한 모습을 나타낸 것이다.

무한히 먼 지점을 중력 퍼텐셜 에너지의 기준점으로 한다면 A 지점과 비교할 때, B 지점에 도달한 물체에 대한 설명으로 옳은 것만을 [보기]에서 있는 대로 고른 것은? (단, 공기 저항은 무시한다.)

[보기]
ㄱ. 속도는 0이다.
ㄴ. 중력 퍼텐셜 에너지는 0이다.
ㄷ. 역학적 에너지는 A 지점에서와 같다.

① ㄱ   ② ㄴ   ③ ㄱ, ㄷ
④ ㄴ, ㄷ   ⑤ ㄱ, ㄴ, ㄷ

08 그림은 지구 주위에 있는 물체의 중력 퍼텐셜 에너지 E_p를 지구 중심으로부터의 거리 r에 따라 나타낸 것이다. M은 지구 질량, R는 지구 반지름, m은 물체의 질량이다.

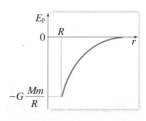

이에 대한 설명으로 옳은 것만을 [보기]에서 있는 대로 고른 것은? (단, 공기 저항은 무시한다.)

[보기]
ㄱ. 중력 퍼텐셜 에너지가 (−)값을 갖는 것은 물체가 지구의 중력에 속박되어 있음을 의미한다.
ㄴ. 물체가 지구 표면으로부터 멀어질수록 중력 퍼텐셜 에너지는 증가한다.
ㄷ. 지표면에 있는 물체가 지구의 중력을 벗어나기 위해 가져야 할 최소한의 운동 에너지는 $G\dfrac{Mm}{R}$이다.

① ㄴ   ② ㄷ   ③ ㄱ, ㄴ
④ ㄱ, ㄷ   ⑤ ㄱ, ㄴ, ㄷ

09 표는 구형인 두 천체 A, B의 질량과 반지름을 나타낸 것이다.

천체	질량	반지름
A	M	R
B	$2M$	$\frac{1}{2}R$

A, B에서의 탈출 속도에 대한 설명으로 옳은 것만을 [보기]에서 있는 대로 고른 것은?

[보기]
ㄱ. 천체 표면에서의 탈출 속도는 천체의 반지름에 비례하고 질량에 반비례한다.
ㄴ. 표면에서의 탈출 속도는 B에서가 A에서의 2배이다.
ㄷ. 천체 중심에서 거리 $2R$인 곳에서의 탈출 속도는 B에서가 A에서의 $\sqrt{2}$배이다.

① ㄱ   ② ㄷ   ③ ㄱ, ㄴ
④ ㄴ, ㄷ   ⑤ ㄱ, ㄴ, ㄷ

10 표는 지구로부터 무한히 떨어진 곳의 중력 퍼텐셜 에너지를 0으로 할 때, 지구 주위를 원운동하는 인공위성의 운동 에너지와 중력 퍼텐셜 에너지를 나타낸 것이다.

운동 에너지	퍼텐셜 에너지
K	U

이 인공위성을 지구로부터 탈출시키기 위한 최소한의 에너지는 얼마인가?

① $\frac{1}{2}K$ ② $-U$ ③ $K-U$
④ $U-K$ ⑤ $-(K+U)$

11 블랙홀에 대한 설명으로 옳지 <u>않은</u> 것은?

① 블랙홀에 접근할수록 시공간의 휘어짐이 심하다.
② 중력이 매우 커서 근처를 지나는 빛조차도 흡수한다.
③ 무거운 별이 붕괴하여 수축할 때 공간이 굽어져 블랙홀이 형성된다.
④ 블랙홀에 접근할수록 중력이 커져서 시간이 점점 빠르게 흘러간다.
⑤ 블랙홀에 가까이 있는 물질이 블랙홀로 빨려 들어갈 때 방출하는 X선을 통해 간접적으로 블랙홀의 위치를 확인할 수 있다.

12 그림은 블랙홀 주위의 시공간을 모식적으로 나타낸 것이다.

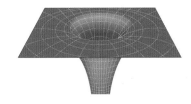

블랙홀에 가까워질수록 나타나는 현상에 대한 설명으로 옳은 것만을 [보기]에서 있는 대로 고른 것은?

[보기]
ㄱ. 중력은 더 커진다.
ㄴ. 시공간은 더 많이 휘어져 있다.
ㄷ. 시간이 점점 더 빠르게 흐른다.

① ㄴ   ② ㄷ   ③ ㄱ, ㄴ
④ ㄱ, ㄷ   ⑤ ㄱ, ㄴ, ㄷ

중단원 핵심 정리

01 등가 원리

1. 가속 좌표계와 관성력

(1) 관성 좌표계와 가속 좌표계

① 관성 좌표계(관성계): 정지 또는 등속 직선 운동을 하는 관찰자를 기준으로 정한 좌표계

② 가속 좌표계(가속계): 가속도 운동을 하는 관찰자를 기준으로 정한좌표계

2. 관성력 (❶　　) 좌표계에 있는 관찰자가 관성에 의해 느끼는 가상적인 힘

(1) 관성력의 방향: 좌표계의 가속도의 방향과 반대 방향

(2) 관성력의 크기: 가속도 $\vec{a}$인 좌표계에서 질량이 m인 물체가 받는 관성력의 크기는 ma이다. ➡ $\vec{F}_{관} = -m\vec{a}$

3. 관성력의 예

(1) 엘리베이터 안에서 관성력과 몸무게의 변화

가속도	위쪽으로 일정	가속도가 0	아래쪽으로 일정
엘리베이터의 운동 상태	a↑ m 관성력↓ 중력	$a=0$ m 중력	a↓ m 관성력↑ 중력
관성력	아래쪽으로 작용	작용하지 않음	위쪽으로 작용
몸무게 (중력+관성력)	중력+관성력 ➡ 몸무게 (❷　　)	중력 ➡ 변화 없음	중력-관성력 ➡ 몸무게 (❸　　)

(2) 가속도 운동하는 버스에서의 관성력

지면에 서 있는 관찰자가 본 손잡이	버스 안의 관찰자가 본 손잡이

• 손잡이에 작용하는 힘: 중력, 줄의 장력 ➡ 중력과 줄의 장력의 합력에 의해 손잡이가 가속도 운동을 하는 것으로 보인다.	• 손잡이에 작용하는 힘: 중력, 줄의 장력, 관성력 ➡ 중력, 줄의 장력, 관성력이 평형을 이루어 손잡이가 정지해 있는 것으로 보인다.

(3) 원운동에서의 관성력

① (❹　　): 원운동하는 물체에 작용하는 관성력으로, 구심력과 반대 방향으로 작용하는 가상의 힘, 구심력과 크기가 같고 방향이 반대이다.

$$F_{원} = \frac{mv^2}{r} = mr\omega^2$$

② 회전하는 원판 위의 용수철에 연결된 추

지면에 정지한 관찰자가 본 경우	회전 원판 위의 관찰자가 본 경우

• 추에 작용하는 힘: 탄성력 ➡ 용수철이 늘어나 있으므로 탄성력이 구심력 역할을 하여 추가 원운동하는 것으로 보인다.	• 추에 작용하는 힘: 탄성력, 원심력 ➡ 늘어나 있는 용수철의 탄성력과 원심력이 평형을 이루어 추가 정지해 있는 것으로 보인다.

③ 원심력의 이용: 가속도 내성 강화 훈련 장치, 우주 정거장, 인공 중력 발생 장치 등

4. 등가 원리

(1) 등가 원리

① 가속 좌표계에서 나타나는 관성력을 (❺　　)과 구별할 수 없다.

② 중력 질량과 관성 질량은 동등하다.

중력에 의해 나타나는 현상	가속 운동에 의해 나타나는 현상
지구에 정지해 있는 우주선 안에서 물체를 놓으면 중력에 의해 물체가 아래로 가속 운동을 한다.	위로 가속 운동하는 우주선 안에서 물체를 놓으면 물체는 관성력에 의해 아래로 가속 운동을 한다.

⬇

우주선 안에서 밖을 볼 수 없다면, 물체가 중력과 관성력 중 어떤 힘에 의해 낙하하는지 구별할 수 없다.

(2) **중력에 의한 시간 지연**: 중력이나 관성력이 작용하면 시간이 (**❻**   ) 흐른다.

[원판 위의 시계]

원판의 중심과 가장자리에 B와 C가 있고 원판이 회전하고 있다. A와 B는 상대적으로 정지해 있으므로 A와 B의 시간은 똑같이 흐른다.

• 원판 밖의 A가 볼 때: B는 정지해 있고, C는 운동하고 있으므로 C의 시간이 더 느리게 간다.
• 원판 안의 B가 볼 때: C는 정지해 있는 것으로 보이지만, 시간이 느리게 가는 것으로 보이는 관성력(원심력)이 작용하여 시간을 천천히 흐르게 하는 것으로 생각한다.
➡ 관성력에 의해 시간이 천천히 흐른다면 등가 원리에 따라 중력도 시간을 천천히 흐르게 한다.

02 중력 렌즈와 블랙홀

1. 시공간의 휘어짐

(1) **중력에 의한 빛의 휘어짐**: 가속 좌표계에서 빛이 휘어져 보이는 것과 같이 중력이 작용하는 곳에서도 빛이 휘어진다.

[우주선의 운동 상태에 따른 빛의 휘어짐]

우주선 안에서 수평으로 비춘 빛을 우주선 안에서 보았을 때 우주선의 운동 상태에 따른 결과이다.

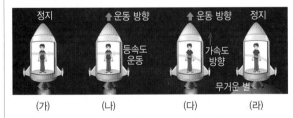

(가) 중력이 작용하지 않는 공간에서 정지해 있을 때: 빛이 직진한다.
(나) 중력이 작용하지 않는 공간에서 등속 운동을 할 때: 빛이 직진한다.
(다) 중력이 작용하지 않는 공간에서 위로 가속도 운동을 할 때: 빛을 발사한 지점보다 낮은 위치에 빛이 도착하므로 빛이 휘어져 보인다.
(라) 중력이 작용할 때: 등가 원리에 의해 (다)와 같은 현상이 일어나므로 빛이 중력에 의해 휘어진다.

(2) **중력에 의한 공간의 휘어짐**: 가속 좌표계에서 수평으로 발사된 빛이 휘는 것과 같이 질량을 가진 물체가 있을 때 생기는 중력이 주위 공간을 휘게 한다.

(3) 시공간의 휘어짐

1919년 영국의 천문학자 에딩턴은 일식 때 태양 뒤편에 있는 별에서 오는 별빛이 중력에 의해 휘어지는 것을 확인하였다. ➡ 아인슈타인의 (**❼**   ) 상대성 이론을 지지하는 증거가 되었다.

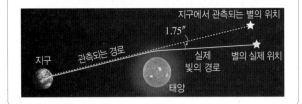

2. 중력 렌즈 효과 (**❽**   ) 렌즈를 지날 때 빛이 굴절하듯이 중력이 매우 큰 천체 주위를 지나가는 빛이 휘어지는 현상

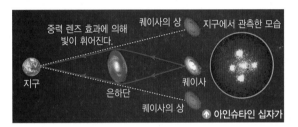

3. (**❾**   ) 물체가 천체의 중력으로부터 벗어나 무한히 멀어지기 위해 필요한 최소한의 속도

물체의 역학적 에너지 $E \geq 0$이면 물체는 천체를 벗어나 무한히 먼 곳으로 탈출할 수 있다. 이때 탈출 속도 v는 다음과 같다.

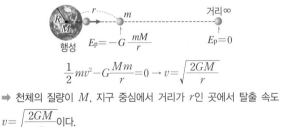

$$\frac{1}{2}mv^2 - G\frac{Mm}{r} = 0 \rightarrow v = \sqrt{\frac{2GM}{r}}$$

➡ 천체의 질량이 M, 지구 중심에서 거리가 r인 곳에서 탈출 속도 $v = \sqrt{\frac{2GM}{r}}$이다.

4. 블랙홀(black hole)

(1) (**❿**   ): 질량이 매우 큰 천체로, 공간을 극단적으로 휘게 하므로 주변을 지나는 빛마저도 휘어진 공간을 따라 빨려 들어가 빠져나올 수 없기 때문에 마치 아무것도 없는 검은 공간으로 보이는 천체

(2) **블랙홀의 존재 확인**: 블랙홀에 가까이 있는 별의 구성 물질들이 블랙홀로 흡수될 때, 수백만 ℃로 가열되어 방출하는 (**⓫**   )으로 존재를 확인할 수 있다.

난이도 ●●●

01 그림 (가), (나), (다)는 오른쪽으로 진행하는 버스 안에서 물이 담긴 컵을 들고 있었을 때 버스의 운동 상태에 따라 물의 기울기가 달라지는 세 가지 경우를 나타낸 것이다.

버스의 진행 방향 →

버스의 운동 상태와 물의 모습을 옳게 짝 지은 것은?

	속력 증가	속력 일정	속력 감소
①	(가)	(나)	(다)
②	(가)	(다)	(나)
③	(나)	(가)	(다)
④	(다)	(가)	(나)
⑤	(다)	(나)	(가)

02 그림은 엘리베이터 천장에 연결된 실에 질량이 m인 물체가 매달려 있고, 엘리베이터가 연직 위 방향의 일정한 가속도 a로 운동하는 모습을 나타낸 것이다.
이에 대한 설명으로 옳은 것만을 [보기]에서 있는 대로 고른 것은? (단, 중력 가속도는 g이다.)

┌─[보기]
ㄱ. 실의 장력의 크기는 $m(g-a)$이다.
ㄴ. 민수는 물체에 작용하는 알짜힘의 크기가 ma인 것으로 생각한다.
ㄷ. 철수는 물체에 연직 아래 방향으로 관성력이 작용하는 것으로 생각한다.
└────

① ㄱ   ② ㄴ   ③ ㄱ, ㄷ
④ ㄴ, ㄷ   ⑤ ㄱ, ㄴ, ㄷ

●●●

03 그림과 같이 질량이 **60 kg**인 철수가 엘리베이터 안에 놓인 저울 위에 올라가 있다. 엘리베이터가 정지해 있을 때, 저울의 눈금은 **600 N**을 가리킨다. 저울에 나타난 눈금에 대한 설명으로 옳지 <u>않은</u> 것은? (단, 중력 가속도 g는 **10 m/s²**이다.)

철수 60 kg 600 N

① 엘리베이터의 속도가 일정한 경우, 저울의 눈금은 600 N을 가리킨다.
② 엘리베이터가 $0.5g$의 가속도로 올라가는 경우, 저울의 눈금은 900 N을 가리킨다.
③ 엘리베이터가 $0.5g$의 가속도로 내려가는 경우, 저울의 눈금은 300 N을 가리킨다.
④ 엘리베이터가 자유 낙하 하는 경우, 저울의 눈금은 600 N을 가리킨다.
⑤ 우주 공간에서 엘리베이터가 수직 위쪽으로 가속도 g로 움직이는 경우, 저울의 눈금은 600 N을 가리킨다.

●●●○

04 그림 (가)는 지표면에 정지해 있는 우주선에서, (나)는 중력이 작용하지 않는 공간에서 일정한 가속도 g로 운동하는 우주선에서 철수와 영희가 각각 물체를 가만히 놓은 모습을 나타낸 것이다. (가), (나)에서 물체의 질량은 같다.

지표면 (가) (나)

이에 대한 설명으로 옳은 것만을 [보기]에서 있는 대로 고른 것은? (단, 중력 가속도는 g이고, 공기 저항은 무시한다.)

┌─[보기]
ㄱ. 영희는 물체가 등속도로 낙하하는 것을 관찰한다.
ㄴ. 우주선 밖을 내다볼 수 없다면 중력과 관성력을 구별할 수 없다.
ㄷ. 철수가 관찰한 물체의 가속도와 영희가 관찰한 물체의 가속도는 같다.
└────

① ㄴ   ② ㄷ   ③ ㄱ, ㄴ
④ ㄱ, ㄷ   ⑤ ㄴ, ㄷ

05 그림 (가)는 알루미늄 캔의 옆에 구멍을 뚫고 물을 넣어 손으로 들고 있을 때 물이 새어 나오는 모습을, (나)는 캔을 잡고 있다가 가만히 놓았을 때 물이 새어 나오지 않는 모습을 나타낸 것이다.

(가)   (나)

이에 대한 설명으로 옳은 것만을 [보기]에서 있는 대로 고른 것은? (단, 공기 저항은 무시한다.)

┌[보기]──────────────────────────┐
ㄱ. (가)에서 물에 작용하는 중력에 의해 물이 새어 나온다.
ㄴ. (나)에서 물에는 중력이 작용하지 않는다.
ㄷ. (나)에서 캔 내부의 물은 캔에 대해 무중력 상태이다.
└───────────────────────────────┘

① ㄴ　　　　② ㄷ　　　　③ ㄱ, ㄴ
④ ㄱ, ㄷ　　⑤ ㄴ, ㄷ

06 그림은 똑같은 크기의 세 우주선 A, B, C의 옆면에서 우주선의 바닥에 나란한 방향으로 빛을 비추었을 때 빛의 진행 경로를 나타낸 것이다. A는 중력이 작용하지 않는 공간에 정지해 있고, B는 중력이 작용하지 않는 공간에서 수직 위 방향으로 가속도 운동을 하고, C는 중력이 작용하는 공간에 정지해 있다.

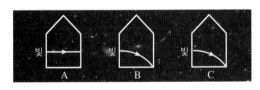

이에 대한 설명으로 옳은 것만을 [보기]에서 있는 대로 고른 것은?

┌[보기]──────────────────────────┐
ㄱ. 중력이 작용하지 않고 가속도 운동을 하지 않는 경우, 빛은 직진한다.
ㄴ. 중력이나 관성력에 의해 빛의 진행 경로가 휘어진다.
ㄷ. 우주선 내부의 우주인은 중력과 관성력을 구별할 수 없다.
└───────────────────────────────┘

① ㄴ　　　　② ㄷ　　　　③ ㄱ, ㄴ
④ ㄱ, ㄷ　　⑤ ㄱ, ㄴ, ㄷ

07 그림 (가)는 중력이 작용하지 않는 상태인 우주선 중앙에 질량 2 kg인 물체가 공중에 떠 있는 모습을, (나)는 (가)의 우주선이 5 m/s²의 가속도로 운동을 하는 모습을, (다)는 (나)의 우주선에서 물체를 30 N의 일정한 힘으로 미는 것을 나타낸 것이다.

(가)　　　　(나)　　　　(다)

이에 대한 설명으로 옳은 것만을 [보기]에서 있는 대로 고른 것은? (단, 공기 저항은 무시한다.)

┌[보기]──────────────────────────┐
ㄱ. (나)의 우주선에서 관찰한 물체의 가속도는 왼쪽으로 5 m/s²이다.
ㄴ. (나)에서 물체에 작용하는 관성력의 크기는 10 N이다.
ㄷ. (다)의 우주선에서 관찰한 물체의 가속도는 10 m/s²이다.
└───────────────────────────────┘

① ㄱ　　　　② ㄷ　　　　③ ㄱ, ㄴ
④ ㄴ, ㄷ　　⑤ ㄱ, ㄴ, ㄷ

08 그림은 아인슈타인의 십자가라고 불리는 퀘이사의 사진을 나타낸 것이다. 은하단 주변에 밝게 보이는 4개의 별빛은 하나의 퀘이사가 여러 개로 보이는 것이다.

이 현상에 대한 설명으로 옳은 것만을 [보기]에서 있는 대로 고른 것은?

┌[보기]──────────────────────────┐
ㄱ. 중력 렌즈 효과에 의해 나타난 현상이다.
ㄴ. 뉴턴 운동 법칙으로 설명할 수 있다.
ㄷ. 퀘이사는 중앙의 은하단보다 지구로부터 가까운 거리에 있다.
└───────────────────────────────┘

① ㄱ　　　　② ㄷ　　　　③ ㄱ, ㄴ
④ ㄴ, ㄷ　　⑤ ㄱ, ㄴ, ㄷ

09 그림은 질량이 M인 지구 표면에 질량이 m, $2m$인 물체가 있고, 지구 중심으로부터 거리 r인 원 궤도를 질량이 m인 인공위성이 속력 v로 돌고 있는 것을 나타낸 것이다. 이에 대한 설명으로 옳은 것만을 [보기]에서 있는 대로 고른 것은?

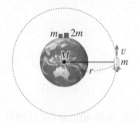

이에 대한 설명으로 옳은 것만을 [보기]에서 있는 대로 고른 것은?

[보기]
ㄱ. 질량이 $2m$인 물체가 지구를 탈출하기 위해서는 질량이 m인 물체보다 $\sqrt{2}$배의 속력이 필요하다.
ㄴ. 질량이 $2m$인 물체가 지구를 탈출하기 위해서는 질량이 m인 물체보다 2배의 운동 에너지를 가져야 한다.
ㄷ. 인공위성이 지구를 탈출하기 위해서는 현재보다 $\sqrt{2}$배 빠른 속력이 필요하다.

① ㄱ   ② ㄷ   ③ ㄱ, ㄴ
④ ㄴ, ㄷ   ⑤ ㄱ, ㄴ, ㄷ

10 아인슈타인의 일반 상대성 이론과 관련이 있는 것만을 [보기]에서 있는 대로 고른 것은?

[보기]
ㄱ. 중력에 의해 시공간이 휘어진다.
ㄴ. 빛은 중력에 의해 휘어져 진행한다.
ㄷ. 중력에 의해 시간이 천천히 흐른다.
ㄹ. 관성력과 중력은 구분할 수 없다.

① ㄱ, ㄴ   ② ㄷ, ㄹ   ③ ㄱ, ㄴ, ㄷ
④ ㄴ, ㄷ, ㄹ   ⑤ ㄱ, ㄴ, ㄷ, ㄹ

서술형 문제

11 그림과 같이 질량이 2 kg인 물이 들어 있는 양동이를 끈에 매달아 연직면상에서 돌려 원운동시켰더니 반지름이 1 m인 원운동을 하였다.
최고점에서 물이 쏟아지지 않게 하려면 최고점을 지나는 순간의 속력은 최소한 몇 m/s가 되어야 하는지 풀이 과정과 함께 구하시오. (단, 중력 가속도는 10 m/s^2이고, 물의 부피와 양동이의 크기 및 모든 마찰은 무시한다.)

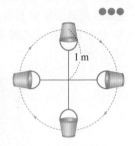

12 그림은 별빛이 태양 옆을 지나면서 휘어지는 모습을 나타낸 것이다. 뉴턴의 중력 이론에 따르면 빛은 질량이 없어서 중력의 영향을 받지 않아야 한다.

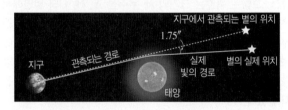

별빛이 태양 근처를 지날 때 휘어지는 까닭을 일반 상대성 이론으로 설명하시오.

13 블랙홀은 빛조차 빠져 나올 수 없기 때문에 직접 관찰하는 것은 불가능하다. 블랙홀을 확인할 수 있는 방법을 간단히 서술하시오.

수능 실전 문제

01 그림은 직선상에서 등가속도 직선 운동하는 버스의 뒷부분에 앉아 있던 철수가 O점에서 물체를 미는 모습을 나타낸 것이다. 이때 물체는 버스 앞쪽으로 진행하다가 P점에서 다시 O점 쪽으로 되돌아왔다.

이에 대한 설명으로 옳은 것만을 [보기]에서 있는 대로 고른 것은? (단, 바닥과의 마찰은 무시한다.)

―[보기]―
ㄱ. 철수가 볼 때, 물체에는 관성력이 버스 앞쪽으로 작용한다.
ㄴ. 철수는 관성력을 느끼지 않는다.
ㄷ. 물체가 O점에서 P점으로 갈 때와 P점에서 O점으로 되돌아갈 때 관성력의 방향은 같다.

① ㄴ   ② ㄷ   ③ ㄱ, ㄴ
④ ㄴ, ㄷ   ⑤ ㄱ, ㄴ, ㄷ

02 그림 (가)는 영희가 지구에 정지해 있는 우주선 안에서 물체를 가만히 놓은 것을 나타낸 것이고, (나)는 중력이 작용하지 않는 우주 공간을 여행하는 우주선이 화살표 방향의 가속도 g로 운동할 때 영희가 우주선 안에서 물체를 가만히 놓은 것을 나타낸 것이다.

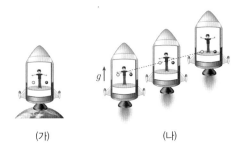

(가)   (나)

이에 대한 설명으로 옳은 것만을 [보기]에서 있는 대로 고른 것은? (단, g는 중력 가속도이다.)

―[보기]―
ㄱ. 영희가 보았을 때, (가)와 (나)에서 물체는 모두 가속도 g의 낙하 운동을 한다.
ㄴ. (나)에서 영희가 우주선 밖을 볼 수 없다면 우주선이 가속 운동을 하는지 지구에 정지해 있는지 구분할 수 없다.
ㄷ. 특수 상대성 이론과 관련된 기본 원리이다.

① ㄱ   ② ㄴ   ③ ㄷ
④ ㄱ, ㄴ   ⑤ ㄴ, ㄷ

03 그림 (가)는 지표면에 정지한 우주선의 천장에 매달린 용수철과 추를 나타낸 것이고, (나)는 (가)의 우주선이 중력이 작용하지 않는 우주 공간에서 화살표 방향으로 속력이 일정하게 증가하는 운동을 하는 것을 나타낸 것이다. (가)와 (나)에서 용수철이 늘어난 길이는 같다.

(가)   (나)

이에 대한 설명으로 옳은 것만을 [보기]에서 있는 대로 고른 것은?

―[보기]―
ㄱ. (가)에서 추에 작용하는 중력과 (나)에서 추에 작용하는 관성력의 크기가 같다.
ㄴ. (나)에서 추에 작용하는 관성력의 방향은 우주선의 가속도 방향과 같다.
ㄷ. (가)에서 중력 가속도와 (나)에서 우주선의 가속도는 크기가 같다.

① ㄱ   ② ㄴ   ③ ㄷ
④ ㄱ, ㄷ   ⑤ ㄴ, ㄷ

04 그림은 위 방향으로 1 m/s^2의 일정한 가속도로 운동하는 엘리베이터 안에서 철수가 질량 0.5 kg인 공을 위 방향으로 엘리베이터를 기준으로 11 m/s의 속도로 던져 올리는 모습을 나타낸 것이다. 철수가 관찰한 공의 운동에 대한 설명으로 옳은 것만을 [보기]에서 있는 대로 고른 것은? (단, 중력 가속도는 10 m/s^2이고, 공기 저항은 무시하며, 공은 엘리베이터 천장에 부딪치지 않는다.)

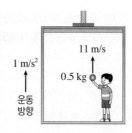

[보기]
ㄱ. 공에 작용하는 관성력의 크기는 0.5 N이다.
ㄴ. 공의 가속도는 아래쪽으로 11 m/s^2이다.
ㄷ. 공은 1초 후에 최고점에 도달한다.

① ㄱ ② ㄴ ③ ㄱ, ㄷ
④ ㄴ, ㄷ ⑤ ㄱ, ㄴ, ㄷ

05 그림 (가)는 중력 가속도가 g인 지구 표면에 정지해 있는 우주선 안에서 영희가 빛을 비추는 모습을, (나)는 중력이 작용하지 않는 우주 공간에서 가속도 g로 등가속도 운동을 하고 있는 우주선 안에서 영희가 빛을 비추는 모습을 나타낸 것이다.

(가)　　　(나)

이에 대한 설명으로 옳은 것만을 [보기]에서 있는 대로 고른 것은?

[보기]
ㄱ. (가)에서 빛은 아래로 휘어진다.
ㄴ. (나)에서 빛은 가속도의 방향으로 휘어진다.
ㄷ. 밖을 내다볼 수 없다면 영희는 중력과 관성력을 구별할 수 없다.

① ㄴ ② ㄷ ③ ㄱ, ㄴ
④ ㄱ, ㄷ ⑤ ㄴ, ㄷ

06 중력이 작용하지 않는 우주 정거장 내부에서는 움직이기가 불편하고 오래 머물면 근육이 약화되고 여러 가지 이상이 생긴다. 이를 방지하기 위해 그림과 같이 우주 정거장을 일정한 속력으로 회전시켜 인공 중력 효과를 얻고 있다.
이에 대한 설명으로 옳은 것만을 [보기]에서 있는 대로 고른 것은?

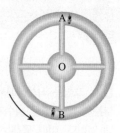

[보기]
ㄱ. 관성력에 의해 인공 중력이 발생한다.
ㄴ. A에서 인공 중력의 방향은 B에서와 같다.
ㄷ. 중심 O에서 A로 갈수록 인공 중력이 커진다.

① ㄴ ② ㄷ ③ ㄱ, ㄴ
④ ㄱ, ㄷ ⑤ ㄱ, ㄴ, ㄷ

07 그림은 회전하고 있는 원판 위의 중심에 있는 시계 1과 원판의 가장자리에 있는 시계 2를 나타낸 것이다.

시계 1　　시계 2

이에 대한 설명으로 옳은 것만을 [보기]에서 있는 대로 고른 것은?

[보기]
ㄱ. 원판 밖에서 볼 때, 시계 2의 시간이 시계 1의 시간보다 느리게 간다.
ㄴ. 원판 안에서 볼 때, 관성력에 의해 시계 2의 시간은 시계 1의 시간보다 느리게 간다.
ㄷ. 등가 원리에 의해 중력에 의해서도 시간은 천천히 흘러야 한다.

① ㄱ ② ㄴ ③ ㄱ, ㄷ
④ ㄴ, ㄷ ⑤ ㄱ, ㄴ, ㄷ

08 그림은 허블 우주 망원경으로 촬영한 사진으로, 아인슈타인의 십자가 사진과 아인슈타인의 원 사진이다.

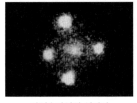 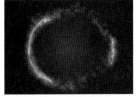

아인슈타인의 십자가   아인슈타인의 원

이에 대한 설명으로 옳은 것만을 [보기]에서 있는 대로 고른 것은?

─[보기]─
ㄱ. 중력에 의해 빛이 휘어지는 중력 렌즈 효과로 관찰되는 현상이다.
ㄴ. 일반 상대성 이론의 증거가 된다.
ㄷ. 사진 중심부의 질량이 큰 천체에 의해 시공간이 휘어져 있다.

① ㄱ   ② ㄷ   ③ ㄱ, ㄴ
④ ㄱ, ㄷ   ⑤ ㄱ, ㄴ, ㄷ

09 그림은 질량이 M인 지구의 중심으로부터 각각 거리 $2R$, $4R$인 곳에서 질량이 각각 m, $2m$인 인공위성 A, B가 등속 원운동을 하는 모습을 나타낸 것이다.

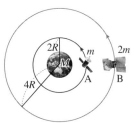

이에 대한 설명으로 옳은 것만을 [보기]에서 있는 대로 고른 것은?

─[보기]─
ㄱ. A의 속력은 B의 $\sqrt{2}$배이다.
ㄴ. A의 운동 에너지는 B의 2배이다.
ㄷ. A의 탈출 속도는 B의 $\sqrt{2}$배이다.

① ㄴ   ② ㄷ   ③ ㄱ, ㄴ
④ ㄱ, ㄷ   ⑤ ㄱ, ㄴ, ㄷ

10 그림은 철수, 영희, 민수가 과학관에서 일반 상대성 이론에 따른 시공간의 휘어짐을 2차원 평면의 휘어짐으로 시각화한 모형을 보고 별 주위의 시공간에 대해 대화하는 모습을 나타낸 것이다.

옳게 말한 사람만을 있는 대로 고른 것은?

① 철수   ② 영희   ③ 철수, 민수
④ 영희, 민수   ⑤ 철수, 영희, 민수

11 그림은 블랙홀 주변을 지나는 빛의 경로를 나타낸 것이다.

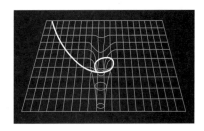

이에 대한 설명으로 옳은 것만을 [보기]에서 있는 대로 고른 것은?

─[보기]─
ㄱ. 블랙홀 주변의 공간은 극도로 휘어져 있다.
ㄴ. 블랙홀 주변을 지나는 빛은 휘어진 경로를 따라 블랙홀 안으로 빨려 들어가 빠져나오지 못한다.
ㄷ. 블랙홀 주변에서는 중력 렌즈 효과를 관찰할 수 없다.

① ㄱ   ② ㄷ   ③ ㄱ, ㄴ
④ ㄴ, ㄷ   ⑤ ㄱ, ㄴ, ㄷ

4 일과 에너지

- ● 01. 일과 에너지
- ● 02. 역학적 에너지 보존
- ● 03. 열과 일

 이 단원을 공부하기 전에 학습 계획을 세우고, 학습 진도를 스스로 체크해 보자.
학습이 미흡했던 부분은 다시 보기에 체크해 두고, 시험 전까지 꼭 완벽히 학습하자!

소단원	학습 내용	학습 일자	다시 보기
01. 일과 에너지	Ⓐ 일·운동 에너지 정리	/	
	Ⓑ 알짜힘이 하는 일	/	
02. 역학적 에너지 보존	Ⓐ 포물선 운동과 역학적 에너지	/	
	Ⓑ 단진자 운동과 역학적 에너지 탐구 단진자의 주기 측정	/	
03. 열과 일	Ⓐ 열과 일의 전환	/	
	Ⓑ 열의 일당량	/	

◆ **일과 에너지**

① **일**: 물체에 힘을 작용하여 [**❶**]의 방향으로 물체가 이동하였을 때 일을 하였다고 한다.

> 일＝힘×이동 거리, $W=Fs$

② **운동 에너지와 퍼텐셜 에너지**

운동 에너지	중력 퍼텐셜 에너지	탄성 퍼텐셜 에너지
운동하는 물체가 가진 에너지 $\Rightarrow E_k=\dfrac{1}{2}mv^2$	중력이 작용하는 공간에서 물체가 기준면으로부터의 다른 [**❷**]에 있을 때 가진 에너지 $\Rightarrow E_p=mgh$	늘어나거나 압축된 용수철과 같이 변형된 물체가 가진 에너지 $\Rightarrow E_p=\dfrac{1}{2}kx^2$

③ **일·운동 에너지 정리**: 물체에 작용한 알짜힘이 한 일(W)은 [**❸**]과 같다.

> $$W=Fs=\frac{1}{2}mv^2-\frac{1}{2}mv_0^2$$

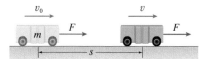

◆ **역학적 에너지 보존**

① **중력에 의한 역학적 에너지 보존**: $E_k+E_p=\dfrac{1}{2}mv^2+mgh=$일정

② **탄성력에 의한 역학적 에너지 보존**: $E_k+E_p=\dfrac{1}{2}mv^2+\dfrac{1}{2}kx^2=$일정

③ **역학적 에너지 보존 법칙**: 마찰이 없으면 물체의 역학적 에너지는 항상 일정하게 보존된다. ➡ 물체의 퍼텐셜 에너지가 증가하면 운동 에너지가 [**❹**]하고, 퍼텐셜 에너지가 감소하면 운동 에너지가 [**❺**]한다.

◆ **열역학 제1법칙**

① **기체가 하는 일**: 기체가 일정한 압력 P를 유지하면서 팽창할 때 기체가 외부에 한 일 W는 압력과 부피 변화 ΔV의 곱과 같다. ➡ $W=P\Delta V$

② **기체의** [**❻**]: 이상 기체의 경우 내부 에너지 U는 기체 분자의 운동 에너지의 총합이므로, 기체 분자수 N과 절대 온도 T에 비례한다.

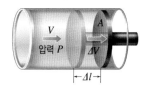

③ [**❼**] **법칙**: 외부에서 기체에 가한 열은 기체의 내부 에너지 증가량과 기체가 외부에 한 일의 합과 같다. ➡ 열역학 제1법칙의 의미: 열에너지와 역학적 에너지를 포함한 [**❽**] 법칙이다.

> $$Q=\Delta U+W=\Delta U+P\Delta V$$

01 일과 에너지

핵심 포인트

Ⓐ 일의 계산 ★★
일·운동 에너지 정리 ★★★

Ⓑ 중력이 한 일 ★★
마찰력이 한 일 ★★
빗면에서 알짜힘이 한 일 ★★

Ⓐ 일·운동 에너지 정리

1. 일 물체에 힘을 작용하여 힘의 방향으로 물체를 이동시켰을 때 일을 하였다고 한다.

└ 이때의 힘은 알짜힘이다.

(1) **일의 양**: 물체에 한 일은 물체에 작용한 힘과 *힘을 작용한 방향으로 물체가 이동한 거리의 곱이다. 물체에 힘 $\vec{F}$를 작용하여 물체를 힘의 방향과 각 θ인 방향으로 거리 s만큼 이동시켰을 때 힘이 물체에 한 일 W는 다음과 같다.

└ 일은 크기가 있는 스칼라량이다.

> 일=힘×이동 거리, $W=Fs\cos\theta$

(2) **일의 단위**: J(줄) 또는 N·m

• 1 J: 1 N의 힘을 작용하여 물체를 힘의 방향으로 1 m 이동시켰을 때 힘이 한 일

★ **힘과 물체의 이동 방향**
물체에 작용한 힘과 물체의 이동 방향이 수직이면, 두 물리량이 이루는 각이 90°이다. 이때 힘이 물체에 해 준 일의 양은 $W=Fs\cos90°=0$이다.

포물선 운동에서 중력이 공에 한 일 ┄┄ 교학사, 천재 교과서에만 나와요.

질량이 m인 공이 포물선 운동을 하여 높이가 h인 곳까지 올라갔다가 다시 바닥에 떨어질 때까지 중력이 공에 한 일은 0이다.

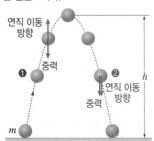

❶ **공이 위로 올라가는 동안 중력이 한 일**: 중력 방향과 공의 ❶연직 이동 방향은 반대이다. 따라서 중력은 음(−)의 일을 한다.
$$W_1=Fs\cos\theta=mgh\cos180°=-mgh$$

❷ **공이 내려오는 동안 중력이 한 일**: 중력 방향과 공의 연직 이동 방향이 같으므로 중력은 양(+)의 일을 한다.
$$W_2=Fs\cos\theta=mgh\cos0°=mgh$$

❸ 중력이 공에 한 일은 $W=W_1+W_2=(-mgh)+mgh=0$이다.

★ **이동 경로와 중력이 한 일**
질량이 m인 물체가 높이 h에서 여러 가지 경로를 따라 내려갈 때 중력이 물체에 하는 일은 물체의 이동 경로와 관계없이 $W=mgh$로 같다.

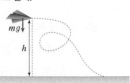

❤ 확대경 **물체의 이동 경로와 일** ┄┄ 미래엔 교과서에만 나와요.

물체에 일정한 힘 $\vec{F}$가 연직 아래 방향으로 작용하고 있는 경우, 물체의 이동 경로가 수직일 때와 곡선일 때 이 힘이 한 일은 이동 경로에 관계없이 각각 힘과 힘의 방향으로의 변위의 곱과 같다.

물체의 이동 경로가 수직일 때	물체의 이동 경로가 곡선일 때
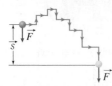 힘의 방향과 이동 방향이 수직일 때 한 일은 0, 같은 방향일 때 한 일은 (+), 반대 방향일 때 한 일은 (−)이다.	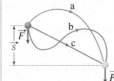 물체가 곡선 경로 a, b, c를 따라 이동할 때는 이동 경로가 수직일 때처럼 수직 경로가 반복되는 것으로 생각할 수 있다.
직선 경로로 이동할 때 힘이 한 일은 힘 $\vec{F}$와 힘의 방향으로의 변위 $\vec{s}$의 곱이 된다.	곡선 경로와 관계없이 힘이 한 일은 힘 $\vec{F}$와 힘의 방향으로의 변위 $\vec{s}$의 곱이 된다.
➡ $W=\vec{F}\times\vec{s}$	➡ $W=\vec{F}\times\vec{s}$

┆ **용어**

❶ 연직(鉛 납, 直 곧다)_지면에 수직인 방향, 납으로 만든 추를 실에 매달았을 때 추가 가리키는 방향으로, 중력 방향을 의미한다.

2. 일·운동 에너지 정리

(1) 일·운동 에너지 정리: 물체에 작용한 *알짜힘이 한 일은 물체의 운동 에너지 변화량과 같다.

$$W = \frac{1}{2}mv^2 - \frac{1}{2}mv_0{}^2 = \varDelta E_k$$

일·운동 에너지 정리 식의 유도

속력 v_0으로 운동하던 질량 m인 자동차가 운동 방향으로 일정한 알짜힘 F를 받아 일정한 가속도 a로 거리 s만큼 이동하였을 때 속력이 v가 되었다. ┗ 운동 방향으로 힘을 받으면 물체의 속력이 점점 증가한다.

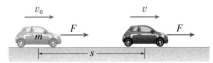

❶ 자동차가 받은 일은 $W = Fs = mas$이다.

❷ 자동차가 *등가속도 운동을 하므로 $2as = v^2 - v_0{}^2$에서 $as = \frac{1}{2}v^2 - \frac{1}{2}v_0{}^2$이다.

❸ $W = Fs = mas = m\left(\frac{1}{2}v^2 - \frac{1}{2}v_0{}^2\right) = \frac{1}{2}mv^2 - \frac{1}{2}mv_0{}^2 = \varDelta E_k$이다.

➡ $W = \frac{1}{2}mv^2 - \frac{1}{2}mv_0{}^2 = \varDelta E_k$

(2) 일과 운동 에너지의 변화

① 외부에서 일을 받은 경우($W > 0$): 알짜힘은 운동 방향과 같다. ➡ 물체가 받은 일의 양만큼 운동 에너지가 증가한다. ┗ 힘과 운동 방향이 같으면 물체의 속력이 점점 증가한다.

② 외부에서 일을 받지 않은 경우($W = 0$): 알짜힘은 0이다. ➡ 운동 에너지의 변화가 없다. ┗ 알짜힘이 0이면 등속도 운동을 한다.

③ 외부에 일을 한 경우($W < 0$): 알짜힘은 운동 방향과 반대이다. ➡ 물체가 외부에 한 일의 양만큼 운동 에너지가 감소한다. ┗ 힘이 운동 방향 반대로 작용하면 물체의 속력은 점점 감소한다.

확대경 | 일직선 운동이 아닐 때의 일·운동 에너지 정리 교학사, 미래엔 교과서에만 나와요.

그림과 같이 xy 평면에서 처음 속력이 v_0, 질량이 m인 물체에 처음 운동 방향과 비스듬한 각 θ로 일정한 힘 F가 계속 작용한다.

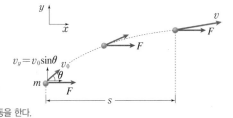

❶ x축 방향 속도: 처음 속도 $v_0\cos\theta$, 가속도 a, 거리 s만큼 이동했을 때의 속도를 v_x라고 하면 $2as = v_x{}^2 - (v_0\cos\theta)^2$, $v_x = \sqrt{(v_0\cos\theta)^2 + 2as}$이다. ┗ 알짜힘이 일정하게 작용하므로 등가속도 운동을 한다.

❷ y축 방향 속도: 알짜힘의 방향과 수직이므로 등속도 운동을 한다. y축 방향의 속도를 v_y라고 하면, $v_y = v_0\sin\theta$이다.

❸ 거리 s만큼 이동했을 때 속도(v): $v^2 = v_x{}^2 + v_y{}^2$이므로 $v^2 = (v_0\cos\theta)^2 + 2as + (v_0\sin\theta)^2 = v_0{}^2 + 2as$이다.

❹ 질량이 m인 물체에 알짜힘 F가 작용할 때 가속도는 $a = \frac{F}{m}$이므로 위의 식에 대입하면 다음과 같다.

$$v^2 = v_0{}^2 + 2\frac{F}{m}s \Rightarrow Fs = \frac{1}{2}mv^2 - \frac{1}{2}mv_0{}^2$$

❺ Fs는 알짜힘이 물체에 한 일 W이므로 $W = Fs = \frac{1}{2}mv^2 - \frac{1}{2}mv_0{}^2 = \varDelta E_k$가 성립한다.

➡ 일·운동 에너지 정리는 운동 경로가 일직선이 아닌 경우에도 성립한다.

★ 알짜힘과 일
★ **알짜힘과 일**
일·운동 에너지 정리에서 일을 계산할 때 일은 알짜힘이 해 준 일이다.

★ **등가속도 운동 식**
· $v = v_0 + at$
· $s = v_0t + \frac{1}{2}at^2$
· $2as = v^2 - v_0{}^2$

주의해

일·운동 에너지 정리
일·운동 에너지 정리는 작용하는 힘이 일정하지 않거나 경로가 일직선이 아닌 경우에도 성립한다.

01 일과 에너지

B 알짜힘이 하는 일

물체에 여러 힘이 동시에 작용할 때에는 힘의 합성으로 물체에 작용한 알짜힘을 구하면, 일·운동 에너지 정리를 이용하여 물체의 운동 에너지 변화량을 알 수 있어요. 이제부터 몇 가지 크기가 일정한 알짜힘이 하는 일의 예를 알아보고, 운동 에너지 변화량이 어떻게 나타나는지 살펴보아요.

1. 중력이 한 일 자유 낙하 하는 물체에 중력이 한 일은 물체의 운동 에너지 증가량과 같다.

> **자유 낙하 하는 물체에 중력이 한 일**
>
> 질량이 m인 물체가 자유 낙하를 할 때 물체에는 크기가 mg로 일정한 중력이 알짜힘으로 작용한다.
> ❶ 공기 저항을 무시하면 물체는 가속도의 크기가 g인 등가속도 운동을 한다.
> ❷ 물체의 높이가 h_1, h_2가 되었을 때의 속력을 각각 v_1, v_2라고 하면 등가속도 운동 식 $2as=v^2-v_0^2$에서 $2g(h_1-h_2)=v_2^2-v_1^2$이다.
> ❸ 물체의 높이가 h_1에서 h_2가 될 때까지 중력이 한 일은
> $$W=mg(h_1-h_2)=\frac{1}{2}mv_2^2-\frac{1}{2}mv_1^2=\varDelta E_k가 된다.$$
> ➡ 자유 낙하 하는 물체에 중력이 한 일은 물체의 운동 에너지 증가량과 같다.

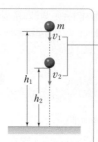

● 공기 저항을 무시할 때 역학적 에너지가 보존되므로 낙하하는 동안 감소한 중력 퍼텐셜 에너지만큼 운동 에너지가 증가한다.

2. 마찰력이 한 일 운동 방향과 반대 방향으로 작용하는 마찰력이 한 일은 운동 에너지 감소량과 같다.

> **마찰력이 한 일**
>
> 속력 v_0으로 운동하는 물체가 거리 s만큼 이동하며 속력이 v가 되는 동안 크기가 f로 일정한 마찰력이 작용한다.
> ❶ 마찰력이 물체의 운동 방향과 반대 방향으로 작용한다.
> ❷ 물체의 속력이 v_0에서 v가 될 때까지 *마찰력이 한 일은
> $$*W=\ominus fs=mas=\frac{1}{2}mv^2-\frac{1}{2}mv_0^2=\varDelta E_k가 된다.$$
>   └●운동 방향과 방향이 반대이므로
> ➡ 물체에 작용한 마찰력이 한 일은 <u>운동 에너지 감소량</u>과 같다.
>   └●$v_0>v$이므로

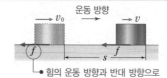

● 힘의 운동 방향과 반대 방향으로 작용하므로 물체의 속력이 점점 감소한다.

★ **마찰력이나 공기 저항력이 한 일**
마찰력이나 공기 저항력은 운동 방향과 반대 방향으로 작용하므로 운동 에너지를 감소시키는 역할을 한다. 이에 따라 마찰력이나 공기 저항력이 작용할 때에는 물체의 역학적 에너지가 보존되지 않는다.

3. 빗면에서 알짜힘이 한 일 빗면 위의 물체에 운동 방향으로 작용하는 알짜힘이 한 일은 운동 에너지 증가량과 같다.

> **빗면에서 중력이 한 일**
>
> 경사각이 θ인 빗면 위의 물체가 정지 상태에서 미끄러져 속력 v가 되었다.
> ❶ 물체에는 중력과 수직 항력이 작용한다. ➡ 운동 방향과 같은 방향으로 작용하는 알짜힘은 중력에 의해 나타나며 크기는 $mg\sin\theta$이다.
> ❷ 수직 항력은 물체의 운동 방향과 수직으로 작용하므로 일을 하지 않는다.
> ❸ 물체의 속력이 v가 되었을 때 알짜힘이 한 일은
> $$W=mg\sin\theta\cdot s=\frac{1}{2}mv^2=\varDelta E_k가 된다.$$
>   └●$\sin\theta\cdot s$는 물체의 높이 h와 같으므로 '알짜힘이 한 일=중력 퍼텐셜 에너지 감소량'이고 이것이 운동 에너지 증가량으로 나타났다.
> ➡ 물체에 작용한 알짜힘이 한 일은 운동 에너지 증가량과 같다.

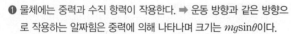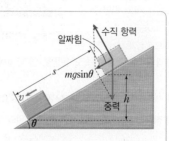

★ **제동 거리**
v_0의 속력으로 달리던 자동차가 멈추는 동안 운동 방향과 반대 방향으로 마찰력이 작용한다면 일·운동 에너지 정리에 따라 마찰력이 자동차에 한 일의 양은 $W=fd=\frac{1}{2}mv_0^2$이므로 $d=\frac{mv_0^2}{2f}$이다.
자동차의 속력이 2배가 되면 제동 거리는 4배가 되므로 도로에서는 안전 거리를 충분히 유지해야 한다.

개념 확인 문제

정답친해 46쪽

- (❶   ): 물체에 힘을 작용하여 힘의 방향으로 물체를 이동시켰을 때 (❶   )을 하였다고 한다.
- 힘의 방향과 이동 방향이 비스듬할 때 힘이 한 일: 물체에 힘 $\vec{F}$를 작용하여 힘의 방향과 각 θ인 방향으로 거리 s만큼 이동시켰을 때 힘이 물체에 한 일은 (❷   )이다.
- 포물선 운동하는 물체의 높이가 처음 높이와 같아졌을 때 물체에 중력이 한 일은 (❸   )이다.
- (❹   ) 정리: 물체에 작용한 알짜힘이 한 일은 물체의 운동 에너지 (❺   )과 같다.
- 물체가 외부에 일을 한 경우 알짜힘은 물체의 (❻   ) 방향과 반대이다.
- 운동 방향과 반대 방향으로 작용하는 마찰력이 한 일은 운동 에너지 (❼   )과 같다.
- 빗면 위의 물체에 운동 방향으로 작용하는 알짜힘이 한 일은 운동 에너지 (❽   )과 같다.

1 힘이 한 일이 **0**인 경우는 ○, **0**이 <u>아닌</u> 경우는 ×로 표시하시오.

(1) 역기를 들고 가만히 서 있는다. ·················· (   )

(2) 높은 곳의 물체가 중력에 의해 지면으로 떨어졌다.
·················· (   )

(3) 사람이 상자를 들고 수평 방향으로 1 m 이동하였다.
·················· (   )

2 질량이 **3 kg**인 물체에 수평면과 **60°**의 각으로 **6 N**의 힘을 작용하여 **5 m** 이동시켰다.

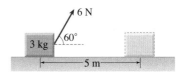

이때 **6 N**의 힘이 물체에 한 일은 몇 **J**인지 구하시오. (단, 물체와 바닥 사이의 마찰은 무시한다.)

3 그림은 마찰이 있는 빗면을 따라 물체가 일정한 속력으로 미끄러지는 모습을 나타낸 것이다.

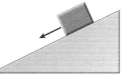

물체에 작용하는 힘이 한 일이 **0**인 경우만을 [보기]에서 있는 대로 고르시오.

┌─ 보기 ┐
ㄱ. 물체에 작용하는 중력이 한 일
ㄴ. 물체에 작용하는 마찰력이 한 일
ㄷ. 빗면이 물체에 작용하는 수직 항력이 한 일
└──────┘

4 무게가 **600 N**인 사람이 미끄럼을 타고 언덕의 정상에서 지상까지 구불구불한 길을 따라 내려왔다.

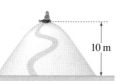

중력이 사람에게 한 일은 몇 **J**인지 구하시오. (단, 지상에서 정상까지 연직 높이는 **10 m**이다.)

5 마찰이 없는 수평면 위에서 **10 m/s**의 속력으로 달리고 있는 질량이 **1000 kg**인 자동차에 운동 방향으로 힘을 작용하여 **22000 J**의 일을 해 주었다.

이 자동차의 속력 v는 몇 **m/s**가 되는지 구하시오.

6 그림과 같이 지면에 놓여 있는 물체에 **10 N**의 일정한 힘을 가하여 **3 m** 이동시켰다.

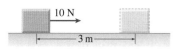

물체와 지면 사이의 마찰력이 **6 N**일 때, 물체에 작용하는 알짜힘이 한 일은 몇 **J**인지 구하시오.

대표 자료 분석

정답친해 47쪽

학교 시험에 자주 출제되는 대표 자료와 그 자료에 대한
문제를 통해 자료를 완벽하게 이해할 수 있다.

자료 ① 일·운동 에너지 정리

기출 Point
• 힘의 방향과 이동 방향이 비스듬한 경우 한 일 구하기
• 일·운동 에너지 정리로 물체의 운동 에너지와 속력 구하기

[1~4] 그림과 같이 정지해 있는 질량이 2 kg인 물체에 수평면과 60°의 방향으로 50 N의 힘을 가하여 10 m를 끌고 갔다. (단, 모든 마찰은 무시한다.)

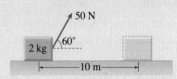

1 50 N의 힘이 물체에 한 일은 몇 J인지 구하시오.

2 물체가 10 m를 이동한 후 물체의 운동 에너지는 몇 J인지 구하시오.

3 10 m를 이동한 후 물체의 속력은 몇 m/s인지 구하시오.

4 빈출 선택지로 **완벽 정리!**

(1) 마찰력이 물체에 한 일은 0이다. ··············· (○ / ×)

(2) 마찰이 없는 수평면에서 등속도 운동하는 물체에 알짜힘이 한 일은 0이다. ··············· (○ / ×)

(3) 물체에 힘을 작용하였지만 움직이지 않으면 힘이 한 일은 0이다. ··············· (○ / ×)

(4) 물체에 작용한 힘의 방향과 물체가 이동한 방향이 나란하지 않으면 힘이 한 일은 0이다. ······ (○ / ×)

자료 ② 알짜힘이 하는 일

기출 Point
• 물체에 작용하는 알짜힘을 알고, 알짜힘이 한 일의 양 구하기
• 물체에 한 일과 운동 에너지 변화량이 같음을 알고 운동 에너지 및 속력 구하기

[1~5] 그림 (가)와 같이 철수가 줄과 도르래를 이용하여 지면에 놓여 있던 질량이 10 kg인 물체를 줄을 잡아당겨서 0.5 m 높이로 끌어올렸다. 그림 (나)는 물체의 이동 거리에 따라 철수가 줄에 작용하는 힘을 나타낸 것이다. (단, 중력 가속도는 10 m/s²이고, 공기 저항, 줄과 도르래의 질량 및 마찰은 무시한다.)

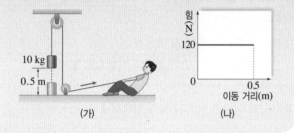

(가)   (나)

1 철수가 물체에 한 일은 몇 J인지 구하시오.

2 중력이 물체에 한 일은 몇 J인지 구하시오.

3 물체에 작용한 알짜힘의 크기는 몇 N인지 구하시오.

4 알짜힘이 물체에 한 일은 몇 J인지 구하시오.

5 빈출 선택지로 **완벽 정리!**

(1) 물체가 0.5 m 올라갔을 때 물체의 속력은 $\sqrt{2}$ m/s 이다. ··············· (○ / ×)

(2) 알짜힘이 물체에 한 일은 물체의 운동량의 변화량과 같다. ··············· (○ / ×)

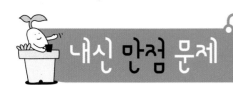

내신 만점 문제

정답친해 47쪽

A 일·운동 에너지 정리

01 (가)~(다)는 여러 가지 물체에 한 일의 예를 나타낸 것이다.

> (가) 질량이 200 kg인 바벨을 머리 위로 든 역도 선수가 3초 동안 서 있었다.
>
> (나) 마찰이 없는 수평면에서 수레에 수평면과 60°의 각을 이루는 방향으로 20 N의 힘을 주어 1 m를 끌고 갔다.
>
> (다) 마찰이 없는 수평면 위에 정지해 있는 질량이 2 kg인 물체에 7 N의 힘을 일정하게 작용하여 힘의 방향으로 3 m만큼 이동시켰다.

물체에 한 일을 옳게 비교한 것은?

① (가)>(나)>(다)   ② (나)>(가)>(다)
③ (나)>(다)>(가)   ④ (가)=(나)>(다)
⑤ (다)>(나)>(가)

02 그림과 같이 수평면 위에 놓인 질량이 5 kg인 물체에 20 N의 힘을 수평 방향과 30°의 각도로 일정하게 작용하여 2 m/s의 일정한 속도로 5 m 이동시켰다.

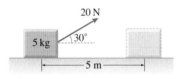

이에 대한 설명으로 옳은 것만을 [보기]에서 있는 대로 고른 것은?

> [보기]
> ㄱ. 물체에 작용하는 마찰력의 크기는 $10\sqrt{3}$ N이다.
> ㄴ. 20 N의 힘이 물체에 한 일은 $50\sqrt{3}$ J이다.
> ㄷ. 마찰력이 물체에 한 일은 0이다.
> ㄹ. 물체에 작용하는 알짜힘이 한 일은 0이다.

① ㄱ, ㄴ   ② ㄱ, ㄷ   ③ ㄴ, ㄷ
④ ㄱ, ㄴ, ㄹ   ⑤ ㄴ, ㄷ, ㄹ

03 그림 (가)는 마찰이 없는 수평면 위에 정지해 있는 질량이 4 kg인 물체에 수평 방향으로 힘 F를 작용하는 것을 나타낸 것이고, (나)는 힘의 크기 F를 이동 거리에 따라 나타낸 것이다.

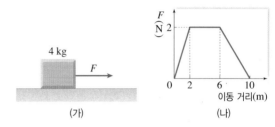

이에 대한 설명으로 옳은 것만을 [보기]에서 있는 대로 고른 것은?

> [보기]
> ㄱ. 0~2 m를 이동하는 동안 물체의 가속도는 1 m/s² 으로 일정하다.
> ㄴ. 6 m~10 m를 이동하는 동안 물체는 등가속도 운동을 한다.
> ㄷ. 0~10 m를 이동하는 동안 힘이 물체에 한 일은 14 J 이다.

① ㄱ   ② ㄴ   ③ ㄷ
④ ㄱ, ㄴ   ⑤ ㄱ, ㄴ, ㄷ

04 그림과 같이 마찰이 없는 수평면에 정지해 있던 질량이 2 kg인 물체에 오른쪽으로 5 N의 힘을 계속 작용하였다.

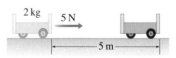

물체가 오른쪽으로 5 m 이동하였을 때, 물체의 운동 에너지 변화량은?

① 5 J   ② 10 J   ③ 25 J
④ 40 J   ⑤ 50 J

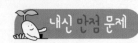

05 그림과 같이 마찰이 없는 수평면 위에서 2 m/s의 속력으로 운동하던 질량이 10 kg인 수레에 운동 방향으로 10 N의 일정한 힘이 작용하여 48 m 이동하였을 때 속력이 v가 되었다.

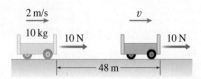

이에 대한 설명으로 옳은 것만을 [보기]에서 있는 대로 고른 것은?

[보기]
ㄱ. 10 N의 힘이 수레에 한 일은 480 J이다.
ㄴ. v의 크기는 10 m/s이다.
ㄷ. 48 m 이동한 후 수레의 운동 에너지는 480 J이다.

① ㄱ   ② ㄷ   ③ ㄱ, ㄴ
④ ㄴ, ㄷ   ⑤ ㄱ, ㄴ, ㄷ

(서술형)
06 그림은 기울기가 일정한 빗면에서 가만히 놓은 물체 A와 수평 방향으로 살짝 밀어 놓은 물체 B가 운동하는 것을 나타낸 것이다. 물체 A, B의 질량은 같고, 처음에 지면으로부터 두 물체까지의 높이는 같다.

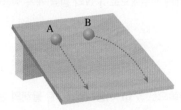

빗면을 내려오는 동안 중력이 하는 일은 A와 B 중 어느 것이 더 큰지 그 까닭과 함께 서술하시오. (단, 모든 마찰과 공기 저항은 무시한다.)

B 알짜힘이 하는 일

07 그림은 연직 방향으로 낙하하는 물체의 위치를 일정한 시간 간격으로 나타낸 것이다. 구간 A와 B에서 물체의 운동에 대한 설명으로 옳은 것만을 [보기]에서 있는 대로 고른 것은? (단, 공기 저항과 마찰은 무시한다.)

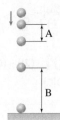

[보기]
ㄱ. 중력이 물체에 한 일은 A에서보다 B에서 크다.
ㄴ. 물체가 A에서 운동하는 동안 중력이 알짜힘으로 작용한다.
ㄷ. B에서 중력이 물체에 한 일은 B에서 물체의 운동 에너지 증가량과 같다.

① ㄱ   ② ㄴ   ③ ㄱ, ㄷ
④ ㄴ, ㄷ   ⑤ ㄱ, ㄴ, ㄷ

08 60 m/s의 일정한 속력으로 달리고 있던 질량이 900 kg인 자동차가 장애물을 발견하고 브레이크를 밟아 정지하였다. 이때 마찰력이 자동차에 한 일의 양은?

① 3.6×10^3 J   ② 7.2×10^3 J   ③ 1.5×10^5 J
④ 1.62×10^6 J   ⑤ 3.24×10^6 J

09 그림과 같이 질량 1 kg인 물체를 경사각이 30°인 마찰이 없는 빗면을 따라 일정한 속력으로 20 m 끌어올렸다. 이때 물체에 작용한 힘이 물체에 한 일은? (단, 중력 가속도는 10 m/s²이다.)

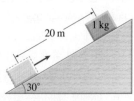

① $50\sqrt{2}$ J   ② $50\sqrt{3}$ J   ③ 100 J
④ $100\sqrt{3}$ J   ⑤ 200 J

10 그림은 경사각이 θ로 일정한 빗면을 따라 질량 m인 물체가 일정한 속력으로 거리 s만큼 미끄러지는 모습을 나타낸 것이다.

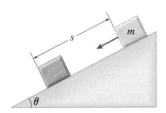

물체가 거리 s만큼 미끄러지는 동안의 일에 대한 설명으로 옳은 것만을 [보기]에서 있는 대로 고른 것은? (단, 중력 가속도는 g이다.)

─〔보기〕─
ㄱ. 중력이 물체에 한 일은 mgs이다.
ㄴ. 물체에 작용하는 알짜힘이 한 일은 0이다.
ㄷ. 빗면이 물체를 떠받치는 힘이 한 일은 $mgs\cos\theta$이다.

① ㄱ   ② ㄴ   ③ ㄱ, ㄷ
④ ㄴ, ㄷ   ⑤ ㄱ, ㄴ, ㄷ

11 그림 (가)는 마찰이 없는 수평면에서 질량이 $1\ kg$인 물체에 일정한 힘 F를 수평 방향으로 작용하는 것을 나타낸 것이고, (나)는 이 물체의 속도를 시간에 따라 나타낸 것이다.

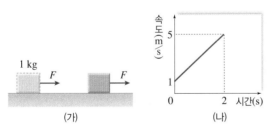

(가)   (나)

이에 대한 설명으로 옳은 것만을 [보기]에서 있는 대로 고른 것은?

─〔보기〕─
ㄱ. 힘 F의 크기는 $2\ N$이다.
ㄴ. 0~2초 동안 힘 F가 한 일은 $12\ J$이다.
ㄷ. 0~2초 동안 물체의 운동 에너지 변화량은 $12\ J$이다.

① ㄱ   ② ㄴ   ③ ㄱ, ㄷ
④ ㄴ, ㄷ   ⑤ ㄱ, ㄴ, ㄷ

12 그림과 같이 마찰이 없는 수평면 위에 정지해 있는 질량이 $4\ kg$인 물체에 수평면과 $60°$의 각도로 $10\ N$의 일정한 힘을 작용하여 $10\ m$ 이동시켰다.

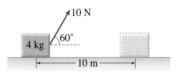

이 물체의 운동에 대한 설명으로 옳지 <u>않은</u> 것은? (단, 중력 가속도는 $10\ m/s^2$이다.)

① 물체에 작용하는 수직 항력의 크기는 $(40-5\sqrt{3})N$이다.
② $10\ N$의 힘이 물체에 한 일은 $100\ J$이다.
③ $10\ m$를 이동하는 동안 물체의 가속도의 크기는 $1.25\ m/s^2$이다.
④ $10\ m$를 이동하였을 때 물체의 운동 에너지는 $50\ J$이다.
⑤ $10\ m$를 이동하는 동안 물체의 속력은 빨라진다.

서술형
13 그림은 질량이 $1\ kg$인 쇠구슬 A와 질량이 $2\ kg$인 쇠구슬 B를 수평면에서 각각 $20\ m/s$, $10\ m/s$의 속력으로 연직 위 방향으로 동시에 던져 올리는 모습을 나타낸 것이다.

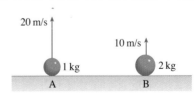

A와 B가 올라가는 최고점의 높이를 일·운동 에너지 정리를 이용하여 각각 풀이 과정과 함께 구하시오. (단, 중력 가속도는 $10\ m/s^2$이며, 공기 저항은 무시한다.)

02 역학적 에너지 보존

핵심
포인트

A 포물선 운동에서 역학적 에너지 보존 ★★★
B 단진자의 역학적 에너지 보존 ★★★
   단진자의 주기 ★★

A 포물선 운동과 역학적 에너지

앞에서 자유 낙하 하는 물체에 작용한 중력이 한 일은 물체의 운동 에너지 증가량과 같다는 것을 배웠어요. 중력 퍼텐셜 에너지 감소량이 운동 에너지 증가량으로 나타난 것으로 이해할 수 있죠. 이것을 역학적 에너지 보존이라고 합니다. 그럼 평면상의 운동에서도 역학적 에너지가 보존되는지 알아볼까요?

1. 포물선 운동에서 **①★**역학적 에너지 보존

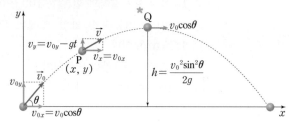

① **출발점에서의 역학적 에너지(E_0):** 질량이 m인 물체를 수평면과 θ의 각을 이루며 $\vec{v_0}$의 속도로 던졌을 때 출발점을 퍼텐셜 에너지의 기준으로 하면 E_0은 다음과 같다.

$$E_0 = E_k + E_p = \frac{1}{2}mv_0^2 + 0 = \frac{1}{2}mv_0^2$$

② **P점에서의 역학적 에너지(E)**

- 운동 에너지 E_k': P점에서 속도 $\vec{v}$의 x, y성분 v_x, v_y는 $v_x = v_{0x}$, $v_y = v_{0y} - gt$이다.

$$E_k' = \frac{1}{2}mv^2 = \frac{1}{2}m(v_x^2 + v_y^2) = \frac{1}{2}m\{v_{0x}^2 + (v_{0y} - gt)^2\} \cdots ①$$

- 중력 퍼텐셜 에너지 E_p': P점에서 위치의 x, y성분은 $x = v_{0x}t$, $y = v_{0y}t - \frac{1}{2}gt^2$이다.

$$E_p' = mgy = mg(v_{0y}t - \frac{1}{2}gt^2) \cdots ②$$

식 ①, ②에 의해 P점에서의 역학적 에너지 E는 다음과 같다.

$$E = E_k' + E_p' = \underline{\frac{1}{2}mv_0^2 = E_0} \bullet\text{ 출발점에서의 역학적 에너지와 같다.}$$

➡ 공기 저항을 무시할 때 비스듬히 던진 물체의 역학적 에너지는 보존된다.

포물선 운동의 에너지 – 위치 그래프

① 최고점에서는 중력 퍼텐셜 에너지가 최대이며, 운동 에너지는 최소이다. ➡ 최고점에서 물체는 속력의 수평 방향 성분이 있으므로 운동 에너지가 0이 아니다.

② 출발점과 도착점에서는 중력 퍼텐셜 에너지가 0이고, 운동 에너지는 최대이다.

➡ 운동 에너지와 중력 퍼텐셜 에너지의 합인 역학적 에너지는 일정하게 보존된다.

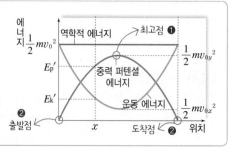

★ **자유 낙하 하는 공의 역학적 에너지 보존**

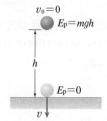

- 중력 퍼텐셜 에너지: 물체가 지표면으로부터 높이 h에 있게 되면 지표면보다 mgh만큼 에너지를 더 갖게 되는데, 이를 중력 퍼텐셜 에너지라고 하고 E_p라고 쓴다.
- 역학적 에너지 보존: 일·운동 에너지 정리에 따르면 중력이 물체에 한 일은 물체의 운동 에너지 변화량과 같고 $W = \Delta E_k = \frac{1}{2}mv^2 - 0$이므로 운동 에너지 증가량은 $\frac{1}{2}mv^2$이며, 이는 퍼텐셜 에너지 감소량과 같다.

★ **포물선 운동의 최고점(Q)에서 역학적 에너지**

최고점에서 공의 운동 에너지는 $E_k = \frac{1}{2}m(v_0\cos\theta)^2$, 퍼텐셜 에너지는 $E_p = mg\left(\frac{v_0^2\sin^2\theta}{2g}\right)$이므로 역학적 에너지 $E = E_k + E_p = \frac{1}{2}mv_0^2 = E_0$으로 보존된다.

╎용어╎

① **역학적 에너지**_물체의 운동 에너지와 퍼텐셜 에너지의 합을 역학적 에너지라고 한다.

---

2. 수평 방향으로 던진 물체의 역학적 에너지 보존 공기 저항을 무시할 때 수평 방향으로 던진 물체의 역학적 에너지는 보존된다.

> **수평 방향으로 던진 물체의 역학적 에너지 보존** ──────── 비상, 교학사 교과서에만 나와요.
>
> 질량이 m인 물체를 수평면으로부터 높이 H인 곳에서 수평 방향으로 $\vec{v_0}$의 속도로 던졌다.
>
> ❶ 던진 순간 물체의 역학적 에너지(E_0)는 다음과 같다.
>
> $$E_0 = E_k + E_p = \frac{1}{2}mv_0{}^2 + mgH$$
>
> ❷ 임의의 높이 y인 곳에서 물체의 역학적 에너지 E는 다음과 같다.
>
> $$E = \frac{1}{2}mv^2 + mgy = \frac{1}{2}m(v_0{}^2 + 2g(H-y)) + mgy = \frac{1}{2}mv_0{}^2 + mgH = E_0$$

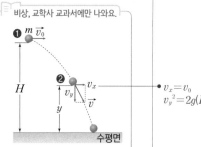

$$v_x = v_0$$
$$v_y{}^2 = 2g(H-y)$$

Ⓑ 단진자 운동과 역학적 에너지

1. 단진자의 역학적 에너지 보존

(1) **단진자:** 가벼운 줄에 추를 매달아 살짝 당겼다가 놓으면 주기적으로 왕복 운동을 한다. 이처럼 줄에 매달려 진동하는 물체를 단진자라고 한다.

(2) **단진자 운동에서의 역학적 에너지 보존:** 공기 저항이나 마찰이 없을 때, 단진자는 중력만 받아 운동하는 물체와 같이 역학적 에너지가 보존된다.─── 장력은 운동 방향과 수직으로 작용하므로 진자에 일을 하지 않아 역학적 에너지 변화에 영향을 주지 않는다.

❶ 길이가 l인 가벼운 줄에 질량이 m인 물체를 매달고 각 θ만큼 들었다가 놓으면 단진자 운동을 한다.

❷ 진동의 중심점에서의 중력 퍼텐셜 에너지를 0이라고 하면 양 끝점에서의 중력 퍼텐셜 에너지 E_p는 $E_p = mgh = mgl(1-\cos\theta)$로 최대이다.

❸ 진자가 중심점까지 이동하는 동안 중력이 하는 일은 물체의 운동 에너지 증가량과 같다. ➡ $W = mgh = \frac{1}{2}mv^2$

❹ 진동의 중심점에서의 단진자의 속력은 $v = \sqrt{2gh} = \sqrt{2gl(1-\cos\theta)}$이다.

2. 단진자 운동에서의 역학적 에너지 전환과 보존 단진자가 운동하는 동안 운동 에너지와 퍼텐셜 에너지는 계속 변하지만 역학적 에너지는 일정하게 보존된다.

> **단진자 운동에서의 에너지 전환**
>
> ❶ 중심점(O)을 향해 운동하는 동안 퍼텐셜 에너지는 감소, 운동 에너지는 증가하고, 중심점을 지난 후에는 퍼텐셜 에너지는 증가, 운동 에너지는 감소한다.
>
> ❷ 양 끝점(A, B)에서는 퍼텐셜 에너지가 최대이고, 진동의 중심점에서는 운동 에너지가 최대이다.
>
> ❸ 진자가 운동하는 동안 역학적 에너지는 일정하다.
>
> | 구분 | A | O | B |
> |---|---|---|---|
> | E_p | 최대 | 0 | 최대 |
> | E_k | 0 | 최대 | 0 |

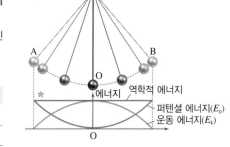

역학적 에너지

퍼텐셜 에너지(E_p)
운동 에너지(E_k)

★ **포물선 운동과 단진자 운동의 역학적 에너지 보존 비교**

• 포물선 운동: 최고점에서 운동 에너지가 0이 아니므로 역학적 에너지 > 중력 퍼텐셜 에너지이다.

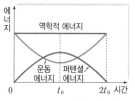

• 단진자 운동: 진동 중심점에서 퍼텐셜 에너지가 0이므로 역학적 에너지=운동 에너지이다.

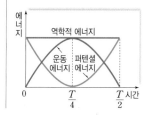

3. 단진자의 주기

(1) 단진자의 ❷복원력

① 길이가 l인 줄에 질량이 m인 물체를 매달아 연직선과 θ의 각을 이루도록 당겼다가 놓으면 추에 작용하는 복원력의 크기는 $mg\sin\theta$이다. ●─ 단진자의 복원력은 진동의 중심을 향하며, 변위 x가 클수록 커진다.

② 평형 위치로부터 물체의 변위를 x라고 할 때 θ가 매우 작으면 $\sin\theta ≒ \dfrac{x}{l}$이므로 복원력은 다음과 같이 나타낼 수 있다.

$$F = -mg\sin\theta = -\frac{mg}{l}x = -kx$$ ●─ 복원력은 변위의 크기에 비례하고 방향은 변위와 반대이다.

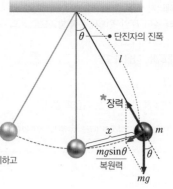

단진자의 진폭 / θ / l / ★장력 / x / m / $\dfrac{mg\sin\theta}{복원력}$ / θ / mg

(2) 단진자의 주기(T): 단진자가 한 번 왕복하는 데 걸리는 시간인 주기는 다음과 같다.

$$T = 2\pi\sqrt{\frac{l}{g}} \quad (l: \text{줄의 길이},\ g: \text{중력 가속도})$$

(3) 진자의 등시성: 단진자의 주기는 줄의 길이와 중력 가속도에 의해서만 정해지고 진폭이나 질량과는 관계가 없다.

★ **장력**
줄에 물체를 매달면 줄이 팽팽해진다. 이것은 물체의 무게가 줄을 잡아당기기 때문인데, 이처럼 줄에 걸리는 힘을 장력이라고 한다. 장력은 물체의 운동 방향을 바꾸는 역할을 한다.

주의해
단진자의 주기
θ가 매우 작을 때에만 단진자의 주기 $T = 2\pi\sqrt{\dfrac{l}{g}}$이 정확히 성립한다. 또한 θ가 매우 작을 때 단진자가 수평 방향으로 단진동한다고 말할 수 있다.

탐구 자료창 **단진자의 주기 측정**

(가) 추를 진동 중심으로부터 각도가 $10°$가 되도록 당겼다 놓은 후 10회 왕복하는 데 걸리는 시간을 측정하여 주기를 구한다.

(나) 실의 길이를 변화시키며 (가)를 반복한다.

(다) 실의 길이는 같게 하고, 추의 질량을 변화시키며 (가)를 반복한다.

1. **단진자의 길이와 주기의 관계:** 실의 길이가 길수록 주기가 길어진다.
2. **추의 질량과 주기의 관계:** 추의 질량을 변화시켜도 주기는 변하지 않는다.
3. **결론:** 진자의 길이가 같으면 단진자의 주기는 질량과 진폭에 관계없이 일정하다.

각도가 $10°$를 넘게 되면 공기와의 저항이 커져 오차가 생길 수 있다.

확대경 **단진동하는 물체의 운동 분석**

등속 원운동하는 물체에 빛을 비추면 그림자는 주기적으로 직선상을 왕복 운동하는데, 이를 단진동이라고 한다.

• 변위 x: $x = A\sin\theta = A\sin\omega t$

• 속도 v: $v = \dfrac{dx}{dt} = A\omega\cos\omega t$

• 가속도 a: $a = \dfrac{dv}{dt} = -A\omega^2\sin\omega t = -\omega^2 x$

• 복원력 $F = ma = -m\omega^2 x = -kx$이므로 $\omega = \sqrt{\dfrac{k}{m}}$이다.

• 주기 $T = \dfrac{2\pi}{\omega} = 2\pi\sqrt{\dfrac{m}{k}}$이고, 단진자의 복원력에서 $k = \dfrac{mg}{l}$이므로 주기 $T = 2\pi\sqrt{\dfrac{l}{g}}$이다.

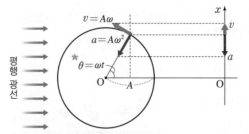

평행 광선 / $v = A\omega$ / $a = A\omega^2$ / $\theta = \omega t$ / A / O / x / v / a / O

↑ 등속 원운동을 하는 물체의 그림자 운동

★ **각속도 ω와 θ의 관계**
각속도는 단위 시간 동안 회전한 각으로, $\omega = \dfrac{\theta}{t}$로 표현한다. 따라서 $\theta = \omega t$가 되어 각도를 시간의 함수로 표현할 수 있다.

용어
❷ 복원력(復 돌아오다, 原 근원, 力 힘)_단진동의 원인이 되는 힘으로, 외력에 의해 평형이 깨진 물체가 평형 상태로 되돌아가려는 힘을 의미한다.

개념 확인 문제

핵심 체크

- 공기 저항을 무시할 때, 비스듬히 위로 던진 물체의 (❶   )는 보존된다.
- 포물선 운동에서 최고점에서는 (❷   ) 성분의 속도가 있으므로 운동 에너지가 0이 아니고, (❸   ) 에너지가 최대이다.
- 포물선 운동에서 출발점에서는 (❹   ) 에너지가 최소이고 (❺   ) 에너지는 최대이다.
- 단진자 운동에서 역학적 에너지 보존: 진동 중심점에서 퍼텐셜 에너지가 (❻   )이고, 운동 에너지는 (❼   )이다. 양 끝점에서 퍼텐셜 에너지는 최대이고, 운동 에너지는 0이다.
- 단진자의 주기: 단진자의 주기는 줄의 길이의 제곱근에 (❽   )하고, 중력 가속도의 제곱근에 (❾   ) 한다.
- 진자의 등시성: 단진자의 주기는 줄의 (❿   )와 중력 가속도에 의해서만 정해지고 진폭과는 관계가 없다.

1 역학적 에너지 보존에 대한 설명이다. (   ) 안에 알맞은 말을 쓰시오.

> 공기 저항 등 마찰력을 무시할 때, 포물선 운동을 하는 물체의 역학적 에너지는 일정하게 보존된다. 포물선 운동하는 물체는 최고점에서 ㉠(   ) 에너지가 가장 크고, ㉡(   ) 에너지는 가장 작다.

2 그림과 같이 공이 포물선 운동을 하고 있다. A∼E 중 공의 운동 에너지가 가장 큰 곳은 어디인지 쓰시오. (단, 공기 저항은 무시한다.)

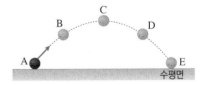

3 그림은 수평면에서 수평면과 45°의 각을 이루는 방향으로 속력 v_0으로 던진 물체를 나타낸 것이다.

공기 저항을 무시할 때, 최고점에서 중력 퍼텐셜 에너지는 운동 에너지의 몇 배인지 구하시오.

4 지구에 주기가 T인 단진자가 있다. 이 단진자를 달에 가져갔을 때, 주기가 얼마인지 구하시오. (단, 달에서 중력 가속도는 지구에서의 $\frac{1}{6}$ 배이다.)

5 단진자의 운동에 대한 설명으로 옳은 것은 ○, 옳지 <u>않은</u> 것은 ×로 표시하시오.

(1) 단진자의 운동 에너지는 평형점을 지날 때 0이다.
        (   )

(2) 단진자의 중력 퍼텐셜 에너지는 변위가 최대인 점에서 가장 크다.   (   )

(3) 마찰이나 공기 저항이 없다면 각 지점에서 단진자의 운동 에너지와 중력 퍼텐셜 에너지의 합은 일정하게 보존된다.   (   )

6 길이가 1 m인 단진자의 주기는 4초이다. 단진자의 주기가 2초가 되려면 진자의 길이는 몇 m가 되어야 하는지 구하시오.

대표 자료 분석

자료 ① 포물선 운동과 역학적 에너지

기출 Point
- 역학적 에너지와 역학적 에너지 보존 이해하기
- 포물선 운동에서 역학적 에너지 보존 이해하기

[1~4] 그림과 같이 질량이 2 kg인 물체를 20 m/s의 속력으로 수평면과 30°의 각을 이루게 던졌더니 포물선 운동을 하여 수평면의 P점에 도달하였다. (단, 중력 가속도는 10 m/s²이고, 공기 저항과 물체의 크기는 무시한다.)

1 P점에서의 역학적 에너지는 몇 J인지 구하시오.

2 최고점에서 물체의 속력은 P점에서 물체의 속력의 몇 배인지 구하시오.

3 최고점에 도달하는 데 걸린 시간이 1초라면 출발점에서 P까지 수평 도달 거리는 몇 m인지 구하시오.

4 빈출 선택지로 완벽 정리!

(1) 최고점에서 운동 에너지는 0이다. ······ (○ / ×)
(2) 최고점에서 연직 방향의 속력은 0이다. ······ (○ / ×)
(3) P점에서 운동 에너지는 최소가 된다. ······ (○ / ×)

자료 ② 단진자와 역학적 에너지

기출 Point
- 단진자의 역학적 에너지 보존 이해하기
- 단진자의 주기에 영향을 주는 물리량 파악하기

[1~3] 그림은 시계추의 운동을 모식적으로 나타낸 것이다. 추는 최대 5°의 각으로 A점과 C점 사이를 진동하고 있다. (단, 마찰이나 공기 저항은 무시한다.)

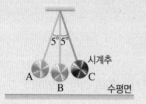

1 A~C 중 추의 속력이 가장 빠른 위치를 고르시오.

2 추의 길이가 0.4 m일 때 이 추의 주기는 몇 초인지 구하시오. (단, 중력 가속도는 10 m/s²이다.)

3 빈출 선택지로 완벽 정리!

(1) B에서 추에 작용하는 알짜힘은 0이다. ····· (○ / ×)
(2) A점과 C점에서 추의 중력 퍼텐셜 에너지가 최대이다. ······ (○ / ×)
(3) 단진자 운동에서 추가 평형점을 지날 때 최대 운동 에너지를 갖는다. ······ (○ / ×)
(4) 질량이 큰 진자의 경우 주기가 길어진다. (○ / ×)
(5) 실의 길이를 길게 할수록 주기는 짧아진다. ······ (○ / ×)
(6) 추의 질량이 감소하면 추의 진동수가 작아진다. ······ (○ / ×)
(7) 여름철에는 추의 주기가 길어진다. ······ (○ / ×)

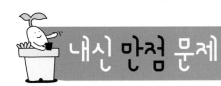

내신 만점 문제

ⓐ 포물선 운동과 역학적 에너지

01 그림은 수평면과 45°의 각을 이루는 방향으로 v_0의 속력으로 비스듬히 던진 질량이 m인 물체를 나타낸 것이다. P점, R점은 각각 출발점, 도착점이고 Q점은 최고점이다.

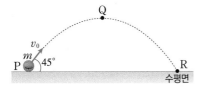

이에 대한 설명으로 옳은 것만을 [보기]에서 있는 대로 고른 것은? (단, 공기 저항과 마찰은 무시한다.)

[보기]
ㄱ. Q에서의 운동 에너지는 0이다.
ㄴ. R에서의 역학적 에너지는 $\frac{1}{2}mv_0^2$이다.
ㄷ. 역학적 에너지는 P, Q, R에서 모두 같다.

① ㄱ
② ㄴ
③ ㄱ, ㄷ
④ ㄴ, ㄷ
⑤ ㄱ, ㄴ, ㄷ

02 그림은 수평면으로부터 같은 높이에서 물체 A를 가만히 놓는 동시에 질량이 같은 B를 수평면과 나란한 방향으로 던지는 것을 나타낸 것이다.
A와 B의 운동에 대한 설명으로 옳은 것만을 [보기]에서 있는 대로 고른 것은? (단, 공기 저항은 무시한다.)

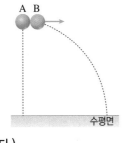

[보기]
ㄱ. A가 먼저 수평면에 떨어진다.
ㄴ. A와 B의 역학적 에너지는 같다.
ㄷ. 바닥에 도달했을 때 속도의 크기는 B가 더 크다.

① ㄱ
② ㄷ
③ ㄱ, ㄴ
④ ㄴ, ㄷ
⑤ ㄱ, ㄴ, ㄷ

03 그림은 수평면을 일정한 속도로 운동하던 물체가 기울기가 일정한 경사면을 따라 P점에서 Q점을 지나 R점까지 포물선 운동을 한 후 다시 수평면으로 빠져나가는 것을 xy 평면으로 나타낸 것이다.

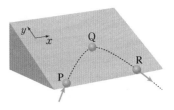

이에 대한 설명으로 옳은 것만을 [보기]에서 있는 대로 고른 것은? (단, 수평면과 경사면 모두 마찰이 없고, 공기 저항도 무시한다.)

[보기]
ㄱ. x방향의 속도 성분은 P와 Q에서 같다.
ㄴ. y방향의 속도의 크기는 P에서가 R에서보다 크다.
ㄷ. 물체가 경사면을 운동하고 있으므로 역학적 에너지는 보존되지 않는다.

① ㄱ
② ㄴ
③ ㄱ, ㄴ
④ ㄱ, ㄷ
⑤ ㄴ, ㄷ

서술형
04 그림은 질량이 2 kg인 물체가 v의 속력으로 A점을 통과하여 궤도를 따라 운동하는 것을 나타낸 것이다. 궤도의 AB 구간은 지면에 수평이며, 지면으로부터 5 m 높이에 있다.

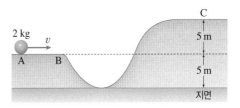

물체가 지면으로부터 10 m 높이의 C점에 도달할 수 있는 v의 최솟값은 얼마인지 풀이 과정과 함께 구하시오. (단, 중력 가속도는 10 m/s²이고, 모든 마찰은 무시한다.)

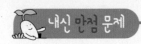

05 그림은 수평면에서 던져 올린 공이 포물선을 그리며 날아가는 경로를 나타낸 것이다.

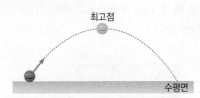

이에 대한 설명으로 옳은 것만을 [보기]에서 있는 대로 고른 것은? (단, 공기 저항과 공의 크기는 무시한다.)

〔보기〕
ㄱ. 최고점에서 공에 작용하는 힘은 0이다.
ㄴ. 날아가는 동안 공의 역학적 에너지는 일정하다.
ㄷ. 날아가는 동안 공의 운동량은 계속 변한다.

① ㄱ   ② ㄴ   ③ ㄱ, ㄷ
④ ㄴ, ㄷ   ⑤ ㄱ, ㄴ, ㄷ

06 그림은 높은 곳에서 비스듬히 위로 던져 올린 공의 운동 경로를 나타낸 것이다.

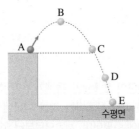

이에 대한 설명으로 옳은 것만을 [보기]에서 있는 대로 고른 것은? (단, 공기 저항과 공의 크기는 무시한다.)

〔보기〕
ㄱ. A와 C에서는 속력이 같다.
ㄴ. 속력이 가장 빠른 곳은 E이다.
ㄷ. 모든 점에서 역학적 에너지는 보존된다.

① ㄱ   ② ㄷ   ③ ㄱ, ㄴ
④ ㄴ, ㄷ   ⑤ ㄱ, ㄴ, ㄷ

07 그림은 질량이 같은 세 공을 각각 A, B, C 방향으로 같은 속력으로 던지는 것을 나타낸 것이다. A는 수평 방향에 대해 비스듬히 위 방향으로, B는 수평 방향으로, C는 수평 방향에 대해 비스듬히 아래 방향으로 던졌다.

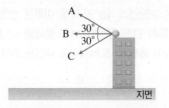

이에 대한 설명으로 옳은 것만을 [보기]에서 있는 대로 고른 것은? (단, 공기 저항은 무시한다.)

〔보기〕
ㄱ. 지면에 닿을 때까지 걸린 시간은 A>B>C 순으로 길다.
ㄴ. 땅에 닿는 순간 세 공의 역학적 에너지는 모두 같다.
ㄷ. 땅에 닿는 순간 세 공의 운동량의 크기는 모두 같다.

① ㄱ   ② ㄴ   ③ ㄱ, ㄷ
④ ㄴ, ㄷ   ⑤ ㄱ, ㄴ, ㄷ

08 그림과 같이 높이가 20 m인 건물 옥상에서 수평 방향으로 10 m/s의 속도로 질량이 2 kg인 물체를 던졌다.

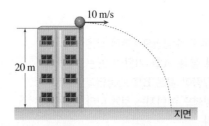

이에 대한 설명으로 옳은 것만을 [보기]에서 있는 대로 고른 것은? (단, 중력 가속도는 10 m/s²이고, 공기 저항과 물체의 크기는 무시한다.)

〔보기〕
ㄱ. 물체가 지면에 닿을 때까지 걸린 시간은 2초이다.
ㄴ. 지면에 닿는 순간 물체의 운동 에너지는 500 J이다.
ㄷ. 역학적 에너지는 지면에서가 건물 옥상에서보다 크다.

① ㄱ   ② ㄷ   ③ ㄱ, ㄴ
④ ㄴ, ㄷ   ⑤ ㄱ, ㄴ, ㄷ

B 단진자 운동과 역학적 에너지

09 그림은 천장에 고정되어 있는 길이 l인 줄에 질량이 m인 추가 매달려 θ의 각으로 진동하는 모습을 나타낸 것이고, 표는 (가), (나), (다) 세 경우의 m, l, θ값을 나타낸 것이다.

구분	(가)	(나)	(다)
m(kg)	1.0	2.0	3.0
l(m)	3.0	2.0	1.0
θ(°)	0.2	0.4	0.6

단진자의 주기 $T_{(가)}$, $T_{(나)}$, $T_{(다)}$의 크기를 옳게 비교한 것은? (단, 줄의 질량은 무시하고, θ는 추가 정지 상태일 때 줄과 연직 방향이 이루는 각이다.)

① $T_{(가)} > T_{(나)} > T_{(다)}$
② $T_{(가)} < T_{(나)} < T_{(다)}$
③ $T_{(가)} = T_{(나)} > T_{(다)}$
④ $T_{(가)} > T_{(나)} = T_{(다)}$
⑤ $T_{(가)} = T_{(나)} = T_{(다)}$

10 〔서술형〕 (가), (나)는 물체의 운동을 각각 나타낸 것이다.

- (가): 지면에서 어떤 속력으로 비스듬히 위로 던진 물체는 포물선 운동을 한다. 물체가 포물선 운동을 해서 t_0에 최고점에 도달했다가 $2t_0$에 다시 지면에 떨어진다.
- (나): 단진자를 살짝 들었다가 놓아 $\dfrac{T}{4}$에 진동의 중심점을 지나 $\dfrac{T}{2}$에 반대쪽 최고점에 도달한다.

물체가 운동하는 동안 운동 에너지(E_k), 중력 퍼텐셜 에너지(E_p), 역학적 에너지(E)와 시간의 관계 그래프를 그리시오.

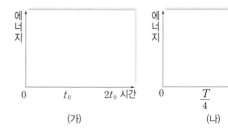

(가)

(나)

11 그림은 길이가 l인 실에 매달려 점 A를 중심으로 단진동하는 추가 최고점 B에 도달한 순간의 모습을 나타낸 것이다.

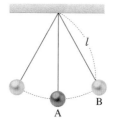

이에 대한 설명으로 옳은 것만을 [보기]에서 있는 대로 고른 것은? (단, 중력 가속도는 g이고, 실의 질량과 추의 크기, 공기 저항은 무시한다.)

〔보기〕
ㄱ. 추의 운동 에너지는 A에서 최대이다.
ㄴ. 추의 역학적 에너지는 A와 B에서 같다.
ㄷ. 추가 A에서 B까지 이동하는 데 걸린 시간은 $\dfrac{\pi}{4}\sqrt{\dfrac{l}{g}}$ 이다.

① ㄱ
② ㄷ
③ ㄱ, ㄴ
④ ㄱ, ㄷ
⑤ ㄴ, ㄷ

12 그림 (가)는 엘리베이터 안에서 운동하는 단진자의 모습을 나타낸 것이고, (나)는 위 방향으로 운동하는 엘리베이터의 속도를 시간에 따라 나타낸 것이다. 구간 A, B, C에서 단진자는 각각 T_A, T_B, T_C의 주기로 단진동한다.

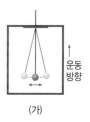

(가)

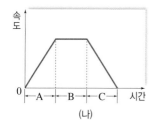

(나)

T_A, T_B, T_C를 옳게 비교한 것은?

① $T_A > T_B > T_C$
② $T_A > T_B = T_C$
③ $T_B > T_A > T_C$
④ $T_C > T_A = T_B$
⑤ $T_C > T_B > T_A$

03 열과 일

핵심
포인트
◉ 열과 열량 ★
열과 일의 전환 예 ★★
◉ 줄의 실험 원리 ★★★
줄의 실험 결과와 열의 일당량 ★★★
열역학 제1법칙 적용 ★★

A 열과 일의 전환

1. 열 온도 차이에 의해 이동하는 에너지

(1) **＊열의 이동**: 고온의 물체와 저온의 물체를 접촉시키면 고온의
물체는 온도가 내려가고, 저온의 물체는 온도가 올라간다.

└•고온의 물체는 열을 잃으면서 온도가 내려간다. └•저온의 물체는 열을 얻으면서 온도가 올라간다.

⬆ 열의 이동

➡ 고온의 물체에서 저온의 물체로 에너지가 이동하였기 때문이다.

(2) **열량**: 고온의 물체가 잃은 열의 양이나 저온의 물체가 얻은 열의 양

① **열량**: ＊비열이 c, 질량이 m인 물체가 열을 잃거나 얻어 온도가 ΔT만큼 변했다면, 이 물체가 잃거나 얻은 열량 Q는 다음과 같다.

$$Q = cm\Delta T$$

② **열량의 단위**: J(줄), cal(칼로리) ―•열량의 단위는 J을 사용하고, 일상생활에서는 kcal를 많이 사용한다.
  • **1 kcal**(킬로칼로리): 순수한 물 1 kg의 온도를 1 K(또는 1 ℃) 높이는 데 필요한 열량
    └•1 kcal=1000 cal

2. 열과 일의 전환 열과 일은 서로 전환될 수 있다.

일을 열로 전환하는 경우(일 → 열)	열을 일로 전환하는 경우(열 → 일)
• 손을 비비는 일을 하면 손의 온도가 올라간다. • 보온병에 물을 넣고 흔들면 보온병 안의 물의 온도가 올라간다.	• 주전자의 물을 끓이면 수증기가 뚜껑을 밀어 올린다. • 찌그러진 탁구공을 뜨거운 물에 넣으면 탁구공이 펴진다.

B 열의 일당량

모래가 든 스타이로폼 컵을 흔드는 일을 하면 모래에서 열이 발생해요. 이때 컵을 많이 흔들수록 모래의 온도가 많이 올라가죠. 1843년에 줄은 이러한 열과 일 사이의 관계를 알아보기 위해 실험 장치를 만들었답니다. 줄의 실험에 대하여 알아볼까요?

1. 일과 열의 관계

(1) **＊줄의 실험 원리**: 추가 낙하하면서 열량계 속에 들어 있는 날개가 회전하면 물과 마찰하여 물의 온도가 올라간다. ➡ 추의 중력 퍼텐셜 에너지 → 운동 에너지 → 열에너지로 전환

(2) **줄의 실험 결과**: 중력이 추에 한 일 W와 열량계 속에서 회전 날개와 물의 마찰로 발생한 열량 Q 사이에는 다음 관계가 성립한다는 것을 알 수 있다.

$$W = JQ \ (J: 열의 일당량)$$

여백 주석

★ 열의 이동
열이 이동하는 방법에는 전도, 대류, 복사가 있다.

★ 비열
물질 1 kg의 온도를 1 K(또는 1 ℃) 높이는 데 필요한 열량으로, 단위는 kcal/kg·K, kcal/kg·℃, J/kg·K, J/kg·℃이다.

★ 줄(Joule, 1818~1889)
영국의 물리학자. 줄의 실험으로 열과 일의 관계를 명확히 하여 훗날 에너지 보존 법칙을 확립하는 데 기여하였다.

(3) 열의 **①일당량**: $W=JQ$에서 비례 상수 J를 열의 일당량이라고 하며, 그 값은 $J=4.2\times10^3$ J/kcal이다. ➡ 1 cal의 열량은 4.2 J의 일에 해당한다는 것으로, 열이 역학적 에너지와 같다는 것을 의미한다.

주의해
열의 일당량
열의 일당량 J와 일의 단위인 [J]을 구분할 수 있어야 한다.

줄의 실험

회전 방향
원반
온도계
추
열량계
물
자

❶ 질량이 10 kg인 추 2개를 1.6 m 낙하시키고, 20회 반복한다.
  중력이 추에 한 일 $W=(10\text{ kg}\times2)\times9.8\text{ m/s}^2\times1.6\text{ m}\times20=6272$ J

❷ 과정 ❶의 결과 5 kg인 열량계 안 물의 온도가 약 0.3 ℃ 높아졌다.
  발생한 열량 $Q=1\text{ kcal/kg·}℃\times5\text{ kg}\times0.3\text{ ℃}=1.5$ kcal

❸ 이 실험으로부터 물 1 kg의 온도를 1 ℃ 높이는 데 약 4.2 kJ의 일이 필요함을 알 수 있었다.
  └ 6272 J$=a\times1.5$ kcal
  ∴ 비례 상수 $a≒4.2\times10^3$ J/kcal

➡ 줄은 이 실험으로 일이 열로 변환되는 비율을 알아내었다.

예제 줄의 실험 장치에서 추 1개의 질량이 2 kg, 추의 낙하한 거리가 1 m였을 때, 발생한 열량이 9.3 cal였다. 열의 일당량은 몇 J/cal인가?

해설 추가 2개이므로 중력이 추에 한 일은 $W=mgh=(2\text{ kg}\times2)\times9.8\text{ m/s}^2\times1\text{ m}=39.2$ J이다. 따라서 열의 일당량은 $J=\dfrac{W}{Q}$에서 $J=\dfrac{39.2\text{ J}}{9.3\text{ cal}}=4.2$ J/cal이다.

📋 4.2 J/cal

2. 열과 에너지 보존

(1) **열역학 제1법칙**: 역학적 에너지와 열을 포함하는 에너지 보존 법칙이다.

> **열역학 제1법칙** 기체의 *내부 에너지 변화량(ΔU)은 기체가 흡수한 열(Q)과 외부에서 기체에 한 일($-W$)의 합과 같다. ➡ $\Delta U=Q-W$의 관계가 성립한다.
> └ 기체가 외부에 한 일은 (+)부호로 나타낸다.
> ($\Delta U=-W$)

① 열의 출입이 없으면($Q=0$) 외부에서 기체에 한 일은 기체의 내부 에너지 변화량과 같다. ┘

② 줄의 실험에서 열의 출입이 없다면 추가 열량계 속의 물에 일을 하여 물의 온도를 높인 것이다. ➡ 추가 물에 한 일은 물의 내부 에너지의 변화량과 같다.

(2) **기체 분자의 운동**: 열역학 제1법칙을 이용하여 기체가 흡수하거나 방출한 열량, 내부 에너지 변화량, 외부에 한 일이나 받은 일 사이의 관계를 계산할 수 있다.

★ **내부 에너지**
단원자 분자 이상 기체 n몰의 절대 온도가 T일 때 이상 기체의 내부 에너지는 $U=\dfrac{3}{2}nRT$이다.
여기서 R는 기체 상수로 $R=8.31$ J/(mol·K)이다.

확대경 **이상 기체가 팽창할 때 내부 에너지의 변화** — 교학사, 미래엔 교과서에만 나와요.

1. **내부 에너지**: 어떤 물체를 구성하거나 공간을 채우고 있는 분자들의 역학적 에너지의 총합이다.

2. **분자 운동에 의한 일**: 기체가 일정한 압력 P를 유지하면서 팽창할 때 기체가 외부에 한 일 W는 압력 P와 부피 변화 ΔV의 곱과 같다.
   ➡ $W=P\Delta V$

압력 P
V
A
ΔV
Δl

예 그림은 실린더 속의 1몰의 단원자 분자 이상 기체를 서서히 가열하였을 때 압력과 부피의 관계를 나타낸 것이다.

· 기체가 P에서 Q까지 팽창하는 동안 외부에 한 일은 $W=P\Delta V=1.013\times10^5\text{ N/m}^2\times2\times10^{-2}\text{ m}^3=2026$ J이다.

· 이때 기체가 흡수한 열량이 5000 J이라면 기체가 P에서 Q까지 팽창하는 동안 $\Delta U=Q-W=5000\text{ J}-2026\text{ J}=2974$ J이므로 내부 에너지 변화량은 2974 J이다.

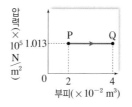

압력($\times10^5$ N/m²)
1.013
P   Q
0   2   4
부피($\times10^{-2}$ m³)

용어
❶ 일당량(mechanical equivalent) _역학적 에너지와 열에너지가 서로 값이 같음을 표시하는 양이다.

개념 확인 문제

정답친해 52쪽

핵심 체크

- 열: 고온의 물체에서 저온의 물체로 이동하는 (❶)
- 열량: 고온의 물체가 잃은 열의 양이나 저온의 물체가 얻은 열의 양으로, 단위는 (❷) 또는 cal를 쓴다.
- 손바닥을 비비면 따뜻해지는 것은 (❸)이 (❹)로 전환된 것이다.
- 줄의 실험 결과 중력이 추에 한 일 W와 발생한 열량 Q 사이에는 (❺)의 관계가 성립한다.
- 열의 (❻): 1 cal의 열량은 4.2 J의 일에 해당한다는 것으로, (❼)이 역학적 에너지와 같다는 것을 의미한다.
- (❽): 역학적 에너지와 열을 포함하는 에너지 보존 법칙이다.
- 줄의 실험에서 열의 출입이 없다면 추가 물에 한 (❾)은 물의 내부 에너지 변화량과 같다.

---

1 다음은 열의 이동에 대한 설명이다. ( ) 안에 알맞은 말을 쓰시오.

> 고온의 물체와 저온의 물체를 접촉시키면 고온의 물체에서 저온의 물체로 에너지가 이동하는데, 이것이 ( ) 이다.

2 온도가 20 °C이고, 질량이 100 g인 물에 3 kcal의 열을 가해 주었다. 물의 온도는 몇 °C가 되는지 구하시오. (단, 물의 비열은 1 kcal/kg·°C이다.)

3 열과 일의 전환에 대한 설명으로 옳은 것은 ○, 옳지 않은 것은 ×로 표시하시오.

(1) 열량의 단위는 J(줄)이다. ·············· ( )
(2) 두 물체 사이에 온도 차이가 있으면 열이 이동한다.
·· ( )
(3) 보온병에 물을 넣고 여러 번 흔들면 보온병 안에 들어 있는 물의 온도가 올라가는 것은 열을 일로 전환하는 경우이다. ·· ( )

4 그림과 같이 질량이 각각 5 kg인 추 2개가 1.5 m 낙하하는 동안 물의 온도가 올라갔다.

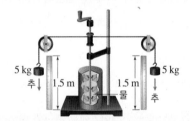

이때 회전 날개와 물 사이의 마찰로 발생한 열량은 몇 cal인지 구하시오. (단, 중력 가속도는 9.8 m/s²이고, 열의 일당량은 4.2×10^3 J/kcal이다.)

5 일과 열에 대한 설명으로 옳은 것은 ○, 옳지 않은 것은 ×로 표시하시오.

(1) 줄의 실험은 일과 열 사이의 관계를 알아보기 위한 실험이다. ·································· ( )
(2) 1 cal의 열량은 4.2 J의 일에 해당한다. ····· ( )
(3) 열의 출입이 없다면 외부에서 기체에 한 일은 기체의 내부 에너지 변화량보다 항상 크다. ········ ( )

대표 자료 분석

자료 ① 열의 일당량

기출 Point
- 일에 의한 온도 변화 이해하기
- 에너지 보존 법칙 이해하기

[1~3] 그림과 같은 장치에서 질량이 6 kg인 추를 각각 0.5 m 낙하시켰다.

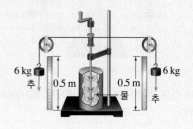

1 추가 낙하하면서 한 일은 몇 J인지 구하시오. (단, 중력 가속도는 10 m/s²이다.)

2 추가 낙하하면서 한 일이 모두 열량계 안의 물의 온도를 올라가게 하는 데 사용되었다면, 물에 전달된 열량은 약 몇 cal인지 구하시오. (단, 열의 일당량은 4.2×10³ J/kcal이다.)

3 빈출 선택지로 완벽 정리!

(1) 이 실험을 통해 열과 일 사이의 전환을 정량적으로 설명할 수 있다. ····················· (○ / ×)

(2) 일이 열로 변화되는 비율을 열의 일당량이라고 한다. ································ (○ / ×)

(3) 추의 열에너지가 역학적 에너지로 전환되는 원리를 이용한다. ····························· (○ / ×)

자료 ② 열과 일의 전환

기출 Point
- 역학적 에너지가 열에너지로 전환되는 과정 이해하기
- 일에 의해 열로 전환된 양 구하기

[1~4] 그림은 질량이 20 kg인 물체가 1 m 높이의 빗면에서 미끄러져 내려온 모습을 나타낸 것이다. 물체가 바닥에 닿는 순간의 속력은 1 m/s이다. (단, 중력 가속도는 10 m/s²이고, 마찰 과정에서 열에너지 외에 다른 에너지로의 전환은 없다.)

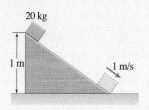

1 이 과정에서 일어나는 물체의 에너지 전환 과정을 나타낸 것이다. (   ) 안에 알맞은 말을 쓰시오.

중력 퍼텐셜 에너지 ⟶ 운동 에너지+(   )

2 출발점에서 물체의 역학적 에너지는 몇 J인지 구하시오.

3 물체가 출발하여 바닥에 닿을 때까지 발생한 열에너지는 약 몇 cal인지 구하시오.

4 빈출 선택지로 완벽 정리!

(1) 물체가 내려오는 동안 중력 퍼텐셜 에너지가 감소한다. ······························· (○ / ×)

(2) 물체가 운동하는 동안 역학적 에너지는 보존된다. ····································· (○ / ×)

(3) 물체가 출발하여 바닥에 닿을 때까지 발생한 열에너지는 45 J이다. ·················· (○ / ×)

내신 만점 문제

A 열과 일의 전환

01 온도가 15 °C이고 질량이 0.5 kg인 물의 온도를 45 °C 까지 높이는 데 필요한 열량은? (단, 물의 비열은 1 kcal/ kg·°C이다.)

① 15 kcal ② 20 kcal ③ 25 kcal
④ 30 kcal ⑤ 35 kcal

02 영희는 라면을 먹기 위해 물을 끓이려고 한다. 다음은 라면 조리를 위한 재료를 나타낸 것이다.

> 라면 120 g, 물(25 °C) 550 mL, 계란, 파 등

라면을 넣기 직전까지 물을 끓이는 데 필요한 최소 열량은?

① 11.2 kcal ② 41.25 kcal ③ 55.2 kcal
④ 100 kcal ⑤ 122.2 kcal

03 추운 겨울 손이 시릴 때 두 손을 비비면 손이 따뜻해진 다. 이와 같이 일이 열로 전환되는 예만 [보기]에서 있는 대로 고른 것은?

〔보기〕
ㄱ. 주전자에 물을 끓이면 뚜껑이 달그락거린다.
ㄴ. 사포로 물체를 문지르면 물체가 뜨거워진다.
ㄷ. 보온병에 물을 넣고 흔들면 물의 온도가 올라간다.

① ㄱ ② ㄷ ③ ㄱ, ㄴ
④ ㄴ, ㄷ ⑤ ㄱ, ㄴ, ㄷ

B 열의 일당량

[04~05] 그림과 같이 질량이 5 kg인 추 2개를 도르래에 매 달고 2 m 높이를 20회 낙하시키면서 물의 온도를 측정하 였다.

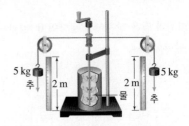

04 이에 대한 설명으로 옳은 것만을 [보기]에서 있는 대로 고른 것은?

〔보기〕
ㄱ. 추가 낙하하는 동안 중력 퍼텐셜 에너지는 증가한다.
ㄴ. 추의 열에너지가 역학적 에너지로 전환된다.
ㄷ. 추가 낙하하는 동안 한 일은 열에너지로 전환된다.

① ㄱ ② ㄷ ③ ㄱ, ㄴ
④ ㄴ, ㄷ ⑤ ㄱ, ㄴ, ㄷ

05 이 실험에서 추가 물에 공급한 에너지는? (단, 중력 가 속도는 9.8 m/s²이다.)

① 200.2 cal ② 420.6 cal ③ 781.2 cal
④ 933.3 cal ⑤ 998 cal

06 어떤 기체가 2260 kJ의 열을 받아 160 kJ의 일을 하였다. 이 기체의 내부 에너지 변화량은?

① 1100 kJ ② 1800 kJ ③ 2100 kJ
④ 2900 kJ ⑤ 3800 kJ

07 서술형 질량이 1500 kg인 자동차가 20 m/s의 속력으로 달리다가 정지하였다.

1500 kg 20 m/s

이 과정에서 발생할 수 있는 최대 열량은 몇 kcal인지 풀이 과정과 함께 서술하시오.

08 열역학 제1법칙과 관련된 설명으로 옳은 것만을 [보기]에서 있는 대로 고른 것은?

─[보기]─
ㄱ. 기체에 가해 준 열량은 기체의 내부 에너지 증가량과 기체가 외부에 한 일의 합과 같다.
ㄴ. 열에너지와 역학적 에너지를 포함한 에너지 보존 법칙이다.
ㄷ. 에너지 공급 없이 일을 할 수 있는 영구 기관을 제작할 수 있다.

① ㄱ   ② ㄴ   ③ ㄱ, ㄴ
④ ㄱ, ㄷ   ⑤ ㄴ, ㄷ

09 밀폐된 용기에 내부 에너지가 200 J인 이상 기체가 들어 있다. 열의 출입이 없이 기체가 외부로부터 50 J의 일을 받아 압축되었다면, 기체의 내부 에너지는?

① 150 J   ② 200 J   ③ 250 J
④ 300 J   ⑤ 350 J

10 그림과 같이 질량이 0.2 kg인 공을 30 m/s의 속력으로 연직 위로 던져 올렸더니 25 m 높이까지 올라갔다.
공이 올라가는 동안 공기 저항에 의해 발생한 열에너지는? (단, 중력 가속도는 10 m/s²이다.)

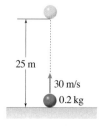

25 m
30 m/s
0.2 kg

① 20 J   ② 40 J   ③ 50 J
④ 60 J   ⑤ 100 J

11 서술형 철사를 접었다 폈다 하는 동작을 반복하면 철사가 점점 뜨거워지다가 끊어진다. 철사의 온도가 올라가는 까닭은 무엇인지 서술하시오.

12 서술형 그림과 같이 27 °C에서 부피가 0.02 m³인 기체의 압력을 1.2×10^5 N/m²로 일정하게 유지하면서 6000 J의 열을 공급했더니, 기체의 부피가 0.04 m³가 되었다.

피스톤
실린더
Q

기체가 외부에 한 일 W와 기체의 내부 에너지 증가량 ΔU는 각각 몇 J인지 풀이 과정과 함께 구하시오. (단, 외부로 손실되는 열은 없고, 피스톤과 실린더 사이의 마찰은 무시한다.)

중단원
핵심 정리

01 일과 에너지

1. 일·운동 에너지 정리

(1) **일**: 물체에 힘을 작용하여 힘의 방향으로 물체를 이동시켰을 때 (❶   )을 하였다고 한다.

① 일의 양: 물체에 힘 $\vec{F}$를 작용하여 물체를 힘의 방향과 각 θ인 방향으로 거리 s만큼 이동시켰을 때 힘이 한 일 W는 다음과 같다.

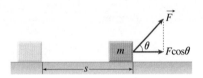

$$\text{일} = \text{힘} \times \text{이동 거리}, \quad W = Fs\cos\theta$$

② 일의 단위: J(줄) 또는 N·m

• (❷   ): 1 N의 힘을 작용하여 물체를 힘의 방향으로 1 m 이동시켰을 때 힘이 한 일

[포물선 운동에서 중력이 공에 한 일]

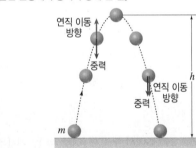

• 공이 위로 올라가는 동안 중력이 한 일: (❸   )
• 공이 내려오는 동안 중력이 한 일: mgh
• 공이 위로 올라갔다가 다시 바닥에 떨어질 때까지 중력이 한 일: $(-mgh) + mgh = $ (❹   )

(2) 일·운동 에너지 정리

① 일·운동 에너지 정리: 물체에 작용한 알짜힘이 한 일은 물체의 운동 에너지 변화량과 같다.

$$W = \frac{1}{2}mv^2 - \frac{1}{2}mv_0^2 = \Delta E_k$$

② 일과 운동 에너지의 변화

• 외부에서 일을 받은 경우($W > 0$): 알짜힘은 운동 방향과 같다. ➡ 물체가 받은 일의 양만큼 운동 에너지 (❺   )
• 외부에서 일을 받지 않은 경우($W = 0$): 알짜힘은 0이다. ➡ 운동 에너지의 변화가 없다.
• 외부에 일을 한 경우($W < 0$): 알짜힘은 운동 방향과 반대이다. ➡ 물체가 외부에 한 일의 양만큼 운동 에너지 감소

2. 알짜힘이 하는 일

(1) **중력이 한 일**: 자유 낙하 하는 물체에 (❻   )이 한 일은 물체의 운동 에너지 증가량과 같다.

$$W = mg(h_1 - h_2)$$
$$= \frac{1}{2}mv_2^2 - \frac{1}{2}mv_1^2$$
$$= \Delta E_k$$

(2) **마찰력이 한 일**: 물체에 작용한 마찰력이 한 일은 (❼   ) 감소량과 같다.

$$W = -fs = mas$$
$$= \frac{1}{2}mv^2 - \frac{1}{2}mv_0^2 = \Delta E_k$$

(3) **빗면에서 알짜힘이 한 일**: 물체에 작용한 중력이 한 일은 운동 에너지 증가량과 같다.

$$W = mg\sin\theta \cdot s$$
$$= \frac{1}{2}mv^2 = \Delta E_k$$

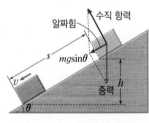

02 역학적 에너지 보존

1. 포물선 운동과 역학적 에너지

(1) 포물선 운동에서 역학적 에너지 변화

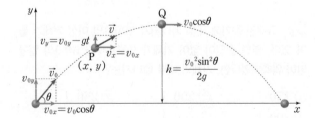

① 출발점에서의 역학적 에너지

$$E_0=\frac{1}{2}mv_0{}^2+(❽\qquad)=\frac{1}{2}mv_0{}^2$$

② P점에서의 역학적 에너지

$$E=E_k{}'+E_p{}'=\frac{1}{2}mv_0{}^2=E_0$$

➡ 포물선 운동에서 물체의 역학적 에너지는 (❾) 된다.

(2) 포물선 운동에서 역학적 에너지 보존 그래프

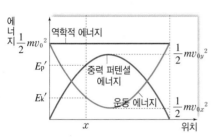

• 최고점에서는 (❿)가 최대이고, 운동 에너지는 최소이다.

• 출발점에서는 중력 퍼텐셜 에너지가 0이고, (⓫)는 최대이다.

2. 단진자 운동과 역학적 에너지

(1) 단진자 운동에서 역학적 에너지 보존: 단진자가 운동하는 동안 (⓬)는 일정하게 보존된다.

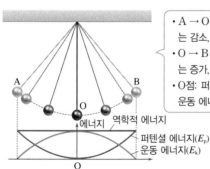

• A → O 경로: 퍼텐셜 에너지는 감소, 운동 에너지는 증가
• O → B 경로: 퍼텐셜 에너지는 증가, 운동 에너지는 감소
• O점: 퍼텐셜 에너지는 최소, 운동 에너지는 최대

(2) 단진자의 주기: 단진자의 주기를 T, 줄의 길이를 l, 중력 가속도를 g라고 하면 단진자의 주기는 $T=2\pi\sqrt{\dfrac{l}{g}}$이다.

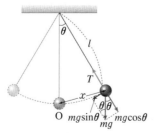

(3) 진자의 등시성: 단진자의 주기는 줄의 (⓭)와 중력 가속도에 의해서만 정해지고 진폭과는 관계가 없다.

(03) 열과 일

1. 열과 일의 전환

(1) 열: (⓮) 차이에 의해 이동하는 에너지

(2) 열량: 고온의 물체가 잃은 열의 양이나 저온의 물체가 얻은 열의 양이다.

① 비열이 c, 질량이 m인 물체가 열을 잃거나 얻어 온도가 ΔT만큼 변했다면, 이 물체가 잃거나 얻은 열량 Q는 $Q=(⓯)$이다.

② 열량의 단위: J(줄), cal(칼로리)

(3) 열과 일의 전환 예

일 → (⓰)	• 손을 비비면 손이 따뜻해진다. • 보온병에 물을 넣고 흔들면 물의 온도가 올라간다.
열 → 일	• 따뜻한 물에 넣은 찌그러진 탁구공이 펴진다. • 주전자의 물을 끓이면 수증기가 뚜껑을 밀어 올린다.

2. 열의 일당량

(1) 일과 열의 관계

① 줄의 실험: 추가 낙하하면서 열량계 속에 들어 있는 날개가 회전하면 물과 (⓱)하여 물의 온도가 올라간다.

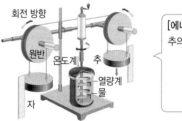

[에너지 전환]
추의 중력 퍼텐셜 에너지
↓
운동 에너지
↓
(⓲)

② 열의 일당량: 중력이 추에 한 일 W와 열량계 속에서 회전 날개와 물의 마찰로 발생한 열량 Q 사이에는 다음 관계가 성립한다는 것을 알 수 있다.

$$W=JQ \;(J:\;(⓳ \qquad))$$

(2) 열과 에너지 보존

① 열과 일은 서로 전환되므로 (⓴)은 역학적 에너지와 열을 포함하는 에너지 보존 법칙이다.

② 열역학 제1법칙: 기체의 내부 에너지 변화량(ΔU)은 기체가 흡수한 열(Q)과 외부에서 기체에 한 일($-W$)의 합과 같다. 즉, $\Delta U=Q-W$의 관계가 성립한다.

난이도 ●●●

01 그림과 같이 마찰이 없는 수평면에 정지해 있는 질량이 4 kg인 물체에 수평면과 30°의 각도로 40 N의 힘을 작용하여 수평 방향으로 10 m 이동시켰다. F_x는 작용한 힘의 수평 방향 성분, F_y는 수직 방향 성분을 나타낸다.

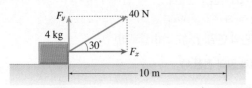

이에 대한 설명으로 옳은 것만을 [보기]에서 있는 대로 고른 것은? (단, 중력 가속도는 10 m/s²이고, $\sqrt{3}=1.7$로 계산한다.)

〔보기〕
ㄱ. 물체의 운동 방향으로 작용한 힘의 크기는 34 N이다.
ㄴ. 힘 F_y가 한 일은 0이다.
ㄷ. 물체가 10 m를 이동하는 동안 힘이 한 일은 200 J 이다.

① ㄱ   ② ㄴ   ③ ㄱ, ㄴ
④ ㄴ, ㄷ   ⑤ ㄱ, ㄴ, ㄷ

●●●

02 그림과 같이 질량이 m인 상자가 높이 h인 마찰이 없는 빗면 위에서 미끄러져 내려가 수평면 위에서 4 m만큼 이동한 후 정지하였다.

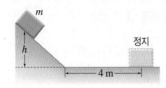

이 상자를 높이 $3h$인 빗면 위에서 미끄러지게 한다면, 상자는 수평면 위에서 몇 m를 이동한 후 정지하겠는가? (단, 수평면에서 바닥과 상자 사이의 마찰력은 일정하다.)

① 2 m   ② 4 m   ③ 6 m
④ 12 m   ⑤ 24 m

●○○

03 그림과 같이 수평면 위에 가만히 놓여 있는 질량 5 kg인 물체에 수평면과 60°의 각을 이루는 방향으로 10 N의 힘을 일정하게 작용하여 오른쪽으로 10 m 이동시켰다.

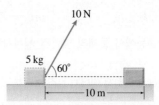

10 m 이동했을 때 물체의 속력은? (단, 물체와 바닥 사이의 마찰은 무시한다.)

① 2 m/s   ② $2\sqrt{2}$ m/s   ③ $\sqrt{10}$ m/s
④ $2\sqrt{5}$ m/s   ⑤ 10 m/s

●●○

04 그림과 같이 마찰이 없는 수평면 위에 두 물체 A, B가 접촉한 채로 정지해 있다. A에 수평 방향으로 10 N의 힘을 일정하게 작용하여 5 m만큼 밀었다.

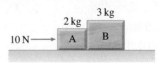

두 물체가 오른쪽으로 5 m만큼 이동한 순간, B의 운동 에너지는?

① 10 J   ② 20 J   ③ 30 J
④ 40 J   ⑤ 50 J

05 그림 (가)는 수평면에 정지해 있던 질량이 **2 kg**인 물체에 수평 방향으로 힘 F를 오른쪽으로 계속 작용하여 물체를 이동시키는 모습을 나타낸 것이다. x는 물체의 이동 거리이며 수평면과 물체 사이에 작용하는 마찰력은 **10 N**이다. 그림 (나)는 x에 따른 F의 크기를 나타낸 것이다.

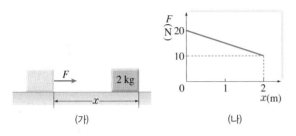

(가)   (나)

물체의 이동 거리가 **2 m**일 때, 물체의 운동 에너지는? (단, 공기 저항은 무시한다.)

① 5 J   ② 10 J   ③ 15 J

④ 20 J   ⑤ 30 J

06 그림은 지표면 근처에서 연직으로 낙하하는 어떤 물체의 위치를 일정한 시간 간격으로 나타낸 것이다.

구간 A, B에서 물체의 운동에 대한 설명으로 옳은 것만을 [보기]에서 있는 대로 고른 것은? (단, 공기 저항은 무시한다.)

─[보기]─
ㄱ. A에서 중력이 물체에 한 일은 B에서보다 작다.
ㄴ. A와 B에서 중력에 의한 퍼텐셜 에너지의 감소량은 같다.
ㄷ. A와 B에서 역학적 에너지는 감소한다.

① ㄱ   ② ㄴ   ③ ㄱ, ㄷ

④ ㄴ, ㄷ   ⑤ ㄱ, ㄴ, ㄷ

07 그림과 같이 수평면에서 v_0의 속력으로 비스듬히 공을 던져 올렸다.

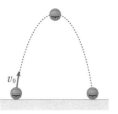

이에 대한 설명으로 옳은 것만을 [보기]에서 있는 대로 고른 것은? (단, 공기 저항은 무시한다.)

─[보기]─
ㄱ. 최고점에서 운동 에너지는 0이다.
ㄴ. 공이 운동하는 동안 역학적 에너지는 보존된다.
ㄷ. 공이 최고점까지 올라가는 동안 중력이 공에 한 일은 0이다.

① ㄱ   ② ㄴ   ③ ㄱ, ㄴ

④ ㄱ, ㄷ   ⑤ ㄴ, ㄷ

08 그림은 물체를 실에 매달아 A점까지 들었다가 놓았을 때 물체가 단진자 운동을 하는 것을 나타낸 것이다. 물체는 A점에서 O점을 지나 B점 사이를 왕복 운동한다.

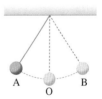

이에 대한 설명으로 옳은 것만을 [보기]에서 있는 대로 고른 것은? (단, 공기 저항과 진자의 크기는 무시한다.)

─[보기]─
ㄱ. 물체의 운동 에너지는 B에서 가장 크다.
ㄴ. 물체를 무거운 것으로 교체하면 주기는 작아진다.
ㄷ. 물체를 A점에서 더 높이 들었다가 놓으면 O에서의 운동 에너지는 커진다.

① ㄴ   ② ㄷ   ③ ㄱ, ㄴ

④ ㄱ, ㄷ   ⑤ ㄱ, ㄴ, ㄷ

09 그림은 무동력차가 궤도를 따라 운동하고 있는 모습을 나타낸 것이다. 무동력차는 동일 연직면에 있는 점 A, B, C를 차례로 통과한다. 점선은 수평면으로부터 같은 높이의 위치를 나타낸다.

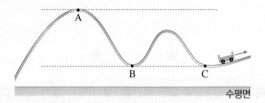

이에 대한 설명으로 옳은 것만을 [보기]에서 있는 대로 고른 것은? (단, 무동력차의 크기와 모든 마찰은 무시하고, 수평면을 중력 퍼텐셜 에너지의 기준으로 한다.)

[보기]
ㄱ. B에서 운동 에너지는 A에서보다 크다.
ㄴ. A와 B에서 중력 퍼텐셜 에너지는 같다.
ㄷ. A, B, C에서 역학적 에너지는 모두 같다.

① ㄱ　　　② ㄴ　　　③ ㄱ, ㄴ
④ ㄱ, ㄷ　　⑤ ㄴ, ㄷ

10 그림은 열의 일당량을 구하기 위해 줄이 한 실험을 개략적으로 나타낸 것이다.

이 실험에 대한 설명으로 옳은 것만을 [보기]에서 있는 대로 고른 것은?

[보기]
ㄱ. 역학적 에너지가 열로 전환되는 비율을 측정한다.
ㄴ. 중력 퍼텐셜 에너지를 전기 에너지로 전환한 뒤 열량계의 물의 온도를 높여 준다.
ㄷ. 열량계 속의 물의 양이 많을수록 역학적 에너지가 열로 전환되는 비율이 증가한다.

① ㄱ　　　② ㄷ　　　③ ㄱ, ㄴ
④ ㄱ, ㄷ　　⑤ ㄴ, ㄷ

서술형 문제

11 높이 10 m에서 물체를 가만히 놓았다. 이 물체의 운동 에너지와 중력 퍼텐셜 에너지가 같은 곳에서 물체의 속력은 몇 m/s인지 풀이 과정과 함께 구하시오. (단, 중력 가속도는 10 m/s²이다.)

12 그림은 수평면에서 수평면과 45°의 각을 이루는 방향으로 속력 v_0으로 던진 물체를 나타낸 것이다.

공기 저항을 무시할 때, 최고점에서 물체의 운동 에너지는 중력 퍼텐셜 에너지의 몇 배인지 풀이 과정과 함께 서술하시오.

13 그림과 같이 길이 l인 실에 질량 m인 추를 매달아 추가 수평이 되도록 A점까지 들어 올렸다가 가만히 놓았다.
추가 최하점 B를 지날 때의 속력 v는 얼마인지 풀이 과정과 함께 구하시오.

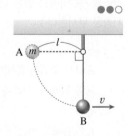

01
그림 (가)는 정지해 있던 질량이 m인 물체가 수평 방향으로 일정한 힘 F를 받아 운동하는 모습을 나타낸 것이다. 이 물체에 힘 F를 시간 t 동안 작용하였을 때, 힘 F가 한 일의 양은 W이다.

(가)   (나)

그림 (나)와 같이 정지해 있던 질량이 $2m$인 물체에 수평 방향으로 일정한 힘 F를 시간 $2t$ 동안 작용하였을 때, 힘 F가 한 일의 양은? (단, 두 물체는 수평면 위에서 운동하며 모든 마찰은 무시한다.)

① $0.5W$ ② W ③ $2W$

④ $4W$ ⑤ $8W$

02
그림 (가)와 같이 마찰이 없는 수평면에 정지해 있던 물체에 힘을 작용하였더니 물체가 직선 운동하였다. 그림 (나)는 물체에 작용하는 알짜힘을 이동 거리에 따라 나타낸 것이다.

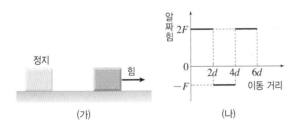

(가)   (나)

물체가 0에서 $6d$까지 운동하는 동안, 일과 운동 에너지에 대한 설명으로 옳은 것만을 [보기]에서 있는 대로 고른 것은?

[보기]
ㄱ. 운동 에너지가 계속 증가한다.
ㄴ. 운동 에너지의 최댓값은 $6Fd$이다.
ㄷ. 속도의 크기는 이동 거리가 $6d$일 때 최대이다.

① ㄱ   ② ㄴ   ③ ㄱ, ㄷ

④ ㄴ, ㄷ   ⑤ ㄱ, ㄴ, ㄷ

03
그림과 같이 질량이 2100 kg인 자동차가 30 m/s의 속력으로 달리다가 브레이크를 밟아 정지하였다.

이때 자동차의 운동 에너지가 모두 브레이크의 마찰에 의한 열로 전환되었다면 발생한 열량은? (단, 열의 일당량은 4.2×10^3 J/kcal이다.)

① 85 kcal   ② 105 kcal   ③ 155 kcal

④ 195 kcal   ⑤ 225 kcal

04
그림 (가)와 같이 실에 매단 추에 종이 테이프를 연결한 후 추를 약간 들었다가 놓았더니 종이 테이프에 (나)와 같은 타점이 찍혔다.

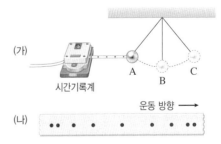

이 추의 운동에 대한 설명으로 옳은 것만을 [보기]에서 있는 대로 고른 것은? (단, 공기 저항은 무시한다.)

[보기]
ㄱ. 속력은 B에서 가장 빠르다.
ㄴ. 가속도의 크기는 B에서 가장 크다.
ㄷ. A와 C 사이의 평균 속력은 0이다.

① ㄱ   ② ㄴ   ③ ㄷ

④ ㄱ, ㄴ   ⑤ ㄴ, ㄷ

05 그림과 같이 줄에 매
달려 있는 질량이 **2 kg**인
나무 도막에 질량이 **10 g**인
총알이 **200 m/s**의 속력으
로 날아와 박혔다.

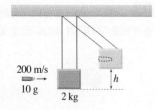

이에 대한 설명으로 옳은
것만을 [보기]에서 있는 대로 고른 것은? (단, 중력 가속도는
10 m/s²이고, 공기 저항은 무시한다.)

─[보기]─
ㄱ. 충돌 직후 나무 도막의 속력은 약 1 m/s이다.
ㄴ. 나무 도막의 수직 상승 높이 h는 약 0.05 m이다.
ㄷ. 총알이 나무 도막에 박히는 과정에서 발생한 열은 약
   185 J이다.

① ㄱ   ② ㄴ   ③ ㄷ
④ ㄱ, ㄴ   ⑤ ㄴ, ㄷ

06 그림과 같이 질량이 **0.6 kg**인 물체와 길이 **2.5 m**인
가벼운 실로 단진자를 만들었다. 물체를 O점으로부터 높이
10 cm인 A점에서 가만히 놓았더니 시간이 지날수록 진폭이
점점 줄어들어 50회 진동한 후 O점에 정지하였다.

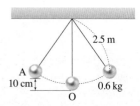

이에 대한 설명으로 옳은 것만을 [보기]에서 있는 대로 고른
것은? (단, 중력 가속도는 **10 m/s²**이다.)

─[보기]─
ㄱ. 진자의 역학적 에너지는 보존되지 않는다.
ㄴ. A에서 O로 가는 동안 진자에 작용하는 알짜힘의 크
   기는 증가한다.
ㄷ. 진자가 1회 진동하는 동안 소비한 평균 에너지는
   0.12 J이다.

① ㄱ   ② ㄷ   ③ ㄱ, ㄴ
④ ㄱ, ㄷ   ⑤ ㄴ, ㄷ

07 그림은 질량이 m인 물체가 속력 v로 직선 운동하다가
깊이 h인 곡면을 따라 운동한 후 C점을 지나는 모습을 나타
낸 것이다. A, B, C점은 동일 연직면상에 있고 A점과 C점은
동일 수평면상에 있다.

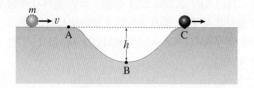

물체가 A → B → C로 이동하는 동안 중력이 물체에 한 일
은? (단, 물체의 크기와 모든 마찰은 무시하고, 중력 가속도는
g이다.)

① 0   ② $\frac{1}{2}mgh$ ③ mgh

④ $2mgh$ ⑤ $\frac{1}{2}mv^2 - mgh$

08 그림 (가)는 실에 매달려 정지해 있던 물체가 중력에 의
해 높이 h만큼 내려왔을 때 물체의 속력이 v_1인 것을 나타낸
것이다. 그림 (나)는 정지해 있던 물체가 중력에 의해 높이 h
만큼 낙하했을 때 물체의 속력이 v_2인 것을 나타낸 것이다. 그
림 (다)는 v_3의 속력으로 출발한 물체가 빗면을 따라 높이 h만
큼 올라가 정지한 순간을 나타낸 것이다. (가)~(다)에서 물체
의 질량은 각각 m이다.

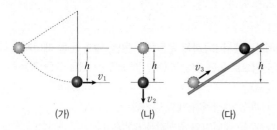

(가)   (나)   (다)

물체의 속력 v_1, v_2, v_3을 옳게 비교한 것은? (단, 모든 마찰과
공기 저항은 무시한다.)

① $v_1 = v_2 < v_3$ ② $v_1 < v_2 = v_3$ ③ $v_1 = v_2 = v_3$
④ $v_1 > v_2 = v_3$ ⑤ $v_1 > v_2 > v_3$

09 그림 (가)는 질량이 m인 공을 실에 매단 후 최하점에서 높이 h만큼 들었다가 놓는 순간을 나타낸 것이고, (나)는 질량을 $2m$, 높이를 $2h$로 해서 들었다가 놓는 순간을 나타낸 것이다.

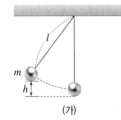 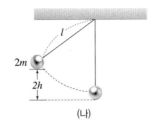

(가)　　　　　　　(나)

이에 대한 설명으로 옳은 것만을 [보기]에서 있는 대로 고른 것은? (단, 공기 저항과 물체의 크기는 무시하고, 실의 길이는 l로 같다.)

[보기]
ㄱ. 단진자의 주기는 (가)에서가 (나)에서의 $\sqrt{2}$배이다.
ㄴ. 최하점에서의 역학적 에너지는 (가)에서가 (나)에서의 $\frac{1}{2}$배이다.
ㄷ. (가)에서 물체의 질량만 4배로 하면 (가)와 (나)의 최하점에서의 운동 에너지가 같아진다.

① ㄴ　　　　　② ㄷ　　　　　③ ㄱ, ㄴ
④ ㄱ, ㄷ　　　⑤ ㄱ, ㄴ, ㄷ

10 지면에서 연직 위로 20 m/s의 속력으로 던져 올린 공의 운동 에너지와 시간 사이의 관계를 옳게 나타낸 그래프는? (단, 중력 가속도의 크기는 10 m/s²이고, 공기 저항은 무시한다.)

① 　　② 　　③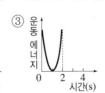

④ 　　⑤

11 그림은 줄의 실험 장치로, 추가 낙하하면서 열량계 속의 날개가 회전하면 물과 날개의 마찰에 의해 열이 발생하므로 물의 온도가 상승하게 된다.

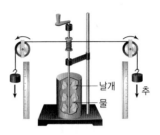

이 실험에 대한 설명으로 옳은 것만을 [보기]에서 있는 대로 고른 것은?

[보기]
ㄱ. 추의 질량이 클수록 물의 온도 변화가 크다.
ㄴ. 추의 낙하 거리가 클수록 물의 온도 변화가 크다.
ㄷ. 중력 가속도의 크기는 물의 온도 변화에 영향을 미치지 않는다.

① ㄱ　　　　　② ㄷ　　　　　③ ㄱ, ㄴ
④ ㄱ, ㄷ　　　⑤ ㄴ, ㄷ

12 그림과 같이 단면적이 0.5 m²인 피스톤이 달린 실린더에 1기압의 기체를 넣었다. 압력을 일정하게 유지하면서 10 kcal의 열을 가하였더니 피스톤이 0.8 m 밖으로 밀려났다. 외부로 손실되는 열은 없고, 피스톤과 실린더 사이의 마찰은 무시한다.

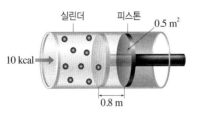

기체의 내부 에너지는 얼마나 증가하였는가? (단, 열의 일당량은 4.2 J/cal이고, 1기압은 10^5 N/m²이다.)

① 0.2×10^4 J　　② 0.4×10^4 J　　③ 1.2×10^4 J
④ 2×10^4 J　　⑤ 4×10^4 J

전자기장

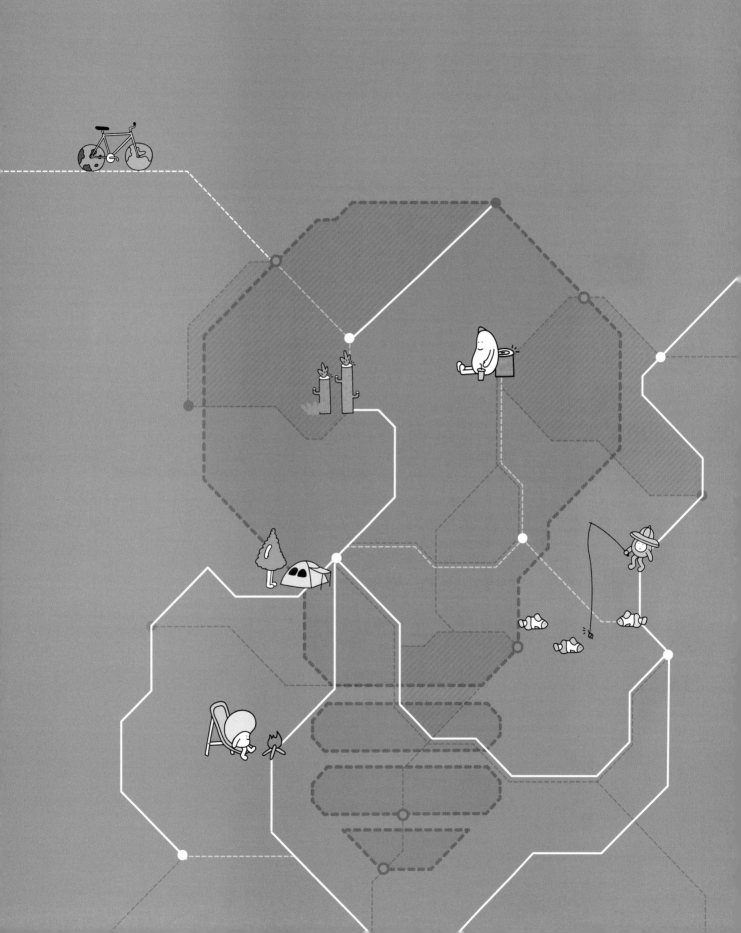

1 전기장

이 단원을 공부하기 전에 학습 계획을 세우고, 학습 진도를 스스로 체크해 보자.
학습이 미흡했던 부분은 다시 보기에 체크해 두고, 시험 전까지 꼭 완벽히 학습하자!

소단원	학습 내용	학습 일자	다시 보기
01. 전기장과 정전기 유도	ⓐ 쿨롱 법칙	/	
	ⓑ 전기장과 전기력선	/	
	ⓒ 정전기 유도 특강 정전기 유도의 적용	/	
	ⓓ 정전기 유도 현상의 이용과 정전기 피해 방지	/	
02. 저항의 연결과 전기 에너지	ⓐ 전압과 전류	/	
	ⓑ 전기 에너지와 소비 전력	/	
	ⓒ 저항의 연결 특강 저항에서 소비하는 전기 에너지와 소비 전력 비교하기	/	
03. 트랜지스터	ⓐ 트랜지스터의 원리 탐구 트랜지스터의 증폭 작용	/	
	ⓑ 바이어스 전압의 결정 특강 트랜지스터의 바이어스 전압 결정하기	/	
04. 축전기	ⓐ 축전기와 전기 용량	/	
	ⓑ 축전기의 연결 특강 축전기의 연결	/	
	ⓒ 축전기의 에너지	/	

◆ **마찰 전기**: 마찰에 의해 발생하는 전기로, [❶]의 이동 때문에 발생한다.

플라스틱 막대   털가죽

↑ **마찰하기 전** 플라스틱 막대와 털가죽에서 각각 (＋)전하와 (－)전하의 양이 같아 전기적으로 중성이다.

전자의 이동

↑ **마찰할 때** 털가죽의 전자가 플라스틱 막대로 이동한다.

(－)전기   (＋)전기

↑ **마찰한 후** 전자를 얻은 플라스틱 막대는 (－)전하, 전자를 잃은 털가죽은 (＋)전하로 대전된다.

전자를 잃은 물체	전자를 얻은 물체
털가죽 ➡ [❷] 전하를 띤다.	플라스틱 막대 ➡ [❸] 전하를 띤다.

◆ **검전기의 이용**: 물체의 대전 여부, 대전된 전하의 양 비교, 대전체가 띤 전하의 종류 비교

물체의 대전 여부	대전된 전하의 양 비교	대전체가 띤 전하의 종류 비교
대전되지 않은 물체는 금속박이 벌어지지 않고, 대전된 물체는 금속박이 벌어진다.	대전된 전하량이 많을수록 금속박이 더 많이 벌어진다.	검전기와 [❹] 전하를 띠는 대전체이면 금속박이 더 벌어지고, 검전기와 [❺] 전하를 띠는 대전체이면 금속박이 오므라든다.

◆ **반도체**

① **순수 반도체**: 규소(Si)와 저마늄(Ge) 등과 같이 어떤 불순물도 섞이지 않은 순수한 반도체로 원자가 전자가 [❻]개다.

② **불순물 반도체**: 순수 반도체에 특정한 불순물을 섞어서 전류를 흐르게 하는 입자의 수를 증가시켜 전기 전도도를 증가시킨 반도체

 • n형 반도체: 순수 반도체에 원자가 전자가 [❼]개인 불순물을 첨가하여 만든 반도체로, 주 전하 운반자는 [❽]이다.

 • p형 반도체: 순수 반도체에 원자가 전자가 [❾]개인 불순물을 첨가하여 만든 반도체로, 주 전하 운반자는 [❿]이다.

③ **p－n접합 다이오드**: p형 반도체와 n형 반도체를 접합시켜 양 끝에 전극을 붙인 것으로, 다이오드에 [⓫] 전압이 걸렸을 때만 전류가 흐른다.

01 전기장과 정전기 유도

핵심
포인트
- Ⓐ 쿨롱 법칙 ★★
  전기력의 크기 계산 ★★★
- Ⓑ 전기장의 세기와 방향 ★★★
  전기력선의 특징 ★★★
- Ⓒ 정전기 유도의 원리 ★★
  검전기를 대전시키는 방법 ★★
- Ⓓ 정전기 유도 현상의 이용 ★★
  정전기 방지의 예 ★★

Ⓐ 쿨롱 법칙

1. ❶전하와 전하량

(1) **전하**: 전기 현상을 일으키는 원인으로 (+)전하와 (−)전하가 있다.

(2) ****전하량**: 전하를 띠는 정도를 나타내는 양으로, 단위는 C(쿨롬)을 사용한다.

2. 쿨롱 법칙
질량이 있는 물체는 중력장이 형성되어 다른 물체에 중력을 작용하는 것처럼
└─● 전하 주위에는 전기장이 형성되어 다른 전하에 전기력을 작용한다.

(1) **전기력**: 전하 사이에 작용하는 힘으로 같은 종류의 전하 사이에는 서로 미는 척력이 작용하고, 다른 종류의 전하 사이에는 서로 당기는 인력이 작용한다.

(2) ****쿨롱 법칙**: 두 전하 사이에 작용하는 전기력의 크기는 두 전하량의 곱에 비례하고, 두 전하 사이의 거리의 제곱에 반비례한다. 이것을 쿨롱 법칙이라고 한다. 전하량이 q_1, q_2인 두 전하가 거리 r만큼 떨어져 있을 때 작용하는 전기력의 크기 F는 다음과 같다.

$$F=k\frac{q_1 q_2}{r^2} \ (k=9.0\times10^9 \ \text{N·m}^2/\text{C}^2 : \text{진공에서의 쿨롱 상수})$$

예제 거리 r만큼 떨어져 있는 두 전하 사이에 작용하는 전기력의 크기가 F일 때, 두 전하 사이의 거리가 $2r$가 되면 전기력의 크기는 얼마가 되는지 쓰시오.

┃**해설**┃ 전기력의 크기는 두 전하 사이의 거리 제곱에 반비례하므로 $F\times\frac{1}{2^2}=\frac{1}{4}F$가 된다. **답** $\frac{1}{4}F$

Ⓑ 전기장과 전기력선

1. ❷전기장
전하 주위에 전기력이 작용하는 공간으로 방향과 크기가 있는 ❸벡터량이다.

(1) **전기장의 세기**: 전기장 속에서 단위 양전하(+1 C)가 받는 전기력의 크기이다. 전기장 속에 놓인 전하 +q가 받는 전기력의 크기가 F이면, 전기장의 세기 E는 다음과 같다.

$$E=\frac{F}{q} \ [\text{단위: N/C}] \Rightarrow F=qE$$

┌─ **전기력과 전기장의 세기** ─
전하량이 +Q인 전하 A로부터 r만큼 떨어진 곳에 전하량이 +q인 전하 B가 놓인 경우

❶ B가 받는 전기력의 세기: $F=k\dfrac{Qq}{r^2}$ 전하에 의한 전기장의 세기는 전하량에 비례하고 거리 제곱에 반비례한다.

❷ B가 놓인 곳에서의 전기장의 세기: $E=\dfrac{F}{q}=k\dfrac{Q}{r^2}$

★ 기본 전하량(e)
모든 전하는 전자의 전하량($e=1.6\times10^{-19}$ C)의 정수배로 존재하므로 전자의 전하량을 기본 전하량이라고 한다.

★ 쿨롱의 실험
1785년 쿨롱은 두 전하 사이에 작용하는 전기력의 크기를 측정하기 위해 비틀림 저울을 이용하였다. 공 A에 같은 종류의 전하로 대전된 공 B를 가까이 하면 A는 척력을 받아 회전한다. ➡ 회전각을 측정하면 A와 B 사이에 작용하는 전기력의 크기를 알 수 있다.

암기해

쿨롱 법칙
전기력의 크기는 전하량의 곱에 비례하고 거리 제곱에 반비례한다.
전기장의 세기
전기장의 세기는 단위 양전하가 받는 전기력의 크기이다.

┃**용어**┃

❶ **전하**(電 전기, 荷 짊어지다)_전기 현상을 일으키는 주체적인 원인으로 물질이 가지고 있는 전기의 양

❷ **전기장**(電 전기, 氣 기운, 場 마당)_전하 주위에 전기력이 작용하는 공간

❸ **벡터량**_크기와 방향을 갖는 물리량으로 스칼라량에 대비되는 양

(2) **전기장의 방향**: 전기장 속에서 단위 양(+)전하가 받는 전기력의 방향

(+)전하 주위의 전기장 벡터	(−)전하 주위의 전기장 벡터
전하에서 나가는 방향이며, 전하로부터 멀어질수록 전기장을 나타내는 벡터의 크기가 작아진다. $E=k\dfrac{Q}{r^2}$	전하로 들어가는 방향이며, 전하로부터 멀어질수록 전기장을 나타내는 벡터의 크기가 작아진다. $E=k\dfrac{Q}{r^2}$

(3) **전기장의 합성**: 두 전하에 의한 전기장은 각 전하가 만드는 전기장의 벡터 합과 같다.

전기장 합성의 예

전기장은 단위 양전하(+1 C)에 작용하는 힘의 크기와 방향에 의해 정해지므로 벡터량이다.

- P점에서 +Q에 의한 전기장: $\vec{E_1}$
- P점에서 −Q에 의한 전기장: $\vec{E_2}$
- P점에서 합성 전기장(알짜 전기장): $\vec{E}=\vec{E_1}+\vec{E_2}$

벡터를 합성하는 방법인 평행사변형법을 이용한다.

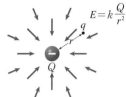

┌─ 전기장을 시각적으로 표현하기 위한 가상의 선

2. 전기력선 전기장 속에 놓인 단위 양(+)전하가 받는 힘의 방향을 연속적으로 이은 선

(1) **전기력선의 특징**

① (+)전하에서 나와 (−)전하로 들어간다.

② 중간에 끊어지거나 ④교차 또는 분리되지 않는다.

③ 전기장의 세기는 전기장에 수직인 단위 면적을 통과하는 전기력선의 수에 비례한다.
└─ 전기력선의 밀도

④ 전기력선의 한 점에서 그은 ⑤접선의 방향은 그 점에서의 전기장 방향이다.

(2) **여러 가지 전기력선의 모양**: 전하의 종류나 전하량에 따라 전기력선의 방향과 개수가 다르므로 여러 전하 주위에서 전기력선의 모양이 다양하게 나타난다.

여러 가지 전기력선

[전하량이 같은 두 전하에 의한 전기력선]

같은 개수의 전기력선이 각 전하에서 나오고 들어가는 것으로 그려진다.

❶ 두 전하의 부호가 다를 때(인력 작용)	❷ 두 전하의 부호가 같을 때(척력 작용)	❸ 평행한 두 금속판 사이의 전기력선
 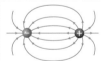		
• 전기력선은 (+)전하에서 나와 (−)전하로 들어간다. • (+)전하에서 나오는 전기력선의 수와 (−)전하로 들어가는 전기력선의 수는 같다.	• (+)전하일 때는 전하에서 나가는 전기력선만 있다. • (−)전하일 때는 전하로 들어가는 전기력선만 있다.	• 전기력선의 간격이 일정하다. • 두 금속판 사이에 방향과 세기가 일정한 전기장이 형성된다. ➡ 균일한 전기장

[전하량이 다른 두 전하에 의한 전기력선]

전기력의 크기는 전하량에 비례하므로 전기력선의 개수는 전하량에 비례한다.

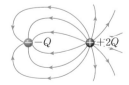

> (+)전하의 전하량이 (−)전하의 전하량보다 2배 큰 경우: −Q로 들어가는 전기력선의 수보다 +2Q에서 나가는 전기력선의 수가 2배 많다. ➡ +2Q에 의한 전기장의 세기가 −Q에 의한 전기장의 2배가 된다.

주의해

전기장의 합성

전기장의 방향은 양(+)전하가 받는 전기력의 방향으로 약속을 정한 것이다. 이에 따라 합성 전기장을 구할 때는 각 전하에 의한 전기장의 방향을 정확하게 표시해야 한다.

궁금해

전기력은 얼마나 큰 힘일까?

각각 1 C의 전하량을 갖는 두 전하가 1 m 떨어져 있을 때 작용하는 전기력의 크기는 9×10^9 N으로 매우 크다. 이것은 1 C이 매우 큰 전하량이기 때문이다. 일상생활에서 발생하는 정전기의 전하량은 대략 10^{-6} C에서 10^{-9} C 정도이다.

용어

④ **교차(交 섞이다, 叉 엇갈리다)**_둘 이상의 것이 한곳에서 서로 맞닿거나 엇갈림

⑤ **접선(接 잇다, 線 선)**_주어진 곡선의 한 점에서 접하는 직선

개념 확인 문제

C 정전기 유도

1. 정전기 유도 대전체를 물체에 가까이 할 때 대전체와 가까운 쪽에는 대전체와 반대 종류의 전하가 유도되고, 대전체와 먼 쪽에는 대전체와 같은 종류의 전하가 유도되는 현상

구분	★도체에서의 정전기 유도	★절연체에서의 정전기 유도(유전 분극)
원리	★대전체와의 전기력에 의해 도체 내부의 자유 전자가 이동한다. 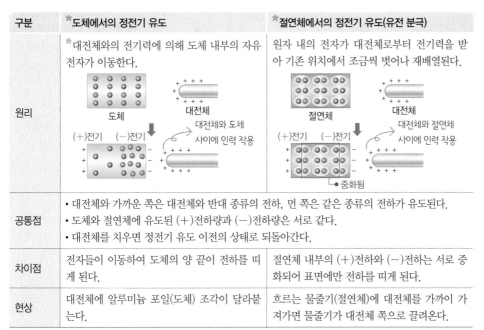	원자 내의 전자가 대전체로부터 전기력을 받아 기존 위치에서 조금씩 벗어나 재배열된다.
공통점	• 대전체와 가까운 쪽은 대전체와 반대 종류의 전하, 먼 쪽은 같은 종류의 전하가 유도된다. • 도체와 절연체에 유도된 (+)전하량과 (−)전하량은 서로 같다. • 대전체를 치우면 정전기 유도 이전의 상태로 되돌아간다.	
차이점	전자들이 이동하여 도체의 양 끝이 전하를 띠게 된다.	절연체 내부의 (+)전하와 (−)전하는 서로 중화되어 표면에만 전하를 띠게 된다.
현상	대전체에 알루미늄 포일(도체) 조각이 달라붙는다.	흐르는 물줄기(절연체)에 대전체를 가까이 가져가면 물줄기가 대전체 쪽으로 끌려온다.

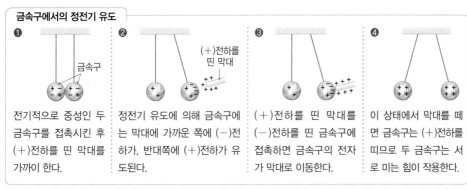

금속구에서의 정전기 유도

❶ 전기적으로 중성인 두 금속구를 접촉시킨 후 (+)전하를 띤 막대를 가까이 한다.

❷ 정전기 유도에 의해 금속구에는 막대에 가까운 쪽에 (−)전하가, 반대쪽에 (+)전하가 유도된다.

❸ (+)전하를 띤 막대를 (−)전하를 띤 금속구에 접촉하면 금속구의 전자가 막대로 이동한다.

❹ 이 상태에서 막대를 떼면 금속구는 (+)전하를 띠므로 두 금속구는 서로 미는 힘이 작용한다.

2. ★검전기 정전기 유도 현상을 이용하여 물체의 대전 상태를 알아볼 수 있는 기구로, 검전기의 금속판에 대전체를 가까이 하면 금속박이 벌어진다. 150쪽

검전기를 대전시키는 방법

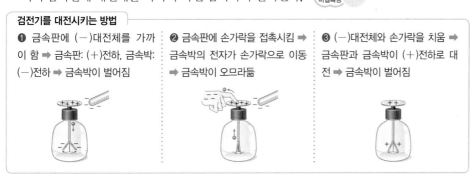

❶ 금속판에 (−)대전체를 가까이 함 ➡ 금속판: (+)전하, 금속박: (−)전하 ➡ 금속박이 벌어짐

❷ 금속판에 손가락을 접촉시킴 ➡ 금속박의 전자가 손가락으로 이동 ➡ 금속박이 오므라듦

❸ (−)대전체와 손가락을 치움 ➡ 금속판과 금속박이 (+)전하로 대전 ➡ 금속박이 벌어짐

★ **도체와 절연체**
• 도체: 물체 내부에 자유 전자가 많아 전기가 잘 통하는 물질 예 구리, 철, 금, 은 등과 같은 금속
• 절연체: 물체 내부에 자유 전자가 거의 없어 전기가 잘 통하지 않는 물질 예 유리, 고무, 플라스틱 등

궁금해
마찰 전기와 정전기 유도의 차이점은 무엇일까?
마찰 전기는 두 물체 사이에서 전자가 이동하여 나타나는 현상이고, 정전기 유도는 한 물체 내에서 전자가 이동하여 일어나는 현상이다.

★ **전하의 이동**
물질 내에서 자유롭게 이동 가능한 전하에는 이온, 전자, 양공이 있다. 금속의 경우에는 전자가 전하를 이동시키는 역할을 한다.

★ **검전기**
• 검전기의 구조

• 금속판에 대전체를 가까이 할 때

금속판에 대전체를 가까이 하면 정전기 유도 현상에 의해 금속판은 대전체와 반대 종류의 전하가, 금속박은 대전체와 같은 종류의 전하가 유도된다.

D 정전기 유도 현상의 이용과 정전기 피해 방지

1. *정전기 유도 현상의 이용

복사기	자동차 도색

복사기의 드럼 표면에 빛이 닿으면 전기적인 특성이 달라지는데 (+)전하로 대전된 드럼에 빛이 닿으면 그 부분은 전하를 잃는다. 따라서 글자의 상 부분에만 (+)전하가 그대로 남아 있게 된다. 토너(흑연 가루)는 전기적으로 (−)전하를 띠므로 정전기에 의해 (+)전기를 띠는 글자 부분이 드럼에 달라붙는다.	전하를 띤 페인트 입자를 뿌리면 자동차 표면에 반대 전하가 유도된다. 따라서 페인트 입자는 자동차 표면에 유도된 전하로부터 전기력을 받아 자동차 표면에 달라붙는다. 이때 페인트 입자끼리는 같은 전하를 띠고 있어 뭉치지 않고 고르게 퍼질 수 있다.
포장 랩	전기 집진기
	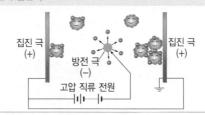
랩을 분리하는 과정에서 대전되는데, 이때 대전된 전하는 그릇이나 다른 랩에 유전 분극에 의한 표면 전하를 유도한다. 따라서 랩끼리 또는 랩과 그릇을 잘 달라붙게 한다. 전하를 띤 랩은 손가락에도 정전기 유도에 의한 반대 전하를 유도하므로 랩이 손가락에도 잘 달라붙는다.	발전소나 보일러에서 연소 후 배출되는 배기가스 중에서 오염된 먼지를 제거하는 설비이다. 집진기 내에서 대전된 극판을 배열시키고 ⑥방전 극과 집진 극 사이에 높은 전압을 걸어 주면 방전 극에서 발생한 전자에 의해 먼지가 (−)전하로 대전되어 (+)극인 집진 극으로 끌려가서 모이게 된다.

2. 정전기 피해 방지

피뢰침	정전기 방지 패드

번개가 치기 전 구름의 위쪽은 (+)전하를 띠고, 아래쪽은 (−)전하를 띤다. 정전기 유도에 의해 지면에는 (+)전하가 유도되므로 구름 하부와 지면 사이의 방전에 의해 번개가 친다. ➡ 번개에 의한 피해를 막기 위해 높은 건물에 금속 막대로 된 피뢰침을 설치한다. 피뢰침의 한쪽 끝은 땅속에 묻어 ⑦접지되게 한다.	건조한 날 자동차 문에 손을 대면 손에 있던 전자들이 순식간에 차체로 몰려 방전이 일어난다. 주유소의 가솔린이나 디젤에서 발생한 유증기가 정전기로 생긴 불꽃에 닿으면 화재가 발생할 수 있다. ➡ 주유소에 있는 정전기 방지 패드에 손을 대면 우리 몸에 흐르고 있는 (−)전하가 정전기 패드로 흘러 들어가 정전기를 없애 준다.

★ 강유전체를 이용한 정보 저장
강유전체는 전기장을 걸어 주면 유전 분극에 의해 전기를 띠게 되는데, 전기장을 제거하여도 유전 분극 상태가 유지된다. 따라서 강유전체는 정보를 저장하는 메모리 소자로 활용된다.

┃ 용어 ┃

⑥ 방전(放 놓다, 電 전기)_대전체가 전하를 잃는 것
⑦ 접지(接 잇다, 地 땅)_대전체를 지면과 도선으로 연결시키는 것

개념 확인 문제

정답친해 60쪽

- 정전기 유도: 대전체와 가까운 쪽은 대전체와 (❶   ) 종류의 전하, 먼 쪽은 대전체와 (❷   ) 종류의 전하가 유도되는 현상
- 종류가 다른 두 물체를 마찰시킬 때 전자를 잃은 물체는 (❸   )전하를 띤다. 이때 물체가 전하를 띠는 현상을 (❹   ), 전하를 띤 물체를 (❺   )라고 한다.
- 금속에서 정전기 유도 현상은 금속 내부의 (❻   )의 이동에 의해 나타난다.
- (❼   ): 대전체를 절연체에 가까이 할 때, 절연체에서 원자 내의 전자가 전기력에 의해 재배열되어 절연체 표면이 전하를 띠는 현상
- (❽   ): 정전기 유도 현상을 이용하여 물체의 대전 상태를 알아볼 수 있는 기구

---

1 다음 설명과 서로 관계있는 것을 옳게 연결하시오.

(1) 마찰 전기 •

(2) 유전 분극 •

(3) 정전기 유도 •

• ㉠ 절연체에서 전자의 위치가 재배열되어 물체가 전기를 띠는 것

• ㉡ 두 물체 사이에 전자가 이동하여 물체가 전기를 띠는 것

• ㉢ 도체에서 양 끝이 서로 다른 전기를 띠는 것

---

2 그림 (가)와 같이 금속구 A와 B가 접촉한 상태에서 (−)전하를 띤 대전체를 B에 접근시킨 후, (나)와 같이 A와 B를 떼어 놓은 다음 대전체를 치웠다. 이때 A와 B가 띠는 전하의 종류를 각각 쓰시오.

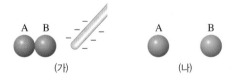

---

3 다음 예들은 주로 어떤 현상과 관련이 있는지 쓰시오.

복사기, 포장 랩, 피뢰침, 자동차 도색

---

4 그림과 같이 명주 헝겊으로 유리 막대를 문질렀더니 명주 헝겊은 음(−)전하로, 유리 막대는 양(+)전하로 각각 대전되었다. 이에 대한 설명 중 (   ) 안에 알맞은 말을 쓰시오.

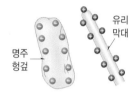

명주 헝겊으로 유리 막대를 마찰하면 유리 막대에서 명주 헝겊으로 ㉠(   )가 이동하여 유리 막대의 ㉡(   ) 전하가 감소한다.

---

5 대전되지 않은 검전기의 금속판에 대전체를 가까이 가져갔다. 이때 검전기의 상태를 나타낸 것으로 가장 적절한 것은?

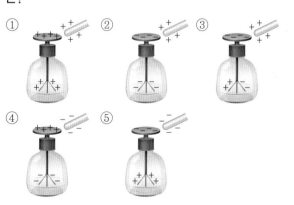

정전기 유도의 적용

○ 정답친해 61쪽

물체의 대전 상태를 알아볼 수 있는 검전기를 비롯하여 우리 주변의 복사기, 포장 랩 등은 정전기 유도와 관련이 있습니다. 정전기 유도 현상이 어떻게 적용되는지 그림과 함께 알아볼까요?

1 검전기 대전시키기 검전기에 손가락을 접촉(접지)하여 검전기를 전체적으로 대전시킬 수 있다.

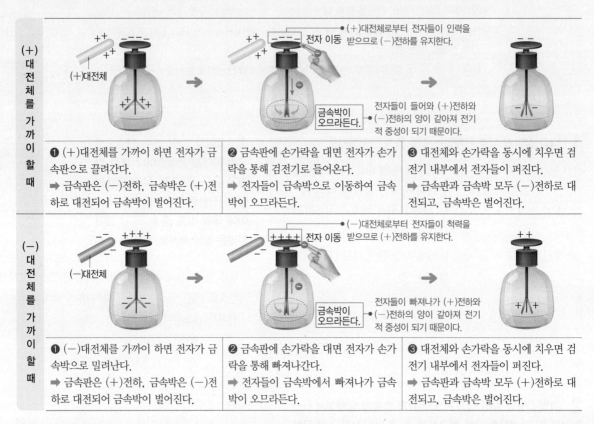

(+)대전체를 가까이 할 때

❶ (+)대전체를 가까이 하면 전자가 금속판으로 끌려간다.
➡ 금속판은 (−)전하, 금속박은 (+)전하로 대전되어 금속박이 벌어진다.

❷ 금속판에 손가락을 대면 전자가 손가락을 통해 검전기로 들어온다.
➡ 전자들이 금속박으로 이동하여 금속박이 오므라든다.

❸ 대전체와 손가락을 동시에 치우면 검전기 내부에서 전자들이 퍼진다.
➡ 금속판과 금속박 모두 (−)전하로 대전되고, 금속박은 벌어진다.

- (+)대전체로부터 전자들이 인력을 받으므로 (−)전하를 유지한다.
- 전자들이 들어와 (+)전하와 (−)전하의 양이 같아져 전기적 중성이 되기 때문이다.

(−)대전체를 가까이 할 때

❶ (−)대전체를 가까이 하면 전자가 금속박으로 밀려난다.
➡ 금속판은 (+)전하, 금속박은 (−)전하로 대전되어 금속박이 벌어진다.

❷ 금속판에 손가락을 대면 전자가 손가락을 통해 빠져나간다.
➡ 전자들이 금속박에서 빠져나가 금속박이 오므라든다.

❸ 대전체와 손가락을 동시에 치우면 검전기 내부에서 전자들이 퍼진다.
➡ 금속판과 금속박 모두 (+)전하로 대전되고, 금속박은 벌어진다.

- (−)대전체로부터 전자들이 척력을 받으므로 (+)전하를 유지한다.
- 전자들이 빠져나가 (+)전하와 (−)전하의 양이 같아져 전기적 중성이 되기 때문이다.

Q1 대전되지 않은 검전기의 금속판에 (+)대전체를 가까이 한 상태에서 손가락을 금속판에 접촉할 때 손가락과 금속박 사이에서 전자의 이동 방향을 쓰시오.

2 복사기의 원리

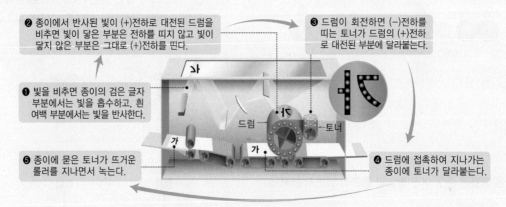

❶ 빛을 비추면 종이의 검은 글자 부분에서는 빛을 흡수하고, 흰 여백 부분에서는 빛을 반사한다.

❷ 종이에서 반사된 빛이 (+)전하로 대전된 드럼을 비추면 빛이 닿은 부분은 전하를 띠지 않고 빛이 닿지 않은 부분은 그대로 (+)전하를 띤다.

❸ 드럼이 회전하면 (−)전하를 띠는 토너가 드럼의 (+)전하로 대전된 부분에 달라붙는다.

❹ 드럼에 접촉하여 지나가는 종이에 토너가 달라붙는다.

❺ 종이에 묻은 토너가 뜨거운 롤러를 지나면서 녹는다.

Q2 토너가 전기적으로 (−)전하를 띤다면 드럼에 달라붙는 글자 부분은 어떤 전하를 띠는지 쓰시오.

대표 자료 분석

자료 ① 전기력과 전기장

기출 Point	• 전기력의 개념 이해하기 • 전기력의 방향 및 세기 구하기

[1~3] 그림과 같이 전하량이 각각 $+Q$, $+3Q$인 점전하 A, B가 x축상에 고정되어 있다. x축상의 점 p, q는 각각 A, B 전하로부터 왼쪽으로 d만큼 떨어진 지점이다.

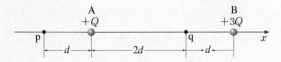

1 다음 (   ) 안에 알맞은 말을 고르시오.

p에 (+)전하를 놓으면 A로부터 받는 전기력의 방향은 ㉠($+x$, $-x$)방향이고, q에 (−)전하를 놓으면 B로부터 받는 전기력의 방향은 ㉡($+x$, $-x$)방향이다.

2 q에 $+1$ C의 (+)전하를 놓았을 때 A로부터 받는 전기력의 크기가 F일 때 이 전하가 B로부터 받는 전기력의 크기와 방향을 구하시오.

3 빈출 선택지로 완벽 정리!

(1) x축상에서 전기장이 0인 지점은 A와 B 사이에 있다. ·············· (○ / ×)

(2) q에서 A와 B에 의한 전기장의 방향은 $+x$방향이다. ·············· (○ / ×)

(3) B의 오른쪽 영역에서 전기장의 방향은 $+x$방향이다. ·············· (○ / ×)

(4) q에 놓은 어떤 전하가 받는 전기력의 크기는 A와 B로부터 각각 받는 전기력의 크기의 합이다. ·············· (○ / ×)

(5) A와 B에 의한 전기장의 세기는 p에서가 q에서보다 크다. ·············· (○ / ×)

자료 ② 전기장 속에서 전하가 받는 힘

기출 Point	• 전기장에서 전하가 받는 전기력의 크기와 방향 구하기 • 전기장에서 전하의 운동 상태를 해석하여 전하량 구하기

[1~4] 그림은 균일한 전기장에서 질량이 m인 대전체 A가 실에 매달려 정지해 있는 모습을 나타낸 것이다. 이때 실은 연직 방향과 30°를 이루며, 전

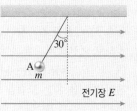

기장의 세기는 E이고 방향은 중력 방향에 대해 수직이다.(단, 중력 가속도는 g이고, 실의 질량은 무시한다.)

1 다음은 대전체에 작용하는 전기력의 크기를 구하는 과정이다. (   ) 안에 알맞은 말을 쓰시오.

실의 장력을 T, 대전체가 받는 전기력을 F라고 하면 $mg=T($ ㉠ $)$이고, $F=T($ ㉡ $)$이다. 따라서 $F=($ ㉢ $)$이다.

2 A의 전하량을 구하시오.

3 A에 작용하는 장력의 크기는 A에 작용하는 중력의 크기의 몇 배인지 구하시오.

4 빈출 선택지로 완벽 정리!

(1) A에 작용하는 전기력의 방향은 왼쪽 방향이다. ·············· (○ / ×)

(2) A의 전하량이 커질수록 A가 정지해 있을 때 실과 연직면이 이루는 각은 커진다. ·············· (○ / ×)

(3) A에 작용하는 알짜힘은 0이다. ·············· (○ / ×)

(4) A는 (+)전하이다. ·············· (○ / ×)

자료 ③ 금속구에서 정전기 유도

기출 Point
• 도체에서 정전기 유도 현상 이해하기
• 도체와 절연체에서의 정전기 유도의 차이 이해하기

[1~2] 그림 (가)는 같은 종류의 전하로 대전된 동일한 금속구 A, B를 접촉시킨 모습을, (나)는 (가)에서 (−)전하로 대전된 막대를 A에 가까이 가져간 모습을 나타낸 것이다. 그림 (다)는 (나)에서 A, B를 분리한 후 대전된 막대를 치운 모습을 나타낸 것이며, 이때 전하량의 크기는 A가 B보다 크고, 전하의 종류는 서로 다르다.

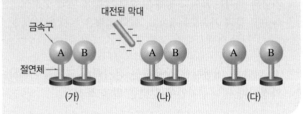

1 다음 (   ) 안에 알맞은 말을 고르시오.

(1) (나)에서 B는 ((+), (−))전하로 대전되어 있다.

(2) (나)에서 A와 B의 전하 분포가 달라지는 것은 (정전기 유도, 유전 분극) 현상으로 설명할 수 있다.

(3) (다)에서 A와 B 사이에는 서로 (끌어당기는, 밀어내는) 전기력이 작용한다.

(4) A에 대전된 전하의 종류는 (가)에서와 (다)에서가 (같다, 다르다).

2 빈출 선택지로 완벽 정리!

(1) (나)에서 A는 (+)전하로 대전되어 있다. (○ / ×)

(2) (다)에서 B는 (+)전하로 대전되어 있다. (○ / ×)

(3) (가)에서 A와 B는 모두 (+)전하로 대전되어 있다. (○ / ×)

(4) (다)에서 A와 B 사이의 중간 지점에서 전기장은 오른쪽 방향이다. (○ / ×)

(5) (다)에서 B에 손으로 접촉해 접지를 시키면 전자는 B에서 손으로 이동한다. (○ / ×)

자료 ④ 검전기에서 정전기 유도

기출 Point
• 검전기에서 정전기 유도 현상 이해하기
• 검전기를 대전시키는 방법 알기

[1~3] 그림 (가)는 (−)전하로 대전된 유리 막대를 대전되지 않은 검전기의 금속판에 가까이 가져간 모습을, (나)는 (가)에서 금속판을 접지시킨 모습을 나타낸 것이다.

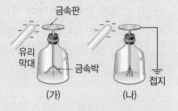

1 다음은 (가)에 대한 설명이다. (   ) 안에 알맞은 말을 쓰시오.

(1) 금속판의 전자들과 유리 막대 사이에 작용하는 힘은 ㉠(   )이므로, ㉡(   )는 금속박으로 이동한다.

(2) 금속판은 ㉠(   )전하를 띠고, 금속박은 ㉡(   )전하를 띤다.

2 (나)에 대한 설명으로 옳은 것만을 [보기]에서 있는 대로 고르시오.

보기
ㄱ. 접지한 도선을 통해 이동하는 것은 전자이다.
ㄴ. 금속박의 벌어진 정도는 (가)에서보다 크다.
ㄷ. 접지 후 충분한 시간이 지나면 금속박은 중성이다.

3 빈출 선택지로 완벽 정리!

(1) (나)에서 접지한 도선과 유리 막대를 동시에 치우면 검전기 전체는 (−)전하를 띤다. (○ / ×)

(2) (나)에서 접지한 도선과 유리 막대를 동시에 치우면 금속박은 벌어진다. (○ / ×)

(3) (나)에서 접지한 도선을 유지한 채로 대전체를 멀리하면 금속박은 (−)전하로 대전된다. (○ / ×)

내신 만점 문제

Ⓐ 쿨롱 법칙

01 그림 (가), (나), (다)는 금속구 A, B, C, D 중 각각 2개씩 짝을 지어서 실에 매단 후 가까이 접근시켰을 때 금속구가 정지해 있는 모습을 나타낸 것이다.

(가)

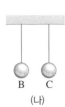
(나)

(다)

이에 대한 설명으로 옳은 것만을 [보기]에서 있는 대로 고른 것은?

[보기]
ㄱ. (가)에서 대전된 전하의 종류는 A와 D가 같다.
ㄴ. (나)에서 B는 (+)로 대전되어 있다.
ㄷ. (다)에서 C와 D는 서로 끌어당기는 전기력이 작용한다.

① ㄱ   ② ㄴ   ③ ㄷ
④ ㄱ, ㄴ   ⑤ ㄱ, ㄷ

02 그림 (가)는 대전된 금속구 A, B가 절연된 실에 매달려 정지해 있는 모습을, (나)는 A, B를 접촉한 후 다시 놓았을 때 정지해 있는 모습을 나타낸 것이다.

(가)

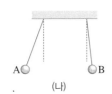
(나)

이에 대한 설명으로 옳은 것만을 [보기]에서 있는 대로 고른 것은?

[보기]
ㄱ. 질량은 A가 B보다 크다.
ㄴ. (나)에서 A와 B에 대전된 전하의 종류는 같다.
ㄷ. A와 B에 대전된 전하의 합은 (가)에서가 (나)에서보다 작다.

① ㄱ   ② ㄴ   ③ ㄷ
④ ㄱ, ㄴ   ⑤ ㄴ, ㄷ

03 그림과 같이 동일한 면에 전하량이 각각 $+3$ C, $+1$ C, $+4$ C인 세 전하 a, b, c가 놓여 있다. a가 b에 작용하는 전기력의 크기는 F이다. a와 c가 b에 작용하는 전기력의 크기를 구하시오.

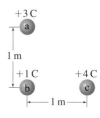

04 표는 A, B, C의 전하량, 각 전하에 작용하는 전기력의 크기와 방향을 나타낸 것이다. 이에 대한 설명으로 옳은 것만을 [보기]에서 있는 대로 고른 것은?

	전하량	크기	방향
A	$+q$	F	$+x$
B	$-3q$	$2F$	$+y$
C	$+q$	F	$-y$

[보기]
ㄱ. A가 놓인 지점에서 전기장은 $+x$방향이다.
ㄴ. B가 놓인 지점에서의 전기장의 세기는 C가 놓인 지점에서의 전기장의 세기보다 크다.
ㄷ. B가 놓인 지점에서의 전기장의 방향과 C가 놓인 지점에서의 전기장의 방향은 서로 반대 방향이다.

① ㄱ   ② ㄴ   ③ ㄷ
④ ㄱ, ㄴ   ⑤ ㄱ, ㄷ

05 그림은 x축에 고정된 점전하 A, B와 x축 위의 점 p, q, r를 나타낸 것이다. p에서 전기장은 0이고, q에서 전기장의 방향은 $+x$방향이다.

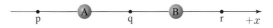

이에 대한 설명으로 옳은 것만을 [보기]에서 있는 대로 고른 것은?

[보기]
ㄱ. 전하량의 크기는 A가 B보다 작다.
ㄴ. A와 B 사이에 서로 끌어당기는 전기력이 작용한다.
ㄷ. r에서 전기장의 방향은 $-x$방향이다.

① ㄱ   ② ㄷ   ③ ㄱ, ㄴ
④ ㄴ, ㄷ   ⑤ ㄱ, ㄴ, ㄷ

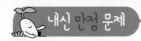
B 전기장과 전기력선

06 그림은 점전하 A, B에 의한 전기장을 전기력선으로 나타낸 것이다. 점 P, Q는 A, B와 동일 평면상의 점이다.

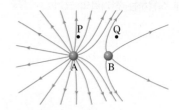

이에 대한 설명으로 옳은 것은?

① 전하의 종류는 A와 B가 서로 다르다.

② 전하량의 크기는 A가 B보다 작다.

③ 전기장의 세기는 P에서가 Q에서보다 크다.

④ P에 양(+)전하를 놓으면 B를 향해 운동한다.

⑤ A가 B에 작용하는 전기력의 크기는 B가 A에 작용하는 전기력보다 크다.

07 그림은 xy 평면의 균일한 전기장 영역에서 (+)전하를 띤 질량이 m인 입자 A가 등속도 운동하는 모습을 나타낸 것이다. 전기장의 세기는 E이고, 전기장 영역에서 A에 작용하는 중력의 방향은 $-y$방향이며, 중력 가속도는 g이다.

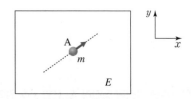

균일한 전기장의 방향과 A의 전하량을 구하시오.

08 그림과 같이 평행한 두 금속판 A와 B 사이에 형성된 $10 \, \text{N/C}$의 균일한 전기장 속에 $0.2 \, \text{C}$의 (+)전하를 가만히 놓았다.
이 입자에 작용하는 전기력의 크기와 입자의 운동 방향을 옳게 짝 지은 것은?

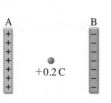

① $2 \, \text{N}, \rightarrow$ ② $2 \, \text{N}, \leftarrow$ ③ $2 \, \text{N}, \searrow$

④ $5 \, \text{N}, \rightarrow$ ⑤ $5 \, \text{N}, \leftarrow$

09 그림은 xy 평면의 균일한 전기장 영역 Ⅰ의 점 p에 가만히 놓은 (+)전하 A가 d만큼 운동한 후 전기장 영역 Ⅱ에 입사하는 모습을 나타낸 것이다. Ⅰ, Ⅱ의 세기는 각각 E, $2E$이고 방향은 각각 $+x$, $-x$방향이다. A의 질량은 m이다. 다음 물음의 답을 풀이 과정과 함께 구하시오.

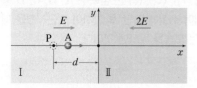

(1) Ⅰ, Ⅱ에서의 가속도의 크기를 a_1, a_2라고 할 때, $a_1 : a_2$를 구하시오.

(2) A의 속력이 0이 될 때까지 Ⅱ에서 이동한 거리를 구하시오.

10 그림은 균일한 전기장 영역의 O점에 $-y$방향의 같은 속력 v로 동시에 입사한 (+)전하 A, B가 각각 점 P, Q를 지나는 포물선 운동 경로를 나타낸 것이다. A, B의 전하량은 각각 q, $2q$이고, 질량은 각각 m, $4m$이다.

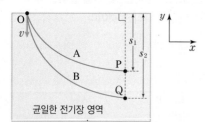

이에 대한 설명으로 옳은 것만을 [보기]에서 있는 대로 고른 것은? (단, A와 B의 상호 작용은 무시한다.)

[보기]

ㄱ. 전기장의 방향은 $+x$방향이다.

ㄴ. A, B는 각각 P, Q에 동시에 도달한다.

ㄷ. $s_2 = \sqrt{2} s_1$이다.

① ㄱ ② ㄴ ③ ㄷ

④ ㄱ, ㄴ ⑤ ㄱ, ㄷ

C 정전기 유도

11 그림 (가)와 (나)는 물체 A, B에 (−)전하로 대전된 대전체를 가까이 하였을 때 A, B의 전하의 분포 상태를 나타낸 것이다. A, B는 도체와 절연체를 순서 없이 나타낸 것이다.

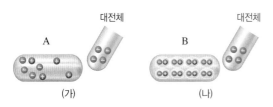

이에 대한 설명으로 옳은 것만을 [보기]에서 있는 대로 고른 것은?

[보기]
ㄱ. A는 도체이다.
ㄴ. B에서 유전 분극 현상이 나타난다.
ㄷ. A와 B 모두 대전체와 서로 끌어당기는 전기력이 작용한다.

① ㄱ ② ㄷ ③ ㄱ, ㄴ
④ ㄴ, ㄷ ⑤ ㄱ, ㄴ, ㄷ

12 그림 (가)는 대전되지 않은 동일한 금속구 A, B를 접촉시킨 상태에서 (+)전하로 대전된 유리 막대를 B에 가까이 한 모습을 나타낸 것이다. 그림 (나)는 (가)의 상태에서 A를 B에서 뗀 후 유리 막대를 멀리한 모습을 나타낸 것이다.

이에 대한 설명으로 옳은 것만을 [보기]에서 있는 대로 고른 것은?

[보기]
ㄱ. (가)에서 B와 유리 막대 사이에는 전기적인 인력이 작용한다.
ㄴ. (나)에서 A는 (−)전하를 띤다.
ㄷ. (나)에서 A와 B 사이에는 전기적인 인력이 작용한다.

① ㄴ ② ㄷ ③ ㄱ, ㄴ
④ ㄱ, ㄷ ⑤ ㄱ, ㄴ, ㄷ

13 다음은 정전기 유도에 관한 실험이다.

[실험 과정]
(가) 재질이 다른 두 물체 A와 B를 서로 마찰시킨다.
(나) A를 (+)전하로 대전된 가벼운 금속구에 접근시킨다.
(다) B를 (−)전하로 대전된 검전기의 금속판에 접근시킨다.

[실험 결과]
과정 (나)에서 금속구는 A쪽으로 끌려가고, 과정 (다)에서 검전기의 금속박은 ◯ .

이에 대한 설명으로 옳은 것만을 [보기]에서 있는 대로 고른 것은?

[보기]
ㄱ. A는 (+)전하를 띤다.
ㄴ. 과정 (나)에서 A대신 B를 금속구에 가까이 하면 금속구와 B 사이에는 척력이 작용한다.
ㄷ. ◯에 들어갈 말은 '오므라든다'이다.

① ㄱ ② ㄴ ③ ㄷ
④ ㄱ, ㄴ ⑤ ㄴ, ㄷ

D 정전기 유도 현상의 이용과 정전기 피해 방지

서술형
14 그림은 급유 중인 유조차에 도선을 지면과 차체에 연결하여 접지시키는 모습을 나타낸 것이다.

이와 같이 일상생활에서 정전기로 인한 피해를 예방하는 방법에는 어떤 것이 있는지 그 예를 두 가지 쓰시오.

02 저항의 연결과 전기 에너지

핵심 포인트	◉ 전압과 전류 ★★ 전기 저항의 크기 ★★ 옴 법칙의 적용 ★★	◉ 전기 에너지 ★★ 소비 전력 계산 ★	◉ 저항의 직렬연결 ★★★ 저항의 병렬연결 ★★★

A 전압과 전류

1. 전위 단위 양(+)전하가 갖는 전기력에 의한 퍼텐셜 에너지 ➡ 기준점으로부터 전기장 내
의 한 지점까지 단위 양(+)전하를 옮기는 데 필요한 일을 그 지점에서의 전위라고 한다.
> ● 전위가 0인 지점

(1) 전하량이 q인 전하를 기준점으로부터 전기장 내의 한 지점까지 옮기는 데 W만큼의 일을
했을 때, 그 지점에서의 전위 V는 다음과 같다.

$$V = \frac{W}{q} \ \text{[단위: J/C=V: 볼트]}$$

(2) 전위는 양(+)전하에 가까울수록 높고, 음(−)전하에 가까울수록 낮다. ● 전기장의 방향과 반대 방향으로 멀어질수록 퍼텐셜 에너지가 높아진다.

(3) 양(+)전하는 전위가 높은 쪽에서 낮은 쪽으로 전기력을 받고, 음(−)전하는 전위가 낮은
쪽에서 높은 쪽으로 전기력을 받는다.
> 중력을 받는 물체가 높은 곳에 있을 때 퍼텐셜 에너지를 갖는 것처럼 전기력을 받는 전하도 퍼텐셜 에너지를 가지고 있다.

전기장에서의 퍼텐셜 에너지와 중력장에서의 퍼텐셜 에너지 비교

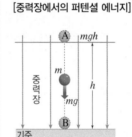

[전기장에서의 퍼텐셜 에너지]
- B지점에서 A지점으로 전하량이 $+q$인 전하를 이동시키는 데 한 일 $W=qEd$
➡ 해 준 일만큼 전기력에 의한 퍼텐셜 에너지 증가

[중력장에서의 퍼텐셜 에너지]
- B지점에서 A지점으로 질량 m인 물체를 이동시키는 데 한 일 $W=mgh$
➡ 해 준 일만큼 중력에 의한 퍼텐셜 에너지 증가

2. *전압(전위차) ● 전압은 스칼라량으로, 높은 전위 값에서 낮은 전위 값을 빼서 구한다.

(1) **균일한 전기장에서의 전위차**: 균일한 전기장 E에서 전하 $+q$가 받는 전기력은 $F=qE$이다. 따라서 $+q$를 B에서 A까지 거리 d만큼 옮기는 데 필요한 일은 $W=qEd$이므로 A와 B 사이의 전위차는 다음과 같다.

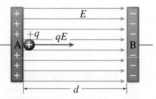
⬆ 평행한 두 금속판 사이의 전위와 전위차

$$V = V_A - V_B = \frac{W}{q} = \frac{qEd}{q} = Ed$$

(2) ***전기 회로에서의 전위차**: 회로에서 전류를 흐르게 하는 능력
> ● 임의의 두 점 사이의 전위의 차이를 전압(단위: V(볼트))이라고 한다.

3. 전류 전기를 띤 입자(전하)의 흐름이다.

(1) **전류의 방향과 전자의 이동 방향**: 전류의 방향은 전지의 (+)극 → (−)극이고 전자의 이동 방향은 전지의 (−)극 → (+)극이다.

★ 점전하 주위에서의 전위차
- (+)전하 주위의 전위차

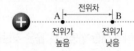

전위차 $V = V_A - V_B$

- (−)전하 주위의 전위차

전위차 $V = V_B - V_A$

★ 전위차(전압)와 물의 흐름 비교
그림 (가)에서 물이 계속 흘러서 물레방아를 계속 돌리려면 수압 차이가 있어야 한다. 이 수압 차이에 해당하는 것이 그림 (나)의 회로에서의 전압이다.

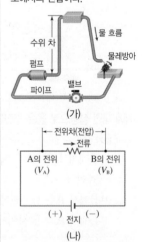

(나)에서 전류가 전지를 통과하면 전위가 높아지고, 저항을 통과하면 전위가 낮아진다.

(2) **도선에서 전하의 흐름**: 도선 속에서 (−)전하를 띤 자유 전자가 이동하여 전류가 흐른다.

구분	전류가 흐르지 않을 때(스위치가 열린 상태)		전류가 흐를 때(스위치가 닫힌 상태)	
도선 내부의 모형		자유 전자: 무질서하게 여러 방향으로 이동		자유 전자: 전지의 (−)극에서 (+)극 쪽으로 이동

자유 전자   원자핵

전류↑ ↓전자

(3) **전류의 세기**: 1초 동안 도선의 한 단면을 통과하는 전하량 ➡ 전류의 세기 $=\dfrac{전하량}{시간}$, $I=\dfrac{Q}{t}$

① 전류의 세기 단위: A(암페어), mA(밀리암페어), C/s(쿨롬/초)   (intensity, 세기): 전류의 세기를 나타내는 기호

② 1 A: 1초 동안에 도선의 한 단면을 통과하는 전하량이 <u>1 C(쿨롬)</u>일 때의 전류의 세기
  └ 6.25×10^{18}개의 전자들이 띠는 전하량

4. 전기 저항   전류의 흐름을 방해하는 정도(단위: Ω(옴))

(1) **전기 저항이 생기는 까닭**: 전자가 물질을 이루는 원자와 충돌하기 때문 ─• 전자의 충돌 횟수가 많을수록 저항이 크다.

(2) **1 Ω**: 전압이 1 V일 때 1 A의 전류가 흐르는 도체의 전기 저항 •─ 1 Ω=1 V/A

(3) **전기 저항의 크기**: 도선의 전기 저항(R)은 도선의 길이(l)에 비례하고, 도선의 단면적(S)에 반비례한다. •─ (resistance, 저항): 저항을 표시할 때 쓰는 기호

$$R=\rho\dfrac{l}{S}\ (\rho:\ ^*비저항)$$

5. *옴 법칙   도선에 흐르는 전류의 세기(I)는 전압(V)에 비례하고, 저항(R)에 반비례한다.

$$I=\dfrac{V}{R},\ V=IR,\ R=\dfrac{V}{I}$$

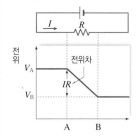

★ **옴 법칙과 전압 강하(전위차)**
전류는 전지의 (+)극에서 (−)극 쪽으로 흐르므로, 옴 법칙에 의해 B점의 전위(V_B)는 A점의 전위(V_A)보다 IR만큼 낮아진다. 이것을 저항에 의한 전압 강하(전위차)라고 한다.

➡ A점과 B점 사이의 전위차는 $V=V_A-V_B=IR$이다.

★ **비저항**
물질의 전기적인 특성으로 물질의 종류와 온도에 따라 정해지는 물질의 고유한 값이다. 비저항은 길이 1 m, 단면적 1 m²인 물질의 전기 저항에 해당한다.(단위: $\Omega \cdot m$)

Ⓑ 전기 에너지와 소비 전력

1. 전기 에너지와 전력 완자쌤 비법특강 160쪽

(1) ***전기 에너지(E)**: 전류가 공급하는 에너지 ➡ 전기 에너지(J)=전압(V)×전류(A)×시간(s), $E=VIt$

(2) **전력**: 1초 동안 소비하거나 생산되는 전기 에너지 ─• 1 J=1 V×1 A×1 s, 1 J은 1 V의 전압으로 1 A의 전류가 흐를 때 1초 동안 공급되는 전기 에너지

$$전력=\dfrac{전기\ 에너지}{시간}=\dfrac{전압×전류×시간}{시간}=전압×전류,\ P=VI=I^2R=\dfrac{V^2}{R}$$

① ***전력의 단위**: W(와트), kW(킬로와트, 1 kW=1000W), J/s ─• 에너지를 시간으로 나누었다는 의미

② 1 W: 1 V의 전압으로 1 A의 전류가 흐를 때의 전력
  1 W=1 V×1 A=1 V·A=1 J/s

2. 전력량(W)   전기 기구에서 일정 시간 동안 소비하는 전기 에너지의 총량

$$전력량=전력×시간(h)=전압×전류×시간(h),\ W=Pt=VIt=I^2Rt=\dfrac{V^2}{R}t$$

(1) **전력량의 단위**: Wh(와트시), kWh(킬로와트시), J

(2) **1 Wh**: 1 W의 전력을 1시간 동안 사용할 때의 전력량 ─• 1 Wh=1 W×1 h=1 J/s×3600 s=3600 J

★ **$E=V×I×t$ 식의 적용**
❶ 전압에 옴 법칙을 적용 ($V=IR$대입)
$$E=I^2Rt$$
➡ 전류가 일정할 때 사용하면 편리
❷ 전류에 옴 법칙을 적용($I=\dfrac{V}{R}$ 대입)
$$E=\dfrac{V^2}{R}t$$
➡ 전압이 일정할 때 사용하면 편리

주의해
전력량 식에서 시간의 단위
전력량(Wh)=전력(W)×시간(h) 식에서 시간의 단위가 '시'(hour)임에 유의한다.

C 저항의 연결 _{완자쌤 비법특강 160쪽}

구분	직렬연결	병렬연결
회로	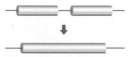 (좌측 직렬 회로: R_1, R_2, I_1, I_2, V_1, V_2, $P_1=V_1I_1$, $P_2=V_2I_2$, I, V)	(우측 병렬 회로: I_1, R_1, V_1, $P_1=V_1I_1$, I_2, R_2, V_2, $P_2=V_2I_2$, I, V)
전류	각 저항에 흐르는 전류(I_1, I_2)는 전체 전류(I)와 같다. ➡ $I_1=I_2=I$	각 저항에 흐르는 전류(I_1, I_2)는 각 저항에 걸리는 전압을 저항으로 나눈 값과 같다. ➡ $I_1=\dfrac{V_1}{R_1}=\dfrac{V}{R_1}$, $I_2=\dfrac{V_2}{R_2}=\dfrac{V}{R_2}$
전압	각 저항에 걸리는 전압(V_1, V_2)은 각 저항의 저항값과 전류의 곱과 같다. ➡ $V_1=I_1R_1=IR_1$, $V_2=I_2R_2=IR_2$	각 저항에 걸리는 전압(V_1, V_2)은 전체 전압(V)과 같다. ➡ $V_1=V_2=V$
전체 전압/전류	외부에서 걸어 준 전체 전압(V)은 각 저항에 걸리는 전압의 합과 같다. ➡ $V=V_1+V_2=IR_1+IR_2=I(R_1+R_2)$	회로에 흐르는 전체 전류는 각 저항에 흐르는 전류의 합과 같다. ➡ $I=I_1+I_2=\dfrac{V}{R_1}+\dfrac{V}{R_2}=V\left(\dfrac{1}{R_1}+\dfrac{1}{R_2}\right)$
★합성 전기 저항	합성 전기 저항 R는 다음과 같다. $R=R_1+R_2$	합성 전기 저항 R는 다음과 같다. $\dfrac{1}{R}=\dfrac{1}{R_1}+\dfrac{1}{R_2}$
소비 전력	각 저항에서 소모되는 전력은 $P_1=V_1I_1=I^2R_1$, $P_2=V_2I_2=I^2R_2$이다. ➡ $P_1:P_2=I^2R_1:I^2R_2=R_1:R_2$	각 저항에서 소모되는 전력은 $P_1=\dfrac{V_1^{\,2}}{R_1}=\dfrac{V^2}{R_1}$, $P_2=\dfrac{V_2^{\,2}}{R_2}=\dfrac{V^2}{R_2}$이다. ➡ $P_1:P_2=\dfrac{V^2}{R_1}:\dfrac{V^2}{R_2}=\dfrac{1}{R_1}:\dfrac{1}{R_2}$
전체 소비 전력	회로에서 직렬로 연결하는 저항의 개수가 증가하면 회로 전체의 저항값이 커지므로 회로 전체에서 소모되는 전력은 감소한다. ➡ $P=IV=\dfrac{V^2}{R_1+R_2}$	회로에서 병렬로 연결하는 저항의 개수가 증가하면 회로 전체의 저항값이 줄어들므로 회로 전체에서 소모되는 전력은 증가한다. ➡ $P=IV=V^2\left(\dfrac{1}{R_1}+\dfrac{1}{R_2}\right)$

★ 저항의 직렬연결과 병렬연결에서의 합성 저항 비교

➡ 길이가 길어지는 효과에 의해 합성 전기 저항은 사용된 저항 중 저항이 가장 큰 것보다 크다.

➡ 단면적이 커지는 효과가 있고, 합성 저항은 사용된 저항 중 저항이 가장 작은 것보다 작다.

C+ 확대경 저항의 혼합 연결

여러 개의 저항이 직렬과 병렬로 혼합 연결되어 있을 때 다음과 같이 전체 저항, 전류, 전력을 구할 수 있다.

❶ 전체 저항: 세 저항 R_1, R_2, R_3이 혼합 연결되어 있는 회로에서 $I=I_1=I_2+I_3$이다. 또 R_1과 R_{23}은 직렬연결되어 있으므로 전체 저항 R는 $R=R_1+R_{23}=R_1+\dfrac{R_2R_3}{R_2+R_3}$이다.

❷ 전류: 세 저항의 저항값이 같다면 $R_{23}=\dfrac{1}{2}R_1$이고, $R=\dfrac{3}{2}R_1$이므로 $I=I_1=\dfrac{V}{R}=\dfrac{2V}{3R_1}$, $I_2=I_3=\dfrac{V}{3R_1}$이다.

❸ 전력: 각 저항에서 소모되는 전력은 $P_1=I_1^{\,2}R_1=\dfrac{4V^2}{9R_1}$, $P_2=P_3=I_2^{\,2}R_1=\dfrac{V^2}{9R_1}$이므로 전체 소비 전력 $P=P_1+P_2+P_3=\dfrac{2V^2}{3R_1}$이다.

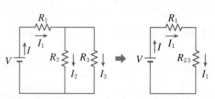

개념 확인 문제

핵심 체크

- (❶   ): 임의의 두 점 사이의 전위의 차이며, 단위는 (❷   )이다.
- 도선 속에서 전하의 흐름은 (❸   )가 이동하기 때문에 발생한다.
- (❹   ): 1초 동안 도선의 한 단면을 통과하는 전하량이 1 C일 때의 전류의 세기
- (❺   ): 전류의 흐름을 방해하는 정도
- (❻   ): 물질의 종류에 따라 달라지는 전기적 특성으로, 물질의 고유 저항
- 저항을 직렬연결하면 전체 저항이 (❼   )하고, 병렬연결하면 전체 저항이 (❽   )한다.
- 도선의 전기 저항은 도선의 길이에 (❾   )하고, 도선의 단면적에 (❿   )한다.
- (⓫   ) 법칙: 도선에 흐르는 전류의 세기는 (⓬   )에 비례하고 (⓭   )에 반비례한다.
- (⓮   ): 전기 기구가 1초 동안 소비하는 전기 에너지이며, 단위는 (⓯   )이다.
- 저항이 병렬연결된 회로에서는 각 저항에 걸리는 (⓰   )이 같고, 저항이 직렬연결된 회로에서는 각 저항에 흐르는 (⓱   )가 같다.

---

1 그림은 도선 속 전자의 운동을 나타낸 것이다.

(1) 이 도선에는 전류가 흐르고 (있다, 있지 않다).

(2) 전지의 (+)극은 P, Q 중 어느 쪽에 연결되어 있는지 쓰시오.

2 어떤 도선을 부피는 일정하게 유지하면서 길이를 고르게 늘려서 처음의 **3배**가 되게 하였다. 이 도선의 전기 저항은 처음의 몇 배가 되는지 쓰시오.

3 그림은 서로 다른 저항값을 가진 3개의 저항 R_1, R_2, R_3를 직렬연결한 전기 회로를 나타낸 것이다.

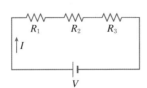

표의 (   ) 안에 알맞은 값을 쓰시오.

	$V(V)$	$R_1(\Omega)$	$R_2(\Omega)$	$R_3(\Omega)$	$I(A)$
(1)	12	2	4	㉠( )	1
(2)	㉡( )	3	5	2	4
(3)	30	2	7	6	㉢( )

4 저항값이 2 Ω으로 동일한 저항 **3개**를 모두 사용하여 직렬이나 병렬 또는 혼합 연결하여 나타낼 수 있는 방법에는 네 가지가 있다. 이들의 합성 저항값의 **최댓값**과 **최솟값**을 구하시오.

5 그림과 같이 세 개의 저항을 전압이 **24 V**인 전원에 연결하였다. 회로에 흐르는 전체 전류를 구하시오.

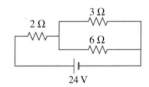

[6~7] 그림은 전구 A, B, C, D가 전원에 연결된 회로를 나타낸 것이다.

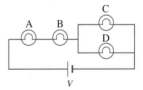

6 네 전구의 저항값이 동일할 경우, A, B, C, D의 밝기를 등호 또는 부등호로 비교하시오.

7 네 전구의 저항이 $R_A > R_B > R_C > R_D$일 경우, 두 전구 A와 B, C와 D의 밝기를 각각 등호 또는 부등호로 비교하시오.

완자쌤 비법특강

저항에서 소비하는 전기 에너지와 소비 전력 비교하기

전기 회로에서 전기 에너지, 소비 전력, 전력량 등을 구할 때 어떠한 공식을 적용하는지 확실히 구분할 수 있어야 합니다. 저항이 직렬연결된 회로와 병렬연결된 회로에서 어떤 공식을 적용하는지 공부해 볼까요?

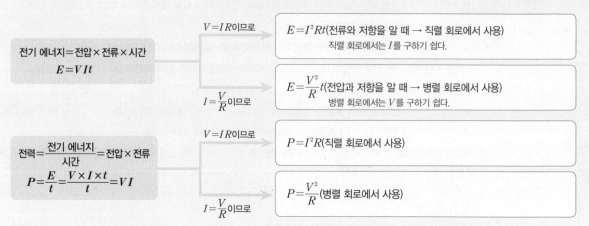

전기 에너지＝전압×전류×시간
$$E=VIt$$

$V=IR$이므로 → $E=I^2Rt$(전류와 저항을 알 때 → 직렬 회로에서 사용) 직렬 회로에서는 I를 구하기 쉽다.

$I=\dfrac{V}{R}$이므로 → $E=\dfrac{V^2}{R}t$(전압과 저항을 알 때 → 병렬 회로에서 사용) 병렬 회로에서는 V를 구하기 쉽다.

전력＝$\dfrac{전기 에너지}{시간}$＝전압×전류
$$P=\dfrac{E}{t}=\dfrac{V\times I\times t}{t}=VI$$

$V=IR$이므로 → $P=I^2R$(직렬 회로에서 사용)

$I=\dfrac{V}{R}$이므로 → $P=\dfrac{V^2}{R}$(병렬 회로에서 사용)

저항이 직렬 또는 병렬로 연결되어 있을 때 전기 에너지와 소비 전력을 묻는 문제는 아래의 ❶～❸만 알면 대부분 해결할 수 있다.

❶ 각 저항에 걸리는 전압과 흐르는 전류의 세기를 파악한다. ➡ ❷ 전압과 전류의 곱으로 소비 전력을 구한다. ➡ ❸ 소비 전력에 시간(s)을 곱하면 소비한 전기 에너지이다.

1 유형 1 - 저항이 직렬연결되어 있을 때

그림과 같이 2 Ω, 4 Ω의 두 저항을 직렬연결하였다. 각 저항의 소비 전력과 1분 동안 소비한 전기 에너지를 각각 구하시오.

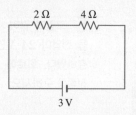

저항		2 Ω	4 Ω
❶	전류	전체 전류와 같은 $\dfrac{3\,\text{V}}{2\,\Omega+4\,\Omega}=0.5\,\text{A}$이다.	
	전압	전류×저항 ＝0.5 A×2 Ω＝1 V	전류×저항 ＝0.5 A×4 Ω＝2 V
❷	소비 전력	전압×전류 ＝1 V×0.5 A ＝0.5 W	전압×전류 ＝2 V×0.5 A ＝1 W
❸	전기 에너지	소비 전력×시간(s) ＝0.5 W×60 s ＝30 J	소비 전력×시간(s) ＝1 W×60 s ＝60 J

➡ 직렬연결에서 전력의 비＝전기 에너지의 비＝전압의 비＝저항의 비

Q1 두 저항 10 Ω, 20 Ω이 직렬연결되어 있을 때 두 저항의 소비 전력의 비는?

2 유형 2 - 저항이 병렬연결되어 있을 때

그림과 같이 3 Ω, 6 Ω의 두 저항을 병렬연결하였다. 각 저항의 소비 전력과 1분 동안 소비한 전기 에너지를 각각 구하시오.

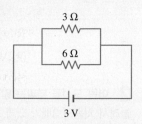

저항		3 Ω	6 Ω
❶	전압	전체 전압과 같은 3 V이다.	
	전류	$\dfrac{전압}{저항}=\dfrac{3\,\text{V}}{3\,\Omega}=1\,\text{A}$	$\dfrac{전압}{저항}=\dfrac{3\,\text{V}}{6\,\Omega}=0.5\,\text{A}$
❷	소비 전력	전압×전류 ＝3 V×1 A ＝3 W	전압×전류 ＝3 V×0.5 A ＝1.5 W
❸	전기 에너지	소비 전력×시간(s) ＝3 W×60 s ＝180 J	소비 전력×시간(s) ＝1.5 W×60 s ＝90 J

➡ 병렬연결에서 전력의 비＝전기 에너지의 비＝전류의 비＝저항의 역수 비

Q2 병렬연결된 저항에서 소비하는 전기 에너지는 저항의 크기에 ( )한다.

대표 자료 분석

자료 ① 전압과 전류의 관계(옴 법칙)

기출 Point
• 저항의 연결 방법에 따른 합성 전기 저항 구하기
• 옴 법칙 적용하기

[1~3] 그림 (가)와 같이 회로를 연결하고 저항에 걸리는 전압을 변화시키면서 전류를 측정하였다. 그림 (나)는 (가)에서 스위치 S_1, S_2를 하나만 닫았을 때, 저항 P, Q에 흐르는 전류를 전압에 따라 나타낸 것이다.

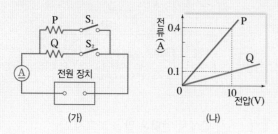

(가)   (나)

1 ( ) 안에 알맞은 말을 고르시오.

(1) 저항은 P가 Q보다 (크다, 작다).
(2) S_1과 S_2를 동시에 닫았을 때 저항에 흐르는 전류의 세기는 P에서가 Q에서보다 (크다, 작다).

2 전원 장치의 전압이 5 V일 때 ( ) 안에 알맞은 말을 쓰시오.

(1) P에 흐르는 전류의 세기는 ㉠( ) A이고, Q에 흐르는 전류의 세기는 ㉡( ) A이다.
(2) S_1과 S_2를 동시에 닫았을 때 회로의 합성 저항은 ( ) Ω이다.
(3) (나)에서 그래프의 기울기는 ( )를 나타낸다.

3 빈출 선택지로 완벽 정리!

(1) 저항 P와 Q를 직렬연결했을 때, 합성 전기 저항은 120 Ω이다. ················· (○ / ×)
(2) (가)에서 S_1과 S_2를 동시에 닫았을 때, P와 Q에 걸리는 전압은 같다. ················· (○ / ×)

자료 ② 저항의 연결

기출 Point
• 회로에서 전기 저항의 연결 예측하기
• 회로에서의 합성 전기 저항 구하기

[1~4] 그림은 내부의 회로 상태를 알 수 없는 저항 상자로, 회로는 20 Ω의 저항 4개로 구성되어 있다. 표는 단자 a, b, c, d 사이의 저항값을 나타낸 것이다.

단자	저항값(Ω)
a와 b 사이	40
a와 c 사이	40
a와 d 사이	60
b와 d 사이	60

1 ( ) 안에 알맞은 말을 쓰시오.

(1) a와 b 사이에서 저항은 ( )연결이다.
(2) b와 d 사이에는 저항이 ( )개 연결되어 있다.
(3) c와 d 사이에는 저항이 ( )개 연결되어 있다.

2 그림은 저항 상자의 내부 연결 상태를 나타낸 것이다. □ 안에 저항이 연결되어 있는 부분은 ─ⱳ─로, 저항이 연결되지 않은 부분은 ── 로 나타내시오.

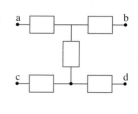

3 저항 상자에서 b와 c 사이의 합성 전기 저항을 구하시오.

4 빈출 선택지로 완벽 정리!

(1) 4개의 전기 저항을 모두 사용하여 연결할 때 합성 전기 저항의 최댓값은 80 Ω이다. ·············· (○ / ×)
(2) a와 c 사이에 10 V의 전압을 걸어 주었을 때, a와 c 사이에 흐르는 전류의 세기는 $\frac{1}{4}$ A이다. (○ / ×)

대표 자료 분석

자료 ③ 전력과 전력량

기출 Point
· 저항의 특성 이해하기
· 저항이 소모하는 전력 구하기

[1~3] 그림과 같이 단면적이 같고 각각 균일한 원통형 금속 A, B, C를 전원 장치에 연결하였더니, 점 a와 b에 흐르는 전류의 세기가 같았다. A, B, C의 길이는 각각 L, $2L$, L이고, A와 B의 비저항은 서로 같다.

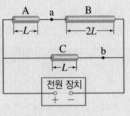

1 이에 대한 설명으로 옳은 것만을 [보기]에서 있는 대로 고르시오.

┌─[보기]
ㄱ. 저항값은 A가 B의 2배이다.
ㄴ. 저항이 소모하는 전력은 A와 B가 같다.
ㄷ. 비저항은 C가 A의 3배이다.
ㄹ. 저항에 걸리는 전압은 C가 B의 $\frac{3}{2}$배이다.

2 전원 장치의 전압이 V이고 A의 저항이 R일 때, C에서 소모하는 전력을 구하시오.

3 빈출 선택지로 **완벽 정리!**

(1) 비저항은 물질의 고유한 특성이다. ········· (○ / ×)
(2) A와 B의 합성 저항값은 C의 저항값과 같다.
　　　　　　　　　　　　　　　　　　·········· (○ / ×)
(3) 저항이 소모하는 전력은 C가 A의 3배이다.
　　　　　　　　　　　　　　　　　　·········· (○ / ×)
(4) 저항이 소모하는 전력은 C가 B의 $\frac{2}{3}$배이다.
　　　　　　　　　　　　　　　　　　·········· (○ / ×)

자료 ④ 전구의 밝기

기출 Point
· 병렬연결된 전구에 흐르는 전류의 세기 비교하기
· 전구의 밝기 구하기

[1~3] 그림과 같이 저항값이 동일한 전구 A, C, D, E와 가변 저항 B를 전압이 V로 일정한 전원에 연결하였다. (단, B의 초기 저항값은 전구의 저항과 같다.)

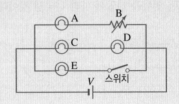

1 ( ) 안에서 알맞은 말을 고르시오.

(1) A에 흐르는 전류의 세기는 C에 흐르는 전류의 세기보다(와) (크다, 작다, 같다).
(2) B의 저항값을 증가시키면 A에 흐르는 전류의 세기는 B에 흐르는 전류의 세기보다(와) (크다, 작다, 같다).

2 이에 대한 설명으로 옳은 것만을 [보기]에서 있는 대로 고르시오.

┌─[보기]
ㄱ. A의 필라멘트가 끊어질 경우 C는 밝아진다.
ㄴ. B의 저항값을 증가시키면 A의 밝기는 어두워진다.
ㄷ. 스위치를 닫으면 회로에 흐르는 전체 전류의 세기는 감소한다.

3 빈출 선택지로 **완벽 정리!**

(1) C의 필라멘트가 끊어지면, D의 밝기는 증가한다.
　　　　　　　　　　　　　　　　　　·········· (○ / ×)
(2) 스위치를 닫으면, 회로 전체의 합성 저항값은 감소한다. ·········· (○ / ×)
(3) 스위치를 닫은 상태에서 B의 저항값을 증가시키면, E의 밝기는 어두워진다. ·········· (○ / ×)

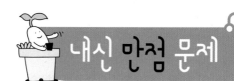

정답친해 67쪽

A 전압과 전류

01 전류와 전압에 대한 설명으로 옳은 것은?

① 전류의 단위는 C이다.
② 전류의 방향은 전자의 이동 방향과 같다.
③ 전지를 연결하면 도선 내부의 자유 전자 움직임의 무질서도는 전지를 연결하기 전보다 더 커진다.
④ 전자가 도선을 따라 이동하려면 도선의 양 끝에 걸리는 전위가 같아야 한다.
⑤ 저항이 일정할 때 저항 양단의 전압이 증가하면 저항에 흐르는 전류의 세기는 증가한다.

02 그림 (가)는 금속 막대와 전구를 전압이 일정한 전원에 연결한 모습을 나타낸 것이고, (나)는 전해질 용액 속의 두 전극판과 전구를 전지에 연결한 모습이다.

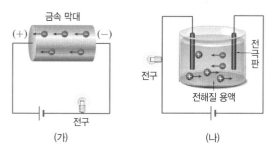

이에 대한 설명으로 옳은 것만을 [보기]에서 있는 대로 고른 것은?

[보기]
ㄱ. (가)의 금속 막대에서 전자의 이동 방향과 전류의 방향은 서로 반대 방향이다.
ㄴ. (나)에서 전구에 불이 켜지는 것은 전해질 용액 속의 이온의 이동에 의한 것이다.
ㄷ. (나)에서 전해질 용액 속의 양이온의 이동 방향은 전류의 방향과 같다.

① ㄱ　　　② ㄷ　　　③ ㄱ, ㄴ
④ ㄴ, ㄷ　　　⑤ ㄱ, ㄴ, ㄷ

03 그림은 어떤 회로에 흐르는 전류의 세기를 시간에 따라 나타낸 것이다.
9초 동안 이 회로의 도선의 한 단면을 지나간 전하량은?

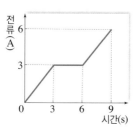

① 1.8 C　　　② 2.7 C
③ 3.6 C　　　④ 27 C
⑤ 36 C

04 그림은 동일한 물질로 만든 도선 A, B, C를 나타낸 것이다. A의 저항값은 100 Ω이다.

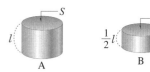

B와 C의 저항값을 각각 옳게 짝 지은 것은?

	B	C		B	C
①	50 Ω	50 Ω	②	50 Ω	100 Ω
③	50 Ω	200 Ω	④	100 Ω	100 Ω
⑤	100 Ω	200 Ω			

05 그림은 길이와 재질이 서로 같은 도선 A, B, C에 흐르는 전류를 도선에 걸리는 전압에 따라 나타낸 것이다.

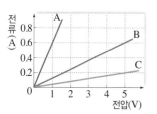

이에 대한 설명으로 옳은 것만을 [보기]에서 있는 대로 고른 것은?

[보기]
ㄱ. 세 도선에 흐르는 전류의 세기는 도선에 걸리는 전압에 비례한다.
ㄴ. 도선의 저항값은 C가 B보다 크다.
ㄷ. 도선의 단면적은 A가 B보다 크다.

① ㄱ　　　② ㄷ　　　③ ㄱ, ㄴ
④ ㄴ, ㄷ　　　⑤ ㄱ, ㄴ, ㄷ

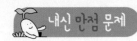

B 전기 에너지와 소비 전력 **C** 저항의 연결

06 그림과 같이 저항을 혼합 연결하였다.

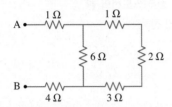

A, B 사이의 합성 저항값은 몇 Ω인지 구하시오.

07 그림은 전압이 **12 V**로 일정한 전원에 저항 A, B가 직렬로 연결된 회로를 나타낸 것이다. A, B의 저항은 각각 2 Ω, 4 Ω이다. 이에 대한 설명으로 옳은 것만을 [보기]에서 있는 대로 고른 것은?

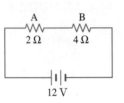

[보기]
ㄱ. 회로의 합성 전기 저항은 6 Ω이다.
ㄴ. A에 흐르는 전류의 세기는 6 A이다.
ㄷ. 저항에 걸린 전압은 B가 A의 2배이다.

① ㄱ ② ㄴ ③ ㄱ, ㄷ
④ ㄴ, ㄷ ⑤ ㄱ, ㄴ, ㄷ

08 그림과 같이 저항 A, B, C를 전압이 **12 V**로 일정한 전원에 연결하여 회로를 구성하였다. A, B, C에 흐르는 전류의 세기는 각각 I_1, I_2, I_3이다. 이에 대한 설명으로 옳은 것만을 [보기]에서 있는 대로 고른 것은?

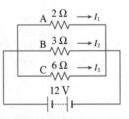

[보기]
ㄱ. 회로의 전체 합성 저항은 1 Ω이다.
ㄴ. 회로 전체에 흐르는 전류의 세기는 $\frac{12}{11}$ A이다.
ㄷ. $I_1 : I_2 : I_3 = 3 : 2 : 1$이다.

① ㄱ ② ㄴ ③ ㄱ, ㄷ
④ ㄴ, ㄷ ⑤ ㄱ, ㄴ, ㄷ

09 그림 (가)는 길이가 l, 단면적이 S인 도선 **A**를 전압이 V로 일정한 전원에 연결한 것이고, (나)는 (가)에서 A의 도선을 반으로 나누어 그 중 한 개는 길이를 2배로 늘이고(B), 다른 한 개는 그대로(C) 직렬연결한 것을 나타낸 것이다.

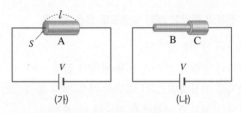

이에 대한 설명으로 옳은 것만을 [보기]에서 있는 대로 고른 것은?

[보기]
ㄱ. 저항값은 B가 A의 2배이다.
ㄴ. B에 걸리는 전압은 C에 걸리는 전압의 8배이다.
ㄷ. 회로에 흐르는 전류의 세기는 (가)에서와 (나)에서가 같다.

① ㄱ ② ㄴ ③ ㄷ
④ ㄱ, ㄴ ⑤ ㄴ, ㄷ

10 그림과 같이 저항 R_1, R_2와 가변 저항 R_3를 전압이 일정한 전원에 연결한 회로를 나타낸 것이다. R_1, R_2, R_3에 걸리는 전압은 각각 V_1, V_2, V_3이다.

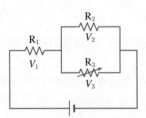

R_3의 저항값을 증가시킬 때, 각 저항에 걸리는 전압의 변화를 옳게 짝 지은 것은?

	V_1	V_2	V_3			V_1	V_2	V_3
①	증가	증가	증가		②	증가	증가	감소
③	증가	감소	감소		④	감소	증가	증가
⑤	감소	감소	감소					

11 그림 (가)는 길이와 굵기가 같은 금속 도선 A, B, C를 전원 장치에 연결한 회로를 나타낸 것이다. 그림 (나)는 각 도선에 걸어 준 전압에 따라 회로에 흐르는 전류의 세기를 나타낸 것이다.

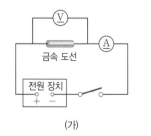

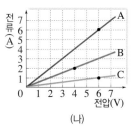

(가)　　　　　(나)

이에 대한 설명으로 옳은 것만을 [보기]에서 있는 대로 고른 것은?

〔보기〕
ㄱ. 저항은 A가 C보다 작다.
ㄴ. A와 B를 직렬로 연결했을 때 합성 저항값은 C의 $\frac{1}{2}$ 배이다.
ㄷ. 금속 도선에 같은 전압을 걸어 주었을 때 소비 전력은 A가 B의 2배이다.

① ㄱ　　　　② ㄷ　　　　③ ㄱ, ㄴ
④ ㄴ, ㄷ　　⑤ ㄱ, ㄴ, ㄷ

12 그림과 같이 저항값이 각각 1 Ω, 3 Ω, 6 Ω인 세 저항을 전압이 9 V로 일정한 전원에 연결하였다.

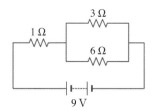

이에 대한 설명으로 옳지 <u>않은</u> 것은?

① 회로의 전체 합성 저항값은 3 Ω이다.
② 회로 전체에서 소비되는 전력은 27 W이다.
③ 6 Ω의 저항에 흐르는 전류의 세기는 1 A이다.
④ 3 Ω의 저항에서 소비되는 전력은 12 W이다.
⑤ 저항값이 1 Ω, 3 Ω, 6 Ω인 세 저항에서 소비되는 전력의 비는 3 : 1 : 8이다.

13 다음은 전열기에 표시되어 있는 전기 용품 안전 관리법에 의한 표시의 일부분을 나타낸 것이다.

- 정격 전압: AC 220 V/60 Hz
- 정격 소비 전력: 11 W

이 전열기를 220 V의 전원에 연결하여 사용할 때, 이에 대한 설명으로 옳은 것만을 [보기]에서 있는 대로 고른 것은?

〔보기〕
ㄱ. 전열기의 저항값은 4400 Ω이다.
ㄴ. 전열기에 흐르는 전류의 세기는 20 A이다.
ㄷ. 전열기를 110 V 전원에 연결하여 사용하면 소비 전력은 2.75 W이다.

① ㄱ　　　　② ㄷ　　　　③ ㄱ, ㄴ
④ ㄱ, ㄷ　　⑤ ㄴ, ㄷ

14 그림 (가), (나)는 100 V - 100 W인 전구 A, C와 100 V - 50 W인 전구 B, D를 각각 직렬연결과 병렬연결하여 100 V의 전압을 걸어 준 모습을 나타낸 것이다.

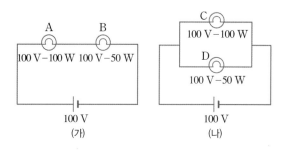

네 전구 A, B, C, D의 밝기를 옳게 비교한 것은?

① A>B>C>D　　② B>A>C>D
③ C>D>A>B　　④ C>D>B>A
⑤ D>C>A>B

서술형
15 그림과 같이 가변 저항 A, B와 전구를 전압이 일정한 전원에 연결하였다.
전구의 밝기를 가장 밝게 하기 위한 A와 B의 저항값의 변화를 풀이 과정과 함께 서술하시오.

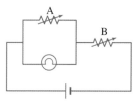

03 트랜지스터

핵심
포인트
Ⓐ 트랜지스터의 원리 ★★★
트랜지스터의 작용 ★★
Ⓑ 바이어스 전압 ★★
전압 분할과 바이어스 전압의 결정 ★★

Ⓐ 트랜지스터의 원리

1. 트랜지스터 p형 반도체와 n형 반도체가 p-n-p 또는 n-p-n의 순으로
결합된 <u>소자</u>이다. → 독립된 고유의 기능을 가진 장치

(1) **종류**: p-n-p형 트랜지스터와 n-p-n형 트랜지스터가 있다.

(2) **＊구조**: 이미터(E), 베이스(B), 컬렉터(C)인 단자 3개로 이루어진다.

⬆ 트랜지스터

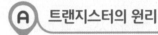

트랜지스터의 종류와 구조

이미터와 베이스 사이의
전류 방향을 나타냄

・베이스(Base) : 트랜지스터 중앙의 좁은 영역
・이미터(Emitter) : 베이스와 순방향 전압을
걸어 주는 영역
・컬렉터(Collector) : 베이스와 역방향 전압을
걸어 이미터에서 방출된 전하를 모으는 영역

⬆ p-n-p형 트랜지스터　　⬆ n-p-n형 트랜지스터

＊ 트랜지스터의 구조
이미터와 컬렉터는 같은 형의 반
도체이지만 도핑된 불순물의 양이
달라서 저항이 다르다.

2. 트랜지스터의 원리 순방향 전압(V_{EB})을 조절하여 컬렉터에 흐르는 전류의 세기(I_C)를 조
절할 수 있다.

구분	p-n-p형 트랜지스터	n-p-n형 트랜지스터
모습	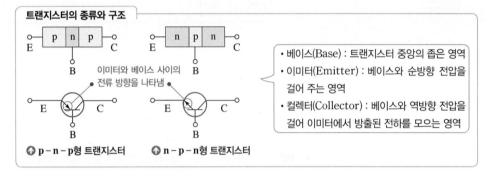	
전류	이미터(E)에서 베이스(B) 방향으로 흐른다.	베이스(B)에서 이미터(E) 방향으로 흐른다.
전압	이미터(E)와 베이스(B) 사이에는 순방향 전압을, 컬렉터(C)와 베이스(B) 사이에는 역방향 전압을 걸어 준다.	
주요 전하 운반자	양공	전자
＊원리	❶ 베이스가 매우 얇아서 이미터에서 베이스로 이동하던 대다수의 양공은 컬렉터 쪽의 높은 전압에 끌려 컬렉터 쪽으로 이동하고, 소수의 양공만이 베이스 쪽으로 이동한다. ❷ 이때 컬렉터로 확산된 양공과 V_{BC}에서 공급되는 전자가 계속 결합하므로 베이스에 흐르는 전류(I_B)보다 컬렉터에 흐르는 전류(I_C)가 훨씬 크다. ➡ $I_B \ll I_C$, $I_E = I_B + I_C$	❶ 컬렉터와 베이스 사이의 전압은 역방향이지만 이미터에서 베이스로 이동하던 대다수의 전자가 베이스를 지나 컬렉터 쪽으로 이동한다. ❷ 이때 컬렉터로 확산된 전자와 V_{CB}에서 공급되는 양공이 계속 결합하므로 베이스에 흐르는 전류(I_B)보다 컬렉터에 흐르는 전류(I_C)가 훨씬 크다. ➡ $I_B \ll I_C$, $I_E = I_B + I_C$

＊ p-n-p형 트랜지스터에서의 작용
・증폭 작용: 컬렉터로 확산되는 양공의 양은 V_{EB}의 미세한 변화에 큰 영향을 받으므로 V_{EB}의 미세한 변화가 I_C의 커다란 변화로 나타난다. ➡ I_B에 비해 큰 I_C를 얻을 수 있다.
・스위칭 작용: 증폭 기능을 극대화하면 V_{EB}가 정해진 값 이하일 때 I_C가 0이 되도록 하고, V_{EB}가 정해진 값 이상일 때 큰 I_C를 얻을 수 있다. ➡ V_{EB}로 I_C를 제어할 수 있다.

3. 트랜지스터의 작용

(1) *증폭 작용: 이미터와 베이스 사이의 전압을 조절하여 컬렉터에 흐르는 전류의 세기를 크게 변화시킨다.

- 전류 증폭률(β): 전류의 증폭 정도를 나타낸다.

$$\beta = \frac{I_C}{I_B} \ (I_B: \text{베이스 전류}, I_C: \text{컬렉터 전류})$$

(2) *스위칭 작용: 베이스의 전류로 컬렉터의 전류를 제어할 수 있기 때문에 트랜지스터로 회로에 전류의 흐름을 조절할 수 있다.

4. 트랜지스터의 이용
트랜지스터는 매우 작게 만들 수 있고, 소비 전력이 작으며, 열이 거의 발생하지 않기 때문에 대부분의 전자 기기에 이용된다.—● 전자 장치의 성능 향상과 소형화에 기여

★ 증폭 작용
미세한 전기적 변화를 커다란 전기 신호로 바꾸는 작용으로, 일반적으로 작은 진폭의 전류를 큰 진폭의 전류로 바꾼다.

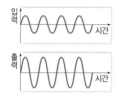

★ 트랜지스터의 스위칭 작용
베이스의 전류로 컬렉터의 전류를 제어할 수 있으므로 이 성질을 이용해 트랜지스터를 디지털 회로에서 신호1(전류 흐름)과 신호0(흐르지 않음)을 조절하는 스위치와 같이 활용할 수 있다.

💿 확대경　　**트랜지스터의 원리**

저수통 C(컬렉터)에 많은 물(물의 흐름=전류)이 담겨 있고, C 하단에 있는 뚜껑이 열리면 물은 배수관 E(이미터)로 갈 수 있다. 뚜껑은 물통 B(베이스)에서 공급되는 물에 의해 열고 닫힌다. B에서 공급된 물이 뚜껑을 밀면, B에서 공급된 물과 C의 물이 배수관 E로 떨어진다. 따라서 B에서 공급되는 물의 양을 조절하여 C에서 E로 이동하는 물의 양을 조절할 수 있고, B와 C에서 나온 물이 E에 모두 모인다.

이를 트랜지스터 회로에 적용하면, 베이스 전류가 세어지면 컬렉터 전류는 훨씬 더 세어지고, 베이스 전류와 컬렉터 전류의 합은 이미터 전류가 된다.

탐구 자료창　　**트랜지스터의 증폭 작용**

(가) 그림과 같이 회로를 구성한다.

(나) 스위치 S를 a에 연결했을 때 컬렉터 전류 I_C를 측정한다.

(다) 스위치 S를 b에 연결했을 때 컬렉터 전류 I_C를 측정한다.

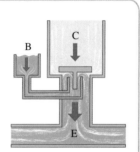

1. 과정 (나), (다)에서 I_C의 측정값은 표와 같다.

스위치	I_C
a에 연결	150 μA
b에 연결	75 μA

2. 실험에 사용된 트랜지스터는 n−p−n형 트랜지스터이다. ➡ 이미터(E)와 베이스(B) 사이에는 순방향 전압을 걸어 준다.

3. S를 a에 연결했을 때 I_B는 15 μA이다. ➡ $I_B = \dfrac{1.5 \text{ V}}{100 \text{ k}\Omega} = 15$ μA이다.

4. S를 b에 연결했을 때 I_B는 7.5 μA이다. ➡ $I_B = \dfrac{1.5 \text{ V}}{200 \text{ k}\Omega} = 7.5$ μA이다.

5. S를 a에 연결할 때와 b에 연결할 때 모두 I_B와 I_C에는 일정한 비율이 유지된다. $\beta = \dfrac{I_C}{I_B} = 10$이므로 실험에 사용된 트랜지스터의 증폭률은 10이다.

03 트랜지스터

Ⓑ 바이어스 전압의 결정

전자 기기가 전압이나 전류를 일정한 값 또는 일정한 범위에서 작동하도록 설정하거나 전자 기기에 어떤 전류나 전압을 가해 그 특성을 조절하는 것을 바이어스라고 해요. 트랜지스터에서는 보통 저항을 추가하여 바이어스 전압을 정할 수 있는데, 그 과정을 알아보아요.

1. 바이어스 전압 트랜지스터의 동작을 원활하게 하기 위해 이미터와 베이스, 베이스와 컬렉터 사이에 걸어 주는 전압이다. — ● 직류 전압이다.

바이어스 전압이 걸리지 않았을 때	바이어스 전압을 걸었을 때
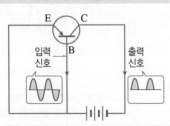	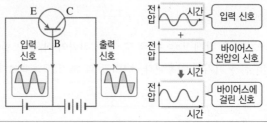
입력된 교류 신호의 (+)쪽 신호에만 반응하여 (−)쪽 신호가 나오지 않음 ➡ 교류 형태의 신호에서 스위칭 작용 때문에 (−) 부분에서는 컬렉터 쪽으로 전류가 흐르지 않기 때문이다.	적절한 바이어스 전압을 걸어 주면 모든 신호가 증폭되어 출력된다. 예 베이스에 진폭이 0.2 V인 전압이 공급될 때 이미터와 베이스 사이에 2 V의 바이어스 전압을 걸어 주면 1.8 V~2.2 V의 전압으로 신호가 증폭된다.

2. 전압 분할과 바이어스 전압의 결정 170쪽

(1) **전압 분할**: 저항을 이용해 전압을 나누는 것

> **저항을 이용한 전압 분할**
> 저항값이 R_1, R_2인 저항을 전압 V_0에 직렬로 연결한 회로에서 저항값이 R_2인 저항에 걸리는 전압 V_2를 구해 보자.
>
> ❶ 전체 전류 $I = \dfrac{V_0}{R_1 + R_2}$이다.
>
> ❷ 저항값이 R_2인 저항에 흐르는 전류는 I이므로 $V_2 = IR_2 = \dfrac{R_2}{R_1 + R_2} V_0$이다.
>
> ➡ R_1과 R_2의 크기를 조절하면 원하는 V_2를 얻을 수 있다.

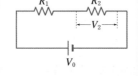

(2) **바이어스 전압의 결정**: 저항을 이용한 전압 분할로 바이어스 전압을 조절할 수 있다.

> **전압 분할을 이용한 바이어스 전압 결정**
> 전류를 증폭하기 위해서는 베이스에 연결된 바이어스 전압 V_B가 필요하다. 바이어스 전압 V_B는 전압 분할을 이용해서 다음과 같이 정할 수 있다.
>
> $$V_B = \frac{R_2}{R_1 + R_2} V_C$$

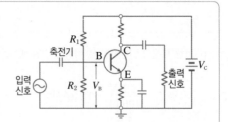

예제 컬렉터에 연결된 V_C가 10 V, 이미터와 베이스 사이에 걸리는 전압이 9 V이고, R_1의 저항값이 1 kΩ이라면 R_2의 저항값은 얼마인지 구하시오.

해설 $9\text{ V} = \dfrac{R_2}{1\text{ k}\Omega + R_2} \times 10\text{ V}$에서 $R_2 = 9$ kΩ이다. **답** 9 kΩ

★ **광 트랜지스터**
광 트랜지스터는 트랜지스터의 세 개 단자 중 베이스에 도체를 연결하는 대신 빛을 받아 광전류가 흐르도록 만든 것이다. 베이스에 도달하는 빛의 양에 따라 스위칭 작용을 하므로 센서처럼 빛을 감지할 수 있는 트랜지스터이다.

개념 확인 문제

핵심
체크

• (❶　　　　　): p형 반도체와 n형 반도체가 p－n－p 또는 n－p－n의 순으로 결합된 소자이다.
• 트랜지스터의 세 단자 이미터, 베이스, 컬렉터 중 이미터와 같은 종류의 반도체로 만들어지는 것은 (❷　　　　　)이다.
• p－n－p형 트랜지스터에서는 (❸　　　　　)이 주요 전하 운반자이고, n－p－n형 트랜지스터에서는 (❹　　　　　)가 주요 전하 운반자이다.
• (❺　　　　　): 이미터와 베이스 사이의 전압을 조절하여 컬렉터에 흐르는 (❻　　　　　)의 세기를 크게 변화시키는 작용이다.
• 트랜지스터의 전류 증폭률＝$\dfrac{(❼\qquad)\ 전류}{(❽\qquad)\ 전류}$이다.
• (❾　　　　　) 전압: 트랜지스터의 동작을 원활하게 하기 위해 이미터와 베이스, 베이스와 컬렉터 사이에 걸어 주는 전압
• 바이어스의 전압을 결정할 때는 (❿　　　　　)을 이용한 전압 분할로 전압을 조절한다.

---

1 트랜지스터에 대한 설명으로 옳은 것은 ○, 옳지 않은 것은 ×로 표시하시오.

(1) 트랜지스터에서 이미터와 컬렉터는 같은 형의 반도체로 저항이 동일하다. ──────────── (　　　)

(2) 트랜지스터의 이미터와 베이스 사이에는 순방향 전압이 걸리고, 베이스와 컬렉터 사이에는 역방향 전압이 걸린다. ──────────── (　　　)

(3) 스위칭 작용과 증폭 작용을 한다. ────── (　　　)

2 그림은 트랜지스터를 연결한 회로를 나타낸 것이다.

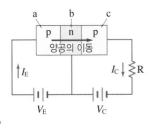

(1) a, b, c의 명칭을 쓰시오.

(2) 그림의 트랜지스터를 기호로 바르게 나타낸 것은?

① 　② 　③

④ 　⑤

3 그림과 같이 p－n－p형 트랜지스터를 전원에 연결하여 회로를 구성하였다. 이에 대한 설명으로 옳은 것은 ○, 옳지 않은 것은 ×로 표시하시오.

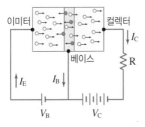

(1) $I_E＝I_B＋I_C$이다. ──────────── (　　　)

(2) 컬렉터보다 베이스에서 나오는 전류의 세기가 더 크다. ──────────── (　　　)

(3) 주요 전하 운반자는 양공이다. ───── (　　　)

4 그림과 같이 n－p－n형 트랜지스터, 저항 R를 이용하여 회로를 구성하였다. 이에 대한 설명으로 옳은 것만을 [보기]에서 있는 대로 고르시오.

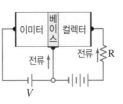

〔보기〕
ㄱ. 이미터와 베이스 사이에는 역방향 전압이 걸린다.
ㄴ. 컬렉터 쪽에서 흐르는 전류는 주로 양공의 이동에 의한 것이다.
ㄷ. 전압 V를 미세하게 조절하면, R에 흐르는 전류를 크게 변화시킬 수 있다.

트랜지스터의 바이어스 전압 결정하기

트랜지스터를 이용하려면 각 단자 사이의 전압을 적절하게 설정하는 과정이 필요한데, 이때는 보통 저항을 추가하여 바이어스 전압을 정할 수 있습니다. 실제 트랜지스터의 증폭 기능을 이용하기 위해서 트랜지스터의 각 단자에 저항을 추가하여 바이어스 전압을 결정하는 방법을 알아봅시다.

1 안테나가 연결된 회로의 바이어스 전압 결정

미래엔 교과서에만 나와요

안테나를 통하여 수신된 신호가 진폭이 0.2 V인 교류이고 베이스에 연결된 저항이 1000 kΩ일 때, 베이스에 흐르는 전류와 베이스에 걸어 주어야 하는 바이어스 전압을 결정해 보자.

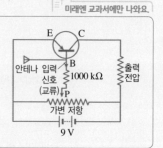

❶ 신호 전압이 0.2 V, 베이스 쪽의 저항이 1000 kΩ이므로 베이스에 흐르는 전류는 옴 법칙에 의해 $\dfrac{0.2\ \text{V}}{1000\ \text{k}\Omega}=0.2\ \mu\text{A}$이다.

❷ 입력 전류가 $-0.2\ \mu\text{A}$에서 $+0.2\ \mu\text{A}$까지 변하므로 옴 법칙에 의해 전압은 $-0.2\ \text{V}$에서 $+0.2\ \text{V}$까지 변한다.

❸ 실험에 의해 이미터와 베이스 사이에 전류가 흐르려면 최소 0.7 V의 전압이 필요하다. 따라서 베이스에 최소 0.7 V+0.2 V =0.9 V의 전압을 걸어 주어야 하므로 바이어스 전압의 최소 크기는 0.9 V이다.

• 반도체의 종류나 도핑 농도에 따라 달라지며 대부분의 트랜지스터는 약 0.7 V이다.

❹ 베이스에 가장 작은 바이어스 전압을 걸었을 때 베이스에 걸리는 총 전압은 (0.9 V-0.2 V)에서 (0.9 V+ 0.2 V)까지 변하므로 0.7 V에서 1.1 V까지 변한다.

2 4개의 저항이 연결된 회로의 바이어스 전압 결정

비상 교과서에만 나와요

n-p-n형 트랜지스터에 4개의 저항을 연결하여 바이어스 전압을 결정해 보자. 이때 컬렉터 전류(I_C)를 5 mA로 조절하려고 한다. 여기서 사용할 트랜지스터와 전원의 조건이 다음과 같다고 가정한다.

· 전원: $V_{CC}=9.0\ \text{V}$ · 트랜지스터의 증폭률$\left(\dfrac{I_C}{I_B}\right)=100$

· 컬렉터와 이미터 사이의 전압 $V_{CE}=4.0\ \text{V}$ • V_{CE}는 사용할 트랜지스터의 전류 특성 그래프로부터 임의로 정할 수

· 베이스와 이미터 사이의 전압 $V_{BE}=0.7\ \text{V}$ 있다. 보통 $V_{CE}=\dfrac{1}{2}V_{CC}$ 근처가 적당하므로 임의로 4.0 V로 잡았다.

위 조건에 따라 각 단자의 전압을 분할하기 위하여 4개의 저항의 크기를 정해 보자.

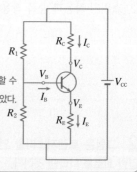

❶ 베이스 전류 I_B 정하기: 전류 증폭률을 이용하면 $I_B=\dfrac{I_C}{\text{전류 증폭률}}=\dfrac{5\ \text{mA}}{100}=0.05\ \text{mA}$이다.

❷ V_B, V_E를 정해서 R_C, R_E 정하기: 컬렉터 전류와 이미터 전류는 거의 같다. 즉 $I_E=I_B+I_C\simeq5\ \text{mA}$이므로 $V_{CC}\simeq I_C(R_C+R_E)+V_{CE}$이다. 따라서 $R_C+R_E\simeq\dfrac{9\ \text{V}-4\ \text{V}}{5\ \text{mA}}=1000\ \Omega$이다. 보통 $V_E\simeq0.1V_{CC}$로 하면 적당하므로 $V_E=$ 1.0 V로 정하면 $R_E=200\ \Omega$, $R_C=800\ \Omega$이고 $V_B=V_E+V_{BE}=1.7\ \text{V}$이다.

❸ R_1, R_2 정하기: 정해진 V_B에 의해서 R_1과 R_2 양단의 전위차는 각각 7.3 V, 1.7 V이다. 두 저항 R_1과 R_2의 비율이 전위차 비 7.3 V : 1.7 V가 되게 하려면, 두 저항에 흐르는 전류 세기보다 $I_B=0.05\ \text{mA}$가 훨씬 작아서 무시할 수 있어야 하며, 두 저항에 흐르는 전류를 10 mA 정도로 예상해도 충분하다. 이 경우에 $R_1=\dfrac{7.3\ \text{V}}{10\ \text{mA}}=730\ \Omega$, $R_2=170\ \Omega$이다.

대표 자료 분석

자료 ① 트랜지스터

기출 Point	• 트랜지스터의 작동 원리 이해하기
	• 트랜지스터의 증폭 작용 이해하기

[1~3] 그림과 같이 p-n-p형 트랜지스터가 전기 신호를 증폭하고 있다.

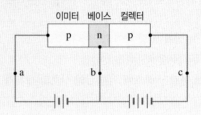

1 a, b, c 지점에 흐르는 전류의 방향을 옳게 짝 지은 것은?

	a	b	c		a	b	c
①	↓	↑	↑	②	↓	↓	↑
③	↑	↑	↑	④	↑	↑	↓
⑤	↑	↓	↓				

2 트랜지스터에 대한 설명이다. (   ) 안에 알맞은 말을 고르시오.

> 트랜지스터의 ㉠(베이스, 컬렉터)에는 ㉡(베이스, 컬렉터)보다 큰 전류가 흐른다.

3 빈출 선택지로 [완벽 정리!]

(1) 이미터와 베이스는 순방향 전압이, 베이스와 컬렉터는 역방향 전압이 걸려 있다. ……… (○ / ×)
(2) 이미터에서 베이스로 이동하던 대부분의 전자는 컬렉터로 확산된다. ……… (○ / ×)
(3) a와 b 사이에 걸린 전압이 b와 c 사이에 걸린 전압보다 클 때 증폭 작용을 한다. ……… (○ / ×)
(4) 회로에 흐르는 전류의 세기는 c에서가 b에서보다 작다. ……… (○ / ×)

자료 ② 트랜지스터의 바이어스 전압

기출 Point	• 트랜지스터의 바이어스 전압 이해하기
	• 증폭 회로에서 바이어스 전압의 역할 이해하기

[1~3] 그림은 트랜지스터의 바이어스 전압을 측정하기 위해 구성한 회로이다. 안테나를 통해 수신된 신호는 전압의 진폭이 0.2 V인 교류이다. 이미터와 베이스 사이에 걸리는 전압은 V_1, 출력 전압은 V_2이다.

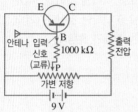

1 이에 대한 설명으로 옳은 것만을 [보기]에서 있는 대로 고르시오.

> ─[보기]─
> ㄱ. 신호 전압에 의해 베이스에 흐르는 전류의 세기는 0.2 μA이다.
> ㄴ. 신호 전압에 의해 베이스에 걸리는 전압의 최솟값은 −2 V이다.
> ㄷ. 컬렉터에 전류가 흐를 때 가변 저항의 P점을 좀 더 오른쪽으로 옮기면 V_2는 증가한다.
> ㄹ. 가변 저항값이 달라져도 V_1과 V_2의 합은 일정하다.

2 이미터와 베이스 사이에 전류가 흐르기 위해 필요한 전압이 3 V일 때, (   ) 안에 알맞은 말을 쓰시오.

> 베이스에는 최소 3 V의 전압을 걸어 주어야 하므로, 바이어스 전압의 최소 크기는 (㉠) V이다. 베이스에 가장 작은 바이어스 전압을 걸었을 때 베이스에 걸리는 총 전압은 (㉡) V에서 (㉢) V까지 변한다.

3 빈출 선택지로 [완벽 정리!]

(1) 회로의 트랜지스터는 n-p-n형이다. …… (○ / ×)
(2) 트랜지스터의 동작을 원활하게 하기 위해 베이스와 이미터 사이에 미리 걸어 두는 전압을 바이어스 전압이라고 한다. ……… (○ / ×)

A 트랜지스터의 원리

01 그림 (가)는 $p-n-p$형 트랜지스터와 전원이 연결된 회로를 나타낸 것이고, (나)는 (가)에서 추가로 전원을 연결한 회로를 나타낸 것이다. (가)에서는 전류가 흐르지 않고, (나)에서는 전류가 흐른다.

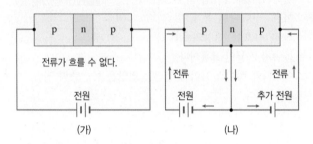

이 과정에서 트랜지스터의 역할은?

① 순방향   ② 역방향   ③ 정류 작용

④ 증폭 작용   ⑤ 스위칭 작용

02 그림 (가)는 트랜지스터의 구조를, (나)는 이 트랜지스터의 회로 기호를 나타낸 것이다.

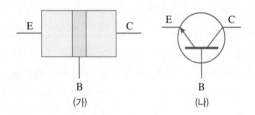

이에 대한 설명으로 옳지 <u>않은</u> 것은?

① (가)는 $p-n-p$형 트랜지스터이다.

② (가)에서 E, B, C는 각각 이미터, 베이스, 컬렉터이다.

③ 스위칭 작용을 한다.

④ 증폭 작용을 한다.

⑤ (나)에서 화살표는 전류의 방향이다.

03 그림은 p형, n형, p형 반도체를 접합하여 만든 소자를 나타낸 것이다. 소자에는 이미터(E), 베이스(B), 컬렉터(C) 단자가 연결되어 있다.

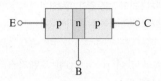

이에 대한 설명으로 옳은 것만을 [보기]에서 있는 대로 고른 것은?

[보기]
ㄱ. p-n 접합 발광 다이오드이다.
ㄴ. 증폭 작용을 하는 소자이다.
ㄷ. B에 연결된 신호에 의해 C의 신호의 세기가 변한다.

① ㄱ   ② ㄷ   ③ ㄱ, ㄴ

④ ㄴ, ㄷ   ⑤ ㄱ, ㄴ, ㄷ

04 그림은 $p-n-p$형 트랜지스터가 증폭 작용을 할 때 각 부분에 흐르는 전류를 나타낸 것이다. I_E, I_B, I_C는 각각 이미터, 베이스, 컬렉터에 흐르는 전류의 세기이다.

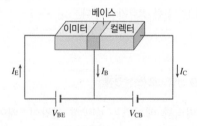

이에 대한 설명으로 옳은 것만을 [보기]에서 있는 대로 고른 것은?

[보기]
ㄱ. 트랜지스터의 주요 전하 운반자는 전자이다.
ㄴ. $I_E > I_B$이다.
ㄷ. 약간의 I_C 변화는 큰 I_B의 변화를 만든다.

① ㄱ   ② ㄴ   ③ ㄷ

④ ㄱ, ㄴ   ⑤ ㄴ, ㄷ

05 그림은 불순물 반도체 A, B, C를 접합하여 만든 트랜지스터를 전원에 연결한 회로를 나타낸 것이다. 가변 전원의 미세한 전압 변화에 따라 저항에 걸리는 전압은 매우 크게 변한다.

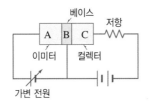

이에 대한 설명으로 옳은 것만을 [보기]에서 있는 대로 고른 것은?

[보기]
ㄱ. A는 p형 반도체이다.
ㄴ. 저항에 전류가 흐를 때, A의 주요 전하 운반자는 대부분 B를 통과하여 C로 이동한다.
ㄷ. C는 원자가띠의 양공보다 전도띠의 전자가 더 많은 불순물 반도체이다.

① ㄱ
② ㄷ
③ ㄱ, ㄴ
④ ㄴ, ㄷ
⑤ ㄱ, ㄴ, ㄷ

06 그림 (가), (나)는 p-n-p형 트랜지스터와 n-p-n형 트랜지스터를 순서없이 나타낸 것이다. (가)와 (나)를 그림 (다)의 회로에 연결하려고 한다.

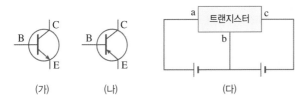

(가)   (나)   (다)

트랜지스터를 연결했을 때 전류가 흐르도록 하려고 하는 경우, 이에 대한 설명으로 옳은 것만을 [보기]에서 있는 대로 고른 것은? (단, (다)에서 연결된 전원들의 전압 크기는 전류가 흐르는 데 지장이 없도록 조절된다.)

[보기]
ㄱ. (가)의 이미터(E)는 a, 베이스(B)는 b, 컬렉터(C)는 c에 연결해야 한다.
ㄴ. 베이스(B)는 저농도로 도핑되어 있고 얇게 제작되어 있다.
ㄷ. (나)의 경우 이미터(E)에서 베이스(B)를 통해 컬렉터(C) 쪽으로 양공이 확산된다.

① ㄱ
② ㄴ
③ ㄱ, ㄷ
④ ㄴ, ㄷ
⑤ ㄱ, ㄴ, ㄷ

B 바이어스 전압의 결정

07 그림과 같이 R_B, R_C 2개의 저항을 이용하여 발광 다이오드에 $I_C = 23$ mA의 전류가 흐르도록 n-p-n형 트랜지스터의 바이어스 전압을 설정하였다.

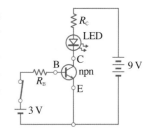

이 회로의 바이어스 전압 설정에 사용된 저항 R_B와 R_C의 크기를 옳게 짝 지은 것은? (단, 트랜지스터의 전류 증폭률은 100, 베이스와 이미터 사이의 전압 V_{BE}는 0.7 V, 발광 다이오드 양단의 전위차는 1.7 V, 컬렉터와 이미터 단자 사이의 전압 V_{CE}는 5 V이다.)

	R_B	R_C
①	1 kΩ	1 Ω
②	1 kΩ	100 Ω
③	10 kΩ	100 Ω
④	10 kΩ	300 Ω
⑤	100 kΩ	300 Ω

08 그림은 트랜지스터의 바이어스 전압과 전류 증폭률을 측정하기 위한 전기 회로이다.

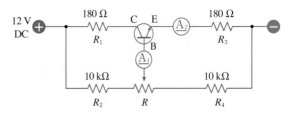

이에 대한 설명으로 옳은 것만을 [보기]에서 있는 대로 고른 것은?

[보기]
ㄱ. 회로에 사용된 트랜지스터는 n-p-n형이다.
ㄴ. 가변 저항 R은 베이스에 걸리는 전압을 조절한다.
ㄷ. 트랜지스터의 증폭률은 $\dfrac{A_1에\ 흐르는\ 전류}{A_2에\ 흐르는\ 전류}$이다.

① ㄱ
② ㄴ
③ ㄷ
④ ㄱ, ㄴ
⑤ ㄱ, ㄷ

04 축전기

핵심 포인트
Ⓐ 축전기의 충전 과정 ★★
전기 용량 계산 ★★
유전체와 전기 용량 ★★
Ⓑ 축전기의 직렬연결 ★★
축전기의 병렬연결 ★★
축전기의 혼합 연결 ★★
Ⓒ 축전기에 저장된 전기 에너지 ★★
축전기의 활용 ★★

Ⓐ 축전기와 전기 용량

1. 축전기

(1) **❶축전기**: 두 금속판을 마주 보게 하여 전하를 저장하는 장치 ➡ 전기 에너지를 저장한다.

① 충전: 금속판에 전하가 저장되는 과정 → 전기 에너지의 저장

② 방전: 금속판에 저장된 전하가 빠져나가는 과정 → 전기 에너지의 사용

(2) **평행판 축전기**: 금속판 두 개가 일정한 간격을 두고 서로 평행하게 마주 보도록 만든 축전기

(3) **평행판 축전기의 충전**: 두 금속판에 전지를 연결하면 두 판 사이의 전위차가 전지의 전압과 같아질 때까지 두 금속판에 전하가 모인다.

> **평행판 축전기의 충전 과정**
>
>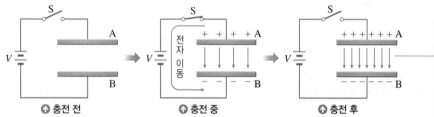
>
> ⬆ 충전 전　　　⬆ 충전 중　　　⬆ 충전 후
>
> ❶ 스위치를 닫으면 금속판 A에는 (+)전하가, 금속판 B에는 (−)전하가 대전된다.
> ❷ 두 금속판 사이의 전위차가 전지의 전압과 같아질 때까지 전하가 이동하여 각 금속판에는 같은 양의 전하가 분포한다. ➡ A에 +Q가 저장되면 B에는 −Q가 저장된다. → 정전기 유도에 의해 같은 양만큼의 전하가 대전된다.
> ❸ 스위치를 열어도 두 금속판의 전하는 전기력에 의해 그대로 저장된다.
> └ (+)전하와 (−)전하 사이의 전기적 인력

(4) **★평행판 축전기의 특징**

① 평행판 축전기 내부에는 <u>균일한 전기장</u>이 형성되고, <u>금속판에 나란한 등전위면</u>이 형성된다.
　　　└ 전기력선들이 서로 나란함　　└ 전기력선에 수직이므로　└ 전위가 같은 면

② (+)전하로 대전된 금속판이 (−)전하로 대전된 금속판보다 전위가 높다.

2. 전기 용량　축전기가 전하를 저장할 수 있는 능력을 나타낸 물리량

(1) **축전기에 저장되는 전하량(Q)**: 금속판 사이의 전위차(V)에 비례한다.

① 비례 상수 C를 축전기의 전기 용량이라고 하며, 단위는 **★F(패럿)**이다.
　└ 실제 축전기의 전기 용량은 매우 작아 μF이나 pF(피코패럿)을 사용한다. $(1\ \mu F=10^{-6}\ F,\ 1\ pF=10^{-12}\ F)$

$$Q=CV$$

② 전기 용량이 클수록 같은 전압으로 더 많은 전하를 저장할 수 있다.

(2) **평행판 축전기 내부 전기장의 세기(E)**: 두 금속판 사이에 걸린 전위차(V)에 비례하고 금속판 사이의 거리(d)에 반비례한다.

$$E=\frac{V}{d}\ [\text{단위: V/m}]$$

암기해

축전기의 전기 기호
전기 회로도에서 축전기는 다음과 같이 서로 길이가 같은 두 선으로 표시한다.

─┤├─

● 충전이 완료되면 두 극판 사이에 전기장이 형성되며, 스위치가 닫혀 있어도 전류가 흐르지 않는다.

★ 평행판 축전기가 만드는 전기장(금속판의 크기가 두 금속판 사이 간격에 비해 매우 클 때)
축전기 바깥쪽은 두 판이 만드는 전기장이 서로 상쇄되어 0이 되고, 내부에는 균일한 전기장이 형성된다.

★ 패럿
1 F은 1 V의 전압을 걸어 주었을 때 1 C의 전하가 저장되는 축전기의 전기 용량이다.

용어
❶축전기(蓄 쌓다, 電 전기, 器 그릇)_전기를 저장하는 장치

(3) 평행판 축전기의 전기 용량(C): 금속판의 넓이 S에 비례하고, 금

●넓을수록 더 많은 전하를 저장할 수 있으므로

속판 사이의 거리 d에 반비례한다.

●거리가 멀수록 정전기 유도가 잘 일어나지 않으므로

$$C=\varepsilon\frac{S}{d}\ [\text{단위: F, }\varepsilon\text{: 유전율}]$$

●'엡실론'이라고 읽는다.

⬆ 평행판 축전기의 전기 용량

(4) ❷유전율(ε): 유전체(절연체)에서 (+)전하와 (−)전하의 ❸분극 현상이 일어나는 정도를 숫자로 나타낸 것이다. 유전체의 종류에 따라 다르다. ●유전율이 클수록 유전 분극이 잘 일어난다.

(5) 유전체: 전기장을 가할 때 ★유전 분극 현상이 일어나는 물질

유전체의 유전 분극과 전기장

전기 쌍극자가 전기장의 방향으로 정렬하려고 한다.

외부 전기장: 두 금속판에 쌓인 (+)전하와 (−)전하에 의해 생긴 전기장

전기 쌍극자

전기 쌍극자의 정렬에 의한 전기장: 외부 전기장($\vec{E_0}$)과 반대 방향으로 형성된다.

축전기 내부의 전기장의 세기는 유전체에 의해 유전체가 없을 때보다 작아진다. ➡ $\vec{E}=\vec{E_0}-\vec{E'}$

⬆ 외부 전기장이 없을 때　⬆ 외부 전기장이 있을 때　⬆ 축전기 내부 전기장

Ⓑ 축전기의 연결 완자쌤 비법특강 178쪽

📖 교학사, 지학사 교과서에만 나와요

구분	축전기의 직렬연결	축전기의 병렬연결
회로도	$+Q_1\ -Q_1\quad +Q_2\ -Q_2$ $C_1\qquad C_2$ V	$+Q_2\ -Q_2$ C_2 $+Q_1\ -Q_1$ C_1 V
전하량	각 축전기에 저장된 전하량(Q_1, Q_2)은 전체 전하량(Q)과 같다. ➡ $Q_1=Q_2=Q$	$Q_1=C_1V_1=C_1V,\ Q_2=C_2V_2=C_2V$ 외부에서 공급된 전체 전하량(Q)은 각 축전기에 저장된 전하량의 합과 같다. ➡ $Q=Q_1+Q_2=C_1V+C_2V=(C_1+C_2)V$
전압	$V_1=\dfrac{Q_1}{C_1}=\dfrac{Q}{C_1},\ V_2=\dfrac{Q_2}{C_2}=\dfrac{Q}{C_2}$ 외부에서 걸어 준 전체 전압(V)은 각 축전기에 걸리는 전압의 합과 같다. ➡ $V=V_1+V_2=\dfrac{Q}{C_1}+\dfrac{Q}{C_2}=Q\left(\dfrac{1}{C_1}+\dfrac{1}{C_2}\right)$	각 축전기에 저장된 전압(V_1, V_2)은 전체 전압(V)과 같다. ➡ $V_1=V_2=V$
❹합성 전기 용량	$\dfrac{1}{C}=\dfrac{1}{C_1}+\dfrac{1}{C_2}$ 두 극판 사이의 거리가 멀어지는 효과가 있고, 합성 전기 용량은 사용된 축전기 중 전기 용량이 가장 작은 것보다 작다.	$C=C_1+C_2$ 극판의 넓이가 넓어지는 효과에 의해, 합성 전기 용량은 사용된 축전기 중 전기 용량이 가장 큰 것보다 크다.

★ 유전 분극

외부 전기장에 의해 유전체를 구성하는 원자나 분자 내부의 전하가 분극되는 현상 ➡ (+)전하는 전기장의 방향으로, (−)전하는 전기장과 반대 방향으로 정렬된다.

📖 교학사 교과서에만 나와요.

★ 유전 상수

• 유전 상수(비유전율, κ): 진공의 유전율(ε_0)에 대한 유전체의 유전율(ε)의 비 ➡ $\kappa=\dfrac{\varepsilon}{\varepsilon_0}$

• 유전체와 축전기의 전기 용량: 진공일 때 전기 용량을 C_0이라고 하면 유전체를 넣었을 때 전기 용량은 $C=\varepsilon\dfrac{S}{d}=\kappa C_0$이다.

• 축전기의 극판 사이에 유전체를 넣으면 유전체의 비유전율 κ에 비례하여 축전기의 전기 용량이 증가한다.

주의해

전체 전하량

축전기 여러 개가 연결되었을 때 저장된 전체 전하량은 각 축전기에 저장된 전하량의 단순 합이 아니고 외부에서 실제로 공급된 전하량을 의미한다.

★ 축전기의 혼합 연결

병렬연결된 부분의 합성 전기 용량을 먼저 구한 다음, 직렬연결된 부분과의 합성 전기 용량을 구한다.

용어

❷ **유전(誘 꾀다, 電 전기)율**_전기를 유도하는 정도, 유전 분극을 일으키는 정도를 의미한다.

❸ **분극(分 나누다, 極 전극)**_극이 분리됨, 양(+)전하와 음(−)전하가 서로 멀리 떨어지는 방향으로 나누어진다는 의미이다.

❹ **합성 전기 용량**_축전기 여러 개가 연결되었을 때 이와 똑같은 효과를 갖는 축전기 한 개의 전기 용량

04 축전기

C 축전기의 에너지

1. *축전기에 저장된 전기 에너지 전지는 축전기에 새로운 전하를 충전시키기 위해 극판에 전하가 충전되면서 전기력에 대해 일을 한다. 전지가 축전기에 해 준 일이 전기력에 의한 퍼텐셜 에너지로 저장된다.
└● 충전된 전하들 사이에 작용하는 척력

(1) **축전기의 두 금속판 사이에 걸리는 전위차:** $Q=CV$이므로 $V=\dfrac{Q}{C}$이다. ➡ 전위차는 축전기에 저장되는 전하량에 비례한다.

(2) **축전기에 저장된 전기 에너지:** 전지를 이용하여 전기 용량이 C인 축전기를 충전하는 동안 전위차가 $V=\dfrac{Q}{C}$이므로 전하가 이동하기 전에는 0이었다가 기울기가 일정한 직선 형태로 증가한다. 그래프 아랫부분의 넓이 $\dfrac{1}{2}QV$는 축전기에 0에서 Q까지 전하를 충전시키는 동안 한 일의 양과 같고, 이 일이 축전기에 저장되는 전기 에너지가 된다.

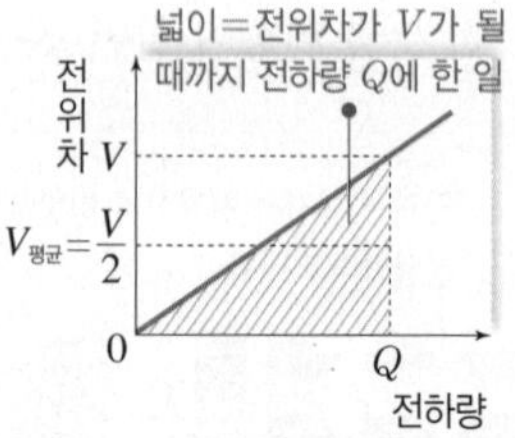

$$W=QV_{평균}=\frac{1}{2}QV=\frac{1}{2}CV^2=\frac{Q^2}{2C}$$

넓이=전위차가 V가 될 때까지 전하량 Q에 한 일

세로축: 전위차, 가로축: 전하량
V, $V_{평균}=\dfrac{V}{2}$, Q

★ 전하에 하는 일
전위차가 V로 일정한 두 점 사이에서 전하량 Q인 전하를 이동시키는 데 필요한 일은 $W=QV$ 이다.

2. 축전기의 활용

(1) **축전기에 저장되는 전기 에너지의 이용:** 사진기의 플래시, 텔레비전과 같은 전기 제품 등

(2) **축전기의 활용과 원리** └●축전기의 두 금속판을 도선 등으로 연결하면 전하가 방전되면서 일을 한다.

컴퓨터 키보드	터치 스크린	콘덴서 마이크
글자판이 부착된 움직이는 금속판과 고정된 금속판 사이에 유전체가 들어 있는 구조 	투명 전극에 코팅된 2장의 전도성 유리가 겹친 구조 전기 전도율이 좋은 유리 	고정된 금속판과 진동할 수 있는 금속판이 서로 마주 보는 구조로 전지에 의해 충전됨
원리 글자판을 누르면 축전기의 두 금속판 사이의 간격이 줄어서 전기 용량이 증가 ➡ 이 변화를 컴퓨터가 인식하여 글자가 입력됨	**원리** 유리에 전압을 걸어 표면을 충전 ➡ 위쪽 유리 표면에 손가락을 대면 저장된 전자가 접촉 지점으로 끌려오면서 스크린 표면의 전하량 변함 ➡ 센서가 감지	**원리** 소리에 의해 진동 금속판이 진동 ➡ 두 금속판의 간격이 변하여 전기 용량이 변함 ➡ 전압이 변함 ➡ 전기 신호로 바꿈
가변 축전기	**카메라 플래시**	**자동 제세동기**
반원형의 고정된 금속판과 회전할 수 있는 금속판이 겹쳐져 있는 구조 	축전기, 건전지, 전구가 연결되어 있는 구조 └●축전기에 저장된 전기 에너지를 이용 	사고나 질병에 의해 심장 기능이 정지했을 때 강한 전기 에너지로 심장을 자극하는 장치 
원리 다이얼 회전 ➡ 나란하게 있는 판의 마주 보는 넓이 변화 ➡ 전기 용량의 변화	**원리** 사진을 찍기 전 축전기 충전됨 ➡ 플래시 스위치를 누르면 점화 축전기 방전 ➡ 플래시관에 전류가 흘러 빛이 발생함	**원리** 자동 제세동기 전원을 켜면 축전기 충전 ➡ 스위치를 누르면 짧은 순간 방전되면서 큰 전류가 흘러 심장에 자극을 줌

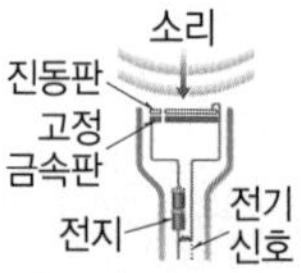

개념 확인 문제

정답친해 72쪽

핵심
체크

- 축전기에 전하가 저장되는 과정을 (❶   ), 전하가 빠져나가는 과정을 (❷   )이라고 한다.
- (❸   ): 축전기가 전하를 저장할 수 있는 능력을 나타내는 물리량
- (❹   ): 축전기 내부를 채운 유전체의 분극 현상이 일어나는 정도를 숫자로 나타낸 것
- 평행판 축전기의 전기 용량은 극판의 면적에 (❺   )하고, 극판의 간격에 (❻   )한다.
- 축전기에 충전되는 전하량은 두 극판 사이의 전위차에 (❼   )한다.
- 축전기를 (❽   )로 연결하면 각 축전기에 저장되는 전하량이 같고, 축전기를 (❾   )로 연결하면 각 축전기에 걸리는 전압이 같다.
- 전기 용량이 C_1, C_2인 축전기를 직렬로 연결하면 합성 전기 용량의 역수는 $\frac{1}{C}$=(❿   )+(⓫   )이고, 극판 사이의 (⓬   )이 증가하는 효과가 있다.
- 전기 용량이 C_1, C_2인 축전기를 병렬로 연결하면 합성 전기 용량은 C=(⓭   )+(⓮   )이고, 극판의 (⓯   )가 넓어지는 효과가 있다.
- 전하량 Q가 저장되어 두 극판 사이의 전위차가 V가 되었을 때 축전기에 저장된 전기 에너지는 $\frac{1}{2}$×(⓰   )이다.

---

1 그림은 평행판 축전기에 전압이 V인 전지와 스위치 S가 연결된 모습을 나타낸 것이다. S를 닫아서 축전기가 완전히 충전된 후 S를 다시 열고 극판 A와 B의 간격을 2배로 증가시켰다.

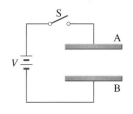

(1) 축전기의 전기 용량은 처음의 몇 배가 되는지 구하시오.
(2) A와 B 사이의 전위차는 처음의 몇 배가 되는지 구하시오.

2 그림은 전기 용량이 각각 0.5 μF, 2 μF인 축전기 A, B를 전압이 일정한 전원에 직렬로 연결한 회로를 나타낸 것이다.

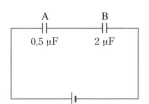

(1) A와 B의 합성 전기 용량은 몇 μF인지 구하시오.
(2) A, B에 걸리는 전압의 비(A : B)를 구하시오.

3 그림은 전기 용량이 각각 0.5 μF, 2 μF인 축전기 A, B를 전압이 일정한 전원에 병렬로 연결한 회로를 나타낸 것이다.

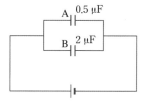

(1) A와 B의 합성 전기 용량은 몇 μF인지 구하시오.
(2) A, B에 걸리는 전압의 비(A : B)를 구하시오.

4 그림은 전압이 15 V인 전지에 전기 용량이 각각 3 μF, 4 μF, 2 μF인 축전기를 연결한 회로를 나타낸 것이다. 축전기에 저장되는 전체 전하량은 몇 μC인지 구하시오.

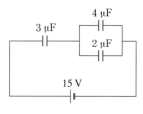

5 그림은 축전기에 저장되는 전하량에 따른 두 극판 사이의 전위차를 나타낸 것이다.

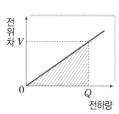

(1) 그래프의 기울기가 의미하는 것은 무엇인지 쓰시오.
(2) 빗금 친 부분의 넓이가 의미하는 것은 무엇인지 쓰시오.

축전기의 연결

○ 정답친해 72쪽

축전기가 직렬 또는 병렬로 연결되어 있는 상태에서 축전기 극판 사이의 간격이 달라지거나 축전기의 두 극판 사이에 유전체를 넣으면 물리량은 어떻게 달라지는지 알아봅시다.

1 축전기 극판 사이의 간격이 달라지는 경우

(1) 전기 용량이 각각 C인 축전기 A, B가 전압이 일정한 전원에 직렬연결된 상태에서 A의 극판 사이의 거리를 2배로 한 경우

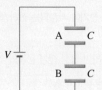

처음 상태

- A, B에 걸린 전압: $V_A = V_B = \dfrac{V}{2}$ → $V = V_A + V_B$

- 합성 전기 용량: $\dfrac{C}{2}$ → $\dfrac{1}{C_{합성}} = \dfrac{1}{C} + \dfrac{1}{C}$

- A, B에 충전되는 전하량: $Q_A = Q_B = \dfrac{CV}{2}$ → $\dfrac{C}{2} \times V$

나중 상태

- A의 전기 용량: $\dfrac{C}{2}$(감소) → $C \propto \dfrac{1}{d}$

- A, B에 걸린 전압: $V_A = \dfrac{2V}{3}$(증가), $V_B = \dfrac{V}{3}$(감소) → $V_A : V_B$

- 합성 전기 용량: $\dfrac{C}{3}$(감소) → $\dfrac{1}{C_{합성}} = \dfrac{1}{\frac{C}{2}} + \dfrac{1}{C} = \dfrac{3}{C}$ $= \dfrac{1}{C_A} : \dfrac{1}{C_B}$ $= 2 : 1$

- A, B에 충전된 전하량: $Q_A = Q_B = \dfrac{CV}{3}$(감소) → $\dfrac{C}{3} \times V$

(2) 전기 용량이 각각 C인 축전기 A, B가 전압이 일정한 전원에 병렬연결된 상태에서 A의 극판 사이의 거리를 2배로 한 경우

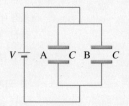

처음 상태

- A, B에 걸린 전압: $V_A = V_B = V$

- 합성 전기 용량: $2C$ → $C_{합성} = C + C$

- A, B에 충전되는 전하량: $Q_A = Q_B = CV$

나중 상태

- A의 전기 용량: $\dfrac{C}{2}$(감소) → $C \propto \dfrac{1}{d}$

- A, B에 걸린 전압: $V_A = V_B = V$(일정)

- 합성 전기 용량: $\dfrac{3C}{2}$(감소) → $C_{합성} = \dfrac{C}{2} + C = \dfrac{3}{2}C$

- A, B에 충전된 전하량: $Q_A = \dfrac{CV}{2}$(감소), $Q_B = CV$(일정)

Q1 평행판 축전기의 극판 사이의 거리가 증가하면 전기 용량은 어떻게 되는가?

2 축전기 극판 사이에 유전체를 넣은 경우

(1) 전기 용량이 각각 C인 축전기 A, B가 전압이 일정한 전원에 직렬연결된 상태에서 A의 극판 사이에 유전 상수가 2인 유전체를 넣는 경우

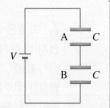

처음 상태

- A, B에 걸린 전압: $V_A = V_B = \dfrac{V}{2}$

- 합성 전기 용량: $\dfrac{C}{2}$ • A, B에 충전되는 전하량: $Q_A = Q_B = \dfrac{CV}{2}$

나중 상태

- A의 전기 용량: $2C$(증가) → $C = \kappa C_0$

- A, B에 걸린 전압: $V_A = \dfrac{V}{3}$(감소), $V_B = \dfrac{2V}{3}$(증가)

- 합성 전기 용량: $\dfrac{2C}{3}$(증가) → $\dfrac{1}{C_{합성}} = \dfrac{1}{2C} + \dfrac{1}{C} = \dfrac{3}{2C}$

- A, B에 충전된 전하량: $Q_A = Q_B = \dfrac{2CV}{3}$(증가) → $\dfrac{2C}{3} \times V$

(2) 전기 용량이 각각 C인 축전기 A, B가 전압이 일정한 전원에 병렬연결된 상태에서 A의 극판 사이에 유전 상수가 2인 유전체를 넣는 경우

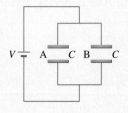

처음 상태

- A, B에 걸린 전압: $V_A = V_B = V$

- 합성 전기 용량: $2C$

- A, B에 충전되는 전하량: $Q_A = Q_B = CV$

나중 상태

- A의 전기 용량: $2C$(증가) → $C = \kappa C_0$

- A, B에 걸린 전압: $V_A = V_B = V$(일정)

- 합성 전기 용량: $3C$(증가) → $C_{합성} = 2C + C = 3C$

- A, B에 충전된 전하량: $Q_A = 2CV$(증가), $Q_B = CV$(일정)

Q2 평행판 축전기의 극판 사이에 유전체를 넣으면 축전기의 전기 용량은 어떻게 되는가?

대표 자료 분석

🔖 학교 시험에 자주 출제되는 대표 자료와 그 자료에 대한
문제를 통해 자료를 완벽하게 이해할 수 있다.

자료 ① 축전기의 전기 용량 변화

기출 Point
- 축전기의 전기 용량 변화 이해하기
- 축전기의 활용 방법 이해하기

[1~3] 그림은 두 개의 평행판 축전기 A, B를 이용한 컴퓨터 자판의 'ㄱ'키와 'ㄴ'키가 연결된 모습을 나타낸 것이다. 자판을 누르면 움직이는 판과 고정판 사이의 거리가 줄어든다.

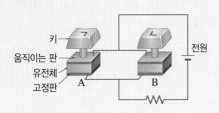

1 'ㄱ'키와 'ㄴ'키 모두 누르지 않았을 때, 'ㄱ'키만 눌렀을 때, 'ㄱ'키와 'ㄴ'키 모두 눌렀을 때 A와 B의 합성 전기 용량을 각각 C_1, C_2, C_3라고 할 때, 이들의 크기를 비교하시오.

2 A에서 유전체를 제거했더니 움직이는 판이 고정판에 닿았다. A의 두 극판 사이의 전압과 B에 저장되는 전하량은 각각 어떻게 변하는지 쓰시오.

3 빈출 선택지로 **완벽 정리!**

(1) 'ㄱ'키를 눌렀을 때 A의 전기 용량과 A에 걸리는 전압은 증가한다. ················· (○ / ×)
(2) 'ㄱ'키를 눌렀을 때 A에 저장되는 전하량은 증가한다. ····················· (○ / ×)
(3) 'ㄱ'키를 눌렀을 때 B의 전기 용량과 B에 저장되는 전하량은 일정하다. ················· (○ / ×)
(4) 'ㄱ'키에서 움직이는 판과 고정판 사이의 간격을 일정하게 유지한 채로 유전체를 제거했을 때, A의 전기 용량은 증가한다. ················· (○ / ×)

자료 ② 평행판 축전기 내의 전하의 운동

기출 Point
- 평행판 축전기의 특성 이해하기
- 평행판 축전기 내에 놓인 전하의 운동 해석하기

[1~2] 그림은 간격 d인 평행한 도체판 A, B를 전압이 V_1으로 일정한 전원에 연결했을 때 A와 B 사이에 가만히 놓은 질량 m인 전하 P가 정지해 있는 모습을 나타낸 것이다. 스위치를 전압이 V_2인 전원에 연결했을 때는 P가 연직 위 방향으로 속력이 일정하게 증가하는 등가속도 운동을 한다.

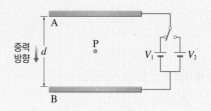

1 이에 대한 설명으로 옳은 것만을 [보기]에서 있는 대로 고르시오.

[보기]
ㄱ. 스위치를 전압이 V_2인 전원에 연결했을 때, A는 (+)전하를 띤다.
ㄴ. P는 양(+)전하이다.
ㄷ. $V_1 < V_2$이다.

2 빈출 선택지로 **완벽 정리!**

(1) 스위치를 전압이 V_1인 전원에 연결했을 때, P에 작용하는 알짜힘은 0이다. ················· (○ / ×)
(2) P의 전하량을 q라고 하면 전압이 V_1일 때 $q = \dfrac{mgd}{V_1}$ 이다. ····················· (○ / ×)
(3) 스위치를 전압이 V_2인 전원에 연결했을 때, A와 B 사이에 형성된 전기장의 방향은 P에 작용하는 전기력의 방향과 같다. ················· (○ / ×)

내신 만점 문제

A 축전기와 전기 용량

01 그림 (가)는 도체판 A, B로 만들어진 축전기와 전압이 일정한 전원으로 구성된 회로에서 스위치를 닫아 축전기를 충전하는 모습을 나타낸 것이고, (나)는 (가)에서 축전기의 충전이 완료된 후 스위치를 연 모습을 나타낸 것이다.

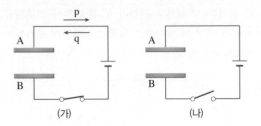

이에 대한 설명으로 옳지 <u>않은</u> 것은?

① (가)에서 전자의 이동 방향은 p이다.
② (가)에서 축전기가 충전되는 동안 A와 B 사이의 전기장의 세기는 증가한다.
③ (나)에서 A는 양(+)전하로 대전되었다.
④ (나)에서 A와 B 사이의 전위차는 전원의 전압과 같다.
⑤ (나)에서 A와 B 사이의 전기장은 0이다.

02 그림과 같이 전기 용량이 0.1 F이고, 금속판 A, B의 간격이 5 cm인 평행판 축전기에 10 V의 전압이 걸려 있다. 이 상태에서 전하량이 0.1 C인 양(+)전하를 A의 바로 옆에 놓았다.

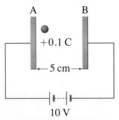

이에 대한 설명으로 옳은 것만을 [보기]에서 있는 대로 고른 것은?

[보기]
ㄱ. 축전기가 완전히 충전되었을 때 A의 전하량은 +1 C이다.
ㄴ. A와 B 사이의 전기장의 세기는 200 V/m이다.
ㄷ. 양(+)전하가 받는 전기력의 크기는 200 N이다.

① ㄱ
② ㄷ
③ ㄱ, ㄴ
④ ㄱ, ㄷ
⑤ ㄴ, ㄷ

03 그림 (가)는 극판의 면적이 S이고 간격이 d인 평행판 축전기를 전압이 V인 전원에 연결한 모습을 나타낸 것이고, (나)는 극판의 면적이 $2S$이고 간격이 $2d$인 평행판 축전기를 전압이 $2V$인 전원에 연결한 모습을 나타낸 것이다.

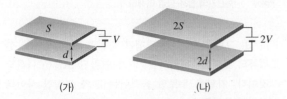

(가), (나)에서 완전히 충전된 축전기의 전하량이 각각 $Q_{(가)}$, $Q_{(나)}$라 할 때, $Q_{(가)} : Q_{(나)}$는?

① 1 : 1
② 1 : 2
③ 1 : 4
④ 2 : 1
⑤ 4 : 1

04 그림은 면적이 S이고 간격이 d인 평행판 축전기를 전압이 일정한 전원에 연결했을 때 전하량 Q가 충전된 것을 나타낸 것이다.

이 상태에서 두 극판 사이의 간격만 증가시켰을 때, 이전보다 감소하는 물리량만을 [보기]에서 있는 대로 고른 것은?

[보기]
ㄱ. 축전기의 전기 용량
ㄴ. 축전기에 저장되는 전하량
ㄷ. 두 극판 사이의 전기장의 세기

① ㄴ
② ㄷ
③ ㄱ, ㄴ
④ ㄱ, ㄷ
⑤ ㄱ, ㄴ, ㄷ

05 ^{서술형} 그림은 평행판 축전기, 전지, 스위치를 연결한 회로이다. 스위치를 닫으면 축전기에 전하가 충전된다.
축전기만을 조절하여 축전기에 저장되는 전하량을 증가시키기 위한 방법 세 가지를 서술하시오.

B 축전기의 연결

06 그림과 같이 전기 용량이 각각 2 μF, 1 μF, 1 μF인 축전기 A, B, C와 스위치 S를 전압이 일정한 전원 장치에 연결하였다. S가 열린 상태에서 A가 완전히 충전되었을 때, A에 저장된 전하량은 Q이다.

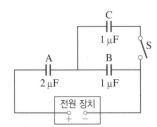

S를 닫은 후 A가 완전히 충전되었을 때 A에 저장된 전하량은?

① $\dfrac{4}{9}Q$　　　　② $\dfrac{2}{3}Q$　　　　③ Q

④ $\dfrac{3}{2}Q$　　　　⑤ $\dfrac{9}{4}Q$

07 그림과 같이 전기 용량이 같은 축전기 A, B, C를 전원 장치에 연결하여 완전히 충전시켰다. 충전이 완료된 후 A의 두 금속판 사이에 유전 상수가 1보다 큰 유전체를 삽입하고 축전기를 완전히 충전하였다.
A에 유전체를 넣기 전과 비교하여 넣은 후 일어난 변화에 대한 설명으로 옳은 것만을 [보기]에서 있는 대로 고른 것은?

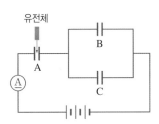

[보기]
ㄱ. A에 저장되는 전하량이 증가한다.
ㄴ. A의 금속판 사이의 전위차가 커진다.
ㄷ. A에 저장된 전하량이 B와 C에 저장된 전하량의 합보다 크다.

① ㄱ　　　　② ㄴ　　　　③ ㄱ, ㄷ
④ ㄴ, ㄷ　　　　⑤ ㄱ, ㄴ, ㄷ

C 축전기의 에너지

08 그림과 같이 축전기 A, B가 전압이 일정한 전원에 병렬로 연결되어 있다. 극판의 면적은 A와 B가 같고, 극판 간격은 A가 B의 2배이다.
B가 A보다 큰 물리량으로 옳은 것만을 [보기]에서 있는 대로 고르시오.

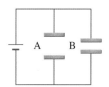

[보기]
ㄱ. 극판 사이에 걸린 전압
ㄴ. 축전기에 충전된 전하량
ㄷ. 축전기에 저장되는 전기 에너지

09 그림은 저항값이 R인 저항 A, 저항값이 R에서 $2R$까지 변하는 가변 저항 B, 전기 용량이 같은 축전기 C_1, C_2, 전압이 일정한 전원으로 구성된 회로를 나타낸 것이다. B의 저항값이 R일 때, C_1에 저장된 전하량이 Q이었다.
이에 대한 설명으로 옳은 것만을 [보기]에서 있는 대로 고른 것은?

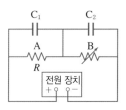

[보기]
ㄱ. B의 저항값이 R일 때, C_2에 충전되는 전하량은 Q이다.
ㄴ. B의 저항값이 $2R$일 때, C_2에 충전되는 전하량은 $2Q$이다.
ㄷ. C_2에 저장되는 전기 에너지는 B의 저항값이 $2R$일 때가 R일 때의 2배이다.

① ㄱ　　　　② ㄷ　　　　③ ㄱ, ㄴ
④ ㄴ, ㄷ　　　　⑤ ㄱ, ㄴ, ㄷ

10 그림은 축전기 A, B, C를 전압이 V로 일정한 전원에 연결한 회로를 나타낸 것이다. A, B, C에 저장된 전기 에너지 $W_A : W_B : W_C = 1 : 2 : 3$일 때 B와 C에 걸린 전압의 비 $V_B : V_C$를 구하시오.

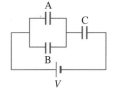

중단원
핵심 정리

01 전기장과 정전기 유도

1. 쿨롱 법칙
(1) **전기력**: 전하들 사이에 작용하는 힘, 인력과 척력이 있다.

(❶): 전하의 종류가 다를 때	(❷): 전하의 종류가 같을 때
$+q$ $\xrightarrow{F}$　$\xleftarrow{F}$ $-q$　$\vdash r \dashv$	$\xleftarrow{F}$ $+q$　$+q$ $\xrightarrow{F}$　$\vdash r \dashv$

(2) **쿨롱 법칙**: 두 전하 사이에 작용하는 전기력(F)의 크기는 전하량(q)의 곱에 비례하고, 거리(r) 제곱에 반비례한다.

$$F = k\frac{q_1 q_2}{r^2} \text{ [단위: N]}$$

2. 전기장과 전기력선
(1) **전기장**: 전하 주위에 전기력이 작용하는 공간
(2) **전기장의 방향**: (❸   )전하가 받는 전기력의 방향
(3) **전기장의 세기**: 전하 q가 받는 전기력이 F일 때 전기장의 세기는 $E = ($❹ $)$이다.
(4) **전기력선**: 전기장 속에 놓인 양(+)전하가 받는 힘의 방향을 연속으로 이은 선으로, 전기력선에 그은 (❺   ) 방향이 그 점에서의 전기장 방향이다.

3. 정전기 유도
대전체를 물체에 가까이 할 때 대전체와 가까운 쪽에는 대전체와 (❻   ) 종류의 전하가 유도되고, 먼 쪽에는 대전체와 (❼   ) 종류의 전하가 유도되는 현상
(1) **도체에서의 정전기 유도**: 대전체와의 전기력에 의해 도체 내부의 (❽   )가 이동하기 때문에 생긴다.
(2) **절연체에서의 정전기 유도(❾   )**: 원자 내의 전자가 대전체로부터 전기력을 받아 기존 위치에서 조금씩 벗어나 재배열되기 때문에 발생한다.

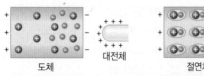
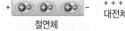

↑ 도체에서의 정전기 유도　　↑ 절연체에서의 정전기 유도

(3) (❿   ): 정전기 유도 현상을 이용해 물체의 대전 상태를 알 수 있는 기구

금속판	대전체와 반대 종류의 전하가 유도
금속박	대전체와 같은 종류의 전하가 유도

(4) **정전기 유도의 이용**: 복사기, 자동차 도색, 포장 랩, 전기 집진기, 강유전체를 이용한 정보 저장 등

02 저항의 연결과 전기 에너지

1. 전류와 전압

구분	전류	전압(전위차)
정의	전하의 흐름	전류를 흐르게 할 수 있는 능력
특성	• 전류의 방향: 전지의 (+)극 → (−)극 ➡ 전자의 이동 방향과 반대 • 전류의 세기=(⓫), $I = \dfrac{Q}{t}$	• (⓬): +1 C의 양전하가 갖는 전기력에 의한 위치 에너지 • (+)극은 전위가 높고 (−)극은 전위가 낮음
단위	A(암페어), C/s	V(볼트), J/C

2. 저항
전류의 흐름을 방해하는 정도(단위: Ω(옴), V/A)

$$R(\text{저항}) = \rho\frac{l(\text{도선의 길이})}{S(\text{도선의 단면적})} \quad (\rho: \text{비저항})$$

3. 저항의 연결

저항의 직렬연결	저항의 병렬연결	저항의 혼합 연결
$I = I_1 = I_2 = I_3$ $V = V_1 + V_2 + V_3$ $R = R_1 + R_2 + R_3$	$I = I_1 + I_2 + I_3$ $V = V_1 = V_2 = V_3$ $\dfrac{1}{R} = \dfrac{1}{R_1} + \dfrac{1}{R_2} + \dfrac{1}{R_3}$	$I = I_1 = I_2 + I_3$ $V = V_1 + V_2 = V_1 + V_3$ $R = R_1 + \dfrac{R_2 \times R_3}{R_2 + R_3}$

4. 전압과 전류의 관계(옴 법칙)
도선에 흐르는 전류의 세기(I)는 전압(V)에 (⓭   )하고, 저항(R)에 (⓮   )한다.

$$I = \frac{V}{R}, \; V = IR, \; R = \frac{V}{I}$$

03 트랜지스터

1. 트랜지스터 p형 반도체와 n형 반도체가 p-n-p 또는 n-p-n의 순으로 결합된 소자

(1) **트랜지스터의 원리**: 이미터(E)와 베이스(B) 사이에 (⑮　　　) 전압(V_{EB})을, 컬렉터(C)와 베이스(B) 사이에 (⑯　　　) 전압(V_{BC})을 걸어 준다.

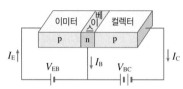

⬆ **p-n-p형 트랜지스터**

(2) **p-n-p형 트랜지스터의 작용**

① 증폭 작용: I_B에 비해 큰 I_C를 얻을 수 있다. ➡ 약한 신호를 큰 신호로 바꾸는 아날로그 증폭기에 이용된다.

② 스위칭 작용: V_{EB}로 I_C를 제어할 수 있다. ➡ 신호가 1과 0으로 구성된 디지털 회로에 이용된다.

2. 바이어스 전압의 결정

(1) **바이어스 전압**: 트랜지스터의 동작을 원활하게 하기 위해 이미터와 베이스, 베이스와 컬렉터 사이에 걸어 주는 전압

(2) **바이어스 전압의 결정**: 저항을 이용한 전압 분할로 바이어스 전압을 조절할 수 있다.

 ## 04 축전기

1. 축전기와 전기 용량

(1) **평행판 축전기**: 두 금속판이 서로 평행하게 마주 보도록 만든 축전기

구분	설명
원리	• 전지의 (+)극에 연결된 금속판에는 (⑰　　　)전하, (−)극에 연결된 금속판에는 (⑱　　　)전하가 대전 ➡ 대전되는 전하량 크기는 같다. • 두 금속판 사이의 전위차가 전지의 전압과 같아질 때까지 충전 • 스위치를 열어도 두 금속판의 전하는 저장된 상태가 그대로 유지
특징	• 내부에는 균일한 전기장이 형성된다. ➡ $E=\dfrac{V}{d}$ • 양(+)전하로 대전된 금속판이 음(−)전하로 대전된 금속판보다 전위가 (⑲　　　).

(2) **전기 용량**

① **축전기에 저장되는 전하량**: 금속판 사이의 전위차에 비례

$$Q=(⑳　　　)$$

② **평행판 축전기의 전기 용량(C)**: 금속판의 넓이(S)에 비례하고, 금속판 사이의 거리(d)에 반비례한다.

$$C=\varepsilon\frac{S}{d}\ \text{[단위: F(패럿)]}$$

③ **유전율(ε)**: 두 금속판 사이를 채운 유전체에서 양(+)전하와 음(−)전하의 유전 분극 현상이 일어나는 정도를 숫자로 나타낸 것

2. 축전기의 연결

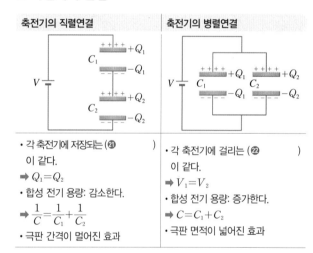

축전기의 직렬연결	축전기의 병렬연결
• 각 축전기에 저장되는 (㉑　　　)이 같다. ➡ $Q_1=Q_2$ • 합성 전기 용량: 감소한다. ➡ $\dfrac{1}{C}=\dfrac{1}{C_1}+\dfrac{1}{C_2}$ • 극판 간격이 멀어진 효과	• 각 축전기에 걸리는 (㉒　　　)이 같다. ➡ $V_1=V_2$ • 합성 전기 용량: 증가한다. ➡ $C=C_1+C_2$ • 극판 면적이 넓어진 효과

3. 축전기의 에너지

(1) **축전기와 일**: 축전기에 전하를 충전시키기 위해서는 (㉓　　　)에 대해 일을 해야 한다. ➡ 해 준 일만큼 전기 에너지로 저장된다.

(2) **축전기에 저장되는 전기 에너지**

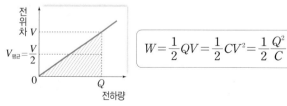

$$W=\frac{1}{2}QV=\frac{1}{2}CV^2=\frac{1}{2}\frac{Q^2}{C}$$

(3) **축전기의 활용**: 컴퓨터 키보드, 터치 스크린, 콘덴서 마이크, 가변 축전기, 카메라 플래시, 자동 제세동기 등

난이도 ●●●

01 그림은 전하량이 각각 $-3Q$, $+Q$, $3Q$이고 동일한 크기의 세 금속구 A, B, C가 일직선상에 동일한 간격으로 고정되어 있는 것을 나타낸 것이다. 이때 B가 받는 전기력의 크기는 F이다.

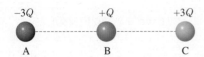

A를 B와 접촉시켰다가 떼어 처음 위치에 놓은 후, C를 B와 접촉시켰다가 떼어 처음 위치에 놓았을 때 B가 받는 전기력의 크기는?

① $\dfrac{1}{6}F$ ② $\dfrac{1}{3}F$ ③ $\dfrac{1}{2}F$

④ $\dfrac{3}{2}F$ ⑤ $2F$

02 그림은 정삼각형의 세 꼭짓점에 전하량 $+Q$인 점전하 A, B와 전하량이 $-Q$인 점전하 C가 고정되어 있는 모습을 나타낸 것이다. A에 작용하는 전기력의 크기는 F이다.

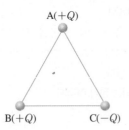

B, C에 작용하는 전기력의 크기를 각각 F_B, F_C라 할 때, F_B와 F_C를 옳게 짝 지은 것은?

	F_B	F_C		F_B	F_C
①	F	F	②	F	$\sqrt{3}F$
③	$\sqrt{3}F$	F	④	$\sqrt{3}F$	$\sqrt{3}F$
⑤	$2F$	$\sqrt{3}F$			

●●○

03 그림 (가)는 대전되어 있는 검전기의 금속판에 대전된 금속 막대 A를 가까이 접근시켰더니 금속박이 벌어지는 모습을 나타낸 것이고, (나)는 (가)에서 검전기에 (−)로 대전된 금속 막대 B를 접촉시켰더니 금속박이 오므라들었다가 (가)에서보다 더 벌어진 모습을 나타낸 것이다.

이에 대한 설명으로 옳은 것만을 [보기]에서 있는 대로 고른 것은?

[보기]
ㄱ. A는 (−)전하로 대전되어 있다.
ㄴ. (가)에서 A를 금속판에 가까이 가져가는 동안, 금속박의 전자는 금속판으로 이동한다.
ㄷ. (나)에서 B를 멀리 하면, 금속판은 (+)전하를 띤다.

① ㄱ   ② ㄴ   ③ ㄱ, ㄷ
④ ㄴ, ㄷ   ⑤ ㄱ, ㄴ, ㄷ

●●○

04 그림 (가)는 대전되지 않은 동일한 세 도체구 A, B, C가 절연된 실에 매달려 서로 접촉해 있는 모습을 나타낸 것이다. 그림 (나)는 (가)의 상태에 (+)전하를 띤 대전체를 가까이 하였더니 A와 C가 B로부터 떨어져 정지해 있는 모습을 나타낸 것이다.

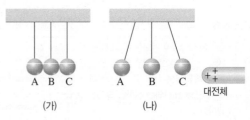

(나)의 A, C가 띠는 전하의 종류를 옳게 짝 지은 것은? (단, 모든 마찰은 무시한다.)

	A	C		A	C
①	(+)전하	(+)전하	②	(+)전하	(−)전하
③	(−)전하	(+)전하	④	(−)전하	(−)전하
⑤	0	(−)전하			

05 그림은 금속 A, B, C의 비저항을 온도에 따라 나타낸 것이고, 표는 A, B, C로 만든 저항값이 R_A, R_B, R_C인 저항의 단면적과 길이를 나타낸 것이다.

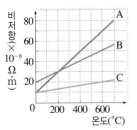

저항값	단면적(mm²)	길이(m)
R_A	4	0.2
R_B	8	0.4
R_C	8	0.6

이에 대한 설명으로 옳은 것만을 [보기]에서 있는 대로 고른 것은?

[보기]
ㄱ. 200 ℃에서 R_A와 R_B는 같다.
ㄴ. 0 ℃에서 R_A는 R_C의 2배이다.
ㄷ. 600 ℃에서 저항이 가장 큰 것은 R_A이다.

① ㄱ   ② ㄴ   ③ ㄷ
④ ㄱ, ㄷ   ⑤ ㄴ, ㄷ

06 그림과 같이 전압이 일정한 전원 장치에 저항 A, B, C, D를 연결하였다. A, B, C, D에 걸린 전압의 크기가 모두 같고, B에 흐르는 전류의 세기는 C의 2배이다.

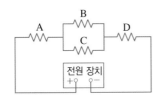

이에 대한 설명으로 옳은 것만을 [보기]에서 있는 대로 고른 것은?

[보기]
ㄱ. 저항값은 C가 B의 2배이다.
ㄴ. 저항에 흐르는 전류의 세기는 A가 C의 3배이다.
ㄷ. 소비 전력은 D가 C의 3배이다.

① ㄱ   ② ㄷ   ③ ㄱ, ㄴ
④ ㄴ, ㄷ   ⑤ ㄱ, ㄴ, ㄷ

07 그림 (가)와 같이 전압이 일정한 전원 장치에 저항값이 일정한 전구, 가변 저항, 전류계를 연결하여 회로를 구성하였다. 그림 (나)는 (가)의 가변 저항의 크기를 변화시켰을 때 전류계에 흐르는 전류를 나타낸 것이다.

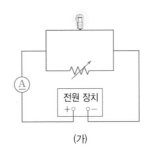
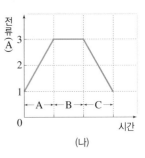

(가)   (나)

이에 대한 설명으로 옳은 것만을 [보기]에서 있는 대로 고른 것은?

[보기]
ㄱ. A에서 가변 저항의 크기가 감소한다.
ㄴ. B에서 가변 저항의 크기는 일정하게 증가한다.
ㄷ. C에서 전구의 밝기가 감소한다.

① ㄱ   ② ㄷ   ③ ㄱ, ㄴ
④ ㄱ, ㄷ   ⑤ ㄴ, ㄷ

08 그림 (가)는 저항 A, B, C, 스위치, 전원 장치를 이용하여 구성한 회로를 나타낸 것으로 A의 소비 전력은 $3P_0$, C의 소비 전력은 P_0이다. 그림 (나)는 (가)에서 스위치를 닫은 모습을 나타낸 것으로, 저항의 소비 전력은 A가 B의 2배이다.

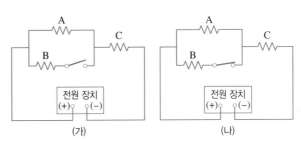

(가)   (나)

(나)에서 B의 소비 전력은?

① $\frac{4}{3}P_0$ ② $\frac{9}{4}P_0$ ③ $\frac{16}{9}P_0$
④ $\frac{24}{9}P_0$ ⑤ $\frac{32}{27}P_0$

09 그림은 **n-p-n**형 트랜지스터와 전지, 저항을 연결하여 구성한 회로를 나타낸 것이다. ⊙, ⓛ, ⓔ은 차례대로 **n**형, **p**형, **n**형 반도체에서 주요 전하 운반자이다.

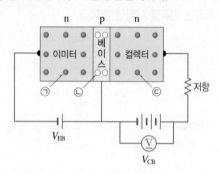

이에 대한 설명으로 옳은 것만을 [보기]에서 있는 대로 고른 것은?

[보기]

ㄱ. ⊙은 오른쪽으로, ⓛ은 왼쪽으로 움직인다.

ㄴ. ⓔ은 전자이며, 왼쪽으로 움직인다.

ㄷ. 왼쪽 회로의 전압 V_{EB}가 커지면 오른쪽 회로에서 전압계로 측정하는 V_{CB}도 커진다.

① ㄱ   ② ㄴ   ③ ㄷ

④ ㄱ, ㄷ   ⑤ ㄱ, ㄴ, ㄷ

10 그림은 트랜지스터를 전원 장치에 연결했을 때, 트랜지스터의 이미터, 베이스, 컬렉터에 전류가 화살표 방향으로 흐르고 있는 것을 나타낸 것이다. I_C는 I_B보다 매우 크다.

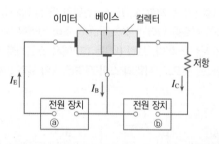

전원 장치의 단자 ⓐ와 ⓑ의 전극과 베이스의 반도체의 종류를 옳게 짝 지은 것은?

	ⓐ	ⓑ	베이스
①	(+)극	(+)극	n형 반도체
②	(+)극	(−)극	n형 반도체
③	(+)극	(−)극	p형 반도체
④	(−)극	(−)극	p형 반도체
⑤	(−)극	(+)극	n형 반도체

11 그림 (가)는 평행판 축전기를 전압이 V로 일정한 전원에 연결했을 때 전하가 완전히 충전된 것을 나타낸 것이다. 그림 (나)는 (가)의 상태에서 스위치를 열고 두 극판 사이의 간격을 증가시킨 것을 나타낸 것이다.

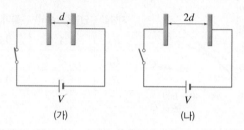

(가)보다 (나)에서 더 큰 물리량만을 [보기]에서 있는 대로 고른 것은?

[보기]

ㄱ. 축전기의 전기 용량

ㄴ. 축전기에 걸리는 전압

ㄷ. 축전기에 저장되는 전기 에너지

① ㄱ   ② ㄷ   ③ ㄱ, ㄴ

④ ㄴ, ㄷ   ⑤ ㄱ, ㄴ, ㄷ

12 그림은 전압이 V로 일정한 전원에 전기 용량이 각각 C, $2C$인 축전기 A, B와 스위치 S_1, S_2를 연결한 회로이다. S_1을 닫아 A를 완전히 충전시킨 후 S_1을 열고 S_2를 닫아 충분한 시간이 지났을 때 A, B에 저장되는 전하량이 Q_A, Q_B이다.

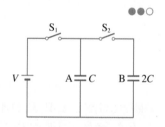

$Q_A : Q_B$를 구하시오.

13 그림은 전기 용량이 C로 동일한 축전기를 전압이 일정한 전원에 연결한 회로이다. 스위치가 열려 있을 때 회로 전체에 저장된 전하량이 Q이었다. 스위치를 닫았을 때 회로 전체에 저장되는 전하량을 구하시오.

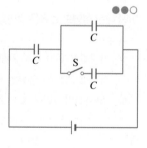

14 그림 (가)는 축전기를 전압이 일정한 전원에 연결하여 충전한 모습을, (나)는 (가)의 상태에서 축전기 극판 사이에 유전체를 채운 모습을, (다)는 (가)의 상태에서 스위치를 열고 극판 사이에 (나)와 같은 유전체를 채운 모습을 나타낸 것이다.

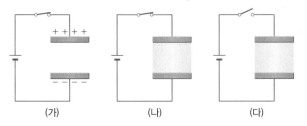

(가), (나), (다)의 축전기에 저장되는 전하량을 각각 $Q_{(가)}$, $Q_{(나)}$, $Q_{(다)}$라 할 때, $Q_{(가)}$, $Q_{(나)}$, $Q_{(다)}$를 비교한 것으로 옳은 것은?

① $Q_{(가)} > Q_{(나)} > Q_{(다)}$　　② $Q_{(가)} > Q_{(다)} > Q_{(나)}$

③ $Q_{(나)} > Q_{(가)} > Q_{(다)}$　　④ $Q_{(나)} > Q_{(가)} = Q_{(다)}$

⑤ $Q_{(다)} > Q_{(가)} = Q_{(나)}$

15 그림 (가)는 면적이 S이고 간격이 d인 평행판 축전기를 나타낸 것이다. 그림 (나)는 (가)의 축전기에 면적이 S이고, 두께가 $\dfrac{d}{2}$인 유전체를 채운 모습을, (다)는 (가)의 축전기에 면적이 S이고 두께가 d인 유전체를 채운 모습을 나타낸 것이다. (나)와 (다)에서 유전체의 유전 상수는 2이다.

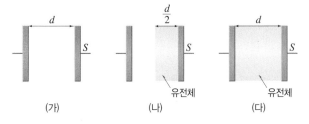

(가), (나), (다)에서 축전기의 전기 용량을 각각 $C_{(가)}$, $C_{(나)}$, $C_{(다)}$라 할 때, $C_{(가)} : C_{(나)} : C_{(다)}$는?

① $1 : 2 : 4$　　② $1 : 3 : 2$　　③ $2 : 3 : 4$

④ $3 : 2 : 6$　　⑤ $3 : 4 : 6$

서술형 문제

16 그림과 같이 xy 평면의 균일한 전기장 영역에서 점 a에 속력 v로 $+y$방향으로 입사한 질량이 m인 점전하가 포물선 운동을 하여 점 b에 도달하였다. 전기장 영역에서 전기장의 세기는 E이고, 방향은 $+x$방향이다.

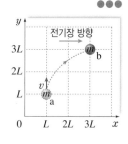

다음 물음의 답을 풀이 과정과 함께 쓰시오.

(1) 점전하의 전하량을 제시된 물리량을 이용하여 나타내시오.

(2) b에서 점전하의 속력을 v를 이용하여 나타내시오.

17 그림은 n-p-n형 트랜지스터를 전압 V_1, V_2인 전원에 연결하여 구성한 회로를 나타낸 것이다.

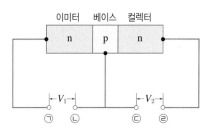

컬렉터에 흐르는 전류를 증폭시키려고 할 때, 다음 물음에 답하시오.

(1) 전원 장치의 단자 ㉠~㉣은 각각 어떤 극에 연결해야 하는지 근거를 들어 쓰시오.

(2) V_1과 V_2의 크기를 등호나 부등호를 이용하여 비교하고, 그 까닭을 쓰시오.

01 그림과 같이 질량은 같고 전하량이 각각 q, $-q$인 물체 A, B가 등속도 운동하다가 균일한 전기장 영역을 직선 운동하며 통과한 후 등속도 운동

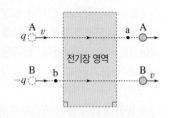

하였다. A가 전기장 영역으로 들어가기 전 속력과 B가 전기장 영역을 통과한 후 속력은 v로 같다. 점 a, b는 운동 경로상의 점이다.

이에 대한 설명으로 옳은 것만을 [보기]에서 있는 대로 고른 것은? (단, A와 B의 크기, 전자기파의 발생은 무시한다.)

[보기]
ㄱ. 전기장 영역에서 물체에 작용하는 전기력의 크기는 A와 B가 같다.
ㄴ. 전기장 영역을 통과하는 데 걸리는 시간은 A가 B보다 작다.
ㄷ. a에서 A의 속력은 b에서 B의 속력과 같다.

① ㄴ　　　　② ㄷ　　　　③ ㄱ, ㄴ
④ ㄱ, ㄷ　　　⑤ ㄱ, ㄴ, ㄷ

02 그림은 xy 평면상의 원점 O로부터 각각 거리 d만큼 떨어져 x축에 고정되어 있는 두 점전하 A, B를 나타낸 것이다. A는 음($-$)전하이고 B는 양($+$)전하이며, A와 B의 전하량은 같다. p, q는 O로부

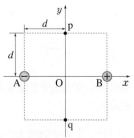

터 각각 거리 d만큼 떨어진 y축 위의 점이다.
이에 대한 설명으로 옳은 것만을 [보기]에서 있는 대로 고른 것은?

[보기]
ㄱ. p와 q에서 전기장의 세기는 같다.
ㄴ. O에서 전기장의 방향은 $-x$방향이다.
ㄷ. A를 O로 이동시키면 p와 q에서 전기장의 방향은 같다.

① ㄱ　　　　② ㄷ　　　　③ ㄱ, ㄴ
④ ㄴ, ㄷ　　　⑤ ㄱ, ㄴ, ㄷ

03 그림과 같이 간격이 d인 두 금속판에 전압 V를 걸어 균일한 전기장을 만들고 두 금속판 사이에 양($+$)전하로 대전된 입자를 절연된 실에 매달아 a에 가만히 놓으면 입자는 a와 c 사이를 단진동한다.

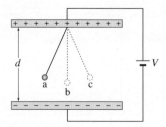

입자의 단진동 주기를 더 길게 하기 위한 방법으로 옳은 것만을 [보기]에서 있는 대로 고른 것은? (단, 중력은 무시한다.)

[보기]
ㄱ. 대전 입자의 전하량만 증가시킨다.
ㄴ. 두 금속판 사이의 거리만 증가시킨다.
ㄷ. 두 금속판에 걸어 준 전압만 증가시킨다.

① ㄱ　　　　② ㄴ　　　　③ ㄱ, ㄷ
④ ㄴ, ㄷ　　　⑤ ㄱ, ㄴ, ㄷ

04 그림과 같이 xy 평면에서 전하량이 $-q$인 입자가 원점으로부터 $+y$방향으로 거리 $3d$만큼 떨어진 지점에서 $+x$방향으로 속력 v로 균일한 전기장 영역에 입사하였다. 전기장의 방향은 $+y$방향이고, 전기장 영역에서 입자는 포물선 운동을 하며, 전기장 영역을 벗어난 순간부터 등속 운동하여 원점으로부터 $+x$방향으로 $4d$만큼 떨어진 x축상의 지점에 도달한다.

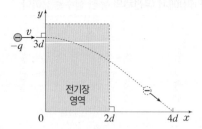

질량이 같고 전하량이 $-2q$인 입자를 동일하게 입사시켰을 때 x축상에 도달하는 지점은? (단, 입자의 크기와 중력은 무시한다.)

① $\dfrac{3d}{2}$　　② $2d$　　③ $\dfrac{5d}{2}$　　④ $3d$　　⑤ $\dfrac{7d}{2}$

05 그림 (가)는 원통형 저항 P, Q를 전원 장치에 연결하여 구성한 회로를 나타낸 것이고, (나)는 전류계에 흐르는 전류의 세기에 따른 P, Q에 걸리는 전압을 나타낸 것이다. (다)의 표는 P, Q의 길이와 단면적을 나타낸 것이다.

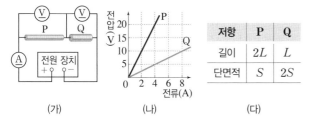

저항	P	Q
길이	$2L$	L
단면적	S	$2S$

(가)　　　　　　(나)　　　　　　(다)

(가)에서 전원 장치의 전압이 25 V일 때, 이에 대한 설명으로 옳은 것만을 [보기]에서 있는 대로 고른 것은?

[보기]
ㄱ. 저항체의 비저항은 P가 Q의 4배이다.
ㄴ. P에 흐르는 전류의 세기는 4 A이다.
ㄷ. Q의 양단에 걸리는 전압은 5 V이다.

① ㄱ　　　　② ㄴ　　　　③ ㄱ, ㄴ
④ ㄱ, ㄷ　　　⑤ ㄴ, ㄷ

06 그림과 같이 전압이 8 V로 일정한 전원 장치에 저항 R_1, R_2를 연결하여 회로를 구성하였다. R_2에 병렬로 연결된 전압계에 걸리는 전압은 4 V이다.

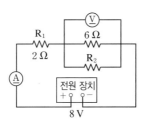

이에 대한 설명으로 옳은 것만을 [보기]에서 있는 대로 고른 것은?

[보기]
ㄱ. R_1의 양단에 걸리는 전압은 4 V이다.
ㄴ. 전류계에 흐르는 전류의 세기는 2 A이다.
ㄷ. R_2의 저항값은 3 Ω이다.

① ㄱ　　　　② ㄷ　　　　③ ㄱ, ㄴ
④ ㄴ, ㄷ　　　⑤ ㄱ, ㄴ, ㄷ

07 그림과 같은 전원 장치의 전압이 일정한 회로에서 저항값이 R인 저항과 저항값이 $4R$인 저항의 소비 전력은 P_0으로 같고, 저항값이 X인 저항의 소비 전력은 $2P_0$이다. 저항값이 Y인 저항의 소비 전력은?

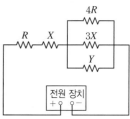

① P_0　　　　② $\dfrac{1}{2}P_0$　　　　③ $\dfrac{1}{3}P_0$

④ $\dfrac{1}{4}P_0$　　　　⑤ $\dfrac{1}{5}P_0$

08 그림과 같이 저항 R_1, R_2와 스위치 S를 전원 장치에 연결하여 회로를 구성하였다. 표는 S의 상태에 따른 저항 R_1의 소비 전력을 나타낸 것이다.

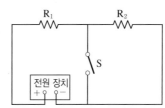

S의 상태	R_1의 소비 전력(W)
열림	9
닫힘	36

이에 대한 설명으로 옳은 것만을 [보기]에서 있는 대로 고른 것은?

[보기]
ㄱ. 저항값은 R_1과 R_2가 같다.
ㄴ. S가 열려 있을 때, R_2의 소비 전력은 18 W이다.
ㄷ. R_1에 흐르는 전류의 세기는 S가 닫혀 있을 때가 열려 있을 때의 2배이다.

① ㄱ　　　　② ㄴ　　　　③ ㄷ
④ ㄱ, ㄴ　　　⑤ ㄱ, ㄷ

09 그림과 같이 불순물 반도체 A, B를 이용하여 만든 트랜지스터와 전류계, 저항으로 회로를 구성하였다. 전압 V_1은 전압 V_2보다 언제나 작으며, 가변적이다.

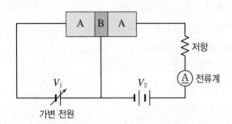

저항에 전류가 흐를 때, 이 회로에 대한 설명으로 옳은 것만을 [보기]에서 있는 대로 고른 것은?

[보기]

ㄱ. B는 p형 반도체이다.
ㄴ. V_1의 미세한 증가는 저항에 흐르는 전류를 크게 약화시킨다.
ㄷ. V_1이 0이 되면 저항에는 전류가 흐르지 않는다.

① ㄴ   ② ㄷ   ③ ㄱ, ㄷ
④ ㄴ, ㄷ   ⑤ ㄱ, ㄴ, ㄷ

10 다음은 트랜지스터에 대한 설명이다.

그림과 같이 p–n–p형 트랜지스터의 이미터와 베이스 사이에 [(가)] 전압을, 컬렉터와 베이스 사이에 [(나)] 전압을 걸

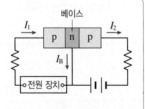

어 주면 이미터에서 베이스로 이동한 양공의 대부분이 베이스를 통과하여 컬렉터에 도달한다. 이러한 전기적 성질 때문에 컬렉터에 흐르는 전류 [(다)]은/는 이미터와 베이스 사이의 전압 변화에 영향을 받는다.

(가)~(다)에 들어갈 내용을 옳게 짝 지은 것은?

	(가)	(나)	(다)		(가)	(나)	(다)
①	순방향	역방향	I_1	②	순방향	역방향	I_2
③	역방향	순방향	I_1	④	역방향	순방향	I_2
⑤	역방향	역방향	I_2				

11 그림은 전기 용량이 각각 C_0, $2C_0$, $2C_0$인 축전기 A, B, C와 스위치 S를 전압이 일정한 전원 장치에 연결한 회로를 나타낸 것이다.

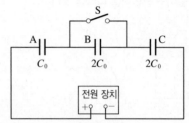

S가 열려 있을 때와 닫았을 때 A에 저장되는 전기 에너지를 각각 E_1, E_2라 할 때, $E_1 : E_2$는?

① 1 : 2   ② 3 : 4   ③ 4 : 3
④ 9 : 16   ⑤ 16 : 9

12 그림과 같이 저항값이 같은 세 저항과 전기 용량이 같은 두 축전기를 전압이 일정한 전원 장치에 연결하여 회로를 구성하고, 스위치 S를 a에 연결하여 축전기 A를 완전히 충전시켰을 때 A의 전하량은 Q_0이다.

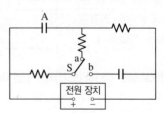

S를 b에 연결하여 두 축전기를 완전히 충전시켰을 때 A의 전하량은?

① $\frac{1}{2}Q_0$ ② $\frac{2}{3}Q_0$ ③ Q_0
④ $\frac{4}{3}Q_0$ ⑤ $\frac{3}{2}Q_0$

13 그림은 축전기 A, B, C, D를 전원 장치에 연결한 회로를 나타낸 것이다. A, B, C, D에 저장된 전기 에너지는 각각 $2U_0$, U_0, $4U_0$, $2U_0$이다.

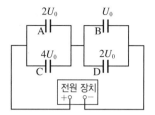

이에 대한 설명으로 옳은 것만을 [보기]에서 있는 대로 고른 것은?

[보기]
ㄱ. A와 B에 충전된 전하량은 서로 같다.
ㄴ. B와 C의 전기 용량은 서로 같다.
ㄷ. C에 걸린 전압은 D에 걸린 전압과 같다.

① ㄱ   ② ㄷ   ③ ㄱ, ㄴ
④ ㄴ, ㄷ   ⑤ ㄱ, ㄴ, ㄷ

14 그림 (가)는 극판 사이가 진공인 평행판 축전기를 전압이 V_0인 전원에 연결했을 때 전하량 Q가 충전된 것을 나타낸 것이다. 그림 (나), (다)는 (가)의 극판 사이에 유전 상수가 κ인 유전체를 채운 후 전압이 각각 V_0, V인 전원에 연결했을 때 전하량 $2Q$, Q가 충전된 것을 나타낸 것이다.

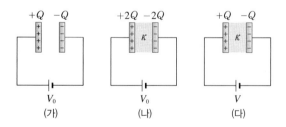

(가)   (나)   (다)

이에 대한 설명으로 옳은 것만을 [보기]에서 있는 대로 고른 것은?

[보기]
ㄱ. $\kappa = 2$이다.
ㄴ. $V = 2V_0$이다.
ㄷ. 축전기에 저장된 에너지는 (나)가 (다)의 2배이다.

① ㄱ   ② ㄷ   ③ ㄱ, ㄴ
④ ㄱ, ㄷ   ⑤ ㄴ, ㄷ

15 그림 (가)는 평행판 축전기 A, B가 전압이 일정한 전원 장치에 연결된 모습을, (나)는 (가)의 상태에서 A에는 유전체를 넣고 B는 극판 사이의 간격을 증가시킨 모습을 나타낸 것이다.

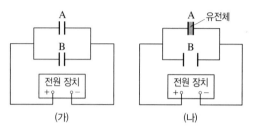

(가)   (나)

(가)와 비교할 때 (나)에서의 물리량에 대한 설명으로 옳은 것만을 [보기]에서 있는 대로 고른 것은? (단, 유전체가 채워지지 않은 공간은 진공이다.)

[보기]
ㄱ. A에 충전되는 전하량은 증가한다.
ㄴ. B의 전기 용량은 감소한다.
ㄷ. B에 저장되는 전기 에너지는 변하지 않는다.

① ㄱ   ② ㄷ   ③ ㄱ, ㄴ
④ ㄴ, ㄷ   ⑤ ㄱ, ㄴ, ㄷ

16 그림은 충전된 축전기 A, B와 스위치 S_1, S_2로 구성된 회로를 나타낸 것이다. A, B에 충전된 전하량은 각각 Q, $2Q$이고, A, B 양단의 전위차는 각각 $2V$, V이다.

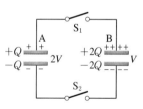

S_1, S_2를 닫은 후 시간이 충분히 지났을 때, 이에 대한 설명으로 옳은 것만을 [보기]에서 있는 대로 고른 것은?

[보기]
ㄱ. 전기 용량은 A가 B의 2배이다.
ㄴ. A 양단의 전위차는 $\dfrac{6}{5}V$이다.
ㄷ. B에 충전된 전하량은 $\dfrac{12}{5}Q$이다.

① ㄱ   ② ㄴ   ③ ㄱ, ㄷ
④ ㄴ, ㄷ   ⑤ ㄱ, ㄴ, ㄷ

2 자기장

- 01. 전류에 의한 자기장
- 02. 전자기 유도
- 03. 상호유도

이 단원을 공부하기 전에 학습 계획을 세우고, 학습 진도를 스스로 체크해 보자.
학습이 미흡했던 부분은 다시 보기에 체크해 두고, 시험 전까지 꼭 완벽히 학습하자!

소단원	학습 내용	학습 일자	다시 보기
01. 전류에 의한 자기장	Ⓐ 자기장과 자기력선	/	
	Ⓑ 전류가 흐르는 도선 주위의 자기장 탐구 솔레노이드에서 전류의 세기에 따른 자기장 비교	/	
02. 전자기 유도	Ⓐ 전자기 유도와 유도 기전력 탐구 긴 관을 통과하여 낙하하는 자석의 운동 비교	/	
	Ⓑ 전자기 유도의 이용	/	
03. 상호유도	Ⓐ 상호유도 탐구 2개의 코일을 이용한 상호유도 관찰	/	
	Ⓑ 상호유도의 이용	/	

이전에 학습한 내용 중 이 단원과 연계된 내용을 다시 한 번 떠올려 봅시다.

◆ **자기력과 자기장**

① **자기력**: 자성을 띠는 물체 사이에 작용하는 힘

➡ 자석의 두 극을 가까이 하면 같은 극끼리는 **①** 이 작용하고,
다른 극끼리는 **②** 이 작용한다.

② **③** : 자석 주위에서 자기력이 작용하는 공간

· 자기장의 방향: 나침반을 놓았을 때 자침의 N극이 가리키는 방향

· 자기장의 세기: 자석의 양 극에 가까울수록 세다.

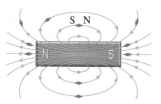

↑ 막대자석 주위의 자기장

◆ **전류에 의한 자기장**

구분	직선 전류에 의한 자기장	원형 전류에 의한 자기장	솔레노이드에 의한 자기장
자기장 방향	도선을 중심으로 한 **④** 모양	직선 도선이 원형으로 휘었을 때와 같은 모양	막대자석에 의한 자기장과 같은 모양
자기장 세기	도선에 흐르는 전류의 세기에 비례하고, 도선으로부터의 수직 거리에 반비례한다.	원형의 중심에서 자기장의 세기는 전류의 세기에 비례하고, 도선의 반지름에 **⑤** 한다.	솔레노이드 내부에서 자기장의 세기는 전류의 세기와 단위 길이당 코일의 감은 수에 **⑥** 한다.

◆ **전자기 유도**

① **전자기 유도**: 코일 주변에서 자석을 움직여 코일을 통과하는 자기장이
변하면 코일에 전류가 흐르는 현상을 전자기 유도라 하며, 이때 흐르는
전류를 **⑦** 라고 한다.

② **전자기 유도의 이용**: 발전기, 마이크, 금속 탐지기, 전자 기타 등

↑ 전자기 유도 실험

정답 ① 척력 ② 인력 ③ 자기장 ④ 동심원 ⑤ 반비례 ⑥ 비례 ⑦ 유도 전류

01 전류에 의한 자기장

핵심 포인트

ⓐ 자기장 ★★
자기력선 ★★

ⓑ 직선 전류에 의한 자기장 ★★★
원형 전류에 의한 자기장 ★★★
솔레노이드에 의한 자기장 ★★★

Ⓐ 자기장과 자기력선

1. 자기장 *자기력이 작용하는 공간

2. 자기력선 자기장 내에서 자침의 N극이 가리키는 방향을 연속적으로 이은 선

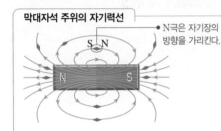

막대자석 주위의 자기력선

N극은 자기장의 방향을 가리킨다.

- 자석의 N극에서 나와 S극으로 들어간다.
- 도중에 끊어지거나 만나지 않으며, ❶폐곡선을 이룬다.
- 자기력선의 간격이 조밀할수록 자기장의 세기가 세다.
- 자기력선 위의 한 점에서 그은 접선의 방향은 그 점에서 자기장의 방향을 나타낸다.

★ 자기력
자석과 같이 자성을 가진 물체가 서로 밀거나 당기는 힘

Ⓑ 전류가 흐르는 도선 주위의 자기장

1. 직선 전류에 의한 자기장 직선 도선을 중심으로 한 동심원 모양으로 형성된다.

(1) **자기장의 방향**: 오른손 엄지손가락으로 전류의 방향을 향하게 할 때, 나머지 네 손가락이 직선 도선을 감아쥐는 방향이다. ➡ 앙페르의 오른손 법칙

전류의 방향
자기장의 방향
N ◂▸ S

전류의 방향
자기장의 방향

(2) **자기장의 세기(B)**: 전류의 세기(I)에 비례하고, 직선 도선으로부터의 수직 거리(r)에 반비례한다.

$$B=k\frac{I}{r} \text{ [단위: } T, \ k=2\times10^{-7}\,\text{T·m/A]}$$

'테슬라'라고 읽는다.

★ 비례 상수 k의 단위
자기장의 단위로 $[T]=[N/(A \cdot m)]$를 사용하는 경우에는 비례 상수 k의 단위를 $[N/A^2]$으로 나타내기도 한다.

⊙⁺ 확대경 **평행한 두 직선 전류 사이에 작용하는 힘**

전류가 흐르는 도선 주위에는 자기장이 형성되고, 이 자기장은 전류가 흐르는 다른 도선에 자기력을 작용한다.

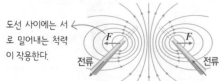

도선 사이에는 서로 밀어내는 척력이 작용한다.

F F
전류 전류

△ 서로 반대 방향으로 전류가 흐를 때

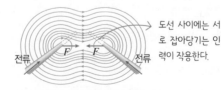

도선 사이에는 서로 잡아당기는 인력이 작용한다.

전류 F F 전류

△ 서로 같은 방향으로 전류가 흐를 때

용어
❶ 폐곡선(閉 닫다, 曲 굽다, 線 선)_중간에 끊어지거나 갈라지지 않고 연결되어 있어 시작점과 끝점이 구분되지 않는 곡선

2. 원형 전류에 의한 자기장 직선 전류에 의한 자기장이 원형으로 휜 모양이다.

(1) **★자기장의 방향**: 오른손 엄지손가락으로 전류의 방향을 향하게 할 때, 나머지 네 손가락이
도선을 감아쥐는 방향이다. → 원형 도선은 직선 도선을 구부려 만들므로 자기장의 방향은
직선 전류에 의한 자기장의 방향을 찾을 때와 같다.

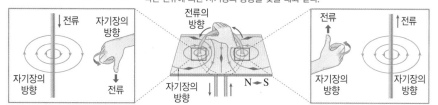

★ 원형 전류에 의한 자기장
원형 도선 중심에서 자기장의 방
향은 오른손 네 손가락을 전류의
방향으로 감아쥘 때 엄지손가락의
방향이다. 이때 자기력선의 모양
은 원의 중심에서는 직선 모양이
고, 도선에 가까울수록 도선을 중
심으로 한 원 모양이다.

(2) **자기장의 세기(B)**: 원형 도선의 중심에서 자기장의 세기는 전류의 세기(I)에 비례하고, 도
선이 만드는 원의 반지름(r)에 반비례한다. → 원형 전류에 의한 자기장의 세기는 정량적으로는 중심에서만 구한다.

$$B = k' \frac{I}{r} \ \ [\text{단위}: \text{T}, \ k' = 2\pi \times 10^{-7} \ \text{T·m/A}]$$

직선 전류와 원형 전류에 의한 합성 자기장 구하기

전류 I가 흐르는 직선 도선 A로부터의 수직 거리가 r인 곳에서 자기장의 세기는 B이고, 전류 I'이 흐르고 반지
름이 r인 원형 도선 B의 중심에서 자기장의 세기는 B이다. Q, R 지점에서 합성 자기장의 세기는 다음과 같다.

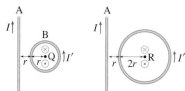

- Q: 직선 전류에 의한 자기장과 원형 전류에 의한 자기장의 방
  향이 반대이므로 합성 자기장의 세기는 $\left| \frac{B}{2} - B \right| = \frac{1}{2} B$이다.
- R: 직선 전류에 의한 자기장과 원형 전류에 의한 자기장의 방
  향이 반대이므로 합성 자기장은 $\left| \frac{B}{3} - \frac{B}{2} \right| = \frac{1}{6} B$이다.

🔔 암기해

자기장의 방향을 나타내는 기호
• ⊗: 자기장이 종이면에 수직으로
들어가는 방향을 나타내는 기호
• ⊙: 자기장이 종이면에서 수직으
로 나오는 방향을 나타내는 기호

3. ❷솔레노이드에 의한 자기장

(1) **★자기장의 방향(내부)**: 오른손 네 손가락을 전류의 방향으로 감아쥘 때, 엄지손가락이 가리키
는 방향이다.

↑ 솔레노이드에 의한 자기장　　　　↑ 막대자석에 의한 자기장

★ 솔레노이드 내부와 외부의 자
기장
솔레노이드 내부에는 중심축에 평
행한 균일한 자기장이 형성되고,
외부에는 막대자석이 만드는 자기
장과 비슷한 자기장이 형성된다.
→ 세기와 방향이 일정한 자기장

(2) **자기장의 세기(내부)**: 전류의 세기(I)와 ★단위 길이당 코일의 감은 수(n)에 비례한다.

$$B = k'' n I \ \ [\text{단위}: \text{T}, \ k'' = 4\pi \times 10^{-7} \ \text{T·m/A}]$$

(3) **전자석**: 솔레노이드에 철심을 넣은 것 ➡ 전류가 흐르면
철심이 ❸자기화되어 더 강한 자기장이 형성된다.

① 영구 자석과 달리 전류가 흐를 때만 자석이 된다.

② 전류의 세기를 변화시켜 자기장의 세기를 조절할 수
있다.

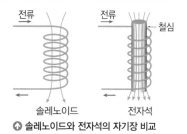

↑ 솔레노이드와 전자석의 자기장 비교

★ 단위 길이당 감은 수(n)
솔레노이드를 촘촘하게 감은 정도
를 나타낸 것으로, 길이가 l인 원통
에 도선을 N번 감았을 때 $n = \dfrac{N}{l}$
이다.

┈용어┈
❷ 솔레노이드(solenoid)_도선
을 긴 원통 모양으로 여러 번 감
아 놓은 것
❸ 자기화(磁 자석, 氣 기운, 化
되다)_자기장 속의 물체가 자석의
성질을 띠는 현상

01 전류에 의한 자기장

솔레노이드에서 전류의 세기에 따른 자기장 비교

│과정│
❶ 그림과 같이 자기장 센서를 엠비엘(MBL) 접속 장치에 연결한다.
❷ 자기장 센서를 솔레노이드 1의 중앙에 위치하도록 조절하고 전원 장치의 전원을 켠다.
❸ 전원 장치의 전류의 세기를 증가시키면서 자기장의 세기를 확인한다.
❹ 솔레노이드 1보다 단위 길이당 도선의 감은 수가 많은 솔레노이드 2를 이용하여 과정 ❷~❸을 반복한다.

> **목표** 솔레노이드 내부의 자기장 세기와 솔레노이드에 흐르는 전류의 세기의 관계를 알아본다.

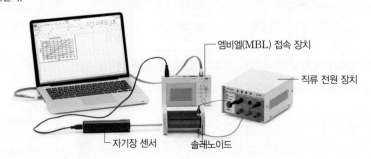
엠비엘(MBL) 접속 장치
직류 전원 장치
자기장 센서 솔레노이드

│결과│
1. 솔레노이드의 자기장 세기

(단위 길이당 도선의 감은 수: 솔레노이드 1 < 솔레노이드 2)

전류(A)	0.1	0.2	0.3	0.4	0.5
솔레노이드 1의 자기장 세기(mT)	1.39	2.95	4.64	6.25	7.76
솔레노이드 2의 자기장 세기(mT)	10.79	19.95	27.29	36.89	45.41

2. 솔레노이드에 흐르는 전류의 세기가 증가할수록 솔레노이드 내부의 자기장 세기가 세진다.
3. 전류의 세기가 같을 때, 솔레노이드 2 내부의 자기장 세기가 솔레노이드 1보다 세다.

│해석│
1. 솔레노이드 내부의 자기장 세기는 전류의 세기에 비례한다.
2. 솔레노이드 내부의 자기장 세기는 단위 길이당 도선의 감은 수가 많을수록 세다.

> 자기장의 세기를 측정할 때는 자기장 세기의 정량적인 값 자체를 측정하는 것이 목적이 아니라 솔레노이드에 흐르는 전류에 의한 자기장을 비교하는 것이 목적이므로, 매우 정확한 값을 측정하지 않아도 돼요.

자기장 그래프 (세로축: 자기장, 가로축: 전류, 원점 O에서 직선으로 증가)

같은 탐구 다른 실험

│과정│
❶ 그림과 같이 동서 방향으로 놓은 솔레노이드의 끝에 나침반을 놓고 전원 장치를 연결하여 솔레노이드에 전류가 흐를 때 나침반 자침의 변화를 관찰한다.
❷ 솔레노이드에 흐르는 전류의 세기를 증가시키며 나침반 자침의 변화를 관찰한다.
❸ 과정 ❶에서 솔레노이드에 흐르는 전류의 방향을 바꾸었을 때 나침반 자침의 변화를 관찰한다.

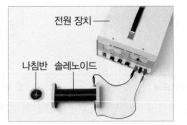
전원 장치
나침반 솔레노이드

│결과│
1. 솔레노이드에 흐르는 전류의 세기가 셀수록 나침반 자침이 움직이는 폭이 커진다.
2. 솔레노이드에 흐르는 전류의 방향을 바꾸었을 때, 나침반 자침이 반대로 움직인다.

│해석│
1. 솔레노이드 내부의 자기장 세기는 솔레노이드에 흐르는 전류의 세기에 비례한다.
2. 솔레노이드에 흐르는 전류의 방향을 바꾸면 자기장의 방향이 반대가 된다.

확인 문제
1. 솔레노이드 내부의 자기장 세기는 도선에 흐르는 전류의 세기에 (비례, 반비례)한다.
2. 솔레노이드 내부의 자기장 세기는 단위 길이당 도선의 감은 수에 (비례, 반비례)한다.

확인 문제 답
1. 비례
2. 비례

개념 확인 문제

정답친해 82쪽

핵심
체크

• (❶   ): 자기력이 작용하는 공간
• (❷   ): 자기장 내에서 자침의 N극이 가리키는 방향을 연속적으로 이은 선으로, 항상 폐곡선을 이루며, 자기력선의 한 점에서 그은 (❸   ) 방향이 그 점에서 자기장의 방향이다.
• 직선 전류에 의한 자기장: 자기장의 방향은 오른손 엄지손가락으로 (❹   )의 방향을 가리킬 때, 나머지 네 손가락이 도선을 감아쥐는 방향이며, 자기장의 세기는 전류의 세기에 (❺   )하고, 도선으로부터의 수직 거리에 (❻   )한다.
• 원형 전류에 의한 자기장: 원형 도선의 중심에서 자기장의 세기는 전류의 세기에 (❼   )하고, 도선이 만드는 원의 반지름에 (❽   )한다.
• 솔레노이드에 의한 자기장: 내부에는 균일한 자기장이 형성되며, 자기장의 세기는 전류의 세기에 (❾   )하고, 단위 길이당 코일의 감은 수에 (❿   )한다.

1 그림은 막대자석 주위의 자기장을 자기력선으로 나타낸 것이다.

(1) A, B, C 지점에서 자기장의 세기를 등호나 부등호를 이용하여 비교하시오.
(2) B 지점에 나침반을 놓을 때, 나침반 자침의 N극이 가리키는 방향을 화살표로 표시하시오.

2 전류에 의한 자기장에 대한 설명으로 옳은 것은 ○, 옳지 않은 것은 ×로 표시하시오.

(1) 전류가 흐르는 직선 도선 근처에는 균일한 자기장이 형성된다. ……………………………… (   )
(2) 전류가 흐르는 원형 도선 중심에서의 자기장의 세기는 전류의 세기에 비례한다. ……………… (   )
(3) 솔레노이드 내부에서 자기장의 세기는 코일로부터의 거리와 관계없다. ……………………………… (   )

3 그림과 같이 무한히 긴 직선 도선에 2 A의 전류가 오른쪽 방향으로 흐르고 있다.
도선으로부터 각각 0.5 m 떨어진 A, B 지점에서의 자기장의 세기와 방향을 각각 쓰시오.

4 그림과 같이 종이면에 수직으로 놓인 무한히 긴 직선 도선 A, B에 종이면에 수직으로 들어가는 방향으로 각각 2 A의 전류가 흐르고 있다.

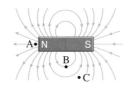

B에서 오른쪽으로 20 cm 떨어진 점 C에서 자기장의 세기와 방향을 각각 쓰시오.

5 반지름이 1 m인 원형 도선에 2 A의 전류가 흐르고 있을 때, 원형 도선의 중심에서 자기장의 세기는 몇 T인지 쓰시오.

6 그림은 중심축이 일치하는 솔레노이드에 같은 세기의 전류가 흐르는 것을 나타낸 것이다. A, B는 두 솔레노이드의 중심축상에 있는 점이다.

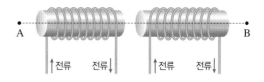

A, B에서 자기장의 방향을 각각 쓰시오.

자료 ① 평행한 두 직선 전류에 의한 자기장

기출 Point
• 직선 전류에 의한 자기장의 방향과 세기 구하기
• 두 직선 전류에 의한 합성 자기장 구하기

[1~4] 그림과 같이 평행하게 놓인 무한히 긴 직선 도선 A, B에 반대 방향으로 세기가 I, $2I$인 전류가 각각 흐르고 있다. 점 P, Q, R는 모두 도선으로부터 같은 거리인 r만큼 떨어져 있다. P에서 A, B에 의한 자기장의 세기는 B이다.

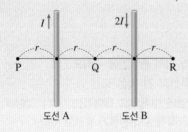

도선 A　　　　도선 B

1 P에서 A에 의한 자기장의 방향과 세기를 쓰시오.

2 R에서 A에 의한 자기장의 방향과 세기를 쓰시오.

3 P, Q, R에서 A, B에 의한 합성 자기장의 세기를 각각 B_P, B_Q, B_R라 할 때, 자기장의 세기를 등호 또는 부등호를 이용하여 비교하시오.

4 빈출 선택지로 `완벽 정리!`

(1) P에서 B에 의한 자기장의 세기는 $\dfrac{1}{2}B$이다.
　　　　　　　　　　　　　　　　　　　　　(○ / ×)

(2) Q에서 B에 의한 자기장의 세기는 $6B$이다.
　　　　　　　　　　　　　　　　　　　　　(○ / ×)

(3) R에서 B에 의한 자기장의 세기는 B이다.
　　　　　　　　　　　　　　　　　　　　　(○ / ×)

(4) R에서 A, B에 의한 합성 자기장의 방향은 종이면에서 수직으로 나오는 방향이다. (○ / ×)

자료 ② 원형 전류에 의한 자기장

기출 Point
• 원형 전류에 의한 자기장의 방향과 세기 구하기
• 원형 전류에 의한 합성 자기장 구하기

[1~3] 그림 (가)는 반지름이 r인 원형 도선 P에 세기가 I_0인 전류가 화살표 방향으로 흐르는 것을 나타낸 것이다. 그림 (나)는 (가)에서 I_0의 방향을 반대로 바꾸고, 반지름이 $2r$이고 중심이 P와 같은 원형 도선 Q를 추가한 모습을 나타낸 것이다. Q에는 세기가 I_1인 전류가 흐른다. 원형 도선은 모두 동일한 평면에 있고, 원형 도선의 중심 O에서 전류에 의한 자기장의 방향과 세기는 (가)와 (나)에서 같다.

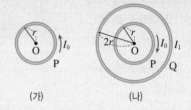

(가)　　　　　　　(나)

1 (가)의 O에서 자기장의 방향을 쓰시오.

2 I_1은 I_0의 몇 배인지 쓰시오.

3 빈출 선택지로 `완벽 정리!`

(1) (가)에서 P의 내부에는 균일한 자기장이 형성된다.
　　　　　　　　　　　　　　　　　　　　　(○ / ×)

(2) (나)의 O에서 P에 의한 자기장의 방향은 Q에 의한 자기장의 방향과 반대 방향이다. ──── (○ / ×)

(3) (나)의 O에서 P에 의한 자기장의 세기는 Q에 의한 자기장의 세기의 $\dfrac{1}{2}$배이다. ──── (○ / ×)

(4) (나)에서 P의 반지름을 $3r$로 증가시키면, O에서 P와 Q에 의한 자기장의 방향은 종이면에 수직으로 들어가는 방향이다. ──── (○ / ×)

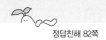

자료 ③ 직선 전류와 원형 전류에 의한 자기장

기출 Point
- 전류에 의한 자기장의 방향과 세기 구하기
- 직선 전류와 원형 전류에 의한 합성 자기장 구하기

[1~4] 그림 (가)는 +y방향으로 세기가 I_1인 전류가 흐르는 직선 도선 A를 나타낸 것이고, 점 P는 A로부터 r만큼 떨어진 점이다. 그림 (나)는 A로부터 $2r$만큼 떨어진 지점 Q를 중심으로 하는 원형 도선에 세기가 I_2인 전류가 흐르는 것을 나타낸 것이다. 그림 (다)는 A로부터 $3r$만큼 떨어진 지점 R를 중심으로 하고 반지름이 $2r$인 원형 도선에 세기가 I_2인 전류가 흐르는 것을 나타낸 것이다. 모든 도선은 xy 평면에 고정되어 있으며, P, Q에서 전류에 의한 자기장의 세기는 각각 B_0, 0이다.

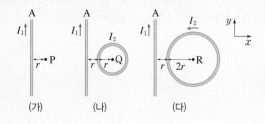

(가)   (나)   (다)

1 (나)의 Q에서 원형 도선에 의한 자기장의 방향을 쓰시오.

2 (다)의 R에서 합성 자기장의 세기를 쓰시오.

3 (다)에서 I_2가 시계 방향으로 흐를 때, R에서 전류에 의한 자기장의 세기를 쓰시오.

4 빈출 선택지로 완벽 정리!

(1) $I_2 = \dfrac{I_1}{2\pi}$이다. ···································· (○ / ×)

(2) (나)에서 I_2에 의한 자기장의 세기는 B_0이다.
·· (○ / ×)

(3) R에서 A에 의한 자기장의 방향과 원형 도선에 의한 자기장의 방향은 서로 반대 방향이다. (○ / ×)

자료 ④ 솔레노이드에 의한 자기장

기출 Point
- 솔레노이드에 의한 자기장의 모양과 방향 이해하기
- 솔레노이드에 의한 자기장의 세기 비교하기

[1~3] 그림은 길이가 10 cm인 원통에 코일을 100번 감아 만든 솔레노이드에 전원 장치와 저항을 연결한 모습을 나타낸 것이다. (단, 지구 자기장의 영향은 무시한다.)

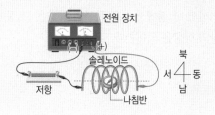

1 ( ) 안에 알맞은 말을 쓰시오.

솔레노이드 내부의 자기장 세기는 솔레노이드의 단위 길이당 감은 수에 ㉠( )하고, 솔레노이드에 흐르는 전류의 세기에 ㉡( )한다. 따라서 솔레노이드에 1 A의 전류가 흐를 때 솔레노이드 내부의 자기장 세기는 ㉢( ) T이다.

2 솔레노이드 내부에서 솔레노이드에 흐르는 전류에 의한 자기장의 방향을 쓰시오.

3 빈출 선택지로 완벽 정리!

(1) 전원 장치의 단자에 연결된 도선을 서로 바꾸었을 때, 나침반 자침의 N극은 서쪽을 가리킨다. ··· (○ / ×)
(2) 전원 장치의 전압이 클수록 솔레노이드 내부의 자기장 세기는 증가한다. ····························· (○ / ×)
(3) 감은 수는 같고, 길이가 더 긴 솔레노이드를 사용하면 솔레노이드 내부의 자기장 세기는 증가한다.
·· (○ / ×)

A 자기장과 자기력선

01 자기장과 자기력선에 대한 설명으로 옳지 <u>않은</u> 것은?

① 자기장의 세기는 자극에서 멀수록 세다.

② 자기력선은 교차하거나 갈라지지 않는다.

③ 자기력선은 N극에서 나와 S극으로 들어간다.

④ 자기력선의 간격이 조밀할수록 자기장이 세다.

⑤ 자기력선의 한 점에서 그은 접선의 방향은 그 점에서의
자기장의 방향을 의미한다.

02 그림은 자석 외부의 자기력선
의 일부를 나타낸 것이다.
이에 대한 설명으로 옳은 것만을 [보기]
에서 있는 대로 고른 것은?

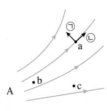

┌─[보기]─────────────────────┐
ㄱ. a점에서 자기장의 방향은 ⓛ 방향이다.

ㄴ. A쪽은 N극이다.

ㄷ. 자기장의 세기는 b에서가 c에서보다 크다.
└──────────────────────────┘

① ㄱ　　　　② ㄴ　　　　③ ㄱ, ㄷ

④ ㄴ, ㄷ　　　⑤ ㄱ, ㄴ, ㄷ

B 전류가 흐르는 도선 주위의 자기장

03 세기가 I인 전류가 흐르는 무한히 긴 직선 도선으로부
터 수직 거리가 r인 지점에서 직선 전류에 의한 자기장의 세
기가 B라고 할 때, 세기가 $4I$인 전류가 흐르는 직선 도선으
로부터 수직 거리가 $\frac{1}{4}r$인 지점에서 직선 전류에 의한 자기
장의 세기는?

① $\frac{1}{16}B$　　② $\frac{1}{4}B$　　③ $4B$

④ $8B$　　　　⑤ $16B$

04 그림은 나침반 자침의 N극과 직선 도선을 나란하게 설
치한 후, 도선에 전류가 흐를 때 나침반 자침의 움직임을 관찰
하는 실험을 나타낸 것이다.

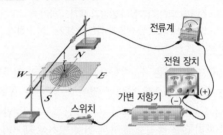

스위치를 닫았을 때에 대한 설명으로 옳지 <u>않은</u> 것은?

① 직선 도선에 흐르는 전류의 방향은 남쪽이다.

② 가변 저항을 감소시키면 자침의 회전각이 커진다.

③ 전원 장치의 극을 바꾸면 자침의 회전각이 줄어든다.

④ 나침반에서 직선 전류에 의한 자기장의 방향은 동쪽이다.

⑤ r를 증가시키면 자침의 회전각이 줄어든다.

05 그림과 같이 평행하게 놓인 무한히 긴 직선 도선 P, Q
에 서로 반대 방향으로 3 A와 2 A의 전류가 흐르고 있다.

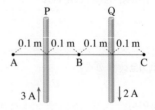

점 A, B, C에서 전류에 의한 자기장의 세기를 각각 B_A, B_B,
B_C라고 할 때, 옳게 비교한 것은?

① $B_A > B_B > B_C$　　　　② $B_A > B_C > B_B$

③ $B_B > B_A > B_C$　　　　④ $B_B > B_C > B_A$

⑤ $B_C > B_B > B_A$

정답친해 84쪽

06 그림은 서로 평행한 무한히 긴 두 직선 도선에 흐르는 전류에 의한 자기장을 자기력선으로 나타낸 것이다. P는 두 도선으로부터 같은 거리에 있는 점이다.

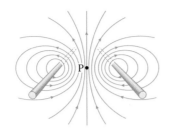

이에 대한 설명으로 옳은 것만을 [보기]에서 있는 대로 고른 것은?

[보기]
ㄱ. 두 도선에 흐르는 전류의 세기는 같다.
ㄴ. 두 도선은 서로 잡아당기는 자기력을 작용한다.
ㄷ. P에서 전류에 의한 자기장은 0이다.

① ㄱ　　　　　 ② ㄴ　　　　　 ③ ㄱ, ㄴ
④ ㄱ, ㄷ　　　 ⑤ ㄴ, ㄷ

07 그림과 같이 무한히 긴 직선 도선 A, B에 세기가 각각 I, $3I$인 전류가 흐른다. a~d점은 A, B로부터 각각 r만큼 떨어져 있다.

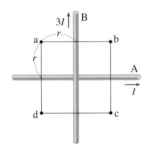

전류에 의한 자기장에 대한 설명으로 옳은 것만을 [보기]에서 있는 대로 고른 것은?

[보기]
ㄱ. 자기장의 세기는 a에서와 c에서가 같다.
ㄴ. 자기장의 방향은 b에서와 c에서가 반대이다.
ㄷ. 자기장의 세기는 a에서가 d에서의 4배이다.

① ㄱ　　　　　 ② ㄴ　　　　　 ③ ㄷ
④ ㄱ, ㄴ　　　 ⑤ ㄱ, ㄷ

08 그림과 같이 무한히 긴 세 직선 도선에 각각 세기가 I인 전류가 xy 평면에 수직으로 들어가는 방향으로 흐르고 있다. P와 Q는 원점 O로부터 거리가 각각 d만큼 떨어져 있는 x축상의 점이다.

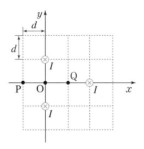

전류에 의한 자기장에 대한 설명으로 옳은 것만을 [보기]에서 있는 대로 고른 것은?

[보기]
ㄱ. P에서 자기장의 방향과 O에서 자기장의 방향은 서로 같다.
ㄴ. 자기장의 세기는 P에서가 O에서보다 크다.
ㄷ. Q에서 자기장은 0이다.

① ㄴ　　　　　 ② ㄷ　　　　　 ③ ㄱ, ㄴ
④ ㄱ, ㄷ　　　 ⑤ ㄱ, ㄴ, ㄷ

09 그림과 같이 저항값이 R인 저항에 연결된 반지름이 r인 원형 도선에 전류가 흐르고 있다.

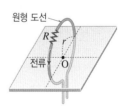

이때 원형 도선의 중심 O에서 전류에 의한 자기장의 세기가 증가하는 경우를 [보기]에서 있는 대로 고른 것은?

[보기]
ㄱ. r를 감소시킨다.
ㄴ. 전류의 방향을 반대로 한다.
ㄷ. 저항값이 R보다 큰 저항으로 바꾼다.

① ㄱ　　　　　 ② ㄴ　　　　　 ③ ㄱ, ㄷ
④ ㄴ, ㄷ　　　 ⑤ ㄱ, ㄴ, ㄷ

10 그림 (가)는 반지름이 $2a$인 원형 도선에 세기가 I인 전류가 화살표 방향으로 흐르는 모습을, (나)는 중심이 같고 반지름이 각각 a, $2a$인 원형 도선에 세기가 I인 전류가 각각 화살표 방향으로 흐르는 모습을 나타낸 것이다. 점 P, Q는 원형 도선의 중심이다.

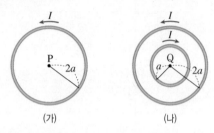

(가)   (나)

P에서 전류에 의한 자기장의 세기가 B일 때, Q에서 전류에 의한 자기장의 세기는?

① $\dfrac{B}{3}$ ② $\dfrac{B}{2}$ ③ B

④ $2B$ ⑤ $3B$

11 그림 (가)는 반지름이 각각 d, $2d$인 원형 도선을 놓은 모습을, (나)는 (가)에 반지름이 $3d$인 원형 도선을 추가로 놓은 모습을 나타낸 것이다. 원형 도선은 모두 동일한 평면 위에 있고 중심이 같으며, 세기가 I인 전류가 화살표 방향으로 흐르고 있다.

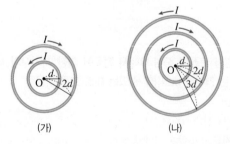

(가)   (나)

(가), (나)의 중심 O에서 전류에 의한 자기장의 세기를 각각 $B_{(가)}$, $B_{(나)}$라고 할 때, $B_{(가)} : B_{(나)}$는?

① $1 : 2$ ② $2 : 1$ ③ $3 : 5$

④ $3 : 7$ ⑤ $9 : 11$

12 그림 (가)는 반지름이 각각 R, $2R$인 원형 도선 A, B가 종이면에 중심 O가 일치하도록 고정되어 있는 것을 나타낸 것이다. A, B에는 각각 화살표 방향으로 전류가 흐르고 있다. 그림 (나)는 A, B에 흐르는 전류의 세기를 시간에 따라 나타낸 것이다.

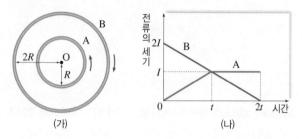

(가)   (나)

(1) t에서 $2t$까지 중심 O에서 전류에 의한 자기장의 방향을 쓰시오.

(2) O에서 전류에 의한 자기장의 세기는 $2t$일 때가 t일 때의 몇 배인지 구하시오.

13 그림과 같이 직선 도선 X와 전류 I_0이 반시계 방향으로 흐르는 원형 도선 Y가 종이면에 고정되어 있다. 표는 (가)와 (나) 두 가지 경우의 두 도선에 흐르는 전류의 세기와 원형 도선의 중심 P에서 전류에 의한 자기장의 세기를 나타낸 것이다.

구분	전류의 세기		P에서 전류에 의한 자기장의 세기
	X	Y	
(가)	0	I_0	B_0
(나)	I	I_0	0

이에 대한 설명으로 옳은 것만을 [보기]에서 있는 대로 고른 것은?

[보기]
ㄱ. (가)의 P에서 전류에 의한 자기장의 방향은 종이면에서 수직으로 나오는 방향이다.
ㄴ. (나)에서 X에 흐르는 전류의 방향은 b → a이다.
ㄷ. (나)에서 $I > I_0$이다.

① ㄱ   ② ㄴ   ③ ㄱ, ㄷ

④ ㄴ, ㄷ   ⑤ ㄱ, ㄴ, ㄷ

14 그림은 전류가 흐르고 있는 솔레노이드의 오른쪽 위에 놓인 나침반을 나타낸 것이다.

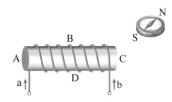

A~D 중 솔레노이드의 N극에 해당하는 곳을 쓰고, 솔레노이드에 흐르는 전류의 방향을 까닭과 함께 서술하시오.

15 그림은 전류가 흐르는 솔레노이드와 그 오른쪽에 S극이 솔레노이드를 향하도록 막대자석을 놓은 것을 나타낸 것이다. P와 R는 솔레노이드 바깥의 점이고, Q는 솔레노이드 내부 중앙의 점이며, P, Q, R는 솔레노이드에 수직인 같은 직선상에 있다.

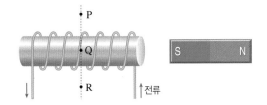

이에 대한 설명으로 옳지 <u>않은</u> 것은?

① 막대자석과 솔레노이드 사이에는 서로 끌어당기는 자기력이 작용한다.

② P, Q, R에서 솔레노이드에 의한 자기장의 방향은 모두 같다.

③ 전류의 방향을 반대로 바꾸면 Q에서 전류에 의한 자기장의 방향도 반대로 바뀐다.

④ 전류의 방향을 반대로 바꾸면 막대자석이 솔레노이드로부터 받는 자기력의 방향도 반대로 바뀐다.

⑤ 전류의 세기를 증가시키면 솔레노이드와 막대자석 사이에 작용하는 자기력의 크기도 커진다.

16 그림과 같이 솔레노이드 P, Q에 각각 1 A, 2 A의 전류가 화살표 방향으로 흐르고 있다. P, Q의 길이는 각각 20 cm, 40 cm이다.

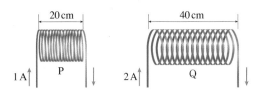

P, Q 내부에서의 자기장의 세기를 각각 B_P, B_Q라 할 때, $B_P : B_Q$는? (단, P, Q에서 코일의 감은 수는 같다.)

① 1 : 1   ② 1 : 2   ③ 1 : 4

④ 2 : 1   ⑤ 4 : 1

17 그림은 솔레노이드 안에 철심을 넣은 전자석을 전원 장치에 연결한 것을 나타낸 것이다. a는 중심축상의 한 점이다.

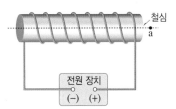

이에 대한 설명으로 옳은 것만을 [보기]에서 있는 대로 고른 것은?

[보기]
ㄱ. a에서 전류에 의한 자기장의 방향은 오른쪽이다.
ㄴ. 철심을 빼면 솔레노이드 내부에서 자기장의 세기는 감소한다.
ㄷ. 전류의 세기를 증가시키면 더 강한 전자석이 된다.

① ㄱ   ② ㄴ   ③ ㄱ, ㄷ

④ ㄴ, ㄷ   ⑤ ㄱ, ㄴ, ㄷ

02 전자기 유도

핵심 포인트
Ⓐ 전자기 유도와 유도 기전력 ★★★
　패러데이 전자기 유도 법칙 ★★
　렌츠 법칙 ★★
Ⓑ 발전기의 원리 ★★
　전자기 유도의 이용 ★★

Ⓐ 전자기 유도와 유도 기전력

1. 전자기 유도

(1) **전자기 유도**: 코일 주위에서 코일과 자석의 상대적인 운동으로 코일 속을 통과하는 자기 선속(자기력선속)이 변할 때, 코일에 유도 전류가 흐르는 현상 → 코일의 운동 에너지가 전기 에너지로 전환된다.

(2) **자기 선속(ϕ)**

① 자기 선속: 자기장에 수직인 단면적 S를 지나는 자기력선의 총수 [단위: Wb(웨버)]

↑ 전자기 유도

② 자기장의 세기(*자속 밀도, B): 자기 선속의 밀도로, 자기장에 수직인 단위 면적당 자기력선의 총수

$$\text{자기장의 세기} = \frac{\text{자기 선속}}{\text{단면적}} , B = \frac{\phi}{S}$$

$$[\text{단위: } \text{Wb/m}^2 = \text{T(테슬라)}]$$

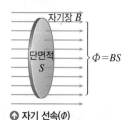

↑ 자기 선속(ϕ)

★ 자속 밀도의 의미
자기력선의 간격이 조밀할수록 자기장의 세기가 세다. 이 조밀한 정도를 자속 밀도라고 한다. 즉, 자속 밀도는 단위 면적당 얼마나 많은 자기력선이 지나가는지를 나타내는 양이다.

2. 유도 기전력
전자기 유도에 의해 코일 양 끝에 생기는 전압 ➡ 전류를 흐르게 하는 원인

(1) **패러데이 전자기 유도 법칙**: 유도 기전력의 크기는 자기 선속의 시간적 변화율에 비례하고, 코일의 감은 수에 비례한다.

① 유도 ❶기전력: 코일의 감은 수를 N, 시간 Δt 동안 코일을 통과하는 *자기 선속의 변화량을 $\Delta \phi$라고 하면 코일에 발생하는 유도 기전력 V는 다음과 같다.

$$V = -N\frac{\Delta \phi}{\Delta t} \quad [\text{단위: V(볼트)}]$$

'$-$'부호는 유도 기전력의 방향이 자기 선속의 변화를 방해하는 방향으로 나타난다는 것을 의미한다.(렌츠 법칙)

★ 자기 선속의 변화량($\Delta \phi$)
$\Delta \phi = \Delta BS$이므로 자기장의 세기(B)가 변하거나 자기장이 통과하는 도선의 면적(S)이 변하면 자기 선속이 변한다.

② 유도 전류의 세기: 유도 기전력에 비례한다. ➡ 자석이나 코일을 빠르게 움직일수록, 코일의 감은 수가 많을수록, 세기가 센 자석일수록 유도 전류가 많이 흐른다.

자기장의 세기-시간 그래프

단면적이 0.1 m²이고 감은 수가 100회인 코일의 단면을 수직으로 지나는 자기장의 세기가 그림과 같이 변하였다.

- A 구간: 기울기가 가장 크므로 유도 기전력이 가장 커서 가장 센 유도 전류가 흐른다.
- C 구간: 기울기가 0이므로 유도 기전력이 0이 되어 유도 전류가 흐르지 않는다.
- A 구간에 흐르는 유도 전류의 방향은 B, D 구간에 흐르는 유도 전류의 방향과 반대이다. → 기울기의 부호가 반대이므로

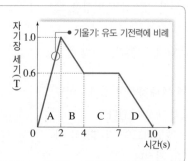

용어

❶ **기전력**(起 일어나다, 電 번개, 力 힘)_전지와 같이 전위차를 유지하여 전류를 흐르게 하는 능력, 단위는 V(볼트)이다.

(2) 렌츠 법칙: 유도 전류는 코일을 통과하는 자기 선속의 변화를 방해하는 방향으로 흐른다.

구분	N극을 가까이 할 때	N극을 멀리 할 때
자기 선속의 변화	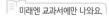 코일을 통과하는 아래 방향의 자기 선속이 증가한다.	코일을 통과하는 아래 방향의 자기 선속이 감소한다.
코일에 유도되는 자기장과 *자기력	코일 위쪽에 N극이 형성되어 자석을 밀어낸다. ➡ 척력 작용	코일 위쪽에 S극이 형성되어 자석을 잡아당긴다. ➡ 인력 작용
유도 전류 방향	B → ⓖ → A	A → ⓖ → B

미래엔 교과서에만 나와요.

탐구 자료창 **긴 관을 통과하여 낙하하는 자석의 운동 비교**

(가) 그림과 같이 네오디뮴 자석을 코일을 끼운 플라스틱관 A와 코일을 끼우지 않은 플라스틱관 B에 각각 낙하시키고 자석의 낙하 시간을 측정한다.

(나) *코일을 끼운 플라스틱관 A에 발광 다이오드를 연결한 후 (가)를 반복한다.

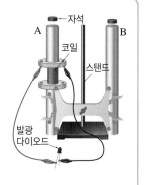

1. **자석의 낙하 시간:** 코일을 끼운 플라스틱관 A > 플라스틱관 B
2. **자석의 낙하 시간 차이가 나는 까닭:** 절연체인 플라스틱관 B에서는 전류가 유도되지 않지만, 자석이 코일을 끼운 플라스틱관 A를 통과할 때는 자석의 운동을 방해하는 방향으로 유도 전류가 흐르기 때문이다.
3. **발광 다이오드의 변화:** 자석이 코일을 통과하는 순간, 발광 다이오드에 불이 켜진다. ➡ 자석의 역학적 에너지의 일부가 전기 에너지로 전환된 것이다.

3. 움직이는 도선에 발생하는 유도 기전력
●━ 세기와 방향이 일정한 자기장

(1) 유도 기전력의 발생: 세기가 B인 균일한 자기장 속에 놓인 ㄷ자형 도선 위에서 폭이 l인 도체 막대를 v의 속력으로 등속 운동시키면 ㄷ자형 도선에 유도 기전력이 발생한다. ➡ 전자기 유도 법칙 $V = -N\dfrac{\Delta\Phi}{\Delta t}$에서 $N=1$, $B=$일정, $l=$일정이므로 유도 기전력은 다음과 같다.
┗━ 감은 수가 1회

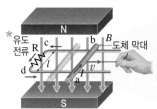

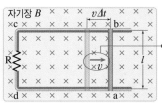

●━ 막대를 오른쪽으로 잡아당기면 직사각형 abcd를 지나는 자기 선속이 증가한다. ➡ 유도 기전력이 발생한다.

●━ 일정한 속력으로 움직일 때 단면적의 변화

$$V = -N\frac{\Delta\Phi}{\Delta t} = -\frac{\Delta(BS)}{\Delta t} = -B\frac{(lv\Delta t)}{\Delta t} = -Blv$$

(2) 유도 전류의 세기: 옴의 법칙을 적용하면 유도 전류의 세기는 다음과 같다.

$$I = \frac{V}{R} = -\frac{Blv}{R}$$

★ **자석과 코일 사이에 작용하는 힘**
유도 전류는 자기 선속의 변화가 있을 때에만 발생한다. 이때 코일에 발생하는 자기장에 의해 자기력도 함께 작용한다.

★ **코일을 끼운 플라스틱관 A에 자석이 통과할 때 유도 기전력−시간 그래프**

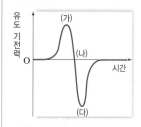

• (가): 자석이 들어가는 순간
• (나): 자석이 코일 중앙을 통과하는 순간
• (다): 자석이 빠져나오는 순간

★ **유도 전류의 방향**
유도 전류의 방향은 자기 선속의 변화를 방해하는 방향이므로 위에서 볼 때 반시계 방향 또는 c → 저항(R) → d 방향이다.

02 전자기 유도

B *전자기 유도의 이용

1. 발전기 역학적 에너지를 전기 에너지로 변환하는 장치로, 발전소의 발전기에서는 고압의 수증기나 높은 곳에서 떨어지는 물과 같은 역학적 에너지원으로 전기 에너지를 생산한다.

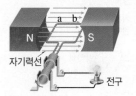
◆ 발전기의 구조

발전기의 기본 원리

균일한 자기장 영역에서 코일을 *회전시킬 때, 코일을 통과하는 자기 선속이 변한다. 이때 전자기 유도에 의해 코일에 유도 기전력이 발생하여 *세기와 방향이 변하는 유도 전류가 흐른다.

회전각 0° → 90°	회전각 90° → 180°	회전각 180° → 270°	회전각 270° → 360°

• 자기 선속: 증가
• 유도 전류의 방향:
  a→b
	• 자기 선속: 감소
	• 유도 전류의 방향:
	  b→a
		• 자기 선속: 증가
		• 유도 전류의 방향:
		  b→a
			• 자기 선속: 감소
			• 유도 전류의 방향:
			  a→b

---

2. 전자 기타 전자기 유도를 이용하여 유도 전류의 세기를 조절하고, 기타 소리를 원하는 크기로 재생할 수 있다.

전자 기타의 구조와 원리

구조 전기 기타의 픽업 램프는 작은 원통형 자석 주변에 코일이 감겨 있는 고리 구조로 되어 있다.

원리 기타 줄을 팅기면 기타 줄 아래쪽에 있는 자석에 의해 자기화된 기타 줄이 진동하면서 코일을 통과하는 자기 선속이 변한다. 이때 코일에 발생하는 유도 기전력에 의해 전류가 흐르게 된다.

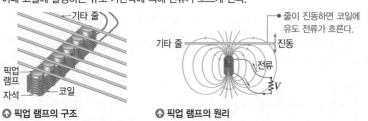
◆ 픽업 램프의 구조　　◆ 픽업 램프의 원리

---

3. 마이크 전자기 유도를 이용하여 소리 신호를 전기 신호로 변환시킨다.

마이크의 구조와 원리

구조 코일에 감긴 영구 자석이 진동판에 연결되어 있다.

원리 소리의 진동에 의해 진동판이 진동하면 진동판에 부착된 코일이 영구 자석 주위에서 움직이면서 자기 선속이 변하여 유도 전류가 흐른다. 소리가 클수록 코일이 크게 진동하여 전류의 세기가 세다.

마이크의 구조 ◆

★ 전자기 유도의 다양한 이용 예
교과서마다 소개하는 전자기 유도를 이용한 예가 다르다.

비상	발전기, 전자 기타, 마이크, 금속 탐지기, 발광 셔틀콕
교학사	발전기, 전자 기타
미래엔	발전기, 인덕션 레인지, 교통카드 단말기
지학사	발전기
천재	발전기, 전자 기타

금속 탐지기, 인덕션 레인지, 교통카드 단말기의 원리는 Ⅱ-2-03. 상호유도 단원에서 자세히 다뤄요.

교학사 교과서에만 나와요.

★ 코일의 회전과 자기 선속
균일한 자기장 B 속에서 발전기의 코일이 각속도 ω로 회전할 때 단면적이 A인 코일 면을 통과하는 자기 선속은 $\Phi = BA\cos\omega t$ 이다.

★ 세기와 방향이 변하는 전류
코일이 한 바퀴 회전하는 동안 코일을 통과하는 자기 선속은 연속적으로 변하므로 코일에는 세기와 방향이 변하는 전류가 유도된다. 이를 교류라고 한다.

개념 확인 문제

정답친해 86쪽

핵심 체크

- 전자기 유도: 코일을 통과하는 (❶   )(Φ)이 변할 때, 코일에 전류가 흐르는 현상
- (❷   ): 전자기 유도에 의해 코일에 흐르는 전류
- (❸   ): 전자기 유도에 의해 코일에 유도 전류를 흐르게 하는 원인이 되는 전압
- 패러데이 전자기 유도 법칙: 유도 기전력의 세기는 자기 선속의 시간적 변화율이 (❹   )수록, 코일의 감은 수가 (❺   )수록 커진다.

$$V = -N\frac{\Delta\Phi}{\Delta t}$$

- (❻   ) 법칙: 유도 전류는 코일을 통과하는 자기 선속의 변화를 방해하는 방향으로 흐른다.
- 세기가 B인 자기장 속에 놓인 ㄷ자형 도선 위에서 폭이 l인 도체 막대를 v의 속력으로 등속 운동시킬 때 도선에 발생하는 유도 기전력은 $V = -($❼ $)$이다.
- 발전기: 역학적 에너지를 (❽   ) 에너지로 전환시키는 장치

---

1 전자기 유도에 대한 설명으로 옳은 것은 ○, 옳지 않은 것은 ×로 표시하시오.

(1) 자석의 세기가 셀수록 유도 전류의 세기가 커진다.
·· (   )

(2) 자석이 코일 속에 정지해 있을 때 코일에는 유도 전류가 최대로 흐른다. ····················· (   )

(3) 유도 전류의 세기는 유도 기전력의 크기에 비례한다.
·· (   )

2 그림과 같이 막대자석의 N극이 코일 쪽을 향하게 하여 접근시켰다.

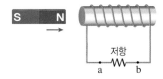

이때 저항에 흐르는 전류의 방향을 쓰시오.

3 감은 수가 **100회**인 코일에 **1초당 0.1 Wb**씩 자기 선속이 변할 때, 코일에 유도되는 기전력의 크기는 몇 **V**인지 구하시오.

4 그림은 자기장의 세기 변화를 시간에 따라 나타낸 것이다. **A~C** 구간 중 유도 전류의 세기가 **0**인 구간을 쓰시오.

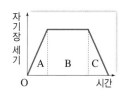

5 그림은 세기가 B인 균일한 자기장 속에 놓인 ㄷ자형 도선 위에서 길이 l인 도체 막대 **AB**를 일정한 속력 v로 운동시키는 모습을 나타낸 것이다.

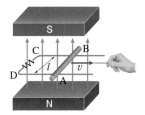

(1) 도체 막대 **AB**에 유도되는 기전력의 크기를 쓰시오.

(2) 도체 막대 **AB**에 흐르는 전류의 방향을 쓰시오.

6 전자기 유도를 이용한 예가 <u>아닌</u> 것은?

① 발전기   ② 선풍기
③ 마이크   ④ 전자 기타
⑤ 금속 탐지기

대표 자료 분석

정답친해 87쪽

🏠 학교 시험에 자주 출제되는 대표 자료와 그 자료에 대한
문제를 통해 자료를 완벽하게 이해할 수 있다.

자료 ① 자기장의 변화에 의한 유도 기전력

기출 Point
• 도선을 통과하는 자기장이 변할 때, 유도 전류의 방향 찾기
• 자기 선속 변화율에 따른 유도 기전력의 크기 비교하기

[1~4] 그림 (가)는 정사각형 도선이 종이면에 수직으로 들어가는 방향의 균일한 자기장 영역에 고정되어 있는 모습을 나타낸 것이다. 그림 (나)는 (가)에서 자기장의 세기를 시간에 따라 나타낸 것이다.

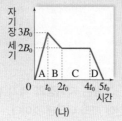

(가)   (나)

1 도선에 발생하는 유도 기전력의 최댓값을 더 크게 하기 위한 방법만을 [보기]에서 있는 대로 고르시오.

┌─[보기]─
ㄱ. 도선의 면적을 더 크게 한다.
ㄴ. 자기장의 세기를 더 크게 한다.
ㄷ. 자기장 영역의 자기장 방향을 반대로 한다.

2 B~D 구간 중 A 구간에서 유도 전류의 방향과 반대 방향으로 유도 전류가 흐르는 구간을 있는 대로 쓰시오.

3 A 구간과 B 구간에서 도선에 흐르는 유도 전류의 세기를 각각 I_A, I_B라고 할 때, $I_A : I_B$를 쓰시오.

4 빈출 선택지로 **완벽 정리!**

(1) 유도 전류의 세기는 A 구간이 가장 세다. (○ / ×)
(2) A~D 구간에서 유도 전류가 계속 흐른다.(○ / ×)
(3) A 구간에서 유도 전류의 방향은 반시계 방향이다.
‥‥‥‥‥‥‥‥‥‥‥‥‥‥‥‥‥‥‥‥‥ (○ / ×)
(4) 유도 전류의 세기는 (나)에서 그래프의 기울기에 비례한다. ‥‥‥‥‥‥‥‥‥‥‥‥‥‥‥ (○ / ×)

자료 ② 도선 내부 면적 변화에 의한 유도 기전력

기출 Point
• 도선 내부 면적이 변할 때, 유도 전류가 발생하는 원리 이해하기
• 렌츠 법칙과 패러데이 법칙 적용하기

[1~3] 그림과 같이 종이면에 수직으로 들어가는 방향의 균일한 자기장 영역에 저항 R가 연결된 ㄷ자형 도선을 종이면에 고정시키고, 도선 위에 놓인 폭이 l인 도체 막대를 일정한 속력 v로 운동시켰다.

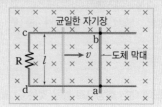

1 저항에 흐르는 유도 전류의 방향을 쓰시오.

2 저항값이 1 Ω, 자기장의 세기는 5 T, 도선의 폭 l은 1 m, 도체 막대의 속력 v는 0.2 m/s일 때, 회로에 흐르는 유도 전류의 세기는 몇 A인지 구하시오.

3 빈출 선택지로 **완벽 정리!**

(1) 시간이 지날수록 자기장의 세기가 증가한다.
‥‥‥‥‥‥‥‥‥‥‥‥‥‥‥‥‥‥‥‥‥ (○ / ×)
(2) 시간이 지날수록 자기력선이 통과하는 면적이 증가한다. ‥‥‥‥‥‥‥‥‥‥‥‥‥‥‥ (○ / ×)
(3) 시간이 지날수록 자기 선속이 증가한다. (○ / ×)
(4) 도선의 속력이 클수록 유도 전류의 세기가 증가한다.
‥‥‥‥‥‥‥‥‥‥‥‥‥‥‥‥‥‥‥‥‥ (○ / ×)

내신 만점 문제

(A) 전자기 유도와 유도 기전력

01 그림과 같이 고정된 코일에 검류계를 연결하고 막대자석을 코일 위에서 가만히 놓아 낙하시켰다. (가)는 막대자석이 코일로 들어가기 직전의 위치이고, (나)는 막대자석이 코일에서 빠져나온 직후의 위치이다.

이에 대한 설명으로 옳지 않은 것은?

① (가)에서 코일은 위쪽이 N극이 되는 방향으로 자기장을 만든다.
② (가)에서 막대자석과 코일 사이에는 서로 밀어내는 자기력이 작용한다.
③ (나)에서 막대자석과 코일 사이에는 서로 당기는 자기력이 작용한다.
④ (가)와 (나)에서 검류계 바늘이 움직이는 방향은 서로 반대이다.
⑤ (가)에서 (나)까지 지나가는 동안 막대자석의 역학적 에너지는 보존된다.

02 그림과 같이 자기장의 세기가 2×10^{-2} T인 곳에 자기력선과 수직으로 원형 도선이 놓여 있다.

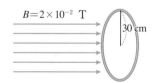

원형 도선 단면의 반지름이 30 cm일 때, 이 단면을 지나는 자기 선속은?

① $1.6\pi \times 10^{-3}$ Wb
② $1.6\pi \times 10^{-4}$ Wb
③ $1.8\pi \times 10^{-3}$ Wb
④ $1.8\pi \times 10^{-4}$ Wb
⑤ $2.0\pi \times 10^{-3}$ Wb

03 그림 (가)와 (나)는 전압이 일정한 전원 장치에 연결되어 전류가 흐르는 솔레노이드 A를 향하여 A보다 반지름이 작은 원형 도선 B를 일정한 높이에서 낙하시켰을 때 B가 A의 위쪽 입구에 도달하는 순간과 A의 내부를 통과하는 순간을 각각 나타낸 것이다.

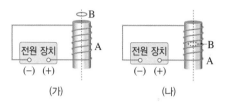

이에 대한 설명으로 옳은 것만을 [보기]에서 있는 대로 고른 것은? (단, B의 자기장에 의한 A에서의 유도 전류와 공기 저항은 무시한다.)

〔보기〕
ㄱ. (가)에서 B에 흐르는 유도 전류에 의해 형성된 자기장의 방향은 A 내부의 자기장과 반대이다.
ㄴ. (가)에서 A, B에 흐르는 전류의 방향은 서로 반대이다.
ㄷ. B에 흐르는 전류의 세기는 (나)에서가 (가)에서보다 크다.

① ㄱ
② ㄷ
③ ㄱ, ㄴ
④ ㄴ, ㄷ
⑤ ㄱ, ㄴ, ㄷ

04 그림은 고정된 원형 코일 위에서 용수철에 매달린 자석이 위아래로 진동하는 것을 나타낸 것이다.
이에 대한 설명으로 옳은 것만을 [보기]에서 있는 대로 고른 것은?

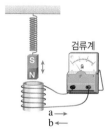

〔보기〕
ㄱ. 자석이 위로 올라가는 동안 코일에 흐르는 전류의 방향은 a이다.
ㄴ. 자석이 아래로 내려오는 동안 코일과 자석 사이에는 서로 밀어내는 자기력이 작용한다.
ㄷ. 자석의 진폭은 코일이 없을 때보다 더 빨리 감소한다.

① ㄱ
② ㄴ
③ ㄱ, ㄷ
④ ㄴ, ㄷ
⑤ ㄱ, ㄴ, ㄷ

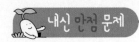

05 그림 (가)는 저항이 연결된 직사각형 도선의 일부가 균일한 자기장 영역에 고정되어 있는 것을 나타낸 것이다. 자기장의 방향은 도선이 이루는 면에 수직으로 들어가는 방향이다. 그림 (나)는 자기장의 세기를 시간에 따라 나타낸 것이다.

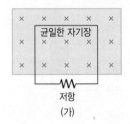
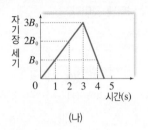

이에 대한 설명으로 옳은 것만을 [보기]에서 있는 대로 고른 것은?

┌─[보기]─────────────────────────────┐
│ ㄱ. 1초에서 2초까지 유도 전류의 세기는 일정하다. │
│ ㄴ. 2초일 때, 유도 전류의 방향은 반시계 방향이다. │
│ ㄷ. 유도 전류의 세기는 4초일 때가 2초일 때의 2배이다. │
└─────────────────────────────────┘

① ㄱ   ② ㄷ   ③ ㄱ, ㄴ
④ ㄴ, ㄷ   ⑤ ㄱ, ㄴ, ㄷ

06 그림 (가)는 한 변의 길이가 $2a$인 정사각형 모양의 도선이 종이면에 수직으로 들어가는 방향의 균일한 자기장 영역 Ⅰ과 Ⅱ에 걸쳐서 고정되어 있는 것을 나타낸 것이다. 그림 (나)는 자기장 영역 Ⅰ과 Ⅱ의 자기장의 세기를 시간에 따라 나타낸 것이다.

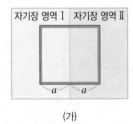
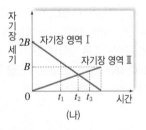

정사각형 도선에 흐르는 유도 전류에 대한 설명으로 옳은 것만을 [보기]에서 있는 대로 고른 것은?

┌─[보기]─────────────────────────────┐
│ ㄱ. t_1일 때, 유도 전류의 방향은 시계 방향이다. │
│ ㄴ. t_2일 때, 도선에 유도 전류가 흐르지 않는다. │
│ ㄷ. 유도 전류의 방향은 t_1일 때와 t_3일 때가 같다. │
└─────────────────────────────────┘

① ㄱ   ② ㄷ   ③ ㄱ, ㄴ
④ ㄱ, ㄷ   ⑤ ㄴ, ㄷ

07 그림은 원형 도선을 통과하는 자기장의 세기를 시간에 따라 나타낸 것이다.

이에 대한 설명으로 옳은 것만을 [보기]에서 있는 대로 고른 것은?

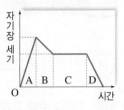

┌─[보기]─────────────────────────────┐
│ ㄱ. A~D 모든 구간에서 유도 전류가 흐른다. │
│ ㄴ. 유도 전류의 세기는 A 구간이 가장 세다. │
│ ㄷ. B와 D 구간에 흐르는 유도 전류의 방향은 서로 반대이다. │
└─────────────────────────────────┘

① ㄱ   ② ㄴ   ③ ㄱ, ㄴ
④ ㄴ, ㄷ   ⑤ ㄱ, ㄴ, ㄷ

[08~09] 그림과 같이 자석 사이에 있는 저항이 연결된 폭이 0.4 m인 ㄷ자형 도선 위에서 도체 막대 AB를 일정한 속력으로 당기고 있다.

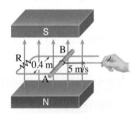

08 도선에 흐르는 전류에 대한 설명으로 옳은 것만을 [보기]에서 있는 대로 고른 것은?

┌─[보기]─────────────────────────────┐
│ ㄱ. A에 흐르는 전류의 세기는 B에 흐르는 전류의 세기보다 크다. │
│ ㄴ. 도선에 흐르는 전류의 세기는 도체 막대의 속력이 빠를수록 커진다. │
│ ㄷ. 저항에 흐르는 전류의 방향은 A → 저항 → B이다. │
└─────────────────────────────────┘

① ㄱ   ② ㄷ   ③ ㄱ, ㄴ
④ ㄴ, ㄷ   ⑤ ㄱ, ㄴ, ㄷ

09 자기장의 세기는 0.5 T이고 도선에 연결된 저항의 저항값이 0.2 Ω일 때, 저항에 흐르는 전류의 세기는?

① 0.5 A   ② 1 A   ③ 2 A
④ 5 A   ⑤ 10 A

10 그림 (가)와 같이 종이면에 수직으로 들어가는 방향의 균일한 자기장 영역에 저항이 연결된 ㄷ자형 도선을 종이면에 고정시키고, 도선 위에 놓인 도체 막대를 오른쪽으로 이동시켰다. 그림 (나)는 도체 막대의 속력을 시간에 따라 나타낸 것이다.

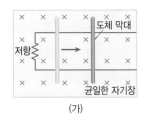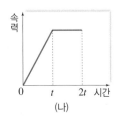

(가)　　　　　　　(나)

이에 대한 설명으로 옳은 것만을 [보기]에서 있는 대로 고른 것은?

[보기]
ㄱ. 0에서 t까지 유도 전류의 세기는 일정하다.
ㄴ. 유도 전류의 방향은 $0.5t$일 때와 $1.5t$일 때가 같다.
ㄷ. 도체 막대와 도선으로 둘러싸인 면 내부를 통과하는 자기 선속은 $0.5t$일 때와 $1.5t$일 때가 같다.

① ㄱ 　　　　② ㄴ 　　　　③ ㄷ
④ ㄱ, ㄴ 　　⑤ ㄴ, ㄷ

11 그림은 마찰이 없는 수평면에서 저항이 연결된 코일이 부착된 수레 A와 자석이 부착된 수레 B가 서로를 향하여 운동하는 모습을 나타낸 것이다.

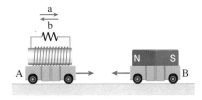

이에 대한 설명으로 옳은 것만을 [보기]에서 있는 대로 고른 것은?

[보기]
ㄱ. 저항에 흐르는 유도 전류의 방향은 a이다.
ㄴ. 코일과 자석 사이에는 서로 끌어당기는 자기력이 작용한다.
ㄷ. 운동하는 동안 A와 B 전체의 역학적 에너지는 일정하게 보존된다.

① ㄱ 　　　　② ㄴ 　　　　③ ㄷ
④ ㄱ, ㄴ 　　⑤ ㄴ, ㄷ

12 그림은 종이면에 수직으로 들어가는 균일한 자기장 속에 정사각형 모양의 도선이 일정한 속력 v로 통과하고 있는 모습을 나타낸 것이다.

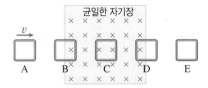

도선에 흐르는 유도 전류에 대한 설명으로 옳지 **않은** 것은?

① A와 E에서는 유도 전류가 흐르지 않는다.
② 유도 전류의 세기는 C일 때 최대이다.
③ B와 D에서 유도 전류의 방향은 반대이다.
④ B와 D에서 유도 전류의 세기는 같다.
⑤ B에서 도선이 v보다 큰 속력으로 통과하면 더 센 유도 전류가 흐른다.

B 전자기 유도의 이용

[13~14] 그림과 같이 균일한 자기장 속에서 코일을 일정한 속도로 회전시키면 전구에 불이 켜진다.

13 이에 대한 설명으로 옳은 것만을 [보기]에서 있는 대로 고른 것은?

[보기]
ㄱ. 코일이 회전하면 전구에는 세기와 방향이 일정한 전류가 흐른다.
ㄴ. 코일을 계속 회전시키기 위해서는 외부 에너지가 필요하다.
ㄷ. 코일을 빠르게 회전시킬수록 전구의 밝기가 밝아진다.

① ㄱ 　　　　② ㄷ 　　　　③ ㄱ, ㄴ
④ ㄴ, ㄷ 　　⑤ ㄱ, ㄴ, ㄷ

서술형
14 이와 같은 현상이 일어나는 원리를 쓰고, 이를 이용한 예로는 무엇이 있는지 **두 가지** 쓰시오.

03 상호유도

핵심
포인트

Ⓐ 상호유도 발생 과정 ★★★
상호유도 기전력 ★★

Ⓑ 변압기의 원리 ★★★
상호유도의 이용 예 ★★

Ⓐ 상호유도

1. 상호유도 ┌─●전원에 연결된 것을 1차 코일이라고 한다.
한쪽 코일(1차 코일)에 흐르는 전류의 세기가 변할 때, 근처에 있는 다른 코일
(2차 코일)에 유도 기전력이 발생하는 현상

(1) **상호유도 발생 과정**: 1차 코일의 스위치를 닫으면 1차
코일에 흐르는 전류가 증가하여 1차 코일을 통과하는
자기 선속이 증가 ➡ 1차 코일에 인접한 2차 코일을
통과하는 자기 선속 증가 ➡ 2차 코일에 자기 선속의
변화를 방해하는 방향으로 유도 기전력이 발생

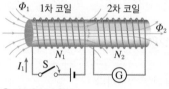

↑ 상호유도의 원리

> 1차 코일의 스위치를 닫으면 2차 코일에 자석이 접근하는 것과 같고, 스위치를 열면 2차 코일에서 자석이 멀어지는 것과 같아요.

(2) **상호유도 전류의 방향**: 1차 코일에 흐르는 전류 I_1이 증가하면 2차 코일에는 I_1과 반대 방향의 전류가 흐르고, I_1이 감소하면 2차 코일에는 I_1과 같은 방향으로 전류가 흐른다.

2. 상호유도 기전력 1차 코일과 2차 코일의 감은 수가 각각 N_1, N_2일 때, 2차 코일을 통과하는 자기 선속 변화량 $\Delta\Phi_2$는 1차 코일을 통과하는 자기 선속 변화량 $\Delta\Phi_1$에 비례하고, $\Delta\Phi_1$은 1차 코일에 흐르는 전류의 변화량 ΔI_1에 비례($\Delta\Phi_2 \propto \Delta\Phi_1 \propto \Delta I_1$)하므로 2차 코일에 발생하는 유도 기전력 V_2는 다음과 같다.
┌─●I_1이 Φ_1의 원인이므로
┌─●'상호유도 계수'라고도 한다.

$$V_2 = -N_2\frac{\Delta\Phi_2}{\Delta t} = -M\frac{\Delta I_1}{\Delta t} \quad (M: \text{비례 상수, 상호 인덕턴스})$$

└─●1차 코일의 전류의 변화(자기장의 변화)를 방해하는 방향

탐구 자료창 2개의 코일을 이용한 상호유도 관찰

(가) 그림과 같이 1차 코일에는 전원 장치, 가변 저항기, 스위치를 연결하고, 2차 코일에는 검류계를 연결한다.

(나) 1차 코일에 연결된 스위치를 닫는 순간, 스위치를 닫고 있을 때, 스위치를 여는 순간, 2차 코일에 연결된 검류계의 변화를 관찰한다.

(다) 스위치를 닫은 상태에서 저항을 변화시켜 1차 코일에 흐르는 전류를 증가시키거나 감소시킬 때, 2차 코일에 연결된 검류계의 변화를 관찰한다.

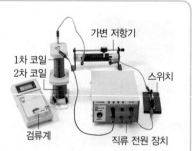

1. 결과: 스위치를 닫는 순간과 여는 순간, 2차 코일에는 서로 반대 방향의 전류가 흐르고, 스위치를 닫고 있을 때에는 2차 코일에 전류가 흐르지 않는다. 저항을 증가시킬 때와 감소시킬 때 2차 코일에는 서로 반대 방향의 전류가 흐른다.

2. 상호유도에 의한 유도 전류의 발생과 유도 전류의 방향: 1차 코일에 의한 자기장의 변화에 의해 2차 코일에 유도 전류가 흐르고, 유도 전류의 방향은 1차 코일에 의한 자기 선속의 변화를 방해하는 방향이다.

★ **상호유도 전류**

1차 코일에 흐르는 전류 I_1의 세기가 (가)와 같이 변할 때, 2차 코일에 흐르는 전류 I_2의 세기는 I_1의 시간 변화율에 비례하므로 (나)와 같이 변한다.

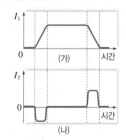

★ **상호유도 기전력**

두 솔레노이드의 역할을 바꾸어 2차 코일의 전류 I_2를 변화시키면 1차 코일에 발생하는 유도 기전력은 $V_1 = -M\dfrac{\Delta I_2}{\Delta t}$이다.

★ **상호 인덕턴스(M)**

상호유도에 의한 기전력이 얼마나 크게 발생하는지를 나타내는 물리량이다. 코일의 모양, 감은 수, 위치, 코일 주위의 물질 등에 따라 결정되며 단위는 H(헨리)를 사용한다.

B 상호유도의 이용

1. 변압기   상호유도를 이용하여 *교류 전압을 변화시키는 장치

(1) **구조:** 얇은 금속판 여러 장을 붙인 □ 모양의 철심 양쪽에 코일을 감은 구조

(2) **원리:** 1차 코일에 흐르는 교류에 의해 생기는 자기장의 변화가 철심을 통해 2차 코일에 영향을 주므로 2차 코일의 자기 선속이 변하여 2차 코일에 전류가 유도된다.

변압기의 구조와 원리

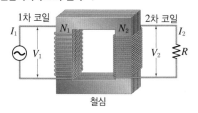

- 1차 코일의 유도 기전력:
  $V_1 = -N_1\dfrac{\varDelta\varPhi_1}{\varDelta t}$에서 $\dfrac{\varDelta\varPhi_1}{\varDelta t} = -\dfrac{V_1}{N_1}$이다.
- 2차 코일의 유도 기전력:
  $V_2 = -N_2\dfrac{\varDelta\varPhi_2}{\varDelta t}$에서 $\dfrac{\varDelta\varPhi_2}{\varDelta t} = -\dfrac{V_2}{N_2}$이다.

❶ 1차 코일과 2차 코일에서 시간당 변하는 자기 선속은 같다.($\varPhi_1 = \varPhi_2$)   ◀ $\varPhi_1 = \varPhi_2$이므로 $\dfrac{V_1}{N_1} = \dfrac{V_2}{N_2}$

❷ 변압기에서 에너지 손실이 없다면 1차 코일에 공급되는 전력과 2차 코일에 유도되는 전력은 같다.($P_1 = P_2$)   ◀ $P_1 = P_2$이므로 $V_1 I_1 = V_2 I_2$ ➡ 에너지 보존 법칙

$\dfrac{V_1}{V_2} = \dfrac{I_2}{I_1} = \dfrac{N_1}{N_2}$ ➡ 전압은 코일의 감은 수에 비례하고, 전류의 세기는 코일의 감은 수에 반비례한다.

(3) **변압기의 이용:** 발전소에서 생산된 전력을 송전하는 과정에서 전압을 높이거나 낮춘다.

2. *상호유도의 다양한 이용 예

● IH(Induction Heating) 밥솥도 인덕션 레인지와 같은 원리이다.

무선 충전기	인덕션 레인지
 전력 수신기 (2차 코일) / 충전 패드 (1차 코일)	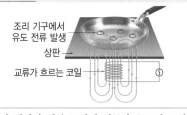 조리 기구에서 유도 전류 발생 / 상판 / 교류가 흐르는 코일
충전 패드에 전원을 연결하면 1차 코일에서 자기장 발생 ➡ 전자기 유도에 의해 전력 수신기의 2차 코일에 유도 전류가 흘러 배터리가 충전된다.	인덕션 레인지 내부 코일에 전류가 흐르면 조리 기구가 2차 코일의 역할을 하여 조리 기구에 유도 전류가 발생 ➡ 이 전류에 의해 조리 기구가 가열된다.
교통 카드 단말기	**금속 탐지기**
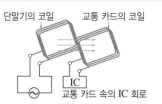 단말기의 코일 / 교통 카드의 코일 / IC / 교통 카드 속의 IC 회로	 자기장 / 전송 코일 / 검출 코일 / 금속
교통 카드를 교류가 흐르는 단말기에 접촉시키면 교통 카드 내부의 코일을 통과하는 자기장이 변하여 교통 카드에 유도 전류가 흐른다.	금속 탐지기의 전송 코일에 교류가 흐르면 전자기 유도에 의해 금속에도 전류가 흐른다. 금속 물질에서 발생되는 자기장의 변화를 검출 코일이 감지한다.

★ **직류와 교류**
- 직류: 전류의 세기와 방향이 시간에 따라 일정한 전류
- 교류: 전류의 세기와 방향이 주기적으로 바뀌는 전류

암기해
변압기의 공식
- $\dfrac{V_1}{N_1} = \dfrac{V_2}{N_2}$
- $\dfrac{V_1}{V_2} = \dfrac{I_2}{I_1} = \dfrac{N_1}{N_2}\,(P_1 = P_2)$

미래엔 교과서에만 나와요.
★ **고압 방전 장치**
고압 방전 장치의 1차 코일에 전류를 흐르게 하다가 갑자기 끊으면 2차 코일에 연결된 두 금속 사이에서 불꽃이 튀는 방전 현상이 일어난다. 고압 방전 장치는 자동차의 연료에 불을 붙이는 데 이용된다.

개념 확인 문제

정답친해 90쪽

핵심 체크

- (❶　　　　　): 한쪽 코일의 전류의 세기가 변할 때, 근처에 있는 다른 코일에 유도 기전력이 발생하는 현상
- 상호유도에 의해 생기는 유도 기전력의 방향은 1차 코일의 (❷　　　　　) 변화를 방해하는 방향이다.
- 상호유도에 의해 생기는 유도 기전력의 크기는 1차 코일에 흐르는 전류의 시간 변화율에 (❸　　　　)한다.
- (❹　　　　　): 상호유도를 이용하여 교류의 전압을 바꾸는 장치
- 변압기에서 전압을 높이려면 1차 코일보다 2차 코일을 더 (❺　　　　) 감아야 하고, 전압을 낮추려면 1차 코일보다 2차 코일을 더 (❻　　　　) 감아야 한다.
- (❼　　　　　): 상호유도를 이용하여 냄비나 프라이팬과 같은 조리 기구를 가열하는 기구

---

1 상호유도에 대한 설명으로 옳은 것은 ○, 옳지 <u>않은</u> 것은 ×로 표시하시오.

(1) 2개의 코일을 가까이 놓고 한쪽에 일정한 세기의 전류를 흐르게 하면 다른 코일에 유도 기전력이 발생한다.
　　　　　　　　　　　　　　　　　　　　(　)

(2) 2차 코일에서 유도 전류의 방향은 2차 코일을 통과하는 자기 선속의 변화를 방해하는 방향이다. ── (　)

(3) 변압기에서 2차 코일에 유도되는 기전력의 크기는 2차 코일의 감은 수에 비례한다. ─────────── (　)

2 상호 인덕턴스가 $M = 0.7$ H인 이중 코일이 있다. 1차 코일에 0.2초마다 2 A씩 전류를 증가시킬 때, 2차 코일에 유도되는 기전력의 크기는 몇 V인지 구하시오.

3 그림은 전원과 스위치 S가 연결된 1차 코일과 검류계가 연결된 2차 코일을 나타낸 것이다.

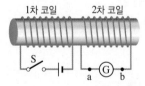

(1) S를 닫는 순간, 검류계에 흐르는 전류의 방향을 쓰시오.
(2) S를 여는 순간, 검류계에 흐르는 전류의 방향을 쓰시오.

4 그림과 같이 솔레노이드 옆에 가벼운 금속 고리를 매달아 놓았다. 스위치 S를 닫는 순간, 금속 고리가 움직이는 방향을 쓰시오.

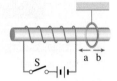

5 그림과 같이 1차 코일과 2차 코일의 감은 수가 각각 30회, 15회인 변압기가 있다. 2차 코일에 40 Ω의 저항을 연결하였더니 2.5 A의 전류가 흘렀다.

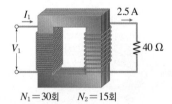

1차 코일의 전압과 전류의 세기를 각각 쓰시오. (단, 변압기에서의 에너지 손실은 없다.)

6 다음의 기구들에 공통으로 이용되는 원리는 무엇인지 쓰시오.

인덕션 레인지　　　금속 탐지기　　　무선 충전기

대표 자료 분석

 학교 시험에 자주 출제되는 대표 자료와 그 자료에 대한 문제를 통해 자료를 완벽하게 이해할 수 있다.

자료 ① 상호유도

기출	•상호유도의 발생 원리 이해하기
Point	•상호유도에 의한 전류의 변화 이해하기

[1~4] 그림 (가)는 철심에 감긴 2개의 코일을 나타낸 것이고, (나)는 1차 코일에 흐르는 전류 I_1의 세기를 시간에 따라 나타낸 것이다.

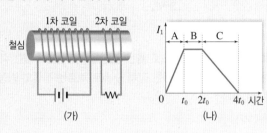

1 A, B, C 중에서 2차 코일에 전류가 흐르지 않는 구간을 쓰시오.

2 A, B, C에서 2차 코일을 통과하는 자기 선속의 변화를 각각 쓰시오.

3 A에서 2차 코일의 유도 기전력이 V라면, C에서 2차 코일의 유도 기전력을 구하시오.

4 빈출 선택지로 완벽 정리!

(1) A에서 1차 코일에 의한 자기장의 세기는 증가한다.
　　　────────────────── (○ / ×)

(2) A에서 2차 코일에 흐르는 전류의 방향은 1차 코일에 흐르는 전류의 방향과 반대 방향이다. (○ / ×)

(3) A에서 2차 코일에 흐르는 유도 전류의 세기는 증가한다. ────────────────── (○ / ×)

(4) (나)의 그래프에서 기울기는 2차 코일에 흐르는 전류의 세기에 비례한다. ───────── (○ / ×)

(5) C에서 2차 코일에 흐르는 유도 전류의 방향은 1차 코일에 흐르는 전류의 방향과 같다. ─── (○ / ×)

자료 ② 변압기의 원리

기출	•변압기의 원리 이해하기
Point	•변압기에서 코일의 감은 수, 전압, 전류의 관계 이해하기

[1~3] 그림은 변압기의 구조를 나타낸 것이다. 1, 2차 코일에 흐르는 전류는 각각 I_1, I_2이고, 감은 수는 각각 N_1, N_2이며, $N_1 < N_2$이다. (단, 변압기에서의 에너지 손실은 없다.)

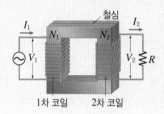

1 1차 코일과 2차 코일의 감은 수의 비가 1 : 10일 때, 1차 코일의 교류 전압이 100 V이면 2차 코일에 유도되는 전압은 몇 V인지 구하시오.

2 1차 코일보다 2차 코일에서 더 큰 값을 갖는 물리량만을 [보기]에서 있는 대로 고르시오.

〔보기〕
ㄱ. 코일에 걸리는 전압
ㄴ. 코일에 흐르는 전류
ㄷ. 전압과 전류의 곱

3 빈출 선택지로 완벽 정리!

(1) 1차 코일과 2차 코일을 통과하는 자기 선속은 같다.
　　　────────────────── (○ / ×)

(2) 1차 코일의 전류의 세기와 2차 코일의 전류의 세기는 항상 같다. ────────────── (○ / ×)

(3) $\dfrac{V_2}{V_1} = \dfrac{I_2}{I_1}$이다. ───────────── (○ / ×)

A 상호유도

01 그림과 같이 이중 코일 중 1차 코일에는 전원과 가변 저항기를 연결하고, 2차 코일에는 검류계를 연결하였다.

이에 대한 설명으로 옳은 것만을 [보기]에서 있는 대로 고른 것은?

[보기]
ㄱ. 스위치를 닫는 순간, 검류계에 전류가 흐른다.
ㄴ. 스위치를 누르고 있으면 검류계에 전류가 흐른다.
ㄷ. 1차 코일에 흐르는 전류 세기의 시간적 변화율을 증가시키면 2차 코일에 유도되는 전류의 세기도 증가한다.

① ㄱ ② ㄴ ③ ㄱ, ㄷ
④ ㄴ, ㄷ ⑤ ㄱ, ㄴ, ㄷ

02 그림과 같이 코일 A에는 전원 장치와 가변 저항기를 연결하고, 코일 B에는 검류계를 연결하였다.

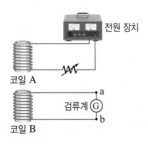

이에 대한 설명으로 옳은 것만을 [보기]에서 있는 대로 고른 것은?

[보기]
ㄱ. A에 교류 전류가 흐르면 B에 유도 기전력이 발생한다.
ㄴ. A의 감은 수는 그대로 두고 B의 감은 수를 늘리면 B에 유도되는 기전력이 작아진다.
ㄷ. A에 흐르는 전류의 세기가 커지면 B에 유도되는 전류의 세기도 커진다.

① ㄱ ② ㄷ ③ ㄱ, ㄴ
④ ㄴ, ㄷ ⑤ ㄱ, ㄴ, ㄷ

03 그림 (가)는 철심에 1차 코일과 2차 코일을 감은 것을 나타낸 것이다. 1차 코일에는 전원 장치가, 2차 코일에는 검류계가 연결되어 있다. 그림 (나)는 1차 코일에 흐르는 전류를 시간에 따라 나타낸 것이다.

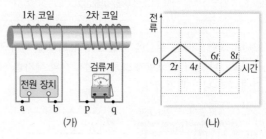

(가) (나)

2차 코일에 대한 설명으로 옳은 것만을 [보기]에서 있는 대로 고른 것은? (단, a → 전원 장치 → b로 흐르는 전류의 방향을 (+)로 한다.)

[보기]
ㄱ. t일 때, 유도 전류의 방향은 p → 검류계 → q이다.
ㄴ. 유도 전류의 방향은 3t일 때와 5t일 때가 반대이다.
ㄷ. 유도 기전력의 크기는 5t일 때와 7t일 때가 같다.

① ㄱ ② ㄷ ③ ㄱ, ㄴ
④ ㄴ, ㄷ ⑤ ㄱ, ㄴ, ㄷ

04 그림 (가)는 수평면상에 중심이 일치되도록 고정시킨 원형 도선과 금속 고리를 나타낸 것이고, (나)는 원형 도선에 시계 방향으로 흐르는 전류의 세기 I를 시간에 따라 나타낸 것이다.

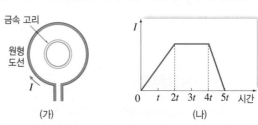

(가) (나)

이에 대한 설명으로 옳은 것만을 [보기]에서 있는 대로 고른 것은?

[보기]
ㄱ. t에서 2t까지 금속 고리에 흐르는 전류의 세기는 증가한다.
ㄴ. 2t에서 4t까지 금속 고리에는 전류가 흐르지 않는다.
ㄷ. 4t에서 5t까지 금속 고리에 흐르는 전류의 방향은 원형 도선에 흐르는 전류의 방향과 같다.

① ㄱ ② ㄴ ③ ㄱ, ㄷ
④ ㄴ, ㄷ ⑤ ㄱ, ㄴ, ㄷ

(서술형)
05 그림은 두 코일 P, Q가 마주 보고 있는 회로를 나타낸 것이다. 코일 P에는 가변 저항 R, 전원 장치, 스위치 S가 연결되어 있고, Q에는 검류계가 연결되어 있다.

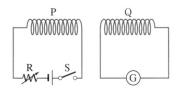

스위치 S를 닫았을 때, 검류계의 바늘이 오른쪽으로 움직였다면 이 상태에서 검류계의 바늘을 왼쪽으로 움직이게 할 수 있는 방법을 두 가지 서술하시오.

B 상호유도의 이용

06 그림은 1차 코일, 2차 코일의 감은 수가 각각 N, $2N$인 변압기를 나타낸 것이다. 1차 코일에는 전압이 V인 교류 전원이, 2차 코일에는 저항값이 R인 저항이 연결되어 있다.

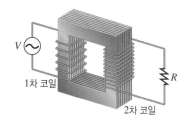

이에 대한 설명으로 옳은 것만을 [보기]에서 있는 대로 고른 것은? (단, 변압기에서의 에너지 손실은 없다.)

┌─[보기]─────────────────────────┐
ㄱ. 저항에 걸리는 전압은 $2V$이다.

ㄴ. 1차 코일에 흐르는 전류의 세기는 $\dfrac{4V}{R}$이다.

ㄷ. 1차 코일에 전압이 일정한 직류 전원을 연결하면 2차 코일에는 전류가 흐르지 않는다.
└───────────────────────────────┘

① ㄱ   ② ㄷ   ③ ㄱ, ㄴ
④ ㄴ, ㄷ   ⑤ ㄱ, ㄴ, ㄷ

07 그림은 변압기의 1차 코일을 전압이 220 V인 교류 전원에 연결하고 2차 코일에 전열기를 연결한 모습을 나타낸 것이다. 표는 1차 코일과 2차 코일의 전압과 전류를 나타낸 것이다.

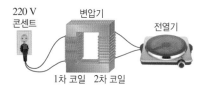

1차 코일		2차 코일	
전압	전류	전압	전류
220 V	(가)	110 V	8 A

이에 대한 설명으로 옳은 것만을 [보기]에서 있는 대로 고른 것은? (단, 변압기에서 에너지 손실은 없다.)

┌─[보기]─────────────────────────┐
ㄱ. (가)는 4 A이다.

ㄴ. 2차 코일의 감은 수는 1차 코일의 2배이다.

ㄷ. 1차 코일과 2차 코일을 통과하는 자기 선속이 같으려면 코일의 감은 수가 같아야 한다.
└───────────────────────────────┘

① ㄱ   ② ㄴ   ③ ㄱ, ㄷ
④ ㄴ, ㄷ   ⑤ ㄱ, ㄴ, ㄷ

08 상호유도에 의한 현상으로 옳은 것만을 [보기]에서 있는 대로 고른 것은?

┌─[보기]─────────────────────────┐
ㄱ. 전자석에 전류를 흘려 주었더니 자석이 달라붙었다.

ㄴ. 휴대 전화를 충전 패드에 올려 두었더니 충전되었다.

ㄷ. 전류가 흐르는 도선 주위에 놓인 나침반의 자침이 회전하였다.
└───────────────────────────────┘

① ㄱ   ② ㄴ   ③ ㄷ
④ ㄱ, ㄴ   ⑤ ㄴ, ㄷ

중단원 핵심 정리

01 전류에 의한 자기장

1. 자기장과 자기력선

(1) (❶   ): 자기력이 작용하는 공간으로, 자기장의 방향은 나침반 자침의 (❷   )극이 가리키는 방향이다.

(2) (❸   ): 자침의 N극이 가리키는 방향을 연속적으로 이은 선

[막대자석 주위의 자기력선]

- 자석의 N극에서 나와서 S극으로 들어간다.
- 도중에 끊어지거나 만나지 않으며, 폐곡선을 이룬다.
- 자기력선의 간격이 조밀할수록 자기장의 세기가 세다.
- 자기력선 위의 한 점에서 그은 (❹   )의 방향은 그 점에서 자기장의 방향을 나타낸다.

(3) 자기장의 세기

① 자기 선속(ϕ): 자기장에 수직인 단면적을 지나는 자기력선의 총수 [단위: Wb(웨버)]

② 자기장의 세기(B): (❺   )의 밀도로, 자기장에 수직인 단위 면적당 자기력선의 총수

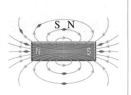

$$B = \frac{\phi}{S} \ [단위: Wb/m^2 = T(테슬라)]$$

2. 전류에 의한 자기장

(1) **직선 전류에 의한 자기장**: 직선 도선을 중심으로 하는 동심원 모양으로 형성된다.

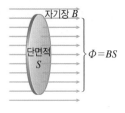

| 방향 | (❻   ) 엄지손가락이 전류의 방향일 때, 나머지 네 손가락이 도선을 감아쥐는 방향 |
| 세기 | 전류의 세기(I)에 비례, 도선으로부터의 수직 거리(r)에 (❼   )한다. ⇒ $B = k\frac{I}{r}(k = 2 \times 10^{-7} \ \text{T·m/A})$ |

(2) **원형 전류에 의한 자기장**: 직선 전류에 의한 자기장이 원형으로 휜 모양이다.

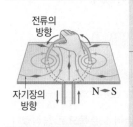

| 방향 | 오른손 엄지손가락이 전류의 방향일 때, 나머지 네 손가락이 도선을 감아쥐는 방향 |
| 세기 | 원형 도선 중심에서 자기장의 세기는 전류의 세기에 비례하고, 원형 도선의 반지름에 반비례한다. ⇒ $B = k'\frac{I}{r}(k' = 2\pi \times 10^{-7} \ \text{T·m/A})$ |

(3) **솔레노이드에 의한 자기장**: 솔레노이드 외부에는 막대자석이 만드는 자기장과 비슷한 자기장이 형성된다.

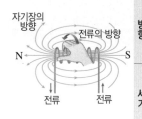

| 방향 | 솔레노이드 내부에서 자기장의 방향은 오른손 네 손가락을 (❽   )의 방향으로 감아쥘 때, 엄지손가락이 가리키는 방향 |
| 세기 | 솔레노이드 내부에서 자기장의 세기는 전류의 세기, 단위 길이당 코일의 감은 수에 비례한다. ⇒ $B = k''nI(k'' = 4\pi \times 10^{-7} \ \text{T·m/A})$ |

3. 전자석
솔레노이드에 철심을 넣은 것으로, 전류가 흐를 때만 (❾   )이 되며 전류의 세기 변화에 따라 자기장의 세기가 변한다.

02 전자기 유도

1. 전자기 유도와 유도 기전력

(1) **전자기 유도**: 코일과 자석의 상대적인 운동으로 코일 속을 통과하는 (❿   )이 변할 때, 코일에 유도 전류가 흐르는 현상

(2) **유도 기전력**: 전자기 유도에 의해 코일 양 끝에 생기는 전압

① 패러데이 전자기 유도 법칙: 유도 기전력(V)의 크기는 자기 선속의 시간적 변화율$\left(\frac{\Delta\phi}{\Delta t}\right)$에 비례하고, 코일의 감은 수($N$)에 (⓫   )한다.

$$V = -N\frac{\Delta\phi}{\Delta t} = -N\frac{\Delta(BS)}{\Delta t} \ [단위: V(볼트)]$$

② 유도 전류의 세기: 유도 기전력에 비례한다. ➡ 자석을 빠르게 움직일수록, 코일의 감은 수가 (⓬   ), 센 자석을 사용할수록 유도 전류가 세다.

③ 렌츠 법칙: 유도 전류는 코일을 통과하는 자기 선속의 변화를 (⑬   )하는 방향으로 흐른다.

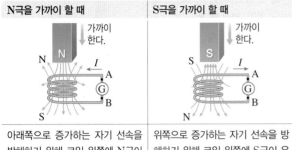

N극을 가까이 할 때	S극을 가까이 할 때
아래쪽으로 증가하는 자기 선속을 방해하기 위해 코일 위쪽에 N극이 유도됨 ➡ 척력 작용	위쪽으로 증가하는 자기 선속을 방해하기 위해 코일 위쪽에 S극이 유도됨 ➡ 척력 작용

(3) 자기장 속에서 운동하는 도체 막대에 의한 유도 기전력

① 유도 기전력의 발생: ㄷ자형 도선과 도체 막대가 이루는 사각형을 통과하는 자기 선속이 변하여 유도 기전력이 발생한다.

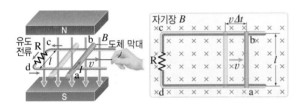

② 유도 기전력의 방향: 자기 선속의 변화를 방해하는 방향 ➡ c → R → d

③ 유도 기전력의 크기

$$V = -\frac{\Delta\Phi}{\Delta t} = -\frac{\Delta(BS)}{\Delta t} = -B\frac{lv\Delta t}{\Delta t} = -Blv$$

2. 전자기 유도의 이용

(1) (⑭   ): 코일 속에서 자석이 회전할 때 코일을 통과하는 자기 선속이 시간에 따라 변하면서 전자기 유도에 의해 유도 전류가 흐른다.

(2) **전자 기타**: 줄 아래쪽에 있는 자석에 의해 자기화된 기타 줄이 진동하면 코일을 통과하는 자기장이 변하여 전자기 유도에 의해 유도 기전력이 발생한다.

(3) **마이크**: 소리의 진동에 의해 진동판이 진동하면 진동판에 부착된 코일이 영구 자석 주위에서 움직이면서 전자기 유도에 의해 유도 전류가 발생한다.

 상호유도

1. 상호유도

(1) **상호유도**: 2개의 코일을 이용하여 한쪽 코일(1차 코일)에 흐르는 전류의 세기가 변할 때, 다른 쪽 코일(2차 코일)에 유도 기전력이 발생하는 현상

(2) **상호유도 발생 과정**: 1차 코일의 스위치를 닫으면 1차 코일을 통과하는 자기 선속 증가 ➡ 1차 코일에 인접한 2차 코일을 통과하는 자기 선속 증가 ➡ 2차 코일에 자기 선속의 변화를 방해하는 방향으로 유도 기전력 발생

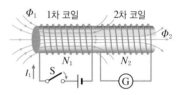

(3) **상호유도 기전력**: 2차 코일에 발생하는 유도 기전력

$$V_2 = -N_2\frac{\Delta\Phi_2}{\Delta t} = -M\frac{\Delta I_1}{\Delta t} \quad (M: \text{상호 인덕턴스})$$

2. 상호유도의 이용

(1) (⑮   ): 교류 전압을 변화시키는 장치

① 구조: 얇은 금속판을 여러 장 붙인 ▣ 모양의 철심 양쪽에 코일을 감은 구조

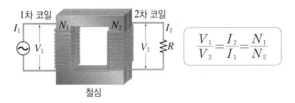

철심

$$\frac{V_1}{V_2} = \frac{I_2}{I_1} = \frac{N_1}{N_2}$$

② 원리

1차 코일에 세기와 방향이 변하는 (⑯   )가 흐른다.

⬇

1차 코일에 세기와 방향이 변하는 자기장이 발생한다.

⬇

철심을 통해 2차 코일에 자기장의 변화가 전달된다.

⬇

상호유도에 의해 2차 코일에 교류가 흐른다.

(2) **상호유도의 다양한 이용 예**: 무선 충전기, 인덕션 레인지, 교통 카드 단말기, 금속 탐지기 등

난이도 ●●●

01 자석과 도선 주위에 생기는 자기력선의 모양을 나타낸 것으로 옳지 <u>않은</u> 것은?

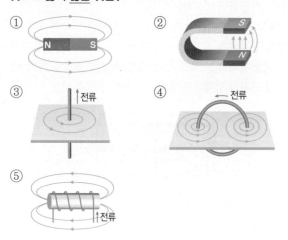

02 그림 (가)는 무한히 긴 직선 도선 A와 B가 종이면 위에 서로 수직으로 놓여 있는 것을 나타낸 것이다. A와 B에는 각각 화살표 방향으로 전류가 흐르고 있다. P는 종이면에 있는 점으로, A와 B로부터의 거리가 같다. 그림 (나)는 A와 B에 흐르는 전류의 세기를 시간에 따라 나타낸 것이다.

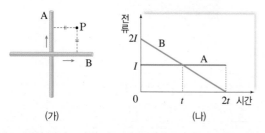

(가)   (나)

P에서 전류에 의한 자기장에 대한 설명으로 옳지 <u>않은</u> 것은?

① 0에서 t까지 자기장의 방향은 종이면에서 수직으로 나오는 방향이다.

② 0에서 t까지 자기장의 세기는 감소한다.

③ t일 때, 자기장은 0이다.

④ t에서 $2t$까지 자기장의 방향은 종이면에 수직으로 들어가는 방향이다.

⑤ t에서 $2t$까지 자기장의 세기는 감소한다.

03 그림과 같이 무한히 긴 직선 도선과 원형 도선이 종이면에 고정되어 있다. 직선 도선에는 I의 전류가 흐르고, 반지름이 r인 원형 도선의 중심 P는 직선 도선으로부터 $2r$만큼 떨어져 있으며, P에서 전류에 의한 자기장은 0이다.

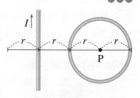

P에서 직선 도선에 의한 자기장의 세기를 B라고 할 때, 이에 대한 설명으로 옳은 것만을 [보기]에서 있는 대로 고른 것은?

〔보기〕
ㄱ. 원형 도선에는 반시계 방향으로 전류가 흐른다.
ㄴ. P에서 원형 도선에 의한 자기장의 세기는 B이다.
ㄷ. 직선 도선을 왼쪽으로 r만큼 이동시키면 P에서 전류에 의한 합성 자기장의 세기는 $3B$이다.

① ㄱ   ② ㄷ   ③ ㄱ, ㄴ
④ ㄴ, ㄷ   ⑤ ㄱ, ㄴ, ㄷ

●●○

04 그림은 직선 전류에 의한 자기장과 솔레노이드에 의한 자기장을 비교하기 위해 구성한 회로를 나타낸 것이다.

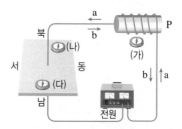

이에 대한 설명으로 옳은 것만을 [보기]에서 있는 대로 고른 것은? (단, 직선 전류와 솔레노이드가 만드는 자기장은 서로 영향을 주지 않고, 지구 자기장은 무시한다.)

〔보기〕
ㄱ. 전류가 a방향으로 흐를 때, 나침반 (가)의 N극은 서쪽을 가리킨다.
ㄴ. 전류가 a방향으로 흐를 때, 나침반 (나), (다)의 N극 방향은 서로 반대이다.
ㄷ. 전류가 b방향으로 흐를 때, P 지점에는 S극이 형성된다.

① ㄱ   ② ㄴ   ③ ㄷ
④ ㄱ, ㄴ   ⑤ ㄴ, ㄷ

05 그림과 같이 무한히 긴 직선 도선에 종이면에서 수직으로 나오는 방향으로 전류가 흐르고 있다.

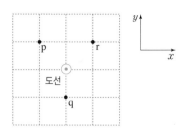

전류에 의한 자기장에 대한 설명으로 옳은 것만을 [보기]에서 있는 대로 고른 것은? (단, 모눈 간격은 일정하다.)

〔보기〕
ㄱ. 자기장의 세기는 p에서가 q에서보다 크다.
ㄴ. p와 r에서 자기장의 방향은 서로 수직이다.
ㄷ. q에서 자기장의 방향은 $-x$방향이다.

① ㄱ   ② ㄴ   ③ ㄷ
④ ㄱ, ㄴ   ⑤ ㄴ, ㄷ

06 그림은 중심축이 일치하는 솔레노이드 A, B에 각각 세기가 I, $2I$인 전류가 흐르는 것을 나타낸 것이다. A와 B의 길이는 같고, 감은 수는 B가 A의 2배이다.

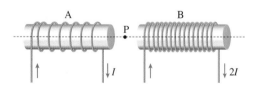

이에 대한 설명으로 옳은 것만을 [보기]에서 있는 대로 고른 것은?

〔보기〕
ㄱ. P에서 전류에 의한 자기장의 방향은 왼쪽이다.
ㄴ. 솔레노이드 내부에서 전류에 의한 자기장의 세기는 B가 A의 4배이다.
ㄷ. A와 B 사이에는 서로 밀어내는 자기력이 작용한다.

① ㄱ   ② ㄷ   ③ ㄱ, ㄴ
④ ㄴ, ㄷ   ⑤ ㄱ, ㄴ, ㄷ

07 그림 (가)와 같이 정사각형 도선이 종이면에 수직으로 들어가는 균일한 자기장 영역에 놓여 있다. 그림 (나)는 시간에 따른 자기장의 세기를 나타낸 것이다.

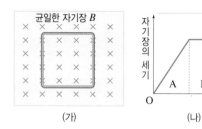

도선에 흐르는 유도 전류에 대한 설명으로 옳은 것만을 [보기]에서 있는 대로 고른 것은? (단, 도선의 전기 저항은 일정하다.)

〔보기〕
ㄱ. A 구간에서 유도 전류의 세기는 점점 증가한다.
ㄴ. B 구간에서 유도 전류의 세기가 가장 크다.
ㄷ. C 구간에서 유도 전류는 시계 방향으로 흐른다.

① ㄱ   ② ㄴ   ③ ㄷ
④ ㄱ, ㄴ   ⑤ ㄴ, ㄷ

08 그림은 직사각형 도선이 균일한 자기장 영역을 지나가는 모습을 나타낸 것이다.

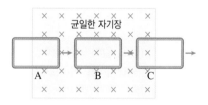

A	일정한 속력으로 자기장 속으로 들어간다.
B	일정한 속력으로 자기장 속에서 이동한다.
C	A보다 느린 속력으로 자기장 속에서 빠져나온다.

이에 대한 설명으로 옳은 것만을 [보기]에서 있는 대로 고른 것은?

〔보기〕
ㄱ. 유도 기전력이 가장 크게 발생하는 경우는 A이다.
ㄴ. B의 경우 A와 같은 방향으로 유도 전류가 흐른다.
ㄷ. A와 C에서 발생하는 유도 전류의 방향은 서로 반대이다.

① ㄱ   ② ㄴ   ③ ㄷ
④ ㄱ, ㄷ   ⑤ ㄴ, ㄷ

09 그림과 같이 저항이 연결된 ㄷ자형 도선의 일부가 종이면에 수직으로 들어가는 균일한 자기장 영역에 놓여 있다. 도선에 접촉되어 있는 도체 막대를 일정한 속력으로 $+x$방향으로 운동시킨다.

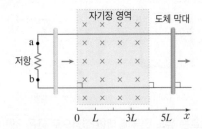

이에 대한 설명으로 옳은 것만을 [보기]에서 있는 대로 고른 것은?

[보기]
ㄱ. 도체 막대가 $x=L$을 지날 때, 저항에 흐르는 유도 전류의 방향은 a → 저항 → b이다.
ㄴ. 저항에 흐르는 유도 전류의 세기는 $x=L$을 지날 때와 $x=3L$을 지날 때가 같다.
ㄷ. 저항에서 소비되는 전력은 $x=3L$을 지날 때와 $x=5L$을 지날 때가 같다.

① ㄴ   ② ㄷ   ③ ㄱ, ㄴ
④ ㄱ, ㄷ   ⑤ ㄱ, ㄴ, ㄷ

10 그림 (가), (나), (다)와 같이 낙하 높이, 코일의 감은 수를 변화시키면서 같은 막대자석을 떨어뜨렸다. 코일의 감은 수는 (가)=(나)<(다)이다.

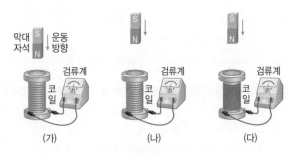

막대자석이 코일 속으로 들어가는 순간, 검류계의 바늘이 많이 움직이는 것부터 차례대로 나열한 것은?

① (가) → (나) → (다)   ② (가) → (다) → (나)
③ (나) → (가) → (다)   ④ (다) → (가) → (나)
⑤ (다) → (나) → (가)

11 그림과 같이 균일한 자기장 속에서 코일을 회전시키면 전구에 불이 켜진다.

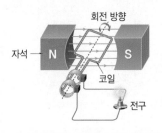

이와 같은 원리로 설명할 수 있는 예로 옳지 <u>않은</u> 것은?

① 자기 브레이크   ② 전기 기타   ③ 마이크
④ 스피커   ⑤ 발전기

12 그림 (가)는 1차 코일과 2차 코일에 각각 전원 장치와 검류계를 연결하여 같은 철심에 감은 것을 나타낸 것이다. 그림 (나)는 1차 코일에 흐르는 전류의 세기를 시간에 따라 나타낸 것이다.

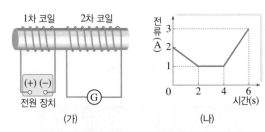

이에 대한 설명으로 옳은 것만을 [보기]에서 있는 대로 고른 것은?

[보기]
ㄱ. 2차 코일에 흐르는 전류의 방향은 1초일 때와 5초일 때가 서로 반대이다.
ㄴ. 2차 코일에 흐르는 전류의 세기는 1초일 때가 5초일 때의 2배이다.
ㄷ. 3초일 때, 1차 코일과 2차 코일 사이에는 서로 밀어내는 자기력이 작용한다.

① ㄱ   ② ㄴ   ③ ㄷ
④ ㄱ, ㄴ   ⑤ ㄱ, ㄷ

13 그림 (가)는 전원 장치에 연결된 코일 A와 오실로스코프에 연결된 코일 B를 나타낸 것이다. 그림 (나)는 A에 흐르는 전류 I_A를 시간에 따라 나타낸 것이다. 오실로스코프는 전류의 변화를 화면으로 보여주는 장치이다.

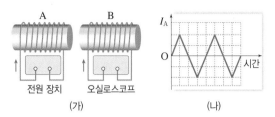

(가)   (나)

B에 흐르는 전류 I_B를 시간에 따라 나타낸 그래프로 가장 적절한 것은? (단, (가)의 A, B에 흐르는 전류의 방향은 화살표 방향을 (+)로 한다.)

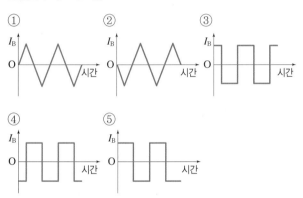

14 그림은 전압이 일정한 교류 전원, 저항값이 동일한 저항 3개와 스위치가 연결된 변압기를 나타낸 것이다.

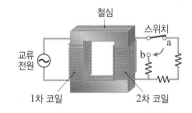

단자 a에 연결된 스위치를 단자 b에 연결하였을 때, 증가하는 물리량만을 [보기]에서 있는 대로 고른 것은? (단, 변압기에서의 에너지 손실은 없다.)

[보기]
ㄱ. 2차 코일의 전력
ㄴ. 1차 코일에 흐르는 전류의 세기
ㄷ. 2차 코일에 걸리는 전압

① ㄱ   ② ㄴ   ③ ㄷ
④ ㄱ, ㄴ   ⑤ ㄱ, ㄷ

서술형 문제

15 그림은 종이면에 수직으로 들어가는 방향의 균일한 자기장 영역으로 직사각형 도선 A, B, C가 들어가는 모습을 나타낸 것이다. 세 도선 모두 긴 변의 길이가 $2a$, 짧은 변의 길이는 a이며, A와 C는 v의 속력으로 자기장 영역에 들어가고 B는 $2v$의 속력으로 자기장 영역에 들어간다.

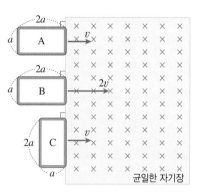

(1) A, B, C가 자기장 영역에 들어가는 순간, A, B, C에 흐르는 유도 전류의 세기를 각각 I_1, I_2, I_3라 할 때 $I_1 : I_2 : I_3$을 구하고, 그 까닭을 서술하시오.

(2) A, B, C에서 유도 전류가 흐르는 시간을 각각 t_1, t_2, t_3이라 할 때, $t_1 : t_2 : t_3$을 구하고, 그 까닭을 서술하시오.

16 그림은 1차 코일, 2차 코일의 감은 수가 각각 50회, 10회인 변압기를 나타낸 것이다. 변압기의 1차 코일에는 2200 V의 전압과 2 A의 전류가 공급된다.

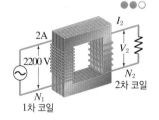

2차 코일에서 출력되는 전압을 V_2, 2차 코일에 흐르는 전류를 I_2라 할 때, V_2와 I_2를 구하고 그 까닭을 서술하시오. (단, 변압기에서의 에너지 손실은 무시한다.)

01 그림은 xy 평면에서 전류가 흐르는 직선 도선 A, B, C를 나타낸 것이다. A, B에는 각각 $-x$방향, $+y$방향으로 세기가 I_0인 전류가 흐르고 있다. 점 P, Q는 xy 평면상에 있으며, Q에서 전류에 의한 자기장은 0이다.

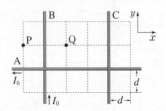

이에 대한 설명으로 옳은 것만을 [보기]에서 있는 대로 고른 것은?

[보기]
ㄱ. C에 흐르는 전류의 세기는 $2I_0$이다.
ㄴ. C에 흐르는 전류의 방향은 $+y$방향이다.
ㄷ. P에서 전류에 의한 자기장의 방향은 xy 평면에서 수직으로 나오는 방향이다.

① ㄱ   ② ㄴ   ③ ㄱ, ㄷ
④ ㄴ, ㄷ   ⑤ ㄱ, ㄴ, ㄷ

02 그림 (가)와 같이 직선 도선 아래에 나침반을 놓고 스위치를 닫았더니 나침반 자침이 가리키는 방향이 (나)와 같았다. 그림 (다)는 (가)에서 직선 도선에 흐르는 전류의 세기가 2배, 방향은 반대가 되도록 바꾸었을 때, 나침반 자침이 가리키는 방향을 나타낸 것이다.

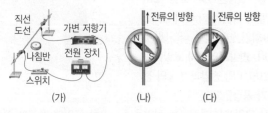

(가)   (나)   (다)

(가)에서 스위치가 열려 있을 때, 나침반 자침이 가리키는 방향으로 가장 적절한 것은?

①   ②   ③   ④   ⑤

03 그림은 xy 평면에서 각각 x축과 y축에 고정되어 일정한 전류가 흐르는 직선 도선 A, B와 점 a, b, c를 나타낸 것이다. a, b에서 전류에 의한 자기장은 각각 $-4B_0$, $5B_0$이다. 자기장의 방향은 xy 평면에서 수직으로 나오는 방향을 (+)로 한다.

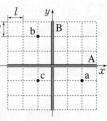

이에 대한 설명으로 옳은 것만을 [보기]에서 있는 대로 고른 것은?

[보기]
ㄱ. A에 흐르는 전류의 방향은 $-x$방향이다.
ㄴ. 전류의 세기는 B가 A의 2배이다.
ㄷ. c에서 자기장의 세기는 $2B_0$이다.

① ㄱ   ② ㄴ   ③ ㄷ
④ ㄱ, ㄴ   ⑤ ㄴ, ㄷ

04 그림 (가)와 같이 직선 도선 P, Q와 반시계 방향으로 일정한 세기의 전류가 흐르는 원형 도선 R가 xy 평면에 고정되어 있다. P에 흐르는 전류의 방향은 $+y$이고, 세기는 I_0이다. 그림 (나)는 $+y$방향으로 Q에 흐르는 전류의 세기 I_Q를 시간에 따라 나타낸 것이다. 원형 도선의 중심은 원점 O이고, t_0일 때 O에서 자기장의 세기는 0이다.

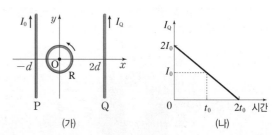

(가)   (나)

O에서의 전류에 의한 자기장에 대한 설명으로 옳은 것만을 [보기]에서 있는 대로 고른 것은?

[보기]
ㄱ. t_0일 때, Q에 의한 자기장의 세기는 R에 의한 자기장의 세기와 같다.
ㄴ. 자기장의 세기는 0초일 때와 $2t_0$일 때가 같다.
ㄷ. $2t_0$일 때 자기장의 방향은 xy 평면에 수직으로 들어가는 방향이다.

① ㄱ   ② ㄷ   ③ ㄱ, ㄴ
④ ㄴ, ㄷ   ⑤ ㄱ, ㄴ, ㄷ

05 그림과 같이 반지름 a인 원형 도선 A와 무한히 긴 직선 도선 B, C에 전류가 흐르고 있다. 종이면에 고정되어 있는 A, B, C에 흐르는 전류의 세기는 각각 I_0, I_0, I이고, A의 중심 P에서 A, B, C에 의한 자기장은 0이다.

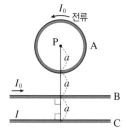

이에 대한 설명으로 옳은 것만을 [보기]에서 있는 대로 고른 것은?

─[보기]─
ㄱ. P에서 C에 의한 자기장의 방향은 종이면에서 수직으로 나오는 방향이다.
ㄴ. B와 C에 흐르는 전류의 방향은 서로 반대이다.
ㄷ. 전류의 세기는 $I > I_0$이다.

① ㄱ   ② ㄷ   ③ ㄱ, ㄴ
④ ㄴ, ㄷ   ⑤ ㄱ, ㄴ, ㄷ

06 그림과 같이 무한히 긴 직선 도선 A, B가 점 p, q ,r와 같은 간격 d만큼 떨어져 종이면에 고정되어 있다. A, B에 흐르는 전류의 세기는 I이고, A에 흐르는 전류의 방향은 종이면에 수직으로 들어가는 방향이다. 이때 q에서 전류에 의한 자기장의 방향은 화살표 방향이다.

이에 대한 설명으로 옳은 것만을 [보기]에서 있는 대로 고른 것은?

─[보기]─
ㄱ. B에 흐르는 전류의 방향은 종이면에 수직으로 들어가는 방향이다.
ㄴ. A와 B 사이에 자기장이 0인 지점이 있다.
ㄷ. p와 r에서 자기장의 방향은 같다.

① ㄱ   ② ㄷ   ③ ㄱ, ㄴ
④ ㄱ, ㄷ   ⑤ ㄴ, ㄷ

07 그림과 같이 마찰이 없는 수평면에 솔레노이드를 고정하고 막대자석을 용수철에 연결하여 솔레노이드의 중심축과 일치시켰다.

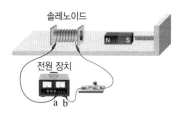

스위치를 닫고 전압을 서서히 증가시켰더니 용수철이 늘어났다면, 이에 대한 설명으로 옳은 것만을 [보기]에서 있는 대로 고른 것은?

─[보기]─
ㄱ. 전원 장치의 단자 a는 (−)극이다.
ㄴ. 솔레노이드의 오른쪽에는 S극이 형성된다.
ㄷ. 전원 장치의 단자를 바꾸어 연결하고 실험하면 솔레노이드와 자석 사이에는 서로 밀어내는 자기력이 작용한다.

① ㄱ   ② ㄷ   ③ ㄱ, ㄴ
④ ㄴ, ㄷ   ⑤ ㄱ, ㄴ, ㄷ

08 그림은 자기장 영역 Ⅰ, Ⅱ가 있는 xy 평면에서 동일한 정사각형 금속 고리 P, Q, R가 $+x$방향의 같은 속력으로 운동하고 있는 어느 순간의 모습을 나타낸 것이다. 이 순간 Q의 중심은 원점 O에 있

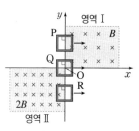

다. 영역 Ⅰ, Ⅱ에서 자기장은 세기가 각각 B, $2B$로 균일하며, xy 평면에 수직으로 들어가는 방향이다.

이 순간에 대한 설명으로 옳은 것만을 [보기]에서 있는 대로 고른 것은?

─[보기]─
ㄱ. P와 R에 흐르는 유도 전류의 방향은 같다.
ㄴ. Q에는 시계 방향으로 유도 전류가 흐른다.
ㄷ. 유도 전류의 세기가 가장 작은 곳은 Q이다.

① ㄱ   ② ㄴ   ③ ㄷ
④ ㄱ, ㄴ   ⑤ ㄴ, ㄷ

09 그림 (가)는 종이면에 수직으로 들어가는 방향의 자기장 영역을 한 변의 길이가 a인 정사각형 금속 고리가 $+x$방향의 일정한 속도로 통과하는 것을 나타낸 것이다. 점 P는 금속 고리에 고정된 점이다. 그림 (나)는 (가)의 자기장 영역에서 자기장의 세기를 위치 x에 따라 나타낸 것이다.

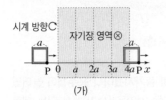
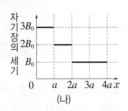

(가)   (나)

이에 대한 설명으로 옳은 것만을 [보기]에서 있는 대로 고른 것은? (단, 금속 고리는 회전하거나 변형되지 않는다.)

─[보기]─
ㄱ. P가 $0.5a$를 지날 때, 금속 고리에 흐르는 유도 전류의 방향은 시계 방향이다.
ㄴ. 금속 고리에 흐르는 유도 전류의 세기는 P가 $1.5a$를 지날 때가 $2.5a$를 지날 때의 2배이다.
ㄷ. P가 $3.5a$를 지날 때, 금속 고리에는 유도 전류가 흐르지 않는다.

① ㄴ   ② ㄷ   ③ ㄱ, ㄴ
④ ㄱ, ㄷ   ⑤ ㄱ, ㄴ, ㄷ

10 그림과 같이 수평면에서 연직 방향으로 쏘아 올린 막대자석이 고정된 코일의 중심축을 따라 최고점에 도달한 후 낙하한다. a, b는 코일과 최고점 중간의 동일한 위치에서 막대자석이 위로 올라갈 때와 아래로 내려올 때를 나타낸 것이다. 이에 대한 설명으로 옳은 것만을 [보기]에서 있는 대로 고른 것은? (단, 자석은 회전하지 않고, 크기는 무시한다.)

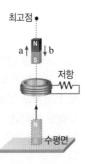

─[보기]─
ㄱ. 코일이 막대자석에 작용하는 자기력의 방향은 a와 b에서 서로 같다.
ㄴ. 저항에 흐르는 전류의 방향은 a와 b가 서로 반대이다.
ㄷ. 저항에 흐르는 전류의 세기는 막대자석이 최고점에 있을 때가 최대이다.

① ㄱ   ② ㄴ   ③ ㄷ
④ ㄱ, ㄴ   ⑤ ㄱ, ㄷ

11 그림 (가)는 사각형 금속 고리가 균일한 자기장 영역 Ⅰ, Ⅱ, Ⅲ을 향해 $+x$방향으로 운동하는 모습을 나타낸 것이고, (나)는 금속 고리가 등속도로 Ⅰ, Ⅱ, Ⅲ을 완전히 통과할 때까지 금속 고리에 유도되는 전류를 금속 고리의 위치에 따라 나타낸 것이다. Ⅰ에서 자기장의 세기는 B이고, 금속 고리에 시계 방향으로 흐르는 유도 전류를 양($+$)으로 표시한다.

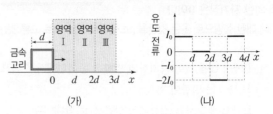

(가)   (나)

영역 Ⅰ, Ⅱ, Ⅲ의 자기장으로 가장 적절한 것은? (단 ⊙는 종이면에서 수직으로 나오는 방향, ×는 종이면에 수직으로 들어가는 방향이다.)

① B B $2B$ ② B B B ③ B B $2B$
0 d $2d$ $3d$ x 0 d $2d$ $3d$ x 0 d $2d$ $3d$ x

④ B B B ⑤ B B $2B$
0 d $2d$ $3d$ x 0 d $2d$ $3d$ x

12 그림 (가)는 종이면에 수직으로 들어가는 방향의 세기가 $4\,T$인 자기장 영역에 놓인 ㄷ자형 도선 위에 도체 막대가 이동하고 있는 모습을 나타낸 것이다. 그림 (나)는 도체 막대의 위치 x를 시간에 따라 나타낸 것이다.

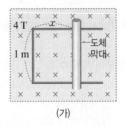
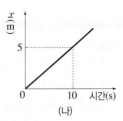

(가)   (나)

도체 막대에서 발생하는 유도 기전력의 크기는?

① $1\,V$ ② $2\,V$ ③ $3\,V$
④ $4\,V$ ⑤ $5\,V$

13 그림과 같이 솔레노이드 A, B를 설치하고, A와 B를 중심축이 일치하도록 가까이 하였다.

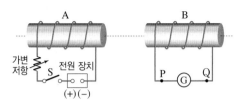

B에 흐르는 전류의 방향이 P → ⓖ → Q인 경우만을 [보기]에서 있는 대로 고른 것은?

<hr>

[보기]
ㄱ. A의 스위치를 닫는다.
ㄴ. 스위치를 닫고 가변 저항의 저항값을 최댓값에서 최솟값까지 감소시킨다.
ㄷ. 스위치를 닫고 전압을 서서히 증가시킨다.

<hr>

① ㄴ   ② ㄷ   ③ ㄱ, ㄴ
④ ㄱ, ㄷ   ⑤ ㄱ, ㄴ, ㄷ

14 그림과 같이 전류 I_1이 흐르는 1차 코일과 저항이 연결된 2차 코일이 있다. I_1에 의한 자기장의 세기 B_1이 2차 코일을 통과하고, B_1에 의한 2차 코일의 자기 선속은 $\varPhi$이다.

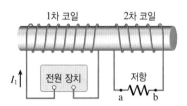

I_1의 세기를 증가시킬 때, 이에 대한 설명으로 옳은 것만을 [보기]에서 있는 대로 고른 것은?

<hr>

[보기]
ㄱ. B_1은 증가한다.
ㄴ. $\varPhi$는 증가한다.
ㄷ. 상호유도에 의해 2차 코일에 흐르는 전류의 방향은 b → 저항 → a이다.

<hr>

① ㄱ   ② ㄴ   ③ ㄱ, ㄷ
④ ㄴ, ㄷ   ⑤ ㄱ, ㄴ, ㄷ

15 그림은 전압이 V인 교류 전원과 저항값이 R인 저항이 연결된 변압기를 나타낸 것이다. 1차 코일과 2차 코일의 감은 수의 비는 1 : 3이고, 변압기에서 손실되는 에너지는 없다.

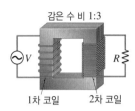

(가)2차 코일에 유도되는 전압과 (나)1차 코일에 흐르는 전류의 세기를 옳게 짝 지은 것은?

	(가)	(나)		(가)	(나)
①	$3V$	$\dfrac{V}{R}$	②	V	$\dfrac{3V}{R}$
③	$3V$	$\dfrac{3V}{R}$	④	V	$\dfrac{9V}{R}$
⑤	$3V$	$\dfrac{9V}{R}$			

16 그림과 같이 변압기의 1차 코일과 2차 코일에 교류 전원과 저항이 연결되어 있다. 저항값이 r, $2r$인 저항에서 소비되는 전력은 각각 $2P_0$, P_0이다.

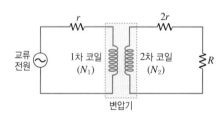

이에 대한 설명으로 옳은 것만을 [보기]에서 있는 대로 고른 것은?

<hr>

[보기]
ㄱ. 1차 코일에 흐르는 전류의 세기가 2차 코일에 흐르는 전류의 세기보다 크다.
ㄴ. 1차 코일과 2차 코일의 감은 수의 비는 2 : 1이다.
ㄷ. 1차 코일과 2차 코일에 걸리는 전압의 비는 2 : 1이다.

<hr>

① ㄱ   ② ㄷ   ③ ㄱ, ㄴ
④ ㄴ, ㄷ   ⑤ ㄱ, ㄴ, ㄷ

파동과 물질의 성질

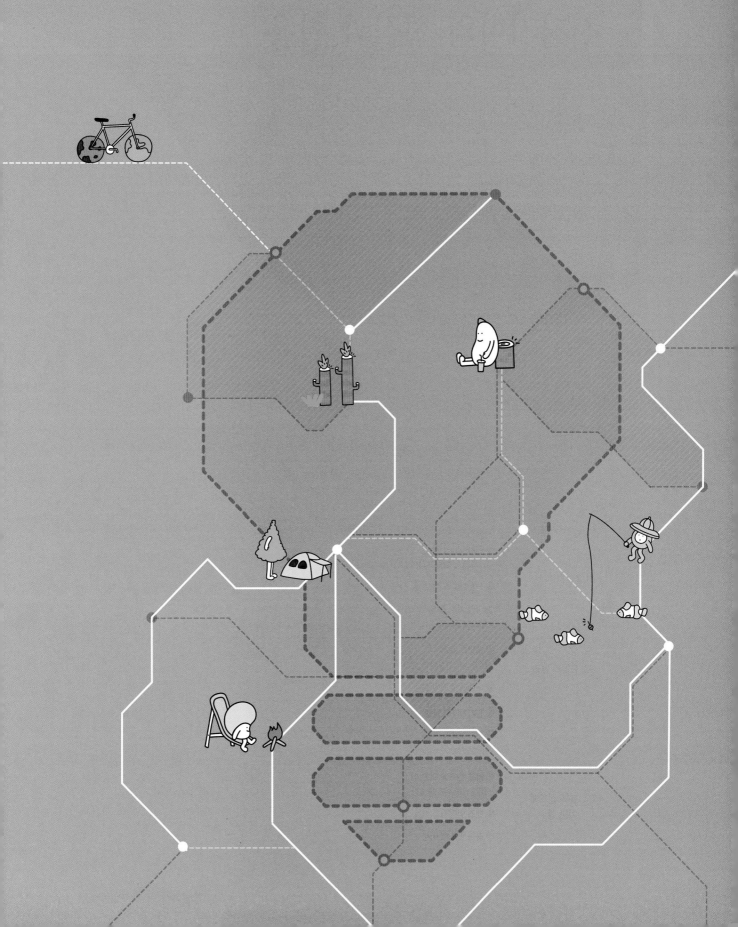

1 전자기파의 성질과 활용

- 01. 전자기파의 간섭과 회절
- 02. 도플러 효과
- 03. 전자기파의 발생과 수신
- 04. 볼록 렌즈에 의한 상

이 단원을 공부하기 전에 학습 계획을 세우고, 학습 진도를 스스로 체크해 보자.
학습이 미흡했던 부분은 다시 보기에 체크해 두고, 시험 전까지 꼭 완벽히 학습하자!

소단원	학습 내용	학습 일자	다시 보기
01. 전자기파의 간섭과 회절	ⓐ 전자기파의 간섭 탐구 이중 슬릿의 간섭 실험으로 빛의 파장 구하기	/	
	ⓑ 전자기파의 회절	/	
	ⓒ 여러 가지 간섭과 회절 특강 물결파의 간섭과 회절	/	
02. 도플러 효과	ⓐ 도플러 효과 탐구 소리의 도플러 효과	/	
	ⓑ 도플러 효과의 활용	/	
03. 전자기파의 발생과 수신	ⓐ 전자기파의 발생	/	
	ⓑ 전자기파의 수신 탐구 압전 소자와 코일을 이용한 전파의 송수신	/	
04. 볼록 렌즈에 의한 상	ⓐ 볼록 렌즈에 의한 상 특강 볼록 렌즈에 의한 상	/	
	ⓑ 렌즈 방정식과 배율	/	
	ⓒ 볼록 렌즈의 이용	/	

◆ **파동**

① **파동**: 연못에 던진 돌이 만드는 동심원의 물결처럼 한 곳에 발생한 진동이 퍼져 나가는 현상

  ➡ 파동은 매질이 필요한 [❶]와 매질이 필요 없는 [❷]로 나뉜다.

② **파동의 발생**: 파동이 전파될 때 매질은 진동만 하고 이동하지 않지만 [❸]는 전달된다.

③ **파동의 표현**

- **파장**: [❹]이 같은 인접한 두 지점 사이의 거리
- **주기**: 매질이 한 번 진동하는 데 걸린 [❺]
- **진동수**: 매질의 한 점이 [❻] 동안 진동한 횟수

◆ **파동의 성질**

① **파동의 전파**: 모든 파동은 매질의 한 점이 한 번 진동하는 동안 한 파장의

  [❼]를 이동한다. 파동의 전파 속도를 v, 파장을 λ, 주기를 T,

  진동수를 f라고 하면 $v = \dfrac{\lambda}{T} = f\lambda$이다.

② **파동의 굴절**: 파동이 진행할 때 [❽]이 다른 매질의 경계면에서
  진행 방향이 변하는 것

③ **전반사**: 빛이 굴절률이 큰 매질에서 작은 매질로 진행할 때 입사각이
  [❾]보다 커서 굴절 없이 반사만 일어나는 현상

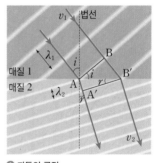

⊙ 파동의 굴절

◆ **전자기파의 종류**

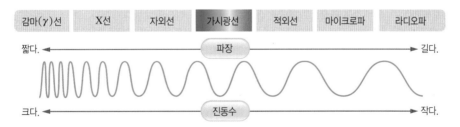

① [❿]: 파장이 가장 짧은 빛으로, 투과력이 매우 강하여 방사선 치료에 이용된다.

② **X선**: 자외선보다 파장이 짧은 전자기파로, 수술을 하지 않고도 뼈의 모습을 쉽게 볼 수 있다.

③ [⓫]: 에너지가 높아 세균을 죽일 수 있어 소독기나 살균기에 많이 사용한다.

④ **적외선**: 가시광선이나 자외선에 비해 강한 열작용을 하기 때문에 [⓬]이라고도 한다.

⑤ **마이크로파**: 파장이 1 mm~1 m 정도까지의 전자기파로 전자레인지나 통신에 사용된다.

⑥ **라디오파**: 텔레비전이나 라디오는 마이크로파보다 긴 영역대의 파장을 가진 전자기파를 이용하는데, 이를
  흔히 전파라고 한다.

01 전자기파의 간섭과 회절

핵심 포인트

Ⓐ 영의 간섭 실험의 해석 ★★★
간섭무늬 간격을 이용해서 빛의 파장 구하기 ★★

Ⓑ 단일 슬릿에 의한 회절 ★★
슬릿의 폭과 빛의 파장에 따른 회절 무늬 ★★★

Ⓒ 생활 주변의 간섭 현상 ★★★
생활 주변의 회절 현상 ★★★

Ⓐ 전자기파의 간섭

1801년 영은 이중 슬릿에 의한 빛의 간섭 실험을 통해 빛이 파동임을 알아내었어요. 여기서는 영의 간섭 실험을 해석해 보고, 이 실험에서 밝은 무늬와 어두운 무늬가 나타나는 까닭은 무엇인지 알아보아요.

1. 전자기파의 간섭(영의 간섭 실험)
└ 단일 슬릿을 통과한 단색광은 회절되어 이중 슬릿에 위상이 같은 빛이 도달하게 한다.

(1) **영의 간섭 실험**: 광원 앞에 단일 슬릿과 이중 슬릿을 두면 각각의 슬릿을 통과한 빛은 회절과 *하위헌스 원리에 의해 진행하게 되며, 이중 슬릿을 통과한 빛이 간섭을 일으켜 스크린에 밝고 어두운 무늬가 생긴다.

(2) **영의 간섭 실험의 해석**: 이중 슬릿에 의한 간섭이 나타나는 까닭은 이중 슬릿에서 나온 각각의 빛의 경로차 때문이다.
└ 각각의 슬릿에서 스크린의 임의의 위치까지 연결한 두 선의 길이 차이다.

보강 간섭		상쇄 간섭
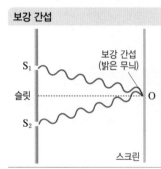	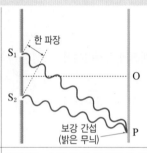	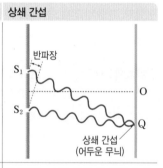
스크린의 중심 O에서는 슬릿 S_1과 S_2로부터 경로차가 0이고, 항상 같은 위상의 파동이 도착한다. ➡ 보강 간섭이 일어나 O에는 밝은 무늬가 나타난다.	P에서는 슬릿 S_1과 S_2로부터 경로차가 한 파장만큼 나므로 두 파동이 같은 위상으로 만나게 된다. ➡ 보강 간섭이 일어나 O로부터 첫 번째 밝은 무늬가 나타난다.	Q에서는 슬릿 S_1과 S_2로부터 경로차가 반파장만큼 나므로 두 파동이 반대 위상으로 만나게 된다. ➡ 상쇄 간섭이 일어나 O로부터 첫 번째 어두운 무늬가 나타난다.
└ 같은 시각에 진동 상태가 같은 점들을 위상이 같다고 한다. 경로차가 $m\lambda = \dfrac{\lambda}{2}(2m)$일 때, 즉 반파장의 짝수 배가 되는 지점에서 나타난다.		경로차가 $m\lambda + \dfrac{\lambda}{2} = \dfrac{\lambda}{2}(2m+1)$ 일 때, 즉 반파장의 홀수 배가 되는 지점에서 나타난다.

2. 경로차와 간섭 조건
경로차를 $\varDelta$, 이중 슬릿 사이의 간격을 d, 이중 슬릿과 스크린 사이의 거리를 L, 스크린의 중앙에서 무늬까지의 거리를 x라고 하면 간섭 조건은 다음과 같이 쓸 수 있다.

> 보강 간섭 $\varDelta = d\dfrac{x}{L} = \dfrac{\lambda}{2}(2m) \ (m=0, 1, 2, 3\cdots)$
>
> 상쇄 간섭 $\varDelta = d\dfrac{x}{L} = \dfrac{\lambda}{2}(2m+1) \ (m=0, 1, 2, 3\cdots)$

• 네덜란드 물리학자. 빛의 파동설을 주장하였다.

★ 하위헌스 원리
평면파와 구면파 같은 파동이 진행할 때 한 파면상의 각 점에는 언제나 그 점을 파원으로 하는 무수히 많은 2차적인 구면파가 생기며, 이러한 구면파에 공통으로 접하는 면이 다음 순간의 새로운 파면이 된다.

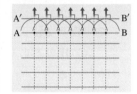
⬆ 평면파

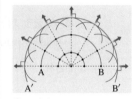
⬆ 구면파

궁금해

경로차의 정확한 개념은?
이중 슬릿에는 슬릿 2개가 있는데, 각각의 슬릿에서 스크린의 어떤 지점까지 연결한 두 선의 길이 차를 경로차라고 하며, 빛의 간섭을 만드는 핵심이다.

주의해

물결파와 빛의 간섭무늬
물결파에서는 밝은 무늬와 어두운 무늬 모두 보강 간섭이 일어난 것이다. 그러나 영의 실험에서는 밝은 무늬만 보강 간섭이 일어난 것이다.

- 이중 슬릿 사이의 간격에 비해 이중 슬릿과 스크린 사이의 거리가 매우 멀다고 하면 각 슬릿과 스크린상의 임의의 점 P까지의 경로차 Δ는 $d\sin\theta$와 같다. • S_1과 S_2에서 나오는 빛은 평행광이다.
- ★각 θ가 매우 작을 때에는 $\sin\theta \approx \tan\theta$라고 할 수 있으므로 Δ는 다음과 같이 나타낼 수 있다.

$$\Delta = d\sin\theta \approx d\tan\theta = d\frac{x}{L}$$

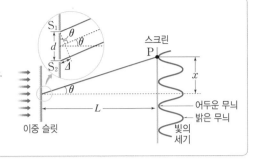

3. 이중 슬릿의 간섭을 이용한 빛의 파장 측정

(1) 간섭무늬의 간격(Δx): 인접한 밝은 무늬(또는 어두운 무늬) 사이의 간격은 $\Delta x = x_{m+1} - x_m$

$$= \frac{L}{d}(\lambda(m+1) - \lambda m)$$이므로 $\Delta x = \frac{L\lambda}{d}$이다.

➡ 슬릿과 슬릿 사이의 간격(d)이 넓으면 간섭무늬의 간격(Δx)이 좁게 나타나고, 빛의 파장(λ)이 짧으면 간섭무늬의 간격(Δx)이 좁게 나타난다. • Δx는 d에 반비례, λ에 비례한다.

(2) 빛의 파장: 간섭무늬의 간격 $\Delta x = \frac{L\lambda}{d}$에서 빛의 파장($\lambda$)은 다음과 같이 나타낼 수 있다.

$$\lambda = \frac{d\Delta x}{L}$$

탐구 자료창 이중 슬릿의 간섭 실험으로 빛의 파장 구하기

(가) 레이저 빛을 이중 슬릿에 비추어 스크린 중앙에 간섭무늬가 나타나도록 한 후 이웃한 밝은 무늬 사이의 간격을 측정한다.

(나) 슬릿 사이의 간격과 레이저 빛의 색을 바꾸어 이웃한 밝은 무늬 사이의 간격을 측정한다.

(다) 실험 결과로부터 레이저 빛의 파장을 구하여 실젯값과 비교한다.

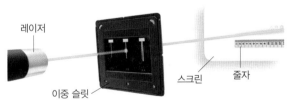

1. **슬릿 사이의 간격에 따른 간섭무늬**: 슬릿 사이의 간격이 넓을수록 간섭무늬의 간격이 좁게 나타난다. ➡ 간섭무늬의 간격은 슬릿 사이의 간격에 반비례한다.

2. **빛의 파장에 따른 간섭무늬**: 빛의 파장이 길수록 간섭무늬의 간격이 넓게 나타난다. ➡ 간섭무늬의 간격은 빛의 파장에 비례한다.

3. **빛의 파장 구하기**: 슬릿 사이의 간격(d), 이중 슬릿과 스크린 사이의 거리(L), 간섭무늬의 간격(Δx)을 알면 파장은 $\lambda = \frac{d\Delta x}{L}$로 구할 수 있다.

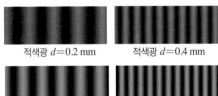

적색광 $d=0.2\,mm$ 적색광 $d=0.4\,mm$

청색광 $d=0.2\,mm$ 청색광 $d=0.4\,mm$

↑ 빛의 간섭무늬(d: 슬릿 사이의 간격)

이중 슬릿에서 나간 광선이 평행한 까닭은?

이중 슬릿의 간격에 비해 스크린까지의 거리가 매우 멀기 때문에 이중 슬릿에서 나간 광선은 평행광으로 생각한다. 이는 마치 태양에서 지구로 오는 광선을 평행광으로 생각하는 것과 같다.

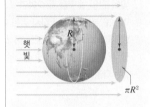

★ 각 θ가 매우 작을 때 $\sin\theta$와 $\tan\theta$가 같은 까닭

그림과 같이 직각 삼각형에서 빗변(a)과 밑변(c)은 같지 않으므로 $\sin\theta$와 $\tan\theta$가 다르다.

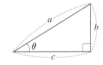

그러나 각 θ가 매우 작으면 빗변과 밑변의 길이가 거의 같으므로 $\sin\theta = \frac{b}{a}$와 $\tan\theta = \frac{b}{c}$ 또한 근삿값을 갖는다.

01 전자기파의 간섭과 회절

B 전자기파의 회절

1. 단일 슬릿에 의한 회절

(1) *회절: 파동이 좁은 틈(슬릿)을 지나면서 퍼져 나가는 현상으로, 입자에서는 회절이 일어나지 않으므로 파동만의 특성이다. 회절은 슬릿의 폭이 좁을수록, 파동의 파장이 길수록 잘 일어난다.
  └ 간섭과 회절은 파동에서만 일어난다.

> **단일 슬릿에 의한 회절**
> 빛이 단일 슬릿을 통과하면 스크린에 밝은 부분이 나타난 이후 어두운 부분을 지나 다시 밝은 부분이 나타나는 것을 볼 수 있다. 슬릿과 스크린 사이의 거리를 L, 단일 슬릿의 폭을 a, 빛의 파장을 λ라 할 때, 스크린 중앙에서 첫 번째 어두운 지점까지의 거리 x는 다음과 같다.
>
>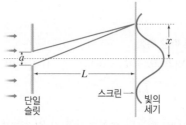
>
> $$x = \frac{L\lambda}{a}$$
>
> ➡ 회절 무늬가 퍼지는 정도(x)는 슬릿의 폭(a)에 반비례하고, 슬릿과 스크린 사이의 거리(L)에 비례하며, 빛의 파장(λ)에 비례한다.

(2) **빛의 파장**: 거리 $x = \frac{L\lambda}{a}$에서 빛의 파장은 다음과 같이 나타낼 수 있다.

$$\lambda = \frac{ax}{L}$$

2. 슬릿의 폭과 빛의 파장에 따른 회절 무늬

(1) **슬릿의 폭에 따른 회절 무늬**: 단일 슬릿의 폭이 좁으면 회절 무늬의 폭이 넓게 나타나고, 슬릿의 폭이 넓으면 회절 무늬의 폭이 좁게 나타난다. ─● 슬릿의 폭에 반비례한다.

적색광 $a=0.2$ mm   적색광 $a=0.4$ mm

(2) *파장에 따른 회절 무늬: 빛의 파장이 길면 회절 무늬의 폭이 넓게 나타나고, 빛의 파장이 짧으면 회절 무늬의 폭이 좁게 나타난다. ─● 빛의 파장에 비례한다.

청색광 $a=0.2$ mm   청색광 $a=0.4$ mm
⬆ 빛의 회절 무늬(a: 슬릿의 폭)

C 여러 가지 간섭과 회절 (완자쌤 비법특강 237쪽)

1. 생활 주변의 간섭 현상

(1) **얇은 막의 간섭**: 비눗방울이나 기름 막과 같은 얇은 막에 빛이 진행할 때, 막의 바깥쪽에서 반사한 빛과 막의 안쪽에서 반사해 온 빛이 서로 간섭하면서 여러 가지 색이 보이게 된다.
  └─● 물 위에 뜬 기름 막도 얇은 막이다.

비눗방울에서의 간섭	기름 막에서의 간섭
 *비누 막의 표면에서 반사한 빛과 안쪽에서 반사한 빛이 서로 간섭하여 여러 가지 색이 보인다.	 기름 막의 위쪽에서 반사한 빛과 막의 아래쪽에서 반사한 빛이 서로 간섭하여 여러 가지 색이 보인다.

주의해

이중 슬릿과 단일 슬릿 식 비교
이중 슬릿 식은 $\lambda = \frac{d\Delta x}{L}$이고, 단일 슬릿 식은 $\lambda = \frac{ax}{L}$이다. 여기서 d는 이중 슬릿 사이의 간격이고, a는 단일 슬릿의 폭이다.

★ **파동의 회절**
방파제 뒤로 휘어져 퍼져 나가는 파도나 벽 너머에 있는 사람이 말하는 소리를 들을 수 있는 것과 같이 파동이 장애물을 만났을 때 장애물 뒤쪽까지 전파되는 현상을 회절이라고 한다.

★ **색깔에 따른 파장의 차이**
우리가 볼 수 있는 빛인 가시광선에서 파장이 가장 긴 것은 빨간색이고, 파장이 가장 짧은 것은 보라색이다. 따라서 빨간색이 회절을 가장 잘하는 빛이다.

★ **비누 막의 두께에 따른 간섭**
비눗방울은 중력에 의해 아래쪽으로 갈수록 비누 막의 두께가 두꺼워지며, 비누 막의 얇은 쪽에서는 파장이 짧은 파란색이, 두꺼운 쪽에서는 파장이 긴 빨간색이 보강 간섭하여 색이 보인다.

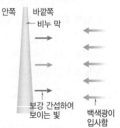

얇은 막에 의한 간섭의 원리

얇은 막의 윗면에서 반사한 빛과 아랫면에서 반사한 빛이 간섭을 일으킬 때, 얇은 막의 두께와 보는 각도에 따라 경로차가 달라지므로 보강 간섭하는 빛의 색깔도 달라진다.

반사면 1에서 나오는 빛 | 두 빛이 보강 간섭하여 더 밝아지므로 빛을 볼 수 있다.
빨간색 빛 | 반사면 2에서 나오는 빛
반사면 1
반사면 2 | 기름 막

반사면 1에서 나오는 빛 | 두 빛이 상쇄 간섭하여 사라지므로 빛을 볼 수 없다.
초록색 빛 | 반사면 2에서 나오는 빛
반사면 1
반사면 2 | 기름 막

---

(2) 여러 가지 전자기파의 간섭 현상

┗●빛을 이용하는 광학 망원경과 달리 전파로 천체를 관측하는 망원경

전파 망원경의 간섭	통신 전파의 간섭
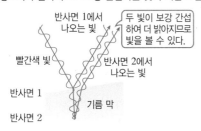 전파 망원경에서 측정한 신호들의 간섭을 이용하면 큰 전파 망원경과 같은 효과를 얻을 수 있다.	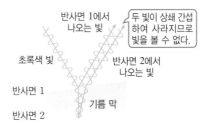 휴대 전화에 여러 경로로 온 전파가 서로 간섭을 일으키면 신호가 약해져 통화 상태가 나빠진다.

(3) 소리의 간섭: 콘서트 홀, 자동차 배기구에서 이용

┗●자동차 배기구에서는 상쇄 간섭을 만들어 소음을 최소화한다.

2. 생활 주변의 회절 현상

(1) *물체의 색: 공작의 가는 깃털, CD 표면의 미세한 가는 선, 전복 껍데기는 *회절격자와 같은 역할을 하기 때문에 각도에 따라 색이 달라질 수 있다.

공작 깃털의 회절	CD 표면에서의 회절	전복 껍데기의 회절

공작 깃털의 작은 구멍에서 회절된 빛이 서로 간섭을 일으켜 여러 가지 색이 보인다.	CD 표면에 있는 홈에서 회절된 빛들이 서로 간섭을 일으키면 여러 가지 색이 보인다.	전복 껍데기 안층을 구성하고 있는 아라고나이트 층에서 빛이 회절되어 여러 가지 색이 보인다.

(2) 전자기파의 회절

라디오 방송	3차원 회절 무늬
 ── AM ── FM	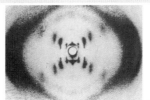
장애물이 있는 먼 지역으로 전파를 보낼 때는 전파가 장애물에 막히지 않고 회절이 잘 될 수 있도록 긴 파장을 이용한다. ─●산 속에서는 긴 파장을 이용하는 AM 방송이 더 잘 들린다.	전자기파에 의한 회절 무늬로 분자의 미세 구조를 확인할 수 있으며, X선 회절을 이용해 ❶DNA 이중 나선 구조를 확인할 수 있다. ─●왓슨과 크릭은 회절 무늬를 분석한 자료를 통해 DNA의 이중 나선 구조를 밝혀냈다.

미래엔, 지학사 교과서에만 나와요.

★ **빛의 간섭 현상**

공작의 깃털이나 모르포 나비의 날개는 특이한 구조로 되어 있어 입사한 빛이 반사할 때 빛이 간섭하여 아름다운 색을 관찰할 수 있으므로 빛의 간섭 현상으로 본다.

⬆ **모르포 나비의 회절**

모르포 나비 날개는 푸른색을 띠는 색소가 없는데도 날개의 단백질 구조에 의해 회절된 빛들이 간섭하여 푸른색으로 보인다.

★ **회절격자**

여러 개의 슬릿들이 일정한 간격으로 배열된 것으로, 각각의 슬릿은 점파원 역할을 하여 회절을 일으킨다.

〔용어〕

❶ **DNA(DeoxyriboNucleic Acid)**_디옥시리보스를 당으로 쓰는 핵산으로, 디옥시리보 핵산이라고도 한다. 유전 정보를 저장하고 있으며 이중 나선 구조를 하고 있다.

개념 확인 문제

핵심 체크

- 이중 슬릿에 의한 간섭이 나타나는 까닭은 이중 슬릿에서 나온 각각의 빛의 (❶   ) 때문이다.
- 간섭 조건: ┌보강 간섭은 경로차가 반파장의 (❷   ) 배가 되는 지점에서 나타난다.
            └상쇄 간섭은 경로차가 반파장의 (❸   ) 배가 되는 지점에서 나타난다.
- 슬릿 사이의 간격과 빛의 파장에 따른 간섭무늬: 이중 슬릿 사이의 간격이 넓으면 간섭무늬의 간격이 (❹   ) 나타나고, 빛의 파장이 짧으면 간섭무늬의 간격이 (❺   ) 나타난다.
- 단일 슬릿에 의한 회절 무늬의 폭은 슬릿의 폭에 (❻   )하고, 빛의 파장에 (❼   )한다.
- 생활 주변의 간섭 현상: 비눗방울이나 기름 막과 같은 (❽   )에 빛이 진행할 때, 막의 바깥쪽에서 반사한 빛과 막의 안쪽에서 반사해 온 빛이 서로 (❾   )하면서 여러 가지 색으로 보이게 된다.

1 간섭에 대한 설명과 관계있는 것끼리 옳게 연결하시오.

(1) 보강 간섭 •

(2) 상쇄 간섭 •

• ㉠ 두 파동이 만나 진폭이 작아지거나 0이 되는 간섭

• ㉡ 두 파동이 만나 진폭이 커지는 간섭

2 다음은 회절에 대한 설명이다. (   ) 안에 알맞은 말을 쓰시오.

파동이 좁은 틈(슬릿)을 지나면서 퍼져 나가는 현상으로, 입자에서는 회절이 일어나지 않으므로 파동만의 특성이다. 회절은 슬릿의 폭이 ㉠(   )수록, 파동의 파장이 ㉡(   )수록 잘 일어난다.

3 영의 간섭 실험을 통해 알아낸 사실에 대한 설명으로 옳은 것은 ○, 옳지 <u>않은</u> 것은 ×로 표시하시오.

(1) 빛은 파동의 성질을 가지고 있다. ·············· (   )

(2) 간섭이 일어나는 까닭은 이중 슬릿에서 나온 각각의 빛의 경로차 때문이다. ·············· (   )

(3) 물결파 간섭 실험에서는 밝은 무늬와 어두운 무늬 모두 보강 간섭이다. 그러나 영의 간섭 실험에서는 어두운 무늬는 보강 간섭, 밝은 무늬는 상쇄 간섭에 해당한다. ·············· (   )

4 파장이 400 nm인 빛을 이용하여 이중 슬릿의 간섭 실험을 하였다. 슬릿 사이의 간격이 0.1 mm이고, 이중 슬릿과 스크린 사이의 거리가 3 m일 때, 밝은 무늬 사이의 간격은 몇 mm인지 구하시오.

5 그림은 단일 슬릿에 의한 회절을 나타낸 것이다.

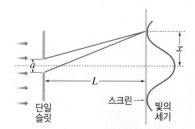

스크린 중앙에서 첫 번째 어두운 지점까지의 거리(회절 무늬가 퍼지는 정도)를 x라고 할 때, 이에 대한 설명으로 옳은 것은 ○, 옳지 <u>않은</u> 것은 ×로 표시하시오.

(1) 빛의 파장 λ가 길수록 x가 크다. ·············· (   )

(2) 슬릿의 폭 a가 클수록 x가 크다. ·············· (   )

(3) 슬릿과 스크린 사이의 거리 L이 클수록 x가 크다. ·············· (   )

6 생활 주변에서 일어나는 회절 현상의 예를 [보기]에서 있는 대로 고르시오.

┌[보기]
| ㄱ. CD 표면에서 보이는 여러 가지 색
| ㄴ. 비눗방울에서 보이는 여러 가지 색
| ㄷ. 산 속에서 AM 방송이 FM 방송보다 더 잘 수신되는 현상

완자쌤 비법특강

물결파의 간섭과 회절

○ 정답친해 102쪽

전자기파나 소리와 같은 파동은 진행하다가 좁은 틈이나 장애물을 만나면 틈을 통과하여 빠져나가거나 경계면을 돌아 장애물 뒤쪽까지 전파된다고 배웠어요. 그렇다면 물결파가 진행하다가 장애물을 만나면 어떤 현상이 일어날까요? 실험을 통해 물결파의 간섭과 회절 현상을 알아보아요.

1 물결파의 간섭 실험

[과정]

(가) *물결파 투영 장치의 2개의 점파원 S₁, S₂를 10 cm 떨어지도록 두 지점에 설치하고 같은 진동수의 파동을 발생시킨다.

(나) 보강 간섭과 상쇄 간섭이 일어나는 지점들을 이어 선으로 그린다.

[결과] 물결파의 간섭이 일어나 밝기가 크게 바뀌는 부분과 밝기가 일정한 부분이 나타난다.

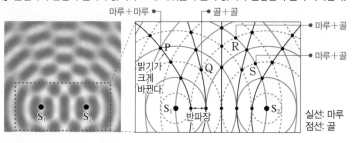

★ 물결파 투영 장치

두 점파원 S₁, S₂에서 진폭과 파장, 진동수가 같은 물결파를 같은 위상으로 발생시키면 스크린에 밝기가 크게 바뀌는 부분과 밝기가 일정한 부분이 나타난다.

구분	P, Q (밝기가 크게 바뀜)	R, S (밝기가 일정함)
수면의 진동	가장 크게 진동한다.	진동하지 않는다.
간섭의 종류	물결파의 마루와 마루 또는 골과 골이 만나는 지점이다. ➡ 보강 간섭	물결파의 마루와 골이 만나는 지점이다. ➡ 상쇄 간섭

Q1 물결파의 간섭무늬에서 밝기가 크게 바뀌는 부분은 ㉠(   ) 간섭이 일어난 곳이고, 밝기가 일정한 부분은 ㉡(   ) 간섭이 일어난 곳이다.

2 물결파의 회절 실험

[과정]

(가) 물결파 투영 장치에 막대를 살짝 수면에 잠기게 한 후, 막대 앞에 2개의 장애물을 조금 떨어뜨려 슬릿을 만들고 같은 진동수의 파동을 발생시킨다.

(나) 슬릿의 폭과 파동의 파장을 각각 변화시키며 무늬의 변화를 관찰한다.

[결과]

슬릿 폭에 따른 파동의 회절	파장에 따른 파동의 회절
⬆ 슬릿 폭이 좁을 때 ⬆ 슬릿 폭이 넓을 때	⬆ 파장이 짧을 때 ⬆ 파장이 길 때
파장이 같을 때, 슬릿의 폭이 좁을수록 회절하는 정도가 크다.	슬릿의 폭이 같을 때, 파장이 길수록 회절하는 정도가 크다.

Q2 파장이 같을 때 슬릿의 폭이 ㉠(넓을수록, 좁을수록) 회절하는 정도가 크고, 슬릿의 폭이 같을 때 파장이 ㉡(길수록, 짧을수록) 회절하는 정도가 크다.

자료 ① 영의 간섭 실험

기출 Point
- 실험 장치의 구조 이해하기
- 보강 간섭과 상쇄 간섭 식 이해하기
- 이중 슬릿의 간섭 실험으로 빛의 파장 구하기

[1~3] 그림은 단일 슬릿과 이중 슬릿, 스크린을 두고 단일 슬릿에 빛을 비추었을 때 스크린에 생긴 간섭무늬를 나타낸 것이다.

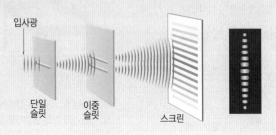

입사광
단일 슬릿
이중 슬릿
스크린

1 광원에서 나온 빛의 파장을 λ라고 할 때, 중앙에서 첫 번째 어두운 무늬인 곳은 이중 슬릿으로부터 경로차가 얼마인지 쓰시오.

2 이중 슬릿의 간격이 0.1 mm이고, 이중 슬릿과 스크린 사이의 거리가 3 m이며, 밝은 무늬 사이의 간격이 12 mm일 때, 이 실험에 사용한 빛의 파장은 몇 nm인지 구하시오.

3 빈출 선택지로 **완벽 정리!**

(1) 밝은 무늬는 보강 간섭이 일어난 곳이다. (○ / ×)

(2) 어두운 무늬는 상쇄 간섭이 일어난 곳이다.
ㅤㅤㅤㅤㅤㅤㅤㅤㅤㅤㅤㅤㅤㅤㅤ (○ / ×)

(3) 단일 슬릿의 역할은 이중 슬릿에 도달하는 빛의 위상을 같게 만드는 것이다. (○ / ×)

(4) 스크린에 밝고 어두운 무늬가 나타나는 까닭은 이중 슬릿에서 나온 각각의 빛의 경로차 때문이다.
ㅤㅤㅤㅤㅤㅤㅤㅤㅤㅤㅤㅤㅤㅤㅤ (○ / ×)

(5) 이중 슬릿에 의한 빛의 간섭 실험으로 빛이 입자임을 알 수 있다. (○ / ×)

자료 ② 이중 슬릿에 의한 빛의 간섭

기출 Point
- 빛의 경로차에 따른 보강 간섭과 상쇄 간섭 이해하기
- 밝은 무늬 사이의 간격에 영향을 미치는 요인 이해하기

[1~3] 그림과 같이 진공에서 파장이 λ인 파란색 단색광을 이중 슬릿에 비추었더니 스크린에 밝고 어두운 무늬가 생겼다. O점은 가운데 밝은 무늬이고, P점은 O점으로부터 첫 번째 밝은 무늬가 나타나는 스크린상의 한 지점이며, Δx는 스크린에 나타난 인접한 밝은 무늬 사이의 간격이다.

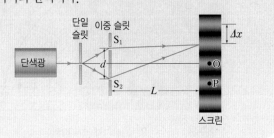

단일 슬릿
이중 슬릿
S_1
S_2
단색광
d
L
O
P
Δx
스크린

1 슬릿 S_1, S_2로부터 P점까지의 경로차는?

① 0　　② $\dfrac{1}{4}\lambda$　　③ $\dfrac{1}{2}\lambda$　　④ λ　　⑤ $\dfrac{3}{2}\lambda$

2 이중 슬릿에 의한 빛의 실험을 통해 실험에 사용한 빛의 파장을 측정하려고 한다. 이때 알고 있어야 할 물리량을 모두 쓰시오.

3 빈출 선택지로 **완벽 정리!**

(1) 인접한 밝은 무늬 사이의 간격(Δx)은 파장이 길수록 크다. (○ / ×)

(2) 인접한 밝은 무늬 사이의 간격(Δx)은 이중 슬릿 사이의 간격이 좁을수록 크다. (○ / ×)

(3) 인접한 밝은 무늬 사이의 간격(Δx)은 이중 슬릿과 스크린 사이의 거리가 가까울수록 크다. (○ / ×)

자료 ③ 단일 슬릿에 의한 회절

**기출
Point**
• 파동의 회절 이해하기
• 단일 슬릿의 폭과 빛의 파장에 따른 회절 무늬 구별하기

[1~3] 그림은 슬릿의 폭이 a, 슬릿과 스크린 사이의 거리가 L, 빛의 파장이 λ인 빛을 이용한 단일 슬릿에 의한 빛의 실험을 나타낸 것이다.

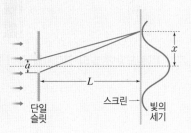

단일   스크린   빛의
슬릿   세기

1 파동이 진행하다가 좁은 틈을 통과하면서 퍼져 나가거나, 장애물을 만났을 때 장애물의 뒤쪽까지 파동이 전파되는 현상을 무엇이라고 하는지 쓰시오.

2 단일 슬릿의 간격 a가 0.2 mm이고, 단일 슬릿과 스크린 사이의 거리 L이 2 m이며, 스크린 중앙에서 첫 번째 어두운 지점까지의 거리 x가 5 mm일 때, 이 실험에 사용한 빛의 파장은 몇 nm인지 구하시오.

3 빈출 선택지로 완벽 정리!

(1) 그림에서 L을 크게 하면 x는 커진다. ──── (○ / ×)
(2) 파장이 긴 빛으로 바꾸면 x는 커진다. ──── (○ / ×)
(3) 그림에서 a를 작게 하면 x는 작아진다. ── (○ / ×)
(4) 빛이 단일 슬릿을 통과하면 스크린에 회절 무늬가 나타난다. ──────────────── (○ / ×)

자료 ④ 여러 가지 간섭과 회절

**기출
Point**
• 생활 주변의 간섭 현상 설명하기
• 생활 주변의 회절 현상 설명하기

[1~2] 그림 (가)는 비눗방울에서 여러 가지 색이 비치는 것을, (나)는 공작 깃털을 바라보는 각도에 따라 여러 가지 색이 보이는 것을 나타낸 것이다.

 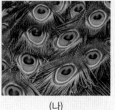

(가)   (나)

1 ( ) 안에 알맞은 말을 쓰시오.

(1) (가)는 비누 막의 표면에서 반사한 빛과 안쪽에서 반사한 빛이 서로 ㉠( )하여 여러 가지 색으로 보이는 것이고, (나)는 공작 깃털의 작은 구멍에서 ㉡( )된 빛들이 ㉠( )하여 보는 각도에 따라 여러 가지 색으로 보이는 것이다.
(2) 비눗방울은 중력에 의해 아래쪽으로 갈수록 막의 두께가 두꺼워진다. 막의 두께가 얇은 위쪽에서는 파장이 ㉠( ) 색이, 두께가 두꺼운 아래 쪽에서는 파장이 ㉡( ) 색이 보강 간섭하여 보인다.

2 빈출 선택지로 완벽 정리!

(1) (가)와 같은 현상으로 기름 막에서의 여러 가지 색이 보이는 것을 들 수 있다. ──────── (○ / ×)
(2) (나)는 반사에 의한 결과이다. ─────── (○ / ×)
(3) (나)와 같은 현상으로 CD 표면에서의 여러 가지 색이 보이는 것을 들 수 있다. ──────── (○ / ×)
(4) 전복 껍데기 안쪽에서 여러 가지 색이 보이는 것은 회절 때문이다. ──────────────── (○ / ×)

A 전자기파의 간섭

01 그림은 이중 슬릿에 의한 실험을 모식적으로 나타낸 것이다.

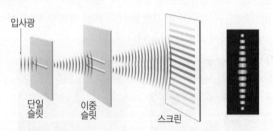

이 실험에 적용된 물리 법칙으로 옳은 것만을 [보기]에서 있는 대로 고른 것은?

{보기}
ㄱ. 간섭   ㄴ. 회절   ㄷ. 하위헌스 원리

① ㄱ   ② ㄴ   ③ ㄱ, ㄷ
④ ㄴ, ㄷ   ⑤ ㄱ, ㄴ, ㄷ

02 그림은 단색광이 단일 슬릿과 이중 슬릿을 통과하여 스크린에 만든 간섭무늬를 관찰하는 실험을 모식적으로 나타낸 것이다. Δx는 이웃한 밝은 무늬 사이의 간격이다.

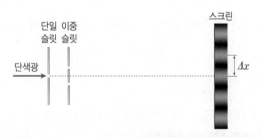

이에 대한 설명으로 옳은 것만을 [보기]에서 있는 대로 고른 것은?

{보기}
ㄱ. 단색광의 파장은 Δx와 무관하다.
ㄴ. 스크린이 이중 슬릿에서 멀어질수록 Δx는 커진다.
ㄷ. 스크린에 나타난 간섭무늬는 빛의 파동적 성질 때문에 나타난 것이다.

① ㄱ   ② ㄴ   ③ ㄱ, ㄴ
④ ㄱ, ㄷ   ⑤ ㄴ, ㄷ

서술형
03 그림은 파장 λ인 단색광이 단일 슬릿과 이중 슬릿을 통과한 후 스크린에 간격이 일정한 간섭무늬를 만드는 것을 모식적으로 나타낸 것이다. 두 슬릿 S_1, S_2로부터 같은 거리에 있는 스크린상의 점 O에서 보강 간섭이 일어나고, 스크린상의 점 P에서는 O로부터 두 번째 보강 간섭이 일어난다.

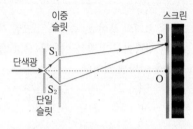

S_1, S_2를 지나 P에 도달한 빛의 경로차를 풀이 과정과 함께 구하시오.

04 그림은 파장 λ인 단색광이 단일 슬릿과 이중 슬릿의 S_1과 S_2를 통과하여 스크린에 간섭무늬를 만든 것을 나타낸 것이다. 스크린상의 점 O는 S_1과 S_2로부터 같은 거리에 있고, 점 P에는 O로부터 세 번째 어두운 무늬가 생겼다.

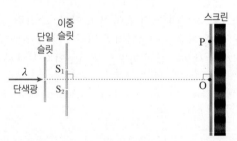

이에 대한 설명으로 옳은 것만을 [보기]에서 있는 대로 고른 것은?

{보기}
ㄱ. O에서는 보강 간섭이 일어난다.
ㄴ. P에서는 상쇄 간섭이 일어난다.
ㄷ. S_1과 S_2로부터 P까지의 경로차는 $\dfrac{\lambda}{2}$이다.

① ㄱ   ② ㄷ   ③ ㄱ, ㄴ
④ ㄱ, ㄷ   ⑤ ㄴ, ㄷ

05 그림 (가)는 단색광이 슬릿을 통과하여 스크린에 간섭무늬를 만드는 것을 모식적으로 나타낸 것이고, (나)와 (다)는 스크린에 생긴 무늬를 나타낸 것이다.

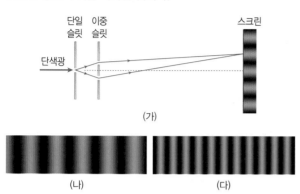

(가)

(나)　　　　(다)

스크린에 생긴 무늬 (나)를 (다)와 같이 만들기 위한 방법으로 옳은 것만을 [보기]에서 있는 대로 고른 것은?

┌─ 보기 ─────────────────────────┐
ㄱ. 단색광의 파장을 짧게 한다.
ㄴ. 이중 슬릿의 슬릿 사이의 간격을 좁게 한다.
ㄷ. 이중 슬릿과 스크린 사이 거리를 줄인다.
└────────────────────────────────┘

① ㄱ　　　② ㄷ　　　③ ㄱ, ㄴ
④ ㄱ, ㄷ　　　⑤ ㄴ, ㄷ

06 (서술형) 그림은 영의 이중 슬릿 실험을 나타낸 것이다. 두 슬릿 사이의 간격 d는 0.1 mm이고, 슬릿에서 스크린까지의 거리가 2 m일 때 스크린에 나타나는 인접한 밝은 무늬 사이의 간격 Δx는 1 cm이다.

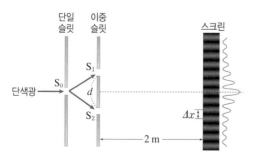

이 실험에 사용된 빛의 파장은 몇 m인지 풀이 과정과 함께 구하시오.

[07~08] 그림과 같이 장치하고 단색광을 비추었더니 스크린 중앙의 O점에 밝은 무늬가 생기고, O점의 주변으로 어두운 무늬와 밝은 무늬가 반복하여 나타났다. D는 단일 슬릿과 이중 슬릿 사이의 거리, d는 이중 슬릿 사이의 간격, L은 이중 슬릿과 스크린 사이의 거리, Δx는 스크린에 나타난 인접한 밝은 무늬 사이의 간격이다. P점은 스크린상에 고정된 점이다.

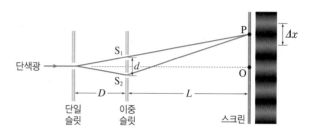

07 이에 대한 설명으로 옳은 것은?

① 단색광이 단일 슬릿을 통과한 후 회절되면 S_1, S_2에 위상이 같은 단색광이 도달한다.
② 스크린상의 P점에서는 보강 간섭이 일어난다.
③ D를 크게 하면 Δx가 커진다.
④ d를 2배로 하면 Δx는 2배가 된다.
⑤ L을 2배로 하면 Δx는 $\frac{1}{2}$배가 된다.

08 다른 조건은 동일하게 하고 파장이 $\frac{1}{2}$배인 단색광을 사용할 때, 이에 대한 설명으로 옳은 것만을 [보기]에서 있는 대로 고른 것은?

┌─ 보기 ─────────────────────────┐
ㄱ. S_1, S_2를 지나 O점에 도달하는 단색광의 경로차는 0이다.
ㄴ. P점에서는 보강 간섭이 일어난다.
ㄷ. Δx는 2배가 된다.
└────────────────────────────────┘

① ㄱ　　　② ㄴ　　　③ ㄱ, ㄴ
④ ㄴ, ㄷ　　　⑤ ㄱ, ㄴ, ㄷ

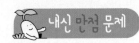

09 그림과 같이 슬릿에 단색광을 비추었더니 스크린에 간섭무늬가 생겼다. 이웃한 밝은 무늬의 간격은 Δx이다. 표는 이중 슬릿 사이의 간격 d를 일정하게 하고, 단색광의 파장 λ와 이중 슬릿에서 스크린까지의 거리 L을 바꿀 때의 Δx를 나타낸 것이다.

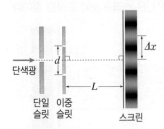

파장 λ	거리 L	간격 Δx
λ_a	L_0	x_0
λ_b	$2L_0$	$3x_0$
λ_c	$3L_0$	$4x_0$

λ_a, λ_b, λ_c를 비교한 것으로 옳은 것은?

① $\lambda_a > \lambda_b > \lambda_c$ ② $\lambda_b > \lambda_a > \lambda_c$ ③ $\lambda_b > \lambda_c > \lambda_a$
④ $\lambda_c > \lambda_a > \lambda_b$ ⑤ $\lambda_c > \lambda_b > \lambda_a$

ⓑ 전자기파의 회절

10 빛을 작은 구멍에 입사시켰더니 그림 (가)와 같은 무늬가 나타났다.

 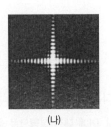

(가) (나)

그림 (나)와 같은 무늬를 얻기 위한 방법으로 옳은 것만을 [보기]에서 있는 대로 고른 것은?

[보기]
ㄱ. 빛의 파장을 길게 한다.
ㄴ. 빛의 세기를 크게 한다.
ㄷ. 더 작은 구멍으로 바꾼다.

① ㄱ   ② ㄴ   ③ ㄱ, ㄷ
④ ㄴ, ㄷ   ⑤ ㄱ, ㄴ, ㄷ

11 그림과 같이 단일 슬릿에 빨간색 레이저를 비추었더니 스크린의 A와 B 사이에 밝고 어두운 무늬가 생겼다.

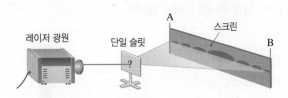

이에 대한 설명으로 옳은 것만을 [보기]에서 있는 대로 고른 것은?

[보기]
ㄱ. 슬릿의 모양은 세로선(|) 형태이다.
ㄴ. 빨간색 레이저의 밝기를 밝게 하면 A, B 사이에 나타나는 무늬의 수가 증가한다.
ㄷ. 빨간색 레이저 대신 파란색 레이저를 사용하면 A, B 사이에 나타나는 무늬의 수가 감소한다.

① ㄱ   ② ㄴ   ③ ㄱ, ㄴ
④ ㄴ, ㄷ   ⑤ ㄱ, ㄴ, ㄷ

서술형
12 그림과 같이 슬릿의 폭 a가 5×10^{-4} m이고, 슬릿과 스크린 사이의 거리 L이 2 m인 단일 슬릿으로 회절 실험을 하여 스크린 중앙에서 첫 번째 어두운 지점까지의 거리 x를 측정하였더니 2.4×10^{-3} m였다.

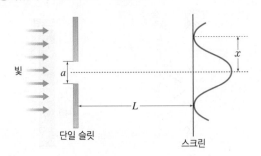

이 실험에 사용된 빛의 파장은 몇 m인지 풀이 과정과 함께 구하시오.

13 그림 (가)는 단일 슬릿을 이용한 빛의 회절 실험을 나타낸 것이고, (나)와 (다)는 이를 통해 얻은 실험 결과이다.

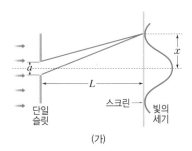

(가)

(나)   (다)

(나)의 결과를 (다)와 같이 만들기 위한 방법으로 옳은 것만을 [보기]에서 있는 대로 고른 것은?

┌─[보기]─────────────────────────┐
ㄱ. 파장이 긴 빛을 사용한다.
ㄴ. 단일 슬릿의 폭을 넓게 한다.
ㄷ. 단일 슬릿과 스크린 사이의 거리를 증가시킨다.
└────────────────────────────────┘

① ㄱ   ② ㄴ   ③ ㄱ, ㄷ
④ ㄴ, ㄷ   ⑤ ㄱ, ㄴ, ㄷ

C 여러 가지 간섭과 회절

14 간섭 현상에 대한 예로 옳은 것만을 [보기]에서 있는 대로 고른 것은?

┌─[보기]─────────────────────────┐

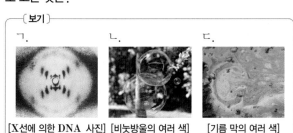

ㄱ.   ㄴ.   ㄷ.

[X선에 의한 DNA 사진]   [비눗방울의 여러 색]   [기름 막의 여러 색]
└────────────────────────────────┘

① ㄱ   ② ㄴ   ③ ㄱ, ㄷ
④ ㄴ, ㄷ   ⑤ ㄱ, ㄴ, ㄷ

서술형

15 그림과 같이 비눗방울을 가만히 들여다보면 파란색 계열의 색과 빨간색 계열의 색이 보인다. 이는 비눗방울의 두께와 연관이 있다고 한다.

이를 중력과 연관지어 서술하시오.

16 회절 현상과 관련 있는 것으로 옳은 것만을 [보기]에서 있는 대로 고른 것은?

┌─[보기]─────────────────────────┐
ㄱ. CD 표면에 여러 가지 색이 보인다.
ㄴ. 전복 껍데기 안쪽 면에 여러 가지 색이 보인다.
ㄷ. 휴대 전화를 사용할 때 여러 경로로 온 전파에 의해 통화 상태가 나빠진다.
└────────────────────────────────┘

① ㄱ   ② ㄴ   ③ ㄱ, ㄴ
④ ㄱ, ㄷ   ⑤ ㄴ, ㄷ

서술형

17 전파 망원경은 여러 대의 전파 망원경을 설치하여 천체의 운동에 대한 정보를 확인한다. 전파 망원경을 여러 대를 설치해야 하는 까닭을 서술하시오.

02 도플러 효과

핵심 포인트
Ⓐ 도플러 효과 ★★
   도플러 효과 식의 적용 ★★★
Ⓑ 전자기파를 이용한 도플러 효과의 활용 ★★★
   초음파를 이용한 도플러 효과의 활용 ★★

Ⓐ 도플러 효과

1. *도플러 효과

(1) **도플러 효과:** ❶파원이나 관찰자가 움직이게 되면 정지해 있을 때와는 다른 진동수의 파동을 관측하게 되는 현상

┗━ 파원과 관찰자가 모두 정지해 있을 때는 파원에서 발생한 파동의 진동수와 관찰자가 관측한 파동의 진동수가 같다.

> **탐구 자료창** **소리의 도플러 효과**
>
> (가) 한 사람은 소리를 내는 버저를 줄에 매달아 지면에 나란한 방향으로 회전시킨다. ┗━ 소리를 내는 전기 장치
>
> (나) 다른 사람은 버저가 가까이 다가올 때와 멀어질 때 버저의 소리가 어떻게 들리는지 들어 본다.
>
> 높은 소리 또는 고음 ┛
> 1. **결과:** 버저가 가까이 다가올 때는 원래 음보다 높은 음으로 들리고, 버저가 멀어질 때는 원래 음보다 낮은 음으로 들린다.
> 낮은 소리 또는 저음 ┛
> 2. **결론:** 버저는 소리를 내는 ❷음원이다. 음원이 관찰자에게 다가오게 되면 관찰자는 고음의 소리를 듣게 되고, 멀어지게 되면 저음의 소리를 듣게 된다. 이를 도플러 효과라고 한다.

(2) 음원의 운동에 따른 소리의 *진동수 변화

음원이 관찰자에게 다가오는 경우	음원이 관찰자에게서 멀어지는 경우
음원의 원래 진동수 f_0보다 큰 진동수의 소리를 듣는다. ➡ 원래 음보다 높은 음을 듣는다.	음원의 원래 진동수 f_0보다 작은 진동수의 소리를 듣는다. ➡ 원래 음보다 낮은 음을 듣는다.

(3) 관찰자의 운동에 따른 소리의 진동수 변화

정지한 음원에 관찰자가 다가가는 경우	정지한 음원에서 관찰자가 멀어지는 경우
음원의 원래 진동수 f_0보다 큰 진동수의 소리를 듣는다. ➡ 원래 음보다 높은 음을 듣는다.	음원의 원래 진동수 f_0보다 작은 진동수의 소리를 듣는다. ➡ 원래 음보다 낮은 음을 듣는다.

★ **도플러(Doppler)**
1803년 오스트리아 태생의 물리학자. 1842년 쌍성에서 오는 빛의 색이 달라지는 원인을 연구한 논문에서 도플러 효과를 발표하였다.

★ **진동수와 음높이의 관계**

진동수	음높이
크다	고음
작다	저음

┃ 용어 ┃
❶ **파원**(波 물결, 源 근원)_파동을 발생하는 곳이나 장치
❷ **음원**(音 소리, 源 근원)_소리를 만드는 곳이나 장치 혹은 도구

2. 관찰자는 정지해 있고 음원이 운동하는 경우의 도플러 효과 식 정지해 있는 음원에서 발생하는 소리의 파장을 λ, 진동수를 f, 음속(소리의 속력)을 v라 하고 *파면이 만들어지는 시간 간격을 T라고 할 때 음원의 운동에 따라 관찰자가 듣는 소리는 다음과 같이 달라진다.

★ 파면
파동이 진행할 때 특정 시간에 매질의 변위가 같은 점들을 이은 선이나 면 예 마루끼리 이은 선

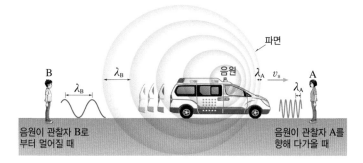

음원이 관찰자 B로부터 멀어질 때 / 음원이 관찰자 A를 향해 다가올 때

(1) 음원이 관찰자 A를 향해 다가올 때

❶ *A가 듣는 소리의 속력(v_A): 원래 소리의 속력 v와 같다. $v_A = v$

❷ A가 듣는 소리의 파장(λ_A): 음원이 A를 향해 v_s로 다가오면 A에게 도달하는 음파의 파면 간격은 v_sT만큼 짧아지므로 A가 듣는 소리의 파장 λ_A는 $\lambda_A = \lambda - v_sT = \lambda - \dfrac{v_s}{f}$이다.

❸ A가 듣는 소리의 진동수(f_A): $\lambda = \dfrac{v}{f}$이므로 A가 듣는 진동수 f_A는 다음과 같다.

└─● 파동의 전파 속도 식 $v = f\lambda$ (v: 전파 속도, f: 진동수, λ: 파장)

$$f_A = \frac{v}{\lambda_A} = \frac{v}{\lambda - \dfrac{v_s}{f}} = \frac{v}{\dfrac{v}{f} - \dfrac{v_s}{f}} = \left(\frac{v}{v - v_s}\right)f$$

➡ *음원이 관찰자 A를 향해 다가올 때 관찰자가 듣는 소리의 진동수 f_A는 음원에서 발생한 소리의 진동수 f보다 크다. ● 원래 음보다 높은 음, 즉 진동수가 큰 소리를 듣게 된다.

★ 음원의 운동과 소리의 속력
음원을 떠난 음파의 속력은 매질의 특성(온도, 탄성 등)에 의해 결정되므로, 음원의 운동에 의해 변하지 않는다. 따라서 관찰자가 듣는 소리의 속력은 원래 소리의 속력과 같다.

(2) 음원이 관찰자 B로부터 멀어질 때

❶ B가 듣는 소리의 속력(v_B): 원래 소리의 속력 v와 같다. $v_B = v$

❷ B가 듣는 소리의 파장(λ_B): 음원이 B로부터 v_s로 멀어지면 B에게 도달하는 음파의 파면 간격은 v_sT만큼 넓어지므로 B가 듣는 소리의 파장 λ_B는 $\lambda_B = \lambda + v_sT = \lambda + \dfrac{v_s}{f}$이다.

❸ B가 듣는 소리의 진동수(f_B): $\lambda = \dfrac{v}{f}$이므로 B가 듣는 진동수 f_B는 다음과 같다.

$$f_B = \frac{v}{\lambda_B} = \frac{v}{\lambda + \dfrac{v_s}{f}} = \frac{v}{\dfrac{v}{f} + \dfrac{v_s}{f}} = \left(\frac{v}{v + v_s}\right)f$$

➡ 음원이 관찰자 B로부터 멀어질 때 관찰자가 듣는 소리의 진동수 f_B는 음원에서 발생한 소리의 진동수 f보다 작다. ● 원래 음보다 낮은 음, 즉 진동수가 작은 소리를 듣게 된다.

★ 관찰자는 정지, 음원이 운동하는 경우
관찰자 A, B가 듣는 소리의 속력 v_A, v_B, 파장 λ_A, λ_B, 진동수 f_A, f_B는 다음과 같다.

구분	다가올 때	멀어질 때
속력	$v_A = v$	$v_B = v$
파장	$\lambda_A =$ $\lambda - \dfrac{v_s}{f}$	$\lambda_B =$ $\lambda + \dfrac{v_s}{f}$
진동수	$f_A =$ $\left(\dfrac{v}{v-v_s}\right)f$ → 원래보다 높은 소리	$f_B =$ $\left(\dfrac{v}{v+v_s}\right)f$ → 원래보다 낮은 소리

3. 음원은 정지해 있고 관찰자가 운동하는 경우의 도플러 효과 식 정지해 있는 음원에서 발생하는 소리의 파장을 λ, 진동수를 f, 음속(소리의 속력)을 v라고 할 때 운동하는 관찰자가 듣는 소리는 다음과 같이 달라진다.

정지한 음원에 관찰자가 다가갈 때	정지한 음원에서 관찰자가 멀어질 때

정지한 음원에 관찰자가 다가갈 때
❶ 관찰자가 듣는 소리의 상대적인 속력(v'): $v' = v + v_o$
❷ 관찰자가 듣는 소리의 파장(λ'): $\lambda' = \lambda$
❸ 관찰자가 듣는 소리의 진동수(f')

$$*f' = \frac{v'}{\lambda} = \frac{v + v_o}{\frac{v}{f}} = \left(\frac{v + v_o}{v}\right)f$$

➡ 관찰자가 듣는 소리의 진동수는 커진다.
→ 원래 음보다 높은 음으로 들린다.

정지한 음원에서 관찰자가 멀어질 때
❶ 관찰자가 듣는 소리의 상대적인 속력(v'): $v' = v - v_o$
❷ 관찰자가 듣는 소리의 파장(λ'): $\lambda' = \lambda$
❸ 관찰자가 듣는 소리의 진동수(f')

$$f' = \frac{v'}{\lambda} = \frac{v - v_o}{\frac{v}{f}} = \left(\frac{v - v_o}{v}\right)f$$

➡ 관찰자가 듣는 소리의 진동수는 작아진다.
→ 원래 음보다 낮은 음으로 들린다.

암기해
도플러 효과 식
사람이 자동차를 타니까, 분자는 사람(관찰자), 분모는 자동차(음원)라고 외워둬!

B 도플러 효과의 활용

1. 전자기파를 이용한 도플러 효과의 활용 천체의 관측, 도플러 레이더, *속도 측정 장치 등

도플러 효과의 활용

[천체의 관측]
· 청색 편이: 별, 은하 등이 가까워질 때 빛의 파장이 짧게, 진동수가 크게 측정되는 현상 → 청색 이동이라고도 한다.

관찰자   관찰자에게 다가올 때: 청색 편이

· 적색 편이: 별, 은하 등이 멀어질 때 빛의 파장이 길게, 진동수가 작게 측정되는 현상 → 적색 이동이라고도 한다.

관찰자   관찰자로부터 멀어질 때: 적색 편이

[도플러 레이더]

빗방울, 우박 같은 공기 중의 물체에 반사하여 돌아온 ❸라디오파를 분석해 바람의 방향이나 속도를 측정한다. 또한 항공기에서는 도플러 레이더에서 발사한 전파와 반사된 전파의 진동수 차로 주변 물체를 감지한다.

2. 초음파를 이용한 도플러 효과의 활용

박쥐

박쥐는 먹이에서 반사되는 초음파를 이용해 먹이의 위치를 파악하고, 도플러 효과를 이용해 먹이의 속도를 판단한다.

초음파 검사

검사 장치에서 발생시킨 초음파와 혈액에서 반사된 초음파의 진동수 차를 이용하여 혈액의 속도로 건강 상태를 확인한다.

용어
❸ 라디오파(Radio wave)_파장이 수 m에서 수 km인 전자기파

개념 확인 문제

정답친해 105쪽

핵심 체크

- (❶): 파원이나 관찰자가 움직이게 되면 정지해 있을 때와는 다른 진동수의 파동을 관측하게 되는 현상
- 소리의 도플러 효과: 회전하는 버저의 소리를 들었을 때 버저가 가까이 다가올 때는 원래 음보다 (❷)으로 들리고, 멀어질 때는 원래 음보다 (❸)으로 들린다.
- 도플러 효과와 진동수: 음원이 관찰자를 향해 다가올 때에는 원래 음보다 진동수가 (❹) 소리를 듣게 된다.
- 파면이 만들어지는 시간 간격이 T인 소리가 발생하는 음원이 관찰자로부터 v_s의 속력으로 멀어지면 관찰자에게 도달하는 음파의 파면 간격은 (❺)만큼 넓어진다.
- 전자기파를 이용한 도플러 효과: 빗방울, 우박 같은 공기 중의 물체에 반사하여 돌아온 라디오파를 분석하여 바람의 방향이나 속도를 측정하는 장치는 (❻)이다.
- 초음파를 이용한 도플러 효과: 박쥐는 먹이에서 반사되는 (❼)를 이용해 먹이의 위치를 파악하고, 먹이의 속도를 판단한다.

1 도플러 효과에 대한 설명과 관계있는 것끼리 선으로 연결하시오.

(1) 음원이 관찰자에게 •   • ㉠ 진동수가 감소한
    다가갈 때   소리를 듣는다.

(2) 음원이 관찰자에게서 •   • ㉡ 진동수가 증가한
    멀어질 때   소리를 듣는다.

2 정지해 있는 영희가 정지해 있는 경찰차에서 발생한 소리의 진동수를 측정했더니 770 Hz이었다. 이후 경찰차가 영희로부터 10 m/s로 멀어질 때 소리의 진동수는 몇 Hz인지 구하시오. (단, 소리의 속력은 340 m/s이다.)

3 도플러 효과에 대한 설명으로 옳은 것은 ○, 옳지 <u>않은</u> 것은 ×로 표시하시오.

(1) 은하에서 오는 빛의 적색 편이는 도플러 효과로 설명할 수 있다. ──────────────── ( )

(2) 음원이 관찰자를 향해 다가올 때에는 원래 음보다 낮은 음의 소리를 듣게 된다. ────────── ( )

4 다음은 도플러 레이더에 대한 설명이다. ( ) 안에 알맞은 말을 쓰시오.

방출된 라디오파는 빗방울이나 우박과 같은 공기 중의 물체에 충돌하여 돌아온다. 이 반사파의 변화를 분석해 기상 변화를 측정한다. 이것은 ( )를 이용한 것이다.

5 전자기파를 이용한 도플러 효과의 활용에 해당하는 것만을 [보기]에서 있는 대로 고르시오.

┌ **보기** ┐
ㄱ. 박쥐의 먹이 찾기
ㄴ. 기상 측정용 도플러 레이더
ㄷ. 은하에서 오는 빛의 청색 편이
└──────────────────┘

대표 자료 분석

🏠 학교 시험에 자주 출제되는 대표 자료와 그 자료에 대한
문제를 통해 자료를 완벽하게 이해할 수 있다.

자료 ① 도플러 효과

기출 Point
• 음원의 운동에 따른 진동수의 변화 이해하기
• 음원의 운동에 따른 소리의 변화 이해하기

[1~2] 그림은 음원이 v_s의 일정한 속력으로 운동하여 정지해 있는 관찰자 A에게는 다가오고 있고, B에게는 멀어지고 있는 경우를 나타낸 것이다.

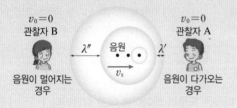

$v_0=0$ 관찰자 B
음원이 멀어지는 경우
λ'' 음원 λ'
v_s
$v_0=0$ 관찰자 A
음원이 다가오는 경우

1 음원의 원래 진동수를 f_0이라고 할 때, A가 듣는 소리의 진동수는? (단, 음속은 v이다.)

① $\left(\dfrac{v+v_s}{v}\right)f_0$ ② $\left(\dfrac{v-v_s}{v}\right)f_0$

③ $\left(\dfrac{v}{v+v_s}\right)f_0$ ④ $\left(\dfrac{v}{v-v_s}\right)f_0$

⑤ $\left(\dfrac{v+v_s}{v-v_s}\right)f_0$

2 빈출 선택지로 완벽 정리!

(1) A가 듣는 소리의 진동수는 감소한다. ─── (○ / ×)

(2) A가 듣는 소리의 파장은 길어진다. ─── (○ / ×)

(3) A는 원래 음보다 고음의 소리를 듣는다.
　　　　　　　　　　　　　　　　　　　 (○ / ×)

(4) B가 듣는 소리의 진동수는 원래 음보다 작다.
　　　　　　　　　　　　　　　　　　　 (○ / ×)

(5) A가 듣는 소리의 진동수는 도플러 효과를 이용해서 구할 수 있다. ─── (○ / ×)

자료 ② 도플러 효과의 활용

기출 Point
• 전자기파를 이용한 도플러 효과의 활용
• 초음파를 이용한 도플러 효과의 활용

[1~2] 그림은 도플러 효과를 활용한 여러 가지 예이다.

⬆ 속도 측정 장치　⬆ 박쥐　⬆ 도플러 레이더

1 ( ) 안에 알맞은 말을 쓰시오.

별빛의 도플러 효과를 이용하면 우주의 팽창과 수축을 확인할 수 있다고 한다. 우주가 팽창한다는 증거로 확인한 ( )는 먼 은하들 안에 속한 별들에서 방출된 빛의 파장이 길어지는 것을 측정한 결과이다.

2 빈출 선택지로 완벽 정리!

(1) 속도 측정 장치에서 발사한 파동이 물체에 반사하여 수신되면 물체의 속도를 측정할 수 있다.
　　　　　　　　　　　　　　　　　　　 (○ / ×)

(2) 박쥐는 전파를 이용하여 먹이의 위치를 찾는다.
　　　　　　　　　　　　　　　　　　　 (○ / ×)

(3) 도플러 레이더는 라디오파의 도플러 효과를 이용해 바람의 방향과 속도를 분석한다. ─── (○ / ×)

(4) 속도 측정 장치에서 속력이 빠른 차량일수록 반사되는 파동의 진동수 변화가 크다. ─── (○ / ×)

(5) 건강 상태를 확인하는 초음파 검사에도 도플러 효과가 활용된다. ─── (○ / ×)

내신 만점 문제

정답친해 106쪽

Ⓐ 도플러 효과

01 그림은 일정한 진동수 *f*의 소리를 내는 자동차가 정지한 철수를 향해 v_0의 속력으로 다가오고 있는 모습을 나타낸 것이다.

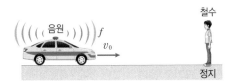

이에 대한 설명으로 옳은 것만을 [보기]에서 있는 대로 고른 것은?

---[보기]---
ㄱ. 철수가 듣는 소리의 진동수는 *f*보다 크다.
ㄴ. 소리의 속력은 자동차 앞쪽이 뒤쪽보다 크다.
ㄷ. 소리의 파장은 자동차 앞쪽이 뒤쪽보다 길다.

① ㄱ   ② ㄷ   ③ ㄱ, ㄴ
④ ㄱ, ㄷ   ⑤ ㄴ, ㄷ

서술형

02 그림은 진동수가 800 Hz인 소리를 내는 음파 발생기가 정지한 음파 측정기를 향해 20 m/s의 속력으로 다가오는 것을 나타낸 것이다.

음파 측정기에서 측정한 소리의 진동수를 풀이 과정과 함께 구하시오. (단, 소리의 속력은 340 m/s이다.)

03 그림과 같이 1360 Hz의 사이렌 소리를 내는 소방차가 정지해 있을 때, 철수는 소방차를 향하여 5 m/s의 속력으로 이동하고 있다.

철수가 듣는 사이렌 소리의 파장, 속력, 진동수를 옳게 짝 지은 것은? (단, 소리의 속력은 340 m/s이다.)

	파장(m)	속력(m/s)	진동수(Hz)
①	0.254	340	1380
②	0.254	345	1380
③	0.25	340	1400
④	0.25	345	1400
⑤	0.25	345	1380

04 그림과 같이 두 지점에서 정지한 관찰자 A, B 사이에서 버스가 v_s의 일정한 속력으로 진동수 *f*의 경적을 울리며 A를 향해 이동하고 있다. A와 B, 버스는 동일 직선상에 있고, 소리의 속력은 *v*이며, $v > v_s$이다.

이때 A, B가 듣는 경적 소리에 대한 설명으로 옳은 것은?

① A가 듣는 소리의 속력은 *v*보다 크다.
② A가 듣는 소리의 진동수는 계속해서 증가한다.
③ B는 A보다 낮은 음의 경적 소리를 듣는다.
④ B가 듣는 소리의 파장은 계속해서 짧아진다.
⑤ B가 듣는 소리의 속력은 A가 듣는 소리의 속력보다 크다.

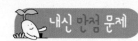
05 그림 (가)는 정지해 있는 음원을 향해 철수가 v의 속력으로 다가가고 있는 것을 나타낸 것이고, (나)는 정지해 있는 철수에게 음원이 v의 속력으로 다가가고 있는 것을 나타낸 것이다.

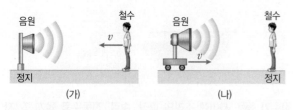

철수가 측정한 소리에 대한 설명으로 옳은 것만을 [보기]에서 있는 대로 고른 것은?

[보기]
ㄱ. 속력은 (가)와 (나)에서 같다.
ㄴ. 진동수는 (가)와 (나)에서 같다.
ㄷ. 파장은 (가)에서가 (나)에서보다 크다.

① ㄱ   ② ㄷ   ③ ㄱ, ㄴ
④ ㄱ, ㄷ   ⑤ ㄴ, ㄷ

06 그림과 같이 자동차 A가 20 m/s의 일정한 속력으로 자동차 B에서 멀어지면서 진동수가 1080 Hz인 소리를 발생하고 있다.

이때 자동차 B가 측정한 소리의 진동수가 1050 Hz라면, B의 운동 방향과 속력을 옳게 짝 지은 것은? (단, 소리의 속력은 340 m/s이다.)

	방향	속력(m/s)
①	A와 같은 방향	10
②	A와 같은 방향	15
③	A와 같은 방향	20
④	A와 반대 방향	10
⑤	A와 반대 방향	15

07 그림과 같이 x축상에서 음원과 음파 측정기가 O점으로부터 같은 거리만큼 떨어져 있다. 표는 음원과 음파 측정기의 속도에 따른 음파 측정기에서 측정한 진동수를 나타낸 것이다.

구분	음원의 속도	음파 측정기의 속도	진동수
(가)	$+v'$	0	$f_{(가)}$
(나)	0	$+v'$	$f_{(나)}$
(다)	$-v'$	$+v'$	$f_{(다)}$

$f_{(가)}$, $f_{(나)}$, $f_{(다)}$의 크기를 옳게 비교한 것은? (단, v'값은 소리의 속력보다 작고 0보다 크다.)

① $f_{(가)} > f_{(나)} > f_{(다)}$ ② $f_{(가)} > f_{(다)} > f_{(나)}$
③ $f_{(나)} > f_{(가)} > f_{(다)}$ ④ $f_{(나)} > f_{(다)} > f_{(가)}$
⑤ $f_{(다)} > f_{(나)} > f_{(가)}$

08 그림은 일정한 진동수 f의 소리를 내는 음파 발생기가 용수철에 매달려 P점과 Q점 사이를 왕복 운동하는 모습을 나타낸 것이다. O점은 평형점이며, 음파 측정기는 고정되어 있다.

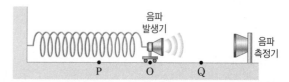

음파 측정기에서 진동수가 점점 커지는 음파가 측정될 때, 측정된 음파가 발생한 구간으로 옳은 것만을 [보기]에서 있는 대로 고른 것은? (단, O점에서 음파 발생기의 속력은 소리의 속력보다 느리고, 모든 마찰은 무시한다.)

[보기]
ㄱ. 음파 발생기가 O점에서 P점으로 이동하는 동안 방출한 음파
ㄴ. 음파 발생기가 O점에서 Q점으로 이동하는 동안 방출한 음파
ㄷ. 음파 발생기가 P점에서 O점으로 이동하는 동안 방출한 음파

① ㄱ   ② ㄴ   ③ ㄱ, ㄷ
④ ㄴ, ㄷ   ⑤ ㄱ, ㄴ, ㄷ

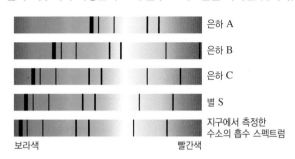

B 도플러 효과의 활용

09 도플러 효과에 대한 설명으로 옳은 것만을 [보기]에서 있는 대로 고른 것은?

[보기]

ㄱ. 속도 측정 장치에서 멀어지는 자동차를 향해 발사한 빛의 진동수는 자동차에서 반사되어 돌아온 빛의 진동수보다 크다.

ㄴ. 기상대로 다가오고 있는 태풍을 향해 발사한 라디오파의 진동수는 태풍에서 반사되어 돌아온 라디오파의 진동수보다 크다.

ㄷ. 관찰자에 다가오는 음원에서 발생한 음파는 관찰자로부터 멀어지는 음원에서 발생한 음파보다 회절이 잘 된다.

① ㄱ   ② ㄴ   ③ ㄱ, ㄴ
④ ㄱ, ㄷ   ⑤ ㄱ, ㄴ, ㄷ

11 그림은 은하 A, B, C, 별 S에서 오는 빛의 흡수 스펙트럼과 지구에서 측정한 수소의 흡수 스펙트럼을 나타낸 것이다.

이에 대한 설명으로 옳지 **않은** 것은?

① A, B는 지구로부터 멀어지고 있다.
② A, B, C 중 가장 멀리 있는 것은 A이다.
③ S는 지구를 향하여 가까이 다가오고 있다.
④ C의 스펙트럼에서는 적색 이동이 나타난다.
⑤ S의 흡수선은 파장이 긴 쪽으로 이동하였다.

10 다음은 도플러 효과를 활용하여 천체의 운동을 관측하는 원리에 대한 설명이다.

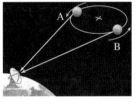

별빛의 스펙트럼을 관찰하면 별의 운동에 대해 알 수 있다. A와 같이 별이 지구에 가까워질 때 지구에서 관측한 별빛의 파장이 ㉠( ), 스펙트럼의 흡수선은 ㉡( )색 쪽으로 이동한다. 이와 반대 원리로 B와 같이 별이 지구에서 멀어질 때 스펙트럼의 흡수선은 ㉢( )색 쪽으로 이동한다.

㉠~㉢에 알맞은 말을 옳게 짝 지은 것은?

	㉠	㉡	㉢
①	원래 파장보다 짧아지므로	빨간	파란
②	원래 파장보다 짧아지므로	파란	빨간
③	원래 파장보다 길어지므로	빨간	파란
④	원래 파장보다 길어지므로	파란	빨간
⑤	원래 파장과 같으므로	파란	빨간

서술형

12 그림은 야구 선수가 던진 공을 스피드 건을 이용해 속력을 측정하는 모습을 나타낸 것이다.

(1) 스피드 건으로 야구공의 속력을 측정하는 원리를 도플러 효과를 이용하여 서술하시오.

(2) 도플러 효과를 활용하는 또 다른 예를 한 가지 쓰시오.

03 전자기파의 발생과 수신

Ⓐ 전자기파의 발생 원리 ★★★
공명 진동수 ★★★

Ⓑ 안테나를 통한 전자기파의 수신 ★★★
안테나의 종류 ★★
전자기파와 정보 통신 ★★

Ⓐ 전자기파의 발생

1. 전자기파의 발생 원리

● 매질이 필요없는 파동으로 횡파이다.

(1) ①전기장과 ②자기장의 변화에 의한 전자기파의 발생

① 전기와 자기 현상은 전하의 영향으로 일어난다.

② 도선에 있는 자유 전자가 움직이게 되면 도선에는 자유 전자의 운동 방향과 반대로 *전류가 흐르게 되며, 이와 같이 직선 도선에 전류가 흐르게 되면 그 주위에 자기장이 생긴다.

● 도체에 많이 있어서 도체가 전기를 통하게 한다.

직선 도선에서 전자기파의 발생

[전류가 위로 흐를 때] → 전자는 아래로 이동한다.

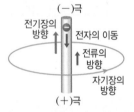

직선 도선에 전류가 위로 흐를 때, *앙페르 법칙에 따라 자기장의 방향은 시계 반대 방향으로 만들어진다.

[전류가 아래로 흐를 때] → 전자는 위로 이동한다.

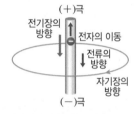

직선 도선에 전류가 아래로 흐를 때 앙페르 법칙에 따라 자기장의 방향은 시계 방향으로 만들어진다.

(2) 전자기파의 발생과 진행

● 전류의 세기와 방향이 주기적으로 변하는 전류

① 코일과 *축전기가 연결된 회로에 교류 전류가 흐르면 축전기의 양 극판에 충전된 전하량이 계속 변하면서 극판 사이에는 주기적으로 방향이 바뀌며 진동하는 전기장이 발생한다.

② 진동하는 전기장은 극판 사이의 전기장을 변하게 하며, 이때 진동하는 자기장이 유도된다.

③ 진동하는 자기장은 또다시 진동하는 전기장을 유도하게 되는데, 이처럼 전기장과 자기장이 번갈아 서로를 유도하면서 공간을 퍼져 나가는 전자기파가 만들어진다.

축전기에서 전자기파의 발생과 진행

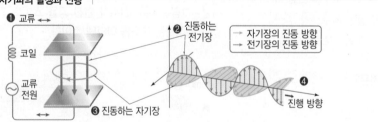

❶ 축전기에 교류가 흐른다.

❷ 축전기의 양 극판에 충전된 전하량이 변하면서 진동하는 전기장이 생긴다.

❸ 진동하는 전기장은 진동하는 자기장을 유도한다.

❹ 전기장과 자기장이 서로를 유도하면서 퍼져 나가는 전자기파가 만들어진다. ➡ 전자기파가 공간으로 전파될 때 전기장과 자기장은 진행 방향에 대하여 서로 수직으로 진동하며, 빛의 속력으로 전파된다.

★ **전류의 방향**
(+)전하의 이동 방향 또는 전자의 이동 방향과 반대 방향이다.

★ **앙페르 법칙**
도선에 전류가 흐르는 방향으로 엄지손가락을 향하면 나머지 네 손가락으로 감아쥔 방향이 자기장의 방향이다.

★ **축전기**
금속판 2개를 일정 간격으로 떨어뜨려 전하를 충전하는 장치이다.

★ **전자기파와 빛의 관계**
전자기파는 빛의 일종이다.

┃ 용어 ┃

❶ 전기장(電 전기, 氣 기운, 場 마당)_전기력이 작용하는 공간
❷ 자기장(磁 자석, 氣 기운, 場 마당)_자기력이 작용하는 공간

2. 공명 진동수(공진 주파수)

(1) 교류 회로에서의 축전기

① 교류 회로에서 축전기의 효과: 축전기가 교류 회로에 연결되면 교류에 의해 축전기는 충전과 방전을 반복하며 회로에 흐르는 전류의 흐름을 방해한다. ➡ 축전기는 회로에서 저항과 같은 역할을 한다.

② 용량 리액턴스(X_C): 교류 회로에서 축전기의 저항 역할 [단위: Ω(옴)]

⬆ 교류 회로에서의 축전기

$$X_C = \frac{1}{2\pi f C} \ (f: \text{교류의 } ^③\text{진동수}, \ C: ^*\text{축전기의 전기 용량})$$

교류 회로에서 축전기의 저항 역할

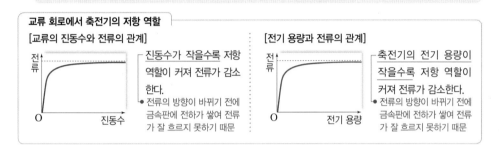

[교류의 진동수와 전류의 관계]

진동수가 작을수록 저항 역할이 커져 전류가 감소한다.
● 전류의 방향이 바뀌기 전에 금속판에 전하가 쌓여 전류가 잘 흐르지 못하기 때문

[전기 용량과 전류의 관계]

축전기의 전기 용량이 작을수록 저항 역할이 커져 전류가 감소한다.
● 전류의 방향이 바뀌기 전에 금속판에 전하가 쌓여 전류가 잘 흐르지 못하기 때문

(2) 교류 회로에서의 코일

① 교류 회로에서 코일의 효과: 코일이 교류 회로에 연결되면 자기 선속의 변화를 방해하는 방향으로 유도 기전력이 생겨서 전류의 흐름을 방해한다. ➡ 코일은 회로에서 저항과 같은 역할을 한다.

② 유도 리액턴스(X_L): 교류 회로에서 코일의 저항 역할 [단위: Ω(옴)]

⬆ 교류 회로에서의 코일

$$X_L = 2\pi f L \ (f: \text{교류의 진동수}, \ L: ^*\text{코일의 자체 유도 계수})$$

교류 회로에서 코일의 저항 역할

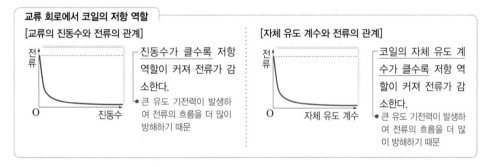

[교류의 진동수와 전류의 관계]

진동수가 클수록 저항 역할이 커져 전류가 감소한다.
● 큰 유도 기전력이 발생하여 전류의 흐름을 더 많이 방해하기 때문

[자체 유도 계수와 전류의 관계]

코일의 자체 유도 계수가 클수록 저항 역할이 커져 전류가 감소한다.
● 큰 유도 기전력이 발생하여 전류의 흐름을 더 많이 방해하기 때문

(3) *공명 진동수(공진 주파수):

교류 전원에 코일과 축전기를 함께 연결하면 회로에 흐르는 전류의 세기는 교류 전원의 진동수가 증가할수록 증가하다가 특정 진동수 f_0에서 최대가 된다. 회로에 전류가 최대가 되는 진동수 f_0을 공명 진동수 또는 공진 주파수라고 한다.

교류 회로와 공명 진동수

교류 전원에 축전기 또는 코일을 연결하면 축전기와 코일이 저항 역할을 하여 전류가 잘 흐르지 못하지만, 회로의 공명 진동수(f_0)를 갖는 교류가 흐를 때 가장 센 전류가 흐를 수 있어 가장 강한 전자기파가 발생한다.

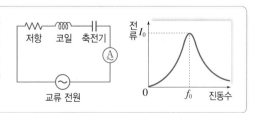

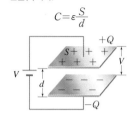

03 전자기파의 발생과 수신

B 전자기파의 수신

1. 안테나를 통한 전자기파의 수신
└● 안테나는 자유 전자가 매우 많은 물질을 재료로 한다.

(1) **안테나의 전자기파 수신 과정**: 안테나의 전자가 전자기파의 전기장으로부터 전기력을 받음 → 전자는 안테나 내부에서 진동 운동을 함 → 안테나에 교류 전류가 흐름

(2) **전자기파 수신 회로**: 전자기파 수신 회로의 2차 코일과 축전기에 의한 공명 진동수가 결정되면, 공명 진동수와 같은 진동수의 전자기파가 수신되고, 전기 회로에 강한 전류가 흐르게 된다.

전자기파의 수신 과정

❶ 전자기파 속에 안테나가 놓인다. → ❷ 전자는 전기장으로부터 전기력을 받는다. → ❸ 안테나 내부의 전자도 위아래로 진동한다. → ❹ 전자의 진동에 따라 1차 회로에 교류가 발생한다. → ❺ 2차 회로의 공명 진동수와 일치한 전자기파의 전류만 흐른다.

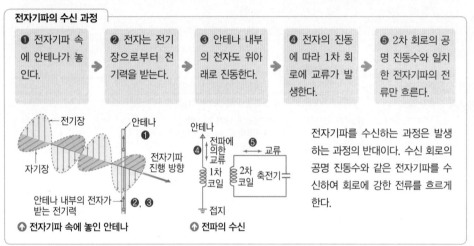

전자기파를 수신하는 과정은 발생하는 과정의 반대이다. 수신 회로의 공명 진동수와 같은 전자기파를 수신하여 회로에 강한 전류를 흐르게 한다.

⬆ 전자기파 속에 놓인 안테나   ⬆ 전파의 수신

2. 안테나의 종류
전기장을 이용한 직선형 안테나(*쌍극자 안테나)와 자기장을 이용한 원형 안테나(*고리 안테나)를 주로 많이 사용한다.

3. 전자기파와 정보 통신

(1) **방송의 원리**: 송신하고자 하는 음성 신호를 전기 신호로 변환하여 ❹변조시키고, 변조된 신호를 안테나를 통해 전파로 송신한다. 라디오에서는 다시 안테나를 통해 전파를 수신하고, 수신된 전파는 ❺복조 과정을 거쳐 음성 신호로 전환된다.

① **변조**: 마이크, 증폭기, 발진기를 이용하여 변화시킨 음성 신호를 전자기파에 첨가하는 과정이다.
- **주파수 변조(FM)**: 교류 신호의 주파수(진동수)를 바꾸는 변조
- **진폭 변조(AM)**: 교류 신호의 진폭을 변화시키는 변조

② **복조**: 수신된 전자기파에서 음성과 영상 신호가 담긴 전기 신호를 추출하는 과정이다.

라디오 방송의 송수신 과정

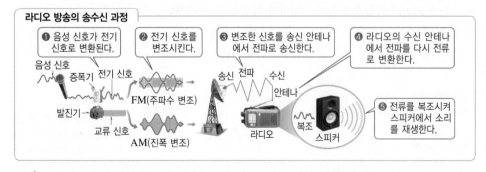

❶ 음성 신호가 전기 신호로 변환된다. ❷ 전기 신호를 변조시킨다. ❸ 변조한 신호를 송신 안테나에서 전파로 송신한다. ❹ 라디오의 수신 안테나에서 전파를 다시 전류로 변환한다. ❺ 전류를 복조시켜 스피커에서 소리를 재생한다.

음성 신호 / 증폭기 / 전기 신호 / 발진기 / 교류 신호 / FM(주파수 변조) / AM(진폭 변조) / 송신 / 전파 / 수신 / 안테나 / 라디오 / 복조 / 스피커

(2) ***무선 통신**: 전자기파의 한 종류인 전파에 정보를 담아 전달하는 통신 방식

★ **쌍극자 안테나의 원리**
축전기 양 극판을 벌려 놓은 안테나로, 쌍극자 안테나의 두 도체 선은 축전기의 양 극판에 해당한다. 축전기에 교류 전류가 흐르면 전기장과 자기장이 서로를 번갈아 유도하면서 공간을 퍼져 나가는 전자기파가 만들어진다.

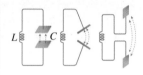

★ **고리 안테나의 원리**
고리를 통과한 자기장 변화에 의해 유도 전류가 발생하여 전류를 수신한다.

★ **NFC(근거리 무선 통신)**
Near Field Communication으로 가까운 거리에서 기기 간의 접촉없이 무선으로 데이터를 송수신할 수 있는 통신 기술이다. 교통카드, 스마트폰 결제 등에 쓰인다.

┌ 용어 ┐

❹ **변조(變 변하다, 調 고르다)**_ 교류 신호에 전기 신호를 첨가하는 과정으로 FM 신호는 주파수 변조를, AM 신호는 진폭 변조를 이용한다.

❺ **복조(復 회복하다, 調 고르다)**_ 수신된 신호에서 원래의 전기 신호를 분리하는 과정

★압전 소자와 코일을 이용한 전파의 송수신

| 과정 |

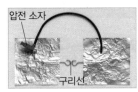

❶ [전자기파 발생기 만들기]
한 변의 길이가 15 cm인 2개의
정사각형 알루미늄 포일 위에 구
리선 2개를 각각 고정하고 둘 사
이 간격이 2 mm~3 mm 정도
가 되도록 한다.

❷ [전자기파 수신기 만들기]
굵은 구리선으로 지름 20 cm의
원형 안테나를 만들고 네온관을
연결한다.

❸ 전자기파 발생기 위에 OHP
필름을 놓고 원형 안테나를 올려
놓는다. 알루미늄 포일 위에 압
전 소자를 놓고, 압전 소자를 눌
러 전기 불꽃 방전을 일으킨다.

└─●압전 소자에서는 높은 전압이 발생하므로 주의해야 한다.

| 결과 | 1. 압전 소자로 전기 방전을 일으킬 때 전기장이 발생하고, 이 전기장에 의해 자기장이 발생하
며, 또다시 자기장에 의해 전기장이 발생하면서 전자기파가 발생한다.
2. 발생한 전자기파를 원형 안테나가 수신하여 원형 안테나에 전류를 흐르게 하므로 네온관에 불
이 켜지게 된다.

| 해석 |

전자기파의 발생	압전 소자에서는 높은 전압을 유도한다. ➡ 가까이 있는 구리선 사이에서 고전압에 의한 방전이 일어나면서 전자기파가 발생한다.
전자기파의 수신	전자기파 발생기에서 발생한 전자기파가 원형 안테나에 수신된다. ➡ 네온관에 불이 켜지는 것으로 전자기파가 수신되는 것을 확인할 수 있다.

같은 탐구 〈다른 실험〉

📖 교학사 교과서에만 나와요.

| 과정 | ❶ [전자기파 송신기 만들기] 하드보드지에 알루미늄 테
이프를 붙여 4개의 판을 만들고 2개를 2 cm 간격으
로 놓은 후, 침핀 끝을 2 mm 간격으로 고정한다. 이
판에 ★압전 세라믹을 연결한다.
❷ [전자기파 수신기 만들기] 남은 2개의 판 사이에 고
정한 필름 통 안쪽을 알루미늄 테이프로 연결한 후,
알루미늄 포일로 만든 작은 구를 통 안에 넣는다. 이
필름 통 뚜껑에 LED를 끼워 짧은 다리는 통 벽의 알루미늄 테이프에 닿
게 하고 긴 다리는 뚜껑 밖에 나오게 한다.
❸ 뚜껑 밖으로 나온 LED의 긴 다리는 건전지의 (+)극에 연결하고, (−)극
에서 나온 집게 전선은 LED와 연결되지 않은 쪽의 수신기에 연결한 후,
송신기의 압전 세라믹 스위치를 눌러 LED에 불이 켜지는지 확인한다.

| 결과 | 수신기에 연결된 LED에 불이 켜진다.

| 해석 | 1. 압전 세라믹 스위치를 누르면 불꽃이 튀며 전기 방전이 일어나고, 송신기에서는 전자기파가
발생한다.
2. 이 전자기파가 수신기 필름 통 속의 알루미늄 구를 진동하게 하여 서로 충돌하면서 전류가 흐
른다.

확인 문제 1. 송신기의 압전 세라믹 스위치를 눌렀을 때 침핀 사이에 어떤 현상이 나타나는지 쓰시오.
2. 수신기 필름 통 속의 알루미늄 구가 진동하는 까닭을 쓰시오.

목표 압전 소자와 코일을 이용하여
전자기파의 발생과 수신 과정을 확인
할 수 있다.

★ 압전 소자
강하게 눌러서 압력을 가했을 때
전압이 발생하는 장치이다.

★ 압전 세라믹
압력이 가해지면 전기를 발생시키
는 장치이다.

확인 문제 답
1. 불꽃이 튄다.
2. 송신기의 전자기파를 수신하
여 전기력을 받기 때문이다.

개념 확인 문제

정답친해 108쪽

**핵심
체크**

• 전자기파의 발생: 전기장이 시간에 따라 변하면 (❶   )이 유도되고, 다시 진동하는 자기장이 (❷   )을 유도하면서 공간을 퍼져 나가는 전자기파가 만들어진다.

• 전자기파의 진행: 전기장과 자기장은 진행 방향에 대하여 서로 수직으로 진동하며, (❸   )의 속력으로 전파된다.

• 교류에서의 축전기: 축전기를 교류 전원에 연결하면 축전기는 저항의 역할을 하는데, 교류 전원의 진동수가 (❹   ), 축전기의 전기 용량이 작을수록 전류를 방해하는 정도가 커진다.

• 교류에서의 코일: 코일을 교류 전원에 연결하면 코일은 (❺   )의 역할을 하는데, 교류 전원의 진동수가 클수록, 코일의 자체 유도 계수가 (❻   ) 전류를 방해하는 정도가 커진다.

• (❼   ): 저항과 코일, 축전기를 교류 전원에 연결한 회로에서 가장 센 전류가 흐를 때의 진동수이다.

• 안테나의 전자가 전자기파의 전기장으로부터 (❽   )을 받아 진동 운동을 하면 안테나에 (❾   ) 전류가 흐른다.

• 라디오 전파의 송수신에서 송신하고자 하는 음성 신호를 전기 신로로 변환하여 교류 신호에 첨가하는 과정을 (❿   )라고 한다.

1 전자기파의 발생과 수신에 대한 설명으로 옳은 것은 ○, 옳지 않은 것은 ×로 표시하시오.

(1) 전기 회로에 교류가 흐르면 전기장의 진동과 자기장의 진동이 서로를 유도하며 진행하는 전자기파가 발생한다.
.... (   )

(2) 코일과 축전기가 연결된 회로에서 가장 센 전류가 흐를 때의 진동수를 공명 진동수라고 한다. .... (   )

(3) 전자기파의 속력은 빛의 속력보다 느리다. ...... (   )

3 전자기파의 발생에 대한 설명이다. (   ) 안에 알맞은 말을 쓰시오.

> 교류 회로에서 축전기에 교류 전원을 연결하면 축전기의 극판 사이에 진동하는 ㉠(   )이 발생하고, 이로 인해 진동하는 ㉡(   )이 발생하여 전자기파가 진행하게 된다.

4 (   ) 안에 알맞은 말을 쓰시오.

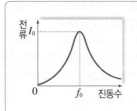

교류 전원의 진동수를 변화시키며 회로에 흐르는 전류를 측정했을 때, 최댓값의 전류 I_0이 흐를 때의 진동수 f_0을 (   )라고 한다.

2 전자기파의 발생과 수신에 대한 설명으로 옳은 것만을 [보기]에서 있는 대로 고르시오.

┌ 보기 ┐
ㄱ. 진동하는 전기장은 일정한 세기의 자기장을 만든다.
ㄴ. 전기장의 진동 방향과 자기장의 진동 방향은 서로 나란하다.
ㄷ. 안테나의 전자는 전자기파의 전기장의 진동에 의해 진동한다.

5 안테나에 대한 설명과 관계있는 것을 옳게 연결하시오.

(1) 전기장을 이용한 안테나 •   • ㉠ 직선형 안테나

(2) 자기장을 이용한 안테나 •   • ㉡ 원형 안테나

대표 자료 분석

자료 ① 공명 진동수

기출 Point
• 축전기, 코일이 연결된 교류 회로 이해하기
• 공명 진동수와 회로에 흐르는 전류 세기 이해하기

[1~3] 그림 (가)는 교류 전원에 저항, 코일, 축전기를
연결한 회로를 나타낸 것이고, (나)는 교류 전원의 진동
수와 전류의 관계를 나타낸 것이다.

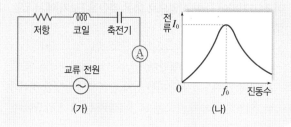

(가)   (나)

1 ( ) 안에 알맞은 말을 고르시오.

(1) (가)에서 축전기는 전기 용량이 (클수록, 작을수록)
전류의 흐름을 방해하는 정도가 작아진다.

(2) (가)에서 코일은 자체 유도 계수가 (클수록, 작을수록)
전류의 흐름을 방해하는 정도가 작아진다.

(3) (나)에서 f_0일 때 가장 (강한, 약한) 전자기파가 발
생한다.

2 (가)에서 축전기의 전기 용량과 코일의 자체 유도
계수를 각각 2배로 증가시켰을 때 전류가 최대인 교류
전원의 진동수는 (나)의 f_0의 몇 배가 되는지 쓰시오.

3 빈출 선택지로 **완벽 정리!**

(1) (가)에서 축전기는 저항의 역할을 한다. ─ (○ / ×)

(2) (가)에서 코일은 전류의 흐름에 영향을 주지 않는다.
────────────────────── (○ / ×)

(3) (나)에서 최대 전류가 흐를 때의 진동수를 공명 진
동수라고 한다. ─────────── (○ / ×)

자료 ② 전자기파의 수신

기출 Point
• 안테나를 통한 전자기파의 수신 과정 이해하기
• 안테나의 종류와 원리 이해하기

[1~2] 그림 (가)는 전자기파가 안테나를 지나는 모습을
나타낸 것이고, (나)는 전자기파 수신 회로를 나타낸 것
이다.

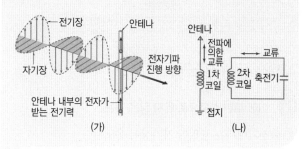

(가)   (나)

1 안테나에서 전자기파가 수신되는 원리에 대한 설명
이다. ( ) 안에 알맞은 말을 쓰시오.

전자기파가 금속으로 된 안테나에 도달하면 전자기파의
㉠( ) 진동에 의해 안테나 내부의 전자가 진동한
다. 안테나 내부의 전자가 진동하면 안테나에 연결된 회
로에는 ㉡( ) 전류가 흐른다.

2 빈출 선택지로 **완벽 정리!**

(1) 전기장과 자기장은 수직이다. ─────── (○ / ×)

(2) 자기장은 안테나의 전자를 진동하게 한다.
────────────────────── (○ / ×)

(3) 전자기파 수신 회로에는 모든 진동수의 전자기파가
수신된다. ─────────────── (○ / ×)

(4) 전자기파를 수신하는 과정은 전자기파가 발생하는
과정의 반대 과정이다. ───────── (○ / ×)

A 전자기파의 발생

[01~02] 그림은 축전기에 교류 전원을 연결할 때 축전기의 두 금속판 사이에서 전자기파가 발생하는 회로를 나타낸 것이다.

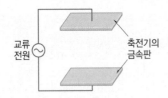

01 이에 대한 설명으로 옳지 <u>않은</u> 것은?

① 축전기에서는 균일한 자기장이 유도된다.
② 두 금속판 사이에는 진동하는 전기장이 발생한다.
③ 전자기파의 진동수는 교류 전원의 진동수와 같다.
④ 축전기의 두 금속판을 펼치면 안테나가 된다.
⑤ 교류 전원을 직류 전원으로 바꾸면 전자기파가 발생하지 않는다.

02 다음은 교류 회로에서 전자기파가 발생하는 과정을 나타낸 것이다.

> 축전기에 교류 전원 연결 → 축전기 극판 사이에 (㉠) 발생 → (㉠)으로 인해 (㉡) 발생 → (㉠) 과 (㉡)이 서로를 유도하며 전자기파가 진행

㉠과 ㉡에 들어갈 말을 옳게 짝 지은 것은?

	㉠	㉡
①	진동하는 전기장	진동하는 자기장
②	진동하는 전기장	일정한 자기장
③	진동하는 자기장	진동하는 전기장
④	진동하는 자기장	일정한 전기장
⑤	일정한 전기장	일정한 자기장

03 그림은 진공에서 진행하는 전자기파의 어느 순간의 모습을 나타낸 것이다. 전기장은 xz 평면상에서, A는 yz 평면상에서 진동한다.

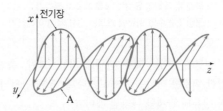

이 전자기파에 대한 설명으로 옳은 것만을 [보기]에서 있는 대로 고른 것은?

> [보기]
> ㄱ. z축 방향으로 진행한다.
> ㄴ. 일정한 속도로 운동하는 전자 근처에서 발생한 것이다.
> ㄷ. 일정한 전류가 흐르는 도선 주위에는 A가 발생한다.

① ㄱ   ② ㄴ   ③ ㄱ, ㄷ
④ ㄴ, ㄷ   ⑤ ㄱ, ㄴ, ㄷ

04 교류 전원에 축전기와 코일이 각각 연결된 회로가 있을 때, 이 교류 회로에서 전류를 방해하는 정도가 더 커지는 경우로 옳은 것만을 [보기]에서 있는 대로 고른 것은?

> [보기]
> ㄱ. 전기 용량이 더 큰 축전기를 연결한 경우
> ㄴ. 자체 유도 계수가 더 작은 코일을 연결한 경우
> ㄷ. 코일에 연결된 교류 전원의 진동수가 더 작은 경우
> ㄹ. 축전기에 연결된 교류 전원의 진동수가 더 작은 경우

① ㄱ   ② ㄹ   ③ ㄴ, ㄷ
④ ㄱ, ㄴ, ㄹ   ⑤ ㄴ, ㄷ, ㄹ

05 그림 (가), (나)는 동일한 전구와 코일을 각각 직류 전원과 교류 전원에 연결한 것을 나타낸 것이다. (가), (나)에서 각 전원의 전압의 크기는 같다.

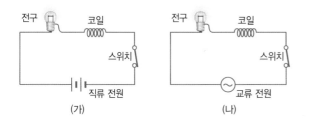

(가)   (나)

이에 대한 설명으로 옳은 것만을 [보기]에서 있는 대로 고른 것은?

┌─[보기]─────────────────────────────┐
│ ㄱ. (나)에서 코일 내부 자기장의 세기는 일정하다. │
│ ㄴ. 전구에 흐르는 전류의 세기는 (가)가 (나)보다 세다. │
│ ㄷ. 전구의 밝기는 (나)가 (가)보다 밝다. │
└───────────────────────────────────┘

① ㄱ   ② ㄴ   ③ ㄱ, ㄷ
④ ㄴ, ㄷ   ⑤ ㄱ, ㄴ, ㄷ

06 교류 전원의 진동수에 따른 코일과 축전기의 리액턴스 변화를 나타낸 그래프로 가장 적절한 것은?

①
②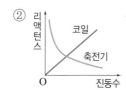
③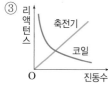
④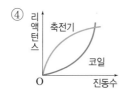
⑤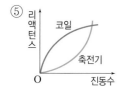

07 그림은 전구와 축전기를 직렬연결한 후 스위치를 A에 연결하면 직류 전원에, 스위치를 B에 연결하면 교류 전원에 연결되는 회로를 나타낸 것이다.

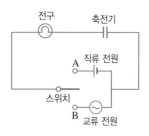

이에 대한 설명으로 옳은 것만을 [보기]에서 있는 대로 고른 것은?

┌─[보기]─────────────────────────────┐
│ ㄱ. 스위치를 A에 연결하면 전구가 잠깐 켜졌다가 꺼진다. │
│ ㄴ. 스위치를 B에 연결하면 전구가 계속 켜져 있다. │
│ ㄷ. 스위치를 B에 연결하면 축전기의 저항 역할은 0이다. │
└───────────────────────────────────┘

① ㄱ   ② ㄷ   ③ ㄱ, ㄴ
④ ㄴ, ㄷ   ⑤ ㄱ, ㄴ, ㄷ

^{서술형}
08 그림은 동일한 전구 A, B와 축전기, 코일을 교류 전원에 병렬연결한 것을 나타낸 것이다.

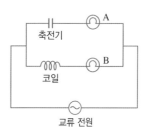

교류 전원의 진동수를 증가시켰을 때 A, B의 밝기는 각각 어떻게 변하는지 서술하시오.

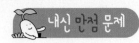

09 그림은 교류 전원에 저항과 축전기가 직렬연결된 회로를 나타낸 것이다.

회로에 흐르는 전류의 세기를 교류 전원의 진동수에 따라 나타낸 그래프로 가장 적절한 것은?

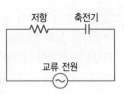

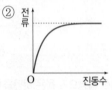

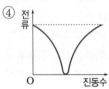

10 그림 (가), (나)는 동일한 전구 A, B를 축전기와 코일에 각각 직렬연결한 후, 동일한 교류 전원에 연결한 것을 나타낸 것이다. 이때 A, B에 불이 켜졌다.

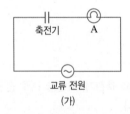

(가)

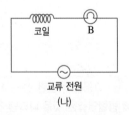

(나)

교류 전원의 진동수를 증가시킬 때 A, B의 밝기 변화를 옳게 짝 지은 것은?

	A	B
①	밝아진다	밝아진다
②	밝아진다	변화 없다
③	밝아진다	어두워진다
④	어두워진다	밝아진다
⑤	어두워진다	어두워진다

B 전자기파의 수신

11 (서술형) 그림과 같이 전파 발생 장치에서 발생한 전파가 전파 수신 장치로 전달되고 있다.

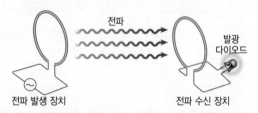

전파 수신 장치에 연결된 발광 다이오드의 밝기를 최대로 하기 위한 방법을 간단히 서술하시오.

12 그림은 전자기파가 직선형 안테나를 지나가는 어느 순간의 모습을 나타낸 것이다.

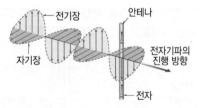

이에 대한 설명으로 옳은 것만을 [보기]에서 있는 대로 고른 것은?

[보기]
ㄱ. 전자는 전기장에 의해 전기력을 받아 운동한다.
ㄴ. 전기장의 방향이 반대가 되면 전자에 작용하는 전기력의 방향도 반대가 된다.
ㄷ. 전자기파가 안테나를 계속 지나가면 안테나에는 세기가 일정한 전류가 계속 흐른다.

① ㄱ   ② ㄴ   ③ ㄱ, ㄴ

④ ㄱ, ㄷ   ⑤ ㄱ, ㄴ, ㄷ

13 그림은 세기가 일정하고 진동수가 f_0인 전자기파를 코일, 축전기, 저항이 연결된 회로로 수신하는 모습을 나타낸 것이다.

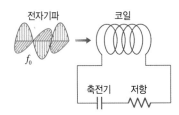

이에 대한 설명으로 옳지 <u>않은</u> 것은?

① 코일은 교류의 진동수가 클수록 전류를 잘 흐르지 못하게 한다.

② 축전기는 교류의 진동수가 작을수록 전류를 잘 흐르지 못하게 한다.

③ 전자기파가 코일에 도달하면 코일에는 유도 전류가 흐른다.

④ 회로의 공명 진동수가 f_0이 되도록 하면 회로에 흐르는 교류의 진폭은 최소가 된다.

⑤ 회로의 공명 진동수는 저항의 저항값과는 관계가 없다.

14 그림은 전자기파를 수신하는 안테나와 스피커 장치에 들어 있는 수신 회로를 나타낸 것이다.

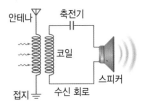

이에 대한 설명으로 옳은 것만을 [보기]에서 있는 대로 고른 것은?

─[보기]─
ㄱ. 안테나에는 특정한 진동수의 전자기파만 도달한다.
ㄴ. 수신 회로에는 특정한 진동수의 교류만 흐를 수 있다.
ㄷ. 축전기의 전기 용량이 클수록 긴 파장의 전자기파가 센 전류를 흐르게 한다.

① ㄱ   ② ㄴ   ③ ㄱ, ㄷ
④ ㄴ, ㄷ   ⑤ ㄱ, ㄴ, ㄷ

15 그림 (가)는 압전 소자에 연결된 두 구리선을 알루미늄박에 각각 고정시키고 가까이 놓은 모습을 나타낸 것이다. (가)의 알루미늄박에 (나)와 같이 네온관을 연결한 원형 도선을 가까이 한 후 압전 소자를 눌렀더니 네온관에 빛이 들어왔다.

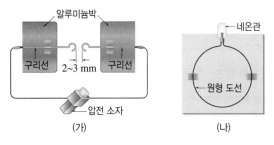

(가)   (나)

이에 대한 설명으로 옳은 것만을 [보기]에서 있는 대로 고른 것은?

─[보기]─
ㄱ. (가)에서 압전 소자를 누르면 두 구리선 사이에 순간적으로 높은 전압이 걸린다.
ㄴ. (가)에서 압전 소자를 누르면 주위 공기 분자들이 진동하면서 전자기파를 발생시킨다.
ㄷ. 전자기파가 (나)의 원형 도선을 통과하면 원형 도선에 전류가 유도된다.

① ㄱ   ② ㄴ   ③ ㄱ, ㄷ
④ ㄴ, ㄷ   ⑤ ㄱ, ㄴ, ㄷ

16 그림은 라디오 방송의 과정을 나타낸 것이다.

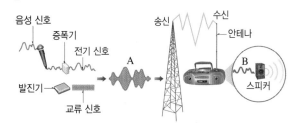

이에 대한 설명으로 옳은 것만을 [보기]에서 있는 대로 고른 것은?

─[보기]─
ㄱ. AM 라디오 방송의 과정을 나타낸 것이다.
ㄴ. A는 교류 신호에서 전기 신호를 분리하는 과정이다.
ㄷ. B에는 복조 과정이 들어가야 한다.

① ㄱ   ② ㄴ   ③ ㄱ, ㄷ
④ ㄴ, ㄷ   ⑤ ㄱ, ㄴ, ㄷ

04 볼록 렌즈에 의한 상

핵심
포인트
Ⓐ 볼록 렌즈와 초점 ★★
볼록 렌즈에 의한 상의 작도 ★★★
Ⓑ 배율 ★★
렌즈 방정식 ★★★
Ⓒ 돋보기의 원리 ★★
망원경과 현미경의 원리 ★★

Ⓐ 볼록 렌즈에 의한 상

1. *볼록 렌즈 ^①굴절을 이용해 빛을 모으는 기구로, 가운데가 가장자리보다 더 두꺼운 렌즈

> **볼록 렌즈의 초점** ● 렌즈의 중심과 렌즈의 곡률 중심을 연결한 직선
> ❶ 볼록 렌즈의 광축에 나란하게 입사한 빛은 볼록 렌즈를 지나 초점 F에 모인다.
> ❷ 렌즈의 중심에서 초점 F까지의 거리를 초점 거리 f라고 한다.

[초점으로 빛이 모이는 경우]

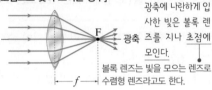

광축에 나란하게 입사한 빛은 볼록 렌즈를 지나 초점에 모인다.
볼록 렌즈는 빛을 모으는 렌즈로 수렴형 렌즈라고도 한다.

[초점에서 빛이 나오는 경우]

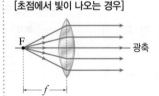

볼록 렌즈의 초점에서 퍼져 나가는 빛은 렌즈를 지나 광축에 나란하게 진행한다.

2. 볼록 렌즈를 지나는 광선의 경로 다음의 세 가지 방법 중에서 2개를 선택하여 작도하면 볼록 렌즈에 의한 상의 위치와 크기를 쉽게 알아낼 수 있다.

❶ 광축에 나란하게 입사한 광선은 굴절 후 초점을 지난다.	❷ 초점을 지나 입사한 광선은 굴절 후 광축에 나란하게 진행한다.	❸ 렌즈의 중심을 지나는 광선은 굴절 후 경로가 바뀌지 않고 직진한다.
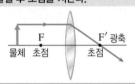	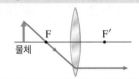	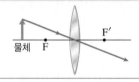

3. 볼록 렌즈에 의한 상 물체의 위치에 따라 다른 상이 생긴다. _{완자쌤 비법특강 265쪽}

> **볼록 렌즈에 의한 상의 작도**
>
> **[물체가 초점 바깥쪽에 있을 때] - 실상이 생김**
> Real Image. 실제 빛이 모여 만든 상이다.
>
>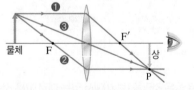
>
> ❶ 물체에서 나온 빛이 광축에 나란히 진행하다가 렌즈를 통과한 후 초점 F′를 지난다.
> ❷ 물체에서 나온 빛이 초점을 지나 렌즈를 통과한 후 광축과 나란히 진행한다.
> ❸ 물체에서 나온 빛이 렌즈 중심을 지나 직진한다.
> ➡ 이 세 광선이 만난 점 P에 상이 생기는데, 이 상은 실제로 진행한 빛이 한 곳에 모여 생기기 때문에 실상이라고 하며 *거꾸로 선 모양으로 보인다.
>
> **[물체가 초점 안쪽에 있을 때] - 허상이 생김**
> Virtual Image. 실제 빛이 모여 만든 상이 아니다.
>
>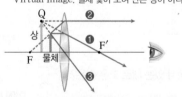
>
>
> ❶ 물체에서 나온 빛이 광축에 나란히 진행하다가 렌즈를 통과한 후 초점 F′를 지난다.
> ❷ 물체에서 나온 빛이 렌즈의 초점에서 나온 것처럼 진행하여 렌즈를 통과한 후 광축과 나란히 진행한다.
> ❸ 물체에서 나온 빛이 렌즈 중심을 지나 직진한다.
> ➡ 이 세 광선의 연장선이 만난 점 Q에 상이 생기는데, 실제로 빛이 지나가지 않기 때문에 허상이라고 하며, 크기가 물체보다 크고 *바로 서 있는 모양이다.

★ **볼록 렌즈**
2개의 원이 겹쳐진 부분과 같이 가장자리보다 가운데 부분이 두꺼운 렌즈이다. 렌즈의 중심 C_1, C_2를 잇는 직선을 광축이라고 한다.

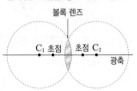

주의해
초점에 물체가 있는 경우
초점에 물체가 있으면 렌즈를 지난 광선이 나란하게 진행하여 만나지 않는다. 따라서 상이 생기지 않는다.

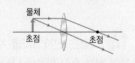

★ **거꾸로 선 상**
거꾸로 선 상을 한자어로 표현하여 도립상(倒立像)이라고 한다.

★ **바로 서 있는 상**
똑바로 선 상을 한자어로 표현하여 정립상(正立像)이라고 한다.

용어
①**굴절(屈 굽다, 折 꺾다)**_파동이 서로 다른 매질을 지나면서 속력이 달라 진행 방향이 꺾이는 현상

B 렌즈 방정식과 배율

1. 배율 물체의 크기와 상의 크기의 비율을 *배율 m이라고 한다.
└→ 배율은 영어로 magnification이다.

$$m = \frac{\text{상의 크기}}{\text{물체의 크기}} = \left| \frac{b}{a} \right| \quad \binom{a: \text{물체에서 렌즈까지의 거리}}{b: \text{상에서 렌즈까지의 거리}}$$

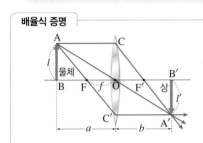

- 그림에서 △AOB와 △A′OB′는 서로 닮음이다.
- 물체의 크기: l, 상의 크기: l'
- 물체에서 렌즈까지 거리: a, 상에서 렌즈까지 거리: b
- 배율 m은 물체의 크기와 상의 크기의 비율이다.

$$m = \frac{\overline{A'B'}}{\overline{AB}} = \frac{\overline{OB'}}{\overline{OB}} = \frac{l'}{l} = \left| \frac{b}{a} \right|$$

2. 렌즈 방정식

(1) 볼록 렌즈에 의한 상의 위치는 볼록 렌즈의 초점 거리와 물체의 위치에 따라 달라진다.

(2) 위의 그림에서 △ABF와 △FOC′는 서로 닮음이므로, $\dfrac{\overline{AB}}{\overline{BF}} = \dfrac{\overline{C'O}}{\overline{OF}}$에서 $\dfrac{l}{a-f} = \dfrac{l'}{f}$이다.

배율의 정의 $m = \dfrac{l'}{l} = \left| \dfrac{b}{a} \right|$를 이용하여 정리하면 $af + bf = ab$이다. 따라서 양변을 abf로 나누면 다음과 같은 식을 얻을 수 있는데, 이를 렌즈 방정식이라고 한다.

$$\frac{1}{a} + \frac{1}{b} = \frac{1}{f}$$ ─● 볼록 렌즈는 (+)값을 갖는다.
└→ 실상은 (+)값, 허상은 (−)값을 갖는다.

★ 배율의 종류
- $m > 1$: 물체보다 상의 크기가 큰 경우
- $m = 1$: 물체와 상의 크기가 같은 경우
- $m < 1$: 물체보다 상의 크기가 작은 경우

주의해
렌즈 방정식의 해
렌즈 방정식을 통해 문제를 풀 때는 부호를 잘 적용해야 한다. 특히 허상은 (−)부호를 갖는다는 것에 주의해야 한다.</p>

C 볼록 렌즈의 이용

 비상, 지학사 교과서에만 나와요

돋보기

볼록 렌즈의 초점 안쪽에 확대하고자 하는 물체를 두면 작은 물체를 크게 확대한 허상을 볼 수 있다.
└→ 돋보기로 보이는 상은 확대된 바로 선 허상이다.

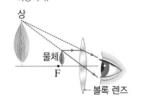

망원경과 현미경

볼록 렌즈 2개를 이용해 ❷대물렌즈에 의한 상을 ❸접안렌즈의 물체가 되도록 하면 멀리 떨어진 물체나 매우 작은 물체를 크게 확대한 허상을 볼 수 있다.
└→ 실상

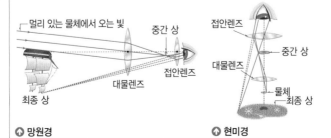
⬆ 망원경 ⬆ 현미경

용어
❷ **대물렌즈(對** 대하다, **物** 물건, **Lens)**_광학기기에서 물체에 가까운 쪽의 렌즈
❸ **접안렌즈(接** 잇다, **眼** 눈, **Lens)**_광학기기에서 눈에 가까운 쪽의 렌즈</p>

04. 볼록 렌즈에 의한 상 263

개념 확인 문제

핵심
체크

정답친해 112쪽

- (❶   ): 굴절을 이용해 빛을 모으는 기구로, 가운데 부분이 가장자리보다 더 두꺼운 렌즈이다.
- 볼록 렌즈의 (❷   )에 나란하게 입사한 빛은 렌즈에서 나온 후 볼록 렌즈의 (❸   )에 모인다.
- 볼록 렌즈의 중심을 지나는 광선은 굴절 후 경로가 바뀌지 않고 (❹   )한다.
- 볼록 렌즈에 의한 상: 물체가 초점 바깥쪽에 있을 때는 실제로 진행한 빛이 한 곳에 모여 생기므로 (❺   )
  이 생기고, 거꾸로 선 모양으로 보인다. 물체가 초점 안쪽에 있을 때는 광선의 연장선이 만난 곳에 상이 생기므로
  (❻   )이 생기고, 크기가 물체보다 크고 바로 서 있는 모양으로 보인다.
- (❼   ): 물체의 크기와 상의 크기의 비율이다.
- 렌즈 방정식: 볼록 렌즈에 의한 상의 위치는 볼록 렌즈의 (❽   )와 물체의 위치에 따라 달라진다.
- 돋보기: 볼록 렌즈의 초점 안쪽에 확대하고자 하는 물체를 두면 작은 물체를 크게 확대한 (❾   )을 볼 수 있다.

1 볼록 렌즈는 빛의 어떤 현상을 이용한 광학 기기인가?

① 반사   ② 굴절   ③ 간섭
④ 회절   ⑤ 편광

2 볼록 렌즈에 대한 설명으로 옳은 것은 ○, 옳지 <u>않은</u> 것은
×로 표시하시오.

(1) 볼록 렌즈는 가운데 부분이 가장자리보다 두꺼운 렌즈
이다. ⋯⋯⋯⋯⋯⋯⋯⋯⋯⋯⋯⋯⋯⋯ (   )
(2) 볼록 렌즈에서 광축에 나란하게 입사한 광선은 렌즈를
지나 초점에 모인다. ⋯⋯⋯⋯⋯⋯⋯⋯⋯ (   )
(3) 볼록 렌즈의 초점에서 퍼져 나온 빛은 렌즈를 지나 초
점에 모인다. ⋯⋯⋯⋯⋯⋯⋯⋯⋯⋯⋯⋯ (   )

3 볼록 렌즈에 의한 상을 옳게 연결하시오.

(1) 물체가 초점 안쪽에 있을 때 •   • ㉠ 실상이 생김
(2) 물체가 초점 바깥쪽에 있을 때 •   • ㉡ 허상이 생김
(3) 물체가 초점 위에 있을 때 •   • ㉢ 상이 생기지 않음

4 렌즈를 지나는 광선을 추적하는 방법으로 옳은 것만을
[보기]에서 있는 대로 고르시오.

┌─[보기]─────────────────────────
│ ㄱ. 광축에 나란하게 입사한 광선은 굴절 후 초점을 지
│   난다.
│ ㄴ. 초점을 지나 입사한 광선은 굴절 후 렌즈의 반대편 초
│   점을 지난다.
│ ㄷ. 렌즈의 중심을 지나는 광선은 굴절 후 경로가 바뀌지
│   않고 직진한다.
└───────────────────────────────

5 그림과 같이 초점 거리가 **12 cm**인 볼록 렌즈가 있다.

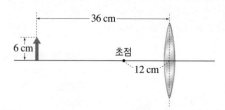

렌즈에서 왼쪽으로 **36 cm** 떨어진 지점에 크기가 **6 cm**인 물
체가 놓여 있을 때, ㉠ 물체의 상이 생기는 위치와 ㉡ 상의 크기
는 몇 **cm**인지 쓰시오.

볼록 렌즈에 의한 상

○ 정답친해 112쪽

우리는 앞에서 물체의 위치에 따라 볼록 렌즈가 만드는 상의 종류에 대해 알아보았어요. 렌즈에서 가장 중요한 초점을 기준으로 할 때 물체가 놓이는 장소에 따라 어떤 크기의 상이 만들어질까요? 매우 어려운 내용이지만 매우 중요한 것이므로 완벽하게 잘 정리해서 반드시 여러분 것으로 만들어 보아요.

❶ 물체가 2F(초점 거리 2배 되는 곳)에 있을 때

작도를 이용하는 방법	렌즈 방정식을 이용하는 방법
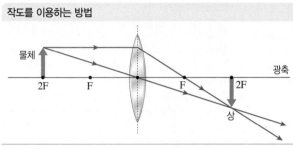	① 렌즈 방정식에서 렌즈에서 물체까지 거리는 $2f$, 초점 거리가 f이므로 이것을 대입하면 $\frac{1}{2f}+\frac{1}{b}=\frac{1}{f}$이 된다. 따라서 $b=2f$이다. ② 배율은 $m=\frac{b}{a}=\frac{2f}{2f}=1$이므로 상의 크기는 물체의 크기와 같다.

➡ 물체와 크기가 같고 거꾸로 선 실상이 생긴다.

❷ 물체가 F와 2F 사이에 있을 때

작도를 이용하는 방법	렌즈 방정식을 이용하는 방법
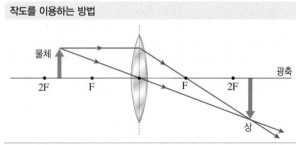	① 렌즈 방정식 $\frac{1}{a}+\frac{1}{b}=\frac{1}{f}$을 b에 대해 정리하면 $\frac{1}{b}=\frac{1}{f}-\frac{1}{a}=\frac{a-f}{af}$이므로 $b=\frac{af}{a-f}=\frac{f}{1-\frac{f}{a}}$가 된다. ② 물체가 2F인 곳에 있을 때보다 a가 작아졌으므로 b는 더 커지게 된다.

➡ 물체보다 크고 거꾸로 선 실상이 생긴다.

❸ 물체가 2F보다 먼 곳에 있을 때

작도를 이용하는 방법	렌즈 방정식을 이용하는 방법
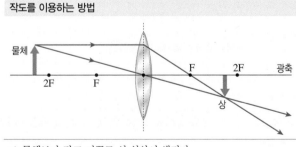	$b=\frac{f}{1-\frac{f}{a}}$에서 물체가 2F인 곳에 있을 때보다 a가 커졌으므로 b는 작아지게 된다.

➡ 물체보다 작고 거꾸로 선 실상이 생긴다.

Q1 물체와 볼록 렌즈 사이의 거리가 초점 거리보다 길 때 물체의 한 점에서 퍼져 나간 빛이 렌즈를 통과한 후 다시 한 점에 모이므로 ㉠(바로, 거꾸로) 선 ㉡(실상, 허상)이 생긴다.

대표 자료 분석

자료 ① 볼록 렌즈에 의한 상

기출 Point
• 볼록 렌즈에 의해 만들어지는 상의 종류 이해하기
• 볼록 렌즈에 의해 만들어지는 상의 크기 이해하기

[1~2] 그림 (가)는 볼록 렌즈의 초점 바깥쪽에 물체를 두었을 때, (나)는 볼록 렌즈의 초점 안쪽에 물체를 두었을 때 각각에서 만들어지는 상을 나타낸 것이다.

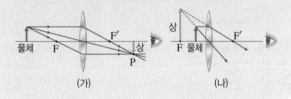

(가)   (나)

1 (가)에서 물체를 렌즈 쪽으로 가까이 가져와 F에 놓기 전까지의 상의 변화를 설명한 것이다. (   ) 안에 알맞은 말을 고르시오.

(1) 상은 계속 (실상, 허상)이다.

(2) 상의 크기는 점점 (커진다, 작아진다).

(3) 거꾸로 선 상에서 바로 선 상으로 (바뀐다, 바뀌지 않는다).

2 빈출 선택지로 **완벽 정리!**

(1) (가)의 상은 허상이다. ────── (○ / ×)

(2) (나)의 상은 실상이다. ────── (○ / ×)

(3) (가)의 원리를 이용한 예가 돋보기이다. ── (○ / ×)

(4) 볼록 렌즈는 빛을 모으는 데 사용한다. ── (○ / ×)

(5) 물체에서 나와 렌즈의 초점을 지난 빛은 렌즈를 통과한 후 광축과 나란히 진행한다. ────── (○ / ×)

(6) (나)는 실제 물체보다 큰 상을 얻을 수 있다.
────── (○ / ×)

자료 ② 렌즈 방정식과 배율

기출 Point
• 물체의 크기에 대한 상의 크기를 비율로 표현하기
• 물체의 위치에 따른 상의 위치 찾기

[1~4] 그림과 같이 초점 거리가 10 cm인 볼록 렌즈에서 50 cm 떨어진 지점에 크기가 2 cm인 물체를 놓았다.

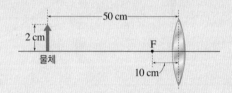

1 상이 볼록 렌즈를 기준으로 어느 쪽에 생기는지 쓰시오.

2 이 볼록 렌즈에 의해 생기는 상의 크기를 쓰시오.

3 물체를 초점에 둘 때 생기는 상의 크기는?

① 1 cm   ② 2 cm   ③ 2.5 cm

④ 4 cm   ⑤ 상이 생기지 않는다.

4 빈출 선택지로 **완벽 정리!**

(1) 배율이 1이면 상의 크기와 물체의 크기가 같다.
────── (○ / ×)

(2) 물체가 F와 2F 사이에 있을 때 배율은 1보다 작다.
────── (○ / ×)

(3) 물체가 렌즈와 F 사이에 있을 때 크고 바로 선 허상을 얻을 수 있다. ────── (○ / ×)

내신 만점 문제

A 볼록 렌즈에 의한 상

01 그림과 같이 볼록 렌즈의 중심을 지나는 광축 위에 물체가 놓여 있으며, 물체는 초점 F와 렌즈 사이에 있다.

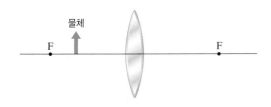

이에 대한 설명으로 옳은 것만을 [보기]에서 있는 대로 고른 것은?

──[보기]──
ㄱ. 상은 허상이다.
ㄴ. 거꾸로 선 상이 생긴다.
ㄷ. 상의 크기는 물체보다 작다.

① ㄱ　　　　② ㄷ　　　　③ ㄱ, ㄴ
④ ㄱ, ㄷ　　　⑤ ㄴ, ㄷ

02 볼록 렌즈에 의한 상에 대한 설명으로 옳은 것만을 [보기]에서 있는 대로 고른 것은?

──[보기]──
ㄱ. 물체를 초점 안쪽에 두면 거꾸로 선 상이 생긴다.
ㄴ. 물체를 초점에 두면 상의 크기가 가장 크다.
ㄷ. 물체를 초점 바깥쪽에 두고 렌즈에서 멀리 가져가면 상의 크기는 점점 작아진다.

① ㄱ　　　　② ㄷ　　　　③ ㄱ, ㄴ
④ ㄱ, ㄷ　　　⑤ ㄴ, ㄷ

03 그림 (가)는 초점 거리가 f인 볼록 렌즈의 중심 L로부터 왼쪽으로 $2f$만큼 떨어진 위치에 물체를 놓은 모습을 나타낸 것이다. 그림 (나)는 (가)에서 렌즈의 $\frac{1}{4}$ 정도를 빛이 통과하지 못하는 검은 천으로 가린 모습을 나타낸 것이다.

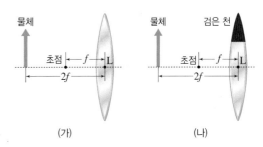

이에 대한 설명으로 옳은 것만을 [보기]에서 있는 대로 고른 것은?

──[보기]──
ㄱ. (가)에서 상은 L의 오른쪽 $2f$ 지점에 생긴다.
ㄴ. (나)에서 상은 L의 오른쪽 $2f$ 지점에 생긴다.
ㄷ. (나)에서 상의 모습은 (가)에서보다 흐리다.

① ㄱ　　　　② ㄴ　　　　③ ㄱ, ㄷ
④ ㄴ, ㄷ　　　⑤ ㄱ, ㄴ, ㄷ

서술형

04 그림과 같이 초점 거리가 f인 볼록 렌즈의 초점에 물체를 두고 화살표 방향으로 물체를 이동하였다.

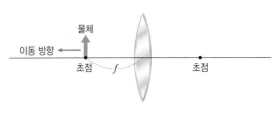

이때 상의 크기 변화를 서술하시오.

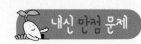

B 렌즈 방정식과 배율

05 그림과 같이 초점 거리가 15 cm인 볼록 렌즈의 중심 L로부터 30 cm 떨어진 지점에 4 cm 크기의 물체가 놓여 있다.

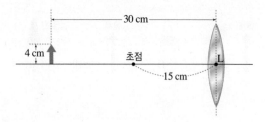

이 렌즈에 의해 생기는 상의 크기는?

① 2 cm   ② 4 cm   ③ 6 cm

④ 8 cm   ⑤ 10 cm

06 그림은 초점 거리가 10 cm인 볼록 렌즈로부터 20 cm 떨어진 지점에 물체를 놓았을 때 생긴 상을 나타낸 것이다.

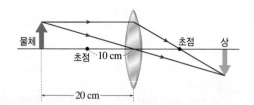

물체를 렌즈 쪽으로 5 cm 이동시킬 때 상의 위치 변화로 옳은 것은?

① 렌즈 쪽으로 5 cm 이동한다.

② 렌즈 쪽으로 10 cm 이동한다.

③ 렌즈 반대쪽으로 5 cm 이동한다.

④ 렌즈 반대쪽으로 10 cm 이동한다.

⑤ 렌즈 반대쪽으로 20 cm 이동한다.

07 그림 (가)는 볼록 렌즈에 평행 광선을 입사시켰을 때, 렌즈 중심 L로부터 5 cm 떨어진 광축상의 한 점에 광선이 모이는 모습을 나타낸 것이다. 그림 (나)는 (가)에서 L 왼쪽 2 cm 지점에 물체를 놓은 모습을 나타낸 것이다.

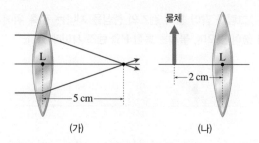

(나)에서 볼록 렌즈에 의한 상의 위치는?

① L 왼쪽 3 cm 지점   ② L 왼쪽 $\dfrac{10}{3}$ cm 지점

③ L 오른쪽 3 cm 지점   ④ L 오른쪽 $\dfrac{10}{3}$ cm 지점

⑤ L 오른쪽 7 cm 지점

08 그림과 같이 크기가 10 cm인 물체를 볼록 렌즈로부터 30 cm 위치에 놓았더니 볼록 렌즈 뒤쪽 30 cm 위치에 물체의 상이 생겼다.

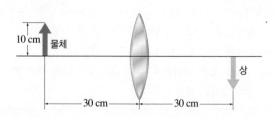

물체를 렌즈 앞 10 cm 위치로 옮겨 놓았을 때 생기는 ㉠ 상의 종류와 ㉡ 상의 크기를 쓰시오.

C 볼록 렌즈의 이용

(서술형)

09 그림은 광학기기 P를 통해 장난감 사자를 확대해 보는 것을 나타낸 것이다.

P는 어떤 광학기기인지 쓰고, P를 통해 장난감 사자가 확대되는 원리를 서술하시오.

10 그림은 케플러식 망원경의 구조를 모식적으로 나타낸 것이다. 대물렌즈의 중심 L_1과 접안렌즈의 중심 L_2 사이의 거리가 L일 때 달이 가장 선명하게 보였다. 접안렌즈의 초점 거리는 f이다.

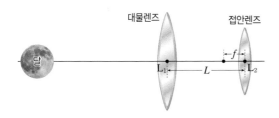

이에 대한 설명으로 옳은 것만을 [보기]에서 있는 대로 고른 것은?

─[보기]─
ㄱ. 대물렌즈의 초점 거리는 L보다 커야 한다.
ㄴ. 접안렌즈를 통해 보이는 상은 허상이다.
ㄷ. 대물렌즈에 의한 상과 접안렌즈 사이의 거리는 f보다 작다.

① ㄱ   ② ㄴ   ③ ㄱ, ㄴ
④ ㄴ, ㄷ   ⑤ ㄱ, ㄴ, ㄷ

11 망원경에 대한 설명으로 옳은 것만을 [보기]에서 있는 대로 고른 것은?

─[보기]─
ㄱ. 대물렌즈의 크기는 접안렌즈의 크기보다 크다.
ㄴ. 대물렌즈가 물체에서 나온 빛을 모아 바로 선 허상을 만든다.
ㄷ. 접안렌즈를 통해 본 물체의 모습은 실제 모습에 대해 거꾸로 서 있다.

① ㄱ   ② ㄷ   ③ ㄱ, ㄴ
④ ㄱ, ㄷ   ⑤ ㄴ, ㄷ

★중요★
12 그림은 광학 현미경으로 물체를 확대해서 보는 과정을 모식적으로 나타낸 것이다.

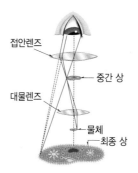

이에 대한 설명으로 옳은 것만을 [보기]에서 있는 대로 고른 것은?

─[보기]─
ㄱ. 2개의 볼록 렌즈를 사용한다.
ㄴ. 물체를 대물렌즈의 초점 안쪽에 두어야 한다.
ㄷ. 접안렌즈에 의한 상을 대물렌즈의 물체가 되도록 하여 확대된 상을 얻는다.

① ㄱ   ② ㄴ   ③ ㄱ, ㄷ
④ ㄴ, ㄷ   ⑤ ㄱ, ㄴ, ㄷ

전자기파의 간섭과 회절

1. 전자기파의 간섭

(1) 영의 (❶   ) 실험: 이중 슬릿으로부터 경로차 조건에 따라 각각 밝은 무늬와 어두운 무늬가 연속적으로 생긴다.

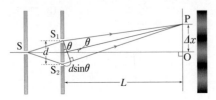

① (❷   ) 간섭: $d\sin\theta=\dfrac{\lambda}{2}(2m)\,(m=0,\ 1,\ 2,\ \cdots)$

② 상쇄 간섭: $d\sin\theta=\dfrac{\lambda}{2}(2m+1)\,(m=0,\ 1,\ 2,\ \cdots)$

(2) 인접한 밝은 무늬(또는 어두운 무늬) 사이의 간격과 빛의 파장: 두 슬릿 사이의 간격(d)이 (❸   ), 빛의 파장(λ)이 (❹   ), 이중 슬릿에서 스크린까지의 거리(L)가 멀수록 무늬 사이의 간격($\varDelta x$)이 커진다.

$$\varDelta x=\frac{L\lambda}{d}\;\Rightarrow\;\lambda=\frac{d\varDelta x}{L}$$

2. 단일 슬릿에 의한 회절

(1) (❺   ): 파동이 좁은 틈(슬릿)을 지나면서 퍼져 나가는 현상이다. 회절은 슬릿의 폭이 (❻   ), 파동의 파장이 길수록 잘 일어난다.

(2) 단일 슬릿에 의한 회절: 빛이 단일 슬릿을 통과하면 스크린에 회절 무늬를 만든다. ➡ 슬릿과 스크린 사이의 거리를 L, 슬릿의 폭을 a, 빛의 파장을 λ라고 할 때, 스크린 중앙에서 첫 번째 어두운 지점까지의 거리 x와 빛의 파장 λ는 다음과 같다.

$$x=\frac{L\lambda}{a}\;\Rightarrow\;\lambda=\frac{ax}{L}$$

3. 여러 가지 간섭과 회절

(1) (❼   ) 현상: 비누 막이나 기름 막에서의 간섭, 전파 망원경, 통신 전파의 간섭 등

(2) (❽   ) 현상: CD 표면 회절, DNA의 X선 회절 등

02 도플러 효과

1. 도플러 효과

(1) 도플러 효과: 파원이나 관찰자가 움직이게 되면 정지해 있을 때와는 다른 진동수의 파동을 관측하게 되는 현상

(2) 음원의 운동에 따른 소리의 진동수 변화

음원이 관찰자에게 다가오는 경우	음원이 관찰자에게서 멀어지는 경우
음원의 원래 진동수보다 (❾) 진동수의 소리를 듣는다. 즉, 원래 음보다 높은 음을 듣는다.	음원의 원래 진동수보다 (❿) 진동수의 소리를 듣는다. 즉, 원래 음보다 낮은 음을 듣는다.

(3) 도플러 효과 식: 정지해 있는 음원에서 발생하는 소리의 파장이 λ, 진동수가 f, 음속이 v일 때 음원의 운동에 따라 관찰자가 듣는 소리의 진동수는 다음과 같다.

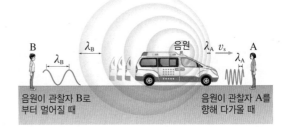

음원이 관찰자 B로부터 멀어질 때 / 음원이 관찰자 A를 향해 다가올 때

A가 관측한 다가오는 소리의 진동수	$f_{\mathrm{A}}=\dfrac{v}{\lambda_{\mathrm{A}}}=\dfrac{v}{\lambda-\dfrac{v_{\mathrm{s}}}{f}}=\dfrac{v}{\dfrac{v}{f}-\dfrac{v_{\mathrm{s}}}{f}}=\left(\dfrac{v}{v-v_{\mathrm{s}}}\right)f$
B가 관측한 멀어지는 소리의 진동수	$f_{\mathrm{B}}=\dfrac{v}{\lambda_{\mathrm{B}}}=\dfrac{v}{\lambda+\dfrac{v_{\mathrm{s}}}{f}}=\dfrac{v}{\dfrac{v}{f}+\dfrac{v_{\mathrm{s}}}{f}}=\left(\dfrac{v}{v+v_{\mathrm{s}}}\right)f$
도플러 효과 식	$f'=\left(\dfrac{v}{v\mp v_{\mathrm{s}}}\right)f$

2. 도플러 효과의 활용

(1) 전자기파를 이용한 도플러 효과의 활용

적색 편이	별, 은하 등이 멀어질 때 빛의 파장이 (⓫), 진동수가 작게 측정되는 현상
도플러 레이더	빗방울, 우박 같은 공기 중의 물체에 반사하여 돌아온 라디오파를 분석해 바람의 방향이나 속도를 측정한다.

(2) 초음파를 이용한 도플러 효과의 활용

박쥐	먹이에서 반사된 초음파를 이용해 위치와 속도를 파악한다.
초음파 검사	검사 장치에서 발생시킨 초음파와 혈액에서 반사된 초음파의 진동수 차를 이용해 혈액의 속도를 확인한다.

03 전자기파의 발생과 수신

1. 전자기파의 발생과 진행
(1) **전자기파의 발생**: 코일과 축전기가 연결된 회로에 교류 전류가 흐르면 축전기의 양 극판에 주기적으로 방향이 바뀌며 진동하는 (⑫　　　)이 발생 → 진동하는 전기장에 의해 진동하는 (⑬　　　)이 유도 → 전기장과 자기장이 번갈아 서로를 유도하면서 전자기파가 발생

(2) **전자기파의 진행**: 변하는 전기장이 자기장을 유도하고, 다시 진동하는 자기장이 전기장을 유도하면서 공간으로 퍼져 나간다. 전기장과 자기장은 진행 방향에 대하여 서로 수직으로 진동하며, 빛의 속력으로 전파된다.

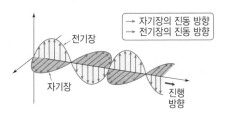

2. 공명 진동수(공진 주파수)
(1) **교류 회로에서의 축전기와 코일**

축전기가 연결된 교류 회로	코일이 연결된 교류 회로
축전기는 교류 전원의 진동수가 작을수록, 축전기의 전기 용량이 작을수록 전류의 흐름을 방해하는 정도가 (⑭　　　).	코일은 교류 전원의 진동수가 클수록, 코일의 (⑮　　　)가 클수록 전류의 흐름을 방해하는 정도가 커진다.

(2) **공명 진동수(f_0)**: 교류 전원에 코일과 축전기를 함께 연결한 회로에 흐르는 전류의 세기가 최대일 때의 진동수

$$f_0 = \frac{1}{2\pi\sqrt{LC}}\ (L: \text{자체 유도 계수}, C: \text{전기 용량})$$

3. 전자기파의 수신
(1) **안테나를 통한 전자기파의 수신**
① 안테나의 전자기파 수신 과정: 안테나의 전자가 전자기파의 전기장으로부터 (⑯　　　)을 받음 → 전자는 안테나 내부에서 진동을 함 → 안테나에 교류 전류가 흐름

② 전자기파 수신 회로: 전자기파 수신 회로의 2차 코일과 축전기에 의한 공명 진동수가 결정되면, 공명 진동수와 같은 진동수의 전자기파가 안테나에 수신되고, 전기 회로에 강한 전류가 흐르게 된다.
(2) **전자기파와 정보 통신**: 송신하고자 하는 음성 신호를 전기 신호로 변환하여 (⑰　　　)시키고, 변조된 신호를 안테나를 통해 전파로 송신한다. 라디오에서는 다시 안테나를 통해 전파를 수신하고, 수신된 전파는 (⑱　　　) 과정을 거쳐 음성 신호로 전환된다.

04 볼록 렌즈에 의한 상

1. 볼록 렌즈에 의한 상
(1) **물체가 초점 바깥쪽에 있을 때**

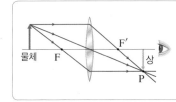

① 물체의 한 끝에서 나온 광선이 렌즈에서 굴절되어 만나는 곳에 상이 생긴다.
② 실제 빛이 진행하여 만났으므로 (⑲　　　)이다.
③ 거꾸로 서 있는 상이 생긴다.

(2) **물체가 초점 안쪽에 있을 때**

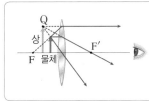

① 물체의 한 끝에서 나온 광선이 렌즈에서 굴절되어 진행한 연장선이 만나는 곳에 상이 생긴다.
② 실제 빛이 진행하여 만난 것이 아니므로 (⑳　　　)이다.
③ 바로 서 있는 상이 생긴다.

2. 렌즈 방정식과 배율
(1) **렌즈 방정식**

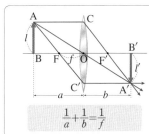

① a: 렌즈에서 물체까지의 거리이다.
② b: 렌즈에서 상까지의 거리이며, 실상은 (+)값을, 허상은 (−)값을 갖는다.
③ f: 렌즈의 초점 거리이며, 볼록 렌즈는 (+)값을 갖는다.

$$\frac{1}{a}+\frac{1}{b}=\frac{1}{f}$$

(2) **배율**: 물체의 크기와 상의 크기의 비율을 배율 m이라고 한다. ➡ $m=\dfrac{l'}{l}=\left|\dfrac{b}{a}\right|$

난이도 ●●●

01 그림과 같이 슬릿 1, 슬릿 2를 놓고 단색광을 비추었더니 스크린에 밝고 어두운 무늬가 생겼다.

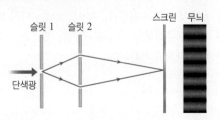

이때 슬릿 1, 슬릿 2, 스크린에서 일어난 주요 물리 현상을 옳게 짝 지은 것은?

	슬릿 1	슬릿 2	스크린
①	분산	굴절	간섭
②	간섭	회절	반사
③	간섭	분산	굴절
④	회절	굴절	간섭
⑤	회절	회절	간섭

02 단일 슬릿과 이중 슬릿을 놓고 레이저를 비추었더니 그림과 같이 밝기가 위치에 따라 변하는 간섭무늬가 스크린상에 만들어졌다. 이때 실험에 사용한 레이저의 파장은 λ이다.

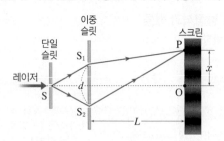

스크린의 중앙점 O로부터 두 번째 어두운 무늬가 생기는 위치 P까지의 거리 x는?

① $\dfrac{L\lambda}{4d}$ ② $\dfrac{L\lambda}{2d}$ ③ $\dfrac{L\lambda}{d}$

④ $\dfrac{3L\lambda}{2d}$ ⑤ $\dfrac{3L\lambda}{d}$

●●○

03 표는 적색광과 청색광을 각각 이중 슬릿과 단일 슬릿에 비추었을 때 스크린에 나타난 무늬를 나타낸 것이다.

구분	이중 슬릿(간격: 0.2 mm)	단일 슬릿(폭: 0.1 mm)
적색광		
청색광		

이 자료만을 통해 얻을 수 있는 결론으로 타당한 것만을 [보기]에서 있는 대로 고른 것은?

[보기]
ㄱ. 빛의 파장이 길수록 회절이 잘 일어난다.
ㄴ. 빛의 파장이 길수록 간섭무늬의 이웃한 간격이 넓어진다.
ㄷ. 이중 슬릿의 간격이 넓을수록 간섭무늬의 이웃한 간격이 넓어진다.

① ㄱ ② ㄱ, ㄴ ③ ㄱ, ㄷ
④ ㄴ, ㄷ ⑤ ㄱ, ㄴ, ㄷ

●●●

04 그림은 이중 슬릿을 사용한 영의 간섭 실험 장치를 개략적으로 나타낸 것이다. 단일 슬릿 S를 통과한 빛이 이중 슬릿 S_1과 S_2를 통과한 후 스크린에서 만나 간섭을 일으켰을 때 밝고 어두운 무늬가 나타났다. 이때 두 이웃한 밝은 무늬의 간격을 측정했더니 Δx였다.

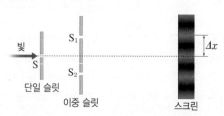

이 실험을 물속에서 할 때 변하는 것에 대한 설명으로 옳은 것은?

① Δx가 감소한다.
② Δx가 증가한다.
③ 간섭무늬가 보이지 않는다.
④ 아무런 변화가 일어나지 않는다.
⑤ 스크린 중앙의 밝은 무늬 폭이 넓어진다.

05 도플러 효과에 대한 설명으로 옳지 <u>않은</u> 것은? (단, 관찰자나 음원의 속력은 소리의 속력보다 느리다.)

① 음원이나 관찰자가 운동할 때 나타난다.
② 관찰자가 정지한 음원에 다가가면 음원에서 발생한 소리보다 높은 소리가 들린다.
③ 관찰자가 정지한 음원으로부터 멀어지면 관찰자가 듣는 소리의 파장은 음원에서 발생한 소리의 파장보다 짧다.
④ 음원이 정지한 관찰자로부터 멀어지면 음원에서 발생한 소리보다 낮은 소리가 들린다.
⑤ 음원이 정지한 관찰자에 가까워지면 관찰자가 듣는 소리의 파장은 음원에서 발생한 소리의 파장보다 짧다.

06 그림은 음파 측정기 A, B 사이에서 진동수 f의 소리를 내는 음원이 일정한 속도 v_s로 이동하는 모습을 나타낸 것이다. 이때 음원의 이동 방향은 A에서 B 방향이다.

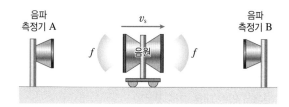

A와 B에서 측정된 음파의 진동수 비 A : B는? (단, 소리의 속력은 v이고, $v > v_s$이다.)

① $\dfrac{1}{v-v_s} : \dfrac{1}{v+v_s}$

② $\dfrac{1}{v+v_s} : \dfrac{1}{v-v_s}$

③ $\dfrac{v-v_s}{v+v_s} : \dfrac{v+v_s}{v-v_s}$

④ $\dfrac{v+v_s}{v-v_s} : \dfrac{v-v_s}{v+v_s}$

⑤ $\dfrac{1}{v-v_s} : v+v_s$

07 그림은 코일과 축전기를 교류 전원에 연결한 회로에서 진동수가 f_0인 전자기파가 발생하는 모습을 나타낸 것이다.

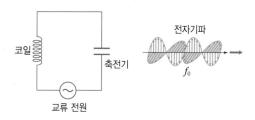

이에 대한 설명으로 옳지 <u>않은</u> 것은?

① 회로의 공명 진동수(공진 주파수)는 f_0이다.
② 축전기에 저장되는 전하량은 주기적으로 변한다.
③ 축전기에는 세기와 방향이 변하는 전기장이 발생한다.
④ 교류 전원의 진동수가 클수록 코일의 저항 효과는 커진다.
⑤ 교류 전원의 진동수가 f_0일 때 전자기파의 세기는 최소가 된다.

08 그림은 진공에서 전기장과 자기장이 진동하며 $+z$방향으로 진행하는 전자기파를 나타낸 것이다.

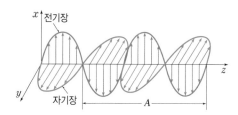

이에 대한 설명으로 옳지 <u>않은</u> 것은?

① 전기장과 자기장의 진동 방향은 서로 수직이다.
② 전기장의 진동 방향은 전자기파의 진행 방향과 수직이다.
③ 자기장의 진동 방향은 전자기파의 진행 방향과 수직이다.
④ 한 지점에서 전기장의 세기가 최대일 때 자기장의 세기는 최소이다.
⑤ 전자기파의 파장은 $\dfrac{2}{3}A$이다.

09 그림은 방송국에서 입력된 소리가 전기 신호 A로 전환된 후 교류 신호 B에 실려 송신 안테나를 거쳐 라디오에서 수신되는 과정을 나타낸 것이다.

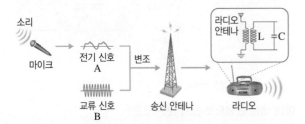

이에 대한 설명으로 옳은 것만을 [보기]에서 있는 대로 고른 것은?

―[보기]―
ㄱ. 마이크에 입력된 소리와 라디오에서 들리는 소리의 진동수는 같다.
ㄴ. FM 방송은 A의 세기에 따라 B의 진동수를 변화시킨다.
ㄷ. 라디오에서는 LC 회로의 공명 진동수를 A의 진동수에 맞추어 방송을 수신한다.

① ㄱ　　　　② ㄷ　　　　③ ㄱ, ㄴ
④ ㄴ, ㄷ　　　⑤ ㄱ, ㄴ, ㄷ

10 그림은 안테나와 전파 수신 회로를 간략히 나타낸 것이다. 전파 수신 회로에는 전기 용량이 C인 축전기가 코일에 연결되어 있으며, 이 회로에서 수신하는 전파의 진동수는 f이다.

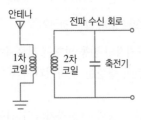

전파 수신 회로의 축전기를 전기 용량이 $2C$인 것으로 바꾸었을 때, 수신되는 전파의 진동수는?

① $\dfrac{f}{2}$　　　② $\dfrac{f}{\sqrt{2}}$　　　③ f
④ $\sqrt{2}f$　　　⑤ $2f$

11 그림은 물체와 렌즈에 의해 생긴 물체의 상을 나타낸 것이다. 상의 크기는 물체보다 작고 물체가 서 있는 방향과 반대 방향으로 생겼다.

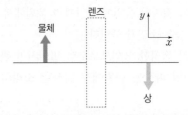

이에 대한 설명으로 옳은 것만을 [보기]에서 있는 대로 고른 것은?

―[보기]―
ㄱ. 렌즈는 볼록 렌즈이다.
ㄴ. 물체는 렌즈의 초점 안쪽에 놓여 있다.
ㄷ. 물체가 $-x$방향으로 움직이는 순간 상은 $+x$방향으로 움직인다.

① ㄱ　　　　② ㄴ　　　　③ ㄱ, ㄷ
④ ㄴ, ㄷ　　　⑤ ㄱ, ㄴ, ㄷ

12 그림은 물체와 렌즈를 나타낸 것이고, 점 F는 렌즈의 초점이다.

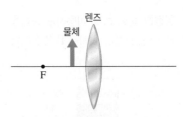

이 렌즈에 의해 만들어지는 상에 대한 설명으로 옳은 것만을 [보기]에서 있는 대로 고른 것은?

―[보기]―
ㄱ. 허상이 만들어진다.
ㄴ. 상이 서 있는 방향은 물체가 서 있는 방향과 반대이다.
ㄷ. 물체가 초점 쪽으로 움직이는 순간 상은 렌즈로부터 멀어진다.

① ㄱ　　　　② ㄴ　　　　③ ㄱ, ㄷ
④ ㄴ, ㄷ　　　⑤ ㄱ, ㄴ, ㄷ

서술형 문제

13 그림은 슬릿 사이의 간격이 d인 이중 슬릿으로부터 L 만큼 떨어진 스크린에 파장이 λ인 빛의 간섭무늬가 생긴 것을 나타낸 것이다.

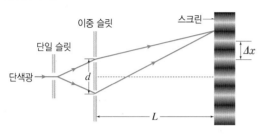

스크린에 생긴 인접한 밝은 무늬 사이의 간격 Δx가 커지는 방법 세 가지를 서술하시오.

_____

_____

14 그림은 정지한 자동차 A와 v_B, v_C의 속력으로 이동하는 자동차 B, C를 향해 스피드 건에서 진동수가 f인 초음파를 발사한 모습을 나타낸 것이다. A, B, C에서 반사되어 스피드 건으로 돌아온 초음파의 진동수는 각각 f_A, f_B, f_C이다.

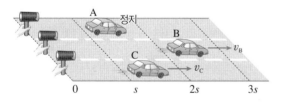

(1) f, f_A, f_B, f_C의 크기를 등호 또는 부등호를 이용하여 비교하시오. (단, $v_B < v_C$이다.)

_____

_____

(2) 초음파의 속력을 v라고 할 때, f_B의 값을 v, v_B, f를 이용하여 나타내시오.

_____

_____

15 그림 (가), (나)와 같이 저항, 축전기, 코일을 진동수가 f_0인 교류 전원에 연결하였다.

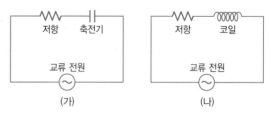

(가), (나)에서 교류 전원의 진동수를 각각 f_1, f_2로 바꾸었더니 (가), (나)의 저항에 흐르는 전류의 세기가 모두 감소하였다. f_0, f_1, f_2의 크기를 리액턴스 식을 이용하여 비교하시오.

_____

_____

16 그림 (가)와 같이 초점 거리가 f인 볼록 렌즈 A의 초점 위에 물체를 두면 상이 생기지 않는다.

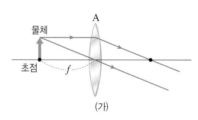

(가)

그림 (나)와 같이 볼록 렌즈 A의 반대편 초점 P에 초점 거리가 같은 동일한 볼록 렌즈 B를 놓았다.

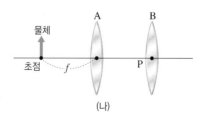

(나)

이때 상의 위치와 상의 모습을 서술하시오.

_____

_____

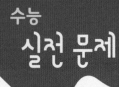

01 그림은 단일 슬릿을 통과한 파장 λ인 단색광이 간격이 d인 이중 슬릿 S_1과 S_2를 통과한 후 이중 슬릿에서 L만큼 떨어진 스크린에 간섭무늬를 만드는 것을 나타낸 것이다. O점은 스크린의 중앙이고, 고정된 P점과 Q점은 각각 O로부터 두 번째 어두운 무늬와 두 번째 밝은 무늬가 나타나는 곳이다.

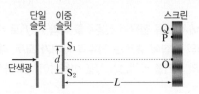

이에 대한 설명으로 옳은 것만을 [보기]에서 있는 대로 고른 것은?

[보기]
ㄱ. S_1P와 S_2P의 경로차는 λ이다.

ㄴ. L을 $\dfrac{L}{2}$로 하면 P점은 밝아진다.

ㄷ. d를 $2d$로 하면 Q점에서 상쇄 간섭이 일어난다.

① ㄱ   ② ㄴ   ③ ㄷ   ④ ㄱ, ㄷ   ⑤ ㄴ, ㄷ

02 그림 (가)는 슬릿 사이의 간격이 d이고 슬릿과 스크린 사이의 거리가 L인 빛의 간섭 실험 장치를 모식적으로 나타낸 것이고, (나)는 이때 스크린에 나타난 간섭무늬이다.

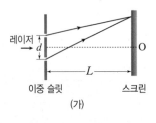

(나)   (다)

그림 (다)와 같은 간섭무늬를 얻기 위한 방법으로 옳은 것만을 [보기]에서 있는 대로 고른 것은?

[보기]
ㄱ. 레이저의 파장과 d를 고정하고, L을 감소시킨다.

ㄴ. 레이저의 파장과 L을 고정하고, d를 증가시킨다.

ㄷ. L과 d를 고정하고, 긴 파장의 레이저를 사용한다.

① ㄱ   ② ㄴ   ③ ㄷ
④ ㄱ, ㄴ   ⑤ ㄱ, ㄴ, ㄷ

03 그림은 파장 λ인 단색광이 단일 슬릿과 슬릿 간격이 d인 이중 슬릿을 통과하여 스크린에 간격이 Δx인 간섭무늬를 만드는 것을 나타낸 것이다. 스크린 중앙의 점 O에 밝은 무늬가 생기고, O로부터 첫 번째 어두운 무늬가 점 P에 생긴다.

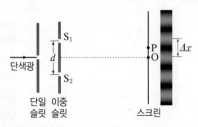

이에 대한 설명으로 옳은 것만을 [보기]에서 있는 대로 고른 것은?

[보기]
ㄱ. 단일 슬릿을 통과하면서 단색광은 회절한다.

ㄴ. 이중 슬릿의 S_1, S_2를 지나 P에 도달한 단색광의 경로차는 λ이다.

ㄷ. 다른 조건은 그대로 두고, 이중 슬릿의 간격을 $\dfrac{d}{2}$로 하면 간섭무늬 사이의 간격은 $\dfrac{\Delta x}{2}$가 된다.

① ㄱ   ② ㄴ   ③ ㄱ, ㄷ
④ ㄴ, ㄷ   ⑤ ㄱ, ㄴ, ㄷ

04 그림과 같이 단일 슬릿에 레이저를 비추었더니 스크린에 밝고 어두운 무늬가 생겼다.

이에 대한 설명으로 옳은 것만을 [보기]에서 있는 대로 고른 것은?

[보기]
ㄱ. 세로선 모양의 슬릿을 통과한 레이저가 회절하여 나타나는 현상이다.

ㄴ. 회절이 잘 일어날수록 A, B 사이에 나타나는 무늬의 수가 감소한다.

ㄷ. 파장이 더 짧은 레이저를 사용하면 A, B 사이에 나타나는 무늬의 수가 증가한다.

① ㄱ   ② ㄴ   ③ ㄱ, ㄴ
④ ㄱ, ㄷ   ⑤ ㄱ, ㄴ, ㄷ

05 그림 (가)는 정지 상태에서 일정한 진동수를 발생시키고 있는 음원과 음파 측정기를 나타낸 것이다. 그림 (나)는 (가)에서 음파 측정기의 위치 x를 시간에 따라 나타낸 것이다.

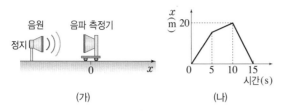

(가)   (나)

3초, 8초, 13초일 때 음파 측정기에서 측정된 음파의 진동수를 각각 f_3, f_8, f_{13}이라 하면, 그 크기를 옳게 비교한 것은?

① $f_3 < f_8 < f_{13}$ ② $f_3 < f_{13} < f_8$
③ $f_8 < f_3 < f_{13}$ ④ $f_{13} < f_3 < f_8$
⑤ $f_{13} < f_8 < f_3$

06 그림과 같이 600 Hz의 일정한 진동수로 경적음을 내는 버스가 철수를 향하여 40 m/s의 일정한 속도로 운동하고 있다. 이때 철수도 버스를 향하여 10 m/s의 일정한 속도로 운동하고 있다.

이에 대한 설명으로 옳은 것만을 [보기]에서 있는 대로 고른 것은? (단, 음속은 340 m/s이다.)

[보기]
ㄱ. 철수가 듣는 경적음의 속력은 340 m/s이다.
ㄴ. 철수가 듣는 경적음의 진동수는 700 Hz이다.
ㄷ. 철수가 듣는 경적음의 파장은 원래 경적음의 파장보다 짧다.

① ㄱ   ② ㄱ, ㄴ   ③ ㄱ, ㄷ
④ ㄴ, ㄷ   ⑤ ㄱ, ㄴ, ㄷ

07 그림과 같이 진동수가 f, 파장이 λ인 사이렌 소리를 내는 소방차가 $+x$방향으로 이동할 때, 영희는 소방차의 뒤쪽에서 자전거를 타고 $-x$방향으로 이동하고 있다. 소방차의 속력은 v_s, 영희의 속력은 v_o, 소리의 속력은 v이며, v는 v_s와 v_o보다 크다.

영희가 듣는 사이렌 소리의 속력과 진동수를 옳게 짝 지은 것은?

	속력	진동수
①	v	$\left(\dfrac{v-v_o}{v-v_s}\right)f$
②	$v-v_o$	$\left(\dfrac{v+v_o}{v+v_s}\right)f$
③	$v-v_o$	$\left(\dfrac{v-v_o}{v+v_s}\right)f$
④	$v+v_o$	$\left(\dfrac{v+v_s}{v-v_o}\right)f$
⑤	$v+v_o$	$\left(\dfrac{v-v_s}{v-v_o}\right)f$

08 그림은 축전기에 교류 전원을 연결할 때 축전기의 두 금속판 사이에서 전자기파가 발생하는 회로를 나타낸 것이다. 이에 대한 설명으로 옳은 것만을 [보기]에서 있는 대로 고른 것은?

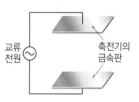

[보기]
ㄱ. 축전기에서 발생하는 전기장의 진동 방향과 자기장의 진동 방향은 서로 나란하다.
ㄴ. 축전기에서 발생하는 전기장의 진동 방향과 전자기파의 진행 방향은 서로 수직이다.
ㄷ. 전자기파가 발생하여 퍼져 나갈 때 전기장의 세기가 최대인 곳에서 자기장의 세기는 최대이다.

① ㄱ   ② ㄴ   ③ ㄱ, ㄷ
④ ㄴ, ㄷ   ⑤ ㄱ, ㄴ, ㄷ

09 그림 (가)는 라디오 방송의 송수신 과정을 나타낸 것이고, (나)는 (가)의 A 과정에서 전기 신호를 교류 신호에 첨가하는 모습을 나타낸 것이다.

(가)

(나)
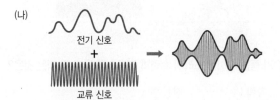

이에 대한 설명으로 옳은 것만을 [보기]에서 있는 대로 고른 것은?

[보기]
ㄱ. AM 방송의 과정이다.
ㄴ. (가)에서 B는 변조 과정이다.
ㄷ. 음성 신호와 전파의 진동수는 같다.

① ㄱ   ② ㄴ   ③ ㄱ, ㄷ
④ ㄴ, ㄷ   ⑤ ㄱ, ㄴ, ㄷ

10 그림은 전파를 수신하는 장치에 들어 있는 안테나와 수신 회로를 나타낸 것이다. 이에 대한 설명으로 옳은 것만을 [보기]에서 있는 대로 고른 것은?

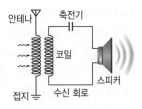

[보기]
ㄱ. 안테나에는 다양한 진동수의 전파가 도달한다.
ㄴ. 축전기의 전기 용량이 클수록 진동수가 큰 전파를 수신할 수 있다.
ㄷ. 코일의 자체 유도 계수가 클수록 진동수가 작은 전파를 수신할 수 있다.

① ㄱ   ② ㄴ   ③ ㄱ, ㄷ
④ ㄴ, ㄷ   ⑤ ㄱ, ㄴ, ㄷ

11 그림과 같이 저항값이 R인 저항, 전기 용량이 C인 축전기, 자체 유도 계수가 L인 코일을 교류 전원에 연결하였다. 교류 전원의 진동수는 $\dfrac{1}{2\pi\sqrt{LC}}$이다.

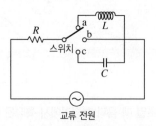

스위치를 각각 a, b, c에 연결할 때 저항에 흐르는 전류의 세기 I_a, I_b, I_c의 크기를 옳게 비교한 것은?

① $I_a > I_c > I_b$ ② $I_c > I_a > I_b$ ③ $I_b > I_a > I_c$
④ $I_a = I_c > I_b$ ⑤ $I_b > I_a = I_c$

12 그림은 저항값이 R인 저항, 자체 유도 계수가 L인 코일, 전기 용량이 C인 축전기가 교류 전원에 직렬연결된 회로를 나타낸 것이다.

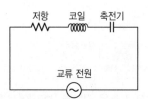

이 회로의 공명 진동수를 증가시키기 위한 방법으로 옳은 것만을 [보기]에서 있는 대로 고른 것은?

[보기]
ㄱ. 저항의 저항값을 R보다 작게 한다.
ㄴ. 코일의 자체 유도 계수를 L보다 크게 한다.
ㄷ. 축전기의 전기 용량을 C보다 작게 한다.

① ㄱ   ② ㄴ   ③ ㄷ
④ ㄱ, ㄴ   ⑤ ㄴ, ㄷ

13 그림과 같이 볼록 렌즈로부터 **30 cm** 떨어진 지점에 물체를 놓았더니 렌즈로부터 **60 cm** 떨어진 스크린에 실상이 생겼다.

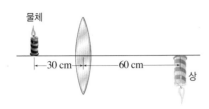

물체를 이동시켜 스크린에 맺힌 실상과 크기가 같은 허상이 생길 때 볼록 렌즈와 물체 사이의 거리는?

① 10 cm　　　② 20 cm　　　③ $\dfrac{10}{3}$ cm

④ $\dfrac{20}{3}$ cm　　　⑤ $\dfrac{40}{3}$ cm

14 그림은 광학기기를 통해 장난감 사자를 보았을 때 사자의 모습이 거꾸로 보이는 것을 나타낸 것이다.

이에 대한 설명으로 옳은 것만을 [보기]에서 있는 대로 고른 것은?

[보기]
ㄱ. 사자의 상은 실상이다.
ㄴ. 사자의 상은 사자와 렌즈 사이에 생겼다.
ㄷ. 광학기기의 위치를 변화시켜 사자의 크기보다 큰 상을 볼 수 있다.

① ㄱ　　　② ㄴ　　　③ ㄱ, ㄷ
④ ㄴ, ㄷ　　　⑤ ㄱ, ㄴ, ㄷ

15 그림은 물체의 한 점에서 나온 빛이 두 볼록 렌즈를 사용하는 망원경에서 진행하는 경로를 나타낸 것이다.

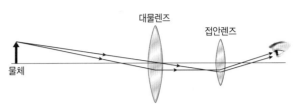

이에 대한 설명으로 옳은 것만을 [보기]에서 있는 대로 고른 것은?

[보기]
ㄱ. 대물렌즈에 의한 상은 실상이다.
ㄴ. 접안렌즈에 의한 상은 허상이다.
ㄷ. 대물렌즈에 의한 상과 접안렌즈 사이의 거리는 접안렌즈의 초점 거리보다 크다.

① ㄱ　　　② ㄴ　　　③ ㄱ, ㄴ
④ ㄱ, ㄷ　　　⑤ ㄴ, ㄷ

16 그림은 광학 현미경에서 초점 거리가 각각 **5 cm, 4 cm**인 볼록 렌즈 A와 B가 **16 cm**만큼 떨어져 있고, B로부터 **6 cm** 떨어진 지점에 크기 **1 mm**인 물체가 놓인 모습을 나타낸 것이다. L_A, L_B는 렌즈 A, B의 중심이고, 물체는 렌즈 A, B의 광축상에 놓여 있다.

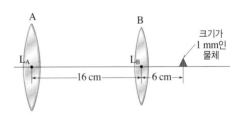

렌즈 B의 배율의 크기와 렌즈 B에 의해 생긴 상의 종류를 옳게 짝 지은 것은?

	배율	종류		배율	종류
①	2	거꾸로 선 실상	②	$\dfrac{1}{2}$	거꾸로 선 실상
③	2	바로 선 허상	④	$\dfrac{1}{2}$	바로 선 허상
⑤	2	바로 선 실상			

2 빛과 물질의 이중성

이 단원을 공부하기 전에 학습 계획을 세우고, 학습 진도를 스스로 체크해 보자.
학습이 미흡했던 부분은 다시 보기에 체크해 두고, 시험 전까지 꼭 완벽히 학습하자!

소단원	학습 내용	학습 일자	다시 보기
01. 빛의 입자성	ⓐ **광전 효과** 탐구 광전지(태양 전지)를 이용한 광전 효과 실험	/	
	ⓑ **아인슈타인의 광양자설**	/	
02. 입자의 파동성	ⓐ **물질파**	/	
	ⓑ **보어 원자 모형과 물질파**	/	
03. 불확정성 원리	ⓐ **불확정성 원리** 탐구 전자의 회절과 불확정성 원리	/	
	ⓑ **현대적 원자 모형**	/	

◆ 빛의 이중성

① [**❶**]: 금속 표면에 빛을 비출 때 전자가 방출되는 현상이며, 이때
방출되는 전자를 [**❷**]라고 한다.

② **광양자설:** 빛은 광자(광양자)라고 하는 불연속적인 에너지 입자의 흐름이며,
진동수 f인 광자의 에너지는 $E =$ [**❸**]이다.

• 광전자의 방출 여부는 빛의 진동수에 따라 결정된다.

• 방출되는 광전자의 최대 운동 에너지는 빛의 진동수가 클수록 크다.

• 방출되는 광전자의 수는 [**❹**]에 비례한다.

③ **빛의 이중성:** 빛이 입자성과 파동성을 모두 가지며, 빛의 입자성과 파동성은 동시에 나타나지 않는다.

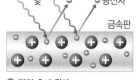
⬆ 광전 효과 원리

파동성의 증거	입자성의 증거
빛의 회절과 간섭 현상	광전 효과

◆ 물질의 이중성

① **물질파(드브로이파):** 드브로이가 주장한 물질 입자가 나타내는 파동을 물질파 또는 드브로이파라고 한다. 질
량이 m인 입자가 속력 v로 운동할 때 파동의 파장은 $\lambda = \dfrac{h}{mv}$이다.

② **전자의 파동성 확인 실험**

• 데이비슨·거머 실험: 전자선을 니켈 결정에 입사시킬 때, [**❺**] 현상이 나타남을 보였다.

• 톰슨의 실험: 전자선을 금속박에 입사시켜 X선의 회절과 닮은 전자의 회절 사진을 얻었다.

⬆ X선 회절 무늬

⬆ 전자선 회절 무늬

③ **물질의** [**❻**]: 물질은 빛과 마찬가지로 입자성과 파동성을 모두 가진다.

01 빛의 입자성

핵심
포인트
Ⓐ 광전 효과 ★★
   광전 효과 실험 결과 ★★★
Ⓑ 광양자설 ★★
   광전 효과 그래프 해석 ★★★

Ⓐ 광전 효과

1. *광전 효과 금속 표면에 진동수가 큰 빛을 비추면 전자가 방출되는 현상

(1) **광전자**: 빛을 비추었을 때 금속에서 방출되는 전자
   └ 원자를 구성하는 전자와 동일한 입자이다.

(2) **한계 진동수(문턱 진동수)**: 광전자가 방출되기 위한 빛의 최소 진동수, 한계 진동수보다 진동수가 큰 빛을 비출 때에만 금속으로부터 광전자가 방출된다.

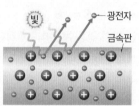
⬆ 광전 효과 원리

> ★ **광전 효과와 빛의 입자성**
> 광전 효과를 통해 빛이 입자라는 것을 알 수 있다. 즉 광전 효과는 빛의 입자성의 증거가 된다.

2. 광전 효과 실험

(1) **광전 효과 실험 과정**: ❶광전관 음극의 금속 표면에 빛을 비추면 광전자가 방출되고, 방출된 광전자는 양극에 도달하여 전기 회로에 전류가 흐르게 된다.
   ┌ (−)극
   └ (+)극

① **광전류(𝐼)**: 단위 시간당 방출되는 광전자의 수가 많을수록 광전류의 세기가 크다.

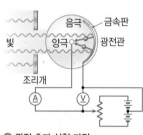
⬆ 광전 효과 실험 과정

순방향 전압을 거는 경우	역방향 전압을 거는 경우
양극의 전위가 음극보다 높으므로 음극의 금속판에서 방출된 광전자가 양극에 쉽게 도달한다. 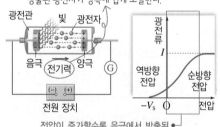 전압이 증가할수록 음극에서 방출된 전자가 양극에 더 많이 도달한다.	음극에서 방출된 전자가 양극으로 이동하는 동안 음극 쪽으로 전기력을 받는다. 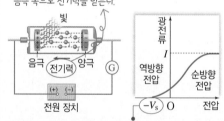 역방향 전압을 서서히 증가시키면 전류가 흐르지 않는 전압(정지 전압)이 나타난다.
• 전압이 증가할수록 음극에서 방출된 광전자가 양극에 더 많이 도달하므로 광전류가 증가한다. • 광전자가 모두 양극에 도달할 때, 최대 전류가 흐르고, 이때 전압을 높여도 전류는 증가하지 않는다.	• 광전자들의 속력이 느려져 운동 에너지가 작은 광전자들은 양극에 도달하지 못한다. • 전원 장치의 전압을 서서히 증가시키면 더 이상 전류가 흐르지 않는 전압이 나타난다. ➡ 정지 전압

> 지학사 교과서에서는 정지 전압을 V_0으로 표현해요.

② **정지 전압(V_s)**: 역방향 전압을 크게 하면 광전류가 줄어드는데, 광전류가 0이 될 때의 전압
   ➡ 방출된 광전자의 최대 운동 에너지(E_k)는 정지 전압을 걸었을 때 전기력이 전자에 한 일(eV_s)과 같다. ─ 정지 전압은 광전자의 최대 운동 에너지에 비례한다.

$$E_k = eV_s \ (e: 전자의 전하량)$$

┤ 용어 ├
❶ **광전관(光 빛, 電 전기, 管 관)**_ 광전 효과를 이용하여 전기적 신호를 만드는 진공관

(2) *광전 효과 실험 결과

① 한계 진동수보다 진동수가 큰 빛을 비출 때만 광전자가 방출된다. ➡ 세기가 강한 빛이라도 진동수가 한계 진동수보다 작으면 광전자가 방출되지 않는다.

② 한계 진동수보다 진동수가 큰 빛을 비추면 광전자가 즉시 방출된다. ➡ 세기가 약한 빛이라도 진동수가 한계 진동수보다 크면 광전자가 즉시 방출된다.

③ 광전자의 최대 운동 에너지(E_k)는 빛의 진동수가 클수록 크다. ➡ 빛의 세기와 관계없이 진동수가 클수록 방출되는 광전자의 최대 운동 에너지가 크다.

④ 빛의 세기가 증가하면 광전류가 증가한다. ➡ 빛의 세기가 클수록 방출되는 광전자의 수가 많아진다.

(3) 광전 효과 실험 결과 그래프

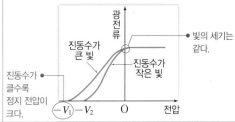

비추는 빛의 진동수가 같고, 세기가 다를 때	비추는 빛의 세기가 같고, 진동수가 다를 때
• 진동수가 같으므로 광전자의 최대 운동 에너지는 같고, 정지 전압의 크기도 같다. • 빛의 세기가 강할수록 단위 시간당 방출되는 광전자의 수가 많아 광전류도 크다.	진동수가 클수록 광전자의 최대 운동 에너지도 크고, 정지 전압의 크기도 크다.

★ 파동 이론에 의한 예상과 광전 효과의 실험 결과

• 빛의 세기가 크면, 진동수가 작더라도 파동 에너지가 크기 때문에 광전자가 방출되어야만 했다. → 실험 결과 ①과 모순
• 진동수가 커도 진폭이 작으면 파동 에너지가 작아 어느 정도 에너지가 축적된 후 광전자가 방출되어야 했다. → 실험 결과 ②와 모순
• 광전자의 운동 에너지는 진동수 뿐만 아니라 세기와도 관계되어야 했다. → 실험 결과 ③과 모순
➡ 광전 효과 실험 결과 ①, ②, ③은 파동 이론으로 설명할 수 없었고, 오로지 실험 결과 ④만 파동 이론으로 설명할 수 있었다.

탐구 자료창 　광전지(태양 전지)를 이용한 광전 효과 실험

(가) 그림과 같이 광전지를 종이 상자에 넣고 광전지와 전류계를 연결한다.

(나) 종이 상자에 작은 구멍을 뚫고 백열전구의 빛을 비추며 광전류의 세기를 측정한다.

(다) 빛을 점점 밝게 하면서 광전류의 세기를 측정한다.

1. **빛의 세기와 광전류 사이의 관계:** 빛의 세기가 강할수록 광전류가 많이 흐른다. ➡ 광전지에 흐르는 전류의 세기는 빛의 세기에 비례한다.

2. **광전류가 흐르는 원리:** 광전지에 빛을 비출 때, 광자의 에너지가 광전지의 띠 간격보다 크면 전자와 양공 쌍이 생성되어 기전력이 발생한다. ➡ 외부 회로를 연결하면 전류가 흐른다.

확대경 　광전지(태양 전지)의 원리

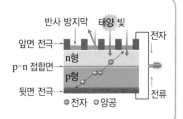

광전지에 빛을 비추었을 때, 광자의 에너지가 광전지의 띠 간격보다 크면 p-n 접합면에 있던 전자가 광자의 에너지를 흡수하여 전도 띠로 올라간다. 전도띠로 올라간 전자는 n형 반도체 쪽으로 이동하며 기전력이 발생한다. 만약 광자 1개의 에너지가 광전지의 띠 간격보다 작으면, 아무리 센 빛을 비추어도 전류가 흐르지 않는다.

태양 전지의 구조와 원리 ❯

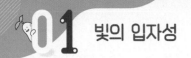

01 빛의 입자성

B 아인슈타인의 광양자설

1. 광양자설 빛은 연속적인 파동의 흐름이 아니라 광자라는 불연속적인 에너지 입자의 흐름
이다.
└ 물리학에서는 불연속적인 물리량을 갖는
경우를 양자화되어 있다고 표현한다.

(1) **★광자(광양자):** 빛을 불연속적인 입자로 보고, 빛 알갱이를 광자라고 할 때 진동수가 f, 파
장이 λ인 광자 1개의 에너지 E는 다음과 같다.

$$E = hf = \frac{hc}{\lambda} \ (h: \text{플랑크 상수}, c: \text{빛의 속력})$$

(2) **광전자의 최대 운동 에너지**

① 일함수(W): 금속 표면의 전자를 외부로 떼어내는 데 필요한 최소 에너지로, 금속의 종류에
따라 다르다.

② 일함수가 W인 금속에 진동수 f인 빛을 비출 때,
방출되는 광전자의 최대 운동 에너지 E_k는 다음과
같다.

$$E_k = \frac{1}{2}mv^2 = hf - W$$

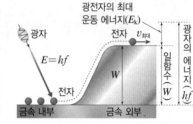

• 한계 진동수 f_0인 빛을 쪼일 때, $E_k = 0$이므로 $hf_0 - W = 0$에서 일함수 $W = hf_0$이다.

복사기 원리는 II-1-01.
전기장과 정전기 유도 단원에
서 자세히 배웠어요.

★ 빛의 입자성의 이용
• 광센서: 빛을 감지하는 기본 소
자로, 적외선 센서의 경우 자동
문의 개폐 등 보안 장치로도 이
용된다.
• 복사기: 복사기의 핵심 부품인
광전도체는 빛이 닿을 때만 도
체의 성질을 띤다.

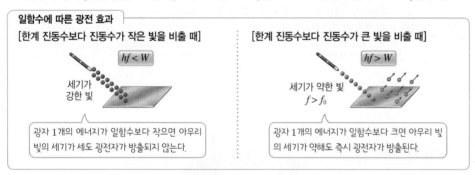

일함수에 따른 광전 효과

[한계 진동수보다 진동수가 작은 빛을 비출 때]

$hf < W$

세기가
강한 빛

광자 1개의 에너지가 일함수보다 작으면 아무리
빛의 세기가 세도 광전자가 방출되지 않는다.

[한계 진동수보다 진동수가 큰 빛을 비출 때]

$hf > W$

세기가 약한 빛
$f > f_0$

광자 1개의 에너지가 일함수보다 크면 아무리 빛
의 세기가 약해도 즉시 광전자가 방출된다.

(예제) 일함수가 4 eV인 금속판에서 방출된 광전자의 운동 에너지 최댓값이 8.5 eV일 때, 광자의 에너지는 몇
eV인가?

∥해설∥ $E_k = hf - W$로부터 $8.5 \text{ eV} = hf - 4 \text{ eV}$이므로 $hf = 12.5 \text{ eV}$이다. 답 12.5 eV

┌ 빛을 입자로 보는 입장이다.
2. 광전 효과 그래프 광전 효과 실험 결과를 광양자설로 설명한다.

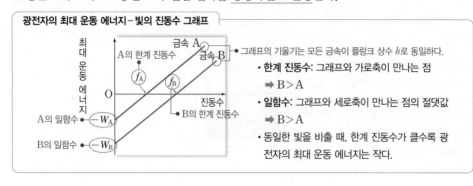

광전자의 최대 운동 에너지-빛의 진동수 그래프

• 그래프의 기울기는 모든 금속이 플랑크 상수 h로 동일하다.
• **한계 진동수:** 그래프와 가로축이 만나는 점
  ➡ B > A
• **일함수:** 그래프와 세로축이 만나는 점의 절댓값
  ➡ B > A
• 동일한 빛을 비출 때, 한계 진동수가 클수록 광
  전자의 최대 운동 에너지는 작다.

개념 확인 문제

정답친해 122쪽

핵심 체크

- (❶　　　　　): 금속 표면에 진동수가 큰 빛을 비추면 전자가 방출되는 현상이다.
- 광전자: 빛을 비춘 (❷　　　　　)에서 방출되는 (❸　　　　　)를 말한다.
- (❹　　　　　) 진동수: 광전자가 방출되기 위한 빛의 최소 진동수이다. 문턱 진동수라고도 한다.
- 빛은 불연속적인 에너지 입자의 흐름이다. 이 에너지 입자를 (❺　　　　　)라고 한다.
- 진동수가 f인 빛의 광자 에너지는 $E=($❻　　　　　$)$이고, 파장이 λ인 빛의 광자의 에너지는 $E=($❼　　　　　$)$이다.
- (❽　　　　　): 금속 표면의 전자를 외부로 떼어내는 데 필요한 최소 에너지이다.
- 한계 진동수가 f_0인 금속의 일함수는 $W=($❾　　　　　$)$이다.
- 일함수가 W인 금속에 진동수 f인 빛을 비출 때, 방출된 광전자의 최대 운동 에너지는 $E_k=($❿　　　　　$)$이다.

1 광전 효과에 대한 설명으로 옳은 것은 ○, 옳지 <u>않은</u> 것은 ×로 표시하시오.

(1) 금속 표면에 빛을 비출 때 전자가 방출되는 현상을 광전 효과라고 한다. ……………………………… (　　)

(2) 금속 표면에 파장이 특정한 값보다 긴 빛을 비추어야 광전 효과가 일어난다. …………………………… (　　)

(3) 광전 효과는 빛의 입자성을 이용하여 설명할 수 있다. …………………………………………………… (　　)

2 (　　) 안에 알맞은 말을 쓰시오.

(1) 정지 전압의 크기는 입사하는 빛의 ㉠(　　　)가 클수록 크며, 광전류의 세기는 빛의 ㉡(　　　)가 강할수록 커진다.

(2) 광전자의 최대 운동 에너지는 빛의 ㉠(　　　)에 관계 없이 쪼여준 빛의 ㉡(　　　)가 클수록 커진다.

3 한계 진동수가 f_0인 금속에 진동수가 $3f_0$인 빛을 비추었더니 광전자가 방출되었다. 이 금속의 일함수와 광전자의 최대 운동 에너지는 각각 얼마인지 쓰시오. (단, 플랑크 상수는 h이다.)

4 어떤 금속에 금속의 한계 진동수보다 진동수가 큰 빛을 비추는 경우에 대한 설명으로 옳은 것은 ○, 옳지 <u>않은</u> 것은 ×로 표시하시오.

(1) 빛을 비추는 즉시 광전자가 방출된다. ……… (　　)

(2) 세기가 약한 빛을 비추면 시간이 조금 지난 후에 광전자가 방출된다. ……………………………………… (　　)

(3) 빛의 세기가 강할수록 방출되는 광전자의 최대 운동 에너지는 증가한다. ………………………………… (　　)

5 그림은 광전 효과의 원리를 설명하기 위한 모식도를 나타낸 것이다.

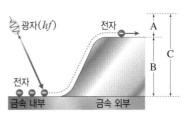

A, B, C가 의미하는 물리량을 [보기]에서 각각 고르시오.

┌[보기]─────────────
ㄱ. 금속의 일함수
ㄴ. 광자의 에너지
ㄷ. 광전자의 최대 운동 에너지
└──────────────────

대표 자료 분석

자료 ① 광전 효과 실험

기출 Point
- 광전 효과 개념 이해하기
- 광전 효과 실험 결과 이해하기

[1~4] 그림 (가)는 광전 효과 실험 장치에서 다른 조건은 동일하게 하고, 진동수나 세기가 다른 단색광 A, B, C를 각각 금속판에 비추며 전압에 따른 광전류를 측정하는 것을 나타낸 것이다. 그림 (나)는 (가)의 실험 결과를 나타낸 것이다.

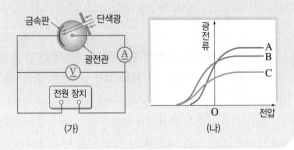

(가) (나)

1 x축이 전압, y축이 광전류를 나타내는 그래프에서 x절편에 해당하는 값은 무엇인지 쓰시오.

2 A와 C의 정지 전압의 크기를 등호 또는 부등호를 이용하여 비교하시오.

3 B와 C의 빛의 세기를 등호 또는 부등호를 이용하여 비교하시오.

4 빈출 선택지로 완벽 정리!

(1) A의 진동수는 B의 진동수보다 작다. ⋯⋯⋯ (○ / ×)
(2) 금속판에서 방출된 광전자의 수는 B를 비출 때가 C를 비출 때보다 많다. ⋯⋯⋯⋯⋯ (○ / ×)
(3) 광전자의 최대 운동 에너지는 A를 비출 때가 B를 비출 때보다 크다. ⋯⋯⋯⋯⋯⋯⋯ (○ / ×)

자료 ② 광전 효과 그래프

기출 Point
- 광전 효과 실험 결과 해석하기
- 광전 효과 그래프 분석하기

[1~3] 그림은 금속판 A, B에 단색광을 비추었을 때, 방출된 광전자의 최대 운동 에너지 E_k를 단색광의 진동수에 따라 나타낸 것이다. (단, 플랑크 상수는 h이다.)

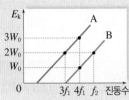

1 그래프의 기울기는 무엇을 의미하는지 쓰시오.

2 광전 효과 실험 장치에서 금속판 A, B에 다른 조건은 같게 하고, 진동수와 세기가 다른 단색광 P, Q를 각각 비추며 전압에 따른 광전류를 측정하였다.

단색광	진동수	세기	금속판	결과
P	$2f_1$	I_0	A	P_A
			B	P_B
Q	$4f_1$	$2I_0$	A	Q_A
			B	Q_B

4가지 결과 P_A, P_B, Q_A, Q_B의 전압에 따른 광전류를 나타낸 그래프로 가장 적절한 것은?

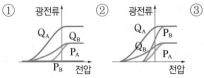

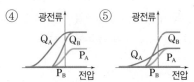

3 빈출 선택지로 완벽 정리!

(1) A의 일함수는 $2W_0$이다. ⋯⋯⋯⋯⋯⋯⋯⋯ (○ / ×)
(2) A와 B의 한계 진동수의 비는 3 : 1이다. (○ / ×)
(3) $f_2 = 5f_1$이다. ⋯⋯⋯⋯⋯⋯⋯⋯⋯⋯⋯ (○ / ×)

내신 만점 문제

A 광전 효과

01 그림은 한계 진동수가 f_0인 금속판에 진동수가 f인 빛을 비추었을 때 광전자가 방출되는 모습을 나타낸 것이다.

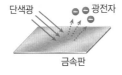

이에 대한 설명으로 옳은 것만을 [보기]에서 있는 대로 고른 것은?

[보기]
ㄱ. 이 현상은 빛의 입자성의 증거가 된다.
ㄴ. 빛의 진동수 f는 f_0보다 크다.
ㄷ. 빛의 세기가 강할수록 방출되는 광전자의 수가 많다.

① ㄱ   ② ㄴ   ③ ㄱ, ㄷ
④ ㄴ, ㄷ   ⑤ ㄱ, ㄴ, ㄷ

02 그림과 같은 광전 효과 실험 장치에서 다른 조건은 동일하게 하고, 단색광의 세기와 진동수를 변화시켰다.

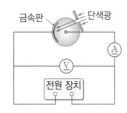

이에 대한 설명으로 옳지 <u>않은</u> 것은?

① 광전자는 한계 진동수보다 큰 진동수의 빛을 비추는 즉시 방출된다.
② 빛의 밝기가 증가하면 정지 전압이 커진다.
③ 같은 진동수의 빛을 비추더라도 금속의 종류가 다르면 정지 전압이 다르게 나타난다.
④ 동일한 금속에 대하여 빛의 진동수가 증가할수록 방출된 광전자의 최대 운동 에너지도 증가한다.
⑤ 한계 진동수보다 큰 진동수를 가진 빛을 비추는 경우 빛의 세기가 증가하면 단위 시간당 방출되는 광전자의 수도 많아진다.

03 파장이 600 nm인 빛을 일함수가 1.6 eV인 금속 표면에 비추었을 때 방출된 광전자 중 속력이 가장 빠른 광전자를 멈추기 위해 필요한 전압은?(단, 플랑크 상수 h는 4.2×10^{-15} eV·s, 빛의 속력은 3×10^8 m/s, 전자의 전하량은 -1.6×10^{-19} C이다.)

① 0.3 V   ② 0.5 V   ③ 0.8 V
④ 1.2 V   ⑤ 1.5 V

[04~05] 그림은 광전 효과 실험 장치의 금속판에 단색광 a, b를 비추었을 때, 광전류의 세기를 전압에 따라 나타낸 것이다.

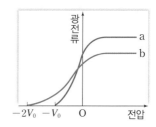

04 단색광 a, b의 진동수와 빛의 세기를 옳게 비교한 것은?

	진동수	빛의 세기		진동수	빛의 세기
①	a>b	a>b	②	a>b	a<b
③	a<b	a>b	④	a<b	a<b
⑤	a=b	a=b			

05 단색광 a, b를 동시에 금속판에 비추었을 때, 정지 전압은?

① $0.5V_0$ ② V_0 ③ $1.5V_0$
④ $2V_0$ ⑤ $2.5V_0$

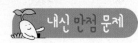

06 그림 (가)는 광전 효과 실험 장치를 모식적으로 나타낸 것이고, (나)는 광전관에 걸어준 전압에 따른 광전류의 세기를 나타낸 것이다. V_0은 광전류가 0이 되는 순간 광전관에 걸어준 전압의 크기이고, I_0은 광전류의 최댓값이다.

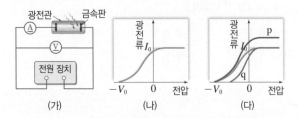

(가)　　　(나)　　　(다)

이 결과가 그림 (다)의 p 또는 q와 같이 나오기 위해서는 어떤 물리량을 어떻게 변화시켜야 하는지 서술하시오. (단, p와 같은 결과를 만드는 방법 한 가지, q와 같은 결과를 만드는 방법 두 가지를 제시하시오.)

Ⓑ 아인슈타인의 광양자설

07 그림은 금속판 A, B에 각각 단색광을 비추었을 때, 방출된 광전자의 최대 운동 에너지를 단색광의 진동수에 따라 나타낸 것이다.

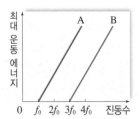

이에 대한 설명으로 옳은 것만을 [보기]에서 있는 대로 고른 것은? (단, 플랑크 상수는 h이다.)

┌─[보기]
ㄱ. B의 일함수는 $3hf_0$이다.
ㄴ. A와 B 그래프의 기울기는 h로 같다.
ㄷ. 진동수가 $5f_0$인 단색광을 비출 때, 광전자의 최대 운동 에너지는 A가 B의 2배이다.
└─

① ㄱ　　　② ㄴ　　　③ ㄷ
④ ㄱ, ㄴ　　　⑤ ㄱ, ㄴ, ㄷ

08 어떤 금속에 진동수가 f_1인 빛을 비추었더니 광전자가 방출되었다. 이때 방출된 광전자의 최대 운동 에너지는 $0.5hf_1$이었다. 이 금속에 진동수가 $2.5f_1$인 빛을 비추었을 때 방출되는 광전자의 최대 운동 에너지는?

① $0.5hf_1$　　　② hf_1　　　③ $1.5hf_1$
④ $2hf_1$　　　⑤ $2.5hf_1$

[09~10] 그림 (가)는 금속판에 단색광을 비추며 전압에 따른 광전류를 측정하는 광전 효과 실험 장치를 나타낸 것이다. 그림 (나)는 금속판에 진동수가 각각 f_0, $2f_0$인 단색광을 비추며 전압에 따른 전류를 측정한 결과이다.

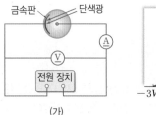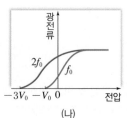

(가)　　　(나)

09 진동수가 f_0인 단색광을 비출 때와 $2f_0$인 단색광을 비출 때, 금속판에서 방출되는 광전자의 최대 운동 에너지가 각각 E_1, E_2라면 $E_1 : E_2$는?

① $1 : 2$　　　② $1 : 3$　　　③ $2 : 1$
④ $2 : 3$　　　⑤ $3 : 1$

10 금속판의 한계 진동수는?

① $0.2f_0$　　　② $0.3f_0$　　　③ $0.4f_0$
④ $0.5f_0$　　　⑤ $0.6f_0$

11 금속의 일함수와 한계 진동수의 관계를 서술하시오.

12 그림은 금속판에 단색광을 비추어 광전자를 방출시키는 모습을 나타낸 것이다. 표는 다른 조건을 동일하게 하고 단색광의 파장을 변화시킬 때, 금속판에서 방출되는 광전자의 최대 운동 에너지를 나타낸 것이다.

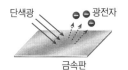

실험	파장	최대 운동 에너지
I	3λ	$2E$
II	4λ	E

이 금속의 일함수는? (단, 빛의 속력은 c이고, 플랑크 상수는 h이다.)

① $\dfrac{hc}{2\lambda}$ ② $\dfrac{hc}{3\lambda}$ ③ $\dfrac{2hc}{3\lambda}$

④ $\dfrac{hc}{6\lambda}$ ⑤ $\dfrac{5hc}{6\lambda}$

13 그림 (가)는 광전 효과 실험에서 금속판 A, B에 비춘 빛의 진동수에 따른 광전자의 최대 운동 에너지를 나타낸 것이고, (나)는 진동수가 $2f_0$인 빛을 금속판 a, b에 비추었을 때 광전류의 세기를 전압에 따라 나타낸 것이다.

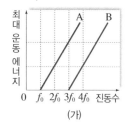 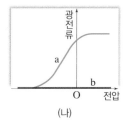

(가)   (나)

이에 대한 설명으로 옳은 것만을 [보기]에서 있는 대로 고른 것은? (단, 플랑크 상수는 h이다.)

[보기]
ㄱ. 금속판 A의 한계 진동수는 f_0이다.
ㄴ. 금속판 B의 일함수는 $3f_0$이다.
ㄷ. 금속판 A의 결과에 해당하는 그래프는 (나)의 a이다.

① ㄱ   ② ㄴ   ③ ㄱ, ㄷ
④ ㄴ, ㄷ   ⑤ ㄱ, ㄴ, ㄷ

14 표는 진동수와 세기가 다른 단색광 A, B, C를 각각 동일한 금속판에 비추었을 때 측정된 광전류와 광전자의 최대 운동 에너지를 나타낸 것이다.

단색광	광전류($\times 10^{-6}$ A)	최대 운동 에너지(eV)
A	10	1.0
B	20	1.0
C	20	0.5

이에 대한 설명으로 옳은 것만을 [보기]에서 있는 대로 고른 것은?

[보기]
ㄱ. 단색광의 진동수는 A가 가장 작다.
ㄴ. 단색광의 세기는 A가 B보다 작다.
ㄷ. 단색광의 진동수는 B와 C가 같다.

① ㄱ   ② ㄴ   ③ ㄱ, ㄷ
④ ㄴ, ㄷ   ⑤ ㄱ, ㄴ, ㄷ

15 그림은 광자의 에너지가 10 eV인 빛을 금속 표면에 비추었을 때, 단위 시간당 방출된 광전자의 수를 광전자의 운동 에너지에 따라 개략적으로 나타낸 것이다.

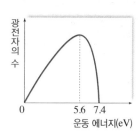

이에 대한 설명으로 옳은 것만을 [보기]에서 있는 대로 고른 것은?

[보기]
ㄱ. 금속의 일함수는 4.4 eV이다.
ㄴ. 광자의 에너지가 15 eV인 빛을 비추면 방출된 광전자의 최대 운동 에너지는 12.4 eV이다.
ㄷ. 광자의 에너지가 처음의 2배인 빛을 비추면 방출된 광전자의 최대 운동 에너지도 2배가 된다.

① ㄱ   ② ㄴ   ③ ㄷ
④ ㄱ, ㄴ   ⑤ ㄱ, ㄴ, ㄷ

02 입자의 파동성

핵심
포인트

🅐 물질파 ★★
　물질파 확인 실험 ★★★

🅑 보어 원자 모형 ★★★
　보어 원자 모형과 물질파 ★★

🅐 물질파

1. 물질파(드브로이파)

(1) **❶물질파 이론 도입 과정**

① **빛의 이중성:** 영의 이중 슬릿 실험을 통해 빛이 파동성을 갖는다는 것과 광전 효과 실험을 통해 빛이 입자성을 갖는다는 것을 알게 되었다. 빛의 파동성을 관찰하는 실험에서는 입자성이 나타나지 않고, 입자성을 관찰하는 실험에서는 파동성이 나타나지 않는다.

② **물질파 이론:** 드브로이는 빛이 입자성과 파동성을 갖는 것처럼 전자와 같은 입자도 입자성 뿐만 아니라 파동성을 가질 것이라고 주장하였다. 전자와 같은 입자가 나타내는 파동을 물질파 또는 드브로이파라고 한다.

> **전자의 파동성 관찰 실험**
> 전자총으로 전자를 발사하여 이중 슬릿에 통과시키면 스크린에 간섭무늬가 나타난다.
>
> **[예상]** 전자가 입자의 성질만 갖는다면 전자는 직진하여서 스크린에는 밝은 줄무늬 2줄만 나타날 것이다.
>
> **[결과]** 실제 실험에서는 여러 개의 밝고 어두운 간섭무늬가 나타난다. ➡ 전자는 파동의 성질을 갖고 있다.
>
> 전자총　이중 슬릿　스크린　　　전자총　이중 슬릿　스크린

(2) **물질파 파장(드브로이 파장):** 질량이 m인 입자가 속력 v로 운동할 때, 운동량이 p인 물질파 파장 λ는 다음과 같다.

$$\lambda = \frac{h}{mv} = \frac{h}{p} \quad (\text{*플랑크 상수 } h = 6.63 \times 10^{-34} \text{ J·s})$$

★ **플랑크 상수 h**
플랑크가 고안한 상수로, 광자의 에너지 식인 $E = hf$로 파동이었던 빛을 입자로 생각하게 하였다. 물질파 식에도 플랑크 상수가 있어 물질의 파동성을 표현한다.

(3) **물질의 이중성:** 물질도 빛과 마찬가지로 입자성과 파동성을 모두 가지는 것을 물질의 이중성이라고 한다.

• **일상생활에서 물질파를 관측할 수 없는 까닭:** 드브로이 파장의 식에서 플랑크 상수 h의 값이 매우 작고, 물체의 질량이 크기 때문에 파장이 매우 짧아 파동성을 관찰하기 어렵다.

> **야구공과 전자의 물질파 비교**
> 야구공의 운동에서는 물질파의 파장이 매우 짧아 파동성을 관찰하기 어렵고, 원자나 전자는 물질파의 파장이 길어 파동성을 관찰할 수 있다.
>
> 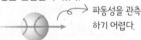 파동성을 관측하기 어렵다.
>
>  전자　파동성을 관측하기 쉽다.
>
> 질량이 140 g인 야구공이 40 m/s의 속력으로 날아가고 있을 때 야구공의 물질파 파장
> $$= \frac{h}{0.14 \text{ kg} \times 40 \text{ m/s}} = 1.18 \times 10^{-34} \text{ m}$$
>
> 질량이 9×10^{-31} kg인 전자가 가속되어 속력이 6×10^6 m/s가 되었을 때 전자의 물질파 파장
> $$= \frac{h}{9 \times 10^{-31} \text{ kg} \times 6 \times 10^6 \text{ m/s}} = 1.22 \times 10^{-10} \text{ m}$$

┃용어┃
❶물질파(物 만물, **質** 바탕, **波** 물결)_영어 표현으로 matter waves이다. 입자가 파동의 특성을 갖는다는 의미이다.

2. 물질파 확인 실험 ●━물질의 파동성을 확인한 최초의 실험이다.

(1) *데이비슨·거머 실험: 니켈 결정에 가속된 전자를 입사시킨 후 방출된 전자 분포를 알아보기 위해 검출기의 각도 θ를 변화시키면서 여러 각도에서 전자의 수를 측정하였다.

① 결과: 전자선과 50°의 각을 이루는 곳에서 방출된 전자의 수가 최대로 관측되었다. ➡ 전자의 물질파가 결정면에서 반사하면서 ❷회절하기 때문이다.┐ ●━파동인 X선으로 실험할 때와 같은 결과이다.
　　　　　　　　　　　　　　　　　　　　　　　　　　└파동만의 특성이다.

★ 브래그 회절
1912년에 브래그는 결정면 사이의 거리가 d인 규칙적인 결정 구조에 파장이 λ인 X선을 쪼였을 때, 특별한 각도(θ)에서 보강 간섭이 일어나는 것을 확인하고 다음과 같은 브래그 방정식을 제시하였다. ➡ 브래그 방정식을 통해 결정 구조를 알아낼 수 있다.
$$2d\sin\theta = n\lambda\,(n=1,\,2,\,3,\,\cdots)$$

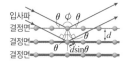

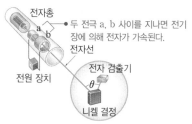

⬆ 데이비스·거머 실험 장치

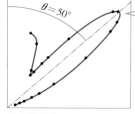

⬆ 실험 결과

두 전극 a, b 사이를 지나면 전기장에 의해 전자가 가속된다.

전자총 / a / b / 전자선 / 전원 장치 / 전자 검출기 / θ / 니켈 결정

$\theta = 50°$ / 검출기의 각도가 50°일 때 전자가 가장 많이 검출된다.

② *결과 분석: 전자의 물질파가 결정면에서 반사하면서 회절한 것으로, $\theta=50°$인 곳에서 보강 간섭이 일어났다. ➡ 데이비슨과 거머가 측정한 파장값과 드브로이 파장을 적용하여 구한 결과가 일치하여 드브로이의 물질파 이론이 증명되었다.

└ $\lambda = d\sin\theta$ 　　└ $\lambda = \dfrac{h}{mv} = \dfrac{h}{\sqrt{2meV}}$

★ 데이비슨·거머 실험 결과
54 eV로 가속된 전자선을 쪼여 주었을 때, 니켈 결정에 의해 회절된 전자가 입사 전자선과 50°의 각을 이룰 때 최대로 관측된다. 전자의 물질파 파장은 같은 각도에서 보강 간섭이 일어나는 X선의 파장과 일치하였다.

결정 표면에서 보강 간섭이 일어날 조건
니켈 결정 사이 간격이 d, 전자의 물질파 파장이 λ이고, 결정면에 수직으로 입사한 전자선이 θ의 각으로 반사될 때, 인접한 두 전자선의 경로차 $\Delta=d\sin\theta$이고 경로차가 물질파 파장의 정수 배일 때 보강 간섭이 일어난다.

$$d\sin\theta = n\lambda\,(n=1,\,2,\,3,\,\cdots)$$

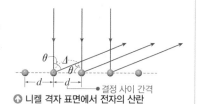

⬆ 니켈 격자 표면에서 전자의 산란

θ / Δ / θ / d / d / 결정 사이 간격

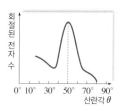

회절된 전자 수 / 0° 10° 30° 50° 70° 90° / 산란각 θ

(2) **톰슨의 전자 ❷회절 실험**: 톰슨은 금속박에 전자선을 쪼였을 때, 금속박을 통과해 나온 전자들이 X선을 가지고 실험한 것과 똑같은 회절 무늬를 만든 것을 확인하였다.

⬆ X선 회절 무늬

⬆ *전자선 회절 무늬

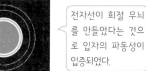

전자선이 회절 무늬를 만들었다는 것으로 입자의 파동성이 입증되었다.

★ 전자의 운동량과 전자선 회절 무늬
전자의 운동량 $p=\sqrt{2meV}=\dfrac{h}{\lambda}$ 이므로 높은 전압을 걸어서 전자의 운동량을 증가시키면 전자선 회절 무늬의 간격은 더 좁아진다.

3. 가속된 전자의 드브로이 파장
입자가 물질파의 성질을 나타낼 때, 드브로이 파장은 입자의 운동 에너지로도 표현할 수 있다. ●━전자는 질량이 매우 작으므로 운동하는 전자의 파동의 성질을 관찰할 수 있다.

전자의 운동량과 전자의 드브로이 파장 ┌전기장이 전자에 한 일
전자 발생기에서 전압 V로 가속된 전자의 운동 에너지가 $E_\mathrm{k}=eV$인 경우 전기장이 전자에 한 일 $W=eV$와 전압 V로 가속된 전자의 운동 에너지 $\dfrac{1}{2}mv^2$은 같다.

- 전자의 운동량 $p=\sqrt{2meV}$ ━ $E_\mathrm{k}=eV=\dfrac{1}{2}mv^2=\dfrac{(mv)^2}{2m}=\dfrac{p^2}{2m}$
- 전자의 드브로이 파장 $\lambda=\dfrac{h}{\sqrt{2meV}}$ ●━전자의 드브로이 파장은 가속 전압을 높일수록 짧아진다.

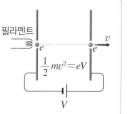

필라멘트 / e / v / e / $\dfrac{1}{2}mv^2=eV$ / V

❷ 회절(回 돌다, 折 꺾다)_파동이 장애물이나 틈을 지난 다음, 넓게 퍼지는 현상

02 입자의 파동성

B 보어 원자 모형과 물질파

보어는 러더퍼드 원자 모형의 문제점을 해결하기 위해 새로운 원자 모형을 발표했어요. 그리고 드브로이 물질파 개념으로 원자 모형을 설명할 수 있게 되었어요. 보어 원자 모형에 대하여 알아볼까요?

1. *러더퍼드 원자 모형의 한계

(1) 원자의 안정성을 설명할 수 없다. ➡ 임의의 궤도에서 원운동하는 전자는 전자기파를 방출하면서 점차 에너지를 잃어 원자핵으로 빨려 들어가야 하지만 실제로 전자는 안정적으로 돌고 있다.

(2) 가열된 수소 원자에서 나오는 빛의 스펙트럼이 연속 스펙트럼이 아니고 선 스펙트럼인 것을 설명하지 못한다.

↑ 러더퍼드 원자 모형

★ 러더퍼드 원자 모형
원자 중심에는 원자 질량의 대부분을 차지하고 (+)전하를 띠는 원자핵이 존재하고, 행성들이 태양 주위를 공전하는 것처럼 전자들이 원자핵 주위를 원운동한다.

2. *보어 수소 원자 모형 러더퍼드 원자 모형의 문제점을 해결하기 위해 두 가지 가설을 제시

(1) **첫 번째 가설-양자 조건**: 원자 내의 전자는 다음과 같은 조건을 만족하는 특정한 원 궤도를 회전할 때에는 전자기파를 방출하지 않고, 안정하게 원운동한다. ➡ 원자의 안정성 설명

전자의 물질파 파장을 이용하여 나타낼 수 있다.
$$2\pi r = n\frac{h}{mv} = n\lambda \text{ (양자수 } n=1, 2, 3, \cdots)$$
(r: 전자의 궤도 반지름, n: 양자수, m: 전자의 질량, v: 전자의 속력)

(2) **두 번째 가설-진동수 조건**: 전자가 양자 조건을 만족하는 궤도 사이를 전이할 때, 두 궤도의 에너지 차에 해당하는 에너지를 전자기파로 *방출하거나 흡수한다. ➡ 선 스펙트럼 설명

$$hf = E_n - E_m \, (n>m)$$

★ 보어 원자 모형

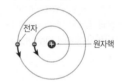

전자는 원자핵 주위의 특정한 원 궤도를 따라 원운동한다.

3. 보어의 원자 모형과 물질파 양자 조건은 원 궤도의 둘레가 물질파 파장의 정수 배인 궤도를 의미한다. ➡ 원 궤도의 둘레가 물질파 파장의 정수 배가 되면 안정한 상태가 되어 전자기파를 방출하지 않고 원 궤도를 돌게 된다.

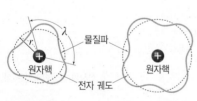

↑ $2\pi r = 3\lambda$일 때   ↑ $2\pi r = 4\lambda$일 때

존재 할 수 없음

↑ $2\pi r = 4.5\lambda$일 때

원 궤도의 둘레와 파장의 정수 배가 일치하여야 파동이 존재할 수 있다.

★ 전자가 전이할 때 방출하는 빛의 파장
높은 에너지 준위에서 낮은 에너지 준위로 전이할 때에는 에너지를 방출하고, 낮은 에너지 준위에서 높은 에너지 준위로 전이할 때에는 에너지를 흡수한다.
전자가 에너지 준위가 E_n인 궤도에서 에너지 준위가 $E_m (<E_n)$인 궤도로 전이했을 때, 수소 원자가 방출하는 광자의 파장은 다음과 같다.
$$\frac{1}{\lambda} = R\left(\frac{1}{m^2} - \frac{1}{n^2}\right)(n>m)$$
뤼드베리 상수

> **C+ 확대경** 　전자의 궤도 반지름 r
>
> 보어는 양자 가설을 수소 원자에 적용하여 양자수가 n인 전자의 반지름 r_n을 유도하였다.
>
> ❶ 양자 가설의 관계 식: $2\pi r = n\left(\frac{h}{mv}\right) = n\lambda$
>
> ❷ 힘의 관계식(전기력=구심력): $k\left(\frac{e^2}{r^2}\right) = m\frac{v^2}{r}$
>
> 두 식 ❶, ❷로부터 v를 소거하면 전자의 궤도 반지름 r에 관한 식을 얻을 수 있다.
>
> $r_n = \frac{h^2}{4\pi^2 kme^2} n^2 = a_0 n^2$ ● $n=1$일 때 수소 원자의 궤도 반지름은 당시에 알려져 있던 수소 원자의 반지름과 일치하였다.
>
>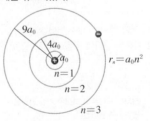

개념 확인 문제

정답친해 125쪽

핵심 체크

- 물질파: 전자와 같은 입자가 나타내는 파동을 물질파 또는 (❶   )라고 한다.
- 물질파 파장: 질량이 m인 입자가 속력 v로 운동할 때, 물질파 파장은 (❷   )이다.
- (❸   ) 실험: 물질파를 입증한 실험으로, 니켈 결정에 54 eV로 가속된 전자선을 입사하였더니 특정한 각에서 회절된 전자가 최대로 검출되었다. 이는 입자가 파동처럼 회절하여 보강 간섭하였기 때문에 나타난 결과이다.
- (❹   )의 전자 회절 실험: X선이 회절하는 것처럼 전자의 회절 무늬를 실험적으로 얻어내 전자의 파동성을 입증한 실험이다.
- 보어 원자 모형의 가설
  ┌ (❺   ) 조건: 원자 내의 전자가 양자 조건을 만족하는 특정한 궤도를 돌 때에는 전자기파를 방출하지 않고, 안정하게 원운동을 한다.
  └ 진동수 조건: 전자가 양자 조건을 만족하는 궤도 사이를 전이할 때, 두 궤도의 (❻   )에 해당하는 에너지를 전자기파로 방출하거나 흡수한다.
- 보어 수소 원자 모형에서 원 궤도의 둘레가 물질파 (❼   )의 정수 배가 될 때 안정한 상태를 유지한다.

---

1 빛과 물질파에 대한 설명으로 옳은 것은 ○, 옳지 <u>않은</u> 것은 ×로 표시하시오.

(1) 빛이 회절하고 간섭하는 것은 빛의 파동성을 나타낸 것이다. ····················· ( )

(2) 운동하는 입자의 물질파 파장이 λ일 때 입자의 운동량은 $\dfrac{h}{\lambda}$이다. ····················· ( )

(3) 움직이는 물질 입자는 입자성뿐만 아니라 파동성도 가지고 있다. ····················· ( )

(4) 전자의 속력이 2배가 되면 전자의 드브로이 파장도 2배가 된다. ····················· ( )

4 러더퍼드 원자 모형에 대한 설명으로 옳은 것은 ○, 옳지 <u>않은</u> 것은 ×로 표시하시오.

(1) 원자의 중심에는 원자핵이 있고, 전자가 원자핵 주위를 도는 모형이다. ····················· ( )

(2) 원자의 안정성을 설명할 수 없다. ····················· ( )

(3) 수소 원자에서 나오는 선 스펙트럼을 설명할 수 있다. ····················· ( )

2 드브로이 파장이 같은 두 입자 A와 B의 질량의 비가 1 : 100일 때, A와 B의 속력의 비를 구하시오.

5 보어 원자 모형에 대한 설명 중 ( ) 안에서 알맞은 말을 고르시오.

(1) 양자 조건은 원 궤도의 둘레가 전자의 물질파 (파장, 반파장)의 정수 배인 것으로 해석되었다.

(2) 전자가 양자수가 큰 궤도에서 양자수가 작은 궤도로 전이할 때, 두 궤도의 에너지 차에 해당하는 에너지를 가진 전자기파를 (흡수, 방출)한다.

(3) $n=3$인 궤도의 원둘레는 그 궤도를 도는 전자의 물질파 파장의 (3배, 6배)이다.

3 질량이 m, 운동 에너지가 E인 전자의 물질파 파장을 구하시오.

대표 자료 분석

정답친해 126쪽

🖊 학교 시험에 자주 출제되는 대표 자료와 그 자료에 대한
문제를 통해 자료를 완벽하게 이해할 수 있다.

자료 ① 데이비슨·거머 실험

기출 Point
• 데이비슨·거머 실험을 통해 전자의 성질 파악하기
• 산란된 전자의 수 그래프를 통해 드브로이 파장 구하기

[1~3] 그림 (가)는 니켈 결정에 전자선을 입사시킨 후 입사한 전자선과 튀어 나온 전자가 이루는 각도가 θ인 곳에서 전자를 검출하는 실험 장치의 모식도와 확대한 모습을 나타낸 것이다. 이때 니켈 원자의 원자 간격은 d이다. 그림 (나)는 운동 에너지가 54 eV인 전자를 입사시킨 후 θ의 각으로 튀어 나온 전자 수를 나타낸 것이다.

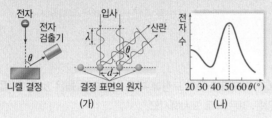

1 산란된 전자의 경로차는?

① $\dfrac{d\sin\theta}{2}$ ② $d\sin\theta$ ③ $2d\sin\theta$

④ $\dfrac{d}{\sin\theta}$ ⑤ $\dfrac{\sin\theta}{d}$

2 전자선의 드브로이 파장은?

① $d\sin25°$ ② $2d\sin25°$ ③ $\dfrac{d\sin50°}{2}$

④ $d\sin50°$ ⑤ $2d\sin50°$

3 빈출 선택지로 완벽 정리!

(1) 전자의 입자성을 입증한 실험이다. ┈┈┈┈ (○ / ×)
(2) (나)에서 각도에 따라 전자의 수가 다른 것은 전자가 회절하여 간섭한 결과이다. ┈┈┈┈ (○ / ×)
(3) (나)에서 θ가 50°일 때 보강 간섭이 일어났다.
┈┈┈┈┈┈┈┈┈┈┈┈┈┈ (○ / ×)

자료 ② 전자의 파동성

기출 Point
• 전자의 회절 실험 이해하기
• 이중 슬릿을 통과한 전자의 운동량과 물질파 파장 알기

[1~4] 그림은 전자총에서 전압 V로 가속된 전자를 이중 슬릿에 입사시키는 실험 장치와 형광판 스크린에 생기는 무늬를 나타낸 것이다. Δx는 전자의 간섭무늬 사이의 간격이다. (단, 전자의 질량은 m, 전하량은 e, 가속되기 전 전자의 운동 에너지는 0이다.)

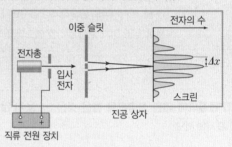

1 입사 전자의 운동 에너지를 쓰시오.

2 입사 전자의 운동량을 쓰시오.

3 입사 전자의 물질파 파장을 쓰시오.

4 빈출 선택지로 완벽 정리!

(1) 스크린에 간섭무늬가 나타난 까닭은 전자가 파동의 성질을 갖고 있기 때문이다. ┈┈┈┈ (○ / ×)
(2) 전자를 가속시킬 때, 가속 전압 V가 높을수록 전자의 운동량이 커진다. ┈┈┈┈ (○ / ×)
(3) 전자를 가속시킬 때, 가속 전압 V가 높을수록 전자의 드브로이 파장이 길어진다. ┈┈┈┈ (○ / ×)

내신 만점 문제

A 물질파

01 그림은 이중 슬릿에 속력이 같은 전자를 통과시켰을 때 스크린에 밝고 어두운 무늬가 생기는 모습을 나타낸 것이다.

전자총 이중 슬릿 스크린

(가), (나)에 들어갈 알맞은 말을 옳게 짝 지은 것은?

- 이중 슬릿을 통과한 전자가 (가) 하기 때문에 스크린에 밝고 어두운 무늬가 생긴다.
- 실험 결과 전자가 (나) 의 성질을 갖는다는 것을 알 수 있다.

	(가)	(나)		(가)	(나)
①	직진	입자	②	직진	파동
③	간섭	입자	④	간섭	파동
⑤	굴절	입자			

02 표는 두 입자 A, B의 질량과 속력을 나타낸 것이다.

입자	질량	속력
A	m	v
B	$2m$	$3v$

A, B의 물질파 파장의 비 $\lambda_A : \lambda_B$는?

① $1:1$ ② $1:2$ ③ $1:3$
④ $1:6$ ⑤ $6:1$

03 〔서술형〕
드브로이가 주장한 물질파의 존재를 확인한 대표적인 두 가지 실험이 무엇인지 쓰시오.

04 다음은 드브로이 물질파 이론과 관련된 내용이다.

(가) 니켈 결정에 의해 회절된 전자가 전자선과 특정한 각도를 이루는 곳에서 최대로 관측되었다.
(나) X선과 같이 전자선도 얇은 금속에 의해 회절되는 현상이 관찰되었다.

이에 대한 설명으로 옳은 것만을 [보기]에서 있는 대로 고른 것은?

〔보기〕
ㄱ. (가)는 데이비슨·거머의 실험이다.
ㄴ. (나)는 톰슨의 실험이다.
ㄷ. (가), (나)는 모두 입자의 파동성을 설명할 수 있다.

① ㄱ   ② ㄴ   ③ ㄱ, ㄷ
④ ㄴ, ㄷ   ⑤ ㄱ, ㄴ, ㄷ

05 그림 (가)는 니켈 결정에 전자선을 입사시킨 후 입사한 전자선과 튀어 나온 전자가 이루는 각도가 θ인 곳에서 전자를 검출하는 실험 장치의 모식도를 나타낸 것이다. 그림 (나)는 운동 에너지가 54 eV인 전자를 입사시켰을 때 실험 결과를 나타낸 것으로 $\theta=50°$일 때 검출된 전자의 수가 가장 많았다.

 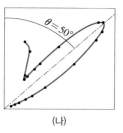

(가)   (나)

이에 대한 설명으로 옳은 것만을 [보기]에서 있는 대로 고른 것은?

〔보기〕
ㄱ. (나)의 모습으로 전자가 회절되었음을 알 수 있다.
ㄴ. θ가 50°일 때, 전자가 보강 간섭 조건을 만족한다.
ㄷ. 전자총에서 나온 전자의 속도가 빠를수록 실험 결과가 잘 나타난다.

① ㄱ   ② ㄴ   ③ ㄷ
④ ㄱ, ㄴ   ⑤ ㄱ, ㄴ, ㄷ

06 그림은 속력이 v인 전자선을 금속 결정에 쪼였을 때, 산란된 전자선의 경로를 나타낸 것이다.

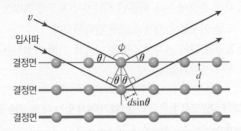

산란된 전자선이 보강 간섭을 하는 $\sin\theta$값의 최솟값이 0.2일 때, 결정면의 간격 d는?(단, 전자의 질량은 m, 플랑크 상수는 h이다.)

① $\dfrac{h}{mv}$ ② $\dfrac{2h}{mv}$ ③ $\dfrac{5h}{2mv}$

④ $\dfrac{h}{2mv}$ ⑤ $\dfrac{2h}{5mv}$

[07~08] 그림 (가)는 X선을 고체 결정에 비추었을 때 나타나는 무늬이고, (나)는 전자의 흐름인 전자선을 얇은 금속박에 쪼였을 때 나타나는 무늬이다.

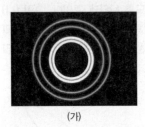
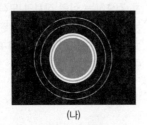

(가)　　　　　　(나)

07 (나)에서 전자빔의 가속 전압을 높일 때 일어나는 사진 무늬의 변화로 옳은 것만을 [보기]에서 있는 대로 고른 것은?

[보기]
ㄱ. 전자총에서 나오는 전자의 운동량이 커진다.
ㄴ. 무늬 사이의 간격이 커진다.
ㄷ. 전자의 물질파 파장이 짧아진다.

① ㄱ ② ㄴ ③ ㄱ, ㄷ
④ ㄴ, ㄷ ⑤ ㄱ, ㄴ, ㄷ

08 서술형
(가), (나)를 통해 알 수 있는 사실을 서술하시오.

09 운동 에너지가 E_k인 입자의 드브로이 파장을 λ라고 할 때, 입자의 운동 에너지 E_k에 따른 물질파 파장 λ를 개략적으로 나타낸 그래프는?

①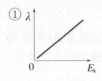
②
③
④
⑤

10 그림 (가)는 전자빔 발생 장치에서 나와 간격이 d인 이중 슬릿을 통과하여 스크린의 각 지점에 도달하는 전자의 수를 전자 검출기로 측정하는 모습을 나타낸 것이다. 그림 (나)는 (가)의 전자빔 발생 장치에서 나오는 속력이 각각 v_1, v_2인 전자들을 사용하여 각 지점에서 일정한 시간 동안 측정한 전자의 수를 개략적으로 나타낸 것이다.

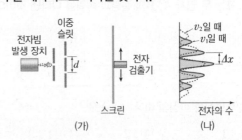

(가)　　　　　　(나)

이에 대한 설명으로 옳은 것만을 [보기]에서 있는 대로 고른 것은?

[보기]
ㄱ. 전자의 파동성을 확인할 수 있는 실험이다.
ㄴ. $v_1 < v_2$이다.
ㄷ. 전자의 속력이 v_1일 때, d를 줄이면 Δx가 커진다.

① ㄱ ② ㄴ ③ ㄱ, ㄷ
④ ㄴ, ㄷ ⑤ ㄱ, ㄴ, ㄷ

11 표는 입자 A, B의 운동 에너지와 드브로이 파장을 나타낸 것이다.

입자	운동 에너지	드브로이 파장
A	$2E$	λ
B	E	4λ

A, B의 질량을 각각 m_A, m_B라고 할 때, $m_A : m_B$는?

① $1:2$　　　② $1:4$　　　③ $1:8$

④ $4:1$　　　⑤ $8:1$

B 보어 원자 모형과 물질파

12 보어의 원자 모형에서 양자수 $n=2$인 궤도의 반지름이 r일 때, 이 궤도를 돌고 있는 전자의 <u>물질파 파장(λ)</u>과 전자의 <u>운동량(p)</u>을 옳게 짝 지은 것은?

	λ	p		λ	p
①	πr	$\dfrac{h}{\pi r}$	②	πr	$\dfrac{\pi r}{h}$
③	$2\pi r$	$\dfrac{h}{\pi r}$	④	$2\pi r$	$\dfrac{\pi r}{h}$
⑤	$4\pi r$	$\dfrac{2h}{\pi r}$			

서술형

13 그림은 보어 원자 모형을 나타낸 것이다. 표는 각 궤도에서 전자가 갖는 에너지를 나타낸 것이다.

양자수(n)	에너지
1	$-13.6\,\text{eV}$
2	$-3.4\,\text{eV}$
3	$-1.5\,\text{eV}$

전자가 $n=2$의 궤도에서 $n=1$의 궤도로 전이할 때, 방출되는 에너지를 풀이 과정과 함께 구하시오.

★중요
14 다음은 보어 원자 모형에 대한 내용이다.

(가) 원자 내의 전자는 특정한 원 궤도를 회전할 때에는 전자기파를 방출하지 않고, 원운동을 한다.
(나) 전자가 양자 조건을 만족하는 궤도 사이를 전이할 때 두 궤도의 에너지 차에 해당하는 에너지를 전자기파로 방출하거나 흡수한다.

이에 대한 설명으로 옳은 것만을 [보기]에서 있는 대로 고른 것은?

〔보기〕
ㄱ. (가)는 양자 조건이다.
ㄴ. (가)는 원 궤도의 둘레가 드브로이 파장의 정수 배이다.
ㄷ. (가), (나)는 러더퍼드 원자 모형의 문제점을 모두 해결할 수 있다.

① ㄱ　　　② ㄴ　　　③ ㄱ, ㄷ

④ ㄴ, ㄷ　　　⑤ ㄱ, ㄴ, ㄷ

---

15 그림 (가), (나)는 보어의 수소 원자 모형에 따른 전자의 원운동 궤도와 전자가 만든 물질파 파장을 각각 점선과 실선을 이용하여 나타낸 것이다.

(가)　　　(나)

(가), (나)에서 전자의 물리량 중 (가)에서 더 큰 것만을 [보기]에서 있는 대로 고른 것은?

〔보기〕
ㄱ. 운동 에너지　　ㄴ. 물질파 파장　　ㄷ. 궤도 반지름

① ㄱ　　　② ㄷ　　　③ ㄱ, ㄴ

④ ㄱ, ㄷ　　　⑤ ㄴ, ㄷ

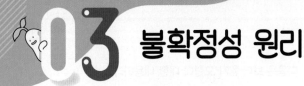

03 불확정성 원리

핵심 포인트
🅐 측정의 한계 ★
불확정성 원리 ★★★
🅑 불확정성 원리와 보어 원자 모형의 한계 ★★
현대적 원자 모형 ★★★

🅐 불확정성 원리

1. 측정의 한계
┌● 전자의 질량보다 매우 큰 물체
(1) **①고전 역학의 입장**: 야구공과 같은 물체는 위치와 운동량을 모두 정확하게 측정할 수 있다.
(2) **②양자 역학의 입장**: 전자와 같은 매우 작은 입자의 위치와 운동량은 하이젠베르크가 제안한
불확정성 원리에 의해 동시에 정확하게 측정하는 것이 불가능하다.┌● 이것은 오차가 아닌 자연 상태의
결정 불가능 속성이라고 한다.

2. 전자의 위치와 운동량을 동시에 측정할 수 없다는 것을 입증하는 실험
(1) **★가상 현미경 ③사고 실험**: 파장이 짧은 빛을 이용하면 전자의 위치를 정확하게 측정할 수 있
지만 운동량을 정확하게 측정하지 못하며, 파장이 긴 빛을 이용하면 전자의 운동량을 정확
하게 측정할 수 있지만 전자의 위치를 정확하게 측정할 수 없다.

> **하이젠베르크의 가상 현미경 사고 실험**
> 가상의 현미경으로 전자의 위치를 측정한 결과를 나타낸 것이다.
>
> **[짧은 파장의 광자(빛)를 사용할 때]**
> 스크린 / 현미경 / 광자 / 전자 / Δx / Δp
> 광자의 에너지가 커서 전자의 운동량 불확정량(Δp)이 증가한다.
> 회절이 잘 일어나지 않으므로 위치 불확정량(Δx)이 감소한다.
>
> **[긴 파장의 광자(빛)를 사용할 때]**
> 스크린 / 현미경 / 광자 / 전자 / Δx / Δp
> 광자의 에너지가 작으므로 전자의 운동량 불확정량(Δp)이 감소한다.
> 회절이 잘 일어나므로 위치 불확정량(Δx)이 증가한다.

┌● 파동이 장애물 틈을 통과해 장애물 뒤쪽까지 전달되는 현상
(2) **전자의 회절 실험**: 슬릿의 폭이 좁을수록 전자의 위치는 정확하게 측정할 수 있지만 운동량
을 정확하게 측정할 수 없고, 슬릿의 폭이 넓을수록 전자의 위치는 정확하게 측정할 수 없
지만 운동량을 정확하게 측정할 수 있다.

> **전자의 회절 실험**
> 전자도 물질파이므로 슬릿을 통과할 때 회절이 일어난다. 슬릿의 폭이 넓을 때 회절 정도가 작게 나타나고, 슬릿
> 의 폭이 좁을 때 회절이 많이 일어난다.
>
> **[슬릿의 폭이 좁을 때]**
> Δx / Δp / 슬릿 / 물질파 / 스크린
> 회절이 잘 일어나 전자의 운동 방향이 많이 변하므로 운동량 불확정량(Δp)이 증가한다.
> 슬릿의 폭이 좁으므로 전자의 위치 불확정량(Δx)이 작다.
>
> **[슬릿의 폭이 넓을 때]**
> Δx / Δp / 슬릿 / 물질파 / 스크린
> 회절이 잘 일어나지 않아 운동 방향이 크게 변하지 않으므로 운동량 불확정량(Δp)이 감소한다.
> 슬릿의 폭이 넓으므로 전자의 위치 불확정량(Δx)이 크다.

★ 가상 현미경의 원리
전자의 위치를 측정하기 위해 빛을 쏘면 이 빛은 전자에 의해 산란된 후 현미경의 렌즈를 지나 모여 스크린에 상을 만든다.

부정확한 정도를 나타내는 물리량은 교과서마다 다르게 표현해요.

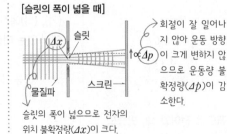

용어	교과서
불확정량	비상
불확정도	지학사, 천재
부정확성	교학사
부확정도	미래엔

┤용어├
①고전 역학(classical mechanics)_뉴턴 운동 법칙을 기본으로 하는 물리 이론. 19세기 후반까지 물리학자들은 고전 역학과 전자기학으로 모든 자연 현상을 충분히 설명할 수 있다고 믿었다.
②양자 역학(quantum mechanics)_전자나 원자처럼 매우 작은 입자의 운동을 설명하는 물리 이론
③사고(思 생각, 考, 생각하다) 실험_직접하는 실험이 아닌 문제 상황을 고려해 머릿속으로 하는 실험이다.

3. 불확정성 원리   입자의 위치 측정에서의 불확정량을 Δx, 운동량 측정에서의 불확정량을 Δp라고 할 때, 두 불확정량의 곱은 플랑크 상수보다 크거나 같다.

$$\Delta x \Delta p \geq h$$

• 교학사, 지학사, 천재 교과서에는 $\dfrac{*h}{2}\left(\hbar = \dfrac{h}{2\pi}\right)$라고 나와요.

➡ *위치와 운동량 사이에 존재하는 불확정성 때문에, 위치와 운동량을 동시에 정확하게 측정하는 것은 불가능하다. ← 측정 기술이 아무리 발달하여도 극복할 수 없는 한계이다.

> ★ $\dfrac{h}{2}$
> $\hbar$는 '하 바'라고 읽는다. 물리학자 디랙이 밝힌 상수이다.

탐구 자료창   **전자의 회절과 불확정성 원리**

그림은 단일 슬릿을 이용한 전자의 회절 실험을 간단히 나타낸 것으로, 폭이 a인 슬릿을 통과한 전자는 형광 스크린에 밝고 어두운 무늬를 만든다.

1. **결과**: 슬릿의 폭 a가 작아지면 회절 무늬의 폭 D가 커지고, a가 커지면 회절 무늬의 폭 D가 작아진다.
2. **위치 불확정량과 운동량 불확정량**: 전자의 위치 불확정량 Δy는 슬릿의 폭 a와 같다고 할 수 있고($\Delta y \approx a$), 무늬의 폭 D가 크다는 것은 운동량의 y성분 불확정량(Δp_y)가 크다는 것을 의미한다.($\Delta p_y \propto D$)
3. **불확정성 원리**: 슬릿의 폭 a가 작아지면 y는 줄어들지만 p_y가 커진다. ➡
   슬릿의 폭이 좁아지면 슬릿을 통과하는 전자의 위치에 대한 정보는 정확해지지만, 전자의 운동량에 대한 정보는 더 부정확해지므로 불확정성 원리가 성립한다.

> ★ **불확정성 원리의 의미**
> 불확정성 원리는 미시적 세계에서 어떤 입자의 물리량을 측정하는 행위 자체가 입자의 상태에 영향을 미치기 때문에 어느 한계 이상으로는 물리량을 정확하게 측정할 수가 없다는 것을 뜻한다.

B 현대적 원자 모형

1. 불확정성 원리와 보어 원자 모형의 한계

(1) **보어 원자 모형**: 원자의 중심에 있는 원자핵을 중심으로 전자가 특정한 궤도에서 원운동을 한다. ➡ 전자가 전자기파를 방출하지 않고 안정하게 존재한다.

(2) **보어 원자 모형의 한계**: 보어는 고전 역학과 양자 가설을 이용하여 양자수 n인 상태에서 전자의 궤도 반지름을 정확하게 구할 수 있었지만, 이는 불확정성 원리에 위배된다.

> 📖 지학사 교과서에만 나와요.
> ★ **에너지와 시간 사이의 불확정성 원리**
> 에너지(ΔE)와 시간(Δt) 사이에 존재하는 불확정성 때문에 에너지와 시간을 동시에 정확하게 측정하는 것은 불가능하다.
> $$\Delta E \Delta t \geq \frac{h}{2}$$

보어 원자 모형과 불확정성 원리

❶ 보어 원자 모형에서 원자핵으로부터 전자까지의 거리는 다음과 같다.
$$r_n = \frac{h^2}{4\pi^2 kme^2}n^2$$

❷ 전자가 원자핵으로부터 떨어진 거리에 대한 불확정량은 $\Delta r = 0$이다.

❸ 전자가 원운동을 하므로 원자핵으로부터 거리가 같다. 따라서 운동량의 불확정량 $\Delta p_r = 0$이다.

➡ $\Delta r \Delta p = 0$이므로 불확정성 원리 $\Delta r \Delta p \geq h$에 위배된다.

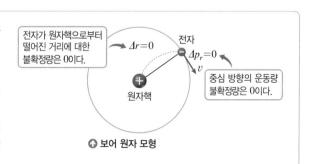

전자가 원자핵으로부터 떨어진 거리에 대한 불확정량은 0이다.

중심 방향의 운동량 불확정량은 0이다.

🔼 보어 원자 모형

2. 현대적 원자 모형

(1) **수소 원자의 확률 밀도 함수**: *양자 역학에서 전자의 상태를 나타내는 함수를 파동 함수라고 하며 3개의 양자수에 의해 결정된다.

• 입자의 운동 상태에 대한 정보를 알 수 있다.

① 파동 함수를 결정하는 3개의 양자수를 *n, l, m으로 나타내며, 각각 주 양자수, 궤도 양자수, 자기 양자수라고 한다.

• 전자가 갖는 에너지를 결정한다. • 전자의 회전 운동을 나타낸다.

양자수	허용된 값
n(주 양자수)	$1, 2, 3, \cdots, \infty$
l(궤도 양자수)	$0, 1, 2 \cdots, n-1$
m(자기 양자수)	$0, \pm 1, \pm 2, \cdots, \pm l$

② 3개의 양자수는 짝을 이루어 하나의 상태를 결정하며, 이를 (n, l, m)과 같이 나타낸다.

　예 $n=1$일 때 전자의 상태 ➡ $(1, 0, 0)$ ➡ 1가지 상태만 가능

　　$n=2$일 때 전자의 상태 ➡ $(2, 0, 0), (2, 1, 1), (2, 1, 0), (2, 1, -1)$ ➡ 4가지 상태

• 현대적 원자 모형은 입자가 발견될 확률로 정의한다.

(2) **확률 밀도 함수**: 양자수 n, l, m에 따라 파동 함수의 모양이 달라지며, 이 파동 함수로부터 전자가 발견될 확률을 알 수 있다. ➡ 양자 역학에서는 파동 함수의 절댓값 제곱이 입자를 발견할 확률 밀도라고 해석한다.

수소 원자의 확률 밀도

수소 원자에서 주 양자수가 각각 $n=1$, $n=2$일 때, 원자핵을 원점으로 하여 원자핵으로부터의 거리에 따라 전자가 존재할 확률 밀도를 나타내면 다음과 같다. 그래프는 전자의 확률 밀도를 나타내므로 그래프 아래의 넓이는 확률을 뜻하며, 전체 넓이는 1이다.

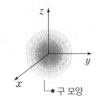 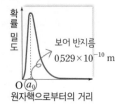

보어 반지름 0.529×10^{-10} m

• 구 모양 원자핵으로부터의 거리

⬆ $(1, 0, 0)$인 상태의 전자가 발견될 확률 밀도 함수

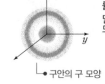 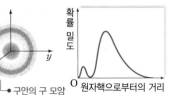

• 구안의 구 모양 원자핵으로부터의 거리

⬆ $(2, 0, 0)$인 상태의 전자가 발견될 확률 밀도 함수

(3) ***고전적 원자 모형과 현대적 원자 모형**: 보어 원자 모형에서는 전자가 원자핵 주위를 특정한 궤도를 따라 원운동을 하는 것으로 기술하지만 현대적 원자 모형에서는 전자의 위치를 정확히 설명하는 것은 불가능하므로 전자가 발견될 확률을 3차원상에 전자 구름의 형태로 나타낸다.

• 확률 밀도를 음영으로 나타낸 것

고전적 원자 모형		현대적 원자 모형
러더퍼드 원자 모형	보어 원자 모형	구름 모형
전자는 어느 궤도에서나 원자핵 주위를 원운동할 수 있다.	전자는 특정한 궤도에서만 원자핵 주위를 원운동할 수 있다.	전자의 정확한 위치는 알 수 없으며 전자가 존재할 확률만 알 수 있다.

전자를 발견할 확률이 낮다.
전자를 발견할 확률이 높다.

★ 양자 역학
불확정성 원리에 바탕을 두고 미시적 세계를 설명하는 이론이다.

★ 주 양자수 n
수소 원자의 에너지 준위는 주 양자수 n에 의해서만 결정된다.
$$E_{(n, l, m)} = -\frac{13.6}{n^2}(\text{eV})$$

★ $n=2$인 수소 원자의 확률 밀도
주 양자수가 $n=2$인 수소 원자에 허용된 양자수의 조합에 따른 전자가 발견될 확률 밀도 함수는 다음과 같다.

주 양자수	궤도 양자수	자기 양자수		
2	0	0		
	1	-1	0	1

★ 고전적 원자 모형과 현대적 원자 모형의 공통점과 차이점
• 공통점: 원자핵이 있고, 원자핵과 전자 사이에 전기력이 작용한다.
• 차이점: 고전적 원자 모형은 전자가 궤도 운동을 하며, 전자가 원운동하는 궤도를 정할 수 있지만 현대적 원자 모형에서 전자는 정확한 위치는 알 수 없고, 전자가 존재할 확률만 알 수 있다.

개념 확인 문제

정답친해 128쪽

핵심
체크

- (❶) 역학의 입장에서 전자와 같이 매우 작은 입자의 위치와 운동량을 동시에 정확하게 측정하는 것은 불가능하다.
- (❷) 원리: 서로 관계 있는 물리량을 동시에 측정할 때, 둘 사이의 정확도에는 한계가 있다는 원리이다.
- 위치와 (❸) 사이의 불확정성 원리: 입자의 위치 불확정량과 (❸) 불확정량의 곱은 h보다 크거나 같다.
- 보어는 양자수 n인 상태에서 전자의 궤도 반지름을 정확하게 구할 수는 있었지만, 이는 (❹)에 위배된다.
- (❺): 양자 역학에서 전자의 상태를 나타내는 함수로, 3개의 (❻)에 의해 결정된다.
- $n=2$일 때, 가능한 전자의 상태는 (❼)가지이다.
- 양자 역학에서는 파동 함수의 절댓값 제곱이 입자를 발견할 (❽)라고 해석한다.
- 현대적 원자 모형: 전자의 정확한 위치는 알 수 없으며, 전자가 존재할 (❾)만 알 수 있다.

---

1 다음은 빛을 이용하여 전자의 위치와 운동량을 측정하는 사고 실험에 대한 설명이다. ( ) 안에서 알맞은 말을 고르시오.

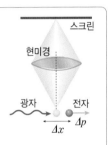

- 빛의 파장이 짧을수록 전자의 위치를 정확하게 측정할 수 ㉠(있, 없)고, 전자의 운동량을 정확하게 측정할 수 ㉡(있, 없)다.
- 빛의 파장이 길수록 전자의 위치를 정확하게 측정할 수 ㉢(있, 없)고, 전자의 운동량을 정확하게 측정할 수 ㉣(있, 없)다.

스크린
현미경
광자 전자
Δx Δp

2 다음은 불확정성 원리에 대한 설명이다. ( ) 안에 알맞은 말을 쓰시오.

위치와 ㉠( ) 사이에는 불확정성이 존재한다. 입자의 위치 측정에서의 불확정량을 Δx, ㉠( ) 측정에서의 불확정량을 Δp라고 할 때, 다음 관계를 만족한다.

$$\Delta x \Delta p \ ㉡(\ ) \ h$$

3 수소 원자의 에너지 준위에 대한 설명으로 옳은 것은 ○, 옳지 **않은** 것은 ×로 표시하시오.

(1) 궤도 양자수에 의해 결정된다. ─────── ( )
(2) 불연속적인 값을 갖는다. ─────── ( )
(3) 1개의 에너지 준위에 여러 상태가 존재할 수 있다.
─────── ( )

4 표는 세 개의 양자수 n, l, m에 대하여 나타낸 것이다. 주 양자수 $n=2$일 때, ㉠~㉢에 알맞은 말 또는 값을 쓰시오.

양자수	명칭	허용된 값
n	주 양자수	2
l	㉠( )	㉡( )
m	자기 양자수	㉢( )

5 그림은 수소 원자의 $n=1$인 상태에서 전자를 발견할 확률 분포를 원자핵으로부터의 거리 r에 따라 나타낸 것이다. ( ) 안에서 알맞은 말을 고르시오.

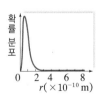

확률
분포

0 2 4 6 8
$r(\times 10^{-10}$ m$)$

$l=㉠(0, 1)$이고, $m=㉡(0, 1)$이다. 이때 전자를 발견할 확률 분포를 3차원으로 나타내면 ㉢(구, 구안의 구) 모양이 된다.

대표 자료 분석

🏠 학교 시험에 자주 출제되는 대표 자료와 그 자료에 대한 문제를 통해 자료를 완벽하게 이해할 수 있다.

자료 ① 불확정성 원리

기출 Point
· 슬릿의 폭에 따른 위치와 운동량의 불확정성 해석하기
· 위치와 운동량의 불확정성 원리 이해하기

[1~3] 그림은 전자가 좁은 슬릿과 넓은 슬릿을 통과할 때 회절하는 정도를 알아보는 실험 결과를 나타낸 것이다.

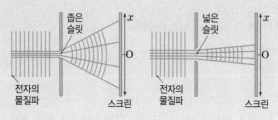

1 ( ) 안에 알맞은 말을 고르시오.

슬릿 폭이 좁을수록 물질파의 회절이 잘 ㉠ (일어나고, 일어나지 않고), 슬릿의 폭이 넓을수록 물질파의 회절이 잘 ㉡ (일어난다, 일어나지 않는다).

2 이 실험에서 전자의 위치와 운동량의 불확정성에 대한 설명 중 ( ) 안에 알맞은 말을 쓰시오.

· 슬릿 폭이 좁을수록 전자의 ㉠( )를 더 정확히 측정할 수 있다.
· 슬릿 폭이 넓을수록 전자의 ㉡( )을 더 정확히 측정할 수 있다.

3 빈출 선택지로 **완벽 정리!**

(1) 슬릿의 폭이 넓을수록 전자 위치의 불확정량이 크다. ...... (○ / ×)
(2) 슬릿의 폭이 좁을수록 전자의 운동량 불확정량이 크다. ...... (○ / ×)
(3) 전자의 위치와 운동량을 동시에 정확히 측정할 수 있다는 것을 입증하는 실험이다. ...... (○ / ×)

자료 ② 현대적 원자 모형

기출 Point
· 고전적 원자 모형과 현대적 원자 모형 구분하기
· 현대적 원자 모형의 특징 이해하기

[1~3] 그림 (가), (나)는 고전적 원자 모형인 보어 원자 모형과 현대적 원자 모형을 순서 없이 나타낸 것이다.

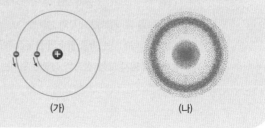

(가)   (나)

1 (가), (나)는 각각 무엇인지 쓰시오.

2 [보기]의 원자 모형을 시간 순서대로 옳게 나열하시오.

┌─보기─┐
ㄱ. 현대적 원자 모형
ㄴ. 보어 원자 모형
ㄷ. 러더퍼드 원자 모형

3 빈출 선택지로 **완벽 정리!**

(1) (가)에서 전자는 어느 궤도에서나 원운동을 할 수 있다. ...... (○ / ×)
(2) (가)는 불확정성 원리에 위배되는 원자 모형이다. ...... (○ / ×)
(3) (나)는 전자가 존재할 확률만 알 수 있다. (○ / ×)
(4) (가), (나)에서 전자가 다른 에너지 준위로 전이할 때 빛을 흡수하거나 방출한다. ...... (○ / ×)

내신 만점 문제

A 불확정성 원리

[01~02] 그림은 전자의 위치와 운동량을 측정하는 사고 실험을 나타낸 것이다.

01 이에 대한 설명으로 옳은 것만을 [보기]에서 있는 대로 고른 것은?

[보기]
ㄱ. 전자를 관찰한다는 것은 전자에 부딪쳐 산란된 광자(빛)를 보는 것이다.
ㄴ. 파장이 긴 광자(빛)를 이용할수록 전자의 위치를 정확하게 측정할 수 있다.
ㄷ. 광자(빛)가 전자에 부딪칠 때, 전자의 운동량을 변화시킨다.

① ㄱ   ② ㄷ   ③ ㄱ, ㄴ
④ ㄱ, ㄷ   ⑤ ㄴ, ㄷ

02 이 실험에서 사용한 빛의 파장이 λ일 때, 전자의 위치 불확정량 Δx와 운동량 불확정량 Δp의 최솟값을 옳게 짝 지은 것은?

	Δx	Δp		Δx	Δp
①	0.5λ	$\dfrac{2h}{\lambda}$	②	λ	$\dfrac{h}{\lambda}$
③	$\sqrt{2}\lambda$	$\dfrac{h}{\sqrt{2}\lambda}$	④	1.5λ	$\dfrac{2h}{3\lambda}$
⑤	2λ	$\dfrac{h}{2\lambda}$			

03 그림은 양자 현미경으로 전자를 관찰하는 것을 나타낸 것이다.

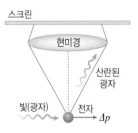

이에 대한 설명으로 옳지 <u>않은</u> 것은?

① 빛의 파장이 길수록 스크린에 도달한 빛이 크게 회절한다.
② 빛의 파장이 길수록 전자의 운동량이 크게 변한다.
③ 빛의 파장이 짧을수록 측정한 전자의 위치 불확정량이 작아진다.
④ 빛의 파장이 짧을수록 측정한 전자의 운동량 불확정량이 커진다.
⑤ 전자의 위치와 운동량을 동시에 정확하게 측정할 수 없다는 것을 알 수 있다.

서술형
04 양성자의 위치를 $\pm 1.00 \times 10^{-15}$ m의 정확도로 측정하였다. 이때 이 양성자의 운동량 불확정량의 한계를 구하시오. (단, 위치와 운동량 불확정량의 곱은 플랑크 상수 $h = 6.63 \times 10^{-34}$ J·s 이상이다.)

[05~06] 그림 (가), (나)는 전자의 물질파가 슬릿을 통과하면서 회절하는 모습을 나타낸 것이다. (가), (나)에서 전자의 속력은 같다.

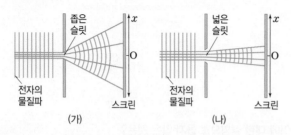

(가)　　　　(나)

05 다음은 전자의 위치와 운동량의 불확정성을 설명한 것이다.

> 전자의 물질파가 슬릿을 통과할 때, 전자의 위치 불확정량 Δx는 ㉠(　　　) 정도가 되며, 운동량 불확정량 Δp는 ㉡(　　　) 정도가 된다.

㉠, ㉡에 알맞은 말을 옳게 짝 지은 것은?

	㉠	㉡
①	슬릿의 폭	회절
②	슬릿의 폭	물질파 파장
③	회절	슬릿의 폭
④	회절	물질파 파장
⑤	물질파 파장	슬릿의 폭

06 (가), (나)에서 전자의 위치 불확정량 Δx와 운동량 불확정량 Δp의 크기를 옳게 비교한 것은?

	Δx	Δp
①	(가)<(나)	(가)=(나)
②	(가)>(나)	(가)=(나)
③	(가)<(나)	(가)<(나)
④	(가)>(나)	(가)<(나)
⑤	(가)<(나)	(가)>(나)

07 위치와 운동량의 불확정성 원리에 대한 설명으로 옳은 것만을 [보기]에서 있는 대로 고른 것은?

〔보기〕
ㄱ. 입자의 위치와 운동량을 동시에 정확하게 측정하는 것은 불가능하다.
ㄴ. 위치 불확정량과 운동량 불확정량을 곱한 값의 최솟값은 0이다.
ㄷ. 불확정성 원리는 물리량을 측정하는 행위 자체가 입자의 상태에 영향을 미치기 때문에 생긴다.

① ㄱ　　　　② ㄴ　　　　③ ㄱ, ㄷ
④ ㄴ, ㄷ　　　⑤ ㄱ, ㄴ, ㄷ

B 현대적 원자 모형

08 그림은 폭이 L인 구간 내에 존재하는 어떤 전자의 확률밀도를 위치에 따라 나타낸 것이다.

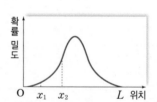

이에 대한 설명으로 옳은 것만을 [보기]에서 있는 대로 고른 것은?

〔보기〕
ㄱ. 그래프 아랫부분의 넓이는 1이다.
ㄴ. 0~x_1 구간과 x_1~x_2인 구간에서 전자가 발견될 확률은 같다.
ㄷ. 입자는 $x=\dfrac{L}{2}$인 지점에서만 발견될 수 있다.

① ㄱ　　　　② ㄴ　　　　③ ㄱ, ㄴ
④ ㄱ, ㄷ　　　⑤ ㄴ, ㄷ

09 수소 원자의 파동 함수를 결정짓는 양자수에 대한 설명으로 옳은 것만을 [보기]에서 있는 대로 고른 것은? (단, n은 주 양자수, l은 궤도 양자수, m은 자기 양자수를 의미한다.)

[보기]
ㄱ. $n=1$일 때, 허용된 궤도 양자수 $l=0$, 1이다.
ㄴ. $l=1$일 때, 허용된 자기 양자수 $m=-1$, 0, 1이다.
ㄷ. 수소 원자에서 전자의 회전 운동을 나타내는 것은 궤도 양자수이다.

① ㄱ   ② ㄴ   ③ ㄷ
④ ㄱ, ㄴ   ⑤ ㄴ, ㄷ

10 그림 (가)는 보어 수소 원자 모형을 나타낸 것이고, 그림 (나)는 현대적 수소 원자 모형을 나타낸 것이다.

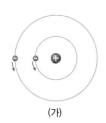 

(가)   (나)

이에 대한 설명으로 옳은 것만을 [보기]에서 있는 대로 고른 것은?

[보기]
ㄱ. 보어는 (가)에서 전자의 파동성을 설명하였다.
ㄴ. (나)에서 전자의 위치는 확률적으로 알 수 있다.
ㄷ. (나)에서 전자의 위치와 운동량을 동시에 정확히 측정할 수 있다.

① ㄱ   ② ㄴ   ③ ㄱ, ㄴ
④ ㄱ, ㄷ   ⑤ ㄴ, ㄷ

11 다음은 수소 원자의 에너지 준위를 나타낸 것이다.

$$E_{(n, l, m)} = -\frac{13.6}{n^2}\,(\text{eV})$$

이에 대한 설명으로 옳지 않은 것은?

① 원자핵에 속박된 전자의 에너지는 음(−)의 값을 갖는다.
② 전자의 에너지 준위는 불연속적인 값을 갖는다.
③ 전자의 에너지 준위는 주 양자수에 의해서만 결정된다.
④ 한 에너지 준위에는 양자수 (n, l, m)로 기술되는 상태가 1개만 존재한다.
⑤ 전자의 에너지 준위가 바뀔 때에는 그 차이만큼의 에너지를 가진 빛을 흡수하거나 방출한다.

12 그림은 수소 원자에서 전자의 확률 밀도를 나타낸 것이다. (가)는 $n=1$, $l=0$인 상태를 나타내고, (나)는 $n=2$, $l=0$인 상태를 나타낸다.

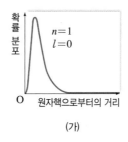 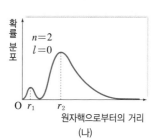

(가)   (나)

이에 대한 설명으로 옳은 것만을 [보기]에서 있는 대로 고른 것은?

[보기]
ㄱ. 전자의 에너지 준위는 (나)가 (가)보다 높다.
ㄴ. (나)에서 전자는 반지름이 r_1 또는 r_2인 곳에서만 발견된다.
ㄷ. (가)의 상태에서 (나)의 상태가 될 때 빛을 방출한다.

① ㄱ   ② ㄷ   ③ ㄱ, ㄴ
④ ㄴ, ㄷ   ⑤ ㄱ, ㄴ, ㄷ

01 빛의 입자성

1. 광전 효과 금속 표면에 진동수가 큰 빛을 비추면 전자가 방출되는 현상

(1) (❶　　　)(문턱) 진동수: 광전 효과가 일어나기 위한 빛의 최소 진동수

(2) 광전류(I): 단위 시간당 방출되는 광전자의 수가 많을수록 광전류의 세기가 (❷　　　).

(3) 정지 전압(V_s): 역전압을 걸어 주었을 때, 광전류가 0이 될 때의 전압 ➡ 정지 전압은 광전자의 최대 운동 에너지와 (❸　　　) 관계이다.

2. 아인슈타인의 광양자설

(1) 광자(광양자): 빛을 (❹　　　)인 입자로 보고, 빛 알갱이를 광자라고 할 때, 진동수가 f, 파장이 λ인 광자 1개의 에너지 E는 다음과 같다.

$$E = hf = \frac{hc}{\lambda} \ (h: \text{플랑크 상수}, \ c: \text{빛의 속력})$$

(2) (❺　　　): 금속 표면의 전자를 외부로 떼어내는 데 필요한 최소 에너지로, 일함수를 W라고 하면 $W = hf_0 = \dfrac{hc}{\lambda_0}$ 이다.

(3) 광전자의 최대 운동 에너지: 일함수가 W인 금속에 진동수 f인 빛을 비출 때, 방출되는 광전자의 최대 운동 에너지 E_k는 다음과 같다.

$$E_k = \frac{1}{2}mv^2 = hf - W = hf - hf_0$$

02 입자의 파동성

1. 물질파

(1) 물질파: 드브로이는 빛이 파동성과 입자성을 동시에 갖는 것처럼 물질 입자도 입자성뿐만 아니라 파동성을 가질 것이라고 주장하였다. 전자와 같은 입자가 나타내는 파동을 물질파 또는 (❻　　　)라고 한다.

(2) 물질파 파장(드브로이 파장): 광자의 운동량이 $p = \dfrac{h}{\lambda}$이므로 질량이 m인 입자의 속력이 v일 때 파장 λ는 다음과 같다.

$$\lambda = \frac{h}{p} = \frac{h}{mv}$$

2. 물질파의 확인 실험

데이비슨·거머 실험	(❼　　　) 결정에 54 eV로 가속한 전자를 입사시켰을 때 입사한 전자선과 50°의 각을 이루는 곳에서 전자가 가장 많이 검출되었다. ➡ 전자의 물질파가 결정면에서 반사하면서 (❽　　　)하기 때문이다.
(❾　　　)의 전자 회절 실험	금속박에 전자선을 쪼였을 때, 금속박을 통과해 나온 전자들이 X선을 가지고 실험한 것과 똑같은 회절 무늬를 만든 것을 확인하였다.

3. 보어 원자 모형과 물질파 원 궤도의 둘레가 물질파 파장의 정수 배가 되면 안정한 상태가 된다.

03 불확정성 원리

1. 불확정성 원리

(1) (❿　　　) 원리: 입자의 위치 측정에서의 불확정량을 Δx, 운동량 측정에서의 불확정량을 Δp라고 할 때, 두 불확정량의 곱은 플랑크 상수보다 크거나 같다. ➡ $\Delta x \Delta p \geq h$

(2) 위치와 운동량 사이에 존재하는 불확정성 때문에, 위치와 운동량을 동시에 정확하게 측정하는 것은 (⓫　　　)하다.

2. 현대적 수소 원자 모형

(1) 파동 함수: 양자 역학에서 전자의 상태를 나타내는 함수를 파동 함수라고 하며 3개의 (⓬　　　)에 의해 결정된다.

양자수	허용된 값
n(주 양자수)	$1, 2, 3, \cdots, \infty$
l(궤도 양자수)	$0, 1, 2, \cdots, n-1$
m(자기 양자수)	$0, \pm1, \pm2, \cdots, \pm l$

(2) 확률 밀도: 양자수 n, l, m에 따라 파동 함수의 모양이 달라지며, 이 파동 함수로부터 전자가 발견될 확률을 알 수 있다.

(3) 현대적 원자 모형: 현대적 수소 원자 모형에서 전자의 정확한 위치는 알 수 없으며 전자가 존재할 (⓭　　　)만 알 수 있다.

중단원 마무리 문제

난이도 ●●●

01 그림과 같이 금속박이 닫힌 검전기의 금속판에 어떤 단색광을 비추었더니 금속박에 아무런 변화가 없었다.

금속박이 벌어지게 하기 위한 방법으로 옳은 것만을 [보기]에서 있는 대로 고른 것은?

●○○

단색광
금속판
금속박

[보기]
ㄱ. 단색광의 세기를 증가시킨다.
ㄴ. 파장이 긴 단색광으로 바꾼다.
ㄷ. 진동수가 큰 단색광으로 바꾼다.

① ㄱ   ② ㄷ   ③ ㄱ, ㄴ
④ ㄴ, ㄷ   ⑤ ㄱ, ㄴ, ㄷ

02 그림 (가)는 광전 효과 실험 장치이고, (나)는 (가)의 금속판을 A, B로 다르게 하였을 때, 각각 광전관에서 쪼인 빛의 진동수와 발생한 광전자의 최대 운동 에너지의 관계를 나타낸 것이다.

●●●

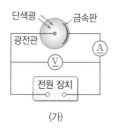

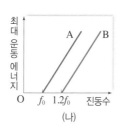

(가)

(나)

이에 대한 설명으로 옳은 것만을 [보기]에서 있는 대로 고른 것은?

[보기]
ㄱ. (나)에서 그래프 A, B의 기울기는 플랑크 상수로 서로 같다.
ㄴ. 금속판 B에 진동수가 f_0인 빛을 비추면 광전자가 방출된다.
ㄷ. 일함수의 크기는 금속판 A가 B보다 크다.

① ㄱ   ② ㄴ   ③ ㄱ, ㄷ
④ ㄴ, ㄷ   ⑤ ㄱ, ㄴ, ㄷ

03 그림은 단일 슬릿에 입자를 1개씩 입사시켜 입자의 회절을 관찰할 수 있는 실험 장치를 나타낸 것이다.

●●○

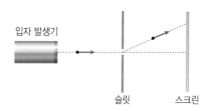

입자 발생기
슬릿
스크린

이에 대한 설명으로 옳은 것만을 [보기]에서 있는 대로 고른 것은?

[보기]
ㄱ. 입자의 운동량이 작을수록 회절이 잘 일어난다.
ㄴ. 슬릿의 간격이 좁을수록 회절이 잘 일어난다.
ㄷ. 단위 시간당 슬릿을 통과하는 입자 수가 적을수록 회절이 잘 일어난다.

① ㄱ   ② ㄷ   ③ ㄱ, ㄴ
④ ㄴ, ㄷ   ⑤ ㄱ, ㄴ, ㄷ

04 그림 (가)는 전자선을 금속박에 입사시켰을 때 얻은 무늬를 나타낸 것이고, (나)는 X선을 같은 금속박에 입사시켰을 때 얻은 회절 무늬를 나타낸 것이다.

●●○

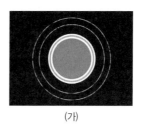

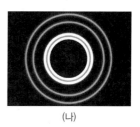

(가)

(나)

이에 대한 설명으로 옳은 것만을 [보기]에서 있는 대로 고른 것은?

[보기]
ㄱ. (가)는 회절하여 생긴 무늬이다.
ㄴ. 전자가 파동의 성질을 갖고 있음을 알 수 있다.
ㄷ. (가)에서 전자선의 속력이 빠를수록 밝은 무늬 사이의 간격이 커진다.

① ㄱ   ② ㄷ   ③ ㄱ, ㄴ
④ ㄴ, ㄷ   ⑤ ㄱ, ㄴ, ㄷ

05 표는 입자 A, B의 운동 에너지와 질량을 나타낸 것이다.

입자	운동 에너지	질량
A	$2E$	$8m$
B	E	m

A, B의 물질파 파장을 각각 λ_A, λ_B라고 할 때, 파장의 비 $\dfrac{\lambda_A}{\lambda_B}$ 는?

① $\dfrac{1}{4}$ ② $\dfrac{1}{2}$ ③ 1

④ 2   ⑤ 4

06 보어의 수소 원자 모형은 현대적 원자 모형과는 차이점이 있다. 현대의 수소 원자 모형이 보어의 수소 원자 모형과 다른 점만을 [보기]에서 있는 대로 고른 것은?

┌─ 보기 ─────────────────────────────┐
ㄱ. 전자가 구름 모양으로 분포한다.
ㄴ. 수소 원자의 에너지 준위는 양자화되어 있다.
ㄷ. 원자핵과 전자 사이의 거리가 양자화되어 있다.
└────────────────────────────────────┘

① ㄱ   ② ㄴ   ③ ㄱ, ㄴ

④ ㄱ, ㄷ   ⑤ ㄴ, ㄷ

07 수소 원자에서 주 양자수 $n=3$인 경우, 허용되는 양자수 (n, l, m)의 조합으로 옳지 **않은** 것은?

① $(3, 0, 0)$ ② $(3, 1, -1)$ ③ $(3, 1, 2)$

④ $(3, 2, -1)$ ⑤ $(3, 2, 2)$

서술형 문제

08 그림은 광전관의 금속판에 단색광을 비추어 전압에 따른 광전류의 세기를 측정한 결과를 나타낸 것이다. A, B, C는 같은 실험 조건에서 단색광의 종류만 다른 것이다.

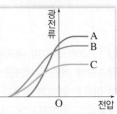

단색광 A, B, C를 비추었을 때 방출되는 광전자의 최대 운동 에너지를 각각 E_A, E_B, E_C라고 할 때, 그 크기를 풀이 과정과 함께 옳게 비교하시오.

09 그림은 가상 현미경을 이용해 전자의 위치를 측정하는 사고 실험을 나타낸 것이다. 이 실험에서 파장이 짧은 빛을 사용할 때와 파장이 긴 빛을 사용할 때의 결과를 각각 서술하시오.

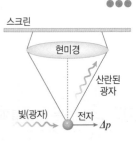

10 그림 (가)는 보어 원자 모형을, (나)는 현대적 원자 모형을 나타낸 것이다.

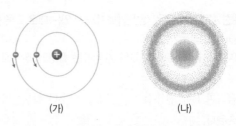

(가)　　　　(나)

그림 (가)와 (나)의 공통점과 차이점을 각각 <u>한 가지</u> 서술하시오.

01 그림은 광전 효과를 이용하여 빛을 검출하는 광전관을 나타낸 것이다. 금속판에 단색광 A를 비추면 광전자가 방출되고, 단색광 B를 비추면 광전자가 방출되지 않는다.

이에 대한 설명으로 옳은 것만을 [보기]에서 있는 대로 고른 것은?

[보기]
ㄱ. 진동수는 A가 B보다 크다.
ㄴ. A의 세기가 클수록 방출되는 광전자의 수가 많다.
ㄷ. A의 진동수가 클수록 방출되는 광전자의 최대 운동 에너지가 크다.

① ㄱ   ② ㄴ   ③ ㄱ, ㄷ
④ ㄴ, ㄷ   ⑤ ㄱ, ㄴ, ㄷ

02 그림 (가)는 광전 효과 실험 장치를 나타낸 것이고, (나)는 금속판을 A, B로 다르게 하여 빛을 비출 때, 광전자의 최대 운동 에너지를 빛의 진동수에 따라 나타낸 것이다.

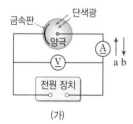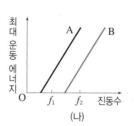

이에 대한 설명으로 옳은 것만을 [보기]에서 있는 대로 고른 것은?

[보기]
ㄱ. 진동수가 f_1인 빛의 광자 1개의 에너지는 금속판 A의 일함수보다 크다.
ㄴ. (가)에서 금속판을 A로 하고 진동수가 f_1인 빛을 비추었을 때, 전류는 a 방향으로 흐른다.
ㄷ. (가)에서 금속판을 B로 하고 진동수가 f_2인 빛을 비추면 전류가 흐르지 않는다.

① ㄱ   ② ㄷ   ③ ㄱ, ㄴ
④ ㄴ, ㄷ   ⑤ ㄱ, ㄴ, ㄷ

03 그림 (가)는 광전관의 금속판에 단색광을 비추며 전압에 따른 광전류의 세기를 측정하는 실험을 나타낸 것이다. 그림 (나)는 다른 조건은 동일하게 하고 단색광의 종류를 A, B, C로 다르게 했을 때 실험 결과를 나타낸 것이다.

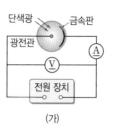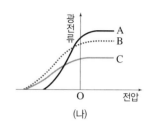

이에 대한 설명으로 옳은 것만을 [보기]에서 있는 대로 고른 것은?

[보기]
ㄱ. A의 진동수는 금속판의 한계 진동수보다 크다.
ㄴ. 광자 1개의 에너지는 A가 B보다 크다.
ㄷ. 빛의 세기는 B가 C보다 크다.

① ㄱ   ② ㄷ   ③ ㄱ, ㄴ
④ ㄱ, ㄷ   ⑤ ㄴ, ㄷ

04 그림은 어떤 금속의 표면에 빛을 비추었을 때 방출되는 광전자의 최대 운동 에너지를 빛의 진동수에 따라 나타낸 것이다. 이때 f_0은 금속의 한계 진동수이다.

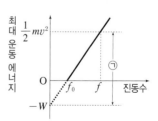

이에 대한 설명으로 옳은 것만을 [보기]에서 있는 대로 고른 것은?

[보기]
ㄱ. W는 금속의 일함수이다.
ㄴ. 빛의 세기가 커지면 f_0의 값이 커진다.
ㄷ. ㉠은 진동수가 f인 광자 1개의 에너지이다.

① ㄱ   ② ㄴ   ③ ㄱ, ㄷ
④ ㄴ, ㄷ   ⑤ ㄱ, ㄴ, ㄷ

05 그림은 입자가 진공 상자 안에서 중력에 의하여 아래로 가속되며 떨어지는 것을 나타낸 것이다.

입자

진공 상자

이에 대한 설명으로 옳은 것만을 [보기]에서 있는 대로 고른 것은?

[보기]
ㄱ. 입자의 속력은 증가한다.
ㄴ. 입자의 운동량은 감소한다.
ㄷ. 입자의 물질파 파장은 짧아진다.

① ㄱ   ② ㄴ   ③ ㄷ
④ ㄱ, ㄷ   ⑤ ㄴ, ㄷ

07 다음은 데이비슨·거머 실험에 대해 정리한 것이다.

• 데이비슨과 거머는 니켈 결정에 54 eV의 전압으로 가속된 전자선을 입사시켰더니 50°의 각으로 산란된 전자가 많은 것을 발견하였다.
• 이들은 X선이 결정면에서 반사하여 회절하는 것과 같이 전자도 회절한다고 생각하였다.
• 이들은 전자의 드브로이 파장을 구한 후 50°의 각으로 산란된 전자가 [(가)] 조건을 만족하는 것을 확인하여 드브로이의 [(나)] 이론을 검증하였다.

(가)와 (나)에 들어갈 말을 옳게 짝 지은 것은?

	(가)	(나)
①	상쇄 간섭	정상파
②	상쇄 간섭	물질파
③	보강 간섭	정상파
④	보강 간섭	물질파
⑤	보강 간섭	전자기파

06 그림은 질량이 다른 입자 A, B의 물질파의 파장을 속력에 따라 나타낸 것이다.

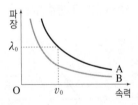

파장

λ_0

A
B

O v_0 속력

이에 대한 설명으로 옳은 것만을 [보기]에서 있는 대로 고른 것은?

[보기]
ㄱ. 입자의 속력이 v_0일 때, 질량은 A가 B보다 작다.
ㄴ. 물질파의 파장이 λ_0일 때, 운동량의 크기는 A가 B보다 크다.
ㄷ. 물질파의 파장이 λ_0일 때, 운동 에너지는 A와 B가 서로 같다.

① ㄱ   ② ㄷ   ③ ㄱ, ㄴ
④ ㄴ, ㄷ   ⑤ ㄱ, ㄴ, ㄷ

08 그림 (가), (나)는 전자가 속력만 다르고 다른 조건은 동일한 상태에서 니켈 결정을 통과하면서 만든 무늬이다. 무늬 간격은 (나)에서가 (가)에서보다 넓다.

(가)   (나)

이에 대한 설명으로 옳은 것만을 [보기]에서 있는 대로 고른 것은?

[보기]
ㄱ. (가)와 (나)에서 전자의 파동성이 나타났다.
ㄴ. 전자의 속력은 (가)에서가 (나)에서보다 크다.
ㄷ. 전자의 물질파 파장은 (가)에서가 (나)에서보다 크다.

① ㄱ   ② ㄷ   ③ ㄱ, ㄴ
④ ㄴ, ㄷ   ⑤ ㄱ, ㄴ, ㄷ

09 그림 (가)는 이중 슬릿에 의한 빛의 간섭 실험을, (나)는 전자총에서 발사된 전자를 이중 슬릿에 입사시켰을 때 스크린에 도달한 전자의 수를 상대적으로 나타낸 것이다. (가)의 Δx는 밝은 무늬 사이의 간격이고, (나)의 Δx는 전자가 많이 도달하는 곳 사이의 간격이다.

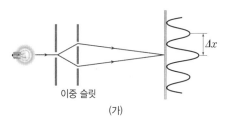

이중 슬릿

(가)

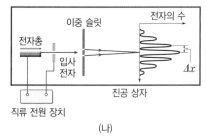

(나)

이에 대한 설명으로 옳은 것만을 [보기]에서 있는 대로 고른 것은?

[보기]
ㄱ. (가)에서 단색광의 파장이 길수록 Δx가 작아진다.
ㄴ. (나)에서 스크린의 위치에 따라 도달하는 전자의 수 분포가 (가)의 간섭무늬와 비슷한 것은 전자의 파동성 때문이다.
ㄷ. (나)에서 직류 전원 장치의 전압을 크게 하면 Δx도 커진다.

① ㄱ   ② ㄴ   ③ ㄱ, ㄷ
④ ㄴ, ㄷ   ⑤ ㄱ, ㄴ, ㄷ

10 그림 (가), (나)는 전자의 물질파가 슬릿을 통과하면서 회절하는 모습을 나타낸 것이다.

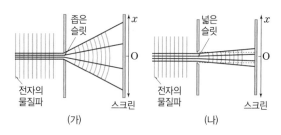

이에 대한 설명으로 옳은 것만을 [보기]에서 있는 대로 고른 것은?

[보기]
ㄱ. 전자의 위치와 운동량을 동시에 정확하게 측정하는 것은 불가능하다는 것을 알 수 있는 실험이다.
ㄴ. 슬릿의 폭이 좁을수록 전자의 운동량을 정확하게 측정할 수 있다.
ㄷ. 슬릿의 폭이 넓을수록 전자의 위치를 정확하게 측정할 수 있다.

① ㄱ   ② ㄴ   ③ ㄱ, ㄷ
④ ㄴ, ㄷ   ⑤ ㄱ, ㄴ, ㄷ

11 그림은 수소 원자의 궤도 함수에서 전자가 발견될 확률 $P(r)$를 원자핵으로부터의 거리 r에 따라 나타낸 것이다.

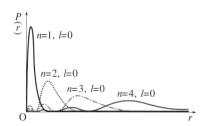

이에 대한 설명으로 옳은 것만을 [보기]에서 있는 대로 고른 것은?

[보기]
ㄱ. 주 양자수가 커질수록 전자가 발견될 확률이 높은 지점의 평균 거리가 원자핵으로부터 멀어진다.
ㄴ. $l=0$인 상태에 있는 전자의 확률 분포는 원자핵으로부터 구대칭의 형태를 이룬다.
ㄷ. 원자의 중심에서 전자가 존재할 확률은 0이다.

① ㄱ   ② ㄴ   ③ ㄱ, ㄷ
④ ㄴ, ㄷ   ⑤ ㄱ, ㄴ, ㄷ

15개정 교육과정

· 완벽한 자율학습서 ·

완자

완자네 새주소

자율학습시
비상구

정확한 답과 친절한 해설

정답친해로
53

정답친해로
오삼~

물리학 II

책 속의 가접 별책 (특허 제 0557442호)
'정답친해'는 본책에서 쉽게 분리할 수 있도록 제작되었으므로
유통 과정에서 분리될 수 있으나 파본이 아닌 정상제품입니다.

visang

ABOVE IMAGINATION

우리는 남다른 상상과 혁신으로
교육 문화의 새로운 전형을 만들어
모든 이의 행복한 경험과 성장에 기여한다

완벽한 자율학습서

완자

자율학습시 비상구 정답친해로 53

정확한 답과 친절한 해설

물리학 Ⅱ

I. 역학적 상호 작용

1 힘과 평형

01 힘의 합성

15쪽

개념 확인 문제

❶ 스칼라량 ❷ 벡터량 ❸ 합성 ❹ 분해 ❺ $A\cos\theta$
❻ $A\sin\theta$ ❼ 알짜힘(합력) ❽ 합성

1 (1) ㄴ, ㄷ, ㄹ, ㅂ (2) ㄱ, ㅁ

2

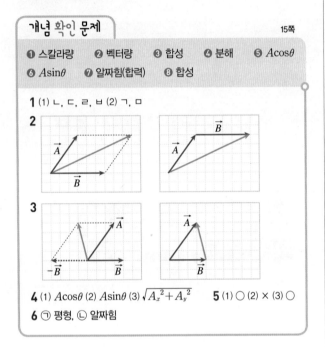

3

4 (1) $A\cos\theta$ (2) $A\sin\theta$ (3) $\sqrt{A_x^2+A_y^2}$
5 (1) ○ (2) × (3) ○
6 ㉠ 평형, ㉡ 알짜힘

1 (1) 위치, 변위, 속도, 가속도는 크기와 방향이 모두 있는 물리량이므로 벡터량이다.
(2) 이동 거리와 속력은 크기만 있는 물리량이므로 스칼라량이다.

2 두 벡터의 합을 구할 때는 평행사변형법과 삼각형법 모두 가능하다.

3 두 벡터의 차를 구할 때 평행사변형법은 $\vec{B}$와 크기는 같고 방향이 반대인 $-\vec{B}$를 $\vec{A}$와 시작점이 같게 그리면 평행사변형의 대각선이 두 벡터의 차가 된다. 삼각형법은 두 벡터의 시작점이 일치하도록 평행 이동시킨 후 나중 벡터의 끝점에서 처음 벡터의 끝점을 잇는 화살표를 그려 구한다.

4 (1) A_x는 A의 x축 방향 성분의 크기이므로 $A\cos\theta$이다.
(2) A_y는 A의 y축 방향 성분의 크기이므로 $A\sin\theta$이다.
(3) 피타고라스 정리에 의해 $A^2=A_x^2+A_y^2$이므로 $A=\sqrt{A_x^2+A_y^2}$이 된다.

5 (1) 같은 방향으로 작용하는 두 힘의 합력의 방향은 두 힘의 방향과 같고, 알짜힘의 크기는 두 힘의 크기를 더한 값과 같다.
(2) 반대 방향으로 작용하는 두 힘의 알짜힘의 방향은 큰 힘의 방향과 같고, 알짜힘의 크기는 큰 힘의 크기에서 작은 힘의 크기를 뺀 값과 같다.
(3) 알짜힘은 한 물체에 작용하는 모든 힘의 합력이다.

6 한 물체에 작용하는 두 힘의 크기가 같고 방향이 반대이면 두 힘의 합력은 0이고 이때 두 힘은 평형을 이룬다고 한다. 따라서 배에 작용하는 알짜힘은 추진력과 방해하는 힘의 합력이 된다.

대표 자료 분석

16쪽

자료 ① **1** (1) $-\vec{E}$ (2) $\vec{B}$ **2** (1) $\vec{C}$ 또는 $-\vec{G}$ (2) $2\vec{H}$ 또는 $-2\vec{D}$
3 (1) $\vec{H}$ 또는 $-\vec{D}$ (2) $\vec{D}$ 또는 $-\vec{H}$ **4** (1) ○ (2) ×
(3) ○

자료 ② **1** (1) 30° (2) 10 N (3) $10\sqrt{3}$ N **2** $10\sqrt{3}$ N
3 10 N **4** (1) ○ (2) × (3) ○ (4) ×

①-1 $-\vec{E}$는 $\vec{E}$와 크기가 같고 방향이 반대인 벡터이다.
(1), (2) $\vec{A}$와 크기가 같고 방향이 반대인 벡터는 $\vec{E}$이고, $\vec{F}$와 크기가 같고 방향이 반대인 벡터는 $\vec{B}$이다.

①-2 두 벡터를 두 변으로 하는 평행사변형의 대각선이 두 벡터의 합과 같다.
(1) $\vec{B}$와 $\vec{D}$를 두 변으로 하는 평행사변형의 대각선은 $\vec{C}$이고, $\vec{C}$는 $-\vec{G}$와 같다.
(2) $\vec{A}$와 $\vec{G}$를 두 변으로 하는 평행사변형의 대각선은 $\vec{H}$의 2배인 $2\vec{H}$이고, $2\vec{H}$는 $-2\vec{D}$와 같다.

①-3 두 벡터의 시작점을 일치시키고 끝점을 연결하였을 때 앞쪽에 있는 벡터 쪽으로 화살촉이 향한다.
(1) $\vec{A}-\vec{B}$는 $\vec{H}$와 같고, $\vec{H}$는 $-\vec{D}$와 같다.
(2) $\vec{B}-\vec{A}$는 $\vec{D}$와 같고, $\vec{D}$는 $-\vec{H}$와 같다.

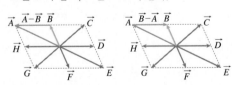

①-4 (1) 벡터는 합성하거나 분해할 수 있는 물리량이다.

(2) 두 벡터를 합성한 벡터의 크기가 두 벡터의 크기를 더한 값과 같은 경우는 두 벡터의 방향이 같은 경우뿐이다.

(3) 여러 개의 벡터를 합성할 때 순서가 달라도 결과는 같다.

② 꼼꼼 **문제 분석**

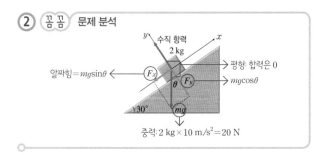

②-1 (1) 사잇각이 θ인 삼각형과 사잇각이 30°인 삼각형은 닮은 직각 삼각형이다. 따라서 θ에 대응되는 각은 30°이다.

(2) 물체에 작용하는 중력은 $mg = 2$ kg $\times 10$ m/s² $= 20$ N이므로 $F_x = mg\sin\theta = 20 \times \dfrac{1}{2} = 10$(N)이다.

(3) $F_y = mg\cos\theta = 20 \times \dfrac{\sqrt{3}}{2} = 10\sqrt{3}$(N)이다.

②-2 빗면에 수직인 방향으로 물체에 작용하는 두 힘은 F_y와 빗면이 물체에 작용하는 수직 항력이다. 두 힘은 힘의 평형을 이루고 있으므로 수직 항력의 크기는 F_y와 같은 $10\sqrt{3}$ N이다.

②-3 물체에는 중력과 수직 항력이 작용하는데 중력의 성분인 F_y와 수직 항력이 평형을 이루므로 물체에 작용하는 알짜힘은 F_x이다. 따라서 알짜힘의 크기는 10 N이다.

②-4 (1) $F_x = mg\sin\theta$이고, $F_y = mg\cos\theta$이므로 θ가 30°보다 커지면 F_x는 증가하고, F_y는 감소한다.

(2) 힘은 평행사변형법을 만족하는 임의의 방향으로 분해할 수 있다.

(3) 빗면에 수직인 방향으로 물체에 작용하는 알짜힘은 0이다. 따라서 두 힘은 힘의 평형 관계이다.

(4) 마찰이 있는 빗면에서는 마찰력이 F_x의 반대 방향으로 작용하므로 알짜힘의 크기가 F_x보다 작다.

내신 만점 문제   17쪽~19쪽

01 ②　　**02** ②, ④, ⑤　　**03** ②　　**04** ④, ⑤　　**05** ③
06 (1) $10\sqrt{3}$ (2) 10　　**07** ④　　**08** ④　　**09** 2 N,
해설 참조　　**10** ⑤　　**11** ③　　**12** ③　　**13** ②　　**14** ③
15 ⑤　　**16** 해설 참조

01 스칼라량은 크기만 있는 물리량이고, 벡터량은 크기와 방향이 있는 물리량이다.

ㄱ, ㄹ, ㅁ. 힘, 속도, 변위는 크기와 방향이 있는 벡터량이다.

∥바로알기∥ ㄴ, ㄷ, ㅂ. 부피, 질량, 이동 거리는 크기만 있는 스칼라량이다.

02 꼼꼼 **문제 분석**

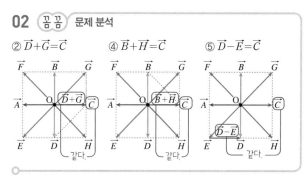

∥바로알기∥ ③ $\vec{B} + \vec{E}$는 $\vec{A}$와 같다.

03 같은 크기의 두 힘이 한 물체에 작용하였을 때 알짜힘의 크기가 가장 큰 경우는 두 힘이 같은 방향으로 나란하게 작용할 때이다. 두 힘이 이루는 사잇각이 커질수록 알짜힘의 크기가 작아지고, 사잇각이 180°가 되면 알짜힘은 0이 된다.

04 ④ 평행사변형법으로 두 힘을 합성한 결과이다.

⑤ 삼각형법으로 두 힘을 합성한 결과이다.

∥바로알기∥ ① $\vec{C} = \vec{B} - \vec{A}$이다.

② $\vec{C} = \dfrac{1}{2}(\vec{A} + \vec{B})$이다.

③ $\vec{C} = \vec{A} - \vec{B}$이다.

05 ㄱ. (가)와 같이 용수철저울에 추를 매달았을 때 용수철저울에 나타나는 눈금이 추의 무게이다.

ㄴ. 두 개의 용수철저울이 같은 방향으로 추를 잡아당기기 때문에 하나의 용수철저울에 나타나는 눈금은 추의 무게의 절반인 5 N이 된다.

∥바로알기∥ ㄷ. 두 용수철저울이 나란하지 않은 방향으로 추를 잡아당기고 있을 때, 두 용수철저울이 잡아당기는 힘의 벡터 합(평행사변형법에 의한 대각선)이 추의 무게와 같아야 한다. 그러기 위해서는 각 용수철저울이 추를 잡아당기는 힘의 크기는 5 N보다 커야 한다. 이때 두 용수철저울 사이의 각이 클수록 각 용수철저울의 눈금은 더욱 커진다.

06 (1) $A_x = A\cos 30° = 20$ m $\times \dfrac{\sqrt{3}}{2} = 10\sqrt{3}$ m

(2) $A_y = A\sin 30° = 20$ m $\times \dfrac{1}{2} = 10$ m

07 꼼꼼 문제 분석

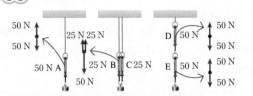

- A : 용수철저울 하나의 탄성력과 추의 무게가 평형을 이룬다.
- B, C : 두 용수철저울의 탄성력의 합과 추의 무게가 평형을 이룬다.
- D, E : 두 용수철저울에 똑같이 추의 무게와 같은 탄성력이 작용한다.

- **A**: 추에는 A의 탄성력과 추의 무게가 작용한다. 이 두 힘이 평형을 이루므로 A의 눈금은 추의 무게와 같은 50 N이 된다.
- **B, C**: 같은 방향으로 작용하는 B와 C의 탄성력이 추의 무게와 평형을 이룬다. 따라서 B와 C에는 추 무게의 절반인 25 N의 눈금이 나타난다.
- **D, E**: 두 개의 용수철이 직렬로 연결된 상태에서 추를 매달면 E의 탄성력은 추의 무게와 평형을 이루고, D의 탄성력도 아래에 매달려 있는 추의 무게와 평형을 이루어야 하기 때문에 두 용수철에는 각각 추의 무게와 같은 탄성력이 작용한다.

08
ㄱ. θ가 0°이면 두 힘이 같은 방향으로 작용하므로 알짜힘의 크기는 두 힘의 크기를 더한 값과 같은 8 N이다.

ㄷ. θ가 180°일 때 두 힘은 크기가 같고 방향이 반대이므로 알짜힘이 0이다. 이때 두 힘은 평형을 이룬다.

┃**바로알기**┃ ㄴ. 크기가 같은 두 힘이 이루는 사잇각이 120°일 때 알짜힘의 크기는 한 힘의 크기와 같으므로 4 N이다.

09
좌우로 작용하고 있는 두 힘은 크기가 4 N으로 같고 방향이 반대이므로 합력이 0이다. 따라서 물체에 작용하는 알짜힘은 위쪽으로 2 N이다. 그림과 같이 위쪽으로 2 N의 알짜힘이 작용하는 물체에 알짜힘과 크기가 같고 방향이 반대인 힘을 작용하면 물체에 작용하는 알짜힘은 0이 된다. 즉, 물체에 작용하는 모든 힘들이 평형을 이루게 된다.

(모범답안) 2 N, 그림 참조

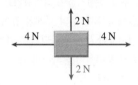

채점 기준	배점
2 N이라고 쓰고, 힘을 화살표로 정확하게 나타낸 경우	100 %
힘의 화살표만 정확하게 나타낸 경우	70 %
힘의 크기만 옳게 쓴 경우	30 %

10 꼼꼼 문제 분석

$(\vec{F}_A + \vec{F}_B)$의 크기가 추의 무게 w와 같아야 하므로 두 벡터의 수평 성분은 평형을 이루어야 한다.

$\vec{F}_A$의 수직 성분이 $\vec{F}_B$의 수직 성분보다 크다는 것을 알 수 있다.

추에는 연직 아래 방향으로 중력이 작용한다.

ㄱ. 추가 정지해 있으므로 추에 작용하는 알짜힘은 0이다. 따라서 $(\vec{F}_A + \vec{F}_B)$는 w와 크기가 같고 방향이 반대이다.

ㄴ. 추의 무게, $\vec{F}_A$, $\vec{F}_B$가 평형을 이루고 있으므로 $\vec{F}_A$와 $\vec{F}_B$의 합성 벡터는 w와 크기가 같고 방향이 반대이어야 한다. 따라서 $\vec{F}_A$와 $\vec{F}_B$의 각 수평 성분은 평형을 이루어야 하므로 크기가 같고 방향이 반대이다.

ㄷ. $\vec{F}_A$와 $\vec{F}_B$는 각 실의 방향으로 작용하므로 실의 방향이 대각선이 되도록 크기가 같은 평행사변형을 그려 보면 $\vec{F}_A$의 수직 성분이 $\vec{F}_B$의 수직 성분보다 크다는 것을 알 수 있다.

11
$\vec{F}$의 수평 성분과 $\vec{F}_1$가 평형을 이루어야 하고, $\vec{F}$의 수직 성분과 $\vec{F}_2$가 평형을 이루어야 하므로

$F_1 = F\cos 30° = 20 \times \dfrac{\sqrt{3}}{2} = 10\sqrt{3}$ (N)이고,

$F_2 = F\sin 30° = 20 \times \dfrac{1}{2} = 10$(N)이다.

12
ㄱ. 정지 상태인 물체에 작용하는 알짜힘은 0이다. 드론이 한 곳에 떠 있으므로 드론에 작용하는 알짜힘은 0이다.

ㄴ. 가속도의 방향은 알짜힘의 방향과 같다. 잠수부가 아래 방향으로 가속도 운동을 하고 있으므로 잠수부에게는 아래 방향으로 알짜힘이 작용한다.

┃**바로알기**┃ ㄷ. 등속 직선 운동하는 물체는 운동 상태의 변화가 없다. 따라서 등속 직선 운동하는 케이블카에 작용하는 알짜힘은 0이다. 운동 방향으로 알짜힘이 작용하면 운동 방향으로 가속도 운동을 해야 한다.

13
ㄱ, ㄴ. 네 개의 힘을 합성하면 알짜힘의 방향은 동쪽이고 크기는 눈금 1칸에 해당하므로 2 N이다.

ㄹ. 알짜힘은 가속도에 비례하며, 알짜힘의 방향과 가속도의 방향은 서로 같다. 따라서 이 그림으로 알짜힘의 방향을 알 수 있으므로 물체의 가속도 방향도 알 수 있다.

┃**바로알기**┃ ㄷ. 물체의 질량을 알 수 없으므로 가속도의 크기는 알 수 없다.

ㅁ, ㅂ. 처음 속도와 가속도의 크기를 알 수 없으므로 속도의 크기와 속도의 방향을 알 수 없다.

14 꼼꼼 문제 분석

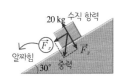

물체에는 중력과 수직 항력이 작용하는데 중력의 성분인 $\vec{F_y}$와 수직 항력이 평형을 이루므로 물체에 작용하는 알짜힘은 중력의 빗면 방향의 성분인 $\vec{F_x}$와 같다. 따라서 물체에 작용하는 알짜힘의 크기는 $F_x=mg\sin\theta=20\times10\times\sin30°=100(\text{N})$이다.

15 꼼꼼 문제 분석

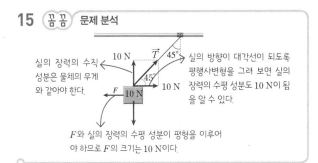

물체에 작용하는 알짜힘이 0이므로 실의 장력($\vec{T}$)의 수직 성분의 크기는 물체의 무게 10 N과 같다. $\vec{T}$가 수평 방향과 이루는 각도가 45°이므로 $\vec{T}$의 수직 성분 $T\sin45°$와 $\vec{T}$의 수평 성분 $T\cos45°$가 같다. 따라서 $\vec{T}$의 수평 성분의 크기도 수직 성분의 크기와 같은 10 N이다. 수평 방향으로도 힘의 평형이 이루어져야 하므로 F의 크기는 10 N이다.

16 꼼꼼 문제 분석

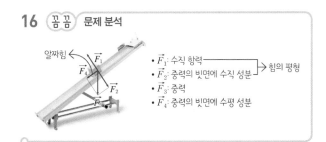

$\vec{F_1}$는 수직 항력, $\vec{F_3}$는 중력, $\vec{F_2}$와 $\vec{F_4}$는 $\vec{F_3}$를 분해한 힘이다.

모범답안 $\vec{F_2}$와 $\vec{F_4}$는 $\vec{F_3}$를 분해한 힘이고, $\vec{F_1}$와 $\vec{F_2}$는 평형을 이루므로 알짜힘은 $\vec{F_4}$가 된다.

채점 기준	배점
알짜힘을 구하고, 그 까닭을 옳게 서술한 경우	100 %
분해한 힘과 평형을 이루는 힘에 대한 설명은 옳지만 알짜힘이 옳지 않은 경우	50 %
알짜힘만 옳게 쓴 경우	30 %

02 평형과 안정성

개념 확인 문제
22쪽

① 돌림힘 　② 팔 길이 　③ 회전 　④ 돌림힘 　⑤ 축바퀴
⑥ 클수록

1 (1) × (2) ○ (3) ○ 　**2** 0.25 N·m 　**3** 20 N 　**4** (1) ○
(2) × (3) ○ 　**5** 6 N·m 　**6** ⑤

1 (1) 돌림힘은 지레의 팔의 방향에 수직인 힘이 작용할 때 발생한다.
(2) 회전축으로부터 거리 r만큼 떨어진 지점에 작용하는 힘 F에 의한 돌림힘 $\tau=rF\sin\theta$이다. 따라서 돌림힘의 크기는 팔 길이가 길수록, 힘의 크기가 클수록 크다.
(3) 돌림힘의 크기는 지레의 팔 방향과 힘의 방향이 평행($\theta=0°$)일 때 0이고, 수직($\theta=90°$)일 때 최대이다.

2 $\tau=rF\sin\theta=0.1\text{ m}\times5\text{ N}\times\sin30°=0.25\text{ N·m}$이다.

3 돌림힘의 크기는 10 N·m이므로 $\tau=rF=0.5\text{ m}\times F=10$ N·m에서 힘 F의 최소 크기는 20 N이다.

4 (1) 지레가 수평이 될 때까지 물체의 무게 w에 의한 돌림힘의 크기와 사람이 작용하는 힘 F에 의한 돌림힘의 크기가 같다. 따라서 $aF=bw$에서 $F=\dfrac{b}{a}w$이다.
(2) a를 크게, b를 작게 할수록 F가 줄어든다.
(3) a가 b보다 크면 작은 힘으로 큰 힘을 얻을 수 있으므로 작은 힘으로도 무거운 물체를 들어 올릴 수 있다.

5 물체가 지레에 작용하는 돌림힘 $\tau_w=b\times w=0.2\text{ m}\times30\text{ N}=6\text{ N·m}$이다.

6 축바퀴의 반지름이 큰 바퀴를 회전시키면 반지름이 작은 바퀴에 큰 힘을 전달할 수 있다.
⑤ 거중기는 도르래를 이용한 장치이다.

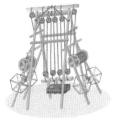

↑ 거중기

완자쌤 비법특강 **Q1** ㉠ 20, ㉡ 6, ㉢ 10

Q1 꼼꼼 **문제 분석**

균일한 막대이므로 무게중심은 막대 가운데에 있다.

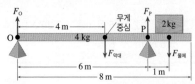

- 막대에 작용하는 중력
  $F_{막대}=4\ kg \times 10\ m/s^2 = 40\ N$
- 물체가 막대를 누르는 힘(=물체의 무게)
  $F_{물체}=2\ kg \times 10\ m/s^2 = 20\ N$

역학적 평형 상태를 유지하기 위해서는 힘의 평형과 돌림힘의 평형을 동시에 만족해야 한다.

① 힘의 평형: 막대의 O점과 P점에서 위 방향으로 작용하는 수직 항력의 합과 아래 방향으로 작용하는 막대의 무게와 물체가 막대를 누르는 힘(=물체의 무게)의 합은 같다.

$F_O + F_P = F_{막대} + F_{물체}$ ➡ $F_O + F_P = 40\ N + 20\ N = 60\ N$ ⓘ

② 돌림힘의 평형: 회전축을 O점으로 잡고 '시계 방향으로 작용하는 돌림힘=시계 반대 방향의 돌림힘'이므로 다음이 성립한다.

$(4\ m \times 40\ N) + (7\ m \times 20\ N) = (0 \times F_O) + (6\ m \times F_P)$ … ⓙ

ⓘ, ⓙ를 연립하여 풀면 $F_O = 10\ N$, $F_P = 50\ N$이다.

개념 확인 문제 28쪽

❶ 평형 상태 ❷ 힘 ❸ 돌림힘 ❹ 무게중심 ❺ 받침면
❻ 낮을수록 ❼ 넓을수록 ❽ 복원력

1 2 **2** 무게중심 **3** (1) 2 (2) 200 (3) 50 (4) 50
4 ㉠ 복원력, ㉡ 힘 **5** ㉠ 무게중심, ㉡ 돌림힘 **6** (1) ×
(2) ○ (3) ○

1 균일하고 대칭인 물체의 무게중심은 물체의 가운데에 있다.

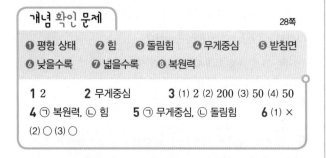

무게중심

2 야구 방망이의 무게중심이 있는 부분을 떠받치면, 아래 방향으로 작용하는 중력(무게)과 받침점이 위로 떠받치는 수직 항력이 힘의 평형을 이룬다. 또한, 무게중심을 회전축으로 해서 야구 방망이를 구성하는 모든 입자들에 작용하는 중력에 의한 돌림힘이 평형을 이룬다. 따라서 힘의 평형과 돌림힘의 평형을 만족하게 되어 역학적 평형 상태를 유지한다.

3 (1) 균일한 물체의 무게중심은 물체의 중앙, 즉 받침대로부터 2 m 떨어진 지점에 있다.

(2) $\tau = rF = 2\ m \times (10\ kg \times 10\ m/s^2) = 200\ N \cdot m$

(3) 막대가 수평인 상태로 정지해 있으므로 무게중심에 의한 돌림힘과 손에 의한 돌림힘이 평형 상태이다. 따라서 $200\ N \cdot m = 4\ m \times F_{손}$에서 손이 막대를 받치는 힘의 크기 $F_{손} = 50\ N$이다.

(4) 막대가 평형 상태에 있으므로, 받침대와 손이 막대를 받치는 힘과 막대에 작용하는 중력은 힘의 평형 상태이다. 따라서 $F_{받} + 50\ N = 100\ N$에서 받침대가 막대를 받치는 힘의 크기 $F_{받} = 50\ N$이다.

4 구조물의 안정성을 위해서는 물체가 평형 상태를 유지해야 하므로 힘의 평형과 돌림힘의 평형을 동시에 만족해야 한다.

5 구조물이 안정된 정지 상태를 유지하기 위해서는 힘의 평형과 돌림힘의 평형을 동시에 만족하는 평형 상태를 유지해야 한다. 무게중심의 작용선이 받침면 위를 벗어나면 무게중심에 작용하는 중력에 의한 돌림힘이 발생하여 물체가 회전하게(넘어지게) 된다.

6 (1) 구조물이 평형 상태를 유지하기 위해서는 힘의 평형과 돌림힘의 평형을 동시에 만족해야 한다.

(2) 받침면이 넓을수록, 무게중심이 낮을수록 구조물이 안정하다.

(3) 공사에 쓰이는 기계 장치도 작업을 할 때 항상 힘의 평형과 돌림힘의 평형을 만족한 상태를 유지해야 사고가 발생하지 않는다.

대표 자료 분석 29쪽

자료① **1** 4 m **2** 60 kg **3** 300 N **4** (1) ○ (2) × (3) ○

자료② **1** $(m+M)g$ **2** $r_1 Mg = r_2 mg$ **3** 힘의 평형과 돌림힘의 평형이 모두 이루어져야 한다. **4** (1) × (2) ○ (3) ○

1 꼼꼼 **문제 분석**

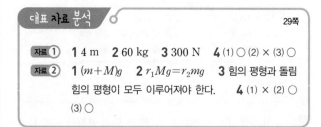

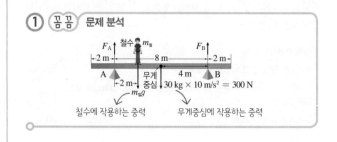

철수에 작용하는 중력　　무게중심에 작용하는 중력

①-1 장대의 밀도가 균일하므로, 장대의 무게중심은 A와 B의 가운데 지점에 있다. 따라서 장대의 무게중심으로부터 B까지의 거리는 4 m이다.

①-2 A와 B가 떠받치는 힘을 각각 F_A, F_B, 철수의 질량을 $m_{철}$이라 하고, 편의상 회전축을 B 지점으로 잡으면, 장대에 작용하는 돌림힘은 다음과 같다.
• 시계 방향: 8 m×F_A＝8 m×600 N＝4800 N·m
• 시계 반대 방향: 6 m×10$m_{철}$＋4 m×300 N
장대가 수평인 상태를 유지하고 있으므로 평형 상태이고, 이에 따라 돌림힘의 평형을 만족해야 한다. 따라서 4800＝60×$m_{철}$＋1200에서 철수의 질량 $m_{철}$＝60 kg이다.

①-3 평형 상태이므로 힘의 평형을 만족해야 한다. 따라서 F_A＋F_B＝$m_{철}g$＋$m_{장대}g$에서 F_B＝60 kg×10 m/s²＋30 kg ×10 m/s²−600 N＝300 N이다.

①-4 (1) 평형 상태에 있는 물체에 작용하는 모든 힘의 합력, 즉 알짜힘이 0이다.
(2) 평형 상태에 있는 물체의 무게중심을 회전축으로 정하였을 때, 물체에 작용하는 모든 돌림힘의 합은 0이다.
(3) 평형 상태에 있는 물체는 회전축을 어느 점으로 정하여도 물체에 작용하는 모든 돌림힘의 합은 0이다.

② 꼼꼼 **문제 분석**

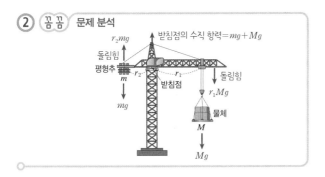

②-1 힘의 평형이 이루어져야 하므로 받침점이 위쪽으로 작용해야 하는 힘의 크기는 추와 물체의 무게의 합과 같다. 즉, $(m+M)g$이다.

②-2 받침점을 회전축으로 하였을 때 시계 방향으로 작용하는 돌림힘은 $r_1×Mg$, 시계 반대 방향으로 작용하는 돌림힘은 $r_2×mg$이다. 돌림힘의 평형을 유지하려면 돌림힘의 크기가 같아야 하므로 $r_1Mg=r_2mg$이다.

②-3 구조물이 평형을 유지하기 위해서는 힘의 평형과 돌림힘의 평형을 만족하여야 한다.

②-4 (1) 구조물이 힘의 평형을 이루지 못하면 주저앉는 방식으로 무너지고, 구조물이 돌림힘의 평형을 만족하지 못하면 기울어지는 방식으로 무너진다.
(2) 기울어진 피사의 사탑이 기울어진 채로 힘의 평형과 돌림힘의 평형을 이루고 있기 때문에 더이상 기울어지지 않는 것이다.
(3) 돌림힘의 평형이 약간 깨졌을 때 복원력이 작용하여 원래의 상태로 되돌아올 수 있는 구조물은 넘어지지 않고 안정한 상태를 유지할 수 있다.

내신 만점 문제 　　　　　　　　　　　　　30쪽~33쪽

01 ⑤　**02** ①　**03** ④　**04** ⑤　**05** ③　**06** 해설 참조
07 ①　**08** ①　**09** ④　**10** ④　**11** ③　**12** ②　**13** ④
14 ③　**15** ③　**16** 해설 참조　**17** ⑤

01 물체에 작용하는 알짜힘이 0이면 물체의 무게중심의 운동 상태가 변하지 않는다. 따라서 정지 상태를 유지하거나 등속 직선 운동을 계속한다. 물체에 작용하는 돌림힘의 합이 0이 아니면 물체의 회전 상태가 변한다. 따라서 정지해 있던 물체가 회전하거나 회전 상태인 물체의 회전수가 변한다.

02 꼼꼼 **문제 분석**

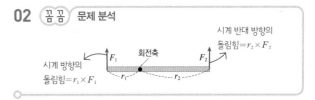

막대에 시계 방향으로 작용하는 힘은 F_1로, 시계 방향의 돌림힘은 $r_1×F_1$이다. 막대에 시계 반대 방향으로 작용하는 힘은 F_2로, 시계 반대 방향의 돌림힘은 $r_2×F_2$이다.

03 막대의 무게중심은 받침대로부터 오른쪽으로 0.5 m 떨어진 지점에 있고, 받침대를 회전축으로 했을 때 물체의 무게와 막대의 무게에 의한 돌림힘이 평형을 이룬다. 따라서 막대의 질량을 m이라고 하면 1 m×(3 kg×10 m/s²)＝0.5 m×(m×10 m/s²)에서 m＝6 kg이다.

04 ㄱ. 시소가 회전하지 않고 평형을 이루고 있으므로 돌림힘의 평형을 이루고 있다.

ㄴ. 영희의 무게에 의해 시계 반대 방향으로 작용하는 돌림힘의 크기 $\tau_{영희}=3\text{ m}\times300\text{ N}\times\sin90°=900\text{ N·m}$이다.

ㄷ. 돌림힘이 평형을 이루고 있고 영희의 무게에 의한 돌림힘의 크기가 900 N·m이므로, 철수의 무게에 의한 돌림힘의 크기도 900 N·m이다. 따라서 철수와 받침대 사이의 거리를 r라고 하면 $r\times600\text{ N}=900\text{ N·m}$에서 $r=1.5\text{ m}$이다.

05 꼼꼼 문제 분석

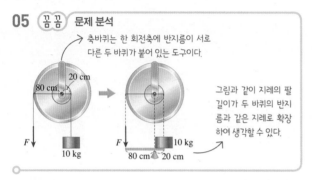

> 축바퀴는 한 회전축에 반지름이 서로 다른 두 바퀴가 붙어 있는 도구이다.

그림과 같이 지레의 팔 길이가 두 바퀴의 반지름과 같은 지레로 확장하여 생각할 수 있다.

ㄷ. 줄을 4 m 당기면 $80\text{ cm}:20\text{ cm}=4\text{ m}:h$에서 물체가 올라가는 높이 $h=1\text{ m}$이다.

┃바로알기┃ ㄱ. 물체의 무게에 의한 돌림힘의 크기는 $\tau_{물체}=0.2\text{ m}\times(10\text{ kg}\times10\text{ m/s}^2)=20\text{ N·m}$이다.

ㄴ. $\tau_{물체}$와 힘 F에 의한 돌림힘 τ_F가 평형을 이루므로 $\tau_F=0.8\text{ m}\times F=20\text{ N·m}$에서 $F=25\text{ N}$이다.

06 가는 쪽을 잡은 철수는 굵은 쪽을 잡은 영희보다 야구 방망이의 회전축으로부터 거리가 더 가까운 곳에 힘을 가하게 되므로 지레의 팔 길이가 짧다. 따라서 철수가 영희와 같은 크기의 돌림힘을 내기 위해서는 야구 방망이에 더 큰 힘을 주어야 한다.

(모범답안) 영희, 굵은 쪽을 잡은 영희가 야구 방망이의 회전축으로부터 거리가 더 먼 곳에 힘을 가하므로 지레의 팔 길이가 길어 돌림힘을 크게 낼 수 있다.

채점 기준	배점
영희가 유리하다고 쓰고, 그 까닭을 옳게 서술한 경우	100 %
영희가 유리하다고만 쓴 경우	30 %

07 꼼꼼 문제 분석

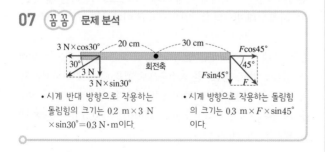

• 시계 반대 방향으로 작용하는 돌림힘의 크기는 $0.2\text{ m}\times3\text{ N}\times\sin30°=0.3\text{ N·m}$이다.

• 시계 방향으로 작용하는 돌림힘의 크기는 $0.3\text{ m}\times F\times\sin45°$이다.

막대에 시계 반대 방향으로 작용하는 돌림힘의 크기와 시계 방향으로 작용하는 돌림힘의 크기가 같아야 정지 상태를 유지한다.

ㄱ. 막대가 정지 상태를 유지하고 있으므로 3 N의 힘에 의한 돌림힘과 F에 의한 돌림힘이 평형을 이루고 있다. 따라서 두 돌림힘의 크기는 같다.

┃바로알기┃ ㄴ. 3 N의 힘에 의한 돌림힘의 크기는 $\tau=rF\sin\theta=0.2\text{ m}\times3\text{ N}\times\sin30°=0.3\text{ N·m}$이다.

ㄷ. 돌림힘의 평형에 의해 $0.3\text{ m}\times F\times\sin45°=0.3\text{ N·m}$에서 힘 $F=\sqrt{2}\text{ N}$이다.

08 꼼꼼 문제 분석

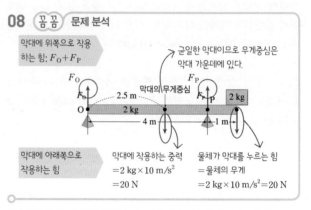

막대에 위쪽으로 작용하는 힘: F_O+F_P

균일한 막대이므로 무게중심은 막대 가운데에 있다.

막대에 아래쪽으로 작용하는 힘

막대에 작용하는 중력 $=2\text{ kg}\times10\text{ m/s}^2=20\text{ N}$

물체가 막대를 누르는 힘 = 물체의 무게 $=2\text{ kg}\times10\text{ m/s}^2=20\text{ N}$

두 받침점이 막대에 위쪽으로 작용하는 힘의 합력은 아래쪽으로 작용하는 막대와 물체의 무게의 합과 같다. 즉, '위쪽으로 작용하는 힘의 합=아래쪽으로 작용하는 힘의 합'이므로, $F_O+F_P=20\text{ N}+20\text{ N}=40$이다. .... ①
O점을 회전축으로 정하면 '시계 방향으로 작용하는 돌림힘=시계 반대 방향으로 작용하는 돌림힘'이므로 $(2.5\text{ m}\times20\text{ N})+(5\text{ m}\times20\text{ N})=(0\text{ m}\times F_O)+(4\text{ m}\times F_P)$이다. .... ②
①과 ②를 연립하여 풀면 $F_O=2.5\text{ N}$, $F_P=37.5\text{ N}$이다.

09 어깨를 회전축으로 하였을 때 돌림힘의 평형을 이루어야 하므로 물체의 무게에 의한 돌림힘과 철수의 손이 막대에 작용하는 힘($F_손$)에 의한 돌림힘이 같아야 한다. 즉, $0.6\text{ m}\times100\text{ N}=0.3\text{ m}\times F_손$에 의해 $F_손=200\text{ N}$이 된다.
막대가 철수의 어깨를 누르는 힘은 물체의 무게와 $F_손$의 합과 같으므로 $100\text{ N}+200\text{ N}=300\text{ N}$이 된다. 따라서 철수의 어깨는 300 N의 힘으로 막대를 밀어올려 막대에 힘의 평형이 이루어지게 한다.

10 손이 잡고 있는 줄을 회전축으로 하면 시계 반대 방향으로는 추의 무게에 의한 돌림힘과 막대의 무게에 의한 돌림힘(막대의 무게가 무게중심에 있는 것으로 계산하는 돌림힘)이 작용하고 시계 방향으로는 물체의 무게(W)에 의한 돌림힘이 작용한다. 즉, $0.3\text{ m}\times(1\times10)\text{N}+0.2\text{ m}\times(0.5\times10)\text{N}=0.1\text{ m}\times W$가 되어 물체의 무게 $W=40\text{ N}$이다.

힘의 평형이 이루어져야 하므로 손이 줄을 당기는 힘의 크기는 막대, 추, 물체의 무게의 합과 같은 5 N+10 N+40 N=55 N 이다.

11 (꼼꼼) 문제 분석

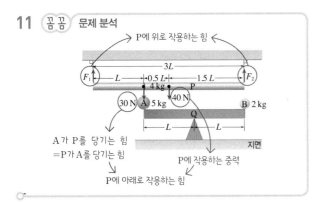

막대 P가 A와 연결되어 있지 않다면 막대 Q는 A의 무게에 의해 왼쪽으로 기울어진다. 그러나 막대 Q가 수평을 이루므로 막대 P가 물체 A를 당기는 힘은 30 N이며, 작용 반작용 법칙에 의해 물체 A가 막대 P를 당기는 힘도 30 N이다.
수평을 이루며 정지해 있는 막대 P에 작용하는 힘의 합은 A가 P를 당기는 힘과 막대의 무게의 합과 같으므로 $F_1+F_2=30$ N $+40$ N이 성립한다. … ①
왼쪽 실을 회전축으로 정하면 $(L\times30$ N$)+(1.5L\times40$ N$)=3L\times F_2$ … ②가 성립하므로 두 식 ①, ②를 연립하여 풀면 $F_1=40$ N, $F_2=30$ N이다.

12 (꼼꼼) 문제 분석
막대가 수평을 유지하려면 힘의 평형과 돌림힘의 평형을 유지해야 한다.

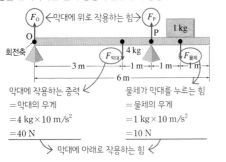

막대의 두 받침점이 막대에 위로 작용하는 힘의 합은 아래로 작용하는 막대와 물체의 무게의 합과 같으므로
$F_O+F_P=40$ N$+10$ N ……… ①이 성립한다.
O점을 회전축으로 정하면 시계 방향의 돌림힘의 합과 시계 반대 방향의 돌림힘의 합이 같으므로
$(3$ m$\times40$ N$)+(5$ m$\times10$ N$)=4$ m$\times F_P$ ……… ②가 성립한다. 두 식 ①, ②를 연립하여 풀면 $F_O=7.5$ N, $F_P=42.5$ N이다.

13 ㄱ, ㄷ. 오뚝이가 넘어지면 무게중심이 높아져 다시 낮아지려는 방향으로 중력에 의한 돌림힘이 복원력으로 작용한다.
┃바로알기┃ ㄴ. 오뚝이는 무게중심이 낮을수록 기울였을 때 무게중심의 작용선이 받침면을 벗어나지 않으므로 안정적이다.

14 ㄱ. 나무 기둥과 받침대가 줄기를 떠받치는 힘은 위 방향으로, 줄기의 무게는 아래 방향으로 작용하여 두 힘이 평형을 이루고 있다.
ㄴ. 받침대가 없으면 옆으로 뻗어 나온 줄기의 무게에 의한 돌림힘이 작용하여 부러질 수 있다.
┃바로알기┃ ㄷ. 구조물이 평형 상태를 유지하기 위해서는 힘의 평형뿐만 아니라 돌림힘의 평형도 이루어져야 한다.

15 ㄱ, ㄴ. 두 선반이 평형 상태에 있기 때문에 두 선반은 각각 힘의 평형과 돌림힘의 평형 상태에 있다.
┃바로알기┃ ㄷ. 물체를 오랫동안 올려놓을 경우 받침대가 없는 (가)의 경우 꺾인 부분이 선반의 무게와 물체의 무게에 의한 돌림힘에 의해 지속적으로 큰 힘을 받아 벽에서 떨어질 수 있다. 그러나 (나)의 경우는 받침대가 선반에 작용하는 힘에 의한 돌림힘이 선반과 물체의 무게에 의한 돌림힘과 평형을 이루기 때문에 꺾인 부분이 견고하게 붙어 있을 수 있다. 따라서 (나)의 선반이 (가)의 선반보다 안정하다.

16 (1) 사다리의 아래쪽이 넓으면 사다리가 약간 옆으로 흔들리거나 사람이 발을 딛는 위치가 달라져도 무게중심의 작용선이 받침면을 벗어나지 않는다. 따라서 원래의 위치로 되돌아올 수 있어서 안정하다.
(2) 사다리의 아래쪽 폭이 위쪽과 같으면 약간의 평형이 깨졌을 때 무게중심의 작용선이 받침면을 벗어나기 쉽다.
(모범답안) (1) 사다리가 약간 기울어져도 무게중심의 작용선이 받침면을 벗어나지 않아서 원래의 위치로 돌아올 수 있기 때문이다.
(2) 사다리가 약간만 기울어져도 무게중심의 작용선이 받침면을 쉽게 벗어나 넘어지기 쉽다.

채점 기준		배점
(1)	약간의 평형이 깨졌을 때, 무게중심의 작용선이 받침면을 벗어나지 않고 되돌아올 수 있기 때문이라는 내용이 있는 경우	50 %
	두 가지 내용 중 한 가지만 있는 경우	20 %
(2)	약간의 평형이 깨졌을 때, 무게중심의 작용선이 받침면을 벗어나기가 쉽다는 내용이 있는 경우	50 %
	쉽게 넘어진다는 내용만 있는 경우	20 %

17 ㄱ. 배에는 배의 무게(중력)와 부력이 작용한다. 두 힘이 평형을 이루어 배가 물 위에 떠 있게 된다.
ㄴ. 배의 무게중심이 낮을수록 기울어졌을 때 수평 상태로 돌아오기 쉽기 때문에 더 안정하다.

ㄷ. 안정적인 구조의 배의 경우에는 배가 기울어질 때 부력과 중력이 복원력이 되어 원래의 상태로 돌아간다. 그러나 무게중심이 높은 배의 경우와 같이 불안정한 구조일 경우에는 배가 기울어질 때 중력과 부력이 복원력이 되지 못하고 배가 전복되는 방향으로 돌림힘을 가해 배가 뒤집어진다.

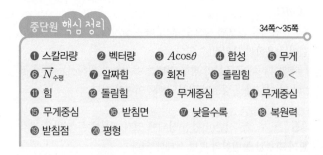

01 ㄷ. 한 점에 같은 크기의 두 힘이 작용할 때 합력의 크기는 두 힘 사이의 각이 작을수록 커지므로 합력의 크기를 비교하면 (가) > (나) > (다)이다.

▌**바로알기** ▌ ㄱ. 두 힘이 이루는 각도가 120°일 때 합력의 크기는 하나의 힘 F와 같고, 120°보다 커지면 합력의 크기가 F보다 작아지므로 합력이 F보다 항상 큰 것은 아니다.

ㄴ. (나)에서 합력의 크기는 F보다 크다.

02 꼼꼼 **문제 분석**

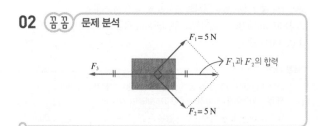

F_1과 F_2의 합력을 평행사변형법으로 구하면 합력의 크기는 피타고라스 정리에 의하여 $\sqrt{5^2+5^2}=5\sqrt{2}$ (N)이다.

03 수평면과 60°를 이루는 100 N의 힘을 수평 방향과 수직 방향으로 분해할 수 있다. 이때 힘의 수평 성분 크기는 $100\cos60°=50$ N이고, 힘의 수직 성분 크기는 $100\sin60°=50\sqrt{3}$ N이다.

04 ①, ② (가)에서 추가 정지 상태를 유지하므로 추에 작용하는 알짜힘은 0이다. 이때 추에 작용하는 중력과 줄이 추를 위로 잡아당기는 장력이 평형을 이루고 있다.

④ (나)에서 두 줄이 추를 잡아당기는 장력의 합력이 추의 무게 5 N과 평형을 이루고 있다.

⑤ 두 줄이 수평면과 이루는 각도가 같으므로 왼쪽 줄과 오른쪽 줄의 장력의 크기는 서로 같다.

▌**바로알기** ▌ ③ (나)에서 추가 정지 상태를 유지하고 있으므로 추에 작용하는 알짜힘은 0이다.

05 ㄱ. 같은 크기의 두 힘이 서로 반대 방향으로 작용하고 있으므로 알짜힘은 0이다.

ㄹ. 같은 크기의 두 힘이 120°로 작용할 때 합력의 크기는 하나의 힘과 같다. 따라서 같은 크기의 세 힘이 120°를 이루며 작용할 때 알짜힘은 0이다.

▌**바로알기** ▌ ㄴ. 같은 크기의 두 힘이 90°를 이루며 작용하고 있으므로 알짜힘의 크기는 $\sqrt{2}F$이다.

ㄷ. 좌우로 작용하는 두 힘은 평형을 이루므로 알짜힘은 위 방향으로 작용하는 힘 F와 같다.

06 꼼꼼 **문제 분석**

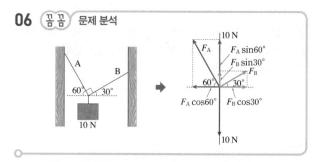

ㄱ, ㄷ. $\overrightarrow{F}_A$와 $\overrightarrow{F}_B$의 합력이 수직 방향으로 작용하는 물체의 무게와 평형을 이루므로 $\overrightarrow{F}_A$의 수평 성분과 $\overrightarrow{F}_B$의 수평 성분은 평형을 이루어야 한다. 즉, $F_A\cos60°=F_B\cos30°$이므로 $F_A=\sqrt{3}F_B$가 된다.

▌**바로알기** ▌ ㄴ. $\overrightarrow{F}_A$의 수직 성분과 $\overrightarrow{F}_B$의 수직 성분의 합이 10 N이 되어야 한다. $F_A\sin60°+F_B\sin30°=10$이므로 $F_A=\sqrt{3}F_B$를 대입하면 $F_A=5\sqrt{3}$ N, $F_B=5$ N이다.

07 물체에 작용하는 모든 힘이 평형을 이루면 물체에 작용하는 알짜힘은 0이다. 물체에 작용하는 알짜힘이 0이면 무게중심의 운동 상태가 변하지 않는다. 즉, 무게중심이 정지해 있거나 등속도 운동을 한다. 물체에 작용하는 모든 돌림힘의 합이 0이면 물체의 회전 운동 상태가 변하지 않는다. 즉, 회전하지 않거나 일정한 속력으로 회전한다.

▌**바로알기** ▌ ③ 가속도 운동하는 물체에는 알짜힘이 작용하고 있다.

08 회전축으로부터 거리 r만큼 떨어진 지점에 작용하는 힘 F에 의한 돌림힘 $\tau = rF\sin\theta = 0.3 \text{ m} \times 100 \text{ N} \times \sin30° = 15$ N·m이다.

09 꼼꼼 문제 분석

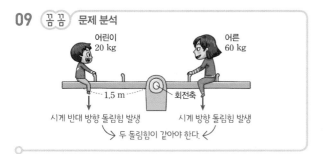

어린이 20 kg
어른 60 kg
1.5 m 회전축
시계 반대 방향 돌림힘 발생   시계 방향 돌림힘 발생
↳ 두 돌림힘이 같아야 한다. ↵

시소가 수평을 유지하려면 시소를 시계 방향으로 회전시키려는 돌림힘과 시계 반대 방향으로 회전시키려는 돌림힘이 평형을 이루어야 한다. 따라서 $1.5 \text{ m} \times 20 \text{ kg} \times 10 \text{ m/s}^2 = x \times 60 \text{ kg} \times 10 \text{ m/s}^2$에서 회전축으로부터 어른까지의 거리 $x = 0.5$ m이다.

10 ㄱ. A가 축바퀴에 작용하는 돌림힘의 크기 $= r \times 3mg = 3rmg$이다.

ㄴ. B가 축바퀴에 작용하는 돌림힘의 크기 $= 3r \times mg = 3rmg$이다. A와 B가 각각 축바퀴에 작용하는 돌림힘은 크기가 같고 방향이 반대이므로 두 돌림힘은 평형을 이룬다.

바로알기 ㄷ. B를 아래로 살짝 당겼다가 놓은 이후 축바퀴에 작용하는 돌림힘이 평형을 유지하므로 축바퀴의 회전 속력은 일정하다. 따라서 두 물체는 속력이 일정한 운동을 하고, 이때 반지름이 A의 3배인 B의 속력은 A의 3배이다.

11 ㄱ. (가)에서 물체에 크기가 같고 방향이 반대인 두 힘이 같은 작용선상에서 작용하고 있으므로 물체에 작용하는 알짜힘이 0이고, 돌림힘도 발생하지 않는다. 따라서 물체는 평형 상태에 있다.

ㄴ. (가)에서 물체에 돌림힘이 작용하지 않으므로 물체의 회전 상태는 변하지 않는다.

바로알기 ㄷ. (나)에서 물체에 작용하는 두 힘의 합력은 0이지만 두 힘의 작용선이 다르므로 무게중심에 대해 시계 반대 방향의 돌림힘이 작용하고 있다. 따라서 물체의 회전 상태가 변한다.

12 꼼꼼 문제 분석

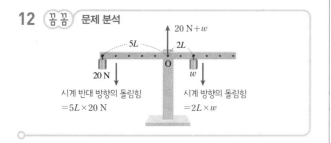

20 N+w
5L   2L
20 N w
시계 반대 방향의 돌림힘   시계 방향의 돌림힘
$= 5L \times 20 \text{ N}$ $= 2L \times w$

ㄱ, ㄴ. 막대가 수평인 상태로 정지해 있으므로 막대에 작용하는 알짜힘은 0이고, 막대에 작용하는 돌림힘의 합도 0이다. 막대의 중심 O점에 대해 돌림힘의 평형을 적용하면 $5L \times 20 \text{ N} = 2L \times w$에 의해 w는 50 N이다.

ㄷ. 막대에 작용하는 힘이 평형을 이루어야 하므로 중심 O가 막대를 밀어올리는 힘은 두 추의 무게의 합과 같다. 따라서 20 N $+ 50 \text{ N} = 70$ N이다.

13 두 힘의 시작점을 일치시킨 상태에서 평행사변형을 그리면 대각선이 두 힘의 합력이 된다.

모범답안

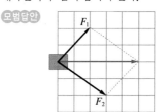

F_1
F_2

채점 기준	배점
평행사변형을 옳게 그리고 대각선을 화살표로 정확하게 나타낸 경우	100 %
평행사변형을 옳게 그렸지만 대각선을 화살표가 아닌 선으로만 나타낸 경우	50 %
평행사변형을 옳게 그렸지만 대각선을 표시하지 않은 경우	30 %

14 물체의 무게중심의 작용선이 받침면을 벗어나면 무게에 의한 돌림힘이 물체를 넘어뜨리는 방향으로 작용하게 되어 결국 물체는 넘어지게 된다.

모범답안 준우의 무게중심의 작용선이 받침면 위를 벗어나 있기 때문이다.

채점 기준	배점
무게중심의 위치를 언급하여 까닭을 옳게 서술한 경우	100 %
돌림힘이 발생한다고만 서술한 경우	50 %

15 꼼꼼 문제 분석

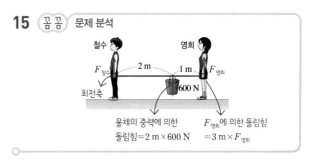

철수   영희
$F_{철수}$ 2 m   1 m $F_{영희}$
회전축   600 N
물체의 중력에 의한 $F_{영희}$에 의한 돌림힘
돌림힘 $= 2 \text{ m} \times 600 \text{ N}$ $= 3 \text{ m} \times F_{영희}$

물체는 평형 상태를 유지하고 있으므로 힘의 평형과 돌림힘의 평형이 이루어져야 한다.

모범답안 힘의 평형 조건에 의해 $F_{철수} + F_{영희} = 600 \text{ N} \cdots$①이고, 철수를 회전축으로 하였을 때, 돌림힘의 평형 조건에 의해 $2 \text{ m} \times 600 \text{ N} = 3 \text{ m} \times F_{영희} \cdots$②이다. 식 ①, ②로부터 $F_{영희} = 400 \text{ N}$이고, $F_{철수} = 200 \text{ N}$이다.

채점 기준	배점
힘과 돌림힘의 평형 조건을 이용하여 식을 옳게 세우고, 두 힘을 옳게 구한 경우	100 %
힘과 돌림힘의 평형 조건을 이용하여 식을 옳게 세웠으나 결과가 옳지 않은 경우	50 %

수능 실전 문제
39쪽~41쪽

01 ③	02 ④	03 ②	04 ⑤	05 ⑤	06 ⑤
07 ①	08 ④	09 ②	10 ④	11 ①	12 ⑤

01 꼼꼼 문제 분석

- 한 점에 세 힘 F_A, F_B, 물체의 무게가 작용하여 평형을 이루고 있다.
- F_A의 수직 성분은 물체의 무게와 같고, F_A의 수평 성분은 F_B와 같다.

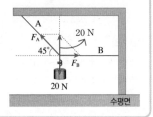

┃선택지 분석┃

ㄱ A의 장력과 B의 장력의 합력은 물체의 무게와 평형을 이룬다.

ㄴ A의 장력의 수직 성분의 크기는 20 N이다.

ㄷ B의 장력의 크기는 ~~$20\sqrt{2}$ N이다.~~ 20 N

ㄱ. 세 힘이 평형을 이루고 있으므로 두 힘의 합력은 다른 한 힘과 평형을 이루어야 한다.

ㄴ. 추의 무게와 평형을 이루는 힘은 A의 장력의 수직 성분이다. 따라서 A의 장력의 수직 성분의 크기는 20 N이다.

┃바로알기┃ ㄷ. A가 수평면과 이루는 각도가 45°이므로 sin45°와 cos45°가 같아 A의 장력의 수직 성분($F_A$sin45°)과 수평 성분($F_A$cos45°)의 크기가 같다. 따라서 A의 장력의 수평 성분의 크기도 20 N이고, 이 힘과 평형을 이루는 B의 장력의 크기도 20 N이다.

02 꼼꼼 문제 분석

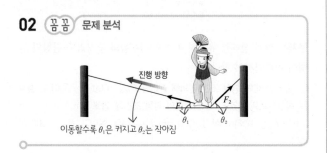

이동할수록 θ_1은 커지고 θ_2는 작아짐

┃선택지 분석┃

	F_1	F_2		F_1	F_2
✗	감소	증가	✗	감소	감소
✗	증가	증가	④	증가	감소
✗	일정	일정			

사람이 앞으로 이동할수록 F_1과 수평 방향이 이루는 각(θ_1)은 커지고, F_2와 수평 방향이 이루는 각(θ_2)은 작아진다. 이때 F_1과 F_2의 수평 성분의 크기가 같으므로 $F_1\cos\theta_1 = F_2\cos\theta_2$이다. 줄 위의 사람이 이동하는 동안 $\cos\theta_1$이 작아지고 $\cos\theta_2$가 커지므로 F_1은 증가하고 F_2는 감소한다.

03 꼼꼼 문제 분석

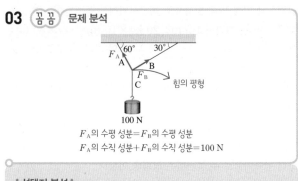

F_A의 수평 성분=F_B의 수평 성분
F_A의 수직 성분+F_B의 수직 성분=100 N

┃선택지 분석┃

✗ 50 N, $50\sqrt{3}$ N		② $50\sqrt{3}$ N, 50 N	
✗ 100 N, 50 N		✗ 100 N, $100\sqrt{3}$ N	
✗ $100\sqrt{3}$ N, 100 N			

A와 B의 수직 성분의 합은 물체의 무게와 평형을 이루므로 $F_A\sin60° + F_B\sin30° = 100$ N에서 $\sqrt{3}F_A + F_B = 200$ ⋯ ① 이다.

A의 수평 성분과 B의 수평 성분은 평형을 이루므로 $F_A\cos60° = F_B\cos30°$에서 $F_A = \sqrt{3}F_B$ ⋯ ②이다.

따라서 ②를 ①에 대입하여 풀면 $F_A = 50\sqrt{3}$ N이고, $F_B = 50$ N이다.

04 꼼꼼 문제 분석

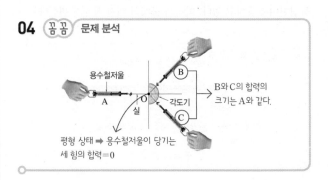

B와 C의 합력의 크기는 A와 같다.

평형 상태 ➡ 용수철저울이 당기는 세 힘의 합력=0

│ 선택지 분석 │

ㄱ. B를 당기는 힘과 C를 당기는 힘의 합력은 항상 A를 당기는 힘과 크기가 같다.

ㄴ. 방향은 변화시키지 않을 때, A의 눈금이 증가하면 B와 C의 눈금도 증가한다.

ㄷ. B의 방향만 변화시킬 때, A와 C 중 최소한 한 개의 눈금은 반드시 변한다.

ㄱ. 세 힘이 평형을 이루는 경우는 항상 두 힘의 합력이 다른 한 힘과 크기가 같고 방향이 반대이어야 한다.

ㄴ. A의 눈금이 증가하는 경우 B와 C의 합력도 증가하여야 하므로 방향이 변하지 않은 상태에서 B와 C의 눈금도 증가하여야 한다.

ㄷ. 세 힘이 평형을 이루고 있는 상태에서 하나의 힘만 변하면 힘의 평형이 깨진다. 다시 힘의 평형이 이루어지려면 다른 두 힘 중 최소한 하나의 크기가 변해야 한다.

05 (꼼꼼) 문제 분석

막대는 평형 상태이므로 힘의 평형과 돌림힘의 평형을 만족해야 한다.

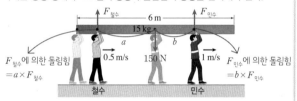

│ 선택지 분석 │

ㄱ. 민수가 막대를 떠받치는 힘의 크기는 작아진다.

ㄴ. 출발 후 2초인 순간, 두 사람이 막대를 떠받치는 힘의 크기가 같다.

ㄷ. 민수가 오른쪽 끝에 도달했을 때, 철수가 막대를 떠받치는 힘의 크기는 100 N이다.

ㄱ. 힘의 평형을 만족해야 하므로 $F_{철수}+F_{민수}=150$ N … ①이 성립한다. 돌림힘의 평형을 만족해야 하므로 막대의 중심으로부터 철수까지의 거리를 a, 민수까지의 거리를 b라고 할 때 $a \times F_{철수} = b \times F_{민수}$ …… ②가 성립한다.

$F_{철수}=150$ N$-F_{민수}$를 ②에 대입하여 정리하면 $F_{민수}=\dfrac{150a}{a+b}$ 이다. 철수와 민수가 막대의 오른쪽으로 운동할 때 a는 감소하고 $a+b$는 증가하므로 $F_{민수}$는 감소한다.

ㄴ. 출발 후 2초인 순간 $a=3$ m$-(0.5$ m/s$\times 2$ s$)=2$ m, $b=1$ m/s$\times 2$ s$=2$ m이다. $F_{철수}+F_{민수}=150$ N, 2 m$\times F_{철수}=2$ m$\times F_{민수}$에서 $F_{철수}=F_{민수}=75$ N이다.

ㄷ. 출발 후 3초 때 민수는 오른쪽 끝에 도달하므로 민수가 오른쪽 끝에 도달했을 때 $a=1.5$ m, $b=3$ m이다. 따라서 $F_{철수}+F_{민수}=150$ N, 1.5 m$\times F_{철수}=3$ m$\times F_{민수}$에서 $F_{철수}=100$ N, $F_{민수}=50$ N이다.

06 (꼼꼼) 문제 분석

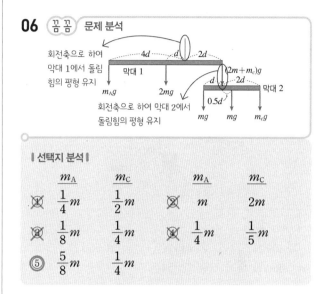

│ 선택지 분석 │

	m_A	m_C		m_A	m_C
①	$\dfrac{1}{4}m$	$\dfrac{1}{2}m$	②	m	$2m$
③	$\dfrac{1}{8}m$	$\dfrac{1}{4}m$	④	$\dfrac{1}{4}m$	$\dfrac{1}{5}m$
⑤	$\dfrac{5}{8}m$	$\dfrac{1}{4}m$			

막대 2에서 돌림힘의 평형이 유지되어야 하므로 막대 2를 매달고 있는 줄을 회전축으로 하여 돌림힘의 평형을 적용하면 $d \times mg = 0.5d \times mg + 2d \times m_Cg$에 의해 C의 질량 $m_C=\dfrac{1}{4}m$ 이다. 막대 1에서 돌림힘의 평형이 유지되어야 하므로 막대 1을 매달고 있는 줄을 회전축으로 하여 돌림힘의 평형을 적용하면, $4d \times m_Ag + d \times 2mg = 2d \times (m+m+\dfrac{1}{4}m)g$에 의해 $m_A=\dfrac{5}{8}m$이다.

07 (꼼꼼) 문제 분석

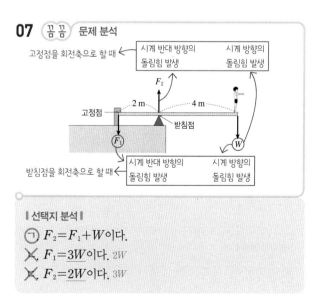

│ 선택지 분석 │

ㄱ. $F_2=F_1+W$이다.

ㄴ. $F_1=\underline{3W}$이다. $2W$

ㄷ. $F_2=\underline{2W}$이다. $3W$

ㄱ. 다이빙대에 작용하는 힘의 평형 조건을 적용하면
$F_2 = F_1 + W$이다.

바로알기 ㄴ. 받침점을 회전축으로 하여 돌림힘의 평형 조건을
적용하면 $2\text{ m} \times F_1 = 4\text{ m} \times W$이므로 $F_1 = 2W$이다.

ㄷ. $F_2 = F_1 + W$에서 $F_1 = 2W$이므로 $F_2 = 3W$이다.

08 꼼꼼 문제 분석

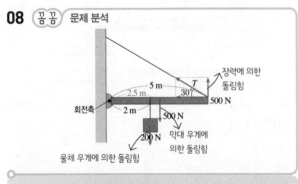

선택지 분석

❌ 400 N　　❌ 440 N　　❌ 550 N

④ 660 N　　❌ 700 N

회전축에 대해 돌림힘의 평형을 유지해야 하므로 물체와 막대의
무게에 의한 돌림힘의 합은 줄의 장력에 의한 돌림힘과 크기가
같아야 한다.

$2\text{ m} \times 200\text{ N} + 2.5\text{ m} \times 500\text{ N} = 5\text{ m} \times T\sin30° = \dfrac{5}{2}T$에 의

해 $T = 660$ N이다.

09 꼼꼼 문제 분석

· p와 q에서 받침대가 나무판을 받치는 힘의 크기를 F, B의 중간에 있는
받침대가 A를 받치는 힘의 크기를 f라고 하여 각 나무도막에 작용하는
힘을 표시하면 그림과 같다.

· 회전축은 문제 해결에 편리한 점으로 정한다. 예를 들어 B의 오른쪽 끝을
회전축 b로 정한 것은 b에서 받침대가 B를 받치는 힘의 크기를 구할 필
요가 없기 때문이다.

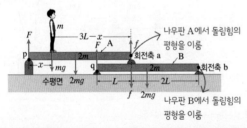

선택지 분석

❌ $\dfrac{1}{3}L$　② $\dfrac{3}{5}L$　❌ $\dfrac{2}{3}L$　④ $\dfrac{3}{4}L$　⑤ $\dfrac{4}{5}L$

힘의 평형과 돌림힘의 평형을 적용하여 미지수에 대한 식을 세운
다. 미지수가 3개(F, f, x)이므로 3개의 식이 필요하다.

· A에서 힘의 평형: $mg + 2mg = F + f$ ··· ①
· A에서 회전축 a에 대한 돌림힘의 평형:
  $3L \times F = (3L - x) \times mg + 1.5L \times 2mg$ ··· ②
· B에서 회전축 b에 대한 돌림힘의 평형:
  $3L \times F = 2L \times f + 1.5L \times 2mg$ ··· ③

①, ③식을 연립하여 풀면 $F = \dfrac{9}{5}mg$이고, 이 값을 ②에 대입하
여 풀면 $x = \dfrac{3}{5}L$이다.

10 꼼꼼 문제 분석

· 막대와 물체의 무게, 각 받침점에 작용하는 힘을 표시하면 그림과 같다.
· M이 작아질수록 f_b가 증가하여 그 반작용으로 C의 왼쪽 부분이 받는 힘
  ($mg + f_b$)이 커져서 C의 왼쪽 받침대를 기준으로 한 돌림힘의 평형이 깨
  진다.

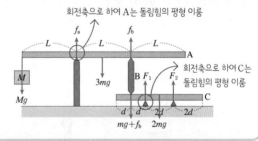

선택지 분석

❌ $2m$　❌ $\dfrac{4}{3}m$　❌ m　④ $\dfrac{1}{2}m$　❌ $\dfrac{1}{3}m$

A의 왼쪽 받침대를 회전축으로 하여 돌림힘의 평형을 적용하면
$L \times Mg + L \times f_b = \dfrac{1}{2}L \times 3mg$에서 $f_b = \dfrac{3}{2}mg - Mg$ ··· ①이다.
C의 평형이 깨지기 시작하는 순간은 $F_2 = 0$일 때이므로 C의 왼
쪽 받침대를 회전축으로 하여 돌림힘의 평형을 적용하면,
$d \times (mg + f_b) = d \times 2mg$ ··· ②이다. ①을 ②에 대입하여 풀면
$M = \dfrac{1}{2}m$이다.

11 꼼꼼 문제 분석

판자에 작용하는 힘들을 수평 성분과 수직
성분으로 나누면 그림과 같다.

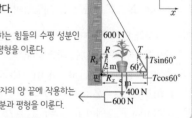

선택지 분석

ㄱ. R의 x축 방향 성분의 크기는 $T\cos60°$이다.

✗ ㄴ. R의 y축 방향 성분의 크기는 ~~$T\sin60°$~~이다. ⟵ $1000\ \text{N}-T\sin60°$

✗ ㄷ. T의 크기는 ~~$880\ \text{N}$~~이다. ⟵ $\dfrac{880\sqrt{3}}{3}\ \text{N}$

ㄱ. 판자의 양 끝에 작용하는 힘들의 수평 성분인 R_x와 T_x가 평형을 이루므로 $R_x=T_x=T\cos60°$이다.

바로알기 | ㄴ. 판자의 양 끝에 작용하는 힘들의 수직 성분과 화분과 판자의 무게의 합이 평형을 이루므로 $R_y+T_y=400\ \text{N}+600\ \text{N}$에서 $R_y=1000\ \text{N}-T\sin60°$이다.

ㄷ. 판자에 작용하는 돌림힘이 평형을 이룬다. 따라서 핀을 회전축으로 잡으면, 'T_y에 의한 돌림힘=화분의 무게에 의한 돌림힘 +판자의 무게에 의한 돌림힘'이다. 이때 판자의 무게중심은 판자의 가운데에 있으므로 회전축에서 2.5 m만큼 떨어져 있으며, 다음과 같은 식을 세울 수 있다.

$5\ \text{m}\times T\sin60°=(2\ \text{m}\times600\ \text{N})+(2.5\ \text{m}\times400\ \text{N})$에서

$T=\dfrac{880\sqrt{3}}{3}\ \text{N}$이다.

12 꼼꼼 **문제 분석**

막대에 작용하는 힘과 거리를 표시하면 그림과 같다.

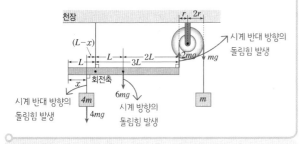

선택지 분석

✗ $\dfrac{1}{3}L$　✗ $\dfrac{1}{2}L$　✗ $\dfrac{2}{3}L$　✗ $\dfrac{3}{4}L$　⑤ L

축바퀴에서 큰 바퀴에 매달린 물체가 실을 당기는 힘의 크기가 mg이므로 작은 바퀴에 연결된 실이 막대를 당기는 힘의 크기는 $2mg$이다.

천장에 매달린 줄이 막대와 연결된 지점을 회전축으로 하여 돌림힘의 평형을 적용한다. '무게중심 $6mg$에 의한 돌림힘=축바퀴에 연결된 실의 장력 $2mg$에 의한 돌림힘+물체의 무게 $4mg$에 의한 돌림힘'이므로

$L\times6mg=3L\times2mg+(L-x)\times4mg$에 의해 $x=L$이다.

---

2 물체의 운동

01 평면상에서 등가속도 운동

개념 확인 문제
46쪽

❶ 위치　❷ 변위　❸ 속도　❹ 가속도　❺ 속도 변화량
❻ 속도　❼ 가속도　❽ 자유 낙하　❾ 수평

1 (1) 5 m (2) 4.5 m/s (3) 2.5 m/s　　**2** ㄷ　　**3** 10 m/s²
4 (1) ○ (2) × (3) ○　　**5** (1) 10 m/s (2) 10 m/s (3) $10\sqrt{2}$ m/s
(4) 2초 (5) 20 m

1 (1) 변위의 크기는 P점과 Q점 사이의 직선 거리이므로 피타고라스 정리에 의해 변위의 크기$=\sqrt{(6-2)^2+(6-3)^2}=5$ (m)이다.

(2) 평균 속력$=\dfrac{\text{이동 거리}}{\text{걸린 시간}}=\dfrac{9\ \text{m}}{2\ \text{s}}=4.5$ m/s

(3) 평균 속도의 크기$=\dfrac{\text{변위의 크기}}{\text{걸린 시간}}=\dfrac{5\ \text{m}}{2\ \text{s}}=2.5$ m/s

2 ㄱ, ㄴ. 가속도의 방향은 변위나 속도의 방향과는 관계가 없다.

ㄷ. 가속도는 단위 시간 동안의 속도 변화량이므로 가속도의 방향은 속도 변화량의 방향과 같다.

3 속도 변화량 $\Delta\vec{v}$의 크기는 $\sqrt{60^2+80^2}=\sqrt{10000}=100$(m/s)이므로 평균 가속도의 크기$=\dfrac{|\Delta\vec{v}|}{\Delta t}=\dfrac{100\ \text{m/s}}{10\ \text{s}}=10$ m/s²이다.

4 (1) 수평 방향으로는 힘이 작용하지 않으므로 등속도 운동, 연직 방향으로는 일정한 크기의 중력이 작용하므로 등가속도 운동을 한다.

(2) 중력이 알짜힘으로 작용하여 등가속도 운동을 하지만 중력 방향과 운동 방향이 나란하지 않으므로 직선 운동이 아닌 포물선 운동을 한다.

(3) t초 후의 수평 방향 속도가 v_0이고 연직 방향 속도가 gt이므로 속도의 크기는 피타고라스 정리에 의해 $v=\sqrt{{v_0}^2+(gt)^2}$이다.

5 (1) 수평 방향으로는 등속도 운동을 하므로 1초 후에도 처음 속도와 같은 10 m/s이다.

(2) 연직 방향으로는 자유 낙하 운동을 하므로 $v=gt$이다. 따라서 $v=10 \text{ m/s}^2 \times 1 \text{ s}=10 \text{ m/s}$이다.

(3) $v=\sqrt{v_x{}^2+v_y{}^2}=\sqrt{10^2+10^2}=10\sqrt{2}(\text{m/s})$이다.

(4) $H=\dfrac{1}{2}gt^2$에서 $t=\sqrt{\dfrac{2H}{g}}=\sqrt{\dfrac{2 \times 20 \text{ m}}{10 \text{ m/s}^2}}=2 \text{ s}$이다.

(5) 수평 도달 거리는 지면에 도달하는 데 걸린 시간인 2초 동안 수평 방향으로 이동한 거리와 같으므로 $x=v_0 t=10 \text{ m/s} \times 2 \text{ s}=20 \text{ m}$이다.

개념 확인 문제   49쪽

❶ $-g$ ❷ 속도 ❸ 가속도 ❹ $v_0\cos\theta$ ❺ $v_0\sin\theta$

❻ $v_0\sin\theta-gt$ ❼ $\dfrac{v_0\sin\theta}{g}$ ❽ $\dfrac{2v_0\sin\theta}{g}$ ❾ $\dfrac{v_0{}^2\sin2\theta}{g}$ ❿ $45°$

1 (1) ○ (2) × (3) ○ **2** 1.5 m/s **3** (1) 20 m (2) $80\sqrt{3}$ m

4 일정 **5** (1) ○ (2) ○ (3) ×

---

1 (1) 공기 저항을 무시할 때 지표면에서 중력을 받아 운동하는 물체는 수평 방향으로는 힘이 작용하지 않으므로 등속도 운동, 연직 방향으로는 중력에 의해 등가속도 운동을 한다.

(2) 최고점에서 연직 방향의 속도는 0이지만 수평 방향의 속도 $v_0\cos\theta$가 있기 때문에 물체의 속도는 0이 아니다.

(3) 수평 도달 거리 $R=\dfrac{v_0{}^2}{g}\sin2\theta$이므로 $\sin2\theta=1$, 즉 $\theta=45°$일 때 R가 최대이다.

2 포물선 운동하는 물체는 수평 방향으로는 등속도 운동을 하므로 수평 방향 속력$=\dfrac{15 \text{ m}}{10 \text{ s}}=1.5 \text{ m/s}$이다.

3 (1) 최고점 도달 시간은 $\dfrac{v_0\sin\theta}{g}=\dfrac{40\sin30°}{10}=2(\text{s})$이다. 최고점 높이는 최고점까지 가는 데 걸린 시간인 2초 동안 연직 방향으로의 이동 거리와 같으므로 $y=v_0\sin\theta\cdot t-\dfrac{1}{2}gt^2=40 \times \sin30° \times 2-\dfrac{1}{2} \times 10 \times 2^2=40-20=20(\text{m})$이다.

다른 풀이 최고점까지의 높이 $H=\dfrac{v_0{}^2\sin^2\theta}{2g}=\dfrac{40^2 \times \sin^2 30°}{2 \times 10}=20(\text{m})$이다.

(2) 수평 도달 거리는 최고점까지 가는 데 걸린 시간의 2배인 4초 동안 수평 방향으로 이동한 거리이므로 $R=v_0\cos\theta\cdot t=40 \times \cos30° \times 4=20\sqrt{3} \times 4=80\sqrt{3}$ (m)이다.

다른 풀이 $R=\dfrac{v_0{}^2}{g}\sin2\theta=\dfrac{40^2}{10} \times \sin60°=80\sqrt{3}(\text{m})$이다.

4 (나)에서 1초 간격의 속도 변화량 $\vec{\Delta v}$가 일정하다는 것과 각 속도의 수평 성분 속도의 크기가 일정함을 알 수 있다. 따라서 속도 변화량도 수평 성분은 없고 연직 성분만 남게 된다.

공에 작용하는 알짜힘의 방향은 공의 가속도 방향과 같고, 공의 가속도 방향은 속도 변화량의 방향과 같다.

속도 변화량의 방향이 연직 방향으로 일정하므로 공에 작용하는 알짜힘의 방향도 연직 방향으로 일정하다.

5 (1) 포물선 운동에서 물체에 작용하는 알짜힘은 중력으로, 크기와 방향이 일정하다.

(2) 연직 방향 속도 성분이 클수록 물체가 공중에 떠 있는 시간이 길어지고 더 높이 올라간다.

(3) 처음 속력이 같을 때 처음 운동 방향과 수평면이 이루는 각도가 작을수록 수평 성분 속도가 커지지만 연직 성분 속도가 작아져서 물체가 공중에 떠 있는 시간이 짧아진다. 처음 속력이 같은 경우 $\theta=45°$일 때 수평 도달 거리가 가장 크고, 45°에서 90°에 접근할수록, 45°에서 0°에 접근할수록 수평 도달 거리가 작아진다.

대표 자료 분석   50쪽~51쪽

자료 ① **1** 20 m/s **2** $\dfrac{40\sqrt{2}}{3}$ m/s **3** $\dfrac{8\sqrt{2}}{3}$ m/s² **4** (1) ×

(2) × (3) ○ (4) ○ (5) ○ (6) ×

자료 ② **1** $5\sqrt{2}$ m/s **2** $40\sqrt{2}$ m **3** 1.25 m/s² **4** (1) ○

(2) × (3) × (4) × (5) ○

자료 ③ **1** 2초 **2** 20 m **3** 30 m/s **4** (1) × (2) × (3) ○

자료 ④ **1** 등속도 운동 **2** 0.5초 **3** (1) 5 m (2) 1.2 m

4 (1) ○ (2) × (3) × (4) ○

①-1 (꼼꼼) **문제 분석**

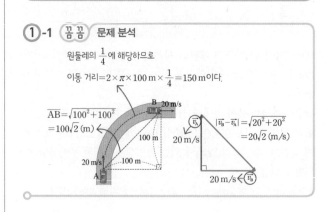

원둘레의 $\dfrac{1}{4}$에 해당하므로

이동 거리$=2 \times \pi \times 100 \text{ m} \times \dfrac{1}{4}=150 \text{ m}$이다.

$\overline{AB}=\sqrt{100^2+100^2}=100\sqrt{2}(\text{m})$

$|\vec{v_b}-\vec{v_a}|=\sqrt{20^2+20^2}=20\sqrt{2}(\text{m/s})$

자동차는 20 m/s의 일정한 속력으로 이동하므로 평균 속력은 20 m/s이다.

①-2 A에서 B까지 이동하는 데 걸린 시간$=\dfrac{\text{이동 거리}}{\text{평균 속력}}=$ $\dfrac{150\ \text{m}}{20\ \text{m/s}}=7.5$초이고, A에서 B까지의 변위의 크기는 A와 B 사이의 직선 거리인 $100\sqrt{2}$ m이다. 따라서 A에서 B까지 이동하는 동안의 평균 속도의 크기$=\dfrac{\text{변위의 크기}}{\text{걸린 시간}}=\dfrac{100\sqrt{2}\ \text{m}}{7.5\ \text{s}}=\dfrac{40\sqrt{2}}{3}$ m/s 이다.

①-3 평균 가속도$=\dfrac{\text{속도 변화량}}{\text{걸린 시간}}=\dfrac{\vec{v}_\text{B}-\vec{v}_\text{A}}{\text{걸린 시간}}$이므로 평균 가속도의 크기는 $\dfrac{20\sqrt{2}\ \text{m/s}}{7.5\ \text{s}}=\dfrac{8\sqrt{2}}{3}$ m/s²이다.

①-4 (1) 자동차는 방향이 변하는 운동을 하므로 속도가 일정하지 않다.
(2) 속도 변화량의 방향이 계속 바뀌는 것으로 보아 가속도가 계속 변하므로 등가속도 직선 운동이 아니다.
(3) 속력이 일정하므로 이동 거리는 시간에 비례하여 증가한다.
(4) 곡선 운동을 하는 물체의 이동 거리는 변위의 크기보다 크다. 따라서 평균 속력은 평균 속도의 크기보다 크다.
(5) 평균 가속도는 속도 변화량을 걸린 시간으로 나누어 구한다. 이때 속도 변화량은 나중 속도 벡터에서 처음 속도 벡터를 뺀 벡터이다.
(6) 평균 가속도의 방향은 속도 변화량의 방향과 같다.

②-1 4초일 때, $v_x=5$ m/s, $v_y=5$ m/s이므로 속도의 크기는 피타고라스 정리에 의해 $\sqrt{5^2+5^2}=5\sqrt{2}$ (m/s)이다.

②-2 속도−시간 그래프에서 그래프 아랫부분의 넓이가 변위의 크기이다.
변위의 x성분 크기$=5\times8=40$(m) ···①
변위의 y성분 크기$=\dfrac{1}{2}\times10\times8=40$(m) ···②
①과 ②를 피타고라스 정리에 적용하면 변위의 크기는 $\sqrt{40^2+40^2}=40\sqrt{2}$ (m)가 된다.

②-3 속도의 x방향 성분은 일정하므로 0~8초 사이에 속도 변화량은 속도의 y방향 성분의 변화량만 있다. 또한, 속도−시간 그래프의 기울기가 가속도이므로 $a=a_y=\dfrac{0-10}{8-0}=-1.25$(m/s²) 에서 가속도의 크기는 1.25 m/s²이다.

②-4 (1) 속도의 x방향 성분은 일정하므로 x방향으로는 속도가 일정한 운동을 한다.
(2) 변위는 속도−시간 그래프 아랫부분의 넓이와 같고, 0~8초 사이에 그래프는 (+)값이므로 8초까지 변위는 증가한다.
(3) xy 평면에서 운동하는 물체의 x성분 속력이 v_x, y성분 속력이 v_y일 때, 속도의 크기는 $\sqrt{v_x{}^2+v_y{}^2}$이다.
(4) v_x가 일정하고 v_y가 일정할 때, 이 물체는 직선 경로를 따라 이동한다.
(5) v_x가 일정하고 v_y가 등가속도 운동일 때, 이 물체는 수평 방향으로 던진 물체의 운동과 같이 포물선 경로를 따라 이동한다.

③-1 공이 지면에 다시 도달하는 데 걸린 시간이 4초이므로 최고점 도달 시간은 2초이다.

③-2 최고점의 높이는 $H=\dfrac{1}{2}gt^2=\dfrac{1}{2}\times10\times2^2=20$(m)이다.

③-3 공이 4초 동안 수평 방향으로 120 m를 이동하였으므로 수평 방향의 속력은 $\dfrac{120\ \text{m}}{4\ \text{s}}=30$ m/s이다.

③-4 (1) 공이 운동하는 동안 가속도의 방향은 항상 연직 아래 방향이다.
(2), (3) 공은 수평 방향으로는 힘이 작용하지 않으므로 등속도 운동, 연직 방향으로는 중력이 작용하므로 등가속도 운동을 한다.

④-1 꼼꼼 **문제 분석**

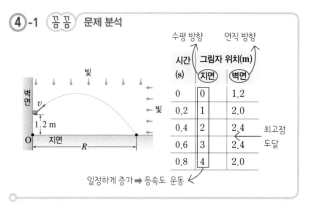

지면에 나타나는 그림자의 위치가 시간에 비례하여 증가하므로 공은 수평 방향으로 등속도 운동을 한다.

④-2 0.4초일 때의 높이와 0.6초일 때의 높이가 같으므로 공은 중간 시각인 0.5초에 최고점에 도달하였다.

④-3 (1) 그림자의 위치는 수평 방향으로 0.2초마다 1 m 증가하였고, 0.8초 때 4 m이다. 따라서 0.8초에서 0.2초 후인 1초인 순간 지면에 나타나는 그림자의 위치는 5 m가 된다.
(2) 연직 위 방향으로 올라갈 때 0초에 1.2 m에 있다가 0.2초 후에 2.0 m로 위치가 변하였으므로 내려올 때는 반대로 0.8초에 2.0 m에서 0.2초 후인 1.0초에 1.2 m가 된다.

④-4 (1) 수평 방향으로 0.2초에 1 m 이동하므로 수평 방향 속도$=\dfrac{1\,\text{m}}{0.2\,\text{s}}=5\,\text{m/s}$이다. 최고점에서 연직 방향 속도가 0이므로 최고점에서 순간 속도는 수평 방향 속도와 같은 5 m/s이다.
(2) 0초일 때, 수평 방향 속도가 5 m/s이고, 연직 방향 속도가 0이 아니므로 v는 5 m/s보다 크다.
(3) 1초에 다시 처음 높이로 되돌아왔으므로 1초 때 속도의 크기는 처음 속도 v와 같다.
(4) 처음 높이인 1.2 m로 되돌아오는 데 1초가 걸렸고 1초 동안 수평 이동 거리가 5 m이다. 공이 처음 높이보다 더 아래로 내려가 지면에 도달하였으므로 R는 5 m보다 크다.

내신 만점 문제
52쪽~55쪽

01 ②   **02** ③   **03** ③   **04** ④   **05** ⑤   **06** ①
07 해설 참조   **08** ②   **09** ⑤   **10** ③   **11** 해설 참조
12 ⑤   **13** ②   **14** ③   **15** ②   **16** ②

01 꼼꼼 문제 분석

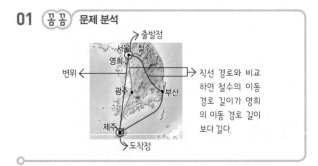

ㄴ. 영희와 철수는 출발점과 도착점이 각각 서울과 제주로 같으므로 변위가 같다.

바로알기 ㄱ. 영희가 이동한 경로의 길이가 철수가 이동한 경로의 길이보다 짧으므로 영희의 이동 거리가 철수의 이동 거리보다 짧다.

ㄷ. 기준점을 바꾸어도 출발점과 도착점은 변하지 않으므로 변위는 영희와 철수가 같다.

02 ㄷ. 어린이가 곡선 경로를 따라 이동하였으므로 변위의 크기는 이동 거리보다 작다. 따라서 평균 속도의 크기가 평균 속력보다 작다.

바로알기 ㄱ. 미끄럼틀의 모양이 직선이 아니므로 운동 방향이 변하였다.

ㄴ. 속도 변화량이 일정하지 않으므로 등가속도 운동이 아니다.

03 꼼꼼 문제 분석

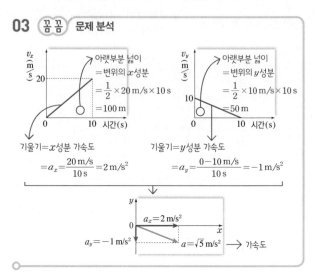

ㄱ. 0초일 때 $v_x=0$, $v_y=10\,\text{m/s}$이므로 속도의 크기는 v_y와 같은 10 m/s이다.

ㄴ. v_x-시간 그래프의 기울기인 a_x는 2 m/s²으로 일정하고, v_y-시간 그래프의 기울기인 a_y는 -1 m/s²으로 일정하므로 x, y 방향의 가속도를 합성한 가속도 a의 크기는 $\sqrt{5}$ m/s²으로 일정하다. 따라서 등가속도 운동이다.

바로알기 ㄷ. 속도-시간 그래프에서 그래프 아랫부분의 넓이는 변위의 크기이다. x축 방향의 변위의 크기는 100 m이고, y축 방향의 변위의 크기는 50 m이다. 따라서 변위의 크기$=\sqrt{100^2+50^2}=50\sqrt{5}$ (m)이다.

04 꼼꼼 문제 분석

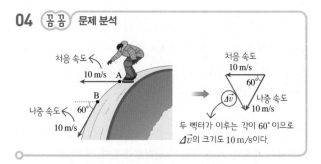

평균 가속도의 방향은 속도 변화량의 방향과 같으므로 ↘방향이고, 평균 가속도의 크기$=\dfrac{|\text{속도 변화량}|}{\text{걸린 시간}}=\dfrac{10\,\text{m/s}}{2\,\text{s}}=5\,\text{m/s}^2$이다.

05 꼼꼼 문제 분석

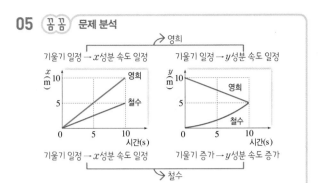

기울기 일정 → x성분 속도 일정 ... 기울기 일정 → y성분 속도 일정

기울기 일정 → x성분 속도 일정 ... 기울기 증가 → y성분 속도 증가

ㄱ. 0초일 때, 영희와 철수의 x성분 위치는 같고 y성분 위치는 10 m만큼 차이가 나므로 영희와 철수 사이의 거리는 10 m이다.

ㄴ. 위치−시간 그래프의 기울기는 속도이다. 0~10초 동안 영희의 x, y성분 속도 v_x와 v_y가 일정하므로 x, y성분을 합성한 속도도 일정하다.

ㄷ. 철수는 x방향으로 등속으로 운동하지만 y방향으로 속력이 빨라지는 가속도 운동을 하므로 0~10초 동안 철수는 가속도 운동을 한다.

06 꼼꼼 문제 분석

속도 변화량 $=\vec{v_C}-\vec{v_A}$ → A와 C의 시작점을 일치시키면 오른쪽 그림과 같다.

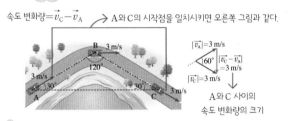

$|\vec{v_A}|=3$ m/s, $|\vec{v_C}-\vec{v_A}|=3$ m/s, $|\vec{v_C}|=3$ m/s

A와 C 사이의 속도 변화량의 크기

$$평균\ 가속도의\ 크기=\frac{|속도\ 변화량|}{걸린\ 시간}=\frac{3\,\text{m/s}}{10\,\text{s}}=0.3\,\text{m/s}^2$$

07 꼼꼼 문제 분석

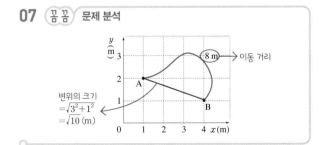

변위의 크기 $=\sqrt{3^2+1^2}=\sqrt{10}$ (m)

이동 거리는 물체가 실제로 이동한 경로의 길이이므로 8 m이고, 변위는 위치 변화이므로 변위의 크기는 A와 B 사이의 직선 거리인 $\sqrt{10}$ m이다.

모범답안 평균 속도의 크기$=\dfrac{변위의\ 크기}{걸린\ 시간}=\dfrac{\sqrt{10}\,\text{m}}{5\,\text{s}}=\dfrac{\sqrt{10}}{5}$ m/s이고,

평균 속력$=\dfrac{이동\ 거리}{걸린\ 시간}=\dfrac{8\,\text{m}}{5\,\text{s}}=1.6$ m/s이다.

채점 기준	배점
평균 속도의 크기, 평균 속력을 풀이 과정과 함께 모두 옳게 구한 경우	100 %
평균 속도의 크기, 평균 속력 중 한 가지만 풀이 과정을 포함하여 옳게 구한 경우	50 %

08 꼼꼼 문제 분석

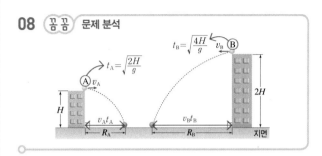

수평으로 던진 물체의 '수평 도달 거리=수평 속력×지면 도달 시간'이다. A와 B가 지면에 도달할 때까지 걸리는 시간(t)은 각각의 높이에서 자유 낙하 하는 데 걸리는 시간과 같으므로 $h=\dfrac{1}{2}gt^2$에서 $t=\sqrt{\dfrac{2h}{g}}$이다. 따라서 A, B가 지면에 도달하는 데 걸린 시간의 비 $t_A:t_B=\sqrt{\dfrac{2H}{g}}:\sqrt{\dfrac{4H}{g}}=1:\sqrt{2}$이므로 수평 도달 거리의 비 $R_A:R_B=v_A:\sqrt{2}v_B$가 된다.

09 ㄱ. 물체는 연직 방향으로 등가속도 운동을 하므로 $h=\dfrac{1}{2}gt^2$에서 낙하 거리는 시간의 제곱에 비례한다. 따라서 $h_1:h_2=1^2:2^2=1:4$이므로 $\dfrac{h_1}{h_2}=\dfrac{1}{4}$이다.

ㄴ. 수평 방향으로는 힘이 작용하지 않으므로 속력이 일정한 운동을 한다.

ㄷ. 연직 방향으로는 등가속도 운동을 하므로 $v=gt$에서 연직 방향 속도는 시간에 비례한다.

10 꼼꼼 문제 분석

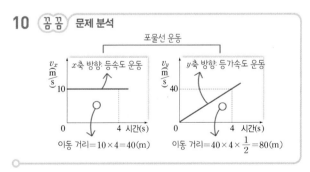

포물선 운동

x축 방향 등속도 운동 ... y축 방향 등가속도 운동

이동 거리$=10\times4=40$(m) ... 이동 거리$=40\times4\times\dfrac{1}{2}=80$(m)

ㄱ. 그래프에서 x축 방향은 속도가 일정하므로 등속도 운동을 하고, y축 방향은 등가속도 운동을 한다. 따라서 y축 방향으로 가속도가 일정한 운동을 한다.

ㄴ. 이 물체는 수평으로 던진 물체와 같이 포물선 경로를 따라 운동한다.

ㄷ. x축 방향의 평균 속도 $v_x=10$ m/s, y축 방향의 평균 속도 $v_y=\dfrac{80}{4}=20$(m/s)이다. 따라서 평균 속도의 크기 $=\sqrt{10^2+20^2}$ $=10\sqrt{5}$ m/s이다.

11 수평 방향으로 던진 물체의 운동은 수평 방향과 연직 방향으로 나누어 분석한다. 수평 방향으로는 힘이 작용하지 않으므로 등속도 운동을 하고, 연직 방향으로는 중력이 작용하므로 자유 낙하 운동과 마찬가지로 등가속도 운동을 한다.

(1) 수평 도달 거리=수평 방향 속력×걸린 시간=5 m/s×5 s =25 m이다.

모범답안 (1) 25 m

(2) 연직 방향으로는 중력 가속도로 등가속도 운동을 하므로 낙하 거리, 즉 절벽의 높이 $h=\dfrac{1}{2}gt^2=\dfrac{1}{2}\times 10$ m/s$^2\times(5$ s$)^2=125$ m이다.

채점 기준		배점
(1)	답을 옳게 쓴 경우	30 %
(2)	풀이 과정과 답이 모두 옳은 경우	70 %
	답만 옳은 경우	30 %

12 (꼼꼼) **문제 분석**

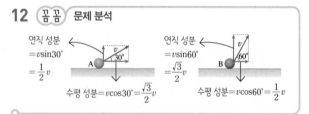

ㄱ. 처음 속도의 연직 성분은 A는 $\dfrac{1}{2}v$, B는 $\dfrac{\sqrt{3}}{2}v$이므로 B가 A보다 크다.

ㄴ. 처음 속도의 수평 성분은 A는 $\dfrac{\sqrt{3}}{2}v$, B는 $\dfrac{1}{2}v$이므로 B가 A보다 작다.

ㄷ. 수평 도달 거리 $R=\dfrac{v^2\sin 2\theta}{g}$이므로 θ일 때와 $(90°-\theta)$일 때 R가 같다. $90°-30°=60°$이므로 처음 속력이 같으면 30°일 때와 60°일 때 수평 도달 거리는 같다.

13 연직 방향으로는 가속도가 -10 m/s^{2}인 등가속도 운동을 한다. 이동 거리 $s=v_0t-\dfrac{1}{2}gt^2$이므로 25 m$=v_0\times 1$ s$-\dfrac{1}{2}\times 10$ m/s$^2\times(1$s$)^2$에서 연직 방향으로의 처음 속도 $v_0=30$ m/s이다.

최고점에서 연직 방향 속도의 크기는 0이므로 $v=v_0-gt$에 대입하면 $0=30$ m/s-10 m/s$^2\times t$에서 최고점에 도달하는 데 걸리는 시간 $t=3$ s이다.

14 (꼼꼼) **문제 분석**

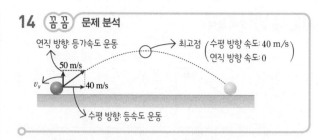

① 비스듬히 던진 물체의 운동은 수평 성분과 연직 성분으로 속도를 분해하여 해석할 수 있다. 연직 방향의 성분 속도를 v_y라고 하면, 처음 속도, 수평 성분 속도, v_y가 직각 삼각형을 이루므로 피타고라스 정리에 의해 $v_y^2+40^2=50^2$이다. 따라서 $v_y=30$ m/s이다.

② 최고점에서는 연직 방향 속도가 0이다. 따라서 $v=v_0-gt$에서 $0=30$ m/s-10 m/s$^2\times t$이므로 최고점에 도달하는 시간 $t=3$초이다.

④ 3초 후에 최고점에 도달하므로 그때의 연직 방향 속도는 0이다. 따라서 물체의 속도는 수평 방향으로 40 m/s가 된다.

⑤ 6초 후에는 수평 방향 성분 속도는 그대로 40 m/s이고, 연직 방향의 속도가 처음 연직 방향의 속도와 크기가 같고 방향은 반대이다. 따라서 6초 후의 물체의 속도는 처음 속도와 방향은 다르지만 크기는 같다.

바로알기 ③ 최고점에 도달하는 데 걸리는 시간이 3초이므로 최고점에서 다시 처음 높이로 오는 데도 3초가 걸린다. 그동안 수평 방향으로는 40 m/s의 속력으로 등속도 운동을 하므로 수평 도달 거리는 40 m/s×6 s=240 m이다.

15 (꼼꼼) **문제 분석**

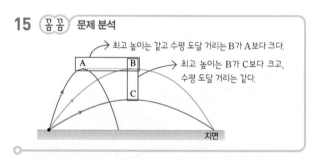

ㄴ. A와 B의 최고 높이가 같으므로 A와 B의 연직 성분 속도가 같다. 연직 성분 속도가 같으면 최고점에 도달하는 데 걸린 시간도 같다.

바로알기 ㄱ. 최고 높이가 같으므로 처음 속도의 연직 성분은 A와 B가 같고 처음 속도의 수평 성분은 수평 도달 거리가 더 큰 B가 A보다 크다. 따라서 던질 때의 속력은 B가 A보다 크다.

ㄷ. C가 B보다 최고 높이가 낮으므로 C가 B보다 공중에 떠 있는 시간이 짧다. 그런데도 수평 도달 거리가 같으므로 수평 방향 속력은 C가 B보다 크다.

16 꼼꼼 문제 분석

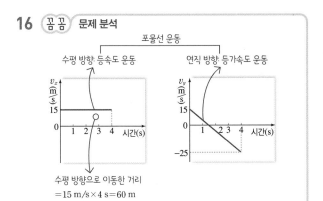

포물선 운동

수평 방향: 등속도 운동   연직 방향: 등가속도 운동

수평 방향으로 이동한 거리
$=15 \ \text{m/s} \times 4 \ \text{s} = 60 \ \text{m}$

ㄷ. 수평 방향 속도가 15 m/s이므로 0초에서 4초까지 수평 방향으로 이동한 거리는 15 m/s × 4 s = 60 m이다.

┃바로알기┃ ㄱ. 속도의 수평 성분 v_x는 등속도 운동이고 연직 성분 v_y는 등가속도 운동이므로 비스듬히 던진 물체의 운동과 같다. 따라서 물체는 포물선 운동을 한다.

ㄴ. 최고점에서 수평 방향 속도는 15 m/s이고, 연직 방향 속도는 0이다. 따라서 최고점에서 속도는 수평 방향으로 15 m/s이다.

---

02 등속 원운동

개념 확인 문제   58쪽

❶ 등속 원운동   ❷ 가속도   ❸ 각속도   ❹ 주기
❺ 진동수   ❻ 구심 가속도   ❼ 구심력   ❽ 중력

1 (1) × (2) ○ (3) ○   **2** (1) $\dfrac{2\pi r}{v}$ (2) $\dfrac{v}{r}$ (3) $m\dfrac{v^2}{r}$ **3** (1) π

(2) 2 (3) 0.5 (4) $2\pi^2$ (5) $4\pi^2$ **4** (가) 중력, (나) 전기력, (다) 장력

1 (1) 등속 원운동을 하는 물체에는 크기가 일정하고 방향이 계속 변하는 구심력이 작용한다. $F=ma$에 의해 힘의 방향과 가속도의 방향이 같으므로 가속도의 크기는 일정하지만 방향이 계속 변한다. 따라서 등가속도 운동이 아니다.
(2) 등속 원운동은 일정한 속력으로 원 궤도를 따라 방향이 계속 변하는 운동이다. 매 순간 운동 방향은 원의 접선 방향이다.
(3) 등속 원운동은 한 바퀴 돌 때마다 같은 운동을 되풀이하는 주기 운동이다.

---

2 (1) 원운동의 주기 T는 원 궤도를 한 바퀴 운동하는 데 걸린 시간이므로 원둘레($2\pi r$)를 속력(v)으로 나눈 값과 같다. 따라서 $T=\dfrac{2\pi r}{v}$이다.

(2) 각속도 ω는 단위 시간 동안의 회전각을 나타내는 것이다. 등속 원운동의 속력 v와 각속도 ω 사이의 관계식은 $v=r\omega$이므로 $\omega=\dfrac{v}{r}$이다.

(3) 구심력의 크기 F는 $m \times \dfrac{v^2}{r}$이다.

3 (1) $\omega = \dfrac{v}{r} = \dfrac{2\pi}{2} = \pi(\text{rad/s})$

(2) $T = \dfrac{2\pi r}{v} = \dfrac{2\pi \times 2}{2\pi} = 2(\text{s})$

(3) $f = \dfrac{1}{T} = \dfrac{1}{2} = 0.5(\text{Hz})$

(4) $a = \dfrac{v^2}{r} = \dfrac{(2\pi)^2}{2} = 2\pi^2(\text{m/s}^2)$

(5) $F = ma = 2 \times 2\pi^2 = 4\pi^2(\text{N})$

4 (가)에서는 지구가 달을 잡아당기는 중력이 구심력이 된다.
(나)에서는 (＋)전하를 띤 원자핵이 (－)전하를 띤 전자를 잡아당기는 전기력이 구심력이 된다.
(다)에서는 줄이 쇠구슬을 잡아당기는 힘, 즉 줄의 장력이 구심력이 된다.

대표 자료 분석   59쪽

자료 ①   **1** 20π rad/s   **2** 2배   **3** $\dfrac{8}{3}$배   **4** (1) × (2) ○ (3) ×

자료 ②   **1** $2t_0$ **2** ②   **3** (1) $-x$방향 (2) $+x$방향
       4 $\dfrac{\pi v_0}{t_0}$ **5** (1) × (2) ○ (3) ○

① 꼼꼼 문제 분석

주기 $T_A : T_B = 1 : 2$

• 각속도 $\omega = \dfrac{2\pi}{T}$
➡ $\omega_A : \omega_B = 1 : \dfrac{1}{2} = 2 : 1$

• 속력 $v = r\omega$
➡ $v_A : v_B = 2 \times 2 : 3 \times 1 = 4 : 3$

• 구심 가속도 $a = r\omega^2$
➡ $a_A : a_B = 2 \times 2^2 : 3 \times 1^2 = 8 : 3$

①-1 $\omega = \dfrac{2\pi}{T} = \dfrac{2\pi}{0.1 \ \text{s}} = 20\pi(\text{rad/s})$이다.

①-2 $\omega = \dfrac{2\pi}{T}$이고, 주기 T는 A가 B의 $\dfrac{1}{2}$배이므로 각속도는 A가 B의 2배이다.

①-3 구심 가속도 $a = r\omega^2$이므로 $a_A : a_B = 2 \times 2^2 : 3 \times 1^2 = 8 : 3$이다. 따라서 구심 가속도는 A가 B의 $\dfrac{8}{3}$배이다.

①-4 (1) 주기는 A가 B의 $\dfrac{1}{2}$배이다.

(2) 속력 $v = r\omega$이므로 속력의 비 A : B $= 2 \times 2 : 3 \times 1 = 4 : 3$이다. 따라서 속력은 A가 B보다 크다.

(3) 가속도의 크기는 일정하지만 가속도의 방향은 계속 변하므로 등가속도 운동이 아니다.

②-1 꼼꼼 **문제 분석**

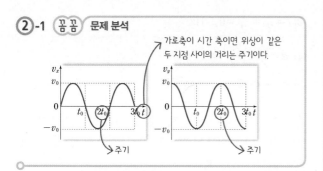

②-2 각속도 $\omega = \dfrac{2\pi}{\text{주기}} = \dfrac{2\pi}{2t_0} = \dfrac{\pi}{t_0}$이다.

②-3 꼼꼼 **문제 분석**

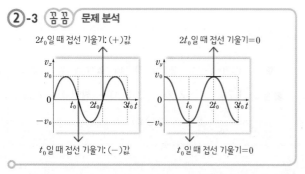

속도-시간 그래프의 접선의 기울기는 가속도와 같다. $t = t_0$일 때 x성분의 가속도 방향은 $-x$방향이고, y성분의 가속도는 0이므로 가속도의 방향은 $-x$방향이다.

$t = 2t_0$일 때 x성분의 가속도 방향은 $+x$방향이고, y성분의 가속도는 0이므로 가속도의 방향은 $+x$방향이다.

②-4 $t = t_0$일 때 속도의 x성분은 0, 속도의 y성분은 $-v_0$이므로 $t = t_0$일 때 속도의 크기는 v_0이다. $t = t_0$일 때 가속도 크기는 $a = \dfrac{v_0^2}{r} = v_0 \times \left(\dfrac{v_0}{r}\right) = v_0\omega$이고 $\omega = \dfrac{\pi}{t_0}$이므로 $a = \dfrac{\pi v_0}{t_0}$이다.

②-5 (1) 원운동에서 주기 T는 한 바퀴 도는 데 걸린 시간이므로 한 바퀴의 거리 $2\pi r$를 속력 v로 나눈 값이다. 즉, $T = \dfrac{2\pi r}{v}$이다.

(2) 원운동에서 각속도는 단위 시간 동안의 회전각으로 한 바퀴의 호도각 2π를 주기 T로 나누거나 $\left(\omega = \dfrac{2\pi}{T}\right)$, 속력을 반지름으로 나누어 $\left(\omega = \dfrac{v}{r}\right)$ 구할 수 있다.

(3) 등속 원운동을 하는 물체의 구심 가속도는 항상 원의 중심 방향을 향한다.

내신 만점 문제   60쪽~61쪽

01 ①   **02** ⑤   **03** ④   **04** 해설 참조   **05** ⑤   **06** ④

07 ③   **08** ③

01 ① 등속 원운동하는 물체에 작용하는 알짜힘은 원의 중심 방향으로 작용하는 구심력이므로 원의 중심을 향하는 화살표로 나타낸다.

02 꼼꼼 **문제 분석**

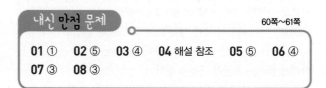

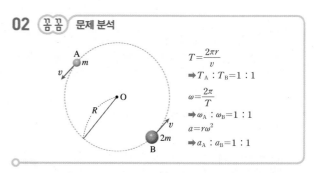

ㄱ. $T = \dfrac{2\pi r}{v}$에서 반지름이 R로 같고 속력도 v로 같으므로 A와 B의 주기는 같다.

ㄴ. $T = \dfrac{2\pi}{\omega}$에서 주기가 같으므로 각속도도 같다. 이때 구심 가속도는 $r\omega^2$이므로 A와 B의 구심 가속도가 같다.

ㄷ. 구심력=질량×구심 가속도에서 A와 B의 구심 가속도가 같고 질량은 B가 A의 2배이므로 구심력은 B가 A의 2배이다.

03 꼼꼼 **문제 분석**

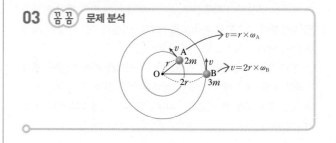

ㄱ. A는 $v=r\omega_A$에서 $\omega_A=\dfrac{v}{r}$이고, B는 $v=2r\omega_B$에서 $\omega_B=\dfrac{v}{2r}$이므로 각속도는 A가 B보다 크다.

ㄷ. 진동수는 $f=\dfrac{1}{T}$에서 주기가 A가 B보다 작으므로 진동수는 A가 B보다 크다.

┃ 바로알기 ┃ ㄴ. 등속 원운동의 주기 $T=\dfrac{2\pi}{\omega}$에서 각속도가 A가 B보다 크므로 주기는 A가 B보다 작다.

04 (모범답안) 주기가 0.5초이므로 $\omega=\dfrac{2\pi}{0.5}=4\pi(\text{rad/s})$이다. 따라서 구심력의 크기 $F=mr\omega^2=1\text{ kg}\times1\text{ m}\times(4\pi\text{ rad/s})^2=16\pi^2\text{ N}$이다.

채점 기준	배점
풀이 과정과 답을 옳게 구한 경우	100 %
풀이 과정은 맞지만 답이 틀린 경우	50 %

05 ㄱ. B의 무게가 실을 통해 A에 구심력으로 작용한다. 따라서 A에 작용하는 구심력의 크기는 B의 무게와 같은 $2mg$이다.

ㄷ. 질량이 m인 물체가 반지름 r인 원 궤도를 속력 v로 등속 원운동할 때 구심 가속도의 크기 $a=\dfrac{v^2}{r}$이고 구심력의 크기 $F=m\dfrac{v^2}{r}$이다. 구심력 $2mg=m\dfrac{v^2}{r}$이므로 $v=\sqrt{2rg}$가 된다.

┃ 바로알기 ┃ ㄴ. 구심력의 크기가 $2mg$이므로 $2mg=ma$에 의해 구심 가속도 $a=2g$가 된다.

06 (꼼꼼) **문제 분석**

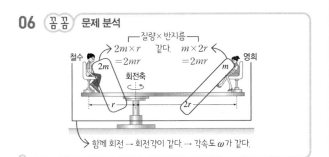

ㄱ. $v=r\omega$에서 각속도 ω는 같고 반지름은 영희가 철수의 2배이므로 속력도 영희가 철수의 2배이다.

ㄴ. 두 사람의 각속도가 같으므로 가속도의 크기는 $a=r\omega^2$에서 반지름에 비례한다. 따라서 가속도의 크기는 영희가 철수의 2배이다.

┃ 바로알기 ┃ ㄷ. 각속도가 같으므로 구심력의 크기($mr\omega^2$)는 질량과 반지름의 곱에 비례한다. 질량과 반지름의 곱은 철수의 경우 $2m\times r=2mr$이고, 영희의 경우는 $m\times2r=2mr$로 같다. 따라서 철수와 영희가 받는 구심력의 크기는 같다.

07 (꼼꼼) **문제 분석**

속도의 x, y성분이 그림과 같이 되기 위해서는 원운동에서 물체의 처음 위치가 다음과 같다.

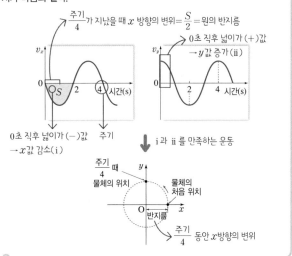

주기는 4초이고, 물체가 처음 위치에서 $\dfrac{\text{주기}}{4}$ 후 x방향의 변위, 즉 $\dfrac{S}{2}$는 원의 반지름과 같다. 각속도 $\omega=\dfrac{2\pi}{T}=\dfrac{2\pi}{4}=\dfrac{\pi}{2}$이므로, $a=r\omega^2=\dfrac{S}{2}\times\left(\dfrac{\pi}{2}\right)^2=\dfrac{\pi^2S}{8}$이다.

08 (꼼꼼) **문제 분석**

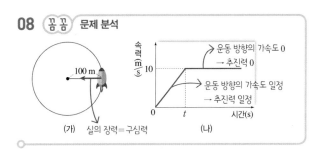

ㄱ. 로켓은 작용 반작용 법칙에 따라 가스를 뒤로 내보내는 힘의 반작용 힘이 추진력이 되어 앞으로 나아간다. 0초에서 t까지 속력 – 시간 그래프의 기울기가 일정하므로 가속도가 일정하고, 가속도가 일정하면 $F=ma$에 의해 로켓의 운동 방향으로 추진력이 일정하다. t 이후에는 가속도가 0이므로 로켓의 운동 방향으로 추진력이 0이다.

ㄷ. t 이후 속력은 10 m/s이므로 로켓의 구심 가속도는 $\dfrac{v^2}{r}=\dfrac{(10\text{ m/s})^2}{100\text{ m}}=1\text{ m/s}^2$이다.

┃ 바로알기 ┃ ㄴ. 구심력과 같이 운동 방향에 수직으로 작용하는 힘은 속력의 제곱에 비례한다. 0초에서 t까지 속력 v가 시간에 비례하며, 실의 장력이 운동 방향에 수직으로 작용하므로, 실의 장력은 시간의 제곱에 비례한다.

03 행성의 운동과 케플러 법칙

65쪽

개념 확인 문제

❶ 타원   ❷ 면적 속도 일정 법칙   ❸ 빨라   ❹ 느려
❺ 조화 법칙   ❻ 세제곱   ❼ 거리   ❽ 중력 가속도
❾ 궤도 반지름   ❿ 제곱

1 (1) × (2) ○ (3) ×   **2** (1) $v_A > v_B$ (2) a^3 **3** $4a$ **4** $\frac{1}{4}$배

5 (1) × (2) ○   **6** (1) 2 : 1 (2) 1 : 8

---

1 (1) 케플러 제1법칙(타원 궤도 법칙)은 모든 행성이 태양 주위를 타원 궤도를 그리며 돈다는 것이다. 이때 행성의 속력은 태양과의 거리에 따라 달라진다.

(2) 케플러 제2법칙(면적 속도 일정 법칙)에 의해 일정한 시간 동안 태양과 행성을 연결하는 직선이 만든 면적은 같다.

(3) 케플러 제3법칙(조화 법칙)에 의해 행성의 공전 주기의 제곱은 공전 궤도의 긴반지름의 세제곱에 비례한다.($T^2 \propto a^3$)

2 (1) 행성의 속력은 근일점인 A를 지날 때 가장 빠르고, 원일점인 B를 지날 때 가장 느리다.

(2) 행성의 공전 주기의 제곱은 타원 궤도의 긴반지름의 세제곱에 비례한다. ➡ $T^2 \propto a^3$

3 케플러 제3법칙에 따라 $T^2 \propto a^3$이다. 행성 B의 긴반지름을 a_B라고 하면, $T^2 : (8T)^2 = a^3 : a_B^3$이 되어 $a_B = 4a$이다.

4 $F = G\frac{Mm}{r^2}$에서 중력의 크기는 두 물체의 질량의 곱에 비례하고, 두 물체 사이의 거리의 제곱에 반비례한다. 따라서 두 물체 사이의 거리가 2배가 되면 중력은 $\frac{1}{4}$배가 된다.

5 (1) 중력은 질량을 가진 모든 물체 사이에 작용하는 힘으로, 인력만 있다.

(2) 지구의 질량을 M, 물체의 질량을 m, 지구와 물체 사이의 거리를 r라고 하면 중력의 크기는 $F = G\frac{Mm}{r^2}$이다.

6 (1) 인공위성의 속력 $v = \sqrt{\dfrac{GM}{r}}$이므로 $v \propto \dfrac{1}{\sqrt{r}}$이다. 따라서 $v_A : v_B = \dfrac{1}{\sqrt{r}} : \dfrac{1}{\sqrt{4r}} = 2 : 1$이다.

(2) 주기 T의 제곱은 궤도 반지름 r의 세제곱에 비례한다. $T^2 \propto r^3$에서 $T \propto \sqrt{r^3}$이므로 $T_A : T_B = \sqrt{r^3} : \sqrt{(4r)^3} = 1 : 8$이다.

대표 자료 분석

66쪽

자료 ①   **1** T **2** 2배   **3** (1) ○ (2) × (3) ×
자료 ②   **1** ㄱ, ㄷ   **2** (1) > (2) < (3) > (4) >   **3** (1) ○
(2) × (3) ×

① 꼼꼼 문제 분석

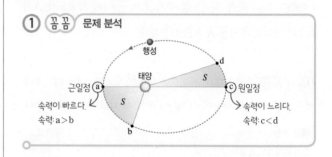

①-1 케플러 제2법칙(면적 속도 일정 법칙)에 의해 일정한 시간 동안 태양과 행성을 연결하는 직선이 만든 면적은 같다. 따라서 면적이 같으면 이동하는 데 걸린 시간도 같다.

①-2 행성과 태양을 연결한 직선이 지나간 면적이 2배가 되면 걸린 시간도 2배가 된다.

①-3 (1) 태양에 가까이 가면 행성의 속력이 빨라지고, 태양에서 멀어지면 느려지므로 속력은 a>b>d>c 순으로 빠르다.

(2) 케플러 법칙은 행성의 운동에 관한 법칙이지만 이후 뉴턴에 의해 중력이 발견되었고, 중력에 의해 운동하는 위성이나 인공위성도 케플러 법칙을 만족한다는 사실을 알게 되었다.

(3) 케플러는 행성들의 운동에 대한 수많은 관측 결과를 분석하여 케플러 법칙을 발표하였을 뿐 행성들이 그러한 운동을 하게 되는 근본 원인에 대해서는 설명할 수 없었다. 후에 뉴턴이 중력 법칙으로 케플러 법칙을 설명하였다.

②-1 꼼꼼 문제 분석

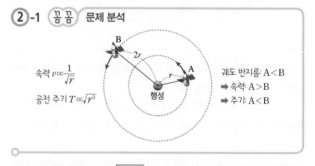

인공위성의 속력 $v = \sqrt{\dfrac{GM}{r}}$이므로 인공위성의 속력(v)에 영향을 주는 요인은 행성의 질량(M)과 행성 중심에서 인공위성까지의 거리(r)이다. 이때 G는 중력 상수로 일정하다.

---

②-2 (1) 인공위성의 속력 $v=\sqrt{\dfrac{GM}{r}}$이므로 $v\propto\dfrac{1}{\sqrt{r}}$이다. 궤도 반지름 r는 A<B이므로 속력 v는 A>B이다.

(2) 인공위성의 공전 주기 $T=2\pi\sqrt{\dfrac{r^3}{GM}}$이므로 $T\propto\sqrt{r^3}$이다. 궤도 반지름 r는 A<B이므로 공전 주기 T는 A<B이다.

(3) 중력 $F=G\dfrac{Mm}{r^2}$이므로 $F\propto\dfrac{1}{r^2}$이다. 궤도 반지름 r는 A<B이므로 중력 F의 크기는 A>B이다.

(4) 가속도의 크기 $a=\dfrac{F}{m}$인데 인공위성 A, B의 질량이 같으므로 $a\propto F$이다. 따라서 중력 F의 크기는 A>B이므로 가속도의 크기는 A>B이다.

②-3 (1) 인공위성의 속력 $v=\sqrt{\dfrac{GM}{r}}$이므로 궤도 반지름 r에 의하여 결정된다. 궤도 반지름이 클수록 인공위성의 속력은 느리다.

(2) 인공위성의 속력은 궤도 반지름의 제곱근에 반비례하므로 궤도 반지름이 4배이면 속력은 $\dfrac{1}{2}$배가 된다.

(3) 인공위성은 행성의 중력에 의해 운동하므로 뉴턴 운동 제2법칙($F=ma$)을 적용하면 $G\dfrac{Mm}{r^2}=ma$에 의해 $a=G\dfrac{M}{r^2}$이 된다. 따라서 가속도 a는 인공위성의 질량 m과는 관계가 없다.

내신 만점 문제   67쪽~69쪽

01 ⑤   **02** ④   **03** ③   **04** ④   **05** ③   **06** ⑤
07 ②   **08** 해설 참조   **09** ⑤   **10** ④   **11** ③   **12** ⑤
13 ⑤

---

01 ① 뉴턴은 케플러 법칙이 성립하는 까닭을 중력 법칙으로 설명하였다.
② 행성은 타원을 이루는 두 초점 중 어느 한 곳에 태양이 존재하는 궤도를 돈다.
③ 행성의 공전 주기의 제곱은 타원 궤도의 긴반지름의 세제곱에 비례하므로 태양으로부터 멀리 있어 긴반지름이 긴 행성일수록 공전 주기가 길다.
④ 행성이 타원 궤도를 돌면서 일정한 시간 동안 태양과 행성을 잇는 선이 휩쓸고 간 부채꼴의 면적은 항상 같다. 따라서 태양 가까이에 가면 행성의 속력이 빨라지고, 멀어지면 속력이 느려진다.

│바로알기│ ⑤ 태양과 행성을 잇는 선이 같은 시간 동안 휩쓸고 간 면적은 어느 부분에서나 같다. 따라서 행성이 같은 시간 동안 이동한 각도는 태양과 행성 사이의 거리가 가까울수록 크다.

02 그래프의 가로축은 긴반지름의 세제곱(a^3), 세로축은 공전 주기의 제곱(T^2)을 나타내고, 그래프의 기울기가 일정하므로 두 값은 비례 관계이다. 이것은 케플러 제3법칙을 나타낸 것으로, 공전 주기의 제곱은 긴반지름의 세제곱에 비례함을 의미한다.

03 ③ 케플러 제3법칙에 의해 행성의 공전 주기(T)의 제곱은 공전 궤도의 긴반지름(r)의 세제곱에 비례하므로 $T^2\propto r^3$이다. 따라서 r가 4배가 되면 $T'^2=k(4r)^3=(8T)^2$이므로 T'는 $8T$로 8배가 된다.

04 ㄴ. $F=ma$에서 행성에 작용하는 중력 F가 클수록 행성의 가속도 a가 크다. 중력은 거리의 제곱에 반비례하므로 태양에 가까이 있을 때가 멀리 있을 때보다 크다. 따라서 P>Q이다.
ㄷ. 케플러 제2법칙에 의해 같은 시간 동안 태양과 행성을 잇는 직선이 휩쓸고 지나간 면적은 같다. 따라서 $S_1=S_2$이다.
│바로알기│ ㄱ. 행성의 속력은 태양에 가까운 곳에서는 빠르고, 먼 곳에서는 느리다. 따라서 P>Q이다.

05 ㄱ. 케플러 제2법칙인 면적 속도 일정 법칙에 의해 행성과 태양 사이의 거리가 가까운 A점에서가 거리가 먼 B점에서보다 속력이 빠르다.
ㄷ. 행성은 태양을 한 초점으로 하는 타원 궤도를 따라 운동한다.
│바로알기│ ㄴ. 중력 $F=G\dfrac{Mm}{r^2}$에서 $F\propto\dfrac{1}{r^2}$이므로 태양과의 거리가 B점에서의 $\dfrac{1}{3}$인 A점에서 중력의 크기는 B점에서의 9배이다.

06 꼼꼼 문제 분석

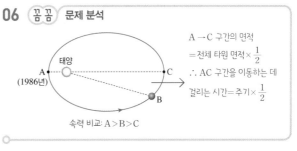

속력 비교: A>B>C

ㄱ. 태양 주위를 도는 행성이나 혜성, 소행성 등은 모두 태양의 중력을 받으며 태양 주위를 타원 궤도를 그리며 돌고 있다.
ㄴ. 현재 핼리 혜성의 위치가 1986년보다 태양에서 멀리 있으므로 면적 속도 일정 법칙에 의해 속력이 느리다.

ㄷ. A점에서 C점까지 가는 데는 주기의 $\frac{1}{2}$만큼의 시간이 걸린다. 따라서 핼리 혜성이 C점을 통과하는 때는 1986년+$\left(76년 \times \frac{1}{2}\right)$=2024년이다.

07 각 행성의 공전 주기는 행성이 한 바퀴 돌아서 원래의 위치로 오는 데 걸린 시간으로, 각 행성과 태양을 잇는 직선이 공전 궤도 전체 면적을 휩쓸고 지나간 시간이다. A가 시간 t 동안 공전 궤도 면적의 $\frac{1}{5}$을 휩쓸고 지나갔으므로 공전 주기는 $5t$이고, B의 공전 주기는 $40t$가 된다. 따라서 $T_A : T_B = 5t : 40t = 1 : 8$이다.

08 중력은 거리의 제곱에 반비례하므로 중력의 크기는 p에서가 q에서보다 크다. 면적 속도 일정 법칙에 따라 행성의 속력은 p에서가 q에서보다 빠르다.

모범답안 중력의 크기는 p에서가 q에서보다 크고, 행성의 속력도 p에서가 q에서보다 크다.

채점 기준	배점
두 가지 모두 옳게 비교한 경우	100 %
한 가지만 옳게 비교한 경우	50 %

09 ㉠ 인공위성에 작용하는 중력의 크기는 지구와 인공위성 사이의 중력이므로 $G\dfrac{Mm}{r^2}$이다.

㉡ 구심 가속도가 $r\omega^2$이므로 구심력의 크기$=ma=mr\omega^2$이다.

㉢ $T^2=\dfrac{4\pi^2}{GM}r^3$에서 $\dfrac{4\pi^2}{GM}$은 상수이므로 $T^2 \propto r^3$이 된다.

10 꼼꼼 문제 분석

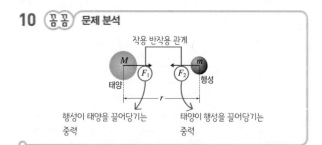

①, ② 행성과 태양 사이에 작용하는 중력 F_1, F_2는 작용 반작용 관계이므로 힘의 크기는 같고, 방향은 반대이다.

③ 작용 반작용 관계인 두 힘의 크기는 같으므로 $F_1=G\dfrac{Mm}{r^2}$이다.

⑤ 태양도 행성으로부터 받는 힘에 의해 운동에 영향을 받게 된다.

바로알기 ④ 행성의 공전 속력 $v=\sqrt{\dfrac{GM}{r}}$으로, 행성의 공전 속력 v는 행성의 질량 m과는 관계가 없고, 태양의 질량 M과 태양과 행성 사이의 거리 r의 영향을 받는다.

11 꼼꼼 문제 분석

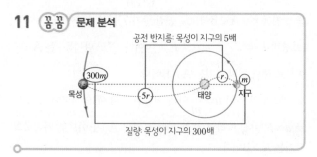

공전 반지름: 목성이 지구의 5배

질량: 목성이 지구의 300배

ㄱ. 행성이 태양으로부터 받는 힘은 중력 $F=G\dfrac{Mm}{r^2}$이므로 목성의 경우 $G\dfrac{M \times 300m}{(5r)^2}=12G\dfrac{Mm}{r^2}$이고, 지구의 경우 $G\dfrac{Mm}{r^2}$이다. 따라서 목성이 받는 중력의 크기는 지구의 12배이다.

ㄴ. 뉴턴 운동 제2법칙인 가속도 법칙에 의해 $F=G\dfrac{Mm}{r^2}=ma$에서 구심 가속도 $a=\dfrac{GM}{r^2}$이다. 따라서 구심 가속도는 태양으로부터의 거리의 제곱에 반비례하므로 지구의 구심 가속도가 목성의 $5^2=25$배이다.

바로알기 ㄷ. 케플러 제3법칙에 의해 $T^2=kr^3$이므로 r가 5배가 되면 $T'^2=k(5r)^3=125T^2$이므로 목성의 공전 주기 T'는 지구의 $\sqrt{125}$배≒11.18배가 된다.

12

구분	(가)	(나)
ㄱ. 중력$=G\dfrac{Mm}{r^2}$	$G\dfrac{Mm}{R^2}$	$G\dfrac{2M \times 2m}{(2R)^2}=G\dfrac{Mm}{R^2}$
ㄴ. 구심 가속도$=\dfrac{GM}{r^2}$	$\dfrac{GM}{R^2}$	$\dfrac{G \times 2M}{(2R)^2}=\dfrac{GM}{2R^2}$
ㄷ. 공전 주기 $=2\pi\sqrt{\dfrac{r^3}{GM}}$	$2\pi\sqrt{\dfrac{R^3}{GM}}$	$2\pi\sqrt{\dfrac{(2R)^3}{G \times 2M}}=4\pi\sqrt{\dfrac{R^3}{GM}}$

13 중력을 받아 운동하는 인공위성의 등속 원운동에서 주기의 제곱은 궤도 반지름의 세제곱에 비례한다. 이때 B의 반지름이 A의 2배이므로 $T_B{}^2=k(2r)^3=8kr^3=8T_A{}^2$이다. 따라서 $T_B=\sqrt{8}T_A$이다.

❶ 변위 ❷ 속도 변화량 ❸ 중력 ❹ 등속도

❺ 등가속도 ❻ $v_0\cos\theta$ ❼ 등가속도 ❽ $\dfrac{v_0^2}{g}\sin2\theta$

❾ 주기 ❿ $\dfrac{v^2}{r}$ ⓫ 중력 ⓬ 타원 ⓭ 같다

⓮ 공전 주기 ⓯ 반비례 ⓰ GM ⓱ $2\pi r$ ⓲ r^3

⓳ 질량 ⓴ 반지름

01 꼼꼼 문제 분석

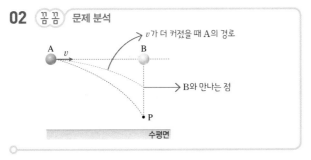

속도의 방향이 변하므로 속도 변화량을 벡터로 구하면 20 m/s 이다. 따라서 평균 가속도의 크기 $=\dfrac{|속도\ 변화량|}{시간}=\dfrac{20\ \text{m/s}}{4\ \text{s}}=$

5 m/s^{2}이다.

02 꼼꼼 문제 분석

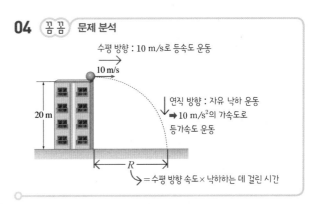

ㄱ. 충돌 직전 A와 B의 연직 방향 속력은 같다. B는 연직 방향 속력만 있지만 A는 연직 방향뿐만 아니라 수평 방향 속력도 있으므로 충돌 직전 물체의 속력은 A가 B보다 크다.

ㄴ. 물체 A, B에 작용하는 알짜힘이 중력이므로 두 물체의 가속도는 중력 가속도로 같다.

┃바로알기┃ ㄷ. A의 처음 속력을 2배로 하면 A가 A와 B 사이의 수평 거리를 이동하는 데 걸리는 시간이 더 짧아진다. 이때 A와 B의 낙하 거리도 더 짧아진다. A와 B가 운동하는 동안 연직 방향의 높이는 같으므로 A와 B는 P보다 위에서 충돌하게 된다.

03 ㄱ. 물체는 등가속도 운동을 하므로 $v_x=a_xt=2t$, $v_y=a_yt=-t$이다. 3초 후 x, y성분 속도는 각각 $v_x=2\times3=$ 6(m/s), $v_y=-3$(m/s)이다.

두 속도 성분이 직각을 이루므로 3초 후의 속력은 피타고라스 정리에 의하여 $\sqrt{6^2+(-3)^2}=\sqrt{45}=3\sqrt{5}$ (m/s)이다.

ㄴ. 시간 t 동안 x축과 y축 방향으로의 변위를 각각 구해 보면,

$x=\dfrac{1}{2}a_xt^2=\dfrac{1}{2}\times2\times t^2=t^2$,

$y=\dfrac{1}{2}a_yt^2=\dfrac{1}{2}\times(-1)\times t^2=-\dfrac{1}{2}t^2$

이다. 따라서 x와 y의 관계는 $y=-\dfrac{1}{2}t^2=-\dfrac{1}{2}x$이므로 x축 변위가 4 m일 때 y축 변위는 -2 m가 된다. 즉 $(4,-2)$의 위치를 지난다.

┃바로알기┃ ㄷ. x축과 y축 방향으로의 변위의 기울기를 구해 보면 $\dfrac{y}{x}=\dfrac{-\dfrac{1}{2}t^2}{t^2}=-\dfrac{1}{2}$로 시간에 관계없이 일정하다. 따라서 물체는 직선 운동을 한다.

04 꼼꼼 문제 분석

ㄴ. 연직 방향으로는 등가속도 운동을 하므로 $s=\dfrac{1}{2}gt^2$에 의해 물체가 땅에 닿을 때까지 걸린 시간 $t=\sqrt{\dfrac{2s}{g}}=\sqrt{\dfrac{2\times20}{10}}=2$(s)이다.

ㄷ. 물체는 수평 방향으로 처음 속도와 같은 속도로 등속도 운동을 한다. 따라서 수평 도달 거리 $R=v_0t=10\ \text{m/s}\times2\ \text{s}=20\ \text{m}$이다.

┃바로알기┃ ㄱ. 1초 후 수평 방향 속력은 10 m/s이고, 연직 방향 속력은 10 m/s$^2\times1$ s $=10$ m/s이다. 따라서 1초 후 속력은 피타고라스 정리에 의하여 $\sqrt{10^2+10^2}=10\sqrt{2}$(m/s)이다.

05 꼼꼼 문제 분석

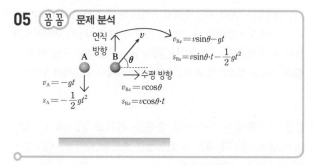

①, ③ 두 공은 연직 방향으로 중력을 받아 운동하므로 가속도가 $-g$로 같다.

② B에 수평 방향으로는 힘이 작용하지 않으므로 등속도 운동을 한다.

⑤ $\theta=0°$이면 B의 연직 방향의 처음 속도가 0이므로, 자유 낙하하는 A와 낙하 시간이 같다.

바로알기 ④ B의 속도는 t초 후 $v_{Bx}=v\cos\theta$, $v_{By}=v\sin\theta-gt$이다.

상대 속도를 x, y성분으로 나누어 생각해 보면 다음과 같다.

x성분 : $v_{AB}=v_{Bx}-v_{Ax}=v\cos\theta-0=v\cos\theta$

y성분 : $v_{AB}=v_{By}-v_{Ay}=v\sin\theta-gt-(-gt)=v\sin\theta$

이것은 B의 처음 속도의 성분과 같으므로, A에 대한 B의 상대 속도는 처음 속도와 같은 v이다.

06 꼼꼼 문제 분석

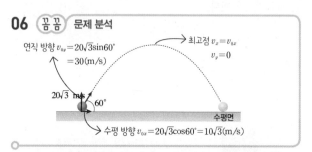

ㄱ. 물체는 연직 방향으로 등가속도 운동을 한다. 처음 속도의 연직 성분 $v_{0y}=20\sqrt{3}\sin60°=30(\text{m/s})$이다. 최고점에서 연직 성분 속도 $v_y=0$이므로 $v_y{}^2-v_{0y}{}^2=2gs$에서 $0-30^2=2\times(-10)\times h$에 의해 최고점의 높이 $h=45$ m이다.

바로알기 ㄴ. 처음 속도의 수평 성분 $v_{0x}=20\sqrt{3}\cos60°=10\sqrt{3}(\text{m/s})$이고 최고점에서 연직 성분 속도 $v_y=0$이다. 물체는 수평 방향으로 등속도 운동을 하므로 최고점에서 속도의 크기는 $10\sqrt{3}(\text{m/s})$이다.

ㄷ. 처음 속도의 연직 성분 속도 $v_{0y}=30$ m/s이고 최고점에서 연직 성분 속도 $v_y=0$이므로 최고점에 도달하는 시간은 $v_y=30-10t=0$에 의해 $t=3$ s이다. 수평 도달 시간은 최고점에 도달하는 시간의 2배이므로 6초이다. 따라서 수평 도달 거리는 수평 성분 속도×수평 도달 시간$=10\sqrt{3}\times6=60\sqrt{3}(\text{m})$이다.

07 ㄱ. 각속도 $\omega=\dfrac{v}{r}$이고 두 물체의 속력 v가 같으므로 ω는 반지름 r에 반비례한다. 따라서 각속도는 $\omega_A : \omega_B=1 : \dfrac{1}{2}=2 : 1$이므로 A가 B의 2배이다.

ㄴ. $\omega=2\pi f$이므로 각속도 ω와 진동수 f는 비례한다. 따라서 진동수는 A가 B의 2배이다.

ㄷ. 구심 가속도 $a=r\omega^2$에서 A와 B의 반지름 r의 비는 1 : 2이고, A와 B의 각속도 ω의 비는 2 : 1이므로 A와 B의 가속도의 비는 $1\times2^2 : 2\times1^2=2 : 1$이다.

08 ㄱ. A, B가 직선 막대에 고정되어 함께 회전하므로 각속도 ω는 같다.

ㄷ. 구심 가속도 $a=r\omega^2$이고 ω가 같으므로 가속도는 반지름에 비례한다. 따라서 구심 가속도의 크기는 B가 A의 2배이다.

바로알기 ㄴ. 속력 $v=r\omega$이고 ω가 같으므로 속력은 반지름에 비례한다. 따라서 속력은 B가 A의 2배이다.

09 ① 케플러 제1법칙에 의해 모든 행성은 태양을 한 초점으로 하는 타원 궤도를 따라 운동한다.

② 케플러 제2법칙에 의해 행성이 타원 궤도를 돌면서 일정한 시간 동안 태양과 행성을 잇는 선이 휩쓸고 간 면적은 항상 같다.

③ 케플러 제2법칙에 의해 행성의 공전 속도는 태양과 가장 가까운 근일점에서 가장 빠르고, 태양에서 가장 먼 원일점에서 가장 느리다.

⑤ 케플러 제3법칙에 의해 행성의 공전 주기 T의 제곱은 공전 궤도의 긴반지름 a의 세제곱에 비례하므로 $T^2\propto a^3$이다. 따라서 a가 4배가 되면, 현재 지구의 공전 주기가 1년이고 $T^2\propto4^3=64=8^2$이므로 공전 주기 T는 8배인 8년이 된다.

바로알기 ④ 케플러 제3법칙에 의하면 공전 주기의 제곱은 긴반지름의 세제곱에 비례한다. 이로부터 태양으로부터 먼 행성일수록 공전 주기가 커진다는 것을 알 수 있다.

10 꼼꼼 문제 분석

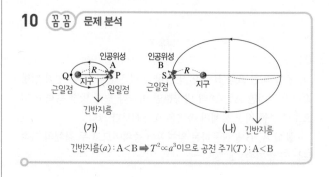

긴반지름(a) : A<B ➡ $T^2\propto a^3$이므로 공전 주기(T) : A<B

ㄱ. 공전 주기의 제곱은 타원 궤도의 긴반지름의 세제곱에 비례하므로, 긴반지름이 큰 B의 공전 주기가 A보다 길다.

ㄴ. A와 B의 질량이 같고, P와 S에서 지구와 A, B 사이의 거리가 R로 같으므로 중력 $F=G\dfrac{Mm}{r^2}$에서 A와 B에 작용하는 중력의 크기는 같다.

ㄷ. 중력 $F=G\dfrac{Mm}{r^2}$에서 점 P에서 점 Q까지 가는 동안 지구와 인공위성 사이의 거리 r이 점점 감소하므로 중력의 크기는 점점 커진다.

11 꼼꼼 문제 분석

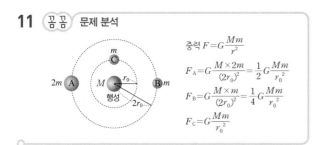

중력 $F=G\dfrac{Mm}{r^2}$

$F_A=G\dfrac{M\times2m}{(2r_0)^2}=\dfrac{1}{2}G\dfrac{Mm}{r_0^2}$

$F_B=G\dfrac{M\times m}{(2r_0)^2}=\dfrac{1}{4}G\dfrac{Mm}{r_0^2}$

$F_C=G\dfrac{Mm}{r_0^2}$

ㄱ. 행성 주위를 도는 물체에 작용하는 구심력은 행성과 물체 사이에 작용하는 중력이다.

ㄴ. 중력을 받아 등속 원운동하는 물체의 구심 가속도는 $\dfrac{GM}{r^2}$으로 물체의 질량과 관계없고, 행성의 질량(M) 및 궤도 반지름(r)과 관계가 있다. A, B의 궤도 반지름이 $2r_0$으로 같으므로 A와 B의 구심 가속도는 같다.

┃바로알기┃ ㄷ. 각 물체에 작용하는 구심력은 중력이므로 행성의 질량을 M이라고 하면 A~C에 작용하는 중력은 다음과 같다.

$F_A=\dfrac{1}{2}G\dfrac{Mm}{r_0^2}$, $F_B=\dfrac{1}{4}G\dfrac{Mm}{r_0^2}$, $F_C=G\dfrac{Mm}{r_0^2}$

따라서 구심력이 가장 큰 물체는 중력이 가장 큰 C이다.

12 꼼꼼 문제 분석

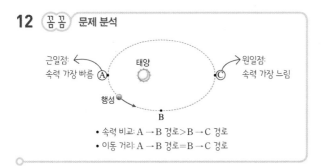

근일점: 속력 가장 빠름 A, 원일점: 속력 가장 느림 C, 태양, 행성, B

• 속력 비교: A → B 경로 > B → C 경로
• 이동 거리: A → B 경로 = B → C 경로

ㄱ. 케플러 제2법칙(면적 속도 일정 법칙)에 따르면 행성이 태양에 가까울수록 속력이 빠르므로 속력은 A에서가 B에서보다 크다.

ㄷ. 같은 거리를 가는 데 걸리는 시간은 속도가 빠를수록 짧게 걸린다. 태양에 가까울수록 행성의 속력이 빠르므로 A에서 B까지 가는 데 걸리는 시간이 B에서 C까지 가는 데 걸리는 시간보다 짧다.

┃바로알기┃ ㄴ. 중력은 거리 제곱에 반비례하므로 C점보다 태양과의 거리가 가까운 A점에서 더 큰 중력을 받는다.

13 ㄴ. 중력이 구심력으로 작용하므로 $G\dfrac{Mm}{r^2}=m\dfrac{v^2}{r}$에서 $v=\sqrt{\dfrac{GM}{r}}$이다. 따라서 $v_A:v_B=\sqrt{\dfrac{1}{1}}:\sqrt{\dfrac{1}{4}}=1:\dfrac{1}{2}=2:1$이므로 v_A는 v_B의 2배이다.

ㄷ. $T=\dfrac{2\pi r}{v}$에서 A의 반지름이 B의 $\dfrac{1}{4}$배이고 속도가 2배이므로 주기는 A가 B의 $\dfrac{1}{8}$배이다. 따라서 B의 공전 주기가 8일이라면 A의 공전 주기는 1일이다.

┃바로알기┃ ㄱ. 인공위성과 지구 사이의 중력이 구심력으로 작용하므로 $G\dfrac{Mm}{r^2}=ma$에서 구심 가속도 $a=G\dfrac{M}{r^2}$이다. 따라서 지구 주위를 도는 인공위성의 구심 가속도는 인공위성의 질량에 관계없이 공전 궤도 반지름의 제곱에 반비례한다. 따라서 구심 가속도의 비 A : B = $\dfrac{1}{1^2}:\dfrac{1}{4^2}=16:1$이다.

┃다른 풀이┃ ㄷ. 케플러 제3법칙에 의하면 $T^2\propto a^3$이다. B의 반지름(원운동인 경우 원의 반지름이 타원 궤도의 긴반지름과 같다.)이 A의 4배이므로 $T_A^2=kr^3$에서 $T_B^2=k(4r)^3=8^2T_A^2$이 되어 $T_B=8T_A$이다.

14 꼼꼼 문제 분석

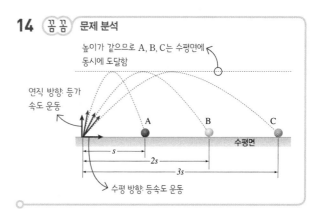

높이가 같으므로 A, B, C는 수평면에 동시에 도달함

연직 방향: 등가속도 운동

A B C 수평면

s / $2s$ / $3s$

수평 방향: 등속도 운동

세 물체의 최고점의 높이가 같으므로 연직 방향으로의 운동도 같다. 수평 도달 거리는 발사 순간 수평 속력에 수평면에 도달하는 데 걸린 시간을 곱한 값이므로 발사 순간 수평 속력의 비는 수평 도달 거리의 비와 같다. 따라서 $v_{Ax}:v_{Bx}:v_{Cx}=1:2:3$이다.

모범답안 A, B, C가 수평면에 도달하는 시간이 같으므로 발사 순간 수평 속력의 비는 수평 도달 거리의 비와 같다. 따라서 $v_{Ax}:v_{Bx}:v_{Cx}=1:2:3$이다.

채점 기준	배점
풀이 과정과 답을 모두 옳게 서술한 경우	100 %
답만 옳게 쓴 경우	40 %

15 (1) 구심력의 크기 $F=m\dfrac{v^2}{r}$에서 A와 B의 속력이 v로 같으면, 구심력은 원 궤도의 반지름 r에 반비례한다. A와 B가 운동하는 원 궤도의 반지름의 비가 $l:2l=1:2$이므로 A와 B에 작용하는 구심력의 비 $F_A:F_B=\dfrac{1}{1}:\dfrac{1}{2}=2:1$이다.

(2) 물체가 한 바퀴 회전하는 데 걸리는 시간 T는 주기이다. $T=\dfrac{2\pi r}{v}$에서 주기 T가 같으면 속력 v는 원 궤도의 반지름 r에 비례한다.

(모범답안) (1) $2:1$

(2) $T=\dfrac{2\pi r}{v}$에서 T가 같으므로 A와 B의 속력의 비는 $1:2$이다. 따라서 $F=\dfrac{mv^2}{r}$에서 구심력의 비 $F_A:F_B=\dfrac{1^2}{1}:\dfrac{2^2}{2}=1:2$이다.

	채점 기준	배점
(1)	구심력의 비를 옳게 쓴 경우	30 %
(2)	풀이 과정과 답을 옳게 구한 경우	70 %
	구심력의 비만 옳게 쓴 경우	30 %

16 (꼼꼼) 문제 분석

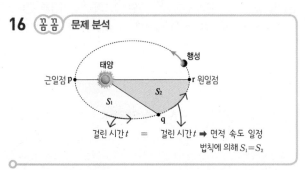

(1) p에서 q까지, q에서 r까지 이동하는 데 걸린 시간이 같으므로 면적 속도 일정 법칙에 따라 태양과 행성을 연결한 직선이 지나간 면적은 같다.

(2) 공전 주기는 행성이 근일점 p에서 원일점 r까지 이동하는 데 걸린 시간의 2배이다.

(모범답안) (1) $S_1=S_2$

(2) 근일점 p에서 원일점 r까지 이동하는 데 걸린 시간이 $2t$이므로 공전 주기는 $4t$이다.

	채점 기준	배점
(1)	크기를 옳게 비교한 경우	30 %
(2)	풀이 과정과 답을 옳게 구한 경우	70 %
	답만 옳게 쓴 경우	30 %

01 ①	02 ①	03 ③	04 ③	05 ②	06 ⑤
07 ④	08 ①	09 ③	10 ④	11 ②	12 ④
13 ③	14 ⑤	15 ①	16 ④		

01 (꼼꼼) 문제 분석

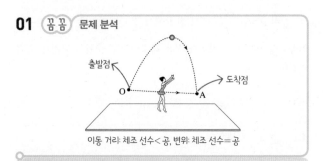

이동 거리: 체조 선수<공, 변위: 체조 선수=공

【선택지 분석】

㉠ 이동 거리는 공이 체조 선수보다 길다.

✗ 변위의 크기는 체조 선수가 공보다 크다. 체조 선수=공

✗ 평균 속력은 공과 체조 선수가 같다. 체조 선수<공

ㄱ. O에서 A까지 공은 곡선 경로를 따라 이동하였고 체조 선수는 직선 경로를 따라 이동하였으므로 이동 거리는 공이 체조 선수보다 길다.

【바로알기】 ㄴ. 출발점과 도착점이 같으므로 공과 체조 선수의 변위는 같다.

ㄷ. 평균 속력$=\dfrac{\text{이동 거리}}{\text{걸린 시간}}$이고, O에서 A까지 가는 데 걸린 시간이 같으므로 체조 선수보다 이동 거리가 긴 공의 평균 속력이 더 크다.

02 (꼼꼼) 문제 분석

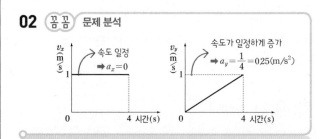

【선택지 분석】

㉠ 가속도의 크기는 일정하다.

✗ 운동 경로는 직선이다. 포물선

✗ 평균 속도의 크기는 $\sqrt{5}$ m/s이다. $\dfrac{\sqrt{5}}{2}$ m/s

ㄱ. 속도-시간 그래프의 기울기로 x,y성분 가속도를 구해 보면 $a_x=0$이고, $a_y=0.25$ m/s^{2}으로 일정하다. 따라서 이 물체의 가속도는 y방향 0.25 m/s^{2}으로 일정하다.

바로알기 ㄴ. x방향으로는 등속도 운동이고, y방향으로는 등가속도 운동이므로 이 물체의 운동 경로는 포물선 모양의 곡선이다.

ㄷ. x방향의 평균 속도는 $1\,\text{m/s}$이고, y방향의 평균 속도는 $0.5\,\text{m/s}$이므로 평균 속도의 크기는 $\sqrt{1^2+\left(\dfrac{1}{2}\right)^2}=\dfrac{\sqrt{5}}{2}\,\text{(m/s)}$이다.

다른 풀이 ㄷ. 변위는 속도-시간 그래프 아랫부분의 넓이와 같으므로 변위의 x성분은 $4\,\text{m}$, y성분은 $2\,\text{m}$이다. 따라서 변위의 크기는 $\sqrt{4^2+2^2}=2\sqrt{5}\,\text{(m)}$이고, 평균 속도의 크기는 $\dfrac{2\sqrt{5}\,\text{m}}{4\,\text{s}}=\dfrac{\sqrt{5}}{2}\,\text{m/s}$이다.

03

선택지 분석

ㄱ h는 20 m이다.

ㄴ v는 20 m/s이다.

✗ 수평면에 도달하는 순간의 속력은 B가 A의 $2\sqrt{10}$배이다. $\dfrac{2\sqrt{10}}{5}$

ㄱ. A의 수평 도달 거리가 20 m이므로 $20\,\text{m}=10\,\text{m/s}\times t$에서 낙하 시간은 2초이다. 따라서 $h=\dfrac{1}{2}gt^2=\dfrac{1}{2}\times10\times2^2=20\,\text{(m)}$이다.

ㄴ. A와 B의 높이가 같으므로 B의 낙하 시간도 2초이며, 수평 도달 거리가 40 m이므로 B의 처음 속력은 $40\,\text{m}=v\times2\,\text{s}$에서 $v=20\,\text{m/s}$이다.

바로알기 ㄷ. A, B가 수평면에 도달하는 순간 연직 방향 속력은 모두 $10\,\text{m/s}^2\times2\,\text{s}=20\,\text{m/s}$이므로 수평면에 도달하는 순간 속력은 A가 $\sqrt{10^2+20^2}=10\sqrt{5}\,\text{(m/s)}$이고 B가 $\sqrt{20^2+20^2}=20\sqrt{2}\,\text{(m/s)}$이므로 B가 A의 $\dfrac{2\sqrt{10}}{5}$배이다.

04 꼼꼼 문제 분석

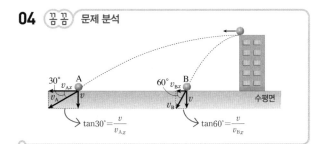

$\tan30°=\dfrac{v}{v_{Ax}}$ $\tan60°=\dfrac{v}{v_{Bx}}$

선택지 분석

ㄱ A와 B는 동시에 수평면에 떨어진다.

ㄴ 수평 도달 거리는 A가 B의 3배이다.

✗ 수평면에 도달하는 순간의 속력은 A가 B의 3배이다. $\sqrt{3}$

ㄱ. A, B의 연직 방향 가속도는 중력 가속도로 같으므로 같은 높이에서 동시에 수평으로 던진 두 물체가 수평면에 도달하는 데 걸린 시간은 같다.

ㄴ. 같은 높이에서 수평으로 던졌으므로 두 물체가 수평면에 도달하는 순간 연직 방향 속력은 같다. 수평면에 도달하는 순간, A, B의 속력을 각각 v_A, v_B, 연직 속력을 v, 수평 속력을 각각 v_{Ax}, v_{Bx}라고 하면 $\tan30°=\dfrac{v}{v_{Ax}}$, $\tan60°=\dfrac{v}{v_{Bx}}$에 의해 $v_{Ax}=\sqrt{3}v$, $v_{Bx}=\dfrac{\sqrt{3}}{3}v$가 되어 $v_{Ax}=3v_{Bx}$이다. A, B가 수평면에 도달하는 데 걸린 시간은 같으므로 수평 도달 거리는 수평 속력에 비례한다. 따라서 수평 도달 거리는 A가 B의 3배이다.

바로알기 ㄷ. 수평면에 도달한 순간, A의 속력은 $v_A=\sqrt{(\sqrt{3}v)^2+v^2}=2v$, B의 속력은 $v_B=\sqrt{\left(\dfrac{\sqrt{3}}{3}v\right)^2+v^2}=\dfrac{2}{\sqrt{3}}v$이다. 따라서 수평면에 도달한 순간의 속력은 A가 B의 $\sqrt{3}$배이다.

05 꼼꼼 문제 분석

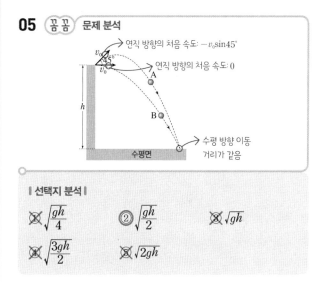

선택지 분석

✗ $\sqrt{\dfrac{gh}{4}}$ ② $\sqrt{\dfrac{gh}{2}}$ ✗ $\sqrt{gh}$

✗ $\sqrt{\dfrac{3gh}{2}}$ ✗ $\sqrt{2gh}$

연직 아래 방향을 (+)라 할 때, A의 연직 방향으로의 처음 속도가 $-v_0\sin45°=-\dfrac{v_0}{\sqrt{2}}$이므로 A가 지면에 도달할 때까지 걸린 시간을 T_A라 하면 $h=-\dfrac{v_0}{\sqrt{2}}T_A+\dfrac{1}{2}gT_A^2\cdots$ ①이다.

B는 연직 방향 처음 속력이 0이므로 B가 지면에 도달할 때까지 걸린 시간을 T_B라 하면 $h=\dfrac{1}{2}gT_B^2\cdots$ ②이다.

수평 방향 이동 거리가 같으므로 $\dfrac{v_0}{\sqrt{2}}\times T_A=v_0\times T_B$이다. 따라서 $T_A=\sqrt{2}T_B$이고, ①과 ②를 연립하면 다음과 같다.

$\dfrac{1}{2}gT_B^2=-v_0T_B+gT_B^2$에서 $T_B=\dfrac{2v_0}{g}$이다. 이를 ②에 대입하면 $h=\dfrac{1}{2}g\left(\dfrac{4v_0^2}{g^2}\right)$이므로 $v_0=\sqrt{\dfrac{gh}{2}}$이다.

06 꼼꼼 문제 분석

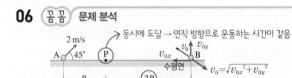

∥선택지 분석∥

⊗ 2 m/s ⊗ $\sqrt{5}$ m/s ⊗ $\sqrt{6}$ m/s

⊗ $2\sqrt{2}$ m/s ⑤ $\sqrt{10}$ m/s

A와 B가 연직 방향으로 운동하는 시간이 같으므로 B의 처음 연직 성분 속도가 A의 처음 연직 성분 속도와 같다. 따라서 $v_{0y}=2\sin45°=\sqrt{2}$(m/s)…①이다. 또한 같은 시간 동안 수평 도달 거리는 B가 A의 2배이므로 B의 처음 수평 성분 속도는 A의 처음 수평 성분 속도의 2배이다. 따라서 $v_{0x}=2\times2\cos45°=2\sqrt{2}$(m/s)…②이다. ①식과 ②식의 양변을 제곱하여 더한 값이 $v_0{}^2$이므로 $v_0=\sqrt{(2\sqrt{2})^2+(\sqrt{2})^2}=\sqrt{10}$(m/s)이다.

07 꼼꼼 문제 분석

수평면 도달 시간=빗면 끝에서 최고점까지 도달 시간+최고점에서 수평면까지 도달 시간

$v_{0y}=4\sqrt{5}\sin60°$
$=2\sqrt{15}$ m/s

$4\sqrt{5}$ m/s $\quad v_{0x}=4\sqrt{5}\cos60°=2\sqrt{5}$ m/s

1 m

60° $\qquad x \qquad$ 수평면

∥선택지 분석∥

⊗ $2(\sqrt{3}+1)$ m ⊗ $2(\sqrt{3}+\sqrt{2})$ m ⊗ $5\sqrt{2}$ m

④ $2(\sqrt{3}+2)$ m ⊗ $5\sqrt{3}$ m

빗면을 떠나는 순간 연직 성분 속력은 $v_{0y}=4\sqrt{5}\sin60°=2\sqrt{15}$ (m/s)이다. 빗면을 떠난 후부터 최고점 도달 시간은 $t=\dfrac{v_{0y}}{g}=\dfrac{2\sqrt{15}}{10}=\sqrt{\dfrac{3}{5}}$(s)이다. 빗면 끝에서 최고점까지의 높이 $H=\dfrac{v_{0y}{}^2}{2g}=\dfrac{(2\sqrt{15})^2}{2\times10}=3$(m)이다. 최고점에서 수평면까지 높이는 4 m (1 m+3 m)이므로 최고점에서 수평면에 도달하는 시간은 $t=\sqrt{\dfrac{2h}{g}}=\sqrt{\dfrac{2\times4}{10}}=\dfrac{2}{\sqrt{5}}$(s)이다. 수평 도달 거리 $x=$빗면을 떠나는 순간 수평 성분 속력×수평면 도달 시간$=4\sqrt{5}\cos60°\times\left(\sqrt{\dfrac{3}{5}}+\dfrac{2}{\sqrt{5}}\right)=2\sqrt{5}\left(\sqrt{\dfrac{3}{5}}+\dfrac{2}{\sqrt{5}}\right)=2(\sqrt{3}+2)$(m)가 된다.

08 꼼꼼 문제 분석

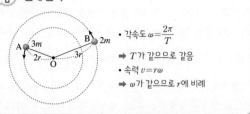

∥선택지 분석∥

㉠ 각속도는 A와 B가 같다.

⊗ 속력은 A와 B가 같다. A : B=2 : 3

⊗ 구심력의 크기는 B가 A의 1.5배이다. 1배

ㄱ. 각속도 $\omega=\dfrac{2\pi}{T}$이고, 주기 T가 같으므로 각속도는 A와 B가 같다.

∥바로알기∥ ㄴ. 원운동의 속력은 $v=r\omega$이다. 각속도 ω는 같고, A, B의 반지름의 비는 A : B=2 : 3이므로 속력의 비도 A : B =2 : 3이다.

ㄷ. 구심력의 크기는 $mr\omega^2$이다. A와 B의 각속도 ω는 같고, 질량 m과 반지름 r의 곱이 같으므로 구심력의 크기는 A와 B가 같다.

09 꼼꼼 문제 분석

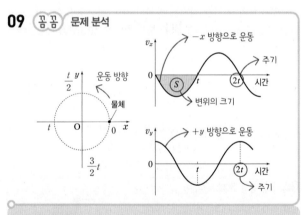

∥선택지 분석∥

㉠ 원운동의 방향은 시계 반대 방향이다.

⊗ 원운동의 반지름은 S이다. $\dfrac{S}{2}$

㉢ 각속도는 $\dfrac{\pi}{t}$이다.

ㄱ. $0\sim\dfrac{t}{2}$까지 물체는 $-x$, $+y$ 방향으로 운동하므로 시계 반대 방향으로 원운동한다.

ㄷ. 그래프에서 처음과 같은 상태로 돌아오는 데 걸린 시간인 주기는 $2t$이므로 각속도$=\dfrac{2\pi}{주기}=\dfrac{2\pi}{2t}=\dfrac{\pi}{t}$이다.

10 꼼꼼 문제 분석

단위 시간 동안 회전하는 각도가 같으므로 각속도는 같다.

철수 영희

반지름: $r_{철수} < r_{영희}$

┃ 선택지 분석 ┃

ㄱ 철수와 영희의 각속도는 같다.

ㄴ 영희의 속력이 철수보다 빠르다.

✗ 구심 가속도는 철수가 영희보다 크다. 작다.

ㄱ. 같은 놀이기구이고, 의자가 고정되어 있으므로 철수와 영희의 각속도는 같다.

ㄴ. $v = r\omega$이고 각속도 ω가 같으므로 v는 r에 비례한다. 따라서 영희의 속력이 철수보다 빠르다.

┃ 바로알기 ┃ ㄷ. 구심 가속도 $a = r\omega^2$이고 철수와 영희의 각속도 ω가 같으므로 구심 가속도는 반지름이 큰 영희가 철수보다 크다.

11

┃ 선택지 분석 ┃

✗ A의 속력은 운동하는 동안 변하지 않는다. 변한다.

ㄴ B에 작용하는 구심력은 실의 장력이다.

✗ C의 가속도 방향은 운동하는 동안 변하지 않는다. 변한다.

ㄴ. B는 마찰이 없는 수평면에서 실에 연결되어 원운동을 하므로 실의 장력이 B의 운동 방향을 변화시키는 구심력 역할을 한다. 즉, B에 작용하는 구심력은 실의 장력이다.

┃ 바로알기 ┃ ㄱ. A는 지면에서 던져 포물선 운동을 하므로 속도의 방향과 크기가 변하는 운동을 한다. A의 수평 성분 속력은 일정하지만 연직 성분 속력이 계속 변하므로 A의 속력은 운동하는 동안 계속 변한다.

ㄷ. C는 지구 중력에 의해 등속 원운동한다. 지구의 중력은 계속 C의 운동 방향에 수직으로 작용하여 C의 운동 방향을 변화시킨다. C의 운동 방향이 계속 변하므로 C에 작용하는 중력 방향도 계속 변하고 C의 가속도 방향도 계속 변한다.

12 꼼꼼 문제 분석

$\frac{1}{6}T \times 2 = \frac{1}{3}T$ a

$\frac{1}{6}T$
$\frac{1}{6}T$
$\frac{1}{3}T$
$\frac{1}{3}T$

S_1
$S_2 = 2S_1$
S_1
S_2

c $T - \frac{1}{3}T = \frac{2}{3}T$

O

근일점(속력 빠름)   원일점(속력 느림)

┃ 선택지 분석 ┃

ㄱ 위성에 작용하는 중력의 크기는 a에서가 c에서보다 크다.

ㄴ 위성이 c에서 d까지 운동하는 데 걸리는 시간은 $\frac{1}{3}T$이다.

✗ $S_1 : S_2 = 2 : 3$이다. 1 : 2

ㄱ. 중력 $F = G\dfrac{Mm}{r^2}$이므로 중력은 행성과 위성 사이의 거리의 제곱에 반비례한다. 따라서 행성에 더 가까운 a점에서가 c점에서보다 중력의 크기가 크다.

ㄴ. a에서 b까지 걸린 시간이 $\frac{1}{6}T$이므로 d → a → b로 운동하는 데 걸린 시간은 a에서 b까지 운동하는 데 걸린 시간의 2배인 $\frac{1}{6}T \times 2 = \frac{1}{3}T$이다. 따라서 b → c → d로 운동하는 데 걸린 시간은 $T - \frac{1}{3}T = \frac{2}{3}T$가 되므로 c에서 d까지 운동하는 데 걸린 시간은 $\frac{1}{3}T$이다.

┃ 바로알기 ┃ ㄷ. 케플러 제2법칙인 면적 속도 일정 법칙에 따라 위성이 타원 궤도를 돌면서 일정한 시간 동안 행성과 위성을 잇는 선이 휩쓸고 간 면적은 항상 같으므로 $S_1 : S_2 = \frac{1}{6}T : \frac{1}{3}T = 1 : 2$이다.

13

┃ 선택지 분석 ┃

✗ B   ✗ C   ③ A, B

✗ B, C   ✗ A, B, C

A: 케플러는 스승인 티코 브라헤가 남긴 행성 관측 자료를 분석하여 행성이 원 궤도가 아닌 타원 궤도를 따라 운동한다는 것을 알아냈다.

B: 뉴턴은 질량이 있는 두 물체 사이에 두 물체의 질량의 곱에 비례하고 거리의 제곱에 반비례하는 중력이 작용함을 알아내고, 중력 법칙으로 케플러 법칙을 증명하였다.

14 ꙮ꙲ 문제 분석

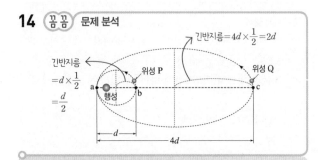

┃ 선택지 분석 ┃

✗ a를 지나는 순간, 가속도의 크기는 P<Q이다. P=Q
ㄴ P의 속력은 b에서 a로 운동하는 동안 증가한다.
ㄷ 공전 주기는 Q가 P의 8배이다.

ㄴ. P는 b에서 a로 운동하는 동안 행성과의 거리가 가까워지므로 속력이 빨라진다.

ㄷ. P와 Q의 긴반지름의 길이가 각각 $\frac{d}{2}$, $2d$이므로 긴반지름의 길이 비는 P : Q=1 : 4이다. $T^2 \propto r^3$이므로 공전 주기는 Q가 P의 $\sqrt{4^3} = \sqrt{(2^3)^2} = 8$(배)이다.

┃ 바로알기 ┃ ㄱ. 행성의 질량을 M, P와 Q의 질량을 각각 m_P, m_Q, a와 행성 사이의 거리를 r_a라고 하면 a를 지나는 순간 P와 Q에 작용하는 중력을 통해 P와 Q의 가속도를 구할 수 있다.

P: $m_P a_P = G\frac{Mm_P}{r_a^2}$ ∴ $a_P = \frac{GM}{r_a^2}$

Q: $m_Q a_Q = G\frac{Mm_Q}{r_a^2}$ ∴ $a_Q = \frac{GM}{r_a^2}$

따라서 a에서 P와 Q의 가속도의 크기는 같다.

15 ꙮ꙲ 문제 분석

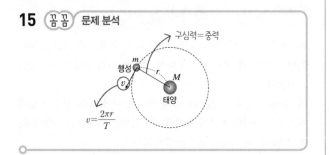

┃ 선택지 분석 ┃

① $\frac{2\pi r}{v}$, $T^2 \propto r^3$ ✗ $\frac{v}{2\pi r}$, $T^2 \propto r^3$ ✗ $\frac{2\pi r}{v}$, $T^3 \propto r^2$

✗ $\frac{v}{\pi r}$, $T \propto r^3$ ✗ $\frac{2\pi r}{v}$, $T \propto r^2$

반지름이 r인 원둘레의 길이는 $2\pi r$이므로 속력 v로 운동하는 행성이 원 궤도를 한 바퀴 도는 데 걸리는 시간, 즉 공전 주기 ㉠ $T = \frac{\text{이동 거리}}{\text{속도}} = \frac{2\pi r}{v}$ ⋯⋯ ①이다. 이 식에서 $v = \frac{2\pi r}{T}$가 된다. $G\frac{Mm}{r^2} = m\frac{v^2}{r}$ ⋯⋯ ②을 간단히 하면 $\frac{GM}{r} = v^2$이 되고, 이 식에 $v = \frac{2\pi r}{T}$를 대입하여 정리하면 $T^2 = \frac{4\pi^2}{GM}r^3$이 된다. 이때 $\frac{4\pi^2}{GM}$은 상수이므로 ㉡ $T^2 \propto r^3$임을 알 수 있다.

16 ꙮ꙲ 문제 분석

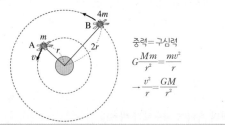

┃ 선택지 분석 ┃

㉠ A와 B에 작용하는 중력의 크기는 같다.
✗ 가속도의 크기는 A와 B가 같다. A가 B의 4배이다.
㉢ B의 속력은 $\frac{v}{\sqrt{2}}$이다.

ㄱ. 중력 법칙 $G\frac{Mm}{r^2}$에서 A는 $G\frac{Mm}{r^2}$이고, B는 $G\frac{M \cdot 4m}{(2r)^2} = G\frac{Mm}{r^2}$이다. 따라서 두 인공위성에 작용하는 중력의 크기는 같다.

ㄷ. 인공위성은 중력에 의해 등속 원운동을 한다. A의 경우 $G\frac{Mm}{r^2} = \frac{mv^2}{r}$이므로 $v = \sqrt{\frac{GM}{r}}$이다. 이 결과를 B에 적용해 보면 $v_B = \sqrt{\frac{GM}{2r}} = \frac{1}{\sqrt{2}}\sqrt{\frac{GM}{r}} = \frac{v}{\sqrt{2}}$가 된다.

┃ 바로알기 ┃ ㄴ. 등속 원운동하는 물체의 가속도는 $\frac{v^2}{r}$이다. 중력이 구심력으로 작용하므로 $G\frac{Mm}{r^2} = \frac{mv^2}{r}$에 의해 $\frac{v^2}{r} = \frac{GM}{r^2}$이므로 A의 가속도는 $a_A = \frac{GM}{r^2}$이고, B의 가속도는 $a_B = \frac{GM}{(2r)^2} = \frac{1}{4}a_A$이다.

3 일반 상대성 이론

01 등가 원리

개념 확인 문제
86쪽

❶ 가속 좌표계(가속계)　❷ 관성력　❸ 관성　❹ 원심력
❺ 등가　❻ 중력　❼ 천천히

1 (1) × (2) ○ (3) ○ (4) ○　　**2** (1) B (2) A (3) B (4) A

3 ⑤　　**4** (1) ○ (2) ○ (3) ×　　**5** ㄷ, ㄹ, ㅁ

1 (1) 관성력은 가속 좌표계에서 뉴턴 운동 법칙에 따라 물체의 운동을 설명하기 위해 도입된 가상의 힘으로, 가속도의 반대 방향으로 나타난다.

(2) 가속도가 $\vec{a}$인 가속 좌표계에 있는 질량이 m인 물체에 나타나는 관성력은 $-m\vec{a}$이다. 따라서 관성력의 크기는 ma이다.

(3) 원운동하는 물체를 지면에 있는 관찰자가 보는 경우 물체에 구심력이 작용하여 물체가 원운동하는 것으로 보인다. 즉, 구심력은 관성 좌표계의 관찰자가 느끼는 실제 힘이다.

(4) 원심력은 가속 좌표계의 관찰자가 느끼는 관성력으로, 구심력과 크기는 같고 방향은 반대이다.

2 (1), (3) 지면에서 관찰하면 손잡이에 작용하는 중력과 장력의 합력에 의해 손잡이가 가속도 운동을 하는 것으로 보인다. → B

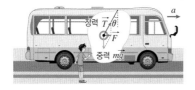

(2), (4) 버스 안에서 관찰하면 손잡이에 작용하는 중력, 장력, 관성력이 평형을 이루어 손잡이가 정지해 있는 것으로 보인다. → A

3 ①, ②, ③, ④ 엘리베이터에 탄 사람이 몸무게의 변화를 느끼는 경우는 관성력이 작용할 때이다. 관성력이 작용하기 위해서는 엘리베이터가 가속도 운동, 즉 속도가 변하는 운동을 해야 한다.

⑤ 등속 운동을 하는 물체는 가속도가 0이므로 관성력이 작용하지 않는다. 따라서 등속 운동을 하는 엘리베이터에 탄 사람은 몸무게의 변화를 느끼지 않는다.

4 (1) 등가 원리에 의해 중력과 관성력은 서로 구별할 수 없다.

(2) 등가 원리에 의해 중력 질량과 관성 질량은 서로 같다.

(3) 중력이나 관성력에 의해 시간이 천천히 흐르므로 중력이나 관성력이 큰 공간일수록 시간이 더 천천히 흐른다.

5 ㄷ, ㄹ. 일반 상대성 이론은 중력과 가속 좌표계에서 나타나는 관성력을 구별할 수 없다는 등가 원리를 바탕으로 중력과 관성력이 작용하는 공간에서 일어나는 현상을 다룬다.

ㅁ. 특수 상대성 이론에 이어 일반 상대성 이론에서도 중력이나 관성력이 작용하는 공간에서 중력이나 관성력이 클수록 시간이 천천히 가는 시간 지연을 다룬다.

대표 자료 분석
87쪽~88쪽

자료 1　**1** 증가한다.　　**2** 감소한다.　　**3** 변함없다.　　**4** (1) ×
(2) × (3) ○ (4) ×

자료 2　**1** 철수: 정지, 영희: 등가속도 운동　　**2** $g\tan\theta$
3 (1) × (2) ○ (3) × (4) ○

자료 3　**1** 없다.　　**2** 구심력의 반대 방향으로 관성력(원심력)을 받기 때문이다.　　**3** 더 큰 관성력을 느낀다.　　**4** (1) ○
(2) × (3) ○ (4) ○

자료 4　**1** 등가 원리　　**2** 관성력　　**3** 중력　　**4** (1) ○
(2) ○ (3) × (4) ○

① 꼼꼼 **문제 분석**

①-1 위로 올라가는 엘리베이터의 속도가 빨라지는 경우에 가속도의 방향은 위쪽이다. 이때 가속도와 반대 방향인 아래쪽으로 관성력이 작용하여 정지 상태의 몸무게(중력)에 관성력을 더한 만큼 몸무게가 증가한다.

①-2 위로 올라가는 엘리베이터의 속도가 느려지는 경우에 가속도의 방향은 아래쪽이다. 이때 가속도와 반대 방향인 위쪽으로 관성력이 작용하여 정지 상태의 몸무게(중력)에서 관성력을 뺀 만큼 몸무게가 감소한다.

①-3 일정한 속도로 엘리베이터가 올라가는 경우에는 관성력이 작용하지 않으므로 몸무게는 정지 상태일 때의 몸무게(중력)와 같다.

①-4 (1) 가속 좌표계에서 나타나는 관성력은 가속도의 반대 방향으로 나타난다. 가속도의 방향이 중력과 같은 방향일 때만 관성력이 중력의 반대 방향으로 나타난다.
(2) 관성력은 가속도의 반대 방향으로 나타난다.
(3) (가)는 엘리베이터가 위쪽으로 빨라지고 있으므로 가속도 운동을 한다. 따라서 철수에게는 중력과 관성력이 작용한다.
(4) (나)의 엘리베이터는 위쪽으로 느려지고 있으므로 가속도 운동을 한다. 따라서 가속 자표계로 볼 수 있다. 관성 좌표계는 정지해 있거나 등속 운동하는 관찰자를 기준으로 정한 좌표계로, (다)의 엘리베이터에 해당한다.

② 꼼꼼 **문제 분석**

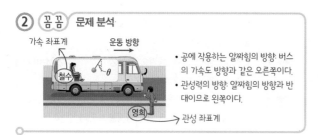

• 공에 작용하는 알짜힘의 방향: 버스의 가속도 방향과 같은 오른쪽이다.
• 관성력의 방향: 알짜힘의 방향과 반대이므로 왼쪽이다.

②-1 가속 좌표계에 있는 철수는 공이 정지해 있는 것으로 보인다. 영희의 좌표계에서 볼 때 공은 버스와 같이 속력이 일정하게 증가하는 등가속도 운동을 한다.

②-2 줄의 장력을 T라고 하면 그림과 같이 줄의 장력의 y성분 $T\cos\theta$와 공의 무게 mg가 평형을 이루므로 $T\cos\theta = mg \cdots$ ①이다. 따라서 공에 작용하는 알짜힘은 줄의 장력의 수평 성분인 $T\sin\theta$이다. 뉴턴 운동 제2법칙에 의해 $T\sin\theta = ma \cdots$ ②이고, ①식에서 $T = \dfrac{mg}{\cos\theta}$이므로 이를 ②에 대입하면 버스의 가속도 $a = g\tan\theta$가 된다.

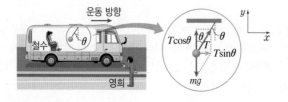

②-3 (1) 관성력은 가속 좌표계에서 가속도의 반대 방향으로 나타나는 가상적인 힘이다. 실제 존재하는 힘은 뉴턴 운동 제3법칙에 따라 작용력과 반작용력이 항상 동시에 작용한다. 그러나 관성력은 반작용력이 없으므로 실제 존재하는 힘이 아니다.
(2) 등가속도 운동을 하는 버스 안에 공이 매달린 경우 줄은 연직선과 각 θ를 유지하고 있으므로 철수에게는 공이 정지해 있는 것으로 보인다. 따라서 공에 작용하는 알짜힘이 0이라고 생각한다.
(3) 철수는 가속 좌표계에 있으므로 공에는 중력, 줄의 장력, 관성력이 작용하고 있고, 이 세 힘이 평형을 이루는 것으로 본다.
(4) 영희가 볼 때 공은 버스와 같은 가속도로 등가속도 운동을 한다. 공을 가속시키는 알짜힘은 중력과 줄의 장력의 합력이다.

③-1 가속 좌표계인 인공위성에 타고 있는 사람은 지구의 중력과 반대 방향으로 관성력을 받는다. 이때 지구의 중력과 관성력의 크기가 같으므로 중력과 관성력이 평형을 이루어 사람은 무중력 상태를 경험하게 된다.

③-2 (나)와 같이 자체로 회전 운동하는 원통 안에 있는 사람은 구심력의 반대 방향인 원통 바깥쪽으로 관성력(원심력)을 받는다. 이 힘은 지구에서의 중력과 같은 역할을 하므로 사람은 원통 표면에 발을 딛고 걸어 다닐 수 있다.

③-3 원심력은 원운동하는 물체에 작용하는 관성력으로, 원심력의 크기 $F_{원} = mr\omega^2$이다. 따라서 원통의 각속도(ω)가 빨라지면 사람이 느끼는 관성력의 크기는 더 커진다.

③-4 (1) 사람에 작용하는 중력과 관성력이 평형을 이루므로 사람은 어느 쪽으로도 힘을 받지 않은 것처럼 느낀다.
(2) 인공위성과 사람이 지구로부터 같은 거리에서 함께 돌고 있으므로 지구 중력에 의한 가속도가 같다.
(3) 중력이 작용하지 않는 공간에서도 회전 운동에 의한 원심력에 의해 구심력과 반대 방향으로 중력과 같은 효과를 낼 수 있다.
(4) 공기의 저항을 무시할 때, 지구 표면에서 자유 낙하 하는 비행기 안에서 중력과 관성력이 평형을 이루어 무중력 상태를 경험할 수 있다.

④ 꼼꼼 **문제 분석**

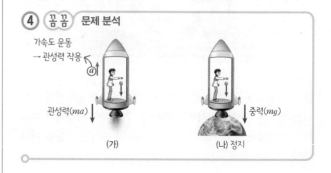

④-1 아인슈타인은 일반 상대성 이론에서 중력과 관성력에 의한 현상을 같은 현상으로 보았다. 이를 등가 원리라고 한다.

④-2 (가)에서는 우주선이 가속도 운동을 하므로 공에 관성력이 작용한다.

④-3 (나)에서는 우주선이 정지해 있으므로 공에 중력이 작용한다.

④-4 (1) 밖을 내다볼 수 없는 우주선 안에 있는 사람은 우주선 안에서 일어나는 현상이 관성력 때문인지 중력 때문인지 구별할 수 없다.
(2) $a=g$일 때, 같은 높이에서 공을 떨어뜨리면 등가속도 운동 식 $s=\dfrac{1}{2}at^2$에 의해 공이 낙하하는 데 걸린 시간이 같다.
(3) (가)에서 공은 관성력에 의해 등가속도 운동을 한다.
(4) (가)에서는 가속도의 반대 방향으로 관성력(ma)이 작용하고, (나)에서는 중력(mg)이 작용하므로 $a=g$일 때 사람이 우주선 바닥을 누르는 힘은 (가)와 (나)가 같다.

내신 만점 문제

89쪽~91쪽

01 ③ **02** ④ **03** 해설 참조 **04** ③ **05** ② **06** ②
07 ③ **08** ④ **09** ⑤ **10** ① **11** ② **12** ⑤

---

01 꼼꼼 문제 분석

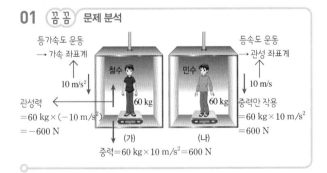

③ (가)에서 철수가 느끼는 힘은 아래쪽으로 중력 600 N과 위쪽으로 관성력 600 N이므로 체중계의 눈금은 0이다.
┃**바로알기**┃ ① (가)에서 철수에 작용하는 힘은 아래쪽으로 중력과 위쪽으로 관성력이다.
② (나)의 엘리베이터는 등속 운동을 하므로 관성 좌표계이다.
④ (나)에서 민수는 중력만 작용하는 것으로 느끼므로 체중계는 $60\,\text{kg}\times10\,\text{m/s}^2=600\,\text{N}$을 나타낸다.

⑤ (가)에서 지면을 기준으로 보면 엘리베이터와 공은 모두 연직 아래쪽으로 $10\,\text{m/s}^2$의 가속도로 운동한다. 따라서 엘리베이터 안 철수가 볼 때 공은 정지해 있는 것으로 보인다.

02 중력에 의한 민수의 몸무게는 $60\,\text{kg}\times10\,\text{m/s}^2=600\,\text{N}$이다. 중력의 반대 방향으로 가속도 운동을 하면 중력의 방향으로 관성력이 생긴다. 관성력의 크기는 $60\,\text{kg}\times1\,\text{m/s}^2=60\,\text{N}$이므로, 체중계는 중력과 관성력을 더한 660 N의 눈금을 가리킨다.

03 모범답안 엘리베이터의 가속도 방향과 반대 방향인 아래쪽으로 관성력이 작용하므로 추에는 중력과 관성력을 합한 힘이 아래쪽으로 작용한다. 따라서 용수철의 길이는 더 늘어난다.

채점 기준	배점
용수철의 길이가 어떻게 변하는지를 중력과 관성력을 포함하여 옳게 서술한 경우	100 %
용수철의 길이가 어떻게 변하는지만 옳게 서술한 경우	50 %

04 꼼꼼 문제 분석

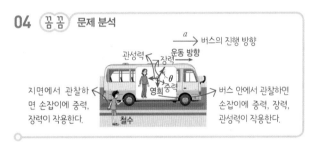

ㄱ. 손잡이가 버스에 대해 왼쪽으로 기울었으므로 관성력의 방향이 왼쪽이다. 버스의 가속도 방향은 관성력 방향의 반대인 오른쪽이므로 버스는 가속도 운동을 한다.
ㄴ. 버스 안에 있는 영희에게는 손잡이가 기울어진 채로 정지해 있는 것처럼 보인다.
┃**바로알기**┃ ㄷ. 관성력은 가속 좌표계에 있는 관찰자가 느끼는 가상적인 힘이다. 철수는 지면에 정지해 있으므로 관성 좌표계에 있다. 따라서 관성력이 작용하지 않아 손잡이도 버스의 진행 방향으로 가속도 운동을 하는 것으로 보인다.

05 꼼꼼 문제 분석

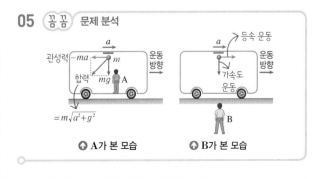

ⒶA가 본 모습   ⒶB가 본 모습

ㄷ. 지면에 정지해 있는 B가 볼 때 공은 수평 방향으로는 떨어질 때의 수평 방향으로 등속 운동을 하고, 연직 방향으로는 가속도가 g인 등가속도 운동을 한다. 따라서 포물선 운동을 한다.

┃바로알기┃ ㄱ. A가 볼 때 버스의 가속도와 반대 방향으로 관성력이 작용하므로 A가 본 공의 수평 방향 운동은 왼쪽 방향으로 가속도 a로 움직이는 것으로 보인다. 따라서 A가 볼 때, 공은 버스 뒤쪽으로 떨어진다.

ㄴ. 공의 질량을 m이라고 하면 A가 볼 때 공에 작용하는 힘의 합력은 $m\sqrt{a^2+g^2}$이므로 가속도$=\dfrac{m\sqrt{a^2+g^2}}{m}=\sqrt{a^2+g^2}$이다.

06 (꼼꼼) 문제 분석

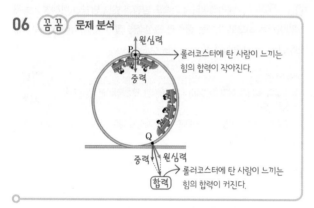

ㄴ. P점에서는 롤러코스터에 탄 사람들에게 관성력(원심력)이 원의 바깥쪽 방향으로 작용하므로 중력과 반대 방향으로 관성력이 작용한다.

┃바로알기┃ ㄱ. 중력은 항상 연직 아래 방향으로 작용하므로 P점과 Q점에서 중력의 방향은 모두 연직 아래쪽이다.

ㄷ. P점에서는 원심력이 중력의 반대 방향으로 작용하므로 몸이 가벼워지는 느낌을 받고, Q점에서는 원심력이 연직 아래쪽에서 약간 기울어진 방향으로 작용하므로 몸이 무거워지는 느낌을 받는다.

07 ㄱ. 우주 정거장이 빠르게 원운동할 때, 구심력의 반대 방향으로 원심력이 작용한다. 따라서 원심력이 작용하는 방향으로 발을 딛고 서 있을 수 있게 되므로 인공적인 중력을 만들 수 있다.

ㄷ. 등가 원리에 의해 원운동하는 우주 정거장 안에 있는 사람은 중력과 관성력을 구분할 수 없다.

┃바로알기┃ ㄴ. 우주 정거장의 원운동에 의해 생기는 관성력은 원심력이며, 방향은 구심력의 반대 방향인 원의 바깥 방향이다.

08 철수: 가속 좌표계에서 관성력의 방향은 가속도 방향의 반대이다.

영희: 등가 원리에 따르면 우주선 안에 있는 사람은 중력에 의한 영향과 관성력에 의한 영향을 구별할 수 없다.

┃바로알기┃ 민수: 관성력은 중력과 같은 효과를 가져온다. (가)와 (나)에서 가속도는 중력 가속도로 같으므로 우주선 안에서의 시간은 (가)와 (나)에서 같이 흐른다.

09 (꼼꼼) 문제 분석

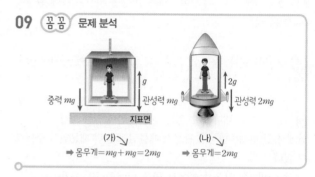

ㄱ, ㄴ. 등가 원리에 의해 중력에 의한 현상과 관성력에 의한 현상은 구별할 수 없으므로 철수는 (가)와 (나)의 상황을 구별할 수 없다. 철수의 질량을 m이라고 하면, (가)에서 철수의 몸무게는 중력 mg와 관성력 mg가 더해진 $2mg$로 측정되고, (나)에서 철수의 몸무게는 관성력 $2mg$로 측정된다.

ㄷ. 등가 원리에 의해 중력과 관성력은 구별할 수 없고, (가)와 (나)에서 그 크기가 같으므로 (가)와 (나)에서 일어나는 물리적 현상은 같다.

10 ② (나)에서 물체에는 가속도 a와 반대 방향으로 관성력이 작용한다. 따라서 물체는 관성력에 의해 a의 가속도로 등가속도 운동을 한다.

③ (가)와 (나)에서 물체와 바닥 사이의 거리가 h로 같으므로 등가속도 운동 식 $s=\dfrac{1}{2}at^2$에 의해 $a=g$이면 물체가 낙하하는 데 걸린 시간도 같다.

④ 등가 원리에 의해 중력에 의해 나타나는 현상과 관성력에 의해 나타나는 현상은 구별할 수 없다.

⑤ $a=g$이면 바닥이 질량이 m인 민규에게 작용하는 힘인 수직 항력의 크기는 (가)와 (나)에서 mg로 같다.

┃바로알기┃ ① (가)에서 물체는 중력에 의해 등가속도 운동을 한다.

11 (꼼꼼) 문제 분석

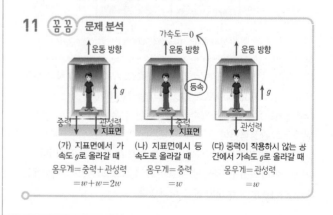

(가) 중력에 관성력이 더해져서 몸무게는 $2w$가 된다.

(나) 중력만 작용하므로 몸무게는 w이다.

(다) 관성력이 작용하므로 몸무게는 w가 된다.

12 꼼꼼 문제 분석

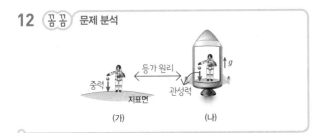

ㄱ. 지표면에 있는 물체에는 중력이 작용한다.

ㄴ. (나)에서 물체는 관성력에 의해 우주선의 가속도 반대 방향으로 등가속도 운동한다.

ㄷ. (나)에서 영희가 우주선의 운동 상태를 알 수 없으므로 등가 원리에 따라 영희는 물체에 작용하는 힘이 중력인지 관성력인지 구분할 수 없다.

02 중력 렌즈와 블랙홀

개념 확인 문제

95쪽

❶ 중력 ❷ 중력 렌즈 ❸ 볼록 ❹ 탈출 속도 ❺ 클

❻ 작을 ❼ 블랙홀 ❽ X선

1 중력이 작용하는 공간의 경우, 가속 운동하는 공간의 경우

2 (1) ◯ (2) ◯ (3) ✕   **3** (1) E (2) A, B, C, D   **4** (1) ◯

(2) ✕ (3) ◯   **5** (1) ◯ (2) ✕ (3) ◯

1 일반 상대성 이론에서는 빛도 질량을 가진 입자처럼 중력을 받아 경로가 휘어진다. 따라서 (나)와 같은 현상이 관측되는 경우는 중력이 작용하는 경우와 등가 원리에 의해 가속하고 있는 경우에 관측될 수 있다.

2 (1) 무거운 천체 주변은 중력에 의해 시공간이 휘어져 있어 빛은 휘어서 진행한다.

(2) 중력이 빛을 휘게 하여 여러 개의 상을 만드는 것을 렌즈가 빛을 휘게 하여 상을 만드는 것에 비유하여 중력 렌즈 효과라고 한다.

(3) 렌즈 역할을 하는 은하의 질량이 클수록 별빛이 휘어지는 정도가 커져서 관측된 별의 위치와 실제 위치가 차이가 많이 난다.

3 (1) 지구에서 가장 가까운 천체는 중력 렌즈 역할을 한 사진 중앙의 은하단(E)이다.

(2) A, B, C, D는 은하단 뒤에 있는 하나의 퀘이사에서 나온 빛이 은하단의 중력 렌즈 효과에 의해 휘어져 퀘이사가 여러 개로 보이는 것이다.

4 (1) 탈출 속도는 $\sqrt{\dfrac{2GM}{R}}$ 이므로 천체의 크기(R)가 같을 때 질량(M)이 클수록 탈출 속도가 크다.

(2) 탈출 속도는 $\sqrt{\dfrac{2GM}{R}}$ 이므로 천체의 질량(M)이 같을 때 반지름(R)이 작을수록 탈출 속도가 크다.

(3) 탈출 속도 이상이 되면 물체는 천체의 중력을 벗어나 천체로부터 무한히 멀어진다.

5 (1) 태양 질량의 3배 이상인 천체는 중력 붕괴를 거쳐 반지름이 극도로 작아져 탈출 속도가 빛의 속도보다 커진다. 이러한 천체를 블랙홀이라고 한다.

(2) 중력이 클수록 시간이 천천히 흐르기 때문에 블랙홀에 가까이 갈수록 시간이 천천히 흐른다.

(3) 탈출 속도가 빛의 속도보다 커져 빛조차 빠져나오지 못하는 천체를 블랙홀이라고 한다.

대표 자료 분석

96쪽

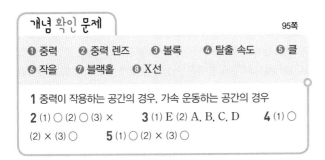

자료① **1** 중력에 의해 휘어진 공간을 따라 빛이 진행하기 때문이다. **2** 실제 위치와 차이가 더 크게 난다. **3** 중력 렌즈 효과 **4** (1) ✕ (2) ✕ (3) ◯ (4) ◯

자료② **1** 탈출 속도 **2** $E_a < E_b < E_c$ **3** $v_a > v_b > v_c$ **4** $v_d < v_e < v_f$ **5** (1) ◯ (2) ◯ (3) ◯

①-1 중력에 의해 휘어진 공간을 따라 빛이 진행하기 때문에 태양 주위를 지나는 별빛이 휘어진다.

①-2 중력 렌즈 역할을 하는 천체의 질량이 클수록 별빛이 휘어지는 정도가 커져서 관측된 별의 위치는 실제 위치와 차이가 많이 난다.

1-3 중력이 볼록 렌즈처럼 빛을 휘게 하여 여러 개의 상을 만드는 것을 중력 렌즈 효과라고 한다.

1-4 (1) 중력이 작용하는 곳에서는 중력에 의해 공간이 휘어지고, 휘어진 공간을 따라 빛이 진행한다.
(2) 중력 렌즈 효과에 의해 나타나는 별의 상은 별이 여러 개로 보이거나, 띠 모양으로 나타나거나 또는 고리 모양으로 관찰되기도 한다.
(3) 질량이 클수록 중력이 크게 작용하므로 시공간의 휘어진 정도가 크다.
(4) 중력이 큰 은하 주변은 시공간이 휘어져 있어 근처를 지나는 별빛은 휘어서 지나간다.

2-1 천체를 탈출할 수 있는 최소한의 속도를 탈출 속도라고 한다.

2-2 천체로부터 멀어질수록 중력 퍼텐셜 에너지가 크다. 따라서 $E_a < E_b < E_c$이다.

2-3 중력 퍼텐셜 에너지와 운동 에너지의 합이 0이 되는 속도가 탈출 속도이므로 중력 퍼텐셜 에너지가 클수록 운동 에너지가 작아도 된다. 즉 중력 퍼텐셜 에너지가 클수록 탈출 속도가 작으므로 $v_a > v_b > v_c$이다.

2-4 천체 표면에서 쏘아올린 물체는 운동 에너지가 중력 퍼텐셜 에너지로 모두 전환되는 높이까지 올라간다. 즉 속력이 빠를수록 높이 올라가므로 $v_d < v_e < v_f$이다.

2-5 (1) 탈출 속도는 천체를 탈출할 수 있는 최소한의 속도이므로 탈출 속도 이상이 되면 천체에서 벗어날 수 있다.
(2) 탈출 속도가 빛의 속도보다 큰 천체를 블랙홀이라고 한다.
(3) 질량이 큰 천체가 작은 구로 줄어들어 밀도가 커지게 되면 탈출 속도가 커진다. 이때 탈출 속도가 빛의 속도보다 커서 빛조차 빠져나올 수 없는 경우가 생긴다. 이를 블랙홀이라고 한다.

내신 만점 문제 97쪽~99쪽

| 01 ③ | 02 ① | 03 ③ | 04 ③ | 05 해설 참조 | 06 ⑤ |
| 07 ⑤ | 08 ⑤ | 09 ④ | 10 ⑤ | 11 ④ | 12 ③ |

01 ㄱ. 천체에 가까울수록 중력이 크므로 공간이 휘어진 정도가 크다.
ㄴ. 공간의 휘어짐 때문에 빛이 휘어져 진행하는 중력 렌즈 현상이 나타난다.
바로알기 ㄷ. 천체의 중력에 의해 공간이 휘어지는 현상은 특수 상대성 이론이 아닌 일반 상대성 이론으로 설명할 수 있다.

02 ㄱ. 아인슈타인의 십자가는 중력 렌즈 효과에 의해 나타나는 현상이다.
ㄴ. 퀘이사에서 나온 빛이 은하단의 중력에 의해 휘어진 공간을 진행하면서 빛의 경로가 휘어져서 나타나는 현상이다.
바로알기 ㄷ. 은하단 뒤쪽에 있는 하나의 퀘이사에서 나오는 빛이 중력 렌즈 효과에 의해 휘어져 퀘이사가 여러 개로 보이는 것이다. 따라서 퀘이사가 은하단보다 더 먼 곳에 있다.
ㄹ. 중력 렌즈 현상은 일반 상대성 이론으로 설명할 수 있다.

03 꼼꼼 **문제 분석**

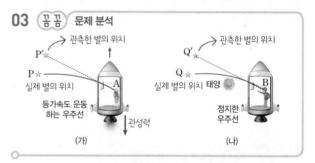

ㄱ. (가)의 우주선 안에 있는 관찰자 A는 가속도 운동하는 좌표계에 있으므로 가속도 반대 방향으로 관성력을 느끼고, 관성력 때문에 별빛이 휘어지는 것을 관찰한다. 가속도가 클수록 관성력이 커서 별빛의 휘어지는 정도가 커진다.
ㄴ. (나)에서 태양의 중력은 시공간을 휘어지게 하고 빛은 휘어진 공간을 따라 진행한다.
바로알기 ㄷ. (가)의 현상을 보면 관성력이 작용하는 공간에서도 빛이 휘어져 진행하는 것을 알 수 있다.

04 ㄱ. 태양 주위를 지나는 빛이 휘어져 진행하는 것은 태양 주위의 공간이 휘어져 있기 때문이다.
ㄴ. 천체의 질량이 클수록 시공간이 휘는 정도가 커서 별빛이 휘는 각도도 더 커진다.
바로알기 ㄷ. 질량이 작아도 중력이 작용하는 시공간은 휘어져 있다. 다만 질량이 큰 천체에 비해 휘어진 정도가 작을 뿐이므로 빛은 직진하지 않고 휘어져 진행한다.

05 일반 상대성 이론에 따르면 천체의 질량에 의해 주위의 시공간이 휘어지게 되고 물체나 빛은 휘어진 공간을 따라 진행한다.

채점 기준	배점
질량에 의해 공간이 휘는 것을 서술한 후 물체가 휘어진 공간을 따라 운동하기 때문이라고 서술한 경우	100 %
휘어진 공간을 따라 물체가 운동하기 때문이라고 서술한 경우	50 %

06 ㄱ. 과정 (가)에서 빛이 직진하기 때문에 검은 종이에 가려 불빛이 보이지 않는다.

ㄴ, ㄷ. 과정 (나)에서 검은 종이 바깥 방향으로 진행한 빛이 볼록 렌즈에 의해 굴절하기 때문에 불빛이 보인다. 이러한 원리로 은하 뒤쪽에 있는 퀘이사에서 나온 빛이 은하 주변을 지나면서 휘어진 공간에 의해 진행 방향이 휘어 우리에게 여러 개로 관찰되는 중력 렌즈 효과를 설명할 수 있다.

07 (꼼꼼) 문제 분석

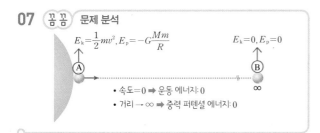

ㄱ. 탈출 속도로 발사된 물체는 무한히 먼 곳에서는 정지하여 속도가 0이 된다.

ㄴ. 물체의 중력 퍼텐셜 에너지는 $E \propto -\dfrac{1}{r}$에서 천체로부터 거리가 멀어질수록 커져 무한히 먼 곳($r = \infty$)에서 물체의 중력 퍼텐셜 에너지는 0이다.

ㄷ. 공기 저항을 무시하므로 역학적 에너지는 보존된다.

08 (꼼꼼) 문제 분석

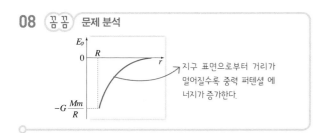

ㄱ. 중력 퍼텐셜 에너지가 가장 큰 곳은 천체로부터 무한히 먼 곳에 있을 때이고, 이곳에서는 천체의 중력이 작용하지 않기 때문에 퍼텐셜 에너지의 크기가 0이다. 즉, 가장 큰 중력 퍼텐셜 에너지값이 0이기 때문에 천체에 붙잡혀 있는 물체의 중력 퍼텐셜 에너지는 (−)값을 갖는다.

ㄴ. 물체가 지표면에 있을 때 중력 퍼텐셜 에너지가 최소이고, 지구 표면으로부터 멀어질수록 중력 퍼텐셜 에너지는 증가한다.

ㄷ. 지표면에 있는 물체가 지구의 중력을 벗어나기 위한 최소한의 운동 에너지 E_k는 역학적 에너지가 0이 되는 경우이다.

$E_k + E_p = 0$에서 $E_k - G\dfrac{Mm}{R} = 0$이므로 최소한의 운동 에너지 E_k는 $G\dfrac{Mm}{R}$이다.

09 ㄴ. A 표면에서의 탈출 속도는 $v_A = \sqrt{\dfrac{2GM}{R}}$이고, B 표면에서의 탈출 속도는 $v_B = \sqrt{\dfrac{2G \cdot 2M}{\frac{1}{2}R}} = 2\sqrt{\dfrac{2GM}{R}}$이다. 따라서 표면에서의 탈출 속도는 B에서가 A에서의 2배이다.

ㄷ. 천체 중심에서 거리가 $2R$로 같으므로 그 곳에서의 탈출 속도는 질량의 제곱근에 비례한다. 따라서 B에서가 A에서의 $\sqrt{2}$배이다.

바로알기 ㄱ. 천체 표면에서의 탈출 속도는 천체의 질량의 제곱근에 비례하고 반지름의 제곱근에 반비례한다.

10 인공위성을 지구로부터 탈출시키기 위해서는 인공위성의 역학적 에너지와 투입된 에너지의 합이 0 이상이 되어야 한다. 따라서 이 인공위성을 탈출시키기 위한 최소한의 에너지(E)는 $K + U + E = 0$에 의해 $E = -(K + U)$이다.

11 ① 블랙홀의 근처로 갈수록 중력이 매우 커서 시공간의 휘어짐이 심하고, 시간이 천천히 흘러간다.

② 블랙홀에서는 빛이 탈출할 수 없기 때문에 블랙홀의 존재를 직접 관찰할 수 없다.

③ 질량이 태양의 3배~4배를 넘는 별이 핵융합을 멈추면 중력에 의해 계속 수축하면서 영원히 붕괴하여 블랙홀이 된다.

⑤ 블랙홀에 가까이 있는 별의 구성 물질들이 블랙홀로 흡수될 때 수백만 ℃로 가열되어 방출하는 X선으로 블랙홀의 위치를 간접적으로 확인할 수 있다.

바로알기 ④ 일반 상대성 이론에 따르면 중력이 클수록 시간이 느리게 흘러간다. 블랙홀에 접근할수록 중력이 커지기 때문에 시간이 점점 느리게 흘러간다.

12 ㄱ. 블랙홀은 질량이 매우 큰 천체이므로 블랙홀에 접근할수록 중력이 커진다.

ㄴ. 블랙홀에 접근할수록 중력이 더 커지므로 시공간이 더 많이 휘어져 있다.

바로알기 ㄷ. 블랙홀에 가까워질수록 중력이 더 커지므로 시공간의 휘어짐이 크고 시간의 흐름도 더 느려진다.

❶ 가속 ❷ 증가 ❸ 감소 ❹ 원심력 ❺ 중력 ❻ 천천히
❼ 일반 ❽ 볼록 ❾ 탈출 속도 ❿ 블랙홀 ⓫ X선

중단원 마무리 문제
102쪽~104쪽

01 ①   02 ④   03 ④   04 ⑤   05 ④   06 ⑤
07 ⑤   08 ①   09 ④   10 ⑤   11 해설 참조
12 해설 참조   13 해설 참조

01 꼼꼼 문제 분석

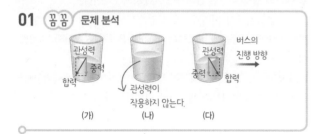

(가)   (나)   (다)

물에 작용하는 관성력은 버스의 가속도 방향과 반대 방향으로 작용한다. 따라서 (가)는 가속도가 오른쪽인 운동을 하므로 속력이 증가하고, (나)는 가속도가 0이므로 등속도 운동을 하며, (다)는 가속도가 왼쪽인 운동을 하므로 속력이 감소하는 운동을 한다.

02 ㄴ. 민수가 볼 때 물체도 가속도 a로 운동하므로 물체에 작용하는 알짜힘의 크기는 ma이다.

ㄷ. 철수가 볼 때 물체는 정지해 있으므로 물체에 작용하는 알짜힘이 0이다. 물체에는 위쪽으로 실의 장력 $m(g+a)$가 작용하고 아래쪽으로 중력 mg가 작용한다. 철수는 물체에 작용하는 알짜힘이 0이 되기 위해서는 아래쪽으로 크기가 ma인 관성력이 작용한다고 생각한다.

▌바로알기▌ ㄱ. 민수가 볼 때 물체는 위쪽으로 작용하는 실의 장력 T와 아래쪽으로 작용하는 중력 mg의 합력이 알짜힘이 되어 가속도 a로 운동한다. 따라서 $T-mg=ma$이므로 $T=mg+ma=m(g+a)$이다.

03 저울의 눈금은 중력과 관성력의 합으로 중력과 관성력의 방향이 같을 때 눈금은 증가하고, 중력과 관성력의 방향이 반대일 때 눈금은 감소하며, 관성력이 작용하지 않을 때(엘리베이터가 정지해 있거나 등속도 운동을 할 때) 눈금은 변함이 없다.

① 엘리베이터의 속도가 일정한 경우 관성력이 작용하지 않으므로 저울의 눈금은 엘리베이터가 정지 상태일 때와 같은 600 N을 가리킨다.

② 엘리베이터가 $0.5g$의 가속도로 올라가는 경우, 연직 아래 방향으로 $0.5mg$의 관성력과 중력이 작용하므로 저울의 눈금은 중력+관성력=$mg+0.5mg=1.5mg=1.5 ×600$ N$=900$ N을 가리킨다.

③ 엘리베이터가 $0.5g$의 가속도로 내려가는 경우, 연직 위 방향으로 $0.5mg$의 관성력과 아래 방향으로 중력이 작용하므로 저울의 눈금은 $mg-0.5mg=0.5mg=0.5×600$ N$=300$ N을 가리킨다.

⑤ 중력이 작용하지 않는 우주 공간에서 엘리베이터가 연직 위쪽으로 가속도 g로 운동하면 연직 아래 쪽으로 mg의 관성력이 작용하므로 저울의 눈금은 $mg=600$ N을 가리킨다.

▌바로알기▌ ④ 엘리베이터가 자유 낙하 하는 경우, 연직 아래 방향으로 중력 가속도로 운동하므로 연직 위 방향으로 mg의 관성력이 작용한다. 따라서 중력과 관성력이 서로 상쇄되어 저울의 눈금은 0을 가리킨다.

04 꼼꼼 문제 분석

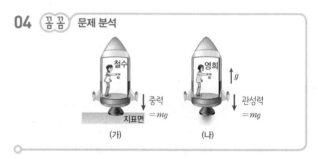

(가)   (나)

ㄴ, ㄷ. (가)에서 물체에 작용하는 중력에 의해 물체가 중력 방향으로 등가속도 운동을 하고, (나)에서는 우주선의 가속도 반대 방향으로 물체에 작용하는 관성력에 의해 물체는 등가속도 운동을 하게 된다. 따라서 철수와 영희는 물체의 가속도를 똑같이 g로 관찰한다. 이때 밖을 내다볼 수 없다면 철수와 영희는 중력과 관성력을 구별할 수 없다.

▌바로알기▌ ㄱ. (나)에서는 우주선의 가속도와 반대 방향으로 관성력이 작용하므로 영희는 물체가 우주선의 가속도와 반대 방향으로 등가속도 운동하는 것을 관찰하게 된다.

05 ㄱ. (가)에서 물에 작용하는 중력에 의해 구멍 부분에 있는 물에 압력이 작용하여 물이 새어 나온다.

ㄷ. (나)에서 캔 내부의 물은 중력과 관성력이 평형을 이루어 캔에 대해 무중력 상태에 놓이게 된다.

▌바로알기▌ ㄴ. (나)에서도 (가)에서와 같이 물에는 중력이 작용한다. 캔을 기준으로 중력과 관성력이 평형을 이루어 캔에 대해 무중력 상태인 것이다.

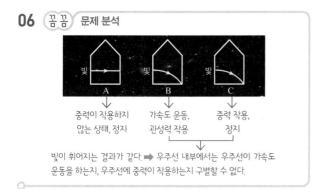

빛이 휘어지는 결과가 같다. ➡ 우주선 내부에서는 우주선이 가속도 운동을 하는지, 우주선에 중력이 작용하는지 구별할 수 없다.

ㄱ. A를 통해 중력이나 관성력이 작용하지 않는 공간에서는 빛이 직진하는 것을 알 수 있다.

ㄴ. B와 C를 통해 중력이나 관성력이 작용하는 공간에서는 빛의 진행 경로가 휘어지는 것을 알 수 있다.

ㄷ. B와 C에서 빛의 경로가 같으므로 우주선 밖을 내다볼 수 없다면 우주선 내부의 우주인은 자신이 받는 힘이 중력인지 관성력인지 구별할 수 없다.

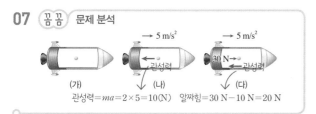

(가)   (나) 관성력=ma=$2×5$=10(N)   (다) 알짜힘=30 N-10 N=20 N

ㄱ. (나)의 우주선에서 물체는 우주선의 가속도 반대 방향, 즉 왼쪽으로 5 m/s^{2}의 가속도로 운동하는 것으로 관찰된다.

ㄴ. (나)에서 물체에 작용하는 관성력의 크기는 물체의 질량에 우주선의 가속도의 크기를 곱한 10 N이다.

ㄷ. (다)의 우주선에서 물체에는 오른쪽으로 30 N의 힘과 왼쪽으로 10 N의 관성력이 작용하므로 물체에 작용하는 알짜힘은 20 N이다. $F=ma$에서 $20=2a$이므로 가속도 a는 10 m/s^{2}이다.

08 ㄱ. 은하단 주변의 중력에 의해 시공간이 휘고 퀘이사에서 나온 빛이 은하단 주변을 지나는 빛이 휘어지기 때문에 나타나는 중력 렌즈 현상이다.

┃바로알기┃ ㄴ. 중력 렌즈 효과에 의해 하나의 퀘이사가 4개의 별빛으로 보이는 현상은 아인슈타인의 일반 상대성 이론으로만 설명할 수 있다.

ㄷ. 중앙의 은하단보다 더 먼 거리에 있는 퀘이사에서 발생한 빛이 은하단 주위를 지나면서 휘어져 여러 개로 관측되는 것이다.

09 ㄴ. 천체 표면에 있는 두 물체의 탈출 속도가 같고 운동 에너지는 질량에 비례하므로 질량이 $2m$인 물체가 지구를 탈출하기 위해서는 질량이 m인 물체보다 2배의 운동 에너지를 가져야 한다.

ㄷ. 인공위성의 현재 속력은 $v=\sqrt{\dfrac{GM}{r}}$이고, 지구 중심으로부터 거리 r인 곳에서 탈출 속도는 $v_e=\sqrt{\dfrac{2GM}{r}}$이므로 인공위성이 지구를 탈출하기 위해서는 현재보다 $\sqrt{2}$배 빠른 속력이 필요하다.

┃바로알기┃ ㄱ. 탈출 속도는 $v_e=\sqrt{\dfrac{2GM}{r}}$이므로 천체의 질량 M과 천체 중심으로부터의 거리 r에 의해 결정된다. 따라서 물체의 질량 m과는 관계 없다.

10 ㄱ, ㄴ. 아인슈타인은 일반 상대성 이론에서 중력에 의해 시공간이 휘어지고, 빛도 중력에 의해 휘어진 공간을 따라 진행한다고 설명하였다.

ㄷ. 중력에 의해 시간이 천천히 흐른다는 것도 일반 상대성 이론에서 주장하는 내용이다.

ㄹ. 아인슈타인은 일반 상대성 이론에서 가속 좌표계에서 나타나는 관성력을 중력과 구분할 수 없다는 등가 원리를 제시하였다.

11 원운동을 하는 양동이를 가속 좌표계로 보면 최고점에서는 양동이가 거꾸로 있으므로 양동이 안의 물에는 아래쪽으로 중력이, 위쪽으로 관성력이 작용한다. 중력과 관성력의 크기가 같으면 물이 양동이에 대해 정지해 있게 되므로 쏟아지지 않는다.

모범답안 중력과 관성력의 크기가 같아야 하므로 $mg=\dfrac{mv^2}{r}$에서 $v=\sqrt{gr}=\sqrt{10 \text{ m/s}^2×1 \text{ m}}=\sqrt{10}$ m/s이다.

채점 기준	배점
풀이 과정과 답이 모두 옳은 경우	100 %
풀이 과정만 맞은 경우	50 %

12 질량이 큰 천체를 지날 때 빛이 휘어지는 현상은 뉴턴의 중력 이론으로는 설명할 수 없고, 일반 상대성 이론으로 설명할 수 있다.

모범답안 태양의 질량에 의해 주변의 시공간이 휘어지고 빛이 휘어진 시공간을 따라 진행하기 때문이다.

채점 기준	배점
질량에 의해 시공간이 휘어지고 휘어진 시공간을 따라 빛이 진행하기 때문이라고 서술한 경우	100 %
빛이 질량에 의해 휘어지기 때문이라고만 서술한 경우	70 %

13 블랙홀은 직접 관찰할 수 없고 블랙홀 주변의 물질이 블랙홀로 흡수되어 들어갈 때 방출하는 X선을 관측하여 블랙홀의 위치를 확인할 수 있다.

모범답안 블랙홀 주변의 물질이 블랙홀로 흡수되어 들어갈 때 방출하는 X선을 관측하여 블랙홀의 위치를 파악할 수 있다.

채점 기준	배점
블랙홀 주변의 물질이 블랙홀로 흡수되어 들어갈 때 방출하는 X선을 관측하여 확인할 수 있다고 서술한 경우	100 %
X선을 관측하여 확인할 수 있다고만 서술한 경우	70 %

수능 실전 문제
105쪽~107쪽

01 ② **02** ④ **03** ④ **04** ⑤ **05** ④ **06** ④
07 ⑤ **08** ⑤ **09** ④ **10** ④ **11** ③

01

┃선택지 분석┃
✗ 철수가 볼 때, 물체에는 관성력이 버스 앞쪽으로 작용한다. 뒤쪽
✗ 철수는 관성력을 느끼지 않는다. 느낀다.
ⓒ 물체가 O점에서 P점으로 갈 때와 P점에서 O점으로 되돌아갈 때 관성력의 방향은 같다.

ㄷ. 관성력의 방향은 물체의 운동 방향과 관계없이 가속 좌표계의 가속도 방향과 반대 방향이다. 버스의 가속도는 앞쪽으로 일정하므로 O점에서 P점으로 갈 때와 다시 O점으로 갈 때 모두 관성력은 뒤쪽으로 작용한다. 따라서 철수가 볼 때 물체가 O점에서 P점으로 갈 때는 운동 방향과 반대 방향으로 힘이 작용하므로 속력이 감소하고 P점에서 O점으로 되돌아올 때는 운동 방향과 같은 방향으로 힘이 작용하므로 속력이 증가한다.
┃바로알기┃ ㄱ. 버스의 가속도 방향이 버스의 진행 방향과 같은 앞쪽이므로 관성력의 방향은 가속도 방향과 반대 방향인 버스 뒤쪽으로 작용하는 것으로 관찰된다.
ㄴ. 버스 안에 있는 철수도 뒤쪽으로 관성력이 작용하는 것을 느낀다.

02 꼼꼼 문제 분석

우주선 밖을 볼 수 없다면 중력과 관성력을 구별할 수 없다. ➡ 등가 원리

(가) g 중력 관성력 (나)

┃선택지 분석┃
ⓖ 영희가 보았을 때, (가)와 (나)에서 물체는 모두 가속도 g의 낙하 운동을 한다.
ⓛ (나)에서 영희가 우주선 밖을 볼 수 없다면 우주선이 가속 운동을 하는지 지구에 정지해 있는지 구분할 수 없다.
✗ 특수 상대성 이론과 관련된 기본 원리이다. 일반

ㄱ. (가)의 물체에는 중력이 작용하여 중력 가속도 g의 낙하 운동을 하고, (나)의 물체에는 우주선의 가속도의 방향과 반대 방향으로 관성력이 작용하여 가속도 g의 낙하 운동을 한다.
ㄴ. (나)의 물체가 (가)의 물체와 같은 운동을 하므로, (나)에서 영희가 우주선 밖을 볼 수 없다면 우주선이 가속 운동을 하는지 지구에 정지해 있는지 구분할 수 없다.
┃바로알기┃ ㄷ. 중력의 효과와 관성력의 효과를 구분할 수 없다는 등가 원리는 일반 상대성 이론의 기본 원리이다.

03

┃선택지 분석┃
ⓖ (가)에서 추에 작용하는 중력과 (나)에서 추에 작용하는 관성력의 크기가 같다.
✗ (나)에서 추에 작용하는 관성력의 방향은 우주선의 가속도 방향과 같다. 반대 방향이다.
ⓒ (가)에서 중력 가속도와 (나)에서 우주선의 가속도는 크기가 같다.

ㄱ. (가)와 (나)에서 용수철이 늘어난 길이가 같으므로, (가)에서 추에 작용하는 중력과 (나)에서 추에 작용하는 관성력의 크기가 같다.
ㄷ. (가)와 (나)에서 추에 각각 작용하는 중력과 관성력의 크기가 같으므로, 중력 가속도와 관성력에 의한 가속도가 같다. (나)에서 관성력에 의한 가속도의 크기는 우주선의 가속도 크기와 같으므로, 우주선의 가속도 크기는 중력 가속도의 크기와 같다.
┃바로알기┃ ㄴ. 관성력의 방향은 우주선의 가속도 방향과 반대 방향인 아래 방향이다.

04 꼼꼼 문제 분석

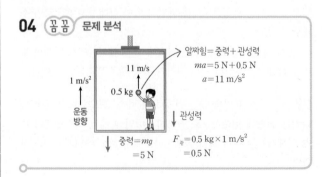

1 m/s² 운동 방향

11 m/s
0.5 kg

알짜힘=중력+관성력
$ma = 5 N + 0.5 N$
$a = 11 m/s^2$

↓관성력
$F_{관} = 0.5 kg \times 1 m/s^2$
$= 0.5 N$

↓중력=mg
$= 5 N$

ㄱ 공에 작용하는 관성력의 크기는 0.5 N이다.
ㄴ 공의 가속도는 아래쪽으로 11 m/s²이다.
ㄷ 공은 1초 후에 최고점에 도달한다.

ㄱ. 공에 작용하는 관성력의 크기는 가속 좌표계의 가속도 크기에 공의 질량을 곱한 값이다. 따라서 공에 작용하는 관성력의 크기=0.5 kg×1 m/s²=0.5 N이 된다.

ㄴ. 철수가 관찰할 때, 공에는 아래 방향으로 중력과 관성력이 작용한다. 따라서 공의 가속도는 $a=\dfrac{5\,\text{N}+0.5\,\text{N}}{0.5\,\text{kg}}=11\,\text{m/s}^2$이다.

ㄷ. 공의 처음 속력이 11 m/s이고, 가속도가 공의 운동 반대 방향으로 11 m/s²이다. 공이 최고점에 도달할 때는 공의 속도가 0이므로 $v=v_0-gt$에서 $0=11\,\text{m/s}-11\,\text{m/s}^2 \times t$이므로 공이 최고점에 도달하는 시간은 $t=1$초이다.

05

ㄱ (가)에서 빛은 아래로 휘어진다.
✕ (나)에서 빛은 가속도의 <u>방향</u>으로 휘어진다. 반대 방향
ㄷ 밖을 내다볼 수 없다면 영희는 중력과 관성력을 구별할 수 없다.

ㄱ. (가)에서 빛은 중력 방향, 즉 아래로 휘어진다.

ㄷ. 밖을 내다볼 수 없다면 영희는 빛의 휘어짐이 중력에 의한 것인지 관성력에 의한 것인지 구별할 수 없다.

‖ 바로알기 ‖ ㄴ. (나)에서 빛은 관성력의 방향, 즉 가속도의 반대 방향으로 휘어진다.

06 꼼꼼 문제 분석

원운동하는 물체 내부에서는 구심력의 반대 방향으로 관성력을 느낄 수 있다.

원심력의 크기는 $mr\omega^2$이므로 각속도 ω가 같을 때 반지름 r가 큰 곳에서 더 크다.

ㄱ 관성력에 의해 인공 중력이 발생한다.
✕ A에서 인공 중력의 방향은 B에서와 <u>같다</u>. 반대이다.
ㄷ 중심 O에서 A로 갈수록 인공 중력이 커진다.

ㄱ. 원운동하는 우주선 내부에서 관성력에 의해 구심력의 반대 방향으로 인공 중력이 발생한다.

ㄷ. 원심력의 크기는 $mr\omega^2$이므로 중심 O에서 A로 갈수록 회전 반지름인 r가 커지므로 원심력에 의한 인공 중력이 커진다.

‖ 바로알기 ‖ ㄴ. 인공 중력의 방향은 원심력의 방향이므로 A에서 인공 중력의 방향은 B에서와 반대이다.

07

ㄱ 원판 밖에서 볼 때, 시계 2의 시간이 시계 1의 시간보다 느리게 간다.
ㄴ 원판 안에서 볼 때, 관성력에 의해 시계 2의 시간은 시계 1의 시간보다 느리게 간다.
ㄷ 등가 원리에 의해 중력에 의해서도 시간은 천천히 흘러야 한다.

ㄱ. 원판 밖에서 볼 때 시계 1은 정지해 있고, 시계 2는 운동하고 있으므로 움직이는 시계 2의 시간이 더 느리게 간다.

ㄴ. 원판 안에서 볼 때 관성력(원심력)이 작용하는 시계 2의 시간이 더 느리게 간다.

ㄷ. 관성력을 받는 시계의 시간이 느리게 간다면, 등가 원리에 의해 중력을 받는 시계의 시간도 느리게 간다.

08

ㄱ 중력에 의해 빛이 휘어지는 중력 렌즈 효과로 관찰되는 현상이다.
ㄴ 일반 상대성 이론의 증거가 된다.
ㄷ 사진 중심부의 질량이 큰 천체에 의해 시공간이 휘어져 있다.

아인슈타인의 십자가는 하나의 퀘이사에서 나오는 빛이 중력 렌즈 효과에 의해 휘어져 퀘이사가 여러 개로 보이는 모습이고, 아인슈타인의 원은 별, 은하, 지구가 일직선상에 있을 때 완전히 원으로 이루어진 상의 모습을 나타낸 것이다.

ㄱ. 아인슈타인의 십자가와 아인슈타인의 원은 중력에 의해 빛이 휘어지는 중력 렌즈 효과 때문에 관찰되는 현상이다.

ㄴ. 중력 렌즈 효과의 관찰은 일반 상대성 이론의 증거가 된다.

ㄷ. 아인슈타인의 십자가와 원은 먼 곳에 있는 천체에서 발생한 빛이 사진 중심부의 질량이 큰 천체 주위의 휘어진 시공간을 지나면서 나타나는 현상이다.

09

｜선택지 분석｜
ㄱ A의 속력은 B의 $\sqrt{2}$배이다.
✗ A의 운동 에너지는 B의 2배이다. B와 같다.
ㄷ A의 탈출 속도는 B의 $\sqrt{2}$배이다.

ㄱ. 인공위성의 속력은 $v=\sqrt{\dfrac{GM}{r}}$이므로 A의 속력은 $v_A=\sqrt{\dfrac{GM}{2R}}$이고, B의 속력은 $v_B=\sqrt{\dfrac{GM}{4R}}$이다. $\dfrac{v_A}{v_B}=\sqrt{2}$이므로 A의 속력은 B의 $\sqrt{2}$배이다.

ㄷ. 탈출 속도 $v_e=\sqrt{\dfrac{2GM}{r}}$이므로 A의 탈출 속도는 B의 $\sqrt{2}$배이다.

｜바로알기｜ ㄴ. A의 질량은 B의 $\dfrac{1}{2}$배, A의 속력은 B의 $\sqrt{2}$배이므로 A의 운동 에너지와 B의 운동 에너지는 같다.

10

｜선택지 분석｜
✗ 철수   ✗ 영희   ✗ 철수, 민수
④ 영희, 민수   ✗ 철수, 영희, 민수

영희: 블랙홀은 질량이 극도로 큰 천체이므로 블랙홀 주변은 시공간이 극도로 휘어져 있다.
민수: 질량이 큰 천체가 움직이거나 충돌하게 되면 시공간의 일그러짐이 주변으로 퍼져 나가는데, 이를 중력파라고 한다.
｜바로알기｜ 철수: 별 근처를 지나는 빛은 별의 질량에 의해 휘어진 시공간을 지나기 때문에 휘어져 진행한다.

11

｜선택지 분석｜
ㄱ 블랙홀 주변의 공간은 극도로 휘어져 있다.
ㄴ 블랙홀 주변을 지나는 빛은 휘어진 경로를 따라 블랙홀 안으로 빨려 들어가 빠져나오지 못한다.
✗ 블랙홀 주변에서는 중력 렌즈 효과를 관찰할 수 없다. 있다.

ㄱ. 블랙홀은 질량이 매우 큰 천체로, 공간을 극단적으로 휘어지게 한다.
ㄴ. 블랙홀 주변에서는 빛마저도 극도로 휘어진 공간을 따라 빨려 들어가 빠져나올 수 없다.
｜바로알기｜ ㄷ. 블랙홀 주변의 공간도 휘어져 있으므로 블랙홀 주변에서 중력 렌즈 효과를 관찰할 수 있다.

일과 에너지

01 일과 에너지

개념 확인 문제   113쪽

❶ 일   ❷ $F\cos\theta$ ❸ 0   ❹ 일·운동 에너지   ❺ 변화량
❻ 운동   ❼ 감소량   ❽ 증가량

1 (1) ○ (2) × (3) ○   **2** 15 J   **3** ㄷ   **4** 6000 J
5 12 m/s   **6** 12 J

1 (1) 역기를 들고 가만히 서 있는 경우는 이동 거리가 0이므로 힘이 작용하지만 한 일은 0이다.
(2) 중력에 의해 물체가 떨어지면서 힘의 방향으로 이동하였으므로 중력에 의한 일은 0이 아니다.
(3) 상자를 들고 있으므로 중력의 반대 방향으로 힘이 작용하고 있다. 그런데 이동 방향은 수평 방향이므로 힘과 이동 방향이 수직이다. 따라서 힘이 한 일은 0이다.

2 물체에 한 일은 물체에 작용한 힘과 힘을 작용한 방향으로 물체가 이동한 거리이므로 $W=F s\cos\theta=6\times5\times\cos60°=15(\text{J})$이다.

3 ㄱ. 물체에 작용하는 중력이 한 일만큼 물체의 퍼텐셜 에너지가 감소한다. 물체가 빗면을 내려오면 높이가 감소하여 퍼텐셜 에너지가 감소하므로 퍼텐셜 에너지 감소량만큼 중력이 일을 한 것이다.
ㄴ. 마찰력은 물체의 운동 방향과 반대 방향으로 일을 하므로 $(-)$의 일을 한다.
ㄷ. 수직 항력의 방향과 물체의 운동 방향이 서로 수직이다. 따라서 수직 항력이 물체에 한 일은 0이다.

4 중력이 하는 일은 물체가 이동한 경로에 관계없이 두 지점의 높이 차에 의해서만 결정된다. 따라서 중력이 사람에게 한 일은 $600\,\text{N}\times10\,\text{m}=6000\,\text{J}$이다.

5 자동차에 작용한 힘이 한 일은 운동 에너지의 변화량과 같다. $W=\dfrac{1}{2}mv^2-\dfrac{1}{2}mv_0{}^2$이므로 $22000=\dfrac{1}{2}\times1000\times(v^2-10^2)$에서 자동차의 속력 $v=12\,\text{m/s}$이다.

6 마찰력이 6 N이므로 알짜힘은 $10-6=4(\text{N})$이다. 따라서 알짜힘이 한 일은 $4\,\text{N}\times3\,\text{m}=12\,\text{J}$이다.

자료 ①	**1** 250 J	**2** 250 J	**3** $5\sqrt{10}$ m/s	**4** (1) ◯
	(2) ◯ (3) ◯ (4) ×			
자료 ②	**1** 60 J	**2** −50 J	**3** 20 N	**4** 10 J	**5** (1) ◯
	(2) ×			

①-1 50 N의 힘이 물체에 한 일은 50 N×10 m×cos60° =250 J이다.

①-2 일·운동 에너지 정리에 의해 물체에 한 일은 운동 에너지 변화량과 같다. 따라서 물체가 10 m 이동하는 동안 물체에 한 일은 물체의 운동 에너지 변화량이 되므로 물체의 운동 에너지는 250 J이다.

①-3 물체가 10 m 이동한 후 속력을 v라고 하면 $\frac{1}{2}×2$ kg× $v^2-0=250$ J에서 속력 $v=5\sqrt{10}$ m/s이다.

①-4 (1) 마찰력이 작용하지 않으므로 마찰력이 물체에 한 일은 0이다.
(2) 운동하는 물체에 알짜힘이 작용하면 속력이 빨라지거나 느려져야 한다. 그런데 등속도 운동을 하였으므로 이 물체에 작용한 알짜힘은 0이다.
(3) 물체에 힘이 작용하고, 물체가 힘이 작용한 방향과 나란히 이동하였을 때 힘이 한 일이 있다. 하지만 물체가 움직이지 않으면 이동 거리가 없으므로 이때 힘이 한 일은 0이다.
(4) 물체에 작용한 힘의 방향과 물체가 이동한 방향이 나란하지 않아도 물체가 이동한 방향의 힘의 성분이 있으면 힘은 $F\cos\theta$의 일을 한다.

②-1 **꼼꼼** 문제 분석

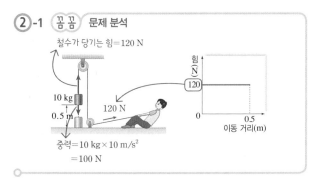

철수가 당기는 힘은 120 N이므로 철수가 줄에 매달린 물체에 한 일은 120 N×0.5 m=60 J이다.

②-2 물체의 이동 방향은 연직 위 방향이고 중력은 연직 아래 방향으로 작용하므로 100 N의 중력이 물체의 운동 방향과 반대 방향으로 작용하였다. 따라서 중력이 물체에 한 일은 $W=$ −100 N×0.5 m=−50 J이다.

②-3 물체에는 도르래의 줄을 통해서 연직 위 방향으로 120 N의 힘이 작용하고 아래 방향으로 100 N의 힘이 작용하므로 물체에 작용한 알짜힘=철수가 당기는 힘−중력=120 N−100 N =20 N이다.

②-4 $W=Fs=20$ N×0.5 m=10 J이다.

②-5 (1) 일·운동 에너지 정리에 따라 물체에 작용한 알짜힘이 한 일은 운동 에너지 증가량과 같다. 따라서 10 J$=\frac{1}{2}×10$ kg× v^2-0에 의해 물체가 0.5 m 올라갔을 때 속력 $v=\sqrt{2}$ m/s이다.
(2) 물체에 작용한 알짜힘이 한 일은 물체의 운동 에너지의 변화량과 같다.

내신 만점 문제

115쪽~117쪽

01 ⑤	**02** ④	**03** ③	**04** ③	**05** ③	**06** 해설 참조
07 ⑤	**08** ④	**09** ③	**10** ②	**11** ⑤	**12** ②
13 해설 참조					

01 (가) 바벨의 이동 거리가 0이므로 역도 선수가 바벨에 작용하는 힘이 한 일은 0이다.
(나) 수평면과 나란한 방향의 힘의 성분=20 N×cos60°=20 N $×\frac{1}{2}=10$ N이므로 힘이 한 일=10 N×1 m=10 J이다.
(다) 힘이 한 일=7 N×3 m=21 J이다.

02 **꼼꼼** 문제 분석

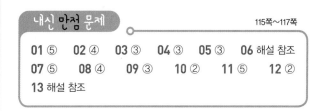
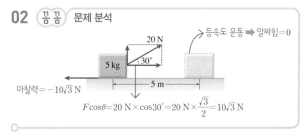

ㄱ. 물체가 일정한 속도로 움직였으므로 물체에 작용하는 알짜힘은 0이다. 물체에 오른쪽 방향으로 $10\sqrt{3}$ N의 힘이 작용하므로 알짜힘이 0이 되려면 물체에 왼쪽 방향으로 작용하는 마찰력의 크기도 $10\sqrt{3}$ N이어야 한다.

ㄴ. 물체가 수직 방향으로 이동한 거리가 0이므로 20 N의 힘이 수직 방향으로 한 일은 0이다. 따라서 20 N의 힘이 한 일은 수평 방향으로 한 일과 같으므로 $10\sqrt{3}$ N×5 m=$50\sqrt{3}$ J이다.

ㄹ. 물체에 작용하는 알짜힘이 0이므로 물체에 작용하는 알짜힘이 한 일은 0이다.

‖바로알기‖ ㄷ. 물체에 작용하는 마찰력의 크기는 $10\sqrt{3}$ N이므로 마찰력이 물체에 한 일은 $10\sqrt{3}$ N×5 m=$50\sqrt{3}$ J이다. 이때 마찰력이 한 일의 부호와 20 N의 힘이 한 일의 부호는 반대이다.

03 (꼼꼼) 문제 분석

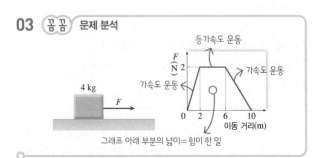

그래프 아래 부분의 넓이=힘이 한 일

ㄷ. 힘-이동 거리 그래프 아래 부분의 넓이는 힘이 한 일의 양을 나타내므로 0~10 m를 이동하는 동안 힘이 물체에 한 일은 $\frac{1}{2}$×(4+10)×2=14 J이다.

‖바로알기‖ ㄱ. 0~2 m를 이동하는 동안 힘의 크기가 계속 변하므로 가속도도 변한다.

ㄴ. 6 m~10 m 이동하는 동안 물체에 작용하는 힘의 크기가 줄어들므로 물체는 가속도 운동을 한다.

04 일·운동 에너지 정리에서 물체에 한 일은 운동 에너지 변화량과 같다. $\Delta E_k=W=Fs=5$ N×5 m=25 J이다.

05 ㄱ. $W=Fs=10$ N×48 m=480 J

ㄴ. 일·운동 에너지 정리에 의해 $\frac{1}{2}×10$ kg×$v^2-\frac{1}{2}×10$ kg ×$(2$ m/s$)^2=480$ J이므로 $v=10$ m/s이다.

‖바로알기‖ ㄷ. 처음 운동 에너지가 $\frac{1}{2}×10×2^2=20$(J)이고, 운동 에너지 변화량이 480 J이므로 48 m 이동한 후 운동 에너지는 20 J+480 J=500 J이다.

06 중력이 한 일을 구할 때 물체의 운동 경로는 관계가 없다.

(모범답안) 지면으로부터 높이가 같고, 질량이 같으므로 빗면을 내려오는 동안 중력이 하는 일은 같다.

채점 기준	배점
높이와 질량이 같다는 표현과 중력이 하는 일이 같다는 표현이 모두 있는 경우	100 %
높이와 질량이 같다는 표현과 중력이 하는 일이 같다는 표현 중 하나가 빠져 있는 경우	50 %

07 ㄱ. 중력은 A와 B에서 같으므로 이동 거리가 큰 B에서가 중력이 물체에 한 일이 더 크다.

ㄴ. 공기 저항을 무시하므로 물체가 낙하하는 동안 물체에는 크기가 일정한 중력이 알짜힘으로 작용한다.

ㄷ. B에서 중력이 한 일은 물체의 운동 에너지의 변화량에 쓰인다. 따라서 중력이 물체에 해 준 일만큼 B의 운동 에너지가 증가한다.

08 자동차가 정지했으므로 자동차의 운동 에너지는 모두 마찰력이 한 일로 전환된다.

∴ 마찰력이 한 일=운동 에너지 감소량

$=\frac{1}{2}×900$ kg×$(60$ m/s$)^2=1.62×10^6$ J

09 (꼼꼼) 문제 분석

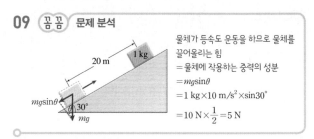

물체가 등속도 운동을 하므로 물체를 끌어올리는 힘
=물체에 작용하는 중력의 성분
=$mg\sin\theta$
=1 kg×10 m/s²×$\sin30°$
=10 N×$\frac{1}{2}$=5 N

힘이 한 일=힘×이동 거리=5 N×20 m=100 J이다.

10 (꼼꼼) 문제 분석

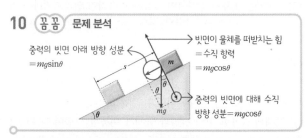

중력의 빗면 아래 방향 성분=$mg\sin\theta$

빗면이 물체를 떠받치는 힘=수직 항력=$mg\cos\theta$

중력의 빗면에 대해 수직 방향 성분=$mg\cos\theta$

ㄴ. 물체가 등속으로 운동하므로 알짜힘이 0이다. 따라서 알짜힘이 한 일은 0이다.

‖바로알기‖ ㄱ. 중력의 빗면 아래 방향 성분은 $mg\sin\theta$이므로 중력이 물체에 한 일의 양은 $mg\sin\theta$이다.

ㄷ. 물체의 이동 방향과 빗면이 물체를 떠받치는 힘(수직 항력)의 방향은 서로 수직이므로 이 힘이 한 일의 양은 0이다.

11 (꼼꼼) 문제 분석

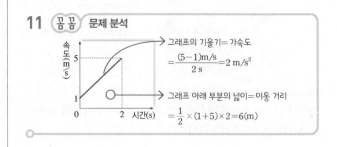

그래프의 기울기=가속도
$=\frac{(5-1)\text{m/s}}{2\text{ s}}=2$ m/s²

그래프 아래 부분의 넓이=이동 거리
$=\frac{1}{2}×(1+5)×2=6$(m)

ㄱ. 속도－시간 그래프의 기울기는 가속도이다. 따라서 가속도는 $2 \, \text{m/s}^2$이므로, 힘＝질량×가속도＝$1 \, \text{kg} \times 2 \, \text{m/s}^2 = 2 \, \text{N}$이다.

ㄴ. 속도－시간 그래프 아래 부분의 넓이는 물체가 이동한 거리를 나타낸다. 따라서 물체가 이동한 거리는 6 m이므로, 힘 F가 한 일은 $2 \, \text{N} \times 6 \, \text{m} = 12 \, \text{J}$이다.

ㄷ. 일·운동 에너지 정리에 의해 물체가 받은 알짜힘에 의한 일만큼 운동 에너지가 변한다. 따라서 0~2초 동안 물체의 운동 에너지 변화량은 알짜힘 F가 한 일의 양 12 J과 같다.

12 꼼꼼 문제 분석

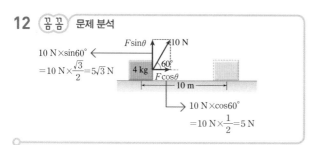

① 물체가 수직 방향으로 움직이지 않으므로 물체에 작용하는 중력의 크기는 물체에 작용하는 수직 항력과 10 N의 힘이 수직 방향으로 작용하는 성분의 합과 크기가 같다.

∴ 중력＝수직 항력＋$F\sin\theta$, 수직 항력＝중력－$F\sin\theta$＝$4 \, \text{kg} \times 10 \, \text{m/s}^2 - 5\sqrt{3} \, \text{N} = (40 - 5\sqrt{3}) \text{N}$

③ 가속도＝$\dfrac{5 \, \text{N}}{4 \, \text{kg}} = 1.25 \, \text{m/s}^2$

④ 10 m를 이동하였을 때 물체의 운동 에너지＝10 m를 이동하는 동안 한 일＝50 J

⑤ 물체에 일정한 크기의 힘이 작용하므로 물체는 등가속도 운동을 한다. 따라서 10 m를 이동하는 동안 물체의 속력은 빨라진다.

┃바로알기┃ ② 물체의 운동 방향으로 작용한 힘이 5 N이므로 힘이 물체에 한 일은 $5 \, \text{N} \times 10 \, \text{m} = 50 \, \text{J}$이다.

13 물체가 최고점까지 올라가는 동안 중력이 한 일은 운동 에너지 변화량과 같고, 물체의 최고점에서의 속력은 각각 0이다.

모범답안 최고점의 높이를 각각 s_A, s_B라고 할 때,

A : $-10 \, \text{N} \times s_A = \Delta E_k = 0 - \dfrac{1}{2} \times 1 \, \text{kg} \times (20 \, \text{m/s})^2$에서 $s_A = 20 \, \text{m}$이다.

B : $-20 \, \text{N} \times s_B = \Delta E_k = 0 - \dfrac{1}{2} \times 2 \, \text{kg} \times (10 \, \text{m/s})^2$에서 $s_B = 5 \, \text{m}$이다.

채점 기준	배점
일·운동 에너지 정리를 이용하여 식을 세우고 답을 옳게 구한 경우	100 %
식만 옳게 세우고 답을 옳게 구하지 못한 경우 A, B의 식 한 개당 부분 배점	25 %
식은 세우지 않고 답만 옳게 구한 경우 A, B 한 개당 부분 배점	10 %

02 역학적 에너지 보존

개념 확인 문제   121쪽

❶ 역학적 에너지 ❷ 수평 ❸ 중력 퍼텐셜 ❹ 중력 퍼텐셜
❺ 운동 ❻ 최소 ❼ 최대 ❽ 비례 ❾ 반비례
❿ 길이

1 ㉠ 중력 퍼텐셜, ㉡ 운동 **2** A, E **3** 1배 **4** $\sqrt{6}T$
5 (1) × (2) ○ (3) ○ **6** 0.25 m

1 중력 퍼텐셜 에너지는 지면(기준점)으로부터 높이가 높을수록 크다. 따라서 최고점에서 중력 퍼텐셜 에너지가 가장 크고, 운동 에너지는 가장 작다.

2 포물선 운동에서 공기 저항을 무시하면 역학적 에너지는 보존된다. 공의 운동 에너지가 가장 큰 곳은 중력 퍼텐셜 에너지가 가장 작은 곳이므로 A와 E에서 운동 에너지가 가장 크다.

3 최고점의 높이를 h라고 하면 최고점에서 물체의 중력 퍼텐셜 에너지는 $E_p = mgh$이고, 운동 에너지는 $E_k = \dfrac{1}{2}m(v_0\cos45°)^2 = \dfrac{1}{4}mv_0^2$이다. 포물선 운동하는 물체의 역학적 에너지는 보존되므로 출발점에서의 역학적 에너지와 최고점에서 역학적 에너지는 같다. 즉, $\dfrac{1}{2}mv_0^2 = mgh + \dfrac{1}{4}mv_0^2$에서 $mgh = \dfrac{1}{4}mv_0^2$이므로 $E_p = E_k$이다.

4 단진자의 주기 $T = 2\pi\sqrt{\dfrac{l}{g}}$이므로 $T_\text{달} = 2\pi\sqrt{\dfrac{l}{\frac{1}{6}g}} = \sqrt{6} \times 2\pi\sqrt{\dfrac{l}{g}} = \sqrt{6}T$이다.

5 (1) 단진자는 복원력이 작용하지 않는 위치인 평형점을 지날 때 속력이 최대이므로 평형점에서 단진자의 운동 에너지는 최대이다.

(2) 변위가 최대인 점에서 단진자의 중력 퍼텐셜 에너지는 mgh로 가장 크고, 평형점에서 최소이다.

(3) 마찰이나 공기 저항이 없다면 진자의 역학적 에너지, 즉 단진자의 운동 에너지와 퍼텐셜 에너지의 합은 일정하게 보존된다.

6 단진자의 주기는 $T = 2\pi\sqrt{\dfrac{l}{g}}$이므로 주기의 제곱은 실의 길이에 비례한다. 따라서 $4^2 : 1 = 2^2 : l$에서 실의 길이 l은 0.25 m이다.

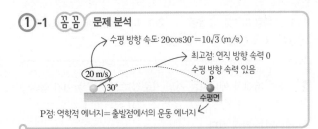

대표 자료 분석

122쪽

자료 ① **1** 400 J **2** $\frac{\sqrt{3}}{2}$ 배 **3** $20\sqrt{3}$ m **4** (1) × (2) ○ (3) ×

자료 ② **1** B **2** 0.4π초 **3** (1) × (2) ○ (3) ○ (4) × (5) × (6) × (7) ○

①-1 꼼꼼 문제 분석

P점에서의 역학적 에너지는 출발점에서의 운동 에너지와 같으므로 $\frac{1}{2}\times 2$ kg$\times (20$ m/s$)^2=400$ J이다.

①-2 역학적 에너지는 보존되므로 P점에서 물체의 속력은 20 m/s이고, 최고점에서 물체의 속력은 수평 방향 성분이므로 $20\cos 30°=10\sqrt{3}$ m/s이다. 따라서 최고점에서 물체의 속력은 P점에서 속력의 $\frac{10\sqrt{3}}{20}=\frac{\sqrt{3}}{2}$배이다.

①-3 출발점에서 P까지 이동하는 데 걸리는 시간이 2초이므로 수평 도달 거리$=20\cos 30°$ m/s$\times 2$ s$=20\sqrt{3}$ m이다.

①-4 (1), (2) 최고점에서 연직 방향의 속도는 0이지만, 수평 방향의 속도가 존재하므로 운동 에너지가 0이 아니다.
(3) P점과 출발점에서는 운동 에너지가 최대이다.

②-1 가장 낮은 위치인 B에서 추의 속력이 가장 빠르다.

②-2 $T=2\pi\sqrt{\frac{l}{g}}=2\pi\sqrt{\frac{0.4 \text{ m}}{10 \text{ m/s}^2}}=0.4\pi$초

②-3 (1) B에서 추에는 줄의 장력과 중력이 함께 작용하고 운동 방향이 바뀌고 있으므로 장력이 중력보다 크게 작용한다. 따라서 알짜힘$=$장력$-$중력이다.
(2) A점과 C점의 높이가 가장 높으므로 중력 퍼텐셜 에너지가 최대이다.
(3) 단진자 운동에서는 양 끝에서 속력이 0이고, 높이가 최대이다. 이때 운동 에너지는 최소, 중력 퍼텐셜 에너지는 최대이다. 물체가 최고점에서 평형점으로 오면서 높이가 낮아지므로 중력 퍼텐셜 에너지는 감소하고 운동 에너지는 증가한다.

따라서 평형점에서는 높이가 최소이므로 중력 퍼텐셜 에너지가 최소이고 운동 에너지는 최대가 된다.
(4) $T=2\pi\sqrt{\frac{l}{g}}$에서 주기는 질량과 관계가 없다. 따라서 질량이 큰 물체를 매달아도 주기는 달라지지 않는다.
(5) 실의 길이는 진자의 주기와 $T\propto\sqrt{l}$의 관계이다. 따라서 실의 길이를 길게 할수록 주기는 길어진다.
(6) 추의 진동수는 주기의 역수와 같고, 주기는 추의 질량과 관계 없다.
(7) 여름철에는 열에 의해 추의 길이가 길어지므로 $T=2\pi\sqrt{\frac{l}{g}}$에 의해 주기가 길어진다.

내신 만점 문제

123쪽~125쪽

01 ④ **02** ② **03** ① **04** 해설 참조 **05** ④ **06** ⑤ **07** ⑤ **08** ③ **09** ① **10** 해설 참조 **11** ③ **12** ⑤

01 ㄴ. R에서는 중력 퍼텐셜 에너지가 0이다. 따라서 R에서의 역학적 에너지는 물체의 운동 에너지이므로 같은 높이의 P에서 물체의 역학적 에너지$=\frac{1}{2}mv_0^2+0$이다.
ㄷ. 물체에 작용하는 힘은 중력뿐이므로 역학적 에너지는 운동하는 모든 점에서 같다.
바로알기 ㄱ. Q에서는 연직 방향 속도는 0이지만, 수평 방향 속도는 $v_0\cos 45°=\frac{1}{\sqrt{2}}v_0$이다. 따라서 Q에서의 운동 에너지는 $\frac{1}{2}m\left(\frac{1}{\sqrt{2}}v_0\right)^2=\frac{1}{4}mv_0^2$이다.

02 ㄷ. 역학적 에너지가 보존되므로 A의 경우 $mgh=\frac{1}{2}mv_A^2$에서 바닥에 도달했을 때 속력 $v_A=\sqrt{2gh}$이다. B의 경우 $mgh+\frac{1}{2}mv_0^2=\frac{1}{2}mv_B^2$에서 $v_B=\sqrt{2gh+v_0^2}$이므로 바닥에 도달했을 때의 속력은 B가 A보다 크다.
바로알기 ㄱ. 두 물체에 작용하는 힘은 중력뿐이다. 따라서 가속도의 크기는 중력 가속도로 같으므로 A, B가 수평면에 도달하는 시간은 같다.
ㄴ. A, B의 질량을 m, 수평면으로부터의 높이를 h, B의 처음 속력을 v_0이라고 하면 A는 처음 속력이 0이므로 출발점에서 역학적 에너지는 mgh이고, B는 $mgh+\frac{1}{2}mv_0^2$이다. 따라서 역학적 에너지는 B가 A보다 크다.

03 꼼꼼 문제 분석

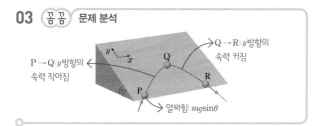

ㄱ. x방향으로는 등속도 운동을 하므로 x방향의 속도 성분은 포물선 운동하는 경로 어디에서나 같다.

바로알기 ㄴ. y방향의 속도의 크기는 P에서가 가장 크고, Q로 갈수록 작아지다가 Q에서 0이 된 후에 다시 R로 가면서 커지다가 R에서 가장 크다. 따라서 P에서와 R에서의 y방향의 속도는 크기는 같고 방향이 반대이다.

ㄷ. 물체는 마찰이 없는 경사면을 운동하고 있으며 경사면의 기울기를 θ, 물체의 질량을 m, 중력 가속도를 g라고 하면 물체에 작용하는 알짜힘은 $mg\sin\theta$로 일정하다. 따라서 물체가 경사면을 운동하는 동안 역학적 에너지는 보존된다.

04 꼼꼼 문제 분석

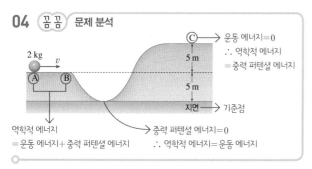

물체가 C점에 도달하기 위해서는 A점에서의 역학적 에너지가 C점에서의 중력 퍼텐셜 에너지로 모두 전환되어야 한다.

모범답안 A점에서의 역학적 에너지=C점에서의 중력 퍼텐셜 에너지이므로 $\frac{1}{2} \times 2\ \text{kg} \times v^2 + 2\ \text{kg} \times 10\ \text{m/s}^2 \times 5\ \text{m} = 2\ \text{kg} \times 10\ \text{m/s}^2 \times 10\ \text{m}$에서 C점에 도달할 수 있는 v의 최솟값=10 m/s이다.

채점 기준	배점
풀이 과정과 답이 모두 옳은 경우	100 %
풀이 과정만 옳은 경우	50 %

05 ㄴ. 공기 저항과 마찰을 무시할 때 공은 중력만 받아 포물선 운동을 하므로 날아가는 동안 역학적 에너지는 보존된다.

ㄷ. 운동량은 질량과 속도의 곱이다. 이때 속도는 방향이 있는 물리량이므로 날아가는 동안 공의 속도의 크기와 방향이 계속 변한다. 따라서 운동량도 계속 변한다.

바로알기 ㄱ. 최고점에서는 수평 방향으로는 힘이 작용하지 않지만 연직 방향으로는 중력이 작용하므로 공에 작용하는 힘은 0이 아니다.

06 ㄱ. A와 C는 높이가 같은 곳이므로 중력 퍼텐셜 에너지가 같다. 따라서 물체의 속력이 같고 운동 에너지도 같다.

ㄴ. A에서 B로 운동하는 동안 공의 속력이 느려지다가 최고점 B에서 속력이 가장 느리다. B에서 E로 운동하는 동안에는 높이가 계속 낮아지므로 속력이 빨라지다가 E에서 가장 빠르다.

ㄷ. 공은 중력만 받아 운동하므로 A에서 E까지 역학적 에너지가 보존된다.

07 꼼꼼 문제 분석

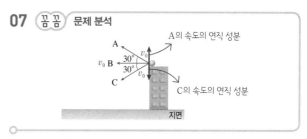

ㄱ. A, B, C 모두 수평 방향으로는 등속도 운동을 하고 연직 방향으로는 중력 가속도로 등가속도 운동을 한다. 따라서 지면에 도달하는 데 걸린 시간은 처음 속도의 연직 성분이 위 방향인 A가 가장 길고, 아래 방향인 C가 가장 짧다.

ㄴ. 출발 순간 세 공의 높이가 같으므로 중력 퍼텐셜 에너지가 같고, 세 공의 속력이 같으므로 운동 에너지도 같다. 따라서 중력 퍼텐셜 에너지와 운동 에너지의 합인 역학적 에너지는 모두 같다. 역학적 에너지 보존 법칙에 의해 지면에 도달하는 순간의 역학적 에너지도 모두 같다.

ㄷ. 공이 지면에 닿는 순간 역학적 에너지가 모두 같으므로 속력은 A, B, C가 모두 같다. 세 공의 질량도 모두 같으므로 운동량의 크기 mv는 A, B, C가 모두 같다.

08 꼼꼼 문제 분석

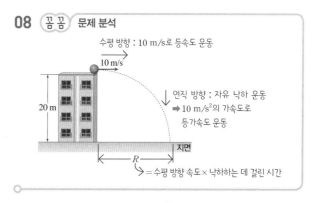

ㄱ. 연직 방향으로 이동 거리 $h = \frac{1}{2}gt^2$에 의해 지면에 닿을 때까지 걸린 시간 $t = \sqrt{\dfrac{2h}{g}} = \sqrt{\dfrac{2 \times 20}{10}} = 2(\text{s})$이다.

ㄴ. 공기 저항을 무시하므로 물체의 역학적 에너지는 보존된다. 지면을 기준으로 하였을 때, 처음 위치에서의 역학적 에너지=지면에 닿는 순간의 운동 에너지이다.

처음 역학적 에너지=중력 퍼텐셜 에너지+운동 에너지=mgh $+\frac{1}{2}mv^2=2\times10\times20+\frac{1}{2}\times2\times10^2=500(\text{J})$이다. 따라서 지면에 닿는 순간 물체의 운동 에너지는 500 J이다.

┃바로알기┃ ㄷ. 역학적 에너지가 보존되므로 지면에서와 건물 옥상에서의 물체의 역학적 에너지는 같다.

09 (꼼꼼) **문제 분석**

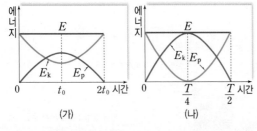

단진자의 주기와는 관계가 없다.

구분	(가)	(나)	(다)
m(kg)	1.0	2.0	3.0
l(m)	3.0	2.0	1.0
$\theta(°)$	0.2	0.4	0.6

$\rightarrow T\propto\sqrt{l}$

단진자의 주기=$2\pi\sqrt{\dfrac{l}{g}}$이므로 실의 길이(l)와 중력 가속도(g)에 의해 결정된다. 즉, 단진자의 주기는 추의 질량(m) 및 진동하는 각(θ)과는 관계없고, 실의 길이가 길수록 크므로 크기를 비교하면 $T_{(가)}>T_{(나)}>T_{(다)}$가 된다.

10 (가) 포물선 운동의 경우 최고점에서 수평 방향의 속도가 있기 때문에 운동 에너지가 0이 아니다. 따라서 최고점에서 운동 에너지와 중력 퍼텐셜 에너지의 합이 역학적 에너지가 되도록 그려야 한다.

(나) 단진자 운동의 경우에는 진동의 중심점에서는 중력 퍼텐셜 에너지가 0이고, 운동 에너지가 최대이므로 이때 운동 에너지와 역학적 에너지의 크기가 같도록 그려야 한다.

모범답안

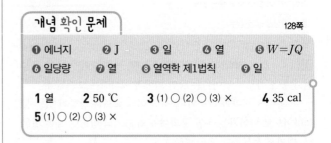

채점 기준	배점
(가)와 (나) 그래프 모두 정확하게 표현한 경우	100 %
(가)와 (나) 중 한 가지만 정확하게 표현한 경우	50 %

11 ㄱ. 단진자 운동에서 운동 에너지가 최대인 곳은 진동의 중심점이다.

ㄴ. 공기 저항을 무시할 때 단진자 운동은 역학적 에너지가 보존되므로 A와 B에서 역학적 에너지는 같다.

┃바로알기┃ ㄷ. A에서 B까지 운동하는 데 걸린 시간은 전체 주기의 $\frac{1}{4}$이다. 따라서 $\dfrac{T}{4}=\dfrac{2\pi\sqrt{\dfrac{l}{g}}}{4}=\dfrac{\pi}{2}\sqrt{\dfrac{l}{g}}$이다.

12 (꼼꼼) **문제 분석**

길이가 l인 단진자의 주기는 $2\pi\sqrt{\dfrac{l}{g}}$이다.

A 구간에서는 위 방향으로 속도가 증가하는 가속도 운동을 하므로 관성력이 중력과 같은 방향이다. 따라서 주기는 $T_A=2\pi\sqrt{\dfrac{l}{g+a}}$이다. B 구간에서는 등속도 운동을 하므로 중력만 작용한다. 따라서 B 구간에서 주기는 $T_B=2\pi\sqrt{\dfrac{l}{g}}$이다. C 구간에서는 위 방향으로 속도가 감소하는 가속도 운동을 하므로 관성력이 중력과 반대 방향이다. 따라서 C 구간에서 주기는 $T_C=2\pi\sqrt{\dfrac{l}{g-a}}$이다. 따라서 주기는 $T_C>T_B>T_A$이다.

03 열과 일

개념 확인 문제

128쪽

❶ 에너지	❷ J	❸ 일	❹ 열	❺ $W=JQ$
❻ 일당량	❼ 열	❽ 열역학 제1법칙	❾ 일	

1 열 **2** 50 °C **3** (1) ○ (2) ○ (3) ✕ **4** 35 cal
5 (1) ○ (2) ○ (3) ✕

1 고온의 물체와 저온의 물체를 접촉시키면 고온의 물체는 열을 잃어 온도가 내려가고, 저온의 물체는 열을 얻어 온도가 올라간다.

2 열량 $Q=cm\varDelta T$이므로 3 kcal=1 kcal/kg·℃×0.1 kg×$\varDelta T$에서 온도 변화 $\varDelta T=30$ ℃이다. 따라서 물의 온도는 50 ℃가 된다.

3 (1) 열량의 단위는 J(줄) 또는 cal(칼로리)를 쓴다.
(2) 두 물체에 온도 차이가 있으면 두 물체를 접촉하였을 때 열이 이동한다.
(3) 보온병에 물을 넣고 흔든 것은 일을 한 것이다. 이때 한 일은 열로 전환되어 보온병 안에 들어 있는 물의 온도를 올라가게 한다. 따라서 일이 열로 전환되는 경우이다.

4 중력이 2개의 추에 한 일은 $W=2\times mgh=2\times 5$ kg×9.8 m/s²×1.5 m=147 J이므로 $W=JQ$에서 $Q=\dfrac{147\ J}{4.2\ J/cal}=$ 35 cal이다.

5 (1) 줄의 실험은 추가 낙하하면서 날개를 돌리는 일이 물의 온도를 올리는 열로 전환되는 과정을 알아보는 실험으로, 일과 열 사이의 관계를 알아보기 위한 것이다.
(2) 열의 일당량은 $J=4.2\times 10^3$ J/kcal이므로 1 cal는 4.2 J에 해당한다.
(3) 열역학 제1법칙에 따라 열의 출입이 없다면 외부에서 기체에 한 일과 기체의 내부 에너지 변화량은 같다.

대표 자료 분석 　　　　　　　　　　　　　　　129쪽

자료① **1** 60 J　**2** 14 cal　**3** (1) ○ (2) ○ (3) ×
자료② **1** 열에너지　**2** 200 J　**3** 45 cal　**4** (1) ○ (2) ×
　　　(3) ×

---

①-1 중력이 2개의 추에 한 일은 $W=2\times mgh=2\times 6$ kg× 10 m/s²×0.5 m=60 J이다. 따라서 물에 전달된 열량은 60 J 이다.

①-2 $Q=\dfrac{W}{J}=\dfrac{60\ J}{4.2\ J/cal}≒14$ cal이다.

①-3 (1) 줄은 추를 낙하시켜 통 안의 물의 온도가 올라가는 것을 통해 열과 일 사이의 관계를 실험적으로 입증하였다.
(2) $W=JQ$에서 J는 열의 일당량으로, 일이 열로 변환되는 비율이다.
(3) 줄의 실험은 추의 역학적 에너지가 열에너지로 전환되는 원리를 이용한다.

---

② **꼼꼼 문제 분석**

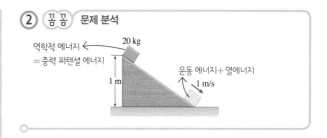

②-1 빗면을 내려오는 동안 물체의 중력 퍼텐셜 에너지는 운동 에너지와 열에너지로 전환된다.

②-2 출발점에서 물체의 속력은 0이므로 역학적 에너지는 중력 퍼텐셜 에너지이다. 중력 퍼텐셜 에너지는 $mgh=20$ kg× 10 m/s²×1 m=200 J이다.

②-3 출발할 때 역학적 에너지는 200 J이고, 바닥에 닿는 순간 운동 에너지는 $\dfrac{1}{2}\times 20$ kg×(1 m/s)²=10 J이므로 200 J− 10 J=190 J의 에너지가 열에너지로 전환되었다. $Q=\dfrac{W}{J}$이므로 $\dfrac{190\ J}{4.2\ J/cal}≒45$ cal이다.

②-4 (1) 물체가 내려오는 동안 높이가 낮아지므로 중력 퍼텐셜 에너지가 감소한다.
(2) 빗면의 마찰에 의해 운동하는 동안 물체의 중력 퍼텐셜 에너지의 일부가 열에너지로 전환되므로 역학적 에너지는 보존되지 않는다.
(3) 물체가 출발하여 바닥에 닿을 때까지 발생한 열에너지는 190 J이다.

내신 만점 문제 　　　　　　　　　　　130쪽~131쪽

01 ①　**02** ②　**03** ④　**04** ②　**05** ④　**06** ③
07 해설 참조　**08** ③　**09** ③　**10** ②　**11** 해설 참조
12 해설 참조

---

01 필요한 열량 $Q=cm\varDelta t=1$ kcal/kg·℃×0.5 kg× (45−15)℃=15 kcal이다.

02 1 mL는 물 1 g의 부피이므로 라면을 넣기 직전까지 물을 끓이는 데 필요한 열량은 $Q=cm\varDelta T=1$ kcal/kg·℃×0.55 kg×(100−25)℃=41.25 kcal이다.

03 ㄴ. 물체를 문지르는 일이 열로 전달되어 물체의 온도가 올라간다.

ㄷ. 보온병을 흔드는 일이 열로 전환되어 보온병 안의 물의 온도를 높인다.

┃바로알기┃ ㄱ. 열을 일로 전환하는 예이다.

04 꼼꼼 **문제 분석**

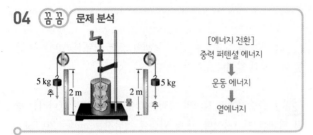

[에너지 전환]
중력 퍼텐셜 에너지
↓
운동 에너지
↓
열에너지

ㄷ. 추가 낙하하면서 열량계 속의 회전 날개를 돌리는 일을 하면 물의 온도가 올라가는 것으로 보아 일이 열로 전환된 것이다.

┃바로알기┃ ㄱ. 추가 낙하하는 동안 추의 높이는 낮아지므로 중력 퍼텐셜 에너지는 감소한다.

ㄴ. 추의 역학적 에너지가 물의 온도를 높이는 열에너지로 전환된다.

05 추의 개수가 2개이므로 중력이 2개의 추에 한 일은 $W=2\times mgh=2\times 5$ kg $\times 9.8$ m/s$^2\times 2$ m $\times 20=3920$ J이다. 이때 한 일이 모두 열로 변하였다면 $Q=\dfrac{W}{J}=\dfrac{3920\text{ J}}{4.2\text{ J/cal}}≒933.3$ cal 이다.

06 기체의 내부 에너지 변화량은 $\varDelta U=Q-W$이므로 $\varDelta U=2260-160=2100$(kJ)이다.

07 꼼꼼 **문제 분석**

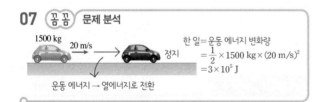

한 일=운동 에너지 변화량
$=\dfrac{1}{2}\times 1500$ kg $\times(20$ m/s$)^2$
$=3\times 10^5$ J

운동 에너지 → 열에너지로 전환

자동차가 정지할 때까지 마찰력이 한 일은 운동 에너지 변화량이고, 이것은 열로 전환된다.

모범답안 자동차의 운동 에너지는 $\dfrac{1}{2}\times 1500$ kg $\times(20$ m/s$)^2=3\times 10^5$ J 이다. 일이 전부 열로 전환된다면 최대 열량은 $Q=\dfrac{W}{J}=\dfrac{3\times 10^5\text{ J}}{4200\text{ J/kcal}}≒$ 71.4 kcal이다.

채점 기준	배점
일이 열로 전환된다는 것을 설명하면서 풀이 과정과 답이 옳은 경우	100 %
일이 열로 전환된다는 것을 설명하지 않거나, 계산 과정이 정확하지 않은 경우	50 %

08 ㄱ, ㄴ. 열역학 제1법칙에 따르면 기체에 가해 준 열량은 기체의 내부 에너지 증가량과 기체가 외부에 한 일의 합과 같다. 이것은 열에너지와 역학적 에너지를 포함한 에너지 보존 법칙을 의미한다.

┃바로알기┃ ㄷ. 열역학 제1법칙에 따라 에너지 공급 없이 일을 할 수 있는 영구 기관(1종 영구 기관)을 제작할 수 없다.

09 기체가 열의 출입이 없이 압축될 때 외부에서 일을 받는다. 외부에서 일을 받을 때 $W<0$이므로, $\varDelta U=-W$에서 $\varDelta U>0$이다. 즉, 외부에서 받은 일만큼 내부 에너지가 증가한다. 따라서 기체의 내부 에너지는 200 J+50 J=250 J이다.

10 꼼꼼 **문제 분석**

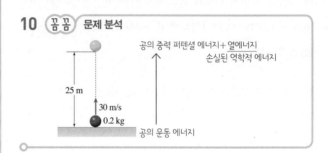

공의 중력 퍼텐셜 에너지+ 열에너지
손실된 역학적 에너지

25 m

30 m/s
0.2 kg

공의 운동 에너지

공을 던진 순간 공의 운동 에너지는 $\dfrac{1}{2}\times 0.2$ kg $\times(30$ m/s$)^2=$ 90 J이고, 최고점에서 공의 중력 퍼텐셜 에너지는 0.2 kg $\times 10$ m/s$^2\times 25$ m $=50$ J이다. 따라서 손실된 역학적 에너지는 90 J -50 J $=40$ J이고, 이것은 공기 저항에 의해 열에너지로 전환된다.

11 철사를 구부리는 일을 하면 철사의 내부 에너지가 증가하므로 온도가 올라간다.

모범답안 철사를 구부릴 때 철사에 한 일이 철사에 열을 가하였고, 이 열이 철사의 내부 에너지를 증가시키기 때문에 철사의 온도가 올라간 것이다.

채점 기준	배점
일이 열로 전환되면서 철사의 내부 에너지를 증가시킨다는 것을 설명한 경우	100 %
일이 열로 전환되기 때문이라고만 설명한 경우	60 %

12 기체가 일정한 압력을 유지하면서 팽창할 때, 기체가 외부에 한 일 W는 압력 P와 부피 변화 $\varDelta V$의 곱과 같다.

모범답안 기체가 외부에 한 일 $W=P\varDelta V=1.2\times 10^5$ N/m$^2\times(0.04-0.02)$m$^3=2400$ J이고, 내부 에너지 증가량 $\varDelta U=Q-W=6000$ J -2400 J $=3600$ J이다.

채점 기준	배점
W와 $\varDelta U$를 모두 풀이 과정과 함께 옳게 구한 경우	100 %
W나 $\varDelta U$ 중 하나만 풀이 과정과 함께 옳게 구한 경우	50 %

중단원 핵심 정리

132쪽~133쪽

❶ 일　❷ 1 J　❸ $-mgh$　❹ 0　❺ 증가　❻ 중력

❼ 운동 에너지　❽ 0　❾ 보존　❿ 중력 퍼텐셜 에너지

⓫ 운동 에너지　⓬ 역학적 에너지　⓭ 길이　⓮ 온도

⓯ $cm\varDelta T$　⓰ 열　⓱ 마찰　⓲ 열에너지　⓳ 열의 일당량

⓴ 열역학 제1법칙

중단원 마무리 문제

134쪽~136쪽

01 ③　　**02** ④　　**03** ④　　**04** ③　　**05** ②　　**06** ①

07 ②　　**08** ②　　**09** ④　　**10** ①　　**11** 해설 참조

12 해설 참조　　**13** 해설 참조

---

01 꼼꼼 문제 분석

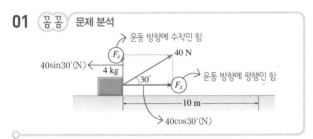

ㄱ. 물체의 운동 방향으로 작용하는 힘은 40 N의 수평 방향 성분인 F_x이므로 $F_x = F\cos\theta = 40\ \text{N} \times \cos 30° = 40\ \text{N} \times \dfrac{\sqrt{3}}{2} = 40\ \text{N} \times \dfrac{1.7}{2} = 34\ \text{N}$이다.

ㄴ. 40 N의 수직 방향 성분인 F_y와 물체의 이동 방향은 수직이므로 F_y가 한 일은 0이다.

┃**바로알기**┃ ㄷ. 물체가 10 m를 이동하는 동안 힘이 한 일은 $W = F_x \times s = 34\ \text{N} \times 10\ \text{m} = 340\ \text{J}$이다.

---

02 꼼꼼 문제 분석

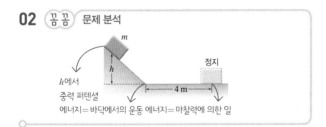

높이 h에서 상자의 중력 퍼텐셜 에너지는 모두 마찰력에 의한 일로 전환되므로 $mgh = fs$에서 $h \propto s$이다. 따라서 상자를 높이가 $3h$인 빗면 위에서 미끄러지게 하면 상자가 수평면에서 미끄러지는 거리도 3배가 되므로 상자는 $4\ \text{m} \times 3 = 12\ \text{m}$를 이동한 후 정지하게 된다.

---

03 꼼꼼 문제 분석

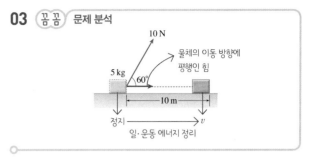

물체가 이동한 방향으로 작용한 힘은 $10\ \text{N} \times \cos 60° = 5\ \text{N}$이므로 힘 F가 물체에 한 일 $W = 5\ \text{N} \times 10\ \text{m} = 50\ \text{J}$이다. 일·운동 에너지 정리에 의해 물체에 한 일만큼 물체의 운동 에너지가 증가하므로 10 m 이동했을 때 속력을 v라고 하면 $50\ \text{J} = \dfrac{1}{2} \times 5\ \text{kg} \times v^2 - 0$에서 $v = 2\sqrt{5}\ \text{m/s}$ 이다.

---

04 꼼꼼 문제 분석

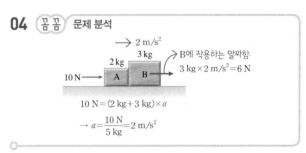

일·운동 에너지 정리에 의해 물체가 5 m 이동하는 동안 B의 운동 에너지 변화량은 B가 받은 알짜힘이 한 일의 양과 같다. B에 작용하는 알짜힘의 크기는 6 N이고, B는 처음에 정지해 있었으므로 운동 에너지가 0이다. 따라서 5 m 이동한 후 B의 운동 에너지는 일의 양과 같으므로 $W = 6\ \text{N} \times 5\ \text{m} = 30\ \text{J}$이 된다.

---

05 꼼꼼 문제 분석

알짜힘$=F-$마찰력$=F-10$ N이므로 알짜힘$-x$ 그래프는 다음과 같이 나타낼 수 있다.

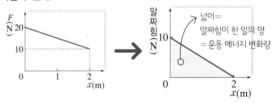

2 m만큼 이동하였을 때, 물체의 운동 에너지$= \dfrac{1}{2} \times 10\ \text{N} \times 2\ \text{m} = 10\ \text{J}$이다.

---

06 ㄱ. 물체가 낙하하는 동안 물체에는 일정한 크기의 중력이 계속 작용하므로 중력이 물체에 한 일은 물체의 이동 거리에 비례한다. 따라서 공의 이동 거리가 A<B이므로 A에서 중력이 물체에 한 일은 B에서보다 작다.

바로알기 | ㄴ. 물체의 이동 거리가 A<B이므로 중력에 의한 퍼텐셜 에너지의 감소량도 A<B이다.

ㄷ. 공기 저항을 무시할 때 물체가 낙하하는 동안 물체의 역학적 에너지는 항상 일정하게 보존된다. 따라서 A와 B에서 역학적 에너지는 변함이 없다.

07 ㄴ. 공기 저항을 무시하므로 공이 운동하는 동안 역학적 에너지는 보존된다.

바로알기 | ㄱ. 최고점에서 공의 연직 방향 속력은 0이지만 수평 방향 속력은 0이 아니므로 운동 에너지는 0이 아니다.

ㄷ. 공에 계속해서 중력이 작용하므로 공의 높이를 h라고 하면 중력이 공에 한 일은 $-mgh$이다. 따라서 0이 아니다.

08 ㄷ. 물체를 A점에서 더 높이 들게 되면 중력 퍼텐셜 에너지가 증가하므로 역학적 에너지가 증가하게 된다. 따라서 O에서의 역학적 에너지도 증가하는데 O에서의 중력 퍼텐셜 에너지는 변화 없으므로 O에서의 운동 에너지가 증가한다.

바로알기 | ㄱ. 물체의 운동 에너지는 최하점(O)에서 가장 크다. 물체를 들어 올린 A점에서는 중력 퍼텐셜 에너지가 최대, 운동 에너지는 0이고, O에서는 중력 퍼텐셜 에너지가 최소, 운동 에너지가 최대가 된다. 따라서 B에서는 A에서와 마찬가지로 중력 퍼텐셜 에너지가 최대, 운동 에너지가 0이다.

ㄴ. 단진자의 주기는 $T=2\pi\sqrt{\dfrac{l}{g}}$에서 물체의 질량은 단진자의 주기와 관계가 없다. 따라서 무거운 물체로 교체해도 실의 길이는 변하지 않았으므로 주기는 일정하다.

09 꼼꼼 **문제 분석**

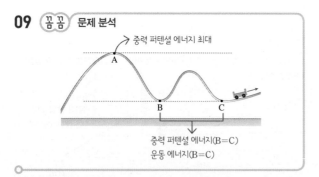

모든 마찰을 무시할 때 역학적 에너지가 보존되므로 감소한 중력 퍼텐셜 에너지만큼 운동 에너지가 증가한다.

ㄱ. 역학적 에너지가 보존되므로 중력 퍼텐셜 에너지가 A>B일 때 운동 에너지는 A<B이다.

ㄷ. 모든 마찰을 무시하므로 역학적 에너지는 보존된다.

바로알기 | ㄴ. 중력 퍼텐셜 에너지는 수평면으로부터의 높이에 비례한다. 수평면으로부터의 높이가 A>B이므로 중력 퍼텐셜 에너지도 A>B이다.

10 ㄱ. 줄의 실험은 역학적 에너지가 열로 전환되는 비율을 측정하는 실험이고, 이를 열의 일당량이라고 한다.

바로알기 | ㄴ. 줄의 실험 장치는 중력 퍼텐셜 에너지를 운동 에너지로 전환한 뒤 열에너지로 최종 전환한다.

ㄷ. 열량계 속의 물이 많을수록 온도 변화는 작아지지만 열의 일당량은 일정하므로 역학적 에너지가 열로 전환되는 비율은 일정하다.

11 물체의 최고점의 높이를 h라고 하면 운동 에너지와 중력 퍼텐셜 에너지가 같은 곳에서 역학적 에너지는 $2\times\left(\dfrac{1}{2}mv^2\right)=mv^2$이다. 이 값이 최고점에서 역학적 에너지와 같다.

모범답안 최고점을 h, 운동 에너지와 중력 퍼텐셜 에너지가 같은 곳에서 물체의 속력을 v라고 하면 $mgh=2\times\left(\dfrac{1}{2}mv^2\right)$이므로
$v=\sqrt{gh}=\sqrt{10\text{ m/s}^2\times10\text{ m}}=10\text{ m/s}$이다.

채점 기준	배점
풀이 과정과 답을 모두 옳게 구한 경우	100 %
풀이 과정만 옳게 쓴 경우	50 %

12 **모범답안** 최고점의 높이를 h라고 하면 최고점에서 물체의 중력 퍼텐셜 에너지는 $E_\text{p}=mgh$이고, 운동 에너지는 $E_\text{k}=\dfrac{1}{2}m(v_0\cos45°)^2=\dfrac{1}{4}mv_0^2$이다. 물체의 역학적 에너지는 보존되므로 $\dfrac{1}{2}mv_0^2=mgh+\dfrac{1}{4}mv_0^2$에서 $mgh=\dfrac{1}{4}mv_0^2$이다. 따라서 $E_\text{k}=E_\text{p}$이므로 운동 에너지와 중력 퍼텐셜 에너지는 같다.

채점 기준	배점
풀이 과정과 답을 모두 옳게 구한 경우	100 %
풀이 과정만 옳게 쓴 경우	50 %

13 꼼꼼 **문제 분석**

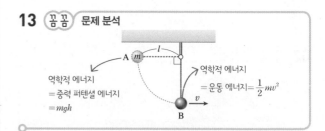

모범답안 B점을 중력 퍼텐셜 에너지의 기준으로 할 때 A점에서 중력 퍼텐셜 에너지는 B점에서 모두 운동 에너지로 전환되므로 $mgl=\dfrac{1}{2}mv^2$에서 추의 속력 $v=\sqrt{2gl}$이다.

채점 기준	배점
풀이 과정과 답을 모두 옳게 구한 경우	100 %
풀이 과정만 옳게 쓴 경우	50 %

01 ③	02 ④	03 ⑤	04 ①	05 ④	06 ①
07 ①	08 ③	09 ②	10 ④	11 ③	12 ①

01 꼼꼼 문제 분석

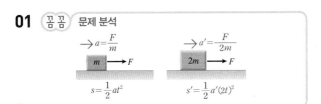

선택지 분석

~~① 0.5W~~   ~~② W~~   ③ 2W   ~~④ 4W~~   ~~⑤ 8W~~

질량 m인 물체에 일정한 힘 F를 작용하면 물체는 가속도 $a = \dfrac{F}{m}$인 등가속도 운동을 한다. 시간 t 동안 이동한 거리 $s = \dfrac{1}{2}at^2 = \dfrac{1}{2} \times \dfrac{F}{m} \times t^2$이므로 힘 F가 시간 t 동안 한 일의 양은 $W = Fs = F \times \dfrac{1}{2} \times \dfrac{F}{m} \times t^2 = \dfrac{F^2}{2m}t^2$이다. 질량 $2m$인 물체에 F의 힘을 $2t$ 동안 작용하면 가속도 $a' = \dfrac{F}{2m}$이므로 F가 한 일의 양은 $W' = F \times s' = F \times \dfrac{1}{2} \times \dfrac{F}{2m} \times (2t)^2 = 2 \times \dfrac{F^2}{2m}t^2 = 2W$이다.

02 꼼꼼 문제 분석

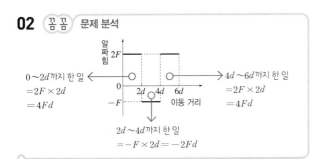

선택지 분석

~~ㄱ.~~ 운동 에너지가 계속 증가한다.
→ 0~2d, 4d~6d: 증가, 2d~4d: 감소

ⓛ 운동 에너지의 최댓값은 $6Fd$이다.

ⓒ 속도의 크기는 이동 거리가 $6d$일 때 최대이다.

ㄴ. 0~2d까지 한 일은 $4Fd$, 0~4d까지 한 일 $= 4Fd - 2Fd = 2Fd$, 0~6d까지 한 일 $= 4Fd - 2Fd + 4Fd = 6Fd$이므로 알짜힘이 한 일의 최댓값은 $6Fd$이다. 알짜힘이 한 일은 운동 에너지의 변화량과 같으므로 운동 에너지의 최댓값은 $6Fd$이다.

ㄷ. 운동 에너지가 최대일 때 속도의 크기도 최대이므로 이동 거리가 $6d$일 때 속도의 크기가 최대이다.

바로알기 ㄱ. 물체가 $2d$에서 $4d$까지 운동하는 동안 물체가 운동하는 방향의 반대 방향으로 힘을 받아서 운동 에너지가 감소한다.

03 꼼꼼 문제 분석

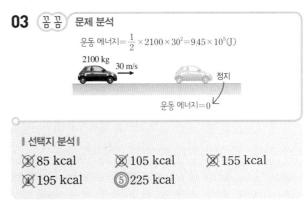

선택지 분석

~~① 85 kcal~~   ~~② 105 kcal~~   ~~③ 155 kcal~~
~~④ 195 kcal~~   ⑤ 225 kcal

일·운동 에너지 정리에 따라 한 일은 운동 에너지 변화량과 같다. 따라서 운동 에너지가 모두 열로 전환되었을 때 열량 $Q = \dfrac{W}{J} = \dfrac{9.45 \times 10^5 \text{ J}}{4.2 \times 10^3 \text{ J/kcal}} = 225$ kcal이다.

04 꼼꼼 문제 분석

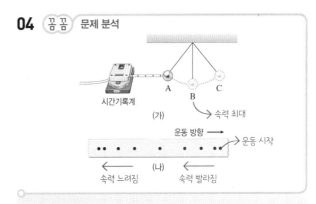

선택지 분석

ⓛ 속력은 B에서 가장 빠르다.

~~ㄴ.~~ 가속도의 크기는 B에서 가장 크다. A와 C

~~ㄷ.~~ A와 C 사이의 평균 속력은 0이다. 0이 아니다.

ㄱ. A에서의 중력 퍼텐셜 에너지가 B에서 운동 에너지로 전환된다. 따라서 B에서 운동 에너지가 가장 크므로 B에서 속력이 가장 빠르다.

바로알기 ㄴ. 단진자에 작용하는 알짜힘은 $F = -mg\sin\theta = -mg\dfrac{x}{l}$이므로 x가 가장 큰 양 끝 지점에서 가장 크다.

ㄷ. 평균 속력은 이동 거리를 걸린 시간으로 나눈 값이다. 이동 거리와 걸린 시간 모두 0이 아니므로 평균 속력은 0이 아니다.

05

선택지 분석

ㄱ. 충돌 직후 나무 도막의 속력은 약 1 m/s이다.

ㄴ. 나무 도막의 수직 상승 높이 h는 약 0.05 m이다.

✗ 총알이 나무 도막에 박히는 과정에서 발생한 열은 약 ~~185 J~~ 이다. → 199 J

ㄱ. 총알이 나무 도막에 박힌 직후 나무 도막의 속력을 v라고 하면, 운동량 보존 법칙에 의해 $0.01 \text{ kg} \times 200 \text{ m/s} = 2.01 \text{ kg} \times v$이므로 v는 약 1 m/s이다.

ㄴ. 역학적 에너지 보존 법칙에 의해 총알이 박힌 직후의 나무 도막과 총알의 운동 에너지가 중력 퍼텐셜 에너지로 전환되므로 $\frac{1}{2} \times 2.01 \times 1^2 = 2.01 \times 10 \times h$에서 h는 약 0.05 m이다.

바로알기 ㄷ. 총알이 나무 도막에 박히는 과정에서 발생한 에너지는 총알이 박히기 전의 총알의 운동 에너지와 총알이 박히고 난 후의 나무 도막과 총알의 운동 에너지의 합의 차이이므로 충돌 전 총알의 운동 에너지 $= \frac{1}{2} \times 0.01 \times 200^2 = 200(\text{J})$이고, 충돌 후 나무 도막과 총알의 운동 에너지 합 $= \frac{1}{2} \times 2.01 \times 1^2 = 1.005(\text{J})$에서 총알이 나무 도막에 박히는 과정에서 발생한 열은 $200 - 1.005 ≒ 199(\text{J})$이다.

06 꼼꼼 문제 분석

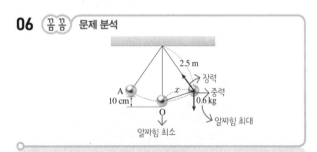

선택지 분석

ㄱ. 진자의 역학적 에너지는 보존되지 않는다.

✗ A에서 O로 가는 동안 진자에 작용하는 알짜힘의 크기는 ~~증가한다.~~ → 감소

✗ 진자가 1회 진동하는 동안 소비한 평균 에너지는 ~~0.12 J~~ 이다. → 0.012 J

ㄱ. 진폭이 점점 줄어들어 정지하므로 역학적 에너지의 일부가 열에너지로 전환된다. 따라서 역학적 에너지는 보존되지 않는다.

바로알기 ㄴ. 단진자에 작용하는 알짜힘은 $F = -mg\sin\theta = -\frac{mg}{l}x$이므로 알짜힘의 크기는 진자의 변위의 크기 x에 비례한다.

따라서 A에서 O로 가는 동안 A에서 알짜힘이 최대이고, O에서 알짜힘이 최소이므로 알짜힘의 크기는 감소한다.

ㄷ. 처음 A에 들어 올렸을 때 역학적 에너지는 중력 퍼텐셜 에너지 $mgh = 0.6 \times 10 \times 0.1 = 0.6(\text{J})$이다. 50회 진동하는 동안 감소한 역학적 에너지는 0.6 J이므로 1회 진동하는 동안 소비한 평균 에너지는 $\frac{0.6}{50} = 0.012(\text{J})$이다.

07 꼼꼼 문제 분석

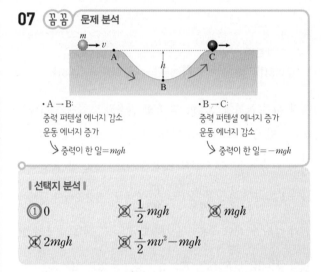

· A → B:
중력 퍼텐셜 에너지 감소
운동 에너지 증가
↘ 중력이 한 일 $= mgh$

· B → C:
중력 퍼텐셜 에너지 증가
운동 에너지 감소
↘ 중력이 한 일 $= -mgh$

선택지 분석

① 0   ✗ $\frac{1}{2}mgh$ ✗ mgh

✗ $2mgh$ ✗ $\frac{1}{2}mv^2 - mgh$

· A → B: 중력 퍼텐셜 에너지가 mgh만큼 감소하고, 운동 에너지가 mgh만큼 증가하므로 중력이 물체에 한 일은 mgh이다.

· B → C: 중력 퍼텐셜 에너지가 mgh만큼 증가하고, 운동 에너지가 mgh만큼 감소하므로 중력이 물체에 한 일은 $-mgh$이다.

따라서 물체가 A → B → C로 이동하는 동안 중력이 물체에 한 일은 $mgh + (-mgh) = 0$이다.

08

선택지 분석

✗ $v_1 = v_2 < v_3$ ✗ $v_1 < v_2 = v_3$ ③ $v_1 = v_2 = v_3$

✗ $v_1 > v_2 = v_3$ ✗ $v_1 > v_2 > v_3$

③ (가)와 (나)에서는 물체의 높이가 낮아지므로 감소한 중력 퍼텐셜 에너지만큼 운동 에너지가 증가한다. 이때 감소한 중력 퍼텐셜 에너지는 mgh이다. (다)에서는 물체의 높이가 높아지므로 감소한 운동 에너지만큼 중력 퍼텐셜 에너지가 증가한다. 이때 증가한 중력 퍼텐셜 에너지는 mgh이다. 따라서 (가)~(다)에서 중력 퍼텐셜 에너지의 변화량이 mgh로 같다. 운동 에너지의 변화량이 같으므로 $v_1 = v_2 = v_3$이다.

09 꼼꼼 문제 분석

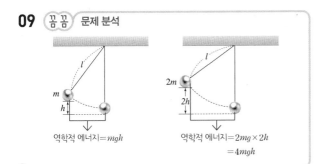

역학적 에너지$=mgh$

역학적 에너지$=2mg \times 2h$
$=4mgh$

▮선택지 분석▮

✗ 단진자의 주기는 (가)에서가 (나)에서의 $\sqrt{2}$배이다. (가)=(나)

✗ 최하점에서의 역학적 에너지는 (가)에서가 (나)에서의 $\dfrac{1}{2}$배이다. $\dfrac{1}{4}$ 배

ⓒ (가)에서 물체의 질량만 4배로 하면 (가)와 (나)의 최하점에서의 운동 에너지가 같아진다.

ㄷ. (가)의 물체의 질량을 4배로 하면 최고점에서의 중력 퍼텐셜 에너지가 $4mgh$가 되어 (나)의 최고점에서의 중력 퍼텐셜 에너지와 같아진다. 또한, 역학적 에너지가 보존되므로 단진자의 최하점에서의 운동 에너지는 최고점에서의 중력 퍼텐셜 에너지와 같다. 따라서 최하점에서의 운동 에너지는 (가)와 (나)에서 같아진다.

▮바로알기▮ ㄱ. 단진자의 주기는 $T=2\pi\sqrt{\dfrac{l}{g}}$이다. 실의 길이가 같으므로 물체의 질량과 최하점으로부터의 높이가 다르더라도 두 단진자의 주기는 같다.

ㄴ. 역학적 에너지가 보존되므로 최하점에서의 역학적 에너지와 최고점에서의 역학적 에너지가 같다. 따라서 (가)의 최고점에서의 중력 퍼텐셜 에너지 mgh는 (나)의 최고점에서의 중력 퍼텐셜 에너지 $4mgh$의 $\dfrac{1}{4}$배이다.

10

▮선택지 분석▮

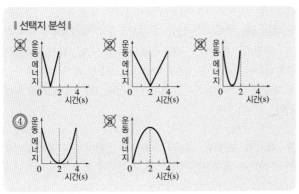

연직 위 방향을 (+), 연직 아래 방향을 (−)라고 하면 연직 위로 던져 올린 공의 속도는 +20 m/s, 중력 가속도는 −10 m/s² 이다. 연직 위로 던져 올린 공은 등가속도 운동을 하므로 물체의 속도는 $v=v_0+at=20-10t$이다. 따라서 공의 운동 에너지 $E_k=\dfrac{1}{2}mv^2=\dfrac{1}{2}m(20-10t)^2$이므로 이를 그래프로 나타내면 ④와 같은 이차 함수 형태를 띤다. 연직 위로 던진 공의 운동 에너지는 점점 감소하다가 2초일 때 0이 되며, 그 이후 공이 연직아래로 떨어지므로 운동 에너지는 점점 증가한다.

11

▮선택지 분석▮

ⓖ 추의 질량이 클수록 물의 온도 변화가 크다.

ⓛ 추의 낙하 거리가 클수록 물의 온도 변화가 크다.

✗ 중력 가속도의 크기는 물의 온도 변화에 영향을 미치지 않는다. → 중력 가속도가 클수록 물의 온도가 더 많이 올라간다.

ㄱ, ㄴ. 추가 낙하하면서 추의 역학적 에너지가 물의 열에너지로 전환되므로 추의 중력 퍼텐셜 에너지의 감소량이 클수록 전환되는 열에너지도 커진다. 따라서 추의 질량이 클수록, 낙하 거리가 클수록 중력 퍼텐셜 에너지의 감소량이 커지므로 물의 온도가 더 많이 올라간다.

▮바로알기▮ ㄷ. 중력 가속도의 크기가 클수록 중력 퍼텐셜 에너지가 커지므로 물의 온도가 더 많이 올라간다.

12 꼼꼼 문제 분석

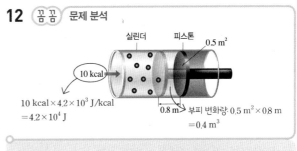

실린더   피스톤   0.5 m²

10 kcal

10 kcal × 4.2×10^3 J/kcal
$=4.2 \times 10^4$ J

0.8 m   부피 변화량: 0.5 m² × 0.8 m
$=0.4$ m³

▮선택지 분석▮

① 0.2×10^4 J   ✗ 0.4×10^4 J   ✗ 1.2×10^4 J

✗ 2×10^4 J   ✗ 4×10^4 J

실린더의 부피 변화 $\Delta V=0.5$ m² $\times 0.8$ m$=0.4$ m³이다. 그러므로 기체가 외부에 한 일은 $W=P\Delta V=10^5$ N/m² $\times 0.4$ m³ $=4 \times 10^4$ J이다. 열역학 제1법칙에 따라 내부 에너지의 증가량은 $\Delta U=Q-W$에서 열량 $Q=10 \times 10^3$ cal $\times 4.2$ J/cal$=4.2 \times 10^4$ J이므로 $\Delta U=4.2 \times 10^4$ J -4×10^4 J$=0.2 \times 10^4$ J이다.

Ⅱ. 전자기장

1 전기장

01 전기장과 정전기 유도

1 (1) ○ (2) ○ (3) ×   **2** $9F$ **3** ㄱ, ㄹ   **4** (1) $F_A > F_B$
(2) A: 왼쪽, B: 오른쪽   **5** A: (−), B: (+)   **6** (1) A: (+),
B: (−) (2) $Q_A = Q_B$

1 (1) 같은 종류의 전하 사이에는 척력이 작용하고, 다른 종류의 전하 사이에는 인력이 작용한다.

(2), (3) 두 전하 사이에 작용하는 전기력은 $F = k\dfrac{q_1 q_2}{r^2}$이므로 전기력의 크기는 전하량의 곱에 비례하고 거리 제곱에 반비례한다.

2 두 전하 사이에 작용하는 전기력은 두 전하의 전하량의 곱에 비례하고, 두 전하 사이의 거리의 제곱에 반비례한다. (나)의 경우 두 전하의 전하량의 곱은 (가)와 같고, 두 전하 사이의 거리는 (가)의 $\dfrac{1}{3}$이므로 전기력의 크기는 9배가 된다.

3 ㄱ. 전기장이 셀수록 단위 면적당 통과하는 전기력선의 수가 많아서 전기력선의 밀도가 크다.

ㄴ. 전기력선은 도중에 교차하지 않으며, 분리되지도 않는다.

ㄷ. 전기력선에 그은 접선 방향이 그 점에서 전기장의 방향이다.

ㄹ. 전하량 Q인 점전하 주위의 전기장의 세기는 $E = k\dfrac{Q}{r^2}$이므로 거리가 멀어질수록 세기는 약해진다.

4 (1) 전기장의 세기는 전기력선의 밀도에 비례하고, 전하에 작용하는 전기력의 세기는 전기장의 세기에 비례한다. 따라서 $F_A > F_B$이다.

(2) (+)전하에 작용하는 전기력의 방향은 전기장의 방향과 같고, (−)전하에 작용하는 전기력의 방향은 전기장의 방향과 반대 방향이다. 따라서 A에는 왼쪽 방향으로, B에는 오른쪽 방향으로 전기력이 작용한다.

5 A로는 전기력선이 들어오고 B에서는 전기력선이 나가므로 A는 (−)전하이고 B는 (+)전하이다.

6 (1) A에 의한 전기장의 방향은 A에서 나가는 방향이므로 A는 (+)전하이고, B에 의한 전기장의 방향은 B를 향하는 방향이므로 B는 (−)전하이다.

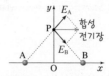

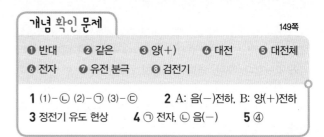

(2) 합성 전기장의 방향이 오른쪽이므로 A와 B의 전하량은 같다.

1 (1)−ㄴ (2)−ㄱ (3)−ㄷ   **2** A: 음(−)전하, B: 양(+)전하
3 정전기 유도 현상   **4** ㉠ 전자, ㉡ 음(−)   **5** ④

1 (1) 서로 다른 두 물체를 마찰시키면 일부의 전자가 한 물체에서 다른 물로 이동하면서 마찰 전기가 발생한다. −ㄴ
(2) 절연체는 자유 전자가 거의 없으므로 대전체를 절연체에 가까이 했을 때 절연체 내에서 전자의 이동이 잘 일어나지 않는다. 따라서 원자 내에서 전자가 약간의 위치 변화를 하면서 전기를 띠게 되는데, 이를 유전 분극이라고 한다. −ㄱ
(3) 대전체를 도체에 가까이 하면 대전체와 가까운 쪽은 대전체와 반대 종류의 전하가 유도되고, 먼 쪽은 대전체와 같은 종류의 전하가 유도되는데, 이를 정전기 유도라고 한다. −ㄷ

2 A와 B가 접촉한 상태에서 (−)전하를 띤 대전체를 B에 접근시키면, 정전기 유도 현상에 의하여 전자가 A쪽으로 이동하므로 대전체와 가까이 있는 B는 (−)전하를 띤 대전체와 반대 종류인 (+)전하로 대전되고, 대전체와 멀리 있는 A는 대전체와 같은 종류인 (−)전하로 대전된다. 따라서 A와 B를 떼어 놓은 후 (−)로 대전된 대전체를 치우면 A는 (−)전하, B는 (+)전하를 띠게 된다.

3 복사기, 포장 랩, 자동차 도색 등은 정전기 유도 현상을 이용한 것들이고, 피뢰침은 정전기 유도 현상에 의해 발생하는 번개의 피해를 줄이기 위해 설치한다.

4 마찰에 의해 이동하는 것은 (−)전하를 띤 전자로, 원자핵은 이동하지 않으므로 (+)전하량은 변하지 않는다. 명주 헝겊과 유리 막대를 마찰시키면 유리 막대에서 명주 헝겊으로 (−)전하를 띤 전자가 이동하여 명주 헝겊은 (−)전하, 유리 막대는 (+)전하를 띤다.

5 대전체의 전하의 종류와 검전기의 금속판의 전하의 종류는 다르고, 대전체의 전하의 종류와 검전기의 금속박의 전하의 종류는 같다.

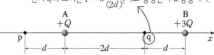

Q1 손가락을 통해 들어온 전자가 검전기의 금속박으로 이동하여 금속박이 오므라든다.

Q2 (−)전하를 띠는 토너 가루와 (+)전하를 띠는 드럼의 글자 부분에 전기력이 작용하여 달라붙는다.

대표 자료 분석

151쪽~152쪽

자료 ① **1** ㉠ $-x$, ㉡ $+x$　　**2** 크기: $12F$, 방향: $-x$방향
3 (1) ○ (2) × (3) ○ (4) × (5) ×

자료 ② **1** ㉠ $\cos30°$, ㉡ $\sin30°$, ㉢ $\dfrac{\sqrt{3}}{3}mg$　　**2** $\dfrac{\sqrt{3}mg}{3E}$
3 $\dfrac{2\sqrt{3}}{3}$배　　**4** (1) ○ (2) ○ (3) ○ (4) ×

자료 ③ **1** (1) (−) (2) 정전기 유도 (3) 끌어당기는 (4) 같다
2 (1) ○ (2) × (3) ○ (4) ○ (5) ×

자료 ④ **1** (1) ㉠ 척력, ㉡ 전자 (2) ㉠ (+), ㉡ (−)　　**2** ㄱ, ㄷ
3 (1) × (2) ○ (3) ×

①-1 같은 종류의 전하 사이에는 척력이 작용한다. (+)전하를 p에 놓으면 A로부터 받는 전기력의 방향은 $-x$방향이고, q에 놓으면 A로부터 받는 전기력의 방향은 $+x$방향이다.
다른 종류의 전하 사이에는 인력이 작용한다. (−)전하를 q에 놓으면 B로부터 받는 전기력의 방향은 $+x$방향이다.

①-2 꼼꼼 문제 분석

q에 $+1$ C의 전하를 놓았을 때 전하가 A로부터 받는 전기력의 크기는 $F=k\dfrac{Q\times1}{(2d)^2}$이고 방향은 $+x$방향이다.

(1) q는 A로부터 $2d$만큼 떨어져 있으므로 $+1$ C의 (+)전하가 A로부터 받는 전기력의 크기는 $F=k\dfrac{Q\times1}{4d^2}$이다. q는 B로부터 d만큼 떨어져 있으므로 $+1$ C의 (+)전하가 B로부터 받는 전기력의 크기는 $k\dfrac{3Q\times1}{d^2}=12F$이다. B는 (+)전하이므로 $+1$ C의 전하가 B로부터 받는 전기력의 방향은 $-x$방향이다.

①-3 (1) A와 B는 같은 종류의 전하이므로 전기장이 0인 지점은 A와 B 사이에 있다.
(2) q는 전하량이 더 큰 B가 A보다 가까우므로 q에서 전기장의 방향은 $-x$방향이다.
(3) B는 (+)전하이므로 B의 오른쪽 영역에서 전기장의 방향은 $+x$방향이다.
(4) 두 전기력의 방향이 같으면 합력의 크기는 두 전기력의 크기의 합이고, 두 전기력의 방향이 반대이면 합력의 크기는 두 전기력의 크기의 차이다.
(5) A와 B는 모두 (+)전하이므로 p, q에서 A와 B에 의한 전기장의 방향은 $-x$방향으로 같다. p에서 A와 B에 의한 전기장의 세기는 $k\dfrac{Q}{d^2}+k\dfrac{3Q}{16d^2}=k\dfrac{19Q}{16d^2}$이다. q에서 전기장의 세기는 $k\dfrac{3Q}{d^2}-k\dfrac{Q}{4d^2}=k\dfrac{11Q}{4d^2}$이다.

②-1 꼼꼼 문제 분석

대전체는 정지해 있으므로 모든 힘의 합력이 0이다. 따라서 중력과 전기력의 합력은 장력 T와 크기는 같고 방향은 반대이다.
중력+전기력=장력

위의 그림에서 알 수 있듯이 대전체가 받는 중력은 $mg=T\cos30°=\dfrac{\sqrt{3}}{2}T$이고, 전기력은 $F=T\sin30°=\dfrac{1}{2}T$이다. 따라서 $F=\dfrac{\sqrt{3}}{3}mg$이다.

②-2 $F=qE=\dfrac{\sqrt{3}}{3}mg$이므로 $q=\dfrac{\sqrt{3}mg}{3E}$이다.

②-3 $mg=\dfrac{\sqrt{3}}{2}T$이므로 $T=\dfrac{2\sqrt{3}}{3}mg$이다.

②-4 (1) A는 연직면에 대해 왼쪽으로 기울어져 있으므로 A에 작용하는 전기력의 방향은 왼쪽 방향이다.
(2) A의 전하량이 커질수록 A에 작용하는 전기력의 크기가 커지므로 실과 연직면이 이루는 각은 커진다.
(3) 대전체가 정지해 있으므로 대전체 A에 작용하는 알짜힘은 0이다.
(4) 대전체 A는 전기장의 반대 방향으로 전기력을 받으므로 (−)전하이다.

③-1 (1) (나)에서 B는 (−)전하로 대전되어 있다.
(2) A와 B는 도체인 금속구이므로 전자의 이동이 자유롭다. 따라서 A와 B의 전하 분포가 달라지는 것은 정전기 유도 현상으로 설명할 수 있다.
(3) (다)에서 A와 B는 서로 다른 종류의 전하로 대전되어 있으므로 A와 B 사이에는 서로 끌어당기는 전기력이 작용한다.
(4) A에 대전된 전하의 종류는 (가)에서와 (다)에서 모두 (+)전하로 같다.

③-2 (1) 정전기 유도 현상에 의해 (나)에서 A는 (+)전하로, B는 (−)전하로 대전된다.
(2) (다)에서 A와 B는 떨어져 있으므로 (나)에서와 같이 A는 (+)전하로, B는 (−)전하로 대전되어 있다.
(3) (다)에서 전하량이 A가 B보다 크므로 (가)에서 A, B는 모두 (+)전하로 대전되어 있다.
(4) (다)에서 전하량이 A가 B보다 크므로 A와 B 사이의 중간 지점에서 전기장의 방향은 오른쪽 방향이다.
(5) (다)에서 (+)전하를 띠는 A와 B에 있는 전자 사이에는 끌어당기는 전기력이 작용하므로 B에 손을 접촉시켜도 B에 있던 전자가 손으로 이동하지 않는다.

④-1 (1) 같은 종류의 전하 사이에는 척력이 작용한다. 따라서 (−)전하로 대전된 유리 막대와 금속판의 (−)전하를 띠는 전자 사이에는 척력이 작용하므로 전자는 금속박으로 이동한다. (+)전하를 띠는 원자핵은 (−)전하를 띠는 전자보다 질량이 약 1836배 더 크다. 따라서 대전체에 의해 전기력이 작용할 때 전자는 움직이지만 원자핵은 움직이지 않는다.
(2) 금속판에 있던 전자가 금속박으로 이동하므로 금속판은 상대적으로 (+)전하가 많아지고, 금속박은 (−)전하가 많아진다.

④-2 ㄱ. (+)전하를 띠는 원자핵은 전자보다 질량이 훨씬 크므로 접지시켰을 때 이동하는 것은 전자이다.

ㄷ. (나)에서 접지를 시킨 후 충분한 시간이 지나면 금속판은 (+)전하를 띠고, 금속박은 중성이다.
▌바로알기▐ ㄴ. (가)에서 금속박은 (−)전하를 띠고, (나)에서 금속박은 중성이므로 금속박의 벌어진 정도는 (가)에서가 (나)에서보다 크다.

④-3 (1) (가)에서 금속판은 (+)전하를 띠고 금속박은 (−)전하를 띤다. 접지를 했을 때 전자들이 지면으로 이동했으므로 접지한 도선과 유리 막대를 동시에 치우면 검전기는 (+)전하의 양이 (−)전하의 양보다 많아진다.
(2) 검전기 전체는 (+)전하를 띠게 되므로 금속박은 벌어진다.
(3) 접지된 도선을 통해 전자가 검전기로 유입되어 금속판과 금속박은 중성이 된다.

153쪽~155쪽

01 ⑤	**02** ②	**03** $\dfrac{5}{3}F$	**04** ①	**05** ⑤	**06** ③
07 전기장의 방향: $+y$, A의 전하량: $\dfrac{mg}{E}$				**08** ①	**09** 해설 참조
10 ⑤	**11** ⑤	**12** ④	**13** ⑤	**14** 해설 참조	

01 ㄱ. A와 D 사이에 척력이 작용하므로 A와 D는 서로 같은 종류의 전하를 띤다.
ㄷ. C가 전하를 띠지 않지만 C와 D 사이에 인력이 작용하는 것은 D에 의해 C에 정전기 유도 현상이 나타났기 때문이다.
▌바로알기▐ ㄴ. B와 C 사이에는 전기력이 작용하지 않으므로 B와 C는 전하를 띠지 않는다.

02 꼼꼼 문제 분석

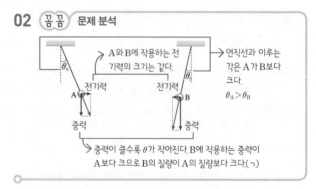

ㄴ. (나)에서 척력이 작용하므로 전하의 종류가 같다.
▌바로알기▐ ㄱ. (가)에서 A와 B에 작용하는 전기력의 크기는 작용 반작용 관계이므로 서로 같다. 중력이 클수록 θ가 작아지므로 질량은 A가 B보다 작다.

ㄷ. A와 B를 접촉해도 전하의 총 합은 일정하다.

03 꼼꼼 문제 분석

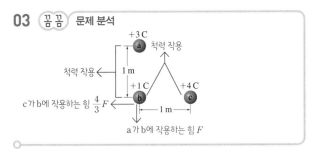

a와 c가 b에 작용하는 힘을 각각 구한 후 합력을 구한다. a가 b에 작용하는 힘 $F=k\dfrac{3\times1}{1^2}$이고 아래쪽으로 작용하며, c가 b에 작용하는 힘은 $k\dfrac{1\times4}{1^2}=\dfrac{4}{3}F$이고, 왼쪽으로 작용한다. 따라서 a와 c가 b에 작용하는 합력의 크기는 $\sqrt{F^2+\left(\dfrac{4}{3}F\right)^2}=\dfrac{5}{3}F$이다.

04 ㄱ. 전기장의 방향은 (+)전하에 작용하는 전기력의 방향과 같다.

∥바로알기∥ ㄴ. 전기장의 세기는 전기력을 전하량으로 나눈 값에 비례하므로 B가 놓인 지점에서의 전기장의 세기는 $\dfrac{2F}{3q}$이고, C가 놓인 지점에서의 전기장의 세기는 $\dfrac{F}{q}$이다.

ㄷ. B가 놓인 지점에서의 전기장의 방향과 C가 놓인 지점에서의 전기장의 방향은 $-y$방향으로 같다.

05 ㄱ. p에서 전기장이 0이므로 A와 B는 서로 다른 종류의 전하이면서 전하량의 크기는 A가 B보다 작다.

ㄴ. A와 B는 서로 다른 종류의 전하를 띠므로 인력이 작용한다.

ㄷ. q에서 전기장의 방향이 $+x$방향이므로 A는 (+)전하이고 B는 (−)전하이다. r는 B에 가까운 지점이므로 r에서 전기장의 방향은 $-x$방향이다.

06 ③ 전기장의 세기는 전기력선의 밀도에 비례하므로 밀도가 큰 P가 밀도가 작은 Q보다 전기장의 세기가 크다.

∥바로알기∥ ① 전기력선이 두 전하로부터 나가는 방향이므로 A와 B는 모두 (+)전하이다.

② 전하에서 나가는 전기력선의 수가 A가 B보다 많으므로 전하량은 A가 B보다 크다.

④ P에 (+)전하를 놓으면 전기력선의 방향을 따라 움직이므로 B쪽으로 운동하지 않는다.

⑤ A와 B가 서로에게 작용하는 전기력은 작용 반작용 관계이므로 크기가 같다.

07 A가 등속도 운동을 하므로 입자가 받는 알짜힘은 0이다. A에 작용하는 중력과 전기력의 크기는 같고 방향은 반대이므로 전기력의 방향은 $+y$방향이다. (+)전하가 받는 전기력의 방향이 $+y$방향이므로 전기장의 방향은 $+y$방향이다.

A에 작용하는 중력과 전기력의 크기는 같으므로 $mg=qE$에서 전하량은 $q=\dfrac{mg}{E}$이다.

08 전기장의 세기$=\dfrac{\text{전기력}}{\text{전하량}}$에서 전기력$=$전기장의 세기$\times$전하량$=10\ \text{N/C}\times0.2\ \text{C}=2\ \text{N}$이다. 입자는 (+)전하를 띠고 있으며 전기장이 균일하게 왼쪽에서 오른쪽 방향으로 형성되므로, 입자는 오른쪽($\rightarrow$)으로 힘을 받는다.

09 모범답안 (1) 균일한 전기장 영역에서 전하는 등가속도 운동을 한다. A의 전하량을 q라 하면, Ⅰ에서 A의 가속도의 크기는 $\dfrac{qE}{m}$이고, Ⅱ에서 A의 가속도의 크기는 $\dfrac{2qE}{m}$이다. 따라서 $a_1:a_2=1:2$이다.

(2) A가 Ⅰ을 빠져나오는 순간의 속력을 v_1이라 하면, $v_1=\sqrt{2a_1d}$에서 $d=\dfrac{v_1^2}{2a_1}$이다. Ⅱ에서 A의 운동 방향과 전기장의 방향은 반대 방향이므로 A의 속력은 감소하다가 순간적으로 정지한다. $a_2=2a_1$이므로 Ⅱ에서 A가 이동한 거리를 x라 하면, $0-v_1^2=-2a_2x$에서 $x=\dfrac{v_1^2}{2a_2}=\dfrac{d}{2}$이다.

	채점 기준	배점
(1)	가속도의 비와 풀이 과정을 옳게 서술한 경우	50 %
	a_1과 a_2 중 한 가지만 옳게 구한 경우	20 %
(2)	거리를 구하고 풀이 과정을 옳게 서술한 경우	50 %
	거리만 옳게 구한 경우	30 %

10 ㄱ. (+)전하가 받는 힘의 방향이 $+x$방향이므로 전기장의 방향은 $+x$방향이다.

ㄷ. A와 B는 $-y$방향으로 등속도 운동을 한다. A가 P에 도달하기까지 걸린 시간을 t_1, B가 Q에 도달하기까지 걸린 시간을 t_2라고 하면, $t_2=\sqrt{2}t_1$이다(ㄴ 해설 참조). 따라서 $s_2=\sqrt{2}s_1$이다.

∥바로알기∥ ㄴ. A, B의 가속도의 크기를 각각 a_1, a_2라 하고 전기장 영역의 전기장의 세기를 E라고 하면 $a_1=\dfrac{qE}{m}$이고 $a_2=\dfrac{2qE}{4m}=\dfrac{qE}{2m}$이다. 따라서 가속도의 크기는 A가 B의 2배이다. P와 Q는 O로부터 $+x$방향으로 같은 거리만큼 떨어져 있으므로 이 거리를 h라고 하면 등가속도 직선 운동의 식으로부터 $t=\sqrt{\dfrac{2h}{a}}$이고, B가 Q에 도달하기 전에 A가 P에 먼저 도달한다.

11 꼼꼼 문제 분석

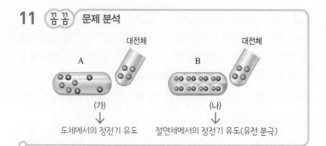

도체에서의 정전기 유도 | 절연체에서의 정전기 유도(유전 분극)

ㄱ. A는 도체, B는 절연체이다.

ㄴ. (가)는 도체 내의 전자들이 외부 전기장의 영향으로 인해 이동하여 나타나는 분극 현상을 나타낸 것이고, (나)는 절연체 내의 전자들이 외부 전기장의 영향으로 인해 위치가 재배열되는 유전 분극 현상을 나타낸 것이다.

ㄷ. 대전체와 가까운 쪽은 대전체와 반대 종류의 전하가 유도되므로 A와 B 모두 대전체와 서로 끌어당기는 전기력이 작용한다.

12 ㄱ. 정전기 유도 현상에 의해 B는 (−)전하를 띤다.

ㄷ. A와 B는 다른 종류의 전하를 띠므로 A와 B 사이에는 전기적인 인력이 작용한다.

▌바로알기▐ ㄴ. 유리 막대는 (+)전하로 대전되어 있으므로 정전기 유도 현상에 의해 A는 (+)전하를 띠고, B는 (−)전하를 띤다.

13 ㄴ. A와 B를 마찰시켰는데 A가 (−)전하를 띠므로 B는 (+)전하를 띤다. 따라서 B를 (+)전하로 대전된 금속구에 접근시키면 척력이 작용하여 금속구는 B로부터 멀어진다.

ㄷ. (+)전하로 대전된 B를 (−)전하로 대전된 검전기에 가까이하면 금속박에 있던 전자들이 금속판으로 이동하므로 금속박은 오므라든다.

▌바로알기▐ ㄱ. (+)전하를 띤 금속구와 A 사이에 인력이 작용하므로 금속구와 A는 서로 다른 전하를 띤다. 따라서 A는 (−)전하를 띤다.

14 유조차 내부에서 연료와 탱크 내벽의 마찰에 의해 정전기가 발생한다. 연료에서 발생한 유증기가 정전기로 생긴 불꽃에 닿으면 화재가 발생할 수 있다. 따라서 유조차가 급유할 때 도선을 차체에 연결한 후 지면의 접지선에 연결하여 정전기를 없애준다.

(모범답안) 피뢰침을 설치하여 번개로 인한 피해를 막는다. 주유소에서 정전기 방지 패드를 사용하여 방전으로 인한 화재를 예방한다. 등

채점 기준	배점
두 가지 예를 옳게 쓴 경우	100 %
한 가지 예만 옳게 쓴 경우	50 %

---

02 저항의 연결과 전기 에너지

개념 확인 문제
159쪽

❶ 전압	❷ V(볼트)	❸ 전자	❹ 1 A	❺ 전기 저항
❻ 비저항	❼ 증가	❽ 감소	❾ 비례	❿ 반비례
⓫ 옴	⓬ 전압	⓭ 저항	⓮ 전력	⓯ W(와트)
⓰ 전압	⓱ 전류			

1 (1) 있다 (2) P   **2** 9배   **3** ㉠ 6, ㉡ 40, ㉢ 2   **4** 최댓값: 6 Ω, 최솟값: $\frac{2}{3}$ Ω   **5** 6 A   **6** A=B>C=D
7 A>B, C<D

1 (1) 전자가 일정한 방향으로 이동하고 있으므로 이 도선에는 전류가 흐르고 있다는 것을 알 수 있다.

(2) 전자는 전지의 (−)극에서 (+)극 쪽으로 이동한다. 전자가 Q에서 P로 이동하고 있으므로 P쪽에 전지의 (+)극이, Q쪽에 (−)극이 연결되어 있다.

2 도선의 부피=길이×단면적이므로, 부피를 일정하게 유지하면서 도선의 길이를 3배로 늘릴 경우 도선의 단면적은 $\frac{1}{3}$ 배로 감소한다. 따라서 도선의 전기 저항$\left(\propto\dfrac{길이}{단면적}\right)$은 처음의 9배로 증가한다.

3 (1) 전압이 12 V, 전류의 세기가 1 A일 때 전체 저항은 $R=\dfrac{V}{I}=\dfrac{12\ \text{V}}{1\ \text{A}}=12\ \Omega$이다. 따라서 $R=R_1+R_2+R_3=2\ \Omega+4\ \Omega+R_3=12\ \Omega$에서 $R_3=6\ \Omega$이다.

(2) 합성 저항은 3 Ω+5 Ω+2 Ω=10 Ω이고, 전류의 세기는 4 A이므로 전압은 $V=IR=4\ \text{A}\times10\ \Omega=40\ \text{V}$이다.

(3) 합성 저항은 2 Ω+7 Ω+6 Ω=15 Ω이고, 전압은 30 V이므로 전류의 세기는 다음과 같다.

$$I=\frac{V}{R}=\frac{30\ \text{V}}{15\ \Omega}=2\ \text{A}$$

4 저항값이 2 Ω으로 동일한 저항 3개를 모두 사용하여 연결할 수 있는 방법은 다음의 4가지이다.

(가) | (나) | (다) | (라)

• (가): 모두 직렬연결이므로 합성 저항은 2 Ω+2 Ω+2 Ω= 6 Ω이다. ➡ 최댓값

- (나): 병렬연결 부분의 합성 저항은 $\dfrac{1}{R_{병렬}}=\dfrac{1}{2\,\Omega}+\dfrac{1}{2\,\Omega}$에서 $R_{병렬}=1\,\Omega$이므로, 전체 합성 저항은 $2\,\Omega+1\,\Omega=3\,\Omega$이다.
- (다): 먼저 병렬연결 내의 직렬연결 부분의 합성 저항은 $2\,\Omega+2\,\Omega=4\,\Omega$이므로, 전체 합성 저항은 $\dfrac{1}{R}=\dfrac{1}{4\,\Omega}+\dfrac{1}{2\,\Omega}=\dfrac{3}{4\,\Omega}$, $R=\dfrac{4}{3}\,\Omega$이다.
- (라): 모두 병렬연결이므로 합성 저항은 $\dfrac{1}{R}=\dfrac{1}{2\,\Omega}+\dfrac{1}{2\,\Omega}+\dfrac{1}{2\,\Omega}=\dfrac{3}{2\,\Omega}$에서 $R=\dfrac{2}{3}\,\Omega$이다. ➡ 최솟값

5 병렬연결된 3 Ω과 6 Ω의 합성 저항은 $\dfrac{1}{R_{병렬}}=\dfrac{1}{3\,\Omega}+\dfrac{1}{6\,\Omega}$, $R_{병렬}=2\,\Omega$이므로 회로 전체 저항은 $2\,\Omega+2\,\Omega=4\,\Omega$이다. 회로의 전체 전압이 24 V이므로, 회로에 흐르는 전체 전류는 다음과 같다.

$$I=\dfrac{V}{R}=\dfrac{24\text{ V}}{4\,\Omega}=6\text{ A}$$

6 전체 회로에 흐르는 전류의 세기를 I라 하면, 네 전구가 모두 동일한 경우 각 전구에 흐르는 전류의 세기는 다음과 같다.

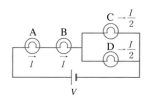

전구	A	B	C	D
전류의 세기	I	I	$\dfrac{I}{2}$	$\dfrac{I}{2}$

전구의 밝기는 소비 전력($P=VI=I^2R$)에 비례한다. 네 전구의 저항값이 동일한 경우 $P\propto I^2$이므로 전구의 밝기는 전류의 세기에 따라서 결정된다.
전구의 밝기: A＝B＞C＝D

7 네 전구의 저항이 $R_A>R_B>R_C>R_D$일 때, 전구의 밝기는 직렬연결일 때 저항이 클수록 밝으므로($P=I^2R$에서 I 일정) A＞B이고, 병렬연결일 때 저항이 작을수록 밝으므로($P=\dfrac{V^2}{R}$에서 V 일정) C＜D이다.

160쪽

완자쌤 **비법특강**　**Q1** 1 : 2　　**Q2** 반비례

Q1 저항이 직렬로 연결된 회로에서 각 저항에 흐르는 전류의 세기는 일정하므로, 각 저항에서 소비하는 전력 P는 $P=I^2R$에서 $P\propto R$이다. 따라서 직렬연결된 10 Ω, 20 Ω의 저항에서 소비하는 전력의 비는 저항값의 비와 같으므로 $10\,\Omega:20\,\Omega=1:2$이다.

Q2 저항이 병렬로 연결된 회로에서 각 저항에 걸리는 전압이 일정하므로, 각 저항에서 소비하는 전기 에너지는 $E=\dfrac{V^2}{R}t$에서 $E\propto\dfrac{1}{R}$이다.

대표 자료 분석
161쪽~162쪽

자료 1　**1** (1) 작다 (2) 크다　**2** (1) ㉠ $\dfrac{1}{5}$, ㉡ $\dfrac{1}{20}$ (2) 20 (3) 저항의 역수　**3** (1) × (2) ○

자료 2　**1** (1) 직렬 (2) 3 (3) 1　**2** 해설 참조　**3** 40 Ω　**4** (1) ○ (2) ○

자료 3　**1** ㄷ, ㄹ　**2** $\dfrac{V^2}{3R}$　**3** (1) ○ (2) ○ (3) ○ (4) ×

자료 4　**1** (1) 같다 (2) 같다　**2** ㄴ　**3** (1) × (2) ○ (3) ×

1 꼼꼼 문제 분석

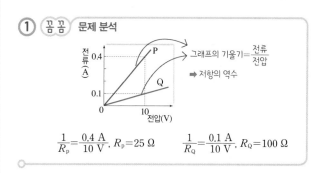

$$\dfrac{1}{R_p}=\dfrac{0.4\text{ A}}{10\text{ V}},\ R_p=25\,\Omega \qquad \dfrac{1}{R_Q}=\dfrac{0.1\text{ A}}{10\text{ V}},\ R_Q=100\,\Omega$$

1-1 (1) 그래프의 가로축이 전압, 세로축이 전류를 나타내므로 기울기는 저항의 역수이다. 따라서 저항은 P가 Q보다 작다.
(2) S_1과 S_2를 동시에 닫으면 병렬연결된 P와 Q에 걸리는 전압은 같다. 저항은 P가 Q보다 작으므로 저항에 흐르는 전류의 세기는 P에서가 Q에서보다 크다.

1-2 (1) 전원 장치의 전압이 5 V일 때, P의 저항은 25 Ω이므로 P에 흐르는 전류의 세기는 $\dfrac{5\text{ V}}{25\,\Omega}=\dfrac{1}{5}$ A이고 Q의 저항은 100 Ω이므로 Q에 흐르는 전류의 세기는 $\dfrac{5\text{ V}}{100\,\Omega}=\dfrac{1}{20}$ A이다.

(2) P와 Q는 병렬연결이므로 합성 전기 저항은 $\dfrac{1}{R}=\dfrac{1}{25}+\dfrac{1}{100}$ 에서 $R=20\ \Omega$이다.

(3) 그래프의 가로축이 전압, 세로축이 전류를 나타내므로 기울기는 저항의 역수이다.

①-3 (1) 직렬연결된 저항의 합성 저항값은 $R=25\ \Omega+100\ \Omega$ $=125\ \Omega$이다.

(2) 병렬연결된 저항에 걸리는 전압은 같다.

②-1 (1) a와 b 사이의 합성 저항값이 $40\ \Omega$이므로 저항은 직렬연결이다.

(2) b와 d 사이의 합성 저항값이 $60\ \Omega$이므로 $20\ \Omega$인 저항 3개가 직렬연결되어 있다.

(3) c와 d 사이에는 저항이 1개 연결되어 있다.

②-2 표에 제시된 저항값을 이용하면 회로도는 다음과 같다.

답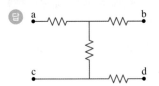

②-3 b와 c 사이에는 저항 2개가 직렬연결되어 있으므로 합성 저항값은 $20\ \Omega+20\ \Omega=40\ \Omega$이다.

②-4 (1) 저항값이 $20\ \Omega$인 저항 4개가 직렬연결되었을 때 합성 저항값은 $80\ \Omega$이다.

(2) a와 c 사이의 합성 저항값은 $40\ \Omega$이므로 $10\ V$의 전압을 걸어 주었을 때 흐르는 전류의 세기는 $\dfrac{1}{4}\ A$이다.

③-1 ㄷ. a와 b에 흐르는 전류의 세기가 같으므로 A와 B의 합성 저항값은 C의 저항값과 같다. 즉 A의 저항값을 R라 하면 C의 저항값은 $3R$이다. A와 C는 길이, 단면적이 같으므로 비저항은 C가 A의 3배이다.

ㄹ. 전원 장치의 전압을 V라 하면, B에 걸리는 전압은 $\dfrac{2}{3}V$이고 C에 걸리는 전압은 V이다. 따라서 저항에 걸리는 전압은 C가 B의 $\dfrac{3}{2}$배이다.

┃ 바로알기 ┃ ㄱ. A와 B는 단면적, 비저항이 같으므로 금속의 저항은 길이에 비례한다. 길이는 B가 A의 2배이므로 저항값은 B가 A의 2배이다.

ㄴ. 저항값은 B가 A의 2배이고, 흐르는 전류의 세기는 A와 B가 같으므로 저항이 소모하는 전력은 B가 A의 2배이다.

③-2 전원 장치의 전압이 V일 때 C에 걸리는 전압은 V이다. A의 저항값을 R라 하면, C의 저항값은 $3R$이다. 따라서 C에서 소모하는 전력은 $\dfrac{V^2}{3R}$이다.

③-3 (1) 비저항은 물질의 고유한 특성이므로 금속마다 비저항이 다르다.

(2) a와 b에 흐르는 전류의 세기는 같으므로 A와 B의 합성 저항값은 C의 저항값과 같다.

(3) 전원 장치의 전압이 V일 때 C에 걸리는 전압은 V이고 A에 걸리는 전압은 $\dfrac{1}{3}V$이다. A의 저항값을 R라 하면 C의 저항값은 $3R$이다. A가 소모하는 전력은 $\dfrac{V^2}{9R}$이고 C가 소모하는 전력은 $\dfrac{V^2}{3R}$이다.

(4) 전원 장치의 전압이 V일 때 C에 걸리는 전압은 V이고 B에 걸리는 전압은 $\dfrac{2}{3}V$이다. B의 저항값을 $2R$라 하면 C의 저항값은 $3R$이다. B가 소모하는 전력은 $\dfrac{2V^2}{9R}$이고 C가 소모하는 전력은 $\dfrac{V^2}{3R}$이므로 저항이 소모하는 전력은 C가 B의 $\dfrac{3}{2}$배이다.

④-1 (1) A와 B의 합성 저항값은 C와 D의 합성 저항값과 같으므로 A에 흐르는 전류의 세기는 C에 흐르는 전류의 세기와 같다.

(2) A와 B는 직렬연결되어 있으므로 B의 저항값을 증가시켜도 A와 B에 흐르는 전류의 세기는 서로 같다.

④-2 ㄴ. 저항이 직렬로 연결된 경우 각 저항에 걸리는 전압은 저항값에 비례한다. B는 A와 직렬연결되어 있기 때문에 가변 저항 B의 크기가 증가할 경우 B에 걸리는 전압은 증가하고, A에 걸리는 전압은 감소한다. 따라서 A의 밝기는 어두워진다.

┃ 바로알기 ┃ ㄱ. A의 필라멘트가 끊어지게 되더라도 병렬연결된 C와 D에 걸리는 전압은 일정하므로 C와 D의 밝기 변화는 없다.

ㄷ. 스위치를 닫으면 저항이 병렬연결로 추가된 것이므로 합성 저항값은 감소하고 회로의 전체 전류의 세기는 증가한다.

④-3 (1) C의 필라멘트가 끊어지면 D에는 전류가 흐르지 않으므로 D는 꺼진다.

(2) 스위치를 닫으면 저항이 병렬로 추가 연결된 것이므로 합성 저항값은 감소한다.

(3) 스위치를 닫으면 E는 회로에 병렬로 연결된다. 이때 B의 저항값을 증가시켜도 E에 걸리는 전압은 변하지 않으므로 E의 밝기는 변하지 않는다.

163쪽~165쪽

내신 만점 문제

01 ⑤	02 ⑤	03 ④	04 ②	05 ⑤	06 8 Ω
07 ③	08 ③	09 ①	10 ④	11 ⑤	12 ⑤
13 ④	14 ④	15 해설 참조			

01 ⑤ 저항이 일정할 때 전압이 증가하면 저항에 흐르는 전류의 세기는 증가한다.

ⵊ바로알기ⵊ ① 전류의 세기는 1초 동안에 도선의 단면을 통과하는 전하량으로 단위는 $C/s=A$(암페어)이다.

② 전류는 전지의 (+)극에서 (−)극 쪽으로 이동한다. 즉, 전류의 방향과 전자의 이동 방향은 반대이다.

③ 도선 내부의 자유 전자는 전지를 연결하기 전에는 무질서한 방향으로 움직이다가, 전지를 연결하면 전지의 (−)극에서 (+)극 쪽으로 이동한다.

④ 자유 전자는 전위가 낮은 (−)극에서 전위가 높은 (+)극 쪽으로 이동하기 때문에 전자들이 도선을 따라 이동하려면 도선의 양 끝에 전위차가 있어야 한다.

02 ㄱ. 전자의 이동 방향과 전류의 방향은 반대 방향이다.

ㄴ. (나)에서 전해질 용액 속의 이온의 이동으로 전구에 불이 켜진다.

ㄷ. (+)이온의 이동 방향은 전류의 방향과 같고, (−)이온의 이동 방향은 전류의 방향과 반대 방향이다.

03 꼼꼼 **문제 분석**

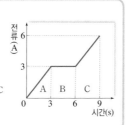

• A 부분의 넓이: $\frac{1}{2} \times 3 A \times 3 s = 4.5 C$

• B 부분의 넓이: $3 A \times 3 s = 9 C$

• C 부분의 넓이: $\frac{1}{2} \times (3 A + 6 A) \times 3 s = 13.5 C$

전류-시간 그래프에서 그래프 아랫부분의 넓이는 전하량을 나타낸다. 따라서 0~9초 동안 도선의 한 단면을 통과한 총 전하량은 $4.5 C + 9 C + 13.5 C = 27 C$이다.

04 세 도선 A, B, C 모두 동일한 물질로 만들었으므로 비저항(ρ)이 모두 같다. 따라서 세 도선의 전기 저항$\left(R = \rho \dfrac{l}{S}\right)$은 도선의 길이와 단면적을 비교하여 구하면 된다.

• A: $R_A = \rho \dfrac{l}{S} = 100 \ \Omega$

• B: $R_B = \rho \dfrac{\frac{1}{2}l}{S} = \frac{1}{2} \rho \dfrac{l}{S} = \frac{1}{2} R_A = 50 \ \Omega$

• C: $R_C = \rho \dfrac{\frac{1}{4}l}{\frac{1}{4}S} = \rho \dfrac{l}{S} = R_A = 100 \ \Omega$

05 ㄱ. A, B, C 모두 전압이 커질수록 전류의 세기가 증가하므로 전류의 세기는 전압에 비례한다는 것을 알 수 있다.

ㄴ. 그래프의 기울기$= \dfrac{\text{전류}}{\text{전압}} = \dfrac{1}{\text{저항}}$이므로 그래프의 기울기가 클수록 저항은 작다. 따라서 도선 A, B, C의 저항값을 비교하면 A<B<C이다.

ㄷ. 길이와 재질이 같을 때 단면적이 클수록 저항값은 작다. 도선의 단면적을 비교하면 C<B<A이다.

06 꼼꼼 **문제 분석**

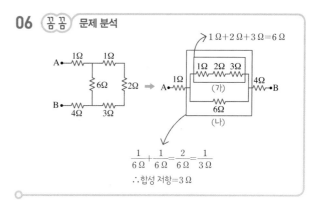

• (가) 부분의 합성 저항: 6 Ω

• (나) 부분의 합성 저항: 3 Ω

∴ 전체 합성 저항: $1 \ \Omega + 3 \ \Omega + 4 \ \Omega = 8 \ \Omega$

07 ㄱ. A와 B는 직렬연결이므로 회로의 합성 저항값은 2 Ω +4 Ω=6 Ω이다.

ㄷ. A와 B에 흐르는 전류의 세기는 같고, 저항은 B가 A의 2배이므로 저항에 걸린 전압은 B가 A의 2배이다.

ⵊ바로알기ⵊ ㄴ. 전원의 전압이 12 V이므로 회로에 흐르는 전류의 세기는 $\dfrac{12 \ V}{6 \ \Omega} = 2 A$이다.

08 ㄱ. 회로의 합성 저항값을 R라 하면, $\dfrac{1}{R}=\dfrac{1}{2}+\dfrac{1}{3}+\dfrac{1}{6}=1$

에서 $R=1\ \Omega$이다.

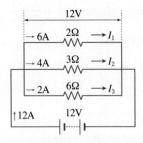

ㄷ. 각 저항에 걸리는 전압이 12 V이므로 옴 법칙을 이용하여 각 저항에 흐르는 전류의 세기를 구하면 다음과 같다.

$I_1=\dfrac{12\ \text{V}}{2\ \Omega}=6\ \text{A}$

$I_2=\dfrac{12\ \text{V}}{3\ \Omega}=4\ \text{A}$

$I_3=\dfrac{12\ \text{V}}{6\ \Omega}=2\ \text{A}$

따라서 $I_1 : I_2 : I_3 = 3 : 2 : 1$이다.

┃바로알기┃ ㄴ. 회로 전체에 흐르는 전류의 세기는 $I=\dfrac{V}{R}=\dfrac{12\ \text{V}}{1\ \Omega}$

$=12\ \text{A}$이다.

09 꼼꼼 문제 분석

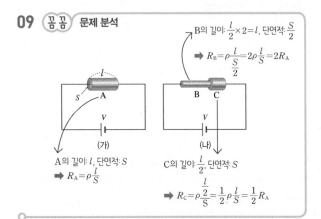

B의 길이: $\dfrac{l}{2}\times 2=l$, 단면적: $\dfrac{S}{2}$

➡ $R_B=\rho\dfrac{l}{\frac{S}{2}}=2\rho\dfrac{l}{S}=2R_A$

A의 길이: l, 단면적: S

➡ $R_A=\rho\dfrac{l}{S}$

C의 길이: $\dfrac{l}{2}$, 단면적: S

➡ $R_C=\rho\dfrac{\frac{l}{2}}{S}=\dfrac{1}{2}\rho\dfrac{l}{S}=\dfrac{1}{2}R_A$

ㄱ. A와 B의 길이가 같고 B의 단면적이 A의 단면적의 $\dfrac{1}{2}$배이므로 저항값은 B가 A의 2배이다.

┃바로알기┃ ㄴ. B와 C가 직렬연결되어 있으므로 B와 C에 흐르는 전류의 세기가 같다. 저항값은 B가 C의 4배이므로 옴 법칙에 의해 저항에 걸리는 전압은 B에서가 C에서의 4배이다.

ㄷ. B와 C의 합성 저항값이 A의 $\dfrac{5}{2}$배이다. (가)와 (나)에서 전원의 전압이 같고 전류의 세기는 저항에 반비례하므로 B, C에 흐르는 전류의 세기는 A의 $\dfrac{2}{5}$배이다.

10 R_3의 저항값이 증가하면 R_2와 R_3의 합성 저항값이 증가한다. 따라서 전체 저항값이 증가하므로 전체 전류는 감소한다. 이때 R_1에 흐르는 전류와 전체 전류가 같으므로 옴 법칙에 의해 R_1에 걸리는 전압 V_1이 감소하고 V_2와 V_3는 전체 전압에서 V_1을 뺀 값이므로 증가한다.

11 ㄱ. 옴 법칙에 의해 저항 $R=\dfrac{V}{I}$이므로, A의 저항$=\dfrac{6\ \text{V}}{6\ \text{A}}$

$=1\ \Omega$, B의 저항$=\dfrac{4\ \text{V}}{2\ \text{A}}=2\ \Omega$, C의 저항$=\dfrac{6\ \text{V}}{1\ \text{A}}=6\ \Omega$이다. 따라서 저항값은 C가 가장 크다.

ㄴ. A, B를 직렬연결하면 합성 저항값은 $1\ \Omega+2\ \Omega=3\ \Omega$이 되어 C의 $\dfrac{1}{2}$배가 된다.

ㄷ. 소비 전력은 $P=\dfrac{V^2}{R}$에 의하여 전압이 일정할 경우 저항에 반비례한다. 따라서 B의 저항값이 A의 2배이므로 소비 전력은 A가 B의 2배가 된다.

12 꼼꼼 문제 분석

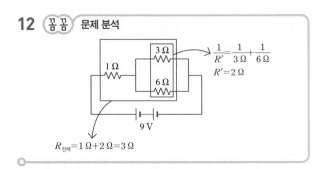

$\dfrac{1}{R'}=\dfrac{1}{3\ \Omega}+\dfrac{1}{6\ \Omega}$
$R'=2\ \Omega$

$R_{전체}=1\ \Omega+2\ \Omega=3\ \Omega$

① 세 저항의 합성 저항값 $R_{전체}=1\ \Omega+2\ \Omega=3\ \Omega$이다.

② 회로 전체에 흐르는 전류 $I_{전체}=\dfrac{9\ \text{V}}{3\ \Omega}=3\ \text{A}$이다. 회로 전체에서 소비되는 전력 $P_{전체}=I^2R=(3\ \text{A})^2\times(3\ \Omega)=27\ \text{W}$이다.

③ 3 A의 전류가 병렬연결된 3 Ω과 6 Ω의 저항에 반비례하게 나뉘어 흐르므로 3 Ω과 6 Ω에 흐르는 전류의 비는 $\dfrac{1}{3\ \Omega} : \dfrac{1}{6\ \Omega}$

$=2 : 1$이다. 즉, 3 Ω에 흐르는 전류 $I_{3\ \Omega}$은 2 A이고, 6 Ω에 흐르는 전류 $I_{6\ \Omega}$은 1 A이다.

④ 3 Ω에서 소비되는 전력 $P_{3\ \Omega}=(I_{3\ \Omega})^2R=(2\ \text{A})^2\times 3\ \Omega=12$ W이다.

┃바로알기┃ ⑤ 전력 $P=VI=I^2R$이다. 1 Ω, 3 Ω, 6 Ω인 세 저항에 흐르는 전류의 세기가 각각 3 A, 2 A, 1 A이므로 소비되는 전력의 비는 $(3\ \text{A})^2\times 1\ \Omega : (2\ \text{A})^2\times 3\ \Omega : (1\ \text{A})^2\times 6\ \Omega$

$=3 : 4 : 2$이다.

13 ㄱ. 소비 전력 $P_{정격}=\dfrac{V_{정격}^2}{R}$이므로 정격 전압이 220 V

일 때 소비 전력이 11 W인 전열기의 저항값은 $R=\dfrac{V_{정격}^2}{P_{정격}}=$

$\dfrac{(220\text{ V})^2}{11\text{ W}}$=4400 Ω이다.

ㄷ. 저항값이 4400 Ω인 전열기를 110 V 전원에 연결하여 사용

하면 소비 전력은 $P=\dfrac{V^2}{R}=\dfrac{(110\text{ V})^2}{4400\ \Omega}$=2.75 W이다.

┃**바로알기**┃ ㄴ. 저항값이 4400 Ω이고, 사용 전원이 220 V이므로

옴 법칙을 이용하여 전류의 세기를 구하면, $I=\dfrac{220\text{ V}}{4400\ \Omega}$=0.05 A

가 된다.

14 (꼼꼼) 문제 분석

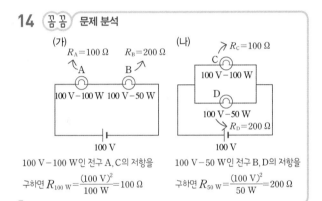

100 V−100 W인 전구 A, C의 저항을

구하면 $R_{100\text{ W}}=\dfrac{(100\text{ V})^2}{100\text{ W}}$=100 Ω

100 V−50 W인 전구 B, D의 저항을

구하면 $R_{50\text{ W}}=\dfrac{(100\text{ V})^2}{50\text{ W}}$=200 Ω

전구의 밝기는 소비 전력(=전압×전류)에 비례한다. 같은 세기의 전류가 흐르는 직렬 회로 (가)에서는 저항에 비례하여 전압이 걸리므로 $V_A<V_B$이다. 따라서 B가 A보다 밝다.

병렬 회로인 (나)에서는 저항에 반비례하여 전류가 흐른다. 따라서 $I_C>I_D$이므로 C가 D보다 밝다. 그런데 (나)의 전구 C, D는 정격 전압인 100 V가 걸리므로 정격 소비 전력에 해당하는 밝기가 되나, (가)의 전구 A, B는 정격 전압보다 작은 전압이 걸리므로 원래의 밝기보다 어둡다. 따라서 (나)의 전구의 밝기가 (가)의 전구의 밝기보다 상대적으로 더 밝으므로, 네 전구의 밝기는 C>D>B>A가 된다.

┃**다른 풀이**┃ 직렬 회로에서는 전압이 큰 전구가 밝고, 같은 크기의 전압이 걸리는 병렬 회로에서는 전류가 많이 흐르는 전구가 밝다.

(가) 전체 전압: 100 V, 전체 저항값: 300 Ω, 회로에 흐르는 전류의 세기: $I=\dfrac{V}{R}=\dfrac{100\text{ V}}{300\ \Omega}=\dfrac{1}{3}$ A

• A의 소비 전력: $P_A=I^2R=\left(\dfrac{1}{3}\text{ A}\right)^2\times100\ \Omega≒11.1$ W

• B의 소비 전력: $P_B=I^2R=\left(\dfrac{1}{3}\text{ A}\right)^2\times200\ \Omega≒22.2$ W

(나) 각 전구에 정격 전압인 100 V가 걸리므로 C, D는 정격 소비 전력을 소비한다.

전구	A	B	C	D
소비 전력(W)	11.1	22.2	100	50
네 전구의 밝기 비교	C>D>B>A			

15 전구의 밝기를 밝게 하기 위해서는 전구에 흐르는 전류의 세기를 증가시켜야 한다.

(모범답안) A의 저항값을 증가시키면 전구에 걸리는 전압이 증가하면서 전구에 흐르는 전류가 증가한다. B의 저항값을 감소시키면 전체 합성 저항값이 감소하면서 전구에 흐르는 전류가 증가한다.

채점 기준	배점
A, B의 저항값의 변화를 모두 옳게 서술한 경우	100 %
A, B 중 한 가지의 저항값의 변화만 옳게 서술한 경우	50 %

(잎) **03** 트랜지스터

❶ 트랜지스터 ❷ 컬렉터 ❸ 양공 ❹ 전자 ❺ 증폭
작용 ❻ 전류 ❼ 컬렉터 ❽ 베이스 ❾ 바이어스
❿ 저항

1 (1) × (2) ○ (3) ○   **2** (1) a−이미터, b−베이스, c−컬렉터
(2) ⑤   **3** (1) ○ (2) × (3) ○   **4** ㄷ

1 (1) 트랜지스터에서 이미터와 컬렉터는 같은 형의 반도체이지만, 도핑된 불순물의 양이 달라서 저항이 다르다.
(2) 이미터와 베이스 사이에는 순방향 전압이, 베이스와 컬렉터 사이에는 역방향 전압이 걸린다.
(3) 트랜지스터는 증폭 및 스위칭 작용을 한다.

2 (1) 이미터와 베이스 사이에는 순방향 전압이, 베이스와 컬렉터 사이에는 역방향 전압이 걸린다. a는 이미터, b는 베이스, c는 컬렉터이다.
(2) ① p−n 접합 다이오드 ② 축전기 ③ 가변 저항 ④ n−p−n형 트랜지스터 ⑤ p−n−p형 트랜지스터

3 (1) 이미터를 향하는 전류는 베이스와 컬렉터에 흐르는 전류의 합과 같다.
(2) 컬렉터에서 나오는 전류의 세기는 베이스에서 나오는 전류의 세기보다 크다.
(3) p-n-p형 트랜지스터에서 주요 전하 운반자는 양공이다.

4 ㄱ. n형 반도체인 이미터는 전지의 (−)극에 연결되어 있고, p형 반도체인 베이스는 전지의 (＋)극에 연결되어 있으므로 이 둘 사이에는 순방향 전압이 걸려 있다. 한편, 컬렉터와 베이스 사이에는 역방향 전압이 걸려 있다.
ㄴ. 컬렉터는 n형 반도체이므로 전하의 주요 운반자는 전자이다.
ㄷ. 전압 V를 미세하게 조절하면 R에 흐르는 전류를 크게 변화시킬 수 있는데, 이를 트랜지스터의 증폭 작용이라고 한다.

대표 자료 분석 ⬤   171쪽

자료 ① **1** ⑤   **2** ㉠ 컬렉터, ㉡ 베이스   **3** (1) ○ (2) ×
(3) × (4) ×
자료 ② **1** ㄱ, ㄷ   **2** ㉠ 3.2, ㉡ 3, ㉢ 3.4   **3** (1) × (2) ○

---

① (꼼꼼) **문제 분석**

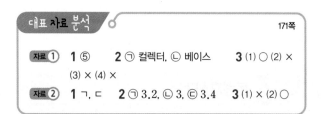

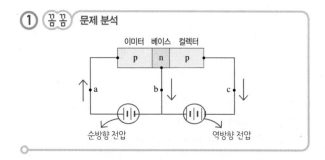

순방향 전압   역방향 전압

①-1 이미터에서 베이스 쪽으로 이동하는 양공들의 대부분이 컬렉터 쪽의 높은 전압에 끌려 컬렉터 쪽으로 이동하고, 소수의 양공만이 베이스 쪽으로 흐른다. 따라서 b 지점에서 전류의 방향은 ↓방향이고, c 지점에서 전류의 방향은 ↓방향이다. b 지점에 흐르는 베이스 전류와 c 지점에 흐르는 컬렉터 전류가 회로의 교차점에서 만나 합쳐져 a 지점에서 이미터 전류가 되어 흐르므로 a 지점에서 이미터 전류의 방향은 ↑방향이다.

①-2 트랜지스터의 베이스 쪽으로 약간의 전류가 흐르게 하면 컬렉터 쪽에는 베이스의 전류보다 큰 전류가 흐른다.

①-3 (1) 이미터와 베이스는 순방향 전압이, 베이스와 컬렉터는 역방향 전압이 걸려 있다.
(2) p-n-p형 트랜지스터이므로 이미터에서 베이스로 이동하던 양공이 컬렉터로 확산된다.
(3) 이미터와 베이스 사이에 걸린 전압의 미세한 변화가 컬렉터에 흐르는 전류의 큰 변화로 나타나는 것을 증폭 작용이라고 한다.
(4) 회로에 흐르는 전류의 세기는 c에서가 b에서보다 크다.

②-1 (꼼꼼) **문제 분석**

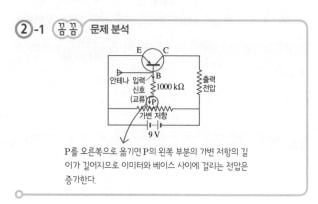

P를 오른쪽으로 옮기면 P의 왼쪽 부분의 가변 저항의 길이가 길어지므로 이미터와 베이스 사이에 걸리는 전압은 증가한다.

ㄱ. 안테나에 수신되는 신호의 전압이 0.2 V이고 저항이 1000 kΩ이므로 베이스에 흐르는 전류의 세기를 옴 법칙에 의해 구하면
$\dfrac{0.2\ \text{V}}{1000\ \text{k}\Omega}=0.2\ \mu\text{A}$이다.

ㄷ. 컬렉터에 전류가 흐르는 상태에서 P를 오른쪽으로 더 옮기면 이미터와 베이스 사이에 걸리는 전압 V_1이 증가하고 증폭 작용에 의해 출력 전압 V_2도 증가한다.

바로알기 ㄴ. 입력 신호의 진폭이 0.2 V인 교류 신호이므로 베이스에 걸리는 전압은 −0.2 V~＋0.2 V이다. 따라서 베이스에 걸리는 전압의 최솟값은 −0.2 V이다.
ㄹ. 트랜지스터는 증폭 작용을 하므로 이미터와 베이스 사이의 미세한 전압 변화로 컬렉터에 전류의 세기가 크게 증가한다. 따라서 V_1과 V_2의 합은 일정하지 않다.

②-2 안테나에 입력되는 신호의 전압이 −0.2 V~＋0.2 V이므로 바이어스 전압의 최소 크기는 3 V＋0.2 V=3.2 V이다. 입력되는 신호의 전압의 폭을 고려했을 때 베이스에 걸리는 총 전압은 3.2 V−0.2 V에서 3.2 V＋0.2 V 사이이므로 3.0 V~3.4 V이다.

②-3 (1) 회로의 트랜지스터 기호에서 화살표의 방향이 이미터에서 베이스를 향하는 방향이므로 트랜지스터는 p-n-p형이다.
(2) 트랜지스터의 동작을 원활하게 하기 위해 이미터와 베이스, 베이스와 컬렉터 사이에 걸어 주는 전압을 바이어스 전압이라고 한다.

01 트랜지스터에 추가 전원을 연결하는 여부에 따라 전류가 흐를 수도, 흐르지 않을 수도 있는데, 이것을 트랜지스터의 스위칭 작용이라고 한다.

02 ② 트랜지스터의 기호에서 E, B, C는 각각 이미터, 베이스, 컬렉터를 의미한다.
③ 트랜지스터는 회로에 전류의 흐름을 조절하는 스위칭 작용을 한다.
④ 트랜지스터는 신호의 파형은 그대로 유지하면서 약한 신호를 큰 신호로 바꾸는 증폭 작용을 한다.
⑤ 트랜지스터의 회로 기호에서 화살표는 전류의 방향을 의미한다.
┃**바로알기**┃ ① 기호에서 베이스에서 이미터로 전류가 흐르므로 n-p-n형 트랜지스터이다.

03 ㄴ. 트랜지스터는 증폭 작용을 한다.
ㄷ. B에 연결된 신호가 증폭되어 C로 출력된다.
┃**바로알기**┃ ㄱ. p-n-p형 트랜지스터이다.

04 ㄴ. 트랜지스터에 전류가 흐를 때 이미터에 흐르는 전류(I_E)는 베이스 전류(I_B)와 컬렉터 전류(I_C)로 나누어져 흐르므로 $I_E = I_B + I_C$이다.
┃**바로알기**┃ ㄱ. p-n-p형 트랜지스터의 주요 전하 운반자는 양공이다.
ㄷ. 베이스 전류의 약한 변화가 컬렉터 전류의 강한 변화로 나타나는 것이 트랜지스터의 증폭 작용이므로 I_B의 약한 변화가 I_C의 큰 변화를 만든다.

05 꼼꼼 **문제 분석**

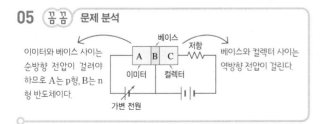

이미터와 베이스 사이는 순방향 전압이 걸려야 하므로 A는 p형, B는 n형 반도체이다.
베이스와 컬렉터 사이는 역방향 전압이 걸린다.

베이스
저항
A B C
이미터 컬렉터
가변 전원

ㄱ. A는 트랜지스터의 이미터이고 B는 베이스이므로 가변 전원에 연결된 A와 B에는 순방향의 전압이 걸려 있어야 한다. 따라서 가변 전원의 (+)극에 연결된 A는 p형 반도체이고, (−)극에 연결된 B는 n형 반도체이다.

ㄴ. B는 가변 전원의 (−)극에 연결되어 있으므로 p형 반도체인 A에 있는 양공을 베이스로 끌어들이게 되고, 양공은 매우 얇은 B를 대부분 통과하여 (−)극에 연결된 컬렉터인 C로 이동하게 된다.
┃**바로알기**┃ ㄷ. 그림의 트랜지스터는 A와 B 사이에는 순방향의 전압이, B와 C 사이에는 역방향의 전압이 걸려 있는 p-n-p형이다. 따라서 불순물 반도체 C는 p형 반도체이므로 전도띠의 전자보다 원자가 띠의 양공이 훨씬 많다.

06 꼼꼼 **문제 분석**

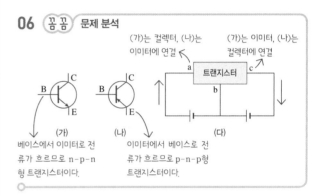

(가)는 컬렉터, (나)는 이미터에 연결
(가)는 이미터, (나)는 컬렉터에 연결

트랜지스터
a c
b

(가) (나) (다)

베이스에서 이미터로 전류가 흐르므로 n-p-n형 트랜지스터이다.
이미터에서 베이스로 전류가 흐르므로 p-n-p형 트랜지스터이다.

ㄴ. 트랜지스터의 이미터(E)는 고농도로 도핑하고, 베이스(B)는 저농도로 도핑하여 얇게 제작한다.

ㄷ. 베이스는 저농도로 도핑하여 얇게 제작하기 때문에 이미터에서 베이스로 이동하는 전자(또는 양공)와 베이스에서 결합하지 못하는 양공(또는 전자)이 컬렉터 쪽으로 확산되도록 제작된다. (나)는 p-n-p형 트랜지스터로 회로에 전류가 흐르도록 연결하면 이미터에서 베이스를 통해 컬렉터 쪽으로 양공이 확산된다.
┃**바로알기**┃ ㄱ. (가)는 n-p-n형 트랜지스터로 이미터(E)와 베이스(B) 사이에는 순방향 전압, 베이스(B)와 컬렉터(C) 사이에는 역방향 전압이 걸려야 한다. 따라서 이미터는 (−)극, 베이스는 (+)극, 컬렉터는 (+)극과 연결되어야 한다. 따라서 이미터는 c, 베이스는 b, 컬렉터는 a에 연결해야 한다.

07 $I_C = 100I_B = 23$ mA이므로 $I_B = 0.23$ mA이다. 저항 R_B, 베이스, 이미터, 3 V 전지를 지나는 회로에서 $3\ \text{V} - I_B R_B - 0.7\ \text{V} = 2.3\ \text{V} - 0.23\ \text{mA} \times R_B = 0\ \text{V}$이므로 $R_B = 10$ kΩ이다. 저항 R_C, 컬렉터, 이미터, 9 V 전지를 지나는 회로에서 $9\ \text{V} - 23\ \text{mA} \times R_C - 1.7\ \text{V} - 5\ \text{V} = 0\ \text{V}$이므로 $R_C = 100$ Ω이다.

08 ㄱ. 베이스에서 이미터로 전류가 흐르므로 회로에 사용된 트랜지스터는 n-p-n형 트랜지스터이다.
ㄴ. 가변 저항을 조절하면 베이스에 흐르는 전류와 베이스에 걸리는 전압이 변한다.
┃**바로알기**┃ ㄷ. 트랜지스터의 증폭률은 $\dfrac{I_C}{I_B}$이다.

04 축전기

개념 확인 문제

❶ 충전   ❷ 방전   ❸ 전기 용량   ❹ 유전율   ❺ 비례

❻ 반비례   ❼ 비례   ❽ 직렬   ❾ 병렬   ❿ $\dfrac{1}{C_1}$ ⓫ $\dfrac{1}{C_2}$

⓬ 간격   ⓭ C_1 ⓮ C_2 ⓯ 넓이   ⓰ QV

1 (1) $\dfrac{1}{2}$배 (2) 2배   **2** (1) 0.4 μF (2) 4 : 1   **3** (1) 2.5 μF

(2) 1 : 1   **4** 30 μC   **5** (1) 전기 용량의 역수 (2) 축전기에 저장된 에너지

1 (1) 두 극판 간격을 2배로 증가시키면 $C=\varepsilon_0\dfrac{S}{d}$에서 전기 용량은 $\dfrac{1}{2}$배가 된다.

(2) 축전기가 완전히 충전된 후 스위치를 열면 전하량이 일정하게 유지된다. 따라서 $Q=CV=$일정에서 전기 용량이 $\dfrac{1}{2}$배가 되었으므로 전위차는 2배가 된다.

2 (1) A와 B는 직렬로 연결되어 있으므로 합성 전기 용량을 C라고 하면 $\dfrac{1}{C}=\dfrac{1}{0.5}+\dfrac{1}{2}=\dfrac{5}{2}$이다. 따라서 $C=\dfrac{2}{5}=0.4(\mu\text{F})$이다.

(2) A와 B에 저장되는 전하량은 같으므로 전압은 전기 용량에 반비례한다. 따라서 A와 B에 걸리는 전압의 비는 4 : 1이다.

3 (1) A와 B는 병렬로 연결되어 있으므로 합성 전기 용량을 C라고 하면 $C=0.5+2=2.5(\mu\text{F})$이다.

(2) A와 B는 병렬로 연결되어 있으므로 걸리는 전압이 같다.

4 축전기가 병렬연결된 부분의 합성 전기 용량$=4+2=6(\mu\text{F})$이다. 전체 합성 전기 용량을 C라고 하면 $\dfrac{1}{C}=\dfrac{1}{3}+\dfrac{1}{6}=\dfrac{1}{2}$이므로 $C=2\,\mu\text{F}$이다.

전체 합성 전기 용량이 2 μF이고 전체 전압이 15 V이므로 전체 전하량은 $Q=CV=2\,\mu\text{F}\times15\,\text{V}=30\,\mu\text{C}$이다.

5 (1) $Q=CV$에서 $V=\dfrac{Q}{C}$이다. 따라서 그래프에서 기울기는 $\dfrac{1}{C}$, 즉 전기 용량의 역수이다.

(2) 그래프에서 빗금 친 부분의 넓이는 $\dfrac{1}{2}QV$이므로 축전기에 저장되는 전기 에너지이다.

완자쌤 **비법특강**   **Q1** 감소한다.   **Q2** 증가한다.

Q1 평행판 축전기의 전기 용량은 극판 간격에 반비례하고 극판의 면적에 비례한다.

Q2 평행판 축전기의 극판 사이에 유전체를 넣으면 축전기의 전기 용량은 유전 상수(비유전율)에 비례하여 증가한다.

진공일 때 전기 용량을 C_0이라고 하면 유전체를 넣었을 때 전기 용량 C는 $C=\varepsilon\dfrac{S}{d}=\kappa C_0(\kappa:$ 유전 상수)이다.

대표 자료 분석

자료 ① **1** $C_3>C_2>C_1$ **2** 전압은 0이 되고, B에 전하가 충전되지 않는다.   **3** (1) × (2) ○ (3) ○ (4) ×

자료 ② **1** ㄱ, ㄷ   **2** (1) ○ (2) ○ (3) ×

①-1 병렬연결된 A와 B의 합성 전기 용량은 A와 B의 전기 용량의 합과 같다. 'ㄱ'키만 누르면 A의 전기 용량이 커지므로 합성 전기 용량(C_2)이 처음(C_1)보다 커지고($C_2>C_1$), 'ㄱ'키와 'ㄴ'키를 모두 누르면 A와 B의 전기 용량이 둘 다 커지므로 합성 전기 용량(C_3)은 하나만 커졌을 때(C_2)보다 더 커진다($C_3>C_2$). 따라서 합성 전기 용량을 비교해 보면 $C_3>C_2>C_1$이다.

①-2 꼼꼼 문제 분석

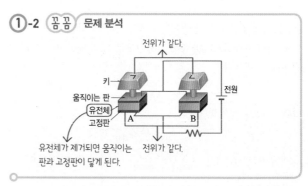

A의 유전체가 제거되어 두 극판이 닿으면 두 극판의 전위가 같아지므로 전압이 0이 된다.

A의 위쪽 극판은 B의 위쪽 극판과 전위가 같고, A의 아래쪽 극판은 B의 아래쪽 극판과 전위가 같다. 따라서 A의 두 극판이 접촉되면 B의 두 극판 사이의 전압도 0이 되어 전하가 충전되지 않는다.

①-3 (1) 'ㄱ'키를 누르면 A의 극판 간격이 감소하므로 전기 용량은 증가한다. A는 B와 병렬로 연결되어 있으므로 A에 걸리는 전압은 항상 전원 전압과 같다.

(2) 'ㄱ' 키를 눌렀을 때 A의 전기 용량은 증가하고, A에 걸리는 전압은 변화가 없으므로 A에 저장되는 전하량은 증가한다.

(3) A의 전기 용량이 변해도 B에 걸리는 전압이나 전기 용량은 변화가 없으므로 B에 충전되는 전하량은 변화가 없다.

(4) 축전기의 유전체를 제거하면 전기 용량은 감소한다.

②-1 ㄱ. A는 전원의 (+)극에 연결되어 있으므로 전원이 연결되면 (+)전하로 충전된다.

ㄴ. V_1에 연결되어 있을 때 P는 정지해 있으므로 P는 위쪽으로 전기력을 받아야 한다. 따라서 P는 (−)전하이다.

ㄷ. 스위치를 전압이 V_1인 전원에 연결했을 때 P는 정지해 있었으므로 P에 작용하는 중력의 크기와 전기력의 크기는 같다. 스위치를 전압이 V_2인 전원에 연결했을 때 P는 가속도가 위 방향인 등가속도 운동을 하였으므로 P에 작용하는 전기력의 크기는 중력의 크기보다 크다. 전기력 $F=qE=\dfrac{qV}{d}$이므로 $V_1<V_2$이다.

②-2 (1) P는 정지해 있으므로 P에 작용하는 알짜힘은 0이다.

(2) 전압이 V_1일 때 중력과 전기력의 크기가 같으므로 $mg=qE=\dfrac{qV_1}{d}$이 성립한다. 따라서 $q=\dfrac{mgd}{V_1}$이다.

(3) P는 (−)전하이므로 P에 작용하는 전기력의 방향은 전기장의 방향과 반대 방향인 연직 위 방향이다.

내신 만점 문제   180쪽~181쪽

01 ⑤   **02** ③   **03** ②   **04** ⑤   **05** 해설 참조   **06** ④
07 ①   **08** ㄴ, ㄷ   **09** ①   **10** 1 : 1

01 ① A는 전지의 (+)극에 연결되어 있으므로 전자는 A에서 전지의 (+)극 쪽인 p방향으로 이동한다.

② 충전되는 동안 전하량이 증가하면서 A와 B 사이의 전기장의 세기는 증가한다.

③ A는 전지의 (+)극에 연결되어 있으므로 양(+)전하로 대전된다.

④ 축전기가 완전히 충전된 후 스위치를 열었으므로 A와 B 사이의 전위차는 전원의 전압과 같다.

| **바로알기** | ⑤ 스위치를 열어도 전하의 충전된 상태가 유지되므로 A와 B 사이의 전기장은 0이 아니다.

---

02 ㄱ. 완전히 충전되었을 때 A에는 양(+)전하가 충전되며, 전하량은 $Q=CV=0.1\text{ F}\times10\text{ V}=1\text{ C}$이다.

ㄴ. A와 B 사이의 전기장의 세기는 $E=\dfrac{V}{d}=\dfrac{10\text{ V}}{0.05\text{ m}}=200\text{ V/m}$이다.

| **바로알기** | ㄷ. 대전 입자가 받는 전기력의 크기는 $F=qE=0.1\times200=20(\text{N})$이다.

---

03 (가)와 (나)의 전기 용량의 비는 $C_{(가)}:C_{(나)}=\dfrac{S}{d}:\dfrac{2S}{2d}=1:1$이다. 따라서 $Q=CV$에서 저장되는 전하량의 비는 전압의 비와 같으므로 1 : 2이다.

---

04 ㄱ. 전기 용량은 $C=\varepsilon\dfrac{S}{d}$에서 극판 사이의 거리에 반비례하므로 두 극판 사이의 간격이 증가하면 전기 용량은 감소한다.

ㄴ. 전압이 일정한 전원 장치에 연결되어 있으므로 전압은 일정하고 전기 용량이 감소하므로 $Q=CV$에서 전하량도 감소한다.

ㄷ. 전압은 일정하고 극판 사이의 간격이 증가하였으므로 $E=\dfrac{V}{d}$에서 전기장의 세기는 감소한다.

---

05 $C=\varepsilon\dfrac{S}{d}$에서 전기 용량은 유전체의 유전율에 비례하고 극판의 면적에 비례하며, 극판의 간격에 반비례한다.

[모범답안] 극판의 면적을 넓게 한다. 극판 사이의 간격을 좁게 한다. 극판 사이에 유전체를 채운다.

채점 기준	배점
세 가지 모두 옳게 서술한 경우	100 %
한 가지당 부분 배점	30 %
축전기가 아닌 전자 등을 조절한다는 답을 쓴 경우 오답 처리	0 %

---

06 [꼼꼼] 문제 분석

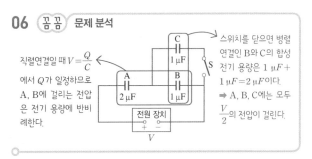

직렬연결일 때 $V=\dfrac{Q}{C}$에서 Q가 일정하므로 A, B에 걸리는 전압은 전기 용량에 반비례한다.

스위치를 닫으면 병렬 연결인 B와 C의 합성 전기 용량은 $1\text{ }\mu\text{F}+1\text{ }\mu\text{F}=2\text{ }\mu\text{F}$이다.
➡ A, B, C에는 모두 $\dfrac{V}{2}$의 전압이 걸린다.

전원의 전압이 V라면 A, B에 걸린 전압은 스위치 S를 닫기 전 $\dfrac{V}{3}$, $\dfrac{2V}{3}$이고, 닫은 후 $\dfrac{V}{2}$, $\dfrac{V}{2}$이다. A에 걸리는 전압이 $\dfrac{3}{2}$배가 되므로 A에 충전된 전하량은 $\dfrac{3}{2}Q$이다.

07 ㄱ. A에 유전체를 삽입하면 A의 전기 용량이 증가하므로 $Q=CV$에 의해 전압이 일정할 때 전기 용량이 증가하면 A에 저장되는 전하량이 증가한다.

┃**바로알기**┃ ㄴ. 축전기 B와 C는 전기 용량이 변하지 않았는데 전하량이 증가하였으므로 축전기의 양 극판 사이의 전위차가 증가하였다. 축전기 A와 B의 양 극판에 형성되는 전위차의 합이 전체 전압 V와 같아야 하므로 B의 전위차가 증가하면 A의 전위차는 감소한다.

ㄷ. 축전기의 직렬연결에서 각 축전기에 저장된 전하량은 전체 전하량과 같고, 축전기의 병렬연결에서 외부에서 공급된 전체 전하량은 각 축전기에 저장된 전하량의 합과 같다. 따라서 B와 C의 전하량의 합은 A에 저장된 전하량과 같아야 한다.

08 ㄴ. 전기 용량은 극판의 간격에 반비례하므로 간격이 더 작은 B가 A보다 전기 용량이 크다. 전압이 같으므로 저장되는 전하량은 B가 A보다 크다.

ㄷ. 전압이 같고 전하량은 B가 A보다 크므로 저장되는 전기 에너지 $\left(=\dfrac{1}{2}QV\right)$도 B가 A보다 크다.

┃**바로알기**┃ ㄱ. 동일한 전지에 병렬로 연결되어 있으므로 A와 B에 걸리는 전압은 같다.

09 꼼꼼 **문제 분석**

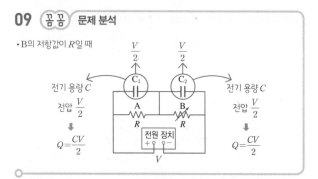

・B의 저항값이 R일 때

ㄱ. B의 저항값이 R일 때 A와 B에 걸리는 전압이 같으므로 C_1과 C_2에 걸리는 전압도 같다. 또한 C_1과 C_2의 전기 용량이 같으므로 C_1과 C_2에 저장되는 전하량도 같다.

┃**바로알기**┃ ㄴ. C_1과 C_2의 전기 용량을 각각 C, 전원 장치의 전압을 V라고 하면 B의 저항값이 R일 때 C_1과 C_2에 각각 $\dfrac{V}{2}$의 전압이 걸리므로 C_1에 저장된 전하량은 $Q=\dfrac{CV}{2}$이다.

B의 저항값이 $2R$이면 A와 B에 걸리는 전압은 $1:2$가 되므로 C_1과 C_2에 걸리는 전압은 각각 $\dfrac{V}{3}$, $\dfrac{2V}{3}$가 된다. 따라서 C_2에 저장되는 전하량은 $\dfrac{2CV}{3}=\dfrac{4}{3}Q$가 된다.

ㄷ. C_2에 저장되는 전기 에너지는 B의 저항값이 R, $2R$일 때 각각 $\dfrac{1}{2}C\times\left(\dfrac{V}{2}\right)^2=\dfrac{1}{8}CV^2$, $\dfrac{1}{2}C\times\left(\dfrac{2V}{3}\right)^2=\dfrac{2}{9}CV^2$이다. 따라서 $2R$일 때가 R일 때의 $\dfrac{16}{9}$배이다.

10 꼼꼼 **문제 분석**

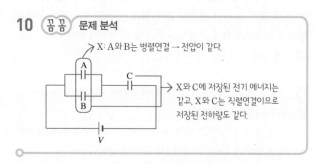

A와 B가 병렬로 연결되어 있는 부분을 X라고 하면 X와 C에 저장된 전기 에너지의 비는 $(1+2):3=1:1$이다. 또한 X와 C는 직렬연결되어 있으므로 X와 C에 저장된 전하량은 같다.

축전기에 저장된 전기 에너지 $W=\dfrac{1}{2}QV$에서 전기 에너지와 전하량이 같으므로 X와 C에 걸린 전압은 같다. X에 걸린 전압은 A 또는 B에 걸린 전압과 같으므로 B와 C에 걸린 전압의 비는 $1:1$이다.

중단원 **핵심 정리**　　　　182쪽~183쪽

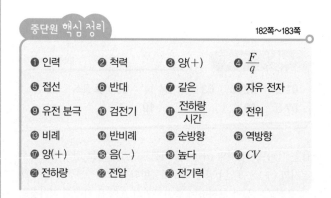

❶ 인력　❷ 척력　❸ 양(+)　❹ $\dfrac{F}{q}$

❺ 접선　❻ 반대　❼ 같은　❽ 자유 전자

❾ 유전 분극　❿ 검전기　⓫ $\dfrac{\text{전하량}}{\text{시간}}$　⓬ 전위

⓭ 비례　⓮ 반비례　⓯ 순방향　⓰ 역방향

⓱ 양(+)　⓲ 음(−)　⓳ 높다　⓴ CV

㉑ 전하량　㉒ 전압　㉓ 전기력

중단원 **마무리 문제**　　　　184쪽~187쪽

01 ②	**02** ②	**03** ②	**04** ②	**05** ④	**06** ⑤
07 ①	**08** ⑤	**09** ①	**10** ②	**11** ④	**12** 1:2
13 $\dfrac{4}{3}Q$	**14** ④	**15** ⑤	**16** 해설 참조	**17** 해설 참조	

01 꼼꼼 문제 분석

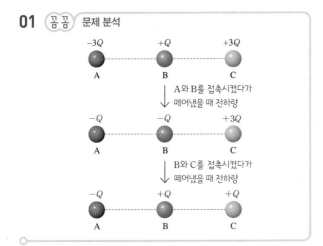

오른쪽 방향의 전기력을 (+)으로 정하고 세 전하 사이의 간격을 r라고 하면 B는 A에 의해 왼쪽, C에 의해 왼쪽으로 전기력을 받으므로 $F=-k\dfrac{3Q^2}{r^2}-k\dfrac{3Q^2}{r^2}=-k\dfrac{6Q^2}{r^2}$이다.

A와 B를 접촉시키면 전체 전하량이 $-2Q$가 되고 떼어내면 A, B의 전하량은 각각 $-Q$가 된다. 이후 B와 C를 접촉시키면 전체 전하량이 $+2Q$가 되고 다시 떼어내면 B, C의 전하량은 각각 $+Q$가 된다. 이때 B가 받는 전기력을 F'이라고 하면 B는 A에 의해 왼쪽, C에 의해 왼쪽으로 전기력을 받으므로

$F'=-k\dfrac{Q^2}{r^2}-k\dfrac{Q^2}{r^2}=-k\dfrac{2Q^2}{r^2}$이다. 따라서 $F'=\dfrac{1}{3}F$이다.

02 꼼꼼 문제 분석

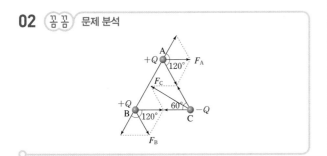

A, B, C의 전하량이 Q이고 정삼각형의 세 꼭짓점에 있기 때문에 서로 떨어진 거리가 같다. 정삼각형의 한 변의 길이가 r이면 A가 B, C에 의해 받는 전기력의 크기는 쿨롱 법칙으로부터 각각 $k\dfrac{Q^2}{r^2}$이고, B, C에 의한 전기력의 종류는 각각 척력과 인력이므로 전기력의 합력의 수직 성분은 상쇄되어 수평 성분만 남으며 수평 성분의 크기는 $k\dfrac{Q^2}{r^2}$이다. 같은 방법으로 B가 받는 전기력의 합력 F_B의 크기도 $k\dfrac{Q^2}{r^2}$이다.

A, B에 의해 C가 받는 전기력의 종류는 모두 인력이므로 벡터 합에 의해 $F_C=\sqrt{3}k\dfrac{Q^2}{r^2}$이다. A가 받는 전기력의 크기가 F이므로 B가 받는 전기력의 크기는 F, C가 받는 전기력의 크기는 $\sqrt{3}F$이다.

03

ㄴ. (가)에서 (+)로 대전된 A를 금속판에 가까이 접근시키면 금속박에 있던 전자가 금속판으로 이동하게 된다.

바로알기 ㄱ. (나)에서 (−)전하로 대전된 B를 접근시켜 접촉했을 때 금속박이 오므라들었다가 벌어지므로 검전기는 처음에 (+)전하로 대전되어 있었다. (가)에서 금속박이 벌어지므로 A는 (+)전하로 대전되어 있었다.

ㄷ. (나)에서 B를 검전기의 금속판에 접촉시키면 B에 있는 전자가 검전기로 이동하여 검전기는 전체적으로 (−)전하를 띠게 되어 금속박이 다시 벌어지게 된다. 따라서 (나)에서 B를 멀리 하여도 검전기의 금속판은 (−)전하를 띤다.

04

대전체가 (+)전하를 띠고 세 도체 구에 가까이 있으므로 대전체로부터 먼 A에는 대전체와 같은 (+)전하가 유도되어 대전체와 A 사이에 척력이 작용하고, 가까운 C에는 대전체와 다른 (−)전하가 유도되어 인력이 작용한다.

05

ㄱ. 200 ℃에서 A, B의 비저항이 같으므로 단면적과 길이를 비교하면 된다. $R=\rho\dfrac{l}{S}$에서 $\dfrac{l}{S}$의 값이 각각 $\dfrac{0.2}{4}$, $\dfrac{0.4}{8}=\dfrac{0.2}{4}$로 같으므로 $R_A=R_B$이다.

ㄷ. 그래프로부터 600 ℃일 때 각 저항의 비저항을 찾고, 각 저항의 단면적과 길이를 대입하여 저항값을 구한다.

$R_A=70\times10^{-8}\times\dfrac{0.2}{4\times10^{-6}}$, $R_B=50\times10^{-8}\times\dfrac{0.4}{8\times10^{-6}}$, $R_C=20\times10^{-8}\times\dfrac{0.6}{8\times10^{-6}}$를 비교하면 저항값이 가장 큰 것은 R_A이다.

바로알기 ㄴ. 0 ℃에서 A, C의 비저항이 같고, $\dfrac{l}{S}$의 값이 각각 $\dfrac{0.2}{4}$, $\dfrac{0.6}{8}$이므로 R_A는 R_C의 $\dfrac{2}{3}$배이다.

06

ㄱ. 저항에 흐르는 전류의 세기는 B가 C의 2배이므로 저항값은 C가 B의 2배이다.

ㄴ. B, C에 흐르는 전류의 합과 A에 흐르는 전류가 같고, B에 흐르는 전류의 세기는 C에 흐르는 전류의 세기의 2배이다. 따라서 전류의 세기는 A에서가 C에서의 3배이다.

ㄷ. 소비 전력은 전압과 전류의 곱으로 C, D에 걸린 전압의 크기가 같고, 전류의 세기는 D에서가 C에서의 3배이므로 소비 전력도 D에서가 C에서의 3배이다.

07 ㄱ. 구간 A는 회로에 흐르는 전류의 세기가 증가하는 구간으로 전압이 일정하므로 합성 저항값의 크기가 감소한다. 전구의 저항이 일정하므로 가변 저항의 저항값은 감소한다.

▮**바로알기**▮ ㄴ. 구간 B는 전압의 크기가 일정한 전원에 연결된 전류의 세기가 일정한 구간으로 합성 저항값이 일정한 구간이다. 따라서 가변 저항의 저항값은 일정하다.

ㄷ. 구간 C는 전류의 세기가 감소하는 구간으로 합성 저항값이 증가하는 구간이다. 따라서 가변 저항의 저항값이 증가하는 구간이다. 하지만 두 저항이 병렬로 연결되어 있어 서로의 회로에 영향을 주지 않으므로 전구에는 일정한 전압이 걸리고 밝기의 변화도 없다.

08 (가)에서 A와 C는 직렬연결이므로 흐르는 전류의 세기가 같아 전력 $P=I^2R$에서 전력의 비는 저항값의 비와 같다. A의 소비 전력이 C의 소비 전력의 3배이므로 A의 저항값이 C의 저항값의 3배이다. C의 소비 전력을 구하기 위해 전원 장치의 전압을 V_0라고 하면 A에 걸리는 전압은 $\frac{3}{4}V_0$, C에 걸리는 전압은 $\frac{1}{4}V_0$이고 A의 저항값을 $3R_0$라고 하면 C의 저항값은 R_0이다.

전력 $P=\dfrac{V^2}{R}$이므로 $P_0=\dfrac{\left(\dfrac{V_0}{4}\right)^2}{R_0}=\dfrac{V_0{}^2}{16R_0}$이다.

(나)에서 A와 B는 병렬연결이므로 전압이 같아 소비 전력 $P=\dfrac{V^2}{R}$에서 전력의 비는 저항값의 역수의 비와 같다. 소비 전력은 A가 B의 2배이고, 저항값은 B가 A의 2배이므로 B의 저항값은 $6R_0$이다. A와 B의 병렬연결의 합성 저항값은 $\dfrac{1}{R_{AB}}=\dfrac{1}{R_A}+\dfrac{1}{R_B}$ $=\dfrac{1}{3R_0}+\dfrac{1}{6R_0}$을 계산하면 $R_{AB}=2R_0$이다. C의 저항값이 R_0이므로 B에 걸리는 전압은 $\dfrac{2}{3}V_0$이고, B의 소비 전력은 $P_B=\dfrac{\left(\dfrac{2V_0}{3}\right)^2}{6R_0}=\dfrac{2V_0{}^2}{27R_0}=\dfrac{32}{27}P_0$이다.

09 꼼꼼 문제 분석

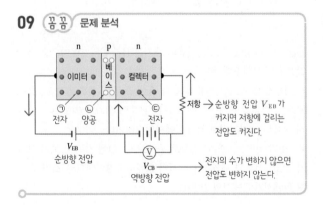

10 이미터에서 베이스로 전류가 흐르고 있어 이미터는 p형 반도체이고, 베이스는 n형 반도체이다. 이 트랜지스터는 p-n-p형이다. 이미터와 베이스 사이에는 순방향이 되어야 하므로 ⓐ는 (+)극이고, 베이스와 컬렉터 사이에는 역방향이 되어야 하므로 ⓑ는 (−)극이다.

ㄱ. 이미터가 n형 반도체이므로 주요 전하 운반자인 ㉠은 전자이며 순방향 전압에 의해 베이스 쪽, 즉 오른쪽으로 움직인다. 또한 베이스는 p형 반도체이므로 주요 전하 운반자인 ㉡은 양공이며, 양공은 순방향 전압에 의해 왼쪽으로 움직인다.

▮**바로알기**▮ ㄴ. ㉢은 n형 반도체의 주요 전하 운반자인 전자이므로, 역방향 전압에 의해 오른쪽으로 움직인다.

ㄷ. 오른쪽 회로에서 전압계로 측정하는 전압 V_{CB}는 일정하며, V_{EB}와 무관하다. 순방향 전압 V_{EB}가 커지면 베이스 전류가 커지면서 컬렉터 전류도 커지게 되어 오른쪽 회로의 저항에 더욱 많은 전류가 흘러 저항에 걸리는 전압이 커진다.

11 ㄴ. 스위치를 열면 전하의 출입이 없으므로 전하량은 같고 전기 용량은 감소하므로 전압은 증가한다.

ㄷ. 전하량은 같고 전압이 증가하므로 전기 에너지는 증가한다.

▮**바로알기**▮ ㄱ. 극판 간격이 증가하면 전기 용량은 감소한다.

12 꼼꼼 문제 분석

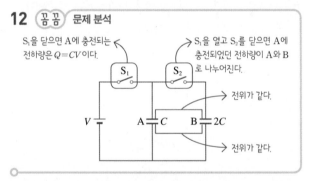

S_1을 열고 S_2를 닫으면 A에 충전되었던 전하량이 A와 B로 나누어진다. 이때 A와 B에 걸리는 전압이 같아야 하므로 전하량은 전기 용량에 비례한다. 따라서 $Q_A : Q_B=1 : 2$이다.

13 스위치가 열려 있을 때 합성 전기 용량은 $\dfrac{C}{2}$이다. 따라서 전지의 전압을 V라고 하면 $Q=\dfrac{CV}{2}$이다. 스위치를 닫았을 때 합성 전기 용량을 C'이라고 하면 $\dfrac{1}{C'}=\dfrac{1}{C}+\dfrac{1}{2C}=\dfrac{3}{2C}$이므로 $C'=\dfrac{2C}{3}$이다. 따라서 이때 회로 전체에 저장되는 전하량을 Q'이라고 하면 $Q'=\dfrac{2CV}{3}=\dfrac{4}{3}Q$이다.

14 (나)와 같이 유전체를 채우면 (가)에 비해 전기 용량이 증가하고 전압은 그대로이므로 저장되는 전하량은 (나)의 축전기가 (가)의 축전기보다 크다.($Q_{(나)} > Q_{(가)}$). (가) 상태에서 스위치를 열어도 축전기에 충전된 전하량에는 변화가 없다. 따라서 (가)와 (다)에서 축전기에 저장되는 전하량은 같다.($Q_{(가)} = Q_{(다)}$). 다만 (가)에 비해 (다)에서는 유전체를 채웠으므로 전기 용량은 증가하고 전압은 감소한다.

15 꼼꼼 **문제 분석**

(나)는 극판 간격이 $\dfrac{d}{2}$인 축전기 두 개가 직렬연결된 것과 같다.

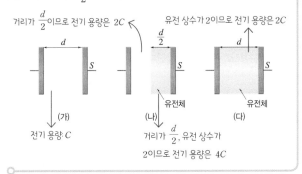

거리가 $\dfrac{d}{2}$이므로 전기 용량은 $2C$

유전 상수가 2이므로 전기 용량은 $2C$

(가)
전기 용량 C

(나)
거리가 $\dfrac{d}{2}$, 유전 상수가 2이므로 전기 용량은 $4C$

유전체

(다)
유전체

축전기의 전기 용량은 $C = \varepsilon \dfrac{S}{d}$로 금속판의 넓이에 비례하고 금속판 간격에 반비례한다.

(가)의 전기 용량을 C라고 하면 (나)는 전기 용량이 각각 $2C$, $4C$인 두 축전기가 직렬연결된 것과 같다. 따라서 (나)의 전기 용량 $C_{(나)}$는 $\dfrac{1}{C_{(나)}} = \dfrac{1}{2C} + \dfrac{1}{4C}$에서 $C_{(나)} = \dfrac{4C}{3}$이다. 또한 (다)의 전기 용량은 $2C$이므로 $C_{(가)} : C_{(나)} : C_{(다)} = C : \dfrac{4C}{3} : 2C = 3 : 4 : 6$이다.

16 꼼꼼 **문제 분석**

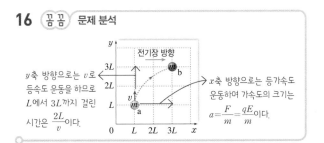

y축 방향으로는 v로 등속도 운동을 하므로 L에서 $3L$까지 걸린 시간은 $\dfrac{2L}{v}$이다.

x축 방향으로는 등가속도 운동하여 가속도의 크기는 $a = \dfrac{F}{m} = \dfrac{qE}{m}$이다.

모범답안 (1) 점전하의 전하량을 q라고 하면 x축 방향으로 등가속도 운동하므로 $2L = \dfrac{1}{2}at^2 = \dfrac{1}{2} \times \dfrac{qE}{m} \times \left(\dfrac{2L}{v}\right)^2$이 성립한다. 따라서 $q = \dfrac{mv^2}{EL}$이다.

(2) x축 방향으로 이동한 거리와 시간이 y축 방향과 같으므로 x축 방향의 평균 속력은 v이다. 따라서 b 지점에서 x축 방향의 속력은 $2v$이므로 b 지점에서 전하의 속력은 $\sqrt{v^2 + (2v)^2} = \sqrt{5}v$이다.

채점 기준		배점
(1)	전하량을 옳게 구하고 풀이 과정을 옳게 서술한 경우	50 %
	전하량만 옳게 구한 경우	30 %
(2)	속력을 옳게 구하고 풀이 과정을 옳게 서술한 경우	50 %
	속력만 옳게 구한 경우	30 %

17 n-p-n형 트랜지스터에서 이미터와 베이스로 이루어진 왼쪽 회로에 순방향 전압이 걸리고, 베이스와 컬렉터로 이루어진 오른쪽 회로에 역방향 전압이 걸려야 전체 회로에 전류가 흐른다.

모범답안 (1) 이미터와 베이스 사이(V_1)에 순방향 전압, 베이스와 컬렉터 사이(V_2)에 역방향 전압이 걸려야 한다. ㉠: (−)극, ㉡: (+)극, ㉢: (−)극, ㉣: (+)극

(2) 이미터 쪽의 순방향 전압이 컬렉터 쪽의 역방향 전압보다 작아야 하므로 $V_1 < V_2$이다.

채점 기준		배점
(1)	㉠~㉣의 전극과 그 까닭을 옳게 서술한 경우	50 %
	㉠~㉣의 전극만 옳게 쓴 경우	30 %
(2)	전압을 옳게 비교하고 그 까닭을 옳게 서술한 경우	50 %
	전압을 옳게 비교한 경우	30 %

수능 실전 문제 188쪽~191쪽

01 ④ **02** ③ **03** ② **04** ③ **05** ⑤ **06** ⑤
07 ③ **08** ⑤ **09** ③ **10** ② **11** ④ **12** ⑤
13 ③ **14** ① **15** ③ **16** ④

01

| 선택지 분석 |

㉠ 전기장 영역에서 물체에 작용하는 전기력의 크기는 A와 B가 같다.

✗ 전기장 영역을 통과하는 데 걸리는 시간은 ~~A가 B보다 작다.~~ → A와 B가 같다.

㉢ a에서 A의 속력은 b에서 B의 속력과 같다.

ㄱ. 전기장의 방향을 오른쪽으로 가정하면 A는 오른쪽으로 B는 왼쪽으로 전기력을 받는다. 이때 전기장의 세기는 균일하고 A와 B의 전하량이 같으므로 $F = qE$에서 전기력의 크기는 같다.

ㄷ. 전기장 영역에서 A는 속력이 증가하는 등가속도 운동을, B는 속력이 감소하는 등가속도 운동을 한다. 이때 A와 B의 질량이 같으므로 A와 B의 가속도의 크기는 같다. 따라서 가속도의 크기를 a, 전기장 영역의 폭을 d라고 하면 등가속도 운동의 식에 의해 $2ad=v_A^2-v^2$, $-2ad=v^2-v_B^2$이 성립하므로 $v_A=v_B$이다.

┃ 바로알기 ┃ ㄴ. 속도 변화량의 크기와 가속도의 크기가 같고 $t=\dfrac{v-v_0}{a}$이므로 A와 B가 전기장 영역을 통과하는 데 걸리는 시간은 같다.

02 (꼼꼼) 문제 분석

(E_p : p점에서 합성 전기장, E_q : q점에서 합성 전기장)

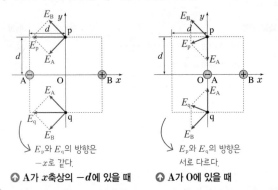

E_p와 E_q의 방향은 $-x$로 같다.

E_p와 E_q의 방향은 서로 다르다.

⬆ A가 x축상의 $-d$에 있을 때 ⬆ A가 O에 있을 때

┃ 선택지 분석 ┃
ㄱ p와 q에서 전기장의 세기는 같다.
ㄴ O에서 전기장의 방향은 $-x$방향이다.
✗ A를 O로 이동시키면 p와 q에서 전기장의 방향은 ~~같다.~~ → 다르다.

ㄱ. A와 B의 전하량이 같고 A와 B에서 p 또는 q까지의 거리는 같으므로 A와 B에 의한 합성 전기장의 세기는 p와 q에서 같고 방향도 $-x$방향으로 같다.

ㄴ. O에서 A에 의한 전기장의 방향은 $-x$방향이고 B에 의한 전기장의 방향도 $-x$방향이므로 합성 전기장은 $-x$방향이다.

┃ 바로알기 ┃ ㄷ. A를 O로 이동시키면 B에 의한 전기장의 방향은 바뀌지 않지만, A에 의한 전기장의 방향이 바뀐다. 따라서 p와 q에서 전기장의 방향은 서로 다르다.

03

┃ 선택지 분석 ┃
✗ 대전 입자의 전하량만 ~~증가시킨다.~~ → 감소
ㄴ 두 금속판 사이의 거리만 증가시킨다.
✗ 두 금속판에 걸어 준 전압만 ~~증가시킨다.~~ → 감소

단진동하는 단진자의 주기는 $2\pi\sqrt{\dfrac{l}{g}}=2\pi\sqrt{\dfrac{ml}{mg}}$이다. mg에 해당하는 것이 전기력 $F=qE$이므로 전기력을 받아 단진동하는 단진자의 주기는 $2\pi\sqrt{\dfrac{ml}{qE}}$이다.

ㄴ. 아래 방향으로 전기력이 작용하여 단진동하므로 전기력이 작아지면 주기가 길어진다. 금속판 사이의 거리를 증가시키면 $E=\dfrac{V}{d}$에서 전기장의 세기가 작아져서 전기력이 감소하므로 주기가 길어진다.

┃ 바로알기 ┃ ㄱ. 전하량 q가 증가하면 전기력(qE)이 커지므로 주기는 짧아진다.

ㄷ. $E=\dfrac{V}{d}$에서 전압이 증가하면 전기장의 세기가 증가하여 전기력이 커지므로 주기가 짧아진다.

04 (꼼꼼) 문제 분석

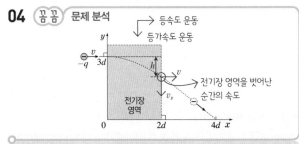

┃ 선택지 분석 ┃
✗① $\dfrac{3d}{2}$ ✗② $2d$ ③ $\dfrac{5d}{2}$ ✗④ $3d$ ✗⑤ $\dfrac{7d}{2}$

입자는 x축 방향으로는 힘을 받지 않으므로 등속도 운동한다. 따라서 전기장 영역을 벗어난 순간 x축 방향의 속력은 v이다. 또한 전기장 영역에서 운동한 시간은 $t=\dfrac{2d}{v}$이고, 이는 전기장 영역을 벗어나 운동한 시간과 같다. 전기장 영역에서 입자의 가속도는 $-y$방향이고 크기는 $a=\dfrac{qE}{m}$이다. 전기장 영역에서 $-y$방향으로 운동한 거리는 $h=\dfrac{1}{2}at^2=\dfrac{2ad^2}{v^2}$이고, 전기장 영역을 벗어나는 순간 $-y$방향의 속력을 v_y라고 하면 $v_y=at=\dfrac{2ad}{v}$이다. 전기장 영역을 벗어난 이후 $-y$방향으로의 이동 거리는 $3d-h=v_yt$이므로 $3d-\dfrac{2ad^2}{v^2}=\dfrac{2ad}{v}\times\dfrac{2d}{v}=\dfrac{4ad^2}{v^2}=2h$이다. 따라서 $h=d$이고, $v_y\times\dfrac{2d}{v}=2d$이므로 $v_y=v$이다.

질량이 같고 전하량이 2배인 입자를 입사시키면 가속도는 2배가 되고 전기장 영역에서 운동한 시간은 처음과 같으므로 h와 v_y도

각각 2배가 된다. 따라서 전기장 영역을 벗어난 후 $-y$방향으로 $2v$의 속력으로 d만큼 운동하므로 걸린 시간은 $\dfrac{t}{4}$가 되고 x축 방향으로 운동한 거리는 $\dfrac{d}{2}$가 되어 x축상에 도달하는 지점은 $2d+\dfrac{d}{2}=\dfrac{5}{2}d$가 된다.

05

▌선택지 분석▐

✗ 저항체의 비저항은 P가 Q의 4배이다. P와 Q가 같다.
ⓛ P에 흐르는 전류의 세기는 4 A이다.
ⓒ Q의 양단에 걸리는 전압은 5 V이다.

ㄴ. 전원 장치의 전압은 P와 Q에 걸리는 전압의 합이다. 전원 장치의 전압이 25 V일 때 P의 양단에 걸리는 전압이 20 V이고 Q에 걸리는 전압이 5 V이므로 P에 흐르는 전류의 세기는 (나)의 그래프에서 4 A이다.

ㄷ. P의 양단에 걸리는 전압이 20 V이므로 Q의 양단에 걸리는 전압은 5 V이다.

▌바로알기▐ ㄱ. P, Q가 직렬로 연결되어 있으므로 P, Q에 걸리는 전압의 비는 저항값의 비와 같다. P의 저항값은 $R_P=\rho_P\dfrac{2L}{S}$이고 Q의 저항값은 $R_Q=\rho_Q\dfrac{L}{2S}$이다. (나)에서 전류가 같을 때 P와 Q의 전압의 비는 4 : 1이므로 $R_P : R_Q=4 : 1$이다. 따라서 $\rho_P=\rho_Q$이다.

06 꼼꼼 문제 분석

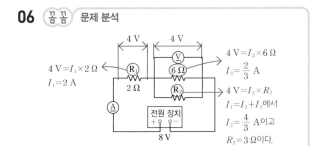

▌선택지 분석▐

ⓛ R_1의 양단에 걸리는 전압은 4 V이다.
ⓛ 전류계에 흐르는 전류의 세기는 2 A이다.
ⓒ R_2의 저항값은 3 Ω이다.

ㄱ. 전압계에 걸리는 전압 4 V와 R_1에 걸리는 전압의 합이 전원 장치의 전압 8 V이므로 R_1에 걸리는 전압은 4 V이다.

ㄴ. R_1에 흐르는 전류 $I_1=\dfrac{4\ \text{V}}{2\ \Omega}=2\ \text{A}$이다.

ㄷ. 6 Ω과 병렬연결된 R_2에 걸리는 전압은 4 V이다. R_1에 흐르는 전류는 6 Ω과 R_2에 흐르는 전류의 합과 같으므로 R_2에 흐르는 전류의 세기는 $\dfrac{4}{3}$ A이다. 따라서 $R_2=\dfrac{4\ \text{V}}{\left(\dfrac{4}{3}\right)\text{A}}=3\ \Omega$이다.

07

▌선택지 분석▐

✗ P_0　　✗ $\dfrac{1}{2}P_0$　　③ $\dfrac{1}{3}P_0$　　✗ $\dfrac{1}{4}P_0$　　✗ $\dfrac{1}{5}P_0$

저항값이 R인 저항과 저항값이 X인 저항이 직렬연결이므로 흐르는 전류의 세기는 같다. $P=I^2R$에서 소비 전력은 저항에 비례하므로 X는 $2R$이다.

회로에 흐르는 전체 전류를 I라 하면, 저항값이 $4R$인 저항에서의 소비 전력과 저항값이 R인 저항에서의 소비 전력이 같으므로 저항값이 $4R$인 저항에 흐르는 전류는 $\dfrac{I}{2}$이고, 저항값이 $3X$ $(6R)$인 저항에 흐르는 전류는 저항에 반비례하므로 $\dfrac{I}{3}$이다.

저항값이 Y인 저항에 흐르는 전류는 $I=\dfrac{I}{2}+\dfrac{I}{3}+I_Y$에서 $I_Y=\dfrac{I}{6}$이다. 즉 저항값이 $4R$인 저항에 흐르는 전류는 $\dfrac{I}{2}$, 저항값이 Y인 저항에 흐르는 전류는 $\dfrac{I}{6}$이고 병렬연결일 때 전류는 저항에 반비례하므로 Y는 $12R$이다. 전압이 일정한 병렬연결에서 소비 전력 $P=\dfrac{V^2}{R}$에서 저항에 반비례한다. $4R : Y=1 : 3$이므로 소비 전력의 비는 3 : 1이다. 따라서 저항값이 Y인 저항의 소비 전력은 $\dfrac{1}{3}P_0$이다.

08 꼼꼼 문제 분석

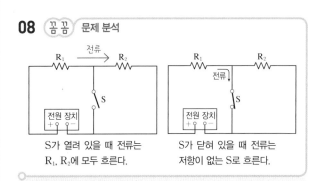

S가 열려 있을 때 전류는 R_1, R_2에 모두 흐른다.

S가 닫혀 있을 때 전류는 저항이 없는 S로 흐른다.

▌선택지 분석▐

ⓛ 저항값은 R_1과 R_2가 같다.
✗ S가 열려 있을 때, R_2의 소비 전력은 18 W이다. 9 W
ⓒ R_1에 흐르는 전류의 세기는 S가 닫혀 있을 때가 열려 있을 때의 2배이다.

ㄱ. 전원 장치의 전압을 V라 하자. S가 닫힌 상태일 때 전원 장치에는 R_1만 연결되므로 R_1의 소비 전력은 $\dfrac{V^2}{R_1}=36$이다. S가 열린 상태일 때 두 저항이 직렬연결되고 이때 R_1에 걸리는 전압을 V_1이라고 하면, $\dfrac{V_1^2}{R_1}=9$이다. 따라서 $V_1=\dfrac{1}{2}V$이므로 $R_1=R_2$이다.

ㄷ. R_1의 소비 전력은 S가 닫혀 있을 때가 열려 있을 때의 4배이므로 $P=I^2R$에서 R_1에 흐르는 전류의 세기는 S가 닫혀 있을 때가 열려 있을 때의 2배이다.

| 바로알기 | ㄴ. S가 열려 있을 때 R_1과 R_2는 직렬연결이고 $R_1=R_2$이므로 S가 열린 상태에서 R_2가 소비하는 전력은 9 W 이다.

09 (꼼꼼) 문제 분석

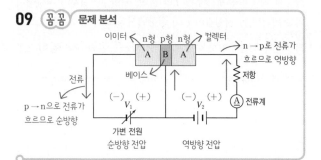

| 선택지 분석 |

ⓒ B는 p형 반도체이다.

✗ V_1의 미세한 증가는 저항에 흐르는 전류를 크게 ~~약화시~~ <u>증가</u> 킨다.

ⓒ V_1이 0이 되면 저항에는 전류가 흐르지 않는다.

ㄱ. 저항에 전류가 흐르려면 트랜지스터의 왼쪽 회로에는 순방향 전압이, 오른쪽 회로에는 역방향 전압이 걸려야 한다. 따라서 A는 n형 반도체이고, B는 p형 반도체이다.

ㄷ. 왼쪽 회로의 순방향 전압이 0이면 오른쪽 회로는 역방향 전압만 걸리게 되어 저항에는 전류가 흐르지 않는다.

| 바로알기 | ㄴ. 트랜지스터의 증폭 작용에 의해 전압 V_1의 미세한 증가는 저항에 매우 큰 전압이 걸리게 하므로 저항에 흐르는 전류를 크게 증가시킨다.

10

| 선택지 분석 |

	(가)	(나)	(다)		(가)	(나)	(다)
✗	순방향	역방향	I_1	②	순방향	역방향	I_2
✗	역방향	순방향	I_1	✗	역방향	순방향	I_2
✗	역방향	역방향	I_2				

이미터를 지나는 전류는 베이스와 컬렉터에 흐르는 전류의 합과 같다. 따라서 $I_1=I_B+I_2$이다. 트랜지스터는 이미터와 베이스 사이에 순방향 전압을, 컬렉터와 베이스 사이에 역방향 전압을 걸어 주어 컬렉터에 전류(I_2)가 흐른다. 이때 컬렉터에 흐르는 전류는 이미터와 베이스 사이의 전압 변화에 영향을 받는다.

11 (꼼꼼) 문제 분석

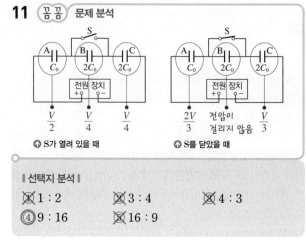

↑ S가 열려 있을 때   ↑ S를 닫았을 때

| 선택지 분석 |

✗ 1 : 2   ✗ 3 : 4   ✗ 4 : 3

④ 9 : 16   ✗ 16 : 9

직렬연결된 축전기에 걸리는 전압은 전기 용량에 반비례하므로 전원 장치의 전압을 V라고 하면, S가 열려 있을 때 A에 걸린 전압은 $\dfrac{V}{2}$가 된다. 따라서 A에 저장되는 전기 에너지는 $\dfrac{1}{2}C_0\times\left(\dfrac{V}{2}\right)^2=\dfrac{1}{8}C_0V^2$이다.

S를 닫으면 B에는 전압이 걸리지 않고 A에 걸린 전압이 $\dfrac{2}{3}V$가 되므로 A에 저장되는 전기 에너지는 $\dfrac{1}{2}C_0\times\left(\dfrac{2}{3}V\right)^2=\dfrac{2}{9}C_0V^2$이 된다. 따라서 $E_1 : E_2 = \dfrac{1}{8} : \dfrac{2}{9} = 9 : 16$이다.

12 (꼼꼼) 문제 분석

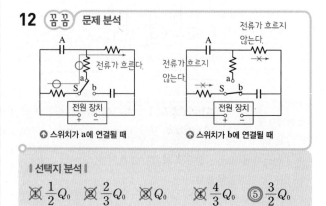

↑ 스위치가 a에 연결될 때   ↑ 스위치가 b에 연결될 때

| 선택지 분석 |

✗ $\dfrac{1}{2}Q_0$ ✗ $\dfrac{2}{3}Q_0$ ✗ Q_0 ✗ $\dfrac{4}{3}Q_0$ ⑤ $\dfrac{3}{2}Q_0$

전원 장치의 전압을 V라고 하자. 스위치를 a에 연결하면 3개의 저항이 직렬로 연결된 것과 같다. 따라서 각 저항에는 $\dfrac{V}{3}$의 전압

이 걸린다. A는 2개의 직렬연결된 저항과 다시 병렬로 연결되므로 A에 걸리는 전압은 $\frac{2}{3}V$이다.

따라서 축전기의 전기 용량을 C라고 하면 충전되는 전하량은

$Q_0=C\times\frac{2}{3}V=\frac{2}{3}CV$이다.

스위치를 b에 연결하였을 때, 저항에는 전류가 흐르지 않으므로 두 축전기에 걸리는 전압은 각각 전원 장치의 전압과 같다. 따라서 A에 충전되는 전하량은 $Q=CV=\frac{3}{2}Q_0$이다.

13 꼼꼼 문제 분석

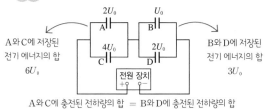

A와 C에 저장된 전기 에너지의 합 $6U_0$

A와 C에 충전된 전하량의 합 = B와 D에 충전된 전하량의 합

B와 D에 저장된 전기 에너지의 합 $3U_0$

┃ 선택지 분석 ┃

㉠ A와 B에 충전된 전하량은 서로 같다.

㉡ B와 C의 전기 용량은 서로 같다.

✕ C에 걸린 전압은 D에 걸린 전압~~과 같다.~~ 의 2배이다.

ㄱ. A와 C에 저장된 에너지의 합이 B와 D에 저장된 에너지의 합의 2배이고, A와 C에 충전된 전하량의 합과 B와 D에 충전된 전하량의 합은 같다. $U=\frac{1}{2}QV$에서 A와 C에 걸린 전압은 B와 D에 걸린 전압의 2배이다. 따라서 저장된 에너지는 A가 B의 2배이고, 걸린 전압도 A가 B의 2배이므로 $U=\frac{1}{2}QV$에서 A와 B에 충전된 전하량은 서로 같다.

ㄴ. 축전기에 저장된 에너지는 C가 B의 4배이고, 걸린 전압은 C가 B의 2배이므로 $U=\frac{1}{2}CV^2$에서 B와 C의 전기 용량은 같다.

┃ 바로알기 ┃ ㄷ. C에 걸린 전압은 D에 걸린 전압의 2배이다.

14

┃ 선택지 분석 ┃

㉠ $\kappa=2$이다.

✕ $V=2V_0$이다. $V=\frac{V_0}{2}$

✕ 축전기에 저장된 에너지는 (나)가 (다)의 ~~2배~~이다. 4배

ㄱ. (나)에서 전압은 (가)와 같고 전하량은 2배가 되었으므로 전기 용량이 2배이다. 전기 용량은 유전 상수에 비례하므로 $\kappa=2$이다.

┃ 바로알기 ┃ ㄴ. (다)에서 전하량은 (가)와 같고 전기 용량은 (가)의 2배이므로 $Q=CV$로부터 $V=\frac{V_0}{2}$이다.

ㄷ. 축전기에 저장된 전기 에너지는 (나)에서 $\frac{1}{2}\times2Q\times V_0=QV_0$이고 (다)에서 $\frac{1}{2}\times Q\times\frac{1}{2}V_0=\frac{1}{4}QV_0$이므로 (나)가 (다)의 4배이다.

15

┃ 선택지 분석 ┃

㉠ A에 충전되는 전하량은 증가한다.

㉡ B의 전기 용량은 감소한다.

✕ B에 저장되는 전기 에너지는 ~~변하지 않는다.~~ 감소한다.

ㄱ. 유전체의 유전 상수는 진공에서보다 크므로 A의 전기 용량은 (가)보다 (나)가 크다. A에 걸린 전압은 (가)와 (나)에서 같으므로 A에 충전되는 전하량은 (나)가 (가)보다 크다.

ㄴ. B의 극판 사이의 간격이 증가했으므로 B의 전기 용량은 (가)보다 (나)가 작다.

┃ 바로알기 ┃ ㄷ. B에 걸린 전압은 (가)와 (나)가 같고 B의 전기 용량은 (가)보다 (나)가 작으므로 B에 저장된 전기 에너지 $\left(W=\frac{1}{2}CV^2\right)$는 (가)보다 (나)가 작다.

16

┃ 선택지 분석 ┃

✕ 전기 용량은 A가 B의 ~~2배~~이다. $\frac{1}{4}$배

㉡ A 양단의 전위차는 $\frac{6}{5}V$이다.

㉢ B에 충전된 전하량은 $\frac{12}{5}Q$이다.

ㄴ. 스위치를 닫기 전 A와 B에 충전된 전하량의 합은 $3Q$이므로 스위치를 닫은 후 A와 B에 충전된 전하량의 합도 $3Q$이다. 스위치를 닫은 후 A와 B는 병렬연결되므로 A의 전기 용량을 C라고 하면 합성 전기 용량은 $C+4C=5C$이고 A와 B의 양단의 전위차는 서로 같다. 따라서 A 양단의 전위차는 $\frac{3Q}{5C}=\frac{6}{5}V$이다.

ㄷ. B의 전기 용량은 $4C$이고, B 양단의 전위차는 $\frac{6}{5}V$이므로 B에 충전된 전하량은 $4C\times\frac{6}{5}V=\frac{12}{5}Q$이다.

┃ 바로알기 ┃ ㄱ. A의 전기 용량을 C라고 하면 $C=\frac{Q}{2V}$이고, B의 전기 용량은 $\frac{2Q}{V}=4C$이므로 전기 용량은 B가 A의 4배이다.

2 자기장

01 전류에 의한 자기장

❶ 자기장 ❷ 자기력선 ❸ 접선 ❹ 전류 ❺ 비례
❻ 반비례 ❼ 비례 ❽ 반비례 ❾ 비례 ❿ 비례

1 (1) A>B>C (2) → **2** (1) × (2) ○ (3) ○ **3** A: 8×
10^{-7} T, 종이면에서 수직으로 나오는 방향, B: $8×10^{-7}$ T, 종이
면에 수직으로 들어가는 방향 **4** $3×10^{-6}$ T, 아래쪽
5 $4\pi×10^{-7}$ T **6** A: 오른쪽, B: 왼쪽

1 (1) 자기력선의 간격이 조밀할수록 자기장의 세기가 세므로
자기장은 A>B>C 순으로 세다.
(2) 자기장의 방향은 자기력선 위의 한 점에서 그은 접선 방향이
므로 B에서 자기장의 방향은 오른쪽(→)이다.

2 (1) 직선 전류 주위에서 자기장의 세기는 $B=k\dfrac{I}{r}$이므로 도
선으로부터의 거리에 반비례한다. 따라서 자기장의 세기는 거리
가 멀어질수록 감소하므로 균일하지 않다.
(2) 원형 전류 중심에서 자기장의 세기는 $B=k'\dfrac{I}{r}$이므로 전류의
세기에 비례한다.
(3) 솔레노이드 내부에서 자기장의 세기는 단위 길이당 도선의 감
은 수와 전류의 세기에 비례한다. 따라서 자기장의 세기는 코일
로부터의 거리와 관계없다.

3 A, B 지점에서 자기장의 세기는 $B=k\dfrac{I}{r}$이므로 전류의 세
기에 비례하고, 직선 도선으로부터의 수직 거리에 반비례한다. 따
라서 $B=2×10^{-7}×\dfrac{2}{0.5}=8×10^{-7}$(T)으로 같다. 자기장의 방
향은 오른손 엄지손가락이 전류의 방향을 향하게 할 때, 나머지
네 손가락이 직선 도선을 감아쥐는 방향이므로 A 지점에서는 종
이면에서 수직으로 나오는 방향, B 지점에서는 종이면에 수직으
로 들어가는 방향이다.

4 C에서 A, B 두 전류에 의한 자기장 방향이 같으므로 합성
자기장의 세기는 두 전류에 의한 자기장의 세기의 합과 같고, 방
향은 두 전류에 의한 자기장의 방향과 같다.

A에 의한 자기장의 세기는 $2×10^{-7}×\dfrac{2}{0.4}=10^{-6}$(T), B에 의
한 자기장의 세기는 $2×10^{-7}×\dfrac{2}{0.2}=2×10^{-6}$(T)이므로 C에
서 합성 자기장의 세기는 $10^{-6}+2×10^{-6}=3×10^{-6}$(T)이다.
A, B에서 전류의 방향으로 오른손 엄지손가락을 향하게 하면 나
머지 네 손가락으로 감아쥐는 방향이 자기장의 방향이므로 C에
서 자기장의 방향은 아래쪽이다.

5 원형 도선에 의한 자기장의 세기 $B=k'\dfrac{I}{r}$이므로 $2\pi×10^{-7}$
$×\dfrac{2}{1}=4\pi×10^{-7}$(T)이다.

6 솔레노이드에 흐르는 전류의 세기가 같으므로 A에서 자기
장의 방향은 왼쪽 솔레노이드에 의한 자기장의 방향과 같고, B에
서 자기장의 방향은 오른쪽 솔레노이드에 의한 자기장의 방향과
같다.
오른손 네 손가락을 전류의 방향으로 감아쥐면 엄지손가락이 가
리키는 방향이 자기장의 방향이다. 따라서 A에서 자기장의 방향
은 오른쪽이고, B에서 자기장의 방향은 왼쪽이다.

대표 자료 분석

자료① **1** 종이면에서 수직으로 나오는 방향, $3B$ **2** 종이면
에 수직으로 들어가는 방향, B **3** $B_Q>B_R>B_P$
4 (1) × (2) ○ (3) × (4) ○

자료② **1** 종이면에서 수직으로 나오는 방향 **2** 4배
3 (1) × (2) ○ (3) ○ (4) ×

자료③ **1** xy 평면에서 수직으로 나오는 방향 **2** $\dfrac{B_0}{12}$
3 $\dfrac{7}{12}B_0$ **4** (1) ○ (2) × (3) ○

자료④ **1** ㉠ 비례, ㉡ 비례, ㉢ $4\pi×10^{-4}$ **2** 동쪽
3 (1) ○ (2) ○ (3) ×

① **꼼꼼 문제 분석**

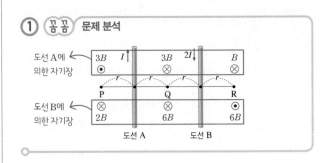

①-1 P에서 A, B에 의한 자기장의 세기가 B이므로 $\left|\dfrac{kI}{r}-\dfrac{2kI}{3r}\right|$ $=\dfrac{kI}{3r}=B$이다. A에는 위 방향으로 전류가 흐르고 있고, P는 A로부터 왼쪽에 있으므로 P에서 A에 의한 자기장의 방향은 종이면에서 수직으로 나오는 방향이고, 세기는 $\dfrac{kI}{r}=3B$이다.

①-2 R는 A의 오른쪽에 있으므로 R에서 A에 의한 자기장의 방향은 종이면에 수직으로 들어가는 방향이고, 세기는 $\dfrac{kI}{3r}=B$이다.

①-3 P에서 A, B에 의한 합성 자기장의 세기는 B이다. Q에서 A에 의한 자기장의 세기는 $3B$, B에 의한 자기장의 세기는 $6B$이고 방향이 같으므로 합성 자기장의 세기는 $9B$이다. R에서 A에 의한 자기장의 세기는 B, B에 의한 자기장의 세기는 $6B$이므로 합성 자기장의 세기는 $5B$이다. 따라서 합성 자기장의 세기는 $B_Q > B_R > B_P$이다.

①-4 (1) P에서 B에 의한 자기장의 세기는 $\dfrac{2kI}{3r}=2B$이다.

(2) Q에서 B에 의한 자기장의 세기는 $\dfrac{2kI}{r}=6B$이다.

(3) R에서 B에 의한 자기장의 세기는 $\dfrac{2kI}{r}=6B$이다.

(4) R에서는 B에 의한 자기장의 세기가 A보다 크므로 자기장의 방향은 종이면에서 수직으로 나오는 방향이다.

②-1 (가)에서 P에 흐르는 전류의 방향은 반시계 방향이므로 O에서 P에 의한 자기장의 방향은 종이면에서 수직으로 나오는 방향이다.

②-2 (나)에서 P와 Q의 전류의 방향이 같다면 O에서 자기장의 세기는 (가)에서보다 커진다. 따라서 P와 Q에서 전류의 방향이 반대이어야 한다. (가)와 (나)의 중심 O에서의 자기장의 방향과 세기가 같으므로 $k'\dfrac{I_0}{r}=-k'\dfrac{I_0}{r}+k'\dfrac{I_1}{2r}$이다. 따라서 $I_1=4I_0$이다.

②-3 (1) 원형 도선 내부에서 원형 전류에 의한 자기장의 세기는 일정하지 않다.

(2) P와 Q에서 전류의 방향이 반대이므로 O에서 P와 Q에 의한 자기장의 방향은 서로 반대이다.

(3) 전류의 세기는 Q에가 P에서의 4배이고, 반지름은 Q가 P의 2배이므로 O에서 P에 의한 자기장의 세기는 O에서 Q에 의한 자기장의 세기의 $\dfrac{1}{2}$배이다.

(4) (나)에서 P의 반지름이 $3r$로 증가하면 O에서 P에 의한 자기장의 세기는 감소하므로 O에서 P와 Q에 의한 자기장의 방향은 종이면에서 수직으로 나오는 방향이다.

③-1 Q에서 직선 전류에 의한 자기장이 xy 평면에 수직으로 들어가는 방향이므로 Q에서 자기장의 세기가 0이 되려면 원형 전류에 의한 자기장 방향은 xy 평면에서 수직으로 나오는 방향이어야 한다.

③-2 Q에서 자기장의 세기는 $\dfrac{k'I_1}{2r}-\dfrac{kI_2}{r}=0$이므로 $\dfrac{k'I_1}{2r}=\dfrac{k'I_2}{r}$이다.

R에서 I_1에 의한 자기장의 세기는 $\dfrac{kI_1}{3r}=\dfrac{B_0}{3}$이고, R에서 I_2에 의한 자기장의 세기는 $\dfrac{k'I_2}{2r}=\dfrac{kI_1}{4r}=\dfrac{B_0}{4}$이다. I_1에 의한 자기장과 I_2에 의한 자기장의 방향은 서로 반대이므로 R에서 합성 자기장의 세기는 $\dfrac{B_0}{3}-\dfrac{B_0}{4}=\dfrac{B_0}{12}$이다.

③-3 R에서 I_1에 의한 자기장의 세기는 $\dfrac{kI_1}{3r}=\dfrac{B_0}{3}$이고, I_2가 시계 방향으로 흐를 때, R에서 I_2에 의한 자기장의 방향은 종이면에 수직으로 들어가는 방향이고, 자기장의 세기는 $\dfrac{k'I_2}{2r}=\dfrac{kI_1}{4r}$ $=\dfrac{B_0}{4}$이다. 따라서 R에서 합성 자기장의 세기는 $\dfrac{B_0}{3}+\dfrac{B_0}{4}=\dfrac{7}{12}B_0$이다.

③-4 (1) (나)에서 $\dfrac{kI_1}{2r}=\dfrac{k'I_2}{r}$이고 $k=2\times10^{-7}$, $k'=2\pi\times10^{-7}$ $=\pi k$이므로 $\dfrac{I_2}{I_1}=\dfrac{k}{2k'}=\dfrac{k}{2\pi k}=\dfrac{1}{2\pi}$이다.

(2) $B_0=\dfrac{kI_1}{r}$이므로 Q에서 원형 전류에 의한 자기장의 세기는 $\dfrac{k'I_2}{r}=\dfrac{kI_1}{2r}=\dfrac{B_0}{2}$이다.

(3) R에서 A에 의한 자기장의 방향은 xy 평면에 수직으로 들어가는 방향이고 원형 도선에 의한 자기장의 방향은 xy 평면에서 수직으로 나오는 방향이다.

④-1 솔레노이드에 의한 내부 자기장의 세기는 $B=k''nI$에서 솔레노이드의 단위 길이당 감은 수에 ㉠비례하고, 솔레노이드에 흘려 준 전류의 세기에 ㉡비례한다. 솔레노이드의 단위 길이당 감은 수 $n=\dfrac{N}{l}$이므로 $n=\dfrac{100회}{0.1\ \text{m}}=1000$이다. 따라서 자기장의 세기 $B=k''nI=(4\pi\times10^{-7})\times1000\times1=\underline{㉢4\pi\times10^{-4}\text{(T)}}$이다.

200쪽~203쪽

④-2 전류는 전지의 (+)극에서 (−)극으로 흐른다. 솔레노이드 내부에서 자기장의 방향은 전류의 방향으로 오른손 네 손가락을 감아쥐었을 때 엄지손가락이 가리키는 방향이므로 동쪽이다.

④-3 (1) 전원 장치의 단자에 연결된 도선을 서로 바꾸면 솔레노이드 내부에서 전류에 의한 자기장의 방향이 반대가 되므로 나침반 자침의 N극은 서쪽을 가리킨다.
(2) 전압이 커지면 도선에 흐르는 전류의 세기가 증가하므로 솔레노이드에 의한 자기장의 세기가 더 커진다.
(3) 솔레노이드에 의한 자기장의 세기는 단위 길이당 코일의 감은 수에 비례한다. 솔레노이드의 길이만 길어지면 내부 자기장의 세기가 작아진다.

내신 만점 문제

01 ① **02** ⑤ **03** ⑤ **04** ③ **05** ③ **06** ①
07 ① **08** ⑤ **09** ① **10** ③ **11** ③ **12** (1) 종이
면에서 수직으로 나오는 방향 (2) 2배 **13** ⑤ **14** 해설 참조
15 ② **16** ① **17** ④

01 ②, ③ 자기력선은 N극에서 나와 S극으로 들어가며, 교차하거나 갈라지지 않는다.
④ 자석 근처에 형성된 자기장은 자기력선으로 표현할 수 있으며, 자기력선의 간격이 조밀할수록 자기장이 세다.
⑤ 자기력선의 한 점에서 그은 접선의 방향은 그 점에서의 자기장의 방향과 같다.
┃바로알기┃ ① 자기장의 세기는 자극 부분에서 가장 세므로 자극에서 멀수록 자기장의 세기가 약하다.

02 ㄱ. 자기장의 방향은 자기력선 위의 한 점에서 그은 접선 방향이므로 a점에서 자기장의 방향은 ⓛ 방향이다.
ㄴ. 자기력선은 자석의 N극에서 나와 S극으로 들어가므로 A쪽은 N극이다.
ㄷ. 자기장의 세기는 자기력선의 간격이 조밀할수록 세므로 b에서가 c에서보다 크다.

03 직선 전류에 의한 자기장의 세기는 전류의 세기에 비례하고, 도선으로부터의 수직 거리에 반비례한다. 전류의 세기가 I, 도선으로부터의 수직 거리가 r일 때 자기장의 세기가 B이면, 전류의 세기가 $4I$, 도선으로부터의 수직 거리가 $\frac{1}{4}r$일 때는 $\frac{I}{r}:B=\dfrac{4I}{\left(\frac{1}{4}r\right)}:x$에서 자기장의 세기 $x=16B$이다.

04 ① 스위치를 닫으면 전원 장치의 (+)극에서 (−)극으로 전류가 흐르므로 직선 도선에서는 북쪽에서 남쪽으로 전류가 흐른다.
② 가변 저항을 감소시키면 도선에 흐르는 전류의 세기가 증가하므로 직선 전류에 의한 자기장의 세기도 증가한다. 따라서 자침의 회전각은 커진다.
④ 오른손 엄지손가락을 전류의 방향에 맞추어 남쪽을 향하게 할 때 네 손가락으로 감아쥐는 방향이 자기장의 방향이다. 따라서 도선 아래에 놓여 있는 나침반에서 자기장의 방향은 동쪽이다.
⑤ r가 커지면 나침반이 있는 곳에서 자기장의 세기가 작아지므로 자침의 회전각이 줄어든다.
┃바로알기┃ ③ 전원 장치의 극을 바꾸면 전류의 방향이 반대로 되어 자침의 회전 방향이 바뀌며, 이때 회전각의 크기는 변함없다.

05 꼼꼼 문제 분석

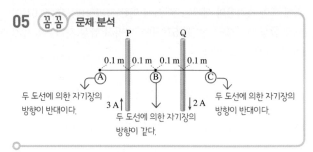

B에서는 두 도선에 의한 자기장의 방향이 같아 자기력선이 조밀해지므로 자기장의 세기가 가장 세다. A와 C에서는 두 도선에 의한 자기장의 방향이 반대이므로 자기력선이 서로 상쇄되어 자기장의 세기가 B에서보다 약하다. 이때 전류의 세기가 큰 도선에 가까운 A에서 자기장의 세기가 C에서보다 크다. 따라서 자기장의 세기는 $B_B > B_A > B_C$이다.
┃다른 풀이┃ 종이면에서 수직으로 나오는 방향을 (+)라고 하면
A점에서 합성 자기장의 세기는 $\left|\dfrac{3k}{0.1}-\dfrac{2k}{0.3}\right|=\dfrac{7k}{0.3}$(T)
B점에서 합성 자기장의 세기는 $\left|-\dfrac{3k}{0.1}-\dfrac{2k}{0.1}\right|=\dfrac{5k}{0.1}$(T)
C점에서 합성 자기장의 세기는 $\left|-\dfrac{3k}{0.3}+\dfrac{2k}{0.1}\right|=\dfrac{3k}{0.3}$(T)이다.
따라서 자기장의 세기는 $B_B > B_A > B_C$이다.

06 ㄱ. 자기력선의 모양이 두 도선으로부터 같은 거리에 있는 점 P에 대해 대칭이다. 따라서 두 도선에 흐르는 전류의 세기는 같다.
┃바로알기┃ ㄴ. 두 도선에는 서로 반대 방향으로 전류가 흐르므로 서로 밀어내는 자기력이 작용한다.
ㄷ. P에서는 두 도선에 흐르는 전류에 의한 자기장의 방향이 같으므로 보강된다. 따라서 전류에 의한 자기장은 0이 아니다.

07 꼼꼼 문제 분석

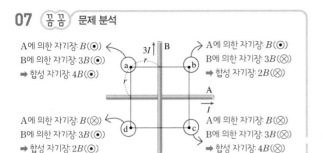

전류 I가 흐르는 직선 도선에서 r만큼 떨어진 지점에서 자기장의 세기를 B라고 하자.

ㄱ. a에서 A와 B에 의한 자기장의 방향은 종이면에서 수직으로 나오는 방향이고, 자기장의 세기는 각각 B, $3B$이므로 합성 자기장의 세기는 $B+3B=4B$이다.

c에서 A와 B에 의한 자기장의 방향은 종이면에 수직으로 들어가는 방향이고, 자기장의 세기는 각각 B, $3B$이므로 합성 자기장의 세기는 $B+3B=4B$이다. 따라서 자기장의 세기는 a에서와 c에서가 같다.

ǀ **바로알기** ǀ ㄴ. b에서 A에 의한 자기장의 방향은 종이면에서 수직으로 나오는 방향이고, 자기장의 세기는 B이다. B에 의한 자기장의 방향은 종이면에 수직으로 들어가는 방향이고, 자기장의 세기는 $3B$이다. 이때 합성 자기장 방향은 종이면에 수직으로 들어가는 방향이고, 합성 자기장의 세기는 $3B-B=2B$이다. 따라서 b와 c에서 자기장의 방향은 종이면에 수직으로 들어가는 방향으로 같다.

ㄷ. d에서 A에 의한 자기장의 방향은 종이면에 수직으로 들어가는 방향이고, 자기장의 세기는 B이다. B에 의한 자기장의 방향은 종이면에서 수직으로 나오는 방향이고, 자기장의 세기는 $3B$이다. 이때 합성 자기장의 방향은 종이면에서 수직으로 나오는 방향이고, 합성 자기장의 세기는 $3B-B=2B$이다. 따라서 자기장의 세기는 a에서가 d에서의 2배이다.

08 꼼꼼 문제 분석

세 전류에 의한 자기장의 방향을 표시하면 그림과 같다.

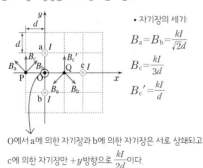

• 자기장의 세기:
$B_a=B_b=\dfrac{kI}{\sqrt{2}d}$
$B_c=\dfrac{kI}{3d}$
$B_c{}'=\dfrac{kI}{d}$

O에서 a에 의한 자기장과 b에 의한 자기장은 서로 상쇄되고 c에 의한 자기장만 $+y$방향으로 $\dfrac{kI}{2d}$이다.

ㄱ. 합성 자기장을 구하면 P에서 자기장의 방향은 $+y$방향이고, O에서 자기장의 방향도 $+y$방향이다.

ㄴ. P에서 a에 의한 자기장과 b에 의한 자기장의 합성 자기장은 $+y$방향이므로 $+y$방향의 c에 의한 자기장까지 합성하면 P에서 자기장은 $+y$방향이고 세기는 $B_P=\sqrt{B_a{}^2+B_b{}^2}+B_c=\dfrac{kI}{d}+\dfrac{kI}{3d}=\dfrac{4kI}{3d}$이다. 또한 O에서의 자기장은 $+y$방향이고 세기는 $\dfrac{kI}{2d}$이므로 자기장의 세기는 P에서가 O에서보다 크다.

ㄷ. Q에서 a에 의한 자기장과 b에 의한 자기장의 합성 자기장은 $-y$방향이므로 $+y$방향의 c에 의한 자기장까지 합성하면 Q에서 자기장은 $B_Q=\sqrt{B_a{}^2+B_b{}^2}+B_c{}'=-\dfrac{kI}{d}+\dfrac{kI}{d}=0$이다.

09 원형 도선 중심에 생기는 전류에 의한 자기장의 세기는 원형 도선의 반지름에 반비례하고, 도선에 흐르는 전류에 비례한다.

ㄱ. 자기장의 세기는 원형 도선의 반지름에 반비례하므로 반지름 r를 감소시키면 도선의 중심에서 전류에 의한 자기장의 세기가 증가한다.

ǀ **바로알기** ǀ ㄴ. 전류의 방향을 반대로 하면 전류에 의한 자기장의 방향이 반대가 된다.

ㄷ. 저항값이 R보다 크면 도선에 흐르는 전류의 세기가 감소하므로 전류에 의한 자기장의 세기가 감소한다.

10 종이면에서 수직으로 나오는 방향을 $(+)$라고 하면 P에서 자기장의 세기 $B_P=\dfrac{k'I}{2a}=B$이다. 점 Q에서 두 원형 도선에 흐르는 전류의 방향이 서로 반대이므로 전류에 의한 자기장의 세기 $B_Q=-\dfrac{k'I}{a}+\dfrac{k'I}{2a}=-\dfrac{k'I}{2a}=-B$이다. 따라서 전류에 의한 자기장의 방향은 종이면에 수직으로 들어가는 방향이다.

11 종이면에서 수직으로 나오는 방향을 $(+)$로 하면 $B_{(가)}=\dfrac{k'I}{d}-\dfrac{k'I}{2d}=\dfrac{k'I}{2d}$, $B_{(나)}=\dfrac{k'I}{d}-\dfrac{k'I}{2d}+\dfrac{k'I}{3d}=\dfrac{5k'I}{6d}$이다. 따라서 $B_{(가)}:B_{(나)}=3:5$이다.

12 (1) 중심 O에서 A에 의한 자기장의 방향은 종이면에서 수직으로 나오는 방향이고, B에 의한 자기장의 방향은 종이면에 수직으로 들어가는 방향이다. t일 때 전류의 세기는 같고 A의 반지름이 더 작으므로 A에 의한 자기장의 세기가 더 세다. 따라서 전류에 의한 자기장의 방향은 종이면에서 수직으로 나오는 방향이다.

(2) 종이면에서 수직으로 나오는 방향을 (+)로 하면 시간이 t일 때 자기장의 세기는 $\dfrac{k'I}{R}-\dfrac{k'I}{2R}=\dfrac{k'I}{2R}$이다. 시간이 $2t$일 때 B에 흐르는 전류의 세기가 0이므로 전류에 의한 자기장의 세기는 $\dfrac{k'I}{R}$이다. 따라서 중심 O에서 전류에 의한 자기장의 세기는 $2t$일 때가 t일 때의 2배이다.

13 ㄱ. (가)에서 Y에 흐르는 전류가 반시계 방향이므로 P에서 전류에 의한 자기장의 방향은 종이면에서 수직으로 나오는 방향이다.
ㄴ. (나)의 경우 P에서 자기장의 세기가 0이므로 P에서 X에 의한 자기장의 방향은 종이면에 수직으로 들어가는 방향이어야 한다. 따라서 X에 흐르는 전류의 방향은 b → a 방향이다.
ㄷ. P로부터 거리는 X가 Y보다 크고 직선 전류에 의한 자기장의 세기를 구할 때의 비례 상수(k)가 원형 전류에 의한 자기장의 세기를 구할 때의 비례 상수(k')보다 작으므로 P에서 전류에 의한 자기장의 세기가 0이 되기 위해서는 I가 I_0보다 커야 한다.

14 오른쪽 위에 있는 나침반 자침의 S극이 C 쪽을 향하고 있으므로 솔레노이드의 N극에 해당하는 곳은 C이다. 솔레노이드 내부에서 자기장의 방향은 오른손의 네 손가락을 전류의 방향으로 감아쥘 때 엄지손가락이 가리키는 방향이다.

〔모범답안〕 C, 솔레노이드의 N극인 C점에 오른손 엄지손가락을 향할 때 네 손가락이 감아쥐는 방향이 전류의 방향이다. 따라서 솔레노이드에 흐르는 전류의 방향은 a이다.

채점 기준	배점
C를 고르고, 전류의 방향을 까닭과 함께 옳게 서술한 경우	100 %
C를 고르고, 전류의 방향을 a라고만 쓴 경우	70 %
C만 쓴 경우	30 %

15 ① 오른손 네 손가락을 전류의 방향으로 감아쥐면 엄지손가락이 오른쪽을 가리키므로 솔레노이드의 오른쪽이 N극이다. 따라서 막대자석은 솔레노이드로부터 끌어당기는 자기력을 받는다.
③ Q에서 전류에 의한 자기장의 방향은 오른쪽인데 전류의 방향을 반대로 바꾸면 자기장의 방향도 반대로 바뀐다.
④ 전류의 방향을 반대로 바꾸면 솔레노이드의 오른쪽이 S극이 되므로 막대자석은 솔레노이드로부터 밀어내는 자기력을 받는다.
⑤ 전류의 세기를 증가시키면 솔레노이드에 의한 자기장의 세기가 증가하므로 막대자석에 작용하는 자기력의 크기가 더 커진다.
▌바로알기▐ ② 솔레노이드에 의한 자기장은 솔레노이드 외부에서는 막대자석에 의한 자기장의 모양과 같으므로 P와 R에서는 왼쪽 방향, Q에서는 오른쪽 방향이다.

16 단위 길이당 코일의 감은 수 n은 코일의 총 감긴 수 N을 솔레노이드의 길이로 나눈 값으로 P와 Q에서 각각 $\dfrac{N}{0.2\,\text{m}}$, $\dfrac{N}{0.4\,\text{m}}$이다. 따라서 P 내부에서 자기장의 세기는 $\dfrac{N}{0.2\,\text{m}}\times 1\,\text{A}$ $=\dfrac{N}{0.2}$에 비례하고, Q 내부에서 자기장의 세기는 $\dfrac{N}{0.4\,\text{m}}\times 2\,\text{A}$ $=\dfrac{N}{0.2}$에 비례하므로 자기장 세기의 비 $B_P:B_Q=1:1$이다.

17 ㄴ. 철심은 솔레노이드 내부에서 자기장의 세기를 더 강하게 해 주는 역할을 한다. 따라서 철심을 빼면 자기장의 세기는 감소한다.
ㄷ. 솔레노이드에 의한 자기장의 세기는 전류의 세기와 단위 길이당 코일의 감은 수에 비례한다. 따라서 전류의 세기를 증가시키거나 코일을 더 많이 감으면 더 강한 전자석이 된다.
▌바로알기▐ ㄱ. 전류의 방향으로 오른손 네 손가락을 감아쥘 때 엄지손가락이 자기장의 방향을 가리키므로 솔레노이드의 오른쪽은 S극에 해당한다. 따라서 a에서 전류에 의한 자기장의 방향은 왼쪽이다.

🍏 02 전자기 유도

개념 확인 문제

207쪽

❶ 자기 선속　❷ 유도 전류　❸ 유도 기전력　❹ 클
❺ 많을　❻ 렌츠　❼ Blv　❽ 전기

1 (1) ◯ (2) × (3) ◯　　**2** a → 저항 → b　　**3** 10 V　　**4** B
5 (1) Blv (2) B → A　　**6** ②

1 (1) 자석의 세기가 셀수록 강한 자기장이 형성되므로 유도 전류의 세기가 커진다.
(2) 강한 자석이라도 코일 속에 정지해 있으면 자기 선속이 변하지 않으므로 유도 전류가 발생하지 않는다.
(3) 유도 기전력은 유도 전류가 흐르는 원인이므로 유도 전류의 세기는 유도 기전력의 크기에 비례한다.

2 막대자석의 N극이 접근하므로 코일의 왼쪽이 N극이 되도록 유도 전류가 흘러야 한다. 따라서 오른손 엄지손가락을 N극 쪽으로 향할 때, 네 손가락이 감아쥐는 방향이 전류의 방향이므로 전류는 a → 저항 → b 방향으로 흐른다.

3 유도 기전력의 크기는 코일의 감은 수와 자기 선속의 시간적 변화율에 비례하므로 $V=N\dfrac{\varDelta\varPhi}{\varDelta t}=100\times0.1=10$(V)이다.

4 자기장의 세기-시간 그래프의 기울기가 클수록 유도 기전력이 크고, 유도 기전력이 클수록 유도 전류도 세진다. 따라서 자기장의 세기가 일정하면 유도 전류는 0이다.
· A: (+)기울기 → 유도 기전력 발생 → 유도 전류가 흐른다.
· B: 기울기 0 → 유도 기전력 0 → 유도 전류가 흐르지 않는다.
· C: (−)기울기 → 유도 기전력 발생 → 유도 전류가 흐른다.
따라서 B 구간에서 유도 전류는 0이고, A와 C 구간에서는 기울기의 방향이 서로 반대이므로 유도 전류가 서로 반대 방향으로 흐른다.

5 (1) 유도 기전력 $V=-N\dfrac{\varDelta\varPhi}{\varDelta t}=-\dfrac{\varDelta(BS)}{\varDelta t}=-B\dfrac{(lv\varDelta t)}{\varDelta t}=$
$-Blv$이므로, 유도 기전력의 크기는 Blv이다.
(2) 유도 전류는 자기 선속의 변화를 방해하는 방향인 D → 저항 → C 방향으로 흐른다. 따라서 도체 막대에 흐르는 전류의 방향은 B → A이다.

6 ①, ③, ④, ⑤ 발전기, 마이크, 전자 기타, 금속 탐지기는 코일을 통과하는 자기 선속이 변할 때 유도 전류가 흐르는 전자기 유도를 이용한 예이다.
② 선풍기는 전기 에너지를 역학적 에너지로 전환시키는 전동기를 이용한 예이다.

208쪽

대표 자료 분석

자료 ① **1** ㄱ, ㄴ **2** B 구간, D 구간 **3** 3 : 1 **4** (1) ○
(2) × (3) ○ (4) ○
자료 ② **1** c → R → d **2** 1 A **3** (1) × (2) ○ (3) ○ (4) ○

①-1 유도 기전력의 크기는 패러데이 전자기 유도 법칙에 따라 $V=N\dfrac{\varDelta\varPhi}{\varDelta t}$이다.
ㄱ, ㄴ. $\varDelta\varPhi=\varDelta BS$이므로 자기장의 세기를 더 크게 하거나 도선의 면적을 크게 하면 유도 기전력의 크기가 증가한다.
❙바로알기❙ ㄷ. 유도 기전력의 최댓값은 자기장 방향과는 관계가 없다.

①-2 A 구간에서 수직으로 들어가는 자기장의 세기가 증가하므로, 이를 방해하기 위해 도선에는 수직으로 나오는 방향의 유도 자기장을 형성하도록 전류가 흘러야 한다. 따라서 도선에는 반시계 방향으로 전류가 흐른다. B와 D 구간 모두 자기장의 세기가 감소하므로 도선에 흐르는 유도 전류의 방향은 시계 방향이다.

①-3 꼼꼼 **문제 분석**

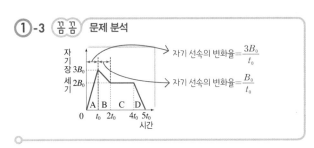

유도 전류의 세기는 자기 선속의 변화율, 즉 그래프의 기울기에 비례한다. A 구간에서는 자기장의 세기가 시간 t_0 동안 $3B_0$만큼 증가하였고, B 구간에서는 자기장의 세기가 시간 t_0 동안 B_0만큼 감소하였다. 따라서 A 구간과 B 구간에서 자기 선속의 변화율은 3 : 1이므로 $I_A : I_B=3 : 1$이다.

①-4 (1) 시간에 따라 자기장의 세기가 가장 크게 변하는 구간은 A이다. 따라서 A 구간에서 자기 선속의 변화율이 가장 크므로 유도 전류의 세기도 가장 크다.
(2) A, B, D 구간에서는 자기장의 세기가 변하므로 유도 전류가 흐른다. C 구간에서는 자기장의 세기가 일정하므로 도선을 통과하는 자기 선속의 변화가 생기지 않아 유도 전류가 흐르지 않는다.
(3) A 구간에서 종이면에 수직으로 들어가는 자기장의 세기가 증가하므로, 이를 방해하기 위해 도선에는 종이면에서 수직으로 나오는 방향의 자기장을 형성하도록 전류가 흘러야 한다. 따라서 도선에는 반시계 방향으로 전류가 흐른다.
(4) 그래프의 기울기는 자기 선속의 시간적 변화율과 같다. 유도 전류는 자기 선속의 시간적 변화율에 비례하므로 유도 전류의 세기는 그래프의 기울기에 비례한다.

②-1 꼼꼼 **문제 분석**

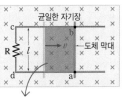

종이면에 수직으로 들어가는 자기 선속 증가
→ 이를 방해하기 위하여 코일에 흐르는 유도 전류에 의한 자기장은 종이면에서 수직으로 나오는 방향이어야 한다.

도체 막대가 오른쪽으로 운동하면 ㄷ자형 도선과 도체 막대로 이루어진 사각형의 넓이가 넓어지므로 사각형 도선을 통과하는 종이면에 수직으로 들어가는 방향의 자기 선속이 증가한다. 따라서 이를 방해하기 위해 도선에는 종이면에서 수직으로 나오는 방향의 자기장이 만들어지므로 유도 전류는 c → 저항 → d 방향으로 흐른다.

②-2 $V = -N\dfrac{\Delta\Phi}{\Delta t} = -N\dfrac{B\Delta S}{\Delta t} = -NBlv = -1 \times 5\,\text{T}$ $\times 1\,\text{m} \times 0.2\,\text{m/s} = -1\,\text{V}$이므로 유도 전류의 세기는 옴의 법칙에 따라 $I = \dfrac{V}{R} = \dfrac{1\,\text{V}}{1\,\Omega} = 1\,\text{A}$이다.

②-3 (1) 균일한 자기장 영역이므로 자기장의 세기는 변함없이 일정하다.
(2) 도체 막대가 오른쪽으로 운동하면 ㄷ자형 도선과 도체 막대로 이루어진 사각형의 넓이가 넓어지므로 시간이 지날수록 자기력선이 통과하는 면적이 증가한다.
(3) 자기력선이 통과하는 면적이 증가하므로 시간이 지날수록 자기 선속이 증가한다.
(4) 도선의 속력이 클수록 자기 선속의 변화율이 크므로 유도 기전력의 크기가 증가한다. 따라서 도선에 흐르는 유도 전류의 세기도 증가한다.

내신 만점 문제 209쪽~211쪽

01 ⑤ 02 ③ 03 ③ 04 ④ 05 ⑤ 06 ④
07 ② 08 ④ 09 ④ 10 ② 11 ① 12 ②
13 ④ 14 해설 참조

01 꼼꼼 문제 분석

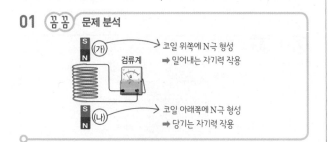

① 코일은 자기 선속의 변화를 방해하는 방향으로 유도 자기장을 만든다. 따라서 (가)에서 자석의 N극이 접근하므로 코일의 위쪽에 N극이 형성된다.

② (가)에서 코일의 위쪽이 N극이 되므로 자석과 코일 사이에는 서로 밀어내는 자기력이 작용한다.
③ (나)에서는 자석의 S극이 멀어지므로 코일의 아래쪽에 N극이 형성되어 자석과 코일 사이에는 서로 당기는 자기력이 작용한다.
④ (가)에서는 코일의 위쪽이 N극이 되고, (나)에서는 코일의 아래쪽이 N극이 되므로 (가)와 (나)에서 코일에 흐르는 유도 전류의 방향은 서로 반대이다.
| 바로알기 | ⑤ 자석은 (가)에서는 코일로부터 밀어내는 자기력을 받고, (나)에서는 당기는 자기력을 받으면서 역학적 에너지가 감소한다. 즉, 자석은 중력 외에 자기력을 받으므로 역학적 에너지가 보존되지 않는다. 이때 감소한 역학적 에너지의 일부가 전기 에너지로 전환된다.

02 $B = \dfrac{\Phi}{S}$에서 자기 선속 $\Phi = BS = B \times (\pi r^2) = (2 \times 10^{-2}\,\text{T})$ $\pi \times (0.3\,\text{m})^2 = 1.8\pi \times 10^{-3}\,\text{Wb}$이다.

03 ㄱ, ㄴ. A에 의해 아래에서 위를 향하는 자기장이 생기므로 B 내부에는 위에서 아래를 향하는 자기장이 생긴다. 따라서 A와 B에 흐르는 전류의 방향은 서로 반대이다.
| 바로알기 | ㄷ. A의 내부를 통과하는 동안 B의 내부를 통과하는 자기 선속의 변화가 없으므로 B에는 전류가 흐르지 않는다.

04 ㄴ. 자석이 운동하는 동안 자석의 운동을 방해하는 방향으로 자기력이 작용한다. 자석이 아래로 내려오면 자석과 가까워지므로 코일과 자석 사이에는 서로 밀어내는 자기력이 작용한다.
ㄷ. 자석이 가까워지면 밀어내는 자기력, 멀어지면 당기는 자기력이 작용한다. 운동 방향의 반대 방향으로 자기력이 작용하므로 자석의 진폭은 코일이 없을 때보다 빨리 감소한다.
| 바로알기 | ㄱ. 자석의 N극이 코일에서 멀어지므로 코일의 위쪽에 S극이 형성되도록 유도 전류가 흐른다. 따라서 유도 전류의 방향은 b이다.

05 꼼꼼 문제 분석

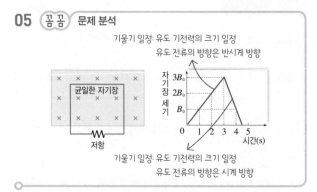

ㄱ. 자기장의 세기 – 시간 그래프에서 기울기는 유도 기전력을 의미한다. 기울기가 일정하므로 유도 기전력과 유도 전류의 세기는 일정하다.

ㄴ. 2초일 때 도선이 이루는 면에 수직으로 들어가는 자기 선속이 증가하므로 이를 방해하기 위해 도선에는 반시계 방향으로 유도 전류가 흐른다.

ㄷ. 유도 전류의 세기는 자기 선속 또는 자기장의 변화율에 비례한다. 자기장의 변화율은 자기장의 세기-시간 그래프의 기울기이므로 4초일 때가 2초일 때의 2배이다.

06 유도 기전력은 $V=-\dfrac{\Delta\Phi}{\Delta t}=-\dfrac{\Delta(BS)}{\Delta t}=-S\dfrac{\Delta B}{\Delta t}$이다.

ㄱ, ㄷ. t_1, t_3일 때, 종이면에 수직으로 들어가는 자기장의 세기는 Ⅰ에서는 감소하고, Ⅱ에서는 증가한다. 자기장이 통과하는 도선의 면적은 같고, 자기장 세기의 감소율이 더 크므로 유도 전류의 방향은 시계 방향이다.

┃바로알기┃ ㄴ. 종이면에 수직으로 들어가는 자기장의 증가율과 감소율이 같을 때, 자기 선속의 변화가 없으므로 유도 전류가 흐르지 않는다. 그러나 t_2일 때, 종이면에 수직으로 들어가는 자기장 세기의 증가율보다 자기장 세기의 감소율이 더 크므로 도선에는 유도 전류가 흐른다.

07 꼼꼼 **문제 분석**

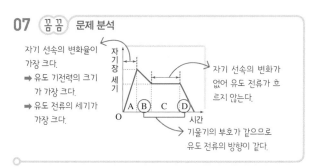

ㄴ. 유도 기전력은 단위 시간당 자기 선속의 변화가 클수록 크므로, 기울기가 가장 큰 A 구간에서 유도 전류의 세기가 가장 크다.

┃바로알기┃ ㄱ. 자기 선속이 변하지 않는 C 구간은 유도 전류가 흐르지 않는다.

ㄷ. B와 D 구간에서 그래프 기울기의 부호가 (−)로 같으므로 유도 전류의 방향이 서로 같다. 즉, B와 D 구간은 자기장의 세기가 감소하고 있으므로 원형 도선에는 외부 자기장과 같은 방향의 자기장이 형성되도록 유도 전류가 흐른다. 따라서 B와 D 구간에 흐르는 유도 전류의 방향은 서로 같다.

08 ㄴ. 도선에 흐르는 전류의 세기는 유도 기전력의 크기에 비례한다. 유도 기전력의 크기는 $V=Blv$에서 자기장의 세기, 도선의 폭, 도체 막대의 속력에 비례하므로, 도체 막대의 속력이 클수록 유도 기전력이 커져 도선에 흐르는 전류의 세기가 커진다.

ㄷ. 도선 면을 통과하는 자기 선속의 증가를 방해하는 방향으로 유도 전류가 흘러야 하므로 유도 전류는 A → 저항 → B 방향으로 흐른다.

┃바로알기┃ ㄱ. 도선에 유도된 기전력의 크기와 저항의 크기가 일정하므로 $I=\dfrac{V}{R}$에서 I는 일정하다. 따라서 A에 흐르는 전류의 세기와 B에 흐르는 전류의 세기는 같다.

09 유도 전류의 세기는 $I=\dfrac{V}{R}=\dfrac{Blv}{R}=\dfrac{0.5\times0.4\times5}{0.2}=5(A)$이다.

10 꼼꼼 **문제 분석**

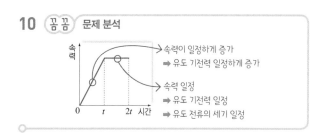

ㄴ. $0.5t$와 $1.5t$에서 도체 막대는 처음 위치로부터 계속 멀어지고 있다. 따라서 ㄷ자형 도선과 도체 막대로 둘러싸인 면적을 통과하는 자기 선속은 계속 증가하므로 $0.5t$와 $1.5t$에서 유도 전류의 방향은 서로 같다.

┃바로알기┃ ㄱ. 유도 기전력의 크기는 $V=Blv$이므로 0에서 t까지 속력이 일정하게 증가하여 유도 기전력도 일정하게 증가한다. 따라서 유도 전류의 세기도 일정하게 증가한다.

ㄷ. 도체 막대는 계속 오른쪽으로 운동하고 있으므로 도체 막대와 도선으로 둘러싸인 면 내부를 통과하는 자기 선속은 $1.5t$일 때가 $0.5t$일 때보다 크다.

11 ㄱ. 코일과 자석이 가까워질수록 코일 내부에서 자석에 의한 왼쪽 방향의 자기장이 강해진다. 왼쪽 방향의 자기장이 강해지므로 코일에는 전자기 유도 현상이 일어나고 저항에는 a 방향으로 유도 전류가 흐르게 된다.

┃바로알기┃ ㄴ. 코일에 흐르는 전류에 의해 코일의 오른쪽이 N극이 되므로 코일과 자석 사이에는 서로 밀어내는 자기력이 작용한다.

ㄷ. 운동하는 동안 물체의 역학적 에너지의 일부가 전기 에너지로 전환되어 저항에서 열로 발생하므로 A와 B 전체의 역학적 에너지는 감소하게 된다.

12 꼼꼼 **문제 분석**

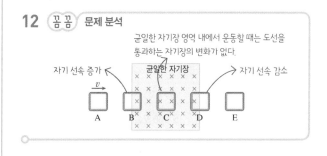

① A와 E에는 도선을 통과하는 자기 선속이 없으므로 유도 전류가 흐르지 않는다.

③ 도선을 통과하는 자기 선속이 B에서는 증가하고, D에서는 감소하므로 B와 D에서 유도 전류의 방향은 서로 반대이다.

④ 도선이 일정한 속력으로 운동하므로 B와 D에서 자기 선속의 변화율이 같다. 따라서 B와 D에서 유도 전류의 세기는 같다.

⑤ 도선의 속력이 빠를수록 자기 선속의 변화율이 커지므로 유도 전류의 세기가 커진다.

┃**바로알기**┃② C에서는 자기 선속의 변화가 없으므로 유도 전류가 흐르지 않는다.

13 ㄴ. 코일을 회전시키면 코일을 통과하는 자기 선속이 변하면서 전자기 유도에 의해 코일에 유도 전류가 발생한다. 따라서 코일을 계속 회전시키기 위해서는 외부 에너지가 필요하다.

ㄷ. 코일의 회전 속도가 클수록 자기 선속 변화율이 크므로 유도 기전력이 크게 발생하여 전구의 밝기가 밝아진다.

┃**바로알기**┃ ㄱ. 코일이 회전하면 코일을 통과하는 자기 선속의 방향과 세기가 주기적으로 변하므로 유도 전류도 주기적으로 변한다. 즉, 교류가 흐른다.

14 〔모범답안〕 패러데이 전자기 유도 법칙에 따라 코일을 통과하는 자기 선속이 변하여 코일에 유도 전류가 흐른다. 발전기, 전자 기타, 마이크 등

채점 기준	배점
원리와 이용 예를 모두 옳게 서술한 경우	100 %
원리나 이용 예 중 한 가지만 옳게 서술한 경우	50 %

🌱03 상호유도

개념 확인 문제
214쪽

❶ 상호유도　❷ 자기 선속　❸ 비례　❹ 변압기　❺ 많이
❻ 적게　❼ 인덕션 레인지

1 (1) × (2) ○ (3) ○ 　　**2** 7 V 　　**3** (1) a → ⓖ → b
(2) b → ⓖ → a 　**4** b 　**5** 200 V, $\frac{5}{4}$ A 　**6** 상호유도

1 (1) 유도 기전력은 자기 선속의 변화에 의해 발생한다. 일정한 세기의 전류가 흐르면 자기 선속이 변하지 않으므로 유도 기전력이 발생하지 않는다.
(2) 상호유도 기전력의 방향은 2차 코일을 통과하는 자기 선속의 변화를 방해하는 방향이다.
(3) 변압기의 2차 코일에 유도되는 기전력의 크기는 2차 코일의 감은 수에 비례한다.

2 1차 코일에 전류를 증가시킬 때, 2차 코일에 유도되는 기전력은 $V_2 = -M\dfrac{\Delta I_1}{\Delta t}$에서 $-0.7\,\text{H} \times \dfrac{2\,\text{A}}{0.2\,\text{s}} = -7\,\text{V}$이다.

3 (1) S를 닫는 순간, 2차 코일을 오른쪽 방향으로 통과하는 자기 선속이 증가하므로 자기 선속의 변화를 방해하는 방향으로 기전력이 발생한다. 따라서 2차 코일에 흐르는 유도 전류의 방향은 a → ⓖ → b이다.
(2) S를 여는 순간, 2차 코일을 오른쪽 방향으로 통과하는 자기 선속이 감소하므로 자기 선속의 변화를 방해하는 방향으로 기전력이 발생한다. 따라서 2차 코일에 흐르는 유도 전류의 방향은 b → ⓖ → a이다.

4 스위치를 닫는 순간, 금속 고리를 오른쪽 방향으로 통과하는 자기 선속이 증가한다. 이때 금속 고리와 솔레노이드 사이에는 서로 밀어내는 자기력이 작용하므로 금속 고리는 b 방향으로 움직인다.

5 2차 코일에 걸리는 전압은 2.5 A × 40 Ω = 100 V이다. 코일의 감은 수가 1차 코일이 2차 코일의 2배이므로 1차 코일에 걸리는 전압은 200 V이다. 변압기에서 코일에 흐르는 전류는 코일의 감은 수에 반비례하므로 $\dfrac{V_1}{V_2} = \dfrac{I_2}{I_1}$에서 $\dfrac{200}{100} = \dfrac{2.5}{I_1}$이다.

따라서 1차 코일에 흐르는 전류의 세기 $I_1 = \dfrac{5}{4}$ A이다.

6 인덕션 레인지, 금속 탐지기, 무선 충전기는 모두 1차 코일의 자기 선속 변화에 의해 2차 코일에 유도 기전력을 발생시키는 상호유도 현상을 이용한다.

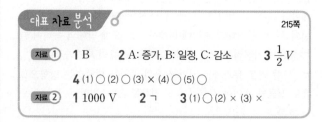

대표 자료 분석
215쪽

자료 ① **1** B 　　**2** A: 증가, B: 일정, C: 감소 　　**3** $\dfrac{1}{2}V$
4 (1) ○ (2) ○ (3) × (4) ○ (5) ○

자료 ② **1** 1000 V 　**2** ㄱ 　**3** (1) ○ (2) × (3) ×

①-1 2차 코일의 유도 기전력은 $V_2 = -M\dfrac{\Delta I_1}{\Delta t}$이므로 1차 코일에 흐르는 전류가 일정하면 2차 코일에 자기 선속의 변화가 없으므로 유도 기전력이 발생하지 않는다. 따라서 2차 코일에 전류가 흐르지 않는 구간은 B이다.

①-2 A: 1차 코일에 흐르는 전류의 세기가 증가하므로 2차 코일을 통과하는 자기 선속이 증가한다.
B: 1차 코일에 흐르는 전류의 세기가 일정하므로 2차 코일을 통과하는 자기 선속은 일정하다.
C: 1차 코일에 흐르는 전류의 세기가 감소하므로 2차 코일을 통과하는 자기 선속은 감소한다.

①-3 $V_2 = -M\dfrac{\Delta I_1}{\Delta t}$에서 전류의 시간당 변화율은 A에서 $\dfrac{\Delta I_1}{t_0}$이고, C에서는 $\dfrac{\Delta I_1}{2t_0}$이다. 따라서 A에서 2차 코일의 유도 기전력이 V일 때, C에서 2차 코일에 유도되는 기전력은 $\dfrac{1}{2}V$이다.

①-4 (1) 1차 코일에 흐르는 전류의 세기가 증가하므로 코일에 의해 형성된 자기장의 세기는 증가한다.
(2) 2차 코일을 통과하는 자기 선속이 증가하므로 렌츠 법칙에 따라 코일 내부를 통과하는 자기 선속의 증가를 방해하는 방향으로 유도 전류가 흐른다. 따라서 2차 코일에 흐르는 전류의 방향과 1차 코일에 흐르는 전류의 방향은 서로 반대 방향이다.
(3) A에서 그래프의 기울기, 즉 $\dfrac{\Delta I_1}{\Delta t}$이 일정하므로 2차 코일에 흐르는 유도 전류의 세기는 일정하다.
(4) 그래프의 기울기는 $\dfrac{\Delta I_1}{\Delta t}$이다. 따라서 그래프의 기울기가 클수록 2차 코일에 흐르는 유도 전류의 세기도 크다.
(5) C에서 2차 코일을 통과하는 자기 선속이 감소하므로 코일 내부를 통과하는 자기 선속의 감소를 방해하는 방향으로 유도 전류가 흐른다. 따라서 1차 코일에 흐르는 전류의 방향과 같다.

②-1 변압기에서 손실되는 에너지가 없으므로 $V_1 I_1 = V_2 I_2$에서 $\dfrac{V_2}{V_1} = \dfrac{N_2}{N_1}$이다. $\dfrac{V_2}{100} = \dfrac{10}{1}$에서 $V_2 = 1000\,\text{V}$이다.

②-2 ㄱ. 코일에 걸린 전압은 코일의 감은 수에 비례하므로, $\dfrac{V_1}{N_1} = \dfrac{V_2}{N_2}$에서 $N_1 < N_2$이면 $V_1 < V_2$이다.
ㄴ. $V_1 I_1 = V_2 I_2$이므로 $V_1 < V_2$이면 $I_1 > I_2$이다.

ㄷ. 변압기에서 손실되는 에너지가 없으므로 $P_1 = P_2$, 즉 $V_1 I_1 = V_2 I_2$이다. 따라서 1차 코일과 2차 코일에서 전압과 전류의 곱은 같다.

②-3 (1) 변압기에서 에너지 손실이 없으므로 1차 코일을 통과하는 자기 선속은 2차 코일을 모두 통과한다.$(\varPhi_1 = \varPhi_2)$
(2) $\dfrac{I_2}{I_1} = \dfrac{N_1}{N_2}$에서 전류의 세기는 코일의 감은 수에 반비례하므로 1차 코일의 전류의 세기와 2차 코일의 전류의 세기는 감은 수에 따라 달라진다.
(3) 변압기에서 손실되는 에너지가 없으므로 1차 코일에 공급되는 전력과 2차 코일에 유도되는 전력이 같다. 따라서 $V_1 I_1 = V_2 I_2$에서 $\dfrac{V_1}{V_2} = \dfrac{I_2}{I_1}$가 성립한다.

내신 만점 문제   216쪽~217쪽

01 ③   **02** ①   **03** ②   **04** ④   **05** 해설 참조   **06** ⑤
07 ①   **08** ②

01 2개의 코일을 이용하여 1차 코일의 자기 선속이 변할 때, 2차 코일에 유도 기전력이 발생하여 코일에 전류가 흐른다.
ㄱ. 스위치를 닫는 순간, 1차 코일에 전류가 흐르므로 자기 선속이 변한다. 1차 코일의 자기 선속 변화가 2차 코일에 전달되어 2차 코일에 유도 전류가 흐른다.
ㄷ. 1차 코일에 흐르는 전류 세기의 시간적 변화율을 증가시키면 자기 선속의 변화율이 커지므로 2차 코일에 유도되는 전류의 세기도 증가한다.

┃**바로알기**┃ ㄴ. 스위치를 누르고 있는 동안에는 1차 코일의 자기 선속이 변하지 않으므로 2차 코일에 전류가 흐르지 않는다.

02 ㄱ. 1차 코일에 흐르는 전류가 변하면 상호유도에 의해 2차 코일에 기전력이 발생하여 유도 전류가 흐른다.
ㄴ. 2차 코일인 B에 유도되는 기전력은 $V_2 = -N_2\dfrac{\Delta\varPhi_2}{\Delta t} = -M\dfrac{\Delta I_1}{\Delta t}$에서 감은 수에 비례하므로, B의 감은 수를 늘리면 기전력이 커진다.
ㄷ. 2차 코일에 유도되는 기전력은 1차 코일에 흐르는 전류의 세기와는 관계가 없고, 전류의 시간적 변화율 $\dfrac{\Delta I_1}{\Delta t}$에 비례한다.

03 (꼼꼼) 문제 분석

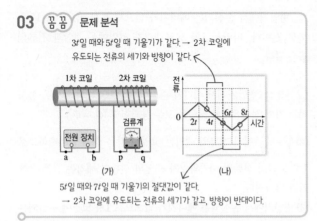

3t일 때와 5t일 때 기울기가 같다. → 2차 코일에 유도되는 전류의 세기와 방향이 같다.

5t일 때와 7t일 때 기울기의 절댓값이 같다.
→ 2차 코일에 유도되는 전류의 세기가 같고, 방향이 반대이다.

ㄷ. $V_2 = -M \dfrac{\Delta I_1}{\Delta t}$에서 상호유도 기전력의 크기는 1차 코일에 흐르는 전류의 시간적 변화율에 비례한다. 5t일 때와 7t일 때, 그래프의 기울기의 절댓값이 같으므로 유도 기전력의 크기는 같다.

┃ 바로알기 ┃ ㄱ. t일 때, 2차 코일 내부를 통과하는 자기장은 왼쪽 방향으로 증가한다. 따라서 전류의 방향은 q → 검류계 → p이다.
ㄴ. 3t일 때와 5t일 때, 그래프의 기울기가 같다. 따라서 2차 코일에 유도되는 전류의 세기와 방향이 같다.

04 (꼼꼼) 문제 분석

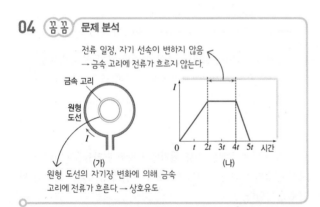

전류 일정, 자기 선속이 변하지 않음
→ 금속 고리에 전류가 흐르지 않는다.

원형 도선의 자기장 변화에 의해 금속 고리에 전류가 흐른다. → 상호유도

ㄴ. 2t에서 4t까지 전류가 일정하므로 금속 고리를 통과하는 자기 선속이 일정하다. 즉, 금속 고리를 통과하는 자기 선속이 변하지 않으므로 전류가 흐르지 않는다.
ㄷ. 4t에서 5t까지 전류가 감소함에 따라 금속 고리를 종이면에 수직으로 들어가는 방향으로 통과하는 자기 선속이 감소하므로 이를 방해하기 위해 종이면에 수직으로 들어가는 방향의 자기장이 유도되도록, 즉 원형 도선에 흐르는 전류의 방향과 같은 방향인 시계 방향으로 유도 전류가 흐른다.

┃ 바로알기 ┃ ㄱ. t에서 2t까지 전류가 일정하게 증가하므로 금속 고리를 통과하는 자기 선속이 일정하게 증가한다. 따라서 종이면에서 수직으로 나오는 방향의 자기장이 유도되도록 금속 고리에 유도되는 전류의 방향은 반시계 방향이고, 세기는 일정하다.

05 스위치 S를 닫았을 때, 검류계의 바늘이 오른쪽으로 움직였으므로, 검류계의 바늘이 왼쪽으로 움직이려면 코일 Q를 통과하는 자기 선속의 변화가 반대가 되어야 한다.

(모범답안) 스위치 S를 연다, 스위치를 닫은 상태에서 가변 저항의 크기를 증가시킨다, 전지를 반대로 연결한 후 스위치를 닫는다.

채점 기준	배점
검류계의 바늘을 왼쪽으로 움직이게 할 수 있는 방법을 두 가지 모두 옳게 서술한 경우	100 %
검류계의 바늘을 왼쪽으로 움직이게 할 수 있는 방법을 한 가지만 옳게 서술한 경우	50 %

06 (꼼꼼) 문제 분석

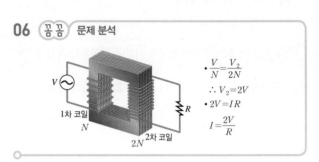

$\dfrac{V}{N} = \dfrac{V_2}{2N}$

$\therefore V_2 = 2V$

$2V = IR$

$I = \dfrac{2V}{R}$

ㄱ. 저항에 걸리는 전압은 2차 코일에 유도되는 전압과 같고, 2차 코일에 유도되는 전압은 $V \times \dfrac{N_2}{N_1}$이므로 $2V$이다.

ㄴ. 2차 코일에 흐르는 전류의 세기가 $\dfrac{2V}{R}$이고, 1차 코일에 흐르는 전류는 2차 코일의 2배이므로 $\dfrac{4V}{R}$이다.

ㄷ. 1차 코일에 전압이 일정한 직류 전원을 연결하면 2차 코일을 통과하는 자기 선속의 변화율이 0이므로 2차 코일에는 전류가 흐르지 않는다.

07 (꼼꼼) 문제 분석

1차 코일		2차 코일	
전압	전류	전압	전류
220 V	(가)	110 V	8 A

- 변압기에서의 에너지 손실이 없으므로 $P_1 = P_2$이다.
  ➡ $220 \times$(가)$= 110 \times 8$
  ∴ (가)$= 4$(A)
- 변압기에서 전압은 코일의 감은 수에 비례한다.
  ➡ $\dfrac{N_1}{220\,V} = \dfrac{N_2}{110\,V}$이므로 $N_1 : N_2 = 2 : 1$이다.

ㄱ. 변압기에서의 에너지 손실이 없으므로 1차 코일의 전력과 2차 코일의 전력이 같다. 따라서 $220 \times$(가)$= 110 \times 8$에서 (가)는 4 A이다.

┃바로알기┃ ㄴ. 변압기에서 코일에 걸리는 전압은 코일의 감은 수에 비례한다. 2차 코일의 전압이 1차 코일의 $\frac{1}{2}$배이므로 2차 코일의 감은 수는 1차 코일의 $\frac{1}{2}$배이다.

ㄷ. 1차 코일과 2차 코일을 동일한 철심에 감으므로 코일의 감은 수가 달라도 자기 선속은 같다.

08 1차 코일에 흐르는 전류가 변할 때, 근처에 있던 2차 코일에 유도 기전력이 발생하는 현상을 상호유도라고 한다.

ㄴ. 코일로 된 충전기에 교류가 흘러 생성된 자기장에 의해 휴대 전화에 들어 있는 코일에 유도 전류가 흘러 배터리가 충전된다.

┃바로알기┃ ㄱ. 전자석에 전류를 흘려 주었더니 자석이 달라붙는 것은 전류에 의해 자기장이 형성되었기 때문이다.

ㄷ. 전류가 흐르는 도선 주위에 자기장이 형성되어 나침반의 자침이 회전한 것이다.

01 ①, ② 자기력선은 자석의 N극에서 나와 S극으로 들어가며, 중간에 교차하거나 끊어지지 않는다.

③, ④ 직선 전류에 의한 자기장과 원형 전류에 의한 자기장은 오른손 엄지손가락이 전류의 방향을 향하게 할 때 나머지 네 손가락이 직선 도선을 감아쥐는 방향이다.

┃바로알기┃ ⑤ 솔레노이드에 흐르는 전류의 방향으로 오른손 네 손가락을 감아쥘 때, 엄지손가락이 가리키는 방향이 N극이다. 따라서 코일의 왼쪽에 N극, 오른쪽에 S극이 형성되므로 자기력선의 방향이 반대가 되어야 한다.

02 꼼꼼 **문제 분석**

• A에 의한 자기장: 종이면에 수직으로 들어가는 방향(⊗)
• B에 의한 자기장: 종이면에서 수직으로 나오는 방향(◉)

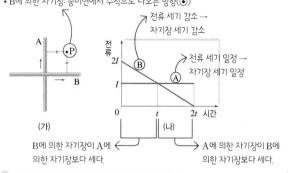

① 0에서 t까지 B에 흐르는 전류가 더 세므로 B에 의한 자기장이 더 세다. 따라서 합성 자기장의 방향은 종이면에서 수직으로 나오는 방향이다.

② 0에서 t까지 B에 의한 자기장의 세기가 감소한다. 따라서 합성 자기장의 세기는 감소한다.

③ t일 때, A에 의한 자기장과 B에 의한 자기장은 세기가 같고 방향은 반대이므로 합성 자기장은 0이다.

④ t에서 $2t$까지 A에 의한 자기장의 세기가 더 세므로 합성 자기장의 방향은 종이면에 수직으로 들어가는 방향이다.

┃바로알기┃ ⑤ t에서 $2t$까지 A에 의한 자기장이 더 센 상태에서 B에 의한 자기장의 세기가 감소하므로 합성 자기장의 세기는 증가한다.

03 꼼꼼 **문제 분석**

합성 자기장이 0이므로 직선 도선에 의한 자기장과 원형 도선에 의한 자기장은 크기가 같고 방향이 반대이다.

$$\rightarrow \left| k\frac{I}{2r} - k'\frac{I_1}{r} \right| = B - B = 0$$

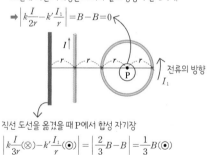

직선 도선을 옮겼을 때 P에서 합성 자기장

$$\left| k\frac{I}{3r}(\otimes) - k'\frac{I_1}{r}(\odot) \right| = \left| \frac{2}{3}B - B \right| = \frac{1}{3}B(\odot)$$

ㄱ, ㄴ. P에서 직선 도선에 의해 형성된 자기장의 방향은 종이면에 수직으로 들어가는 방향이다. 따라서 P에서 합성 자기장이 0이 되려면, P에서 원형 도선에 의해 형성된 자기장의 세기는 B이며, 방향은 종이면에서 수직으로 나오는 방향이다. 따라서 원형 도선에 흐르는 전류의 방향은 반시계 방향이다.

| 바로알기 | ㄷ. 직선 도선에 의한 자기장의 세기는 도선으로부터 수직 거리에 반비례한다. 직선 도선이 현재 위치에서 왼쪽으로 r만큼 이동하면 P에서의 거리가 $\frac{3}{2}$배 증가하므로, P에 형성하는 자기장의 세기는 $\frac{2}{3}B$가 되고, 방향은 종이면에 수직으로 들어가는 방향이다. 따라서 P에서 합성 자기장의 세기는 $B-\frac{2}{3}B=\frac{1}{3}B$이며, 방향은 종이면에서 수직으로 나오는 방향이다.

04 (꼼꼼) 문제 분석

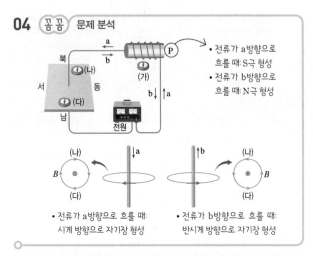

ㄴ. 전류가 a방향으로 흐를 때, 나침반 (나)의 N극은 동쪽, 나침반 (다)의 N극은 서쪽을 가리킨다.

| 바로알기 | ㄱ. 전류가 a방향으로 흐를 때, 솔레노이드의 왼쪽에 N극이 형성된다. 자기장은 N극에서 S극으로 향하므로 나침반 (가)의 N극은 동쪽을 가리킨다.
ㄷ. 전류가 b방향으로 흐를 때, 솔레노이드에서 오른손을 전류의 방향으로 감아쥐면 엄지손가락이 오른쪽을 가리키므로 P 지점에는 N극이 형성된다.

05 (꼼꼼) 문제 분석

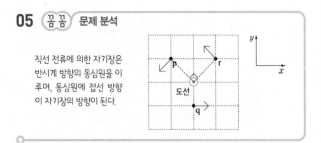

ㄴ. 도선과 p를 잇는 직선과 도선과 r를 잇는 직선이 서로 수직이므로 p와 r에서의 자기장의 방향은 서로 수직이다.

| 바로알기 | ㄱ. 직선 도선으로부터 떨어진 거리는 q에서가 p에서보다 가까우므로 자기장의 세기는 q에서가 p에서보다 크다.
ㄷ. q에서 자기장의 방향은 $+x$방향이다.

06 ㄱ. 오른손 네 손가락을 전류의 방향으로 감아쥐면 엄지손가락이 가리키는 방향이 자기장의 방향이다. P에서 A에 의한 자기장과 B에 의한 자기장의 방향이 모두 왼쪽이다.
ㄴ. 솔레노이드 내부에서 자기장의 세기는 $B=k''nI$로, 전류의 세기(I)에 비례하고 단위 길이당 코일의 감은 수(n)에 비례한다. 따라서 내부에서 자기장의 세기는 B가 A의 $2\times2=4$(배)이다.
| 바로알기 | ㄷ. A의 오른쪽이 S극, B의 왼쪽이 N극이 되므로 A와 B 사이에는 서로 당기는 자기력이 작용한다.

07 (꼼꼼) 문제 분석

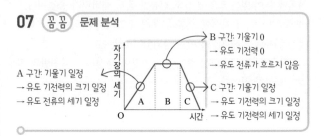

ㄷ. C 구간에서는 종이면에 수직으로 들어가는 자기장의 세기가 감소하므로 렌츠 법칙에 의해 종이면에 수직으로 들어가는 자기장이 증가하는 방향으로 유도 전류가 흐른다. 오른손의 엄지손가락이 종이면에 수직으로 들어가는 방향을 향하게 할 때 네 손가락이 시계 방향으로 감기므로 유도 전류의 방향은 시계 방향이다.

| 바로알기 | ㄱ. 유도 기전력의 크기는 단위 시간당 자기장의 세기의 변화율, 즉 자기장의 세기-시간 그래프의 기울기에 비례한다. A 구간에서 자기장의 세기-시간 그래프의 기울기가 일정하므로 유도 기전력이 일정하다. 따라서 유도 전류의 세기도 일정하다.
ㄴ. B 구간에서 자기장의 세기-시간 그래프의 기울기는 0이므로 유도 기전력은 0이다. 따라서 유도 전류가 흐르지 않는다.

08 (꼼꼼) 문제 분석

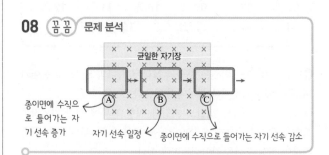

A: 균일한 자기장 영역을 C의 속력보다 빠르게 들어가므로 A, B, C 중 자기 선속의 변화율이 가장 크다. 코일 내부를 지나는 종이면에 수직으로 들어가는 자기 선속이 증가하므로 유도 전류의 방향은 반시계 방향이다.

B: 등속으로 이동하므로 코일 내부를 지나는 자기 선속이 일정하다. 따라서 자기 선속의 변화율이 0이므로 유도 기전력의 크기와 유도 전류의 세기는 0이다.

C: 균일한 자기장 영역을 지나는 A보다는 느린 속력으로 빠져나오므로 코일 내부를 지나는 종이면에 수직으로 들어가는 자기 선속이 줄어들고 그 변화율이 A보다 작다. 이때 유도 전류의 방향은 시계 방향이다.

ㄱ. A의 속력이 C보다 빠르므로 A에서 가장 큰 유도 기전력이 발생한다.

ㄷ. A에서는 종이면에 수직으로 들어가는 자기장이 증가하고, C에서는 종이면에 수직으로 들어가는 자기장이 감소하므로, 두 경우에 유도 전류의 방향은 서로 반대이다.

❚ 바로알기 ❚ ㄴ. B에서는 자기 선속의 변화가 없으므로 유도 전류가 흐르지 않는다.

09 ꞁ꞉ꞁꞈ ꞈꞈ 문제 분석

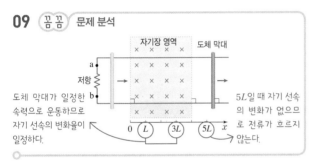

도체 막대가 일정한 속력으로 운동하므로 자기 선속의 변화율이 일정하다.

5L일 때 자기 선속의 변화가 없으므로 전류가 흐르지 않는다.

ㄱ. 종이면에 수직으로 들어가는 방향의 자기 선속이 증가하므로 유도되는 전류의 방향은 a → 저항 → b이다.

ㄴ. 도체 막대의 속력이 일정하여 자기 선속의 변화율이 일정하므로 유도되는 전류의 세기는 같다.

❚ 바로알기 ❚ ㄷ. $x=5L$을 지날 때, 유도되는 전류가 없으므로 전력 $P=VI=0$이다. 따라서 저항에서 소비되는 전력은 없다.

10
전류의 세기가 클수록 검류계의 바늘이 큰 폭으로 움직인다. 막대자석을 떨어뜨릴 때 코일에 흐르는 유도 전류의 세기는 자석의 속력이 빠를수록, 코일의 감은 수가 많을수록 세다. 자석을 더 높은 곳에서 떨어뜨리면 자석이 코일에 들어가는 순간의 속력이 빨라지므로 더 센 유도 전류가 흐른다. 또한, 코일의 감은 수가 많을수록 유도 전류의 세기가 커진다. 따라서 낙하 높이가 높고 코일의 감은 수가 가장 많은 (다)에서 유도 전류의 세기가 가장 크고, 감은 수는 같지만 낙하 높이가 (가)보다 높은 (나)에서 유도 전류의 세기가 그 다음으로 크다. 따라서 검류계의 바늘이 많이 움직이는 것은 (다) → (나) → (가) 순이다.

11
①, ②, ③, ⑤ 자기 선속의 변화에 의해 코일에 유도 전류가 흐르는 전자기 유도를 이용한 예이다.

❚ 바로알기 ❚ ④ 자기장 속에서 전류가 받는 힘을 이용한다.

12 ꞁ꞉ꞁꞈ ꞈꞈ 문제 분석

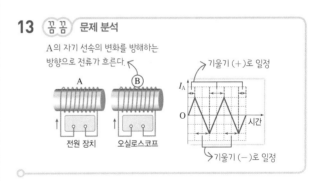

ㄱ. 1차 코일에 흐르는 전류는 1초일 때는 감소하고, 5초일 때는 증가하므로 2차 코일의 자기 선속의 변화는 1초일 때는 증가하고 5초일 때는 감소한다. 따라서 자기 선속의 변화가 반대로 일어나므로 1초일 때와 5초일 때 유도 전류의 방향은 서로 반대이다.

❚ 바로알기 ❚ ㄴ. 전류의 변화율, 즉 그래프의 기울기는 5초일 때가 1초일 때의 2배이다. 따라서 2차 코일에 흐르는 유도 전류의 세기는 5초일 때가 1초일 때의 2배이다.

ㄷ. 3초일 때는 1차 코일에 흐르는 전류의 세기가 일정하므로 2차 코일에는 유도 전류가 흐르지 않는다. 따라서 1차 코일과 2차 코일 사이에는 자기력이 작용하지 않는다.

13 ꞁ꞉ꞁꞈ ꞈꞈ 문제 분석

A의 자기 선속의 변화를 방해하는 방향으로 전류가 흐른다.

기울기 (+)로 일정

기울기 (−)로 일정

• I_A가 화살표 방향으로 증가하면 B 내부에서 왼쪽 방향으로 자기 선속이 증가한다. 따라서 B에는 (−) 방향으로 세기가 일정한 유도 전류가 흐른다.

• I_A가 화살표 방향으로 감소하면 B 내부에서 왼쪽 방향으로 자기 선속이 감소한다. 따라서 B에는 (+) 방향으로 세기가 일정한 유도 전류가 흐른다.

• I_A가 화살표 반대 방향으로 증가하면 B 내부에서 오른쪽 방향으로 자기 선속이 증가한다. 따라서 B에는 (+) 방향으로 세기가 일정한 유도 전류가 흐른다.

• I_A가 화살표 반대 방향으로 감소하면 B 내부에서 오른쪽 방향으로 자기 선속이 감소한다. 따라서 B에는 (−) 방향으로 세기가 일정한 유도 전류가 흐른다.

14 꼼꼼 문제 분석

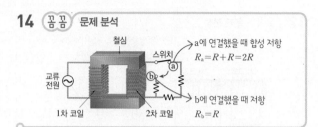

ㄱ, ㄴ. 저항이 절반으로 감소하면 전류의 세기는 2배가 된다. 따라서 1차 코일에 흐르는 유도 전류의 세기도 2배가 되므로 2차 코일의 공급 전력은 2배가 된다.

∥바로알기∥ ㄷ. 2차 코일의 전압은 전원의 전압에 의해 결정되고, 2차 코일의 저항과는 관계없다.

15 꼼꼼 문제 분석

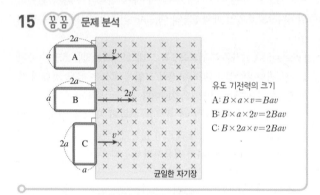

(1) 세 도선의 저항이 같으므로 유도 기전력을 비교하면 유도 전류의 세기를 알 수 있다. 직사각형 도선에서 발생하는 유도 기전력의 크기는 Blv이므로 $I_A : I_B : I_C = 1 : 2 : 2$이다.

(2) 세 도선 모두 종이면에 수직으로 들어가는 자기 선속이 증가하므로 반시계 방향으로 유도 전류가 흐르며 자기장 영역으로 도선이 완전히 들어갈 때까지 유도 전류가 흐른다. 도선의 가로 길이와 속도를 비교해 보면 전류가 흐르는 시간은 $t_A : t_B : t_C = \dfrac{2a}{v} : \dfrac{2a}{2v} : \dfrac{a}{v} = 2 : 1 : 1$이다.

모범답안 (1) $1 : 2 : 2$, 유도 전류의 세기는 유도 기전력에 비례한다. 직사각형 도선에서 발생하는 유도 기전력의 크기는 Blv이므로 $I_A : I_B : I_C = 1 : 2 : 2$이다.

(2) $2 : 1 : 1$, 세 도선 모두 도선이 자기장 영역으로 완전히 들어가기 전까지만 유도 전류가 흐른다. 따라서 전류가 흐르는 시간은 $t_1 : t_2 : t_3 = \dfrac{2a}{v} : \dfrac{2a}{2v} : \dfrac{a}{v} = 2 : 1 : 1$이다.

	채점 기준	배점
(1)	유도 전류의 세기 비와 그 까닭을 모두 옳게 서술한 경우	50 %
	유도 전류의 세기 비만 옳게 쓴 경우	20 %
(2)	시간의 비와 그 까닭을 모두 옳게 서술한 경우	50 %
	시간의 비만 옳게 쓴 경우	20 %

16 꼼꼼 문제 분석

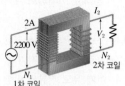

• 1차 코일에 교류 입력 → 자기장 변화 → 2차 코일의 자기 선속 변화 → 2차 코일에 전류 유도
• 1차 코일과 2차 코일에서 시간당 변하는 자기 선속은 같다.

$\dfrac{\Delta \Phi_1}{\Delta t} = \dfrac{\Delta \Phi_2}{\Delta t}$이므로 $\dfrac{V_1}{V_2} = \dfrac{N_1}{N_2}$이다.

모범답안 440 V, 10 A 변압기에서 전압은 코일의 감은 수에 비례하므로 $\dfrac{V_1}{V_2} = \dfrac{N_1}{N_2}$에서 $V_2 = V_1 \dfrac{N_2}{N_1} = 2200 \text{ V} \times \dfrac{1}{5} = 440 \text{ V}$이다. 변압기에서 에너지 손실이 없으므로 1차 코일과 2차 코일에 걸리는 전력이 같다. 따라서 $V_1 I_1 = V_2 I_2$에서 $I_2 = I_1 \dfrac{V_1}{V_2} = 2 \text{ A} \times \dfrac{2200 \text{ V}}{440 \text{ V}} = 10 \text{ A}$이다.

채점 기준	배점
전압과 전류의 세기를 풀이 과정과 함께 옳게 구한 경우	100 %
전압과 전류의 세기 중 한 가지만 풀이 과정과 함께 옳게 구한 경우	50 %

수능 실전 문제 224쪽~227쪽

01 ④	02 ②	03 ⑤	04 ⑤	05 ④	06 ②
07 ④	08 ⑤	09 ②	10 ⑤	11 ②	12 ②
13 ⑤	14 ⑤	15 ⑤	16 ①		

01 꼼꼼 문제 분석

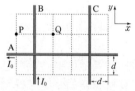

Q에서 A에 의한 자기장은 ⊗ 방향이고 B에 의한 자기장도 ⊗ 방향이다.
→ Q에서 C에 의한 자기장은 ⊙ 방향이어야 한다.
→ C에 흐르는 전류는 $+y$방향이다.

∥선택지 분석∥
✗ C에 흐르는 전류의 세기는 $2I_0$이다. $4I_0$
ㄴ. C에 흐르는 전류의 방향은 $+y$방향이다.
ㄷ. P에서 전류에 의한 자기장의 방향은 xy 평면에서 수직으로 나오는 방향이다.

ㄴ. Q에서 A와 B에 의한 자기장의 방향이 xy 평면에 수직으로 들어가는 방향이므로 C에 의한 자기장의 방향은 수직으로 나오는 방향이어야 한다. 따라서 C에 흐르는 전류의 방향은 $+y$방향이다.

ㄷ. P에서 A와 B에 의한 자기장은 0이므로 P에서 자기장의 방향은 C에 의한 자기장의 방향과 같다.

┃**바로알기**┃ ㄱ. Q에서 A에 의한 자기장을 B라고 하면, Q에서 A와 B에 의한 자기장은 $2B$이므로 Q에서 C에 의한 자기장은 $-2B$가 되어야 한다. C에서 Q까지의 거리는 A, B에서 Q까지 거리의 2배이므로 C에 흐르는 전류의 세기는 $4I_0$이다.

02 꼼꼼 문제 분석

전류에 의한 자기장의 방향은 왼쪽이다. →↑전류의 방향 ↓전류의 방향 ←전류에 의한 자기장의 방향은 오른쪽이다.

(나)　　　(다)

전류가 흐르지 않을 때에 비해 자침이 왼쪽으로 회전하였다.　전류의 세기가 (나)의 2배이므로 전류가 흐르지 않을 때에 비해 오른쪽으로 더 많이 회전해야 한다.

┃**선택지 분석**┃

①✕ ② ③✕ ④✕ ⑤✕

(나)와 (다)에서 나침반 자침이 가리키는 방향은 전류에 의한 자기장과 지구 자기장의 합성 자기장의 방향이다. (가)에서 나침반 자침의 방향은 지구 자기장의 방향이고, (다)에서는 전류의 세기가 2배가 되었으므로, (나)와 (다)의 결과로부터 지구 자기장의 방향은 ②번이 가장 적절함을 알 수 있다.

03 꼼꼼 문제 분석

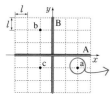

A에 흐르는 전류가 $-x$방향이라면 a에서 A에 의한 자기장의 방향은 xy 평면에서 나오는 방향(+)이다.
a는 A와 B에 의한 자기장이 xy평면으로 들어가는 방향(−)이어야 하므로 B에 흐르는 전류는 $+y$방향이다.

┃**선택지 분석**┃

✕ A에 흐르는 전류의 방향은 $-x$방향이다. $+x$방향

ㄴ 전류의 세기는 B가 A의 2배이다.

ㄷ c에서 자기장의 세기는 $2B_0$이다.

ㄴ. B에 흐르는 전류의 방향을 $+y$방향으로 가정하면, a에서 자기장은 $-4B_0=-k\dfrac{I_A}{l}-k\dfrac{I_B}{2l}$이고, b에서 자기장은 $5B_0=k\dfrac{I_A}{2l}+k\dfrac{I_B}{l}$이다. 이를 정리하면 $k\dfrac{I_A}{l}=2B_0$, $k\dfrac{I_B}{l}=4B_0$이다. 따라서 B에 흐르는 전류의 방향은 $+y$방향이고, 전류의 세기는 B가 A의 2배이다.

ㄷ. c에서 A에 의한 자기장은 $-2B_0$이고, B에 의한 자기장은 $4B_0$이므로 c에서 자기장의 세기는 $2B_0$이다.

┃**바로알기**┃ ㄱ. A와 B에 흐르는 전류의 세기를 각각 I_A, I_B라고 하고, A에 흐르는 전류의 방향을 $-x$라고 가정하면 B에 흐르는 전류의 방향은 $+y$방향이 된다. a에서 자기장은 $-4B_0=k\dfrac{I_A}{l}-k\dfrac{I_B}{2l}$이고, b에서 자기장은 $5B_0=-k\dfrac{I_A}{2l}+k\dfrac{I_B}{l}$이다. 두 식을 정리하면 $k\dfrac{I_A}{l}=-2B_0$에서 A에 의한 자기장은 xy 평면에 수직으로 들어가는 방향이 되어 가정과 모순이 된다. 따라서 A에 흐르는 전류의 방향은 $+x$방향이다.

04 꼼꼼 문제 분석

(가)

O에서 자기장의 방향
• P에 의한 자기장의 방향: 수직으로 들어가는 방향
• Q에 의한 자기장의 방향: 수직으로 나오는 방향
• R에 의한 자기장의 방향: 수직으로 나오는 방향

(나)

0초일 때 자기장은 t_0일 때 자기장의 2배이다.

t_0일 때 P에 의한 자기장을 B_0라고 하면 Q에 의한 자기장: $-\dfrac{B_0}{2}$이다.

P, Q, R에 의한 합성 자기장이 0이므로 R에 의한 자기장은 $-\dfrac{B_0}{2}$이다.

┃**선택지 분석**┃

ㄱ t_0일 때, Q에 의한 자기장의 세기는 R에 의한 자기장의 세기와 같다.

ㄴ 자기장의 세기는 0초일 때와 $2t_0$일 때가 같다.

ㄷ $2t_0$일 때 자기장의 방향은 xy 평면에 수직으로 들어가는 방향이다.

ㄱ. O에서 t_0일 때 P에 의한 자기장을 B_0이라고 하면 Q에 의한 자기장은 $-\dfrac{B_0}{2}$이다. 따라서 O에서 합성 자기장의 세기가 0이 되려면 R에 의한 자기장은 $-\dfrac{B_0}{2}$이 되어야 한다.

ㄴ. 0초일 때 Q에 흐르는 전류의 세기가 $2I_0$이므로 P, Q, R에 의한 합성 자기장은 $B_0-B_0-\dfrac{B_0}{2}=-\dfrac{B_0}{2}$이고, $2t_0$일 때 Q에 흐르는 전류의 세기가 0이므로 합성 자기장은 $B_0-\dfrac{B_0}{2}=\dfrac{B_0}{2}$이다. 따라서 0초일 때와 $2t_0$일 때 자기장의 세기는 같다.

ㄷ. $2t_0$일 때 P에 의한 자기장의 세기가 R에 의한 자기장의 세기보다 크므로 합성 자기장의 방향은 P에 의한 자기장의 방향과 같은 xy 평면에 수직으로 들어가는 방향이다.

05 (꼼꼼) 문제 분석

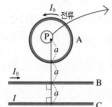

P에서 A에 의한 자기장과 B에 의한 자기장은 모두 종이면에서 나오는 방향이다. P에서 A, B, C에 의한 자기장은 0이므로 C에 의한 자기장은 종이면에 수직으로 들어가는 방향이다.

┃ 선택지 분석 ┃

✗ P에서 C에 의한 자기장의 방향은 종이면에서 수직으로 나오는 방향이다. 종이면에 수직으로 들어가는 방향

ㄴ B와 C에 흐르는 전류의 방향은 서로 반대이다.

ㄷ 전류의 세기는 $I > I_0$이다.

ㄴ. P에서 C에 의한 자기장의 방향은 종이면에 수직으로 들어가는 방향이므로 C에 흐르는 전류의 방향은 B에 흐르는 전류의 방향과 반대 방향이다.

ㄷ. 종이면에서 수직으로 나오는 방향을 (+)라고 하면 P에서 합성 자기장은 $k'\dfrac{I_0}{a}+k\dfrac{I_0}{2a}-k\dfrac{I}{3a}=0$이다. 비례 상수 $k'=\pi k$이므로 $I=3(\pi+\dfrac{1}{2})I_0$이다. 따라서 $I > I_0$이다.

┃ 바로알기 ┃ ㄱ. P에서 A와 B에 의한 자기장의 방향은 종이면에서 수직으로 나오는 방향으로 같으므로 P에서 A, B, C에 의한 합성 자기장이 0이 되려면 C에 의한 자기장의 방향은 종이면에 수직으로 들어가는 방향이어야 한다.

06 (꼼꼼) 문제 분석

q로부터 A와 B가 떨어진 거리는 같으므로 B에 흐르는 전류의 방향이 종이면에 수직으로 들어가는 방향이면 q에서의 자기장은 0이다.

┃ 선택지 분석 ┃

✗ B에 흐르는 전류의 방향은 종이면에 수직으로 들어가는 방향이다. 종이면에서 수직으로 나오는 방향

✗ A와 B 사이에 자기장이 0인 지점이 있다. 없다.

ㄷ p와 r에서 자기장의 방향은 같다.

ㄷ. p는 B보다 A에 가깝기 때문에 자기장의 방향은 A에 흐르는 전류에 의한 자기장의 방향인 위쪽이다. r는 A보다 B에 가깝기 때문에 자기장의 방향은 B에 흐르는 전류에 의한 자기장의 방향인 위쪽이다. 따라서 p와 r에서 자기장의 방향은 위쪽으로 같다.

┃ 바로알기 ┃ ㄱ. 전류의 세기가 같은 A와 B의 가운데 지점인 q에서 자기장의 방향이 아래쪽이므로 B에 의한 자기장의 방향도 아래쪽이어야 한다. 따라서 B에 흐르는 전류의 방향은 종이면에서 수직으로 나오는 방향이다.

ㄴ. A와 B 사이에는 A에 의한 자기장의 방향과 B에 의한 자기장의 방향이 항상 같으므로 자기장이 0인 지점은 없다.

07 (꼼꼼) 문제 분석

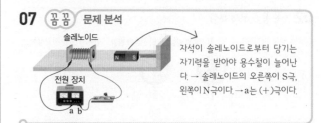

자석이 솔레노이드로부터 당기는 자기력을 받아야 용수철이 늘어난다. → 솔레노이드의 오른쪽이 S극, 왼쪽이 N극이다. → a는 (+)극이다.

┃ 선택지 분석 ┃

✗ 전원 장치의 단자 a는 (−)극이다. (+)극

ㄴ 솔레노이드의 오른쪽에는 S극이 형성된다.

ㄷ 전원 장치의 단자를 바꾸어 연결하고 실험하면 솔레노이드와 자석 사이에는 서로 밀어내는 자기력이 작용한다.

ㄴ. 용수철이 늘어나려면 용수철과 자석 사이에는 서로 당기는 자기력이 작용해야 하므로 솔레노이드의 오른쪽에 S극이 형성된다.

ㄷ. 단자를 바꾸어 연결하면 솔레노이드의 오른쪽이 N극이 되므로 솔레노이드와 자석 사이에는 서로 밀어내는 자기력이 작용한다.

┃ 바로알기 ┃ ㄱ. 솔레노이드 왼쪽이 N극이므로 오른손 엄지손가락을 자기장의 방향 즉, N극을 가리켰을 때, 네 손가락을 감아쥐는 방향이 전류의 방향이므로 a는 (+)극이다.

08 (꼼꼼) 문제 분석

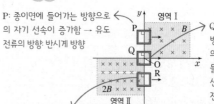

P: 종이면에 들어가는 방향으로의 자기 선속이 증가함 → 유도 전류의 방향: 반시계 방향

Q: 종이면에 들어가는 방향으로의 자기 선속의 증가량 < 종이면에 들어가는 방향의 자기 선속의 감소량 → 유도 전류의 방향: 시계 방향

R: 종이면에 들어가는 방향으로의 자기 선속이 감소함 → 유도 전류의 방향: 시계 방향

┃ 선택지 분석 ┃

✗ P와 R에 흐르는 유도 전류의 방향은 같다. 반대이다.

ㄴ Q에는 시계 방향으로 유도 전류가 흐른다.

ㄷ 유도 전류의 세기가 가장 작은 곳은 Q이다.

ㄴ. Q에는 종이면에 들어가는 자기장의 증가량보다 감소량이 더 많으므로 시계 방향으로 유도 전류가 흐른다.

ㄷ. P와 Q는 자기 선속의 변화를 일으키는 자기장의 세기는 같지만 자기장의 변화가 발생하는 면적이 P가 Q보다 크므로 유도 전류의 세기는 P가 Q보다 크다. R는 자기장의 변화가 $2B$이고, 자기장의 변화가 발생하는 면적이 P와 같으므로 유도 전류의 세기가 R가 P보다 크다. 따라서 금속 고리에 흐르는 유도 전류의 세기는 R>P>Q이다.

▌바로알기▐ ㄱ. P는 종이면에 들어가는 자기장이 증가하므로 반시계 방향으로 유도 전류가 흐른다. R는 종이면에 들어가는 자기장이 감소하므로 시계 방향으로 유도 전류가 흐른다. 따라서 P와 R에 흐르는 유도 전류의 방향은 반대이다.

09 꼼꼼 문제 분석

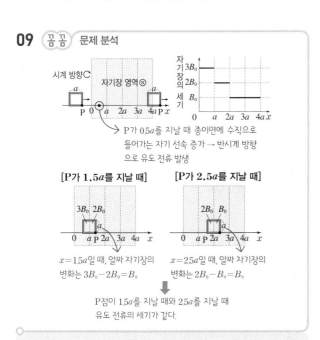

[P가 1.5a를 지날 때]
$x=1.5a$일 때, 알짜 자기장의 변화는 $3B_0-2B_0=B_0$

[P가 2.5a를 지날 때]
$x=2.5a$일 때, 알짜 자기장의 변화는 $2B_0-B_0=B_0$

P점이 1.5a를 지날 때와 2.5a를 지날 때 유도 전류의 세기가 같다.

▌선택지 분석▐

✗ P가 0.5a를 지날 때, 금속 고리에 흐르는 유도 전류의 방향은 시계 방향이다. 반시계 방향

✗ 금속 고리에 흐르는 유도 전류의 세기는 P가 1.5a를 지날 때가 2.5a를 지날 때의 2배이다.
1.5a를 지날 때와 2.5a를 지날 때가 같다.

ⓒ P가 3.5a를 지날 때, 금속 고리에는 유도 전류가 흐르지 않는다.

ㄷ. P가 3.5a를 지날 때, 금속 고리를 통과하는 자기장의 세기는 B_0으로 일정하다. 따라서 금속 고리를 통과하는 자기 선속의 변화가 없으므로 유도 전류가 흐르지 않는다.

▌바로알기▐ ㄱ. P가 0.5a를 지나는 순간, 금속 고리에는 종이면에 수직으로 들어가는 자기 선속이 증가하므로 유도 전류의 방향은 반시계 방향이다.

ㄴ. 금속 고리의 저항값을 R, 속력을 v라고 하면, 유도 전류의 세기는 옴의 법칙에 따라 $I=\dfrac{V}{R}$에서 $I=\dfrac{Blv}{R}$이다. P가 1.5a를 지날 때 금속 고리의 절반은 자기장 세기가 $3B_0$인 영역을, 나머지 절반은 $2B_0$인 영역을 지나고 있으므로 유도 전류의 세기는 $(3B_0-2B_0)\dfrac{av}{R}$이고, P가 2.5a를 지날 때 금속 고리의 절반은 자기장 세기가 $2B_0$인 영역을, 나머지 절반은 B_0인 영역을 지나고 있으므로 유도 전류의 세기는 $(2B_0-B_0)\dfrac{av}{R}$이다. 따라서 P점이 1.5a를 지날 때와 2.5a를 지날 때의 유도 전류의 세기는 같다.

10 꼼꼼 문제 분석

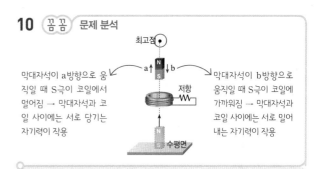

막대자석이 a방향으로 움직일 때 S극이 코일에서 멀어짐 → 막대자석과 코일 사이에는 서로 당기는 자기력이 작용

막대자석이 b방향으로 움직일 때 S극이 코일에 가까워짐 → 막대자석과 코일 사이에는 서로 밀어내는 자기력이 작용

▌선택지 분석▐

✗ 코일이 막대자석에 작용하는 자기력의 방향은 a와 b에서 서로 같다. 반대이다.

ⓒ 저항에 흐르는 전류의 방향은 a와 b가 서로 반대이다.

✗ 저항에 흐르는 전류의 세기는 막대자석이 최고점에 있을 때가 최대이다. 0(최소)

ㄴ. a일 때는 코일의 위쪽이 N극, b일 때는 코일의 위쪽이 S극이 되도록 코일에 유도 전류가 흐르므로 저항에 흐르는 전류의 방향은 a와 b가 반대이다.

▌바로알기▐ ㄱ. a일 때 막대자석과 코일 사이에는 서로 당기는 자기력이 작용하고, b일 때 막대자석과 코일 사이에는 서로 밀어내는 자기력이 작용하므로 자기력의 방향은 a와 b에서 서로 반대이다.

ㄷ. 막대자석이 최고점에 있을 때는 막대자석이 순간적으로 정지하므로 코일을 지나는 자기 선속의 변화량이 0이다. 이때 저항에 흐르는 전류는 0(최소)이다.

11 꼼꼼 문제 분석

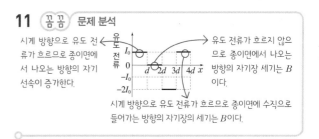

시계 방향으로 유도 전류가 흐르므로 종이면에서 나오는 방향의 자기 선속이 증가한다.

유도 전류가 흐르지 않으므로 종이면에서 나오는 방향의 자기장 세기는 B이다.

시계 방향으로 유도 전류가 흐르므로 종이면에 수직으로 들어가는 방향의 자기장의 세기는 B이다.

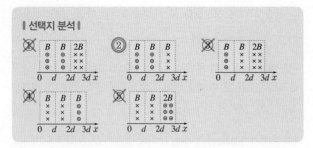

고리가 Ⅰ로 들어가는 동안 고리 내부를 통과하는 자기 선속의 증가량에 의해 고리에는 시계 방향의 유도 전류가 흐르므로 Ⅰ에서 자기장의 방향은 종이면에서 수직으로 나오는 방향이다.

고리가 Ⅰ에서 Ⅱ로 이동할 때 고리에 유도 전류가 흐르지 않으므로 Ⅰ에서 고리 내부를 통과하는 자기 선속의 감소량에 의한 유도 전류와 Ⅱ에서 고리 내부를 통과하는 자기 선속의 증가량에 의한 유도 전류의 세기가 같고 방향이 반대이므로 Ⅱ에서 자기장의 세기는 B이고, 자기장의 방향은 종이면에서 수직으로 나오는 방향이다.

고리가 Ⅲ에서 나가는 동안 영역 Ⅲ에서 고리 내부를 통과하는 자기 선속의 감소량에 의해 고리에는 세기가 I_0인 시계 방향의 유도 전류가 흐르므로 Ⅲ에서 자기장의 방향은 종이면에 수직으로 들어가는 방향이고, 자기장의 세기는 B이다.

12 (꼼꼼) **문제 분석**

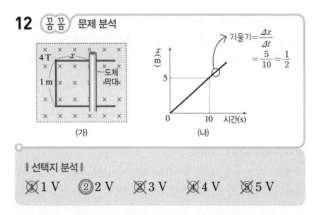

| 선택지 분석 |

① 1 V   ② 2 V   ③ 3 V   ④ 4 V   ⑤ 5 V

유도 기전력 $V=-N\dfrac{\varDelta\varPhi}{\varDelta t}$에서 $N=1$, 자기 선속 $\varPhi=BS$이고 $S=1\,\text{m}\times x$이므로 $V=-N\dfrac{B\varDelta x}{\varDelta t}$이다. $\dfrac{\varDelta x}{\varDelta t}$는 (나) 그래프의 기울기이므로 $\dfrac{1}{2}$이다. 따라서 $V=-1\times4\times\dfrac{1}{2}=-2\,\text{V}$이다.

13 (꼼꼼) **문제 분석**

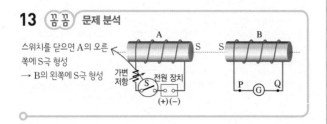

| 선택지 분석 |

ㄱ A의 스위치를 닫는다.

ㄴ 스위치를 닫고 가변 저항의 저항값을 최댓값에서 최솟값까지 감소시킨다.

ㄷ 스위치를 닫고 전압을 서서히 증가시킨다.

B에 흐르는 전류의 방향이 P → ⓖ → Q가 되려면 B의 왼쪽이 S극이 되어야 한다.

ㄱ. A의 스위치를 닫으면 A의 오른쪽이 S극이 되는 자기장이 생기므로 B의 왼쪽이 S극이 되도록 유도 전류가 흐른다.

ㄴ. 1차 코일에 연결된 가변 저항값을 감소시키면 1차 코일에 흐르는 전류의 세기가 증가하므로 A의 오른쪽이 S극이 되는 자기장의 세기가 커진다. 따라서 B의 왼쪽이 S극이 되는 자기장이 강해지도록 유도 전류가 흐른다.

ㄷ. 1차 코일에 연결된 전원 장치의 전압을 증가시키면 $V=IR$에서 전류의 세기가 증가하여 A의 오른쪽이 S극이 되는 자기장의 세기가 커진다. 따라서 B의 왼쪽이 S극이 되는 자기장이 강해지도록 유도 전류가 흐른다.

14 (꼼꼼) **문제 분석**

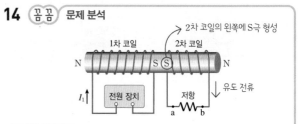

• 상호유도 발생 원리:
I_1 증가 → 1차 코일의 자기장 세기 증가 → 2차 코일을 왼쪽 방향으로 통과하는 자기 선속 증가 → 2차 코일을 통과하는 자기 선속의 증가를 방해하는 방향 (b → 저항 → a) 으로 유도 전류 흐름

| 선택지 분석 |

ㄱ B_1은 증가한다.

ㄴ $\varPhi$는 증가한다.

ㄷ 상호유도에 의해 2차 코일에 흐르는 전류의 방향은 b → 저항 → a이다.

ㄱ. 1차 코일에 흐르는 전류의 세기 I_1이 증가하므로 I_1에 의한 자기장인 B_1은 증가한다.

ㄴ. 2차 코일의 단면적을 S라고 하면 자기 선속 $\varPhi=B_1S$이다. B_1이 증가하므로 2차 코일의 자기 선속 $\varPhi$는 증가한다.

ㄷ. 2차 코일에서는 $\varPhi$를 감소시키는 방향으로 유도 전류가 흐른다. 따라서 저항에 흐르는 유도 전류의 방향은 b → 저항 → a 이다.

15

(가) 1차 코일과 2차 코일의 전압은 코일의 감은 수에 비례하므로 전압의 비도 1 : 3이다. 따라서 1차 코일의 전압이 V일 때 2차 코일에 유도되는 전압 (가)는 $3V$이다.

(나) 2차 코일에 연결된 저항에 흐르는 전류의 세기 $I_2 = \dfrac{3V}{R}$이고, 변압기에서 손실되는 에너지는 없으므로 1차 코일의 전력 V_1은 2차 코일의 전력 $3VI_2 = 3V \times \dfrac{3V}{R}$와 같다. 따라서 $VI_1 = 3V \times \dfrac{3V}{R}$에서 $I_1 = \dfrac{9V}{R}$이므로 1차 코일에 흐르는 전류 (나)는 $\dfrac{9V}{R}$이다.

16 꼼꼼 문제 분석

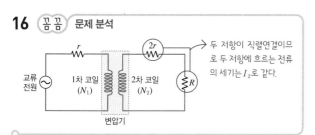

두 저항이 직렬연결이므로 두 저항에 흐르는 전류의 세기는 I_2로 같다.

교류 전원 / 1차 코일 (N_1) / 2차 코일 (N_2) / R / 변압기

┃선택지 분석┃

ㄱ. 1차 코일에 흐르는 전류의 세기가 2차 코일에 흐르는 전류의 세기보다 크다.

✗ 1차 코일과 2차 코일의 감은 수의 비는 ~~2 : 1~~이다. 1 : 2

✗ 1차 코일과 2차 코일에 걸리는 전압의 비는 ~~2 : 1~~이다. 1 : 2

ㄱ. 저항에 의해 손실되는 전력 $P_{손실} = I^2R$이다. 1차 코일에 흐르는 전류의 세기를 I_1이라 하면 저항 r에서 소비되는 전력 $2P_0 = I_1^2 r$이다. 2차 코일에 흐르는 전류의 세기를 I_2라 하면 저항 $2r$에서 소비되는 전력 $P_0 = I_2^2(2r)$이다. 1차 코일과 2차 코일의 소비 전력의 비 $I_1^2 r : I_2^2(2r) = 2 : 1$이므로 $I_1 = 2I_2$이다.

┃바로알기┃ ㄴ. 변압기의 원리 $\dfrac{N_2}{N_1} = \dfrac{I_1}{I_2}$에서 $I_2 = \dfrac{N_1}{N_2}I_1$이므로 코일의 감은 수의 비 $N_1 : N_1 = 1 : 2$이다.

ㄷ. $\dfrac{V_1}{V_2} = \dfrac{N_1}{N_2}$에서 1차 코일과 2차 코일에 걸리는 전압의 비는 감은 수의 비와 같으므로 1 : 2이다.

Ⅲ. 파동과 물질의 성질

① 전자기파의 성질과 활용

01 전자기파의 간섭과 회절

개념 확인 문제   236쪽

❶ 경로차   ❷ 짝수   ❸ 홀수   ❹ 좁게   ❺ 좁게
❻ 반비례   ❼ 비례   ❽ 얇은 막   ❾ 간섭

1 (1) ㉡ (2) ㉠   **2** ㉠ 좁을, ㉡ 길   **3** (1) ○ (2) ○ (3) ×
4 12 mm   **5** (1) ○ (2) × (3) ○   **6** ㄱ, ㄷ

1 (1) 보강 간섭은 원래의 진폭보다 진폭이 커져서 에너지가 증가하는 간섭을 말한다.
(2) 상쇄 간섭은 원래의 진폭보다 작아지거나 0이 되어 에너지가 감소하는 간섭을 말한다.

2 회절은 슬릿의 폭이 좁을수록, 파동의 파장이 길수록 잘 일어난다.

3 (1) 간섭은 파동에서만 일어난다. 따라서 영의 간섭 실험은 빛이 파동이라는 증거이다.
(2) 스크린에 생기는 무늬는 간섭무늬이고, 간섭은 이중 슬릿의 각 슬릿에서 나온 빛의 경로차로 만들어진다.
(3) 영의 간섭 실험에서 보강 간섭은 밝은 무늬이고, 상쇄 간섭은 어두운 무늬이다.

4 파장 $\lambda = \dfrac{d\Delta x}{L}$에서 $400 \text{ nm} = \dfrac{(0.1 \text{ mm})\Delta x}{3 \text{ m}}$이고,
$400 \times 10^{-9} \text{ m} = \dfrac{(0.1 \times 10^{-3} \text{ m})\Delta x}{3 \text{ m}}$이므로, $\Delta x = 12 \times 10^{-3} \text{ m}$이다. 즉, 12 mm이다.

5 (1) $x = \dfrac{L\lambda}{a}$이므로 스크린 중앙에서 첫 번째 어두운 지점까지의 거리, 즉 회절 무늬가 퍼지는 정도 x는 파장에 비례한다. 즉, 빛의 파장(λ)이 길수록 회절 무늬가 퍼지는 정도는 증가한다. 따라서 빛의 파장이 길수록 x가 크다.
(2) 슬릿의 폭(a)과 회절 무늬가 퍼지는 정도(x)는 반비례 관계이다. 따라서 슬릿의 폭이 클수록 x가 작다.

(3) 슬릿과 스크린 사이의 거리(L)와 회절 무늬가 퍼지는 정도(x)는 비례 관계이다. 따라서 슬릿과 스크린 사이의 거리가 멀수록 x가 크다.

6 ㄱ. CD 표면에서 보이는 여러 가지 색은 CD에 비춰진 빛의 회절에 의해 나타난다.

ㄴ. 비눗방울에서 보이는 여러 가지 색은 빛의 간섭에 의한 현상이다.

ㄷ. 산과 같이 전파의 진행을 방해하는 장애물이 많은 지형에서 AM 방송이 FM 방송보다 더 잘 수신되는 것은 AM 방송이 FM 방송보다 파장이 길어서 회절이 크게 일어나기 때문에 나타나는 현상이다.

237쪽

완자쌤 비법특강

Q1 ㉠ 보강, ㉡ 상쇄
Q2 ㉠ 좁을수록, ㉡ 길수록

Q1 물결파의 간섭무늬에서 밝기가 크게 바뀌는 부분은 물결파의 마루와 마루 또는 골과 골이 만나는 지점으로 보강 간섭이 일어난 곳이고, 밝기가 일정한 부분은 마루와 골이 만나는 지점으로 상쇄 간섭이 일어난 곳이다.

Q2 회절은 슬릿의 폭이 좁을수록, 파동의 파장이 길수록 잘 일어난다. 파장이 같을 때 슬릿의 폭이 좁을수록 회절하는 정도가 크고, 슬릿의 폭이 같을 때 파장이 길수록 회절하는 정도가 크다.

대표 자료 분석

238쪽~239쪽

자료 ① **1** $\frac{\lambda}{2}$ **2** 400 nm **3** (1) ○ (2) ○ (3) ○ (4) ○ (5) ×

자료 ② **1** ④ **2** 이중 슬릿 사이의 간격, 이중 슬릿과 스크린 사이의 거리, 밝은 무늬 혹은 어두운 무늬 사이의 간격
3 (1) ○ (2) ○ (3) ×

자료 ③ **1** 회절 **2** 500 nm **3** (1) ○ (2) ○ (3) × (4) ○

자료 ④ **1** (1) ㉠ 간섭, ㉡ 회절 (2) ㉠ 짧은, ㉡ 긴 **2** (1) ○
(2) × (3) ○ (4) ○

①-1 스크린의 중앙 밝은 무늬는 경로차가 0인 곳이고, 첫 번째 어두운 무늬는 경로차가 $\frac{\lambda}{2}$인 곳이다.

①-2 영의 간섭 식 $\lambda = \dfrac{d\varDelta x}{L}$에서 $\lambda = \dfrac{(0.1 \text{ mm})(12 \text{ mm})}{3 \text{ m}}$

$= \dfrac{(0.1 \times 10^{-3} \text{ m})(12 \times 10^{-3} \text{ m})}{3 \text{ m}} = 4 \times 10^{-7} \text{ m} = 400 \text{ nm}$이다.

①-3 (1), (2) 영의 간섭 실험에서 밝은 무늬는 보강 간섭이 일어난 곳이고, 어두운 무늬는 상쇄 간섭이 일어난 곳이다.
(3) 단일 슬릿을 이중 슬릿 앞에 두는 까닭은 이중 슬릿에 도달하는 빛의 위상을 같게 만들기 위해서이다.
(4) 스크린에 밝고 어두운 간섭무늬가 나타나는 까닭은 각 슬릿에서 나온 빛이 스크린의 한 점에 도달하면서 경로차가 생기기 때문이다.
(5) 간섭은 파동에서만 나타나는 현상이다. 따라서 이중 슬릿에 의한 빛의 간섭 실험으로 빛이 파동임을 알 수 있다.

②-1 보강 간섭이 일어나는 지점에서의 경로차는 $\dfrac{\lambda}{2}(2m)$이고, P점에서 $m=1$이므로 슬릿 S_1, S_2로부터 P점까지의 경로차는 λ이다.

②-2 $\lambda = \dfrac{d\varDelta x}{L}$에서 d는 이중 슬릿 사이의 간격, L은 이중 슬릿과 스크린 사이의 거리, $\varDelta x$는 밝은 무늬 혹은 어두운 무늬 사이의 간격이다.

②-3 (1) $\varDelta x = \dfrac{L\lambda}{d}$에서 파장($\lambda$)과 밝은 무늬 사이의 간격($\varDelta x$)은 비례한다. 따라서 파장이 길수록 밝은 무늬 사이의 간격이 크다.
(2) $\varDelta x = \dfrac{L\lambda}{d}$에서 인접한 밝은 무늬 사이의 간격($\varDelta x$)은 이중 슬릿의 간격($d$)에 반비례한다. 따라서 이중 슬릿 간격이 좁을수록 밝은 무늬 사이의 간격이 크다.
(3) $\varDelta x = \dfrac{L\lambda}{d}$에서 인접한 밝은 무늬 사이 간격($\varDelta x$)은 이중 슬릿과 스크린 사이의 거리($L$)에 비례한다. 따라서 이중 슬릿과 스크린 사이의 거리가 멀수록 밝은 무늬 사이의 간격이 크다.

③-1 파동이 진행하다가 슬릿과 같은 틈을 지날 때 퍼져 나가 슬릿의 뒤쪽까지 파동이 전달되거나, 장애물을 만났을 때 장애물의 뒤쪽까지 파동이 전파되는 현상을 회절이라고 한다.

③-2 슬릿과 스크린 사이의 거리를 L, 슬릿의 폭을 a, 빛의 파장을 λ라고 할 때, 스크린 중앙에서 첫 번째 어두운 지점까지의 거리 x는 $x = \dfrac{L\lambda}{a}$이다. 따라서 5 mm $= \dfrac{2 \text{ m}}{0.2 \text{ mm}}\lambda$이고,

5×10^{-3} m $= \dfrac{2 \text{ m}}{0.2 \times 10^{-3} \text{ m}} \lambda$ 이므로 $\lambda = 5 \times 10^{-7}$ m이다. 따라서 이 실험에 사용한 빛의 파장은 $\lambda = 500$ nm이다.

③-3 (1) 단일 슬릿과 스크린까지의 거리(L)는 회절 무늬가 퍼지는 정도(x)에 비례한다. 따라서 L을 크게 하면 x는 커진다.
(2) 빛의 파장 λ와 회절 무늬가 퍼지는 정도(x)는 비례한다. 따라서 파장이 긴 빛으로 바꾸면 x는 커진다.
(3) 단일 슬릿의 폭(a)과 회절 무늬가 퍼지는 정도(x)는 반비례한다. 따라서 슬릿의 폭 a를 작게 하면 x는 커진다.
(4) 빛이 단일 슬릿을 통과하면 회절하여 스크린에는 회절 무늬가 나타난다.

④-1 (1) 비눗방울에 여러 가지 색이 비치는 것은 빛의 간섭 때문이고, 공작 깃털이 보는 각도에 따라 여러 가지 색으로 보이는 것은 깃털의 작은 구멍에서 회절된 빛들이 간섭하기 때문이다.
(2) 비눗방울은 중력에 의해 아래쪽으로 갈수록 막의 두께가 두꺼워진다. 이에 따라 비누 막에서 빛의 경로차가 다양해져 여러 색의 무늬가 생기는데, 비누 막의 두께가 얇은 위쪽에서는 파장이 짧은 색이, 두께가 두꺼운 아래쪽에서는 파장이 긴 색이 보강 간섭하여 보이게 된다.

④-2 (1) 빛의 간섭의 다른 예로 기름 막에서 여러 가지 색이 보이는 것을 들 수 있다.
(2) 공작 깃털을 바라보는 각도에 따라 여러 가지 색이 보이는 것은 회절된 빛이 간섭을 일으키기 때문이다.
(3) 회절의 다른 예로 CD 표면에서 여러 가지 색이 보이는 것을 들 수 있다.
(4) 전복 껍데기 안쪽을 보면 여러 가지 색이 보이는데, 이는 빛의 회절에 의한 현상이다.

내신 만점 문제

240쪽~243쪽

01 ⑤	02 ⑤	03 해설 참조	04 ③	05 ④	06 해설 참조
07 ①	08 ③	09 ③	10 ③	11 ①	
12 해설 참조	13 ②	14 ④	15 해설 참조	16 ③	
17 해설 참조					

01 꼼꼼 **문제 분석**

각각의 슬릿을 통과한 빛은 회절과 하위헌스 원리에 의해 진행하게 되며, 이중 슬릿을 통과한 빛이 간섭을 일으켜 스크린에 밝고 어두운 무늬를 만든다.

ㄱ. 이중 슬릿 실험에서 스크린에 생긴 무늬는 간섭무늬이다.
ㄴ. 각 슬릿을 통과한 빛은 회절을 한다.
ㄷ. 각 슬릿을 통과한 빛이 전파되는 것은 하위헌스 원리로 설명할 수 있다.

02 $\Delta x = \dfrac{L\lambda}{d}$ 에서 인접한 밝은 무늬 사이의 간격(Δx)은 이중 슬릿과 스크린 사이의 거리(L), 빛의 파장(λ)에 비례하고, 이중 슬릿 사이의 간격(d)에 반비례한다.
ㄴ. 스크린과 이중 슬릿 사이의 거리가 멀수록 Δx는 커진다.
ㄷ. 간섭무늬는 빛이 파동이라는 증거이다.
┃바로알기┃ ㄱ. 단색광의 파장이 길수록 Δx는 커진다. 따라서 무관하지 않다.

03 스크린의 중심 O는 두 슬릿으로부터의 경로차가 0인 곳이고, 두 슬릿으로부터 경로차가 단색광의 반파장의 짝수 배, 즉 $\dfrac{\lambda}{2}(2m)$에 해당하는 곳은 보강 간섭하는 곳이다.

모범답안 P는 O로부터 두 번째 보강 간섭이 일어난 곳이므로 보강 간섭의 경로차 식 $\dfrac{\lambda}{2}(2m)$에서 $m=2$이다. 따라서 경로차는 2λ이다.

채점 기준	배점
보강 간섭 경로차 식을 제시하고, 경로차를 옳게 서술한 경우	100 %
보강 간섭 경로차 식을 제시하지 않은 경우	80 %

04 ㄱ. 스크린 중앙의 O는 각 슬릿으로부터의 경로차가 0인 보강 간섭이 일어나는 곳이다.
ㄴ. P에는 어두운 무늬가 생긴다. 따라서 P에서는 상쇄 간섭이 일어난다.
┃바로알기┃ ㄷ. P는 O로부터 세 번째 어두운 무늬가 생긴 곳이다. 따라서 각 슬릿으로부터의 경로차는 $\dfrac{\lambda}{2}(2m+1)$에서 $m=2$이므로 $\dfrac{5\lambda}{2}$이다.

05 (다)는 (나)보다 간섭무늬 사이의 간격이 좁아진 것이다.

ㄱ. 간섭무늬 사이의 간격은 파장에 비례한다. 따라서 (다)와 같이 만들려면 파장을 짧게 하면 된다.

ㄷ. 이중 슬릿과 스크린 사이의 거리는 간섭무늬 사이의 간격에 비례한다. 즉, 이중 슬릿과 스크린 사이의 거리를 줄이면 (다)와 같이 간섭무늬 사이의 간격이 좁아진다.

바로알기 ㄴ. 이중 슬릿의 슬릿 사이의 간격을 좁게 하면 간섭무늬 사이의 간격이 오히려 커진다.

06 영의 이중 슬릿 실험에서 빛의 파장, 이중 슬릿 사이의 간격, 이중 슬릿에서 스크린까지의 거리, 스크린에 생긴 간섭무늬 사이의 간격의 관계는 $\lambda = \dfrac{d\varDelta x}{L}$이다.

모범답안 $\lambda = \dfrac{d\varDelta x}{L} = \dfrac{(0.1 \times 10^{-3}\ \text{m}) \times 10^{-2}\ \text{m}}{2\ \text{m}} = 5 \times 10^{-7}\ \text{m}$

채점 기준	배점
풀이 과정과 결과를 모두 옳게 쓴 경우	100 %
풀이 과정은 맞지만 결과가 옳지 않은 경우	40 %

07 ① 단일 슬릿을 통과한 단색광은 회절되어 이중 슬릿 S₁과 S₂에 위상이 같은 빛이 도달하게 한다.

바로알기 ② P점에서 어두운 무늬가 나타나므로, P점에서는 상쇄 간섭이 일어난다.

③ 단일 슬릿은 이중 슬릿에 위상이 같은 빛이 도달하게 하는 역할을 하므로, 단일 슬릿과 이중 슬릿 사이의 거리는 $\varDelta x$와 관계가 없다.

④, ⑤ $\varDelta x = \dfrac{L\lambda}{d}$에서 d를 2배로 하면 $\varDelta x$는 $\dfrac{1}{2}$배가 되고, L을 2배로 하면 $\varDelta x$는 2배가 된다.

08 꼼꼼 문제 분석

두 번째 어두운 무늬가 생긴 지점이므로 $m=1$이다. 따라서 단색광의 파장이 λ일 때 두 슬릿으로부터 경로차$=\dfrac{\lambda}{2}(2m+1)=\dfrac{3}{2}\lambda$이다.

첫 번째 밝은 무늬가 생기는 지점이므로 $m=0$이다.
따라서 두 슬릿으로부터 경로차$=\dfrac{\lambda}{2}(2m)=0$이다.

ㄱ. 두 슬릿으로부터 거리가 같은 지점이므로 경로차가 0이다.

ㄴ. P점은 두 슬릿으로부터 경로차가 $\dfrac{3}{2}\lambda$인 지점이다. 이는 파

장이 λ의 $\dfrac{1}{2}$배인 단색광의 반파장 $\dfrac{\lambda}{4}$의 6배이다. 즉, P점은 경로차가 파장이 $\dfrac{\lambda}{2}$인 단색광 반파장의 짝수 배인 지점이므로, P점에서는 보강 간섭이 일어난다.

바로알기 ㄷ. $\varDelta x = \dfrac{L\lambda}{d}$에서 파장 λ가 $\dfrac{1}{2}$배가 되면 $\varDelta x$도 $\dfrac{1}{2}$배가 된다.

09 이중 슬릿에 의한 빛의 간섭 식은 $\lambda = \dfrac{d\varDelta x}{L}$이다. 각각의 실험의 조건을 대입하여 정리하면 다음과 같다.

$\lambda_a = \dfrac{dx_0}{L_0}$, $\lambda_b = \dfrac{d(3x_0)}{2L_0} = \dfrac{3}{2}\lambda_a$, $\lambda_c = \dfrac{d(4x_0)}{3L_0} = \dfrac{4}{3}\lambda_a$

즉, $\lambda_b > \lambda_c > \lambda_a$이다.

10 ㄱ. (나)는 (가)보다 회절이 잘 된 것이다. 빛의 파장이 길수록 회절이 잘 된다.

ㄷ. 슬릿 또는 틈을 좁게 할수록 회절이 잘 된다.

바로알기 ㄴ. 빛의 세기는 회절 정도와 무관하다.

11 꼼꼼 문제 분석

빛이 AB 방향으로 크게 회절할수록 AB 방향으로 넓게 퍼지므로 A와 B 사이에 나타난 회절 무늬의 수가 감소한다.

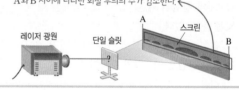

ㄱ. 슬릿의 틈이 좁을수록 회절이 잘 일어난다. 스크린에 나타난 회절 무늬는 가로로 넓은 형태이므로, 슬릿에 의해 가로 방향의 회절이 잘 일어난 것이다. 따라서 슬릿의 모양은 가로가 좁고 세로가 넓은 세로선(|) 형태이다.

바로알기 ㄴ. 레이저의 밝기가 밝아지면 레이저 빛의 진폭이 증가하는 것과 같다. 파동의 진폭이 커지더라도 파동의 회절 정도에는 영향을 미치지 않으므로, A, B 사이에 나타나는 무늬의 수는 변함이 없다.

ㄷ. 파란색 레이저는 빨간색 레이저에 비해 파장이 짧으므로 회절 정도가 작다. 따라서 A와 B 사이에 나타나는 무늬의 수가 증가한다.

12 단일 슬릿에 의한 빛의 회절 식은 $\lambda = \dfrac{ax}{L}$이다. 이때 a는 단일 슬릿의 폭, x는 스크린 중앙에서 첫 번째 어두운 지점까지의 거리이다.

모범답안 $\lambda = \dfrac{ax}{L} = \dfrac{(5 \times 10^{-4}\ \text{m})(2.4 \times 10^{-3}\ \text{m})}{2\ \text{m}} = 6 \times 10^{-7}\ \text{m}$

채점 기준	배점
풀이 과정과 결과를 모두 옳게 쓴 경우	100 %
풀이 과정은 맞지만 결과가 옳지 않은 경우	40 %

13 (다)는 (나)보다 회절 무늬가 퍼지는 정도가 좁아진 것이다. 즉, x가 감소했다.

ㄴ. 단일 슬릿의 폭 a와 회절 무늬가 퍼지는 정도 x는 반비례한다. 따라서 단일 슬릿의 폭을 넓게 하면 (다)의 결과를 얻을 수 있다.

바로알기 ㄱ. 파장이 긴 빛을 사용하면 (나)보다 회절 무늬가 퍼지는 정도가 넓어진다.

ㄷ. 단일 슬릿과 스크린 사이의 거리를 증가시키면 (나)보다 회절 무늬가 퍼지는 정도가 넓어진다.

14 ㄴ. 비누 막의 바깥쪽에서 반사한 빛과 막의 안쪽에서 반사한 빛이 서로 간섭하면서 여러 가지 색이 보인다.

ㄷ. 기름 막의 위쪽에서 반사한 빛과 막의 아래쪽에서 반사한 빛이 서로 간섭하여 여러 가지 색이 보인다.

바로알기 ㄱ. X선 회절을 이용해 분자의 미세 구조를 확인할 수 있으며, DNA 이중 나선 구조를 확인할 수 있다.

15 **모범답안** 중력에 의해 비눗방울의 막의 두께가 달라진다. 비누 막의 얇은 부분에서는 파장이 짧은 파란색 빛이 보강 간섭하여 보이고, 두꺼운 부분에서는 파장이 긴 빨간색 빛이 보강 간섭하여 보이기 때문이다.

채점 기준	배점
중력에 의해 비눗방울의 두께가 다르다는 표현이 들어 있고, 얇은 쪽과 두꺼운 쪽에서 간섭하는 빛의 색을 정확히 표현한 경우	100 %
중력에 의한 영향, 두께에 따른 간섭 색의 표현 중 하나만 설명한 경우	50 %

16 ㄱ. CD 표면에 있는 홈에서 회절된 빛들에 의해 여러 가지 색이 보인다.

ㄴ. 전복 껍데기의 안층을 구성하고 있는 아라고나이트 층에서 빛이 회절되어 여러 가지 색이 보인다.

바로알기 ㄷ. 휴대 전화에 여러 경로로 온 전파가 서로 간섭을 일으켜 신호가 약해져 통화 상태가 나빠지는 것이므로, 전자기파의 간섭에 의한 현상이다.

17 광학 망원경은 우주에서 오는 가시광선을 관측하는 장치이고, 전파 망원경은 우주에서 오는 전파를 관측하는 장치이다.

모범답안 전파 망원경에서 측정한 신호들의 간섭을 이용하면 큰 전파 망원경과 같은 효과를 얻을 수 있기 때문에 여러 대를 설치한다.

채점 기준	배점
여러 대의 망원경에서 온 신호를 합성하는 것이 간섭의 효과라는 표현이 들어 있는 경우	100 %
신호를 합성하는 것에 간섭의 의미만을 표현한 경우	50 %

02 도플러 효과

개념 확인 문제   247쪽

❶ 도플러 효과   ❷ 높은 음   ❸ 낮은 음   ❹ 큰   ❺ v_sT
❻ 도플러 레이더   ❼ 초음파

1 (1) ㉡ (2) ㉠   **2** 748 Hz   **3** (1) ○ (2) ×   **4** 도플러 효과   **5** ㄴ, ㄷ

1 (1) 음원이 관찰자에게 다가가면 도플러 효과에 의해 원래 음원의 진동수보다 큰 소리를 관찰자가 듣게 된다.
(2) 음원이 관찰자에게서 멀어지면 도플러 효과에 의해 원래 음원의 진동수보다 작은 소리를 관찰자가 듣게 된다.

2 도플러 효과 식을 이용하면 $f=\left(\dfrac{340}{340+10}\right)\times770=748(\text{Hz})$
이다. 즉, 경찰차가 영희로부터 멀어지면 영희는 원래 진동수보다 작은 진동수의 소리를 듣게 된다.

3 (1) 은하에서 오는 빛의 적색 편이는 은하가 지구로부터 멀어지고 있음을 알려주는 정보이며, 이는 도플러 효과를 이용해 설명할 수 있다.
(2) 음원이 관찰자를 향해 다가올 때에는 원래 음보다 높은 음의 소리를 관찰자가 듣게 된다.

4 도플러 레이더 장치에서 발사된 라디오파가 물체에 부딪쳐 반사되어 돌아오면 원래 진동수와 반사되어 돌아온 신호의 진동수 변화를 분석하여 물체 주위 바람의 방향과 속도를 알 수 있다. 이는 도플러 효과를 이용하는 예이다.

5 ㄱ. 박쥐는 초음파를 이용하여 먹이를 찾는데, 초음파는 전자기파가 아니다.

ㄴ. 도플러 레이더에서 나오는 전자기파는 구름 등에 반사되어 돌아와 구름의 이동 등의 정보를 분석하는 데 이용된다.

ㄷ. 은하에서 오는 빛의 청색 편이는 움직이는 은하에서 온 빛을 도플러 효과를 이용해 설명할 수 있다.

대표 자료 분석   248쪽

자료 ①   **1** ④   **2** (1) × (2) × (3) ○ (4) ○ (5) ○

자료 ②   **1** 적색 편이(적색 이동)   **2** (1) ○ (2) × (3) ○ (4) ○ (5) ○

①-1 음속은 v, 음원은 v_s로 다가오고 있고, 관찰자는 정지, 음원의 원래 진동수는 f_0이므로 A가 듣는 소리의 진동수를 f라고 하면 $f=\left(\dfrac{v}{v-v_s}\right)f_0$이다.

①-2 (1) A에게 음원이 다가오므로 A가 듣는 소리의 진동수는 증가한다.

(2) A에게 음원이 다가오므로 A가 듣는 소리의 진동수는 증가하는데, A가 정지해 있으므로 소리의 속력은 일정하다. 즉, A가 듣는 소리의 파장은 짧아진다.

(3) A에게 음원이 다가오고 있으므로 도플러 효과에 의해 A는 진동수가 큰 소리를 듣게 된다. 진동수가 큰 소리는 고음이다.

(4) B에게서 음원이 멀어지고 있으므로 도플러 효과에 의해 B는 진동수가 작은 소리를 듣게 된다.

(5) 음원의 운동과 관찰자의 운동으로 인해 음원의 진동수 변화를 구할 때 도플러 효과를 이용한다.

②-1 우주가 팽창하면서 내는 빛을 지구에서 관측하게 되면 진동수가 작은 빨간색의 빛으로 관측하게 되는데, 이를 적색 편이 또는 적색 이동이라고 한다.

②-2 (1) 속도 측정 장치는 움직이는 물체에 초음파나 전자기파를 발사하고 물체에 반사되어 돌아온 초음파나 전자기파의 진동수 변화를 이용해 속도를 측정한다.

(2) 박쥐는 초음파를 이용해 먹이의 위치를 찾는다. 초음파는 전파가 아니다.

(3) 도플러 레이더는 라디오파를 공중으로 쏘아 반사되어 돌아오는 파동의 진동수 변화를 이용해 기상 상황을 분석하며, 이때 도플러 효과를 이용한다.

(4) 속력이 빠른 자동차는 반사되어 돌아오는 파동의 진동수 변화가 크다. 원래 속도 측정 장치에서 발사된 신호의 진동수와 자동차에 반사되어 돌아오는 진동수의 차로 속도를 측정한다.

(5) 초음파 검사에서도 도플러 효과를 이용해 혈액의 속도 등을 측정할 수 있다.

내신 만점 문제

249쪽~251쪽

01 ① **02** 해설 참조 **03** ⑤ **04** ③ **05** ② **06** ①
07 ① **08** ③ **09** ① **10** ② **11** ③ **12** 해설 참조

01 ㄱ. 진동수가 f인 음원(자동차)과 관찰자(철수) 사이의 거리가 가까워지면 철수가 듣는 소리의 진동수는 f보다 크다.

바로알기 ㄴ. 관찰자(철수)가 정지해 있으므로 소리의 속력은 자동차의 운동 상태와 관계없이 일정한 값을 갖는다.

ㄷ. 자동차 앞쪽에서 듣는 소리의 진동수는 f보다 크고, 자동차 뒤쪽에서 듣는 소리의 진동수는 f보다 작다. 소리의 속력이 일정하므로 소리의 파장은 진동수에 반비례한다. 따라서 소리의 파장은 자동차 뒤쪽이 자동차 앞쪽보다 길다.

02 도플러 효과 식을 이용해 진동수를 구할 수 있다.

모범답안 음파 측정기가 정지해 있고, 음원이 20 m/s의 속력으로 800 Hz의 소리를 내면서 다가오고 있으므로 음속을 v라고 하면 음파 측정기가 측정한 진동수 f'는 $f'=\left(\dfrac{v}{v-v_s}\right)f=\left(\dfrac{340}{340-20}\right)\times800=850\text{(Hz)}$이다.

채점 기준	배점
식을 정확히 쓰고, 값을 정확히 구한 경우	100 %
식을 정확히 쓰지 못했거나, 값을 정확히 구하지 못한 경우	50 %

03 꼼꼼 **문제 분석**

음원이 정지해 있을 때 관찰자가 듣는 소리의 변화

- 관찰자가 v_0로 음원에 다가가면서 듣는 소리의 진동수는 $\left(\dfrac{v+v_0}{v}\right)f_0$으로 증가
- 관찰자가 v_0로 음원에서 멀어지면서 듣는 소리의 진동수는 $\left(\dfrac{v-v_0}{v}\right)f_0$으로 감소
- 음원은 정지해 있으므로 관찰자가 듣는 소리의 파장은 λ로 일정

음원인 소방차가 정지해 있으므로, 철수가 듣는 사이렌 소리의 파장(λ')과 원래 사이렌 소리의 파장(λ)은 같다. 따라서 $\lambda'=\lambda=\dfrac{340\text{ m/s}}{1360\text{ Hz}}=0.25$ m이다. 또한 철수의 운동 방향과 사이렌 소리의 진행 방향은 반대이므로, 철수가 듣는 사이렌 소리의 속력 $v'=340\text{ m/s}+5\text{ m/s}=345\text{ m/s}$이다. 따라서 철수가 듣는 소리의 진동수 $f'=\dfrac{v'}{\lambda'}=\dfrac{345\text{ m/s}}{0.25\text{ m}}=1380$ Hz이다.

04 꼼꼼 **문제 분석**

음원이 이동하면서 A와 가까워진다.
→ 높은 음을 듣는다.

음원이 이동하면서 B와 멀어진다.
→ 낮은 음을 듣는다.

③ 도플러 효과에 의해 음원과 관찰자가 멀어지면 관찰자가 듣는 소리는 음원에서 발생한 소리보다 낮다. 반면에 음원과 관찰자가 가까워지면 관찰자가 듣는 소리는 음원에서 발생한 소리보다 높다. 따라서 음원인 버스와 멀어지는 B는 버스와 가까워지는 A보다 낮은 음의 경적 소리를 듣는다.

┃**바로알기**┃ ①, ⑤ 두 관찰자 A, B는 정지해 있으므로, 두 관찰자가 듣는 경적 소리의 속력은 v로 같다.

②, ④ A가 듣는 소리의 파장 $\lambda_A = \lambda - \dfrac{v_s}{f}$ 이고, 음원이 v_s로 등속도 운동하므로 λ_A는 음원에서 발생한 소리의 파장 λ보다 짧지만 일정하다. 마찬가지로 B가 듣는 소리의 파장도 $\lambda_B = \lambda + \dfrac{v_s}{f}$ 로 일정하다. 따라서 A가 듣는 소리의 진동수 $f_A = \dfrac{v}{\lambda_A} = \dfrac{v}{\lambda - \dfrac{v_s}{f}}$

$= \dfrac{v}{\dfrac{v}{f} - \dfrac{v_s}{f}} = \left(\dfrac{v}{v - v_s}\right)f$로, 음원에서 발생한 소리의 진동수 f보다 크지만, f_A는 계속해서 증가하지 않고 일정하다.

05 ㄷ. (가)는 음원이 정지해 있으므로 소리의 파장은 일정하다. (나)는 음원이 철수에게 다가오고 있으므로 철수가 측정한 파장은 (가)의 경우보다 작다.

┃**바로알기**┃ ㄱ. (가)는 철수가 정지해 있는 음원에 다가가므로 철수가 듣는 소리의 속력은 음속+v이고, (나)는 철수가 정지해 있고 음원이 다가오므로 철수가 듣는 소리의 속력은 음속과 같다. 따라서 소리의 속력은 (가)의 경우가 더 크다.

ㄴ. (가)와 (나) 모두 음원과 철수가 가까워지고 있지만, (가)에서 철수가 측정한 진동수는 음속을 V, 음원이 내는 소리의 진동수를 f_0이라고 하면 $\left(\dfrac{V+v}{V}\right)f_0$이 되고, (나)에서 철수가 측정한 진동수는 $\left(\dfrac{V}{V-v}\right)f_0$이 된다. 따라서 진동수는 (나)에서가 (가)에서보다 크다.

06 음원인 자동차 A는 20 m/s의 속력으로 관찰자인 자동차 B와 멀어진다. 이때 원래 진동수가 1080 Hz인 소리가 자동차 B에서는 1050 Hz의 소리로 들린다. 이를 도플러 효과의 일반적인 관계식 $f' = \left(\dfrac{v \pm v_o}{v \mp v_s}\right)f$에 대입하면 다음과 같다.

$$1050 \text{ Hz} = \left(\dfrac{340 \text{ m/s} \pm v_o}{340 \text{ m/s} + 20 \text{ m/s}}\right) \times 1080 \text{ Hz}$$

따라서 $v_o = +10$ m/s가 되어, 관찰자인 자동차 B의 속력은 10 m/s이고, 이 값이 (+)값을 가지므로 자동차 B는 자동차 A에 가까워지는 왼쪽 방향, 즉 자동차 A와 같은 방향으로 운동하고 있다.

07 꼼꼼 문제 분석

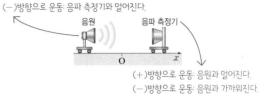

(+)방향으로 운동: 음파 측정기와 가까워진다.
(−)방향으로 운동: 음파 측정기와 멀어진다.

음원   음파 측정기

(+)방향으로 운동: 음원과 멀어진다.
(−)방향으로 운동: 음원과 가까워진다.

도플러 효과의 일반적인 관계식 $f' = \left(\dfrac{v \pm v_o}{v \mp v_s}\right)f$이다.

(가): 음원의 속도가 $+v'$이므로, 음원이 정지한 음파 측정기 쪽으로 이동하고 있다. 따라서 $f_{(가)} = \left(\dfrac{v}{v-v'}\right)f$이다.

(나): 음파 측정기의 속도가 $+v'$이므로, 음파 측정기가 정지한 음원에서 멀어지고 있다. 따라서 $f_{(나)} = \left(\dfrac{v-v'}{v}\right)f$이다.

(다): 음원의 속도가 $-v'$이므로, 음원이 음파 측정기에서 멀어지고 있다. 또한 음파 측정기의 속도가 $+v'$이므로, 음파 측정기가 음원에서 멀어지고 있다. 따라서 $f_{(다)} = \left(\dfrac{v-v'}{v+v'}\right)f$이다.

$\dfrac{v}{v-v'} > \dfrac{v-v'}{v} > \dfrac{v-v'}{v+v'}$이므로 $f_{(가)} > f_{(나)} > f_{(다)}$이다.

08 꼼꼼 문제 분석

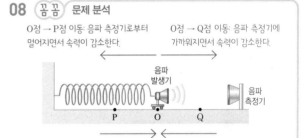

O점 → P점 이동: 음파 측정기로부터 멀어지면서 속력이 감소한다.
O점 → Q점 이동: 음파 측정기에 가까워지면서 속력이 감소한다.

음파 발생기   음파 측정기

P점 → O점 이동: 음파 측정기에 가까워지면서 속력이 증가한다.
Q점 → O점 이동: 음파 측정기로부터 멀어지면서 속력이 증가한다.

음파 측정기가 정지해 있으므로 음파 측정기에서 측정되는 진동수 f'는 다음과 같다.

• 음파 발생기(음원)가 가까워질 때: $f' = \left(\dfrac{v}{v-v_s}\right)f$

• 음파 발생기(음원)가 멀어질 때: $f' = \left(\dfrac{v}{v+v_s}\right)f$

ㄱ. 음파 발생기가 O점에서 P점으로 이동하여 음파 측정기에서 멀어지는 동안 v_s가 감소하므로 $f' = \left(\dfrac{v}{v+v_s}\right)f$에서 f'는 증가한다.

ㄷ. 음파 발생기가 P점에서 O점으로 이동하여 음파 측정기에 가까워지는 동안 v_s가 증가하므로 $f' = \left(\dfrac{v}{v-v_s}\right)f$에서 f'는 증가한다.

|바로알기| ㄴ. 음파 발생기가 O점에서 Q점으로 이동하여 음파 검출기에 가까워지는 동안 v_s가 감소하므로 $f' = \left(\dfrac{v}{v-v_s}\right)f$에서 f'는 감소한다.

09 ㄱ. 속도 측정 장치에서 발사한 레이저 빛이 멀어지는 자동차에 부딪치면, 자동차에서 반사된 빛은 멀어지고 있는 광원에서 나간 빛과 같은 효과를 가져오므로 진동수가 작아진다. 따라서 도플러 효과에 의해 멀어지는 자동차를 향해 발사한 빛의 진동수는 반사되어 돌아온 빛의 진동수보다 크다.

|바로알기| ㄴ. 도플러 효과에 의해 기상대로 다가오고 있는 태풍을 향해 발사한 라디오파의 진동수는 태풍에서 반사되어 돌아온 라디오파의 진동수보다 작다.

ㄷ. 관찰자에 다가오는 음원에서 발생한 음파의 파장 λ_1은 원래 음파의 파장 λ보다 짧다($\lambda_1 < \lambda$). 또한 관찰자로부터 멀어지는 음원에서 발생한 음파의 파장 λ_2는 원래 음파의 파장 λ보다 길다($\lambda_2 > \lambda$). 음파는 파장이 길수록 회절이 잘 되므로, 음파의 회절 정도는 $\lambda_1 < \lambda_2$이다.

10 광원인 별이 지구에 가까워지면 도플러 효과에 의해 별빛의 파장이 ㉠ 원래 파장보다 짧아진다. 따라서 이 빛의 스펙트럼을 관찰하면 흡수선이 짧은 파장 쪽인 ㉡ 파란색 쪽으로 이동한다. 이를 청색 이동이라고 한다. 반대로 지구에서 멀어지는 별빛의 스펙트럼을 관찰하면 흡수선이 긴 파장 쪽인 ㉢ 빨간색 쪽으로 이동한다. 이를 적색 이동이라고 한다.

11 꼼꼼 **문제 분석**

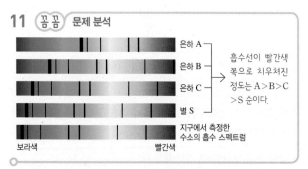

은하 A
은하 B
은하 C
별 S

흡수선이 빨간색 쪽으로 치우쳐진 정도는 A>B>C >S 순이다.

지구에서 측정한 수소의 흡수 스펙트럼

보라색   빨간색

① 지구로부터 멀어지고 있는 별의 스펙트럼에서는 적색 이동 현상이 나타난다. 따라서 A, B는 지구로부터 멀어지고 있다.
② 지구로부터 거리가 멀수록 은하의 속도가 빠르고 적색 이동 정도가 크다. 따라서 A, B, C 중 가장 멀리 있는 것은 A이다.
④, ⑤ A, B, C와 S의 흡수선은 지구에서 측정한 수소의 흡수 스펙트럼 흡수선에 비하여 빨간색, 즉 파장이 긴 쪽으로 치우쳐 있다. 즉, 적색 이동이 나타난다.

|바로알기| ③ S는 지구로부터 멀어지고 있으므로 스펙트럼에서 적색 이동 현상이 나타난다.

12 모범답안 (1) 야구 선수가 던진 공에 스피드 건에서 연속적으로 내보낸 특정한 진동수의 초음파가 부딪치게 되고, 공에 부딪쳐 되돌아오는 초음파의 진동수는 커진다. 이러한 진동수 변화값을 이용해 도플러 공식을 써서 공의 속력을 측정한다.
(2) 비행기에 있는 도플러 레이더에서 발사한 전파와 반사하여 되돌아온 전파의 진동수 차를 분석하여 주변 물체의 위치와 속력을 알아낸다.

채점 기준		배점
(1)	진동수 변화를 이용하는 도플러 효과의 개념을 정확히 이용한 경우	50 %
	진동수 변화라는 의미 없이 도플러 공식을 이용한다고 한 경우	25 %
(2)	적절한 도플러 효과의 예를 한 가지 쓴 경우	50 %

03 전자기파의 발생과 수신

개념 확인 문제 256쪽

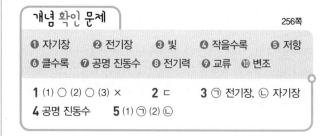

❶ 자기장 ❷ 전기장 ❸ 빛 ❹ 작을수록 ❺ 저항
❻ 클수록 ❼ 공명 진동수 ❽ 전기력 ❾ 교류 ❿ 변조

1 (1) ○ (2) ○ (3) ×   **2** ㄷ   **3** ㉠ 전기장, ㉡ 자기장
4 공명 진동수   **5** (1) ㉠ (2) ㉡

1 (1) 전자기파는 주기적으로 변하는 전기장과 자기장에 의해 만들어진다.
(2) 공명 진동수는 코일과 축전기가 연결된 회로에서 가장 센 전류가 흐를 때의 진동수로, 공진 주파수라고도 한다.
(3) 전자기파는 빛의 일종이다. 따라서 전자기파와 빛은 속력이 같다.

2 ㄱ. 진동하는 전기장은 크기와 방향이 주기적으로 변하는 자기장을 만든다.
ㄴ. 전기장의 진동 방향과 자기장의 진동 방향은 서로 수직이다.
ㄷ. 안테나의 전자는 전자기파의 전기장에 의해 전기력을 받아 진동한다.

3 축전기에 교류 전원이 연결되어 있으면 축전기에는 주기적으로 진동하는 ㉠ 전기장이 발생하고, 이로 인해 진동하는 ㉡ 자기장이 발생한다. 전자기파는 이러한 전기장의 진동과 자기장의 진동에 의해 만들어진다.

4 코일과 축전기가 연결된 회로에서 전류의 세기가 가장 셀 때의 진동수는 공명 진동수일 때이다.

5 (1) 직선형 안테나는 전기장에 의해 막대 속의 전자가 전기력을 받아 운동을 하여 교류 전류가 발생한다.
(2) 원형 안테나는 자기장의 변화에 의해 고리에 유도 전류가 발생한다.

①-1 (1) 축전기의 전기 용량이 커지면 축전기의 저항 역할이 작아지므로 회로에 흐르는 전류의 세기는 세진다.
(2) 코일의 자체 유도 계수가 작아지면 코일의 저항 역할이 작아지므로 회로에 흐르는 전류의 세기는 세진다.
(3) (나)에서 f_0일 때 가장 센 전류가 흐르므로 가장 강한 전자기파가 발생한다.

①-2 전류가 최대인 교류 전원의 진동수를 공명 진동수라고 하며, 교류 회로의 공명 진동수 $f_0 = \dfrac{1}{2\pi\sqrt{LC}}$이므로 축전기의 전기 용량 C와 코일의 자체 유도 계수 L이 각각 2배가 되면 공명 진동수는 $\dfrac{1}{2}f_0$이 된다.

①-3 (1) 교류 회로에서 축전기는 충전과 방전을 반복한다. 이때 저항의 역할을 하며, 이를 용량 리액턴스라고 한다.
(2) 교류 회로에서 코일은 계속해서 유도 기전력을 만든다. 이때 저항의 역할을 하며, 이를 유도 리액턴스라고 한다.
(3) 교류 회로에서 최대의 전류가 흐를 때의 진동수는 공명 진동수이다.

②-1 전자기파가 금속으로 된 안테나에 도달하면 안테나는 전자기파의 전기장 속에 놓인다. 전자기파의 ㉠전기장 진동에 의해 안테나 내부의 전자가 전기력을 받아 진동하면, 전자의 진동에 의해 안테나에 연결된 회로에는 ㉡교류 전류가 흐른다.

②-2 (1) 전자기파의 전기장과 자기장은 서로 수직이다.
(2) 안테나의 전자를 진동하게 하는 것은 전기장이다.

---

(3) 전자기파 수신 회로에는 모든 진동수의 전자기파가 수신되는 것이 아니라 공명 진동수에 해당하는 진동수의 신호가 가장 선명하고 깨끗하게 수신된다.
(4) 전자기파는 전기장과 자기장의 주기적인 진동에 의해 발생하고, 수신된 전자기파에 의한 안테나의 전기장 진동에 의해 2차 코일에 전류가 흐르게 된다. 따라서 전자기파 수신 과정은 전자기파 발생 과정과 반대 과정이다.

01 ② 축전기의 두 금속판에는 교류 전원이 연결되어 있으므로 전하의 양과 방향이 주기적으로 변하여 진동하는 전기장이 발생한다.
③ 축전기에 발생하는 전기장이나 자기장의 진동수는 교류 전원의 진동수와 같으므로 전자기파의 진동수도 교류 전원의 진동수와 같다.
④ 축전기의 두 금속판을 펼치면 안테나가 되어 전자기파를 멀리까지 보낼 수 있다.
⑤ 축전기를 직류 전원에 연결하면 균일한 전기장이 형성되므로 진동하는 자기장이 유도되지 않아 전자기파가 발생하지 않는다.
┃바로알기┃ ① 축전기의 두 금속판 사이에 진동하는 전기장이 발생하므로 진동하는 자기장, 즉 주기적으로 변하는 자기장이 유도된다.

02 축전기에 교류 전원을 연결하면 축전기 양 극판 사이에 진동하는 전기장이 발생한다. 이로 인해 진동하는 자기장이 발생하고, 진동하는 전기장과 진동하는 자기장이 서로를 유도하며 전자기파가 진행한다.

03 꼼꼼 **문제 분석**

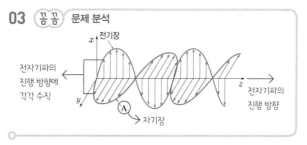

ㄱ. 전기장은 x축과 나란한 방향, 자기장은 y축과 나란한 방향으로 진동한다. 따라서 전자기파는 x축과 y축 모두에 수직인 z축

방향으로 진행한다.

ㄷ. A는 전기장에 수직인 방향으로 진동하여 전자기파를 발생시키므로 자기장이다. 일정한 전류가 흐르는 도선 주위에는 자기장이 발생한다.

| 바로알기 | ㄴ. 전자기파는 전하를 띤 입자가 가속도 운동할 때 발생한다. 따라서 일정한 속도로 운동하는 전자 근처에서는 전자기파가 발생하지 않는다.

04 ㄹ. 축전기에 연결된 교류 전원의 진동수가 작아지면 축전기의 저항 역할이 커져 전류를 방해하는 정도가 커진다.

| 바로알기 | ㄱ. 전기 용량이 더 큰 축전기를 교류 회로에 연결하면 축전기의 저항 역할이 작아져 전류를 방해하는 정도가 작아진다.
ㄴ. 자체 유도 계수가 더 작은 코일을 교류 회로에 연결하면 코일의 저항 역할이 작아져 전류를 방해하는 정도가 작아진다.
ㄷ. 코일에 연결된 교류 전원의 진동수가 작아지면 코일의 저항 역할이 작아져 전류를 방해하는 정도가 작아진다.

05 ㄴ. 직류가 흐르는 (가)는 코일의 저항 역할이 없으므로 전체 저항은 전구의 저항값과 같다. (나)는 코일의 저항 역할 때문에 전체 저항이 (가)보다 크다. 따라서 전류의 세기$\left(I=\dfrac{V}{R}\right)$는 전체 저항이 작은 (가)가 (나)보다 세다.

| 바로알기 | ㄱ. 교류는 전류의 세기와 방향이 계속 변하는 전류이므로 (나)에서 코일 내부의 자기장의 세기와 방향도 계속 변한다. 이때 코일에는 이 자기장의 변화에 의해 유도 기전력이 발생하므로 코일의 저항 역할이 나타난다.
ㄷ. 전구에 흐르는 전류의 세기가 셀수록 전구의 밝기가 더 밝으므로 전류의 세기가 더 센 (가)의 전구가 (나)의 전구보다 밝다.

06 코일의 유도 리액턴스 $X_L=2\pi fL$이므로 유도 리액턴스 X_L은 진동수 f에 비례한다.
축전기의 용량 리액턴스 $X_C=\dfrac{1}{2\pi fC}$이므로 용량 리액턴스 X_C는 진동수 f에 반비례한다.

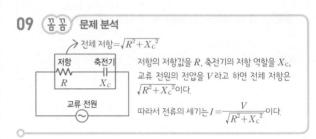

07 ㄱ. 스위치를 A에 연결하면 직류 전원에 연결되므로 축전기에 전하가 충전되는 잠깐 동안만 전류가 흘러 전구가 켜진다. 그러나 축전기가 완전히 충전되고 나면 전류가 흐르지 않아 전구가 꺼진다.
ㄴ. 스위치를 B에 연결하면 교류 전원에 연결되므로 진동하는 전류가 계속 흐른다. 따라서 전구가 계속 켜진다.

| 바로알기 | ㄷ. 교류 전원에 축전기가 연결되면 축전기는 충전과 방전을 반복하여 저항 역할을 하게 된다.

08 축전기와 A에 걸리는 전압의 합과 코일과 B에 걸리는 전압의 합은 전원의 전압과 같다. 교류 전원의 진동수를 증가시키면 축전기의 저항 역할이 작아지므로 A에 걸리는 전압이 증가하여 A는 밝아진다. 반면에 코일의 저항 역할은 커지므로 B에 걸리는 전압이 감소하여 B는 어두워진다.

[모범답안] A는 밝아지고, B는 어두워진다.

채점 기준	배점
A, B의 밝기 변화를 모두 옳게 서술한 경우	100 %
A, B 중 하나의 밝기 변화만 옳게 서술한 경우	50 %

09 (꼼꼼) 문제 분석

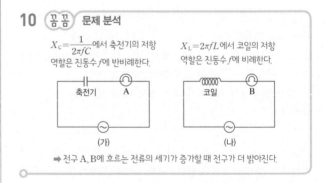

② 교류 전원의 진동수가 클수록 축전기의 저항 역할은 작아진다. 이에 따라 저항과 축전기가 직렬연결된 회로의 전체 저항이 작아지므로 옴의 법칙에 의해 전체 전류의 세기는 증가한다. 또한 교류 전원의 진동수가 매우 크면 축전기의 저항 역할이 거의 없어져 회로에 흐르는 전류의 세기는 저항만 연결되었을 때와 같은 값으로 수렴한다.

| 바로알기 | ③은 저항과 코일을 직렬연결하였을 때 교류 전원의 진동수에 따른 전류를 나타낸 그래프이고, ⑤는 RLC 회로에서 교류 전원의 진동수에 따른 전류를 나타낸 그래프이다.

10 (꼼꼼) 문제 분석

$X_C=\dfrac{1}{2\pi fC}$에서 축전기의 저항 역할은 진동수 f에 반비례한다.

$X_L=2\pi fL$에서 코일의 저항 역할은 진동수 f에 비례한다.

축전기 A

코일 B

(가)

(나)

➡ 전구 A, B에 흐르는 전류의 세기가 증가할 때 전구가 더 밝아진다.

교류 전원의 진동수를 증가시키면 축전기의 저항 역할이 감소하므로 (가)의 전체 저항은 작아지고, 코일의 저항 역할은 증가하므로 (나)의 전체 저항은 커진다. 따라서 (가)에 흐르는 전류는 증가하고 (나)에 흐르는 전류는 감소하므로, (가)의 전구 A는 밝아지고 (나)의 전구 B는 어두워진다.

11 꼼꼼 문제 분석

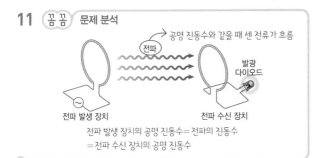

공명 진동수와 같을 때 센 전류가 흐름

전파

발광
다이오드

전파 발생 장치   전파 수신 장치

전파 발생 장치의 공명 진동수=전파의 진동수
=전파 수신 장치의 공명 진동수

전파 발생 장치의 공명 진동수는 전파의 진동수이므로 이 진동수와 전파 수신 장치의 공명 진동수를 일치시키면 전파 수신 장치에 최대 전류가 흘러 발광 다이오드의 밝기가 최대가 된다.

모범답안 전파 발생 장치에서 발생한 전파의 진동수와 전파 수신 장치의 공명 진동수를 일치시킨다.

채점 기준	배점
전파 발생 장치의 진동수와 전파 수신 장치의 공명 진동수를 일치시킨다고 옳게 서술한 경우	100 %
공명 진동수를 일치시킨다고만 서술한 경우	70 %

12 꼼꼼 문제 분석

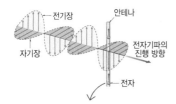

전기장   안테나

자기장   전자기파의
진행 방향

전자

전자는 전기장 속에서 전기력을 받는다. 이때 전자기파에
의한 전기장이 변하므로 전자에 작용하는 전기력도 변한다.
➡ 전자가 진동하여 세기와 방향이 주기적으로 바뀌는 교류
전류가 흐른다.

ㄱ. 전기장은 전기력이 작용하는 공간이다. 따라서 전하를 띤 입자가 전기장 속에 있으면 전기력을 받는다. 전자는 전하를 띤 입자이므로 전기장 속에서 전기력을 받아 운동한다.

ㄴ. 전자는 전기장의 방향과 반대 방향으로 전기력을 받는다. 따라서 전기장의 방향이 반대가 되면 전자가 받는 전기력의 방향도 반대가 된다.

바로알기 ㄷ. 진동하는 전자의 빠르기와 방향은 주기적으로 변하므로 안테나에는 세기와 방향이 주기적으로 변하는 교류 전류가 계속 흐른다.

13 ① 코일의 유도 리액턴스 $X_L = 2\pi f L$이므로 교류의 진동수(주파수) f가 클수록 저항 역할이 커져 전류를 잘 흐르지 못하게 한다.

② 축전기의 용량 리액턴스 $X_C = \dfrac{1}{2\pi f C}$이므로 교류의 진동수(주파수) f가 작을수록 축전기의 저항 역할이 커져 전류를 잘 흐

르지 못하게 한다.

③ 전자기파가 코일에 도달하면 자기장의 진동에 의해 코일에 교류가 유도된다.

⑤ 회로의 공명 진동수는 코일의 자체 유도 계수와 축전기의 전기 용량에 의해 정해지므로 저항의 저항값과는 관계가 없다.

바로알기 ④ 회로의 공명 진동수가 f_0이 되도록 하면 전자기파의 진동수와 일치하므로 공명이 일어나 회로에 전류의 세기가 최대로 흐르게 된다. 즉, 교류의 진폭이 최대가 된다.

14 꼼꼼 문제 분석

안테나   축전기

코일

접지   수신 회로   스피커

코일의 자체 유도 계수나
축전기의 전기 용량을 변화
시켜서 수신 회로의 공명
진동수를 변경

안테나에서 여러 진동수의 전파를 모두 수신한다.
➡ 회로의 공명 진동수와 같은 진동수의 전파만이 센 전류를 흐르게 한다.
➡ 공명 진동수와 같은 전파의 정보만을 재생한다.

ㄴ. 수신 회로에는 수신 회로의 공명 진동수에 해당하는 교류만 흐를 수 있다.

ㄷ. 수신 회로의 공명 진동수 $f_0 = \dfrac{1}{2\pi\sqrt{LC}}$이므로 축전기의 전기 용량 C가 클수록 공명 진동수가 작아진다. 따라서 진동수가 작은, 즉 파장이 긴 전자기파가 센 전류를 흐르게 한다.

바로알기 ㄱ. 안테나에는 다양한 진동수의 전자기파가 도달하며, 이 중 특정한 진동수의 전자기파만이 수신 회로에 센 전류를 흐르게 할 수 있다.

15 꼼꼼 문제 분석

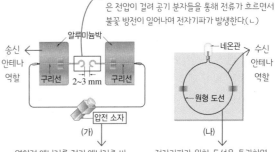

압전 소자를 누르면 두 구리선 사이에 순간적으로 높
은 전압이 걸려 공기 분자들을 통해 전류가 흐르면서
불꽃 방전이 일어나며 전자기파가 발생한다(ㄴ)

알루미늄박

송신
안테나
역할   구리선   구리선   2~3 mm

압전 소자

(가)

네온관   수신
안테나
역할

원형 도선

(나)

역학적 에너지를 전기 에너지로 바
꾸는 소자로, 소자를 누르면 순간
적으로 높은 전압이 발생한다.(ㄱ)

전자기파가 원형 도선을 통과하면
전자기 유도 법칙에 의해 도선에
전류가 유도된다(ㄷ)

ㄱ. 압전 소자를 누르면 순간적으로 높은 전압이 발생하면서 두 구리선 사이에 높은 전압이 걸린다. 이때 구리선 사이의 공기를 통해 전류가 흐르면서 전기 불꽃 방전이 일어난다.

ㄷ. 구리선 사이에서 전기 불꽃이 발생할 때 주위 전기장이 변하면서 자기장을 변화시키고, 이 자기장의 변화가 다시 전기장의 변화를 유도하면서 전자기파가 발생한다. 이 전자기파가 (나)의 원형 도선을 통과하면 원형 도선에 전류가 유도되어 네온관에 빛이 들어온다.

┃바로알기┃ ㄴ. 두 구리선 사이에 걸린 전압이 주위 전기장을 진동시켜 전자기파가 발생한다. 공기 분자의 운동과 전자기파의 발생은 직접적인 관계가 없다.

16 ㄱ. 진폭 변조를 나타낸 것이므로 AM 라디오 방송의 과정을 나타낸 것이다.
ㄷ. B에는 수신한 전파를 전류로 변환시킨 후, 변조 과정에서 결합시킨 교류를 제거하여 원래 전기 신호를 분리해 내는 복조 과정이 들어가야 한다.
┃바로알기┃ ㄴ. A는 전기 신호를 일정한 주파수의 교류 신호에 첨가하는 변조 과정이다.

04 볼록 렌즈에 의한 상

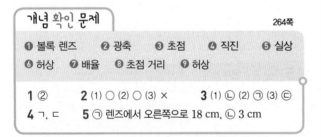

개념 확인 문제
264쪽

❶ 볼록 렌즈 ❷ 광축 ❸ 초점 ❹ 직진 ❺ 실상
❻ 허상 ❼ 배율 ❽ 초점 거리 ❾ 허상

1 ② **2** (1) ○ (2) ○ (3) × **3** (1) ㉡ (2) ㉠ (3) ㉢
4 ㄱ, ㄷ **5** ㉠ 렌즈에서 오른쪽으로 18 cm, ㉡ 3 cm

1 볼록 렌즈는 공기보다 굴절률이 큰 물질로 만든다. 공기 중을 진행하는 빛이 렌즈에 입사하면 굴절되고, 이때 다양한 상을 만들게 된다.

2 (1) 렌즈는 굴절을 이용하여 빛을 모으거나 퍼트리는 기구로, 보통 가운데 부분이 가장자리보다 두꺼운 렌즈를 볼록 렌즈라고 한다.
(2) 광축에 나란하게 입사한 빛이 볼록 렌즈를 지나면 굴절에 의해 초점에 모인다.
(3) 볼록 렌즈의 초점에서 퍼져 나온 빛은 렌즈를 지나 광축에 나란하게 진행한다.

3 (1) 물체가 초점 안쪽에 있으면 물체의 크기보다 큰 바로 선 상이 생기며, 돋보기의 원리가 여기에 해당한다.
(2) 물체가 초점 바깥쪽에 있으면 거꾸로 선 상이 생기며, 이때 생긴 상은 실제 빛이 모여 만든 실상이다.
(3) 볼록 렌즈의 초점에 물체가 있으면 렌즈를 지난 빛이 나란하게 진행하여 상이 생기지 않는다.

4 ㄱ. 광축에 나란하게 렌즈로 입사한 빛은 렌즈에 굴절되어 초점을 지난다.
ㄴ. 초점을 지난 광선은 렌즈에 굴절되어 광축과 나란하게 진행한다.
ㄷ. 렌즈의 중심을 지나는 광선은 굴절 후 경로가 바뀌지 않는다.

5 렌즈 방정식 $\dfrac{1}{a}+\dfrac{1}{b}=\dfrac{1}{f}$을 문제에 적용하면 $\dfrac{1}{36}+\dfrac{1}{b}=\dfrac{1}{12}$

이고, $b=18$ cm이다. 또한 배율 $m=\dfrac{b}{a}=\dfrac{18}{36}=\dfrac{1}{2}$이므로 상의 크기는 물체 크기의 절반인 3 cm이다.

265쪽

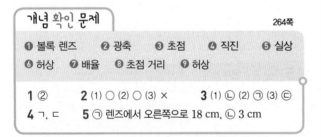

완자쌤 비법특강 **Q1** ㉠ 거꾸로, ㉡ 실상

Q1 물체가 초점 거리보다 먼 곳에 있을 때 물체로부터 나온 빛이 한 점에 모이기 때문에 실상이 생기며, 거꾸로 선 모양으로 보인다.

대표 자료 분석
266쪽

자료 ❶ **1** (1) 실상 (2) 커진다 (3) 바뀌지 않는다 **2** (1) ×
(2) × (3) × (4) ○ (5) ○ (6) ○
자료 ❷ **1** 오른쪽 **2** 0.5 cm **3** ⑤ **4** (1) ○ (2) ×
(3) ○

❶-1 (1) 초점 바깥쪽에 물체가 있으면 물체에서 나온 빛이 렌즈를 지나 실제로 만나는 실상이 생긴다.
(2) 상의 크기는 물체가 초점 근처에 있을 때 가장 크다. 따라서 초점 쪽으로 물체가 이동하고 있으므로 상의 크기도 커진다.
(3) 초점 바깥쪽에 물체가 있을 때는 거꾸로 선 실상이 생기며, 바로 선 상으로 바뀌지 않는다.

①-2 (1) (가)는 물체가 볼록 렌즈의 초점 바깥쪽에 있는 경우로, 실제 빛이 렌즈에 굴절되어 만나서 상이 생긴다. 따라서 이때 생긴 상은 실상이다.

(2) (나)는 볼록 렌즈 초점 안쪽에 물체가 있는 경우이다. 이때는 크고 바로 선 허상을 얻는다.

(3) 돋보기는 (나)의 원리를 이용한 것이다.

(4) 볼록 렌즈는 굴절 현상을 이용해 빛을 모으는 렌즈이다.

(5) 렌즈의 초점을 지난 빛은 렌즈에 굴절된 후 광축과 나란하게 진행한다.

(6) (나)는 물체가 초점 안쪽에 있는 경우이며, 이때 크고 바로 선 허상이 생긴다.

②-1 렌즈 방정식 $\frac{1}{a}+\frac{1}{b}=\frac{1}{f}$에서 $a=50$ cm, $f=10$ cm이므로 $\frac{1}{50}+\frac{1}{b}=\frac{1}{10}$이고, $b=\frac{25}{2}$ cm이다. b가 (+)값을 가지므로 상이 렌즈 오른쪽(뒤쪽)에 생긴다는 것을 알 수 있다.

②-2 배율 $m=\frac{b}{a}=\frac{\left(\frac{25}{2}\right)}{50}=\frac{1}{4}$이므로 상의 크기는 0.5 cm이다.

②-3 볼록 렌즈의 초점에 물체를 두면 렌즈를 지난 빛이 나란하게 진행하여 상이 생기지 않는다.

②-4 (1) 배율은 물체의 크기에 대한 상의 크기의 비이다. 물체의 크기와 상의 크기가 같은 경우 배율은 1이다.

(2) 물체가 초점 F와 초점 거리의 2배인 2F 사이에 있으면 상의 크기는 물체의 크기보다 크고 거꾸로 선 실상이 생긴다. 따라서 배율은 1보다 크다.

(3) 물체를 초점 안쪽에 두면 크고 바로 선 허상을 얻을 수 있으며, 돋보기의 원리로 활용한다.

01 ㄱ. 물체가 초점 안쪽에 있을 때는 크고 바로 선 허상이 생긴다.

┃**바로알기**┃ ㄴ. 물체가 초점 안쪽에 있을 때 생기는 상은 물체가 서 있는 방향으로 생긴다. 따라서 바로 선 상이다.

ㄷ. 물체가 초점 안쪽에 있을 때는 확대된 상이 생긴다. 따라서 상의 크기는 물체보다 크다.

02 ㄷ. 볼록 렌즈에서 상이 가장 클 때는 물체가 초점 근처에 있을 때이다. 초점 바깥쪽에 물체를 두고 렌즈에서 멀리 가져가면 상의 크기도 작아진다.

┃**바로알기**┃ ㄱ. 물체를 초점 안쪽에 두면 바로 선 상이 생긴다.

ㄴ. 물체를 초점에 두면 상이 생기지 않는다.

03 꼼꼼 **문제 분석**

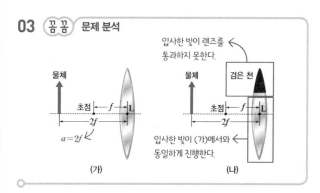

ㄱ. 렌즈 방정식 $\frac{1}{a}+\frac{1}{b}=\frac{1}{f}$에서 a와 f가 모두 (+)값이므로 $\frac{1}{2f}+\frac{1}{b}=\frac{1}{f}$이다. 따라서 $b=2f$가 되어 상은 렌즈 중심 L의 오른쪽 $2f$ 지점에 생긴다.

ㄴ. (나)에서 천으로 가린 부분에만 광선이 입사하지 못하고, 그 외의 부분에서는 광선이 (가)에서와 동일하게 진행한다. 따라서 (나)에서도 상은 렌즈 중심 L의 오른쪽 $2f$ 지점에 생긴다.

ㄷ. (나)에서는 검은 천으로 인해 (가)에서보다 상을 만드는 빛의 양이 적으므로, (나)에서 상의 모습은 (가)에서보다 흐리다.

04 볼록 렌즈에 의한 상은 초점으로부터 초점 거리의 2배인 $2f$인 곳까지와 $2f$ 이상인 곳으로 나누어 생각해야 한다.

모범답안 물체의 크기보다 큰 상태에서 점점 크기가 작아지다 렌즈의 중심으로부터 $2f$인 곳에서 상의 크기는 물체의 크기와 같아지며, 다시 물체의 크기보다 작아진다.

채점 기준	배점
$f\sim2f$, $2f$ 이상인 곳으로 나누어 정확히 상의 크기를 표현한 경우	100 %
$f\sim2f$, $2f$ 이상인 곳으로 나누어 정확히 상의 크기를 표현하지 않고 둘 중 한 가지 경우로만 표현한 경우	80 %

05 꼼꼼 문제 분석

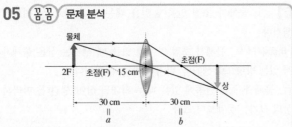

렌즈 방정식 $\frac{1}{a}+\frac{1}{b}=\frac{1}{f}$을 문제에 적용하면 $\frac{1}{30}+\frac{1}{b}=\frac{1}{15}$이고, $b=30$ cm

이다. 또한 배율 $m=\frac{b}{a}=\frac{30}{30}=1$이므로 상의 크기는 물체의 크기와 같은

4 cm이다.

물체가 초점 거리의 2배인 곳에 있으므로 배율은 1이다. 따라서 상의 크기는 물체의 크기와 같은 4 cm이다.

06 처음 물체가 놓인 곳은 초점 거리의 2배인 곳이므로 상이 생기는 곳은 렌즈로부터 오른쪽 20 cm인 곳이다. 물체를 렌즈 쪽으로 5 cm 이동시켜 물체와 렌즈 사이의 거리가 15 cm가 되었으므로 렌즈 방정식 $\frac{1}{a}+\frac{1}{b}=\frac{1}{f}$을 적용하면 $\frac{1}{15}+\frac{1}{b}=\frac{1}{10}$이고, $b=30$ cm이다.

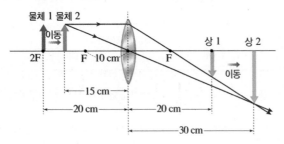

즉, 상이 렌즈로부터 오른쪽 30 cm인 곳에 생기므로 상의 위치는 렌즈 반대쪽으로 10 cm 이동한다.

07 (가)에서 평행 광선이 렌즈를 통과한 후 모이는 점은 초점이다. 따라서 이 볼록 렌즈의 초점 거리는 5 cm이다.
(나)에서 물체를 L 왼쪽 2 cm 지점에 두었으므로 $a=2$ cm이고, 볼록 렌즈이므로 초점 거리 $f=5$ cm이다. 따라서 렌즈 방정식 $\frac{1}{a}+\frac{1}{b}=\frac{1}{f}$에서 $\frac{1}{2}+\frac{1}{b}=\frac{1}{5}$이므로 $b=-\frac{10}{3}$ cm이다. 즉, 렌즈 중심 L 왼쪽 $\frac{10}{3}$ cm 지점에 허상이 생긴다.

08 볼록 렌즈 앞쪽 30 cm 위치에 물체를 놓았더니 렌즈 뒤쪽 30 cm 위치에 상이 생겼다는 것은 처음 물체를 놓은 위치가 초점 거리의 2배인 곳이라는 의미이다. 따라서 초점 거리 $f=15$ cm이다. 초점 거리가 15 cm이므로 물체를 렌즈 앞 10 cm 위치에 두었을 때 상의 위치를 구하면 $\frac{1}{10}+\frac{1}{b}=\frac{1}{15}$에서

$b=-30$ cm이다. 여기서 (−)는 바로 선 허상이 생긴 것을 알려준다. 볼록 렌즈에서 바로 선 허상은 물체가 놓인 쪽에 생기는 상이므로 물체와 상이 렌즈로부터 같은 쪽에 있다는 것을 알 수 있다.

또한 배율 $m=\left|\frac{b}{a}\right|=\frac{30}{10}=3$이므로 상의 크기는 30 cm이다.

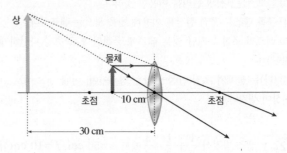

09 광학기기를 통해 본 장난감 사자가 실제보다 크기가 크다. 따라서 크고 바로 선 허상이다.

모범답안 P는 볼록 렌즈이다. 볼록 렌즈의 초점 안쪽에 장난감 사자를 두게 되면 크고 바로 선 허상을 만들 수 있어 확대해서 볼 수 있다.

채점 기준	배점
볼록 렌즈를 쓰고, 확대된 허상의 의미가 들어 있는 경우	100 %
볼록 렌즈만 옳게 쓴 경우	30 %

10 꼼꼼 문제 분석

$\frac{1}{a}+\frac{1}{b}=\frac{1}{f}$에서 아주 먼 거리에 있는 물체일 때는 b와 f가 거의 같다. ➡ $f>0$이므로 $b>0$이 되어 대물렌즈에 의한 물체의 상은 실상이고, 초점 근처에 맺힌다.

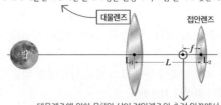

대물렌즈에 의한 물체의 상이 접안렌즈의 초점 안쪽에서 초점과 매우 가까울 때 가장 선명한 상이 보인다.

ㄴ, ㄷ. 대물렌즈에 의한 실상이 접안렌즈의 초점 안쪽에 맺힌다. 즉, 대물렌즈에 의한 상과 접안렌즈 사이의 거리는 f보다 작다. 접안렌즈에 렌즈 방정식을 적용하면 $\frac{1}{a}+\frac{1}{b}=\frac{1}{f}$에서

$a<f$일 때 $\frac{1}{a}>\frac{1}{f}$이므로 b는 (−)값이 되어야 한다. 따라서 접안렌즈로 본 대물렌즈의 실상은 허상이다.

바로알기 ㄱ. 물체가 매우 멀리 있으므로 대물렌즈에 의한 상은 대물렌즈의 초점에 맺히고, 이 상은 접안렌즈의 초점 근처에 있다. 따라서 대물렌즈의 초점 거리는 L보다 작아야 한다.

11 꼼꼼 문제 분석

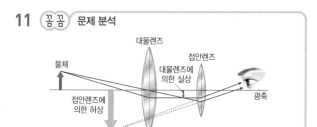

대물렌즈
접안렌즈
물체
대물렌즈에 의한 실상
접안렌즈에 의한 허상
광축

망원경은 대물렌즈로 거꾸로 선 실상을 만들고, 이 실상을 접안렌즈 초점 안쪽에 두게 하면 접안렌즈에 의한 확대된 허상을 만들 수 있다. 우리가 최종적으로 보는 상은 거꾸로 서 있는 확대된 허상이다.

ㄱ. 망원경은 물체 쪽 렌즈인 대물렌즈가 크고, 현미경은 사람의 눈 쪽 렌즈인 접안렌즈가 크다.

ㄷ. 대물렌즈에 의한 거꾸로 선 실상을 접안렌즈는 물체로 간주하고 확대된 상을 만든다. 이때 최종 상은 처음 물체의 방향과 반대 방향이다.

‖바로알기‖ ㄴ. 대물렌즈는 볼록 렌즈이다. 물체는 볼록 렌즈 초점 바깥쪽에 있으므로 대물렌즈에 의해 생긴 상은 거꾸로 선 실상이다.

12 ㄱ. 현미경은 볼록 렌즈 2개를 이용해 만든 광학기기이다.

‖바로알기‖ ㄴ, ㄷ. 물체를 대물렌즈 초점 바깥쪽에 두어서 거꾸로 선 실상을 만든 후, 접안렌즈로 확대된 상을 얻는 원리이다. 즉, 대물렌즈에 의한 실상을 접안렌즈의 물체가 되게 하면 물체와 상의 관계를 이용하여 최종 상을 구할 수 있다.

중단원 핵심 정리
270쪽~271쪽

❶ 간섭 ❷ 보강 ❸ 좁을수록 ❹ 길수록
❺ 회절 ❻ 좁을수록 ❼ 간섭 ❽ 회절
❾ 큰 ❿ 작은 ⑪ 길게 ⑫ 전기장
⑬ 자기장 ⑭ 커진다 ⑮ 자체 유도 계수
⑯ 전기력 ⑰ 변조 ⑱ 복조 ⑲ 실상
⑳ 허상

중단원 마무리 문제
272쪽~275쪽

01 ⑤	02 ④	03 ②	04 ①	05 ③	06 ②
07 ⑤	08 ④	09 ③	10 ②	11 ①	12 ③
13 해설 참조	14 해설 참조	15 해설 참조	16 해설 참조		

01 슬릿 1은 단일 슬릿, 슬릿 2는 이중 슬릿이다.
• 단일 슬릿: 단색광이 단일 슬릿을 통과하여 퍼져 나가는 현상은 회절 현상이다.
• 이중 슬릿: 이중 슬릿을 통과하는 빛도 회절하게 된다.
• 스크린: 슬릿의 두 구멍에서 회절된 빛들이 스크린에서 중첩되면서 간섭 현상을 일으켜 밝고 어두운 무늬를 만든다.

02 그림에서 스크린의 중앙점 O로부터 두 번째 어두운 무늬가 생기는 위치 P까지 이중 슬릿으로부터의 경로차 $\frac{dx}{L}$는 $\frac{3\lambda}{2}$와 같다. 따라서 $\frac{dx}{L}=\frac{3\lambda}{2}$에서 $x=\frac{3L\lambda}{2d}$이다.

03 적색광은 청색광보다 파장이 긴 빛이다.
ㄱ. 중앙의 밝은 무늬의 폭이 넓을수록 회절이 더 잘 일어나는 것이다. 따라서 주어진 자료로부터 빛의 파장이 길수록 회절이 잘 일어난다는 것을 알 수 있다.
ㄴ. 주어진 자료로부터 빛의 파장이 길수록 간섭무늬의 이웃한 간격이 넓어진다는 것을 알 수 있다.

‖바로알기‖ ㄷ. 주어진 자료만으로는 이중 슬릿의 간격이 넓을수록 간섭무늬의 이웃한 간격이 넓어진다는 사실을 확인할 수 없으며, 이중 슬릿의 간격이 넓을수록 오히려 간섭무늬의 이웃한 간격은 좁아진다.

04 물속에서는 빛의 파장이 짧아진다. 따라서 간섭무늬의 이웃한 간격은 $\lambda=\frac{d\varDelta x}{L}$에서 $\varDelta x=\frac{L\lambda}{d}$이므로 파장이 짧아지면 $\varDelta x$도 감소한다.

05 ① 파원이나 관찰자가 파동보다 느린 속력으로 운동할 때, 관찰자에게 원래 진동수와 다른 진동수의 파동이 관측되는 현상을 도플러 효과라고 한다.
② 관찰자가 정지한 음원에 다가가거나, 음원이 정지한 관찰자에게 다가가서 둘 사이의 거리가 가까워지면, 관찰자에게 음원에서 발생한 소리보다 높은 소리가 들린다.
④ 관찰자가 정지한 음원에서 멀어지거나, 음원이 정지한 관찰자에서 멀어지면, 관찰자에게 음원에서 발생한 소리보다 낮은 소리가 들린다.
⑤ 음원이 정지한 관찰자에게 가까워지면 먼저 발생한 파면과 새로 발생한 파면 사이의 거리가 가까워진다. 따라서 관찰자가 듣는 소리의 파장은 음원에서 발생한 소리의 파장보다 짧다.

‖바로알기‖ ③ 음원이 정지해 있으면, 관찰자의 운동 방향에 관계없이 관찰자가 듣는 소리의 파장은 음원에서 발생한 소리의 파장과 같다.

06 꼼꼼 문제 분석

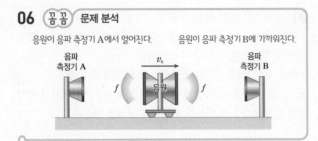

음파 측정기 A, B는 정지해 있으므로 $v_o=0$이다. 이때 음원이 A에서 v_s의 속력으로 멀어지므로, A에서 측정된 음파의 진동수 $f_A=\left(\dfrac{v}{v+v_s}\right)f$이다. 또한 음원이 B에 v_s의 속력으로 가까워지므로, B에서 측정된 음파의 진동수 $f_B=\left(\dfrac{v}{v-v_s}\right)f$이다. 따라서 A와 B의 진동수 비 $f_A:f_B=\dfrac{1}{v+v_s}:\dfrac{1}{v-v_s}$이다.

07
① f_0은 코일과 축전기의 특성에 의해 정해지는 회로의 공명 진동수(공진 주파수)이다.

②, ③ 축전기에 저장되는 전하량이 주기적으로 변하면서 주기적으로 세기와 방향이 변하는 전기장이 발생한다. 이렇게 주기적으로 변하는 전기장이 변하는 자기장을 유도하면서 전자기파가 발생한다.

④ 코일의 유도 리액턴스 $X_L=2\pi fL$이므로 교류 전원의 진동수 f_0이 클수록 저항 효과가 커진다.

┃바로알기┃ ⑤ 교류 전원의 진동수가 회로의 공명 진동수와 같을 때 공명에 의해 전자기파의 세기가 최대가 된다.

08 꼼꼼 문제 분석

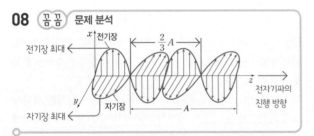

① 전기장이 xz 평면에서 x축과 나란한 방향으로 진동할 때 자기장은 yz 평면에서 y축과 나란한 방향으로 진동하므로, 전기장과 자기장은 진동 방향이 서로 수직이다.

②, ③ 전기장의 진동면인 xz 평면과 자기장의 진동면인 yz 평면은 모두 전자기파의 진행 방향인 $+z$방향과 수직이다.

⑤ 파장은 이웃한 마루와 마루 또는 골과 골 사이의 거리이므로 전자기파의 파장은 $\dfrac{2}{3}A$이다.

┃바로알기┃ ④ 그림에서 전기장의 세기가 최대일 때 자기장의 세기도 최대이다.

09
ㄱ. 마이크에 입력된 소리와 전기 신호 A의 진동수는 같다. 이를 변조하여 송신한 후 수신하여 복조하면 전기 신호 A가 소리로 변환된다. 이 소리의 진동수는 처음에 입력했던 소리의 진동수와 같다.

ㄴ. FM 방송은 주파수 변조 방식으로 변조할 때 A의 세기에 따라 B의 진동수(주파수)를 변화시킨다.

┃바로알기┃ ㄷ. 라디오의 LC 회로는 공명 진동수를 B의 진동수에 맞추어야 공명이 일어나 B를 수신할 수 있다. B를 수신한 후에 복조 과정을 통해 A가 분리된다.

10 꼼꼼 문제 분석

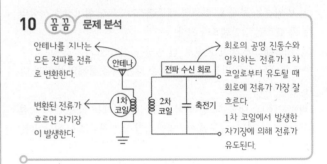

전파 수신 회로는 회로의 공명 진동수에 해당하는 전파만 수신한다. 코일의 자체 유도 계수가 L, 축전기의 전기 용량이 C일 때 회로의 공명 진동수 $f_0=\dfrac{1}{2\pi\sqrt{LC}}$이므로 축전기의 전기 용량을 $2C$인 것으로 바꾸면 회로의 공명 진동수는 $\dfrac{1}{2\pi\sqrt{L\times 2C}}=\dfrac{f}{\sqrt{2}}$이다. 따라서 수신되는 전파의 진동수는 $\dfrac{f}{\sqrt{2}}$이다.

11
ㄱ. 상이 렌즈를 중심으로 물체의 반대쪽에 생겼으므로 렌즈는 볼록 렌즈이다. 또한 거꾸로 선 상은 볼록 렌즈만 만들 수 있으므로 렌즈는 볼록 렌즈이다.

┃바로알기┃ ㄴ. 볼록 렌즈에서 생기는 거꾸로 선 상은 물체가 초점 바깥쪽에 있을 때 만들어진다.

ㄷ. 물체가 $-x$방향으로 움직이게 되면 상도 $-x$방향으로 움직인다.

12
ㄱ. 볼록 렌즈의 초점 안쪽에 물체가 있으므로 실제로 빛이 모인 것이 아니라 광선의 연장선이 만난 곳에 상이 생기게 된다. 따라서 허상이 생긴다.

ㄷ. 물체가 초점 쪽으로 움직이게 되면 상은 렌즈에서 멀어지면서 더 큰 상을 만들게 된다.

┃바로알기┃ ㄴ. 볼록 렌즈의 초점 안쪽에 물체를 두면 바로 선 허상이 생긴다. 즉, 물체가 서 있는 방향과 같은 방향의 상이 생긴다.

13
영의 간섭 실험에서 스크린에 생긴 인접한 밝은 무늬 사이의 간격 Δx를 빛의 파장 λ, 이중 슬릿 사이의 간격 d, 이중 슬릿과 스크린 사이의 거리 L로 표현하면 $\Delta x=\dfrac{L\lambda}{d}$이다.

모범답안 파장이 긴 빛으로 광원을 바꾼다. 이중 슬릿 사이의 간격이 좁은 슬릿으로 바꾼다. 이중 슬릿과 스크린 사이의 거리를 더 멀리 한다.

채점 기준	배점
세 가지를 정확하게 쓴 경우	100 %
세 가지를 다 쓰지 못하거나, 정확하게 표현하지 못한 경우	50 %

14 꼼꼼 문제 분석

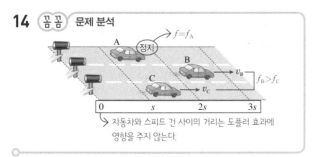

→ 자동차와 스피드 건 사이의 거리는 도플러 효과에 영향을 주지 않는다.

(1) ・f_A: 자동차 A는 정지해 있으므로, A에서 반사한 초음파의 진동수는 원래 초음파의 진동수 f와 같다($f=f_A$).
・f_B, f_C: 자동차 B, C는 멀어지고 있으므로 도플러 효과에 의해 B, C에서 반사한 초음파의 진동수는 원래 초음파의 진동수 f보다 작다($f>f_B$, $f>f_C$). 이때 C의 멀어지는 속력이 B의 멀어지는 속력보다 빠르므로, C에서 반사한 초음파의 진동수는 B에서 반사한 초음파의 진동수보다 작다($f_B>f_C$).
따라서 $f=f_A>f_B>f_C$이다.

(2) 도플러 효과의 일반적인 관계식 $f'=\left(\dfrac{v\pm v_o}{v\mp v_s}\right)f$이다. 이때 B에서 측정하는 초음파의 진동수를 f_B'라고 하면, 스피드 건은 정지해 있고 B는 v_B의 속도로 멀어지고 있으므로 $v_s=0$이고, $v_0=v_B$이다. 따라서 $f_B'=\left(\dfrac{v-v_B}{v}\right)f$이다. 한편, 반사된 초음파의 진동수를 스피드 건에서 측정하면 B가 음원이 되므로 $v_s=v_B$이고, $v_0=0$이다. 따라서 $f_B=\left(\dfrac{v}{v+v_B}\right)f_B'$이다. 이때 $f_B'=\left(\dfrac{v-v_B}{v}\right)f$이므로 $f_B=\left(\dfrac{v-v_B}{v+v_B}\right)f$이다.

모범답안 (1) $f=f_A>f_B>f_C$ (2) $f_B=\left(\dfrac{v-v_B}{v+v_B}\right)f$

채점 기준	배점
두 가지를 모두 정확하게 쓴 경우	100 %
두 가지를 모두 쓰지 못하거나, 정확하게 표현하지 못한 경우	50 %

15

(가), (나)의 저항에 흐르는 전류의 세기가 모두 감소하였다는 것은 (가), (나) 모두 회로 전체 저항이 커졌다는 것을 의미한다. 이는 축전기와 코일의 저항 역할이 모두 커졌기 때문이다.

모범답안 축전기의 용량 리액턴스는 $\dfrac{1}{2\pi fC}$이므로 진동수가 작을수록 커지고, 코일의 유도 리액턴스는 $2\pi fL$이므로 진동수가 클수록 커진다. 따라서 f_1은 f_0보다 작고 f_2는 f_0보다 커서 $f_2>f_0>f_1$이다.

채점 기준	배점
리액턴스 식을 이용하여 전류의 세기를 정확히 설명하고 진동수 관계까지 끌어낸 경우	100 %
리액턴스 식을 이용하지 않았거나 전류의 세기를 진동수 관계로 정확히 구하지 못한 경우	50 %

16

A의 초점 거리 f만큼 떨어진 곳에 B를 두게 되면 B의 초점은 B의 양쪽으로 초점 거리 f만큼 떨어진 곳이 초점이 된다. 따라서 물체의 끝부분에서 반사된 빛의 경로는 그림과 같다.

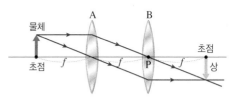

즉, 광축과 나란하게 진행하여 A에서 굴절한 후 진행하는 빛은 B의 중심을 지나게 되고, A의 중심을 지난 빛은 B를 지나 광축과 나란한 광선이 되어 두 광선이 만난 곳에 상이 생기게 된다.

모범답안 A로부터 오른쪽으로 $2f$ 떨어진 곳에 상이 생기고, 상은 거꾸로 선 실상으로 물체와 반대 방향으로 서 있다.

채점 기준	배점
상의 위치와 상이 서 있는 모습을 옳게 표현한 경우	100 %
상의 위치나 상이 서 있는 모습 중 한 가지만 옳게 표현한 경우	50 %

수능 실전 문제
276쪽~279쪽

01 ②	02 ④	03 ①	04 ⑤	05 ①	06 ④
07 ③	08 ④	09 ①	10 ③	11 ⑤	12 ③
13 ①	14 ③	15 ③	16 ①		

01 꼼꼼 문제 분석

Q점은 O점으로부터 두 번째 밝은 무늬가 생기는 지점이므로 $m=2$이고 두 슬릿으로부터의 경로차는 $\dfrac{\lambda}{2}(2m)=2\lambda$이다.

P점은 두 번째 어두운 무늬가 생기는 지점이므로 $m=1$이고 두 슬릿으로부터의 경로차는 $\dfrac{\lambda}{2}(2m+1)=\dfrac{3}{2}\lambda$이다.

✗ S_1P와 S_2P의 경로차는 ~~λ~~이다. $\frac{3}{2}\lambda$

○ㄴ L을 $\frac{L}{2}$로 하면 P점은 밝아진다.

✗ d를 $2d$로 하면 Q에서 ~~상쇄~~ 간섭이 일어난다.
보강 간섭

ㄴ. 이중 슬릿과 스크린 사이의 거리 L을 $\frac{1}{2}$배로 하면 간섭무늬 사이의 간격은 $\varDelta x = \frac{L\lambda}{d}$에서 $\frac{1}{2}$배가 된다. 따라서 P점은 중앙의 밝은 무늬로부터 세 번째 보강 간섭하는 지점이 되어 밝아진다.

┃ 바로알기 ┃ ㄱ. P점은 스크린의 중앙의 밝은 무늬로부터 두 번째 상쇄 간섭이 일어나는 지점이므로 두 슬릿에서 나온 빛의 경로차 $|S_1P - S_2P| = \frac{3}{2}\lambda$이다.

ㄷ. S_1과 S_2 사이의 간격 d를 2배로 하면 간섭무늬 사이의 간격이 $\frac{1}{2}$배가 되므로 Q점은 중앙의 밝은 무늬로부터 네 번째 보강 간섭 지점이 되어 밝다.

02 꼼꼼 문제 분석

$\varDelta x = \frac{L\lambda}{d}$이므로 간섭무늬 사이의 간격은 슬릿 사이의 간격이 넓을수록, 파장이 짧을수록, 슬릿과 스크린 사이가 가까울수록 좁아진다.

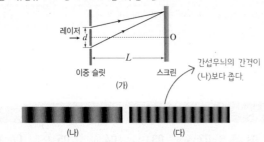

간섭무늬의 간격이 (다)보다 좁다.

(나)   (다)

┃ 선택지 분석 ┃

○ㄱ 레이저의 파장과 d를 고정하고, L을 감소시킨다.

○ㄴ 레이저의 파장과 L을 고정하고, d를 증가시킨다.

✗ L과 d를 고정하고, ~~긴~~ 파장의 레이저를 사용한다.
짧은 파장

(다)는 간섭무늬 사이의 간격이 좁아진 경우이다.

ㄱ. 파장과 d를 고정시키고, L을 감소시키면 간섭무늬 사이의 간격이 좁아진다.

ㄴ. 파장과 L을 고정시키고, d를 증가시키면 간섭무늬 사이의 간격이 좁아진다.

┃ 바로알기 ┃ ㄷ. L과 d를 고정시키고 더 긴 파장의 레이저를 사용하면 간섭무늬 사이의 간격이 넓어진다.

03 꼼꼼 문제 분석

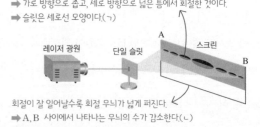

첫 번째 밝은 무늬와 어두운 무늬이므로 $m=0$이다.

스크린에는 경로차에 의해 밝은 무늬와 어두운 무늬가 생긴다.

각각의 슬릿을 통과한 빛은 회절과 하위헌스 원리에 의해 진행한다.

┃ 선택지 분석 ┃

○ㄱ 단일 슬릿을 통과하면서 단색광은 회절한다.

✗ 이중 슬릿의 S_1, S_2를 지나 P에 도달한 단색광의 경로차는 ~~λ~~이다. $\frac{1}{2}\lambda$

✗ 다른 조건은 그대로 두고, 이중 슬릿의 간격을 $\frac{d}{2}$로 하면 간섭무늬 사이의 간격은 ~~$\frac{\varDelta x}{2}$~~가 된다. $2\varDelta x$

ㄱ. 단일 슬릿을 통과한 단색광이 이중 슬릿 S_1과 S_2에 모두 도달한다. 따라서 단일 슬릿을 통과하면서 단색광이 회절한다는 것을 알 수 있다.

┃ 바로알기 ┃ ㄴ. P점은 첫 번째 어두운 무늬가 생기는 지점이다. 따라서 이중 슬릿으로부터 경로차는 $\frac{1}{2}\lambda$이다.

ㄷ. 이중 슬릿으로부터 스크린까지의 거리를 L이라고 할 때 $\varDelta x = \frac{L\lambda}{d}$이므로 이중 슬릿의 간격을 $\frac{d}{2}$로 하면 간섭무늬 사이의 간격은 $2\varDelta x$가 된다.

04 꼼꼼 문제 분석

레이저 빛이 가로 방향으로 회절되고, 세로 방향으로는 거의 회절되지 않았다.
➡ 가로 방향으로 좁고, 세로 방향으로 넓은 틈에서 회절한 것이다.
➡ 슬릿은 세로선 모양이다.(ㄱ)

회절이 잘 일어날수록 회절 무늬가 넓게 퍼진다.
➡ A, B 사이에서 나타나는 무늬의 수가 감소한다.(ㄴ)

┃ 선택지 분석 ┃

○ㄱ 세로선 모양의 슬릿을 통과한 레이저가 회절하여 나타나는 현상이다.

○ㄴ 회절이 잘 일어날수록 A, B 사이에 나타나는 무늬의 수가 감소한다.

○ㄷ 파장이 더 짧은 레이저를 사용하면 A, B 사이에 나타나는 무늬의 수가 증가한다.

ㄷ. 파장이 더 짧은 레이저를 사용하면 레이저 빛이 작게 회절되어 회절 무늬의 폭이 좁아지므로, A와 B 사이에 나타나는 무늬의 수가 증가한다.

05 꼼꼼 문제 분석

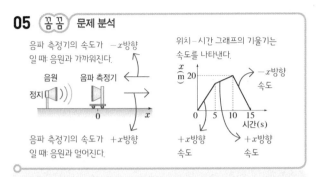

음파 측정기의 속도가 −x방향일 때: 음원과 가까워진다.

음원 정지

음파 측정기

음파 측정기의 속도가 +x방향일 때: 음원과 멀어진다.

위치−시간 그래프의 기울기는 속도를 나타낸다.

−x방향 속도

+x방향 속도

+x방향 속도

선택지 분석

① $f_3 < f_8 < f_{13}$
~~② $f_3 < f_{13} < f_8$~~
~~③ $f_3 < f_8 < f_{13}$~~ $f_8 < f_3 < f_{13}$
~~④ $f_{13} < f_3 < f_8$~~
~~⑤ $f_{13} < f_8 < f_3$~~

음원은 정지해 있고 음파 측정기가 움직이고 있으므로 도플러 효과의 일반적인 관계식 $f' = \left(\dfrac{v \pm v_o}{v}\right)f$이다. 3초일 때와 8초일 때는 음파 측정기가 +x방향으로 움직이므로 음원과 멀어진다. 따라서 음파 측정기에서 측정된 음파의 진동수 $f' = \left(\dfrac{v - v_o}{v}\right)f$에서 멀어지는 속력 v_o가 빠를수록 측정되는 진동수가 작으므로 $f_3 < f_8$이다. 또한 13초일 때는 음파 측정기가 −x방향으로 움직여 음원과 가까워지므로 음파 측정기에 측정되는 음파의 진동수 $f' = \left(\dfrac{v + v_o}{v}\right)f$에서 f_{13}은 f_3, f_8보다 크다. 따라서 $f_3 < f_8 < f_{13}$이다.

06 꼼꼼 문제 분석

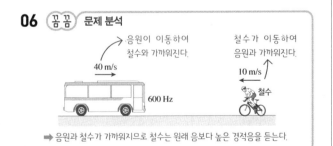

음원이 이동하여 철수와 가까워진다.

철수가 이동하여 음원과 가까워진다.

40 m/s

600 Hz

10 m/s 철수

➡ 음원과 철수가 가까워지므로 철수는 원래 음보다 높은 경적음을 듣는다.

선택지 분석

✗ 철수가 듣는 경적음의 속력은 340 m/s이다. 350 m/s
ⓛ 철수가 듣는 경적음의 진동수는 700 Hz이다.
ⓒ 철수가 듣는 경적음의 파장은 원래 경적음의 파장보다 짧다.

ㄴ. $f' = \left(\dfrac{v \pm v_o}{v \mp v_s}\right)f$에서 관찰자인 철수가 듣는 경적음의 진동수

$f' = \left(\dfrac{340 \text{ m/s} + 10 \text{ m/s}}{340 \text{ m/s} - 40 \text{ m/s}}\right) \times 600 \text{ Hz} = 700 \text{ Hz}$이다.

ㄷ. 음원이 철수에게 가까워지면서 경적음을 발생하므로, 철수는 원래 경적음보다 높은 경적음을 듣는다. 따라서 철수가 듣는 경적음의 파장은 원래 경적음의 파장보다 짧다.

바로알기 ㄱ. 철수가 음원에 대하여 10 m/s의 속력으로 가까워지고 있으므로, 철수가 듣는 경적음의 속력 = 340 m/s + 10 m/s = 350 m/s이다.

07 꼼꼼 문제 분석

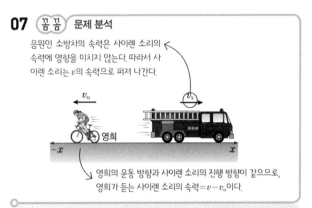

음원인 소방차의 속력은 사이렌 소리의 속력에 영향을 미치지 않는다. 따라서 사이렌 소리는 v의 속력으로 퍼져 나간다.

v_o

v_s

영희

−x x

영희의 운동 방향과 사이렌 소리의 진행 방향이 같으므로, 영희가 듣는 사이렌 소리의 속력 = $v - v_o$이다.

선택지 분석

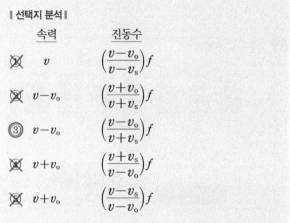

	속력	진동수
✗	v	$\left(\dfrac{v - v_o}{v - v_s}\right)f$
✗	$v - v_o$	$\left(\dfrac{v + v_o}{v + v_s}\right)f$
③	$v - v_o$	$\left(\dfrac{v - v_o}{v + v_s}\right)f$
✗	$v + v_o$	$\left(\dfrac{v + v_s}{v - v_o}\right)f$
✗	$v + v_o$	$\left(\dfrac{v - v_s}{v - v_o}\right)f$

도플러 효과 문제를 효과적으로 풀기 위해서는 관찰자와 음원의 운동 상태를 잘 파악해서 상대 속도의 관계와 파장의 관계를 잘 정리할 수 있어야 한다.

영희가 듣는 사이렌 소리의 속력 $v' = v - v_o$이고, 영희가 듣는 사이렌 소리의 파장 $\lambda' = \dfrac{v + v_s}{f}$이다. 따라서 영희가 듣는 사이렌 소리의 진동수 $f' = \dfrac{v'}{\lambda'} = \dfrac{v - v_o}{\dfrac{v + v_s}{f}} = \left(\dfrac{v - v_o}{v + v_s}\right)f$이다.

08 꼼꼼 문제 분석

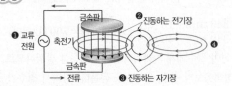

❶ 축전기에 교류가 흐른다.
❷ 두 극판에 충전된 전하량이 변하면서 극판 사이에 진동하는 전기장이 생긴다.
❸ 진동하는 전기장이 진동하는 자기장을 유도한다.
❹ 전기장과 자기장이 서로를 번갈아 유도하면서 공간을 퍼져 나간다.

▌선택지 분석▐

✗ 축전기에서 발생하는 전기장의 진동 방향과 자기장의 진동 방향은 서로 나란하다. 수직이다.

ㄴ 축전기에서 발생하는 전기장의 진동 방향과 전자기파의 진행 방향은 서로 수직이다.

ㄷ 전자기파가 발생하여 퍼져 나갈 때 전기장의 세기가 최대인 곳에서 자기장의 세기는 최대이다.

ㄴ. 축전기에서 발생하는 전기장의 진동 방향과 전자기파의 진행 방향은 서로 수직이다.

ㄷ. 전자기파가 발생하여 퍼져 나갈 때 전기장의 세기가 최대인 곳에서 자기장의 세기는 최대이다.

▌바로알기▐ ㄱ. 축전기에서 발생하는 전기장의 진동 방향과 자기장의 진동 방향은 서로 수직이다.

09 꼼꼼 문제 분석

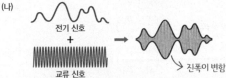

교류 신호에 전기 신호를 첨가하는 과정을 변조라고 하며, FM 방송은 진동수 변조를, AM 방송은 진폭 변조를 이용한다.

▌선택지 분석▐

ㄱ AM 방송의 과정이다.

✗ (가)에서 B는 변조 과정이다. 복조

✗ 음성 신호와 전파의 진동수는 같다. 다르다.

ㄱ. (나)에서 진폭이 변하였으므로 진폭 변조 과정이다. 이처럼 진폭이 변하는 변조 과정은 AM 방송이다.

▌바로알기▐ ㄴ. 전파를 수신하여 전기 신호를 음성 신호로 바꾸려면 복조 과정이 필요하다. 즉, B는 복조 과정이다.

ㄷ. 전파는 전자기파이므로 음성 신호보다 진동수가 훨씬 크다.

10 꼼꼼 문제 분석

수신 회로의 공명 진동수는 $\frac{1}{2\pi\sqrt{LC}}$이다.

전기 용량이 클수록 공명 진동수가 작아진다.

수신 회로의 공명 진동수와 같은 진동수의 전자기파가 안테나에 수신된다.

자체 유도 계수가 클수록 공명 진동수가 작아진다.

▌선택지 분석▐

ㄱ 안테나에는 다양한 진동수의 전파가 도달한다.

✗ 축전기의 전기 용량이 클수록 진동수가 큰 전파를 수신할 수 있다. 작은

ㄷ 코일의 자체 유도 계수가 클수록 진동수가 작은 전파를 수신할 수 있다.

ㄱ. 안테나에는 공기 중에서 전파되는 다양한 진동수의 전자기파가 도달한다.

ㄷ. 공명 진동수 $f_0 = \frac{1}{2\pi\sqrt{LC}}$에서 L이 코일의 자체 유도 계수이다. 따라서 코일의 자체 유도 계수가 클수록 진동수가 작은 전파를 수신할 수 있다.

▌바로알기▐ ㄴ. 공명 진동수 $f_0 = \frac{1}{2\pi\sqrt{LC}}$에서 C가 축전기의 전기 용량이다. 따라서 축전기의 전기 용량이 클수록 진동수가 작은 전파를 수신할 수 있다.

11 꼼꼼 문제 분석

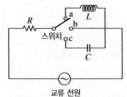

• 스위치 a 연결: 저항과 코일이 직렬연결된다.
• 스위치 b 연결: 저항만 연결된다.
• 스위치 c 연결: 저항과 축전기가 직렬연결된다.

▌선택지 분석▐

✗ $I_a > I_c > I_b$ ✗ $I_c > I_a > I_b$ ✗ $I_b > I_a > I_c$

✗ $I_a = I_c > I_b$ ⑤ $I_b > I_a = I_c$

교류 전원의 진동수 $f=\dfrac{1}{2\pi\sqrt{LC}}$이므로 코일의 유도 리액턴스 $X_\mathrm{L}=2\pi f L=2\pi\times\dfrac{1}{2\pi\sqrt{LC}}\times L=\sqrt{\dfrac{L}{C}}$이고 축전기의 용량 리액턴스 $X_\mathrm{C}=\dfrac{1}{2\pi f C}=\dfrac{1}{2\pi\times\dfrac{1}{2\pi\sqrt{LC}}\times C}=\sqrt{\dfrac{L}{C}}=X_\mathrm{L}$이다.

스위치를 a에 연결할 때와 c에 연결할 때 회로의 전체 저항이 같으므로 $I_a=I_c$이다. 스위치를 b에 연결할 때는 저항값 외에 저항 효과가 없으므로 a 또는 c에 연결할 때보다 더 센 전류가 흐른다. 따라서 $I_b>I_a=I_c$이다.

12 (꼼꼼) 문제 분석

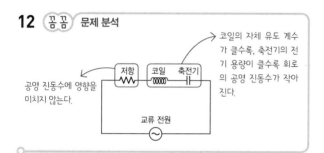

코일의 자체 유도 계수가 클수록, 축전기의 전기 용량이 클수록 회로의 공명 진동수가 작아진다.

공명 진동수에 영향을 미치지 않는다.

‖ 선택지 분석 ‖

✗ 저항의 저항값을 R보다 작게 한다. 공명 진동수는 저항과 관계 없다.

✗ 코일의 자체 유도 계수를 L보다 크게 한다. 작게

ⓒ 축전기의 전기 용량을 C보다 작게 한다.

ㄷ. RLC 회로의 공명 진동수 $f_0=\dfrac{1}{2\pi\sqrt{LC}}$이다. 따라서 축전기의 전기 용량 C를 작게 하면 공명 진동수가 커진다.

‖ 바로알기 ‖ ㄱ. RLC 회로의 공명 진동수는 저항의 저항값과 관계가 없다.

ㄴ. 코일의 자체 유도 계수 L을 크게 하면 공명 진동수가 작아진다.

13 (꼼꼼) 문제 분석

물체를 렌즈 쪽으로 이동하여 물체가 초점 안쪽에 위치하면 허상이 생긴다.

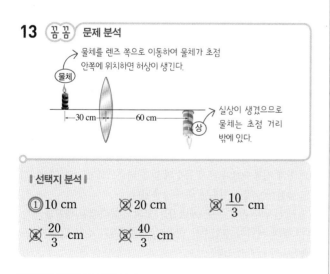

실상이 생겼으므로 물체는 초점 거리 밖에 있다.

‖ 선택지 분석 ‖

① 10 cm　　　② 20 cm　　　③ $\dfrac{10}{3}$ cm

④ $\dfrac{20}{3}$ cm　　　⑤ $\dfrac{40}{3}$ cm

볼록 렌즈로부터 물체까지 거리가 30 cm이고, 상까지의 거리가 60 cm이다. 따라서 $\dfrac{1}{30}+\dfrac{1}{60}=\dfrac{1}{f}$에서 초점 거리 $f=20$ cm이다. 배율이 2이므로 $\dfrac{b}{a}=2$에서 $b=2a$이다. 그런데 물체 크기의 2배인 허상이 생길 때의 볼록 렌즈와 물체 사이의 거리를 구해야 하므로 b에 $-2a$를 대입해야 한다. 따라서 $\dfrac{1}{a}+\dfrac{1}{(-2a)}=\dfrac{1}{20}$에서 $a=10$이므로 볼록 렌즈와 물체 사이의 거리는 10 cm이다.

14 (꼼꼼) 문제 분석

작고 거꾸로 선 상: 물체가 볼록 렌즈의 초점 바깥쪽에 있을 때 생기는 상으로, 실제로 진행한 빛이 모여서 생기므로 실상이다.

‖ 선택지 분석 ‖

ⓐ 사자의 상은 실상이다.

✗ 사자의 상은 사자와 렌즈 사이에 생겼다. 렌즈를 사이에 두고 생긴다.

ⓒ 광학기기의 위치를 변화시켜 사자의 크기보다 큰 상을 볼 수 있다.

ㄱ. 사자의 모습이 거꾸로 보이므로 광학기기는 볼록 렌즈인 것을 알 수 있다. 따라서 사자는 렌즈의 초점 바깥쪽에 놓여 있으며, 이때 상은 실제 빛이 모여 만든 실상이다.

ㄷ. 볼록 렌즈를 사자와 렌즈의 초점 사이에 두게 되면 크고 바로 선 허상을 볼 수 있고, 볼록 렌즈를 초점과 초점 거리의 2배가 되는 곳 사이에 두게 되면 크고 거꾸로 선 실상을 볼 수 있다.

‖ 바로알기 ‖ ㄴ. 사자의 상이 거꾸로 선 상이므로 렌즈를 사이에 두고 사자와 상이 생긴 것이다. 따라서 사자의 상은 사자와 렌즈 사이에 생긴 것이 아니다.

15 (꼼꼼) 문제 분석

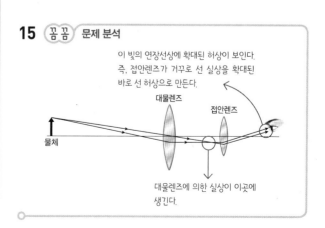

이 빛의 연장선상에 확대된 허상이 보인다. 즉, 접안렌즈가 거꾸로 선 실상을 확대된 바로 선 허상으로 만든다.

물체

대물렌즈　　접안렌즈

대물렌즈에 의한 실상이 이곳에 생긴다.

ㄱ 대물렌즈에 의한 상은 실상이다.

ㄴ 접안렌즈에 의한 상은 허상이다.

ㄷ̶ 대물렌즈에 의한 상과 접안렌즈 사이의 거리는 접안렌즈의 초점 거리보다 크다. 작다.

ㄱ. 물체는 대물렌즈의 초점 밖에 있다. 따라서 대물렌즈에 의한 상은 실상이다.

ㄴ. 대물렌즈에 의한 실상은 접안렌즈 입장에서 볼 때는 물체에 해당한다. 그리고 접안렌즈의 초점 안에 대물렌즈에 의한 실상이 놓이게 되면 접안렌즈에 의한 상은 크고 바로 선 허상이 만들어진다.

| 바로알기 | ㄷ. 대물렌즈에 의한 상과 접안렌즈 사이의 거리가 접안렌즈의 초점 거리보다 작아야 크고 바로 선 허상이 만들어 진다.

16 꼼꼼 문제 분석

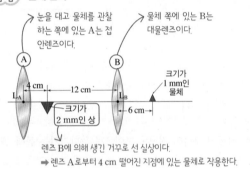

눈을 대고 물체를 관찰하는 쪽에 있는 A는 접안렌즈이다.

물체 쪽에 있는 B는 대물렌즈이다.

크기가 1 mm인 물체

크기가 2 mm인 상

렌즈 B에 의해 생긴 거꾸로 선 실상이다.
➡ 렌즈 A로부터 4 cm 떨어진 지점에 있는 물체로 작용한다.

| 선택지 분석 |

	배율	종류		배율	종류
①	2	거꾸로 선 실상	②̶	$\frac{1}{2}$	거꾸로 선 실상
③̶	2	바로 선 허상	④̶	$\frac{1}{2}$	바로 선 허상
⑤̶	2	바로 선 실상			

렌즈 방정식 $\frac{1}{a}+\frac{1}{b}=\frac{1}{f}$에서 실제 물체를 놓았으므로 a는 (+)값이고, 볼록 렌즈는 실초점을 가지므로 f는 (+)값이다. 이 조건들을 렌즈 방정식에 적용하면 $\frac{1}{6}+\frac{1}{b}=\frac{1}{4}$이므로 $b=12$ cm이다. 따라서 상이 생기는 위치는 렌즈 B의 중심 L_B의 왼쪽 12 cm 지점이다.

배율의 크기 $m=\left|\frac{b}{a}\right|=\left|\frac{12\ cm}{6\ cm}\right|=2$이다. 이때 b가 (+)값이므로 렌즈 왼쪽에 실상이 맺힌다. 또한 a가 (+)값이므로 $\frac{b}{a}$가 (+)값이 되어 거꾸로 선 상이 생긴다.

---

2 빛과 물질의 이중성

01 빛의 입자성

❶ 광전 효과 ❷ 금속 ❸ 전자 ❹ 한계 ❺ 광자(광양자)

❻ hf ❼ $\frac{hc}{\lambda}$ ❽ 일함수 ❾ hf_0 ❿ $hf-W$

1 (1) ○ (2) × (3) ○   **2** (1) ㉠ 진동수, ㉡ 세기 (2) ㉠ 세기, ㉡ 진동수   **3** 일함수: hf_0, 광전자의 최대 운동 에너지: $2hf_0$ **4** (1) ○ (2) × (3) ×   **5** A-ㄷ, B-ㄱ, C-ㄴ

1 (1) 금속 표면에 한계 진동수보다 큰 진동수의 빛을 비출 때 전자가 방출되는 현상을 광전 효과라 하며, 이때 방출된 전자를 광전자라고 한다.

(2) 금속 표면에 진동수가 특정한 값보다 큰 빛을 비추어야 광전 효과가 일어난다.

(3) 광전 효과는 한계 진동수보다 큰 진동수의 빛을 비추었을 때 광전자가 즉시 방출되는 현상으로, 이를 통해 빛이 입자라는 것을 알 수 있다. 즉, 광전 효과는 빛의 입자성을 이용하여 설명할 수 있다.

2 (1) 정지 전압의 크기는 광전자의 최대 운동 에너지에 비례하므로 입사하는 빛의 진동수가 클수록 크다. 또 광전류의 세기는 빛의 세기가 강할수록 커진다.

(2) 광전자의 최대 운동 에너지는 빛의 세기와 관계없이 비춘 빛의 진동수가 클수록 커진다.

3 금속의 일함수는 한계 진동수인 광자 1개의 에너지와 같으므로 $W=hf_0$이다. 광전자의 최대 운동 에너지는 광자 1개의 에너지에서 일함수를 뺀 값과 같으므로 $E_k=\frac{1}{2}mv^2=3hf_0-hf_0=2hf_0$이다.

4 (1) 한계 진동수보다 큰 진동수의 빛은 광전 효과를 일으킨다. 따라서 빛을 비추는 즉시 광전자가 방출된다.

(2) 한계 진동수보다 큰 진동수의 빛을 비추므로 세기가 약하더라도 광전자는 빛을 비추는 즉시 방출된다.

(3) 광전자의 최대 운동 에너지는 빛의 진동수에만 영향을 받는다. 빛의 세기가 강할수록 방출되는 광전자의 수가 많아지므로 광전류의 세기가 크다.

5 A는 광전자의 최대 운동 에너지(ㄷ), B는 금속의 일함수(ㄱ), C는 광자의 에너지(ㄴ)이다.

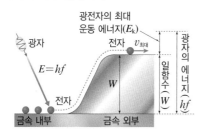

① 꼼꼼 문제 분석

광전류의 최댓값은 B가 C보다 크다.
➡ B를 비출 때 방출되는 광전자의 수가 C를 비출 때보다 많다.
➡ 단색광의 세기는 B가 C보다 강하다.

A를 비출 때 정지 전압이 가장 작고, B, C를 비출 때에는 같다.
➡ 방출되는 광전자의 최대 운동 에너지는 A를 비출 때 가장 작고, B, C를 비출 때에는 같다.
➡ A의 진동수가 가장 작고, B, C의 진동수는 같다.

①-1 x축이 전압, y축이 광전류인 그래프에서 x절편은 광전류가 0일 때의 전압으로, 정지 전압에 해당한다.

①-2 A를 비출 때 정지 전압이 가장 작고, B와 C를 비출 때 정지 전압이 같다.

①-3 광전자의 최대 운동 에너지는 정지 전압에 비례하므로 B와 C를 비출 때가 같다. 따라서 B와 C의 진동수가 같다. 진동수가 같을 때, 광전류의 최댓값은 B를 비출 때가 더 크므로 단색광의 세기는 B가 C보다 강하다.

①-4 (1) A를 비출 때가 B를 비출 때보다 정지 전압이 작다. 따라서 방출되는 광전자의 최대 운동 에너지도 더 작다. 따라서 진동수는 A가 B보다 작다.

(2) 광전류의 최댓값은 B가 C보다 크다. 따라서 금속판에서 방출된 광전자의 수는 B를 비출 때가 C를 비출 때보다 많다.
(3) A를 비출 때 정지 전압이 가장 작고, B, C를 비출 때 정지 전압이 같다. 따라서 방출되는 광전자의 최대 운동 에너지는 A가 가장 작고, B, C를 비출 때에는 같다.

②-1 $E_k=hf-W$이므로 빛의 진동수에 따른 광전자의 최대 운동 에너지 그래프에서 기울기는 모두 플랑크 상수 h를 의미한다.

②-2 P_B의 경우 금속판 B의 한계 진동수는 $3f_1$이고, 비춘 빛의 진동수는 $2f_1$이므로 광전자가 방출되지 않고, 광전류도 흐르지 않으므로 ①, ④, ⑤이다.
그래프에서 일함수 $W_A=hf_1$, $W_B=3hf_1$이므로 광전자의 최대 운동 에너지는 다음과 같다.

P_A의 경우 $E_k=2hf_1-W_A=2hf_1-hf_1=hf_1$
Q_A의 경우 $E_k=4hf_1-W_A=4hf_1-hf_1=3hf_1$
Q_B의 경우 $E_k=4hf_1-W_B=4hf_1-3hf_1=hf_1$

광전자의 최대 운동 에너지는 정지 전압에 비례하므로 P_A와 Q_B의 정지 전압은 같아야 하고, Q_A의 정지 전압은 P_A의 3배가 되어야 하므로 ④, ⑤가 가능하다.
빛의 세기는 Q가 P의 2배이므로 광전류의 세기는 Q_A와 Q_B는 모두 P_A의 2배이어야 한다. 따라서 ④가 가장 적절하다.

②-3 꼼꼼 문제 분석

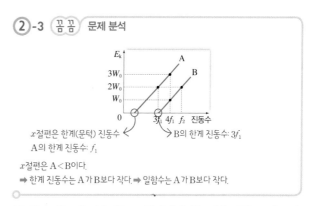

x절편은 한계(문턱) 진동수
A의 한계 진동수: f_1
B의 한계 진동수: $3f_1$

x절편은 A<B이다.
➡ 한계 진동수는 A가 B보다 작다. ➡ 일함수는 A가 B보다 작다.

(1) 두 그래프의 기울기는 모두 h이다.($E=hf-W$) 그래프 A에서 $3hf_1-W_A=2W_0$, $4hf_1-W_A=3W_0$이므로 $hf_1=W_0$, $W_A=W_0$이다.
(2) 금속판 A의 한계 진동수 f_A는 $hf_A=W_A=hf_1$이므로 $f_A=f_1$이다. 금속판 B의 한계 진동수 $hf_B=W_B=3hf_1$이므로 $f_B=3f_1$이다. 따라서 $f_A : f_B=1 : 3$이다.
(3) 그래프 B에서 $3hf_1-W_B=0$이므로 $W_B=3hf_1=3W_0$, $hf_2-W_B=2W_0$에서 $hf_2=5W_0=5hf_1$이므로 $f_2=5f_1$이다.

01 ⑤	02 ②	03 ②	04 ③	05 ④	06 해설 참조
07 ⑤	08 ④	09 ②	10 ④	11 해설 참조	12 ④
13 ③	14 ②	15 ②			

01 ㄱ. 광전 효과는 한계 진동수 이상의 진동수를 가진 빛을 비추면 금속으로부터 전자가 방출되는 현상으로, 이를 통해 빛이 입자라는 것을 알 수 있다. 즉, 광전 효과는 빛의 입자성의 증거가 된다.

ㄴ. 광전 효과가 나타났으므로 단색광의 진동수 f는 금속판의 한계 진동수 f_0보다 크다.

ㄷ. 빛의 세기는 광전자의 수에 비례하므로, 빛의 세기가 강할수록 방출되는 광전자의 수가 많다.

02 ① 금속판에 비추는 빛의 진동수가 한계 진동수보다 크면 광전자는 즉시 방출된다.

③ 정지 전압은 방출되는 광전자의 최대 운동 에너지에 비례하므로 비추는 빛에너지($E=hf$)에서 일함수($W=hf_0$)를 뺀 값의 크기에 비례한다. 따라서 정지 전압이 커지기 위해서는 비추는 빛의 진동수를 크게 하거나, 금속판의 일함수를 작은 것으로 바꿔 주면 된다.

④ 일함수는 금속의 종류에 따라 다르므로 동일한 금속은 일함수가 같다. 방출되는 전자의 최대 운동 에너지는 $E_k=hf-W$이므로 빛의 진동수가 증가할수록 방출되는 광전자의 최대 운동 에너지도 증가한다.

⑤ 빛의 세기가 증가하면 단위 시간당 방출되는 광전자의 수가 많아진다.

| 바로알기 | ② 빛의 밝기는 빛의 세기와 관계가 있다. 따라서 빛의 밝기가 증가하면 빛의 세기가 증가하여 단위 시간당 방출되는 광전자의 수가 증가한다. 그러나 빛의 진동수는 변함이 없으므로 방출되는 광전자의 최대 운동 에너지는 변하지 않는다. 따라서 정지 전압도 변하지 않는다.

03 전자의 최대 운동 에너지는 $E_k=hf-W=\dfrac{hc}{\lambda}-W$이다.

여기에서 금속에 비추는 빛에너지는

$\dfrac{hc}{\lambda}=\dfrac{(4.2\times10^{-15})\,\text{eV·s}\times(3\times10^8)\text{m/s}}{600\times10^{-9}\,\text{m}}=2.1\,\text{eV}$이다. 따라서

광전자의 최대 운동 에너지는 $E_k=2.1\,\text{eV}-1.6\,\text{eV}=0.5\,\text{eV}$이다.

1 eV는 전자 1개가 1 V의 전압에 의해 가속될 때 얻은 운동 에너지이므로 운동 에너지가 0.5 eV인 광전자 1개를 정지시키는 데 필요한 전압, 즉 정지 전압은 0.5 V이다.

04 정지 전압은 b를 비출 때가 더 크므로 진동수는 a<b이다. 광전류는 빛의 세기가 강할수록 세진다. a를 비출 때 광전류가 더 많이 흐르므로 빛의 세기는 a>b이다.

05 정지 전압은 진동수가 큰 빛에 의해 정해지므로 b를 비추었을 때와 같은 $2V_0$이다.

06 꼼꼼 **문제 분석**

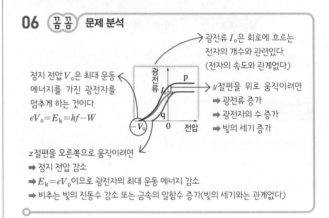

광전류 I_0은 회로에 흐르는 전자의 개수와 관련있다. (전자의 속도와 관계없다)

정지 전압 V_0은 최대 운동 에너지를 가진 광전자를 멈추게 하는 것이다. $eV_0=E_k=hf-W$

y절편을 위로 움직이려면
➡ 광전류 증가
➡ 광전자의 수 증가
➡ 빛의 세기 증가

x절편을 오른쪽으로 움직이려면
➡ 정지 전압 감소
➡ $E_k=eV_0$이므로 광전자의 최대 운동 에너지 감소
➡ 비추는 빛의 진동수 감소 또는 금속의 일함수 증가(빛의 세기와는 관계없다)

모범답안 p와 같은 결과를 만들기 위하여 금속에 비추는 빛의 세기를 증가시킨다. q와 같은 결과를 만들기 위하여 금속에 비추는 빛의 진동수를 감소시키거나, 금속판의 금속을 일함수가 더 큰 금속으로 교체한다.

채점 기준	배점
p의 방법 한 가지, q의 방법 두 가지를 모두 옳게 쓴 경우	100 %
방법 한 가지당 부분 배점	30 %

07 단색광의 진동수에 따른 광전자의 최대 운동 에너지 그래프에서 기울기는 h이고, x절편은 한계 진동수이며, y절편의 절댓값은 일함수이다.

ㄱ. x절편이 한계 진동수이므로 A와 B의 한계 진동수는 각각 f_0, $3f_0$이다. 금속의 일함수는 한계 진동수와 플랑크 상수의 곱이므로 A와 B의 일함수는 각각 hf_0, $3hf_0$이다.

ㄴ. $E_k=hf-W=hf-hf_0$에서 hf_0은 상수이므로 그래프의 기울기는 모두 h이다.

ㄷ. 진동수가 $5f_0$인 단색광을 비출 때, A와 B의 광전자의 최대 운동 에너지는 각각 다음과 같다.

A: $E_k=5hf_0-W_A=5hf_0-hf_0=4hf_0$

B: $E_k=5hf_0-W_B=5hf_0-3hf_0=2hf_0$

따라서 광전자의 최대 운동 에너지는 A가 B의 2배이다.

08 $E_k=hf-W$에 주어진 조건을 대입하면 $0.5hf_1=hf_1-W$에서 일함수 $W=0.5hf_1$이다. 이 금속에 진동수가 $2.5f_1$인 빛을 비출 때 광전자의 최대 운동 에너지 $E_k=hf-W=2.5hf_1-0.5hf_1=2hf_1$이 된다.

09 꼼꼼 문제 분석

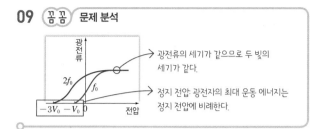

광전자의 최대 운동 에너지는 정지 전압에 비례한다. 따라서 진동수가 $2f_0$인 빛을 비출 때 방출되는 광전자의 최대 운동 에너지는 진동수가 f_0인 빛을 비출 때의 3배이다. 따라서 $E_1 : E_2 = 1 : 3$이다.

10 단색광의 진동수가 f일 때, 광전자의 최대 운동 에너지는 $E_k = hf - W$이다. $E_2 = 3E_1$이므로 $2hf_0 - W = 3(hf_0 - W)$에서 금속판의 일함수는 $W = 0.5hf_0$이다. 따라서 한계 진동수는 $0.5f_0$이다.

11 일함수는 금속 표면에서 전자 1개가 방출되기 위한 최소한의 에너지로, 금속의 종류에 따라 다르다. 일함수가 큰 금속일수록 비추어주는 빛의 에너지가 커야 광전 효과가 나타나므로, 금속 표면에서 전자를 방출시킬 수 있는 빛의 최소 진동수인 한계 진동수가 커진다.

모범답안 금속의 일함수가 클수록 비추는 빛의 에너지가 커야 광전 효과가 나타나므로 광전자를 방출시킬 수 있는 빛의 최소 진동수인 한계 진동수가 크다.

채점 기준	배점
일함수가 클수록 빛의 한계 진동수가 크다고 쓰고, 그 까닭을 옳게 서술한 경우	100 %
일함수가 클수록 빛의 한계 진동수가 크다라고만 서술한 경우	80 %

12 광전자의 최대 운동 에너지는 광자 1개의 에너지에서 일함수를 뺀 값과 같다. 따라서 실험 I에서 $2E = \dfrac{hc}{3\lambda} - W$이고, 실험 II에서 $E = \dfrac{hc}{4\lambda} - W$이므로, 이 금속의 일함수는 $W = \dfrac{hc}{6\lambda}$이다.

13 ㄱ. 광전자가 방출되게 하는 한계 진동수는 (가)의 x절편과 같으므로 금속판 A의 한계 진동수는 f_0이다.
ㄷ. 진동수가 $2f_0$인 빛은 금속판 A의 한계 진동수 f_0보다는 크고 금속판 B의 한계 진동수 $3f_0$보다는 작다. 따라서 금속판 A에서는 광전자가 방출되어 광전류가 흐르고, 금속판 B에서는 광전자가 방출되지 않아서 광전류가 흐르지 않는다. (나)에서 그래프 a는 금속판 A의 결과이고, b는 금속판 B의 결과이다.
바로알기 ㄴ. 일함수는 $W = h \times$ 한계 진동수에서 금속판 B의 한계 진동수가 $3f_0$이므로 B의 일함수는 $3hf_0$이다.

14 금속의 종류가 같을 때 광전 효과에 의해 방출되는 전자의 운동 에너지는 빛의 진동수에 비례하고, 광전자의 수는 빛의 세기에 비례한다.
ㄴ. 빛의 세기는 광전자의 수에 비례한다. 표에서 광전류의 세기는 방출된 광전자의 수에 비례하므로 단색광의 세기는 A가 B보다 작다.
바로알기 ㄱ, ㄷ. 광전자의 운동 에너지는 빛의 진동수에 비례하므로 단색광의 진동수는 A＝B＞C이다.

15 꼼꼼 문제 분석

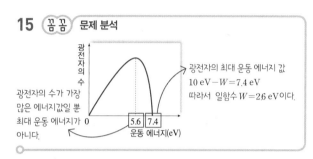

ㄴ. 광자의 에너지가 15 eV인 빛을 비추었을 때, 방출되는 광전자의 최대 운동 에너지는 $E_k = 15 \text{ eV} - W = 15 \text{ eV} - 2.6 \text{ eV} = 12.4 \text{ eV}$이다.
바로알기 ㄱ. 금속의 일함수는 2.6 eV이다.
ㄷ. 광자의 에너지가 처음의 2배인 20 eV인 빛을 비추었을 때, 방출되는 광전자의 최대 운동 에너지는 $E_k = 20 \text{ eV} - W = 20 \text{ eV} - 2.6 \text{ eV} = 17.4 \text{ eV}$이다. 따라서 비추는 빛의 에너지가 2배로 된다고 해서 광전자의 최대 운동 에너지가 2배가 되는 것은 아니다.

02 입자의 파동성

개념 확인 문제 　　　　　　　　293쪽

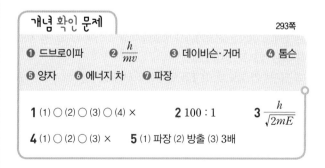

❶ 드브로이파　❷ $\dfrac{h}{mv}$　❸ 데이비슨·거머　❹ 톰슨
❺ 양자　❻ 에너지 차　❼ 파장

1 (1) ◯ (2) ◯ (3) ◯ (4) ×　　**2** 100 : 1　　**3** $\dfrac{h}{\sqrt{2mE}}$

4 (1) ◯ (2) ◯ (3) ×　　**5** (1) 파장 (2) 방출 (3) 3배

1 (1) 회절과 간섭은 파동만의 특성이다.

(2) $\lambda = \dfrac{h}{mv} = \dfrac{h}{p}$에서 운동량 $p = \dfrac{h}{\lambda}$이다.

(3) 전자와 같은 물질 입자는 파동성을 나타내는데, 이를 물질파라고 한다.

(4) 드브로이 파장 $\lambda = \dfrac{h}{mv}$이므로 v가 2배가 되면 드브로이 파장은 $\dfrac{1}{2}$배가 된다.

2 $\lambda = \dfrac{h}{mv}$이므로 파장이 같으면 두 입자의 운동량(mv)이 같다. 이때 질량과 속력은 반비례 관계이다. 따라서 속력 비는 A : B $= \dfrac{1}{1} : \dfrac{1}{100} = 100 : 1$이다.

3 전자의 운동 에너지가 E일 때, $E = \dfrac{1}{2}mv^2 = \dfrac{(mv)^2}{2m} = \dfrac{p^2}{2m}$에서 전자의 운동량은 $p = \sqrt{2mE}$이다. 전자의 드브로이 파장 $\lambda = \dfrac{h}{mv}$이므로 전자의 물질파 파장은 $\dfrac{h}{\sqrt{2mE}}$이다.

4 (1) 러더퍼드 원자 모형의 중요한 특징은 원자핵의 존재를 발견한 것이다. 러더퍼드 원자 모형에서 원자 중심에는 원자 질량의 대부분을 차지하고 (+)전하를 띠는 원자핵이 존재하고, 전자들이 원자핵 주변을 원운동한다.

(2) 러더퍼드 원자 모형에 따르면 임의의 궤도에서 원운동하는 전자는 전자기파를 방출하면 점차 에너지를 잃어 원자핵으로 빨려들어가야 하는데, 실제로 전자는 안정적으로 돌고 있으므로 러더퍼드 원자 모형으로는 원자의 안정성을 설명할 수 없다.

(3) 러더퍼드 원자 모형에 따르면 수소 원자에서 연속 스펙트럼이 나와야 하는데, 실제로는 선 스펙트럼이 나타나므로 러더퍼드 원자 모형으로는 선 스펙트럼을 설명할 수 없다.

5 (1) 보어 양자 조건은 원 궤도 둘레가 파장의 정수 배인 궤도를 의미한다. 원 궤도의 둘레가 드브로이 파장의 정수 배가 되는 곳에서 전자는 전자기파를 방출하지 않고 안정적으로 원 궤도를 도는 것으로 생각하였다.

(2) 양자수가 클수록 전자의 에너지가 크다. 따라서 양자수가 큰 궤도에서 작은 궤도로 전자가 전이할 때, 두 궤도의 에너지 차에 해당하는 에너지를 가진 전자기파를 방출한다.

(3) $2\pi r = n\lambda$이므로 $n=3$인 궤도의 원둘레 길이는 그 궤도를 도는 전자의 물질파 파장의 3배이다.

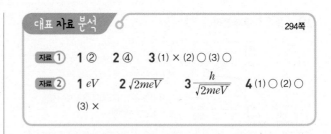

대표 자료 분석 294쪽

자료 ① 1 ② 2 ④ 3 (1) × (2) ○ (3) ○
자료 ② 1 eV 2 $\sqrt{2meV}$ 3 $\dfrac{h}{\sqrt{2meV}}$ 4 (1) ○ (2) ○ (3) ×

①-1 꼼꼼 문제 분석

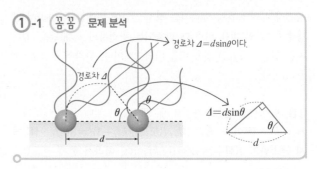

경로차 $\Delta = d\sin\theta$이다.
경로차 Δ
$\Delta = d\sin\theta$

①-2 (나)에서 $\theta = 50°$일 때 검출된 전자 수가 가장 많으므로 $\theta = 50°$일 때 보강 간섭이 일어난 것이다.

결정 표면에서 보강 간섭이 일어날 조건 $n\lambda = d\sin\theta$에서 $\theta = 50°$이고, 경로차는 파장과 같으므로 $n = 1$이다. 따라서 $\lambda = d\sin50°$이다.

파장 $= \lambda$

①-3 (1) 데이비슨·거머 실험에서 회절, 간섭 현상이 일어나므로 전자는 파동성을 갖고 있음을 알 수 있다.

(2) 전자들이 니켈 결정 안의 원자에서 회절되어 특정 각도에서 보강되므로 각도에 따라 전자의 수가 다르게 관측된다.

(3) 니켈 결정에 의해 회절된 전자의 수가 $\theta = 50°$일 때 가장 많으므로 보강 간섭이 일어난 것이다.

②-1 전자를 전압 V로 가속시키면 전자의 전하량에 전압을 곱한 만큼의 운동 에너지를 얻게 된다. 따라서 입사 전자의 운동 에너지는 eV이다.

②-2 입사 전자의 운동 에너지 $E_k = \dfrac{1}{2}mv^2 = eV$이므로 $m^2v^2 = 2meV$가 되어 운동량 $p = mv = \sqrt{2meV}$이다.

②-3 물질파 파장 $\lambda = \dfrac{h}{p} = \dfrac{h}{\sqrt{2meV}}$이다.

②-4 (1) 스크린에 도달하는 전자의 양이 많은 지점과 적은 지점이 번갈아가면서 나타나는 현상은 전자가 파동으로서 보강 간섭 또는 상쇄 간섭을 한 것으로 설명할 수 있다.

(2) $p=\sqrt{2meV}$이므로 가속 전압 V가 높을수록 전자의 운동량 p가 커진다.

(3) $\lambda=\dfrac{h}{\sqrt{2meV}}$이므로 $\lambda \propto \dfrac{1}{\sqrt{V}}$이다. 따라서 가속 전압이 높을수록 드브로이 파장이 짧아진다.

내신 만점 문제

295쪽~297쪽

01 ④	02 ⑤	03 해설 참조	04 ⑤	05 ④	06 ③
07 ③	08 해설 참조	09 ④	10 ③	11 ⑤	12 ①
13 해설 참조	14 ⑤	15 ①			

01 ④ 전자가 입자의 성질만 갖는다면 전자는 직진하여서 스크린에는 밝은 줄무늬 2줄만 나타날 것이다. 이중 슬릿을 통과한 전자의 간섭에 의해 보강 간섭과 상쇄 간섭이 일어나 스크린에 밝고 어두운 무늬가 생긴다. 따라서 전자는 파동의 성질을 갖는 다는 것을 알 수 있다.

02 $\lambda=\dfrac{h}{p}=\dfrac{h}{mv}$이므로 물질파의 파장은 운동량에 반비례한

다. A의 운동량이 mv, B의 운동량이 $6mv$이므로 $\lambda_\mathrm{A}:\lambda_\mathrm{B}=\dfrac{1}{mv}$

$:\dfrac{1}{6mv}=6:1$이 된다.

03 모범답안 데이비슨·거머 실험, 톰슨 전자 회절 실험

채점 기준	배점
두 가지 실험 모두 옳게 쓴 경우	100 %
두 가지 중 한 가지만 옳게 쓴 경우	50 %

04 ㄱ, ㄴ. (가) 데이비슨·거머의 전자 회절 실험은 전자를 니켈 결정에 입사시켜서 전자의 회절을 관찰하는 실험이고, (나) 톰슨의 전자 회절 실험은 금속박에 전자를 쪼였을 때 원형의 회절 무늬를 관찰하는 실험이다.

ㄷ. (가), (나)는 운동하는 물체는 파동성을 갖는다는 물질파를 증명해 주는 대표적인 실험이다.

05 꼼꼼 문제 분석

전자총
전자선
전원 장치
전자 검출기
θ
니켈 결정

$\theta=50°$
검출기 각도가 50°일 때 전자가 가장 많이 검출된다.

ㄱ. (나) 그래프는 파동인 X선으로 실험할 때와 같은 결과이다. 따라서 전자가 회절되었음을 알 수 있다.

ㄴ. θ가 50°일 때 검출된 전자의 수가 많으므로 보강 간섭이 일어난 것이다.

▮바로알기▮ ㄷ. $\lambda=\dfrac{h}{mv}$에서 전자의 속도가 빠를수록 파장이 짧아져서 회절이 잘 일어나지 않으므로 결과가 잘 나타나지 않는다.

06 산란된 전자선이 보강 간섭을 하는 조건 $2d\sin\theta=n\lambda$에서 $\sin\theta=0.2$이므로 경로차 $2d\sin\theta=0.4d$이고, 이 값은 산란된 전자선이 보강 간섭을 하는 경로차의 최솟값이므로 $n=1$이다.

$2d\sin\theta=n\lambda=n\dfrac{h}{mv}$이므로 주어진 값을 대입하면 $0.4d=\dfrac{h}{mv}$

가 되어 $d=\dfrac{5h}{2mv}$이다.

07 ㄱ. $p=mv=\sqrt{2meV}$이므로 가속 전압이 커질수록 전자의 운동량이 커진다.

ㄷ. $\lambda=\dfrac{h}{p}=\dfrac{h}{\sqrt{2meV}}$이므로 가속 전압을 높이면 전자의 물질파 파장이 짧아진다.

▮바로알기▮ ㄴ. 가속 전압을 높이면 전자의 물질파 파장이 짧아지고, 파장이 짧아지면 회절 현상이 일어나는 정도가 작으므로 무늬 사이의 간격이 줄어든다.

08 원자가 규칙적으로 배열된 고체 결정에 X선을 쪼여 주면 각각의 원자에 의해 회절된 X선이 특정한 각도에서 보강 간섭하는 현상이 나타나는 것은 X선이 전자기파이기 때문이다. 얇은 금속박에 가속시킨 전자선을 쪼일 때 X선의 회절과 같은 현상이 나타나는 것은 전자가 물질파로서 회절하기 때문이므로, 전자가 파동성을 갖는다는 것을 알 수 있다.

모범답안 전자선이 X선의 경우와 같이 회절 현상을 보이므로, 전자와 같은 입자가 파동성을 갖는다는 것을 알 수 있다.

채점 기준	배점
전자선도 X선의 경우와 같이 회절 현상을 보이므로, 전자와 같은 입자가 파동성을 갖는다는 것을 알 수 있다고 서술한 경우	100 %
전자와 같은 입자가 파동성을 갖는다는 것을 알 수 있다고만 서술한 경우	80 %

09 ④ 운동 에너지 $E_k=\dfrac{1}{2}mv^2$이므로 $mv=\sqrt{2mE_k}$이다. 드브로이 파장은 $\lambda=\dfrac{h}{mv}=\dfrac{h}{\sqrt{2mE_k}}$이므로 $\sqrt{E_k}$에 반비례한다.

10 꼼꼼 문제 분석

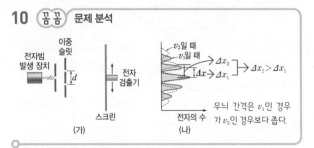

ㄱ. 이중 슬릿을 통과한 전자가 스크린에 간섭무늬를 만든 것은 전자가 회절과 간섭을 했다는 것이다. 따라서 전자의 파동성을 확인할 수 있는 실험이다.

ㄷ. $\Delta x=\dfrac{L\lambda}{d}$이므로 이중 슬릿의 간격 d가 작아지면 Δx는 커진다.

┃바로알기┃ ㄴ. 간섭무늬 사이의 간격 $\Delta x=\dfrac{L\lambda}{d}$이고, 물질파의 파장은 $\lambda=\dfrac{h}{mv}$이므로 간섭무늬의 간격은 파장에 비례하고 속력에 반비례한다. 무늬 간격은 v_1인 경우가 v_2보다 좁으므로 v_1이 v_2보다 크다.

11 운동 에너지 $E_k=\dfrac{p^2}{2m}$에서 $p=\sqrt{2mE_k}=\dfrac{h}{\lambda}$이므로 질량은 $m=\dfrac{h^2}{2\lambda^2E_k}$이다. 따라서 $m_A:m_B=\dfrac{h^2}{2\lambda^2\times2E}:\dfrac{h^2}{2\times(4\lambda)^2\times E}$ $=8:1$이다.

12 보어 원자 모형에 의해 양자수 n인 궤도의 둘레는 $2\pi r=n\lambda$이다. 따라서 양자수 $n=2$인 궤도에서 전자의 물질파 파장 $\lambda=\pi r$이다. $\lambda=\dfrac{h}{p}$이므로 $p=\dfrac{h}{\lambda}=\dfrac{h}{\pi r}$가 된다.

13 모범답안 수소 원자에서 방출되는 에너지는 전이하는 두 궤도 사이의 에너지 차와 같으므로 $E=E_2-E_1=-3.4$ eV$-(-13.6$ eV$)=$ 10.2 eV이다.

채점 기준	배점
풀이 과정과 함께 방출되는 에너지를 옳게 구한 경우	100 %
풀이 과정만 맞은 경우	50 %

14 ㄱ. 보어 원자 모형에서 전자가 특정한 궤도에서 안정한 상태로 원운동할 수 있는 조건을 양자 조건이라고 한다.

ㄴ. 특정한 궤도에서 전자의 원 궤도의 둘레가 드브로이 파장의 정수 배일 때 안정한 상태가 되어 전자기파를 방출하지 않는다.

ㄷ. (가), (나)는 원자의 안정성과 선 스펙트럼을 설명하므로, 러더퍼드 원자 모형의 문제점을 해결할 수 있다.

15 꼼꼼 문제 분석

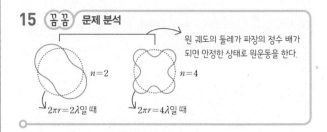

ㄱ. $2\pi r_n=n\lambda_n$이고, 궤도 반지름 $r_n=n^2a_0$이다. 따라서 양자수가 증가할수록 전자의 물질파 파장이 증가하고, $p=\dfrac{h}{\lambda}$에서 운동량이 감소하며 $E=\dfrac{p^2}{2m}$에서 운동 에너지가 감소한다. (가), (나)의 상태는 양자수가 각각 2, 3이므로 전자의 운동 에너지는 (가)의 상태에 있을 때가 (나)의 상태에 있을 때보다 크다.

┃바로알기┃ ㄴ, ㄷ. 전자의 드브로이 파장은 $\lambda_n=2\pi a_0n$으로 양자수 n에 비례한다. 따라서 양자수가 커지면 드브로이 파장과 궤도 반지름이 증가하므로 물질파 파장과 궤도 반지름은 (나)에서 더 크다.

03 불확정성 원리

개념 확인 문제 301쪽

❶ 양자 ❷ 불확정성 ❸ 운동량 ❹ 불확정성 원리 ❺ 파동 함수 ❻ 양자수 ❼ 4 ❽ 확률 밀도 ❾ 확률

1 ㉠ 있, ㉡ 없, ㉢ 없, ㉣ 있 **2** ㉠ 운동량, ㉡ ≥ **3** (1) × (2) ○ (3) ○ **4** ㉠ 궤도 양자수, ㉡ 0, 1, ㉢ 0, 1, −1 **5** ㉠ 0, ㉡ 0, ㉢ 구

1 빛의 파장이 짧으면 전자의 위치를 정확하게 측정할 수 있지만 불확정성 원리에 의해 운동량을 정확하게 측정할 수 없다. 빛의 파장이 길면 전자의 위치를 정확하게 측정할 수 없지만 불확정성 원리에 의해 운동량을 정확하게 측정할 수 있다.

2 위치와 운동량 사이에는 불확정성이 존재한다. 입자의 위치 측정에서의 불확정량을 Δx, 운동량 측정에서의 불확정량을 Δp라고 할 때, $\Delta x\Delta p\geq h$의 관계를 만족한다.

3 (1) 수소 원자의 에너지 준위, 즉 수소 원자에 속박된 전자가 가질 수 있는 에너지는 주 양자수 n에 의해 결정된다.

(2) 수소 원자의 에너지 준위 $E_n = -\dfrac{13.6}{n^2}\text{eV}$이다. 이때 $n=1$, 2, 3, …인 불연속적인 값을 가지므로 에너지 준위도 불연속적인 값을 갖는다.

(3) 주 양자수 n이 같으면 l, m이 달라도 같은 에너지를 가지므로, n이 같은 1개의 에너지 준위에 동일한 에너지를 갖는 여러 상태가 존재할 수 있다.

4 ㉠ 양자수 l은 궤도 양자수이다.
㉡ 궤도 양자수는 0, 1, …, $n-1$이다. 주 양자수가 $n=2$이므로 허용된 궤도 양자수는 $l=0$, 1이다.
㉢ 이때 허용된 자기 양자수는 $m=-1$, 0, $+1$ 이다.

5 주 양자수 $n=1$일 때는 $l=m=0$인 상태만 가능하다. 또한 주어진 그림에서 전자를 발견할 확률 분포는 원자핵으로부터 약 0.5×10^{-10} m인 곳에서 가장 높다. 이를 3차원에 적용하면 전자를 발견할 확률이 가장 높은 곳은 원자핵으로부터 반지름이 0.5×10^{-10} m인 구 모양이 된다.

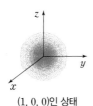

(1, 0, 0)인 상태

①-1 꼼꼼 **문제 분석**

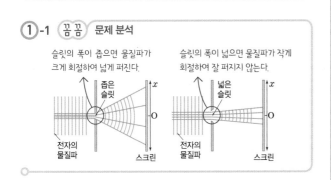

슬릿의 폭이 좁으면 물질파가 크게 회절하여 넓게 퍼진다.
슬릿의 폭이 넓으면 물질파가 작게 회절하여 잘 퍼지지 않는다.

좁은 슬릿 / 넓은 슬릿 / 전자의 물질파 / 스크린

슬릿의 폭이 좁을수록 전자가 스크린에 도달한 x방향 거리가 크므로 회절이 잘 일어나고, 슬릿의 폭이 넓을수록 전자가 스크린에 도달한 x방향 거리가 작으므로 회절이 잘 일어나지 않는다.

①-2 전자의 물질파가 통과하는 슬릿의 위치로 전자의 x방향으로의 위치를 알 수 있으므로, 슬릿의 폭이 좁을수록 전자의 위치를 더 정확히 측정할 수 있다. 또한 전자가 스크린에 도달한 x방향 거리로 전자의 x방향의 운동량을 알 수 있다. 이때 슬릿의 폭이 넓을수록 회절이 작게 일어나 스크린에 전자가 도달하는 x방향의 거리가 작아지면서 전자의 운동량을 더 정확히 측정할 수 있다.

①-3 (1) 슬릿의 폭이 넓을수록 전자 위치의 불확정량이 크고, 회절이 잘 일어나지 않으므로 운동 방향이 크게 변하지 않아 운동량 불확정량이 감소한다.
(2) 슬릿의 폭이 좁을수록 전자의 위치 불확정량이 작고, 회절이 잘 일어나므로 운동 방향이 크게 변해 운동량 불확정량이 증가한다.
(3) 전자의 위치와 운동량을 정확히 측정할 수 없다는 것을 입증하는 실험이다.

②-1 (가)는 전자가 특정한 궤도로 원자핵 주위를 원운동하므로 보어 원자 모형이고, (나)는 전자의 정확한 위치는 알 수 없고, 확률만 알 수 있으므로 현대적 원자 모형이다.

②-2 원자 모형의 순서는 러더퍼드의 알파(α)입자 산란 실험에 의한 러더퍼드 원자 모형 → 러더퍼드 원자 모형의 한계점을 해결한 보어의 원자 모형 → 보어 원자 모형의 문제점을 해결한 현대적 원자 모형 순이다.

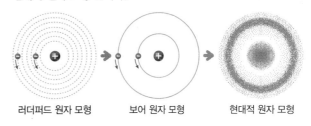

러더퍼드 원자 모형　　보어 원자 모형　　현대적 원자 모형

②-3 (1) (가)는 보어 원자 모형으로 전자는 특정한 궤도를 따라 원운동을 한다. 전자가 어느 궤도에서나 원운동을 할 수 있는 것은 러더퍼드 원자 모형이다.
(2) (가)는 전자의 위치와 운동량을 정확하게 측정할 수 있으므로 불확정성 원리에 위배되는 원자 모형이다.
(3) (나)는 현대적 원자 모형으로, 전자의 정확한 위치는 알 수 없고 전자가 존재할 확률만 알 수 있다.
(4) (가), (나)는 모두 전자가 다른 에너지 준위로 전이할 때, 에너지 준위의 차에 해당하는 에너지를 흡수하거나 방출한다.

303쪽~305쪽

| 01 ④ | 02 ② | 03 ② | 04 해설 참조 | 05 ① | 06 ⑤ |
| 07 ③ | 08 ① | 09 ⑤ | 10 ③ | 11 ④ | 12 ① |

01 ㄱ. 전자에 부딪쳐 산란된 광자(빛)가 우리 눈에 들어오면 전자를 관찰할 수 있다.

ㄷ. 파장이 λ인 빛은 운동량이 $p=\dfrac{h}{\lambda}$인 광자로 이루어져 있다. 따라서 빛이 전자에 충돌할 때, 입자들끼리 충돌하는 것과 같이 전자의 운동량을 변화시킨다.

┃**바로알기**┃ ㄴ. 회절에 의한 분해능 때문에 이용하는 빛의 파장이 짧을수록 전자의 위치를 정확하게 측정할 수 있다.

02 빛을 이용하여 측정할 때 빛의 파장보다 짧은 거리를 측정하지 못하므로, 사용한 빛의 파장이 λ라면 전자의 위치는 최소 λ만큼의 오차를 가진다. 따라서 전자의 위치 불확정량 $\varDelta x \geq \lambda$이다. 또한 운동량이 $\dfrac{h}{\lambda}$인 광자가 전자와 충돌하여 전자의 운동량이 변할 때 광자의 운동량 정도만큼 변하므로, 전자의 운동량 불확정량 $\varDelta p \geq \dfrac{h}{\lambda}$이다.

03 ① 빛의 파장이 길수록 빛의 회절 정도가 커서 전자의 위치 불확정량이 크다.

③, ④ 빛의 파장이 짧을수록 빛이 회절하는 정도가 작으므로 측정한 전자의 위치 불확정량이 작아진다. 또한 빛의 파장이 짧을수록 광자의 운동량이 크므로 측정한 전자의 운동량 불확정량이 커진다.

⑤ 빛의 파장이 짧으면 위치 불확정량이 작아지면서 운동량 불확정량이 커지고, 빛의 파장이 길면 위치 불확정량이 커지면서 운동량 불확정량이 작아진다. 따라서 전자의 위치와 운동량을 동시에 정확하게 측정할 수 없다.

┃**바로알기**┃ ② 빛의 파장이 길수록 광자의 운동량 $p=\dfrac{h}{\lambda}$가 작으므로 전자의 운동량이 변하는 정도가 작아진다.

04 ┃**모범답안**┃ 양성자의 위치 불확정량 $\varDelta x = 1.00 \times 10^{-15}$ m일 때, 불확정성 원리 $\varDelta x \varDelta p \geq h$에서 양성자의 운동량 불확정량 $\varDelta p \geq \dfrac{h}{\varDelta x}$ $= \dfrac{6.63 \times 10^{-34} \text{ J·s}}{1.00 \times 10^{-15} \text{ m}} = 6.63 \times 10^{-19}$ kg·m/s이다. 따라서 이 양성자의 운동량 불확정량의 한계는 6.63×10^{-19} kg·m/s이다.

채점 기준	배점
식을 세워 값을 정확히 구한 경우	100 %
그 외의 경우	0 %

05 슬릿의 위치로 전자의 x방향의 위치를 알 수 있으므로, x방향의 위치 불확정량 $\varDelta x \simeq$ '슬릿의 폭'이 된다. 또한 전자가 크게 회절할수록 x방향으로 넓게 퍼지므로 운동량 불확정량 $\varDelta p \simeq$ '회절 정도'가 된다.

06 꼼꼼 **문제 분석**

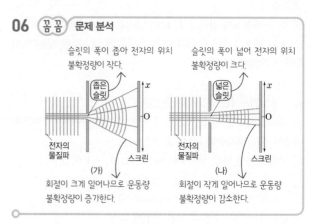

(가)는 (나)보다 전자의 위치를 정확하게 알 수 있으므로 위치 불확정량은 (가)<(나)이다. 또한 (나)는 (가)보다 운동량을 정확하게 알 수 있으므로 운동량 불확정량은 (가)>(나)이다.

07 ㄱ. 위치와 운동량 사이에 존재하는 불확정성 때문에 위치와 운동량을 동시에 정확하게 측정하는 것은 불가능하다.

ㄷ. 서로 관계있는 물리량을 동시에 측정할 때 둘 사이의 정확도에는 한계가 있다는 불확정성 원리는 어떤 입자의 물리량을 측정하는 행위 자체가 입자의 상태에 영향을 미치기 때문에 생긴다.

┃**바로알기**┃ ㄴ. 위치 불확정량 $\varDelta x$와 운동량 불확정량 $\varDelta p$의 곱 $\varDelta x \varDelta p \geq h$이다. 따라서 두 불확정량의 곱은 0이 될 수 없다.

08 꼼꼼 **문제 분석**

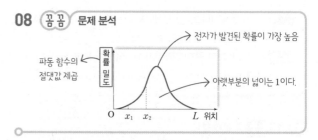

ㄱ. 전 공간에서 입자를 발견할 확률을 모두 더하면 1이 되어야 하므로, 확률 밀도 그래프 아랫부분의 넓이는 1이 되어야 한다.

┃**바로알기**┃ ㄴ. $0 \sim x_1$ 구간보다 $x_1 \sim x_2$ 구간에서 확률 밀도가 크므로 전자가 발견될 확률은 $x_1 \sim x_2$ 구간에서가 더 높다.

ㄷ. 전자는 구간 내의 어느 곳에서나 존재할 수 있으므로 $x = \dfrac{L}{2}$인 지점에서만 발견될 수 있는 것은 아니다.

09 ㄴ. 궤도 양자수가 l일 때, $m=0$, ± 1, $\pm 2 \cdots$, $\pm l$의 값이 허용된다. 따라서 $l=1$일 때, 허용된 자기 양자수의 값 $m=0$, ± 1이다.

ㄷ. 주 양자수는 전자의 에너지를 결정하고, 궤도 양자수는 전자의 회전 운동을 나타낸다.

바로알기 ㄱ. 주 양자수가 n일 때, 허용된 궤도 양자수 $l=0$, 1, 2, $\cdots$, $n-1$이다. 따라서 $n=1$일 때 허용된 궤도 양자수의 값 $l=0$이다.

10 ㄱ. (가)는 보어의 수소 원자 모형이다. 보어는 원자 모형을 설명할 때 물질파 이론을 적용하였다. 물질파는 전자의 파동성을 나타낸다.

ㄴ. (나)는 현대적 원자 모형으로 전자의 위치를 확률적으로 알 수 있다.

바로알기 ㄷ. 현대적 원자 모형에서는 불확정성 원리가 적용되었다. 따라서 전자의 위치와 운동량을 동시에 정확히 측정할 수 없다.

11 ① 전자가 가지는 에너지가 0보다 크면 전자는 원자핵으로부터 자유로운 입자로 볼 수 있다. 전자의 에너지가 0보다 작으면 전자는 원자에 속박되었다고 표현한다.

②, ③ 전자의 에너지 준위는 주 양자수 $n(=1, 2, 3, \cdots)$에 의해서만 결정되는 불연속적인 값을 갖는다. 이를 에너지 준위가 양자화되어 있다고도 표현한다.

⑤ 전자의 에너지 준위가 낮아지면, 낮아진 만큼의 에너지를 가진 빛(전자기파)을 방출한다. 또한 전자의 에너지 준위가 높아지려면, 그 차이에 해당하는 만큼의 에너지를 가진 빛(전자기파)을 흡수해야 한다.

바로알기 ④ 주 양자수 n이 같으면 l, m이 달라도 같은 에너지를 가지므로, 한 에너지 준위에는 양자수 n, l, m으로 기술되는 상태가 여러 개 존재할 수 있다.

12 (꼼꼼) 문제 분석

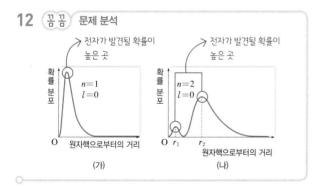

ㄱ. 에너지 준위는 주 양자수 n에 비례한다. 따라서 (가)는 $n=1$이고, (나)는 $n=2$이므로 (나)의 에너지 준위가 (가)보다 높다.

바로알기 ㄴ. (나)에서 전자는 r_1과 r_2에서 발견될 확률이 높지만 이 위치 외에서도 발견될 확률이 0은 아니다.

ㄷ. (가)의 상태에서 (나)의 상태가 되려면 에너지를 흡수해야 한다. 빛을 방출하는 경우는 (나)의 상태에서 (가)의 상태로 전자가 전이할 때이다.

중단원 핵심 정리   306쪽

❶ 한계   ❷ 크다   ❸ 비례   ❹ 불연속적   ❺ 일함수
❻ 드브로이파   ❼ 니켈   ❽ 회절   ❾ 톰슨
❿ 불확정성   ⓫ 불가능   ⓬ 양자수   ⓭ 확률

중단원 마무리 문제   307쪽~308쪽

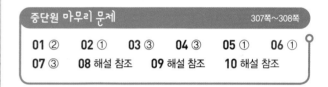

01 ②   **02** ①   **03** ③   **04** ③   **05** ①   **06** ①
07 ③   **08** 해설 참조   **09** 해설 참조   **10** 해설 참조

01 금속판에 빛을 비추었을 때 금속판으로부터 전자가 방출되면 금속판과 금속박이 (+)전하를 띠므로 금속박이 벌어진다.

ㄷ. 금속박이 벌어지게 하기 위해서는 광자 1개의 에너지가 금속의 일함수보다 커야 한다. 따라서 광자 1개의 에너지는 진동수에 비례하므로 진동수가 큰 빛을 비추어야 한다.

바로알기 ㄱ. 단색광의 세기를 증가시키면 광자의 수가 많아질 뿐 광자 1개의 에너지는 커지지 않으므로 전자가 방출되지 않는다.

ㄴ. 파동의 속력 $v=f\lambda$에서 $f=\dfrac{v}{\lambda}$이다. 파장이 긴 빛은 진동수가 작으므로 전자가 방출되지 않는다.

02 (꼼꼼) 문제 분석

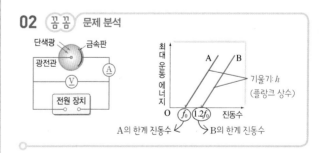

ㄱ. 광전자의 최대 운동 에너지와 진동수 관계 그래프의 기울기는 일정하며, 이 값은 플랑크 상수이다.$(E_k=hf-W)$

바로알기 ㄴ. 금속 B의 한계 진동수(문턱 진동수)가 $1.2f_0$이므로 이보다 진동수가 작은 f_0인 빛을 비추면 광전자가 방출되지 않는다.

ㄷ. 한계 진동수의 광자가 가지는 에너지가 그 금속의 일함수와 같다. A의 일함수는 hf_0이고, B의 일함수는 $1.2hf_0$이므로 일함수의 크기는 B가 A보다 크다.

03 회절 무늬 사이의 간격이 넓을수록 회절이 잘 일어난 것이다.

ㄱ. 파장이 길수록 회절이 잘 일어나므로 회절 무늬 사이의 간격이 넓어진다. $\lambda = \dfrac{h}{p}$이므로 입자의 운동량이 작을수록 물질파의 파장이 길어서 회절이 잘 일어난다.

ㄴ. 슬릿의 간격이 좁을수록 회절이 잘 일어난다.

‖ 바로알기 ‖ ㄷ. 단위 시간당 슬릿을 통과하는 입자 수가 많아지면 회절 무늬는 선명해지지만, 회절 정도와는 관계가 없다.

04 ㄱ. 전자가 금속박의 틈새를 지나면서 (가)와 같은 원형의 회절 무늬가 생긴 것이다.

ㄴ. 전자선에 의한 회절 무늬가 X선에 의한 회절 무늬와 비슷하게 나타나므로 전자도 X선과 같은 파동성을 갖고 있음을 알 수 있다.

‖ 바로알기 ‖ ㄷ. $\lambda = \dfrac{h}{mv}$에서 전자선의 속력이 빠를수록 물질파의 파장이 짧아지므로 밝은 무늬 사이의 간격은 좁아진다.

05 전자의 물질파 파장과 운동 에너지의 관계는 $\lambda = \dfrac{h}{\sqrt{2mE_k}}$이다. $\lambda_A : \lambda_B = \dfrac{1}{\sqrt{8 \times 2}} : 1 = 1 : 4$이므로 $\dfrac{\lambda_A}{\lambda_B} = \dfrac{1}{4}$이다.

06 ㄱ. 현대의 원자 모형은 확률 분포에 따라 가능한 모든 영역에 존재한다고 본다. 따라서 현대의 원자 모형에서 전자는 구름 모양으로 분포한다.

‖ 바로알기 ‖ ㄴ. 수소 원자의 에너지 준위는 보어 원자 모형과 현재 모형이 일치한다.

ㄷ. 보어의 수소 원자 모형에서는 궤도 반지름이 양자화되어 있다. 그러나 현대의 원자 모형에서는 전자의 궤도가 특정한 반지름으로 제한되지 않는다. 따라서 ㄷ은 보어의 원자 모형에만 해당된다.

07 주 양자수 $n=3$일 때, 허용된 l, m 값은 다음과 같다.

양자수	허용된 값							
l	0	1			2			
m	0	-1	0	1	-2	-1	0	1	2

‖ 바로알기 ‖ ③ 양자수 (n, l, m)의 조합에서 $(3, 1, 2)$는 허용되지 않는다. $m = -l, l+1, \cdots, l-1, l$의 값이 허용되므로, 자기 양자수 m의 절댓값은 궤도 양자수 l보다 클 수 없다.

08 **꼼꼼** 문제 분석

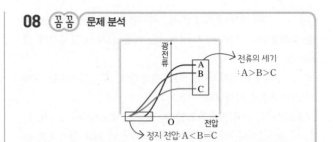

모범답안 A, B, C의 진동수는 $f_A < f_B = f_C$이다. 금속판의 일함수를 W라고 하면 A, B, C를 비추었을 때 광전자의 최대 운동 에너지는 각각 $E_A = hf_A - W$, $E_B = hf_B - W$, $E_C = hf_C - W$이므로 $E_B = E_C > E_A$이다.

채점 기준	배점
풀이 과정과 함께 광전자의 최대 운동 에너지를 옳게 비교한 경우	100 %
풀이 과정 없이 광전자의 최대 운동 에너지만 옳게 비교한 경우	40 %

09 **모범답안** 전자의 위치 불확정량 $\Delta x \geq \lambda$이고, 운동량 불확정량 $\Delta p \geq \dfrac{h}{\lambda}$이다. 따라서 파장 λ가 짧을수록 전자의 위치를 정확하게 측정할 수 있지만 운동량을 정확하게 측정하기 어렵고, 파장 λ가 길수록 전자의 위치를 정확하게 측정할 수 없지만 운동량을 정확하게 측정할 수 있다.

채점 기준	배점
파장이 짧은 빛을 사용할 때와 파장이 긴 빛을 사용할 때의 결과를 모두 옳게 서술한 경우	100 %
파장이 짧은 빛과 긴 빛을 사용할 때의 결과 중 한 가지만 옳게 서술한 경우	50 %

10 **모범답안** 공통점: 에너지 준위가 다른 상태로 전이할 때 빛을 흡수하거나 방출한다. 양자수가 n일 때 수소 원자의 에너지 준위가 같다.

차이점: 보어 원자 모형은 특정한 궤도를 원운동하므로 반지름이 정확하지만, 현대적 원자 모형은 불확정성 원리에 따라 전자의 정확한 위치를 알 수 없다.

채점 기준	배점
공통점과 차이점을 모두 옳게 서술한 경우	100 %
공통점과 차이점 중 한 가지만 옳게 서술한 경우	50 %

수능 실전 문제   309쪽~311쪽

01 ⑤   02 ③   03 ④   04 ③   05 ④   06 ①
07 ④   08 ③   09 ②   10 ①   11 ⑤

01

ㄱ. A를 비추면 광전자가 방출되므로, A의 진동수는 금속판의 한계 진동수보다 크고, B를 비추면 광전자가 방출되지 않으므로 B의 진동수는 금속판의 한계 진동수보다 작다. 따라서 진동수는 A가 B보다 크다.

ㄴ. 한계 진동수보다 큰 진동수를 가진 빛을 비출 때 빛의 세기가 크면 단위 시간 동안 방출되는 광전자의 수가 많다.

ㄷ. 광자 1개의 에너지가 클수록, 즉 진동수가 클수록 광전자의 최대 운동 에너지가 크다.

02 꼼꼼 문제 분석

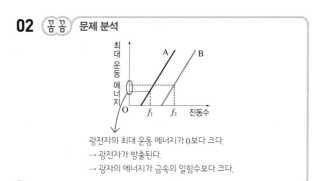

광전자의 최대 운동 에너지가 0보다 크다.
→ 광전자가 방출된다.
→ 광자의 에너지가 금속의 일함수보다 크다.

ㄱ. 진동수가 f_1인 빛을 비추었을 때, A에서 방출되는 광전자의 최대 운동 에너지가 0보다 크므로 광전자가 방출된다. 이는 진동수가 f_1인 빛의 광자 1개의 에너지가 금속판 A의 일함수보다 크다는 것을 의미한다.

ㄴ. 금속판에서 방출되는 전자는 반대쪽 양극으로 이동하여 b 방향으로 이동한다. 전류의 방향은 전자의 이동 방향과 반대이므로 광전류는 a 방향으로 흐른다.

┃바로알기┃ ㄷ. 금속판을 B로 하고 진동수가 f_2인 빛을 비추면 광전자가 방출되므로 전류가 흐른다.

03

ㄱ. A를 비추었을 때, 광전자가 방출되어 광전류가 흐르므로 A의 진동수는 금속판의 한계 진동수보다 크다.

ㄷ. 광전류의 세기는 B를 비추었을 때가 C를 비추었을 때보다 크므로 단색광의 세기는 B가 C보다 크다.

┃바로알기┃ ㄴ. 광자 1개의 에너지는 정지 전압이 클수록 크다. 정지 전압은 B를 비추었을 때가 A를 비추었을 때보다 크다.

04 꼼꼼 문제 분석

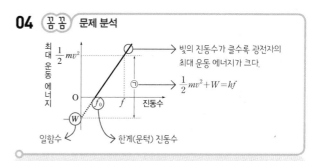

빛의 진동수가 클수록 광전자의 최대 운동 에너지가 크다.

$\frac{1}{2}mv^2 + W = hf$

일함수   한계(문턱) 진동수

ㄱ. W는 금속으로부터 전자 1개를 방출시키기 위해 필요한 최소 에너지, 즉 일함수이다.

ㄷ. 광전자의 최대 운동 에너지 $E_k = \frac{1}{2}mv^2 = hf - W$에서 ㉠은 $\frac{1}{2}mv^2 + W = hf$, 즉 진동수가 f인 광자 1개의 에너지이다.

┃바로알기┃ ㄴ. 한계 진동수는 금속의 일함수에 따라 정해지는 것으로 빛의 세기와는 관계가 없다.

05

ㄱ. 중력에 의하여 입자가 가속되므로 입자의 속력은 증가한다.

ㄷ. 질량 m인 입자가 속력 v로 운동할 때 물질파 파장은 $\lambda=\dfrac{h}{mv}$ $=\dfrac{h}{p}$이다. 물질파 파장은 운동량에 반비례하므로 낙하하는 입자의 속도가 증가하면 입자의 운동량은 증가한다. 따라서 입자의 물질파 파장은 짧아진다.

┃바로알기┃ ㄴ. 운동량은 질량과 속도의 곱이다. 속력이 증가하면 입자의 운동량 크기도 증가한다.

06

ㄱ. 물질파의 파장 $\lambda=\dfrac{h}{mv}$에서 입자의 속력이 v_0으로 같을 때 물질파 파장은 A가 B보다 크므로 질량 m은 A가 B보다 작다.

┃바로알기┃ ㄴ. 물질파의 파장이 λ_0으로 같을 때, 물질파의 파장 $\lambda=\dfrac{h}{mv}=\dfrac{h}{p}$로부터 운동량 p는 A와 B가 서로 같다는 것을 알 수 있다.

ㄷ. 물질파의 파장이 λ_0으로 같을 때, $\lambda=\dfrac{h}{p}=\dfrac{h}{\sqrt{2mE_\mathrm{k}}}$에서 질량 m이 다르므로 운동 에너지는 A와 B가 서로 다르다는 것을 알 수 있다.

07

데이비슨과 거머는 전압 V로 가속된 전자의 물질파 파장 $\lambda=\dfrac{h}{\sqrt{2meV}}$와 실험에서 산란된 전자가 회절하여 보강 간섭을 하는 조건 $d\sin\theta=n\lambda$에서 구한 물질파 파장이 일치하는 것을 확인하여 드브로이 물질파 이론을 검증하였다.

08

ㄱ. 전자가 파동성을 나타내며 회절 무늬가 나타난 것이다.

ㄴ. 파장 λ가 클수록 회절이 잘 일어나 무늬 간격 $\varDelta x$가 크다. 물질파 파장 $\lambda=\dfrac{h}{mv}$이므로 전자의 속력 v가 클수록 무늬 간격 $\varDelta x$는 작아진다. 따라서 속력은 $\varDelta x$가 작은 (가)에서가 (나)에서 보다 크다.

┃바로알기┃ ㄷ. 전자의 물질파 파장은 $\varDelta x$에 비례한다. 따라서 파장은 $\varDelta x$가 큰 (나)에서가 (가)에서보다 크다.

09

ㄴ. 전자의 파동성 때문에 이중 슬릿을 통과하는 전자선이 회절하고 간섭하여 스크린의 위치에 따른 전자의 수 분포가 (가)의 간섭무늬와 비슷해진다. 전자가 많이 도달하는 곳은 (가)에서 밝은 무늬가 생기는 곳과 같이 보강 간섭이 일어나는 지점이다.

┃바로알기┃ ㄱ. $\varDelta x=\dfrac{L\lambda}{d}$이므로 파장($\lambda$)이 길수록 $\varDelta x$가 커진다.

ㄷ. 가속 전압이 V일 때, 전자의 물질파 파장은 $\lambda=\dfrac{h}{\sqrt{2meV}}$이므로 전압이 커질수록 물질파 파장이 짧아져서 $\varDelta x$도 작아진다.

10 꼼꼼 문제 분석

슬릿의 폭이 좁으면 물질파가 크게 회절하여 넓게 퍼진다.

슬릿의 폭이 넓으면 물질파가 작게 회절하여 잘 퍼지지 않는다.

ⓞ 전자의 위치와 운동량을 동시에 정확하게 측정하는 것은 불가능하다는 것을 알 수 있는 실험이다.

✗ 슬릿의 폭이 좁을수록 전자의 운동량을 정확하게 측정할 수 있다. 없다.

✗ 슬릿의 폭이 넓을수록 전자의 위치를 정확하게 측정할 수 있다. 없다.

ㄱ. 하이젠베르크의 불확정성 원리에 따라 전자의 위치와 운동량을 동시에 정확하게 측정하는 것이 불가능하다.

┃ 바로알기 ┃ ㄴ. 슬릿의 폭이 좁을수록 전자의 위치 불확정량이 작고, 회절이 크게 일어나 스크린에서 전자의 x방향 변위가 커지므로, 전자의 운동량 불확정량이 크다. 따라서 전자의 운동량을 정확하게 측정할 수 없다.

ㄷ. 슬릿의 폭이 넓을수록 전자의 위치 불확정량이 크다. 따라서 슬릿을 통과하는 전자의 위치를 정확하게 측정할 수 없다.

11 꼼꼼 **문제 분석**

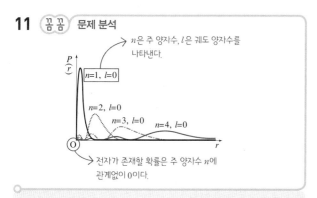

n은 주 양자수, l은 궤도 양자수를 나타낸다.

전자가 존재할 확률은 주 양자수 n에 관계없이 0이다.

ⓞ 주 양자수가 커질수록 전자가 발견될 확률이 높은 지점의 평균 거리가 원자핵으로부터 멀어진다.

ⓛ $l=0$인 상태에 있는 전자의 확률 분포는 원자핵으로부터 구대칭의 형태를 이룬다.

ⓒ 원자의 중심에서 전자가 존재할 확률은 0이다.

ㄱ. 그래프에서 주 양자수 n이 커질수록 전자가 발견될 확률이 높은 지점의 평균 거리가 원자핵으로부터 멀어지는 것을 알 수 있다.

ㄴ. 가로축이 원자핵으로부터 거리를 나타내므로, 위 확률 분포를 3차원으로 생각하면 전자를 발견할 확률 분포는 원자핵으로부터 구대칭의 형태를 이룬다.

ㄷ. 원자의 중심인 $r=0$에서 전자가 존재할 확률은 주 양자수 n에 관계없이 0이다.

Memo